Springer-Lehrbuch

Jens Carsten Jantzen • Joachim Schwermer

Algebra

2., korrigierte und erweiterte Auflage

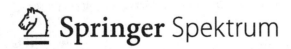 Springer Spektrum

Prof. Dr. Jens Carsten Jantzen
Institut for Matematik
Aarhus Universitet
Aarhus C, Danmark

Prof. Dr. Joachim Schwermer
Fakultät für Mathematik
Universität Wien
Wien, Österreich

ISSN 0937-7433
ISBN 978-3-642-40532-7   ISBN 978-3-642-40533-4 (eBook)
DOI 10.1007/978-3-642-40533-4

Mathematics Subject Classification (2010): 11-xx, 12-xx, 13-xx, 16-xx, 18-xx, 20-xx

Die Deutsche Nationalbibliothek verzeichnet diese Publikation in der Deutschen Nationalbibliografie;
detaillierte bibliografische Daten sind im Internet über http://dnb.d-nb.de abrufbar.

Springer Spektrum
© Springer-Verlag Berlin Heidelberg 2006, 2014

Gedruckt auf säurefreiem und chlorfrei gebleichtem Papier

Springer Spektrum ist eine Marke von Springer DE. Springer DE ist Teil der Fachverlagsgruppe Springer
Science+Business Media.
www.springer-spektrum.de

Vorwort

Das Ziel dieses Buches ist es, in die Begriffe und Methoden der Algebra einzuführen und wesentliche Ergebnisse darzustellen. Es enthält den inzwischen klassischen Kanon, der von Begriffsbildungen wie Gruppe und Ring ausgeht und hin zu den Körpererweiterungen und der Galoistheorie führt. Darüber hinaus gestattet das Buch Einblicke in verschiedene Entwicklungen innerhalb der Algebra, die mit anderen Gebieten der Mathematik stark verflochten sind.

Der oben genannte Kanon wird in den ersten sechs Kapiteln des Buches dargestellt. Die folgenden vier Kapitel behandeln zentrale Teile der Theorie der Moduln, Algebren und Ringe. In ergänzenden Abschnitten werden Ausblicke auf weiterführende Themen gegeben.

Algebraische Begriffe spielen eine tragende Rolle in ganz unterschiedlichen Bereichen der Mathematik und ihrer Grenzgebiete. Im Rahmen dieses Buches ist es nicht möglich, alle Aspekte zu behandeln. Das (im folgenden skizzierte) Ergebnis unserer Auswahl ist sicher von subjektiven Gesichtspunkten und persönlichen Erfahrungen geprägt worden.

Historisch gesehen sind große Teile der Algebra in engem Zusammenspiel mit der Zahlentheorie und der algebraischen Geometrie entwickelt worden. Wir betonen hier den Zusammenhang mit arithmetischen Fragestellungen und benutzen oft Beispiele aus diesem Umfeld, um allgemeine Begriffe der Algebra zu erläutern. Zentrale Begriffe der algebraischen Zahlentheorie sind der Gegenstand des Kapitels X über ganze Ringerweiterungen und Dedekindringe, in dem auch die Zerlegungsgesetze behandelt werden. Auch die im vorangehenden Kapitel IX entwickelte Theorie der endlich dimensionalen Divisionsalgebren über einem Körper gehört zu den Kindern der Zahlentheorie. Hier waren Fragen in der Klassenkörpertheorie der Ausgangspunkt für einen bedeutenden Aufschwung in der Theorie der hyperkomplexen Systeme, wie Algebren damals genannt wurden.

Dem gegenüber räumen wir den aus der algebraischen Geometrie hervorgegangenen Bereichen der kommutativen Algebra wenig Platz ein und gehen nicht über den Hilbertschen Basissatz hinaus. Wir halten es für angemessen, daß diese Theorie in engem Zusammenhang mit der algebraischen Geometrie entwickelt wird. Eine solche Aufgabe würde jedoch den Rahmen dieses Buches sprengen.

Dagegen betonen wir hier nichtkommutative Aspekte stärker als in vielen Lehrbüchern der Algebra. Hierzu gehören neben der bereits erwähnten Theorie der Divisionsalgebren die Abschnitte über artinsche Ringe in Kapitel VIII und dessen Supplemente sowie die Beschreibung von Schiefpolynomringen, die eine zentrale Rolle in der Theorie der noetherschen, nicht artinschen Ringe spielen.

Im Rahmen der Gruppentheorie gehen wir über das Übliche hinaus, indem wir Gruppen mit Erzeugenden und Relationen diskutieren und dann die allgemeinen linearen Gruppen über Körpern näher untersuchen. Letzteres wird dann wieder vom arithmetischen Blickwinkel aufgenommen, wenn diese Gruppen über Zahlringen behandelt werden.

Einige ergänzende Abschnitte sind durch die Darstellungstheorie von endlichen Gruppen und, allgemeiner, von endlich dimensionalen Algebren motiviert. Dabei verzichten wir auf die Charaktertheorie, bei der wir auf gute Monographien verweisen können. Statt dessen legen wir Gewicht auf modultheoretische Aspekte wie projektive Moduln und Erweiterungen. Deren allgemeine Diskussion in den Supplementen zu Kapitel VII weist auch in die Richtung der homologischen Algebra. Im Anschluß an Kapitel VIII geben wir Ausblicke auf die Theorie von Frobenius-Algebren und die Darstellungstheorie von Köchern. Dabei geht es um Klassen von Algebren, die eine besondere Rolle in der Darstellungstheorie von endlichen Gruppen und von Lie-Algebren spielen, die fundamental in der allgemeinen Darstellungstheorie von endlich dimensionalen Algebren sind und die interessante geometrische Anwendungen haben.

Am Schluß des Buches haben wir für die Supplemente eine Liste mit weiterführender Literatur zusammengestellt, die ein vertieftes Studium der betrachteten Gebiete gestattet.

In diesem Buch wird genügend Material für eine zweisemestrige Vorlesung bereitgestellt. Auch wird den Studierenden Stoff zum Selbststudium angeboten. Zahlreiche Beispiele und Übungsaufgaben sollen das Verständnis fördern.

Aarhus und Wien, April 2005   Jens Carsten Jantzen
                                                            Joachim Schwermer

Vorwort zur zweiten Auflage

In dieser Auflage haben wir ein Kapitel über quadratische Formen hinzugefügt, ein klassisches Gebiet der Algebra, das über die orthogonalen Gruppen und die Clifford-Algebren eine enge Verbindung zu anderen Themen des Buches hat. Außerdem ergänzen wir den Abschnitt über Gruppenalgebren mit einem Supplement über Darstellungen endlicher Gruppen. Schließlich haben wir alle uns bekannten Fehler korrigiert. Wir danken allen Lesern, die uns auf diese Fehler aufmerksam gemacht haben.

Aarhus und Wien, Juli 2013

Inhaltsverzeichnis

IX Zentrale einfache Algebren

X Ganze Ringerweiterungen und Dedekindringe

XI Quadratische Formen

Voraussetzungen

Dieses Buch setzt die Vertrautheit mit der Sprache der Mengen voraus. Es benutzt das Symbol $\subset$ in einer Bedeutung, bei der die Gleichheit zugelassen ist; wir benützen $\subsetneq$, wenn wir die Gleichheit ausschließen wollen.

Die Mengen der natürlichen, ganzen, rationalen, reellen und komplexen Zahlen werden als bekannt vorausgesetzt, ebenso die Notationen $\mathbb{N}$, $\mathbb{Z}$, $\mathbb{Q}$, $\mathbb{R}$, $\mathbb{C}$ für diese Mengen. Wir benützen die Konvention, daß $0 \in \mathbb{N}$. Die Primfaktorzerlegung in $\mathbb{Z}$ und Begriffe wie „größter gemeinsamer Teiler" sollten bekannt sein. Der größte gemeinsame Teiler von m und n wird mit (m,n) oder mit $\mathrm{ggT}(m,n)$ bezeichnet.

Weiter wird der zentrale Stoff einer Anfängervorlesung über Lineare Algebra vorausgesetzt: Vektorräume über beliebigen Körpern, Basen, Dimensionen, lineare Abbildungen und ihre Matrizen, Determinanten, Cramersche Regel.

Schließlich sollte man mit Begriffen wie Ordnungsrelation und Äquivalenzrelation vertraut sein. An einigen Stellen wird das *Lemma von Zorn* benützt. Dabei geht es um folgendes: Es sei X eine teilweise geordnete Menge, d.h. eine Menge versehen mit einer Relation $x \leq y$, die reflexiv, transitiv und antisymmetrisch ist. (Antisymmetrisch bedeutet, daß $x \leq y$ und $y \leq x \Rightarrow x = y$.) Eine Teilmenge Z von X heißt eine Kette, falls $x \leq y$ oder $y \leq x$ für jedes Paar x, y in Z. Man sagt, daß eine Kette Z in X eine obere Schranke in X hat, falls es ein $x \in X$ gibt, so daß $z \leq x$ für alle $z \in Z$ gilt. Die Aussage des *Lemmas von Zorn* ist dann die folgende: Hat jede Kette Z in X eine obere Schranke in X, so besitzt X ein maximales Element.

I Gruppen : Grundlagen

In diesem Kapitel werden die grundlegenden Begriffe der Gruppentheorie eingeführt und erste Eigenschaften und Beispiele von Gruppen gegeben. Wir betrachten Gruppenerweiterungen, insbesondere semi-direkte Produkte, und Gruppenoperationen.

§ 1 Gruppen, Untergruppen und Nebenklassen

1.1. Eine *Verknüpfung* (oder eine binäre Verknüpfung) auf einer nichtleeren Menge M ist eine Abbildung $M \times M \to M$; diese ordnet jedem geordneten Paar (a, b) mit $a, b \in M$ ein Element $a \circ b$ in M zu.

Eine *Gruppe G* ist eine nichtleere Menge G versehen mit einer Verknüpfung $\circ \colon G \times G \to G$, so daß gilt:

(1) Die Verknüpfung $\circ$ ist *assoziativ*, d.h., $(x \circ y) \circ z = x \circ (y \circ z)$ für alle $x, y, z \in G$.

(2) Es gibt ein Element $e \in G$, so daß $e \circ g = g \circ e = g$ für alle $g \in G$ gilt. [Dieses Element ist eindeutig festgelegt, denn für jedes andere Element e' in G mit $e' \circ g = g \circ c' = g$ für alle $g \in G$ gilt $e' = e' \circ e = e$. Man nennt e *das neutrale Element* von G.]

(3) Zu jedem $g \in G$ gibt es ein h, so daß $h \circ g = g \circ h = e$ gilt. [Zu vorgegebenem $g \in G$ ist dieses Element eindeutig bestimmt, denn ist h' irgendein Element in G mit $h' \circ g = e$, so gilt $h' = h' \circ e = h' \circ (g \circ h) = (h' \circ g) \circ h = e \circ h = h$. Man nennt h *das inverse Element von g* in G.]

Ist in einer Gruppe G für alle Elemente $x, y \in G$ die Bedingung

$$x \circ y = y \circ x$$

erfüllt, so heißt G *kommutativ* oder *abelsch*.

Ist G eine Gruppe, so nennt man die Mächtigkeit $|G|$ der Menge G auch die *Ordnung* der Gruppe G.

Beispiele 1.2. (1) Auf den Mengen $\mathbb{Z}, \mathbb{Q}, \mathbb{R}, \mathbb{C}$ der ganzen bzw. rationalen, reellen, komplexen Zahlen ist die gewöhnliche Addition eine Verknüpfung. Bezüglich dieser bilden die Mengen kommutative Gruppen; die Zahl 0 ist das neutrale Element, und $-g$ das Inverse zu g.

Auf den Mengen $\mathbb{Q}^* := \mathbb{Q} \setminus \{0\}$, $\mathbb{R}^* := \mathbb{R} \setminus \{0\}$, $\mathbb{C}^* := \mathbb{C} \setminus \{0\}$ ist die gewöhnliche Multiplikation eine Verknüpfung, unter der diese Mengen kommutative Gruppen sind.

(2) Ist M eine nichtleere Menge, so ist die Menge S_M der bijektiven Abbildungen $M \to M$ eine Gruppe unter der Hintereinanderschaltung (Komposition) von Abbildungen. Sie heißt die *symmetrische Gruppe von* M; ihre
Elemente werden auch *Permutationen von* M genannt. Die identische Abbildung ist das neutrale Element. Ist $M = \{1, \ldots, n\}$, so schreibt man S_n
anstelle von S_M und nennt S_n die *symmetrische Gruppe vom Grad* n. Die
Ordnung von S_n ist gleich $n!$.

(3) Sei V ein Vektorraum über einem Körper k. Dann ist die Menge $GL(V)$
der k–linearen bijektiven Abbildungen $V \to V$, versehen mit der Hintereinanderschaltung von Abbildungen als Verknüpfung, eine Gruppe. Die identische Abbildung ist das neutrale Element.

(4) Sei k ein Körper. Auf der Menge $M_n(k)$ der $(n \times n)$–Matrizen mit Einträgen in k ist durch die Multiplikation von Matrizen eine Verknüpfung gegeben.
Die Teilmenge $GL_n(k) := \{A \in M_n(k) \mid \det(A) \neq 0\}$ der invertierbaren Matrizen ist bezüglich dieser Verknüpfung eine Gruppe. Sie heißt die *allgemeine
lineare Gruppe vom Grad* n *über* k. Für $n > 1$ ist sie nicht kommutativ.
[Man kann dieses Beispiel verallgemeinern und an Stelle des Körpers k einen
beliebigen Ring R (mit Einselement, siehe Kapitel III) nehmen. Dann ist die
Menge $GL_n(R)$ der invertierbaren Matrizen in $M_n(R)$ jedoch nicht mehr
durch die Bedingung $\det(A) \neq 0$ beschrieben; ist R kommutativ, so lautet
die Bedingung: $\det(A)$ ist invertierbar in R.]

(5) Sei M eine nichtleere Menge und sei G eine Gruppe. Dann ist die
Menge $\mathrm{Abb}(M, G)$ der Abbildungen $f: M \to G$ eine Gruppe, wenn wir das
Produkt zweier Abbildungen $f, g: M \to G$, durch $(f\,g)(m) = f(m)g(m)$ für
alle $m \in M$ definieren.

(6) Eine *Halbgruppe* ist eine nichtleere Menge H versehen mit einer asso-
ziativen Verknüpfung. Ein *Monoid* ist eine Halbgruppe mit einem neutralen
Element. Zum Beispiel bilden die natürlichen Zahlen ein Monoid unter der
Addition; das neutrale Element ist 0. Ist M eine nichtleere Menge, so ist die
Menge aller Abbildungen $M \to M$ ein Monoid unter der Komposition von
Abbildungen. Für jedes $n \geq 1$ ist die Menge $M_n(k)$ der $(n \times n)$–Matrizen
über einem Körper k ein Monoid unter der Multiplikation von Matrizen.

1.3. Der folgende Satz stellt fest, daß man die Bedingungen in der Definition
einer Gruppe abschwächen kann. Ist G eine Menge mit einer Verknüpfung $\circ$,
so heißt ein Element $e \in G$ *linksneutral*, wenn $e \circ g = g$ für alle $g \in G$
gilt. Ist ein solches Element e gegeben, so nennt man $h \in G$ *linksinvers* zu
$g \in G$, wenn $h \circ g = e$. Man definiert analog rechtsneutrale und rechtsinverse
Elemente.

Satz 1.4. *Sei G eine Menge mit einer Verknüpfung $\circ: G \times G \longrightarrow G$,
so daß G nicht leer ist und so daß gilt:*

(1) *Die Verknüpfung $\circ$ ist assoziativ.*

(2) *Es gibt ein linksneutrales Element $e \in G$.*

(3) *Jedes Element in G hat bezüglich e ein linksinverses Element.*

Dann ist $(G, \circ)$ eine Gruppe. Das linksneutrale Element e ist auch rechtsneutral, und linksinverse Elemente sind auch rechtsinvers.

Beweis: Zu $a \in G$ existiert $b \in G$ mit $b \circ a = e$, und zu diesem b existiert ein $c \in G$ mit $c \circ b = e$. Dann gilt $a = e \circ a = (c \circ b) \circ a = c \circ (b \circ a) = c \circ e$. Ersetzt man jetzt e in dieser Identität durch $e \circ e$ und benutzt sie ein zweites Mal, so folgt $a = c \circ (e \circ e) = (c \circ e) \circ e = a \circ e$. Also ist e rechtsneutral in G.

Ist $b \in G$ linksinvers zu einem vorgegebenem $a \in G$, und ist $c \in G$ linksinvers zu b, so wurde oben $a = c \circ e$ gezeigt. Da e auch rechtsneutral ist, folgt $c = c \circ e = a$. Deshalb gilt $a \circ b = c \circ b = e$, d.h., b ist auch rechtsinvers zu a. Der Satz folgt. $\qquad \square$

1.5. Das Produkt von $n \geq 3$ Elementen $g_1, g_2, \ldots, g_n$ in einer Gruppe G wird rekursiv definiert:

$$g_1 \circ g_2 \circ \cdots \circ g_n := (g_1 \circ g_2 \circ \cdots \circ g_{n-1}) \circ g_n. \tag{1}$$

Dann gilt für alle $r \leq n$

$$(g_1 \circ \cdots \circ g_{r-1}) \circ (g_r \circ \cdots \circ g_n) = g_1 \circ g_2 \circ \cdots \circ g_n. \tag{2}$$

Das ist für $r = n$ gerade die Definition (1); für $r < n$ benützt man Induktion über n:

$$
\begin{aligned}
(g_1 \circ \cdots \circ g_{r-1}) \circ (g_r \circ \cdots \circ g_n) &= (g_1 \circ \cdots \circ g_{r-1}) \circ \Big((g_r \circ \cdots \circ g_{n-1}) \circ g_n \Big) \\
&= \Big((g_1 \circ \cdots \circ g_{r-1}) \circ (g_r \circ \cdots \circ g_{n-1}) \Big) \circ g_n \\
&= (g_1 \circ \cdots \circ g_{n-1}) \circ g_n = g_1 \circ g_2 \circ \cdots \circ g_n.
\end{aligned}
$$

Aus (2) folgt, wieder mit Induktion über n, daß in jedem durch die Elemente $g_1, \ldots, g_n$ in der gegebenen Anordnung durch Klammerung gebildeten Ausdruck die Klammern weggelassen werden können. Zum Beispiel ist $(g_1 \circ (g_2 \circ (g_3 \circ g_4))) \circ (g_5 \circ (g_6 \circ g_7))$ zunächst nach Induktion gleich $(g_1 \circ g_2 \circ g_3 \circ g_4) \circ (g_5 \circ g_6 \circ g_7)$ und dann nach (2) gleich $g_1 \circ \cdots \circ g_7$.

1.6. Es gibt zwei verschiedene gebräuchliche Arten, die Verknüpfung einer Gruppe G zu schreiben. In additiver Schreibweise notiert man die Verknüpfung $x \circ y$ durch $x + y$ und schreibt 0 für das neutrale Element und $-x$ für das zu x inverse Element; diese Schreibweise ist nur bei kommutativen Gruppen üblich. Multiplikativ notiert man xy anstelle von $x \circ y$ und schreibt 1 für das neutrale Element und x^{-1} für das zu x inverse Element.

Wenn wir mehrere Gruppen gleichzeitig betrachten, schreiben wir oft e_G für das neutrale Element in G, um die verschiedenen neutralen Elemente unterscheiden zu können.

Lemma 1.7. *In einer (multiplikativ geschriebenen) Gruppe G gilt:*

(a) *Ist $xg = h$, so ist $x = hg^{-1}$. Ist $gy = h$, so ist $y = g^{-1}h$.*

(b) *Es gilt $(xy)^{-1} = y^{-1}x^{-1}$ und $(x^{-1})^{-1} = x$ für beliebige $x, y \in G$.*

Beweis: (a) $x = x1 = xgg^{-1} = hg^{-1}$; analog für die zweite Aussage.

(b) Es gilt $1 = xy(xy)^{-1}$, also $y(xy)^{-1} = x^{-1}$, und es folgt $(xy)^{-1} = y^{-1}x^{-1}$. Unter Verwendung von (a) folgt aus $xx^{-1} = 1$ die zweite Aussage $(x^{-1})^{-1} = x$. $\qquad\square$

1.8. In einer (multiplikativ geschriebenen) Gruppe G definiert man zu einer gegebenen ganzen Zahl n die n–te *Potenz* eines Elementes $g \in G$ rekursiv durch

$$g^0 = 1, \quad g^1 = g, \quad g^n = g^{n-1}g \text{ falls } n > 0, \quad g^n = (g^{-n})^{-1} \text{ falls } n < 0.$$

Man erhält dann für alle $g \in G$ und $m, n \in \mathbb{Z}$ die Regeln

$$g^m g^n = g^{m+n} = g^n g^m, \quad (g^m)^n = g^{mn} = (g^n)^m. \tag{1}$$

Die Formeln für g^{m+n} sind im Fall $m, n \geq 0$ Spezialfälle von 1.5(2) und folgen sonst unter Verwendung von Lemma 1.7. Man zeigt $(g^m)^n = g^{mn}$ mittels vollständiger Induktion über n, falls $n \geq 0$, und wendet Lemma 1.7 an, falls $n < 0$.

Für Elemente $a, b \in G$ mit $ab = ba$ gilt $(ab)^n = a^n b^n$ für alle $n \in \mathbb{Z}$.

Definition. Sei G eine Gruppe. Eine Teilmenge H von G heißt *Untergruppe* von G, geschrieben: $H \leq G$, falls $(H, \circ)$ eine Gruppe mit der durch Restriktion von G auf H erhaltenen Verknüpfung $\circ$ ist. Das bedeutet: Es ist $e \in H$; für $h \in H$ ist auch $h^{-1} \in H$, und für $h_1, h_2 \in H$ gilt $h_1 \circ h_2 \in H$. Eine unmittelbare Folgerung der Definition ist das folgende Kriterium:

Lemma 1.9. *Eine Teilmenge H einer Gruppe G ist genau dann eine Untergruppe, wenn $H \neq \emptyset$ und wenn $ab^{-1} \in H$ für alle $a, b \in H$ gilt.*

Beweis: Diese Bedingungen sind hinreichend, denn: Es gibt ein $h \in H$, also $e = hh^{-1} \in H$. Sind $a, b \in H$, so gilt $b^{-1} = eb^{-1} \in H$, also auch $a(b^{-1})^{-1} = ab \in H$. Die Notwendigkeit ist klar. $\qquad\square$

Beispiele 1.10. (1) Jedem Element $A \in GL_n(k)$ der allgemeinen linearen Gruppe vom Grad n über einem Körper k ist seine Determinante $\det(A)$ zugeordnet. Die Menge $SL_n(k) := \{A \in GL_n(k) \mid \det(A) = 1\}$ ist eine Untergruppe, da $\det(AB^{-1}) = \det(A)\det(B)^{-1}$ für alle $A, B \in GL_n(k)$ gilt und da $SL_n(k)$ die Einheitsmatrix enthält. Die Gruppe $SL_n(k)$ heißt die *spezielle lineare Gruppe vom Grad n über k*.

(2) In der Gruppe $GL_n(k)$ bezeichne diag $(t_1, \ldots, t_n)$ die Diagonalmatrix $t = (t_{ij})$ mit Einträgen $t_{ij} = 0$ für $i \neq j$ und $t_{ii} = t_i$. Dann bildet die Menge $T := \{t = \text{diag}\,(t_1, \ldots, t_n) \mid t_i \in k^*\}$ der Diagonalmatrizen eine kommutative Untergruppe in $GL_n(k)$.

(3) In der speziellen linearen Gruppe $SL_2(k)$ vom Grad 2 bildet die Menge

$$B = \left\{ \begin{pmatrix} t & u \\ 0 & t^{-1} \end{pmatrix} \in SL_2(k) \mid t \in k^*, u \in k \right\}$$

der oberen Dreiecksmatrizen eine Untergruppe.

(4) In jeder Gruppe G sind G selbst und $\{e_G\}$ Untergruppen. Eine Untergruppe $H \leq G$ heißt *echte Untergruppe* von G, wenn $H \neq G$. Eine *maximale Untergruppe* von G ist eine Untergruppe, die maximal unter den echten Untergruppen von G ist.

1.11. Sind H_1, H_2 zwei Untergruppen von G, so bildet auch ihr Durchschnitt eine Untergruppe. Allgemeiner gilt: Ist $(H_j)_{j \in J}$ eine durch eine Indexmenge $J \neq \emptyset$ indizierte Familie von Untergruppen $H_j \leq G$, so ist der *Durchschnitt*

$$H := \bigcap_{j \in J} H_j$$

eine Untergruppe von G. Man hat nämlich $e \in H$; sind $a, b \in H$, so gilt $a, b \in H_j$, also auch $ab^{-1} \in H_j$ für alle $j \in J$, und damit $ab^{-1} \in H$.

Sei M eine Teilmenge einer Gruppe G. Dann heißt der Durchschnitt aller M umfassenden Untergruppen von G — einschließlich G — *die von M erzeugte Untergruppe* von G; wir setzen

$$\langle M \rangle := \bigcap_{M \subseteq H \leq G} H.$$

Die Menge M wird ein *Erzeugendensystem einer Untergruppe $H \leq G$* genannt, falls $H = \langle M \rangle$ gilt; man sagt auch: M erzeugt H. Nach Konstruktion ist die von M erzeugte Untergruppe die kleinste M enthaltende Untergruppe von G; jede M enthaltende Untergruppe von G umfaßt auch $\langle M \rangle$. Ist $M \neq \emptyset$, so besteht $\langle M \rangle$ aus allen endlichen Produkten, die man aus Elementen von M und deren Inversen bilden kann, d.h.

$$\langle M \rangle = \{ m_1^{\varepsilon_1} \ldots m_k^{\varepsilon_k} \mid \varepsilon_i = \pm 1,\, m_i \in M,\, k \geq 0 \}.$$

[Ist $k = 0$, so wird das Produkt als das neutrale Element interpretiert.]

Man nennt G *endlich erzeugbar*, wenn es eine endliche Teilmenge M von G mit $G = \langle M \rangle$ gibt.

Besteht $M = \{g\}$ nur aus einem Element g von G, so ist

$$\langle g \rangle := \{ g^i \mid i = 0, \pm 1, \pm 2, \dots \}$$

die von $\{g\}$ erzeugte Untergruppe von G; sie wird die von g erzeugte *zyklische Untergruppe* von G genannt.

Ein Gruppenelement g hat *endliche Ordnung n*, falls die zyklische Untergruppe $\langle g \rangle$ Ordnung n hat. Ist $\langle g \rangle$ unendlich, so sagt man, daß g *unendliche Ordnung* hat. Die Ordnung eines Gruppenelementes g wird mit $\mathrm{ord}(g)$ notiert. Wir halten fest:

Satz 1.12. *Sei g ein Element der Gruppe G.*

(a) *Hat g endliche Ordnung, so gibt es eine kleinste positive Zahl n mit $g^n = e$. Dann gilt $\mathrm{ord}(g) = n$ und $\langle g \rangle = \{g^i \mid i = 0, \dots, n-1\}$. Außerdem gilt $g^m = e$ dann und nur dann, wenn m ein Vielfaches von n ist.*

(b) *Das Element g hat genau dann unendliche Ordnung, wenn alle Potenzen von g verschieden sind.*

(c) *Hat g endliche Ordnung n, so hat g^s mit $s \in \mathbb{Z}$ die Ordnung $n/(n,s)$.*

Beweis: (a), (b) Sind zwei Potenzen g^i und g^j, mit $i < j$, von g gleich, so gilt $g^{j-i} = e$, und man wähle die kleinste positive Zahl n mit $g^n = e$. Eine beliebige ganze Zahl m kann in der Form $m = kn + r$ mit $k, r \in \mathbb{Z}$ und $0 \leq r < n$ geschrieben werden. (Man teilt m durch n mit Rest.) Dann gilt $g^m = g^{kn+r} = (g^n)^k g^r = g^r$. Dies zeigt, daß $\langle g \rangle = \{g^i \mid i = 0, 1, \dots, n-1\}$ und daß g endliche Ordnung hat. Weiterhin gilt oben genau dann $g^m = e$, wenn $r = 0$; aber das heißt $n \mid m$, da n minimal mit $g^n = e$ gewählt war. Es folgt, daß $g^i = g^j$ genau dann, wenn $i \equiv j \pmod{n}$. Insbesondere sind die Elemente $e, g, g^2, \dots, g^{n-1}$ paarweise verschieden. Damit erhalten wir, daß $n = |\langle g \rangle| = \mathrm{ord}(g)$.

Wir sehen insbesondere: Ist $\langle g \rangle$ unendlich, so sind die Potenzen von g paarweise verschieden. Die Umkehrung ist offensichtlich.

(c) Setze $m := \mathrm{ord}(g^s)$. Aus $(g^s)^m = e$ und $n = \mathrm{ord}(g)$ folgt, daß n das Produkt sm teilt; also wird $\mathrm{ord}(g^s) = m$ von $n/(n,s)$ geteilt. Andererseits gilt $(g^s)^{n/(n,s)} = (g^n)^{s/(n,s)} = e$; deshalb wird $n/(n,s)$ von $\mathrm{ord}(g^s)$ geteilt. Es folgt die Gleichheit: $\mathrm{ord}(g^s) = n/(n,s)$. $\qquad\square$

Ist eine gegebene Gruppe G von der Form $G = \langle g \rangle$ für irgendein Element $g \in G$, so heißt G *zyklische Gruppe*.

Satz 1.13. *Sei $G = \langle g \rangle$ eine zyklische Gruppe. Jede Untergruppe H von G ist zyklisch. Hat G endliche Ordnung n, so gibt es zu jedem Teiler d von n genau eine Untergruppe H von G der Ordnung d; man hat $H = \langle g^{n/d} \rangle$. Man erhält so alle Untergruppen von G.*

Beweis: Sei $H \leq G = \langle g \rangle$. Ist $H = \{e\}$, so ist H offensichtlich zyklisch. Sei nun $H \neq \{e\}$; dann enthält H ein Element $g^\ell \neq e$. Da dann auch $g^{-\ell} = (g^\ell)^{-1} \in H$, können wir $\ell > 0$ annehmen und $k := \min\{\ell > 0 \mid g^\ell \in H\}$ setzen. Wir behaupten, daß nun $H = \langle g^k \rangle$. Ist $a = g^j$ ein beliebiges Element von G, so schreibe man $j = qk + r$ mit $0 \leq r < k$. Ist $a \in H$, so auch $g^r = (g^k)^{-q} a \in H$, also $r = 0$ wegen der Minimalität von k. Es folgt, daß $H = \langle g^k \rangle$ zyklisch ist.

Wenn $\mathrm{ord}(g) = n$ endlich ist, so wenden wir dieses Argument auf $a = g^n = e \in H$ an; wir erhalten dann $k \mid n$ und $|H| = n/k$. Andererseits folgt aus Satz 1.12.c für jeden Teiler d von n, daß $\langle g^{n/d} \rangle$ Ordnung d hat. $\quad\square$

Bemerkung: Die Eulersche φ–Funktion ordnet jeder ganzen Zahl $n > 0$ die Anzahl $\varphi(n)$ der Zahlen s mit $1 \leq s \leq n$ und $(n, s) = 1$ zu. Die beiden vorangehenden Sätze zeigen, daß eine zyklische Gruppe $G = \langle g \rangle$ der Ordnung n genau $\varphi(n)$ Elemente h mit $\mathrm{ord}(h) = n$ enthält, nämlich gerade die g^s mit $1 \leq s \leq n$ und $(n, s) = 1$. Die Ordnung eines beliebigen Elements in G teilt n, siehe Satz 1.12.c oder 1.16 unten. Für jeden Teiler d von n erzeugt jedes $h \in G$ mit $\mathrm{ord}(h) = d$ die einzige Untergruppe H von G mit $|H| = d$; also enthält G genau $\varphi(d)$ Elemente der Ordnung d. Insbesondere folgt die Identität $\sum_{d \mid n} \varphi(d) = n$.

1.14. Ist $H \leq G$ eine Untergruppe einer Gruppe G, so definiert man eine Relation $\sim_H$ auf G wie folgt: Für ein geordnetes Paar (x, y) von Elementen $x, y \in G$ gilt $x \sim_H y$ dann und nur dann, wenn $x = yh$ für irgendein $h \in H$. Man überprüft, daß $\sim_H$ eine Äquivalenzrelation auf G ist und daß die Äquivalenzklasse eines gegebenen Elementes $x \in G$ die Menge

$$xH := \{xh \mid h \in H\}$$

ist. Es gilt $x \in xH$ da $e \in H$; man nennt xH die x enthaltende *Linksnebenklasse* von H in G. Man bemerkt, daß $xH = yH$ für jedes $y \in xH$ gilt. Denn ist $y \in xH$, so $y = xh'$ für ein $h' \in H$. Also gilt für jedes $h \in H$, daß $yh = xh'h \in xH$. Andererseits ist $xh = y(h')^{-1}h \in yH$ für jedes $h \in H$, d.h. $xH = yH$. Es folgt, daß $xH \cap yH \neq \emptyset$ die Gleichheit $xH = yH$ impliziert, oder, äquivalent, daß verschiedene Linksnebenklassen disjunkt sind. Alle Linksnebenklassen von H in G haben die Kardinalität von H, da die Abbildung $h \mapsto xh$ eine Bijektion von H auf xH ist. Die Menge aller Linksnebenklassen von H in G wird mit G/H bezeichnet.

Wählt man in jeder Linksnebenklasse von H in G ein Element aus, so wird die entstehende Menge T eine (Links-)*Transversale* von H in G genannt. Dann ist G disjunkte Vereinigung

$$G = \bigcup_{t \in T} tH;$$

jedes Element $g \in G$ besitzt eine eindeutige Darstellung der Form $g = th$ mit $t \in T$ und $h \in H$.

Analog führt man die Äquivalenzrelation $_H\sim$ auf G ein, so daß $x\,_H\sim y$ genau dann, wenn $x = hy$ für irgendein $h \in H$. Die zugehörigen Äquivalenzklassen sind dann die *Rechtsnebenklassen*

$$Hx := \{hx \mid h \in H\}.$$

Der Begriff einer (Rechts-) Transversalen von H in G ergibt sich dann analog. Die Menge aller Rechtsnebenklassen von H in G wird mit $H\backslash G$ bezeichnet.

Ist T eine (Links-) Transversale von H in G, d.h. $G = \bigcup_{t \in T} tH$ als disjunkte Vereinigung, so erhält man durch die Abbildung $g \mapsto g^{-1}$ auf G die disjunkte Vereinigung

$$G = G^{-1} = \bigcup_{t \in T} Ht^{-1},$$

d.h. die Menge $T^{-1} = \{t^{-1} \mid t \in T\}$ ist eine (Rechts-) Transversale von H in G.

Die Mächtigkeit der Menge der Linksnebenklassen (bzw. der Rechtsnebenklassen) von H in G wird der *Index von H in G* genannt; man schreibt $[G : H]$ für diese Größe.

Satz 1.15. *Seien $M \leq N$ Untergruppen von G, seien S eine (Links-) Transversale von N in G und T eine (Links-) Transversale von M in N; dann ist $ST := \{st \mid s \in S, t \in T\}$ eine (Links-) Transversale von M in G. Es gilt*

$$[G : M] = [G : N][N : M].$$

Beweis: Man hat die disjunkten Vereinigungen $G = \bigcup_{s \in S} sN$ und $N = \bigcup_{t \in T} tM$, also die Zerlegung

$$G = \bigcup_{s \in S,\, t \in T} stM. \tag{1}$$

Gilt $stM = s't'M$ für irgendwelche $s, s' \in S$, $t, t' \in T$, so folgt $s^{-1}s' \in N$, also $sN = s'N$. Da S eine Transversale von N in G ist, folgt $s = s'$. Dies zieht $tM = t'M$ und damit $t = t'$ nach sich. Deshalb ist die Vereinigung (1) disjunkt. $\qquad\qquad\square$

Korollar 1.16. *Es gilt $|G| = [G : H] \cdot |H|$ für jede Untergruppe H von G.*

Beweis: Setze $M = \{e\}$ in obigem Satz. $\qquad\qquad\square$

Bemerkung: Ist G endlich, so folgt für jede Untergruppe H von G, daß $|H|$ ein Teiler von $|G|$ ist. Insbesondere wird $|G|$ von jedem $\mathrm{ord}(g)$ mit $g \in G$ geteilt.

§ 2 Normale Untergruppen und Homomorphismen

Eine wichtige Klasse von Untergruppen einer Gruppe G sind die normalen Untergruppen; diese sind charakterisiert durch eine der folgenden äquivalenten Eigenschaften.

> **Lemma/Definition 2.1.** *Ist H eine Untergruppe einer Gruppe G, so sind die folgenden Aussagen äquivalent:*
>
> (i)   *Es gilt $gH = Hg$ für alle $g \in G$.*
>
> (ii) *Es gilt $g^{-1}Hg = H$ für alle $g \in G$.*
>
> (iii) *Es gilt $g^{-1}hg \in H$ für alle $g \in G, h \in H$.*
>
> *Sind diese Aussagen erfüllt, so heißt H eine* normale Untergruppe *von G (oder ein* Normalteiler *von G). Man schreibt $H \trianglelefteq G$.*

Beweis: Es ist einzig die Implikation (iii) $\Rightarrow$ (i) zu begründen; die anderen sind klar. Sind $h \in H$ und $g \in G$ gegeben, so gilt $gh = (g^{-1})^{-1}hg^{-1}g \in Hg$ und $hg = g(g^{-1}hg) \in gH$. $\qquad\square$

Beispiele 2.2. (1) Die triviale Untergruppe $\{e\}$ und G selbst sind normale Untergruppen von G. Sind dies die einzigen normalen Untergruppen von $G \neq \{e\}$, so heißt G *einfach*.

(2) Ist G kommutativ, so ist jede Untergruppe von G normal.

(3) Sei k ein Körper. Die Untergruppe $SL_n(k)$ von $GL_n(k)$ ist normal. Die Untergruppe T aller Diagonalmatrizen in $GL_n(k)$ ist für $n > 1$ nicht normal.

2.3. Sei G eine Gruppe. Ist N eine normale Untergruppe von G, so sind die Linksnebenklassen von N in G dasselbe wie die Rechtsnebenklassen von N in G; man spricht deshalb kurz von den *Nebenklassen* von N in G.

Der Durchschnitt einer Familie von normalen Untergruppen von G ist wieder normal in G. Ist M eine nichtleere Teilmenge von G, so definiert man die *normale Hülle* $NC(M)$ von M in G als den Durchschnitt aller normalen Untergruppen von G, die M enthalten. Dies ist die kleinste normale Untergruppe von G, die M enthält, und es gilt

$$NC(M) = \langle g^{-1}Mg \mid g \in G \rangle.$$

Gilt $g^{-1}Mg = M$ für alle $g \in G$, so ist $NC(M) = \langle M \rangle$; insbesondere ist $\langle M \rangle$ in diesem Fall eine normale Untergruppe von G.

2.4. Seien G und G' zwei Gruppen. Eine Abbildung $\varphi\colon G \to G'$ heißt *Homomorphismus*, falls

$$\varphi(gh) = \varphi(g)\,\varphi(h)$$

für alle $g, h \in G$ gilt. Die Menge aller Homomorphismen, bezeichnet mit $\operatorname{Hom}(G, G')$, von G nach G' ist nicht leer, da sie den trivialen Homomorphismus $O\colon G \to G'$ mit $g \mapsto e_{G'}$ für alle $g \in G$ enthält.

Für jeden Homomorphismus $\varphi\colon G \to G'$ gilt $\varphi(e_G)\varphi(e_G) = \varphi(e_G e_G) = \varphi(e_G)$, also $\varphi(e_G) = e_{G'}$ wegen 1.7. Außerdem folgt für alle $g \in G$, daß $e_{G'} = \varphi(e_G) = \varphi(g \cdot g^{-1}) = \varphi(g) \cdot \varphi(g^{-1})$, also $\varphi(g)^{-1} = \varphi(g^{-1})$. Damit sieht man unmittelbar, daß das Bild von φ, also

$$\operatorname{im}\varphi := \{\,\varphi(g) \mid g \in G\,\},$$

eine Untergruppe von G' ist und daß der Kern von φ, definiert als

$$\ker\varphi := \{\,g \in G \mid \varphi(g) = e_{G'}\,\},$$

eine Untergruppe von G ist. Ist h ein beliebiges Element in G und $g \in \ker\varphi$, so hat man $\varphi(h^{-1}gh) = \varphi(h)^{-1}\varphi(g)\varphi(h) = \varphi(h)^{-1}e_{G'}\varphi(h) = e_{G'}$, also ist $\ker\varphi$ sogar normale Untergruppe von G. Wir fassen zusammen:

Satz 2.5. *Sei $\varphi\colon G \to G'$ ein Homomorphismus von Gruppen.*

(a) *Es gilt $\varphi(g^n) = \varphi(g)^n$ für alle ganzen Zahlen n und alle $g \in G$; insbesondere hat man $\varphi(e_G) = e_{G'}$ und $\varphi(g)^{-1} = \varphi(g^{-1})$.*

(b) *Das Bild $\operatorname{im}\varphi$ ist eine Untergruppe von G', und $\ker\varphi$ ist eine normale Untergruppe von G.*

2.6. Ein Homomorphismus $G \to G$ wird auch *Endomorphismus* von G genannt. Ein injektiver Homomorphismus $\varphi\colon G \to G'$ heißt auch *Monomorphismus*, und φ ist genau dann injektiv, wenn $\ker\varphi$ die triviale Untergruppe ist: $\ker\varphi = \{e_G\}$. Ein surjektiver Homomorphismus $\psi\colon G \to G'$ heißt auch *Epimorphismus*; diese Eigenschaft ist äquivalent zu $\operatorname{im}\psi = G'$. Ein bijektiver Homomorphismus wird *Isomorphismus* genannt. Ein Isomorphismus $\varphi\colon G \to G$ von einer Gruppe G auf sich heißt *Automorphismus*.

Sind $\varphi\colon G \to G'$ und $\psi\colon G' \to G''$ Homomorphismen von Gruppen, so ist auch die Komposition $\psi \circ \varphi\colon G \to G''$ ein Homomorphismus. Ist φ ein Isomorphismus, so ist die Umkehrabbildung $\varphi^{-1}\colon G' \to G$ von φ ein Homomorphismus [sogar ein Isomorphismus]. Denn zu gegebenen Elementen $x, y \in G'$ existieren eindeutig bestimmte $a, b \in G$ mit $\varphi(a) = x$ und $\varphi(b) = y$. Dann gilt $\varphi(ab) = xy$, also $\varphi^{-1}(xy) = ab = \varphi^{-1}(x)\,\varphi^{-1}(y)$.

Ist G eine Gruppe, so ist die Menge $\operatorname{Aut}(G)$ der Automorphismen von G, versehen mit der Komposition von Abbildungen als Verknüpfung, eine Gruppe. Das neutrale Element ist die identische Abbildung $\operatorname{Id}_G\colon G \to G$.

Für $g \in G$ definiert man die Abbildung $i_g: G \to G$, $x \mapsto gxg^{-1}$. Es ist $i_g(xy) = (gxg^{-1})(gyg^{-1}) = i_g(x)i_g(y)$, und $i_{g^{-1}} \circ i_g = \mathrm{Id}_G$, also gilt $i_g \in \mathrm{Aut}(G)$. Die Abbildung i_g heißt *Konjugation* mit g. Elemente $x, y \in G$ heißen *konjugiert*, wenn es $g \in G$ mit $y = i_g(x)$ gibt.

Durch $g \mapsto i_g$ wird ein Homomorphismus $\mathrm{Int}: G \to \mathrm{Aut}(G)$ definiert, da $i_{g_1 g_2}(x) = g_1 g_2 x g_2^{-1} g_1^{-1} = i_{g_1}(i_{g_2}(x))$ gilt. Der Kern von Int heißt *Zentrum* von G und wird mit $Z(G)$ bezeichnet. Offensichtlich gilt

$$Z(G) = \{\, g \in G \mid gh = hg \text{ für alle } h \in G \,\}.$$

Ist φ ein beliebiger Automorphismus von G, so gilt $\varphi \circ i_g \circ \varphi^{-1} = i_{\varphi(g)}$ für alle $g \in G$. Daher ist das Bild $\mathrm{Int}(G)$ von Int eine normale Untergruppe von $\mathrm{Aut}(G)$. Die Elemente von $\mathrm{Int}(G)$ heißen *innere Automorphismen* von G. Ein Element $\varphi \in \mathrm{Aut}(G)$ mit $\varphi \notin \mathrm{Int}(G)$ heißt *äußerer Automorphismus* von G.

Beispiele: (1) Sei $G = \langle g \rangle$ eine zyklische Gruppe. Für alle $m \in \mathbb{Z}$ ist die Abbildung $\varphi_m: G \to G$ mit $\varphi_m(h) = h^m$ für alle $h \in G$ eine Endomorphismus von G, da G kommutativ ist. Ein beliebiger Endomorphismus φ von G ist eindeutig durch $\varphi(g)$ bestimmt, da $\varphi(g^r) = \varphi(g)^r$ für jedes $r \in \mathbb{Z}$ gilt. Es gibt ein $m \in \mathbb{Z}$ mit $\varphi(g) = g^m$; dann folgt $\varphi = \varphi_m$.

Die Automorphismen von G sind genau die Endomorphismen φ von G, für die $\varphi(g)$ ein erzeugendes Element von G ist, also genau die φ_m mit $G = \langle g^m \rangle$. Wegen $\varphi_m \circ \varphi_{m'} = \varphi_{mm'}$ ist die Gruppe $\mathrm{Aut}(G)$ kommutativ.

Hat G unendliche Ordnung, so besteht $\mathrm{Aut}(G)$ aus der Identität und dem Automorphismus mit $h \mapsto h^{-1}$ für alle $h \in G$; also ist $\mathrm{Aut}(G)$ zyklisch von der Ordnung 2.

Hat G die endliche Ordnung n, also $\mathrm{ord}(g) = n$, so gilt $\mathrm{ord}(g^m) = n$ nach Satz 1.12.c genau dann, wenn $(m, n) = 1$. Also besteht $\mathrm{Aut}(G)$ aus den Elementen φ_m mit $1 \leq m < n$ und $(n, m) = 1$.

(2) Sei k ein Körper. Im k–Vektorraum k^n sei $e_1, \dots, e_n$ die Standardbasis. Für jede Permutation $\sigma \in S_n$ sei $\pi(\sigma): k^n \to k^n$ die lineare Abbildung mit $\pi(\sigma)(e_i) = e_{\sigma(i)}$ für alle i. Dann ist $\pi: S_n \to GL(k^n)$ ein injektiver Homomorphismus.

§ 3 Die symmetrische Gruppe

Die Kenntnis der symmetrischen Gruppe S_M einer nichtleeren Menge M, insbesondere der symmetrischen Gruppe vom Grade n, spielt auch historisch gesehen eine wichtige Rolle in der Theorie der Gruppen; es gilt:

Satz 3.1. *Jede Gruppe G ist zu einer Untergruppe der symmetrischen Gruppe S_G von G isomorph.*

Beweis: Jedem Element $g \in G$ wird die Permutation $\pi_g: G \to G$, $h \mapsto gh$, zugeordnet. Dadurch wird ein Homomorphismus $G \to S_G$ definiert, denn

$\pi_g \circ \pi_{g'}(h) = \pi_g(g'h) = g(g'h) = (gg')h = \pi_{gg'}(h)$ für alle $h, g, g' \in G$
impliziert, daß $\pi_g \circ \pi_{g'} = \pi_{gg'}$ gilt. Dieser Homomorphismus ist injektiv;
denn ist $\pi_g = \mathrm{Id}_G$, so folgt $g = ge_G = \pi_g(e_G) = e_G$. $\square$

Ist G eine endliche Gruppe der Ordnung $|G| = n$, so ist deshalb G zu
einer Untergruppe der S_n isomorph.

3.2. Ist $\pi \in S_M$ eine Permutation der Menge M, so ist der *Träger* von π
definiert als $\mathrm{supp}(\pi) := \{m \in M \mid \pi(m) \neq m\}$. Haben $\sigma, \tau \in S_M$ disjunkte
Träger, so gilt $\sigma\tau = \tau\sigma$. Ein Element $\pi \in S_M$ heißt *Zyklus der Länge k*,
wenn $|\mathrm{supp}(\pi)| = k$ und wenn man $\mathrm{supp}(\pi) = \{m_1, \ldots, m_k\}$ so numerieren
kann, daß $\pi(m_i) = m_{i+1}$ für $i = 1, \ldots k - 1$, sowie $\pi(m_k) = m_1$ gilt. Dieser
Zyklus wird auch mit $(m_1 m_2 \ldots m_k)$ bezeichnet. Ein Zyklus der Länge 2
heißt *Transposition*.

Ist $\pi \in S_n$, $\pi \neq \mathrm{Id}$, eine Permutation der Menge $M = \{1, \ldots, n\}$, so kann
man π als Produkt von Zyklen mit disjunkten Trägern schreiben, die alle Teilmengen von $\mathrm{supp}(\pi)$ sind. Hierzu betrachte man die zyklische Gruppe $\langle\pi\rangle$.
Man nennt Elemente $m, m' \in M$ äquivalent unter $\langle\pi\rangle$, falls $\pi^j(m) = m'$ für
irgendein j. Dies definiert eine Äquivalenzrelation auf M. Sind $K_1, \ldots, K_s$
die zugehörigen Äquivalenzklassen, so ist M disjunkte Vereinigung der K_i,
$i = 1, \ldots, s$. Man definiere Permutationen $\sigma_i \in S_n$, falls $|K_i| \geq 2$, durch
die Vorschrift $\sigma_i(x) = x$ für $x \notin K_i$ und $\sigma_i(x) = \pi(x)$ für $x \in K_i$. Ist a
Element einer Äquivalenzklasse K, und ist r die kleinste positive Zahl, für
die $\pi^r(a) = a$ gilt, so ist $K = \{a, \pi(a), \ldots, \pi^{r-1}(a)\}$. Setzt man $a_j := \pi^j(a)$
für $j = 1, \ldots, r$, dann ist $K = \{a_1, \ldots, a_r\}$; es gilt $\pi(a_j) = a_{j+1}$ für $j < r$
und $\pi(a_r) = a_1$, also stimmt π auf der Äquivalenzklasse K mit dem Zyklus
$(a_1 \ldots a_r)$ überein. Es folgt, daß die Permutationen σ_i Zyklen der Länge $|K_i|$
sind und daß π das Produkt aller σ_i mit $|K_i| \geq 2$ ist.

Diese Zerlegung ist eindeutig bis auf die Reihenfolge. Ist $\pi = \tau_1 \ldots \tau_r$ eine
andere Zerlegung als Produkt von Zyklen mit disjunkten Trägern, so wirkt
π auf $\mathrm{supp}(\tau_j)$ wie τ_j, also ist $\mathrm{supp}(\tau_j)$ eine der Äquivalenzklassen K_i mit
$|K_i| \geq 2$. Es folgt, daß σ_j und τ_i auf $\mathrm{supp}(\tau_j) = K_i = \mathrm{supp}(\sigma_i)$ überstim-
men, also gleich sind. Zusammengefaßt ergibt sich die folgende erste Aussage:

Satz 3.3. (a) *Jede Permutation $\pi \in S_n$, $\pi \neq \mathrm{Id}$, kann als Produkt
von Zyklen mit disjunkten Trägern geschrieben werden; diese Darstel-
lung ist bis auf die Reihenfolge der Faktoren eindeutig.*

(b) *Ist $(m_1 \ldots m_k)$ ein Zyklus der Länge k und ist π ein beliebiges
Element in S_n, so gilt*

$$\pi\,(m_1 \ldots m_k)\,\pi^{-1} = (\pi(m_1) \ldots \pi(m_k)).$$

(c) *Die symmetrische Gruppe wird von den Transpositionen erzeugt.*

(d) *Die Teilmengen*

$$A = \{(1\,2), (1\,3), \ldots, (1\,n)\}$$

und

$$B = \{(1\,2), (2\,3), (3\,4), \ldots, (n-1\,n)\}$$

bilden jeweils ein Erzeugendensystem von S_n.

Beweis. (b) Ist σ der Zyklus in (b), so gelten $(\pi\sigma\pi^{-1})(\pi(m_i)) = \pi\sigma(m_i) = \pi(m_{i+1})$, $i = 1, \ldots, k-1$, und $(\pi\sigma\pi^{-1})(\pi(m_k)) = \pi(m_1)$. Daraus folgt die Behauptung.

(c) Jeder Zyklus kann als Produkt von Transpositionen geschrieben werden,

$$(m_1\,m_2\ldots m_k) = (m_1\,m_2)\,(m_2\,m_3)\,\ldots\,(m_{k-1}\,m_k).$$

Also gilt dies auch für jede Permutation $\pi \in S_n$, d.h., die Transpositionen erzeugen S_n.

(d) Wegen (c) genügt es zu zeigen, daß jede Transposition sich als Produkt von solchen in A bzw. in B schreiben läßt.

Sind $i, j \neq 1$, so gilt $(i\,j) = (1\,i)(1\,j)(1\,i)$, und man hat $(j\,1) = (1\,j)$. Also folgt die Behauptung für A.

Eine Transposition $(j\,k)$ mit $k > j+1$ läßt sich als

$$(j\,k) = (j\,j+1)\,(j+1\,k)\,(j\,j+1)$$

zerlegen. Induktion über $k - j$ zeigt dann, daß $(j\,k)$ ein Produkt von Elementen in B ist. $\qquad\square$

3.4. Das *Signum einer Permutation* $\pi \in S_n$ ist definiert als $\operatorname{sgn}(\pi) := (-1)^w$, wobei w die Anzahl der Paare (i, j) mit $i, j \in \{1, \ldots, n\}$, $i < j$ und $\pi(i) > \pi(j)$ bezeichnet. Man sieht leicht, daß

$$\operatorname{sgn}(\pi) = \prod_{i<j} \frac{\pi(i) - \pi(j)}{i - j}.$$

Ist $\operatorname{sgn}(\pi) = 1$, also w gerade, so heißt die Permutation π *gerade*, im anderen Fall heißt π *ungerade*. Die Abbildung $\operatorname{sgn}\colon S_n \to \{\pm 1\}$ ist ein Homomorphismus, d.h.: Für $\pi, \pi' \in S_n$ gilt

$$\operatorname{sgn}(\pi)\operatorname{sgn}(\pi') = \operatorname{sgn}(\pi\pi').$$

Dies folgt aus

$$\operatorname{sgn}(\pi\pi') = \prod_{i<j} \frac{\pi\pi'(i) - \pi\pi'(j)}{i - j} = \prod_{i<j} \frac{\pi\pi'(i) - \pi\pi'(j)}{\pi'(i) - \pi'(j)} \prod_{i<j} \frac{\pi'(i) - \pi'(j)}{i - j}$$

und

$$\mathrm{sgn}(\pi) = \prod_{i<j} \frac{\pi\pi'(i) - \pi\pi'(j)}{\pi'(i) - \pi'(j)},$$

da π' die Indizes permutiert und $(\pi(i) - \pi(j))(i - j)^{-1} = (\pi(j) - \pi(i))(j - i)^{-1}$ gilt.

Für alle $\sigma, \pi \in S_n$ folgt nun $\mathrm{sgn}(\pi\sigma\pi^{-1}) = \mathrm{sgn}(\pi)\mathrm{sgn}(\sigma)\mathrm{sgn}(\pi)^{-1} = \mathrm{sgn}(\sigma)$. Also haben konjugierte Elemente in S_n dasselbe Signum. Jede Transposition ist zu $(1\,2)$ konjugiert, also ist sie ungerade. Für einen Zyklus $\sigma = (m_1 \ldots m_k) = (m_1\,m_2)\ldots(m_{k-1}\,m_k)$ der Länge k gilt deshalb $\mathrm{sgn}(\sigma) = (-1)^{k+1}$.

Der Kern des Homomorphismus $\mathrm{sgn} \colon S_n \to \{\pm 1\}$ ist eine normale Untergruppe; sie besteht aus den geraden Permutationen. Diese Gruppe wird die *alternierende Gruppe* genannt und mit A_n bezeichnet. Die Ordnung von A_n ist $(\frac{1}{2})n!$. Die Zyklen der Länge 3 erzeugen A_n, $n \geq 3$, denn: Jedes $\pi \in A_n$ kann als Produkt einer geraden Anzahl von Transpositionen geschrieben werden. Also reicht es, ein Produkt $(a\,b)(c\,d)$ zweier Transpositionen als Produkt von 3-Zyklen zu schreiben. Gilt dabei $\{a, b\} \cap \{c, d\} = \emptyset$, so hat man $(a\,b)(c\,d) = (a\,c\,b)(a\,c\,d)$. In den anderen Fällen benützt man $(a\,b) = (b\,a)$ und $(a\,b)^2 = 1$ und $(a\,b)(a\,c) = (a\,c\,b)$ falls $b \neq c$.

§ 4   Faktorgruppen und Isomorphiesätze

4.1. Sei G eine Gruppe, und sei $N \trianglelefteq G$ eine normale Untergruppe. Für zwei Teilmengen X, Y von G setze man $XY := \{xy \mid x \in X, y \in Y\}$; dann erhält man für das Produkt zweier Nebenklassen von N in G

$$(aN)(bN) = a(Nb)N = a(bN)N = abN.$$

Dies ist also wieder eine Nebenklasse von N in G. Versieht man die Menge $\{gN \mid g \in G\}$ aller Nebenklassen von N in G mit dieser Verknüpfung, so bildet sie eine Gruppe G/N, genannt *Faktorgruppe von N in G*. Das neutrale Element von G/N ist die Nebenklasse $e_G N = N$, und das Inverse der Nebenklasse aN ist die Nebenklasse $a^{-1}N$. Die Assoziativität der so definierten Verknüpfung ist klar. Man nennt die Abbildung $\pi \colon G \to G/N$ mit $\pi(a) = aN$ für alle $a \in G$ die *natürliche Projektion* von G auf G/N. Wegen $(aN)(bN) = (ab)N$ ist π ein Homomorphismus, der offensichtlich surjektiv ist. Es gilt

$$\ker \pi = N, \tag{1}$$

da $\pi(g) = e_{G/N}$, also $gN = N$, zu $g \in N$ äquivalent ist.

Bemerkung: Ist $N \trianglelefteq G$ normale Untergruppe einer Gruppe G, so sind die Zuordnungen $H \mapsto H/N$ und $H' \mapsto \pi^{-1}(H')$ zueinander inverse, inklusionserhaltende Bijektionen zwischen der Menge $\mathcal{U}_G[N]$ der Untergruppen H von G, die N enthalten, und der Menge $\mathcal{U}_{G/N}$ der Untergruppen von G/N. Dabei gehen jeweils normale Untergruppen in normale Untergruppen über.

Die Faktorgruppen haben die folgende universelle Eigenschaft:

Satz 4.2. *Seien $\varphi\colon G \to G'$ ein Homomorphismus von Gruppen, N ein Normalteiler von G und $\pi\colon G \to G/N$ die natürliche Projektion. Ist $N \leq \ker \varphi$, so gibt es genau einen Homomorphismus $\bar{\varphi}\colon G/N \to G'$ mit $\bar{\varphi} \circ \pi = \varphi$.*

Beweis: Ist $a \in N$, so gilt $\varphi(a) = e$, also $\varphi(ga) = \varphi(g)\varphi(a) = \varphi(g)$ für alle $g \in G$. Daher ist durch $\bar{\varphi}(gN) = \varphi(g)$ eine Abbildung $\bar{\varphi}\colon G/N \to G'$ wohldefiniert. Sie erfüllt offensichtlich $\bar{\varphi} \circ \pi = \varphi$. Wegen $\bar{\varphi}(gN \cdot hN) = \bar{\varphi}(ghN) = \varphi(gh) = \varphi(g)\varphi(h) = \bar{\varphi}(gN)\bar{\varphi}(hN)$ ist $\bar{\varphi}$ ein Homomorphismus. Die Eindeutigkeit von $\bar{\varphi}$ folgt aus der Surjektivität von π. $\qquad\square$

Korollar 4.3. *Sei $\varphi\colon G \to G'$ ein Homomorphismus von Gruppen. Dann gibt es einen Isomorphismus von Gruppen $\bar{\varphi}\colon G/\ker \varphi \to \operatorname{im} \varphi$ mit $\bar{\varphi}(g \ker \varphi) = \varphi(g)$ für alle $g \in G$.*

Beweis: Weil $\ker \varphi$ eine normale Untergruppe von G ist, gibt es nach Satz 4.2 einen Homomorphismus $\bar{\varphi}\colon G/\ker \varphi \to G'$ mit $\bar{\varphi}(g \ker \varphi) = \varphi(g)$ für alle $g \subset G$. Das Bild von $\bar{\varphi}$ ist offensichtlich gerade $\operatorname{im} \varphi$. Den Kern von $\bar{\varphi}$ bilden alle $g \ker \varphi$ mit $e = \bar{\varphi}(g \ker \varphi) = \varphi(g)$, also mit $g \in \ker \varphi$. Also besteht $\ker \bar{\varphi}$ nur aus dem neutralen Element, und $\bar{\varphi}$ ist injektiv. $\qquad\square$

Beispiel: Sei $G = \langle g \rangle$ eine zyklische Gruppe. Dann ist die Zuordnung $r \mapsto g^r$ ein surjektiver Homomorphismus $\rho\colon \mathbb{Z} \to G$. Ist $\ker \rho = \{0\}$, so ist G zur zyklischen Gruppe $\mathbb{Z} = \langle 1 \rangle$ isomorph. Ist $H := \ker \rho \neq \{0\}$, so gibt es eine kleinste positive Zahl $n \in \mathbb{Z}$, die in H liegt. Ist $m \in H$, so existieren $q, r \in \mathbb{Z}$, $0 \leq r < n$, mit $m = qn + r$. Da $m, n \in H$ gilt, ist auch $r \subset H$. Aus der Minimalität von n folgt $r = 0$, d.h. $m = qn \in n\mathbb{Z}$, und $\ker \rho = n\mathbb{Z}$. Damit ist in diesem Fall G isomorph zur Gruppe $\mathbb{Z}/n\mathbb{Z}$ der Restklassen modulo n mit einer eindeutig bestimmten positiven ganzen Zahl n.

Satz 4.4. (Erster Isomorphiesatz) *Ist H eine Untergruppe einer Gruppe G und ist N eine normale Untergruppe von G, so sind NH eine Untergruppe von G und $N \cap H$ eine normale Untergruppe von H; die Zuordnung $h(N \cap H) \mapsto hN$ ist ein Isomorphismus*

$$H/(N \cap H) \xrightarrow{\sim} NH/N.$$

Beweis: Da N normal in G ist, gilt für $n_1, n_2 \in N$ und $h_1, h_2 \in H$

$$n_1 h_1 (n_2 h_2)^{-1} = n_1 h_1 h_2^{-1} n_2^{-1} = n_1 (h_1 h_2^{-1} n_2^{-1} h_2 h_1^{-1}) h_1 h_2^{-1} \in NH.$$

Also ist NH Untergruppe von G, und N ist normal in NH. Die Zuordnung $h \mapsto hN$ ist ein Epimorphismus von H nach NH/N; dessen Kern ist $N \cap H$, und die Behauptung folgt mit Korollar 4.3. $\qquad\square$

Bemerkung: Man nennt NH im Satz das *Produkt* der Untergruppen N und H. Sind sowohl N als auch H normal in G, so ist auch das Produkt NH normal in G.

Satz 4.5. (Zweiter Isomorphiesatz) *Sind M und N normale Untergruppen einer Gruppe G, und ist $N \leq M$, dann ist M/N eine normale Untergruppe von G/N und*

$$(G/N)\big/(M/N) \xrightarrow{\sim} G/M.$$

Beweis: Durch $gN \mapsto gM$ wird ein Homomorphismus $\psi\colon G/N \to G/M$ definiert. Offenbar ist ψ surjektiv und hat M/N als Kern. Korollar 4.3 sichert die Behauptung. $\qquad\Box$

4.6. Gegeben seien Homomorphismen $\varphi\colon G' \to G$ und $\psi\colon G \to G''$ von Gruppen G, G', G''. Die Folge

$$G' \xrightarrow{\varphi} G \xrightarrow{\psi} G''$$

heißt *exakt* (bei G), falls im $\varphi = \ker \psi$ gilt.

Die Injektivität eines Gruppenhomomorphismus $\alpha\colon G \to H$ kann deshalb auch durch die Bedingung ausgedrückt werden, daß die Folge

$$\{e_G\} \longrightarrow G \xrightarrow{\alpha} H$$

bei G exakt ist. Analog ist ein Homomorphismus $\beta\colon G \to H$ surjektiv, falls die Folge

$$G \xrightarrow{\beta} H \xrightarrow{O_H} \{e_H\}$$

(O_H der triviale Homomorphismus) exakt bei H ist.

Allgemeiner sagt man, daß Homomorphismen $\varphi\colon G' \to G$ und $\psi\colon G \to G''$ von Gruppen G, G', G'' eine *kurze exakte Folge*

$$1 \longrightarrow G' \xrightarrow{\varphi} G \xrightarrow{\psi} G'' \longrightarrow 1$$

bilden, falls im $\varphi = \ker \psi$ gilt, falls φ injektiv ist und ψ surjektiv. Ist zum Beispiel N eine normale Untergruppe in einer Gruppe G, so erhalten wir eine kurze exakte Folge

$$1 \longrightarrow N \xrightarrow{\iota} G \xrightarrow{\pi} G/N \longrightarrow 1,$$

wobei ι die Inklusion bezeichnet und π die natürliche Projektion ist.

In additiver Schreibweise wird eine kurze exakte Folge von Gruppenhomomorphismen durch

$$0 \longrightarrow G' \longrightarrow G \longrightarrow G'' \longrightarrow 0$$

notiert.

§ 5 Produkte und Gruppenerweiterungen

Mit Hilfe der direkten und semidirekten Produkte kann man aus gegebenen Gruppen neue Gruppen konstruieren. Der Begriff der Gruppenerweiterung gibt den formalen Rahmen für diese und andere Methoden. Er ist ein wichtiges Hilfsmittel, um den inneren Aufbau einer Gruppe (aus seinen Unter- und Faktorgruppen) zu verstehen.

5.1. Für eine gegebene Familie $(G_\lambda)_{\lambda \in \Lambda}$ von Gruppen ist das (äußere) *direkte Produkt*

$$\overset{\sim}{\prod_{\lambda \in \Lambda}} G_\lambda$$

diejenige Gruppe, deren zugrundeliegende Menge das mengentheoretische Produkt der Mengen G_λ ist, und deren Verknüpfung durch die komponentenweise Multiplikation gegeben ist, d.h.

$$(g_\lambda)_{\lambda \in \Lambda} \cdot (h_\lambda)_{\lambda \in \Lambda} := (g_\lambda h_\lambda)_{\lambda \in \Lambda}.$$

Das neutrale Element im direkten Produkt ist $(e_{G_\lambda})_{\lambda \in \Lambda}$, und das inverse Element zu $(g_\lambda)_{\lambda \in \Lambda}$ ist $(g_\lambda^{-1})_{\lambda \in \Lambda}$. Man verifiziert unmittelbar die Gültigkeit der eine Gruppe definierenden Bedingungen.

In vielen Fällen wird die Indexmenge Λ endlich sein. Gilt etwa $\Lambda = \{1, \ldots, n\}$, so schreibt man auch $\prod_{\lambda \in \Lambda} G_\lambda = G_1 \times G_2 \times \cdots \times G_n$. Sind die Gruppen G_i additiv geschrieben, so notiert man das direkte Produkt als direkte Summe $G_1 \oplus G_2 \oplus \cdots \oplus G_n$.

Sei Λ eine endliche Indexmenge. Für jedes $\lambda \in \Lambda$ erhält man einen injektiven Homomorphismus

$$j_\lambda : G_\lambda \to \prod_{\mu \in \Lambda} G_\mu, \qquad g_\lambda \mapsto (1, \ldots, 1, y_\lambda, 1, \ldots, 1),$$

der g_λ dasjenige Element zuordnet, dessen λ–Komponente g_λ ist und dessen andere Komponenten 1 sind.

Das Bild $j_\lambda(G_\lambda)$ von G_λ unter j_λ ist eine normale Untergruppe von $\prod G_\mu$; man hat offenbar $j_\lambda(G_\lambda) \overset{\sim}{\longleftarrow} G_\lambda$. Das Erzeugnis $\langle \bigcup_{\lambda \in \Lambda} j_\lambda(G_\lambda) \rangle = \prod_{\lambda \in \Lambda} G_\lambda$ ist das direkte Produkt. Weiterhin gilt

$$j_\lambda(G_\lambda) \cap \langle \bigcup_{\substack{\mu \neq \lambda \\ \mu \in \Lambda}} j_\mu(G_\mu) \rangle = \{e\}$$

für alle $\lambda \in \Lambda$.

5.2. Ist umgekehrt in einer Gruppe H eine endliche Familie $(H_\lambda)_{\lambda \in \Lambda}$ normaler Untergruppen H_λ gegeben, die den Bedingungen

$$H = \langle \bigcup_{\lambda \in \Lambda} H_\lambda \rangle \quad \text{und} \quad H_\lambda \cap \langle \bigcup_{\substack{\mu \neq \lambda \\ \mu \in \Lambda}} H_\mu \rangle = \{e\}$$

genügen, so heißt H das (innere) *direkte Produkt* der Gruppen H_λ. Für Elemente $h_\mu \in H_\mu$ und $h_\lambda \in H_\lambda$ mit $\lambda \neq \mu$ gilt, da die Untergruppen H_λ und H_μ normal sind, daß

$$h_\mu h_\lambda h_\mu^{-1} h_\lambda^{-1} = h_\mu (h_\lambda h_\mu^{-1} h_\lambda^{-1}) = (h_\mu h_\lambda h_\mu^{-1}) h_\lambda^{-1} \in H_\mu \cap H_\lambda = \{e\},$$

d.h. $h_\mu h_\lambda = h_\lambda h_\mu$. Es gibt daher einen Homomorphismus $\psi \colon \prod_{\lambda \in \Lambda} H_\lambda \to H$ von dem äußeren direkten Produkt $\prod_{\lambda \in \Lambda} H_\lambda$ nach H, der einer Familie $(h_\lambda)_{\lambda \in \Lambda}$ das Produkt der h_λ (in beliebiger Reihenfolge) zuordnet. Weil H von den H_λ erzeugt wird, ist ψ surjektiv. Eine Familie $(h_\lambda)_{\lambda \in \Lambda}$ im Kern von ψ erfüllt $h_\lambda = \prod_{\mu \neq \lambda} h_\mu^{-1} \in H_\lambda \cap \langle \bigcup_{\mu \neq \lambda} H_\mu \rangle = \{e\}$ für alle λ, ist also das neutrale Element in $\prod_{\lambda \in \Lambda} H_\lambda$. Daher ist ψ auch injektiv, also ein Isomorphismus.

Umgekehrt stimmt in 5.1 für endliches Λ das äußere direkte Produkt $\prod_{\lambda \in \Lambda} G_\lambda$ mit dem inneren Produkt der Familie $(j_\lambda(G_\lambda))_{\lambda \in \Lambda}$ überein. In der Regel werden deshalb diese Begriffe nicht mehr unterschieden, und man identifiziert jedes G_λ mit $j_\lambda(G_\lambda)$.

Das folgende Kriterium erlaubt es, eine Gruppe G als direktes Produkt einer Familie normaler Untergruppen zu erkennen.

> **Satz 5.3.** *Eine Gruppe G ist genau dann direktes Produkt einer endlichen Familie $(G_\lambda)_{\lambda \in \Lambda}$ von normalen Untergruppen G_λ, wenn die beiden folgenden Bedingungen erfüllt sind:*
>
> (1) *Jedes $g \in G$ hat eine eindeutige Darstellung $g = g_{\lambda_1} \ldots g_{\lambda_n}$ als Produkt von Elementen $g_{\lambda_i} \in G_{\lambda_i}$ ($i = 1, \ldots, n$) mit $\lambda_i \neq \lambda_j$ für $i \neq j$.*
>
> (2) *Für $h_\lambda \in G_\lambda$ und $h_\mu \in G_\mu$ mit $\mu \neq \lambda$ gilt $h_\lambda h_\mu = h_\mu h_\lambda$.*

Beweis: Ist G das (innere) Produkt der G_λ, so haben wir, wie oben gesehen, einen Isomorphismus $\psi \colon \prod_{\lambda \in \Lambda} G_\lambda \to G$, der einer Familie $(g_\lambda)_{\lambda \in \Lambda}$ das Produkt der g_λ zuordnet. Weil (1) und (2) offensichtlich in $\prod_{\lambda \in \Lambda} G_\lambda$ gelten, folgen sie auch für G.

Umgekehrt sichert die Bedingung der Eindeutigkeit der Darstellung eines Elementes als $g = g_{\lambda_1} \ldots g_{\lambda_n}$, daß $G_\lambda \cap \langle \bigcup_{\mu \neq \lambda} G_\mu \rangle = \{e\}$ ist. $\square$

5.4. Sind N und H Gruppen, so ist eine *Gruppenerweiterung von N durch H* eine kurze exakte Folge von Gruppen nebst Homomorphismen

$$1 \longrightarrow N \overset{i}{\longrightarrow} G \overset{\pi}{\longrightarrow} H \longrightarrow 1$$

d.h., i ist injektiver Homomorphismus, π ist surjektiv, und es gilt $\operatorname{im} i = \ker \pi$. Also können wir N mit der normalen Untergruppe $\operatorname{im} i$ von G identifizieren; dann gilt $G/N \cong H$. Es ist im allgemeinen nicht einfach, alle

Erweiterungen (bis auf Isomorphie) zu bestimmen. Man kann als G immer das direkte Produkt $G = N \times H$ mit $i(n) = (n, e_H)$ und $\pi(g, h) = h$ nehmen, aber es gibt meistens noch andere Möglichkeiten.

5.5. Eine Verallgemeinerung des direkten Produktes zweier Gruppen ist die Konstruktion des semidirekten Produktes.

Sei $N \trianglelefteq G$ normale Untergruppe einer Gruppe G, und sei H eine Untergruppe von G, so daß $G = NH$ und $H \cap N = \{e_G\}$ gelten. Dann heißt G das *semidirekte Produkt von N und H*, geschrieben $G = N \rtimes H$. Jedes Element g in G kann eindeutig in der Form $g = nh$ mit $n \in N$, $h \in H$ geschrieben werden, d.h., die Abbildung $N \times H \to G$, $(n, h) \mapsto nh$ ist bijektiv. Es gilt nämlich für alle $n_1, n_2 \in N$, $h_1, h_2 \in H$: Die Gleichheit $n_1 h_1 = n_2 h_2$ impliziert $n_2^{-1} n_1 = h_2 h_1^{-1} = e$, da $H \cap N = \{e\}$, also $h_1 = h_2$ und $n_1 = n_2$. Bei gegebenem $h \in H$ definiert die Zuordnung $n \mapsto hnh^{-1}$ einen Automorphismus $\gamma_h \colon N \to N$ von N, und die Abbildung $\gamma \colon H \to \mathrm{Aut}\,(N)$, $h \mapsto \gamma_h$, ist ein Homomorphismus, da $\gamma_{hh'}(n) = hh'nh'^{-1}h^{-1} = \gamma_h(\gamma_{h'}(n))$ für alle $n \in N$ gilt. Die Identität $n_1 h_1\, n_2 h_2 = n_1 \cdot \gamma_{h_1}(n_2) \cdot h_1 h_2$ zeigt, daß G durch N, H und den Homomorphismus γ bestimmt ist. Die Gruppe G stimmt genau dann mit dem direkten Produkt $N \times H$ überein, wenn $\gamma_h = \mathrm{Id}$ für alle $h \in H$ gilt.

Sind umgekehrt zwei Gruppen N und H sowie ein Homomorphismus $\gamma \colon H \to \mathrm{Aut}\,(N)$, $h \mapsto \gamma_h$ gegeben, so ist die Menge aller Paare (n, h) mit $n \in N$ und $h \in H$, versehen mit der Verknüpfung

$$(n_1, h_1)\,(n_2, h_2) := (n_1 \cdot \gamma_{h_1}(n_2),\ h_1 h_2),$$

eine Gruppe G; deren neutrales Element ist (e_N, e_H), und das inverse Element zu (n, h) ist $(\gamma_h^{-1}(n^{-1}), h^{-1})$. Wegen $\gamma_{e_H} = \mathrm{Id}_N$ und $\gamma_h(e_N) = e_N$ für alle $h \in H$ gilt stets

$$(n_1, e_H)\,(n_2, e_H) = (n_1 n_2, e_H) \qquad \text{und} \qquad (e_N, h_1)\,(e_N, h_2) = (e_N, h_1 h_2).$$

Daher sind $N^* := \{(n, e_H) \mid n \in N\}$ und $H^* := \{(e_N, h) \mid h \in H\}$ Untergruppen in G mit offensichtlichen Isomorphismen $N^* \cong N$ und $H^* \cong N$. Genauer ist N^* eine normale Untergruppe in G als Kern von $\pi \colon G \to H$ mit $(n, h) \mapsto h$. Es ist klar, daß $N^* \cap H^* = \{e_G\}$, und es gilt $G = N^* H^*$, da stets $(n, h) = (n, e_H)\,(e_N, h)$. Deshalb ist G das semidirekte Produkt von N^* und H^*. Es erweist sich als sinnvoll, nicht zwischen N und N^* bzw. H und H^* zu unterscheiden; man spricht von dem *semidirekten Produkt* $G - N \rtimes H$ *von N und H*.

Ein semidirektes Produkt $G = N \rtimes H$ gibt Anlaß zu einer kurzen exakten Folge von Gruppen nebst Homomorphismen

$$1 \longrightarrow N \overset{i}{\longrightarrow} G = N \rtimes H \overset{\pi}{\longrightarrow} H \longrightarrow 1,$$

wobei $i\colon N \to G$ durch $n \mapsto (n, e_H)$ definiert ist. Der Homomorphismus $j\colon H \to G$ erfüllt $\pi \circ j = \mathrm{Id}_H$. Dies führt nun zu einer anderen Charakterisierung semidirekter Produkte.

Sind N und H Gruppen, und ist G eine Gruppenerweiterung von N durch H,

$$1 \longrightarrow N \stackrel{i}{\longrightarrow} G \stackrel{\pi}{\longrightarrow} H \longrightarrow 1,$$

so sagt man, daß diese *spaltet*, falls ein Homomorphismus $s\colon H \to G$ mit $\pi \circ s = \mathrm{Id}_H$ existiert; man nennt dann s einen *Schnitt* von π.

Satz 5.6. *Ist* $1 \to N \stackrel{i}{\longrightarrow} G \stackrel{\pi}{\longrightarrow} H \to 1$ *eine Gruppenerweiterung von* N *durch* H, *die mit einem Schnitt* $s : H \longrightarrow G$ *spaltet, so ist* G *zu dem semidirekten Produkt* $N \rtimes H$ *isomorph, definiert durch den Homomorphismus* $\gamma\colon H \to \mathrm{Aut}(N)$, $h \mapsto \gamma_h$, *wobei* $\gamma_h\colon N \to N$ *durch die Zuordnung* $i(\gamma_h(n)) = s(h)i(n)s(h)^{-1}$ *gegeben ist.*

Beweis: Durch $(n, h) \mapsto i(n)s(h)$ wird ein Homomorphismus $\rho\colon N \rtimes H \to G$ definiert. Ist $(n, h) \in \ker \rho$, d.h. $i(n)s(h) = e_G$, so gilt $e_H = \pi(e_G) = e_H \cdot \pi(s(h)) = h$, da $\mathrm{im}\, i = \ker \pi$ und $\pi \circ s = \mathrm{Id}_H$. Also folgt $i(n) = e_G$, somit $n = e_N$, und ρ ist injektiv.

Der Homomorphismus ρ ist surjektiv, denn ist $g \in G$, so liegt das Element $d := g \cdot s(\pi(g))^{-1}$ in $\ker \pi = \mathrm{im}\, i$, da $\pi(d) = \pi(g)\pi(g)^{-1} = e_H$ ist. Also existiert ein $n \in N$ mit $i(n) = d$. Es folgt $\rho(n, \pi(g)) = i(n) \cdot s(\pi(g)) = ds(\pi(g)) = g$. $\square$

Beispiele 5.7. (1) Ist N eine abelsche Gruppe, so ist die *verallgemeinerte Diedergruppe zu* N definiert als $D_N := \{(n, h) \mid n \in N, h = \pm 1\}$ versehen mit der Verknüpfung $(n, h_n)(m, h_m) = (nm^{h_n}, h_n h_m)$. Das Einselement in D_N ist $(e_N, 1)$, und das inverse Element zu (n, h) ist (n^{-h}, h). Identifiziert man N mit dem Bild der Zuordnung $n \mapsto (n, 1)$, $N \to D_N$, so ist N eine normale Untergruppe von D_N; man hat $[D_N : N] = 2$. Setzt man $H = (\{\pm 1\}, \cdot)$, so ist D_N das semidirekte Produkt $N \rtimes H$, konstruiert mit $\gamma\colon H \to \mathrm{Aut}(N)$, $\gamma_h(m) = m^h$ für $m \in N$.

Ist $N = \mathbb{Z}/k\mathbb{Z}$ die Gruppe der Restklassen modulo k, so ist $D_N = D_{\mathbb{Z}/k\mathbb{Z}}$ *die Diedergruppe*, bezeichnet D_{2k}, *von der Ordnung* $2k$. Eine Gruppe G ist genau dann zu D_{2k} isomorph, wenn G von Elementen $n, h \in G$ mit $\mathrm{ord}(n) = k$, $\mathrm{ord}(h) = 2$ und $h^{-1}nh = n^{-1}$ erzeugt werden kann.

(2) Für die symmetrische Gruppe S_n mit $n \geq 2$ wird durch die Signum-Abbildung die kurze exakte Folge

$$1 \to A_n \longrightarrow S_n \stackrel{\mathrm{sgn}}{\longrightarrow} \{\pm 1\} \cong \mathbb{Z}/2\mathbb{Z} \to 1$$

definiert. Ist $\tau \in S_n$ eine Transposition, so ist durch $s(1) = \mathrm{Id}$, $s(-1) = \tau$ ein Schnitt zu sgn gegeben d.h., $S_n \cong A_n \rtimes \mathbb{Z}/2\mathbb{Z}$. Diese Darstellung als semidirektes Produkt ist für $n > 2$ nicht direkt.

(3) Im Falle der allgemeinen linearen Gruppe $GL_n(k)$ über einem Körper k liefert die Determinantenabbildung die kurze exakte Folge

$$1 \to SL_n(k) \longrightarrow GL_n(k) \xrightarrow{\det} k^* = k \setminus \{0\} \to 1.$$

Durch $a \mapsto \operatorname{diag}(1, \ldots, 1, a)$, $a \in k^*$, wird ein Schnitt $s \colon k^* \to GL_n(k)$ zu det definiert.

(4) Sei $G = \langle g \rangle$ zyklisch von der Ordnung 4. Setze $N = \langle g^2 \rangle$; dann sind sowohl N und G/N zyklisch von der Ordnung 2. Die offensichtliche exakte Folge $1 \to N \to G \to G/N \to 1$ spaltet nicht, weil ein Schnitt das Element $gN \in G/N$ auf g oder g^3 abbilden müsste. Das ist aber unmöglich, weil g und g^3 Ordnung 4 haben, aber gN Ordnung 2.

§ 6   Operationen von Gruppen auf Mengen

6.1. Eine *Operation einer Gruppe G auf einer Menge X* ist eine Abbildung $G \times X \to X$, $(g, x) \mapsto g \cdot x$ mit folgenden Eigenschaften (für alle $g_1, g_2 \in G$, $x \in X$):

(1) $(g_1 g_2) \cdot x = g_1 \cdot (g_2 \cdot x)$,

(2) $e \cdot x = x$.

Eine Menge X versehen mit einer Operation einer Gruppe G heißt auch *G–Menge*. Wir schreiben oft gx an Stelle von $g \cdot x$.

Für jedes $g \in G$ ist die Abbildung $\tau_g \colon X \to X$, $x \mapsto g \cdot x$, eine Bijektion, denn es gilt $(\tau_{g^{-1}} \circ \tau_g)(x) = g^{-1}(g \cdot x) = (g^{-1}g) \cdot x = e \cdot x = x$, also $\operatorname{Id}_X = \tau_{g^{-1}} \circ \tau_g = \tau_g \circ \tau_{g^{-1}}$. Dem Produkt zweier Elemente aus G entspricht die Komposition der zugeordneten Abbildungen. Deshalb definiert die Zuordnung $g \mapsto \tau_g$ einen Homomorphismus $\tau \colon G \to S_X$ von G in die symmetrische Gruppe S_X von X. Umgekehrt definiert jeder Homomorphismus $G \to S_X$ eine Operation von G auf X.

Für $x \in X$ heißt die Menge $Gx := \{ gx \mid g \in G \}$ die *Bahn* oder *Äquivalenzklasse* von x unter der Operation von G. Die Bahnen bilden eine Partition von X, d.h. X ist die disjunkte Vereinigung der Bahnen, denn: Ist $m \in Gx \cap Gy$, also $m = g_1 x = g_2 y$, so gilt $Gm = Gg_1 x = Gx$ und $Gm = Gg_2 x = Gy$, also $Gx = Gm = Gy$. Ist X selbst eine Bahn, so heißt die Operation von G auf X *transitiv*.

Die Operation von G auf X wird *treu* genannt, falls der Homomorphismus $\tau \colon G \to S_X$ injektiv ist.

Eine Abbildung $\alpha \colon X \to Y$ zwischen G–Mengen X und Y nennt man *G–Morphismus*, falls $\alpha(g \cdot x) = g \cdot \alpha(x)$ für alle $x \in X, g \in G$ gilt.

Beispiele 6.2. (1) Eine Gruppe G operiert auf sich selbst (d.h., wir betrachten $X = G$) durch Linkstranslation, definiert durch $(g, x) \mapsto gx$. Aus den

Gruppenaxiomen folgt, daß die Bedingungen in 6.1 gelten. Der zugehörige Homomorphismus $G \to S_G$ heißt die *linksreguläre Permutationsdarstellung* von G. Diese Operation ist treu. Deshalb ist G zu einer Untergruppe einer symmetrischen Gruppe isomorph, vergleiche Satz 3.1. Analog definieren die Rechtstranslationen, gegeben als $(g, x) \mapsto xg^{-1}$, die *rechtsreguläre* Permutationsdarstellung.

(2) Sei G eine Gruppe. Für jedes $g \in G$ sei $i_g \colon G \to G$ die Abbildung mit $x \mapsto gxg^{-1}$. Es ist $i_g(xy) = (gxg^{-1})(gyg^{-1}) = i_g(x)i_g(y)$, und $i_{g^{-1}} \circ i_g = \mathrm{Id}_G$, also $i_g \in \mathrm{Aut}\,(G)$. Die Zuordnung $g \mapsto i_g$ definiert einen Homomorphismus $G \to \mathrm{Aut}\,(G)$, da $i_{g_1 g_2}(x) = g_1 g_2 x g_2^{-1} g_1^{-1} = i_{g_1}(i_{g_2}(x))$ gilt. (Vergleiche dazu auch 2.6.) Die Abbildung i_g heißt *Konjugation* mit g; die Bahnen dieser Operation von G auf sich heißen *Konjugationsklassen* oder *Konjugiertenklassen*; die Menge $\{gxg^{-1} \mid g \in G\}$ ist die Konjugationsklasse von x.

Mit Hilfe der Konjugation erhalten wir auch eine Operation von G auf der Menge $\mathcal{U}_G$ aller Untergruppen von G. Man definiert $G \times \mathcal{U}_G \to \mathcal{U}_G$ durch $(g, H) \mapsto i_g(H) = gHg^{-1}$. Die Bahnen dieser Operation heißen *Konjugationsklassen* von Untergruppen in G.

(3) Ist H Untergruppe einer Gruppe G, so operiert G auf der Menge der Nebenklassen $X := G/H = \{xH \mid x \in G\}$ durch $(g, xH) \mapsto gxH$. Diese Operation wird Linkstranslation genannt und ist transitiv. Betrachtet man die zugehörige Permutationsdarstellung $\rho \colon G \to S_X$, so ist deren Kern gerade

$$
\begin{aligned}
K \ &= \{\, g \in G \mid gxH = xH \text{ für alle } x \in G \,\} \\
&= \{\, g \in G \mid x^{-1}gx \in H \text{ für alle } x \in G \,\},
\end{aligned}
$$

also $K = \bigcap_{x \in G} xHx^{-1}$. Insbesondere gilt $K \leq H$. Als Kern von ρ ist K normal in G. Genauer ist K die größte normale Untergruppe von G, die in H enthalten ist. Denn jeder Normalteiler N von G mit $N \leq H$ erfüllt $x^{-1}Nx = N \leq H$, also $N \leq xHx^{-1}$ für alle $x \in G$. Daraus folgt $N \leq K$.

$\square$

6.3. Ist X eine G–Menge, so nennt man ein Element $x \in X$ einen *Fixpunkt* der Operation von G, wenn $g \cdot x = x$ für alle $g \in G$ gilt. Wir bezeichnen die Menge der Fixpunkte mit

$$
X^G = \{\, x \in X \mid g \cdot x = x \text{ für alle } g \in G \,\}.
$$

Für jedes $x \in X$ ist $G_x := \{g \in G \mid g \cdot x = x\}$ eine Untergruppe von G, genannt die *Isotropiegruppe* von $x \in X$. Die Fixpunkte sind also gerade die $x \in X$ mit $G_x = G$. Für beliebige $x \in X$ und $g \in G$ gilt $G_{g \cdot x} = gG_x g^{-1}$. Alle Elemente in der Bahn Gx haben deshalb zueinander konjugierte Isotropiegruppen.

Wenn G wie in Beispiel 6.2(2) auf sich selbst durch Konjugation operiert, so nennt man die Isotropiegruppe G_x von $x \in G$ den *Zentralisator* $C_G(x) :=$

$\{g \in G \mid gx = xg\}$ von x in G. Die Menge der Fixpunkte ist in diesem Fall das Zentrum $Z(G) = \{x \in G \mid gx = xg$ für alle $g \in G\}$, das in 2.6 definiert wurde.

Betrachte die Operation von G durch Konjugation auf der Menge $\mathcal{U}_G$ der Untergruppen von G. Hier nennt man die Isotropiegruppe von $H \leq G$ den *Normalisator* $N_G(H) := \{g \in G \mid gHg^{-1} = H\}$ von H in G. Die Fixpunkte dieser Operation sind gerade die normalen Untergruppen von G.

Satz 6.4. *Ist X eine G–Menge, so gibt es für jedes $x \in X$ einen G–Isomorphismus $p \colon G/G_x \to G \cdot x$ mit $gG_x \mapsto g \cdot x$. Die Mächtigkeit der Bahn Gx ist gleich dem Index $[G : G_x]$.*

Beweis: Für $g_1, g_2 \in G$ gilt $g_1 \cdot x = g_2 \cdot x$ genau dann, wenn $g_2^{-1} g_1 \in G_x$, also genau dann, wenn $g_1 G_x = g_2 G_x$. Deshalb ist p wohldefiniert und bijektiv. Wegen $p(g_1(g_2 G_x)) = p(g_1 g_2 G_x) = (g_1 g_2) \cdot x = g_1 \cdot (g_2 \cdot x) = g_1 \cdot p(g_2 G_x)$ ist p ein G–Isomorphismus. $\qquad\square$

6.5. Ist $(x_i)_{i \in I}$ ein Repräsentantensystem für die Bahnen von X unter der Operation der Gruppe G, so gilt, da X disjunkte Vereinigung der Bahnen ist,

$$|X| = \sum_{i \in I} [G : G_{x_i}]. \tag{1}$$

Jeder Fixpunkt $x \in X^G$ ist eine Bahn unter der Operation von G, muß also zum Repräsentantensystem gehören. Daher folgt aus (1), daß

$$|X| = |X^G| + \sum_{x_i \notin X^G} [G : G_{x_i}]. \tag{2}$$

Analysiert man diese Identität für das Beispiel, in dem G auf sich durch Konjugation operiert, so erhält man die sogenannte *Klassengleichung*:

Satz 6.6. *Ist $(x_i)_{i \in I}$ ein Repräsentantensystem für die Konjugationsklassen von G, so gilt*

$$|G| = |Z(G)| + \sum_{x_i \notin Z(G)} [G : C_G(x_i)].$$

ÜBUNGEN

§ 1 Gruppen, Untergruppen und Nebenklassen

1. Seien $(G, \cdot)$ eine Gruppe und $a \in G$. Definiere eine Verknüpfung $\bullet$ auf G durch $x \bullet y := xay$ für alle $x, y \in G$. Zeige, daß $(G, \bullet)$ eine Gruppe ist.

2. Seien A und B Untergruppen einer Gruppe G. Zeige: Die Vereinigung $A \cup B$ ist dann und nur dann eine Untergruppe von G, wenn $A \subset B$ oder $B \subset A$. Folgere, daß eine Gruppe G niemals Vereinigung zweier echter Untergruppen sein kann.

3. Sei G eine Gruppe, die von zwei Elementen g und h erzeugt wird. Es gebe positive ganze Zahlen r und s mit $g^r = e$ und $hg = gh^s$. Zeige, daß

$$G = \{\, g^m h^n \mid m, n \in \mathbb{Z},\, 0 \le m < r \,\}.$$

Zeige: Ist $s > 1$, so hat h endliche Ordnung.

4. Sei G die von $g = \begin{pmatrix} 0 & 1 \\ 1 & 0 \end{pmatrix}$ und $h = \begin{pmatrix} 1 & 0 \\ 1 & -1 \end{pmatrix}$ erzeugte Untergruppe von $GL_2(\mathbb{R})$. Bestimme die Ordnungen von g, h und gh. Zeige, daß $|G| = 12$.

5. Sei G eine Gruppe. Zeige für alle $g, h \in G$, daß $\operatorname{ord}(gh) = \operatorname{ord}(hg)$.

6. Es bezeichne $M_2(S)$ den Ring aller 2×2–Matrizen mit Einträgen aus einem Ring S. Sei $O(2) := \{A \in M_2(\mathbb{R}) \mid A^t A = 1\}$ die Gruppe der orthogonalen Matrizen. Zeige:

   (a) Der Durchschnitt $G := O(2) \cap M_2(\mathbb{Z})$ ist eine Gruppe der Ordnung 8.

   (b) G besitzt genau eine zyklische Untergruppe G_0 der Ordnung 4.

   (c) Für alle $d \in G_0$ und $s \in G \setminus G_0$ gilt $sd = d^{-1}s$.

7. Seien G eine Gruppe und $g, h \in G$. Setze $m = \operatorname{ord}(g)$ und $n = \operatorname{ord}(h)$. Zeige: Sind g und h vertauschbar und ist $(m, n) = 1$, so gilt $\operatorname{ord}(gh) = m \cdot n$.

8. Sei $GL_2(\mathbb{Z}) := \{A \in M_2(\mathbb{Z}) \mid \det(A) = \pm 1\}$ die Menge der invertierbaren 2×2–Matrizen mit ganzzahligen Einträgen.

   (a) Zeige: Bezüglich der Matrizenmultiplikation als Verknüpfung ist $GL_2(\mathbb{Z})$ eine Untergruppe der allgemeinen linearen Gruppe $GL_2(\mathbb{C})$.

   (b) Welche komplexen Zahlen können Eigenwerte einer Matrix $A \in GL_2(\mathbb{C})$ sein, die endliche Ordnung hat?

   (c) Zeige: Ein Element endlicher Ordnung in $GL_2(\mathbb{Z})$ hat die Ordnung 1, 2, 3, 4 oder 6. [Bemerke, daß das charakteristische Polynom χ_A von A ganze Koeffizienten hat.]

   (d) Gib Elemente der Ordnung 1, 2, 3, 4 und 6 in $GL_2(\mathbb{Z})$ an.

9. Seien H_1 und H_2 Untergruppen einer Gruppe G. Für jedes $g \in G$ nennt man $H_1 g H_2 := \{h_1 g h_2 \mid h_1 \in H_1, h_2 \in H_2\}$ die *Doppelnebenklasse* von g bezüglich H_1 und H_2. Zeige für beliebige $g, g' \in G$, daß entweder $H_1 g H_2 = H_1 g' H_2$ oder $H_1 g H_2 \cap H_1 g' H_2 = \emptyset$. Zeige für endliche H_1 und H_2, daß $|H_1 g H_2| = |H_1|\,|H_2|/|g^{-1} H_1 g \cap H_2|$.

10. Sei G eine Gruppe, seien A und B Untergruppen von G. Zeige:

   (a) Für $x, y \in G$ ist $Ax \cap By$ entweder leer oder Rechtsnebenklasse von $A \cap B$.

   (b) Es gilt $[G : A \cap B] \le [G : A] \cdot [G : B]$.

   (c) Sind A und B von endlichem Index in G, so daß $[G : A]$ und $[G : B]$ prim zueinander sind, so hat man $[G : A \cap B] = [G : A] \cdot [G : B]$.

11. Ist $H_1, \ldots, H_k$ eine endliche Familie von Untergruppen einer Gruppe G von endlichem Index, so ist der Durchschnitt $\bigcap_{i=1}^k H_i$ eine Untergruppe von endlichem Index.

12. (a) Sei G eine zyklische Gruppe der Ordnung m. Ist $m = p \cdot q$ mit positiven ganzen Zahlen p, q, so existiert genau eine Untergruppe U von G mit $\operatorname{ord} U = p$ und $[G : U] = q$.

(b) Sei H eine Gruppe ungleich $\{e\}$. Zeige, daß H genau dann zyklisch von Primzahlordnung ist, wenn H und $\{e\}$ die einzigen Untergruppen von H sind.

§ 2 Normale Untergruppen und Homomorphismen

13. Zeige: Eine Untergruppe vom Index 2 in einer Gruppe G ist ein Normalteiler.

14. Sei H eine normale Untergruppe einer Gruppe G. Zeige: Ist H zyklisch, so ist jede Untergruppe von H normal in G.

15. Zeige, daß jeder Gruppenhomomorphismus $(\mathbb{Q}, +) \to (\mathbb{Z}, +)$ die Nullabbildung ist.

16. Bestimme Bild und Kern des Homomorphismus $x \mapsto e^{2\pi i x}$ von $(\mathbb{R}, +)$ nach $(\mathbb{C}^*, \cdot)$.

17. Sei $G = \{e, a_1, a_2, a_3\}$ eine nicht-zyklische Gruppe der Ordnung 4. Zeige, daß $a_i^2 = e$ für alle i und daß $a_i a_j = a_k$ für jede Permutation i, j, k von 1, 2, 3. Zeige, daß die Gruppe Aut G aller Automorphismen von G zur symmetrischen Gruppe S_3 isomorph ist. (Man nennt G eine *Kleinsche Vierergruppe*. Alle Kleinsche Vierergruppen sind zu einander isomorph.)

18. Sei $n \in \mathbb{Z}$, $n \geq 1$. Zeige, daß die Abbildung, die jeder Matrix $A \in GL_n(\mathbb{C})$ das Inverse $(A^t)^{-1}$ ihrer transponierten A^t zuordnet, ein äußerer Automorphismus von $GL_n(\mathbb{C})$ ist. (Kann man hier $\mathbb{C}$ durch einen beliebigen Körper ersetzen?)

19. (a) Die orthogonale Gruppe $O(2)$ besteht aus allen

$$r_\varphi := \begin{pmatrix} \cos(\varphi) & -\sin(\varphi) \\ \sin(\varphi) & \cos(\varphi) \end{pmatrix} \quad \text{und} \quad s_\varphi := \begin{pmatrix} \cos(\varphi) & \sin(\varphi) \\ \sin(\varphi) & -\cos(\varphi) \end{pmatrix}$$

mit $\varphi \in \mathbb{R}$. Zeige für alle $\varphi, \psi \in \mathbb{R}$, daß

$$r_\varphi r_\psi = r_{\varphi+\psi}, \qquad s_\varphi s_\psi = r_{\varphi-\psi}, \qquad s_\varphi r_\psi = s_{\varphi-\psi}, \qquad r_\varphi s_\psi = s_{\varphi+\psi}.$$

(b) Sei $n \in \mathbb{Z}$, $n > 0$. Setze $a = r_{2\pi/n}$ und $b = s_0$. Zeige, daß die von a und b erzeugte Untergruppe von $GL_2(\mathbb{R})$ die Ordnung $2n$ hat. Man nennt diese Gruppe die *Diedergruppe* der Ordnung $2n$ und bezeichnet sie mit D_{2n}.

(c) Bezeichne die von a erzeugte Untergruppe mit C_n; diese Gruppe ist zyklisch von der Ordnung n. Zeige für jede Untergruppe H von C_n und jeden Automorphismus φ von D_{2n}, daß $\varphi(H) = H$, außer wenn $n = 2$.

(d) Zeige für jeden Teiler $d > 0$ von n, daß D_{2d} eine Untergruppe von D_{2n} ist. Ist D_{2d} normal in D_{2n}?

§ 3 Die symmetrische Gruppe

20. Finde in der symmetrischen Gruppe S_4 eine Untergruppe H, die eine Kleinsche Vierergruppe (siehe Aufgabe 17) ist. Kann man H als normale Untergruppe von S_4 wählen?

21. Die Kommutatoruntergruppe $D(G) = [G, G]$ einer Gruppe G ist definiert als die von allen Kommutatoren $aba^{-1}b^{-1}$ mit $a, b \in G$ erzeugte Gruppe.

(a) Man bestimme die Kommutatoruntergruppe von S_3.

(b) Es sei G die Untergruppe der S_4, die von den folgenden Permutationen erzeugt wird:
$$\alpha = (1\,2\,3\,4), \qquad \beta = (2\,4).$$
Zeige, daß die Beziehungen $\alpha^4 = \mathrm{Id} = \beta^2$ und $\alpha\beta = \beta\alpha^3$ gelten, daß G aus den Elementen
$$\beta^n \alpha^m \qquad \text{mit } 0 \le m \le 3,\ 0 \le n \le 1$$
besteht und daß $|G| = 8$. Ist G abelsch? Bestimme das Zentrum von G und zeige, daß die Kommutatoruntergruppe $[G, G]$ von G mit dem Zentrum übereinstimmt.

22. Sei $n \in \mathbb{Z}$, $n \ge 2$. Jedes $\pi \in S_n$ läßt sich als Produkt $\pi = \sigma_1 \sigma_2 \ldots \sigma_r$ von disjunkten Zykeln schreiben. Sei dann m_i die Länge von σ_i. Man kann annehmen, daß $m_1 \ge m_2 \ge \cdots \ge m_r \ge 2$ und nennt dann $(m_1, m_2, \ldots, m_r)$ den *Zykeltyp von* π. Zeige: Zwei Permutationen $\pi, \pi' \in S_n$ sind genau dann konjugiert, wenn sie denselben Zykeltyp haben.

23. Sei φ ein Automorphismus einer symmetrischen Gruppe S_n. Zeige: Ist $\varphi(\tau)$ eine Transposition für jede Transposition $\tau \in S_n$, so ist φ ein innerer Automorphismus. (Hinweis: Für $1 \le i < n$ betrachte die Transposition $\tau_i = (i\ i+1)$. Zeige induktiv für alle k, $1 \le k < n$, daß es ein $\sigma \in S_n$ gibt, so daß $\sigma\,\varphi(\tau_i)\,\sigma^{-1} = \tau_i$ für alle $i \le k$ gilt.)

§ 4 Faktorgruppen und Isomorphiesätze

24. Eine Gruppe G besitze eine Untergruppe vom Index 2. Zeige: Die Elemente ungerader Ordnung von G erzeugen eine echte Untergruppe von G.

25. Gegeben seien ein Gruppenhomomorphismus $\sigma\colon G \longrightarrow G'$ und ein surjektiver Gruppenhomomorphismus $\pi\colon G \longrightarrow H$. Zeige: Ist $\ker\pi \subset \ker\sigma$, dann gibt es einen und nur einen Homomorphismus $\tau\colon H \longrightarrow G'$, so daß $\sigma = \tau \circ \pi$ gilt (d.h. das Diagramm

ist kommutativ). Ist σ surjektiv, so ist auch τ surjektiv. Gilt $\ker\pi = \ker\sigma$, so ist τ injektiv.

26. Es sei $\mathbb{F}$ ein endlicher Körper mit q Elementen, $\mathbb{F}^* = \mathbb{F}\setminus\{0\}$ seine multiplikative Gruppe. Auf der Menge $G := \mathbb{F}^* \times \mathbb{F}$ ist durch $(s, u)\cdot(t, v) := (st, sv + u)$ eine assoziative Verknüpfung erklärt. Zeige:

(a) Falls $q > 2$, so bildet G versehen mit dieser Verknüpfung eine nicht abelsche Gruppe.

(b) Die Menge $U = \{(1, u) \mid u \in \mathbb{F}\}$ ist eine normale Untergruppe von G, und es gilt $G/U \cong \mathbb{F}^*$.

(c) Die einzige Untergruppe der Ordnung q in G ist U.

27. Sei $n > 0$ eine positive ganze Zahl. Bestimme das Zentrum $Z(D_{2n})$ der Diedergruppe D_{2n} von Aufgabe 19. Zeige: Ist $n \ge 4$ gerade, so gibt es einen Isomorphismus $D_{2n}/Z(D_{2n}) \cong D_n$. Zeige, daß $\mathrm{Int}(D_8) \cong D_4$ und $\mathrm{Aut}(D_8) \cong D_8$. (Hinweis: Betrachte D_8 als Untergruppe von D_{16}.)

28. Die Kommutatoruntergruppe $D(G) = [G, G]$ einer Gruppe G (siehe Aufgabe 21) ist invariant unter allen Automorphismen von G; insbesondere gilt also, daß $[G, G]$ normale Untergruppe von G ist. Zeige: Ist N eine normale Untergruppe von G, so ist die Faktorgruppe G/N genau dann abelsch, falls $[G, G] \subset N$ gilt.

§ 5   Produkte und Gruppenerweiterungen

29. Gegeben seien positive ganze Zahlen $n_1, n_2, \ldots, n_k$, die durch 3 teilbar sind. Bestimme für die abelsche Gruppe $G := \mathbb{Z}/n_1\mathbb{Z} \times \mathbb{Z}/n_2\mathbb{Z} \times \cdots \times \mathbb{Z}/n_k\mathbb{Z}$

    (a) die Anzahl der Elemente von G der Ordnung 3,

    (b) die Anzahl der Untergruppen von G der Ordnung 3.

30. Sind Z_1 und Z_2 endliche zyklische Gruppen mit teilerfremden Ordnungen, so ist auch $Z_1 \times Z_2$ zyklisch.

31. Zeige, daß die in 5.7(1) definierte Diedergruppe zu der in Aufgabe 19 definierten Diedergruppe isomorph ist.

32. Welche der folgenden kurzen exakten Folgen von Gruppen spalten?
    (a) $1 \longrightarrow 2\mathbb{Z}/10\mathbb{Z} \longrightarrow \mathbb{Z}/10\mathbb{Z} \longrightarrow \mathbb{Z}/2\mathbb{Z} \longrightarrow 1$
    (b) $1 \longrightarrow 2\mathbb{Z}/12\mathbb{Z} \longrightarrow \mathbb{Z}/12\mathbb{Z} \longrightarrow \mathbb{Z}/2\mathbb{Z} \longrightarrow 1$
    (Die Verknüpfung ist jeweils die Addition, die Abbildungen bilden jeweils Restklassen $x + n\mathbb{Z}$ auf $x + n'\mathbb{Z}$ ab.)

33. Sei G die Menge aller Folgen $(a_1, a_2, a_3, \ldots)$ von ganzen Zahlen mit $a_n \neq 0$ nur für endlich viele n. Bezüglich der komponentenweisen Addition ist G eine Gruppe. Die Abbildung $\sigma : G \longrightarrow \mathbb{Q}$ mit $(a_1, a_2, \ldots) \mapsto \sum_{n=1}^{\infty} \frac{a_n}{n}$ ist ein surjektiver Homomorphismus nach $(\mathbb{Q}, +)$. Mit $N := \ker \sigma$ ist also

$$1 \longrightarrow N \longrightarrow G \xrightarrow{\sigma} \mathbb{Q} \longrightarrow 1$$

eine kurze exakte Folge. Entscheide, ob sie spaltet.

§ 6   Operationen von Gruppen auf Mengen

34. Seien G eine Gruppe und X eine Menge mit einer Operation von G. Zeige, daß die Operation von G auf X genau dann treu ist, wenn $\bigcap_{x \in X} G_x = \{e\}$ gilt.

35. Operiert eine endliche kommutative Gruppe G treu und transitiv auf einer Menge M, so haben die Mengen G und M die gleiche Kardinalität.

36. Sei $F = \{0, 1\}$ ein Körper aus zwei Elementen. Zeige, daß die Gruppe $GL_2(F)$ der invertierbaren 2×2–Matrizen mit Koeffizienten aus F isomorph zur symmetrischen Gruppe S_3 ist. (Hinweis: Betrachte die Wirkung auf den von 0 verschiedenen Vektoren des F^2.)

37. Betrachte die Diedergruppe $G = D_{2n}$ wie in Aufgabe 19. Bestimme für alle $g \in G$ den Zentralisator $C_G(g)$ von g in G. Zeige, daß G für gerades n genau $(n+6)/2$ Konjugationsklassen enthält, für ungerades n genau $(n+3)/2$ Konjugationsklassen.

38. Sei C eine Konjugationsklasse in einer Gruppe G. Zeige für jeden Automorphismus φ von G, daß $\varphi(C)$ eine Konjugationsklasse von G ist; gilt $\varphi(C) \neq C$, so ist φ ein äußerer Automorphismus von G.

39. Sei $n \in \mathbb{Z}, n \geq 2$. Für alle ganzen Zahlen k mit $1 \leq k \leq n/2$ sei C_k die Menge aller Permutationen in S_n, die als Produkt von k disjunkten Transpositionen geschrieben werden können.

(a) Zeige, daß jedes C_k eine Konjugationsklasse in S_n ist und daß $\bigcup_{k \geq 1} C_k$ die Menge aller Elemente der Ordnung 2 in S_n ist.

(b) Bestimme alle $|C_k|$ und zeige für $k > 1$, daß $|C_k| \neq |C_1|$, außer wenn $n = 6$ und $k = 3$.

(c) Zeige für $n \neq 6$, daß alle Automorphismen von S_n inner sind. (Hinweis: Aufgabe 23) Zeige, daß $[\mathrm{Aut}(S_6) : \mathrm{Int}(S_6)] \leq 2$.

40. (a) Seien G eine Gruppe und $Z(G)$ das Zentrum von G. Zeige: Ist die Faktorgruppe $G/Z(G)$ zyklisch, so ist G abelsch.

(b) Ist H eine nicht–abelsche Gruppe, so kann die Gruppe $\mathrm{Int}(H)$ der inneren Automorphismen von H nicht zyklisch sein.

41. Zeige: Der Index des Zentrums $Z(G)$ einer endlichen Gruppe G ist niemals eine Primzahl.

42. Eine Gruppe der Ordnung 55 operiere auf einer Menge M von 39 Elementen. Zeige, daß die Operation einen Fixpunkt besitzt.

43. Setze $G = SL_2(\mathbb{R})$ und $H := \{\, z \in \mathbb{C} \mid \mathrm{Im}\, z > 0 \,\}$. Zeige:

(a) Es gibt eine Operation von G auf H, so daß

$$\begin{pmatrix} a & b \\ c & d \end{pmatrix} \cdot z = \frac{az + b}{cz + d} \qquad \text{für alle } \begin{pmatrix} a & b \\ c & d \end{pmatrix} \in G \text{ und } z \in H.$$

(b) Für die Operation in (a) ist die Isotropiegruppe von i gleich der speziellen orthogonalen Gruppe $SO(2) = O(2) \cap SL_2(\mathbb{R})$.

(c) Die Operation in (a) ist transitiv.

II Gruppen : Strukturtheorie

In diesem Kapitel wird die Gruppentheorie von Kapitel I fortgeführt. Die klassischen Sätze von Sylow werden bewiesen. Wir betrachten spezielle Klassen von Gruppen (auflösbare, nilpotente). Insbesondere werden alle endlichen abelschen Gruppen beschrieben.

§ 1 Die Sätze von Sylow

Im folgenden wollen wir uns mit sogenannten p–Untergruppen endlicher Gruppen beschäftigen. Für eine Primzahl p heißt eine endliche Gruppe H eine p-Gruppe, falls die Ordnung von H eine Potenz von p ist, d.h. $|H| = p^k$ für irgendein $k \in \mathbb{N}$.

1.1. Ist G eine endliche abelsche Gruppe, und ist die Primzahl p ein Teiler von $|G|$, so gibt es ein $g \in G$ mit $\mathrm{ord}(g) = p$. Mit Induktion über die Ordnung $|G|$ ist dies zu sehen: Der Fall $|G| = 1$ ist klar. Sonst sei $h \in G$, $h \neq e$; setze $m := \mathrm{ord}(h)$. Gilt $p \mid m$, dann ist $h^{m'}$ mit $m' = m/p$ ein Element der Ordnung p in G. Ist p kein Teiler von m, so betrachte die von h erzeugte (zyklische) Untergruppe $\langle h \rangle$ und die zugehörige Faktorgruppe $G/\langle h \rangle$. Wegen $|G| = |\langle h \rangle| \cdot |G/\langle h \rangle|$ teilt p deren Ordnung $|G/\langle h \rangle|$. Nach Induktionsvoraussetzung existiert ein $g \in G$ mit $\mathrm{ord}(g\langle h \rangle) = p$. Sei $n := \mathrm{ord}(g)$; nun gilt $(g \cdot \langle h \rangle)^n = g^n\langle h \rangle = \langle h \rangle$, also $p \mid n$. Wie im ersten Fall ist $g^{n'}$ mit $n' = n/p$ ein Element der Ordnung p in G.

Die Bedingung der Kommutativität der Gruppe G ist für die gemachte Aussage nicht entscheidend. Es gilt allgemeiner:

> **Satz 1.2.** (Cauchy) *Ist G eine endliche Gruppe und ist die Primzahl p ein Teiler der Ordnung $|G|$ von G, so enthält G ein Element der Ordnung p.*

Beweis: Wir verwenden Induktion über $|G| =: n$. Der Fall $|G| = 1$ ist klar. Sei $|G| > 1$, und sei p ein Teiler von $|G|$. Gibt es eine echte Untergruppe H von G, deren Ordnung $|H|$ durch p teilbar ist, so enthält H (und damit auch G) nach Induktionsvoraussetzung ein Element der Ordnung p. Also können wir annehmen: Die Ordnung jeder echten Untergruppe von G wird nicht von p geteilt. Für jedes $g \in G$, das nicht im Zentrum $Z(G)$ von G liegt, ist der Zentralisator $C_G(g)$ von g in G eine echte Untergruppe, und es gilt $p \nmid |C_G(g)|$. Weil aber $|G|$ von p geteilt wird, folgt: $p \mid [G : C_G(g)]$. Die Klassengleichung

$$|G| = |Z(G)| + \sum_{x_i \notin Z(G)} [G : C_G(x_i)],$$

wobei $(x_i)_{i \in I}$ ein Repräsentantensystem für die Konjugationsklassen von G ist, liefert dann, daß p auch die Ordnung $|Z(G)|$ des Zentrums teilt. Da aber nach Voraussetzung p nicht die Ordnung einer echten Untergruppe teilt, muß schon $Z(G) = G$ gelten, d.h., die Gruppe G muß abelsch sein. In diesem Fall ist die Aussage jedoch schon gezeigt. $\qquad\square$

Eine unmittelbare Folgerung dieses Ergebnisses ist:

> **Korollar 1.3.** *Eine endliche Gruppe G ist genau dann eine p-Gruppe, wenn die Ordnung jedes Elements von G eine Potenz von p ist.*

Bemerkung: Diese Charakterisierung einer endlichen p–Gruppe nimmt man als Definition des Begriffes p–Gruppe im Falle unendlicher Gruppen.

> **Lemma 1.4.** *Seien p eine Primzahl und G eine endliche p–Gruppe. Operiert G auf einer endlichen Menge X, so gilt für die Menge X^G der Fixpunkte, daß $|X^G| \equiv |X| \pmod{p}$.*

Beweis: Für alle $x \in X \setminus X^G$ gilt $G_x \neq G$, also ist $[G : G_x]$ durch p teilbar. Daher folgt die Behauptung aus I.6.5(2). $\qquad\square$

> **Satz 1.5.** *Das Zentrum $Z(G)$ einer endlichen p–Gruppe $G \neq \{e\}$ ist nicht–trivial.*

Beweis: Man wende Lemma 1.4 auf die Operation von G auf sich selbst durch Konjugation an. In diesen Fall ist $Z(G)$ die Menge der Fixpunkte. Deshalb gilt $|Z(G)| \equiv |G| \pmod{p}$, und wegen $G \neq \{e\}$ ist $|Z(G)|$ durch p teilbar. $\qquad\square$

Sei p eine Primzahl. Ist G eine endliche Gruppe, so können wir die Ordnung von G in der Form $|G| = p^m \cdot q$ schreiben, wobei $q \in \mathbb{N}$ prim zu p ist. Dann nennt man eine Untergruppe S von G eine *p–Sylowuntergruppe von G*, wenn $|S| = p^m$ gilt. Die Existenz solcher Untergruppen ist Teil der folgenden Aussagen, die von Sylow stammen:

> **Satz 1.6.** *Sei G eine endliche Gruppe der Ordnung $|G| = p^m \cdot q$, mit q prim zu der Primzahl p. Dann gilt:*
>
> (a) *Zu jedem k, $1 \leq k \leq m$, gibt es mindestens eine Untergruppe in G der Ordnung p^k.*
>
> (b) *Sind H eine p–Untergruppe von G und S eine p–Sylowuntergruppe von G, so gibt es ein $g \in G$ mit $H \leq gSg^{-1}$.*
>
> (c) *Ist s die Anzahl der (verschiedenen) p–Sylowuntergruppen von G, so gilt $s \mid q$ und $s \equiv 1 \pmod{p}$.*

Beweis: Die Behauptungen sind klar, wenn $m = 0$. Wir nehmen im folgenden an, daß $m > 0$.

(a) Wir verwenden Induktion über die Ordnung $|G|$. Man betrachte die Operation von G auf sich selbst durch Konjugation. Sei $(x_i)_{i \in I}$ ein Repräsentantensystem der nicht–zentralen Konjugationsklassen von G, d.h. mit $x_i \notin Z(G)$. Die Klassengleichung lautet

$$|G| \;=\; |Z(G)| + \sum_{i \in I} [G : C_G(x_i)].$$

Gilt $p \nmid |Z(G)|$, so existiert mindestens ein $i \in I$ mit $p \nmid [G : C_G(x_i)]$. Es folgt $|C_G(x_i)| = p^m q'$ mit $p \nmid q'$ und $C_G(x_i) \lneq G$. Nach Induktionsvoraussetzung besitzt der Zentralisator $C_G(x_i)$ eine Untergruppe der Ordnung p^k.

Gilt $p \mid |Z(G)|$, so enthält $Z(G)$ nach 1.1 ein Element g mit $\mathrm{ord}(g) = p$. Es gilt dann $\langle g \rangle \trianglelefteq G$ und $|G/\langle g \rangle| = p^{m-1} \cdot q$. Nach Induktionsvoraussetzung gibt es in $G/\langle g \rangle$ eine Untergruppe U der Ordnung $|U| = p^{k-1}$ wenn $k > 1$. Sie ist von der Form $U = V/\langle g \rangle$ mit einer Untergruppe V von G. Dann gilt $|V| = |U| \cdot |\langle g \rangle| = p^{k-1} \cdot p = p^k$.

(b) Seien H eine p–Untergruppe und S eine p–Sylowuntergruppe von G. Man betrachte die Operation von H auf der Menge der Linksnebenklassen $X = G/S$, definiert durch $(h, gS) \mapsto hgS$. Es gilt $|X| = |G|/|S| = q$. Nach Lemma 1.4 gilt $|X^H| \equiv |X| = q \pmod{p}$; da q prim zu p ist, folgt, daß $|X^H|$ nicht durch p teilbar ist. Daher kann X^H nicht leer sein, und wir können ein $g \in G$ mit $gS \in X^H$ finden. Dann gilt $hgS = gS$ für alle $h \in H$, also $g^{-1}hg \in S$. Damit erhalten wir $H \subset gSg^{-1}$.

(c) Sei S eine p–Sylowuntergruppe von G. Bezeichne mit X die Menge aller p–Sylowuntergruppen von G. Aus (b) folgt, daß alle Elemente in X zu S unter G konjugiert sind. Satz I.6.4 impliziert, daß $s := |X|$ gleich dem Index $[G : N_G(S)]$ ist. Aus $[G : S] = [G : N_G(S)][N_G(S) : S]$ und $[G : S] = q$ folgt nun $s \mid q$.

Betrachte die Operation von S auf X durch Konjugation. Wir wollen zeigen, daß S der einzige Fixpunkt dieser Operation ist; daraus folgt dann mit Lemma 1.4, daß $s \equiv 1 \pmod{p}$. Beachte, daß $S' \in X$ genau dann ein Fixpunkt von S ist, wenn S im Normalisator von S' enthalten ist: $S \subset N_G(S')$. Ist allgemein eine p–Untergruppe H von G im Normalisator $N_G(S')$ einer p–Sylowuntergruppe S' enthalten, so gilt schon $H \subset S'$. Denn: Da $S' \trianglelefteq N_G(S')$, ist HS' eine Untergruppe von $N_G(S')$, und es gilt $H \cdot S'/S' \cong H/H \cap S'$. Daher ist $H \cdot S'/S'$ eine p–Gruppe. Der Index $[H \cdot S' : S']$ teilt den Index $[G : S']$, der aber nicht durch p teilbar ist; also folgt $H \cdot S' = S'$, und damit $H \subset S'$. In unserer Situation bedeutet dies, daß $S \subset S'$ gilt, also $S' = S$, weil beide Gruppen Ordnung p^m haben. Damit ist S, wie behauptet, der einzige Fixpunkt der Operation von S auf X. $\square$

Wir halten insbesondere fest:

Korollar 1.7. *Die p–Sylowuntergruppen von G bilden eine Klasse konjugierter Untergruppen in G.*

Bemerkung: In einer beliebigen (nicht notwendig endlichen) Gruppe G heißt eine Untergruppe S eine p–Sylowuntergruppe von G, wenn S maximal in der Menge aller p–Untergruppen von G ist. Satz 1.6.b zeigt, daß diese neue Definition mit der alten im Fall einer endlichen Gruppe verträglich ist. Die Existenz von p–Sylowuntergruppen folgt im allgemeinen Fall aus dem Lemma von Zorn. Denn: Die Menge X aller p–Untergruppen ist nicht leer, da X die triviale Gruppe enthält. Eine Kette Z bestehend aus p–Untergruppen $(H_i)_{i \in I}$ in X hat in X die p–Untergruppe $\bigcup_{i \in I} H_i$ als obere Schranke. Deshalb enthält X mindestens ein maximales Element.

> **Satz 1.8.** *Seien p und q Primzahlen mit $p < q$ und $p \nmid (q-1)$. Dann ist jede endliche Gruppe G der Ordnung $|G| = p \cdot q$ zyklisch, also isomorph zu $\mathbb{Z}/pq\mathbb{Z}$.*

Beweis: Seien S eine p–Sylowuntergruppe und U eine q–Sylowuntergruppe von G; dann gilt $S \cap U = \{e\}$. Sei s (bzw. r) die Anzahl der p– (bzw. q–) Sylowuntergruppen von G. Dann gilt:

$$r \equiv 1 \bmod q, \ \ r \mid p \qquad \text{und} \qquad s \equiv 1 \bmod p, \ \ s \mid q.$$

Da $p < q$ ist, folgt $r = 1$, also ist U normal in G. Für s folgt: $s = q$ oder $s = 1$. Im ersten Fall wäre jedoch $q \equiv 1 \bmod p$, d.h. $p \mid (q-1)$, im Widerspruch zur Voraussetzung. Also gilt $s = 1$, und S ist normal in G. Daher ist $S{\cdot}U$ eine Untergruppe in G, also $G = S{\cdot}U = S \times U$. Wähle $g \in S$ und $h \in U$, beide ungleich e. Weil $|S| = p$ und $|U| = q$ Primzahlen sind, gelten $\operatorname{ord} g = p$ und $\operatorname{ord} h = q$. Es folgt, da $gh = hg$, daß $\operatorname{ord}(gh) = pq$ und daher $G = \langle gh \rangle$. $\qquad\qquad\qquad\qquad\qquad\qquad\qquad\qquad\qquad$ $\square$

§ 2   Normal- und Kompositionsreihen

Sei G eine Gruppe. Eine *Normalreihe* in G ist eine endliche Folge von Untergruppen

$$\{e\} = G_0 \trianglelefteq G_1 \trianglelefteq G_2 \trianglelefteq \cdots \trianglelefteq G_n = G$$

d.h. jede Gruppe G_i ist normal in G_{i+1}, $i = 0, \ldots, n-1$. Die Faktorgruppen G_{i+1}/G_i heißen die *Faktoren der Reihe*, die Gruppen G_i deren *Terme*. Man beachte, daß die Untergruppen G_i nicht unbedingt normal in G sein müssen. Da stets $G_0 := \{e\} \trianglelefteq G =: G_1$ eine Normalreihe in G ist, hat jede Gruppe eine Normalreihe. Sind $\mathbf{H}$ und $\mathbf{G}$ zwei Normalreihen in G, so heißt $\mathbf{H}$ eine *Verfeinerung von* $\mathbf{G}$, falls jeder Term von $\mathbf{G}$ auch ein Term von $\mathbf{H}$ ist. Man sagt, daß $\mathbf{H}$ *äquivalent zu* $\mathbf{G}$ ist, falls es eine Bijektion von der Menge der Faktoren von $\mathbf{H}$ auf die Menge der Faktoren von $\mathbf{G}$ gibt, so daß entsprechende Faktoren isomorph sind.

Der folgende Satz 2.2 und das vorangehende Lemma 2.1 sind nützlich, um verschiedene Normalreihen $\mathbf{G}$ und $\mathbf{H}$ in einer Gruppe G zu vergleichen.

Lemma 2.1. *Seien U, V Untergruppen einer Gruppe G, und seien $U' \trianglelefteq U$ bzw. $V' \trianglelefteq V$ normale Untergruppen von U bzw. V. Dann gilt $U'(U \cap V') \trianglelefteq U'(U \cap V)$ und $V'(V \cap U') \trianglelefteq V'(V \cap U)$. Die zugehörigen Faktorgruppen sind zueinander und zu $(U \cap V)/(U \cap V')(U' \cap V)$ isomorph:*

$$U'(U \cap V)/U'(U \cap V') \cong (U \cap V)/(U \cap V')(U' \cap V)$$
$$\cong V'(V \cap U)/V'(V \cap U').$$

Beweis: Es genügt, die erste Isomorphie nachzuweisen, da die zweite Faktorgruppe symmetrisch in U und V ist, man also die zweite Isomorphie durch Vertauschen von U und V in der Argumentation erhält.

Da $U \cap V$ eine Untergruppe von U und U' eine normale Untergruppe von U ist, ist $U'(U \cap V)$ eine Untergruppe von U. Die Gruppe U' ist normal in $U'(U \cap V)$, also ist die Faktorgruppe $U'(U \cap V)/U'$ erklärt. Mit I.4.3 gilt

$$U'(U \cap V)/U' \cong (U \cap V)/(U \cap V \cap U') = (U \cap V)/(U' \cap V). \qquad (1)$$

Da $U \cap V'$ und $U' \cap V$ jeweils normale Untergruppen in $U \cap V$ sind, hat man mit I.4.4

$$U \cap V/(U \cap V')(U' \cap V) \cong \big((U \cap V)/(U' \cap V)\big)\Big/\big((U \cap V')(U' \cap V)/(U' \cap V)\big),$$

also ist die linke Seite eine Faktorgruppe von $(U \cap V)/(U' \cap V)$. Unter Verwendung von (1) hat man deshalb einen surjektiven Homomorphismus

$$\alpha: U'(U \cap V)/U' \longrightarrow (U \cap V)/(U \cap V')(U' \cap V).$$

Der Kern von α ist gerade $U'(U \cap V')/U'$. Satz I.4.1.a impliziert dann die Isomorphie

$$U'(U \cap V)/U'(U \cap V') \cong (U'(U \cap V)/U')\Big/\ker \alpha \cong (U \cap V)/U \cap V')(U' \cap V).$$

$\square$

Satz 2.2. *Sind $\mathbf{G}$ und $\mathbf{H}$ zwei Normalreihen in einer gegebenen Gruppe G, so besitzen sie äquivalente Verfeinerungen.*

Beweis: Gegeben seien die zwei Normalreihen

$$\mathbf{G}: \{e\} = G_0 \trianglelefteq G_1 \trianglelefteq G_2 \trianglelefteq \cdots \trianglelefteq G_n = G$$

und

$$\mathbf{H}: \{e\} = H_0 \trianglelefteq H_1 \trianglelefteq H_2 \trianglelefteq \cdots \trianglelefteq H_m = G.$$

Dann setze man $G_{ij} := G_i(G_{i+1} \cap H_j)$ und $H_{ij} := H_j(G_i \cap H_{j+1})$ für alle i und j. Wendet man das Lemma in der Situation $U = G_{i+1}$, $U' = G_i$,

$V = H_{j+1}$, $V' = H_j$ an, so erhält man $G_{ij} \trianglelefteq G_{i,j+1}$ und $H_{ij} \trianglelefteq H_{i+1,j}$ und einen Isomorphismus der Faktorgruppen

$$G_{i,j+1}/G_{ij} \cong H_{i+1,j}/H_{ij}$$

für alle i und j. Es gilt jeweils $G_{im} = G_{i+1,0}$ und $H_{nj} = H_{0,j+1}$ sowie $G_{n-1,m} = G = H_{n,m-1}$. Die G_{ij} mit $i = 0, \ldots, n-1$; $j = 0, \ldots, m$ und die H_{ij} mit $i = 0, \ldots, n$; $j = 0, \ldots, m-1$ bilden dann zwei Normalreihen in G, die äquivalente Verfeinerungen von **G** bzw. **H** sind. $\square$

Eine Normalreihe **G** von G heißt *Kompositionsreihe*, falls **G** keine echte Verfeinerung besitzt. Eine endliche Gruppe G besitzt stets eine Kompositionsreihe. Diese erhält man, indem man eine gegebene Normalreihe durch Einfügen von Termen verfeinert. Da G endlich ist, ergibt sich nach endlich vielen Schritten eine Kompositionsreihe.

> **Satz 2.3.** *Eine Normalreihe* **G** *in* G *ist genau dann eine Kompositionsreihe, wenn jeder der Faktoren in* **G** *eine einfache Gruppe ist.*

Beweis: Ist einer der Faktoren G_{i+1}/G_i der Normalreihe **G** in G nicht einfach, so besitzt er eine nicht–triviale normale Untergruppe der Form N/G_i mit $G_{i+1} \supsetneq N \supsetneq G_i$. Die Gruppe N ist normal in G_{i+1}. Fügt man den Term N in die Normalreihe **G** ein, so erhält man eine echte Verfeinerung von **G**. Deshalb ist **G** keine Kompositionreihe.

Besitzt umgekehrt die Normalreihe **G** eine echte Verfeinerung, so gibt es einen Index i und eine Untergruppe K in G mit $G_i \triangleleft K \triangleleft G_{i+1}$. Dann ist die Faktorgruppe K/G_i eine nicht–triviale normale Untergruppe in G_{i+1}/G_i, also ist diese Gruppe nicht einfach. $\square$

Diese Charakterisierung einer Kompositionsreihe kann auch so ausgesprochen werden: Eine Normalreihe

$$\{e\} = G_0 \trianglelefteq G_1 \trianglelefteq G_2 \trianglelefteq \cdots \trianglelefteq G_n = G$$

in G ist eine Kompositionsreihe, falls für jedes $i = 0, \ldots, n-1$ die Gruppe G_i maximal normal in G_{i+1} ist.

Als leichte Folgerung von Satz 2.2 erkennt man:

> **Satz 2.4.** (Jordan–Hölder) *Ist* G *eine Gruppe mit einer Kompositionsreihe* **G**, *so ist jede Kompositionsreihe* **H** *in* G *zu* **G** *äquivalent.*

Beispiele: (1) Die zyklische Gruppe $(\mathbb{Z}/n\mathbb{Z}, +)$ der Ordnung $n > 0$ besitzt als endliche Gruppe eine Kompositionsreihe. Ist $n = m_1 m_2 \ldots m_k$ eine Zerlegung von n in positive Faktoren, so erhält man eine zugehörige Normalreihe

$$\{e\} = m_1 m_2 \ldots m_k \mathbb{Z}/n\mathbb{Z} \triangleleft m_2 \ldots m_k \mathbb{Z}/n\mathbb{Z} \triangleleft \cdots$$
$$\triangleleft m_{k-1} m_k \mathbb{Z}/n\mathbb{Z} \triangleleft m_k \mathbb{Z}/n\mathbb{Z} \triangleleft \mathbb{Z}/n\mathbb{Z}.$$

Die Faktoren dieser Reihe sind zu $\mathbb{Z}/m_i\mathbb{Z}$ mit $1 \leq i \leq k$ isomorph. Wählt man alle m_i als (nicht notwendig verschiedene) Primzahlen, so ist diese Normalreihe eine Kompositionsreihe, da $\mathbb{Z}/p\mathbb{Z}$ für eine Primzahl p einfach ist. Die Äquivalenz zweier solcher Kompositionsreihen gemäß Satz 2.4 entspricht der Eindeutigkeit der Primfaktorzerlegung der Zahl n bis auf Reihenfolge.

(2) Ist p eine Primzahl, so besitzt eine zyklische Gruppe der Ordnung $q = p^\nu$ mit $\nu \in \mathbb{N}$ genau eine Kompositionsreihe.

(3) Die additive Gruppe $(\mathbb{Z}, +)$ besitzt keine Kompositionsreihe, da jede Normalreihe als kleinsten Term ungleich $\{0\}$ eine unendliche zyklische Gruppe aufweist und weil diese nicht einfach ist.

(4) Es ist $\{e\} \trianglelefteq A_3 \trianglelefteq S_3$ eine Kompositionsreihe in S_3, da $S_3/A_3 \cong \mathbb{Z}/2\mathbb{Z}$ und $A_3 \cong \mathbb{Z}/3\mathbb{Z}$. Die symmetrische Gruppe S_4 hat mehrere Kompositionsreihen, vgl. Übung 18. Für $n \geq 5$ kann man zeigen, daß A_n eine einfache Gruppe ist; also ist dann $\{e\} \trianglelefteq A_n \trianglelefteq S_n$ eine Kompositionsreihe in S_n.

§ 3   Auflösbare Gruppen

Eine *abelsche Normalreihe* in einer Gruppe G ist eine Normalreihe $\{e\} = G_0 \trianglelefteq G_1 \trianglelefteq G_2 \trianglelefteq \cdots \trianglelefteq G_n = G$, in der alle Faktoren G_{i+1}/G_i abelsch sind. Eine Gruppe G heißt *auflösbar*, wenn G eine abelsche Normalreihe besitzt.

Beispiele 3.1. (1) Jede abelsche Gruppe ist auflösbar.

(2) Die Gruppe $G = \left\{ \begin{pmatrix} a & b \\ c & d \end{pmatrix} \in GL_2(k) \mid c = 0 \right\}$, k ein Körper, ist auflösbar. Wegen

$$\begin{pmatrix} a_1 & b_1 \\ 0 & d_1 \end{pmatrix} \begin{pmatrix} a_2 & b_2 \\ 0 & d_2 \end{pmatrix} = \begin{pmatrix} a_1 a_2 & a_1 b_2 + b_1 d_2 \\ 0 & d_1 d_2 \end{pmatrix}$$

definiert $\begin{pmatrix} a & b \\ 0 & d \end{pmatrix} \mapsto (a, d)$ einen Homomorphismus $\alpha \colon G \to k^* \times k^*$ mit $\ker \alpha = \left\{ \begin{pmatrix} 1 & b \\ 0 & 1 \end{pmatrix} \in GL_2(k) \right\}$. Die Gruppe $G_1 := \ker \alpha$ ist normal in G, und G_1 ist zur additiven Gruppe von k isomorph. Man erhält die abelsche Normalreihe

$$\{e\} = G_0 \trianglelefteq G_1 = \ker \alpha \trianglelefteq G_2 = G.$$

(3) Die symmetrische Gruppe S_4 ist auflösbar. Man erhält eine abelsche Normalreihe mit $G_1 = \{e, (1\,2)\,(3\,4), (1\,3)\,(2\,4), (1\,4)\,(2\,3)\}$ und $G_2 = A_4$ und $G_3 = S_4$.

> **Satz 3.2.** *Die Klasse der auflösbaren Gruppen ist abgeschlossen unter der Bildung von Untergruppen, homomorphen Bildern und Erweiterungen.*

Beweis: Sei $\{e\} = G_0 \trianglelefteq G_1 \trianglelefteq \cdots \trianglelefteq G_n = G$ eine abelsche Normalreihe in einer auflösbaren Gruppe G.

Ist $U \leq G$ eine Untergruppe, so bilden die $U \cap G_i$ $(i = 0, \ldots, n)$ eine abelsche Normalreihe in U, und U ist auflösbar. Denn jedes $U \cap G_i$ ist normal in $U \cap G_{i+1}$, und $(U \cap G_{i+1})/(U \cap G_i)$ ist zu $(U \cap G_{i+1})G_i/G_i \leq G_{i+1}/G_i$ isomorph (nach Satz I.4.3), also abelsch.

Ist $\varphi \colon G \to G'$ ein surjektiver Homomorphismus, so bilden die $\varphi(G_i)$ mit $0 \leq i \leq n$ eine abelsche Normalreihe in G', und G' ist auflösbar. Denn jedes $\varphi(G_i)$ ist normal in $\varphi(G_{i+1})$, und die Abbildung $G_{i+1} \to \varphi(G_{i+1})/\varphi(G_i)$ mit $g \mapsto \varphi(g)\,\varphi(G_i)$ induziert einen surjektiven Homomorphismus von G_{i+1}/G_i auf $\varphi(G_{i+1})/\varphi(G_i)$; daher ist $\varphi(G_{i+1})/\varphi(G_i)$ abelsch.

Sei nun $1 \to N \overset{i}{\to} G \overset{\pi}{\to} H \to 1$ eine Erweiterung von N durch H, bei der N und H auflösbar sind. Es seien $\{e\} = H_0 \trianglelefteq H_1 \trianglelefteq \cdots \trianglelefteq H_n = H$ eine abelsche Normalreihe in H und $\{e\} = N_0 \trianglelefteq N_1 \trianglelefteq \cdots \trianglelefteq N_m = N$ eine abelsche Normalreihe in N. Wir setzen

$$G_i := \begin{cases} N_i & \text{für } i = 0, \ldots, m, \\ \pi^{-1}(H_{i-m}) & \text{für } i = m+1, \ldots, m+n. \end{cases}$$

Dann ist jedes G_i normal in G_{i+1} $(i = 1, \ldots, m+n-1)$, und für $i \geq m$ gilt $G_{i+1}/G_i \cong H_{i+1-m}/H_{i-m}$. Also ist (G_i) eine abelsche Normalreihe von G. $\qquad\square$

Korollar 3.3. *Das Produkt zweier normaler auflösbarer Untergruppen einer Gruppe G ist auflösbar.*

Beweis: Sind N_1, N_2 zwei normale auflösbare Untergruppen in G, so gilt $N_1 N_2 / N_2 \cong N_1 / (N_1 \cap N_2)$. Mit 3.2 ist die rechte Seite auflösbar und damit auch $N_1 N_2$. $\qquad\square$

Korollar 3.4. *Sei p eine Primzahl. Jede endliche p-Gruppe ist auflösbar.*

Beweis: Wir benützen Induktion über $|G|$. Der Fall $|G| = 1$ ist trivial. Ist $|G| > 1$, so ist das Zentrum $Z(G)$ nicht-trivial nach Satz 1.5. Daher ist $G/Z(G)$ eine p-Gruppe mit $|G/Z(G)| < |G|$, also auflösbar nach Induktion. Da auch $Z(G)$ als kommutative Gruppe auflösbar ist, folgt die Behauptung aus Satz 3.2. $\qquad\square$

Satz 3.5. *Sei G eine endliche auflösbare Gruppe. Dann besitzt G eine abelsche Normalreihe $\{e\} = G_0 \trianglelefteq G_1 \trianglelefteq \cdots \trianglelefteq G_n = G$, so daß jedes G_{i+1}/G_i $(i = 0, \ldots, n-1)$ zyklisch von Primzahlordnung ist.*

Beweis: Wir haben in § 2 bemerkt, daß jede endliche Gruppe G eine Kompositionsreihe $\{e\} = G_0 \trianglelefteq G_1 \trianglelefteq \cdots \trianglelefteq G_n = G$ besitzt; alle Faktoren G_{i+1}/G_i sind hier einfach. Wenn nun G auflösbar ist, so sind nach Satz 3.2 auch alle G_{i+1}/G_i auflösbar. Es reicht daher zu zeigen, daß eine einfache auflösbare Gruppe zyklisch von Primzahlordnung ist.

Sei also H eine einfache und auflösbare Gruppe. Weil $\{e\}$ und H die einzigen Normalteiler in H sind, kann eine abelsche Normalreihe von H nur aus $\{e\}$ und H bestehen, also muß H kommutativ sein. Für jedes $h \in H$, $h \neq e$ ist $\langle h \rangle$ eine nicht-triviale normale Untergruppe von H, also gleich H. Daher ist H zyklisch, und Satz 1.1.13 impliziert, daß $|H|$ eine Primzahl sein muß. $\qquad\qquad\square$

3.6. Sei G eine Gruppe. Man nennt $[a,b] := aba^{-1}b^{-1}$ den *Kommutator* zweier Elemente $a, b \in G$. Die *Kommutatoruntergruppe* (oder *derivierte Gruppe*) von G ist definiert als

$$D(G) = \langle aba^{-1}b^{-1} \mid a, b \in G \rangle.$$

Allgemeiner nennt man für zwei Untergruppen U, V von G die Untergruppe

$$[U,V] = \langle aba^{-1}b^{-1} \mid a \in U, b \in V \rangle$$

die *gegenseitige Kommutatorgruppe* von U und V. (Es gilt also $D(G) = [G,G]$.) Sind U und V normal in G, so auch $[U,V]$. Insbesondere ist $D(G)$ eine normale Untergruppe von G. Die Gruppe $G/D(G)$ ist abelsch und wird *Faktorkommutatorgruppe* von G genannt. Ist N ein Normalteiler in G, so ist G/N genau dann abelsch, wenn $D(G) \leq N$ gilt.

Man definiert $D^n(G)$ für alle $n \in \mathbb{N}$, indem man $D^0(G) = G$ und induktiv $D^n(G) = D(D^{n-1}(G)) = [D^{n-1}(G), D^{n-1}(G)]$ für $n \geq 1$ setzt. Man erhält die sogenannte *abgeleitete Reihe*

$$G = D^0(G) \trianglerighteq D^1(G) \trianglerighteq D^2(G) \trianglerighteq D^3(G) \trianglerighteq \cdots$$

von G. Die Faktorgruppen sind abelsche Gruppen. Die abgeleitete Reihe kann zur Charakterisierung auflösbarer Gruppen herangezogen werden:

Satz 3.7. *Eine Gruppe G ist genau dann auflösbar, wenn es $m \in \mathbb{N}$ mit $D^m(G) = \{e\}$ gibt.*

Beweis: Gilt $D^m(G) = \{e\}$, so bilden die $G_i = D^{m-i}(G)$ eine abelsche Normalreihe von G, und G ist auflösbar.

Sei umgekehrt $\{e\} = G_0 \trianglelefteq G_1 \trianglelefteq \cdots \trianglelefteq G_n = G$ eine abelsche Normalreihe von G. Für alle $r > 0$ gilt $[G_r, G_r] \subset G_{r-1}$, da $[G_r, G_r]$ der kleinste Normalteiler N von G_r ist, so daß die Faktorgruppe G_r/N abelsch ist. Wir behaupten, daß $D^i(G) \leq G_{n-i}$ für alle $i \leq n$. Offensichtlich ist $D^0(G) = G \leq G_n$. Nehmen wir induktiv an, daß $D^i(G) \leq G_{n-i}$ für ein $i < n$ gilt, so folgt $D^{i+1}(G) = [D^i(G), D^i(G)] \subset [G_{n-i}, G_{n-i}] \subset G_{n-(i+1)}$. Wir erhalten nun $D^n(G) \subset G_{n-n} = G_0 = \{e\}$. $\qquad\qquad\square$

Beispiel 3.8. Wir wollen zeigen, daß $D(S_n) = D(A_n) = A_n$ für alle ganzen
Zahlen $n \geq 5$. Sind a, b, c, d, e fünf verschiedene Zahlen in $\{1, 2, \ldots, n\}$, so
gilt für die Dreierzyklen $x := (abd)$ und $y := (ace)$, daß $xyx^{-1}y^{-1} = (abc)$.
Dies zeigt, daß jeder Dreierzyklus in A_n zu $D(A_n)$ gehört. Nach I.3.4 wird A_n
von seinen Dreierzyklen erzeugt. Daraus folgt $A_n = D(A_n)$ und dann auch
$A_n \leq D(S_n)$. Da $S_n/A_n \cong \{\pm 1\}$ abelsch ist, gilt aber auch $D(S_n) \leq A_n$; es
folgt, daß $D(S_n) = A_n$.

Diese Beschreibung von $D(S_n)$ und $D(A_n)$ zeigt nach Satz 3.7, daß S_n
und A_n für $n \geq 5$ nicht auflösbar sind. Man kann genauer zeigen, daß A_n
für $n \geq 5$ *einfach* ist, also keine normale Untergruppen außer $\{e\}$ und A_n
selbst hat.

§ 4   Nilpotente Gruppen

Eine Normalreihe

$$\{e\} = G_0 \trianglelefteq G_1 \trianglelefteq \cdots \trianglelefteq G_n = G$$

in einer Gruppe G heißt *zentrale Normalreihe* von G, wenn

(1)   jedes G_i normal in G ist $(0 \leq i \leq n)$, und

(2)   jedes G_{i+1}/G_i im Zentrum von G/G_i enthalten ist $(0 \leq i < n)$.

> **Satz 4.1.**   *Sei* **G** *eine Normalreihe in einer Gruppe* G. *Ist jeder*
> *Term* G_i *von* **G** *normal in* G, *so ist* **G** *genau dann eine zentrale*
> *Normalreihe, wenn*
> $$[G_{i+1}, G] \leq G_i$$
> *für jedes* $i = 0, \ldots, n-1$ *gilt.*

Beweis: Ist die Normalreihe **G** zentral, so gilt $G_{i+1}/G_i \subset Z(G/G_i)$. Dies ist
äquivalent mit der Aussage: Für alle $\gamma \in G_{i+1}$, $g \in G$ und alle $i = 0, \ldots, n-1$
gilt $[\gamma G_i, g G_i] = e G_i$. Eine leichte Rechnung zeigt, daß dies jedoch gleich-
bedeutend mit $[\gamma, g] G_i = e G_i$, also mit $[\gamma, g] \in G_i$ ist. $\square$

4.2. Eine Gruppe G heißt *nilpotent*, falls es in G eine zentrale Normalreihe
gibt. Die Länge einer kürzesten zentralen Normalreihe in einer nilpotenten
Gruppe G wird auch die *Klasse von* G genannt. Eine nilpotente Gruppe G
ist offenbar auflösbar, da die Faktoren in einer zentralen Normalreihe abelsch
sind.

Beispiele: (1) Sei p eine Primzahl. Dann ist jede p–Gruppe G nilpotent.
Wir können dazu annehmen, daß $G \neq \{e\}$. Dann ist nach Satz 1.5 auch das
Zentrum $Z(G)$ nicht–trivial. Nach Induktion über $|G|$ besitzt $G/Z(G)$ eine
zentrale Normalreihe (Z_i). Mit Hilfe der Projektion $\pi \colon G \longrightarrow G/Z(G)$ erhält
man durch

$$\{e\} \trianglelefteq Z(G) \trianglelefteq \pi^{-1}(Z_1) \trianglelefteq \cdots \trianglelefteq G$$

eine zentrale Normalreihe in G.

Allgemeiner sieht man so: Eine Gruppe G ist genau dann nilpotent, wenn $G/Z(G)$ nilpotent ist.

(2) Die Gruppe S_3 ist auflösbar, aber nicht nilpotent, da das Zentrum von S_3 trivial ist.

Satz 4.3. *Die Klasse der nilpotenten Gruppen ist abgeschlossen unter der Bildung von Untergruppen, homomorphen Bildern und endlichen direkten Produkten.*

Beweis: Sei G eine nilpotente Gruppe mit zentraler Normalreihe

$$\mathbf{G} : \{e\} = G_0 \trianglelefteq G_1 \trianglelefteq \cdots \trianglelefteq G_n = G.$$

Ist $U \leq G$ eine Untergruppe, so setzt man $U_i := G_i \cap U \ (i = 0, \ldots, n)$. Man erhält eine Normalreihe

$$\mathbf{U} : \{e\} = U_0 \trianglelefteq U_1 \trianglelefteq \cdots \trianglelefteq U_n = U,$$

in der jede Untergruppe U_i auch normal in U ist, da G_i normal in G ist. Für die Terme U_i in $\mathbf{U}$ gilt, da $\mathbf{G}$ zentral ist, $[U_{i+1}, U] < [G_{i+1}, G] \leq G_i$. Da aber andererseits $[U_{i+1}, U] < U$ gilt, folgt $[U_{i+1}, U] < U_i$, d.h. die Normalreihe $\mathbf{U}$ in U ist zentral nach 4.1.

Ist G/N homomorphes Bild von G mit $N \subset G$ normal, so ist

$$\{e\} = G_0 N/N \trianglelefteq G_1 N/N \trianglelefteq \cdots \trianglelefteq G_n N/N = G/N$$

eine Normalreihe in G/N, in der ebenfalls jeder Term normal in G/N ist. Man sieht, daß $[G_{i+1}N/N, G/N] \subset G_i N/N$ gilt, also ist diese Normalreihe zentral.

Seien G und H zwei nilpotente Gruppen mit zentralen Normalreihen $\mathbf{G}$ bzw. $\mathbf{H}$. Durch Einfügen von wiederholenden Termen kann man voraussetzen, daß $\mathbf{G}$ und $\mathbf{H}$ dieselbe Länge haben. Setzt man $P_i := G_i \times H_i$, so definiert

$$\{e\} = P_0 \trianglelefteq P_1 \trianglelefteq \cdots \trianglelefteq P_n = G \times H$$

eine Normalreihe $\mathbf{P}$ in $G \times H$. Jede Gruppe P_i ist normal in $G \times H$, und es gilt

$$[G_{i+1} \times H_{i+1}, G \times H] = [G_{i+1}, G] \times [H_{i+1}, H] \leq G_i \times H_i.$$

Also ist $\mathbf{P}$ eine zentrale Normalreihe. $\qquad\qquad\square$

4.4. Man kann für eine Gruppe G die Eigenschaft, nilpotent zu sein, mit Hilfe zweier kanonischer Normalreihen von Untergruppen von G charakterisieren. Einerseits definiert man induktiv normale Untergruppen $Z^i(G)$ von G in folgender Weise: Sei $Z^0(G) = \{e\}$; für jedes $i \geq 0$ sei $Z^{i+1}(G)$ als Untergruppe von G durch die Bedingung $Z^{i+1}(G)/Z^i(G) = Z(G/Z^i(G))$ festgelegt. Die Faktorgruppe $Z^{i+1}(G)/Z^i(G)$ stimmt also mit dem Zentrum von $G/Z^i(G)$ überein. Die entstehende Folge von Untergruppen

$$\{e\} = Z^0(G) \trianglelefteq Z^1(G) \trianglelefteq \cdots \trianglelefteq Z^n(G) \trianglelefteq \cdots$$

heißt die *obere Zentralreihe* von G. Man beachte, daß $Z^1(G) = Z(G)$ gilt.

Analog führt man eine absteigende Folge von Untergruppen ein: Man setzt $\gamma_1(G) = G$ und definiert induktiv $\gamma_j(G) := [\gamma_{j-1}(G), G]$ für $j > 1$. Man hat $\gamma_2(G) = D(G) = [G, G]$. Mittels Induktion über j sieht man, daß $\gamma_j(G)$ normal in G ist. (Es ist eine gegenseitige Kommutatorgruppe zweier normaler Untergruppen.) Die entstehende Folge von Untergruppen in G

$$G = \gamma_1(G) \trianglerighteq \gamma_2(G) \trianglerighteq \cdots \trianglerighteq \gamma_m(G) \trianglerighteq \cdots$$

heißt die *untere Zentralreihe* von G.

Diese beiden Zentralreihen sind zentrale Normalreihen. Sie sind mit einer beliebigen zentralen Normalreihe in G auf charakteristische Weise verbunden.

Satz 4.5. *Ist* $\{e\} = G_0 \trianglelefteq G_1 \trianglelefteq \cdots \trianglelefteq G_n = G$ *eine zentrale Normalreihe in einer Gruppe* G*, dann gilt:*

(a) $\gamma_j(G) \le G_{n-j+1}$ *für alle* $j \ge 1$*, insbesondere* $\gamma_{n+1}(G) = \{e\}$*.*

(b) $G_i \le Z^i(G)$ *für alle* $i \ge 0$*, insbesondere* $Z^n(G) = G$*.*

Beweis: (a) Im Falle $j = 1$ gilt $\gamma_1(G) = G = G_n$. Da G_{n-j+1}/G_{n-j} als Faktor einer zentralen Normalreihe im Zentrum von G/G_{n-j} enthalten ist, gilt $G_{n-j} \supset [G_{n-j+1}, G]$. Die Induktionsannahme $\gamma_j(G) \le G_{n-j+1}$ sichert dann, daß $\gamma_{j+1}(G) = [\gamma_j(G), G] \le [G_{n-j+1}, G] \le G_{n-j}$.

(b) Ein Induktionsargument über i sichert die Behauptung: Im Falle $i = 0$ gilt $G_0 = \{e\} = Z^0(G)$. Die Induktionsannahme lautet $G_i \le Z^i(G)$. Sei $h \in G_{i+1}$. Weil die G_j eine zentrale Normalreihe bilden, gilt $(hG_i)(gG_i) = (gG_i)(hG_i)$ für alle $g \in G$, also $hgG_i = ghG_i$. Dann impliziert $G_i \le Z^i(G)$, daß auch $hgZ^i(G) = ghZ^i(G)$ und $(hZ^i(G))(gZ^i(G)) = (gZ^i(G))(hZ^i(G))$. Daher ist $hZ^i(G)$ zentral in $G/Z^i(G)$ und damit $h \in Z^{i+1}(G)$. Es folgt, daß $G_{i+1} \le Z^{i+1}(G)$. □

Korollar 4.6. *Ist eine Gruppe* G *nilpotent, so stimmen die Längen der unteren und der oberen Zentralreihe von* G *überein. Dieser Wert ist gerade die Länge einer kürzesten zentralen Normalreihe in* G*, also die Klasse von* G*.*

Die Eigenschaft einer Gruppe G, nilpotent zu sein, läßt sich im Falle endlicher Gruppen auch anders charakterisieren. Grundlegend hierfür ist das folgende

Lemma 4.7. *Seien* G *eine nilpotente Gruppe und* H *eine echte Untergruppe von* G*. Dann ist* H *eine echte Untergruppe in* $N_G(H) = \{g \in G \mid gHg^{-1} = H\}$*.*

Beweis: Sei $\{e\} = G_0 \trianglelefteq G_1 \trianglelefteq \cdots \trianglelefteq G_n = G$ eine zentrale Normalreihe in G. Dann gilt $[G_{i+1}, G] \leq G_i$ für $i = 0, \ldots, n-1$. Es gibt nun ein j mit $G_j \leq H$ und $G_{j+1} \not\leq H$, da $G = G_n \geq H$ und $G_0 = \{e\} \leq H$. Für diesen Index j gilt dann $[G_{j+1}, G] \subseteq G_j \leq H$, also insbesondere $[G_{j+1}, H] \leq H$. Dies impliziert, daß H von G_{j+1} normalisiert wird. Wegen $G_{j+1} \not\leq H$ existiert ein $g \in G_{j+1}, g \notin H$ mit $g \in N_G(H)$; also ist $H \neq N_G(H)$. $\square$

Korollar 4.8. *Ist U eine maximale Untergruppe in einer nilpotenten Gruppe G, so ist U normal in G.*

Beweis: Es gilt in diesem Fall $N_G(U) \neq U$, also folgt aus der Maximalität von U, daß $N_G(U) = G$ gilt. $\square$

Satz 4.9. *Sei G eine endliche Gruppe. Folgende Aussagen sind äquivalent.*

(i) *Jede p–Sylowuntergruppe von G ist normal (d.h. für jedes p gibt es nur eine p–Sylowuntergruppe).*

(ii) *Die Gruppe G ist direktes Produkt ihrer Sylowuntergruppen.*

(iii) *Die Gruppe G ist nilpotent.*

Beweis: (i) $\Rightarrow$ (ii): Seien $S_1, \ldots, S_n$ die verschiedenen nicht-trivialen Sylowuntergruppen in G. Dann gilt $S_i \cap S_j = \{e\}$ für alle $i \neq j$. Weil die S_i normal sind, folgt wie in I.5.2, daß $h_i h_j = h_j h_i$ für alle $h_i \in S_i$, $h_j \in S_j$ mit $i \neq j$. Somit gibt es einen Homomorphismus $\psi \colon \prod_{i=1}^n S_i \to G$ mit $(h_1, h_2, \ldots, h_n) \mapsto h_1 h_2 \ldots h_n$. Es gilt $S_i \cap \psi(\prod_{j \neq i} S_j) = \{e\}$ für alle i, weil die Ordnung von S_i zu der von $\prod_{j \neq i} S_j$, also auch zu der von $\psi(\prod_{j \neq i} S_j)$ teilerfremd ist. Man sieht nun wie in I.5.2, daß ψ injektiv ist. Mit Hilfe von $|G| = \prod_{i=1}^n |S_i|$ folgt jetzt, daß ψ ein Isomorphismus ist.

(ii) $\Rightarrow$ (iii): Jedes S_i ist nilpotent, also ist G als endliches Produkt nilpotenter Gruppen wieder nilpotent.

(iii) $\Rightarrow$ (i): Wir benutzen Induktion über $|G|$. Seien p eine Primzahl und S eine p–Sylowuntergruppe von G. Ist $S = G$, so ist S normal in G. Sei also $S \neq G$. Dann gibt es eine maximale Untergruppe $U < G$ mit $S \leq U$. Weil auch U nilpotent ist (Satz 4.3), folgt mit Induktion, daß $S \trianglelefteq U$. Daher ist S die einzige p–Sylowuntergruppe von U. Für alle $g \in G$ gilt nun $gSg^{-1} \leq gUg^{-1} = U$, wobei wir zum Schluß Korollar 4.8 angewendet haben. Wegen $|gSg^{-1}| = |S|$ ist auch gSg^{-1} eine p–Sylowuntergruppe von U, also $gSg^{-1} = S$. $\square$

§ 5   Abelsche Gruppen

In diesem Abschnitt bezeichnet G eine abelsche Gruppe; die Schreibweise ist additiv.

Sei $(H_\lambda)_{\lambda \in \Lambda}$ eine Familie von abelschen Gruppen. In § I.5 haben wir das direkte Produkt $\prod_{\lambda \in \Lambda} H_\lambda$ eingeführt. Jetzt definieren wir die (*äußere*) *direkte Summe* $\bigoplus_{\lambda \in \Lambda} H_\lambda$ der H_λ als die Menge aller Familien $(h_\lambda)_{\lambda \in \Lambda}$ in $\prod_{\lambda \in \Lambda} H_\lambda$, für die $\{\lambda \in \Lambda \mid h_\lambda \neq 0\}$ endlich ist. Dies ist eine Untergruppe von $\prod_{\lambda \in \Lambda} H_\lambda$. Ist Λ endlich, so stimmen direkte Summe und direktes Produkt überein. Gibt es aber unendlich viele $\lambda \in \Lambda$ mit $H_\lambda \neq 0$, so ist $\bigoplus_{\lambda \in \Lambda} H_\lambda$ eine echte Untergruppe von $\prod_{\lambda \in \Lambda} H_\lambda$.

Ist $(H_\lambda)_{\lambda \in \Lambda}$ eine Familie von Untergruppen in einer abelschen Gruppe H, so sagt man, daß H die (*innere*) *direkte Summe* der H_λ ist, wenn die Abbildung $\bigoplus_{\lambda \in \Lambda} H_\lambda \to H$ mit $(h_\lambda)_{\lambda \in \Lambda} \mapsto \sum_{\lambda \in \Lambda} h_\lambda$ ein Isomorphismus ist. Man schreibt dann auch einfach $H = \bigoplus_{\lambda \in \Lambda} H_\lambda$. Man zeigt nun wie in I.5.3:

Satz 5.1. *Sei $(H_\lambda)_{\lambda \in \Lambda}$ eine Familie von Untergruppen einer abelschen Gruppe H. Dann sind die folgenden Aussagen äquivalent:*

(i)   *H ist direkte Summe der H_λ, $\lambda \in \Lambda$, d.h. $H = \bigoplus_{\lambda \in \Lambda} H_\lambda$.*

(ii)   *Jedes $h \in H$ hat eine eindeutige Darstellung $h = \sum_{\lambda \in \Lambda} h_\lambda$, wobei $h_\lambda \in H_\lambda$ für alle $\lambda \in \Lambda$ und $h_\lambda \neq 0$ für nur endlich viele $\lambda \in \Lambda$.*

(iii) *H wird von den Untergruppen H_λ erzeugt, und für jedes $\lambda \in \Lambda$ gilt:*

$$H_\lambda \cap \sum_{\mu \neq \lambda} H_\mu = \{0\}.$$

5.2 Eine abelsche Gruppe G heißt *freie abelsche Gruppe*, falls sie direkte Summe unendlicher zyklischer Gruppen ist, d.h.: Es gibt eine Teilmenge $X \subset G$ von Elementen unendlicher Ordnung, so daß $G = \bigoplus_{x \in X} \langle x \rangle$ gilt. Die Menge X wird eine *Basis von G* genannt.

Ist G eine freie abelsche Gruppe mit Basis X, so besitzt jedes $g \in G$ eine eindeutige Darstellung der Form $g = \sum \lambda_x x$ mit $\lambda_x \in \mathbb{Z}$, wobei $\lambda_x = 0$ für fast alle $x \in X$ gilt. Dies folgt aus Satz 5.1.

Die Bedeutung der freien abelschen Gruppe liegt in der ihnen eigenen folgenden universellen Eigenschaft.

Satz 5.3. *Seien G eine freie abelsche Gruppe mit Basis X und H eine abelsche Gruppe. Für jede Abbildung $f \colon X \to H$ gibt es einen eindeutig bestimmten Homomorphismus $\varphi \colon G \to H$, der f fortsetzt, d.h. mit $\varphi(x) = f(x)$ für alle $x \in X$.*

Beweis: Ist $g \in G$ von der Form $g = \sum \lambda_x x$, so setze $\varphi(g) := \sum \lambda_x f(x)$. Wegen der Eindeutigkeit der Darstellung von g bezüglich der Basis X ist dadurch eine Abbildung $\varphi \colon G \to H$ definiert; diese setzt f fort und ist ein Homomorphismus. Durch die Werte auf dem Erzeugendensystem ist φ eindeutig festgelegt. $\square$

Korollar 5.4. *Ist G eine abelsche Gruppe, so existiert eine freie abelsche Gruppe F zusammen mit einem surjektiven Homomorphismus $\alpha\colon F \to G$, d.h., G ist Faktorgruppe einer freien abelschen Gruppe.*

Beweis: Sei F die direkte Summe von $|G|$ vielen Exemplaren der unendlichen zyklischen Gruppe $\mathbb{Z}$. In dem mit $g \in G$ indizierten Summanden $\mathbb{Z}$ sei x_g ein erzeugendes Element. Dann ist F eine freie abelsche Gruppe mit Basis $X = \{\, x_g \mid g \in G \,\}$. Zu der Abbildung $f\colon X \to G$, definiert durch $x_g \mapsto g$ für alle $g \in G$, existiert ein Homomorphismus $\alpha\colon F \to G$ mit $\alpha(x_g) = f(x_g) = g$ für alle $g \in G$. Offensichtlich ist α surjektiv. □

Satz 5.5. *Seien G_1 und G_2 freie abelsche Gruppen mit Basen X_1 und X_2. Dann sind G_1 und G_2 genau dann isomorph, wenn X_1 und X_2 dieselbe Mächtigkeit haben, d.h., wenn $|X_1| = |X_2|$ gilt.*

Beweis: $\Leftarrow$: Da $|X_1| = |X_2|$ gilt, gibt es eine Bijektion $f\colon X_1 \to X_2$; sei $f^{-1}\colon X_2 \to X_1$ die Umkehrabbildung, $f^{-1} \circ f = \mathrm{Id}_{X_1}$. Dann existieren eindeutig bestimmte Homomorphismen $\varphi\colon G_1 \to G_2$ und $\psi\colon G_2 \to G_1$ mit $\varphi_{|X_1} = f$, $\psi_{|X_2} = f^{-1}$. Die Homomorphismen Id_{G_1} und $\psi \circ \varphi\colon G_1 \to G_1$ haben auf X_1 dieselbe Restriktion Id_{X_1}, also gilt $\psi \circ \varphi = \mathrm{Id}_{G_1}$. Da analog $\varphi \circ \psi = \mathrm{Id}_{G_2}$ gilt, ist $\varphi\colon G_1 \to G_2$ ein Isomorphismus.

$\Rightarrow$: Sei G eine freie abelsche Gruppe mit Basis X. Die Kommutativität von G impliziert, daß $2G := \{2g \mid g \in G\}$ eine Untergruppe in G ist. Ein beliebiges Element $\sum_{x \in X} \lambda_x x$ mit allen $\lambda_x \in \mathbb{Z}$ gehört genau dann zu $2G$, wenn alle λ_x gerade sind. Jede Nebenklasse modulo $2G$ in G hat genau einen Repräsentanten der Form $\sum_{x \in X} \mu_x x$ mit allen $\mu_x \in \{0,1\}$ und fast allen μ_x gleich 0. Für endliches X folgt daraus $|G/2G| = 2^{|X|}$. Dies zeigt für endliches X, daß $|X|$ durch G bestimmt ist. Für unendliches X betrachtet man $G/2G$ als Vektorraum über dem Körper F mit zwei Elementen. Man zeigt, daß $B := \{x + 2G \mid x \in X\}$ eine Basis von $G/2G$ über F ist. Nun benutzt man, daß auch für unendlich dimensionale Vektorräume die Mächtigkeit einer Basis (hier also $|X|$) durch den Vektorraum bestimmt ist. □

Definition: Ist G eine freie abelsche Gruppe mit der Basis X, so ist der *Rang von G* definiert als Rang $G := |X|$. Nach Satz 5.5 ist dieser Begriff unabhängig von der Wahl der Basis X.

Man kann die Klasse der freien abelschen Gruppen auch ohne Bezug zu Basen charakterisieren. Hierzu führt man folgenden Begriff ein:

Definition: Eine abelsche Gruppe G heißt *projektiv*, falls zu jedem Homomorphismus $\varphi\colon G \to H$ und jedem surjektiven Homomorphismus $\psi\colon L \to H$ mit abelschen Gruppen H und L ein Homomorphismus $\alpha\colon G \to L$ existiert, so daß $\psi \circ \alpha = \varphi$ gilt. Man sagt auch: das Diagramm

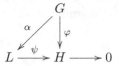

kommutiert.

Satz 5.6. *Eine freie abelsche Gruppe ist projektiv.*

Beweis: Sei G eine freie abelsche Gruppe mit Basis X. Es seien Homomorphismen $\varphi\colon G \to H$ und $\psi\colon L \to H$ mit abelschen Gruppen H, L gegeben; ψ sei surjektiv. Deshalb existiert zu gegebenem $x \in X$ ein y_x in L mit $\psi(y_x) = \varphi(x)$. Durch die Zuordnung $x \mapsto y_x$ wird eine Abbildung $f\colon X \to L$ definiert; zu dieser existiert ein Homomorphismus $\alpha\colon G \to L$, der f fortsetzt. Deshalb ist $\psi \circ \alpha(x) = \psi(f(x)) = \psi(y_x) = \varphi(x)$ für alle $x \in X$, und damit ist $\psi \circ \alpha = \varphi$, da $\psi \circ \alpha$ und φ auf der G erzeugenden Basis X übereinstimmen.   □

Korollar 5.7. *Ist $H \leq G$ Untergruppe einer abelschen Gruppe G, und ist G/H frei abelsch, so ist H ein direkter Summand in G, d.h., es gibt eine Untergruppe $V \leq G$ mit $G = H \oplus V$ und $G/H \cong V$.*

Beweis: Man betrachte die natürliche Projektion $\pi\colon G \to G/H$ auf die freie abelsche Gruppe G/H. Da G/H projektiv ist, existiert in dem Diagramm

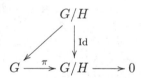

ein Homomorphismus $\alpha\colon G/H \to G$ mit $\pi \circ \alpha = \mathrm{Id}$. Setzt man $V := \operatorname{im} \alpha$, so gilt $G = \ker \pi \oplus \operatorname{im} \alpha = H \oplus V$. Denn ist $g \in G$, so liegt das Element $g - \alpha(\pi(g))$ in $\ker \pi$, da $\pi(g) - \pi(\alpha(\pi(g))) = 0$ gilt, also ist $g \in \ker \pi + \operatorname{im} \alpha$. Da $\pi \circ \alpha = \mathrm{Id}$ ist, gilt $\ker \pi \cap \operatorname{im} \alpha = (0)$.   □

Satz 5.8. *Jede Untergruppe U einer freien abelschen Gruppe G von endlichem Rang ist freie abelsche Gruppe; es gilt $\operatorname{Rang} U \leq \operatorname{Rang} G$.*

Beweis: Der Beweis wird durch Induktion über $n = \operatorname{Rang} G$ gegeben. Ist $n = 1$, so gilt $G \cong \mathbb{Z}$. Da jede nichttriviale Untergruppe der unendlichen zyklischen Gruppe wieder unendlich zyklisch ist, gelten $U = \{0\}$ oder $U \cong \mathbb{Z}$ und $\operatorname{Rang} U \leq 1$.

     Sei $X = \{x_1, \ldots, x_n\}$ eine Basis von G. Betrachte den Homomorphismus $\mu\colon U \to \mathbb{Z}$, gegeben durch die Zuordnung $\sum_{i=1}^{n} \lambda_i x_i \mapsto \lambda_n$. Dann ist $\operatorname{im} \mu$ eine

Untergruppe von $\mathbb{Z}$, also frei; man hat im $\mu = (0)$ oder im $\mu \cong \mathbb{Z}$. Der Kern von μ ist $\ker \mu = U \cap \sum_{i=1}^{n-1} \langle x_i \rangle$, also nach Induktionsvoraussetzung frei. Dann gilt entweder $U/\ker \mu \cong \mathrm{im}\,\mu = (0)$ oder $U/\ker \mu \cong \mathbb{Z}$. Im ersten Fall ist $U = \ker \mu$ frei; im zweiten Fall folgt aus 5.7 die Existenz einer Untergruppe $V \leq U$, mit $V \cong U/\ker \mu \cong \mathbb{Z}$, so daß $U \cong \ker \mu \oplus V$ gilt. Also ist U freie abelsche Gruppe mit $\mathrm{Rang}\,U = \mathrm{Rang}\,(\ker \mu \oplus V) = \mathrm{Rang}\,(\ker \mu) + 1 \leq n+1$. $\qquad\square$

Bemerkung: Mit derselben Idee (jedoch technisch aufwendiger) zeigt man dieses Ergebnis ohne Endlichkeitsvoraussetzung; es gilt also ganz allgemein: *Jede Untergruppe U einer freien abelschen Gruppe G ist frei abelsch mit* $\mathrm{Rang}\,U \leq \mathrm{Rang}\,G$.

Dieses Ergebnis erlaubt es, folgende Charakterisierung freier abelscher Gruppen auszusprechen: *Eine abelsche Gruppe G ist genau dann projektiv, wenn sie frei abelsch ist.* Es ist wegen 5.6 nur noch zu zeigen, daß eine projektive abelsche Gruppe G frei abelsch ist. Die Gruppe G ist Faktorgruppe einer freien abelschen Gruppe F, d.h., es existiert ein surjektiver Homomorphismus $\psi : F \to G$. Da G projektiv ist, existiert zu $\varphi := \mathrm{Id} : G \to G$ und ψ ein Homomorphismus $\alpha : G \to F$, so daß $\psi \circ \alpha = \mathrm{Id}$ gilt. Also ist α injektiv. Deshalb ist $G \cong \mathrm{im}\,\alpha$ eine Untergruppe der freien abelschen Gruppe F und damit ebenfalls frei abelsch.

Satz 5.9. (a) *Eine abelsche Gruppe G ist genau dann endlich erzeugbar, wenn G Faktorgruppe einer freien abelschen Gruppe F von endlichem Rang ist.*

(b) *Jede Untergruppe einer endlich erzeugbaren abelschen Gruppe ist endlich erzeugbar.*

Beweis: (a) Wird die abelsche Gruppe G durch das endliche Erzeugendensystem $Y = \{g_1, \ldots, g_n\}$ erzeugt, so sei F die direkte Summe von n Kopien der zyklischen Gruppe $\mathbb{Z}$. Wählt man im i-ten Summanden $(i = 1, \ldots, n)$ ein erzeugendes Element x_i, so ist F freie abelsche Gruppe mit Basis $X = \{x_1, \ldots, x_n\}$, hat also den Rang n. Zu $f : X \to G$, $x_i \mapsto g_i$ existiert ein Homomorphismus $\alpha : F \to G$, der surjektiv ist. (Vgl. Korollar 5.4.) Die Umkehrung ist offensichtlich.

(b) Sei H eine Untergruppe einer endlich erzeugbaren abelschen Gruppe G. Nach (a) gibt es einen surjektiven Homomorphismus $\alpha : F \to G$ von einer freien abelschen Gruppe F von endlichem Rang n auf G. Die Untergruppe $\alpha^{-1}(H) \leq F$ ist endlich erzeugbare freie abelsche Gruppe nach Satz 5.8, also ist auch $H = \alpha(\alpha^{-1}(H))$ endlich erzeugbar. $\qquad\square$

5.10. Eine abelsche Gruppe G heißt *Torsionsgruppe*, falls $\mathrm{ord}\,g < \infty$ für jedes Element $g \in G$ gilt. Eine abelsche Gruppe heißt *torsionsfrei*, falls jedes

Element $g \in G$, $g \neq 0$, unendliche Ordnung hat. Zu einer gegebenen abelschen Gruppe G ist die Menge $T(G) := \{g \in G \mid \operatorname{ord} g < \infty\}$ eine Untergruppe von G; sie heißt die *Torsionsgruppe* von G. Die Faktorgruppe $G/T(G)$ ist dann torsionsfrei, denn: Hat die Nebenklasse $g + T(G)$ die Ordnung $m \neq 0$, so ist $mg \in T(G)$, also existiert ein $n \neq 0$ mit $0 = n(mg) = (nm)g$, d.h., $g \in T(G)$. Also ist $g + T(G) = 0$ in $G/T(G)$.

Ist p eine Primzahl, so bezeichnen wir mit

$$G_p := \{\, g \in G \mid p^\nu g = 0 \text{ für irgendein } \nu \,\}$$

die Menge der Elemente von G, deren Ordnung eine Potenz von p ist, und nennen G_p die *p–primäre Komponente* von G. Dies ist eine Untergruppe von G, weil G kommutativ ist. Offensichtlich ist G_p eine p–Untergruppe von G, die alle p–Untergruppen von G enthält. Daher ist G_p die einzige p–Sylowuntergruppe von G.

Bemerkung: Ist Q eine Gruppe, die nicht abelsch ist, so bildet die Menge $T(Q) = \{q \in Q \mid \operatorname{ord} q < \infty\}$ nicht unbedingt eine Untergruppe. Zum Beispiel haben die Elemente $s = \begin{pmatrix} 0 & 1 \\ -1 & 0 \end{pmatrix}$ und $t = \begin{pmatrix} 0 & -1 \\ 1 & 1 \end{pmatrix}$ in der Gruppe $SL_2(\mathbb{Z})$ endliche Ordnung (gleich 4 bzw. 6), aber das Produkt $st = \begin{pmatrix} 1 & 1 \\ 0 & 1 \end{pmatrix}$ hat unendliche Ordnung.

Nach Definition ist jede freie abelsche Gruppe torsionsfrei. Im Falle endlich erzeugbarer abelscher Gruppen läßt sich dieser Begriff umgekehrt zur Charakterisierung freier Gruppen heranziehen. Es gilt:

Satz 5.11. *Eine endlich erzeugbare torsionsfreie abelsche Gruppe G ist frei abelsch.*

Beweis. Sei M ein endliches Erzeugendensystem der Gruppe G. Dann existiert eine maximale Teilmenge $\{m_1, \ldots, m_n\}$ über $\mathbb{Z}$ linear unabhängiger Elemente in M. Ist $m_0 \in M$ mit $m_0 \neq m_i$, $i = 1, \ldots, n$, so gibt es folglich eine natürliche Zahl $\mu_0 \in \mathbb{N}$, $\mu_0 \neq 0$, und geeignete Koeffizienten $\mu_1, \ldots, \mu_n \in \mathbb{Z}$ mit $\mu_0 m_0 = \sum \mu_i m_i$. Da M nur endlich viele Elemente enthält, folgt die Existenz eines $\mu \in \mathbb{N}$, $\mu \neq 0$, so daß $\mu m \in \langle m_1, \ldots, m_n \rangle$ für alle $m \in M$ gilt. Durch die Zuordnung $g \mapsto \mu \cdot g, g \in G$, wird dann ein Homomorphismus $\alpha: G \to \langle m_1, \ldots, m_n \rangle$ definiert. Da G torsionsfrei ist, gilt $\ker \alpha = \{0\}$, also ist α injektiv. Als Untergruppe der freien abelschen Gruppe $\langle m_1, \ldots, m_n \rangle = \sum \langle m_i \rangle$ ist $G \cong \alpha(G)$ frei abelsch. $\qquad \square$

Korollar 5.12. *Eine endlich erzeugbare abelsche Gruppe G ist direkte Summe einer frei abelschen Gruppe F und einer endlichen Gruppe.*

Beweis: Die Faktorgruppe $G/T(G)$ von G nach der Torsionsgruppe $T(G)$ ist torsionsfrei und endlich erzeugbar, also frei abelsch. Damit ist $T(G)$ ein direkter Summand in G, d.h. es existiert nach 5.7 eine Untergruppe F

von G mit $G = F \oplus T(G)$, es gilt $F \cong G/T(G)$, und F ist frei abelsch. Als endlich erzeugbare abelsche Torsionsgruppe ist $T(G)$ endlich, denn ist $T(G) = \langle g_1, \ldots, g_m \rangle$, so ist $T(G)$ Summe der endlichen Gruppen $\langle g_i \rangle$ mit $i = 1, \ldots, m$. $\square$

Die Gruppe F ist nur bis auf Isomorphie eindeutig bestimmt, jedoch ist ihr Rang durch $\mathrm{Rang}\, F = \mathrm{Rang}\,(G/T(G))$ festgelegt; $\mathrm{Rang}\, F$ hängt also nur von G ab.

5.13. Durch Korollar 5.12 ist die Untersuchung endlich erzeugbarer abelscher Gruppen auf die endlicher abelscher Gruppen reduziert. Diese führt durch die folgenden Überlegungen zum Studium abelscher p–Gruppen, p eine Primzahl: Sei G eine endliche abelsche Gruppe. Wir haben in 5.10 die p–primäre Komponente G_p von G für jede Primzahl p definiert; es ist G_p die einzige p–Sylowuntergruppe von G. Wenn $G_p \neq \{0\}$ ist, so teilt p die Gruppenordnung $|G|$; also gibt es nur endlich viele p mit $G_p \neq \{0\}$. Sind p und q zwei verschiedene Primzahlen, so gilt für die zugehörigen Sylowuntergruppen $G_p \cap G_q = \{0\}$; denn ist $g \in G_p \cap G_q$ ein Element der Ordnung t, so ist t ein gemeinsamer Teiler der Ordnungen p^{ν_p} von G_p und q^{ν_q} von G_q, also ist $t = 1$ und $g = 0$. Durch Vergleich der Ordnung von G und der Ordnung der direkten Summe der p–primären Komponenten, erhält man damit die Aussage:

Satz 5.14. *Jede endliche abelsche Gruppe G ist direkte Summe der p–primären Komponenten von G, d.h.*

$$G = \bigoplus_{p\,\mathrm{Primzahl}} G_p.$$

Diese Zerlegung von G als direkte Summe ist eindeutig (bis auf die Reihenfolge der Summanden).

Bemerkung: Weil kommutative Gruppen nilpotent sind, hätten wir dieses Resultat auch aus Satz 4.9 herleiten können.

Die folgende Aussage ist grundlegend für die Strukturbestimmung einer endlichen abelschen p–Gruppe:

Satz 5.15. *Sei G eine endliche abelsche p–Gruppe, und sei $g \in G$ ein Element maximaler Ordnung. Dann ist die von g erzeugte zyklische Gruppe $\langle g \rangle$ ein direkter Summand von G.*

Beweis: Die Ordnung jedes Elementes von G ist eine Potenz von p. Sei p^n die maximale Ordnung. Dann wird p^n von der Ordnung jedes Elementes $h \in G$ geteilt, und es gilt $p^n h = 0$.

Sei nun $g \in G$ ein Element der Ordnung p^n. Ist $G = \langle g \rangle$, so ist nichts zu zeigen. Nehmen wir also an, daß $G \neq \langle g \rangle$. Nun gilt es, die Existenz einer Untergruppe $V \leq G$ mit $G = V \oplus \langle g \rangle$ nachzuweisen.

In einem ersten Schritt wird gezeigt, daß es eine Untergruppe $U \leq G$ der Ordnung p mit $U \cap \langle g \rangle = (0)$ gibt. Sei $u \in G \setminus \langle g \rangle$; bezeichne mit p^m die Ordnung von $u + \langle g \rangle$ in der Faktorgruppe $G/\langle g \rangle$. Dann gilt $p^m > 1$, und es gibt $\lambda \in \mathbb{Z}$ mit $p^m u = \lambda g$. Nun folgt $0 = p^n u = p^{n-m} \lambda g$, also gilt $p^n \mid p^{n-m} \lambda$, und damit auch $p \mid \lambda$. Deshalb kann man $\lambda = p\mu$ mit einem geeigneten $\mu \in \mathbb{Z}$ schreiben. Das Element $v := p^{m-1} u - \mu g$ ist dann kein Element von $\langle g \rangle$ und hat die Ordnung p, denn es gilt $pv = p^m u - p\mu g = 0$. Die von v erzeugte Untergruppe $U = \langle v \rangle$ hat nun die Eigenschaft $U \cap \langle g \rangle = (0)$.

Betrachtet man jetzt die natürliche Projektion $\pi \colon G \to G/U$ von G auf die Faktorgruppe, so ist $\pi(g)$ ein Element maximaler Ordnung. Mittels Induktion folgt, da $|G/U| < |G|$ ist, daß $\langle \pi(g) \rangle$ ein direkter Summand in G/U ist, d.h., es existiert eine Untergruppe V_U von G/U, so daß $G/U = V_U \oplus \langle \pi(g) \rangle$ gilt. Für $V := \pi^{-1}(V_U)$ gilt dann $V \cap \langle g \rangle \subset U$. Da jedoch $U \cap \langle g \rangle = (0)$ ist, folgt auch $V \cap \langle g \rangle = (0)$. Da V und $\langle g \rangle$ die Gruppe G erzeugen, ist G die direkte Summe von V und $\langle g \rangle$, d.h. $V \oplus \langle g \rangle = G$. $\qquad\qquad\square$

Dies erlaubt die Folgerung:

Satz 5.16. *Sei G eine endliche abelsche p-Gruppe der Ordnung p^n für eine Primzahl p und eine natürliche Zahl n. Dann gibt es ganze Zahlen $\nu_1 \geq \nu_2 \geq \cdots \geq \nu_k > 0$ mit $\sum_{i=1}^k \nu_i = n$ und zyklische Untergruppen H_i von G mit $|H_i| = p^{\nu_i}$, so daß G die direkte Summe*

$$G = H_1 \oplus H_2 \oplus \cdots \oplus H_k$$

ist. Die Zahlen $\nu_1, \nu_2, \ldots, \nu_k$ sind durch G eindeutig bestimmt.

Beweis: Ist $g \in G$ ein Element maximaler Ordnung, so gilt $G = V \oplus \langle g \rangle$ für eine geeignet gewählte abelsche p-Gruppe $V \subset G$; es gilt $|V| < |G|$. Mit vollständiger Induktion folgt die Existenz einer direkten Summenzerlegung wie im Satz. Die Gleichung $\sum_{i=1}^k \nu_i = n$ erhält man durch Vergleich der Ordnungen.

Es bleibt, die Eindeutigkeit der Exponenten $\nu_1, \ldots, \nu_k$ zu zeigen. Setze $G' = \{x \in G \mid px = 0\}$ und $H_i' = \{x \in H_i \mid px = 0\}$ für alle i. Dann ist G' die direkte Summe aller H_i'. Aus Satz I.1.13 folgt, daß jedes H_i' Ordnung p hat. Daher gilt $|G'| = p^k$, und damit ist auf jeden Fall k durch G eindeutig bestimmt. Außerdem ist G/G' zum direkten Produkt der H_i/H_i' isomorph, und jedes H_i/H_i' ist eine zyklische Gruppe der Ordnung $p^{\nu_i - 1}$. Nun wenden wir Induktion über $|G|$ an und sehen, daß die $\nu_i - 1$ mit $\nu_i > 1$ durch G/G' eindeutig bestimmt sind. Damit sind die ν_i mit $\nu_i > 1$ durch G festgelegt, und wir erhalten die Anzahl der i mit $\nu_i = 1$, weil wir k kennen. (Alternativ können wir hier auch $\sum_{i=1}^k \nu_i = n$ benützen.) $\qquad\square$

Man beachte, daß hier zwar die Exponenten ν_i eindeutig bestimmt sind, daß es aber bei der Wahl der Summanden H_i im allgemeinen mehrere Möglichkeiten gibt. Zusammenfassend erhält man die folgende Klassifikation endlich erzeugbarer abelscher Gruppen.

Satz 5.17. *Eine endlich erzeugbare abelsche Gruppe ist direkte Summe endlich vieler zyklischer Gruppen, deren Ordnung unendlich oder Potenz einer Primzahl ist. Die vorkommenden Ordnungen sind eindeutig bestimmt; es existieren eine Zahl $r \geq 0$ und eindeutig bestimmte Primzahlpotenzen q_j $(j = 1, \ldots, l)$, so daß $G/T(G)$ frei abelsch vom Rang r ist und*

$$T(G) \cong (\mathbb{Z}/q_1\mathbb{Z}) \oplus (\mathbb{Z}/q_2\mathbb{Z}) \oplus \cdots \oplus (\mathbb{Z}/q_l\mathbb{Z})$$

gilt.

ÜBUNGEN

§ 1 Die Sätze von Sylow

1. Sei p eine Primzahl. Zeige: Jede Gruppe der Ordnung p^2 ist kommutativ.

2. Seien p eine Primzahl und G eine endliche p–Gruppe. Zeige: Ist H ein Normalteiler von G mit $|H| = p$, so gilt $H \leq Z(G)$.

3. Sei p eine Primzahl, q eine Potenz von p, und m ein positives Vielfaches von p. Von einer $n \times n$–Matrix A mit Einträgen aus $\mathbb{Z}/m\mathbb{Z}$ sei bekannt, daß $A^q = E := \begin{pmatrix} \bar{1} & & \bar{0} \\ & \ddots & \\ \bar{0} & & \bar{1} \end{pmatrix}$ gilt. Zeige, daß es einen „Spaltenvektor" $v \in (\mathbb{Z}/m\mathbb{Z})^n$, $v \neq 0$, mit $Av = v$ gibt. Hier ist Av als Matrizenmultiplikation einer $n \times n$–Matrix mit einer $n \times 1$–Matrix aufzufassen; die dabei auftretenden Multiplikationen und Additionen sind Multiplikation/Addition von Restklassen in $\mathbb{Z}/m\mathbb{Z}$. (Hinweis: Die Gruppe $G := (\{E, A, A^2, \ldots, A^{q-1}\}, \cdot)$ operiert durch Matrizenmultiplikation auf $V := (\mathbb{Z}/m\mathbb{Z})^n$. Wieviel Elemente hat V? Wie viele Elemente können die Bahnen dieser Gruppenoperation haben?)

4. Seien p eine Primzahl und G eine endliche p–Gruppe. Sei H eine Untergruppe von G mit $H \neq G$. Zeige, daß H echt im Normalisator $N_G(H)$ von H in G enthalten ist. (Hinweis: Man unterscheide die Fälle $Z(G) \subset H$ und $Z(G) \not\subset H$.)

5. Gegeben seien zwei Primzahlen p, q mit $p \neq q$. Zeige: Jede Gruppe der Ordnung pq oder pq^2 besitzt eine normale p– oder q–Sylowuntergruppe.

6. Bestimme eine 2–Sylowuntergruppe der symmetrischen Gruppe S_4.

7. Seien p eine Primzahl und n eine ganze Zahl mit $0 < n < p^2$. Zeige, daß alle p–Sylowuntergruppen der symmetrischen Gruppe S_n abelsch sind.

8. Sei G eine Gruppe der Ordnung 200. Zeige: Es existiert ein nicht–trivialer Normalteiler N von G, der kommutativ ist.

9. Seien G eine p–Gruppe, p eine Primzahl und S eine p–Sylowuntergruppe von G. Setze $H = N_G(S)$. Zeige, daß S die einzige p–Sylowuntergruppe von H ist und daß $N_G(H) = H$.

10. Sei F ein endlicher Körper. Die Menge aller Matrizen $\begin{pmatrix} a & b \\ 0 & c \end{pmatrix}$ mit $a, b, c \in F$, $a, c \neq 0$, ist eine Untergruppe B von $GL_2(F)$. Zeige, daß alle Sylowuntergruppen von B abelsch sind.

11. Setze $H = S_5$. Im folgenden benutze man, daß für $n \geq 5$ die einzigen Normalteiler von S_n gerade S_n und A_n und $\{e\}$ sind.

    (a) Zeige, daß H genau sechs 5–Sylowuntergruppen $P_1, P_2, \ldots, P_6$ enthält.

    (b) Zeige: Für alle $\sigma \in H$ gibt es ein $\tau(\sigma) \in S_6$ mit $\sigma P_i \sigma^{-1} = P_{\tau(\sigma)(i)}$ für alle i. Die Abbildung τ ist ein injektiver Gruppenhomomorphismus $H \to S_6$.

    (c) Setze $H_k := \{\sigma \in S_6 \mid \sigma(k) = k\}$ für $1 \leq k \leq 6$. Zeige, daß jedes H_k zu $H = S_5$ isomorph ist, daß die H_k eine Konjugationsklasse von Untergruppen in S_6 bilden, und daß $\tau(H)$ zu keinem H_k konjugiert ist.

    (d) Seien $L_1 = \tau(H), L_2, \ldots, L_6$ die Linksnebenklassen von $\tau(H)$ in S_6. Für alle $\sigma \in S_6$ gibt es ein $\varphi(\sigma) \in S_6$ mit $\sigma L_i = L_{\varphi(\sigma)(i)}$ für alle i. Zeige, daß φ ein äußerer Automorphismus von S_6 ist. (Hinweis: Zeige, daß $\varphi(\tau(H))$ nicht zu $\tau(H)$ konjugiert ist.)

Der Exponent einer endlichen Gruppe:

12. Ist G eine endliche Gruppe, so ist der *Exponent von G*, bezeichnet $\exp(G)$, definiert als das kleinste gemeinsame Vielfache der Ordnungen der Elemente der Gruppe, d.h. $\exp(G) := \mathrm{kgV}\{\mathrm{ord}\, g \mid g \in G\}$. Zeige:

    (a) $\exp(G)$ teilt $|G|$.

    (b) Ist p eine Primzahl, die $|G|$ teilt, so gilt $p \mid \exp(G)$.

    (c) Sind G, G' zwei isomorphe endliche Gruppen, so ist $\exp(G) = \exp(G')$.

    (d) Bestimme den Exponenten einer Diedergruppe.

13. Ist G eine endliche Gruppe vom Exponenten $\exp(G) = 2$, so ist G kommutativ.

§ 2   Normal– und Kompositionsreihen

14. Sei $n > 0$ eine ganze Zahl. Bestimme eine Kompositionsreihe der Diedergruppe D_{2n}.

15. Seien p eine Primzahl und G eine endliche p–Gruppe. Zeige:

    (a) Ist $|G| = p^n$, so enthält eine Kompositionsreihe von G genau n verschiedene Untergruppen $\neq \{e\}$.

    (b) Ist H eine Untergruppe von G, so gibt es eine Kompositionsreihe von G, in der H einer der Terme ist. (Hinweis: Aufgabe 4)

16. Eine Kette $G_0 = \{e\} < G_1 < G_2 < \cdots < G_r = G$ von Untergruppen einer Gruppe G heißt eine *Hauptreihe von G*, wenn alle G_i normal in G sind und wenn es keinen Normalteiler H in G mit $G_{i-1} < H < G_i$ gibt (für jedes $i > 0$). Zeige: Jede endliche Gruppe G besitzt eine Hauptreihe; je zwei Hauptreihen von G sind äquivalent.

§ 3   Auflösbare Gruppen

17. Bestimme $D(A_4)$.

18. Bestimme alle Kompositionsreihen der symmetrischen Gruppe S_4.

19. Zeige: Die symmetrische Gruppe S_n ist genau dann auflösbar, wenn $n < 5$ gilt.

20. Sei K ein Körper, und sei B die Untergruppe der oberen Dreiecksmatrizen in der allgemeinen linearen Gruppe $GL_n(K)$. Zeige: Die Gruppe B ist auflösbar, wenn $n = 3$ ist. [Diese Aussage gilt auch für beliebiges n, ist dann jedoch schwieriger zu begründen.]

21. Sei G eine Erweiterung einer zyklischen Gruppe A durch eine zyklische Gruppe B:
$$1 \longrightarrow A \overset{\imath}{\longrightarrow} G \overset{\pi}{\longrightarrow} B \longrightarrow 1.$$

Sei $a \in G$ das Bild unter $\imath$ eines Erzeugenden von A, und es werde $b \in G$ durch π auf ein Erzeugendes von B abgebildet. Zeige:

(a) G wird von $\{a, b\}$ erzeugt.

(b) Es gibt ein $r \in \mathbb{Z}$ mit $ab = ba^r$. (Sei dieses r im folgenden fest gewählt.)

(c) Ein Homomorphismus $\varphi \colon G \longrightarrow G'$ in eine Gruppe G' hat genau dann ein abelsches Bild $\operatorname{im}\varphi \leq G'$, wenn $a^{r-1} \in \ker\varphi$.

(d) Zeige, daß für die Kommutatoruntergruppe gilt: $[G, G] = \langle a^{r-1} \rangle$.

22. Zeige: Ist G eine einfache Gruppe und besitzt G eine Untergruppe H vom Index k, wobei $k > 2$, dann teilt die Gruppenordnung $|G|$ den Wert $k!/2$.

§ 4 Nilpotente Gruppen

23. Seien p eine Primzahl und G eine endliche p–Gruppe. Zeige:

(a) Es gilt $D(G) \leq H$ für jede maximale Untergruppe H von G.

(b) Ist H eine Untergruppe von G mit $H\,D(G) = G$, so gilt $H = G$.

(c) Seien $g_1, g_2, \ldots, g_r \in G$, so daß die Faktorgruppe $G/D(G)$ von den Nebenklassen $g_i D(G)$, $1 \leq i \leq r$, erzeugt wird. Dann gilt $G = \langle g_1, g_2, \ldots, g_r \rangle$.

24. Sei K ein Körper, und sei U die Untergruppe der oberen Dreiecksmatrizen mit Einsen auf der Diagonalen in der allgemeinen linearen Gruppe $GL_n(K)$. Zeige: Die Gruppe U ist nilpotent, wenn $n = 3$ ist. [Diese Aussage gilt auch für beliebiges n, ist dann jedoch schwieriger zu begründen.]

25. Zeige: Jede Gruppe der Ordnung 1000 ist eine Erweiterung einer nilpotenten Gruppe durch eine nilpotente Gruppe. (Hinweis: Sylowsätze)

§ 5 Abelsche Gruppen

26. Für eine beliebige Primzahl p und alle $n \in \mathbb{N}$ bestimme ein erzeugendes Element der p–primären Komponente der endlichen abelschen Gruppe $\mathbb{Z}/n\mathbb{Z}$ und die Ordnung dieser Komponente.

27. Für jede Primzahl p betrachte man in der abelschen Gruppe $(\mathbb{Q}, +)$ die Untergruppe $U_p := \{z/p^{\nu} \mid z, \nu \in \mathbb{Z},\ \nu \geq 0\}$. Zeige, daß die Faktorgruppe $G = \mathbb{Q}/\mathbb{Z}$ die p–primäre Komponente $G_p = U_p/\mathbb{Z}$ hat. Wie sehen die echten Untergruppen von G_p aus?

28. Bestimme bis auf Isomorphie alle Gruppen der Ordnung 1225.

29. Sind p und q verschiedene Primzahlen, so wird jede abelsche Gruppe der Ordnung p^2q^2 von 2 Elementen erzeugt. (Hinweis: Aufgabe I.30)

30. Zeige: Eine endliche abelsche Gruppe besitzt genau dann zwei maximale Untergruppen, wenn sie zyklisch von der Ordnung p^aq^b ist, wobei p und q verschiedene Primzahlen sind und $a, b \in \mathbb{N}$, $a, b > 0$, gilt.

31. Eine Folge abelscher Gruppen und Gruppenhomomorphismen

$$\{0\} \xrightarrow{f_0} G_1 \xrightarrow{f_1} G_2 \longrightarrow \cdots \longrightarrow G_{n-1} \xrightarrow{f_{n-1}} G_n \xrightarrow{f_n} \{0\}$$

heißt exakt, wenn $\mathrm{im}\, f_i = \ker f_{i+1}$ für $i = 0, \ldots, n-1$. Sind in einer solchen Folge die Gruppen G_i endlich von der Ordnung a_i, so gilt $\prod_{i=1}^n a_i^{(-1)^i} = 1$. Sind die G_i freie abelsche Gruppen vom endlichen Rang $r_i < \infty$, so gilt $\sum_{i=1}^n (-1)^i r_i = 0$.

A Freie Gruppen, Erzeugende und Relationen

Ist H eine abelsche Gruppe, so gibt es eine freie abelsche Gruppe F zusammen mit einem surjektiven Homomorphismus $\alpha\colon F \to H$, d.h., H ist Faktorgruppe einer freien abelschen Gruppe. Ist F frei abelsch mit Basis X, so hat man also $F/\ker\alpha \cong H$; dieser Isomorphismus erlaubt es, eine Beschreibung von H durch die Bilder unter α der die Gruppe F frei erzeugenden Elemente von X modulo gewisser durch $\ker\alpha$ gegebenen „Relationen" zu geben. Um dieses Konzept auf beliebige Gruppen zu verallgemeinern, ist es notwendig, analog den Begriff einer freien Gruppe mit Basis einzuführen.

A.1. Sei X eine Teilmenge einer Gruppe F. Dann heißt F *freie Gruppe mit Basis* X, falls $\langle X\rangle = F$ und falls es zu jeder Gruppe H und jeder Abbildung $f\colon X \to H$ einen Homomorphismus $\varphi\colon F \to H$ gibt, der f fortsetzt.

Ist F freie Gruppe mit Basis X, so ist die Faktorkommutatorgruppe $F^{\mathrm{ab}} = F/D(F)$ eine freie abelsche Gruppe mit Basis $\overline{X} = \{xD(F) \mid x \in X\}$. Dies sieht man so: Sei F' freie abelsche Gruppe mit Basis X. Dann gibt es einen Homomorphismus $\varphi\colon F \to F'$ mit $\varphi(x) = x$ für alle $x \in X$. Weil F' kommutativ ist, liegt $D(F)$ im Kern von φ, und es gibt einen induzierten Homomorphismus $\overline{\varphi}\colon F^{\mathrm{ab}} \to F'$ mit $\overline{\varphi}(xD(F)) = x$ für alle $x \in X$. Die Behauptung folgt, wenn wir wissen, daß $\overline{\varphi}$ ein Isomorphismus ist.

Weil F^{ab} kommutativ ist, liefert die universelle Eigenschaft von F' einen Homomorphismus $\psi\colon F' \to F^{\mathrm{ab}}$ mit $\psi(x) = xD(F)$ für alle $x \in X$. Nun sind ψ und $\overline{\varphi}$ zu einander inverse Isomorphismen, weil ihre Zusammensetzungen auf den Erzeugendensystemen X bzw. $\overline{X}$ die Identität sind.

Satz A.2. *Seien F_1 und F_2 freie Gruppen mit Basen X_1 und X_2. Dann ist F_1 genau dann zu F_2 isomorph, wenn $|X_1| = |X_2|$ gilt.*

Beweis: $\Leftarrow$: Es gibt eine Bijektion $f\colon X_1 \to X_2$, also auch die inverse Abbildung $f^{-1}\colon X_2 \to X_1$. Zu diesen gibt es Homomorphismen $\varphi\colon F_1 \to F_2$ und $\psi\colon F_2 \to F_1$ mit $\varphi_{|X_1} = f$ und $\psi_{|X_2} = f^{-1}$. Für den Homomorphismus $\psi\circ\varphi\colon F_1 \to F_1$ gilt dann $(\psi\circ\varphi)(x) = f^{-1}(f(x)) = x$ für alle $x \in X_1$. Da die Menge X_1 die Gruppe F_1 erzeugt, folgt $\psi\circ\varphi = \mathrm{Id}_{F_1}$. Analog zeigt man $\varphi\circ\psi = \mathrm{Id}_{F_2}$. Deshalb ist $\varphi\colon F_1 \to F_2$ ein Isomorphismus.

$\Rightarrow$: Sind F_1 und F_2 isomorphe Gruppen, so sind auch die zugehörigen Faktorkommutatorgruppen F_1^{ab} und F_2^{ab} isomorph. Diese sind jedoch freie abelsche Gruppen F_i^{ab} mit Basis $\overline{X}_i$ wie oben beschrieben. Also folgt die Behauptung aus der für freie abelsche Gruppen. Diese ist in II.5.5 gezeigt. $\qquad\square$

A.3. Die Existenz freier Gruppen mit einer beliebig gegebenen Menge als Basis ergibt sich in folgender konstruktiver Weise:

Sei I irgendeine Menge. Für jedes $i \in I$ betrachte man die Symbole x_i^{+1} und x_i^{-1}; sie bilden jeweils die Mengen $X^{+1} := \{x_i^{+1} \mid i \in I\}$ und

$X^{-1} := \{x_i^{-1} \mid i \in I\}$. Die Elemente von $X^{+1} \cup X^{-1}$ heißen *Buchstaben*. Ein *Wort* ist eine endliche Folge von Buchstaben, bezeichnet durch

$$w = x_{i_1}^{\varepsilon_1} \dots x_{i_k}^{\varepsilon_k}$$

mit $k \in \mathbb{N}$, $i_j \in I$, $\varepsilon_i = \pm 1$; das leere Wort werde mit e bezeichnet. Man verknüpft zwei Worte w und w' durch Nebeneinanderstellen, $w \cdot w'$; man setzt $e \cdot w := w$ und $w \cdot e := w$ für jedes Wort w. Eine elementare Transformation eines Wortes w besteht darin, daß man in die w definierende endliche Folge einen Ausdruck der Form $x_i^{\varepsilon} x_i^{-\varepsilon}$ mit $i \in I$ und $\varepsilon = \pm 1$ einsetzt oder ihn wegläßt. Zwei Worte w_1 und w_2 heißen äquivalent, $w_1 \sim w_2$, falls sie durch eine endliche Abfolge elementarer Transformationen ineinander übergeführt werden können. Auf der Menge W der Worte ist dadurch eine Äquivalenzrelation definiert; es gilt zudem: $w_1 \sim w_2$, $v_1 \sim v_2 \Rightarrow w_1 v_1 \sim w_2 v_2$. Die Menge der Äquivalenzklassen $[w]$ von Worten w in W werde mit $F := W/\!\sim$ bezeichnet. Durch die Zuordnung $([w], [v]) \mapsto [w \cdot v]$ wird eine Verknüpfung $\cdot : F \times F \to F$ auf F definiert, diese ist assoziativ, und die Klasse $[e]$ hat die Eigenschaft $[e] \cdot [w] = [w] \cdot [e] = [w]$ für jedes $[w]$ in F. Zu $w = x_{i_1}^{\varepsilon_1} \dots x_{i_k}^{\varepsilon_k}$ setzt man $v := x_{i_k}^{-\varepsilon_k} \dots x_{i_1}^{-\varepsilon_1}$; dann gilt $v \cdot w \sim e$, $w \cdot v \sim e$, also $[v] \cdot [w] = [w] \cdot [v] = [e]$. Deshalb ist F versehen mit der Verknüpfung $\cdot$ eine Gruppe. Die Gruppe F wird von der Menge $[X]$ der $[x_i^{+1}]$, $i \in I$ erzeugt, denn für $w = x_{i_1}^{\varepsilon_1} \dots x_{i_k}^{\varepsilon_k}$ in W gilt

$$[w] = [x_{i_1}]^{\varepsilon_1} \dots [x_{i_k}]^{\varepsilon_k},$$

wobei $[v]^{-1}$ das inverse Element zu $[v]$ bezeichnet.

Satz A.4. *Die Gruppe F ist freie Gruppe mit Basis $[X]$.*

Beweis: Sei H eine Gruppe, und sei $\alpha' : [X] \to H$ eine Abbildung. Diese bestimmt eine Abbildung $\alpha : X^{+1} \to H$ mit $\alpha(x_i) = \alpha'([x_i])$, die sich durch die Zuordnung

$$x_{i_1}^{\varepsilon_1} \dots x_{i_k}^{\varepsilon_k} \mapsto \alpha(x_{i_1})^{\varepsilon_1} \dots \alpha(x_{i_k})^{\varepsilon_k}$$

zu einer Abbildung $\alpha : W \to H$ erweitert. Für äquivalente Worte $w_1 \sim w_2$ gilt $\alpha(w_1) = \alpha(w_2)$; also wird durch α eine Abbildung $\varphi : F = W/\!\sim \to H$ induziert, $\varphi([w]) = \alpha(w)$. Für beliebige Elemente $[w_1], [w_2] \in F$ gilt

$$\varphi([w_1][w_2]) = \varphi([w_1 \cdot w_2]) = \alpha(w_1 \cdot w_2) = \alpha(w_1) \cdot \alpha(w_2) = \varphi([w_1])\,\varphi([w_2]).$$

Deshalb ist φ ein Homomorphismus, der α' fortsetzt. $\square$

Korollar A.5. *Für jede Menge Y existiert eine freie Gruppe F mit Basis Y.*

Bemerkungen A.6. (1) Ein Wort w heißt *reduziert*, wenn es keine Anteile der Form $x_i^{\varepsilon} x_i^{-\varepsilon}$ mit $i \in I$ und $\varepsilon = \pm 1$, enthält; es ist sinnvoll, das leere Wort e als reduziert zu bezeichnen. Ist ein Wort w gegeben, so enthält es, wenn es nicht schon reduziert ist, einen Anteil der Form $x_i^{\varepsilon} x_i^{-\varepsilon}$ mit $i \in I$ und $\varepsilon = \pm 1$. Läßt man diesen Anteil fort, so erhält man, durch Wiederholen des Vorgehens, nach endlich vielen Schritten, ein reduziertes Wort w', das äquivalent zu w ist.

Sind w_1 und w_2 zwei äquivalente Worte, so zeigt man [mittels Induktion über die Anzahl der elementaren Transformationen, die notwendig sind, w_1 in w_2 überzuführen], daß $w_1' = w_2'$ gilt. Deshalb enthält jede Äquivalenzklasse $[w]$ von Worten w in W ein eindeutig bestimmtes reduziertes Wort.

(2) Jedes Element der zuvor konstruierten Gruppe $F = W/\sim$ kann deshalb eindeutig in der Form $[w]$, w reduziertes Wort, geschrieben werden. Identifiziert man w mit $[w]$ in F, so kann jedes Element von F eindeutig in der Form

$$w = x_{j_1}^{\mu_1} \ldots x_{j_k}^{\mu_k}, \quad k \geq 0,$$

mit ganze Zahlen μ_i $(i = 1, \ldots, k)$ ungleich 0 und $x_{j_i} \neq x_{j_{i+1}}$ geschrieben werden. Dieser Ausdruck wird auch die Normalform von w genannt.

(3) Seien G eine Gruppe und $Y \subset G$ eine Teilmenge. Kann jedes Element g in G eindeutig in Form $g = y_1^{\nu_1} \ldots y_k^{\nu_k}$ mit $y_i \in Y$, $k \geq 0$, $\nu_i \neq 0$ und $y_i \neq y_{i+1}$ $(1 \leq i < k)$ geschrieben werden, so ist G eine freie Gruppe mit Basis Y.

Satz A.7. *Ist G eine Gruppe, so existiert eine freie Gruppe F zusammen mit einem surjektiven Homomorphismus $\alpha \colon F \to G$, d.h., G ist Faktorgruppe einer freien Gruppe.*

Beweis: Nach dem vorhergehenden Korollar existiert eine freie Gruppe F mit Basis G. Zu $\mathrm{Id} \colon G \to G$ existiert dann ein Homomorphismus $\alpha \colon F \to G$ mit $\alpha_{|G} = \mathrm{Id}$; dann ist α ist surjektiv, da $\alpha_{|G}$ surjektiv ist. $\quad\square$

A.8. Dieses Ergebnis erlaubt es, eine gegebene Gruppe G als Faktorgruppe F/N einer freien Gruppe F zu schreiben. Ist F frei mit Basis X, und ist N die normale Hülle in F einer Menge R, so heißt das Paar (X, R) eine *Präsentation der Gruppe G*. Man schreibt auch $G = (X \mid R)$. Bezeichnet X' die Menge der Bilder x' der Elemente x in X unter $\alpha \colon F \to F/N = G$, so erzeugt X' die Gruppe G. Ist $r \in R$, d.h. $r = r(x_1, \ldots, x_n)$ ein Wort, so gilt in G die Identität $r(x_1', \ldots, x_n') = 1$. Üblicherweise spricht man deshalb von den Elementen von X als den (definierenden) *Erzeugenden von G*, und die Gleichungen $r = 1$, $r \in R$, heißen die (definierenden) *Relationen von G*.

Als Kern des Homomorphismus $\alpha \colon F \to G$ ist N normale Untergruppe von G; deshalb ist es nicht notwendig von den die definierenden Relationen ergebenden Elementen $r \in R$ zu fordern, daß sie N erzeugen. Mit einer Relation $r = 1$ gilt auch $g r g^{-1} = 1$ für jedes $g \in G$.

Zur Vereinfachung der Notation schreibt man häufig bei einer gegebenen Menge $X = \{x_1, \ldots, x_n\}$ und einer Menge $R = \{r_1, \ldots, r_m\}$

$$G = \langle x_1, \ldots, x_n \mid r_1 = 1, r_2 = 1, \ldots, r_m = 1 \rangle.$$

Eine *Präsentation* (X, R) einer Gruppe G heißt *endlich*, falls die Mengen X und R endlich sind. In diesem Fall heißt $G = (X \mid R)$ *endlich präsentiert*.

Satz A.9. *Sei F eine freie Gruppe mit Basis X, seien G und H Gruppen mit Präsentationen $\alpha \colon F \longrightarrow G$ bzw. $\beta \colon F \longrightarrow H$, so daß $\ker \alpha \leq \ker \beta$ gilt, d.h., so daß jede Relation für G auch eine für H ist. Dann ist H zu einer Faktorgruppe von G isomorph.*

Beweis: Der zweite Isomorphiesatz (I.4.5) ergibt

$$H \cong F/\ker \beta \cong (F/\ker \alpha)/(\ker \beta/\ker \alpha) \cong G/N,$$

wobei $N := \ker \beta/\ker \alpha$. Also ist H zu einer Faktorgruppe von G isomorph.

$\square$

Beispiele A.10   (1)   Die zyklischen Gruppen $\mathbb{Z}/n\mathbb{Z} = \langle x \mid x^n = 1 \rangle$ und $\mathbb{Z} = \langle x \rangle$ sind endlich präsentierbar.

(2)   Die Diedergruppe D_{2k}, gegeben als das semidirekte Produkt $N \rtimes H$ einer zyklischen Gruppe $N = \langle n \rangle$ der Ordnung k und der zweielementigen Gruppe $H = \langle h \rangle$, siehe I.5.7(1), besitzt die endliche Präsentation

$$\langle n, h \mid n^k = 1, \, h^2 = 1, \, h^{-1}nh = n^{-1} \rangle.$$

Ersetzt man das Element n in diesem Erzeugendensystem durch $m := nh$, so erhält man die endliche Präsentation

$$\langle m, h \mid m^2 = h^2 = 1, \, (mh)^k = 1 \rangle.$$

(3)   Ist $G = \{g_1, \ldots, g_n\}$ eine endliche Gruppe, so existiert eine freie Gruppe F mit Basis $X = \{x_1, \ldots, x_n\}$ zusammen mit einem surjektiven Homomorphismus $\alpha \colon F \to G$, definiert durch $x_i \mapsto g_i$ für alle i. Zu je zwei Indizes $i, j \in I := \{1, \ldots, n\}$ ist durch $g_i g_j = g_{m(i,j)}$ ein $m(i,j) \in I$ eindeutig festgelegt. Setzt man $R := \{x_i x_j x_{m(i,j)}^{-1} \mid i, j \in I\}$, so ist (X, R) eine endliche Präsentation von G.

(4)   Die symmetrische Gruppe S_n, $n > 1$, wird von den Transpositionen $y_i := (i \, i+1)$ mit $1 \leq i \leq n-1$ erzeugt, vgl. I.3.3.d. Für diese Elemente gilt

$$
\begin{aligned}
y_i^2 &= 1 \quad && \text{für } 1 \leq i \leq n-1, \\
(y_i y_{i+1})^3 &= 1 \quad && \text{für } 1 \leq i \leq n-2, \\
(y_i y_{j+1})^2 &= 1 \quad && \text{für } 1 \leq i < j \leq n-2.
\end{aligned}
$$

Wir wollen zeigen, daß S_n eine endliche Präsentation mit Erzeugenden $x_1, \ldots, x_{n-1}$ und Relationen

$$x_i^2 = 1, \qquad (x_k x_{k+1})^3 = 1, \qquad (x_s x_{t+1})^2 = 1$$

hat, wobei $1 \le i \le n-1$ und $1 \le k \le n-2$ und $1 \le s < t \le n-2$. Dazu bezeichnen wir die durch diese Präsentation definierte Gruppe mit Σ_n. Es gibt dann einen surjektiven Homomorphismus $\alpha \colon \Sigma_n \longrightarrow S_n$ definiert durch $x_i \mapsto y_i$ für alle i. Es genügt deshalb zu zeigen, daß $|\Sigma_n| \le n!$ gilt, denn dies ergibt wegen $[\Sigma_n : \ker \alpha] = n!$, daß α ein Isomorphismus ist.

Der Beweis der Abschätzung $|\Sigma_n| \le n!$ erfolgt durch Induktion über n. Der Fall $n = 2$ ist klar, weil $\Sigma_2 = \langle x_1 \mid x_1^2 = 1 \rangle$ zyklisch von der Ordnung 2 ist. Sei nun $n > 2$. Betrachte die Untergruppe $T := \langle x_1, \ldots, x_{n-2} \rangle$ von Σ_n. Es gibt einen surjektiven Homomorphismus $\Sigma_{n-1} \longrightarrow T$; also gilt nach Induktionsvoraussetzung $|T| \le (n-1)!$. Daher genügt es, die Abschätzung $[\Sigma_n : T] \le n$ zu zeigen.

Betrachte die n Nebenklassen

$$N_n := T \qquad \text{und} \qquad N_j := T x_{n-1} x_{n-2} \ldots x_j \quad \text{mit } 1 \le j \le n-1.$$

Wir wollen zeigen, daß es für alle i und j ein k mit $N_j x_i = N_k$ gibt. Dann folgt, daß $\bigcup_{j=1}^{n} N_j$ stabil unter Rechtsmultiplikation mit allen x_i ist. Weil die x_i die Gruppe Σ_n erzeugen, erhalten wir dann $\Sigma_n - \bigcup_{j=1}^{n} N_j$ und $[\Sigma_n : T] \le n$.

Sei also $1 \le i \le n-1$. Nach Definition gilt

$$N_{i+1} x_i = N_i.$$

Da $x_i^2 = 1$, also $x_i = x_i^{-1}$, folgt daraus unmittelbar

$$N_i x_i = N_{i+1}.$$

Wegen $x_m = x_m^{-1}$ für alle m kann man die die Relationen $(x_k x_{k+1})^3 = 1$ und $(x_s x_{t+1})^2 = 1$ in der Form $x_k x_{k+1} x_k = x_{k+1} x_k x_{k+1}$ und $x_s x_{t+1} = x_{t+1} x_s$ umschreiben. Daraus folgt für alle $j \ge i+1$, daß

$$N_j x_i = T x_{n-1} x_{n-2} \ldots x_j x_i = T x_i x_{n-1} x_{n-2} \ldots x_j = T x_{n-1} x_{n-2} \ldots x_j = N_j.$$

(Beachte, daß $i < n-1$, also $x_i \in T$, wenn ein $j \le n$ mit $i+1 \le j$ existiert.) Für $j < i$ erhalten wir schließlich:

$$
\begin{aligned}
N_j x_i &= T x_{n-1} \ldots x_j x_i = T(x_{n-1} \ldots x_{i+1} x_i x_{i-1}) x_i (x_{i-2} \ldots x_j) \\
&= T(x_{n-1} \ldots x_{i+1}) x_{i-1} x_i x_{i-1} (x_{i-2} \ldots x_j) \\
&= T x_{i-1} (x_{n-1} \ldots x_{i+1}) x_i x_{i-1} (x_{i-2} \ldots x_j) \\
&= T x_{n-1} \ldots x_j = N_j.
\end{aligned}
$$

(5) Sei $SL_2(\mathbb{Z}) = \{\, A \in M_2(\mathbb{Z}) \mid \det A = 1 \,\}$ die Gruppe der ganzzahligen (2×2)–Matrizen mit Determinante 1. Setze

$$s := \begin{pmatrix} 0 & -1 \\ 1 & 0 \end{pmatrix}, \qquad t := \begin{pmatrix} 1 & 1 \\ 0 & 1 \end{pmatrix}, \qquad r := s^3 t = -st = \begin{pmatrix} 0 & 1 \\ -1 & -1 \end{pmatrix}.$$

Man sieht leicht, daß $\operatorname{ord} s = 4$, $\operatorname{ord} t = \infty$ und $\operatorname{ord} r = 3$. Aus $s^2 = -I$ folgt $rs^2 = s^2 r$. Wir wollen zeigen, daß $SL_2(\mathbb{Z})$ eine endliche Präsentation mit Erzeugenden s, r und Relationen $r^3 = 1$, $s^4 = 1$, $rs^2 = s^2 r$ hat.

Zuerst zeigen wir, daß die Elemente s und t die Gruppe $SL_2(\mathbb{Z})$ erzeugen. Sei Σ die von s und t erzeugte Gruppe. Für jedes $\gamma = \begin{pmatrix} a & b \\ c & d \end{pmatrix} \in SL_2(\mathbb{Z})$ ist zu zeigen, daß $\gamma \in \Sigma$; dazu benützen wir Induktion über $|a| + |c|$.

Gilt $|a| + |c| = 1$, so gilt entweder $|a| = 1$ und $|c| = 0$ oder $|a| = 0$ und $|c| = 1$. Im ersten Fall folgt $d = a$, und es gilt entweder $\gamma = \begin{pmatrix} 1 & b \\ 0 & 1 \end{pmatrix} = t^b$ oder $\gamma = -\begin{pmatrix} 1 & -b \\ 0 & 1 \end{pmatrix} = s^2 t^{-b}$. Im andern Fall folgt $b = -c$, und es gilt entweder $\gamma = \begin{pmatrix} 0 & -1 \\ 1 & d \end{pmatrix} = st^d$ oder $\gamma = -\begin{pmatrix} 0 & -1 \\ 1 & -d \end{pmatrix} = s^3 t^{-d}$. Auf jeden Fall erhält man $\gamma \in \Sigma$.

Sei nun $|a| + |c| > 1$. Aus $\det \gamma = 1$ folgt $a \neq 0 \neq c$. Wegen $s\gamma = \begin{pmatrix} c & d \\ -a & -b \end{pmatrix}$ können wir annehmen, daß $|c| \leq |a|$. Wähle $k \in \mathbb{Z}$, so daß $|a + kc| < |c|$. Dann gilt

$$t^k \gamma = \begin{pmatrix} a + kc & b + kd \\ c & d \end{pmatrix}.$$

Da $|a + kc| + |c| < |c| + |a|$ liefert die Induktionsvoraussssetzung $t^k \gamma \in \Sigma$, also auch $\gamma \in \Sigma$.

Damit haben wir gezeigt, daß $SL_2(\mathbb{Z}) = \langle s, t \rangle$. Wegen $r = s^3 t$ wird $SL_2(\mathbb{Z})$ auch von s und r erzeugt. Sei nun G die Gruppe mit Erzeugenden S, R und Relationen $S^4 = 1$, $R^3 = 1$, $RS^2 = S^2 R$. Die vorangehenden Bemerkungen zeigen, daß es einen surjektiven Gruppenhomomorphismus $\varphi \colon G \to SL_2(\mathbb{Z})$ mit $\varphi(S) = s$ und $\varphi(R) = r$ gibt. Wir behaupten, daß φ auch injektiv ist.

Auf Grund der definierenden Relationen von G hat jedes $g \in G$ die Form

$$g = R^{\nu_1} S R^{\nu_2} S \ldots R^{\nu_n} S S^m \qquad \text{oder} \qquad g = S^m R^{\nu_1} S R^{\nu_2} S \ldots R^{\nu_n} S$$

mit $n \geq 0$, $0 \leq m < 4$ und $\nu_i \in \{1, 2\}$ für alle i. Ist $g \in \ker \varphi$, so folgt

$$r^{\nu_1} s r^{\nu_2} s \ldots r^{\nu_n} s = s^{\mu} \tag{1}$$

mit $\mu = -m$. Nun rechnet man leicht nach, daß

$$rs = \begin{pmatrix} 1 & 0 \\ -1 & 1 \end{pmatrix} \qquad \text{und} \qquad r^2 s = \begin{pmatrix} -1 & 1 \\ 0 & -1 \end{pmatrix} \tag{2}$$

sowie für alle $a, b, c, d \in \mathbb{Z}$

$$\begin{pmatrix} a & b \\ c & d \end{pmatrix} rs = \begin{pmatrix} a-b & b \\ c-d & d \end{pmatrix} \tag{3}$$

und

$$\begin{pmatrix} a & b \\ c & d \end{pmatrix} r^2 s = \begin{pmatrix} -a & a-b \\ -c & c-d \end{pmatrix} = -\begin{pmatrix} a & b-a \\ c & d-c \end{pmatrix}. \tag{4}$$

Durch Induktion über n zeigt man nun: Für alle $n \geq 1$ hat die linke Seite in (1) die Form $\pm \begin{pmatrix} a & b \\ c & d \end{pmatrix}$ mit $a, d \geq 0$, $b, c \leq 0$ und $b + c < 0$: Für $n = 1$ gilt dies nach (2), für $n > 1$ benutzt man (3) und (4) zur Induktion. Da keine Potenz von s diese Form hat, impliziert (1), daß $n = 0$. Dann gilt $s^\mu = 1$; daraus folgt $0 = \mu = m$, also $g = 1$. Daher ist φ ein Isomorphismus, und es gilt

$$SL_2(\mathbb{Z}) = \langle\, s, r \mid r^3 = 1, s^4 = 1, rs^2 = s^2 r \,\rangle.$$

Liegt $\gamma = \begin{pmatrix} a & b \\ c & d \end{pmatrix}$ im Zentrum von $SL_2(\mathbb{Z})$, so gelten $s\gamma = \gamma s$ und $t\gamma = \gamma t$, also

$$\begin{pmatrix} -c & -d \\ a & b \end{pmatrix} = \begin{pmatrix} b & -a \\ d & -c \end{pmatrix} \quad \text{und} \quad \begin{pmatrix} a & a+b \\ c & c+d \end{pmatrix} = \begin{pmatrix} a+c & b+d \\ c & d \end{pmatrix}.$$

Daraus folgt $b = -c$ und $a = d$ sowie $c = 0$, also $\gamma = \begin{pmatrix} a & 0 \\ 0 & a \end{pmatrix}$. Wegen $\det \gamma = 1$ muß nun $a = \pm 1$ sein. Deshalb gilt $Z(SL_2(\mathbb{Z})) = \{\pm I\} = \langle s^2 \rangle$. Man nennt die Faktorgruppe $\Gamma := PSL_2(\mathbb{Z}) := SL_2(\mathbb{Z})/Z(SL_2(\mathbb{Z}))$ die *Modulgruppe*. Bezeichnen wir die Klassen von s und r in Γ wieder mit s und r, so folgt aus Satz A.9, daß Γ die Gruppe mit den Erzeugenden s, r und den Relationen $r^3 = 1$, $s^4 = 1$, $rs^2 = s^2 r$, $s^2 = 1$ ist. Die beiden mittleren Relationen folgen nun aus der letzten; damit erhalten wir

$$\Gamma = PSL_2(\mathbb{Z}) = \langle\, s, r \mid r^3 = 1, s^2 = 1 \,\rangle.$$

Bemerkungen A.11. (1) Es ist nicht richtig, daß jede endlich erzeugbare Gruppe G auch endlich präsentierbar ist. Zum Beispiel gibt es nur abzählbar viele Isomorphieklassen von Gruppen, die endlich präsentierbar sind, aber überabzählbar viele Isomorphieklassen von Gruppen, die von zwei Elementen erzeugt werden. (Dies wurde zuerst von Bernhard Neumann[1] gezeigt.)

(2) Topologische und geometrische Untersuchungen führen häufig zu Beschreibungen von Gruppen durch Erzeugende und Relationen, zum Beispiel für Fundamentalgruppen. Andererseits liefert eine Realisierung einer Gruppe G als Gruppe von Transformationen auf einem geometrischen oder topologischen Objekt oft Aussagen zur Struktur von G. Zum Beispiel kann man

---

[1]Some remarks on infinite groups, *J. London Math. Soc.* **12** (1937), 120–127

die Präsentation der Modulgruppe von A.10(5) auch mit Hilfe von deren
Operation auf der oberen Halbebene (den komplexen Zahlen mit positivem
Imaginärteil, vergleiche Aufgabe I.43) herleiten. Indem man freie Gruppen
als Fundamentalgruppen realisiert, erhält man einen Beweis für den Satz von
Nielsen und Schreier, daß Untergruppen freier Gruppen wieder frei sind.

ÜBUNGEN

1. Zeige: Ist F eine freie Gruppe mit n Erzeugenden, so gibt es 2^n Homomorphismen von F in eine zyklische Gruppe der Ordnung 2.

2. Zeige, daß die Gruppe $\langle x, y \mid x^3 = y^2 = x^{-1}yxy = 1 \rangle$ zyklisch von der Ordnung 6 ist.

3. Betrachte in S_6 die Transpositionen y_i, $1 \le i \le 5$, wie oben in Beispiel A.10(4). Setze

$$z_1 = (1\,2)(3\,4)(5\,6), \qquad z_2 = (1\,4)(2\,5)(3\,6), \qquad z_3 = (1\,3)(2\,4)(5\,6),$$

$$z_4 = (1\,2)(3\,6)(4\,5), \qquad z_5 = (1\,4)(2\,3)(5\,6).$$

   Zeige: Es gibt einen (äußeren) Automorphismus φ von S_6 mit $\varphi(y_i) = z_i$ für alle i.

4. Beweise die Behauptungen über die Diedergruppe in A.10(2).

5. Sei (X, R) eine Präsentation einer Gruppe G. Zeige: Die Faktorkommutatorgruppe $G/[G,G]$ von G (siehe II.3.6) hat die Präsentation $(X, R \cup R')$ mit $R' = \{xyx^{-1}y^{-1} \mid x, y \in X,\ x \ne y\}$.

B   Die allgemeine lineare Gruppe

Die allgemeinen und speziellen linearen Gruppen über einem Körper sind,
neben den symmetrischen Gruppen, die am häufigsten in der Mathematik
betrachteten Gruppen. Sie treten in den verschiedensten Gebieten auf.

Im folgenden beschreiben wir Erzeugende für die speziellen linearen Gruppen und bestimmen die Zentren sowie die Kommutatoruntergruppen der allgemeinen und speziellen linearen Gruppen. Wir zeigen, daß die Faktorgruppe
einer speziellen linearen Gruppe nach ihrem Zentrum einfach ist (mit wenigen
Ausnahmen). Dann betrachten wir eine spezielle Klasse von Untergruppen,
die parabolischen Untergruppen, die für (nicht nur) geometrische Anwendungen besonders wichtig sind. Zu diesen parabolischen Untergruppen gehört die
Untergruppe aller invertierbaren oberen Dreiecksmatrizen. Wir zeigen, daß
die Doppelnebenklassen nach dieser speziellen Untergruppe in natürlicher
Weise durch die symmetrische Gruppe parametrisiert werden — das ist die
sogenannte Bruhat-Zerlegung — und stellen so einen Zusammenhang mit einer anderen wichtigen Klasse von Gruppen, den Permutationsgruppen, her.

In diesem Abschnitt seien K ein fester Körper und n eine ganze Zahl mit
$n \ge 2$.

B.1. Wir bezeichnen mit $GL_n(K)$ die Gruppe der invertierbaren $n \times n$–Matrizen über K, die *allgemeine lineare Gruppe vom Grad n über K*, siehe Beispiel I.1.2(4). Die *spezielle lineare Gruppe* $SL_n(K)$ vom Grad n über K ist die Untergruppe aller $g \in GL_n(K)$ mit $\det(g) = 1$, siehe Beispiel I.1.10(2).

Sei $e_1, e_2, \ldots, e_n$ die Standardbasis von K^n; es ist also $e_1 = (1, 0, 0, \ldots, 0)$ und $e_2 = (0, 1, 0, \ldots, 0)$ und so weiter. Im folgenden benützen wir diese Basis, um den Raum $M_n(K)$ aller $n \times n$–Matrizen über K mit der Menge aller linearen Abbildungen $K^n \to K^n$ zu identifizieren. Das heißt, wir interpretieren eine Matrix $A = (a_{ij}) \in M_n(K)$ als die lineare Abbildung $A \colon K^n \to K^n$ mit $A(e_i) = \sum_{j=1}^n a_{ji} e_j$ für alle i. Dabei wird insbesondere $GL_n(K)$ mit $GL(K^n)$ identifiziert.

Für alle i, j mit $1 \le i, j \le n$ sei $E_{ij} \in M_n(K)$ die Matrix, die als lineare Abbildung durch $E_{ij}(e_j) = e_i$ und $E_{ij}(e_k) = 0$ für alle $k \ne j$ gegeben ist. Die E_{ij} bilden eine Basis von $M_n(K)$ über K; eine beliebige Matrix $A = (a_{ij})$ in $M_n(K)$ erfüllt $A = \sum_{i,j} a_{ij} E_{ij}$. Die Einheitsmatrix in $M_n(K)$ ist $I = \sum_{i=1}^n E_{ii}$. Es gilt

$$E_{ij} E_{kl} = \delta_{jk} E_{il} \tag{1}$$

für alle i, j, k, l.

Für alle i, j mit $i \ne j$ und $1 \le i, j \le n$ und für alle $a \in K$ setze

$$x_{ij}(a) = I + a E_{ij}. \tag{2}$$

Dann ist $x_{ij}(a) \in SL_n(K)$. Man rechnet leicht nach, daß

$$x_{ij}(a) x_{ij}(b) = x_{ij}(a + b) \qquad \text{für alle } a, b \in K \tag{3}$$

gilt. Insbesondere ist $x_{ij}(0) = I$ und $x_{ij}(-a) = x_{ij}(a)^{-1}$.

Die $x_{ij}(a)$ sind mit elementaren Matrizenumformungen verbunden: Für jedes $A \in M_n(K)$ erhält man $x_{ij}(a)A$ aus A, indem man das a–fache der j–ten Zeile in A zur i–ten Zeile addiert, und man erhält $A x_{ij}(a)$ aus A, indem man das a–fache der i–ten Spalte zur j–ten Spalte addiert.

Diese Tatsache ist die Grundlage für das aus der Linearen Algebra bekannte Verfahren zur Berechnung von inversen Matrizen. Mit ihrer Hilfe zeigt man auch:

Satz B.2. *Die Gruppe $SL_n(K)$ wird von allen $x_{ij}(a)$ mit $a \in K$ und $1 \le i, j \le n$ und $i \ne j$ erzeugt.*

Beweis: Sei $g \in SL_n(K)$. Wir zeigen: Es gibt eine Folge von elementaren Zeilenoperationen des Typs „Addiere ein Vielfaches einer Zeile zu einer anderen Zeile", die g in die Einheitsmatrix überführt. Nach der Bemerkung zum Schluß von B.1 gibt es $g_1, g_2, \ldots, g_m$ von der Form $g_r = x_{i_r j_r}(a_r)$ mit $g_m \ldots g_2 g_1 g = I$. Dann folgt die Behauptung aus $g = g_1^{-1} g_2^{-1} \ldots g_m^{-1}$ und aus $g_r^{-1} = x_{i_r j_r}(-a_r)$.

Sei $g = (a_{ij})$. Es gibt k mit $a_{k1} \neq 0$; sonst wäre nämlich die erste Spalte von g gleich 0 und damit $\det(g) = 0$ im Widerspruch zur Annahme, daß $g \in SL_n(K)$. Ist $a_{21} \neq 0$, so setze $g_1 = I$; sonst setze $g_1 = x_{2k}(1)$. In beiden Fällen erfüllt $g_1 g = (b_{ij})$ nun $b_{21} \neq 0$. Setze $g_2 = x_{12}((1 - b_{11})b_{21}^{-1})$. Dann erfüllt $g_2 g_1 g = (c_{ij})$, daß $c_{11} = 1$. Nun addieren wir für $i = 2, 3, \ldots, n$ das $(-c_{i1})$–fache der ersten Zeile zur i–ten Zeile. Danach haben wir g durch elementare Zeilenoperationen in eine Matrix der Form

$$
g' = \begin{pmatrix} 1 & * & \cdots & * \\ 0 & & & \\ \vdots & & h & \\ 0 & & & \end{pmatrix}
$$

übergeführt. Hier muß $h \in SL_{n-1}(K)$ sein, da sich bei den Umformungen die Determinante nicht ändert.

Ist $n = 2$, so sind wir nun fertig, da $g' = \begin{pmatrix} 1 & d \\ 0 & 1 \end{pmatrix}$ mit geeignetem $d \in K$. Addition des $(-d)$–fachen der zweiten Zeile zur ersten Zeile gibt nun die Einheitsmatrix I.

Für $n > 2$ benützen wir Induktion über n. Danach führen elementare Zeilenoperationen des genannten Typs h in die Einheitsmatrix I_{n-1} vom Grad $n - 1$ über. Die Zeilenoperationen der $(n - 1) \times (n - 1)$–Matrix h können auch als Zeilenoperationen der $n \times n$–Matrix g' aufgefaßt werden, bei denen die erste Zeile nicht berührt wird und bei denen sich die erste Spalte nicht ändert, weil immer nur ein Vielfaches von 0 zu 0 addiert wird.

Ist oben $h = I_{n-1}$, so addieren wir für $j = 2, 3, \ldots, n$ ein Vielfaches der j–ten Zeile zur ersten Zeile, so daß der j–te Eintrag in der ersten Zeile gleich 0 wird. Damit haben wir dann g wie behauptet in die Einheitsmatrix übergeführt. $\square$

Bemerkung: Sei V ein endlich dimensionaler Vektorraum über K. Eine lineare Abbildung $f : V \to V$ heißt *Transvektion*, wenn es ein $v_1 \in V$ mit $f(v) - v \in Kv_1$ für alle $v \in V$ und mit $f(v_1) = v_1$ gibt.

Ist hier $v_1 = 0$, so ist f die Identität. Ist $v_1 \neq 0$, so gibt es für jedes $v \in V$ genau ein $\lambda(v) \in K$ mit $f(v) = v + \lambda(v)v_1$; dann ist $\lambda : V \to K$ linear und erfüllt $\lambda(v_1) = 0$ wegen $f(v_1) = v_1$. Umgekehrt: Sind $\lambda \in V^*$ und $v_1 \in V$ mit $\lambda(v_1) = 0$ gegeben, so ist $v \mapsto v + \lambda(v)v_1$ eine Transvektion von V.

Jede Transvektion von V hat Determinante 1. Sind nämlich f und v_1 wie oben mit $v_1 \neq 0$, so können wir v_1 zu einer Basis $v_1, v_2, \ldots, v_n$ von V ergänzen. Bezüglich dieser Basis hat dann die Matrix von f obere Dreiecksgestalt mit Einsen auf der Diagonalen, also Determinante 1. Und ist $v_1 = 0$, so ist f die Identität.

Alle $x_{ij}(a)$ sind Transvektionen von K^n: Man nehme $v_1 = e_i$. Nun impliziert Satz B.2, daß $SL_n(K)$ *die von allen Transvektionen von K^n erzeugte Untergruppe von $GL_n(K)$ ist.*

Satz B.3. (a) *Die Kommutatoruntergruppe von* $GL_n(K)$ *ist* $SL_n(K)$, *außer wenn* $n = 2$ *und* $|K| = 2$.

(b) *Es ist* $SL_n(K)$ *ihre eigne Kommutatoruntergruppe, außer wenn* $n = 2$ *und* $|K| \leq 3$.

Beweis: (a) Die Determinante $\det : GL_n(K) \to K^*$ ist ein Gruppenhomomorphismus mit Kern $SL_n(K)$. Also ist $GL_n(K)/SL_n(K)$ kommutativ, und $SL_n(K)$ enthält die Kommutatoruntergruppe $D(GL_n(K))$ von $GL_n(K)$.

Um die umgekehrte Inklusion zu erhalten, reicht es nach Satz B.2, wenn wir zeigen, daß alle $x_{ij}(a)$ zu $D(GL_n(K))$ gehören.

Ist $t \in GL_n(K)$ eine Diagonalmatrix mit Diagonaleinträgen $t_1, t_2, \ldots, t_n$, ist also $t = \sum_{i=1}^{n} t_i E_{ii}$, so gilt stets

$$t x_{ij}(a) t^{-1} = x_{ij}(t_i t_j^{-1} a), \tag{1}$$

also

$$t x_{ij}(a) t^{-1} x_{ij}(a)^{-1} = x_{ij}((t_i t_j^{-1} - 1)a). \tag{2}$$

Ist $|K| > 2$, so können wir t mit $t_i t_j^{-1} \neq 1$ wählen, zum Beispiel mit $t_i \neq 1$ und $t_j = 1$; dann ist $x_{ij}(a)$ der Kommutator von t und $x_{ij}((t_i t_j^{-1} - 1)^{-1}a)$, also in $D(GL_n(K))$.

Nehmen wir nun an, daß $n \geq 3$. Dann können wir zu gegebenen i und j mit $i \neq j$ ein k mit $1 \leq k \leq n$ und $k \neq i, j$ finden. Nun zeigt eine leichte Rechnung für alle $a, b \in K$, daß

$$x_{ik}(a) x_{kj}(b) x_{ik}(a)^{-1} x_{kj}(b)^{-1} = x_{ij}(ab). \tag{3}$$

Also ist $x_{ij}(a)$ der Kommutator von $x_{ik}(a)$ und $x_{jk}(1)$, also in $D(GL_n(K))$.

(b) Die Gleichung $SL_n(K) = D(SL_n(K))$ folgt, wenn wir zeigen, daß jedes $x_{ij}(a)$ ein Kommutator vom zwei Elementen in $SL_n(K)$ ist. Für $n \geq 3$ wird dies schon im Beweis von (a) gezeigt, siehe (3).

Wenn wir für $n = 2$ wie oben argumentieren wollen, müssen wir eine Diagonalmatrix t mit $t_i t_j^{-1} \neq 1$ und $\det(t) = 1$ finden. Da nun $\{i, j\} = \{1, 2\}$ sein muß, gilt $\det(t) = t_i t_j$. Wenn K ein Element $z \neq 0$ mit $z^2 \neq 1$ enthält, so können wir $t_i = z$ und $t_j = z^{-1}$ setzen und alle Bedingungen erfüllen. Da das Polynom $X^2 - 1 = (X-1)(X+1)$ höchstens zwei Nullstellen in K hat, können wir z immer finden, sobald $|K| > 3$. $\qquad\square$

Bemerkung: Für $|K| = 2$, also $K = \{0, 1\}$, ist $GL_n(K) = SL_n(K)$; man kann zeigen, daß in diesem Fall $D(SL_2(K)) \neq SL_2(K)$, siehe Aufgabe 6. Auch für $|K| = 3$ gilt $D(SL_2(K)) \neq SL_2(K)$, siehe Aufgabe 6.

Satz B.4. *Sei* $n \in \mathbb{N}$, $n \geq 2$. *Das Zentrum von* $GL_n(K)$ *ist die Menge aller Matrizen* aI *mit* $a \in K^*$. *Dies ist auch der Zentralisator von* $SL_n(K)$ *in* $GL_n(K)$.

Beweis: Alle aI mit $a \in K^*$ sind sicher zentral in $GL_n(K)$. Es reicht also, wenn wir zeigen: Jede Matrix $A = (a_{ij}) \in M_n(K)$, die mit allen Elementen von $SL_n(K)$ kommutiert, hat die Form $A = aI$ mit $a \in K$.

In der Tat gilt $Ax_{ij}(1) = x_{ij}(1)A$ für gegebene i, j, $i \neq j$ genau dann, wenn

$$\sum_{k=1}^{n} a_{ki}E_{kj} = \sum_{l=1}^{n} a_{jl}E_{il}.$$

Dies ist äquivalent zu $a_{ki} = 0$ für alle $k \neq i$ und $a_{jl} = 0$ für alle $l \neq j$ und $a_{ii} = a_{jj}$. Betrachten wir nun alle möglichen i und j, so folgt die Behauptung. $\square$

Bemerkung: Es folgt, daß das Zentrum von $SL_n(K)$ aus allen aI mit $a \in K$ und $a^n = 1$ besteht.

Die Faktorgruppe $PGL_n(K) = GL_n(K)/Z(GL_n(K))$ wird *die projektive allgemeine lineare Gruppe* vom Grad n über K genannt, die Faktorgruppe $PSL_n(K) = SL_n(K)/Z(SL_n(K))$ die *projektive spezielle lineare Gruppe* vom Grad n über K.

Lemma B.5.   *Setze* $P_1 = \{ g \in SL_n(K) \mid g(e_1) \in Ke_1 \}$.

(a) *Es ist* P_1 *eine maximale Untergruppe von* $SL_n(K)$.

(b) *Es ist*

$$H := \{ I + \sum_{i=2}^{n} a_i E_{1i} = \begin{pmatrix} 1 & a_2 & \dots & a_n \\ 0 & & & \\ \vdots & & I_{n-1} & \\ 0 & & & \end{pmatrix} \mid a_2, a_3, \dots, a_n \in K \}$$

ein abelscher Normalteiler von P_1.

(c) *Es gilt* $\bigcap_{g \in SL_n(K)} gP_1g^{-1} = Z(SL_n(K))$.

Beweis: (a) Wegen $n \geq 2$ ist $P_1 \neq SL_n(K)$. Sei $G \leq SL_n(K)$ eine Untergruppe mit $P_1 < G$. Es ist zu zeigen, daß $G = SL_n(K)$. Sei $g \in G$ mit $g \notin P_1$.

Ist $f \in SL_n(K)$ mit $f \notin P_1$, so gilt $f(e_1) \notin Ke_1$; also sind $e_1, f(e_1)$ linear unabhängig und wir können $e_1, f(e_1)$ zu einer Basis von K^n ergänzen. Ebenso lassen sich $e_1, g(e_1)$ zu einer Basis von K^n ergänzen. Nun gibt es $h \in SL_n(K)$ und $a \in K^*$ mit $h(e_1) = ae_1$ und $h(f(e_1)) = g(e_1)$. Es folgt, daß $h, g^{-1}hf \in P_1$. Nun implizieren $P_1 \subset G$ und $g \in G$, daß auch $f = h^{-1} \cdot g \cdot g^{-1}hf \in G$. Damit erhalten wir $SL_n(K) = G \cup P_1 = G$.

(b) Offensichtlich ist H der Kern des Gruppenhomomorphismus von P_1 nach $GL(Ke_1) \times GL(V/Ke_1)$ mit $g \mapsto (g_{|Ke_1}, g_{|V/Ke_1})$. Also ist H ein Normalteiler in P_1. Die Kommutativität folgt aus der Formel

$$(I + \sum_{i=2}^{n} a_i E_{1i})(I + \sum_{i=2}^{n} b_i E_{1i}) = I + \sum_{i=2}^{n}(a_i + b_i)E_{1i},$$

bei der man benützt, daß $E_{1i}E_{1j} = 0$ für $i \neq 1$.

(c) Weil das Zentrum $Z(SL_n(K))$ aus Matrizen der Form aI mit $a \in K^*$ besteht, ist es sicher in P_1 enthalten, also auch in allen gP_1g^{-1} und damit in deren Durchschnitt.

Sei andererseits $h \in \bigcap_{g \in SL_n(K)} gP_1g^{-1}$. Für alle $v \in K^n$, $v \neq 0$ gibt es $g \in SL_n(K)$ mit $g(e_1) = v$. Wegen $g^{-1}hg \in P_1$ folgt $g^{-1}hg(g^{-1}(v)) \in Ke_1$, also $h(v) \in g(Ke_1) = Kv$. Das heißt, für alle v gibt es $\nu(v) \in K$ mit $h(v) = \nu(v)v$. Insbesondere gilt für alle i, j mit $i \neq j$, daß

$$\nu(e_i + e_j)(e_i + e_j) = h(e_i + e_j) = h(e_i) + h(e_j) = \nu(e_i)e_i + \nu(e_j)e_j,$$

also $\nu(e_i) = \nu(e_j)$. Es folgt, daß $h = aI$ mit $a = \nu(e_i)$ für alle i, also $h \in Z(SL_n(K))$. $\qquad\square$

Satz B.6. *Ist G eine normale Untergruppe von $SL_n(K)$, so gilt $G \leq Z(SL_n(K))$ oder $D(SL_n(K)) \leq G$.*

Beweis: Wir betrachten die Untergruppe P_1 wie in Lemma B.5. Die Menge GP_1 ist eine Untergruppe von $SL_n(K)$, weil G normal ist. Die Maximalität von P_1 impliziert also $GP_1 = SL_n(K)$ oder $GP_1 = P_1$. Im zweiten Fall folgt $G \leq P_1$, also $G = gGg^{-1} \leq gP_1g^{-1}$ für alle $g \in SL_n(K)$. Dann zeigt Lemma B.5.c, daß $G \leq Z(SL_n(K))$.

Wir können also annehmen, daß $GP_1 = SL_n(K)$. In diesem Fall werden wir zeigen, daß sogar $GH = SL_n(K)$ mit H wie in Lemma B.5.b. Daraus folgt dann $SL_n(K)/G = GH/G \cong H/(H \cap G)$. Dann muß $SL_n(K)/G$ kommutativ sein, weil H dies ist, also gilt $D(SL_n(K)) \leq G$.

Nun zeigen wir zunächst, daß jede Transvektion f von K^n unter $SL_n(K)$ zu einem Element von H konjugiert ist: Es gibt $v_1 \in K^n$ und $\lambda \in (K^n)^*$ mit $\lambda(v_1) = 0$, so daß $f(v) = v + \lambda(v)v_1$ für alle $v \in K^n$. Wir können annehmen, daß $v_1 \neq 0$ ist, weil sonst $f = I \in H$. Dann gibt es $g \in SL_n(K)$ mit $g(e_1) = v_1$; nun folgt $(g^{-1}fg)(v) = v + \lambda'(v)e_1$ mit $\lambda'(v) = \lambda(g(v))$. Damit gehört $g^{-1}fg = I + \sum_{i=2}^{n} \lambda'(e_i)E_{1i}$ zu H.

Insbesondere sind alle $x_{ij}(a)$ unter $SL_n(K)$ zu Elementen von H konjugiert. Daher impliziert Satz B.2, daß $SL_n(K)$ von der Vereinigung aller gHg^{-1} mit $g \in SL_n(K)$ erzeugt wird. Da wir nun den Fall $GP_1 = SL_n(K)$ betrachten, können wir hier $g = g_1g_2$ mit $g_1 \in G$ und $g_2 \in P_1$ schreiben. Weil H normal in P_1 ist, gilt $g_2Hg_2^{-1} = H$, also $gHg^{-1} = g_1Hg_1^{-1}$. Nun ist GH eine Untergruppe von $SL_n(K)$ wegen der Normalität von G. Diese Untergruppe enthält alle $g_1Hg_1^{-1} = gHg^{-1}$ wie oben, also ein Erzeugendensystem von $SL_n(K)$. Es folgt, daß $GH = SL_n(K)$ wie behauptet. $\qquad\square$

Korollar B.7. *Die projektive spezielle lineare Gruppe $PSL_n(K)$ ist einfach, außer wenn $n = 2$ und $|K| \leq 3$.*

Beweis: Das folgt nun aus Satz B.3.b.

B.8. Setze B (bzw. B_1) gleich der Untergruppe aller oberer Dreiecks-matrizen in $GL_n(K)$ (bzw. in $SL_n(K)$). Es ist also $B_1 = B \cap SL_n(K)$. Wir nennen B (bzw. B_1) die *Standard-Boreluntergruppe von* $GL_n(K)$ (bzw. von $SL_n(K)$). Die Diagonaleinträge einer Matrix in B sind alle ungleich 0, weil sonst die Determinante gleich 0 wäre.

Für $0 \leq i \leq n$ setze

$$V_i = Ke_1 + Ke_2 + \cdots + Ke_i. \tag{1}$$

(Es ist also $V_0 = 0$ und $V_n = K^n$.) Dann gilt

$$B = \{\, g \in GL_n(K) \mid g(V_i) = V_i \text{ für alle } i,\, 0 \leq i \leq n \,\}. \tag{2}$$

Eine entsprechende Aussage gilt für B_1.

> **Lemma B.9.** *Sei $M \subset K^n$ ein Unterraum mit $g(M) = M$ für alle $g \in B_1$. Dann gibt es ein i, $0 \leq i \leq n$, mit $M = V_i$.*

Beweis: Betrachte einen Vektor $v \in K^n$, $v \neq 0$. Es gibt $r \leq n$ und $a_i \in K$ mit $v = \sum_{i=1}^{r} a_i e_i$ und $a_r \neq 0$. Wir zeigen zunächst, daß nun V_r der von allen $b(v)$ mit $b \in B_1$ aufgespannte Teilraum ist:

$$\sum_{b \in B_1} Kb(v) = V_r. \tag{1}$$

Wegen $v \in V_r$ und $b(V_r) = V_r$ für alle $b \in B_1$ ist die Inklusion "$\subset$" klar. Für die umgekehrte Inlusion benützen wir Induktion über r. Ist $r = 1$, also $v = a_1 e_1$ mit $a_1 \neq 0$, so ist klar, daß $V_1 = Ke_1 \subset \sum_b Kb(v)$.

Sei nun $r > 1$. Es gibt ein $b_1 \in B_1$ mit $b_1(e_r) = e_r + e_{r-1}$ und $b_1(e_k) = e_k$ für alle $k \neq r$. Dann folgt, daß $a_r e_{r-1} = b_1(v) - v \in \sum_b Kb(v)$. Nun gibt die Induktion, daß $V_{r-1} = \sum_b Kb(a_r e_{r-1}) \subset \sum_b Kb(v)$. Nun erhalten wir $V_r = Kv + V_{r-1} \subset \sum_b Kb(v)$, also (1).

Sei nun $M \subset K^n$ ein Unterraum mit $b(M) = M$ für alle $b \in B_1$. Ist $M = 0$, so ist $M = V_0$. Ist $M \neq 0$, so gibt es ein $r > 0$ mit $M \subset V_r$ und $M \not\subset V_{r-1}$. Daher gibt es ein $v \in M$ von der Form $v = \sum_{i=1}^{r} a_i e_i$ mit $a_r \neq 0$. Wegen $b(M) = M$ für alle $b \in B_1$ und wegen $v \in M$ gilt $\sum_{b \in B_1} Kb(v) \subset M$. Nun impliziert (1), daß $V_r \subset M$, also $M = V_r$. $\qquad\square$

B.10. Eine *Fahne* in K^n ist eine Kette von Unterräumen

$$0 \subsetneq M_1 \subsetneq M_2 \subsetneq \cdots \subsetneq M_r \subsetneq K^n$$

in K^n. Wir nennen dann $\{\dim(M_1), \dim(M_2), \ldots, \dim(M_r)\}$ den *Typ* der Fahne. Eine *vollständige Fahne* ist eine Fahne vom Typ $\{1, 2, \ldots, n-1\}$. Zum Beispiel ist $0 \subsetneq V_1 \subsetneq V_2 \subsetneq \cdots \subsetneq V_{n-1} \subsetneq K^n$ eine vollständige Fahne.

Ist $\alpha = (0 \subsetneq M_1 \subsetneq M_2 \subsetneq \cdots \subsetneq M_r \subsetneq K^n)$ eine Fahne in K^n, so ist für jedes $g \in GL_n(K)$ auch

$$g\alpha := (0 \subsetneq g(M_1) \subsetneq g(M_2) \subsetneq \cdots \subsetneq g(M_r) \subsetneq K^n)$$

eine Fahne in K^n; sie ist offensichtlich vom selben Typ wir die ursprüngliche Fahne. Wir erhalten so eine Operation von $GL_n(K)$ auf der Menge alle Fahnen von einem festen Typ.

Diese Operation ist (für jeden Typ) transitiv: Seien $\alpha = (0 \subsetneq M_1 \subsetneq M_2 \subsetneq \cdots \subsetneq M_r \subsetneq K^n)$ und $\beta = (0 \subsetneq M_1' \subsetneq M_2' \subsetneq \cdots \subsetneq M_r' \subsetneq K^n)$ zwei Fahnen vom gleichen Typ, also mit $\dim(M_i') = \dim(M_i) =: m_i$ für alle i. Wir können eine Basis $v_1, v_2, \ldots, v_n$ von K^n finden, so daß für jedes i die Vektoren $v_1, v_2, \ldots, v_{m_i}$ eine Basis von M_i bilden. (Man wähle zuerst eine Basis von M_1, ergänze zu einer Basis von M_2, dann zu einer Basis von M_3 und so weiter.) Ebenso gibt es eine Basis $v_1', v_2', \ldots, v_n'$ von K^n, so daß für jedes i die Vektoren $v_1', v_2', \ldots, v_{m_i}'$ eine Basis von M_i' bilden. Sei $g \in GL_n(K)$ mit $g(v_k) = v_k'$ für alle k; dieses g erfüllt dann $g(M_i) = M_i'$ für alle i. (Bemerke, daß man g in $SL_n(K)$ wählen kann: Dazu multipliziert man v_n' mit einem geeigneten Skalar.)

Es folgt: Jede Fahne in K^n ist unter der Operation von $GL_n(K)$ zu einer Fahne der Form $0 \subsetneq V_{i_1} \subsetneq V_{i_2} \subsetneq \cdots \subsetneq V_{i_r} \subsetneq K^n$ konjugiert, und zwar ist hier $\{i_1, i_2, \ldots, i_r\}$ der Typ der Fahne.

Definition: Eine Untergruppe $P \le GL_n(K)$ heißt *parabolisch*, wenn P der Stabilisator

$$P = \{\, g \in GL_n(K) \mid g(M_i) = M_i \text{ für alle } i,\, 1 \le i \le r \,\}$$

in $GL_n(K)$ einer Fahne $0 \subsetneq M_1 \subsetneq M_2 \subsetneq \cdots \subsetneq M_r \subsetneq K^n$ in K^n ist.

Lemma B.11. *Seien $0 \subsetneq M_1 \subsetneq M_2 \subsetneq \cdots \subsetneq M_r \subsetneq K^n$ eine Fahne in K^n und P deren Stabilisator in $GL_n(K)$. Ein Unterraum M in K^n erfüllt genau dann $g(M) = M$ für alle $g \in P$, wenn M zu $0, M_1, M_2, \ldots, M_r, K^n$ gehört.*

Beweis: Sei M ein Unterraum in K^n mit $g(M) = M$ für alle $g \in P$ und mit $M \ne 0, K^n$. Wir müssen zeigen, daß M eines der M_i ist.

Zuerst betrachten wir den Fall, daß P der Stabilisator einer Fahne der Form $0 \subsetneq V_{i_1} \subsetneq V_{i_2} \subsetneq \cdots \subsetneq V_{i_r} \subsetneq K^n$ ist. Dann gilt $B_1 \subset P$, also folgt aus Lemma B.9, daß $M = V_k$ für ein k mit $1 \le k < n$. Ist $k \notin \{i_1, i_2, \ldots, i_r\}$, so betrachte das Element $g \in SL_n(K)$ mit $g(e_k) = e_{k+1}$ und $g(e_{k+1}) = -e_k$ und $g(e_j) = e_j$ für alle $j \ne k, k+1$. Wegen $V_j = \sum_{s=1}^{j} Ke_s$ gilt $g(V_j) = V_j$ für alle $j \ne k$, also $g \in P$. Da aber $g(V_k) \ne V_k$, folgt $M \ne V_k$. Also ist $M = V_k$ für ein $k \in \{i_1, i_2, \ldots, i_r\}$.

Im allgemeinen sei $\{i_1, i_2, \ldots, i_r\}$ der Typ der Fahne. Es gibt $h \in GL_n(K)$ mit $h(V_{i_s}) = M_s$ für alle s. Dann ist $h^{-1}Ph$ der Stabilisator der Fahne aller V_{i_s} mit $1 \leq s \leq r$. Aus $g(M) = M$ für alle $g \in P$ folgt $g'(h^{-1}(M)) = h^{-1}(M)$ für alle $g' \in h^{-1}Ph$. Nach dem ersten Teil des Beweises gilt nun $h^{-1}(M) \in \{V_{i_1}, V_{i_2}, \ldots, V_{i_r}\}$. Damit erhalten wir

$$M \in \{\, h(V_{i_1}), h(V_{i_2}), \ldots, h(V_{i_r})\,\} = \{\, M_1, M_2, \ldots, M_r\,\}$$

wie behauptet.   □

Bemerkungen: (1) Lemma B.11 zeigt: Die Abbildung, die jeder Fahne in K^n ihren Stabilisator in $GL_n(K)$ zuordnet, ist eine Bijektion von der Menge aller Fahnen in K^n auf die Menge aller parabolischen Untergruppen in $GL_n(K)$.

(2) Man kann auch parabolische Untergruppen in $SL_n(K)$ definieren: als Stabilisatoren in $SL_n(K)$ von Fahnen in K^n (also als Durchschnitte der parabolische Untergruppen in $GL_n(K)$ mit $SL_n(K)$). Zum Beispiel ist die Untergruppe P_1 von Lemma B.5 eine parabolische Untergruppen in $SL_n(K)$, gleich dem Stabilisator von $0 \subsetneq Ke_1 \subsetneq K^n$. Der Beweis oben zeigt, daß Lemma B.11 auch für parabolische Untergruppen in $SL_n(K)$ gilt. Man kann zeigen, daß sich auch die folgenden Ergebnisse verallgemeinern.

Notation: Für jede Teilmenge $I \subset \{1, 2, \ldots, n-1\}$ ist

$$P^{(I)} := \{\, g \in GL_n(K) \mid g(V_i) = V_i \text{ für alle } i \in I\,\}.$$

eine parabolische Untergruppe von $GL_n(K)$: Gilt $I = \{i_1 < i_2 < \cdots < i_r\}$, so ist $P^{(I)}$ der Stabilisator der Fahne $0 \subsetneq V_{i_1} \subsetneq V_{i_2} \subsetneq \cdots \subsetneq V_{i_r} \subsetneq K^n$. Für alle $I, J \subset \{1, 2, \ldots, n-1\}$ gilt nun

$$P^{(I)} \cap P^{(J)} = P^{(I \cup J)}.$$

Es ist $GL_n(K) = P^{(\emptyset)}$ und $B = P^{(\{1,2,\ldots,n-1\})}$.

> **Satz B.12.** (a) *Jede parabolische Untergruppe in $GL_n(K)$ ist ihr eigener Normalisator in $GL_n(K)$.*
>
> (b) *Für jede parabolische Untergruppe P in $GL_n(K)$ gibt es genau eine Teilmenge $I \subset \{1, 2, \ldots, n-1\}$, so daß P zu $P^{(I)}$ konjugiert ist.*

Beweis: Lemma B.11 impliziert, daß zwei verschiedene Fahnen in K^n verschiedene Stabilisatoren in $GL_n(K)$ haben. Ist $P \leq GL_n(K)$ der Stabilisator einer Fahne α in K^n, so ist gPg^{-1} für jedes $g \in GL_n(K)$ der Stabilisator der Fahne $g\alpha$ in K^n. Aus $gPg^{-1} = P$ folgt nun $g\alpha = \alpha$, also $g \in P$. Dies zeigt (a).

Sei $I = \{i_1 < i_2 < \cdots < i_r\}$ der Typ von α. Dann gibt es $g \in GL_n(K)$ mit $g\alpha = (0 \subsetneq V_{i_1} \subsetneq V_{i_2} \subsetneq \cdots \subsetneq V_{i_r} \subsetneq K^n)$, also mit $gPg^{-1} = P^{(I)}$. Ist andererseits P konjugiert zu $P^{(J)}$ für ein $J \subset \{1, 2, \ldots, n-1\}$, so ist P der Stabilisator einer Fahne vom Typ J. Da α die einzige Fahne ist, die von P stabilisiert wird, folgt $J = I$, also (b).   □

Bemerkung B.13. Wir führen nun eine andere Notation für die $P^{(I)}$ ein und setzen $P_I = P^{(CI)}$ für jede Teilmenge $I \subset \{1, 2, \ldots, n-1\}$; hier ist CI das Komplement von I in $\{1, 2, \ldots, n-1\}$. Es ist also $P_\emptyset = B$ und $P_{\{1,2,\ldots,n-1\}} = GL_n(K)$. Für alle i mit $1 \leq i < n$ gilt

$$P_{\{i\}} = \{\, g \in GL_n(K) \mid g(V_j) = V_j \text{ für alle } j \neq i \,\}. \tag{1}$$

Für alle $I, J \subset \{1, 2, \ldots, n-1\}$ folgt

$$P_I \cap P_J = P_{I \cap J} \tag{2}$$

und

$$I \subset J \iff P_I \subset P_J. \tag{3}$$

(Hier benützt man Lemma B.11 für die Richtung " $\Leftarrow$ ".)

B.14. Im folgenden bezeichne N die Untergruppe aller $g \in GL_n(K)$, welche die eindimensionalen Unterräume $Ke_1, Ke_2, \ldots, Ke_n$ permutieren. Zu jedem $g \in N$ gibt es also eine Permutation $\sigma_g \in S_n$ mit $g(Ke_i) = Ke_{\sigma_g(i)}$ für alle i. Die Abbildung $g \mapsto \sigma_g$ ist ein Gruppenhomomorphismus $N \to S_n$, dessen Kern die Untergruppe T aller Diagonalmatrizen in $GL_n(K)$ ist. (Man kann N auch als die Gruppe aller $n \times n$–Matrizen über K beschreiben, die in jeder Spalte genau einen von 0 verschiedenen Eintrag haben und die in jeder Zeile genau einen von 0 verschiedenen Eintrag haben.)

Für jede Permutation $\sigma \in S_n$ nennen wir ein $g \in N$ mit $\sigma_g = \sigma$ einen Repräsentanten von σ. Zum Beispiel ist die Matrix $\tilde\sigma$ mit $\tilde\sigma(e_i) = e_{\sigma(i)}$ ein Repräsentant von σ. Die Abbildung $\sigma \mapsto \tilde\sigma$ ist ein Gruppenhomomorphismus $S_n \to N$, dessen Komposition mit $g \mapsto \sigma_g$ die Identität auf S_n ist. Es folgt, daß N das semidirekte Produkt des Normalteilers T und der Untergruppe $\{\tilde\sigma \mid \sigma \in S_n\} \cong S_n$ ist. Man beachte, daß

$$N \cap B = T, \tag{1}$$

weil die Diagonaleinträge einer Matrix in B alle ungleich 0 sind.

Satz B.15. (a) *Die Gruppe $GL_n(K)$ ist die Vereinigung aller Doppelnebenklassen BwB mit $w \in N$.*

(b) *Sind $w, x \in N$, so gilt genau dann $BwB = BxB$, wenn $\sigma_w = \sigma_x$; sonst ist $BwB \cap BxB = \emptyset$.*

Beweis: (a) Für jedes $g \in GL_n(K)$, $g = (a_{ij})$ und jedes i, $1 \leq i \leq n$ sei $m_i(g)$ die Zahl r mit $a_{i1} = a_{i2} = \cdots = a_{ir} = 0$ und $a_{i,r+1} \neq 0$. Es ist also $0 \leq m_i(g) < n$, und zwar gilt genau dann $m_i(g) = 0$, wenn $a_{i1} \neq 0$. Setze $m(g) = \sum_{i=1}^n m_i(g)$. Dies ist eine ganze Zahl mit $0 \leq m(g) < n^2$. Beachte, daß genau dann $g \in B$, wenn $m_i(g) = i - 1$ für alle i gilt.

Sei $g \in GL_n(K)$. Wähle $b_1 \in B$, so daß $m(b_1 g)$ maximal unter allen $m(bg)$ mit $b \in B$ ist. Wir behaupten, daß dann die $m_i(b_1 g)$ mit $1 \leq i \leq n$

paarweise verschieden sind. Sonst gibt es nämlich $i < j$ mit $m_i(g) = m_j(g)$; dann können wir ein Vielfaches der j–ten Zeile zur i–ten Zeile addieren, so daß der $(m_i(g) + 1)$–te Eintrag in der i–ten Zeile Null wird. Diese Zeilenoperation entspricht der Multiplikation von links mit einer Matrix der Form $x_{ij}(a)$; wegen $i < j$ gehört sie zu B. Die Matrix $x_{ij}(a)b_1g$ erfüllt nun $m_k(x_{ij}(a)b_1g) = m_k(b_1g)$ für alle $k \neq i$ sowie $m_i(x_{ij}(a)b_1g) > m_i(b_1g)$, also $m(x_{ij}(a)b_1g) > m(b_1g)$. Wegen $x_{ij}(a)g \in B$ ist dies ein Widerspruch zur Wahl von b_1.

Die n Zahlen $m_i(b_1g)$ mit $1 \leq i \leq n$ sind also paarweise verschieden; außerdem gehören sie zu $\{0, 1, 2, \ldots, n-1\}$. Daher gibt es eine Permutation $\sigma \in S_n$ mit $m_{\sigma(i)}(b_1g) = i - 1$ für alle i. Wir wählen nun $w \in N$ mit $\sigma_w = \sigma^{-1}$. Dann ist die i-te Zeile von wb_1g gleich der $\sigma(i)$–ten Zeile von b_1g multipliziert mit einem Skalar ungleich 0. Es gilt daher $m_i(wb_1g) = i - 1$ für alle i, also $wb_1g \in B$ und $g = b_1^{-1} \cdot w^{-1} \cdot wb_1g \in Bw^{-1}B$ mit $w^{-1} \in N$.

(b) Die Doppelnebenklassen BgB mit $g \in G$ sind die Bahnen der Operation von $B \times B$ auf G durch $(b_1, b_2) \cdot g = b_1gb_2^{-1}$. Also sind zwei Doppelnebenklassen entweder gleich oder disjunkt. Es reicht also, die erste Behauptung zu zeigen. Dabei ist eine Richtung klar: Aus $\sigma_x = \sigma_w$ folgt $wT = xT$, also $wB = xB$ und $BwB = BxB$.

Für jede Matrix $A = (a_{ij})$ setzen wir $\operatorname{supp}(A) = \{(i,j) \mid a_{ij} \neq 0\}$. Also ist A genau dann eine obere Dreiecksmatrix, wenn $\operatorname{supp}(A) \subset \{(i,j) \mid i \leq j\}$. Für $g \in N$ gilt $\operatorname{supp}(g) = \{(\sigma_g(i), i) \mid 1 \leq i \leq n\}$. Wir zeigen zunächst für alle $y, z \in N$ und alle $b \in B$, daß

$$\operatorname{supp}(yz) \subset \operatorname{supp}(ybz). \tag{1}$$

Dazu schreiben wir $y = (y_{ij})$, analog für die anderen Matrizen. Nun gilt für alle i und j

$$(ybz)_{ij} = \sum_{k,l} y_{ik}b_{kl}z_{lj} = y_{i,\sigma_y^{-1}(i)}\, b_{\sigma_y^{-1}(i),\sigma_z(j)}\, z_{\sigma_z(j),j},$$

insbesondere für $i = \sigma_{yz}(j) = \sigma_y(\sigma_z(j))$

$$(ybz)_{\sigma_{yz}(j),j} = y_{\sigma_{yz}(j),\sigma_z(j)}\, b_{\sigma_z(j),\sigma_z(j)}\, z_{\sigma_z(j),j} \neq 0,$$

da alle Diagonaleinträge von $b \in B$ ungleich 0 sind. Nun folgt (1).

Nehmen wir nun an, es gelte $BwB = BxB$ mit $w, x \in N$. Es gibt dann $b, b' \in B$ mit $bwb' = x$, also mit $b' = xb^{-1}w^{-1}$. Aus (1) folgt nun

$$\operatorname{supp}(b') = \operatorname{supp}(xb^{-1}w^{-1}) \supset \operatorname{supp}(xw^{-1}) = \{(\sigma_x\sigma_w^{-1}(i), i) \mid 1 \leq i \leq n\}.$$

Wegen $b' \in B$ muß nun $\sigma_x\sigma_w^{-1}(i) \leq i$ für alle i gelten. Dies impliziert $\sigma_x\sigma_w^{-1} = \operatorname{Id}$ und $\sigma_x = \sigma_w$, wie behauptet. $\qquad \square$

Bemerkung: Für jedes $\sigma \in S_n$ sei $\dot\sigma \in N$ ein Repräsentant von σ. Satz B.15 sagt also, daß $GL_n(K)$ die disjunkte Vereinigung aller $B\dot\sigma B$ mit $\sigma \in S_n$ ist; man nennt dies die *Bruhat-Zerlegung von* $GL_n(K)$.

B.16. Sei $P \leq GL_n(K)$ eine Untergruppe mit $P \supset B$. Mit jedem $g \in P$ gehört dann auch die Doppelnebenklasse BgB zu P. Es gibt daher eine Teilmenge $S_n(P) \subset S_n$, so daß P die Vereinigung aller $B\dot\sigma B$ mit $\sigma \in S_n(P)$ ist; hier benützen wir die Notation $\dot\sigma$ wie in der vorangehenden Bemerkung. Offensichtlich ist $S_n(P) = \{\sigma \in S_n \mid \dot\sigma \in P\}$.

Genauer gilt, daß $S_n(P)$ eine Untergruppe von S_n ist: Diese Menge ist nicht leer, und für alle $\sigma, \tau \in S_n(P)$ gilt $\dot\sigma \dot\tau^{-1} \in P$, also $\sigma \tau^{-1} \in S_n(P)$, da $\dot\sigma \dot\tau^{-1}$ ein Repräsentant von $\sigma \tau^{-1}$ ist.

Sei zum Beispiel $P = P^{(I)}$ für eine Teilmenge $I = \{i_1 < i_2 < \cdots < i_r\}$ von $\{1, 2, \ldots, n-1\}$. Für $\sigma \in S_n$ gilt genau dann $\sigma \in S_n(P^{(I)})$, wenn $\dot\sigma(V_{i_k}) = V_{i_k}$ für alle k gilt. Wegen $\dot\sigma(e_i) \in Ke_{\sigma(i)}$ für alle i und wegen $V_j = \sum_{i=1}^{j} Ke_i$ ist dies zu $\sigma(\{1, 2, \ldots, i_k\}) = \{1, 2, \ldots, i_k\}$ für alle k äquivalent. Setzen wir $i_0 = 0$ und $i_{r+1} = n$, so erhalten wir nun, daß $S_n(P^{(I)})$ gleich

$$\{\sigma \in S_n \mid \sigma(\{i_k + 1, \ldots, i_{k+1}\}) = \{i_k + 1, \ldots, i_{k+1}\} \text{ für alle } k\} \qquad (1)$$

ist. Daher ist $S_n(P^{(I)})$ das direkte Produkt der Permutationsgruppen aller Teilmengen $\{i_k + 1, i_k + 2, \ldots, i_{k+1}\}$ mit $0 \leq k \leq r$, also isomorph zum direkten Produkt der $S_{i_{k+1} - i_k}$.

Wir bezeichnen nun mit σ_i die Transposition $(i, i+1) \in S_n$ für $1 \leq i < n$. Die Permutationsgruppe von $\{i_k + 1, i_k + 2, \ldots, i_{k+1}\}$ wird dann von allen σ_i mit $i_k < i < i_{k+1}$ erzeugt, also $S_n(P^{(I)})$ von allen σ_i mit $i \neq i_k$ für alle k, das heißt, von allen i nicht in I. Arbeiten wir nun mit der anderen Notation von B.13, so erhalten wir, daß $S_n(P_I)$ die von allen σ_i mit $i \in I$ erzeugte Untergruppe ist:

$$S_n(P_I) = \langle \sigma_i \mid i \in I \rangle. \qquad (2)$$

Zum Beispiel ist $S_n(P_{\{i\}}) = \{\mathrm{Id}, \sigma_i\}$ für $1 \leq i < n$, also

$$P_{\{i\}} = B \cup B\dot\sigma_i B. \qquad (3)$$

Bemerkung: Man kann zeigen, daß jede Untergruppe $Q \leq GL_n(K)$ mit $B \leq Q$ die Form $Q = P_I$ für ein $I \subset \{1, 2, \ldots, n-1\}$ hat.

B.17. Ist K ein endlicher Körper, so sind auch $GL_n(K)$ und $SL_n(K)$ endlich. Genauer gilt

$$|K| = q < \infty \implies |GL_n(K)| = q^{n(n-1)/2} \prod_{i=1}^{n} (q^i - 1). \qquad (1)$$

Dazu setze man $Q = \{g \in GL_n(K) \mid g(e_1) = e_1\}$. Dann ist $gQ \mapsto g(e_1)$ eine Bijektion von G/Q auf $K^n \setminus \{0\}$. Wegen $|K^n| = |K|^n = q^n$ folgt nun $|GL_n(K)| = (q^n - 1)\,|Q|$. Nun gilt

$$Q = \left\{ \begin{pmatrix} 1 & a_2 & \cdots & a_n \\ 0 & & & \\ \vdots & & h & \\ 0 & & & \end{pmatrix} \;\middle|\; h \in GL_{n-1}(K),\, a_2, a_3, \ldots, a_n \in K \right\}.$$

Daher ist $|Q| = q^{n-1} |GL_{n-1}(K)|$, also

$$|GL_n(K)| = (q^n - 1) q^{n-1} |GL_{n-1}(K)|.$$

Nun folgt (1) mit Induktion über n. (Es gilt $|GL_1(K)| = |K^*| = q - 1$.)

Weil die Determinante einen Isomorphismus zwischen $GL_n(K)/SL_n(K)$ und K^* induziert und weil $|K^*| = q - 1$, folgt aus (1), daß

$$|K| = q < \infty \implies |SL_n(K)| = q^{n(n-1)/2} \prod_{i=2}^{n} (q^i - 1). \qquad (2)$$

Das Zentrum von $SL_n(K)$ ist zur Untergruppe aller $a \in K^*$ mit $a^n = 1$ isomorph, siehe Bemerkung B.5. Wir sehen in IV.2.4, daß K^* eine zyklische Gruppe (der Ordnung $q-1$) ist. Daraus folgt dann, daß $|Z(SL_n(K))|$ gleich dem größten gemeinsamen Teiler $(n, q-1)$ von n und $q-1$ ist, also

$$|K| = q < \infty \implies |PSL_n(K)| = (n, q-1)^{-1} q^{n(n-1)/2} \prod_{i=2}^{n} (q^i - 1). \qquad (3)$$

Bemerkung: Bisher haben wir in diesem Abschnitt nur die allgemeine und die spezielle lineare Gruppe über Körpern betrachtet. Zum Schluß betrachten wir nun auch $SL_n(\mathbb{Z})$ und $GL_n(\mathbb{Z})$.

Satz B.18. *Die Gruppe $SL_n(\mathbb{Z})$ wird von allen $x_{ij}(1)$ mit $i \neq j$ und $1 \leq i, j \leq n$ erzeugt.*

Beweis: Es gilt $x_{ij}(1)^n = x_{ij}(n)$ für alle $n \in \mathbb{Z}$ (und alle i, j), siehe B.1(3). Es reicht daher zu zeigen, daß $SL_n(\mathbb{Z})$ von allen $x_{ij}(n)$ mit $n \in \mathbb{Z}$ und i, j wie oben erzeugt wird.

Sei $g \in SL_n(\mathbb{Z})$. Wie beim Beweis von Satz B.2 reicht es zu zeigen: Es gibt eine Folge von elementaren Zeilenoperationen des Typs „Addiere ein *ganzzahliges* Vielfaches einer Zeile zu einer anderen Zeile," die g in die Einheitsmatrix überführt.

Sei $g = (a_{ij})$. Wir zeigen zunächst, daß wir g in eine Matrix $g_1 = (b_{ij})$ umformen können, so daß $b_{k1} = \pm 1$ für ein k. Wir benützen Induktion über das Minimum m_g aller $|a_{r1}|$ mit $a_{r1} \neq 0$. (Wegen $\det(g) = 1$ gibt es wenigstens ein r mit $a_{r1} \neq 0$.) Ist $m_g = 1$, so setzen wir $g_1 = g$. Sonst wählen wir i mit $|a_{i1}| = m_g$. Dann gibt es ein $j \neq i$, so daß a_{j1} nicht durch a_{i1} teilbar ist. (Teilt nämlich a_{i1} alle a_{r1}, so teilt es auch $\det(g) = 1$, was wegen $|a_{i1}| = m_g > 1$ unmöglich ist.) Es gibt nun $q, r \in \mathbb{Z}$ mit $a_{j1} = qa_{i1} + r$ und $0 < r < |a_{i1}| = m_g$. Nun subtrahieren wir das q–fache der i–ten Zeile von der j–ten Zeile und erhalten eine Matrix g' mit $m_{g'} = r < m_g$. Nun wenden wir Induktion auf g' an.

Haben wir nun $g_1 = (b_{ij})$ mit $b_{k1} = \pm 1$ für ein k erhalten, so können wir ganzzahlige Vielfache der k–ten Zeile von den andern Zeilen abziehen, so daß alle anderen Einträge in der ersten Splate zu 0 werden. Wir können also annehmen, daß $b_{i1} = 0$ für alle $i \neq k$. Ist nun $k > 1$, so addieren wir zunächst die k-te Zeile zur ersten Zeile und subtrahieren dann die erste Zeile von der k-ten Zeile. Daher können wir annehmen, daß $k = 1$. Ist nun $b_{11} = -1$, so subtrahieren wir die erste Zeile von der zweiten Zeile, addieren zweimal die zweite Zeile zur ersten und subtrahieren noch einmal die erste Zeile von der zweiten Zeile. Daher können wir annehmen, daß $b_{11} = 1$ und $b_{i1} = 0$ für $i > 1$. Wir haben damit g durch elementare Zeilenoperationen in eine Matrix der Form

$$g' = \begin{pmatrix} 1 & a_2 & \cdots & a_n \\ 0 & & & \\ \vdots & & h & \\ 0 & & & \end{pmatrix}$$

übergeführt, wo $h \in SL_{n-1}(\mathbb{Z})$ ist und wo alle $a_i \in \mathbb{Z}$ sind. Nun argumentiert man wie in B.2 mit Induktion über n. $\square$

Bemerkungen: (1) Derselbe Beweis zeigt: Ist R ein euklidischer Ring (siehe III.3.3), so wird $SL_n(R)$ von allen $x_{ij}(a)$ mit $a \in R$ und i, j wie oben erzeugt.

(2) Jedes Element in $GL_n(\mathbb{Z})$ hat Determinante ± 1. Daher wird $GL_n(\mathbb{Z})$ von allen $x_{ij}(1)$ wie in Satz und von der Diagonalmatrix mit Diagonaleinträgen $-1, 1, 1, \ldots, 1$ erzeugt.

Es folgt, daß alle Gruppen $SL_n(\mathbb{Z})$ und $GL_n(\mathbb{Z})$ endlich erzeugbar sind.

ÜBUNGEN

1. Zeige, daß jede Transvektion von K^n in $SL_n(K)$ zu einem Element der Form $x_{12}(a)$ mit $a \in K$ konjugiert ist.

2. Sei $0 < m < n$, setze $P = \{g \in GL_n(K) \mid g(V_m) = V_m\}$. Zeige, daß die Menge L_P aller Blockmatrizen $\begin{pmatrix} A & 0 \\ 0 & B \end{pmatrix}$ mit $A \in GL_m(K)$, $B \in GL_{n-m}(K)$ eine Untergruppe von P ist. Zeige, daß die Menge U_P aller $g \in P$, die sowohl auf V_m und auf K^n/V_m die Identität induzieren, ein Normalteiler von P ist. Zeige, daß P das semidirekte Produkt von U_P und L_P ist.

3. Betrachte eine Fahne der Form $0 \subsetneq V_{i_1} \subsetneq V_{i_2} \subsetneq \cdots \subsetneq V_{i_r} \subsetneq K^n$ in K^n und ihren Stabilisator P in $GL_n(K)$. Setze $i_0 = 0$ und $i_{r+1} = n$. Zeige, daß die Menge U_P aller $g \in P$, die auf allen $V_{i_{k+1}}/V_{i_k}$ mit $0 \leq k \leq r$ die Identität induzieren, ein Normalteiler von P ist. Zeige, daß P das semidirekte Produkt von U_P und einer Untergruppe L_P ist, so daß L_P zu dem direkten Produkt aller $GL_{i_k-i_{k-1}}(K)$ isomorph ist.

4. Seien $a \in K^*$ und $1 \leq i, j \leq n$ mit $i \neq j$. Zeige, daß $x_{ij}(a)x_{ji}(-a^{-1})x_{ij}(a)$ zu N gehört und ein Repräsentant der Transposition $(i\,j)$ ist.

5. Seien $g \in N$ und $1 \leq i, j \leq n$ mit $i \neq j$. Zeige, daß es ein $c = c_{ijg} \in K^*$ mit $gx_{ij}(a)g^{-1} = x_{\sigma_g(i),\sigma_g(j)}(ca)$ für alle $a \in K$ gibt.

6. Sei K ein endlicher Körper; setze $q = |K|$. Zeige, daß K^2 genau $q+1$ Unterräume der Dimension 1 enthält, etwa $M_1, M_2, \ldots, M_{q+1}$. Zeige, daß es für jedes $g \in GL_2(K)$ eine Permutation $\tau_g \in S_{q+1}$ mit $g(M_i) = M_{\tau_g(i)}$ für alle i gibt. Zeige, daß $g \mapsto \tau_g$ ein Gruppenhomomorphismus $\tau \colon GL_2(K) \to S_{q+1}$ ist. Zeige, daß $Z(GL_2(K))$ der Kern von τ ist und daß $\tau(SL_2(K)) \subset A_{q+1}$ falls $q > 2$. Zeige, daß τ im Fall $q = 2$ einen Isomorphismus $PGL_2(K) \cong S_3$ induziert, einen Isomorphismus $PSL_2(K) \cong A_{q+1}$ im Fall $q \in \{3, 4\}$.

III   Ringe

In diesem Kapitel werden die grundlegenden Begriffe der Ringtheorie eingeführt und erste Eigenschaften und Beispiele von Ringen gegeben. Wir betrachten dann die Teilbarkeitstheorie in Integritätsbereichen, also die Frage
nach der Existenz und der Eindeutigkei einer Primfaktorzerlegung.

§ 1   Ringe, Homomorphismen und Ideale

1.1. Ein *Ring* A ist eine Menge versehen mit zwei Verknüpfungen $(+, \cdot)$,
genannt Addition und Multiplikation, so daß gilt:

(1) A ist eine abelsche Gruppe bezüglich der Addition. (Das neutrale Element wird mit 0 bezeichnet, das additive Inverse zu a mit $-a$.)

(2) Die Multiplikation ist assoziativ (d.h. $a \cdot (b \cdot c) = (a \cdot b) \cdot c$ für alle
$a, b, c \in A$) und distributiv über der Addition (d.h. $(a+b)\cdot c = a\cdot c + b\cdot c$
und $c \cdot (a + b) = c \cdot a + c \cdot b$ für alle $a, b, c \in A$).

(3) Es existiert ein Einselement $1 = 1_A$ in A mit $1 \cdot a = a \cdot 1 = a$ für alle
$a \in A$.

Gilt zudem $a \cdot b = b \cdot a$ für alle $a, b \in A$, so heißt der Ring A *kommutativ*.

In jedem Ring A gelten die Beziehungen: $0 \cdot a = a \cdot 0 = 0$ für alle $a \in A$
und $(-a) \cdot b = a \cdot (-b) = -a \cdot b$ für alle $a, b \in A$. Gilt $1 = 0$ in A, so ist
$a = a \cdot 1 = a \cdot 0 = 0$ für alle $a \in A$, d.h. A hat nur das eine Element 0.
Dieser Ring wird als *Nullring* bezeichnet.

Die Potenzen a^n mit $n \in \mathbb{N}$ eines Elements a in einem beliebigen Ring A
werden rekursiv definiert: Man setzt $a^0 = 1$ und $a^{n+1} = a^n \cdot a$.

Beispiele: (1) Die Mengen $\mathbb{Z}, \mathbb{Q}, \mathbb{R}, \mathbb{C}$ bilden kommutative Ringe bezüglich
der gewöhnlichen Addition und der gewöhnlichen Multiplikation.

(2) Die Menge $M_n(k)$ der $n \times n$–Matrizen mit Eingängen in einem Körper k,
versehen mit der gewöhnlichen Addition und Multiplikation von Matrizen,
bildet einen Ring. Für $n > 1$ ist dieser nicht kommutativ.

(3) Sind A, B zwei Ringe, so ist deren Produkt $A \times B$, versehen mit komponentenweiser Addition und Multiplikation, wieder ein Ring. Allgemeiner
wird so das Produkt $\prod_{i \in I} A_i$ einer beliebigen Familie $(A_i)_{i \in I}$ von Ringen
zu einem Ring.

(4) Sei $(M, +)$ eine abelsche Gruppe. Dann ist die Menge $\operatorname{End} M$ aller
Gruppenendomorphismen $M \to M$ ein Ring, wenn man Summe und Produkt
durch $(\varphi + \psi)(x) = \varphi(x) + \psi(x)$ und $(\varphi \cdot \psi)(x) = \varphi(\psi(x))$ definiert (für alle
$x \in M$ und $\varphi, \psi \in \operatorname{End} M$).

1.2. Eine Abbildung $\varphi\colon A \to B$ von einem Ring A in einen Ring B heißt ein (*Ring*)*homomorphismus*, wenn gilt

(1) $\varphi(a + b) = \varphi(a) + \varphi(b)$ und $\varphi(a \cdot b) = \varphi(a) \cdot \varphi(b)$ für alle $a, b \in A$,

(2) $\varphi(1_A) = 1_B$.

Sind $\varphi_1\colon A \to B$, $\varphi_2\colon B \to C$ Ringhomomorphismen, so auch die Komposition $\varphi_2 \circ \varphi_1\colon A \to C$. Ein Homomorphismus $\psi\colon A \to A$ heißt *Endomorphismus*, und $\varphi\colon A \to B$ heißt *Isomorphismus*, falls es einen Homomorphismus $\psi\colon B \to A$ gibt, so daß $\psi \circ \varphi = \mathrm{Id}_A$ und $\varphi \circ \psi = \mathrm{Id}_B$ gilt. Ein Homomorphismus $\varphi\colon A \to B$ ist genau dann ein Isomorphismus, wenn er eine Bijektion ist, denn: Ist $\varphi\colon A \to B$ ein bijektiver Homomorphismus, so gilt bei gegebenen $b, b' \in B$ mit $a := \varphi^{-1}(b)$, $a' := \varphi^{-1}(b')$, daß $\varphi(a+a') = \varphi(a)+\varphi(a') = b+b'$, also $\varphi^{-1}(b + b') = a + a' = \varphi^{-1}(b) + \varphi^{-1}(b')$. Ebenso gilt $\varphi(a \cdot a') = b \cdot b'$, also $\varphi^{-1}(b \cdot b') = a \cdot a' = \varphi^{-1}(b) \cdot \varphi^{-1}(b')$. Zudem impliziert $\varphi(1_A) = 1_B$, daß $\varphi^{-1}(1_B) = 1_A$.

1.3. Eine Teilmenge S eines Ringes A heißt ein *Unterring von* A, falls S versehen mit den von A durch Restriktion erhaltenen Verknüpfungen $(+, \cdot)$ ein Ring ist und $1_S = 1_A$ gilt. (Das bedeutet, daß $1_A \in S$ und daß $a - b \in S$ und $a \cdot b \in S$ für alle $a, b \in S$.) In diesem Fall ist die Inklusion $S \hookrightarrow A$ ein Ringhomomorphismus.

Zum Beispiel ist das *Zentrum* $Z(A) := \{x \in A \mid xy = yx \text{ für alle } y \in A\}$ *von* A ein Unterring von A.

Sei A ein Ring. Eine Teilmenge $\mathfrak{a}$ von A heißt ein *Linksideal* (bzw. ein *Rechtsideal*), falls $\mathfrak{a}$ eine Untergruppe der additiven Gruppe $(A, +)$ ist und falls gilt: $a \in \mathfrak{a}$, $x \in A \Rightarrow x \cdot a \in \mathfrak{a}$ (bzw. $a \cdot x \in \mathfrak{a}$). Ein *Ideal* von A ist eine Teilmenge, die sowohl Links- als auch Rechtsideal in A ist.

Die *Summe* $\mathfrak{a} + \mathfrak{b} := \{a + b \mid a \in \mathfrak{a}, b \in \mathfrak{b}\}$ von zwei Idealen $\mathfrak{a}$ und $\mathfrak{b}$ in einem Ring A ist wieder ein Ideal. Es ist das kleinste Ideal von A, das $\mathfrak{a}$ und $\mathfrak{b}$ umfaßt. Allgemeiner definiert man die *Summe* $\sum_{i \in I} \mathfrak{a}_i$ *einer endlichen Familie* $(\mathfrak{a}_i)_{i \in I}$ von Idealen in A. Seine Elemente sind alle Summen $\sum_{i \in I} a_i$ mit $a_i \in \mathfrak{a}_i$ für alle i; es ist das kleinste Ideal von A, das alle Ideale $\mathfrak{a}_i$ enthält.

Der *Durchschnitt* einer Familie $(\mathfrak{a}_i)_{i \in I}$ von Idealen in A ist ein Ideal. Das *Produkt* zweier Ideale $\mathfrak{a}, \mathfrak{b}$ in A ist das Ideal

$$\mathfrak{a} \cdot \mathfrak{b} = \{\sum_{i=1}^{n} a_i b_i \mid n \in \mathbb{N}, a_i \in \mathfrak{a}, b_i \in \mathfrak{b}\},$$

gebildet durch alle endlichen Summen $\sum a_i b_i$. Man hat $\mathfrak{a} \cdot \mathfrak{b} \subset \mathfrak{a} \cap \mathfrak{b}$; die Inklusion kann echt sein, wie man an Hand des Beispiels 1.4(2) sieht. Analog definiert man das Produkt einer endlichen Familie von Idealen. Insbesondere sind die Potenzen $\mathfrak{a}^m$, $m > 0$, eines Ideals $\mathfrak{a}$ in A definiert; man setzt $\mathfrak{a}^0 = A$. Es gilt dann $\mathfrak{a}^n\mathfrak{a}^m = \mathfrak{a}^{n+m}$ für alle n, m.

Die drei Operationen: Summe, Durchschnitt und Produkt von Idealen, sind alle assoziativ; es gelten die Distributivgesetze $\mathfrak{a}(\mathfrak{b} + \mathfrak{c}) = \mathfrak{a}\mathfrak{b} + \mathfrak{a}\mathfrak{c}$ und $(\mathfrak{a} + \mathfrak{b})\mathfrak{c} = \mathfrak{a}\mathfrak{c} + \mathfrak{b}\mathfrak{c}$. Ferner sind Summe und Durchschnitt kommutativ; für das Produkt gilt dies, wenn R kommutativ ist.

Beispiele 1.4. (1) In jedem Ring A sind $\{0\}$ und A Ideale. (Wir schreiben in Zukunft meistens kurz 0 statt $\{0\}$.) Ist A kommutativ, so ist für jedes $x \in A$ die Menge $x \cdot A := \{x \cdot a \mid a \in A\}$ ein Ideal in A.

(2) Sei $A = \mathbb{Z}$ der Ring der ganzen Zahlen, versehen mit der gewöhnlichen Addition und Multiplikation/ Ist $\mathfrak{a} \neq 0$ ein Ideal in $\mathbb{Z}$, so sei n die kleinste positive Zahl mit $n \in \mathfrak{a}$. Dann gilt $\mathfrak{a} = \{n \cdot z \mid z \in \mathbb{Z}\}$, denn: Die Inklusion $\supset$ folgt aus den definierenden Bedingungen eines Ideals. Sei $a \in \mathfrak{a}$, so existieren $q \in \mathbb{Z}$, $r \in \mathbb{N}$ mit $a = qn + r$ und $0 \leq r < n$; dann gilt $r = a - qn \in \mathfrak{a}$, und es folgt $r = 0$ wegen der Minimalität von n. Daher ist $a = q \cdot n$. Alle Ideale von $\mathbb{Z}$ werden also durch $m \cdot \mathbb{Z} := \{m \cdot z \mid z \in Z\}$, $m \in \mathbb{N}$, beschrieben; m heißt *erzeugendes Element*.

Ist $\mathfrak{a} = n\mathbb{Z}$, $\mathfrak{b} = m\mathbb{Z}$, so ist $\mathfrak{a}+\mathfrak{b}$ das Ideal, das durch den größten gemeinsamen Teiler von m und n erzeugt wird, vgl. 3.9 unten. Der Durchschnitt $\mathfrak{a}\cap\mathfrak{b}$ wird von dem kleinsten gemeinsamen Vielfachen von m und n erzeugt, und es gilt $\mathfrak{a}\mathfrak{b} = mn\mathbb{Z}$.

(3) Sei $A = M_2(k)$ der Ring aller 2×2–Matrizen über einem Körper k. Dann ist $\mathfrak{a} := \{\left(\begin{smallmatrix} a & 0 \\ b & 0 \end{smallmatrix}\right) \mid a, b \in k\}$ ein Linksideal in A, aber kein Rechtsideal, und $\mathfrak{b} := \{\left(\begin{smallmatrix} a & b \\ 0 & 0 \end{smallmatrix}\right) \mid a, b \in k\}$ ist ein Rechtsideal in A, aber kein Linksideal.

1.5. Ist $\mathfrak{a}$ ein Ideal des Ringes A, so besteht die Faktorgruppe $A/\mathfrak{a}$ der additiven Gruppe $(A, +)$ nach der Untergruppe $\mathfrak{a}$ aus den Nebenklassen $x + \mathfrak{a}$ mit der Verknüpfung $(x + \mathfrak{a}) + (y + \mathfrak{a}) = (x + y) + \mathfrak{a}$. Auf $A/\mathfrak{a}$ gibt es eine Multiplikation, die

$$(x + \mathfrak{a})(y + \mathfrak{a}) = xy + \mathfrak{a}$$

für alle $x, y \in A$ erfüllt. Dazu zeigt man, daß die rechte Seite nicht von der Wahl der Repräsentanten x und y abhängt: Für $x' = x + a \in x + \mathfrak{a}$ und $y' = y + b \in y + \mathfrak{a}$ gilt $x'y' = xy + xb + ay + ab \in xy + \mathfrak{a}$.

Versehen mit diesen beiden Verknüpfungen ist $A/\mathfrak{a}$ ein Ring, genannt der *Faktorring* (oder *Restklassenring*). Die Abbildung $\pi\colon A \to A/\mathfrak{a}$, definiert durch $x \mapsto x + \mathfrak{a}$, ist ein surjektiver Ringhomomorphismus, genannt die *natürliche Projektion*. Man zeigt leicht:

Satz 1.6. *Sei $\mathfrak{a}$ ein Ideal in A. Dann existiert eine Bijektion zwischen der Menge aller Ideale $\mathfrak{b}$ von A, die $\mathfrak{a}$ enthalten, und den Idealen $\bar{\mathfrak{b}}$ von $A/\mathfrak{a}$, gegeben durch die Zuordnung $\mathfrak{b} = \pi^{-1}(\bar{\mathfrak{b}})$.*

Sei $\varphi: A \to B$ ein Homomorphismus von Ringen. Ist $\mathfrak{b}$ ein Ideal von B, so ist $\varphi^{-1}(\mathfrak{b})$ ein Ideal von A. Insbesondere ist $\ker\varphi := \varphi^{-1}(0)$, der *Kern* des Ringhomomorphismus φ, ein Ideal von A. Ist S ein Unterring von A, so ist das Bild $\operatorname{im}\varphi := \varphi(S)$ ein Unterring von B. Das Bild eines Ideals $\mathfrak{a}$ in A unter φ muß nicht unbedingt ein Ideal in B sein. [Dies zeigt schon das Beispiel der Inklusion $\mathbb{Z} \hookrightarrow \mathbb{Q}$ mit $\mathfrak{a} = m\mathbb{Z}$, $m \neq 0$.]

> **Satz 1.7.** *Sei $\varphi: A \to B$ ein Ringhomomorphismus, und sei $\mathfrak{a}$ ein Ideal in A mit $\mathfrak{a} \subset \ker\varphi$. Dann gibt es genau einen Ringhomomorphismus $\bar\varphi: A/\mathfrak{a} \to B$, so daß $\bar\varphi \circ \pi = \varphi$ gilt, wobei $\pi: A \to A/\mathfrak{a}$ die natürliche Projektion ist. Ist $\mathfrak{a} = \ker\varphi$, so ist $\bar\varphi: A/\mathfrak{a} \to \operatorname{im}\varphi$ ein Isomorphismus.*

Beweis: Ist $\bar\varphi: A/\mathfrak{a} \to B$ ein Ringhomomorphismus mit $\varphi = \bar\varphi \circ \pi$, so gilt $\varphi(x) = \bar\varphi(x + \mathfrak{a})$ für jedes $x \in A$, also ist $\bar\varphi$ eindeutig bestimmt. Für $x, y \in A$ mit $x + \mathfrak{a} = y + \mathfrak{a}$ ist $x - y \in \mathfrak{a}$, also $x - y \in \ker\varphi$, d.h. $\varphi(x) = \varphi(y)$. Deshalb definiert die Zuordnung $\bar\varphi(x + \mathfrak{a}) := \varphi(x)$ einen Ringhomomorphismus $\bar\varphi: A/\mathfrak{a} \to B$. Ist $\mathfrak{a} = \ker\varphi$, so ist $\bar\varphi$ injektiv, denn: $\bar\varphi(x + \mathfrak{a}) = \bar\varphi(y + \mathfrak{a})$ impliziert $\varphi(x) = \varphi(y)$, also $x - y \in \ker\varphi = \mathfrak{a}$, und somit $x + \mathfrak{a} = y + \mathfrak{a}$. Daher ist $\bar\varphi: A/\ker\varphi \to \operatorname{im}\varphi$ ein bijektiver Ringhomomorphismus, also ein Isomorphismus. $\square$

1.8. Ist A ein Unterring eines Ringes B und ist $\mathfrak{b}$ ein Ideal in B, so ist $\mathfrak{b} \cap A$ ein Ideal in A, und zwar ist $\mathfrak{b} \cap A$ der Kern der Komposition der Inklusion $A \hookrightarrow B$ mit der natürlichen Projektion $B \to B/\mathfrak{b}$. Nach Satz 1.7 erhalten wir nun einen injektiven Ringhomomorphismus $A/(\mathfrak{b} \cap A) \to B/\mathfrak{b}$ gegeben durch $a + (\mathfrak{b} \cap A) \mapsto a + \mathfrak{b}$, dessen Bild der Unterring $(A + \mathfrak{b})/\mathfrak{b}$ von $B/\mathfrak{b}$ ist. Man benützt diese Injektion oft dazu, um $A/(\mathfrak{b} \cap A)$ mit einem Unterring von $B/\mathfrak{b}$ zu identifizieren. [Vergißt man die Multiplikation, so ist $A/(\mathfrak{b} \cap A) \cong (A + \mathfrak{b})/\mathfrak{b}$ ein Spezialfall des ersten Isomorphiesatzes I.4.4.]

§ 2 Einheiten, Nullteiler

2.1. Sei A ein Ring. Ein Element $b \in R$ heißt rechtsinverses Element zu einem gegebenem Element $a \in A$, falls $a \cdot b = 1$ gilt. Analog werden linksinverse Elemente definiert. Besitzt ein Element $a \in A$ ein linksinverses Element und ein rechtsinverses Element, so sind diese eindeutig bestimmt und stimmen überein. Dieses Element wird das *inverse Element* zu $a \in A$ genannt, und mit a^{-1} bezeichnet; es gilt $a \cdot a^{-1} = a^{-1} \cdot a = 1$. In dem Fall sagt man, daß $a \in A$ *invertierbar* ist. Ein invertierbares Element wird auch *Einheit* genannt.

Die Menge $A^* := \{a \in A \mid a \text{ ist invertierbar}\}$ der invertierbaren Elemente in A, versehen mit der Multiplikation als Verknüpfung, ist eine Gruppe, die *Einheitengruppe von A*. Denn es gilt: Für $a, b \in A^*$ ist $(a \cdot b)(b^{-1} \cdot a^{-1}) = 1 = (b^{-1} \cdot a^{-1})(a \cdot b)$, also $a \cdot b \in A^*$ mit $(a \cdot b)^{-1} = b^{-1} \cdot a^{-1}$; außerdem ist $a^{-1} \in A^*$ mit $(a^{-1})^{-1} = a$.

Ein Ring $A \neq 0$, für den $A^* = \{a \in A \mid a \neq 0\}$ gilt, heißt *Divisionsring* oder *Schiefkörper*.

Ist $\mathfrak{a}$ ein Ideal in einem beliebigen Ring A mit $\mathfrak{a} \cap A^* \neq \emptyset$, so folgt für alle Elemente $x \in A$, daß $x = (x \cdot a)a^{-1} \in \mathfrak{a}$ für irgendein $a \subset \mathfrak{a} \cap A^*$, also $\mathfrak{a} = A$. In einem Divisionsring A sind deshalb A und 0 die einzigen Ideale. Daher ist jeder Ringhomomorphismus $\varphi\colon A \to B$ eines Divisionsrings A in einen beliebigen Ring $B \neq 0$ injektiv.

Jeder Ringhomomorphismus $\varphi\colon A \to B$ (mit beliebigem A und B) erfüllt $\varphi(A^*) \subset B^*$; genauer gilt $\varphi(a^{-1}) = \varphi(a)^{-1}$ für alle $a \in A^*$.

2.2. Ein Element $a \in A$ heißt *Linksnullteiler* bzw. *Rechtsnullteiler*, wenn es ein $x \in A$, $x \neq 0$ mit $a \cdot x = 0$ bzw. $x \cdot a = 0$ gibt. Für alle $x, y \in A$ gilt: Aus $a \cdot x = a \cdot y$ folgt $x = y$, wenn a kein Linksnullteiler ist; aus $x \cdot a = y \cdot a$ folgt $x = y$, wenn a kein Rechtsnullteiler ist. Ein *Nullteiler* ist ein Links- oder Rechtsnullteiler.

Ein kommutativer Ring A, der keine Nullteiler ungleich 0 besitzt und in dem $1 \neq 0$ ist, heißt *Integritätsbereich*. Ein *Körper* ist ein kommutativer Ring mit $1 \neq 0$, in dem $A^* = \{a \in A \mid a \neq 0\}$ gilt. Jeder Körper ist ein Integritätsbereich. Aus der Diskussion ergibt sich:

Satz 2.3. *Sei A ein kommutativer Ring, der nicht der Nullring ist. Dann sind die folgenden Aussagen äquivalent:*

(i) *A ist ein Körper.*

(ii) *Die einzigen Ideale in A sind A und 0.*

(iii) *Jeder Ringhomomorphismus $\varphi\colon A \to B$ von A in einen beliebigen Ring $B \neq 0$ ist injektiv.*

Beweis: Es ist nur noch die Implikation (iii) $\Rightarrow$ (i) zu zeigen: Ist $x \in A$ keine Einheit, dann ist das Ideal $xA := \{xa \mid a \in A\}$ ungleich dem ganzen Ring A, also ist A/xA nicht der Nullring. Nach Voraussetzung ist der natürliche Ringhomomorphismus $A \to A/xA$ injektiv, also ist sein Kern xA trivial, d.h. $x = 0$. Es gilt $A^* = A \setminus \{0\}$. $\square$

Beispiele 2.4. (1) Der Ring $\mathbb{Z}$ der ganzen Zahlen ist ein Integritätsbereich.

(2) In dem Ring $M_n(k)$ der $n \times n$–Matrizen mit Einträgen in einem Körper k ist ein Element a genau dann Linksnullteiler, wenn $\det(a) = 0$, genau dann, wenn $a \notin M_n(k)^*$. Dieselbe Aussage gilt für Rechtsnullteiler.

(3) Sind A, B zwei Ringe, so ist deren Produkt $A \times B$, versehen mit komponentenweiser Addition und Multiplikation, wieder ein Ring, siehe Beispiel 3 in 1.1. Sind $A, B \neq 0$, so besitzt $A \times B$ mit den Elementen $(1,0)$ und $(0,1)$ in jedem Fall Nullteiler.

2.5. Sei A ein Ring. In der additiven Gruppe $(A, +)$ ist für alle $x \in A$ und $n \in \mathbb{Z}$ das Element $n \cdot x \in A$ definiert; es ist die additive Version von g^n wie in I.1.8. Die Regeln von I.1.8(1) haben nun die Form $n \cdot x + m \cdot x = (n+m) \cdot x$ und $n \cdot (m \cdot x) = (nm) \cdot x$.

Es gilt $n \cdot x = (n \cdot 1_A) x$ für alle $x \in A$ und $n \in \mathbb{Z}$. Dies folgt für positive n durch Induktion mit Hilfe des Distributivgesetzes; für negative n benützt man, daß $-(ab) = (-a)b$ für alle $a, b \in A$.

Die Abbildung $\chi \colon \mathbb{Z} \to A$ mit $\chi(n) = n \cdot 1_A$ für alle $n \in \mathbb{Z}$ ist ein Ringhomomorphismus. Das folgt nun leicht aus der additiven Version von I.1.8(1). Genauer ist χ der einzige Ringhomomorphismus $\mathbb{Z} \to A$, denn die Bedingung $1_{\mathbb{Z}} \mapsto 1_A$ zusammen mit der Additivität läßt keine Alternativen zu.

Als Ideal ist $\ker \chi$ von der Form $n\mathbb{Z}$ für eine eindeutig bestimmte natürliche Zahl n. Diese Zahl nennt man die *Charakteristik des Ringes* A, und schreibt $\operatorname{char} A := n$. Ist χ injektiv, so ist $n = 0$. Ist χ nicht injektiv, so ist n die kleinste Zahl $n > 0$, so daß $n \cdot 1_A = 0$ gilt.

Beispiele 2.6 (1) Es ist $\operatorname{char} \mathbb{Z} = 0$.

(2) Für alle $n \in \mathbb{Z}$, $n > 0$, ist $\operatorname{char} \mathbb{Z}/n\mathbb{Z} = n$.

(3) Ist A ein Integritätsbereich, so ist $\operatorname{char} A = 0$ oder $\operatorname{char} A$ ist eine Primzahl, denn: Ist $\operatorname{char} A = n$, und gilt $n = p \cdot q$ mit $1 < p, q < n$, $p, q \in \mathbb{N}$, so ist $n1_A = (p1_A)(q1_A) = 0$. Da A ein Integritätsbereich ist, folgt $p1_A = 0$ oder $q1_A = 0$. Dies steht im Widerspruch zur Minimalität von n.

(4) Seien p eine Primzahl und A ein kommutativer Ring mit $\operatorname{char} A = p$. Dann gilt $(x + y)^p = x^p + y^p$ und $(xy)^p = x^p y^p$ für alle $x, y \in A$. (Zum Beweis der ersten Formel benutzt man, daß die binomische Formel über jedem kommutativen Ring gilt und daß jeder Binomialkoeffizient $\binom{p}{i}$ mit $0 < i < p$ durch p teilbar ist.) Es folgt, daß die Abbildung $x \mapsto x^p$ ein Endomorphismus des Rings A ist; man nennt ihn den *Frobenius-Endomorphismus* von A.

§ 3 Kommutative Ringe

Im folgenden bezeichne A stets einen kommutativen Ring.

3.1. Ist a Element eines Ringes A, so bildet die Menge $(a) := \{xa \mid x \in A\}$ ein Ideal. Diese Ideale werden *Hauptideale* genannt. Man schreibt auch aA oder Aa statt (a). Ist a eine Einheit in A, so gilt $(a) = (1) = A$, und umgekehrt.

Für jede Teilmenge $M \subset A$ ist $\{\sum_{i=1}^m x_i a_i \mid m \in \mathbb{N}, x_i \in A, a_i \in M\}$ ein Ideal in A. Es ist das kleinste Ideal $\mathfrak{a}$ von A, das M enthält; man hat $\mathfrak{a} = \bigcap \mathfrak{b}$, wobei man den Durchschnitt über alle Ideale $\mathfrak{b}$ in A bildet, die M enthalten. Dieses Ideal wird das von M erzeugte Ideal in A genannt; es wird mit MA oder AM bezeichnet. Besteht M aus endlich vielen Elementen $a_1, \ldots, a_n$, so schreibt man auch $(a_1, \ldots, a_n)$. Es gilt $(a_1, \ldots, a_n) = \sum_{i=1}^n (a_i)$. Ein Ideal $\mathfrak{a}$ heißt *endlich erzeugbar*, falls es eine endliche Menge F mit $\mathfrak{a} = AF$ gibt.

Ein Integritätsbereich A, in dem jedes Ideal ein Hauptideal ist, heißt *Hauptidealring*.

3.2. Ein Ideal $\mathfrak{p}$ in A heißt *Primideal*, falls $\mathfrak{p} \neq A$ ist und falls für alle $a, b \in A$ gilt: $a \cdot b \in \mathfrak{p} \Rightarrow a \in \mathfrak{p}$ oder $b \in \mathfrak{p}$. Ein Ideal $\mathfrak{m}$ in A heißt *maximal*, falls $\mathfrak{m} \neq A$ ist und falls es kein Ideal $\mathfrak{a}$ in A mit $\mathfrak{m} \subsetneq \mathfrak{a} \subsetneq A$ gibt. Wegen 1.6 und 2.3 ist ein Ideal $\mathfrak{m}$ in A genau dann maximal, wenn der Faktorring $A/\mathfrak{m}$ ein Körper ist. Weiter sieht man, daß ein Ideal $\mathfrak{p}$ in A genau dann ein Primideal ist, falls $A/\mathfrak{p}$ ein Integritätsbereich ist. Deshalb ist ein maximales Ideal notwendigerweise ein Primideal.

Beispiel: Die Ideale in dem Ring $\mathbb{Z}$ sind von der Form $n\mathbb{Z}$ mit $n \in \mathbb{N}$. Ist $n = p$ eine Primzahl, so ist $p\mathbb{Z}$ ein maximales Ideal, denn falls $p\mathbb{Z} \subset m\mathbb{Z}$, so ist $p = mk$ für irgendein $k \in \mathbb{N}$. Da p Primzahl ist, gilt jedoch $m = 1$ oder $k = 1$, also $m\mathbb{Z} = \mathbb{Z}$ oder $m\mathbb{Z} = p\mathbb{Z}$.

Ist $n > 1$ keine Primzahl, so zerlegen wir $n = r \cdot s$ mit ganzen Zahlen $r, s > 1$. Dann gilt $r \cdot s \in n\mathbb{Z}$, aber $r \notin n\mathbb{Z}$, $s \notin n\mathbb{Z}$. Daher ist $n\mathbb{Z}$ kein Primideal, also auch kein maximales Ideal in $\mathbb{Z}$. (Man sieht auch direkt, daß $n\mathbb{Z} \subsetneq r\mathbb{Z} \subsetneq \mathbb{Z}$.)

Schließlich ist $0\mathbb{Z} = \{0\}$ ein Primideal, aber nicht maximal, und $1\mathbb{Z} = \mathbb{Z}$ ist weder Primideal noch maximal.

Damit erhält man: Ist p eine Primzahl, so ist $\mathbb{Z}/p\mathbb{Z}$ ein Körper. Ist $n > 1$ keine Primzahl, so enthält $\mathbb{Z}/n\mathbb{Z}$ Nullteiler, ist also kein Integritätsbereich.

Bemerkung: Sei $\varphi: A \to B$ ein Homomorphismus kommutativer Ringe. Ist $\mathfrak{b}$ ein Ideal von B, so ist $\varphi^{-1}(\mathfrak{b})$ ein Ideal in A. Ist $\mathfrak{b}$ ein Primideal, so ist auch $\varphi^{-1}(\mathfrak{b})$ ein Primideal. Denn gilt $x \cdot y \in \varphi^{-1}(\mathfrak{b})$, so ist $\varphi(xy) = \varphi(x)\varphi(y) \in \mathfrak{b}$, also $\varphi(x) \in \mathfrak{b}$ oder $\varphi(y) \in \mathfrak{b}$, und somit $x \in \varphi^{-1}(\mathfrak{b})$ oder $y \in \varphi^{-1}(\mathfrak{b})$. Außerdem ist $1_A \notin \varphi^{-1}(\mathfrak{b})$.

Das Bild $\varphi(\mathfrak{a})$ eines Ideals $\mathfrak{a}$ in A ist nicht notwendig ein Ideal in B. Jedoch kann man dem Ideal $\mathfrak{a}$ in A die Erweiterung $\varphi(\mathfrak{a})B$ zuordnen, das von $\varphi(\mathfrak{a})$ in B erzeugte Ideal. Es gilt $\varphi(\mathfrak{a})B = \{\sum_i \varphi(a_i)b_i \mid a_i \in A, b_i \in B\}$. Ist $\mathfrak{a}$ ein Primideal (bzw. maximal), so ist die Erweiterung $\varphi(\mathfrak{a})B$ nicht notwendig Primideal (bzw. maximal).

3.3. Ein *euklidischer Ring* ist ein Integritätsbereich A, für den es eine Abbildung $\lambda: A \setminus \{0\} \to \mathbb{N}$ gibt, so daß zu je zwei Elementen $a, b \in A$, $b \neq 0$ Elemente $q, r \in A$ mit $a = qb + r$ existieren, so daß $r = 0$ oder $\lambda(r) < \lambda(b)$. Man nennt dann λ eine *Gradabbildung* von A.

Satz 3.4. *Ist $\mathfrak{a}$ ein Ideal in einem euklidischen Ring A, so ist $\mathfrak{a}$ ein Hauptideal.*

Beweis: Zu gegebenem Ideal $\mathfrak{a} \neq 0$ besitzt die Menge $\{\lambda(b) \mid b \in \mathfrak{a}, b \neq 0\}$ nicht-negativer ganzer Zahlen ein kleinstes Element: Es existiert ein $a \in \mathfrak{a}$, $a \neq 0$, so daß $\lambda(a) \leq \lambda(b)$ für alle $b \in \mathfrak{a}$, $b \neq 0$ gilt. Ist nun $b \in \mathfrak{a}$, so existieren $q, r \in A$ mit $b = qa + r$, wobei $r = 0$ oder $\lambda(r) < \lambda(a)$. Dieser letzte Fall widerspricht jedoch — wegen $r = b - qa \in \mathfrak{a}$ — der Minimalität von $\lambda(a)$; also gilt $r = 0$ und $b = qa \in Aa$. Da die Inklusion $Aa \subset \mathfrak{a}$ klar ist, folgt, daß $\mathfrak{a} = Aa$ ein Hauptideal ist. $\qquad\square$

Beispiele 3.5. (1) Der Ring $\mathbb{Z}$ ist euklidisch mit $\lambda(n) = |n|$. Der Polynomring $k[X]$ über einem Körper k ist euklidisch mit $\lambda(f) = \operatorname{grad} f$, siehe Kapitel IV.

(2) Sei $d \neq 1$ eine quadratfreie ganze Zahl, d.h., daß d von keinem Quadrat einer natürlichen Zahl $\neq 1$ geteilt wird. Die Teilmenge

$$\mathbb{Q}(\sqrt{d}) := \{\, x + y\sqrt{d} \in \mathbb{C} \mid x, y \in \mathbb{Q} \,\}$$

der komplexen Zahlen $\mathbb{C}$, versehen mit der gewöhnlichen Addition und Multiplikation, ist ein Körper. Bemerke, daß x, y durch die komplexe Zahl $x + y\sqrt{d}$ eindeutig bestimmt sind, auch wenn $d > 0$. Für jedes Element $z = x + y\sqrt{d}$ in $\mathbb{Q}(\sqrt{d})$ definiert man die Norm von z als $N(z) = x^2 - dy^2$. Es gilt $N(z) = z\bar{z}$, wobei $\bar{z} := x - y\sqrt{d}$ gesetzt ist; man nennt $\bar{z}$ das zu z konjugierte Element. Für je zwei Elemente v, w in $\mathbb{Q}(\sqrt{d})$ gilt $\overline{vw} = \bar{v}\bar{w}$, also ist die Normabbildung $N\colon \mathbb{Q}(\sqrt{d}) \to \mathbb{Q}$, $z \mapsto N(z)$, multiplikativ, d.h. $N(vw) = N(v)N(w)$. Das Inverse zu $z \in \mathbb{Q}(\sqrt{d})$ schreibt sich dann offenbar als $z^{-1} = \bar{z}N(z)^{-1}$.

Zu gegebenem d setzt man

$$\omega_d := \begin{cases} \sqrt{d}, & \text{falls } d \equiv 2 \text{ oder } 3 \pmod 4, \\ (1/2)(1 + \sqrt{d}), & \text{falls } d \equiv 1 \pmod 4. \end{cases}$$

Dann bildet die Menge

$$\mathcal{O}_d := \mathbb{Z} \oplus \mathbb{Z}\omega_d = \{\, a + b\omega_d \mid a, b \in \mathbb{Z} \,\}$$

einen Unterring von $\mathbb{Q}(\sqrt{d})$, der ein Integritätsbereich ist. Dieser Ring $\mathcal{O}_d$ heißt *Ring der ganzen Zahlen* im Körper $\mathbb{Q}(\sqrt{d})$. (Es gibt eine abstrakte Definition von Ringen von ganzen Zahlen, siehe X.2.7. Im Fall der Körper $\mathbb{Q}(\sqrt{d})$ stimmt diese abstrakte Definition mit derjenigen hier überein, siehe Beispiel X.1.8.)

Nur endliche viele von diesen Ringen sind euklidische Ringe; es sind dies die Ringe $\mathcal{O}_d$ mit $d = -11, -7, -3, -2, -1, 2, 3, 5, 6, 7, 11, 13, 17, 19, 21, 29,$ $33, 37, 41, 57, 73$. Dazu vergleiche man die Abschnitte 14.7–9 und die zugehörigen *Notes* in: G. H. Hardy, E.M. Wright, *An Introduction to the Theory of Numbers*, fifth edition, Oxford 1979 (Oxford University Press).

Es ist leicht zu begründen, daß die Ringe $\mathcal{O}_d$, $d = -2, -1, 2, 3$ bezüglich $\lambda(z) = |N(z)|$ euklidisch sind. Denn: Seien $z, w \in \mathcal{O}_d$ mit $w \neq 0$ gegeben, dann ist $zw^{-1} = u + v\sqrt{d}$ mit irgendwelchen $u, v \in \mathbb{Q}$. Man wähle ganze Zahlen $m, n \in \mathbb{Z}$, so daß $|u - m| \leq 1/2$ und $|v - n| \leq 1/2$. Setze $\alpha = u - m$, $\beta = v - n$ und $q := m + n\sqrt{d}$; dann ist $z = wq + r$, wobei $r = w(\alpha + \beta\sqrt{d}) \in \mathcal{O}_d$. Es gilt dann $r = 0$ oder $|N(r)| = |N(w)N(\alpha + \beta\sqrt{d})| =$

$|N(w)| \, |\alpha^2 - d\beta^2| < |N(w)|$, da $|\alpha^2 - d\beta^2| \le \alpha^2 + 2\beta^2 \le 3/4$ für $|d| \le 2$ bzw. $|\alpha^2 - 3\beta^2| \le \max(\alpha^2, 3\beta^2) \le 3/4$ für $d = 3$.

Um zu begründen, daß $\mathcal{O}_d$, $d = -11, -7, -3, +5$ euklidisch ist, muß man das Argument leicht modifizieren, da jetzt $d \equiv 1 \pmod 4$: Zu $z, w \in \mathcal{O}_d$ mit $w \ne 0$ sei $zw^{-1} = u + v\sqrt{d}$ mit $u, v \in \mathbb{Q}$. Wähle $n \in \mathbb{Z}$, so daß $|\beta| \le 1/4$ für $\beta := v - (1/2)n$. Dann wähle $m \in \mathbb{Z}$, um $u - (1/2)n$ zu approximieren, d.h., so daß $|\alpha| \le 1/2$ für $\alpha := u - m - (1/2)n$. Setze $q := m + (1/2)n(1 + \sqrt{d})$; dann gilt $z = wq + r$, wobei $r = w(\alpha + \beta\sqrt{d})$. Man sieht, daß $r = 0$ oder $|N(r)| = |N(w)N(\alpha + \beta\sqrt{d})| = |N(w)| \, |\alpha^2 - d\beta^2| < |N(w)|$, da $|\alpha^2 - d\beta^2| \le 1/4 + 11/16 < 1$ wegen $|d| \le 11$. $\qquad \square$

Die Existenz von maximalen Idealen (und deshalb auch Primidealen) sichert:

Satz 3.6. *Jeder kommutative Ring $A \ne 0$ besitzt mindestens ein maximales Ideal.*

Beweis: Die Menge S aller Ideale $\mathfrak{a} \ne (1)$ in A ist nicht leer, da $(0) \in S$, und durch die Inklusionsrelation geordnet. Wir wollen Zorns Lemma anwenden; dazu ist zu zeigen, daß jede Kette in S eine obere Schranke in S hat. Ist eine Kette T von Idealen $\mathfrak{a} \ne (1)$ gegeben, so bilde $\mathfrak{a}_0 := \bigcup_{\mathfrak{a} \in T} \mathfrak{a}$. Dann ist $\mathfrak{a}_0$ ein Ideal in A, denn für alle $x, y \in \mathfrak{a}_0$ existiert $\mathfrak{a} \in T$ mit $x, y \in \mathfrak{a}$, also $x - y \subset \mathfrak{a}$ und $ax \in \mathfrak{a}$ für alle $a \in A$. Es gilt $1 \notin \mathfrak{a}_0$, da $1 \notin \mathfrak{a}$ für alle $\mathfrak{a} \in T$. Also gilt $\mathfrak{a}_0 \in S$, und $\mathfrak{a}_0$ ist obere Schranke der Kette T. Aus Zorns Lemma folgt die Existenz eines maximalen Elementes für S. $\qquad \square$

Korollar 3.7. *Ist $\mathfrak{a}$ ein echtes Ideal in A, so gibt es ein maximales Ideal $\mathfrak{m}$ von A mit $\mathfrak{a} \subset \mathfrak{m}$.*

Beweis: Betrachte im Satz den Ring $A/\mathfrak{a}$ und benutze 1.6. $\qquad \square$

3.8. Zwei Ideale $\mathfrak{a}, \mathfrak{b}$ in einem kommutativen Ring A heißen *teilerfremd*, falls $\mathfrak{a} + \mathfrak{b} = A$ gilt. Dies ist äquivalent zu der Bedingung, daß $a \in \mathfrak{a}$ und $b \in \mathfrak{b}$ mit $a + b = 1$ existieren. Sind $\mathfrak{a}$ und $\mathfrak{b}$ teilerfremd, so gilt in der üblichen Inklusion $\mathfrak{a} \cdot \mathfrak{b} \subset \mathfrak{a} \cap \mathfrak{b}$ sogar die Gleichheit $\mathfrak{a} \cdot \mathfrak{b} = \mathfrak{a} \cap \mathfrak{b}$, denn: Sei $x \in \mathfrak{a} \cap \mathfrak{b}$; es existieren $a \in \mathfrak{a}$, $b \in \mathfrak{b}$ mit $a + b = 1$, und es gilt $x = x \cdot 1 = xa + xb \in \mathfrak{a}\mathfrak{b} + \mathfrak{a}\mathfrak{b} = \mathfrak{a}\mathfrak{b}$.

Beispiel 3.9. Gegeben seien ganze Zahlen $m, n \in \mathbb{Z}$. Es gibt eine ganze Zahl $d \ge 0$ mit $d\mathbb{Z} = m\mathbb{Z} + n\mathbb{Z}$. Dann ist d der größte gemeinsame Teiler von m und n. Das bedeutet, daß $d \mid m$ und $d \mid n$ und daß alle $h \in \mathbb{Z}$ mit $h \mid m$ und $h \mid n$ Teiler von d sind. In der Tat, aus $d\mathbb{Z} = m\mathbb{Z} + n\mathbb{Z}$ folgt, daß d alle Zahlen $am + bn$ mit $a, b \in \mathbb{Z}$ teilt (also insbesondere $d \mid m$ und $d \mid n$) und daß $a_0, b_0 \in \mathbb{Z}$ mit $d = a_0 m + b_0 n$ existieren; ist h ein Teiler von n und m, so teilt h dann auch $d = a_0 m + b_0 n$.

Der Spezialfall $d = 1$ zeigt insbeondere: Die Zahlen m und n sind genau dann teilerfremd, wenn die Ideale $m\mathbb{Z}$ und $n\mathbb{Z}$ teilerfremd sind.

Satz 3.10. *Sei A ein kommutativer Ring. Sind $\mathfrak{a}_1, \ldots, \mathfrak{a}_n$ Ideale in A, die paarweise teilerfremd zueinander sind, so gilt:*

(a) *Jedes Ideal $\mathfrak{a}_j$ ist teilerfremd zu $\prod_{i \neq j} \mathfrak{a}_i$.*

(b) $\prod_{i=1}^{n} \mathfrak{a}_i = \bigcap_{i=1}^{n} \mathfrak{a}_i.$

(c) *Die Zuordnung $x \mapsto (x + \mathfrak{a}_1, \ldots, x + \mathfrak{a}_n)$ definiert einen Ringhomomorphismus $\varphi \colon A \to \prod (A/\mathfrak{a}_j)$; dieser induziert einen Isomorphismus $A/\prod_j \mathfrak{a}_j \longrightarrow \prod_j (A/\mathfrak{a}_j)$.*

Beweis: (a) Die Teilerfremdheit impliziert für festes j, daß es für alle $i \neq j$ Elemente $x_i \in \mathfrak{a}_j$ und $y_i \in \mathfrak{a}_i$ mit $1 = x_i + y_i$ gibt. Es folgt $1 = \prod_{i \neq j} (x_i + y_i) = y_1 \ldots y_{j-1} y_{j+1} \ldots y_n + a$ mit $a \in \mathfrak{a}_j$.

(b) wird durch Induktion über n bewiesen; der Fall $n = 2$ wurde oben bemerkt. Sei $n > 2$, und das Ergebnis richtig für $\mathfrak{a}_1, \ldots, \mathfrak{a}_{n-1}$, d.h., man hat $\prod_{i=1}^{n-1} \mathfrak{a}_i = \bigcap_{i=1}^{n-1} \mathfrak{a}_i =: \mathfrak{b}$. Mit (a) gilt dann $\prod_{i=1}^{n} \mathfrak{a}_i = \mathfrak{b}\mathfrak{a}_n = \mathfrak{b} \cap \mathfrak{a}_n = \bigcap_{i=1}^{n} \mathfrak{a}_i$.

(c) Sei $n > 2$. Seien Elemente $x_1, \ldots, x_n \in A$ gegeben. Für jedes $j = 1, \ldots, n$ sind die Ideale $\mathfrak{a}_j$ und $\prod_{i \neq j} \mathfrak{a}_i$ teilerfremd; deshalb gibt es Elemente $u_j \in \mathfrak{a}_j$ und $v_j \in \prod_{i \neq j} \mathfrak{a}_i$ mit $u_j + v_j = 1$. Dann gilt $v_j \equiv \delta_{ji} \pmod{\mathfrak{a}_i}$. Setzt man $x = \sum_{j=1}^{n} v_j x_j$, so gilt $x \equiv x_j \pmod{\mathfrak{a}_j}$ für alle j, und die Abbildung $\varphi \colon A \to \prod (A/\mathfrak{a}_j)$ ist surjektiv. Der Kern von φ ist gleich $\bigcap \mathfrak{a}_j$, also nach (b) auch gleich $\prod \mathfrak{a}_j$. $\qquad\qquad \square$

Beispiele 3.11. (1) Satz 3.10.c besagt, daß für paarweise teilerfremde Ideale $\mathfrak{a}_1, \ldots, \mathfrak{a}_n$ in A und gegebene Elemente $x_1, \ldots, x_n$ in A das System von Kongruenzen

$$X \equiv x_j \pmod{\mathfrak{a}_j}$$

stets lösbar ist; für eine Lösung x ist die zugehörige Nebenklasse $x + \bigcap_j \mathfrak{a}_j$ die Menge aller Lösungen. Um eine Lösung x zu finden, gilt es (vgl. Beweis) Elemente $v_j \in \prod_{i \neq j} \mathfrak{a}_i$ und $u_j \in \mathfrak{a}_j$ mit $u_j + v_j = 1$ zu finden.

(2) Sind $m_1, \ldots, m_n$ paarweise teilerfremde natürliche Zahlen, so sind mit $m := m_1 \ldots m_n$ die Ringe $\mathbb{Z}/m\mathbb{Z}$ und $\prod_i (\mathbb{Z}/m_i \mathbb{Z})$ zu einander isomorph. Diese Anwendung von Satz 3.10 wird oft als *Chinesischer Restsatz* bezeichnet.

In diesem Fall kann man ein System von Kongruenzen $X \equiv x_j \pmod{m_j}$ mit gegebenen ganzen Zahlen $x_1, \ldots, x_n$ wie folgt explizit lösen: Für alle j setze man $m_j' = m/m_j$. Weil m_j und m_j' nun teilerfremd sind, gibt es $a_j, b_j \in \mathbb{Z}$ mit $a_j m_j + b_j m_j' = 1$, siehe 3.9. (Man kann a_j und b_j mit Hilfe des Euklidischen Algorithmus, siehe 5.5 unten, explizit berechnen.) Dann kann man im Teil (c) des Beweises $u_j = a_j m_j$ und $v_j = b_j m_j'$ nehmen; also ist $x = \sum_{j=1}^{n} x_j b_j m_j'$ eine Lösung des gegebenen System von Kongruenzen; die Menge aller Lösungen ist die Nebenklasse $x + m\mathbb{Z}$.

Nimmt man zum Beispiel das System

$$X \equiv 1 \pmod{2}, \qquad X \equiv 2 \pmod{3}, \qquad X \equiv 3 \pmod{5},$$

so zeigt

$$1 = (-7) \cdot 2 + 1 \cdot 15 = 7 \cdot 3 + (-2) \cdot 10 = (-1) \cdot 5 + 1 \cdot 6,$$

daß $x = 1 \cdot 15 + 2 \cdot (-20) + 3 \cdot 6 - -7$ eine Lösung ist.

§ 4 Ringe der Brüche

4.1. Das Verfahren, mit dem man den Körper $\mathbb{Q}$ der rationalen Zahlen aus dem Ring $\mathbb{Z}$ der ganzen Zahlen konstruiert, kann unmittelbar auf Integritätsbereiche R ausgedehnt werden. Hierzu definiert man auf der Menge der geordneten Paare (r, s) mit $r, s \in R$, $s \neq 0$ die Äquivalenzrelation $(r, s) \sim (r', s') \iff rs' - sr' = 0$. Die Nullteilerfreiheit von R wird benötigt, um die Transitivität der Relation nachzuweisen. Die Menge $R \times (R \setminus \{0\})$ modulo $\sim$ kann dann mit der Struktur eines Körpers versehen werden, genannt *Körper der Brüche* oder *Quotientenkörper von R*.

In der allgemeinen Situation eines beliebigen kommutativen Ringes A verfährt man wie folgt: Eine Teilmenge S von A heißt *multiplikativ abgeschlossen*, falls $1 \in S$ und falls für alle $s, t \in S$ auch $st \in S$ gilt. Auf $A \times S$ ist durch:

$$(a, s) \sim (b, t) \; :\iff \; (at - bs)u = 0 \text{ für irgendein } u \in S$$

eine Relation definiert. Dies ist eine Äquivalenzrelation; zum Nachweis der Transitivität benötigt man, daß S multiplikativ abgeschlossen ist. Es sei a/s die Äquivalenzklasse von $(a, s) \in A \times S$, und $S^{-1}A$ bezeichne die Menge der Äquivalenzklassen. Auf $S^{-1}A$ konstruiert man Verknüpfungen, so daß, analog zum elementaren Kalkül, die folgenden Regeln gelten:

$$(a/s) + (b/t) \; := \; (at + bs)/(st),$$
$$(a/s)(b/t) \; := \; (ab)/(st).$$

Man zeigt dazu, daß die rechten Seiten unabhängig von der Auswahl der Repräsentanten (a, s) und (b, t) sind. Versehen mit diesen beiden Verknüpfungen ist $S^{-1}A$ ein kommutativer Ring, genannt *Ring der Brüche von A* bezüglich S. Die Abbildung

$$\varphi_S \colon A \to S^{-1}A, \qquad a \mapsto a/1 \tag{1}$$

ist ein Ringhomomorphismus. Für jedes $s \in S$ ist $1/s$ zu $\varphi_S(s) = s/1$ invers in $S^{-1}A$: Es gilt $(s/1)(1/s) = 1/1$. Daraus folgt $\varphi_S(S) \subset (S^{-1}A)^*$. Der Kern von φ_S ist gerade $\{a \in A \mid a/1 = 0/1\}$, d.h.

$$\ker \varphi_S = \{\, a \in A \mid \text{es existiert ein } s \in S \text{ mit } as = 0 \,\}. \tag{2}$$

Es gilt genau dann $S^{-1}A = \{0\}$, wenn $0 \in S$.

Der Ringhomomorphismus $\varphi_S \colon A \to S^{-1}A$ hat folgende universelle Eigenschaft:

> **Satz 4.2.** *Sei $\alpha \colon A \to B$ ein Ringhomomorphismus mit der Eigenschaft, daß jedes $\alpha(s)$ mit $s \in S$ eine Einheit in B ist. Dann existiert ein eindeutig bestimmter Ringhomomorphismus $\beta \colon S^{-1}A \to B$ mit $\beta \circ \varphi_S = \alpha$.*

Beweis: Genügt ein Ringhomomorphismus $\beta \colon S^{-1}A \to B$ der Forderung $\beta \circ \varphi_S = \alpha$, so gilt für alle $a \in A$, daß $\alpha(a) = \beta \circ \varphi_S(a) = \beta(a/1)$. Für $s \in S$ ist $\beta(1/s) = \beta((s/1)^{-1}) = \beta(s/1)^{-1} = \alpha(s)^{-1}$. Dann gilt $\beta(a/s) = \beta(a/1)\beta(1/s) = \alpha(a)\alpha(s)^{-1}$; somit ist β eindeutig durch α festgelegt.

Zum Nachweis der Existenz ist zu zeigen, daß $\beta(a/s) := \alpha(a)\alpha(s)^{-1}$ wohldefiniert ist: Gilt $a/s = b/t$, so existiert ein $u \in S$ mit $(at - bs)u = 0$. Es folgt $(\alpha(a)\alpha(t) - \alpha(b)\alpha(s))\alpha(u) = 0$. Das Element $\alpha(u)$ ist eine Einheit in B, also ist der Klammerausdruck Null, d.h. $\alpha(a)\alpha(s)^{-1} = \alpha(b)\alpha(t)^{-1}$. $\square$

Beispiele 4.3. (1) Sei $A = R$ ein Integritätsbereich, und sei $S = R \setminus \{0\}$. Dann ist $S^{-1}R$ ein Körper, der Quotientenkörper von R. In diesem Fall ist $\varphi_S \colon R \to S^{-1}R$ injektiv; man identifiziert R mit seinem Bild $\varphi_S(R) \subset S^{-1}R$.

(2) Ist $\mathfrak{p}$ ein Primideal eines kommutativen Ringes A, so ist die Menge $S := A \setminus \mathfrak{p}$ multiplikativ abgeschlossen. Der zugehörige Ring der Brüche wird mit $A_{\mathfrak{p}} := S^{-1}A$ bezeichnet; man sagt, daß man $A_{\mathfrak{p}}$ durch *Lokalisierung in $\mathfrak{p}$* erhält. Die Menge $\mathfrak{m} = \{a/s \mid a \in \mathfrak{p}, s \in S\}$ bildet ein Ideal in $A_{\mathfrak{p}}$. Ist irgendein Element b/t nicht in $\mathfrak{m}$ enthalten, so ist $b \in S$, und damit ist b/t eine Einheit in $A_{\mathfrak{p}}$. Es folgt, daß jedes Ideal $\mathfrak{a}$ in $A_{\mathfrak{p}}$, das nicht in $\mathfrak{m}$ enthalten ist (d.h. $\mathfrak{a} \not\subseteq \mathfrak{m}$), eine Einheit enthält; also gilt $\mathfrak{a} = A_{\mathfrak{p}}$. Deshalb ist $\mathfrak{m}$ das einzige maximale Ideal in $A_{\mathfrak{p}}$.

§ 5 Teilbarkeit in Integritätsbereichen

Die grundlegenden Eigenschaften von Primzahlen und die eindeutige Zerlegung von natürlichen Zahlen in ein Produkt von Primzahlen sind wesentlich in der Behandlung des Ringes $\mathbb{Z}$. Analoge Begriffsbildungen sind für das Studium allgemeinerer Ringe ohne Nullteiler von Bedeutung.

5.1. Sei A ein Integritätsbereich, also ein kommutativer Ring, der keine Nullteiler $\neq 0$ besitzt und in dem $1 \neq 0$ gilt. Für ein $a \in A$ sei $(a) = aA$ das zugehörige Hauptideal. Wir definieren:

(1) Für Elemente $a, b \in A$ sagt man: *a teilt b* (oder: *a ist Teiler von b*), falls ein $c \in A$ mit $ac = b$ existiert; die Schreibweise ist $a \mid b$. [Dies ist zu der idealtheoretischen Bedingung $(b) \subset (a)$ äquivalent.]

(2) Zwei Elemente $a, b \in A$ heißen *assoziiert* (Schreibweise: $a \sim b$), falls $a \mid b$ und $b \mid a$. [Dies ist zu $(a) = (b)$ äquivalent.]

(3) Ein Element $p \in A$ heißt *Primelement* (oder *prim*), falls $p \neq 0$ und falls (p) ein Primideal in A ist. [Die zweite Bedingung ist dazu äquivalent, daß $p \notin A^*$ und daß für alle $a, b \in A$ gilt: $p \mid ab \Rightarrow p \mid a$ oder $p \mid b$.]

(4) Ein Element $u \in A$ heißt *unzerlegbar* (oder *irreduzibel*), wenn $u \neq 0$ und $u \notin A^*$ (d.h. u ist keine Einheit) und wenn aus einer Darstellung $u = ab$ mit $a, b \in A$ folgt, daß a oder b eine Einheit ist.

Sind zwei Elemente $a, b \in A$ assoziiert, d.h. hat man $a = \mu b$, $b = \nu a$ mit irgendwelchen $\mu, \nu \in A$, so folgt $b = \nu \mu b$, also $b(1 - \nu \mu) = 0$. Ist $b \neq 0$, so folgt $\nu \mu = 1$, und μ ist eine Einheit. Ist $b = 0$, so ist $a = 0$ und $b = a1$. Somit sind a, b genau dann assoziiert, wenn ein $\mu \in A^*$ mit $a = \mu b$ existiert. Die Relation, assoziiert zu sein, ist eine Äquivalenzrelation. Das Nullelement bildet eine Äquivalenzklasse, die Einheiten $A^* = \{a \in A \mid a \sim 1\}$ eine andere.

Die Irreduzibilität eines Elementes u in A kann durch die folgende äquivalente Bedingung charakterisiert werden: Es ist $(u) \neq 0$, $(u) \neq A$ und es gilt: Für alle $a \in A$ impliziert $(u) \subset (a)$ entweder $(a) = (u)$ oder $(a) = A$. Denn: Ist $(u) \subset (a)$, so ist a ein Teiler von u, also $u = ab$ für ein $b \in A$. Da u als irreduzibel vorausgesetzt ist, folgt, daß $a \in A^*$ und damit $(a) = A$ ist, oder, daß $b \in A^*$ und damit $a \sim u$, also $(a) = (u)$ ist. Ist umgekehrt $u = ab$, also $u \in (a)$, und damit $(u) \subset (a)$, so folgt $(a) = A$, d.h. a ist Einheit, oder $(a) = (u)$, d.h. b ist Einheit.

Beispiel: Im Ring $A = \mathbb{Z}$ der ganzen Zahlen sind die unzerlegbaren Elemente gerade alle p und $-p$ mit p eine Primzahl; sie fallen mit den Primelementen zusammen.

Satz 5.2. *Sei A ein Integritätsbereich.*

(a) *Ist $p \in A$ ein Primelement, so ist p unzerlegbar.*

(b) *Ist A ein Hauptidealring, so gilt: Ein Element $p \in A$ ist genau dann Primelement, wenn p unzerlegbar ist. Ist $\mathfrak{p} \neq 0$ ein Primideal in A, so ist $\mathfrak{p}$ maximales Ideal in A.*

Beweis: (a) Sei $p \in A$ ein Primelement, sei $p = ab$ mit $a, b \in A$. Dann gilt $p \mid a$ oder $p \mid b$, aber auch $a \mid p$ und $b \mid p$. Damit ist entweder $p \sim a$, also $b \in A^*$, oder $p \sim b$, also $a \in A^*$.

(b) Sei $u \in A$ ein unzerlegbares Element. Aus der obigen idealtheoretischen Charakterisierung folgt, daß (u) ein maximales Ideal in A ist; also ist (u) ein Primideal, und u ist Primelement.

Ist $\mathfrak{p} \neq 0$ ein Primideal in A, so gibt es in dem Hauptidealring A ein Primelement p mit $\mathfrak{p} = (p)$. Da p unzerlegbar ist, muß $\mathfrak{p} = (p)$ maximales Ideal sein. $\qquad \square$

5.3. Zu gegebenen Elementen $a, b \in A$ heißt $d \in A$ ein *größter gemeinsamer Teiler von a und b* (Schreibweise: $\mathrm{ggT}(a, b)$), falls: $d \mid a$ und $d \mid b$ und für alle $g \in A$ mit $g \mid a$ und $g \mid b$ gilt $g \mid d$. Zu $a, b \in A$ heißt $v \in A$ ein *kleinstes gemeinsames Vielfaches von a und b* (Schreibweise: kgV(a, b)), falls: $a \mid v$ und $b \mid v$ und für alle $h \in A$ mit $a \mid h$ und $b \mid h$ gilt $v \mid h$. Falls zu zwei Elementen $a, b \in A$ der ggT(a, b) oder das kgV(a, b) existiert, so sind diese jeweils bis auf eine Einheit in A eindeutig bestimmt.

> **Satz 5.4.** *Seien a, b zwei Elemente in einem Hauptidealring A. Es gibt einen ggT$(a, b) = d$ und ein kgV$(a, b) = v$ von a und b. Man hat $(a) + (b) = (d)$ und $(a) \cap (b) = (v)$.*

Beweis: Da A ein Hauptidealring ist, existiert ein $d \in A$ mit $(d) = (a) + (b)$. Es folgt $(a) \subset (d)$, $(b) \subset (d)$ und somit $d \mid a$ und $d \mid b$. Gilt $g \mid a$ und $g \mid b$, so folgt $(d) = (a) + (b) \subset (g)$, also $g \mid d$.

Andererseits gibt es $v \in A$ mit $(a) \cap (b) = (v)$. Wegen $(v) \subset (a)$, $(v) \subset (b)$ gilt $a \mid v$, $b \mid v$. Ist $h \in A$ mit $a \mid h$, $b \mid h$, so folgt $(h) \subset (a)$, $(h) \subset (b)$, und damit $(h) \subset (a) \cap (b) = (v)$, also $v \mid h$.   □

Man nennt zwei Elemente a, b in A *teilerfremd*, falls 1 ein größter gemeinsamer Teiler von a und b ist. Es ergibt sich:

> **Korollar 5.5.** *Sind $a, b \in A$ Elemente in einem Hauptidealring A, so sind die folgenden Aussagen äquivalent:*
>
> (i)   *Die Elemente a und b sind teilerfremd.*
>
> (ii) *Die Ideale (a) und (b) sind teilerfremd.*
>
> (iii) *Das Einselement hat eine Darstellung $1 = \alpha a + \beta b$ mit $\alpha, \beta \in A$.*

Bemerkung: Ist A ein euklidischer Ring (mit der Gradabbildung λ von $A \setminus \{0\}$ nach $\mathbb{N}$), so ist der *Euklidische Algorithmus* ein Verfahren, um einen größten gemeinsamen Teiler zweier Elemente $a, b \in A \setminus \{0\}$ zu bestimmen. Man setze und nehme an: $a_1 := a$, $a_2 := b$, $\lambda(a_1) \geq \lambda(a_2)$. Dann existieren $q =: q_1$, $r =: a_3 \in A$ mit $a_1 = q a_2 + a_3$, wobei $a_3 = 0$ oder $\lambda(a_3) < \lambda(a_2)$. Ist $a_3 = 0$, so ist $a_2 = \text{ggT}(a_1, a_2)$. Ist $a_3 \neq 0$, so findet man eine Gleichung $a_2 = q_2 a_3 + a_4$, wobei $a_4 = 0$ oder $\lambda(a_4) < \lambda(a_3)$. Nach endlich vielen Schritten erhält man $a_{n-1} = q_{n-1} a_n + a_{n+1}$ und $a_n = q_n a_{n+1}$. Dann gilt $a_{n+1} = \text{ggT}(a_1, a_2)$, denn a_{n+1} teilt a_n und a_{n-1}, mittels Induktion sieht man a_{n+1} teilt a_2 und a_1, also $(a_1, a_2) \subset (a_{n+1})$. Gilt andererseits $h \mid a_1$ und $h \mid a_2$ für $h \in A$, so teilt h alle Elemente a_i, also a_{n+1}.

Man kann mit diesem Algorithmus auch gleichzeitig Elemente $s, t \in A$ mit $\text{ggT}(a, b) = sa + tb$ bestimmen. Dazu berechnet man iterativ $s_i, t_i \in A$ mit $a_i = s_i a + t_i b$. Zu Anfang gilt $s_1 = 1$, $t_1 = 0$ und $s_2 = 0$, $t_2 = 1$. Ist $a_{i+2} = a_i - q_i a_{i+1}$, so erhält man $s_{i+2} = s_i - q_i s_{i+1}$ und $t_{i+2} = t_i - q_i t_{i+1}$. Wegen $a_{n+1} = \text{ggT}(a, b)$ für ein geeignetes n folgt die Behauptung.

Satz/Definition 5.6. *Sei A ein Integritätsbereich. Dann sind die folgenden Aussagen äquivalent:*

(i) *Jedes Element $a \in A$, $a \neq 0$, $a \notin A^*$, läßt sich als (endliches) Produkt $a = u_1 \ldots u_n$ von unzerlegbaren Elementen $u_1, \ldots, u_n$ schreiben, und diese Darstellung ist bis auf Reihenfolge und Einheiten eindeutig: Gilt $a = u_1 \ldots u_n = v_1 \ldots v_m$ mit unzerlegbaren Elementen $v_1, \ldots, v_m \in A$, so folgt $m = n$, und es existiert eine Permutation $\pi \in S_n$ mit $u_i \sim v_{\pi(i)}$ für alle i.*

(ii) *Jedes Element $a \in A$, $a \neq 0$, $a \notin A^*$, läßt sich als (endliches) Produkt $a = u_1 \ldots u_n$ von unzerlegbaren Elementen schreiben, und jedes unzerlegbare Element u in A ist Primelement.*

Ein Integritätsbereich, der diese Aussagen erfüllt, heißt faktorieller Ring.

Beweis: (i) $\Rightarrow$ (ii): Seien $u \in A$ unzerlegbar und $a, b \in A$ mit $u \mid ab$. Dann existiert ein $d \in A$ mit $ud = ab$. Ist $a = 0$, so gilt $u \mid a$; ist a eine Einheit, so folgt $u \mid b$. Man argumentiert analog, wenn $b = 0$ oder $b \in A^*$. Also können wir annehmen, daß $a, b \neq 0$ und $a, b \notin A^*$; dies impliziert $d \neq 0$ und (weil u unzerlegbar) $d \notin A^*$. Darstellungen $a = p_1 \ldots p_n$, $b = q_1 \ldots q_m$ und $d = v_1 \ldots v_k$ mit unzerlegbaren Faktoren erbringen die Zerlegung

$$ud = u v_1 \ldots v_k = p_1 \ldots p_n q_1 \ldots q_m.$$

Dann existiert ein i mit $u \sim p_i$ oder $u \sim q_i$, also $u \mid a$ oder $u \mid b$.

(ii) $\Rightarrow$ (i): Es seien $a = u_1 \ldots u_n = v_1 \ldots v_m$ zwei Darstellungen mit unzerlegbaren Faktoren, die nach Voraussetzung auch Primelemente sind. Wir führen Induktion über $n + m$ durch. Der Induktionsanfang $n + m = 2$ ist klar. Nun betrachte man das Element u_1; es gilt $u_1 \mid v_1 \ldots v_m$, also existiert ein $1 \leq i \leq m$ mit $u_1 \mid v_i$, da u_1 prim ist. Daher existiert eine Einheit $s \in A^*$ mit $s u_1 = v_i$. Es folgt die Identität $u_2 \ldots u_n = v_1 \ldots v_{i-1} s v_{i+1} \ldots v_m$. Die Induktionsvoraussetzung erbringt $n - 1 = m - 1$, also $n = m$, und führt zu einer Permutation $\pi \in S_n$ mit $u_j \sim v_{\pi(j)}$ für alle j. $\square$

Aus der Eindeutigkeit der Produktdarstellung in faktoriellen Ringen erhält man unmittelbar:

Korollar 5.7. *Sei A ein faktorieller Ring, seien $a, b \in A \setminus \{0\}$ Elemente mit den Produktdarstellungen $a = s\, p_1^{\alpha_1} \ldots p_n^{\alpha_n}$, $b = t\, p_1^{\beta_1} \ldots p_n^{\beta_n}$ mit $s, t \in A^*$ und $\alpha_i, \beta_i \in \mathbb{N}$ $(i = 1, \ldots, n)$, wobei $p_1, \ldots, p_n$ paarweise nicht-assoziierte unzerlegbare Elemente in A sind. Dann gilt:*

(a) *$a \mid b \iff \alpha_i \leq \beta_i$ für alle $i = 1, \ldots, n$.*

(b) *Setzt man $m_i := \min(\alpha_i, \beta_i)$ und $M_i := \max(\alpha_i, \beta_i)$ jeweils für $i = 1, \ldots, n$, so ist $m = \prod p_i^{m_i}$ ein größter gemeinsamer Teiler und $M = \prod p_i^{M_i}$ ein kleinstes gemeinsames Vielfaches von a und b in A.*

(c) *Sei $c \in A$. Gilt $a \mid bc$ und $\mathrm{ggT}(a, b) \sim 1$, so gilt $a \mid c$.*

Bemerkung: Sei A ein faktorieller Ring. Bezüglich der Äquivalenzrelation, assoziiert zu sein, zerfällt die Menge der unzerlegbaren Elemente in A in disjunkte Klassen. Sei $\mathcal{P}$ eine Menge unzerlegbarer Elemente, die aus jeder dieser Klassen genau einen Vertreter enthält. Nun läßt sich jedes $a \in A$, $a \neq 0$, eindeutig in der Form $a = s \prod_{p \in \mathcal{P}} p^{\nu_p(a)}$ mit $s \in A^*$ und allen $\nu_p(a) \in \mathbb{N}$, fast alle $\nu_p(a) = 0$, schreiben. Mit dieser Notation können wir die Behauptung unter (a) auch so formulieren: Es gilt genau dann $a \mid b$, wenn $\nu_p(a) \leq \nu_p(b)$ für alle $p \in \mathcal{P}$.

Sei K der Quotientenkörper von A. Für jedes $a \in K^*$ gibt es nun eine Einheit $s \in A^*$ und eindeutig bestimmte ganze Zahlen $\nu_p(a) \in \mathbb{Z}$, fast alle $\nu_p(a) = 0$, so daß $a = s \prod_{p \in \mathcal{P}} p^{\nu_p(a)}$. Die hierdurch definierten Abbildungen $\nu_p \colon K^* \to \mathbb{Z}$ haben die Eigenschaft $\nu_p(a \cdot b) = \nu_p(a) + \nu_p(b)$ für alle $a, b \in K^*$. Man bemerke, daß $a \in K^*$ genau dann ein Element in A ist, wenn $\nu_p(a) \geq 0$ für alle $p \in \mathcal{P}$ gilt.

Korollar 5.8. *Ist A ein faktorieller Ring, so gibt es zu gegebenem $a \in A$, $a \neq 0$, nur endlich viele verschiedene Hauptideale (b) in A mit $(a) \subset (b)$.*

Beweis: Dies ist klar, wenn $a \in A^*$, also $(a) = A$. Sonst gibt es unzerlegbare Elemente $u_1, \ldots, u_n \in A$ mit $a = u_1 \ldots u_n$. Ist (a) in einem Hauptideal (b) enthalten, so folgt $bq = a$ für ein $q \in A$. Wegen der Eindeutigkeit der Zerlegung in unzerlegbare Elemente muß es $1 \leq i_1 < i_2 < \cdots < i_m \leq n$ mit $b \sim u_{i_1} u_{i_2} \ldots u_{i_m}$ geben. $\qquad\qquad\qquad\qquad\qquad\qquad \square$

Seien $(X, \leq)$ eine teilweise geordnete Menge und $x_0 \leq x_1 \leq x_2 \leq \cdots$ eine Kette in X. Man sagt, daß diese Kette *stationär wird*, wenn ein $n_0 \in \mathbb{N}$ mit $x_m = x_{n_0}$ für alle $m \geq n_0$ existiert.

Satz 5.9. *Ein Integritätsbereich A ist genau dann ein faktorieller Ring, wenn jedes unzerlegbare Element prim ist und jede aufsteigende Kette von Hauptidealen $\mathfrak{a}_0 \subset \mathfrak{a}_1 \subset \mathfrak{a}_2 \subset \cdots \subset \mathfrak{a}_n \subset \cdots$ stationär wird.*

Beweis $\Rightarrow$: Nach Satz 5.6 ist ein unzerlegbares Element in einem faktoriellen Ring prim; die zweite Behauptung folgt aus Korollar 5.8.

$\Leftarrow$: Betrachte die Menge H aller Hauptideale (a) in A mit $a \neq 0$ und $a \notin A^*$, so daß a kein Produkt von unzerlegbaren Elementen ist. Wir sollen zeigen, daß H leer ist, und nehmen das Gegenteil an. Dann enthält H ein maximales Element $\mathfrak{a}$, denn wäre dies nicht so, so erhielte man zu jedem $\mathfrak{a}_0 \in H$ ein $\mathfrak{a}_1 \in H$ mit $\mathfrak{a}_0 \subsetneq \mathfrak{a}_1$, und so durch Fortsetzen des Verfahrens eine aufsteigende Kette von Hauptidealen $\mathfrak{a}_0 \subsetneq \mathfrak{a}_1 \subsetneq \mathfrak{a}_2 \subsetneq \cdots \subsetneq \mathfrak{a}_n \subsetneq \cdots$, die nicht stationär würde.

Sei a ein Erzeugendes des maximalen Elementes $\mathfrak{a}$ von H. Dann gilt $a \neq 0$ und $a \notin A^*$, und a kann nicht unzerlegbar sein. Also gibt es $b, c \in A \setminus A^*$ mit $a = bc$. Es folgen echte Inklusionen $(a) = \mathfrak{a} \subsetneq (b)$ und $(a) = \mathfrak{a} \subsetneq (c)$; also gehören, wegen der Maximalität von $\mathfrak{a}$, die Ideale (b) und (c) nicht zu H. Schließlich erbringen Darstellungen von b und c als Produkt unzerlegbarer Elemente auch eine solche von $a = bc$; dies steht im Widerspruch zu der definierenden Eigenschaft der Menge H. Also ist H leer. $\qquad\square$

Wir betrachten die letztgenannte Bedingung über aufsteigende Ketten von Hauptidealen in Integritätsbereichen jetzt in beliebigen kommutativen Ringen, fordern sie aber für Ketten beliebiger Ideale. Es gilt:

Satz/Definition 5.10. *Sei A ein kommutativer Ring. Dann sind die folgenden Aussagen äquivalent:*

(i) *Jede aufsteigende Kette $\mathfrak{a}_0 \subset \mathfrak{a}_1 \subset \mathfrak{a}_2 \subset \cdots$ von Idealen in A wird stationär.*

(ii) *In jeder nichtleeren Menge M von Idealen in A gibt es ein maximales Element (bezüglich der Inklusionsrelation in M).*

(iii) *Jedes Ideal $\mathfrak{a}$ in A ist endlich erzeugbar, d.h., es existieren $a_1, \ldots, a_n \in A$, so daß $\mathfrak{a} = (a_1, \ldots, a_n)$ gilt.*

Ein kommutativer Ring, der diese Aussagen erfüllt, heißt noethersch.

Beweis: (i) $\Rightarrow$ (ii): Ist M eine nichtleere Menge von Idealen in A, die kein maximales Element hat, so gibt es zu jedem $\mathfrak{m}_1 \in M$ ein $\mathfrak{m}_2 \in M$ mit $\mathfrak{m}_1 \subsetneq \mathfrak{m}_2$, also eine Kette $\mathfrak{m}_1 \subsetneq \mathfrak{m}_2 \subsetneq \cdots \subsetneq \mathfrak{m}_n \subsetneq \cdots$, die nicht stationär würde. Widerspruch.

(ii) $\Rightarrow$ (iii): Sei $\mathfrak{a} \in A$ ein Ideal, und sei M die Menge aller Ideale in A, die endlich erzeugbar sind und in $\mathfrak{a}$ enthalten sind. Es ist $M \neq \emptyset$. Sei $\mathfrak{m}$ ein maximales Element von M, und sei $a \in \mathfrak{a}$. Dann gilt $aA + \mathfrak{m} \in M$, und dieses Ideal umfaßt das maximale Element $\mathfrak{m}$, also $aA + \mathfrak{m} = \mathfrak{m}$, und damit $a \in \mathfrak{m}$. Es folgt, daß $\mathfrak{a} = \mathfrak{m}$, und $\mathfrak{a}$ ist endlich erzeugbar.

(iii) $\Rightarrow$ (i): Ist $\mathfrak{a}_0 \subset \mathfrak{a}_1 \subset \cdots \subset \mathfrak{a}_n \subset \cdots$ eine aufsteigende Kette von Idealen in A, so ist $\mathfrak{a} := \bigcup_{j=0}^{\infty} \mathfrak{a}_j$ ein Ideal in A. Nach Voraussetzung ist $\mathfrak{a}$ endlich erzeugbar, etwa $\mathfrak{a} = (x_1, \ldots, x_m)$. Zu jedem j, $1 \leq j \leq m$, existiert ein n_j mit $x_j \in \mathfrak{a}_{n_j}$. Ist n_0 die größte der Zahlen n_j $(1 \leq j \leq m)$, so gilt $\mathfrak{a} = \mathfrak{a}_{n_0}$, und die Kette wird stationär. $\qquad\square$

Korollar 5.11. *Ist A ein Hauptidealring, so ist A faktoriell und noethersch.*

Beweis: In Hauptidealringen ist nach Satz 5.2.b jedes unzerlegbare Element prim. Jedes Ideal in A ist endlich erzeugbar, also ist A noethersch. Mit Satz 5.9 folgt die Behauptung. $\qquad\square$

Beispiel 5.12. Sei $\mathcal{O}_d$ wie in Beispiel 3.5(2) der Ring der ganzen Zahlen in dem Körper $\mathbb{Q}(\sqrt{d})$ mit $d \neq 1$ quadratfrei. Dort wurde für $d = -11, -7, -3, -2, -1, 2, 3, 5$ gezeigt, daß $\mathcal{O}_d$ euklidisch, also ein Hauptidealring ist. Nach dem letzten Korollar ist $\mathcal{O}_d$ in diesen Fällen faktoriell.

Der Ring $\mathcal{O}_{-5} = \mathbb{Z} \oplus \mathbb{Z}\sqrt{-5}$ ist jedoch nicht faktoriell. Dazu betrachte man die Normabbildung $N: \mathcal{O}_d \to \mathbb{Z}$, $z = a + b\sqrt{-5} \mapsto a^2 + 5b^2$; es gilt $N(z) > 0$, falls $z \neq 0$. Also ist $z \in \mathcal{O}^*_{-5} \Leftrightarrow N(z) = 1 \Leftrightarrow z = 1$ oder $z = -1$. Ferner gilt $N(z) \equiv 0, 1, 4 \pmod 5$ für beliebiges $z \in \mathcal{O}_{-5}$. Ist u eines der Elemente 3, $2 + \sqrt{-5}$, $2 - \sqrt{-5}$, so gilt $N(u) = 9$. Eine Darstellung $u = ab$ mit $a, b \in \mathcal{O}_{-5}$ impliziert also $9 = N(u) = N(a)N(b)$; da $N(a), N(b) \neq 3$ folgt $N(a) = 1$ oder $N(b) = 1$, und daher ist a oder b eine Einheit. Damit sind die Elemente 3, $2 + \sqrt{-5}$, $2 - \sqrt{-5}$ unzerlegbar, und keines dieser Elemente ist Teiler eines der beiden anderen. Die Zahl 9 hat damit die zwei verschiedenen Produktdarstellungen $3 \cdot 3 = (2 + \sqrt{-5}) \cdot (2 - \sqrt{-5})$. Das unzerlegbare Element $x = 2 + \sqrt{-5}$ ist kein Primelement, da x zwar $3 \cdot 3 = 9$ teilt, aber kein Teiler von 3 ist.

ÜBUNGEN

§ 1   Ringe, Homomorphismen und Ideale

1. Zeige: Jeder Ring R ist vermöge der Zuordnung

$$R \longrightarrow \operatorname{End}(R, +), \qquad a \longmapsto (L_a : x \mapsto ax)$$

   isomorph zu einem Unterring des Endomorphismenrings seiner additiven Gruppe $(R, +)$.

2. Sei $A = M_2(k)$ der Ring aller 2×2–Matrizen über einem Körper k. Zeige, daß A und $\{0\}$ die einzigen Ideale in A sind.

3. Sei A ein Ring. Zeige, daß $Z_A(X) := \{a \in A \mid ax = xa \text{ für alle } x \in X\}$ für jede Teilmenge X von A ein Unterring von A ist.

4. Man macht $\mathbb{C}^3$ zu einem kommutativen Ring, wenn man die übliche (komponentenweise) Addition nimmt und die Multiplikation durch

$$(a, b, c) \cdot (a', b', c') := (aa' + bc' + cb', ab' + ba' + cc', ac' + ca' + bb')$$

   definiert. Finde alle $(\lambda, \mu) \in \mathbb{C}^2$, für welche die Abbildung $\varphi_{\lambda,\mu} : \mathbb{C}^3 \to \mathbb{C}$ mit $\varphi_{\lambda,\mu}(a, b, c) = a + \lambda b + \mu c$ ein Ringhomomorphismus ist. Konstruiere einen Ringisomorphismus von $\mathbb{C}^3$ auf $\mathbb{C} \times \mathbb{C} \times \mathbb{C}$ und gib dessen inverse Abbildung explizit an.

§ 2   Einheiten, Nullteiler

5. Seien S ein Ring und $a, b \in S$. Zeige: Gilt $ab = 1$ und ist a kein Linksnullteiler oder b kein Rechtsnullteiler, so gilt auch $ba = 1$, d.h. a und b sind Einheiten von S.

6. Sei R ein endlicher Ring. Ist $a \in R$ kein Linksnullteiler oder kein Rechtsnullteiler von R, so ist a Einheit in R.

7. Sei $n \geq 2$. Zeige: Die Restklasse $[m] := m + n\mathbb{Z}$ einer ganzen Zahl $m \geq 1$ ist im Restklassenring $\mathbb{Z}/n\mathbb{Z}$ genau dann eine Einheit, wenn m und n teilerfremd zueinander sind.

8. Sei R ein kommutativer Ring. Ein Element $x \in R$ heißt nilpotent, wenn ein $n \in \mathbb{N}$ mit $x^n = 0$ existiert. Zeige:

(a) Die Menge $N(R)$ der nilpotenten Elemente in R ist ein Ideal in R.

(b) Für eine Einheit $\varepsilon \in R^*$ und ein nilpotentes Element $x \in N(R)$ ist $\varepsilon + x$ eine Einheit in R.

9. Für $d \in \mathbb{Z}$ sei A_d der Ring aller $(x,y) \in \mathbb{Z} \times \mathbb{Z}$ mit den Verknüpfungen

$$(x,y)+(x',y') := (x+x', y+y') \quad \text{und} \quad (x,y)\cdot(x',y') := (xx'+dyy', xy'+yx').$$

(Es darf vorausgesetzt werden, daß dies ein Ring ist.)

(a) Sei d eine Quadratzahl $\neq 0$. Man gebe einen injektiven Ringhomomorphismus $\varphi: A_d \to \mathbb{Z} \times \mathbb{Z}$ an, für den gilt: $\varphi(x,y) = (a,b) \implies \varphi(x,-y) = (b,a)$ für alle $a,b,x,y \in \mathbb{Z}$.

(b) Für welche $d \in \mathbb{Z}$ enthält A_d Nullteiler?

(c) Für welche $d \in \mathbb{Z}$ enthält A_d nilpotente Elemente $x \neq 0$? (Man nennt x nilpotent, wenn $x^n = 0$ für ein $n \in \mathbb{N}$.)

§ 3 Kommutative Ringe

10. Sei R ein nicht–trivialer kommutativer Ring. Zu jedem $r \in R$ sei L_r die Abbildung $R \to R$, $x \mapsto r \cdot x$. Zeige:

(a) R ist genau dann ein Integritätsbereich, wenn die Abbildungen L_r für alle $r \neq 0$ injektiv sind.

(b) R ist genau dann ein Körper, wenn die Abbildungen L_r für alle $r \neq 0$ surjektiv sind.

(c) Ein Primideal $\mathfrak{p} \subset R$ mit endlichem Restklassenring $R/\mathfrak{p}$ ist maximal.

11. Sei R ein nicht–trivialer kommutativer Ring. Zeige:

(a) Ist $I \neq 0$ ein Ideal in R und ist $t \in R \setminus I$, so ist $I + Rt$ ein Ideal in R, das I enthält, jedoch ungleich I ist.

(b) Gegeben sei eine nicht–triviale multiplikative Halbgruppe $P \subset R$. Sei J ein Ideal, das maximal unter denjenigen Idealen in R ist, die leeren Durchschnitt mit P haben. Dann gilt $J \neq R$, und $a,b \in R \setminus J$ impliziert $a \cdot b \in R \setminus J$ (d. h. J ist ein Primideal).

12. Auf dem Ring $\mathcal{O}_2 = \mathbb{Z}[\sqrt{2}] = \{a + b\sqrt{2} \mid a,b \in \mathbb{Z}\}$ ist die Normabbildung $N: \mathcal{O}_2 \longrightarrow \mathbb{Z}$ durch $N(a+b\sqrt{2}) = a^2 - 2b^2$ definiert; sie ist multiplikativ. Setze $\omega = 1 + \sqrt{2}$. Zeige:

(a) Ein Element y in $\mathcal{O}_2$ ist genau dann Einheit, wenn $|N(y)| = 1$ gilt.

(b) Elemente x von $\mathcal{O}_2$ mit $1 < x < \omega$ sind keine Einheiten.

(c) Die Einheitengruppe $\mathcal{O}_2^*$ von $\mathcal{O}_2$ besteht genau aus den Elementen $\pm\omega^n$, $n \in \mathbb{Z}$, und $\mathcal{O}_2^*$ ist isomorph zu $\mathbb{Z}/2\mathbb{Z} \times \mathbb{Z}$.

13. Sei R der Ring $\mathbb{Z}[\sqrt{3}] = \mathcal{O}_3$. Zeige:

(a) Ein Element $r = a + b\sqrt{3} \in R$ ist genau dann eine Einheit in R, wenn $N(r) := (a + b\sqrt{3})(a - b\sqrt{3}) = a^2 - 3b^2$ eine Einheit in $\mathbb{Z}$ ist (also gleich 1 oder -1).

(b) Wenn $r \in R^*$ eine Einheit $\neq \pm 1$ ist, dann sind alle r^i für $i \in \mathbb{Z}$ verschieden.

(c) Die Gleichung $x^2 - 3y^2 = 1$ hat unendlich viele verschiedene Lösungen $(x, y) \in \mathbb{Z} \times \mathbb{Z}$.

(d) Gibt es $x, y \in \mathbb{Z}$ mit $x^2 - 3y^2 = -1$?

14. Ein kommutativer Ring heißt *lokal*, wenn er genau ein maximales Ideal besitzt. Zeige für einen kommutativen Ring R:

(a) Der Ring R ist genau dann lokal, wenn die Nichteinheiten von R ein Ideal bilden.

(b) Ist R lokal und ist $I \neq R$ ein Ideal in R, so ist auch R/I lokal.

§ 4 Ringe der Brüche

15. Seien $p \in \mathbb{N}$ eine Primzahl und $\mathbb{Z}_{(p)}$ der Ring der Brüche $S^{-1}\mathbb{Z}$ mit $S = \mathbb{Z} \setminus (p)$. In diesem Ring ist $p \cdot \mathbb{Z}_{(p)}$ ein Ideal, vgl. Beispiel 4.3(2).

(a) Zeige: Die Abbildung $\mathbb{Z}/p\mathbb{Z} \longrightarrow \mathbb{Z}_{(p)}/p \cdot \mathbb{Z}_{(p)}$, $n + p\mathbb{Z} \mapsto n + p\mathbb{Z}_{(p)}$ ist ein Isomorphismus von Ringen.

(b) Betrachte $p = 5$ und setze $[x] = x + 5\mathbb{Z}_{(5)}$ für alle $x \in \mathbb{Z}_{(5)}$. Finde $u \in \{0, 1, 2, 3, 4\}$, so daß $[u] = [1/3] + [1/4]$.

16. Seien A ein Hauptidealring und S eine multiplikativ abgeschlossene Teilmenge von A mit $0 \notin S$. Zeige, daß $S^{-1}A$ ein Hauptidealring ist.

17. Sei A ein kommutativer Ring. Zeige, mit der Notation von Aufgabe 8, daß $N(S^{-1}A) = \{a/s \mid a \in N(A), s \in S\}$ für jede multiplikativ abgeschlossene Teilmenge S von A.

§ 5 Teilbarkeit in Integritätsbereichen

18. Sei R ein Integritätsbereich und seien $r, s \in R$. Zeige:

(a) Wenn r unzerlegbar ist und r assoziiert zu s, so ist auch s unzerlegbar.

(b) Wenn $r, s \in R$ unzerlegbar sind und $r \mid s$, so sind r und s assoziiert.

19. Sind $a_1, \ldots, a_n$ Elemente $\neq 0$ in einem Integritätsbereich A, so heißt ein Element $d \in A$ ein größter gemeinsamer Teiler von $a_1, \ldots, a_n$, falls d die folgende Eigenschaft hat: Es gilt $d \mid a_i$ für alle i, $1 \leq i \leq n$; für jedes $h \in A$ mit $h \mid a_i$ für alle i, $1 \leq i \leq n$, gilt $h \mid d$; man schreibt dann $d = \operatorname{ggT}(a_1, \ldots, a_n)$. Zeige:

(a) Existieren $g_{n-1} := \operatorname{ggT}(a_1, \ldots, a_{n-1})$ und $\operatorname{ggT}(g_{n-1}, a_n)$, so existiert auch $\operatorname{ggT}(a_1, \ldots, a_n)$ und ist gleich $\operatorname{ggT}(g_{n-1}, a_n)$.

(b) Sei $A = \mathbb{Z}$. Zu gegebenem $b_1, \ldots, b_n \in \mathbb{Z} \setminus \{0\}$ sei $g := \operatorname{ggT}(b_1, \ldots, b_n)$. Zeige: Es gibt $\alpha_1, \ldots, \alpha_n \in \mathbb{Z}$ mit $g = \alpha_1 b_1 + \cdots + \alpha_n b_n$.

(c) Eine lineare Gleichung

$$a_1 X_1 + \cdots + a_n X_n = b \qquad (a_1, \ldots, a_n, b \in \mathbb{Z})$$

besitzt genau dann eine Lösung $(x_1, \ldots, x_n) \in \mathbb{Z}^n$, wenn der $\operatorname{ggT}(a_1, \ldots, a_n)$ ein Teiler von b ist.

20. Sei R ein kommutativer Ring. Für Ideale $\mathfrak{a}, \mathfrak{b}$ in R sagen wir „$\mathfrak{a}$ teilt $\mathfrak{b}$", wenn $\mathfrak{b} \subset \mathfrak{a}$. Man bildet die Begriffe ggT und kgV analog zu den Begriffen ggT und kgV von Elementen in R. Zeige:

(a) Zu je zwei Idealen existiert genau ein größter gemeinsamer Teiler und genau ein kleinstes gemeinsames Vielfaches.

(b) Der Ring R ist genau dann noethersch, wenn die kleinste Menge von Idealen, die alle Hauptideale und zu je zwei Idealen ihren ggT enthält, die Menge aller Ideale von R ist.

(c) Wenn zu $a, b \in R$ der ggT von (a) und (b) ein Hauptideal ist, so gibt es einen ggT von a und b in R. (Bemerkung: Die Umkehrung hiervon gilt im allgemeinen nicht, vgl. Aufgabe IV.27.)

21. Sei $d \in \mathbb{Z} \setminus \{0\}$ quadratfrei und $R = \mathcal{O}_d$. Zeige:

(a) Jedes Ideal $I \neq 0$ in R enthält ein $n \in \mathbb{Z}$ mit $n > 0$. (Hinweis: Normabbildung)

(b) Für jedes $n \in \mathbb{Z}$ mit $n > 0$ enthält R/nR genau n^2 Elemente.

(c) R/I ist endlich und damit noethersch für alle Ideale $I \neq 0$ in R.

(d) R ist noethersch.

22. Setze $\omega = (-1 + \sqrt{-3})/2$. Dann gilt $\omega^2 = \overline{\omega}$ und $\omega^3 = 1$. Der Unterring $\mathcal{O}_{-3} = \{a + b\omega \mid a, b \in \mathbb{Z}\}$ von $\mathbb{Q}(\sqrt{-3})$ ist wegen $\overline{\omega} = \omega^2$ unter komplexer Konjugation $a + b\omega \longmapsto \overline{a + b\omega}$ abgeschlossen. Versehen mit der Normabbildung

$$N(a + b\omega) = (a + b\omega)(\overline{a + b\omega}) = a^2 - ab + b^2$$

ist $\mathcal{O}_{-3}$ ein euklidischer Ring. Zeige:

(a) Ein Element y in $\mathcal{O}_{-3}$ ist genau dann eine Einheit, wenn $N(y) = 1$ gilt. Bestimme alle Einheiten des Ringes $\mathcal{O}_{-3}$.

(b) Ist $x \in \mathcal{O}_{-3}$ ein Primelement, so gibt es eine Primzahl p mit $N(x) = p$ oder $N(x) = p^2$. Falls $N(x) = p^2$ gilt, so ist x zu p assoziiert; falls $N(x) = p$ gilt, so ist x zu keiner Primzahl q assoziiert.

(c) Ist $N(z)$ für ein Element $z \in \mathcal{O}_{-3}$ eine Primzahl, so ist z ein Primelement in $\mathcal{O}_{-3}$.

(d) Ist p eine Primzahl, die kongruent zu 2 modulo 3 ist, so ist p als Element in $\mathcal{O}_{-3}$ ein Primelement.

23. Im Ring $\mathcal{O}_{-5} = \mathbb{Z} \oplus \mathbb{Z}\sqrt{-5}$ betrachte man das Ideal $\mathfrak{p} = (2, 1 + \sqrt{-5})$. Zeige:

(a) $\mathfrak{p}$ ist kein Hauptideal.

(b) $\mathfrak{p}$ ist ein Primideal und zwar das einzige von $\mathcal{O}_{-5}$, das 2 umfaßt.

24. (a) Wir wissen: $\mathcal{O}_{-1} = \mathbb{Z} \oplus \mathbb{Z}i$ ist euklidisch, also insbesondere ein Hauptidealring. Daher müssen die folgenden Ideale von einem Element erzeugt werden; gib ein solches Element an:

    (i) $(1 + 3i, 5 + 10i)$ (ii) $(1 + 3i, 2 + 4i, 3 + 5i, 4 + 6i, \ldots)$

(b) Bestimme alle Elemente $x \in \mathcal{O}_{-1}$ mit Norm $N(x) < 8$.

(c) Bestimme mit Hilfe der Liste aus (b) die Primfaktorzerlegung in $\mathcal{O}_{-1}$ der natürlichen Zahlen von 2 bis 10 und der Elemente $1 + 7i$ und $3 + 5i$.

IV Polynomringe

In diesem Kapitel werden Polynomringe (in einer und in mehreren Veränderlichen) eingeführt. Eigenschaften von Nullstellen von Polynomen werden bewiesen. Wir betrachten die Primfaktorzerlegung in Polynomringen und geben Kriterien für die Irreduzibilität von Polynomen an.

Im folgenden bezeichne A einen kommutativen Ring.

§ 1 Polynome

1.1. Eine Abbildung $f \colon \mathbb{N} \to A$, $i \mapsto a_i$, mit der Eigenschaft $f(i) = a_i = 0$ für fast alle i heißt *Polynom* über A. Es erweist sich gelegentlich als sinnvoll, diese Abbildung als Folge $(a_0, a_1, a_2, \ldots)$ zu schreiben. Das *Nullpolynom* ist die Abbildung, für die $f(i) = 0$ für alle $i \in \mathbb{N}$ gilt. Auf der Menge $A[X]$ aller Polynome über A sind die zwei Verknüpfungen *Summe* und *Produkt* definiert: Für $f, g \in A[X]$ setzt man $f + g$ durch $(f + g)(i) := f(i) + g(i)$ und $f \cdot g$ durch $(f \cdot g)(i) := \sum_{j=0}^{i} f(j) g(i - j)$ fest. Versehen mit diesen zwei Verknüpfungen bildet $A[X]$ einen kommutativen Ring, den *Polynomring in der Unbestimmten* (oder *Veränderlichen*) X; das Einselement ist $e \colon \mathbb{N} \to A$ mit $e(0) = 1$ und $e(i) = 0$ für $i > 0$, d.h. $e = (1, 0, 0, \ldots)$.

Die Zuordnung $a \mapsto (a, 0, 0, \ldots)$ ist ein injektiver Homomorphismus von Ringen $A \to A[X]$; dieser gestattet es, A als Unterring von $A[X]$ aufzufassen. Die Abbildung mit $a_1 = 1$ und $a_i = 0$ für alle $i \neq 1$ bezeichnen wir mit $X := (0, 1, 0, \ldots)$. Dann gilt $X^2 = (0, 0, 1, 0, \ldots)$, und allgemeiner $X^k = (0, 0, \ldots, 0, 1, 0, \ldots)$, wobei die $1 \in A$ an der k–ten Stelle steht (für alle $k \in \mathbb{N}$). Für $a \in A$ und ein Polynom $f = (a_0, a_1, a_2, \ldots)$ gilt $a \cdot f = (a, 0, 0, \ldots)(a_0, a_1, a_2, \ldots) = (aa_0, aa_1, aa_2, \ldots)$. Damit ergibt sich für beliebige $f \in A[X]$ die Schreibweise

$$ f = (a_0, a_1, a_2, \ldots) = a_0(1, 0, \ldots) + a_1(0, 1, 0, \ldots) + \cdots = \sum_{i \geq 0} a_i X^i $$

als Linearkombination über A der sogenannten (primitiven) *Monome* X^i; dabei heißt a_i der *Koeffizient des Monoms* $a_i X^i$. Diese Darstellung ist eindeutig. Wir können ein Polynom als formalen Ausdruck $f = \sum_{i \geq 0} a_i X^i$ in der Variablen X begreifen; das Element $a_i \in A$ heißt der i-te Koeffizient des Polynoms f. Ist f nicht das Nullpolynom, so heißt die größte Zahl n, für die $a_n \neq 0$ gilt, der *Grad von* f, $\operatorname{grad} f := n$, und man nennt a_n den *höchsten Koeffizienten von* f. Für das Nullpolynom setzt man $\operatorname{grad} 0 = -\infty$ fest. Ein Polynom f heißt *normiert*, wenn $f \neq 0$ und wenn der höchste Koeffizient von f gleich 1 ist.

Satz 1.2. *Sind* $f, g \in A[X]$ *Polynome über* A, *so gilt*

$$\operatorname{grad}(f + g) \leq \max(\operatorname{grad} f, \operatorname{grad} g) \text{ und } \operatorname{grad}(f \cdot g) \leq \operatorname{grad} f + \operatorname{grad} g.$$

Ist A *ein Integritätsbereich, so gilt* $\operatorname{grad}(f \cdot g) = \operatorname{grad} f + \operatorname{grad} g$.

Beweis: Gilt $f = 0$ oder $g = 0$, so $f + g = g$ oder $f + g = f$, und $f \cdot g = 0$, also gilt $\operatorname{grad}(f + g) = \max(\operatorname{grad} f, \operatorname{grad} g)$ und $\operatorname{grad}(f \cdot g) = -\infty$. Für $f = \sum_i a_i X^i \neq 0$ und $g = \sum_j b_j X^j \neq 0$ setze $n := \operatorname{grad} f$ und $m := \operatorname{grad} g$. Dann gilt für $f \cdot g = \sum_h c_h X^h$, daß $c_h = 0$ für $h > n + m$ und daß $c_{n+m} = a_n b_m$; also folgt $\operatorname{grad}(f \cdot g) \leq \operatorname{grad} f + \operatorname{grad} g$. Ist A ein Integritätsbereich, d.h. enthält A keine Nullteiler, so gilt die Gleichheit.   □

Bemerkung: Allgemeiner gilt die *Gradformel* $\operatorname{grad}(f \cdot g) = \operatorname{grad} f + \operatorname{grad} g$, wenn der höchste Koeffizient von f oder g kein Nullteiler in A ist.

Korollar 1.3. *Der Polynomring* $A[X]$ *ist genau dann ein Integritäts-bereich, wenn* A *ein Integritätsbereich ist. Ist dies der Fall, so gilt* $A[X]^* = A^*$.

Beweis: Es ist nur noch die zweite Aussage zu begründen. Gilt $fg = 1$ für $f, g \in A[X]$, so ist $0 = \operatorname{grad} 1 = \operatorname{grad} f + \operatorname{grad} g$, also folgt $\operatorname{grad} f = \operatorname{grad} g = 0$ und $f, g \in A \subset A[X]$.   □

Satz 1.4. *Ist* $\varphi \colon A \to B$ *ein Homomorphismus von kommutativen Ringen und ist* b *ein Element in* B, *so gibt es genau einen Ringho-momorphismus* $\varphi_b \colon A[X] \to B$ *mit den Eigenschaften* $\varphi_b(X) = b$ *und* $(\varphi_b)_{|A} = \varphi$.

Beweis: Ist $f = \sum a_i X^i$, so setzt man, erzwungen durch die geforderten Eigenschaften, $\varphi_b(f) := \sum \varphi(a_i) b^i$. Für $a \in A$ gilt $\varphi_b(a) = \varphi(a)$, und man hat $\varphi_b(X) = \varphi_b(1 \cdot X) = \varphi(1)b = b$. Die Eindeutigkeit ist klar. Die Homomorphieeigenschaft von φ_b folgt aus der von φ.   □

Beispiele 1.5. (1) Ist A Unterring eines kommutativen Ringes B, und bezeichnet $i \colon A \to B$ die natürliche Inklusion, so gibt es zu $x \in B$ einen Homomorphismus $i_x \colon A[X] \to B$ mit $(i_x)_{|A} = i$, und $i_x(X) = x$. Dann ist $\operatorname{im} i_x$ der kleinste Unterring von B, der A und x enthält; er besteht aus allen Elementen der Form $a_0 + a_1 x + \cdots + a_n x^n$, $a_i \in A$, und man schreibt $A[x] := \operatorname{im} i_x$.

Ist i_x injektiv, d.h., hat man einen Isomorphismus $A[X] \overset{\sim}{\to} A[x]$, so heißt das Element x *transzendent über* A. Hat i_x einen nicht–trivialen Kern, so heißt x *algebraisch über* A.

(2) Ist $\varphi \colon A \to B$ ein Ringhomomorphismus, so existiert zu $A \overset{\varphi}{\to} B \hookrightarrow B[X]$ und dem Element $X \in B[X]$ eine Fortsetzung $\varphi^* \colon A[X] \to B[X]$ mit $\varphi^*_{|A} = \varphi$ und $\varphi^*(X) = X$. Man hat offenbar $\varphi^*(\sum a_i X^i) = \sum \varphi(a_i) X^i$.

(3) Wendet man dies bei einem gegebenen Ideal $\mathfrak{a}$ in A auf den (surjektiven) natürlichen Homomorphismus $\pi\colon A \to A/\mathfrak{a}$ an, so erhält man einen (surjektiven) Ringhomomorphismus $\pi^*\colon A[X] \to (A/\mathfrak{a})[X]$. Diese Abbildung π^* vermittelt die *Reduktion der Koeffizienten eines Polynoms modulo dem Ideal* $\mathfrak{a}$.

Der Kern von π^* ist gerade $\mathfrak{a}[X] = \{\sum a_i X^i \mid a_i \in \mathfrak{a}\}$, das von $\mathfrak{a}$ in $A[X]$ erzeugte Ideal. Man erhält einen Isomorphismus $A[X]/\mathfrak{a}[X] \overset{\sim}{\to} (A/\mathfrak{a})[X]$ von Ringen. Nun gilt

$$\mathfrak{a}[X] \text{ ist Primideal in } A[X] \iff \mathfrak{a} \text{ ist Primideal in } A,$$

da $(A/\mathfrak{a})[X]$ genau dann ein Integritätsbereich ist, wenn $A/\mathfrak{a}$ dies ist.

Satz 1.6. *Sei $g \in A[X], g \neq 0$, ein Polynom, dessen höchster Koeffizient eine Einheit in A ist. Dann existieren zu jedem Polynom $f \in A[X]$ eindeutig bestimmte Polynome $q, r \in A[X]$, so daß $f = qg + r$ mit $\operatorname{grad} r < \operatorname{grad} g$ gilt.*

Beweis: Die Fälle $f = 0$ und $f \neq 0$, $\operatorname{grad} f < \operatorname{grad} g$, sind klar: Man setzt $q = 0$, $r = f$. Sei also $f \neq 0$ mit $m := \operatorname{grad} f > \operatorname{grad} g =: n$. Man führt Induktion nach $\operatorname{grad} f = m$ durch. Wir schreiben $f = \sum_{i=0}^m a_i X^i$ und $g = \sum_{i=0}^n b_i X^i$. Nach Voraussetzung gilt $b_n \in A^*$. Nun ist der Grad des Polynoms

$$h := f - a_m b_n^{-1} X^{m-n} g = a_m X^m - (a_m b_n^{-1}) b_n X^m - \cdots$$

echt kleiner als m. Nach Induktionsvoraussetzung gibt es $q_0, r \in A[X]$ mit $\operatorname{grad} r < n$, so daß $h = q_0 g + r$, also $f = (a_m b_n^{-1} X^{m-n} + q_0) g + r$.

Um die Eindeutigkeit von q und r zu zeigen, geht man von zwei Darstellungen $f = q_1 g + r_1 = q_2 g + r_2$ mit $\operatorname{grad} r_i < n$ $(i = 1, 2)$ aus. Es folgt $(q_1 - q_2) g = r_2 - r_1$. Da b_n eine Einheit in A ist, gilt $\operatorname{grad}((q_1 - q_2) g) = \operatorname{grad}(q_1 - q_2) + \operatorname{grad} g$, siehe Satz 1.2 und die Bemerkung dazu. Andererseits hat man $\operatorname{grad}(r_2 - r_1) < n = \operatorname{grad} g$; also ergibt sich $q_1 - q_2 = 0$ und damit $r_2 - r_1 = 0$. $\qquad\square$

Bemerkung: Der Satz zeigt: Ist A ein Körper, so ist $A[X]$ ein euklidischer Ring (siehe III.3.3) mit Gradabbildung $f \mapsto \operatorname{grad} f$.

Korollar 1.7. *Der Polynomring $A[X]$ ist genau dann ein Hauptidealring, wenn A ein Körper ist.*

Beweis: $\Leftarrow$: Sei $\mathfrak{a} \subset A[X]$ ein Ideal ungleich 0. Wähle ein Polynom $m \in \mathfrak{a}$, $m \neq 0$, von minimalem Grad. Ist $f \in \mathfrak{a}$, so existieren $q, r \in A[X]$ mit $f = qm + r$ und $\operatorname{grad} r < \operatorname{grad} m$. Wegen der Minimalität des Grades von m folgt $r = 0$, also gilt $\mathfrak{a} = (m)$.

$\Rightarrow$: Offensichtlich ist A ein Integritätsbereich. Nach Beispiel 1.5(1) gibt es einen Homomorphismus $i_0\colon A[X] \to A$ mit $i_{0\,|A} = \operatorname{Id}$ und $i_0(X) = 0$, also mit $i_0(f) = f(0)$. Dann ist $\ker i_0$ ein Primideal ungleich $\{0\}$, also im Hauptidealring $A[X]$ maximal. Weil i_0 surjektiv ist, haben wir einen Isomorphismus $A[X]/\ker i_0 \overset{\sim}{\to} A$, und A ist ein Körper. $\qquad\square$

§ 2 Nullstellen von Polynomen

Sei $f = \sum_i a_i X^i \in A[X]$ ein Polynom, $f \neq 0$. Jedes $a \in A$ mit $f(a) = \sum a_i a^i = 0$ heißt *Nullstelle* oder *Wurzel* des Polynoms f. Division von f durch das Polynom $X - a$ ergibt $f = q(X - a) + r$ mit eindeutig bestimmten $q, r \in A[X]$, $\operatorname{grad} r < 1$. Ist a Nullstelle von f, so folgt aus $0 = f(a) = q(a)(a-a)+r(a) = r$, daß $f = q(X-a)$ mit eindeutig bestimmtem $q \in A[X]$; es gilt $\operatorname{grad} q = \operatorname{grad} f - 1$. Also ist $X - a$ ein Teiler von f im Ring $A[X]$. Dies zeigt:

Satz 2.1. *Ist $f \in A[X]$ ein Polynom, $f \neq 0$, das in A mindestens eine Nullstelle besitzt, so gibt es Elemente $a_1, \ldots, a_m \in A$, $a_i \neq a_j$ für $i \neq j$, natürliche Zahlen $n_1, \ldots, n_m \neq 0$ und ein Polynom $g \in A[X]$, das keine Nullstellen in A hat, so daß $f = g(X - a_1)^{n_1} \ldots (X - a_m)^{n_m}$ gilt. Man hat $\sum n_i \leq \operatorname{grad} f$.*

Beweis: Man führt Induktion über $\operatorname{grad} f$. Die letzte Aussage folgt aus der Gradformel.   □

Falls $f \in A[X]$, $f \neq 0$, eine Darstellung der genannten Form mit $g \in A$ zuläßt, so sagt man: f *zerfällt über A in Linearfaktoren.*

Satz 2.2. *Ist A ein Integritätsbereich, so hat ein Polynom $f \in A[X]$, $f \neq 0$, höchstens $\operatorname{grad} f$ viele Nullstellen.*

Beweis: Wir benützen Induktion über $\operatorname{grad} f$. Ist $\operatorname{grad} f = 0$, so ist die Aussage richtig. Im Fall $\operatorname{grad} f > 0$ gilt, falls $a \in A$ Nullstelle von f ist, $f = (X - a)q$ mit $q \in A[X]$ und $\operatorname{grad} q = \operatorname{grad} f - 1$. Ist $b \in A$, $b \neq a$ eine weitere Nullstelle von f, so gilt $0 = f(b) = (b - a)q(b)$, also $q(b) = 0$. Nach Induktionsvoraussetzung besitzt q höchstens $\operatorname{grad} f - 1$ viele Nullstellen.   □

Jedem Polynom $f \in A[X]$ ist die Abbildung $A \to A$, $a \mapsto f(a)$, zugeordnet. Im allgemeinen ist das Polynom f durch diese Abbildung nicht eindeutig bestimmt. Jedoch gilt:

Satz 2.3. *Sei A ein unendlicher Integritätsbereich. Sind $f, g \in A[X]$ zwei verschiedene Polynome, so existiert ein $a \in A$ mit $f(a) \neq g(a)$.*

Beweis: Das Polynom $f - g$ ist nach Voraussetzung nicht das Nullpolynom, besitzt also nur höchstens $\operatorname{grad}(f - g)$ viele Nullstellen. Da A jedoch unendlich viele Elemente enthält, existiert ein $a \in A$ mit $0 \neq f(a) - g(a)$.   □

Bemerkung: Sei K ein endlicher Körper; setze $q := |K|$. Es gibt nur endlich viele Abbildungen $K \to K$, aber unendlich viele Polynome in $K[X]$. Es muß also Polynome $f \neq g$ in $K[X]$ geben, so daß $f(a) = g(a)$ für alle $a \in K$. Ist etwa $K = \{a_1, a_2, \ldots, a_q\}$, so hat das Polynom $f_0 := \prod_{i=1}^q (X - a_i)$ die Eigenschaft, daß $f_0(a) = 0$ für alle $a \in K$; aber f_0 ist nicht das Nullpolynom.

Aus Satz 2.1 folgt für beliebige $f, g \in K[X]$, daß $f(a) = g(a)$ für alle $a \in K$ genau dann gilt, wenn $f - g \in K[X]f_0$.

Man kann nun zeigen, daß $f_0 = X^q - X$. Dies folgt daraus, daß jedes $X - a$ mit $a \in K$ ein Teiler von $X^q - X$ ist. Das ist klar für $a = 0$; für $a \neq 0$ benutze man, daß $a^{q-1} = 1$ (und damit $a^q = a$) gilt, weil die multiplikative Gruppe von K Ordnung $q - 1$ hat.

Sei p eine Primzahl. Wir können die Überlegungen oben auf den Spezialfall $K = \mathbb{Z}/p\mathbb{Z}$ anwenden. Insbesondere gilt $a^p = a$ für alle $a \in \mathbb{Z}/p\mathbb{Z}$. Dies impliziert den *kleinen Satz von Fermat*: Für alle $m \in \mathbb{Z}$ gilt $m^p \equiv m$ (mod p).

Satz 2.4. *Seien K ein Körper und G eine endliche Untergruppe seiner multiplikativen Gruppe K^*. Dann ist G eine zyklische Gruppe.*

Beweis: Als endliche kommutative Gruppe ist G direktes Produkt ihrer p–Sylowuntergruppen, siehe Satz II.4.9 oder Satz II.5.14. Für jede Primzahl p gibt es genau eine p–Sylowuntergruppe, und diese besteht aus allen Elementen in G, deren Ordnung eine Potenz von p ist. Jede dieser p-Sylowuntergruppen S ist zyklisch. Denn wäre S nicht zyklisch, so hätten alle Elemente $g \in S$ eine Ordnung ord g echt kleiner als $|S|$. Als Folge existierte eine Potenz q von p mit $q < |S|$, so daß $g^q = 1$ für alle $g \in S$ gilt. Dies widerspricht jedoch der Tatsache, daß das Polynom $X^q - 1 \in K[X]$ höchstens q Nullstellen haben kann. Mit dem chinesischen Restsatz (vgl. Beispiel III.3.11(1)) folgt die Behauptung. $\square$

Beispiel: Der Satz sagt insbesondere, daß die multiplikative Gruppe K^* eines endlichen Körpers K zyklisch ist. Zum Beispiel wird die multiplikative Gruppe von $\mathbb{Z}/5\mathbb{Z}$ von der Restklasse von 2 erzeugt, die multiplikative Gruppe von $\mathbb{Z}/7\mathbb{Z}$ von der Restklasse von 3.

Definition 2.5. Ist $a \in A$ eine Nullstelle von $f \in A[X]$, $f \neq 0$, so gibt es ein $n \in \mathbb{N}$, $n \neq 0$, so daß das Polynom f von $(X - a)^n$ geteilt wird, aber nicht von $(X - a)^{n+1}$. Dann heißt a eine *n–fache Nullstelle* von f; die Zahl n heißt auch *die Vielfachheit der Nullstelle a*. Hat die Nullstelle a die Vielfachheit 1, so heißt a *einfache Nullstelle*, sonst *mehrfache Nullstelle*.

2.6. Eine Methode, um die Vielfachheit einer Nullstelle festzustellen, ist die *Differentiation von Polynomen*. Dies ist eine Abbildung $D: A[X] \to A[X]$, definiert durch

$$f = \sum_{i=0}^{n} a_i X^i \longmapsto D(f) := \sum_{i=1}^{n} i a_i X^{i-1}.$$

Meist schreibt man (in formaler Analogie zur Analysis) $f' := D(f)$ und nennt f' die erste Ableitung von f. Höhere Ableitungen $f^{(m)}$, $m \in \mathbb{N}$, sind durch $f^{(m)} := D(f^{(m-1)})$ und $f^{(0)} = f$ definiert. Die Abbildung D besitzt die folgenden Eigenschaften (für alle $f, g \in A[X]$, $a, b \in A$):

(1) $\quad D(af + bg) = aD(f) + bD(g)$, $\qquad$ (Linearität)

(2) $\quad D(fg) = fD(g) + D(f)g$. $\qquad$ (Produktregel)

Um die Aussage (2) einzusehen, kann man sich wegen der Linearität (1) auf Monome $f = X^i$, $g = X^j$ beschränken. Dann gilt $D(f \cdot g) = (i + j)X^{i+j-1}$ und $fD(g) + D(f)g = jX^iX^{j-1} + iX^{i-1}X^j = (i + j)X^{i+j-1}$.

Durch Induktion folgt aus (2) die Eigenschaft $D(f^n) = nf^{n-1}D(f)$.

Satz 2.7. *Sei K ein Körper, sei $f \in K[X]$ ein Polynom ungleich 0, und sei $a \in K$ eine Nullstelle von f. Es gilt: Die Vielfachheit von a ist $1 \iff f'(a) \neq 0$.*

Beweis: Da $a \in K$ Nullstelle von f ist, gilt $f = (X - a)q$ mit $q \in K[X]$. Dann hat man $f' = q + (X - a)q'$, und es folgt $f'(a) = q(a)$. Nun gilt: Die Vielfachheit der Nullstelle a von f ist $1 \iff 0 \neq q(a) = f'(a)$. $\qquad\square$

Bemerkung: Dieser Satz impliziert zum Beispiel, daß ein irreduzibles Polynom $f \in \mathbb{Q}[X]$ vom Grad n genau n verschiedene Nullstellen in $\mathbb{C}$ hat. Weil f über $\mathbb{C}$ in Linearfaktoren zerfällt, reicht es zu zeigen, daß jede Nullstelle a von f in $\mathbb{C}$ die Vielfachheit 1 hat, also daß $f'(a) \neq 0$. Nun gilt $\mathrm{ggT}(f, f') = 1$, denn bis auf Multiplikation mit Einheiten sind 1 und f die einzigen Teiler von f, und f teilt f' nicht, da $\mathrm{grad}\, f' < \mathrm{grad}\, f$ und da $f' \neq 0$. Nach Satz III.5.4 gibt es $g, h \in \mathbb{Q}[X]$ mit $1 = gf + hf'$. Für die Nullstelle a folgt nun $1 = g(a)f(a) + h(a)f'(a) = h(a)f'(a)$, also $f'(a) \neq 0$.

Satz 2.8. *Sei K ein Körper, sei $f \in K[X]$ ein Polynom von positivem Grad. Dann gilt:*

(a) *Es gilt $\mathrm{grad}\, f' \leq \mathrm{grad}\, f - 1$; hat K die Charakteristik $\mathrm{char}\, K = 0$, so gilt $\mathrm{grad}\, f' = \mathrm{grad}\, f - 1$.*

(b) *Sei $\mathrm{char}\, K = p > 0$. Dann gilt $f' = 0$ genau dann, wenn es $g \in K[X]$ mit $f(X) = g(X^p)$ gibt, d.h. wenn f eine Darstellung der Form $f = \sum_{j=0}^{[n/p]} a_{pj}X^{pj}$ besitzt.*

Beweis: Ist $f \in \sum_{i=0}^{n} a_iX^i$ mit $n = \mathrm{grad}\, f$, so ist $f' = \sum_{i=0}^{n} ia_iX^{i-1}$, also $\mathrm{grad}\, f' \leq \mathrm{grad}\, f - 1$. Der Koeffizient des Monoms X^{n-1} in f' ist na_n; dieser verschwindet genau dann, wenn $\mathrm{char}\, K$ die Zahl n teilt. Dies begründet die Aussage (a).

Ist $f(X) = g(X^p)$ im Falle $\mathrm{char}\, K = p > 0$, so besitzen die Koeffizienten von f' einen durch p teilbaren Faktor, also gilt $f' = 0$. Gilt umgekehrt $f' = 0$ für $f = \sum_{i=0}^{n} a_iX^i$, so ist $ia_i = 0$ für $0 < i \leq n$. Wenn i kein Vielfaches von p ist, so gilt $i \cdot 1 \neq 0$ in K, und es folgt $a_i = 0$. Dann hat f die Form $\sum a_{pj}X^{pj}$. $\qquad\square$

§ 3 Polynome in mehreren Veränderlichen

3.1. Induktiv definiert man zu einem gegebenen kommutativen Ring A jeweils die Ringe $A[X_1, X_2] := A[X_1][X_2]$, $A[X_1, X_2, X_3] := A[X_1, X_2][X_3]$ und allgemein $A[X_1, \ldots, X_n] := A[X_1, \ldots, X_{n-1}][X_n]$, den Polynomring in den endlich vielen Unbestimmten (oder Veränderlichen) $X_1, \ldots, X_n$ über A. Seine Elemente lassen sich eindeutig in der Form (mit allen $a_{i_1 i_2 \ldots i_n} \in A$, fast alle $a_{i_1 i_2 \ldots i_n}$ gleich 0)

$$f = \sum_{i_1, i_2, \ldots, i_n \geq 0} a_{i_1 i_2 \ldots i_n} X_1^{i_1} X_2^{i_2} \ldots X_n^{i_n}$$

als A–Linearkombinationen der sogenannten primitiven Monome $X_1^{i_1} \ldots X_n^{i_n}$ schreiben. Der Grad eines solchen primitiven Monoms wird definiert als

$$\operatorname{grad} X_1^{i_1} \ldots X_n^{i_n} := i_1 + i_2 + \cdots + i_n.$$

Man definiert den Grad eines beliebigen Polynoms $f \in A[X_1, \ldots, X_n]$ der obigen Form durch $\operatorname{grad} f := \max \left\{ \sum_{j=1}^n i_j \mid a_{i_1 \ldots i_n} \neq 0 \right\}$, falls $f \neq 0$, während man $\operatorname{grad} 0 := -\infty$ setzt. Das Polynom f heißt *homogen vom Grade* m, falls alle Monome von f mit einem von Null verschiedenen Koeffizienten den Grad m haben. Ein homogenes Polynom wird auch *Form über* A genannt.

3.2. Ist $\varphi \colon A \to B$ ein Homomorphismus von kommutativen Ringen, und sind $b_1, \ldots, b_n$ Elemente von B, so gibt es genau einen Ringhomomorphismus

$$\varphi' \colon A[X_1, \ldots, X_n] \to B$$

mit $\varphi'_{|A} = \varphi$ und $\varphi'(X_i) = b_i$ für alle i. Dies zeigt man mit Induktion über n: Danach gibt es einen Ringhomomorphismus $\psi \colon A[X_1, \ldots, X_{n-1}] \to B$ mit $\psi(X_i) = b_i$ für alle $i < n$ und $\psi(a) = \varphi(a)$ für alle $a \in A$. Wenden wir Satz 1.4 auf ψ und $A[X_1, \ldots, X_{n-1}]$ an, so erhalten wir einen Homomorphismus $\varphi' \colon A[X_1, \ldots, X_{n-1}][X_n] \to B$ mit $\varphi'(X_n) = b_n$ und $\varphi'(g) = \psi(g)$ für alle $g \in A[X_1, \ldots, X_{n-1}]$. Dann hat φ' die gewünschten Eigenschaften; die Eindeutigkeit folgt, weil jedes $f \in A[X_1, \ldots, X_n]$ die Form $f = \sum_{i_1, i_2, \ldots, i_n} a_{i_1 i_2 \ldots i_n} X_1^{i_1} X_2^{i_2} \ldots X_n^{i_n}$ hat.

Beispiel: Sei A Unterring eines (kommutativen) Ringes B; die Inklusion werde mit $i \colon A \to B$ bezeichnet. Zu gegebenen Elementen $b_1, \ldots, b_n \in B$ gibt es dann einen Homomorphismus $i' \colon A[X_1, \ldots, X_n] \to B$ mit $i'_{|A} = i$ und $i'(X_j) = b_j$ für alle j. Das Bild des Homomorphismus i' wird mit $A[b_1, \ldots, b_n]$ bezeichnet; dies ist der kleinste Unterring von B, der A und $b_1, \ldots, b_n$ enthält.

Ist i' injektiv, so heißen die Elemente $b_1, \ldots, b_n$ *unabhängige Transzendente* oder *algebraisch unabhängig* über A; in diesem Fall induziert i' einen Isomorphismus $A[X_1, \ldots, X_n] \xrightarrow{\sim} A[b_1, \ldots, b_n]$. Hat i' einen nicht–trivialen Kern, so heißen die Elemente $b_1, \ldots, b_n$ *algebraisch abhängig* über A.

3.3. Sei A ein kommutativer Ring. Jeder Permutation σ in der symmetrischen Gruppe S_n ordnet man einen Automorphismus σ_* des Polynomrings $A[X_1, X_2, \ldots, X_n]$ in n Unbestimmten zu, so daß

$$\sigma_*\Big(\sum_{i_1, i_2, \ldots, i_n} a_{i_1 i_2 \ldots i_n} X_1^{i_1} X_2^{i_2} \ldots X_n^{i_n} \Big) = \sum_{i_1, i_2, \ldots, i_n} a_{i_1 i_2 \ldots i_n} X_{\sigma(1)}^{i_1} X_{\sigma(2)}^{i_2} \ldots X_{\sigma(n)}^{i_n}.$$

Dies ist der einzige Endomorphismus von $A[X_1, X_2, \ldots, X_n]$ mit $\sigma_{*|A} = \mathrm{Id}_A$ und $\sigma_*(X_i) = X_{\sigma(i)}$ für alle i. Man sieht leicht, daß $(\sigma\tau)_* = \sigma_* \tau_*$ für alle $\sigma, \tau \in S_n$. Setze

$$A[X_1, \ldots, X_n]^{S_n} := \{ f \in A[X_1, \ldots, X_n] \mid \sigma_*(f) = f \text{ für alle } \sigma \in S_n \}. \quad (1)$$

Elemente in $A[X_1, X_2, \ldots, X_n]^{S_n}$ werden *symmetrische Polynome* genannt. Zum Beispiel sind

$$\begin{aligned}
s_1 &= X_1 + X_2 + \cdots + X_n \\
s_2 &= X_1 X_2 + X_1 X_3 + \cdots + X_1 X_n + X_2 X_3 + \cdots + X_{n-1} X_n \\
&\vdots \\
s_k &= \textstyle\sum_{1 \leq i_1 < i_2 < \cdots < i_k \leq n} X_{i_1} X_{i_2} \ldots X_{i_k} \\
&\vdots \\
s_n &= X_1 X_2 \ldots X_n
\end{aligned}$$

symmetrische Polynome; man nennt $s_1, s_2, \ldots, s_n$ die *elementarsymmetrischen Polynome* in n Unbestimmten. Mit Induktion über n kann man zeigen, daß

$$\prod_{i=1}^{n} (X - X_i) = X^n + \sum_{i=1}^{n} (-1)^i s_i X^{n-i} \quad (2)$$

in dem Polynomring $A[X_1, X_2, \ldots, X_n][X]$ über $A[X_1, X_2, \ldots, X_n]$.

Lemma 3.4. *Die Menge $A[X_1, X_2, \ldots, X_n]^{S_n}$ der symmetrischen Polynome ist ein Unterring von $A[X_1, X_2, \ldots, X_n]$, der A enthält.*

Beweis: Es ist klar, daß $A \subset A[X_1, X_2, \ldots, X_n]^{S_n}$. Gehören f und g zu $A[X_1, X_2, \ldots, X_n]^{S_n}$, so gilt $\sigma_*(f + g) = \sigma_*(f) + \sigma_*(g) = f + g$ für alle $\sigma \in S_n$, also $f + g \in A[X_1, \ldots, X_n]^{S_n}$. Man zeigt ebenso, daß fg zu $A[X_1, X_2, \ldots, X_n]^{S_n}$ gehört. $\qquad \square$

Nun können wir den Hauptsatz über symmetrische Polynome beweisen:

Satz 3.5. *Jedes $f \in A[X_1, X_2, \ldots, X_n]^{S_n}$ läßt sich eindeutig in der Form*

$$f = \sum_{i_1, i_2, \ldots, i_n} a_{i_1 i_2 \ldots i_n} s_1^{i_1} s_2^{i_2} \ldots s_n^{i_n} \quad (1)$$

schreiben, mit $a_{i_1 i_2 \ldots i_n} \in A$, fast alle gleich 0.

Beweis: Es gibt genau einen Ringhomomorphismus

$$\varphi : A[X_1, X_2, \ldots, X_n] \longrightarrow A[X_1, X_2, \ldots, X_n] \qquad (2)$$

mit $\varphi(a) = a$ für alle $a \in A$ und mit $\varphi(X_i) = s_i$ für alle i. Die Behauptung des Satzes ist, daß φ injektiv ist und daß $\operatorname{im} \varphi = A[X_1, X_2, \ldots, X_n]^{S_n}$; hier ist die Inklusion $\operatorname{im} \varphi \subset A[X_1, X_2, \ldots, X_n]^{S_n}$ nach Lemma 3.4 klar, weil die s_i symmetrisch sind.

Wir benutzen die Notationen

$$X^\beta = X_1^{b_1} X_2^{b_2} \ldots X_n^{b_n} \qquad \text{und} \qquad s^\beta = s_1^{b_1} s_2^{b_2} \ldots s_n^{b_n}$$

für jedes $\beta = (b_1, b_2, \ldots, b_n) \in \mathbb{N}^n$. Sei $\preccurlyeq$ die lexikographische Ordnung auf $\mathbb{N}^n$; also gilt $(a_1, a_2, \ldots, a_n) \preccurlyeq (b_1, b_2, \ldots, b_n)$ genau dann, wenn entweder $a_i = b_i$ für alle i oder wenn es ein $k \le n$ gibt, so daß $a_i = b_i$ für alle $i < k$ während $a_k < b_k$. Dies ist eine Totalordnung auf $\mathbb{N}^n$. Daher läßt sich jedes $f \in A[X_1, X_2, \ldots, X_n]$, $f \ne 0$ in der Form

$$f = c_\alpha X^\alpha + \sum_{\beta \prec \alpha} c_\beta X^\beta \qquad \text{mit } c_\alpha \ne 0$$

schreiben. Dann nennen wir α den *führenden Exponenten* von f.

Jedes s_k hat führenden Exponenten $(1, 1, \ldots, 1, 0, \ldots, 0)$ mit k Einsen und $n - k$ Nullen. Ist $\alpha = (a_1, a_2, \ldots, a_n)$, so hat s^α den führenden Exponenten

$$\widehat{\alpha} := (a_1 + a_2 + \cdots + a_n, a_2 + \cdots + a_n, \ldots, a_{n-1} + a_n, a_n). \qquad (3)$$

Wir beweisen zunächst die Injektivität von φ wie in (2). Wir müssen zeigen: Gilt $\sum_\beta b_\beta s^\beta = 0$ mit allen $b_\beta \in A$ und fast allen $b_\beta = 0$, so ist $b_\beta = 0$ für alle β. Nehmen wir an, dies sei falsch. Dann ist die Menge aller $\widehat{\beta}$ mit $b_\beta \ne 0$ nicht leer. Sie enthält ein größtes Element, weil $\preccurlyeq$ eine Totalordnung ist. Nun zeigt (3), daß die Abbildung $\alpha \mapsto \widehat{\alpha}$ injektiv ist. Daher gibt es ein eindeutig bestimmtes β mit $b_\beta \ne 0$ und $\widehat{\beta} \succ \widehat{\gamma}$ für alle γ mit $b_\gamma \ne 0$ und $\gamma \ne \beta$. Es folgt daß

$$\sum_\gamma b_\gamma s^\gamma = \sum_{\gamma;\, b_\gamma \ne 0} (b_\gamma X^{\widehat{\gamma}} + \text{eine Linearkombination von } X^\alpha \text{ mit } \alpha \prec \widehat{\gamma})$$
$$= b_\beta X^{\widehat{\beta}} + \text{eine Linearkombination von } X^\alpha \text{ mit } \alpha \prec \widehat{\beta}.$$

Insbesondere folgt $\sum_\gamma b_\gamma s^\gamma \ne 0$ im Widerspruch zu unserer Annahme.

Es bleibt zu zeigen, daß jedes $f \in A[X_1, X_2, \ldots, X_n]^{S_n}$ im Bild von φ liegt. Wir können annehmen, daß $f \ne 0$; wir benutzen Induktion über den führenden Exponenten von f.

Behauptung: *Ist $\beta = (b_1, b_2, \ldots, b_n)$ der führende Exponent eines Polynoms $f \ne 0$ in $A[X_1, X_2, \ldots, X_n]^{S_n}$, so gilt $b_1 \ge b_2 \ge \cdots \ge b_n$.*

Setzen wir diese Behauptung voraus, so können wir den Beweis des Satzes wie folgt abschließen: Ein $f \in A[X_1, X_2, \ldots, X_n]^{S_n}$, $f \neq 0$ habe führenden Exponenten β. Die Behauptung impliziert, daß $\beta = \widehat{\alpha}$ mit

$$\alpha = (b_1 - b_2, b_2 - b_3, \ldots, b_{n-1} - b_n, b_n) \in \mathbb{N}^n.$$

Ist c_β der Koeffizient von X^β in f, so folgt nun, daß in $f_1 := f - c_\beta s^\alpha$ nur Monome X^γ mit $\gamma \prec \beta$ auftreten. Insbesondere ist der führende Exponent von f_1 kleiner als derjenige von f, oder es gilt $f_1 = 0$. Da auch f_1 symmetrisch ist, können wir Induktion anwenden und $f_1 = f - c_\beta s^\alpha$ als Linearkombination gewisser s^γ schreiben. Dann folgt dasselbe für f.

Beweis der Behauptung: Sei i eine ganze Zahl mit $1 \leq i < n$; es bezeichne σ_i die Transposition $\sigma_i = (i\ i+1)$. Es gilt

$$(\sigma_i)_*(X^\beta) = X^{\beta'} \qquad \text{wobei } \beta' = (b_1, \ldots, b_{i-1}, b_{i+1}, b_i, b_{i+2}, \ldots, b_n).$$

Aus $(\sigma_i)_*(f) = f$ folgt, daß die Koeffizienten von X^β und $X^{\beta'}$ in f gleich sind. Weil β der führende Exponent von f ist, folgt $\beta' \preccurlyeq \beta$. Nach der Definition der lexikographischen Ordnung gilt deshalb $b_{i+1} \leq b_i$. Weil dies für alle i gilt, folgt die Behauptung. $\square$

Beispiele: Offenbar sind $\sum_i X_i^3$ und $\sum_{i \neq j} X_i^2 X_j$ symmetrische Polynome. Indem man $s_1 s_2$ und s_1^3 als Summe von Monomen schreibt, zeigt man, daß $\sum_{i \neq j} X_i^2 X_j = s_1 s_2 - 3 s_3$ und $\sum_i X_i^3 = s_1^3 - 3 s_1 s_2 + 12 s_3$.

3.6. Der eindeutig bestimmte Ringhomomorphismus $\mathbb{Z} \to A$ induziert einen Ringhomomorphismus ψ_A von $\mathbb{Z}[X_1, X_2, \ldots, X_n]$ nach $A[X_1, X_2, \ldots, X_n]$ mit $\psi_A(X_i) = X_i$ für alle i. Offensichtlich bildet ψ_A jedes s_i gebildet in $\mathbb{Z}[X_1, X_2, \ldots, X_n]$ auf s_i gebildet in $A[X_1, X_2, \ldots, X_n]$ ab. Satz 3.5 impliziert also, daß

$$A[X_1, X_2, \ldots, X_n]^{S_n} = A\, \psi_A(\mathbb{Z}[X_1, X_2, \ldots, X_n]^{S_n});$$

hier besteht die rechte Seite aus allen Summen $\sum_{j=1}^m a_j g_j$ mit $a_j \in A$ und $g_j \in \psi_A(\mathbb{Z}[X_1, X_2, \ldots, X_n]^{S_n})$. Wir schreiben im folgenden meist f statt $\psi_A(f)$, wenn keine Verwechselungsgefahr besteht.

Das Polynom $\prod_{i<j}(X_i - X_j)^2$ ist symmetrisch. Es gibt daher ein Polynom $d_n \in \mathbb{Z}[X_1, \ldots, X_n]$ mit

$$\prod_{1 \leq i < j \leq n} (X_i - X_j)^2 = d_n(s_1, s_2, \ldots, s_n). \tag{1}$$

Zum Beispiel zeigt $(X_1 - X_2)^2 = (X_1 + X_2)^2 - 4 X_1 X_2$, daß $d_2(s_1, s_2) = s_1^2 - 4 s_2$.

Mit Hilfe des Polynoms d_n definiert man die *Diskriminante $D(f)$* eines normierten Polynoms $f \in A[X]$ vom Grad n: Ist $f = X^n + \sum_{i=1}^n a_i X^{n-i}$, so setzt man

$$D(f) := d_n(-a_1, a_2, -a_3, \ldots, (-1)^n a_n).$$

Nehmen wir nun an, daß es einen Integritätsbereich B gibt, der A als Unterring enthält (insbesondere ist also auch A ein Integritätsbereich), so daß f über B in Linearfaktoren zerfällt. Es gibt also $\beta_i \in B$, $1 \le i \le n$, mit $f = \prod_{i=1}^n (X - \beta_i)$. Setzt man nun β_i in (1) für X_i ein, so folgt aus 3.3(2), daß

$$D(f) = \prod_{1 \le i < j \le n} (\beta_i - \beta_j)^2. \tag{2}$$

Das bedeutet also, daß die Diskriminante $D(f)$ genau dann 0 ist, wenn f eine mehrfache Nullstelle in B hat.

Die Formel für d_2 oben zeigt $D(X^2 + pX + q) = p^2 - 4q$ für alle $p, q \in A$. Mit etwas größerem Rechenaufwand zeigt man für die Polynome vom Grad 3, deren quadratischer Term gleich 0 ist, daß $D(X^3 + pX + q) = -4p^3 - 27q^2$. (Weil $\prod_{i<j}(X_i - X_j)^2$ im Fall $n = 3$ den Grad 6 hat, muß $d_3(s_1, s_2, s_3)$ eine $\mathbb{Z}$–Linearkombination von s_3^2, $s_3 s_2 s_1$, $s_3 s_1^3$, s_2^3, $s_2^2 s_1^2$, $s_2 s_1^4$, s_1^6 sein. Setzt man $(0, p, -q)$ für (s_1, s_2, s_3) ein, so folgt, daß es $\mu, \nu \in \mathbb{Z}$ mit $D(X^3 + pX + q) = \mu p^3 + \nu q^2$ gibt. Setzt man $X^3 - X = X(X-1)(X+1)$ ein, so folgt $\mu = -4$; mit Hilfe von $(X + 1)^2(X - 2)$ erhält man schließlich $\nu = -27$.)

3.7. Man kann auch *Polynomringe in unendlich vielen Unbestimmten* definieren. Sei I eine beliebige nichtleere Indexmenge. Betrachte die Menge $\mathbb{N}^{(I)}$ aller Familien $(a_i)_{i \in I}$ mit $a_i \in \mathbb{N}$ für alle $i \in I$ und mit $a_i = 0$ für fast alle $i \in I$. Wir definieren auf $\mathbb{N}^{(I)}$ eine Addition durch komponentenweise Addition; damit wird $\mathbb{N}^{(I)}$ ein (abelsches) Monoid, siehe I.1.2(6). Das neutrale Element ist die Familie $\mathbf{0} = (a_i)_{i \in I}$ mit $a_i = 0$ für alle $i \in I$. Für jedes $j \in I$ sei e_j die Familie $(b_i)_{i \in I} \in \mathbb{N}^{(I)}$ mit $b_j = 1$ und $b_i = 0$ für alle $i \ne j$. Man kann dann ein beliebiges $(a_i)_{i \in I} \in \mathbb{N}^{(I)}$ als $\sum a_i e_i$ schreiben, wobei über die $i \in I$ mit $a_i \ne 0$ summiert wird.

Nun wird $A[(X_i)_{i \in I}]$ als die Menge aller Abbildungen $f : \mathbb{N}^{(I)} \to A$ mit $f(\alpha) = 0$ für fast alle $\alpha \in \mathbb{N}^{(I)}$ definiert. Auf $A[(X_i)_{i \in I}]$ führt man eine Addition durch $(f + g)(\alpha) = f(\alpha) + g(\alpha)$ ein, eine Multiplikation durch $(f \cdot g)(\alpha) = \sum f(\beta) g(\gamma)$, wobei man über alle Paare $(\beta, \gamma) \in \mathbb{N}^{(I)} \times \mathbb{N}^{(I)}$ mit $\alpha = \beta + \gamma$ summiert. Mit diesen Verküpfungen wird $A[(X_i)_{i \in I}]$ zu einem kommutativen Ring; das Einselement ist die Abbildung $e : \mathbb{N}^{(I)} \to A$ mit $e(\mathbf{0}) = 1$ und $e(\alpha) = 0$ für alle $\alpha \ne \mathbf{0}$.

Man beachte, daß man $\mathbb{N}^{(I)}$ im Spezialfall $|I| = 1$ mit $\mathbb{N}$ identifizieren kann, und daß dann die Konstruktion oben mit der von 1.1 übereinstimmt. Auch bei den folgenden Schritten folgen wir dem Vorgehen in 1.1. Zunächst identifizieren wir A auch für beliebiges I mit einem Teilring von $A[(X_i)_{i \in I}]$, indem wir jedem $a \in A$ die Abbildung $\mathbb{N}^{(I)} \to A$ mit $\mathbf{0} \mapsto a$ und $\alpha \mapsto 0$ für alle $\alpha \neq \mathbf{0}$ zuordnen.

Für jedes $\alpha \in \mathbb{N}^{(I)}$ bezeichnen wir mit X^α das Element in $A[(X_i)_{i \in I}]$, das $X^\alpha(\alpha) = 1$ und $X^\alpha(\beta) = 0$ für alle $\beta \neq \alpha$ erfüllt. Für ein beliebiges $f \in A[(X_i)_{i \in I}]$ gilt dann $f = \sum f(\alpha) X^\alpha$, wobei man über alle $\alpha \in \mathbb{N}^{(I)}$ mit $f(\alpha) \neq 0$ summiert. Die Multiplikation zweier solcher Summen ist durch $X^\alpha X^\beta = X^{\alpha+\beta}$ festgelegt.

Für alle $i \in I$ setze $X_i := X^{e_i}$. Für beliebige $\alpha = (a_i)_{i \in I}$ in $\mathbb{N}^{(I)}$ gilt dann $X^\alpha = \prod X_i^{a_i}$, wobei man über alle i mit $a_i > 0$ multipliziert. Die X^α sind also die „primitiven Monome" in den „Unbestimmten" X_i mit $i \in I$, und $A[(X_i)_{i \in I}]$ ist die Menge aller Linearkombinationen über A dieser primitiven Monome.

Ist $|I| = n < \infty$, so gibt es eine Bijektion $\sigma\colon I \to \{1, 2, \ldots, n\}$. Diese induziert einen Isomorphismus von $A[(X_i)_{i \in I}]$ auf den wie in 3.1 konstruierten Polynomring $A[X_1, X_2, \ldots, X_n]$, wobei jedes X_i auf $X_{\sigma(i)}$ abgebildet wird und jedes $a \in A$ auf sich. Die Konstruktion hier in 3.7 verallgemeinert also die von 3.1.

Sei I wieder beliebig. Ist $\varphi\colon A \to B$ ein Homomorphismus von kommutativen Ringen und ist $(b_i)_{i \in I}$ eine Familie von Elementen in B, so gibt es genau einen Ringhomomorphismus $\varphi'\colon A[(X_i)_{i \in I}] \to B$ mit $(\varphi')_{|A} = \varphi$ und mit $\varphi'(X_i) = b_i$ für alle $i \in I$. Für jedes $\alpha = (a_i)_{i \in I} \in \mathbb{N}^{(I)}$ setzt man zunächst $b_\alpha = \prod_i b_i^{a_i}$, wobei i über alle $i \in I$ mit $a_i \neq 0$ läuft. Dann gilt $b_{\alpha+\beta} = b_\alpha b_\beta$ für alle $\alpha, \beta \in \mathbb{N}^{(I)}$. Nun definiert man φ' durch $\varphi'(f) = \sum_\alpha \varphi(f(\alpha)) b_\alpha$ für alle $f = \sum_\alpha f(\alpha) X^\alpha \in A[(X_i)_{i \in I}]$.

§ 4 Unzerlegbare Elemente

Ist L ein Körper, so ist der zugehörige Polynomring $L[X]$ ein Hauptidealring, also nach III.5.11 ein faktorieller Ring. Es gilt jetzt zu zeigen, daß schon im Falle eines faktoriellen Ringes A auch der Polynomring $A[X]$ faktoriell ist, d.h.: jedes Polynom $f \in A[X]$, $f \neq 0$, $f \notin A^*$, läßt sich als (endliches) Produkt von unzerlegbaren Elementen schreiben, und diese Darstellung ist eindeutig bis auf Reihenfolge und Einheiten. Gleichzeitig wird eine Charakterisierung der unzerlegbaren Elemente in $A[X]$ gegeben; diese erreicht man, indem man in die Untersuchung den Polynomring über dem Quotientenkörper von A einbezieht.

4.1. Sei A ein faktorieller Ring, und sei K der Quotientenkörper von A. Wir erweitern die Definition von III.5.1(2) auf K und nennen $a, b \in K$ assoziiert (Schreibweise: $a \sim b$), wenn es eine Einheit $s \in A^*$ mit $a = sb$ gibt.

Sei $\mathcal{P}$ ein Repräsentantensystem für die Klassen unzerlegbarer Elemente in A, wie in der Bemerkung zu III.5.7. Wie dort betrachten wir die Abbildungen $\nu_p\colon K^* \to \mathbb{Z}$ für alle $p \in \mathcal{P}$. Mit dieser Notation gilt $a \sim b$ genau dann, wenn $\nu_p(a) = \nu_p(b)$ für alle $p \in \mathcal{P}$.

Mittels der Abbildungen ν_p, $p \in \mathcal{P}$, wird jedem Polynom $f \in K[X]$, $f \neq 0$, der *Inhalt* $c(f) \in K$ von f zugeordnet. Ist $f = \sum a_j X^j$, so setzt man

$$c(f) := \prod_{p \in \mathcal{P}} p^{\nu_p(f)}$$

wobei $\nu_p(f) := \min\{\nu_p(a_j) \mid a_j \neq 0, j = 0, \ldots, \operatorname{grad} f\}$. Dann sind die Polynome $g \in A[X]$, aufgefaßt als Polynome in $K[X]$, dadurch charakterisiert, daß $c(g) \in A \subset K$ gilt. Für jedes $k \in K^*$ hat das Vielfache $k f$ eines Polynoms $f \in K[X]$, $f \neq 0$, den Inhalt $c(k f)$; dieser ist assoziiert zu $k c(f)$, d.h., $c(k f) \sim k c(f)$. Im Spezialfall $A = \mathbb{Z}$ gilt zum Beispiel $c(36X^3 + 48X + 90) = 6$, wenn man als $\mathcal{P}$ die üblichen (positiven) Primzahlen nimmt.

Lemma 4.2. *Sei A ein faktorieller Ring, sei K der Quotientenkörper von A.*

(a) *Zu gegebenem $f \in K[X]$, $f \neq 0$, gibt es $a, b \in A$ und $f_0 \in A[X]$ mit $f = (a/b)f_0$, so daß $c(f_0) = 1$ und $\operatorname{ggT}(a,b) \sim 1$. Die Elemente a, b, f_0 sind bis auf Multiplikation mit Elementen aus A^* eindeutig bestimmt.*

(b) *Ist $f \in A[X]$, so gilt $b \sim 1$ und $a \sim c(f)$.*

Beweis: (a) Ist $f = \sum_{i=0}^n (a_i/b_i)X^i$ mit allen $a_i, b_i \in A$ und $b_i \neq 0$, so setze $q := \prod_{i=0}^n b_i$. Dann gilt $qf \in A[X]$. Für $d := c(qf)$ ist dann das Polynom $f_0 := (1/d)(qf)$ ein Element in $A[X]$, und es gilt $c(f_0) = 1$. Sei t ein größter gemeinsamer Teiler von d und q. Für $a := d/t$ und $b := q/t$ gilt dann $\operatorname{ggT}(a,b) \sim 1$ und $f = (d/q)f_0 = (a/b)f_0$.

Hat man zwei Darstellungen $f = (a/b)f_0 = (a'/b')f_0'$, so gilt $ab'f_0 = ba'f_0'$. Es folgt $ab' \sim ba'$, und damit $a \mid ba'$. Da a, b teilerfremd sind, muß $a \mid a'$ gelten. Analog zeigt man $a' \mid a$, $b \mid b'$ und $b' \mid b$. Also existieren Elemente $u, v \in A^*$, so daß $a = ua'$, $b = vb'$ gilt. Dies zeigt $f_0 = (b/a)f = (vb'/ua')f = (v/u)f_0'$ mit $v/u = vu^{-1} \in A^*$.

(b) Ist $f = (a/b)f_0$ wie in (a), so gilt $bf = af_0$, also $bc(f) \sim ac(f_0) = a$, und $b \mid a$. Da a, b teilerfremd sind, folgt $b \sim 1$ und damit $c(f) \sim a$. $\qquad\square$

Satz 4.3. *Sei A ein faktorieller Ring, sei K der Quotientenkörper von A. Für Polynome $f, g \in K[X] \setminus \{0\}$ gilt $c(fg) = c(f)\,c(g)$.*

Beweis: Man wähle Darstellungen $f = (a/b)f_0$ und $g = (c/d)g_0$ wie in Lemma 4.2. Für das Produkt fg gilt

$$c(fg) = c((a/b)(c/d)f_0 g_0) \sim c(f)\,c(g)\,c(f_0 g_0).$$

Nimmt man an, daß $c(f_0 g_0) \neq 1$ gilt, so muß ein unzerlegbares Element $p \in \mathcal{P}$ mit $p \mid c(f_0 g_0)$ existieren; als unzerlegbares Element in einem faktoriellen

Ring ist p Primelement. Das von p in A erzeugte Ideal (p) ist ein Primideal, also ist $(A/(p))[X]$ ein Integritätsbereich. Sei $\pi^*\colon A[X] \to (A/(p))[X]$ der durch Reduktion der Koeffizienten modulo (p) induzierte Homomorphismus. Dann gilt $\pi^*(f_0) \neq 0$ und $\pi^*(g_0) \neq 0$ wegen $c(f_0) = 1 = c(g_0)$. Andererseits folgt $\pi^*(f_0)\pi^*(g_0) = \pi^*(f_0 g_0) = 0$ aus $p \mid c(f_0 g_0)$. Dies steht aber im Widerspruch dazu, daß $(A/(p))[X]$ keine Nullteiler hat. $\square$

> **Satz 4.4.** *Sei A ein faktorieller Ring, sei K der Quotientenkörper von A.*
>
> (a) *Der Polynomring $A[X]$ ist faktoriell.*
>
> (b) *Ein Element $f \in A[X]$ ist genau dann unzerlegbar, wenn f ein unzerlegbares Element in A ist oder wenn f den Inhalt $c(f) = 1$ hat und als Element im Polynomring $K[X]$ unzerlegbar ist.*

Beweis: Wir zeigen zunächst, daß jedes $f \in A[X]$ mit $f \neq 0$ und $f \notin A[X]^*$ Produkt von Elementen wie in (b) ist. Ist $\operatorname{grad} f = 0$, also $f \in A$, so gilt dies, weil A faktoriell ist.

Sei nun $\operatorname{grad} f > 0$. Nun läßt f sich als Element in dem faktoriellen Ring $K[X]$ als endliches Produkt $f = u_1 \ldots u_m$ von unzerlegbaren Elementen $u_i \in K[X]$, $i = 1, \ldots, m$, schreiben. Wählt man Darstellungen $u_i = a_i v_i$ mit $v_i \in A[X]$, $c(v_i) = 1$, und $a_i \in K$ für alle i, so folgt $f = a v_1 \ldots v_m$ mit $a \in K$, $a \neq 0$. Satz 4.3 impliziert, daß $a \sim c(f)$, also $a \in A$. Ist $a \in A^*$, so gilt für $v_1' = a v_1$, daß $c(v_1') = 1$, und wir erhalten $f = v_1' \ldots v_m$. Ist $a \notin A^*$, so schreiben wir a als Produkt von unzerlegbaren Elementen in dem faktoriellen Ring A. In jedem Fall ist f Produkt von Elementen wie in (b).

Wir zeigen nun, daß die in (b) genannten Elemente prim in $A[X]$ sind. Ist $a \in A$ unzerlegbar, so ist Aa nach III.5.6 ein Primideal in A. Beispiel 1.5(3) impliziert nun, daß $A[X]a$ ein Primideal in $A[X]$ ist; daher muß a prim in $A[X]$ sein.

Sei nun $f \in A[X]$ unzerlegbar in $K[X]$ mit $c(f) = 1$. Dann ist $K[X]f$ ein Primideal im Hauptidealring $K[X]$, also $K[X]f \cap A[X]$ ein Primideal in $A[X]$. Wenn wir zeigen, daß $K[X]f \cap A[X] = A[X]f$, so folgt, wie behauptet, daß f prim in $A[X]$ ist.

Die Inklusion $A[X]f \subset K[X]f \cap A[X]$ ist klar. Um die Umkehrung zu zeigen, betrachte $g = rf \in A[X]$ mit $r \in K[X]$. Schreibe $r = (a/b)r_0$ wie in 4.2 mit $r_0 \in A[X]$ und $a, b \in A$, so daß $c(r_0) = 1$ und $\operatorname{ggT}(a, b) \sim 1$. Dann gilt $bg = a f r_0$, also

$$bc(g) \sim c(bg) = c(a f r_0) \sim a c(f) c(r_0) = a.$$

Es folgt, daß $b \mid a$ und $r = (a/b)r_0 \in A[X]$. Daher ist $g \in A[X]f$ wie gewünscht.

Ein beliebiges unzerlegbares Element $f \in A[X]$ ist nach dem ersten Teil des Beweises Produkt von Elementen wie in (b). Da diese Elemente keine Einheiten sind, muß f eines der Elemente in (b) sein. Damit folgt die Behauptung in (b). Der zweite Teil des Beweises impliziert nun, daß alle unzerlegbaren Elemente in $A[X]$ prim sind; daher folgt (a) jetzt aus Satz III.5.6. $\qquad\square$

Korollar 4.5. *Ein Polynomring $A[X_1, X_2, \ldots, X_n]$ über einem faktoriellen Ring A ist faktoriell.*

Beispiele 4.6. (1) Sei $A = K[X_1, \ldots, X_n]$ der Polynomring in den n Veränderlichen $X_1, \ldots, X_n$ über einem Körper K. Ist $f \in A$ ein unzerlegbares Element (d.h. irreduzibel), so ist f Primelement, also ist das von f erzeugte Ideal (f) ein Primideal in A.

(2) Sei $A = K[X_1, \ldots, X_n]$ wie in (1). Die Zuordnung $f \mapsto f(0)$ ist ein Homomorphismus $A \to K$; der Kern $\mathfrak{m}$ ist ein maximales Ideal in dem faktoriellen Ring A. Es ist das Ideal aller Polynome in A, deren konstanter Koeffizient verschwindet. Ist $n > 1$, so ist $\mathfrak{m}$ jedoch kein Hauptideal in A. Man benötigt zumindest n Elemente, um $\mathfrak{m}$ zu erzeugen.

(3) Man betrachte den Ring $A := \{f \in \mathbb{R}[X] \mid f(0) \in \mathbb{Q}\}$ aller Polynome in der Veränderlichen X über $\mathbb{R}$, deren konstanter Koeffizient eine rationale Zahl ist. Das Element X ist in A unzerlegbar, denn ist $X = g \cdot h$ mit $g, h \in A$, so gilt $\operatorname{grad} g = 0$ oder $\operatorname{grad} h = 0$, also ist $g \in \mathbb{Q}^*$ oder $h \in \mathbb{Q}^*$ Einheit in A. Das Element X teilt in A das Produkt $2X^2 = (\sqrt{2}X) \cdot (\sqrt{2}X)$ jedoch nicht den Faktor $\sqrt{2}X$, also ist X kein Primelement in R.

Die Menge $\mathfrak{a} := \{f \in A \mid f(0) = 0\}$ aller Polynome in A, deren konstanter Koeffizient verschwindet, ist ein Ideal in A. Es ist jedoch nicht endlich erzeugbar über A. Denn: Nimmt man an, daß $\mathfrak{a}$ von den endlich vielen Elementen $f_1, \ldots, f_n \in \mathfrak{a}$ über A erzeugt wird, so gibt es zu einer reellen Zahl $r \in \mathbb{R}$ Elemente $g_1, \ldots, g_n \in A$, so daß $rX = \sum g_i f_i$ gilt. Bezeichnet $a_i \in \mathbb{R}$ den Koeffizienten von X in f_i und $\mu_i \in \mathbb{Q}$ den konstanten Koeffizienten von g_i ($i = 1, \ldots, n$), so folgt $rX = (\sum_i a_i\mu_i)X$, also $r = \sum a_i\mu_i$. Daher wird $\mathbb{R}$ als Vektorraum über $\mathbb{Q}$ von den Elementen $a_1, \ldots, a_n$ erzeugt. Dies steht jedoch im Widerspruch zu der Tatsache, daß $\mathbb{R}$ unendlich dimensional als $\mathbb{Q}$ Vektorraum ist.

Ist A ein faktorieller Ring mit Quotientenkörper K, so kennt man die unzerlegbaren Elemente in dem faktoriellen Ring $A[X]$, wenn man diejenigen in A und $K[X]$ kennt. Ein Polynom $f \in A[X]$, $\operatorname{grad} f > 0$ ist genau dann über A unzerlegbar, wenn f über K unzerlegbar ist und den Inhalt $c(f) = 1$ hat. Es werden jetzt einige Methoden erläutert, mit denen die Zerlegbarkeit eines Polynoms untersucht werden kann.

Satz 4.7. (Kriterium von G. Eisenstein) *Seien A ein faktorieller Ring, K der Quotientenkörper von A und $f = \sum_{i=0}^{n} a_i X^i \in A[X]$ ein Polynom vom Grad n. Sei $p \in A$ ein unzerlegbares Element in A mit $p \mid a_i$ für $i = 0, \ldots, n-1$, so daß $p \nmid a_n$ und $p^2 \nmid a_0$. Dann ist f in $K[X]$ unzerlegbar. Gilt $c(f) = 1$, so ist f auch in $A[X]$ unzerlegbar.*

Beweis: Ist f zerlegbar in $K[X]$, so hat man $f = gh$ mit $g, h \in A[X]$, so daß $\operatorname{grad}(g) < n$ und $\operatorname{grad} h < n$. Da A faktoriell ist und p unzerlegbar, ist das von p erzeugte Ideal (p) ein Primideal, also ist $A/(p)$ ein Integritätsbereich. Bezeichnet $\pi^* : A[X] \to (A/(p))[X]$ den kanonischen Homomorphismus, so gilt, wegen der Voraussetzungen an die Koeffizienten von f,

$$\pi^*(f) = \pi(a_n)X^n = \pi^*(g)\,\pi^*(h)$$

mit $\pi(a_n) \neq 0$. Diese Gleichheit gilt dann auch im Polynomring $L[X]$ über dem Quotientenkörper L von $A/(p)$. Der Ring $L[X]$ ist ein Hauptidealring, also faktoriell, und die Eindeutigkeit der Zerlegung in unzerlegbare Elemente zeigt, daß X die Faktoren $\pi^*(g)$ und $\pi^*(h)$ teilt; also teilt p jeweils den konstanten Koeffizienten $g(0)$ und $h(0)$. Es folgt, daß p^2 den konstanten Koeffizienten $a_0 = f(0) = g(0)\,h(0)$ von f teilt; dies steht jedoch im Widerspruch zur Voraussetzung. $\square$

Beispiele 4.8. (1) Eine Zahl $a \in \mathbb{Z}$, $a \neq 0$, habe Primfaktorzerlegung $a = \pm \prod_{i=1}^{m} p_i^{\varepsilon_i}$ mit verschiedenen Primzahlen $p_1, p_2, \ldots, p_m$. Gilt $\varepsilon_i = 1$ für mindestens ein i, so ist $f = X^n - a$ unzerlegbar in $\mathbb{Z}[X]$ und in $\mathbb{Q}[X]$.

(2) Ist $p \in \mathbb{N}$ eine Primzahl, so betrachte das Polynom $X^p - 1 = (X-1)f$, wobei $f = X^{p-1} + X^{p-2} + \cdots + X + 1$. Das Polynom f ist unzerlegbar in $\mathbb{Z}[X]$ und in $\mathbb{Q}[X]$. Denn: Setzt man $g(X) := f(X+1)$, so gilt

$$g(X) = \frac{(X+1)^p - 1}{(X+1) - 1} = \sum_{i=1}^{p} \binom{p}{i} X^{i-1}.$$

Da die Binominalkoeffizienten $\binom{p}{i}$ für $i = 1, \ldots, p-1$ von p geteilt werden, während $\binom{p}{1} = p$ und $\binom{p}{p} = 1$ gilt, folgt aus dem Kriterium von Eisenstein, angewandt auf p, daß g unzerlegbar in $\mathbb{Z}[X]$ ist; also gilt dies auch für f.

Satz 4.9. (Reduktionskriterium) *Sei A ein faktorieller Ring, sei K der Quotientenkörper von A. Ist $\mathfrak{p}$ ein Primideal in A, so bezeichne $\pi : A \to A/\mathfrak{p}$ die natürliche Projektion und L den Quotientenkörper des Integritätsbereiches $B := A/\mathfrak{p}$. Ist $f = \sum_{i=0}^{n} a_i X^i \in A[X]$ ein Polynom vom Grad n mit $\pi(a_n) \neq 0$ in B, so gilt: Ist das Polynom $\pi^*(f) \in B[X]$ unzerlegbar über B (oder über L), so ist f unzerlegbar in $K[X]$.*

Beweis: Nimmt man an, daß f zerlegbar in $K[X]$ ist, so gibt es eine Zerlegung $f = gh$ mit $g, h \in A[X]$, $\operatorname{grad} g < n$, $\operatorname{grad} h < n$. Die Voraussetzung sichert dann, daß man eine Zerlegung $\pi^*(f) = \pi^*(g)\,\pi^*(h)$ bekommt, wobei $\operatorname{grad} \pi^*(g) < n$, $\operatorname{grad} \pi^*(h) < n$ gilt. Dies steht jedoch im Widerspruch zur Voraussetzung. $\square$

Beispiele 4.10. (1) Es ist festzustellen, daß unter den Voraussetzungen des Satzes das Polynom f nicht notwendig auch unzerlegbar in $A[X]$ ist. Als Beispiel kann das Polynom $f = 2X \in \mathbb{Z}[X]$ mit $\mathfrak{p} = (3)$ dienen.

(2) Das Kriterium findet häufig Anwendung im Fall $A = \mathbb{Z}$ und $\mathfrak{p} = (p)$, das von einer Primzahl p erzeugte Ideal. Der Ring $B = A/\mathfrak{p}$ ist dann der Körper $\mathbb{F}_p := \mathbb{Z}/p\mathbb{Z}$ mit p Elementen. Es ist deshalb sinnvoll, die (endlich vielen) irreduziblen Polynome kleinen Grades in $\mathbb{F}_p[X]$ für kleine Primzahlen p zu kennen.

Ist $p = 2$, so sind die beiden einzigen Polynome X und $X + 1$ in $\mathbb{F}_2[X]$ vom Grad 1 irreduzibel. Das Polynom X^2 ist reduzibel. Das Polynom $X^2 + 1$ hat die Nullstelle 1 über $\mathbb{F}_2$, ist also reduzibel, während $X^2 + X + 1$ irreduzibel ist. Die Polynome $X^3 + 1$, $X^3 + X^2 + X + 1$ vom Grade 3 haben eine Nullstelle, während $X^3 + X + 1$ und $X^3 + X^2 + 1$ irreduzibel sind.

Auf diese Weise erhält man die irreduziblen Polynome über $\mathbb{F}_2$ vom Grad kleiner als 5. Im Fall $p = 3$ ist das Vorgehen analog; wir führen in den Fall unten nur die irreduziblen Polynome mit höchstem Koeffizienten 1 auf.

$\mathbb{F}_2$: grad $f = 1$ $X, X + 1$
        grad $f = 2$ $X^2 + X + 1$
        grad $f = 3$ $X^3 + X + 1, X^3 + X^2 + 1$
        grad $f = 4$ $X^4 + X + 1, X^4 + X^3 + 1, X^4 + X^3 + X^2 + X + 1$

$\mathbb{F}_3$: grad $f = 1$ $X, X + 1, X + 2$
        grad $f = 2$ $X^2 + 1, X^2 + X + 2, X^2 + 2X + 2$
        grad $f = 3$ $X^3 + 2X + 1, X^3 + 2X + 2, X^3 + X^2 + 2,$
                        $X^3 + X^2 + 2X + 1, X^3 + X^2 + X + 2, X^3 + 2X^2 + 1,$
                        $X^3 + 2X^2 + X + 1, X^3 + 2X^2 + 2X + 2$
        grad $f = 4$ Hier gibt es 18 Polynome — Übungsaufgabe!

(3) Der Methode durch Reduktion der Koeffizienten modulo p die Irreduzibilität eines gegebenen Polynoms in $\mathbb{Z}[X]$ zu zeigen, sind jedoch Grenzen gesetzt. Es gibt Polynome $f \in \mathbb{Z}[X]$, die irreduzibel sind, jedoch für jede Primzahl p über $\mathbb{F}_p$ reduzibel, zum Beispiel $f = X^4 + 1$. Die Irreduzibilität von $X^4 + 1$ über $\mathbb{Z}$ folgt später aus Satz VI.2.6, läßt sich jedoch auch leicht elementar nachweisen. In $\mathbb{F}_2[X]$ gilt offensichtlich $X^4 + 1 = (X + 1)^4$. Wir wollen nun für jede Primzahl $p > 2$ zeigen, daß $X^4 + 1$ in $\mathbb{F}_p[X]$ reduzibel ist. Gibt es ein $a \in \mathbb{F}_p$ mit $a^2 = -1$, so faktorisiert $X^4 + 1 = (X^2 + a)(X^2 - a)$. Gibt es ein $b \in \mathbb{F}_p$ mit $b^2 = 2$, so faktorisiert $X^4 + 1 = (X^2 + bX + 1)(X^2 - bX + 1)$. Gibt es ein $c \in \mathbb{F}_p$ mit $c^2 = -2$, so faktorisiert $X^4 + 1 = (X^2 + cX - 1)(X^2 - cX - 1)$. Daher folgt unsere Behauptung, wenn wir zeigen, daß von den Elementen $-1, 2, -2$ mindestens eines ein Quadrat in $\mathbb{F}_p$ ist. Dazu benutzen wir, daß die multiplikative Gruppe $\mathbb{F}_p^*$ zyklisch ist, siehe Satz 2.4. Sei x ein erzeugendes Element von $\mathbb{F}_p^*$. Dann gibt es $r, s \in \mathbb{Z}$ mit $-1 = x^r$ und $2 = x^s$, also mit $-2 = x^{r+s}$. Von den drei Exponenten $r, s, r + s$ ist mindestens einer gerade, also von den drei Potenzen x^r, x^s, x^{r+s} mindestens eine ein Quadrat.

ÜBUNGEN

§ 1   Polynome

1. Seien A ein kommutativer Ring, $a \in A$, und $\mathfrak{a}$ das vom Polynom $X - a$ in $A[X]$ erzeugte Ideal. Finde einen natürlichen Isomorphismus $A[X]/\mathfrak{a} \to A$.

2. Seien K ein Körper und $K[X]$ der Polynomring in der Variablen X über K. Bestimme alle Automorphismen φ von $K[X]$, für die $\varphi_{|K} = \mathrm{Id}$ gilt.

3. Zeige, daß der Kern des Homomorphismus $\mathbb{Z}[X] \to \mathbb{R}$, $X \mapsto 1 + \sqrt{2}$ ein Hauptideal ist, und bestimme ein erzeugendes Element.

4. Sei $f = \sum_{i=0}^{n} r_i X^i \in R[X]$. Zeige, daß f genau dann ein nilpotentes Element in $R[X]$ ist, wenn alle r_i für $i = 0, \ldots, n$ nilpotent sind. (Hinweis: Aufgabe III.8)

5. Seien $f, g \in \mathbb{Q}[X]$. Zeige: Gilt $f \mid g$ in $\mathbb{C}[X]$, so gilt $f \mid g$ schon in $\mathbb{Q}[X]$.

6. Gibt es endlich oder unendlich viele irreduzible Polynome in $\mathbb{Q}[X]$?

7. Seien K ein Körper und $f, g \in K[X]$ mit $g \mid f$. Zeige: Zerfällt f in $K[X]$ in ein Produkt von Linearfaktoren, so auch g.

8. (a) Zeige: Der Quotientenkörper des Ringes $\mathcal{O}_{-1} = \mathbb{Z} \oplus \mathbb{Z}i$ ist isomorph zu $\mathbb{Q}[X]/(X^2 + 1)$.

   (b) Ist das von $f = X^2 + 2$ in $\mathbb{Z}[X]$ erzeugte Ideal ein Primideal? Ist es maximal?

9. Finde für die folgenden Paare von Polynomen $f, g \in R[X]$ größte gemeinsame Teiler:

   (a) $R = \mathbb{Q}$: $g = X^2 + 1$, $f = X^2$

   (b) $R = \mathbb{Z}/3\mathbb{Z}$: $g = X^3 + 2X^2 - X + 1$, $f = X + 2$

10. Seien K ein Körper und f ein irreduzibles Polynom in $K[X]$. Ist der Restklassenring $K[X]/(f)$ von $K[X]$ modulo dem von f erzeugten Ideal ein Körper?

11. Im Ring der stetigen Funktionen $f \colon \mathbb{R}_{>0} \longrightarrow \mathbb{R}$ betrachten wir den Unterring R derjenigen Funktionen, die sich als

$$f = \sum_{i=1}^{n} c_i X^{e_i} \qquad \text{mit} \qquad n \in \mathbb{N},\, e_i, c_i \in \mathbb{R},\, 0 \leq e_1 < e_2 < \cdots < e_n$$

schreiben lassen. (Für $n = 0$ soll dies die Konstante 0 sein.) Es darf vorausgesetzt werden, daß dies ein Ring ist, und daß n und die e_i, c_i wie oben durch die Funktion f eindeutig bestimmt sind. Für $f \in R \setminus \{0\}$, $f = \sum_{i=1}^{n} c_i X^{e_i}$ wie oben mit $c_1 \neq 0$ sei $\mathrm{mindeg}(f) := e_1$. Zeige:

   (a) Für alle $f, g \in R \setminus \{0\}$ ist $\mathrm{mindeg}(f \cdot g) = \mathrm{mindeg}(f) + \mathrm{mindeg}(g)$.

   (b) Wenn $f \in R^*$ eine Einheit ist, so ist $\mathrm{mindeg}(f) = 0$.

   (c) Wenn $f \in R \setminus \{0\}$ unzerlegbar ist, so ist $\mathrm{mindeg}(f) = 0$.

   (d) Wenn für ein $f \in R \setminus \{0\}$ gilt $\mathrm{mindeg}(f) > 0$, so kann man f in R nicht in ein Produkt von unzerlegbaren Elementen zerlegen.

   (e) R ist nicht noethersch.

§ 2 Nullstellen von Polynomen

12. Bestimme alle irreduziblen Polynome in $\mathbb{R}[X]$.

13. Sei $f \in \mathbb{Q}[X]$ ein Polynom vom Grad 3. Zeige: Sind α, β, γ die Nullstellen von f in $\mathbb{C}$, so gilt $\alpha + \beta + \gamma \in \mathbb{Q}$ und $\alpha^2 + \beta^2 + \gamma^2 \in \mathbb{Q}$.

14. Seien K ein Körper der Charakteristik $p > 0$ und $f \in \mathbb{Z}[X]$. Zeige, daß $f(\alpha^p) = (f(\alpha))^p$ für alle $\alpha \in K$.

15. Sei $f = X^5 - X^3 + 4X^2 - 3X + 2 \in \mathbb{C}[X]$. Bestimme den größten gemeinsamen Teiler von f und f'. Finde die mehrfachen Nullstellen von f.

§ 3 Polynome in mehreren Veränderlichen

16. Sei k ein Körper und sei I das von den Polynomen X^3, Y^3, X^2Y^2 im Polynomring $k[X, Y]$ erzeugte Ideal. Bestimme, die Dimension des Faktorrings $A := k[X, Y]/I$ aufgefaßt als Vektorraum über k; zeige, daß A genau ein echtes Primideal besitzt.

17. Sei $n \in \mathbb{N}$, $n \geq 4$. Betrachte in $\mathbb{Z}[X_1, X_2, \ldots, X_n]$ die symmetrischen Polynome $f = \sum_{i<j} X_i^2 X_j^2$ und $g = \sum X_i^2 X_j X_k$, wobei in g über alle i, j, k mit $j < k$ und $i \neq j, k$ summiert wird. Schreibe f und g als Polynome in den elementarsymmetrischen Polynomen.

18. Seien K ein Körper, $n \in \mathbb{N}$ und $f, g \in K[X_1, \ldots, X_n]$. Zeige, daß die Aussage „$f = g \Longleftrightarrow$ für alle $a_1, \ldots, a_n \in K$ gilt $f(a_1, \ldots, a_n) = g(a_1, \ldots, a_n)$" genau dann richtig ist, wenn der Körper K unendlich ist.

19. Sei K ein Körper. Betrachte den Quotientenkörper $K(X_1, X_2, \ldots, X_n)$ des Polynomrings $K[X_1, X_2, \ldots, X_n]$. Seien $h_1, h_2, \ldots, h_n \in K(X_1, X_2, \ldots, X_n)$. Zeige: Sind $h_1, h_2, \ldots, h_n$ algebraisch unabhängig über K, so gibt es genau einen Endomorphismus φ von $K(X_1, \ldots, X_n)$ mit $\varphi(X_i) = h_i$ für alle i und mit $\varphi_{|K} = \mathrm{Id}_K$. (Man schreibt dann meistens $\varphi(f) = f(h_1, h_2, \ldots, h_n)$ für alle $f \in K(X_1, X_2, \ldots, X_n)$.)

20. Sei A ein Teilring eines kommutativen Rings B, seien $S \subset B$ eine Teilmenge und $\psi : A[(X_s)_{s \in S}] \to B$ der Homomorphismus mit $\psi(X_s) = s$ für alle $s \in S$ und $\psi_{|A} = \mathrm{Id}_A$. Man nennt S *algebraisch unabängig über A*, wenn ψ injektiv ist. (Dies verallgemeinert die Definition in 3.2 für endliche Teilmengen.) Zeige: Eine Teilmenge $S \subset B$ ist genau dann algebraisch unabängig über A, wenn alle endliche Teilmengen von S dies sind.

§ 4 Unzerlegbare Elemente

21. Gegeben sei der Ring $R := \mathcal{O}_{-5} = \mathbb{Z}[\sqrt{-5}]$. Zeige, daß das Polynom $f = 3X^2 + 4X + 3$ über dem Ring R irreduzibel ist, aber reduzibel als Polynom in $Q(R)[X]$ ist, wobei $Q(R)$ den Quotientenkörper von R bezeichnet.

22. Für welche $n \in \mathbb{Z}$ ist das Polynom $f = X^4 + nX^3 + X^2 + X + 1 \in \mathbb{Q}[X]$ reduzibel?

23. Welche der folgenden Eigenschaften treffen für $\mathbb{Q}[X]$ zu, welche für $\mathbb{Z}[X]$ oder für $\mathbb{Z}/10\mathbb{Z}[X]$?

(a) ... ist Integritätsbereich.

(b) ... ist faktoriell.

(c) ... ist Hauptidealring.

(d) ... ist Körper.

24. Seien A ein faktorieller Ring und K sein Quotientenkörper. Zeige für alle $f, g \in A[X]$: Ist $c(f) = 1$ und gilt $f \mid g$ in $K[X]$, so gilt $f \mid g$ schon in $A[X]$.

25. Gegeben sei das Polynom $f(X, Y) = Y^3 + X^2 Y + 3Y^2 + X^2 + 3Y + X + 1$ in den Variablen X, Y, und sei p eine Primzahl.

(a) Ist $f(X, Y)$ als Polynom in $\mathbb{Z}[X, Y]$ irreduzibel?

(b) Ist $f(p, Y)$ als Polynom in $\mathbb{Q}[Y]$ irreduzibel?

(c) Fasse $f(p, Y)$ als Polynom in $\mathbb{F}_3[Y]$ auf. Für welche Primzahlen p ist $f(p, Y)$ reduzibel?

26. Betrachte das Polynom $g = X^3 + X - Y$ im Polynomring $\mathbb{Q}[X, Y]$.

(a) Zeige: Der Ring $R := \mathbb{Q}[X, Y]/(g)$ ist ein Integritätsbereich.

(b) Zeige: Durch $\varphi(X) = X + (g)$ ist ein $\mathbb{Q}$–Homomorphismus $\varphi \colon \mathbb{Q}[X] \to R$ gegeben, der injektiv ist.

27. Zerlege das Polynom $g(X) = X^5 + 5X + 5$ in irreduzible Faktoren im Ring $\mathbb{Q}[X]$ bzw. $\mathbb{F}_2[X]$.

28. (a) Im Polynomring $\mathbb{Q}[X]$ bestimme den ggT von $f_1 = X^6 - 1$ und $f_2 = X^4 + 2X^3 + 3X^2 + 2X + 1$ bzw. $g_1 = 5X + 15X^2 + 25X^3$ und $g_2 = X^2$.

(b) Gib die Primfaktorzerlegung in $\mathbb{Z}[X]$ für die vier genannten Polynome f_1, f_2, g_1, g_2 an.

(c) Bestimme in $\mathbb{Z}[X]$ den $\mathrm{ggT}(f_1, f_2)$ und den $\mathrm{ggT}(g_1, g_2)$.

(d) Zeige: In $\mathbb{Z}[X]$ ist das Ideal $(\mathrm{ggT}(g_1, g_2))$ nicht der ggT der Ideale (g_1) und (g_2), vgl. Aufgabe III.20.

29. Sei m eine nichtnegative ganze Zahl, und sei $q = 2^m$. Zeige: $X^q + 1 \in \mathbb{Z}[X]$ ist irreduzibel.

30. Zerlege in irreduzible Faktoren in $\mathbb{Q}[X]$: $X^3 - 3X - 2$, $X^3 - 3X + 2$ und $X^9 - 6X^6 + 9X^3 - 3$.

31. Entscheide, ob die folgenden Polynome irreduzibel sind oder nicht.

(a) $f = X^4 + 1$ in $\mathbb{R}[X]$ (d) $k = \frac{2}{9} X^5 + \frac{5}{3} X^4 + X^3 + \frac{1}{3}$ in $\mathbb{Q}[X]$

(b) $g = X^4 + 1$ in $\mathbb{Q}[X]$ (e) $u = X^7 + 11X^3 - 33X + 22$ in $\mathbb{Q}[X]$

(c) $m = X^3 - 5$ in $(\mathbb{Z}/11\mathbb{Z})[X]$ (f) $g = X^4 + 15X^3 + 7$ in $\mathbb{Z}[X]$

In jedem Fall zerlege man das Polynom in irreduzible Faktoren.

32. Man zeige für das Polynom $f = X^4 - X + 1 \in \mathbb{Z}[X]$

(a) f hat keine reelle Nullstelle.

(b) f ist irreduzibel über $\mathbb{Q}$.

33. Sei K der Restklassenring $\mathbb{F}_2[X]/(X^2 + X + 1)$ mit dem Polynom $X^2 + X + 1$ über $\mathbb{F}_2$. Seien $a, b \in K$ die beiden Nullstellen dieses Polynoms.

(a) Wieviel Elemente hat K?

(b) Stelle die Additions– und die Multiplikationstafel für K auf.

(c) Sei $f \in \mathbb{Z}[X]$ ein normiertes Polynom, dessen Grad ≤ 5 ist. Zeige: Gilt $f(0) \neq 0$, $f(1) \neq 0$, $f(a) \neq 0$ in K, so ist f irreduzibel in $\mathbb{Q}[X]$.

(d) Zeige: $X^5 + 5X^4 + 4X^3 + 3X^2 + X + 1$ ist irreduzibel in $\mathbb{Q}[X]$.

34. (a) Zeige, daß die in Tabelle 4.10(2) angegebenen Polynome genau die irreduziblen Polynome vom Grad ≤ 4 über dem Körper $\mathbb{F}_2 = \mathbb{Z}/2\mathbb{Z}$ sind.

(b) Zeige, daß $g = X^4 - 6X^3 + 12X^2 - 3X + 9$ irreduzibel in $\mathbb{Q}[X]$ ist.

C Schiefpolynomringe

Schiefpolynomringe sind nicht-kommutative Ringe, die fast so wie Polynomringe aussehen, aber sich doch von diesen leicht unterscheiden. Sie spielen
eine wichtige Rolle in der Theorie der nicht-kommutativen Ringe, zu vergleichen mit der Bedeutung der gewöhnlichen Polynomringe in der Theorie
der kommutativen Ringe. Sie treten insbesondere auf, wenn man Ringe von
Differentialoperatoren, einhüllende Algebren von Lie-Algebren oder Quantengruppen betrachtet.

C.1. Polynomringe kann man wie in IV.1.1 auch über beliebigen Ringen konstruieren. Ein entscheidender Unterschied ist dann, daß das Einsetzen eines
gegebenen Elements in alle Polynome im allgemeinen kein Ringhomomorphismus (wie in Satz IV.1.4) ist. Die Schiefpolynomringe unterscheiden sich
nun dadurch von diesen „gewöhnlichen" Polynomringen, daß man nicht län-
ger darauf besteht, daß die Unbestimmte mit den Elementen des Grundringes
kommutiert. Genauer betrachten wir die folgende Situation:

Sei ein beliebiger Ring R gegeben. Ein „modifizierter Polynomring" über R
in der Unbestimmten X ist ein Ring S, der R als Teilring enthält, mit einem Element $X \in S$, so daß sich jedes Element in S eindeutig in der Form
$\sum_{i \geq 0} a_i X^i$ mit allen $a_i \in R$, fast alle a_i gleich 0, schreiben läßt. Ein solcher
modifizierter Polynomring S ist als additive Gruppe in offensichtlicher Weise
zum gewöhnlichen Polynomring $R[X]$ isomorph. Doch kann die Multiplikation sich von der in $R[X]$ unterscheiden, wie wir sehen werden.

Zuvor noch eine Definition: Haben wir einen modifizierten Polynomring S
wie oben, so können wir wie üblich den Grad $\operatorname{grad} f$ eines jeden Elements
$f \in S$ definieren. Wir nennen nun S einen *Schiefpolynomring* über R (oder
auch eine *Oresche Erweiterung* von R), wenn

$$\operatorname{grad}(fg) \leq \operatorname{grad} f + \operatorname{grad} g \tag{1}$$

für alle $f, g \in S$ gilt.

C.2. Zum Beispiel können wir einen solchen Schiefpolynomring wie folgt kon-
struieren. Gegeben seien ein beliebiger Ring R und ein Ringendomorphismus
$\sigma \colon R \longrightarrow R$. Wir setzen S gleich der Menge aller Folgen $(a_0, a_1, a_2, \ldots)$ von
Elementen in R mit fast allen a_i gleich 0. Wir definieren (wie in $R[X]$) die
Addition von zwei Elementen in S komponentenweise, während die Multipli-
kation durch $(a_0, a_1, a_2, \ldots)(b_0, b_1, b_2, \ldots) = (c_0, c_1, c_2, \ldots)$ mit

$$c_n = \sum_{i=0}^{n} a_i \, \sigma^i(b_{n-i})$$

definiert wird. Man kann nun ohne große Mühe die Ringaxiome überprüfen.

Wie im Spezialfall $S = R[X]$, den man für $\sigma = \mathrm{Id}_R$ erhält, ist auch für beliebiges σ die Abbildung $a \mapsto (a, 0, 0, \ldots)$ ein injektiver Ringhomomorphismus $R \to S$, mit dessen Hilfe wir R als Unterring von S auffassen. Wir bezeichnen wieder mit X die Folge $(0, 1, 0, 0, \ldots)$. Wegen $\sigma(1) = 1$ gilt für alle $n \in \mathbb{N}$, daß $X^n = (0, 0, \ldots, 0, 1, 0, 0, \ldots)$ mit n Nullen vor der 1; wir erhalten

$$(a_0, a_1, a_2, \ldots) = \sum_{i \geq 0} a_i \, X^i.$$

Also ist S ein modifizierter Polynomring über R in der Unbestimmten X; wir bezeichnen S mit $R_\sigma[X]$.

Die Multiplikation in $R_\sigma[X]$ erfüllt nun

$$\left(\sum_{i \geq 0} a_i X^i \right) \left(\sum_{j \geq 0} b_j X^j \right) = \sum_{i,j \geq 0} a_i \, \sigma^i(b_j) \, X^{i+j} \tag{1}$$

und ist durch die Regel

$$Xa = \sigma(a)X \qquad \text{für alle } a \in R \tag{2}$$

eindeutig festgelegt. Das Produkt von $f = \sum_{i=0}^{n} a_i X^i$ und $g = \sum_{j=0}^{m} b_j X^j$ hat die Form $fg = a_n \sigma^n(b_m) X^{n+m} + (\text{ein Element vom Grad} < n+m)$. Wir sehen, daß C.1(1) erfüllt ist, also $R_\sigma[X]$ ein Schiefpolynomring ist. Wenn R nullteilerfrei ist und $\ker(\sigma) = 0$ gilt, so folgt stets $\mathrm{grad}(fg) = \mathrm{grad}\, f + \mathrm{grad}\, g$; in diesem Fall ist $R_\sigma[X]$ nullteilerfrei.

Ist R ein Körper und ist σ ein Automorphismus von R, so zeigt man wie in IV.1.6, daß es für alle $f, g \in R_\sigma[X]$ mit $g \neq 0$ Elemente $h_1, h_2 \in R_\sigma[X]$ mit $\mathrm{grad}(f - h_1 g) < \mathrm{grad}\, g$ und $\mathrm{grad}(f - g h_2) < \mathrm{grad}\, g$ gibt. Es folgt dann (wie in IV.1.7), daß alle Linksideale und alle Rechtsideale in $R_\sigma[X]$ von jeweils einem Element erzeugt werden können.

C.3. Ein wichtiges Beispiel für einen Ring vom Typ $R_\sigma[X]$ ist das folgende: Seien K ein Körper und $q \in K$ ein Element mit $q \neq 0$. Wir setzen $R = K[Y]$, den gewöhnlichen Polynomring in der Unbestimmten Y. Durch

$$\sigma \left(\sum_{i \geq 0} a_i \, Y^i \right) = \sum_{i \geq 0} a_i \, q^i \, Y^i$$

(für alle $a_i \in K$) wird ein Ringautomorphismus $\sigma \colon R \to R$ definiert, der auch als $\sigma(f(Y)) = f(qY)$ beschrieben werden kann; die inverse Abbildung hat die Form $f(Y) \mapsto f(q^{-1}Y)$. In $S = R_\sigma[X]$ läßt sich jedes Element eindeutig als $\sum_{i,j \geq 0} a_{ij} X^i Y^j$ mit allen $a_{ij} \in K$, fast allen a_{ij} gleich 0, schreiben. Die Multiplikation ist dadurch festgelegt, daß Elemente in K zentral sind und daß

$$XY = qYX$$

gilt. Diesen Ring wird auch die *Quantenebene* über K zum Parameter q genannt.

C.4. Eine andere Methode zur Konstruktion von Schiefpolynomringen benutzt Derivationen.

Definition: Eine *Derivation* eines Ringes R ist eine Abbildung $\delta\colon R \to R$ mit $\delta(x+y) = \delta(x) + \delta(y)$ und $\delta(xy) = \delta(x)y + x\delta(y)$ für alle $x, y \in R$.

Das typische Beispiel ist natürlich die Differentiation D von (gewöhnlichen) Polynomen, wie in IV.2.6. (Dieses Beispiel funktioniert auch dann, wenn dort A nicht als kommutativ vorausgesetzt wird.) Allgemein ist eine Derivation δ ein Gruppenendomorphismus von $(R, +)$, erfüllt also $\delta(0) = 0$. Ferner folgt aus $\delta(1 \cdot 1) = \delta(1)1 + 1\delta(1)$, daß $\delta(1) = 0$.

Wir behaupten nun: Sind ein Ring R und eine Derivation δ von R gegeben, so gibt es einen Schiefpolynomring S über R in der Unbestimmten X, so daß

$$Xa = aX + \delta(a) \qquad \text{für alle } a \in R \tag{1}$$

gilt. Ist dies richtig, so folgt aus (1) durch Induktion

$$X^n a = \sum_{i=0}^{n} \binom{n}{i} \delta^{n-i}(a) X^i \tag{2}$$

für alle $a \in R$, wobei wir $\delta^0 = \mathrm{Id}_R$ setzen. Die Multiplikation ist dann durch

$$\left(\sum_{i>0} a_i X^i \right) \left(\sum_{j\geq 0} b_j X^j \right) = \sum_{i,j\geq 0} \sum_{\ell=0}^{i} \binom{i}{\ell} a_i \, \delta^{i-\ell}(b_j) \, X^{\ell+j} \tag{3}$$

gegeben. Wir bezeichnen S nun mit $R[X; \delta]$.

Um die Existenz von S zu beweisen, können wir im Prinzip wie bei $R[X]$ oder $R_\sigma[X]$ vorgehen: Man betrachtet wieder alle Folgen $(a_0, a_1, a_2, \ldots)$ mit fast allen a_i gleich 0, definiert die Addition komponentenweise und übersetzt (3) in eine Multiplikationsformel für die Folgen. Das Nachrechnen der Ringaxiome wird nun aber etwas mühsamer als in den früheren Fällen — und es läßt sich umgehen, wenn man wie folgt verfährt:

Wir betrachten den (gewöhnlichen) Polynomring $R[Y]$ in der Unbestimmten Y. Die Menge E aller Endomorphismen $\varphi\colon R[Y] \to R[Y]$ von $R[Y]$ als *additive Gruppe* ist ein Ring unter $(\varphi + \psi)(f) = \varphi(f) + \psi(f)$ und $\varphi \cdot \psi = \varphi \circ \psi$. Für jedes $a \in R$ ist $L(a)\colon R[Y] \to R[Y]$, $f \mapsto af$ ein Element von E. Die Abbildung $a \mapsto L(a)$ ist ein injektiver Ringhomomorphismus $R \to E$, mit dessen Hilfe wir R als Teilring von E auffassen.

Wir definieren $\tilde{\delta} \in E$ durch $\tilde{\delta}\left(\sum_{i\geq 0} a_i Y^i \right) = \sum_{i\geq 0} \delta(a_i)Y^i$. Es gilt dann $\tilde{\delta}(af) = a\tilde{\delta}(f) + \delta(a)f$ für alle $a \in R$ und $f \in R[Y]$. Schließlich definieren wir $X \in E$ durch $X(f) = fY + \tilde{\delta}(f)$. Dann rechnet man leicht nach, daß in E

$$XL(a) = L(a)X + L(\delta(a)) \tag{4}$$

für alle $a \in R$ gilt. Wir setzen nun S gleich dem von X und allen $L(a)$ mit $a \in R$ erzeugten Unterring von E. Aus (4) folgt leicht, daß jedes Element in R sich in der Form $\varphi = \sum_{i \geq 0} L(a_i) X^i$ mit allen $a_i \in R$, fast allen a_i gleich 0, schreiben läßt. Aus $\delta(1) = 0$ folgt $\tilde{\delta}(Y^n) = 0$ für alle n, also $X(Y^n) = Y^{n+1}$ und daher $X^i(Y) = Y^{i+1}$ für alle i, mithin

$$\left(\sum_{i \geq 0} L(a_i) \, X^i \right) (Y) = \sum_{i \geq 0} a_i \, Y^{i+1}.$$

Daher sind die a_i in $\varphi = \sum_{i \geq 0} L(a_i) Y^i$ durch φ eindeutig bestimmt. Es folgt, daß S ein modifizierter Polynomring über R in der Unbestimmten X ist, wenn wir $L(a)$ mit a identifizieren. Durch diese Identifizierung geht (4) in (1) über, also gilt auch (3). Dies zeigt dann aber, daß C.1(1) erfüllt ist, also S in der Tat ein Schiefpolynomring ist.

Ist R nullteilerfrei, so folgt aus (3) auch, daß in C.1(1) Gleichheit für alle $f, g \in R[X; \delta]$ gilt. Insbesondere ist $R[X; \delta]$ in diesem Fall nullteilerfrei.

C.5. Ringe vom Typ $R[X; \delta]$ treten häufig als Ringe von Differentialoperatoren auf. Betrachten wir zum Beispiel den Fall, daß R ein (gewöhnlicher) Polynomring $R = B[Q]$ in einer Unbestimmten Q über einem beliebigen Ring B ist. Wir nehmen für $\delta \colon B[Q] \to B[Q]$ die Differentation bezüglich Q. Dann erhalten wir einen Schiefpolynomring $R[P; \delta]$, wobei wir hier die Unbestimmte P statt X genannt haben. Dieser Ring heißt auch die erste *Weyl-Algebra* über B und wird mit $\mathbb{A}_1(B)$ bezeichnet. Jedes Element in $\mathbb{A}_1(B)$ läßt sich eindeutig als $\sum_{i,j \geq 0} a_{ij} Q^i P^j$ mit allen $a_{ij} \in B$, fast allen a_{ij} gleich 0 schreiben. Die Multiplikation ist dadurch festgelegt, daß P und Q mit allen Elementen in B kommutieren, während $PQ - QP = \delta(Q) = 1$ gilt.

Jedes Element in $\mathbb{A}_1(B)$ definiert einen „Differentialoperator" auf dem gewöhnlichen Polynomring $B[X]$ durch

$$\left(\sum_{i,j \geq 0} a_{ij} Q^i P^j \right) f = \sum_{i,j \geq 0} a_{ij} X^i \, \frac{d^j f}{dX^j},$$

wobei $d^j f / dX^j$ die „übliche" j–te Ableitung ist. Durch diese Konstruktion kann man $\mathbb{A}_1(B)$ mit einem Unterring des Rings aller Gruppenendomorphismen von $B[X]$ identifizieren.

C.6. Die beiden hier beschriebenen Methoden zur Konstruktion von Schiefpolynomringen lassen sich kombinieren: Betrachten wir einen Ring R und einen Ringendomorphismus $\sigma \colon R \to R$. Eine σ–*Derivation* von R ist eine Abbildung $\delta \colon R \to R$ mit $\delta(x+y) = \delta(x) + \delta(y)$ und $\delta(xy) = \delta(x)y + \sigma(x)\delta(y)$ für alle $x, y \in R$. Die Id_R–Derivationen sind also die früher definierten Derivationen. Wie diese erfüllt auch eine σ–Derivation $\delta(0) = 0 = \delta(1)$.

Satz C.7. *Zu R, σ und δ wie oben gibt es einen Schiefpolynomring $R_\sigma[X;\delta]$ über R in der Unbestimmten X, so daß*

$$Xa = \sigma(a)X + \delta(a) \tag{1}$$

für alle $a \in R$ gilt.

Man kann dazu entweder eine explizite Produktformel hinschreiben und dann die Ringaxiome überprüfen. Oder man kann, wie im Fall $R[X;\delta]$ beschrieben, $R_\sigma[X;\delta]$ als Unterring des Rings E aller Endomorphismen der additiven Gruppe von $R[Y]$ konstruieren. Dazu definiert man $\tilde{\delta}$ und $L(a)$ für $a \in R$ wie früher und führt zusätzlich $\tilde{\sigma} \in E$ durch $\tilde{\sigma}\left(\sum_{i \geq 0} a_i Y^i\right) = \sum_{i \geq 0} \sigma(a_i)Y^i$ ein. Dann setzt man $X(f) = \tilde{\sigma}(f)Y + \tilde{\delta}(f)$. Dann ist $R_\sigma[X;\delta]$ der von X und allen $L(a)$ mit $a \in R$ erzeugte Teilring von E.

Für $f, g \in R_\sigma[X;\delta]$, geschrieben als $f = \sum_{i=0}^{n} a_i X^i$ und $g = \sum_{j=0}^{m} b_j X^j$, hat fg die Form $a_n \sigma^n(b_m) X^{n+m}$ plus ein Element vom Grad $< n+m$. Dies zeigt (wie im Fall $R_\sigma[X]$), daß C.1(1) gilt und daß in C.1(1) stets Gleichheit gilt, wenn R nullteilerfrei ist und $\ker(\sigma) = 0$ gilt. In diesem Fall ist $R_\sigma[X;\delta]$ dann nullteilerfrei.

Ist R ein Körper und ist σ ein Automorphismus, so sieht man wie im Fall $R_\sigma[X]$, daß jedes Links- und jedes Rechtsideal in $R_\sigma[X;\delta]$ von einem Element erzeugt wird.

Bemerkung: Wir haben nun alle Schiefpolynomringe S über R in einer Unbestimmten X gefunden: Die Gradformel C.1(1) impliziert $\mathrm{grad}(Xa) \leq 1$ für alle $a \in R$; also gibt es $\sigma(a), \delta(a) \in R$ mit $Xa = \sigma(a)X + \delta(a)$. Berechnet man nun $X \cdot (a+b)$, $X \cdot (ab)$ und $X \cdot 1$ für alle $a, b \in R$, so erhält man, daß σ ein Ringendomorphismus von R und δ eine σ–Derivation sein muß. Also ist $S \cong R_\sigma[X;\delta]$.

V Elementare Theorie der Körpererweiterungen

In diesem Kapitel wird die allgemeine Theorie von Körpererweiterungen entwickelt. Wir betrachten spezielle Klassen von Erweiterungen: einfache, algebraische, endliche, normale, separable. Es wird gezeigt, daß jeder Körper eine algebraisch abgeschlossene Erweiterung hat. Am Schluß wird die allgemeine Theorie auf die Beschreibung aller endlichen Körper angewendet.

§ 1 Körpererweiterungen

1.1. Ein *Teilkörper* eines Körpers L ist ein Unterring K von L, so daß K mit jedem Element ungleich 0 auch dessen inverses Element enthält. Dann ist K versehen mit den von L durch Restriktion erhaltenen Verknüpfungen $(+, \cdot)$ ein Körper. Man nennt dann L *Erweiterungskörper* von K und spricht von der *Körpererweiterung L/K*. Ein *Zwischenkörper* der Erweiterung L/K ist dann ein Teilkörper K' von L mit $K \subset K'$.

Ist M eine Teilmenge eines Körpers L, so gibt es einen kleinsten Teilkörper von L, der M umfaßt, nämlich den Durchschnitt aller Teilkörper von L, die M enthalten; dieser wird *der von M erzeugte Teilkörper von L* genannt. Bei gegebener Körpererweiterung L/K bezeichnet $K(M)$ den kleinsten Teilkörper von L, der $K \cup M$ enthält. Man sagt, daß $K(M)$ durch *Adjunktion* von M aus K entsteht.

Besteht M aus den endlich vielen Elementen $a_1, \ldots, a_n \in L$, so schreibt man $K(M) = K(a_1, \ldots, a_n)$; dieser Körper enthält den Ring

$$K[M] := \{\, f(a_1, \ldots, a_n) \mid f \in K[X_1, \ldots, X_n] \,\}$$

aller polynomialen Ausdrücke $f(a_1, \ldots, a_n)$ in den a_i mit Koeffizienten in K. Nun ist $K(M)$ der Quotientenkörper von $K[M]$ und besteht aus allen Quotienten der Form $f(a_1, \ldots, a_n)/g(a_1, \ldots, a_n)$ mit $f, g \in K[X_1, \ldots, X_n]$ und $g(a_1, \ldots, a_n) \neq 0$.

Die Erweiterung L/K heißt *endlich erzeugbar*, falls Elemente $a_1, \ldots, a_n$ in L mit $L = K(a_1, \ldots, a_n)$ existieren. Die Erweiterung L/K heißt *einfach*, falls es ein Element $a \in L$ mit $L = K(a)$ gibt.

Sind K und K' zwei Teilkörper von L, so heißt der kleinste Teilkörper von L, der K und K' enthält, *das Kompositum von K und K'* in L und wird mit $K \cdot K'$ bezeichnet; man hat $K \cdot K' = K(K') = K'(K)$.

Ist K ein beliebiger Körper, so ist der *Primkörper* P von K der kleinste Teilkörper von K; er ist der von $\{0\}$ erzeugte Teilkörper. Ist $\varphi : \mathbb{Z} \to K$ der durch $\varphi(n) = n \cdot 1$ definierte Ringhomomorphismus, so ist $\ker \varphi$ ein Ideal in $\mathbb{Z}$; da $\mathbb{Z}/\ker\varphi \cong \operatorname{im}\varphi \subset K$ keine Nullteiler besitzt, ist $\ker\varphi$ ein Primideal. Man hat zwei Fälle zu unterscheiden: Ist $\operatorname{char} K = p$ eine Primzahl, so ist $\ker\varphi = p \cdot \mathbb{Z}$ ein maximales Ideal, und $\mathbb{Z}/p\mathbb{Z} \cong \operatorname{im}\varphi$ ist ein Körper, der Primkörper von K. Ist $\operatorname{char} K = 0$, so gilt $\ker\varphi = (0)$, und $\varphi(\mathbb{Z}) \subset K$ ist zu $\mathbb{Z}$ isomorph. Also enthält K einen zum Körper der Brüche $\mathbb{Q}$ von $\mathbb{Z}$ isomorphen Teilkörper; dies ist der Primkörper von K.

Ist $K \subset L$ ein Teilkörper von L, so kann man L als Vektorraum über dem Körper K auffassen. Die Dimension $\dim_K L$ dieses Vektorraums über K heißt der *Grad von L über K* oder *Grad der Körpererweiterung L/K*; man schreibt $[L:K] := \dim_K L$. Zum Beispiel ist $[\mathbb{C}:\mathbb{R}] = 2$, weil $1, i$ eine Basis von $\mathbb{C}$ als Vektorraum über $\mathbb{R}$ ist. Die Erweiterung L/K heißt *endlich*, falls $[L:K]$ endlich ist. Sind L und K endliche Körper, so hat man $|L| = |K|^m$ mit $m = [L:K]$.

> **Satz 1.2.** *Seien L/K eine Körpererweiterung und V ein Vektorraum über L. Sind $(v_i)_{i\in I}$ eine Basis von V über L und $(e_j)_{j\in J}$ eine Basis von L über K, dann ist $(e_j v_i)_{j\in J, i\in I}$ eine Basis von V als Vektorraum über K. Insbesondere gilt $\dim_K V = [L:K] \cdot \dim_L V$.*

Beweis: Die Vektoren $e_j v_i$ mit $j \in J$ und $i \in I$ sind linear unabhängig über K: Gilt $\sum_{j,i} \lambda_{ji} e_j v_i = 0$ mit $\lambda_{ji} \in K$, so auch $\sum_i (\sum_j \lambda_{ji} e_j) v_i = 0$. Da die Vektoren v_i, $i \in I$, linear unabhängig über L sind, folgt $\sum_j \lambda_{ji} e_j = 0$ für jedes $i \in I$, und dann $\lambda_{ji} = 0$ für alle j und i, da $(e_j)_{j\in J}$ eine Basis von L über K ist.

Jedes $v \in V$ hat eine Darstellung $v = \sum_i \alpha_i v_i$ mit $\alpha_i \in L$. Es gibt $\beta_{ij} \in K$ mit $\alpha_i = \sum_j \beta_{ij} e_j$, also gilt $v = \sum_{i,j} \beta_{ij} e_j v_i$, d.h., V wird über K von den Vektoren $e_j v_i$ erzeugt. □

> **Korollar 1.3.** *Sind L/K und M/L zwei Körpererweiterungen, so gilt für die Erweiterung M/K, daß $[M:K] = [M:L][L:K]$.*

§ 2 Einfache Erweiterungen

2.1. Sei L/K eine Körpererweiterung. Zu gegebenem $a \in L$ induziert (nach IV.1.4) die Inklusion $i\colon K \to L$ einen Homomorphismus $i_a\colon K[X] \to L$ mit $(i_a)_{|K} = i$ und $i_a(X) = a$. Wie in IV.1.5(1) nennen wir nun a *transzendent über K*, wenn i_a injektiv ist; sonst heißt a *algebraisch abhängig über K*.

Ist a transzendent über K, so ist i_a ein Isomorphismus zwischen $K[X]$ und $K[a]$. Der Körper $K(a)$ ist dann zum Körper der Brüche $K(X)$ isomorph, und $K(a)$ ist verschieden von $K[a]$. Es gilt $[K(a):K] = \infty$.

Ist hingegen a algebraisch abhängig über K, so hat, per definitionem, i_a einen nicht–trivialen Kern. Der Ring $K[X]$ ist ein Hauptidealring (nach IV.1.7). Das Ideal $\ker i_a$ wird von dem normierten Polynom $m_{a,K}$ kleinsten Grades in $K[X] \setminus (0)$ mit $m_{a,K}(a) = 0$ erzeugt. Das Polynom $m_{a,K}$ ist eindeutig bestimmt und wird das *Minimalpolynom von a über K* genannt. Der Ring $K[X]/(m_{a,K}) = K[X]/\ker i_a$ ist zu $\operatorname{im} i_a = K[a]$ isomorph;

letzterer ist als Unterring des Körpers L ein Integritätsbereich. Daher ist $m_{a,K}$ ein Primelement in dem Hauptidealring $K[X]$, also irreduzibel. Das von $m_{a,K}$ erzeugte Primideal $(m_{a,K}) = \ker i_a \neq 0$ ist somit auch maximal. Deshalb ist $K[a] \cong K[X]/(m_{a,K})$ ein Körper, und man hat $K[a] = K(a)$. Die Körpererweiterung $K[a]/K$ hat den Grad $[K[a] : K] = \operatorname{grad} m_{a,K}$, und zwar bilden die Elemente $a^0, a^1, \ldots, a^{n-1}$ mit $n = \operatorname{grad} m_{a,K}$ eine Basis des Vektorraums $K[a]$ über K. Die unter dem vermittelnden Isomorphismus $K[X]/(m_{a,K}) \xrightarrow{\sim} K[a]$ entsprechenden Elemente, die Restklassen von $X^0, X^1, \ldots, X^{n-1}$ modulo $m_{a,K}$, sind nämlich eine Basis von $K[X]/(m_{a,K})$ über K. Dies folgt daraus, daß zu jedem $h \neq 0$ in $K[X]$ eindeutig bestimmte Polynome $q, r \in K[X]$ existieren, so daß $h = q \, m_{a,K} + r$ mit $\operatorname{grad} r < \operatorname{grad} m_{a,K}$ gilt. Damit ist gezeigt:

Satz 2.2. *Sei L/K eine Körpererweiterung, und sei $a \in L$. Dann sind die folgenden Aussagen äquivalent:*

(i)   *Das Element $a \in L$ ist algebraisch abhängig über K.*

(ii) *Es gilt $K[a] = K(a)$.*

(iii) *Es gilt $\dim_K K(a) < \infty$.*

Gelten diese Aussagen, so ist der Grad der Körpererweiterung $K(a)/K$ gleich dem Grad des Minimalpolynom $m_{a,K}$ von a über K:

$$[K(a) : K] = \operatorname{grad} m_{a,K}.$$

Gelegentlich wird $\operatorname{grad} m_{a,K}$ auch *der Grad von a über K* genannt.

Beispiel: Sei $d \neq 1$ eine quadratfreie ganze Zahl. Dann besteht der Teilkörper $\mathbb{Q}(\sqrt{d}) \subset \mathbb{C}$ aus allen $a + b\sqrt{d}$ mit $a, b \in \mathbb{Q}$ und ist gleich dem in Beispiel III.3.5(1) beschriebenen Körper, der auch schon damals mit $\mathbb{Q}(\sqrt{d})$ bezeichnet wurde. Es ist $1, \sqrt{d}$ eine Basis von $\mathbb{Q}(\sqrt{d})$ über $\mathbb{Q}$; für den Grad gilt $[\mathbb{Q}(\sqrt{d}) : \mathbb{Q}] = 2$, und es ist $m_{\sqrt{d}, \mathbb{Q}} = X^2 - d$.

Eine Körpererweiterung L/K heißt *algebraisch*, wenn jedes $a \in L$ algebraisch abhängig über K ist. Aus Satz 2.2 erhält man als Folgerung:

Satz 2.3. (a) *Eine endliche Körpererweiterung L/K ist algebraisch.*

(b) *Ist eine Körpererweiterung L/K algebraisch und endlich erzeugbar, so ist L/K endlich.*

(c) *Sind L/K und M/L zwei algebraische Körpererweiterungen, so ist auch die Erweiterung M/K algebraisch.*

Beweis: (a) Hat L/K den Grad $[L : K] = m < \infty$, so sind zu einem gegebenen $a \in L$ die Elemente $1, a, a^2, \ldots, a^m$ des K–Vektorraumes L linear abhängig, d.h., a genügt einer nicht-trivialen polynomialen Gleichung mit Koeffizienten in K.

(b) Es gelte $L = K(a_1, \ldots, a_n)$; die Elemente $a_1, \ldots, a_n$ sind nach Voraussetzung algebraisch abhängig über K, also ist a_i für $i = 1, \ldots, n$ auch algebraisch abhängig über $K(a_1, \ldots, a_{i-1})$. Es folgt für alle i, daß die Erweiterung $K(a_1, \ldots, a_i) = K(a_1, \ldots, a_{i-1})(a_i)$ des Körpers $K(a_1, \ldots, a_{i-1})$ endlich ist. Die Erweiterung L/K ist aus diesen Erweiterungen zusammengesetzt:

$$ L \supset K(a_1, \ldots, a_{n-1}) \supset \cdots \supset K(a_1, a_2) \supset K(a_1) \supset K. $$

Nun zeigt Korollar 1.3, daß $[L : K] = \prod_{i=1}^{n} [K(a_1, \ldots, a_i) : K(a_1, \ldots, a_{i-1})]$; also ist L/K endlich.

(c) Sei $a \in M$ gegeben. Da a algebraisch abhängig über L ist, existiert ein Polynom $g = \sum_{i=0}^{m} a_i X^i \in L[X]$, $a_i \in L$, mit $g(a) = 0$ und $g \neq 0$; also ist a algebraisch abhängig über dem von den Koeffizienten von g erzeugten Körper $K(a_0, \ldots, a_m) =: K_0$, und $K_0(a)/K_0$ ist endlich. Die Erweiterung K_0/K ist nach Konstruktion endlich erzeugbar; sie ist algebraisch, da schon L/K algebraisch ist. Also ist K_0/K nach (b) endlich. Aus der Beziehung $[K_0(a) : K] = [K_0(a) : K_0][K_0 : K]$ folgt dann, daß a algebraisch über K ist. $\qquad\qquad\qquad\qquad\qquad\qquad\qquad\qquad\qquad\qquad\qquad\qquad\qquad\quad\square$

Beispiele 2.4. (1) Seien p eine Primzahl und $n \in \mathbb{N} \setminus \{0\}$. Das Polynom $X^n - p \in \mathbb{Q}[X]$ ist irreduzibel über $\mathbb{Q}$ und ist daher das Minimalpolynom von $\sqrt[n]{p} \in \mathbb{R}$ über $\mathbb{Q}$. Also hat die (einfache) Körpererweiterung $\mathbb{Q}(\sqrt[n]{p})/\mathbb{Q}$ den Grad n.

(2) Sei L/K eine Körpererweiterung, und sei $L_0 = \{a \in L \mid a \text{ ist algebraisch}$ abhängig über $K\}$ die Menge der algebraischen Elemente über K. Für alle $x, y \in L_0$ ist die Erweiterung $K(x, y)/K$ endlich. Die Teilkörper $K(x + y)$ und $K(x\,y)$ von $K(x, y)$ haben dann auch endlichen Grad über K; also sind mit x, y auch $x + y$ und $x\,y$ algebraisch abhängig über K, d.h. L_0 ist ein Teilkörper von L, den man den *algebraischen Abschluß von K in L* nennt.

(3) Die Erweiterung $\mathbb{C}_0/\mathbb{Q}$ der über $\mathbb{Q}$ algebraisch abhängigen Elemente in $\mathbb{C}$ ist algebraisch, jedoch nicht endlich, da in $\mathbb{C}_0$ Elemente beliebig hohen Grades existieren, zum Beispiel für jede Primzahl p die Elemente $\sqrt[n]{p}$ mit $n \in \mathbb{N}$.

(4) Ist L/K eine endliche Erweiterung, so ist L/K endlich erzeugbar, denn ist $(a_i)_{1 \leq i \leq n}$ eine Basis des K–Vektorraums L, so gilt $L = K(a_1, \ldots, a_n)$. Eine endlich erzeugbare Erweiterung muß jedoch nicht unbedingt endlich sein; zum Beispiel ist $K(X)/K$ endlich erzeugbar, aber die Monome $1, X, X^2, X^3, \ldots$ sind linear unabhängig über K.

§ 3 Algebraische Erweiterungen

Sei K ein Körper. Es gilt nun, zu einem vorgegebenem Polynom $f \in K[X]$ mit $\operatorname{grad} f \geq 1$ einen Erweiterungskörper L von K zu finden, so daß f als

Polynom über L eine Nullstelle hat; dann existiert ein $a \in L$, so daß $X - a$ ein Teiler des Polynoms f in $L[X]$ ist. Allgemeiner stellt sich die Aufgabe, zu einem Polynom $f \in K[X]$ eine Erweiterung zu konstruieren, über der sich f als Produkt linearer Faktoren (vom Grade 1) schreiben läßt.

3.1. Sei $f \in K[X]$ ein irreduzibles Polynom. Das von f erzeugte Ideal (f) in $K[X]$ ist maximal, also ist $L = K[X]/(f)$ ein Körper. Der Restklassenhomomorphismus $\pi\colon K[X] \to K[X]/(f) = L$ induziert durch Einschränkung auf K einen Homomorphismus $\pi_{|K}\colon K \to L$, $k \mapsto k + (f)$ von Körpern. Da f nicht konstant ist, also $\pi_{|K}$ nicht die Nullabbildung ist, muß $\pi_{|K}$ injektiv sein, d.h., man kann K als Teilkörper von L auffassen. Dann gilt $L = K(a)$, wobei $a := \pi(X)$ die Restklasse von X in $L = K[X]/(f)$ bezeichnet. Hat f die Form $f = \sum_{i=0}^{m} a_i X^i$, so gilt für f als Polynom über L

$$ f(a) = \sum_{i=0}^{m} a_i \left(X + (f) \right)^i = \sum_{i=0}^{m} a_i X^i + (f) = f + (f) = 0 + (f). $$

Also ist a Nullstelle von f in L. Als irreduzibles Polynom ist f bis auf einen konstanten Faktor das Minimalpolynom von a über K. Wegen $L = K(a)$ folgt also $[L : K] = \operatorname{grad} f$. Damit haben wir gezeigt:

Satz 3.2. *Sei K ein Körper, sei $f \subset K[X]$ ein irreduzibles Polynom. Dann gibt es eine (algebraische) Körpererweiterung L/K mit $[L : K] = \operatorname{grad} f$, in der f eine Nullstelle hat.*

Ist $f \in K[X]$ ein beliebiges nicht-konstantes Polynom, so können wir Satz 3.2 auf einen irreduziblen Faktor, etwa g, anwenden und erhalten einen Erweiterungskörper L, in dem g eine Nullstelle a hat. Dann ist a auch eine Nullstelle von f. Wir können also Satz 3.2 auf alle nicht-konstanten Polynome ausdehnen; doch gilt dann in allgemeinen nur noch $[L : K] \le \operatorname{grad} f$.

Dieses Resultat motiviert nun die folgende Definition eines *algebraisch abgeschlossenen Körpers*.

Satz/Definition 3.3. *Ein Körper K heißt algebraisch abgeschlossen, falls er einer der folgenden äquivalenten Bedingungen genügt:*

(i) *Jedes Polynom $f \in K[X] \setminus K$ besitzt eine Nullstelle in K.*

(ii) *Jedes Polynom $f \in K[X] \setminus K$ zerfällt über K in Linearfaktoren, d.h. ist Produkt von Polynomen in $K[X]$ vom Grad 1.*

(iii) *Die normierten irreduziblen Polynome in $K[X]$ sind alle $X - a$, $a \in K$.*

(iv) *Ist L/K eine algebraische Erweiterung, so gilt $L = K$.*

Zum Beispiel ist der Körper $\mathbb{C}$ der komplexen Zahlen algebraisch abgeschlossen.

Satz 3.4. *Ist K ein Körper, so gibt es einen algebraisch abgeschlossenen Körper L mit $K \subset L$.*

Beweis: (E. Artin) Zuerst konstruiert man eine Körpererweiterung L_1/K, so daß jedes Polynom $f \in K[X]$, $\operatorname{grad} f \geq 1$, eine Nullstelle in L_1 besitzt. Hierzu betrachtet man den Polynomring $A := K[(X_f)_{f \in I}]$ in den unendlich vielen Variablen X_f, wobei f die Indexmenge $I := K[X] \backslash K$ durchläuft. (Die Konstruktion von Polynomringen in unendlich vielen Variablen findet man in IV.3.7.) Sei $\mathfrak{a} \subset A$ das von allen Polynomen $f(X_f)$, $f \in I$, erzeugte Ideal in A. Das Ideal $\mathfrak{a}$ ist nicht gleich dem ganzen Ring A, denn sonst wäre $1 \in \mathfrak{a}$, und man hätte eine Gleichung der Form $1 = \sum_{i=1}^{n} g_i f_i(X_{f_i})$ mit $f_i \in I$, $g_i \in K[(X_f)_{f \in I}]$, $i = 1, \ldots, n$. Mit Hilfe von Satz 3.2 findet man zu den endlich vielen Polynomen $f_1, \ldots, f_n$ eine Erweiterung F/K, so daß jedes f_i in F mindestens eine Nullstelle a_i besitzt. Es gibt einen Homomorphismus $\varphi \colon A \to F[(X_f)_{f \in I}]$ mit $\varphi_{|K} = \operatorname{Id}$, mit $\varphi(X_{f_i}) = a_i$ für alle i und $\varphi(X_f) = X_f$ für alle $f \notin \{f_1, \ldots, f_n\}$. Dann gilt $\varphi(f_i(X_{f_i})) = f_i(\varphi(X_{f_i})) = f_i(a_i) = 0$ für alle i, also

$$1 = \varphi(1) = \sum_{i=1}^{n} \varphi(g_i)\,\varphi(f_i(X_{f_i})) = 0.$$

Dieser Widerspruch zeigt $\mathfrak{a} \neq A$.

Nach III.3.7 existiert zu dem Ideal $\mathfrak{a}$ ein maximales Ideal $\mathfrak{m} \subset A$ mit $\mathfrak{a} \subset \mathfrak{m}$. Dann ist der Restklassenring $L_1 := A/\mathfrak{m}$ ein Körper. Mit Hilfe des kanonischen Homomorphismus $K \to K[(X_f)_{f \in I}] = A \xrightarrow{\pi} A/\mathfrak{m} = L_1$ identifiziert man K mit einem Teilkörper von L_1. Sei $f \in I = K[X] \backslash K$ gegeben, $f = \sum_i a_i X^i$, dann gilt $f(\pi(X_f)) = \sum_i a_i \pi(X_f)^i = \sum_i \pi(a_i)\pi(X_f)^i = \pi(f(X_f)) = 0$, da $f(X_f) \in \mathfrak{a} \subset \mathfrak{m}$ ist. Das Polynom f besitzt deshalb in L_1 die Nullstelle $\pi(X_f)$.

Durch Fortführung dieser Konstruktion von Erweiterungskörpern erhält man einen Turm von Erweiterungen $K = L_0 \subset L_1 \subset L_2 \subset \cdots$, so daß jedes Polynom $g \in L_n[X]$, $\operatorname{grad} g \geq 1$, in L_{n+1} mindestens eine Nullstelle hat. Die Vereinigung $L := \bigcup_{n=0}^{\infty} L_n$ ist ein Körper, der K als Teilkörper enthält und der algebraisch abgeschlossen ist; denn ist $g \in L[X]$, $\operatorname{grad} g \geq 1$, ein Polynom, so existiert ein $n_0 \in \mathbb{N}$ mit $g \in L_{n_0}[X]$. Dann hat g aber in $L_{n_0+1} \subset L$ eine Nullstelle. $\square$

Satz/Definition 3.5. *Ist K ein Körper, so gibt es einen algebraisch abgeschlossenen Körper $\bar{K} \supset K$, so daß die Erweiterung $\bar{K}/K$ algebraisch ist. Eine Erweiterung dieser Form (d.h. L/K algebraisch und L algebraisch abgeschlossen) heißt algebraischer Abschluß von K.*

Beweis: Es sei L ein algebraisch abgeschlossener Körper mit $L \supset K$. Dann ist $\bar{K} := \{a \in L \mid a \text{ ist algebraisch abhängig über } K\}$ nach Beispiel 2.4(2) ein Zwischenkörper der Erweiterung L/K. Der Körper $\bar{K}$ ist algebraisch abgeschlossen, denn ist $f \in \bar{K}[X]$, grad $f \geq 1$, so besitzt f eine Nullstelle a in L, da L algebraisch abgeschlossen ist. Da die beiden Erweiterungen $\bar{K}(a)/\bar{K}$ und $\bar{K}/K$ algebraisch sind, ist nach Satz 2.3.c auch $\bar{K}(a)/K$ algebraisch; also ist a algebraisch abhängig über K und damit $a \in \bar{K}$. $\qquad\square$

Definition 3.6. Sind L_1/K, L_2/K Erweiterungen desselben Körpers K, so heißt ein Homomorphismus $\varphi \colon L_1 \to L_2$ ein K–*Homomorphismus*, falls $\varphi(k) = k$ für alle $k \in K$ gilt. Ein K–Homomorphismus, der bijektiv ist, wird K–*Isomorphismus* genannt. Ein K–Isomorphismus $\varphi \colon L_1 \to L_1$ heißt K–*Automorphismus*.

Die Komposition von zwei K–Homomorphismen ist wieder ein K–Homomorphismus. Ist φ ein K–Isomorphismus, so ist auch die Umkehrabbildung φ^{-1} ein K–Isomorphismus. Für jede Körpererweiterung L/K ist die Menge aller K–Automorphismen von L eine Gruppe mit der Komposition als Verknüpfung; die identische Abbildung ist das neutrale Element. Diese Gruppe wird mit $\operatorname{Aut}_K(L)$ bezeichnet. Zum Beispiel besteht $\operatorname{Aut}_\mathbb{R}(\mathbb{C})$ aus der Identität und der komplexen Konjugation.

Ein K–Homomorphismus $\varphi \colon L_1 \to L_2$ ist stets injektiv; er ist außerdem K–lineare Abbildung der zugehörigen K–Vektorräume. Diese letzte Aussage impliziert, daß im φ ein Zwischenkörper von L_2/K ist, der K–isomorph zu L_1 ist. Für endliche Erweiterungen L_1/K, L_2/K gleichen Grades, also mit $[L_1 : K] = [L_2 : K]$, ist deshalb jeder K–Homomorphismus $\varphi \colon L_1 \to L_2$ ein K–Isomorphismus.

Sei $\varphi \colon L_1 \to L_2$ ein K–Homomorphismus, und sei $a \in L_1$. Für alle $f \in K[X]$, $f = \sum_i a_i X^i$ gilt nun $f(\varphi(a)) = \sum_i a_i (\varphi(a))^i = \varphi(\sum_i a_i a^i) = \varphi(f(a))$. Weil φ injektiv ist, folgt, daß a genau dann eine Nullstelle von f in L_1 ist, wenn $\varphi(a)$ eine Nullstelle von f in L_2 ist. Insbesondere sehen wir: Ist a algebraisch über K, dann ist auch $\varphi(a)$ algebraisch über K, und es gilt $m_{\varphi(a),K} = m_{a,K}$.

Satz 3.7. *Seien K, K' zwei Körper, $\sigma \colon K \to K'$ ein Isomorphismus und $\sigma^* \colon K[X] \to K'[X]$ der induzierte Isomorphismus der Polynomringe. Seien L/K und L'/K' algebraische Körpererweiterungen.*

(a) Sind $a \in L$ und $a' \in L'$ mit $m_{a',K'} = \sigma^*(m_{a,K})$, dann gibt es genau einen Isomorphismus $\varphi \colon K(a) \to K'(a')$ mit $\varphi_{|K} = \sigma$ und $\varphi(a) = a'$.

(b) Sei $a \in L$. Die Anzahl der Homomorphismen $\varphi \colon K(a) \to L'$ mit $\varphi_{|K} = \sigma$ ist gleich der Anzahl der Nullstellen von $\sigma^*(m_{a,K})$ in L'.

Beweis: (a) Setze $f = m_{a,K}$. Der durch $X + (f) \mapsto a$ definierte Homomorphismus $\pi \colon K[X]/(f) \to K(a)$ ist ein Isomorphismus, da f irreduzibel ist und a als Nullstelle hat. Analog ist $\pi' \colon K'[X]/(\sigma^*(f)) \to K'(a')$, definiert durch $X + (\sigma^*(f)) \mapsto a'$, ein Isomorphismus. Der Isomorphismus $\sigma^* \colon K[X] \to K'[X]$ führt das von f erzeugte Hauptideal in $(\sigma^*(f))$ über und induziert daher einen Isomorphismus $\Phi\colon K[X]/(f) \to K'[X](\sigma^*(f))$ mit $\Phi_{|K} = \sigma$. Dann ist $\varphi = \pi' \circ \Phi \circ \pi^{-1}$ der gesuchte Isomorphismus $\varphi\colon K(a) \to K'(a')$ mit $\varphi_{|K} = \sigma$ und $\varphi(a) = a'$.

(b)   Nach (a) gibt es für jede Nullstelle a' von $\sigma^*(m_{a,K})$ in L' genau einen Homomorphismus $\varphi\colon K(a) \to L'$ mit $\varphi_{|K} = \sigma$ und $\varphi(a) = a'$. Also folgt (b), wenn wir zeigen, daß wir so alle Homomorphismen $\varphi\colon K(a) \to L'$ mit $\varphi_{|K} = \sigma$ erhalten, also daß $\varphi(a)$ für jeden solchen Homomorphismus eine Nullstelle von $\sigma^*(m_{a,K})$ ist. Dies folgt, denn für alle $f = \sum_i a_i X^i \in K[X]$ gilt $\sigma^*(f)(\varphi(a)) = \sum_i \sigma(a_i)\varphi(a)^i = \sum \varphi(a_i)\varphi(a)^i = \varphi(f(a))$. $\square$

> **Korollar 3.8.** *Seien $K(a)/K$ und $K(a')/K$ zwei einfache algebraische Erweiterungen des Körpers K. Stimmen die Minimalpolynome $m_{a,K}$ und $m_{a',K}$ von a und a' über K überein, so gibt es genau einen K–Isomorphismus $\varphi\colon K(a) \to K(a')$ mit $\varphi(a) = a'$.*

Dies ist die Aussage in 3.7.a für $\sigma = \mathrm{Id}\colon K \to K$.

Beispiel: Sei $d \neq 1$ eine quadratfreie ganze Zahl. Dann haben $\sqrt{d}$ und $-\sqrt{d}$ beide das Minimalpolynom $X^2 - d$. Wegen $\mathbb{Q}(\sqrt{d}) = \mathbb{Q}(-\sqrt{d})$ sagt das Korollar in diesem Fall: Es gibt einen Automorphismus σ von $\mathbb{Q}(\sqrt{d})$ mit $\sigma(a + b\sqrt{d}) = a - b\sqrt{d}$ für alle $a, b \in \mathbb{Q}$.

> **Satz 3.9.** (a) *Seien L/K eine algebraische Erweiterung, M ein algebraisch abgeschlossener Körper und $\sigma\colon K \to M$ ein Homomorphismus von Körpern. Dann existiert ein Homomorphismus $\varphi\colon L \to M$ mit $\varphi_{|K} = \sigma$, d.h., φ ist eine Fortsetzung von σ.*
>
> (b) *Sei $\sigma\colon K \to K'$ ein Isomorphismus von Körpern, seien $\bar{K}$ ein algebraischer Abschluß von K und $\bar{K}'$ einer von K'. Dann gibt es einen Isomorphismus $\varphi\colon \bar{K} \to \bar{K}'$ mit $\varphi_{|K} = \sigma$.*
>
> (c) *Sind L_1, L_2 algebraische Abschlüsse eines Körpers K, dann existiert ein K–Isomorphismus $L_1 \to L_2$.*

Beweis: Man benutzt das Lemma von Zorn, das schon [über die Existenz eines maximalen Ideals] in den Nachweis der Existenz eines algebraisch abgeschlossenen Körpers $L \supset K$ einging.

(a) Man betrachte die Menge $\mathcal{Z}$ aller Paare (Z, τ), wobei Z ein Zwischenkörper der Erweiterung L/K ist und $\tau\colon Z \to M$ ein Körperhomomorphismus mit $\tau_{|K} = \sigma$. Die Menge $\mathcal{Z}$ ist nicht leer, da $(K, \sigma) \in \mathcal{Z}$ gilt. Versehen mit der Relation $\leq$, die durch $[(Z_1, \tau_1) \leq (Z_2, \tau_2) :\Longleftrightarrow Z_1 \subset Z_2$ und $\tau_{2|Z_1} = \tau_1]$ definiert wird, ist $\mathcal{Z}$ eine teilweise geordnete Menge; jede Kette in $\mathcal{Z}$ besitzt eine obere Schranke. Also besitzt $\mathcal{Z}$ ein maximales Element (Z_0, τ_0).

Es muß dann $Z_0 = L$ gelten. Sonst sei $a \in L$, $a \notin Z_0$, und f sei das Minimalpolynom von a über Z_0. Dann besitzt $\tau_0^*(f)$ eine Nullstelle a' in M. Nach Satz 3.7.a gibt es nun einen Homomorphismus $\psi\colon Z_0(a) \to M$ mit

$\psi_{|Z_0} = \tau_0$ und $\psi(a) = a'$. Dies steht jedoch im Widerspruch zur Maximalität von (Z_0, τ_0) in $\mathcal{Z}$.

(b) Nach (a) existiert ein Homomorphismus $\varphi : \bar{K} \to \bar{K}'$ mit $\varphi_{|K} = \sigma$. Das Bild $\varphi(\bar{K})$ ist algebraisch abgeschlossen. Weil $\bar{K}'$ algebraisch über $K' = \varphi(K) \subset \varphi(\bar{K})$ ist, muß auch $\bar{K}'/\varphi(\bar{K})$ algebraisch sein. Der algebraisch abgeschlossene Körper $\varphi(\bar{K})$ läßt jedoch nach 3.3(iv) keine echten algebraischen Erweiterungen zu; also gilt $\varphi(\bar{K}) = \bar{K}'$, und φ ist ein Isomorphismus.

(c) Dies ist die Aussage (b) für $\sigma = \mathrm{Id} : K \to K$. □

§ 4 Zerfällungskörper

4.1. Sei $f \in K[X]$ ein Polynom vom Grad $m \geq 1$ über einem Körper K. In einer Erweiterung L/K heißt der Erweiterungskörper L *Zerfällungskörper von f über K*, falls es Elemente $a_1, \ldots, a_m \in L$ und $c \in K$ gibt, so daß

(1) $f = c \prod_{i=1}^{m}(X - a_i)$, d.h., f zerfällt über L in Linearfaktoren,

(2) $L = K(a_1, \ldots, a_m)$, d.h., L wird von den Nullstellen von f erzeugt.

Zum Beispiel ist $\mathbb{C}$ ein Zerfällungskörper von $X^2 + 1$ über $\mathbb{R}$, denn es gilt $X^2 + 1 = (X - i)(X + i)$ in $\mathbb{C}[X]$, und es ist $\mathbb{C} = \mathbb{R}(i, -i)$.

Ist L Zerfällungskörper eines Polynoms f vom Grad m über einem Körper K, so ist L/K nach Satz 2.3.b endlich. Genauer erhält man, daß $[L : K] \leq (\mathrm{grad}\, f)!$. Dies zeigt man mit Induktion über m: Da $m_{a_1, K}$ ein Teiler von f ist, gilt $[K(a_1) : K] = \mathrm{grad}\, m_{a_1, K} \leq \mathrm{grad}\, f = m$. Nun ist $L = K(a_1)(a_2, \ldots, a_m)$ ein Zerfällungskörper von $f/(X - a_1)$ über $K(a_1)$. Wegen $\mathrm{grad}(f/(X - a_1)) = \mathrm{grad}(f) - 1 = m - 1$ zeigt Induktion, daß $[L : K(a_1)] \leq (m - 1)!$. Nun folgt $[L : K] = [L : K(a_1)][K(a_1) : K] \leq (m - 1)!\, m = m!$.

Ist $\bar{K}$ ein algebraischer Abschluß von K, so zerfällt f in $\bar{K}[X]$ in Linearfaktoren, d.h., es existieren $a_1, \ldots, a_m \in \bar{K}$, so daß $f = c \prod_{i=1}^{m}(X - a_i)$ mit geeignetem $c \in K$. Dann ist $L := K(a_1, \ldots, a_m)$ ein Zerfällungskörper von f über K, und zwar der einzige, der in $\bar{K}$ enthalten ist.

Wir erhalten so alle Zerfällungskörper von f über K. Ist nämlich L ein beliebiger Zerfällungskörper von f über K, so wählen wir einen algebraischen Abschluß $\bar{L}$ von L. Mit L/K ist nach Satz 2.3.c auch $\bar{L}/K$ algebraisch; daher ist $\bar{L}$ auch ein algebraischer Abschluß von K, und L ist dann der einzige Zerfällungskörper von f über K, der in $\bar{L}$ enthalten ist.

Der so konstruierte Zerfällungskörper von f über K ist (bis auf K–Isomorphie) unabhängig von dem gewählten Erweiterungskörper $\bar{K}$. Dies ist eine Folgerung der folgenden allgemeineren Aussage, in der man $\sigma = \mathrm{Id}$ setze.

Satz 4.2. *Seien $\sigma : K \to K'$ ein Isomorphismus von Körpern und $\sigma^* : K[X] \to K'[X]$ der zugehörige Isomorphismus der Polynomringe.*

Sei $f \in K[X] \setminus K$. Seien L ein Zerfällungskörper von f über K und L' ein Zerfällungskörper von $\sigma^*(f)$ über K'. Dann gibt es einen Isomorphismus $\varphi \colon L \to L'$ mit $\varphi_{|K} = \sigma$. Jeder solche Isomorphismus bildet die Menge der Nullstellen von f in L auf die Menge der Nullstellen von $\sigma^*(f)$ in L' ab.

Beweis: Es gibt algebraische Abschlüsse $\bar{K}$ von K und $\bar{K}'$ von K' mit $L \subset \bar{K}$ und $L' \subset \bar{K}'$. Es existieren $c \in K$ und $a_1, \ldots, a_m \in \bar{K}$ mit $f = c \prod_{i=1}^{m}(X - a_i)$; dann ist $L = K(a_1, \ldots, a_m)$. Nach Satz 3.9.b gibt es einen Isomorphismus $\psi \colon \bar{K} \to \bar{K}'$ mit $\psi_{|K} = \sigma$. Nun gilt

$$\sigma^*(f) = \psi^*(f) = \sigma(c) \prod_{i=1}^{m} (X - \psi(a_i)).$$

Also sind $\psi(a_1), \ldots, \psi(a_m)$ die Nullstellen von $\sigma^*(f)$ in $\bar{K}'$. Daraus folgt

$$L' = K'(\psi(a_1), \ldots, \psi(a_m)) = \psi(K(a_1, \ldots, a_m)) = \psi(L).$$

Daher ist die Restriktion φ von ψ auf L der gesuchte Isomorphismus.

Daß jeder Isomorphismus φ von L auf L' mit $\varphi_{|K} = \sigma$ die Menge der Nullstellen von f in L auf die Menge der Nullstellen von $\sigma^*(f)$ in L' abbildet, folgt mit derselben Rechnung wie oben für ψ. $\square$

Dieser Satz erlaubt es, von *dem* Zerfällungskörper (eindeutig bis auf K-Isomorphie bestimmt) eines Polynoms zu sprechen.

4.3. Dieser Begriff erfährt folgende Verallgemeinerung: Ist F eine Menge nichtkonstanter Polynome in $K[X]$, so heißt ein Erweiterungskörper L von K *Zerfällungskörper von F über K*, falls alle Polynome $f \in F$ über L in Linearfaktoren zerfallen und falls es keinen echten Teilkörper L_0 von L mit $K \subset L_0$ gibt, so daß alle $f \in F$ bereits über L_0 in Linearfaktoren zerfallen.

Satz 4.4. *Sei F eine Menge nichtkonstanter Polynome über K.*

(a) *Zu einem gegebenen algebraischen Abschluß $\bar{K}$ von K gibt es genau einen Zerfällungskörper von F über K, der in $\bar{K}$ enthalten ist.*

(b) *Je zwei Zerfällungskörper von F über K sind K-isomorph.*

Beweis: (a) Der von allen Nullstellen der $f \in F$ in $\bar{K}$ erzeugte Teilkörper ist ein Zerfällungskörper von F.

(b) Seien L und L' Zerfällungskörper von F über K. Es seien $\bar{L}$ und $\bar{L}'$ algebraische Abschlüsse von L und L'. Dann sind $\bar{L}$ und $\bar{L}'$ auch algebraische Abschlüsse von K. Es gibt also einen Isomorphismus ψ von $\bar{L}$ auf $\bar{L}'$ mit $\psi_{|K} = \mathrm{Id}$. Bezeichnet S die Menge der Nullstellen der Polynome in F in $\bar{L}$ und S' diejenige in $\bar{L}'$, so gilt $L = K(S)$ und $L' = K(S')$. Man argumentiert wie im Beweis von Satz 4.2 und erhält erst $\psi(S) = S'$ und dann $L' = \psi(L)$. Also ist $\psi_{|L}$ der gesuchte Isomorphismus. $\square$

Definition: Eine Erweiterung L/K heißt *normal*, wenn es eine Teilmenge $F \subset K[X] \setminus K$ gibt, so daß L Zerfällungskörper von F über K ist. Man beachte, daß es dann im allgemeinen sehr viele verschiedene Mengen F gibt, die diese Bedingung erfüllen. Zum Beispiel ist $\mathbb{C}$ nicht nur der Zerfällungskörper von $X^2 + 1$ über $\mathbb{R}$, sondern auch von $X^2 - 2X + 2 = (X - 1 - i)(X - 1 + i)$ und von $X^2 + 4X + 5 = (X + 2 - i)(X + 2 + i)$, um nur zwei irreduzible Polynome vom Grad 2 über $\mathbb{R}$ zu nennen.

> **Satz 4.5.** *Ist K ein Körper mit algebraischem Abschluß $\bar{K}$, so sind für einen Zwischenkörper L, $K \subset L \subset \bar{K}$, die folgenden Aussagen äquivalent.*
>
> (i) *Jedes irreduzible Polynom $f \in K[X]$, das in L eine Nullstelle hat, zerfällt über L in Linearfaktoren.*
>
> (ii) *Die Erweiterung L/K ist normal.*
>
> (iii) *Ist $\varphi \colon L \to \bar{K}$ ein K–Homomorphismus, so ist $\varphi(L) = L$.*

Beweis: (ii) $\Rightarrow$ (iii): Es gibt eine Menge $F \subset K[X] \setminus K$, so daß L der Zerfällungskörper von F über K ist. Es gilt also $L = K(S)$, wobei S die Menge der Nullstellen der Polynome in F in $\bar{K}$ ist. Für jeden K–Homomorphismus $\varphi \colon L \to \bar{K}$ gilt $f = \varphi^*(f)$ für alle $f \in F$; sind nun $a_1, a_2, \ldots, a_m$ die Nullstellen von f in $\bar{K}$, so gilt also $c \prod_{i=1}^{m}(X - a_i) = c \prod_{i=1}^{m}(X - \varphi(a_i))$, d.h., jedes $\varphi(a_i)$ ist wieder Nullstelle von f. Es gilt dann $\varphi(S) = S$, und damit folgt $\varphi(L) = \varphi(K(S)) = K(\varphi(S)) = K(S) = L$.

(iii) $\Rightarrow$ (ii): Sei $a \in L$, sei $m_{a,K}$ das Minimalpolynom von a über K. Sei $b \in \bar{K}$ eine Nullstelle von $m_{a,K}$. Dann existiert ein K–Isomorphismus $K(a) \to K(b)$ mit $a \mapsto b$. Die Komposition $\sigma \colon K(a) \to K(b) \hookrightarrow \bar{K}$ läßt sich nach 3.9.a zu einem K–Homomorphismus $\varphi \colon L \to \bar{K}$ fortsetzen. Da $\varphi(L) = L$ nach Voraussetzung, folgt $b = \sigma(a) = \varphi(a) \in L$. Daher zerfällt $m_{a,K}$ über L in Linearfaktoren. Der Körper L ist Zerfällungskörper der Menge F aller Minimalpolynome $m_{a,K}$ der Elemente a von L.

(iii) $\Rightarrow$ (i): Dies ist im Argument des vorigen Schrittes enthalten.

(i) $\Rightarrow$ (iii): Das Minimalpolynom $m_{a,K}$ zu $a \in L$ zerfällt nach Voraussetzung über L in Linearfaktoren. Es gibt also $a_1 = a, a_2, \ldots, a_m \in L$ mit $m_{a,K} = \prod_{i=1}^{m}(X - a_i)$. Ist $\varphi \colon L \to \bar{K}$ ein K–Homomorphismus, so ist $m_{a,K} = \prod_{i=1}^{m}(X - \varphi(a_i))$ wie oben gezeigt, also $\{a_1, \ldots, a_m\} = \{\varphi(a_1), \ldots, \varphi(a_m)\}$. Es gibt also Indizes i und j mit $\varphi(a) = \varphi(a_1) = a_i$ und $\varphi(a_j) = a_1 = a$. Insbesondere ist $\varphi(a) \in L$ und $a \in \varphi(L)$. Also gilt $\varphi(L) = L$. $\qquad\square$

> **Satz 4.6.** *Sei L/K eine normale Erweiterung, seien $a, b \in L$. Es gibt genau dann einen K–Automorphismus $\sigma \in \mathrm{Aut}_K(L)$ mit $\sigma(a) = b$, wenn $m_{a,K} = m_{b,K}$.*

Beweis: Gibt es $\sigma \in \mathrm{Aut}_K(L)$ mit $\sigma(a) = b$, so gilt $\sigma(f(a)) = f(b)$ für alle $f \in K[X]$. Insbesondere ist b eine Nullstelle von $m_{a,K}$; dies impliziert $m_{a,K} = m_{b,K}$.

Gilt umgekehrt $m_{a,K} = m_{b,K}$, so gibt es nach 3.8 einen K–Isomorphismus $\varphi\colon K(a) \to K(b)$ mit $\varphi(a) = b$. Nach Satz 3.9.b gibt es einen K–Automorphismus $\sigma\colon L \to \bar{K}$, der φ fortsetzt. Nun impliziert Satz 4.5, daß $\sigma(L) = L$; also können wir σ als Element von $\mathrm{Aut}_K(L)$ auffassen. $\quad\square$

Satz 4.7. (a) *Ist L/K eine normale Erweiterung, so ist auch für jeden Zwischenkörper M von L/K die Erweiterung L/M normal.*

(b) *Ist L/K eine normale Erweiterung, und ist E/K eine Erweiterung, so daß L und E in einem gemeinsamen Erweiterungskörper (etwa $\bar{K}$) enthalten sind, so ist das Kompositum $L\cdot E/E$ eine normale Erweiterung.*

Beweis: (a) Nach 4.5(ii) ist $L = K(S)$, wobei S die Menge der Nullstellen der Polynome in einer Menge $F \subset K[X] \setminus K$ bezeichnet. Dann gilt auch $L = M(S)$.

(b) Analog ist für $L = K(S)$ in dieser Situation $L \cdot E = E(S)$. $\quad\square$

Beispiele: (1) Ist L/K eine Erweiterung vom Grad 2 und ist $a \in L \setminus K$, so gilt $L = K(a)$, und das Minimalpolynom $m_{a,K}$ hat den Grad 2. Es zerfällt in $L[X]$ in Linearfaktoren $m_{a,K} = (X - a)(X - b)$. Der Körper $L = K(a)$ ist Zerfällungskörper von $m_{a,K}$ über K. Die Erweiterung L/K ist deshalb normal.

(2) Das Polynom $f = X^4 - 2 \in \mathbb{Q}[X]$ ist irreduzibel, es besitzt die Nullstelle $a_1 = \sqrt[4]{2}$. Die Erweiterung $\mathbb{Q}(\sqrt[4]{2})/\mathbb{Q}$ ist jedoch nicht normal, da die Nullstelle $a_2 = i\sqrt[4]{2}$ nicht in $\mathbb{Q}(\sqrt[4]{2})$ enthalten ist. Man bemerke, daß jedoch die beiden durch den Zwischenkörper $\mathbb{Q}(\sqrt{2})$ gegebenen Erweiterungen $\mathbb{Q}(\sqrt{2})/\mathbb{Q}$ bzw. $\mathbb{Q}(\sqrt[4]{2})/\mathbb{Q}(\sqrt{2})$ nach (1) normal sind. Das Polynom f hat die Zerlegung

$$f = (X - a_1)(X + a_1)(X - a_2)(X + a_2).$$

Deshalb ist $L = \mathbb{Q}(\sqrt[4]{2}, i)$ Zerfällungskörper von f über $\mathbb{Q}$; die Erweiterung $L/\mathbb{Q}$ hat den Grad 8.

Satz 4.8. *Ist L/K eine endliche Erweiterung, so existiert ein Erweiterungskörper N von L, so daß N/K eine endliche normale Erweiterung ist.*

Beweis: Seien $a_1, \ldots, a_n \in L$ mit $L = K(a_1, \ldots, a_n)$. Ist $m_{a_i,K}$ das Minimalpolynom von a_i über K, $i = 1, \ldots n$, so setze $f = \prod_{i=1}^{n} m_{a_i,K} \in K[X]$. Der Zerfällungskörper N von f über L ist auch der Zerfällungskörper von f über K. Deshalb besitzt N endlichen Grad über K, und die Erweiterung N/K ist normal nach 4.5. $\quad\square$

§ 5 Separable Erweiterungen

5.1. Seien K ein Körper und $\bar{K}$ ein algebraischer Abschluß von K. Für eine algebraische Erweiterung L/K definiert man den *Separabilitätsgrad* $[L:K]_s$ von L/K als die Anzahl der verschiedenen K–Homomorphismen $L \to \bar{K}$.

Zum Beispiel sagt Satz 3.7.b für eine einfache algebraische Erweiterung $K(a)/K$, daß $[K(a):K]_s$ gleich der Anzahl der verschiedenen Nullstellen des Minimalpolynoms $m_{a,K}$ in $\bar{K}$ ist.

Der Separabilitätsgrad ist unabhängig von der speziellen Wahl des algebraischen Abschlusses $\bar{K}$. Allgemeiner gilt: Ist $\sigma\colon K \to M$ ein Körperhomomorphismus mit M algebraisch abgeschlossen, so ist $[L:K]_s$ gleich der Anzahl der Körperhomomorphismen $\varphi\colon L \to M$ mit $\varphi_{|K} = \sigma$. In der Tat, für jedes solche φ ist $\varphi(L)/\varphi(K)$ algebraisch, also $\varphi(L)$ in dem algebraischen Abschluß von $\varphi(K) = \sigma(K)$ in M enthalten. Daher können wir M durch diesen algebraischen Abschluß ersetzen, also annehmen, daß M ein algebraischer Abschluß von $\sigma(K)$ ist. Nun gibt es nach Satz 3.9.b einen Isomorphismus $\psi\colon \bar{K} \to M$ mit $\psi_{|K} = \sigma$. Dann sind $\varphi_1 \mapsto \psi \circ \varphi_1$ und $\varphi_2 \mapsto \psi^{-1} \circ \varphi_2$ inverse Bijektionen zwischen der Menge aller K–Homomorphismen $L \to \bar{K}$ und der Menge alle Homomorphismen $\varphi\colon L \to M$ mit $\varphi_{|K} = \sigma$.

Für K–isomorphe Erweiterungen L_1/K und L_2/K gilt $[L_1:K]_s = [L_2:K]_s$. Ist L/K normal, so zeigt Satz 4.5, daß $\sigma(L) = L$ für sämtliche K–Homomorphismen $\sigma\colon L \to \bar{K}$. Also gilt

$$L/K \text{ normal} \implies [L:K]_s = |\mathrm{Aut}_K(L)|. \tag{1}$$

Lemma 5.2. (a) *Ist $M \supset L \supset K$ ein Turm von algebraischen Erweiterungen M/L und L/K, so gilt $[M:K]_s = [M:L]_s \cdot [L:K]_s$.*

(b) *Ist L/K eine endliche Erweiterung, so gilt $[L:K]_s \le [L:K]$.*

Beweis: (a) Ist $(\varphi_i)_{i \in I}$ mit $|I| = [L:K]_s$ die Familie aller K–Homomorphismen $L \to \bar{K}$, so kann jedes φ_i auf genau so viele Weisen zu einem K–Homomorphismus $M \to \bar{K}$ fortgesetzt werden, wie der Separabilitätsgrad $[M:L]_s$ angibt.

(b) Man hat $L = K(a_1,\ldots,a_n)$ mit $a_1,\ldots,a_n \in L$; setze $L_0 := K$ und $L_i := K(a_1,\ldots,a_i)$ für $1 \le i \le n$. Dann gilt $L_i = L_{i-1}(a_i)$ für alle $i > 0$. Wegen $[L:K] = \prod_{i=1}^n [L_i:L_{i-1}]$ und $[L:K]_s = \prod_{i=1}^n [L_i:L_{i-1}]_s$ reicht es zu zeigen, daß $[L_i:L_{i-1}]_s \le [L_i:L_{i-1}]$ für alle i. Dies gilt nun, weil $[L_i:L_{i-1}]$ der Grad des Minimalpolynoms f von a_i über L_{i-1} ist, während $[L_i:L_{i-1}]_s$ nach 5.1 die Anzahl der Nullstellen von f in $\bar{K}$ ist. $\square$

5.3. Man nennt eine *endliche Erweiterung L/K separabel*, falls Separabilitätsgrad und Körpergrad übereinstimmen, d.h., wenn $[L:K]_s = [L:K]$ gilt; man sagt dann auch: L ist separabel über K. Ist $M \supset L \supset K$ ein Turm von endlichen Erweiterungen M/L und L/K, so ist M/K genau dann separabel, wenn M/L und L/K separabel sind.

Ist $L = K(a)$ eine einfache algebraische Erweiterung von K, so ist diese genau dann separabel, wenn das Minimalpolynom $m_{a,K}$ von a über K nur einfache Nullstellen besitzt. Dies begründet die folgende Definition: Ein Element $a \in \bar{K}$ im algebraischen Abschluß $\bar{K}$ des Körpers K heißt *separabel über* K, falls das Minimalpolynom $m_{a,K}$ von a über K nur einfache Nullstellen in $\bar{K}$ besitzt.

Lemma 5.4. *Ein Element $a \in \bar{K}$ ist genau dann separabel über K, wenn $m'_{a,K} \neq 0$.*

Beweis: Ist $m'_{a,K} = 0$, so ist $m'_{a,K}(a) = 0$; also ist a nach Satz IV.2.7 eine mehrfache Nullstelle von $m_{a,K}$ und damit nicht separabel über K.

Sei nun $m'_{a,K} \neq 0$. Weil der Grad von $m'_{a,K}$ kleiner als der Grad von $m_{a,K}$ ist, kann dann $m_{a,K}$ nicht ein Teiler von $m'_{a,K}$ sein. Da $m_{a,K}$ irreduzibel ist, muß daher 1 der größte gemeinsame Teiler von $m_{a,K}$ und $m'_{a,K}$ im Hauptidealring $K[X]$ sein. Also existieren $q_1, q_2 \in K[X]$ mit $1 = q_1 m_{a,K} + q_2 m'_{a,K}$. Dann gilt für jede Nullstelle b von $m_{a,K}$ in $\bar{K}$, daß $1 = q_2(b)\, m'_{a,K}(b)$; also ist $m'_{a,K}(b) \neq 0$, und b ist eine einfache Nullstelle von $m_{a,K}$. Daher ist a separabel über K. $\qquad\square$

Satz 5.5. *Sei L/K eine endliche Körpererweiterung. Dann sind die folgenden Aussagen äquivalent:*

(i)   *Die Erweiterung L/K ist separabel.*

(ii)   *Jedes Element $a \in L$ ist separabel über K.*

(iii) *Es gibt über K separable Elemente $a_1, a_2, \ldots, a_m \in L$, so daß $L = K(a_1, a_2, \ldots, a_m)$.*

Beweis: (i) $\Rightarrow$ (ii): Sei $a \in L$. Wenden wir die erste Bemerkung in 5.3 auf den Turm $K \subset K(a) \subset L$ an, so folgt, daß auch $K(a)/K$ separabel ist. Nach 5.3 ist dies dazu äquivalent, daß a separabel über K ist.

(ii) $\Rightarrow$ (iii): Das ist klar nach Beispiel 2.4(4).

(iii) $\Rightarrow$ (i): Setze $L_0 := K$ und $L_i := K(a_1, \ldots, a_i)$ für $1 \leq i \leq m$. Dann gilt $L_i = L_{i-1}(a_i)$ für alle $i > 0$. Nach 5.3 reicht es zu zeigen, daß alle L_i/L_{i-1} separabel sind. Weil a_i separabel über K ist, hat das Minimalpolynom f_i von a_i über K nur einfache Nullstellen in $\bar{K}$. Das Minimalpolynom g_i von a_i über L_{i-1} ist ein Teiler von f_i. Daher hat auch g_i nur einfache Nullstellen in $\bar{K}$. Also ist a_i auch über L_{i-1} separabel. Wegen $L_i = L_{i-1}(a_i)$ folgt nun die Separabilität von L_i/L_{i-1}. $\qquad\square$

Dieses Resultat erlaubt, den Begriff der Separabilität einer endlichen Erweiterung L/K auf alle algebraische Erweiterungen auszudehnen. Eine algebraische Erweiterung L/K heißt *separabel*, falls jedes Element $a \in L$ separabel über K ist.

Satz 5.6. *Sei K ein Körper.*

(a) *Hat K die Charakteristik* char $K = 0$, *so ist jede algebraische Erweiterung L von K separabel.*

(b) *Hat K die Charakteristik* char $K = p$, *p eine Primzahl, so ist jede endliche Erweiterung L über K, deren Grad nicht von p geteilt wird, separabel.*

Beweis: Sei $f \in K[X] \setminus K$. In IV.2.8 wurde gezeigt: Hat der Körper K die Charakteristik char $K = 0$, so gilt grad $f' = $ grad $f - 1$, also $f' \neq 0$. Hat K die Charakteristik char $K = p > 0$, so gilt $f' = 0$ genau dann, wenn es ein $g \in K[X]$ mit $f(X) = g(X^p)$ gibt; insbesondere ist dann grad $f = p \cdot$ grad g durch p teilbar.

(a) Sei $m_{a,K}$ das Minimalpolynom eines Elementes $a \in L$ über K. Da char $K = 0$ ist, gilt $m'_{a,K} \neq 0$, also ist a nach Satz 5.4 separabel über K.

(b) Für alle $a \in L$ ist $[K(a) : K] = $ grad $m_{a,K}$ ein Teiler von $[L : K]$. Aus der Voraussetzung in (b) folgt also, daß auch grad $m_{a,K}$ nicht von p geteilt wird; daher ist $m'_{a,K} \neq 0$. $\qquad\square$

Satz 5.7. *Sei L/K eine algebraische Körpererweiterung. Dann ist $L_s := \{a \in L \mid a \text{ ist separabel über } K\}$ ein Teilkörper von L, der K enthält.*

Beweis: Man hat offenbar $K \subset L_s$. Sind $a, b \in L_s$, so ist nach 5.5 die Erweiterung $K(a,b)/K$ separabel. Es folgt, daß $a + b$, $-a$, ab und a^{-1} (im Falle $a \neq 0$) separabel über K sind; also sind diese Elemente in L_s enthalten. $\qquad\square$

Der Körper L_s in Satz 5.7 heißt die *separable Hülle von K* in L.

Satz 5.8. *Ist L/K eine separable Körpererweiterung, so sind für jeden Zwischenkörper M, $K \subset M \subset L$, die Erweiterungen L/M und M/K separabel.*

Beweis: Zu gegebenem $a \in L$ seien $m_{a,K} \in K[X]$ das Minimalpolynom von a über K und $m_{a,M} \in M[X]$ das von a über M. Das Polynom $m_{a,M}$ teilt $m_{a,K}$ in $M[X]$; nach Voraussetzung hat $m_{a,K}$ nur einfache Nullstellen in $\bar{K}$, also auch $m_{a,M}$ in $\bar{M} = \bar{K}$. Daher ist L/M separabel. Ist $a \in M$, so ist $a \in L$, also ist a separabel über K. Daher ist auch M/K separabel. $\qquad\square$

Definition: Sei K ein Körper. Ein irreduzibles Polynom $f \in K[X]$ heißt *separabel*, falls $f' \neq 0$. Ein beliebiges Polynom $g \in K[X]$, $g \notin K$, heißt *separabel*, falls jeder irreduzible Faktor von g separabel ist. Sonst heißt g *inseparabel*.

Satz 5.9. *Sei $f \in K[X]$, $f \notin K$ ein Polynom. Dann sind die folgenden Aussagen äquivalent:*

(i) *Der Zerfällungskörper von f über K ist separabel über K.*

(ii) *Das Polynom f ist separabel.*

Beweis: (i) $\Rightarrow$ (ii): Der Zerfällungskörper L von f über K sei separabel. Ist m ein normierter irreduzibler Teiler von f in $K[X]$, so hat m eine Nullstelle a in L, da f über L in Linearfaktoren zerfällt. Dann ist $m = m_{a,K}$ Minimalpolynom eines über K separablen Elementes in L; also gilt $m' = m'_{a,K} \neq 0$, und damit ist m separabel.

(ii) $\Rightarrow$ (i): Es gibt Elemente $a_1, \ldots, a_n$ im Zerfällungskörper L von f über K sowie $c \in K$, so daß $f = c\prod_{i=1}^{n}(X - a_i)$ und $L = K(a_1, \ldots, a_n)$ gilt. Das jeweilige Minimalpolynom $m_{a_i,K}$ von a_i über K ist ein irreduzibler Teiler von f, erfüllt also $m'_{a_i,K} \neq 0$. Daher ist jedes a_i separabel über K. Nun folgt (i) aus Satz 5.5. $\square$

Korollar 5.10. *Ist L/K eine separable endliche Körpererweiterung, so existiert ein Erweiterungskörper N von L, so daß die Erweiterung N/K normal, separabel und endlich ist.*

Beweis: Man geht wie im Beweis von Satz 4.8 vor. Man wählt $a_1, \ldots, a_n$ mit $L = K(a_1, \ldots, a_n)$ und nimmt dann als N den Zerfällungskörper des Polynoms $f = \prod_{i=1}^{n} m_{a_i,K}$ über L. $\square$

Das folgende Ergebnis wird gewöhnlich *der Satz vom primitiven Element* genannt.

Satz 5.11. *Sei L/K eine separable endliche Körpererweiterung. Dann existiert ein Element $a \in L$, so daß $L = K(a)$ gilt.*

Beweis: Ist K ein endlicher Körper, so ist L endlich. Die multiplikative Gruppe L^* von L ist zyklisch, siehe Satz IV.2.4. Ist a ein erzeugendes Element von L^*, so gilt $L = K(a)$.

Wir setzen jetzt voraus, daß K unendlich ist. Da L/K eine endliche Erweiterung ist, existieren $a_1, \ldots, a_n \in L$ mit $L = K(a_1, \ldots, a_n)$. Wir führen Induktion über n durch. Ist $n = 1$, so ist $L = K(a_1)$, und die Behauptung gilt. Ist $n > 1$, so können wir wegen der Induktionsannahme und 5.8 annehmen, daß es ein $b \in L$ mit $K(b) = K(a_1, \ldots, a_{n-1})$ gibt. Für L folgt dann $L = K(b, a_n)$. Deshalb genügt es, die Behauptung für $n = 2$ zu beweisen.

Sei also $L = K(b, c)$ mit geeigneten $b, c \in L$ gegeben. Sei $\bar{K}$ ein algebraischer Abschluß von K. Wir bezeichnen mit $\varphi_1, \ldots, \varphi_m$ die verschiedenen K–Homomorphismen $\varphi_i\colon L \longrightarrow \bar{K}$. Es gilt $m = [L : K]_s = [L : K]$. Man betrachte das Polynom

$$g = \prod_{i<j} \left[(\varphi_i(b) - \varphi_j(b))\, X + \varphi_i(c) - \varphi_j(c) \right] \in \bar{K}[X].$$

Ist $i \neq j$, so $\varphi_i \neq \varphi_j$. Da $L = K(b,c)$ ist, folgt, daß $\varphi_i(b) \neq \varphi_j(b)$ oder $\varphi_i(c) \neq \varphi_j(c)$ gilt. Also ist $g \neq 0$. Da K als unendlich angenommen wurde, existiert ein $\lambda \in K$ mit $g(\lambda) \neq 0$. Aus der Definition von g erhält man durch Einsetzen $\lambda\varphi_i(b) - \lambda\varphi_j(b) \neq \varphi_j(c) - \varphi_i(c)$. Dies ergibt für $i < j$

$$\varphi_i(\lambda b + c) = \lambda\,\varphi_i(b) + \varphi_i(c) \neq \lambda\,\varphi_j(b) + \varphi_j(c) = \varphi_j(\lambda b + c).$$

Setzt man $a := \lambda b + c$, so sind also die Elemente $\varphi_i(a)$, $i = 1, \ldots, m$, alle verschieden. Diese sind Wurzeln des Minimalpolynoms $m_{a,K}$. Also gilt die Abschätzung

$$[K(a) : K] = \operatorname{grad} m_{a,K} \geq m = [L : K] = [L : K(a)] \cdot [K(a) : K].$$

Es folgt $[L : K(a)] = 1$ und deshalb $L = K(a)$. $\qquad\square$

§ 6 Endliche Körper

6.1. Sei K ein endlicher Körper, $|K| = q$. Wegen der Endlichkeit hat der Ringhomomorphismus $\chi\colon \mathbb{Z} \to K$ mit $\chi(m) = m \cdot 1_K$ für alle $m \in \mathbb{Z}$ einen nicht–trivialen Kern. Die Charakteristik von K ist deshalb eine Primzahl p (vgl. Beispiel III.2.5(3)), und K enthält einen zu $\mathbb{F}_p = \mathbb{Z}/p\mathbb{Z}$ isomorphen Teilkörper. Faßt man K als Vektorraum über $\mathbb{F}_p$ auf, so ist $\dim_{\mathbb{F}_p} K =: n$ endlich. Es folgt $q = p^n$.

Die multiplikative Gruppe K^* von K hat die Ordnung $|K^*| = q - 1 = p^n - 1$, also gilt für jedes Element $a \in K^*$ die Identität $a^{q-1} = 1$. Daher hat das Polynom $f = X^q - X \in \mathbb{F}_p[X]$ genau q verschiedene Wurzeln in K. Man erhält $f = \prod_{a \in K}(X - a)$, und K erweist sich als Zerfällungskörper von f über $\mathbb{F}_p$. Falls also ein endlicher Körper K der Ordnung $q = p^n$ existiert, so ist er bis auf Isomorphie eindeutig als Zerfällungskörper von $f = X^q - X \in \mathbb{F}_p[X]$ bestimmt.

Um die Existenz zu sichern, betrachte man deshalb zu einer Primzahl p und einer positiven ganzen Zahl n das Polynom $f = X^{p^n} - X$ über dem Körper $\mathbb{F}_p$ der Charakteristik $p > 0$. Sei $L \subset \overline{\mathbb{F}}_p$ Zerfällungskörper von f über $\mathbb{F}_p$. Der Körper L stimmt mit der Menge der Nullstellen von f in $\overline{\mathbb{F}}_p$ überein: Sind a, b Nullstellen von f, so auch $a + b$ und ab, denn

$$(a + b)^{p^n} - (a + b) = a^{p^n} + b^{p^n} - (a + b) = 0$$

und

$$(ab)^{p^n} - ab = a^{p^n} b^{p^n} - ab = (a^{p^n} - a)\, b^{p^n} + a\,(b^{p^n} - b) = 0.$$

Die neutralen Elemente 0 und 1 sind Nullstellen von f. Ist $a \neq 0$ Nullstelle von f, so auch $a^{-1} = a^{p^n-2}$. Weiter gilt

$$(-a)^{p^n} - (-a) = (-1)^{p^n} a^{p^n} - (-a).$$

Für p ungerade zeigt dies, daß auch $-a$ Nullstelle von f ist. Ist $p = 2$, so gilt $-a = a$. Da $f' = p^n X^{p^n-1} - 1 = -1$ gilt, sind alle Nullstellen von f nach IV.2.7 einfach. Deshalb enthält L genau p^n Elemente, und alle $a \in L$ sind separabel über $\mathbb{F}_p$.

Wir fassen zusammen.

> **Satz 6.2.** *Zu jeder Primzahl p und jeder positiven ganzen Zahl n gibt es einen endlichen Körper der Ordnung p^n. Dieser ist bis auf Isomorphie eindeutig als Zerfällungskörper L des Polynoms $f = X^{p^n} - X$ über $\mathbb{F}_p$ bestimmt. Die Elemente dieses Körpers stimmen mit den Nullstellen von f überein. Die Erweiterung $L/\mathbb{F}_p$ ist algebraisch, separabel und normal, und es gilt $[L : \mathbb{F}_p] = n$.*

Bemerkung: Man notiert den bis auf Isomorphie eindeutig bestimmten endlichen Körper der Ordnung $q = p^n$ gewöhnlich mit $\mathbb{F}_q$.

6.3. Ist $\mathbb{F}_q$ ein endlicher Körper, $q = p^n$, so ist der durch $x \mapsto x^p$, $x \in \mathbb{F}_q$, gegebene Homomorphismus $Fr \colon \mathbb{F}_q \to \mathbb{F}_q$ ein $\mathbb{F}_p$–Automorphismus von $\mathbb{F}_q$, denn Fr ist als nicht–trivialer Homomorphismus von Körpern injektiv und damit wegen der Endlichkeit von $\mathbb{F}_q$ auch surjektiv. Man nennt Fr den *Frobenius–Automorphismus* von $\mathbb{F}_q$.

> **Satz 6.4.** *Ist $q = p^n$, so ist die Gruppe $\mathrm{Aut}_{\mathbb{F}_p}(\mathbb{F}_q)$ der $\mathbb{F}_p$–Automorphismen zyklisch von der Ordnung n. Sie wird vom Frobenius–Automorphismus Fr erzeugt.*

Beweis: Es bezeichne s die Ordnung der von Fr erzeugten zyklischen Gruppe $\langle Fr \rangle$. Es gilt $Fr^n(a) = a^{p^n} = a$ für alle $a \in \mathbb{F}_q$. Also ist Fr^n die Identität, und s teilt n.

Andererseits gilt $a = Fr^s(a) = a^{p^s}$ für alle $a \in \mathbb{F}_q$. Also ist jedes $a \in \mathbb{F}_q$ Nullstelle des Polynoms $f = X^{p^s} - X$. Aber f hat höchstens p^s verschiedene Nullstellen, deshalb gilt $s \geq n$, also $s = n$. Da $|\mathrm{Aut}_{\mathbb{F}_p}(\mathbb{F}_q)| \leq n$ nach 5.2, erzeugt Fr die Gruppe $\mathrm{Aut}_{\mathbb{F}_p}(\mathbb{F}_q)$ der $\mathbb{F}_p$–Automorphismen von $\mathbb{F}_q$. $\square$

ÜBUNGEN

§ 1 Körpererweiterungen

1. Seien L/K und M/L Körpererweiterungen mit $[M : K] = [L : K] < \infty$. Zeige, daß $M = L$.

2. Seien p eine Primzahl und L/K eine Körpererweiterung mit $[L : K] = p$. Zeige, daß $L = K(a)$ für alle $a \in L$, $a \notin K$.

3. Sei L/K eine Körpererweiterung. Für zwei Zwischenkörper Z_1, Z_2 von L/K ist deren Kompositum $Z_1 \cdot Z_2$ als der von $Z_1 \cup Z_2$ erzeugte Teilkörper von L definiert. Zeige:
   (a) $Z_1 \cdot Z_2 = Z_1(Z_2) = Z_2(Z_1)$.
   (b) Sind die Erweiterungen Z_i/K, $i = 1, 2$, algebraisch, so ist auch $Z_1 \cdot Z_2/K$ algebraisch.

(c) Gilt $[Z_i : K] = m_i < \infty$ $(i = 1, 2)$, so gilt $[Z_1 \cdot Z_2 : K] \le m_1 \cdot m_2$. Sind m_1 und m_2 teilerfremd, so gilt die Gleichheit.

4. Seien K ein Körper, $n \in \mathbb{N}$ und $f, g \in K[X_1, \ldots, X_n]$. Zeige: $f = g \Longleftrightarrow$ für alle Körper $L \supset K$ und $a_1, \ldots, a_n \in L$ gilt $f(a_1, \ldots, a_n) = g(a_1, \ldots, a_n)$. (Vgl. Aufgabe IV.18.)

§ 2   Einfache Erweiterungen

5. Sei F ein Körper der Charakteristik char $F \ne 2$. Zeige:

   (a) Jede Körpererweiterung K/F vom Grad 2 wird durch Adjunktion einer Quadratwurzel erhalten: Man hat $K = F(d)$, wobei $D = d^2$ ein Element von F ist.

   (b) Sei a ein Element eines Erweiterungskörpers L von F mit $a^2 \in F$, aber $a \notin F$. Dann hat die Erweiterung $F(a)/F$ den Grad 2.

6. Seien $a = \sqrt[3]{2}$ und $b = \sqrt[4]{5}$. Bestimme $[\mathbb{Q}(a, b) : \mathbb{Q}]$.

7. Seien L/K eine Körpererweiterung und $c \in L$. Zeige: Ist c algebraisch über K und ist der Grad von $m_{c,K}$ ungerade, so gilt $K(c^2) = K(c)$.

8. Gegeben sei eine Körpererweiterung E/F. Bestimme das Minimalpolynom $m_{a,F}$ des Elementes $a \in E$ über dem Körper F in den folgenden Fällen

   (a) $E = \mathbb{C}$, $F = \mathbb{Q}$, $a = i$ (b) $E = \mathbb{C}$, $F = \mathbb{R}$, $a = i$

   (c) $E = \mathbb{C}$, $F = \mathbb{Q}$, $a = (\sqrt{5} + 1)/2$ (d) $E = \mathbb{C}$, $F = \mathbb{R}$, $a = \sqrt{7}$

   (e) $E = \mathbb{C}$, $F = \mathbb{Q}$, $a = (i\sqrt{3} - 1)/2$ (f) $E = \mathbb{C}$, $F = \mathbb{Q}$, $a = \sqrt{7}$

9. Welchen Grad besitzt die Körpererweiterung $\mathbb{Q}(\sqrt{2}, i)/\mathbb{Q}$? Bestimme das Minimalpolynom von $i + \sqrt{2}$ über $\mathbb{Q}$.

10. Bestimme alle Zwischenkörper $\mathbb{Q} \subset K \subset \mathbb{Q}(\sqrt[5]{17})$.

11. Sei $\alpha = \sqrt{2} + \sqrt{3}$.

    (a) Bestimme das Minimalpolynom $m_{\alpha, \mathbb{Q}}$.

    (b) Gib ein Polynom $P \in \mathbb{Q}[X]$ mit $P(\alpha) = \alpha^{-1}$ an.

12. In der folgenden Aufgabe bezeichnet T eine Unbestimmte. Zeige:

    (a) Der Restklassenring $K := \mathbb{F}_7[T]/(T^3 - 2)$ ist ein Körper mit 343 Elementen.

    (b) Das Polynom $X^3 - 2$ zerfällt in $K[X]$ in Linearfaktoren.

    (c) Der Restklassenring $L := \mathbb{Q}[T]/(T^3 - 2)$ ist ein Körper.

    (d) Das Polynom $X^3 - 2$ zerfällt in $L[X]$ nicht in Linearfaktoren.

13. Seien $K \subset L$ Körper, $f, g \in K[X]$ irreduzible Polynome vom Grad n bzw. m und $\alpha, \beta \in L$ mit $f(\alpha) = g(\beta) = 0$.

    (a) Gib ein Erzeugendensystem des K–Vektorraums $K[\alpha, \beta]$ an; folgere: $[K[\alpha, \beta] : K] \le n \cdot m$ und grad $m_{\alpha + \beta, K} \le n \cdot m$ und grad $m_{\alpha \cdot \beta, K} \le n \cdot m$.

    (b) Sei $\alpha' \in L$ eine weitere Nullstelle von f. Zeige: grad $m_{\alpha', K} = $ grad $m_{\alpha, K}$ und $[K(\alpha, \alpha') : K] \le n(n - 1)$.

14. Sei $z \in \mathbb{C} \setminus \mathbb{R}$ algebraisch vom Grad n über $\mathbb{Q}$. Zeige:

    (a) $[\mathbb{Q}[z, \bar{z}] : \mathbb{Q}[z + \bar{z}]] \ge 2$.

    (b) $\mathrm{Re}(z)$ ist algebraisch vom Grad $\le n(n - 1)/2$ über $\mathbb{Q}$.

15. Seien p, q Primzahlen und $L = \mathbb{Q}(\sqrt{p}, \sqrt[3]{q})$. Zeige, daß $L = \mathbb{Q}(\sqrt{p} \cdot \sqrt[3]{q})$ gilt, und bestimme den Körpergrad $[L : \mathbb{Q}]$.

§ 3   Algebraische Erweiterungen

16. Sei L/K eine Körpererweiterung. Eine Teilmenge S von L heißt *Transzendenzbasis von L über K*, wenn S algebraisch unabhängig über K ist (vgl. Aufgabe IV.20) und wenn $L/K(S)$ eine algebraische Erweiterung ist. Zeige:

(a) Ist S maximal unter den über K algebraisch unabhängigen Teilmengen von L, so ist S eine Transzendenzbasis von L über K.

(b) Jede über K algebraisch unabhängige Teilmenge von L ist in einer Transzendenzbasis von L über K enthalten.

(c) Ist L algebraisch abgeschlossen und ist $a \in L$ transzendent über K, so gibt es ein $\varphi \in \mathrm{Aut}_K(L)$ mit $\varphi(a) \neq a$.

17. Ein Körper K heißt *quadratisch abgeschlossen*, wenn jede quadratische Gleichung mit Koeffizienten aus K eine Lösung in K hat.

(a) Sei $\overline{K}$ ein algebraischer Abschluß von K. Zeige: Es gibt einen eindeutig bestimmten quadratisch abgeschlossenen Körper $K^{(2)}$, $K \subset K^{(2)} \subset \overline{K}$, so daß jeder andere quadratisch abgeschlossene Teilkörper K', $K \subset K' \subset \overline{K}$, diesen $K^{(2)}$ enthält.

(b) Ist $\mathbb{Q}^{(2)}/\mathbb{Q}$ endlich?

(c) Ist $\mathbb{Q}^{(2)}$ algebraisch abgeschlossen?

18. Sei P der Primkörper eines Körpers K. Zeige, daß jeder Automorphismus von K ein P–Automorphismus ist.

19. Zeige, daß $\mathrm{Aut}(\mathbb{R}) = \{\mathrm{Id}_{\mathbb{R}}\}$. Zeige, daß es Automorphismen von $\mathbb{C}$ gibt, die auf $\mathbb{R}$ nicht die Identität induzieren.

§ 4   Zerfällungskörper

20. (a) Zerlege das über $\mathbb{Q}$ irreduzible Polynom $f = X^3 - 7$ über dem Körper $K = \mathbb{Q}(\sqrt[3]{7})$ in irreduzible Faktoren.

(b) Bestimme den Zerfällungskörper L von f über $\mathbb{Q}$. Welchen Grad hat die Körpererweiterung $L/\mathbb{Q}$?

21. Sei $\mathbb{Q}(X, Y)$ der Polynomring in den Unbestimmten X, Y, sei I das von den Polynomen $f = X^3 - 2$ und $g = X^2 + XY + Y^2$ erzeugte Ideal in $\mathbb{Q}[X, Y]$. Zeige, daß $\mathbb{Q}[X, Y]/I$ ein Zerfällungskörper von f über $\mathbb{Q}$ ist.

22. (a) Gegeben seien die Polynome $f_1 = X^3 - 1, f_2 = X^4 + 5X^2 + 6, f_3 = X^6 - 8$ in $\mathbb{Q}[X]$. Konstruiere für jedes i einen Zerfällungskörper von f_i über $\mathbb{Q}$ und bestimme dessen Grad über $\mathbb{Q}$.

(b) Konstruiere einen Zerfällungskörper L über dem Körper $\mathbb{F}_2$ mit zwei Elementen für $f(X) = X^2 + X + 1 \in \mathbb{F}_2[X]$. Wieviele Elemente besitzt L?

23. Seien $K = \mathbb{Q}(\sqrt[3]{2})$ und $\mathbb{Q} \subset L \subset \mathbb{C}$ der Zerfällungskörper von $X^3 - 2$ über $\mathbb{Q}$. Sei $\zeta := e^{\frac{2\pi i}{3}}$ und $K' := \mathbb{Q}(\zeta \sqrt[3]{2})$. Zeige:

(a) $\zeta \sqrt[3]{2} \notin K$, $\zeta \sqrt[3]{2} \in L$ (b) $\zeta \notin K$, $\zeta \in L$

(c) $\sqrt{-3} \notin K$, $\sqrt{-3} \in L$ (d) $\sqrt[3]{2} \notin K'$

(e) $K'(\sqrt[3]{2}) = L = K'(\sqrt{-3})$ (f) $\mathrm{grad}\, m_{\sqrt[3]{2}, K'} = 2$

24. Sei $f \in \mathbb{Q}[X]$ irreduzibel; sei $f(X) = (X - \alpha_1)(X - \alpha_2)\ldots(X - \alpha_n)$ mit $\alpha_1, \alpha_2, \ldots, \alpha_n \in \mathbb{C}$. Sei $L = \mathbb{Q}(\alpha_1, \ldots, \alpha_n)$ der Zerfällungskörper von f. Für jede Permutation π von $\{1, 2, \ldots, n\}$ gebe es einen Automorphismus $\sigma \in \mathrm{Aut}_\mathbb{Q}(L)$ mit $\sigma\alpha_i = \alpha_{\pi(i)}$ für $i = 1, 2, \ldots, n$. Zeige:

(a) Die α_i sind alle verschieden.

(b) Die $\alpha_i + \alpha_j$ mit $1 \le i < j \le n$ sind alle verschieden.

25. Beweise oder widerlege, daß für alle Körper $K \subset L_1 \subset L_2$ gilt:

(a) Wenn L_1/K und L_2/L_1 endliche, algebraische Erweiterungen sind, so ist auch L_2/K endlich und algebraisch.

(b) Wenn L_1/K und L_2/L_1 normal sind, so ist auch L_2/K normal.

(c) Wenn L_2/K normal ist, so ist auch L_1/K normal.

26. Seien K ein Körper, $f \in K[X]$ ein Polynom und L der Zerfällungskörper von f über K. Die Nullstellen von f in L seien einfach. Zeige, daß die folgenden Aussagen äquivalent sind:

(i) Die Gruppe $\mathrm{Aut}_K(L)$ operiert transitiv auf den Nullstellen von f.

(ii) Das Polynom f ist über K irreduzibel.

27. Sei K ein Körper der Charakteristik $p > 0$, und sei b eine Wurzel von $X^p - a \in K[X]$, $a \in K$. Bestimme $\mathrm{Aut}_K K(b)$.

28. Beweise oder widerlege, daß für alle Körper $K \subset L_1 \subset L_2$ gilt:

(a) Wenn L_2/K eine endliche, algebraische Erweiterung ist, dann gibt es zu jedem $\sigma_1 \in \mathrm{Aut}_K(L_1)$ ein $\sigma_2 \in \mathrm{Aut}_K(L_2)$ mit $\sigma_{2|L_1} = \sigma_1$.

(b) Ist L_2/K normal, so gibt es zu jedem $\sigma_1 \in \mathrm{Aut}_K(L_1)$ ein $\sigma_2 \in \mathrm{Aut}_K(L_2)$ mit $\sigma_{2|L_1} = \sigma_1$.

(c) Ist L_2/K normal, so gilt $\sigma_{2|L_1} \in \mathrm{Aut}_K(L_1)$ für jedes $\sigma_2 \in \mathrm{Aut}_K(L_2)$.

§ 5   Separable Erweiterungen

29. Sei L/K eine Körpererweiterung mit $\mathrm{char}(K) = p > 0$. Zeige: Ist $x \in L$ algebraisch über K, so gibt es eine ganze Zahl $e \ge 0$, so daß x^{p^e} separabel über K ist.

30. Seien K ein Körper der Charakteristik $p > 0$ und a ein Element aus K, das nicht als p-te Potenz eines Elementes aus K geschrieben werden kann. Zeige: Für jede ganze Zahl $e \ge 0$ ist $f = X^{p^e} - a$ ein über K irreduzibles Polynom.

31. Sei L/K eine Körpererweiterung mit $\mathrm{char}(K) = p > 0$. Ein Element $x \in L$ heißt *rein-inseparabel* über K, wenn es ein $e \ge 0$ mit $x^{p^e} \in K$ gibt. Zeige:

(a) Sei $x \in L$ rein-inseparabel über K. Ist $e > 0$ die kleinste natürliche Zahl mit $x^{p^e} \in K$, so ist das Minimalpolynom von x über K gerade

$$m_{x,K} = X^{p^e} - x^{p^e}.$$

(b) Ein Element $x \in L$ ist genau dann separabel und rein-inseparabel über K, wenn $x \in K$.

32. Eine algebraische Körpererweiterung L/K mit $\mathrm{char}(K) = p > 0$ heißt *rein-inseparabel*, wenn alle $x \in L$ rein-inseparabel über K sind. Zeige:

(a) Sei L/K eine algebraische Körpererweiterung mit $\mathrm{char}(K) = p > 0$. Es ist L/L_s rein-inseparabel. Die Erweiterung L/K ist genau dann rein-inseparabel, wenn $K = L_s$.

(b) Ist L/K eine endliche Körpererweiterung mit $\mathrm{char}(K) = p > 0$, so ist L/K genau dann rein-inseparabel, wenn $[L : K]_s = 1$.

33. Sei K ein Körper der Charakteristik $p > 0$, und sei $L = K(u)$ eine einfache transzendente Erweiterung von K. Zeige: Das Polynom $f = X^p - u \in L[X]$ ist irreduzibel und inseparabel.

34. Sei $f \in K[X]$ ein normiertes irreduzibles Polynom über einem Körper K und sei α eine Nullstelle von f in einem Erweiterungskörper von K. Ist auch $f(\alpha + 1) = 0$, so zeige:

(a) Der Körper K hat positive Charakteristik.

Ist $\mathrm{char}\, K = p$, und gilt zudem $\alpha^p - \alpha \in K$, so zeige man:

(b) f stimmt mit dem Polynom $X^p - X - (\alpha^p - \alpha)$ überein.

(c) Die Erweiterung $K(\alpha)/K$ ist normal und separabel.

(d) Die Gruppe $\mathrm{Aut}_K K(\alpha)$ ist zyklisch und hat Ordnung p.

35. Bestimme das Minimalpolynom über $\mathbb{Q}$ der Zahlen $\sqrt{2 + \sqrt[3]{2}}$ und $\sqrt{3} + \sqrt[5]{3}$.

36. Sei L der Zerfällungskörper des Polynoms $X^3 - 2$ in $\mathbb{Q}[X]$. Bestimme ein $a \in L$, so daß $L = \mathbb{Q}(a)$ gilt.

§ 6   Endliche Körper

37. Seien p eine Primzahl und d, n positive ganze Zahlen mit $d \mid n$.

(a) Zeige, daß $p^d - 1 \mid p^n - 1$ in $\mathbb{Z}$.

(b) Sei F ein endlicher Körper mit $|F| = p^n$. Zeige, daß $X^{p^d} - X$ über F in Linearfaktoren zerfällt und daß F einen Teilkörper mit p^d Elementen enthält.

38. Seien p eine Primzahl und n eine positive ganze Zahl.

(a) Zeige: Ein irreduzibles Polynom $f \in \mathbb{F}_p[X]$ teilt genau dann $X^{p^n} - X$, wenn $\mathrm{grad}\, f \mid n$.

(b) Für alle $d \in \mathbb{Z}$, $d > 0$ setze $M(d)$ gleich der Menge aller normierten und irreduziblen Polynome in $\mathbb{F}_p[X]$ vom Grad d. Zeige, daß $X^{p^n} - X = \prod_{d \mid n} \prod_{f \in M(d)} f$.

39. (a) Sei $K = \mathbb{F}_q$ ein endlicher Körper. Wieviel Elemente in K sind Quadrate eines Elementes in K?

(b) Zeige: In einem endlichen Körper kann jedes Element als Summe von zwei Quadraten geschrieben werden.

40. Es seien K ein endlicher Körper und a, b von Null verschiedene Elemente aus K. Zeige, daß es $x, y \in K$ mit $1 + ax^2 + by^2 = 0$ gibt.

41. (a) Bestimme den Zerfällungskörper des Polynoms $f = X^4 - 16X^2 + 4$ in $\mathbb{Q}[X]$ und entscheide, ob f irreduzibel über $\mathbb{Q}$ ist.

(b) Zeige für jeden endlichen Körper k, daß das Polynom $g = X^4 - 16X^2 + 4$ in $k[X]$ reduzibel ist.

VI Galoistheorie

In diesem Kapitel wird zunächst der Hauptsatz der Galoistheorie bewiesen; danach gibt es unter bestimmten Voraussetzungen eine Bijektion von der Menge aller Zwischenkörper einer Körpererweiterung auf die Menge aller Untergruppen einer Automorphismengruppe. Diese Bijektion wird in bestimmten Fällen genauer beschrieben, insbesondere, wenn die Körpererweiterung durch Adjunktion einer Einheitswurzel oder, allgemeiner, einer beliebigen Wurzel, entsteht. Als Anwendung erhält man das klassische Resultat von Galois über die Auflösbarkeit von Gleichungen durch Radikale. Außerdem beweisen wir die Existenz spezieller Basen („Normalbasen") für die hier betrachteten Erweiterungen.

§ 1 Galoiserweiterungen

1.1. Eine algebraische Körpererweiterung L/K heißt *galoissch* oder *Galoiserweiterung*, wenn L/K separabel und normal ist. In diesem Fall heißt die Gruppe $\mathrm{Aut}_K(L)$ der K–Automorphismen von L die *Galoisgruppe von L über K* und wird mit $G(L/K)$ bezeichnet.

Sei L/K eine Galoiserweiterung. Ist f ein irreduzibles Polynom in $K[X]$, das in L eine Nullstelle hat, so permutiert $G(L/K)$ die Nullstellen von f in L transitiv. Wir können nämlich annehmen, daß f normiert ist; dann gilt für jede Nullstelle a von f in L, daß $f = m_{a,K}$. Nun folgt die Behauptung aus Satz V.4.6.

Für eine endliche Galoiserweiterung L/K gilt

$$|G(L/K)| = [L : K] \tag{1}$$

nach V.5.1(1).

Ist G eine Gruppe von Automorphismen eines Körpers L, so bildet die Menge $L^G := \{a \in L \mid \varphi(a) = a \text{ für alle } \varphi \in G\}$ einen Körper; man nennt ihn den *Fixkörper* von G.

> **Satz 1.2.** *Sei L/K eine galoissche Erweiterung. Dann ist der Fixkörper der Galoisgruppe $G(L/K)$ gerade K, d.h. $L^{G(L/K)} = K$.*

Beweis: Man setze $G := G(L/K)$; nach Definition gilt $K \subset L^G$. Ist $a \in L$, $a \notin K$, so ist der Grad von $m_{a,K}$ mindestens 2. Weil L/K normal ist, zerfällt $m_{a,K}$ über L in Linearfaktoren. Weil L/K separabel ist, ist a einfache Nullstelle von $m_{a,K}$. Daher gibt es ein $b \in L$, $b \neq a$ mit $m_{a,K}(b) = 0$. Nach 1.1 gibt es ein $\varphi \in \mathrm{Aut}_K(L)$ mit $\varphi(a) = b \neq a$; also gilt $a \notin L^G$. Nun folgt $L^G = K$. $\qquad\square$

Satz 1.3. *Seien L ein Körper und H eine endliche Gruppe von Automorphismen von L. Dann ist L/L^H eine Galoiserweiterung mit Galoisgruppe $G(L/L^H) = H$; es gilt $[L : L^H] = |H|$.*

Beweis: Zu gegebenem $a \in L$ sei $Y_a := \{\varphi(a) \mid \varphi \in H\}$. Seien $a_1 = a$, $a_2, \ldots, a_n$ mit $n = |Y_a| \le |H|$ die endlich vielen Elemente von Y_a. Jeder Automorphismus $\varphi \in H$ definiert eine Permutation von Y_a. Für das Polynom $f_a := \prod_{i=1}^n (X - a_i)$ gilt deshalb $\varphi^*(f_a) = \prod_{i=1}^n (X - \varphi(a_i)) = f_a$ für alle $\varphi \in H$. Daher gehören die Koeffizienten von f_a zu L^H, und damit ist $f_a \in L^H[X]$. Als Nullstelle des separablen Polynoms f_a über L^H ist a deshalb algebraisch und separabel über L^H. Daher ist die Erweiterung L/L^H algebraisch und separabel. Der Körper L ist der Zerfällungskörper der Menge $F := \{f_a \mid a \in L\} \subset L^H[X] \setminus L^H$ über L^H, also ist L/L^H normal und damit eine Galoiserweiterung. Man bemerke, daß m_{a,L^H} ein Teiler von f_a ist; also gilt $\operatorname{grad} m_{a,L^H} \le n \le |H|$ für alle $a \in L$.

Gilt $|H| < [L : L^H] \le \infty$, so gibt es eine endliche Teilmenge $S \subset L$, so daß für den Zwischenkörper $M = L^H(S)$ die Ungleichungen $|H| < [M : L^H] < \infty$ gelten. Nach dem Satz vom primitiven Element (V.5.11) existiert ein $c \in L$ mit $M = L^H(c)$. Daraus folgt aber $\operatorname{grad} m_{c,L^H} = [L^H(c) : L^H] > |H|$, im Widerspruch zur abschließenden Bemerkung des ersten Absatzes. Daher gilt $[L : L^H] \le |H|$. Andererseits ist $H \subset \operatorname{Aut}_{L^H}(L)$, und nach Lemma V.5.2.b gilt $|\operatorname{Aut}_{L^H}(L)| \le [L : L^H]$. Also folgt $|H| \le [L : L^H]$. Da wir die umgekehrte Ungleichung schon haben, erhalten wir nun $|H| = [L : L^H] = |\operatorname{Aut}_{L^H}(L)|$ und damit auch $H = \operatorname{Aut}_{L^H}(L) = G(L/L^H)$. $\qquad\square$

Bemerkung: Für alle $a \in L$ folgt nun $m_{a,L^H} = f_a$ mit der Notation des Beweises. Denn nach 1.1 sind alle $\varphi(a)$ mit $\varphi \in H = G(L/L^H)$ Nullstellen von m_{a,L^H}, also ist f_a ein Teiler von m_{a,L^H}. Da aber, wie im Beweis gesehen, auch m_{a,L^H} ein Teiler von f_a ist und da beide Polynome normiert sind, folgt ihre Gleichheit.

Satz 1.4. *Sei L/K eine endliche Galoiserweiterung. Es bezeichne $\mathcal{U}$ die Menge aller Untergruppen der Galoisgruppe $G(L/K)$ und $\mathcal{Z}$ die Menge aller Zwischenkörper der Erweiterung L/K. Die Zuordnungen*

$$\begin{array}{ccc} \gamma\colon \mathcal{Z} & \longrightarrow & \mathcal{U} \\ M & \longmapsto & G(L/M) \end{array} \qquad \text{und} \qquad \begin{array}{ccc} \rho\colon \mathcal{U} & \longrightarrow & \mathcal{Z} \\ H & \longmapsto & L^H \end{array}$$

sind zueinander inverse Bijektionen; sie kehren die Enthaltenseinsrelation um. Für eine Untergruppe $H \in \mathcal{U}$ und einen Automorphismus $\varphi \in G(L/K)$ gilt

$$\varphi(L^H) = L^{\varphi H \varphi^{-1}}.$$

Für einen Zwischenkörper M der Erweiterung L/K ist die Erweiterung M/K genau dann normal, wenn die Untergruppe $G(L/M)$ normal in $G(L/K)$ ist. Ist dies der Fall, so definiert die Restriktion

$\varphi \mapsto \varphi_{|M}$ *einen surjektiven Homomorphismus* $G(L/K) \to G(M/K)$, *dessen Kern gerade* $G(L/M)$ *ist. Man erhält einen Isomorphismus* $G(M/K) \cong G(L/K)/G(L/M)$.

Beweis. Sei $M \in \mathcal{Z}$ ein Zwischenkörper der Galoiserweiterung L/K. Dann ist auch L/M Galoiserweiterung (vgl. V.4.7.a und V.5.8), und es gilt für die Galoisgruppe $\gamma(M) = G(L/M)$ die Gleichheit $M = L^{G(L/M)} = L^{\gamma(M)} = \rho(\gamma(M))$. Dies beweist $\rho \circ \gamma = \mathrm{Id}_{\mathcal{Z}}$.

Sei $H \in \mathcal{U}$ eine Untergruppe der Galoisgruppe $G(L/K)$. Nach Satz 1.3 gilt für den Fixkörper $L^H = \rho(H)$, daß L/L^H eine Galoiserweiterung mit Galoisgruppe $G(L/L^H) = H$ ist. Es folgt $\gamma(\rho(H)) = \gamma(L^H) = G(L/L^H) = H$, d.h. $\gamma \circ \rho = \mathrm{Id}_{\mathcal{U}}$. Damit sind ρ und γ zueinander inverse Bijektionen.

Für $M_1, M_2 \in \mathcal{Z}$ gilt: Aus $M_1 \subset M_2$ folgt $G(L/M_1) \supset G(L/M_2)$, und für $H_1, H_2 \in \mathcal{U}$ impliziert $H_1 \subset H_2$ die Beziehung $L^{H_1} \supset L^{H_2}$, d.h., die Enthaltenseinsrelation wird durch γ und ρ umgekehrt.

Seien $H \in \mathcal{U}$ und $\varphi \in G(L/K)$. Ein beliebiges $a \in L$ gehört genau dann zu L^H, wenn $a = \tau(a)$ für alle $\tau \in H$. Diese Bedingung ist äquivalent zu $\varphi(a) = \varphi\tau(a) = (\varphi\tau\varphi^{-1})(\varphi(a))$ für alle $\tau \in H$, also zu $\varphi(a) \in L^{\varphi H \varphi^{-1}}$. Damit folgt $\varphi(L^H) = L^{\varphi H \varphi^{-1}}$.

Sei $H \in \mathcal{U}$. Ist die Erweiterung L^H/K normal, so gilt $L^H = \varphi(L^H) = L^{\varphi H \varphi^{-1}}$ für alle $\varphi \in G(L/K)$ nach Satz V.4.5. Die Bijektivität von ρ impliziert nun $H = \varphi H \varphi^{-1}$ für alle $\varphi \in G(L/K)$. Also ist H eine normale Untergruppe von $G(L/K)$.

Sei umgekehrt $N \trianglelefteq G(L/K) =: G$ eine normale Untergruppe. Dann gilt für den Fixkörper L^N, daß $G(L/L^N) = N$. Die Faktorgruppe G/N operiert in natürlicher Weise auf L^N, und es gilt $(L^N)^{G/N} = L^G = K$. Es folgt, daß $L^N/(L^N)^{G/N} = L^N/K$ eine Galoiserweiterung mit Galoisgruppe $G(L^N/K) \cong G/N = G(L/K)/G(L/L^N)$ ist. Der Isomorphismus wird durch die Restriktionsabbildung $G = G(L/K) \to G(L^N/K)$ mit Kern N induziert. $\square$

Satz 1.5. (Translationssatz) *Seien* L/K *und* M/K *Körpererweiterungen, so daß* M *und* L *in einem gemeinsamen Erweiterungskörper enthalten sind. Ist* L/K *eine endliche Galoiserweiterung, so ist auch das Kompositum* $L \cdot M/M$ *eine Galoiserweiterung, und die Zuordnung* $G(L \cdot M/M) \to G(L/K)$, $\sigma \mapsto \sigma_{|L}$ *definiert einen Isomorphismus* $G(L \cdot M/M) \cong G(L/L \cap M)$.

Beweis: Die Erweiterung $L \cdot M/M$ ist nach V.4.7.b endlich und normal. Nach Satz V.5.5 gibt es über K separable Elemente $a_1, \dots, a_n \in L$ mit $L = K(a_1, \dots, a_n)$. Dann ist $L \cdot M = M(a_1, \dots, a_n)$, und die a_i sind auch über M separabel, siehe den Beweis von Satz V.5.8. Daher ist $L \cdot M/M$ separabel und deshalb eine endliche Galoiserweiterung. Durch $\sigma \mapsto \sigma_{|L}$ wird ein Homomorphismus res: $G(L \cdot M/M) \to G(L/K)$ definiert. Dieser ist injektiv, denn aus $\sigma \in \ker(\mathrm{res})$ folgt $\sigma_{|L} = \mathrm{Id}_L$ und $\sigma_{|M} = \mathrm{Id}_M$, also $\sigma = \mathrm{Id}$. Für

$H := \mathrm{im}\,(\mathrm{res})$ gilt $L^H = L \cap (L \cdot M)^{G(L \cdot M / M)} = L \cap M$. Mit 1.3 ergibt sich
$\mathrm{im}\,(\mathrm{res}) = G(L/L^H) = G(L/L \cap M) \subset G(L/K)$. $\qquad\qquad\qquad \square$

Satz 1.6. (Produktsatz) *Seien* L_1/K, L_2/K *endliche Galoiserweite-*
rungen, so daß L_1 *un* L_2 *in einem gemeinsamen Erweiterungskörper*
enthalten sind. Dann ist $L_1 \cdot L_2/K$ *eine Galoiserweiterung, und die*
Zuordnung $\sigma \mapsto (\sigma_{|L_1}, \sigma_{|L_2})$ *definiert einen injektiven Homomorphis-*
mus $G(L_1 L_2/K) \to G(L_1/K) \times G(L_2/K)$. *Gilt* $L_1 \cap L_2 = K$, *so ist*
dies ein Isomorphismus.

Beweis: Die Erweiterung $L_1 L_2/K$ ist galoissch. Denn ist L_i (für $i = 1, 2$)
Zerfällungskörper über K einer Teilmenge $F_i \subset K[X] \setminus K$, so ist $L_1 L_2$
Zerfällungskörper über K von $F_1 \cup F_2$. Außerdem ist $L_1 L_2/L_2$ nach Satz 1.5
separabel. Da L_2/K nach Voraussetzung separabel ist, folgt die Separabilität
von $L_1 L_2/K$ aus Satz V.5.8.

Gilt für $\sigma \in G(L_1 L_2/K)$, daß $\sigma_{|L_1} = \mathrm{Id}$ und $\sigma_{|L_2} = \mathrm{Id}$, so ist $\sigma = \mathrm{Id}$.
Deshalb definiert die Zuordnung $\sigma \mapsto (\sigma_{|L_1}, \sigma_{|L_2})$ einen injektiven Grup-
penhomomorphismus. Ist $L_1 \cap L_2 = K$, so folgt aus dem Translationssatz
$G(L_1 L_2/L_2) \cong G(L_1/L_1 \cap L_2) = G(L_1/K)$ und $G(L_1 L_2/L_1) \cong G(L_2/K)$,
also ist die Abbildung in dem Fall auch surjektiv. $\qquad\qquad\qquad \square$

Beispiele 1.7. (1) Wir betrachten in $\mathbb{C}$ den Zerfällungskörper L von
$f = X^4 - 2 \in \mathbb{Q}[X]$ über $\mathbb{Q}$. Nach Beispiel 2 zu Satz V.4.7 gilt $L = \mathbb{Q}(a, i)$
mit $a = \sqrt[4]{2} \in \mathbb{R}$ und $[L : \mathbb{Q}] = 8$.

Aus der Gradformel folgt $[\mathbb{Q}(i)(a) : \mathbb{Q}(i)] = [L : \mathbb{Q}(i)] = 4$. Daher hat
$m_{a, \mathbb{Q}(i)}$ Grad 4, ist also gleich $X^4 - 2$. Da ia eine Nullstelle dieses Polynoms
ist, folgt nach 1.1, daß es ein $\sigma \in G(L/\mathbb{Q}(i)) \le G(L/\mathbb{Q})$ mit $\sigma(a) = ia$ gibt.
Indem man in diesem Argument die Rollen von a und i vertauscht, zeigt
man, daß $m_{i, \mathbb{Q}(a)} = X^2 + 1$, und erhält dann ein $\tau \in G(L/\mathbb{Q}(a)) \le G(L/\mathbb{Q})$
mit $\tau(i) = -i$.

Elemente $\varphi \in G := G(L/\mathbb{Q})$ sind durch $\varphi(a)$ und $\varphi(i)$ eindeutig festgelegt. Die beiden oben konstruierten Elemente σ und τ von G erfüllen:

$$\sigma: i \mapsto i,\ a \mapsto ia, \qquad \text{und} \qquad \tau: i \mapsto -i,\ a \mapsto a.$$

Wir behaupten, daß $G = \{\mathrm{Id}, \sigma, \sigma^2, \sigma^3, \tau, \sigma\tau, \sigma^2\tau, \sigma^3\tau\}$. Es reicht zu zeigen,
daß diese acht Elemente paarweise verschieden sind, da $|G| = [L : \mathbb{Q}] = 8$.
Das sieht man leicht, indem man ihre Wirkung auf a und i bestimmt. So
zeigt man auch, daß $\sigma^4 = \mathrm{Id}$ und $\tau^2 = \mathrm{Id}$.

Die Zuordnung $x \mapsto \sigma$, $y \mapsto \tau$ definiert einen Isomorphismus zwischen
der Diedergruppe $D_4 = \langle x, y \mid x^4 = 1, y^2 = 1, xy = yx^3 \rangle$ und $G(L/\mathbb{Q})$,
vgl. I.5.7(1).

Die Galoisgruppe $G(L/\mathbb{Q})$ hat die Untergruppen

$$U_1 := \{\mathrm{Id}, \sigma, \sigma^2, \sigma^3\}, \quad U_2 := \{\mathrm{Id}, \sigma^2, \tau, \sigma^2\tau\}, \quad U_3 := \{\mathrm{Id}, \sigma^2, \sigma\tau, \sigma^3\tau\}$$

der Ordnung 4; hier ist U_1 zyklisch, während U_2 und U_3 zur Kleinschen Vierergruppe $\mathbb{Z}/2\mathbb{Z} \times \mathbb{Z}/2\mathbb{Z}$ isomorph sind. Es gibt in $G(L/\mathbb{Q})$ die folgenden fünf (zyklischen) Untergruppen der Ordnung 2:

$$V_1 = \{\mathrm{Id}, \sigma^2\}, \ V_2 = \{\mathrm{Id}, \tau\}, \ V_3 = \{\mathrm{Id}, \sigma\tau\}, \ V_4 = \{\mathrm{Id}, \sigma^2\tau\}, \ V_5 = \{\mathrm{Id}, \sigma^3\tau\}.$$

Die normalen Untergruppen von $G(L/\mathbb{Q})$ sind gerade $G(L/\mathbb{Q}), U_1, U_2, U_3, V_1$ und $\{\mathrm{Id}\}$. Die Inklusionen zwischen den Untergruppen von $G(L/\mathbb{Q})$ werden durch das folgende Diagramm beschrieben:

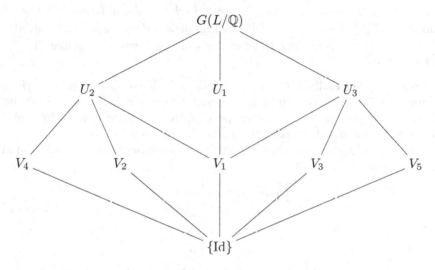

Man erhält ein entsprechendes Diagramm von Inklusionen für die zugehörigen Fixkörper. Unmittelbar erkennt man

$$L^{U_2} = \mathbb{Q}(\sqrt{2}), \qquad L^{U_1} = \mathbb{Q}(i), \qquad L^{U_3} = \mathbb{Q}(i\sqrt{2});$$

diese Körper haben den Grad 2 über $\mathbb{Q}$. Weiter gilt

$$L^{V_4} = \mathbb{Q}(ia), \qquad L^{V_2} = \mathbb{Q}(a), \qquad L^{V_1} = \mathbb{Q}(i, \sqrt{2}),$$

$$L^{V_3} = \mathbb{Q}((1+i)a), \qquad L^{V_5} = \mathbb{Q}((1-i)a).$$

Das überprüft man zum Beispiel so: Man rechnet nach, daß $\sigma\tau((1+i)a) = (1+i)a$ und daß $\sigma^2((1+i)a) \neq (1+i)a$. Das erste Ergebnis zeigt, daß $\mathbb{Q}((1+i)a) \subset L^{V_3}$, das zweite, daß $\mathbb{Q}((1+i)a) \neq L^{U_k}$ für alle k. Dann bleibt $\mathbb{Q}((1+i)a) = L^{V_3}$ als einzige Möglichkeit übrig.

Die Untergruppe V_2 ist zu V_4 konjugiert, die Untergruppe V_3 zu V_5; genauer gilt $\sigma V_2 \sigma^{-1} = V_4$ und $\sigma V_3 \sigma^{-1} = V_5$. Dem entspricht, daß σ Iso-morphismen $\mathbb{Q}(a) \cong \mathbb{Q}(ia)$ und $\mathbb{Q}((1+i)a) \cong \mathbb{Q}((1-i)a)$ induziert. Die übrigen fünf Untergruppen von $G(L/K)$ sind normal, also die entsprechen-den Fixkörper stabil unter allen Elementen von $G(L/K)$.

(2) Sei p eine Primzahl. Wir betrachten einen algebraischen Abschluß $\bar{\mathbb{F}}_p$ des endlichen Primkörpers $\mathbb{F}_p$. Nach Satz V.6.2 enthält $\bar{\mathbb{F}}_p$ für jede positive ganze Zahl n genau einen endlichen Teilkörper $\mathbb{F}_{p^n}$ der Ordnung p^n, und zwar ist $\mathbb{F}_{p^n}$ der Zerfällungskörper in $\bar{\mathbb{F}}_p$ von $X^{p^n} - X$ über $\mathbb{F}_p$. Die Erweiterung $\mathbb{F}_{p^n}/\mathbb{F}_p$ ist normal und separabel, also galoissch, mit $[\mathbb{F}_{p^n} : \mathbb{F}_p] = n$. Die Galoisgruppe $G := G(\mathbb{F}_{p^n}/\mathbb{F}_p)$ ist zyklisch von der Ordnung n, und wird vom Frobenius–Automorphismus erzeugt.

Zu jedem Teiler d von n gibt es nach Satz I.1.13 genau eine Untergruppe $H \leq G$ mit $|H| = n/d$, und man erhält so alle Untergruppen von G. Für den H zugeordneten Fixkörper $\mathbb{F}_{p^n}^H$ gilt nach 1.3 dann $G(\mathbb{F}_{p^n}/\mathbb{F}_{p^n}^H) = H$ und $[\mathbb{F}_{p^n} : \mathbb{F}_{p^n}^H] = n/d$. Die Gradformel impliziert dann $[\mathbb{F}_{p^n}^H : \mathbb{F}_p] = d$, also $\mathbb{F}_{p^n}^H = \mathbb{F}_{p^d}$. Daher sagt Satz 1.3, daß die Teilkörper von $\mathbb{F}_{p^n}$ genau die $\mathbb{F}_{p^d}$ mit $d \mid n$ sind.

(3) Sei L/K eine endliche Galoiserweiterung. Nach dem Satz vom primitiven Element (V.5.11) ist diese einfach, also existiert ein $a \in L$ mit $L = K(a)$. Ist H eine Untergruppe der Galoisgruppe $G(L/K)$, so kann man in folgender Weise vorgehen, um den Fixkörper L^H zu bestimmen.

Sind $\sigma_1 = \text{Id}, \sigma_2, \ldots, \sigma_n$ die Elemente der Gruppe H, so betrachte man das Polynom

$$f = \prod_{i=1}^{n}(X - \sigma_i(a)) =: \sum_{j=0}^{n} a_j X^j.$$

Für alle $\tau \in H$ gilt

$$\sum_{j=0}^{n} \tau(a_j) X^i = \prod_{i=1}^{n}(X - \tau \circ \sigma_i(a)) = \prod_{i=1}^{n}(X - \sigma_i(a)) = \sum_{j=0}^{n} a_j X^i,$$

also ist $f \in L^H[X]$. Wegen $f(a) = 0$ wird f von m_{a,L^H} geteilt. Der Grad von m_{a,L^H} ist gleich $[L^H(a) : L^H] = [L : L^H] = |H| = n$, also gleich dem Grad von f. Da f normiert ist, folgt $f = m_{a,L^H}$.

Adjungiert man nun die Koeffizienten des Minimalpolynoms m_{a,L^H} an den Grundkörper K, so erhält man L^H, d.h., es gilt $L^H = K(a_0, \ldots, a_n)$. Denn: Der Körper $K' := K(a_0, \ldots, a_n)$ ist ein Teilkörper von L^H. Das Polynom f gehört zu $K'[X] \subset L^H[X]$, ist normiert, und ist erst recht in $K'[X]$ irreduzibel, da es sogar in $L[X]$ irreduzibel ist. Daraus folgt $f = m_{a,K'}$, also $[K(a) : L^H] = [K(a) : K']$. Der Gradsatz impliziert dann $L^H = K'$.

§ 2   Einheitswurzeln

2.1. Sei K ein Körper. Ein Element endlicher Ordnung $\zeta \in K^*$ heißt *Einheitswurzel* in K. Ist $n \in \mathbb{N}$ eine positive natürliche Zahl und ist $\zeta \in K^*$ mit $\zeta^n = 1$, so heißt ζ eine *n–te Einheitswurzel*. Ist $n = \text{ord}\,\zeta = |\langle\zeta\rangle|$, so nennt man ζ eine *primitive n–te Einheitswurzel*. Jede n–te Einheitswurzel $\zeta \in K$ ist eine Nullstelle des Polynoms $X^n - 1$ in K. Die Menge der Nullstellen dieses Polynoms besteht aus höchstens n Elementen; sie ist eine Untergruppe von K^*, bezeichnet $\mu_n(K)$, die nach IV.2.4 zyklisch ist. Ist ζ eine n-te Einheitswurzel mit $\zeta \neq 1$, so ist ζ eine Nullstelle von $(X^n - 1)/(X - 1)$, also gilt die Identität $\zeta^{n-1} + \zeta^{n-2} + \cdots + \zeta + 1 = 0$.

Im Körper $\mathbb{C}$ der komplexen Zahlen kann die Menge $\mu_n(\mathbb{C})$ der n-ten Einheitswurzeln mit Hilfe der Exponentialfunktion exp beschrieben werden; man hat

$$\mu_n(\mathbb{C}) = \{ \exp(2\pi i k/n) \mid 0 \leq k < n \}.$$

Die primitiven n-ten Einheitswurzeln sind nun gerade die $\exp(2\pi i k/n)$ mit $0 \leq k < n$ und $\mathrm{ggT}(k, n) = 1$. Die n-ten Einheitswurzeln haben den Absolutbetrag 1 und lassen sich geometrisch als die Punkte auf der Kreislinie aller $z \in \mathbb{C}$ mit $|z| = 1$ in der komplexen Zahlenebene mit den Koordinaten $(\cos(2\pi k/n), \sin(2\pi k/n))$, $k = 0, \ldots, n - 1$, interpretieren. Man nennt $\mathbb{Q}(\zeta)$ mit $\zeta = \exp(2\pi i/n)$ den n-ten *Kreisteilungskörper*; dies ist ein Zerfällungskörper des Polynoms $X^n - 1$ über $\mathbb{Q}$.

Die Menge U aller Einheitswurzeln in $\mathbb{C}$ ist zur Gruppe $\mathbb{Q}/\mathbb{Z}$ isomorph, wobei der Isomorphismus $\mathbb{Q}/\mathbb{Z} \to U$ durch $q + \mathbb{Z} \mapsto \exp(2\pi i q)$ gegeben ist.

Sei K ein Körper der Charakteristik $\mathrm{char}\, K = p > 0$ und sei $n = p^s m$ eine positive natürliche Zahl, wobei m nicht durch p teilbar ist. Dann gilt $X^n - 1 = (X^m - 1)^{p^s}$, also haben die Polynome $X^n - 1$ und $X^m - 1$ dieselben Nullstellen in einem algebraischen Abschluß $\bar{K}$ von K; ihre Zerfällungskörper in $\bar{K}$ stimmen überein. Wenn wir nun den Zerfällungskörper von $X^n - 1$ untersuchen, können wir uns deshalb auf den Fall beschränken, daß n kein Vielfaches der Charakteristik von K ist. Wir sehen auch, daß es keine primitiven n-ten Einheitswurzeln in $\bar{K}$ gibt, wenn n durch $\mathrm{char}\, K$ teilbar ist.

Satz 2.2. *Seien K ein Körper und n eine positive ganze Zahl, die teilerfremd zu $\mathrm{char}\, K$ ist.*

(a) *Der Zerfällungskörper K_n des Polynoms $X^n - 1$ über K ist eine endliche separable und normale Erweiterung von K, also eine Galoiserweiterung.*

(b) *Die Anzahl der n-ten Einheitswurzeln in einem algebraischen Abschluß $\bar{K}$ von K ist gleich n, die der primitiven n-ten Einheitswurzeln gleich $\varphi(n) = |(\mathbb{Z}/n\mathbb{Z})^*|$.*

Beweis: Nach Voraussetzung ist n kein Vielfaches der Charakteristik von K. Dann besitzt das Polynom $X^n - 1$ keine mehrfachen Nullstellen, da der größte gemeinsame Teiler von $X^n - 1$ und seiner Ableitung nX^{n-1} gerade 1 ist, also $X^n - 1$ separabel ist. Damit ist der zugehörige Zerfällungskörper eine endliche, separable und normale Körpererweiterung, die Gruppe der n-ten Einheitswurzeln in $\bar{K}$ ist zyklisch von der Ordnung n und enthält genau $\varphi(n)$ erzeugende Elemente, vgl. die Bemerkung zu Satz I.1.13. $\qquad\square$

Bemerkung: Betrachte K und n wie im Satz. Ist K_n der Zerfällungskörper des Polynoms $X^n - 1$ über K, so gilt $|\mu_n(K_n)| = n$ und $\mu_n(K_n) \cong \mathbb{Z}/n\mathbb{Z}$. Da $\mu_n(K) \subset \mu_n(K_n)$ ist, folgt $\mu_n(K) \cong \mathbb{Z}/d\mathbb{Z}$ für einen Teiler d von n. Die Menge der primitiven n–ten Einheitswurzeln in K_n werde mit $\mu_n^*(K_n)$ bezeichnet; es ist also $|\mu_n^*(K_n)| = \varphi(n)$.

2.3. Das n–te *Kreisteilungspolynom* $\Phi_n \in \mathbb{C}[X]$ ist definiert als Produkt aller Polynome $X - \zeta$ über die primitiven n–ten Einheitswurzeln $\zeta \in \mathbb{C}$:

$$\Phi_n := \prod_{\zeta \in \mu_n^*(\mathbb{C})} (X - \zeta). \tag{1}$$

Es ist ein normiertes Polynom vom Grad $\varphi(n)$. Da die Ordnung einer n–ten Einheitswurzel ein Teiler von n ist, kann man $\mu_n(\mathbb{C})$ als disjunkte Vereinigung schreiben: $\mu_n(\mathbb{C}) = \bigcup_{d|n} \mu_d^*(\mathbb{C})$. Es folgt die Zerlegung

$$X^n - 1 = \prod_{\zeta \in \mu_n(\mathbb{C})} (X - \zeta) = \prod_{d|n} \Phi_d. \tag{2}$$

Satz 2.4. *Das n–te Kreisteilungspolynom Φ_n hat ganzzahlige Koeffizienten, d.h., es gilt $\Phi_n \in \mathbb{Z}[X]$.*

Beweis: Wir benützen Induktion über n. Man hat $\Phi_1 = X - 1 \in \mathbb{Z}[X]$. Nach Induktionsvoraussetzung ist das normierte Polynom $f = \prod_{d|n, d \neq n} \Phi_d$ ein Element in $\mathbb{Z}[X]$. Zu $X^n - 1$ existieren dann eindeutig bestimmte Polynome $q, r \in \mathbb{Z}[X]$ mit $X^n - 1 = qf + r$ und $\operatorname{grad} r < \operatorname{grad} f$. Andererseits gilt auch die Identität $X^n - 1 = \Phi_n f$ in $\mathbb{C}[X]$, also folgt $r = f(\Phi_n - q)$. Da $\operatorname{grad} r < \operatorname{grad} f$ gilt, muß $\Phi_n = q \in \mathbb{Z}[X]$ sein. $\square$

Beispiele: (1) Die Formel $\Phi_n = (X^n - 1)/\prod_{d|n, d \neq n} \Phi_d$ erlaubt die rekursive Berechnung von Kreisteilungspolynomen. Man erhält: $\Phi_1 = X - 1$, $\Phi_2 = X + 1$, $\Phi_3 = X^2 + X + 1$, $\Phi_4 = X^2 + 1$, $\Phi_5 = X^4 + X^3 + X^2 + X + 1$, $\Phi_6 = X^2 - X + 1$, $\Phi_7 = X^6 + X^5 + X^4 + X^3 + X^2 + X + 1$, $\Phi_8 = X^4 + 1, \ldots$

(2) Für eine Primzahl p gilt allgemein $\Phi_p = X^{p-1} + X^{p-2} + \cdots + X + 1$. Ist $\alpha \in \mathbb{N}$ eine positive natürliche Zahl, so gilt $X^{p^\alpha} - 1 = (X^{p^{\alpha-1}} - 1)\Phi_{p^\alpha}$, also folgt

$$\Phi_{p^\alpha} = (X^{p^\alpha} - 1)/(X^{p^{\alpha-1}} - 1) = \Phi_p(X^{p^{\alpha-1}}) = (X^{p^{\alpha-1}})^{p-1} + \cdots + X^{p^{\alpha-1}} + 1.$$

(3) Ist $n > 1$ ungerade, so ist $\zeta \in \mathbb{C}$ genau dann eine primitive n–te Einheitswurzel, wenn $-\zeta$ eine primitive $2n$–te Einheitswurzel in $\mathbb{C}$ ist. Dies folgt aus dem Isomorphismus $(\mathbb{Z}/2n\mathbb{Z})^* \cong (\mathbb{Z}/2\mathbb{Z})^* \times (\mathbb{Z}/n\mathbb{Z})^* \cong (\mathbb{Z}/n\mathbb{Z})^*$. Für das Kreisteilungspolynom Φ_{2n} gilt

$$\Phi_{2n}(-X) = \prod_j (-X - (-\zeta)^j) = \prod_j (X - \zeta^j) = \Phi_n(X).$$

2.5. Sei K ein Körper mit char $K \nmid n$. Bezeichne mit χ den einzigen Ring-homomorphismus $\chi \colon \mathbb{Z} \to K$, siehe III.3.5. Aus 2.3(2) folgt, daß

$$X^n - 1 = \prod_{d \mid n} \chi^*(\Phi_d) \tag{1}$$

in $K[X]$ gilt. Sei K_n ein Zerfällungskörper von $X^n - 1$ über K. Das zum Beweis von 2.3(2) benützte Argument zeigt, daß in $K_n[X]$

$$X^n - 1 = \prod_{d \mid n} \prod_{\zeta \in \mu_d^*(K_n)} (X - \zeta). \tag{2}$$

Mit Induktion über n folgt daraus

$$\chi^*(\Phi_n) = \prod_{\zeta \in \mu_n^*(K_n)} (X - \zeta). \tag{3}$$

(Der Fall $n = 1$ ist klar.) Dies bedeutet, daß $\chi^*(\Phi_n)$ das Analogon zu Φ_n über K ist; wir bezeichnen deshalb $\chi^*(\Phi_n)$ auch mit $\Phi_{n,K}$.

Satz 2.6. *Das n–te Kreisteilungspolynom Φ_n ist irreduzibel über $\mathbb{Z}$ und über $\mathbb{Q}$.*

Beweis: Das Polynom Φ_n ist normiert; also ist Φ_n genau dann über $\mathbb{Q}$ irreduzibel, wenn Φ_n über $\mathbb{Z}$ irreduzibel ist.

Sei K_n Zerfällungskörper von Φ_n über $\mathbb{Q}$. Der entscheidende Schritt im Beweis des Satzes ist die folgende Behauptung:

(∗) *Sei $\zeta \in K_n$ eine primitive n–te Einheitswurzel. Ist p eine Primzahl, die n nicht teilt, so stimmen die Minimalpolynome $m_{\zeta,\mathbb{Q}}$ von ζ und $m_{\zeta^p,\mathbb{Q}}$ von ζ^p über $\mathbb{Q}$ überein.*

Nehmen wir diese Behauptung an, so ergibt sich der Satz aus dem folgenden Argument: Wir wählen eine feste primitive n–te Einheitswurzel $\zeta \in K_n$. Eine beliebige primitive n–te Einheitswurzel hat dann die Form ζ^m mit $\mathrm{ggT}(m,n) = 1$. Nun wählen wir eine Primfaktorzerlegung $m = p_1 \ldots p_k$. Dann gilt $p_i \nmid n$ für alle i; mit ζ ist auch jedes $\zeta^{p_1 \cdots p_j}$ mit $1 \leq j \leq k$ primitive n–te Einheitswurzel. Wenden wir (∗) auf alle $\zeta^{p_1 \cdots p_{j-1}}$ an, so folgt induktiv, daß alle $\zeta^{p_1 \cdots p_j}$ dasselbe Minimalpolynom wie ζ haben. Insbesondere folgt $m_{\zeta,\mathbb{Q}}(\zeta^m) = 0$. Daher hat $m_{\zeta,\mathbb{Q}}$ mindestens $\varphi(n)$ Nullstellen, nämlich alle primitiven n–ten Einheitswurzeln in K_n. Da ζ auch eine Nullstelle von Φ_n ist, wird Φ_n von $m_{\zeta,\mathbb{Q}}$ geteilt. Weil Φ_n normiert ist und Grad $\varphi(n)$ hat, folgt nun $\Phi_n = m_{\zeta,\mathbb{Q}}$; insbesondere ist Φ_n irreduzibel.

Wir müssen nun (∗) beweisen. Zunächst bemerken wir, daß $m_{\zeta,\mathbb{Q}}$ und $m_{\zeta^p,\mathbb{Q}}$ ganzzahlige Koeffizienten haben: Φ_n zerlegt sich in $\mathbb{Z}[X]$ in der Form

$\Phi_n = \prod_{i=1}^{k} f_i$ mit irreduziblen $f_i \in \mathbb{Z}[X]$. Da Φ_n normiert ist und die f_i Koeffizienten in $\mathbb{Z}$ haben, sind die höchsten Koeffizienten der f_i gleich ± 1. Daher sind die f_i auch in $\mathbb{Q}[X]$ irreduzibel. Indem wir notfalls einige f_i durch $-f_i$ ersetzen, können wir annehmen, daß alle f_i normiert sind. Nun ist ζ eine Nullstelle von einem der Polynome f_i. Dieses f_i ist dann, da normiert und irreduzibel über $\mathbb{Q}$, gerade $m_{\zeta,\mathbb{Q}}$. Ebenso findet man ein j mit $m_{\zeta^p,\mathbb{Q}} = f_j \in \mathbb{Z}[X]$.

Um $m_{\zeta,\mathbb{Q}} = m_{\zeta^p,\mathbb{Q}}$ nachzuweisen, müssen wir $i = j$ zeigen. Gilt dies nicht, so ist $m_{\zeta,\mathbb{Q}} \cdot m_{\zeta^p,\mathbb{Q}} = f_i f_j$ ein Teiler von Φ_n in $\mathbb{Z}[X]$, also auch ein Teiler von $X^n - 1$.

Wir setzen zur Abkürzung $f := f_i = m_{\zeta,\mathbb{Q}}$ und $g := f_j = m_{\zeta^p,\mathbb{Q}}$. Wir nehmen an, daß $fg \mid X^n - 1$ in $\mathbb{Z}[X]$ und suchen einen Widerspruch. Wegen $g(\zeta^p) = 0$ ist ζ eine Wurzel des Polynoms $g(X^p)$. Also teilt f als Minimalpolynom von ζ das Polynom $g(X^p)$ in $\mathbb{Q}[X]$, aber dann auch in $\mathbb{Z}[X]$, vergleiche den Beweis von Satz 2.4. Es gibt also ein $h \in \mathbb{Z}[X]$ mit $g(X^p) = fh$.

Man betrachte jetzt den natürlichen Homomorphismus $\pi \colon \mathbb{Z} \to \mathbb{F}_p = \mathbb{Z}/p\mathbb{Z}$ und den zugehörigen Homomorphismus $\pi^* \colon \mathbb{Z}[X] \to \mathbb{F}_p[X]$. Schreibt man $g = \sum_{j=0}^{m} a_j X^j$ mit $a_j \in \mathbb{Z}$, so folgt, da $\pi(a_j) = \pi(a_j)^p$ in $\mathbb{F}_p$ gilt,

$$\pi^*(g)^p = \left(\sum \pi(a_j) X^j\right)^p = \sum \pi(a_j) X^{jp} = \pi^*(g(X^p))$$
$$= \pi^*(f)\,\pi^*(h),$$

d.h., $\pi^*(f)$ teilt $\pi^*(g)^p$ in $\mathbb{F}_p[X]$. Ist $q \in \mathbb{F}_p[X]$ ein irreduzibler Faktor von $\pi^*(f)$, dann teilt q auch $\pi^*(g)$. Daher teilt q^2 das Produkt $\pi^*(f)\pi^*(g)$, also auch $X^n - 1 = \pi^*(X^n - 1)$, da wir $fg \mid X^n - 1$ annehmen. Man kann also $X^n - 1 = q^2 s$ mit irgendeinem $s \in \mathbb{F}_p[X]$ schreiben. Bildet man die Ableitung, so erhält man

$$D(X^n - 1) = nX^{n-1} = 2qD(q)s + q^2 D(s).$$

Dies zeigt, daß das Polynom q das Polynom nX^{n-1} teilt. Da p eine Primzahl ist, die n nicht teilt, gilt $n \neq 0$ in $\mathbb{F}_p$. Also muß q das Polynom X^{n-1} teilen. Weil q irreduzibel ist, stimmt es (bis auf einen Faktor $\neq 0$) mit X überein. Auf diese Weise erhält man einen Widerspruch, da einerseits q das Polynom $X^n - 1$ teilt, andererseits aber X das Polynom $X^n - 1$ nicht teilt.
$\square$

Der folgende Satz gibt Auskunft über die Primfaktorzerlegung der Kreisteilungspolynome über endlichen Primkörpern.

Satz 2.7. *Seien n eine positive ganze Zahl und p eine Primzahl, die n nicht teilt. Sei e die Ordnung der Restklasse von p in $(\mathbb{Z}/n\mathbb{Z})^*$, also $e := \mathrm{ord}\,(p \bmod n)$ in $(\mathbb{Z}/n\mathbb{Z})^*$. Dann zerfällt das n–te Kreisteilungspolynom $\Phi_{n,\mathbb{F}_p}$ in $\varphi(n)/e$ verschiedene irreduzible Faktoren vom*

Grad e. Insbesondere ist $\Phi_{n,\mathbb{F}_p}$ genau dann irreduzibel, wenn die Restklasse von p modulo n die Einheitengruppe $(\mathbb{Z}/n\mathbb{Z})^*$ erzeugt.

Beweis: Sei ζ eine primitive n–te Einheitswurzel in K_n. Dann ist ζ eine Nullstelle von $\Phi_{n,\mathbb{F}_p}$, es gilt $K_n = \mathbb{F}_p(\zeta)$, und p^m ist die Anzahl der Elemente in K_n, wobei $m := [\mathbb{F}_p(\zeta) : \mathbb{F}_p]$. Es genügt, $m = e$ zu zeigen, denn dann sind die irreduziblen Faktoren von $\Phi_{n,\mathbb{F}_p}$ vom Grade e, und wegen $\operatorname{grad}\Phi_{n,\mathbb{F}_p} = \varphi(n)$ gibt es $\varphi(n)/e$ solche irreduzible Faktoren.

Die Ordnung $n = \operatorname{ord}\zeta$ von ζ in K_n^* ist ein Teiler von $|K_n^*| = p^m - 1$, also folgt $p^m \equiv 1 \bmod n$, und damit $(p \bmod n)^m = 1$, d.h. e teilt m, und deshalb ist $m \geq e$. Andererseits ist $p^e \equiv 1 \bmod n$, also wird $p^e - 1$ von n geteilt. Es folgt $\zeta^{p^e - 1} = 1$, und damit $\zeta^{p^e} = \zeta$. Deshalb ist der durch die Zuordnung $x \mapsto x^{p^e}$ definierte $\mathbb{F}_p$–Automorphismus von $\mathbb{F}_p(\zeta)$ die Identität, also gilt $x^{p^e - 1} = 1$ für alle $x \in \mathbb{F}_p(\zeta)^*$. Da $\mathbb{F}_p(\zeta)^*$ eine zyklische Gruppe der Ordnung $p^m - 1$ ist, folgt $e \geq m$. Somit ergibt sich $e = m$. $\qquad\square$

Seien K ein Körper und n eine positive ganze Zahl. Wir nehmen wieder an, daß $\operatorname{char} K \nmid n$. Der Zerfällungskörper K_n des Polynoms $X^n - 1$ über K ist eine Galoiserweiterung. Ist ζ eine primitive n–te Einheitswurzel in K_n^*, so gilt $K_n = K(\zeta)$; alle primitiven n–ten Einheitswurzeln sind dann von der Form ζ^m mit $(m, n) = 1$ und $0 < m < n$.

Ist $\sigma \in G(K_n/K)$, so ist $\sigma(\zeta)^n = \sigma(\zeta^n) = 1$, aber $\sigma(\zeta)^m = \sigma(\zeta^m) \neq 1$ für $0 < m < n$. Also hat $\sigma(\zeta)$ Ordnung n, und es gibt ein eindeutig bestimmtes Element $\Theta(\sigma) \in (\mathbb{Z}/n\mathbb{Z})^*$ mit $\sigma(\zeta) = \zeta^{\Theta(\sigma)}$. Die Zuordnung $\sigma \mapsto \Theta(\sigma)$ hängt nicht von der Wahl der primitiven n–ten Einheitswurzel ζ ab, denn für beliebiges $\eta \in \mu_n^*(K_n)$ existiert $k \in (\mathbb{Z}/n\mathbb{Z})^*$ mit $\eta = \zeta^k$, und es gilt $\sigma(\eta) = \sigma(\zeta^k) = \sigma(\zeta)^k = (\zeta^{\Theta(\sigma)})^k = \eta^{\Theta(\sigma)}$. Für alle $\sigma, \tau \in G(K_n/K)$ gilt $\Theta(\sigma \circ \tau) = \Theta(\sigma) \cdot \Theta(\tau)$ wegen $(\sigma \circ \tau)(\zeta) = \tau(\zeta^{\Theta(\sigma)}) = (\zeta^{\Theta(\sigma)})^{\Theta(\tau)} = \zeta^{\Theta(\sigma)\Theta(\tau)}$. Daher ist $\Theta : G(K_n/K) \to (\mathbb{Z}/n\mathbb{Z})^*$ ein Gruppenhomomorphismus. Dieser ist injektiv, da aus $\Theta(\sigma) = 1$ folgt, daß $\sigma(\zeta) = \zeta$ gilt, also ist σ (wegen $K_n = K(\zeta)$) die identische Abbildung.

Damit ist die erste Aussage im folgenden Satz bewiesen. Im Fall $K = \mathbb{Q}$ folgt aus Satz 2.6, daß $\Phi_n = m_{\zeta,\mathbb{Q}}$, also $[K_n : K] = [K(\zeta) : K] = \varphi(n) = |(\mathbb{Z}/n\mathbb{Z})^*|$; das gibt die zweite Aussage im Satz.

Satz 2.8. *Seien K ein Körper und n eine positive ganze Zahl mit $\operatorname{char} K \nmid n$. Dann gilt:*

(a) *Die Galoisgruppe $G(K_n/K)$ des Zerfällungskörpers des Polynoms $X^n - 1$ über K ist isomorph zu einer Untergruppe von $(\mathbb{Z}/n\mathbb{Z})^*$. Insbesondere ist diese Gruppe abelsch.*

(b) *Ist $K = \mathbb{Q}$, so ist $G(K_n/\mathbb{Q}) \cong (\mathbb{Z}/n\mathbb{Z})^*$.*

Wir betrachten nun speziell den Fall, daß $n = p$ eine Primzahl ist. Sei ζ eine primitive p–te Einheitswurzel in $\bar{\mathbb{Q}}$. In diesem Fall ist $G := G(\mathbb{Q}(\zeta)/\mathbb{Q})$ zyklisch von der Ordnung $p - 1$, da $G \cong (\mathbb{Z}/p\mathbb{Z})^* = \mathbb{F}_p^*$ nach Satz 2.8.b, vgl. IV.2.4. Für jeden Teiler d von $p-1$ hat G genau eine Untergruppe der Ordnung d; also hat $\mathbb{Q}(\zeta)/\mathbb{Q}$ genau einen Zwischenkörper M mit $[M:\mathbb{Q}] = (p-1)/d$. So erhält man alle Zwischenkörper von $\mathbb{Q}(\zeta)/\mathbb{Q}$.

Satz 2.9. *Seien p eine Primzahl, $\zeta \in \bar{\mathbb{Q}}$ eine primitive p-te Einheitswurzel und φ ein erzeugendes Element der Galoisgruppe $G(\mathbb{Q}(\zeta)/\mathbb{Q})$. Sei d ein Teiler von $p-1$. Setze $m = (p-1)/d$ und*

$$\eta_i := \sum_{k=0}^{d-1} \varphi^{i+km}(\zeta) \qquad \text{für } 0 \le i \le m-1.$$

Dann ist der Zwischenkörper M von $\mathbb{Q}(\zeta)/\mathbb{Q}$ mit $[M:\mathbb{Q}] = m$ durch $M = \mathbb{Q}(\eta_0) = \mathbb{Q}(\eta_1) = \cdots = \mathbb{Q}(\eta_{m-1})$ gegeben.

Beweis: Da $m_{\zeta,\mathbb{Q}} = \Phi_p$ Grad $p-1$ hat, ist $1, \zeta, \ldots, \zeta^{p-2}$ eine Basis von $\mathbb{Q}(\zeta) \cong \mathbb{Q}[X]/(\Phi_p)$ über $\mathbb{Q}$. Dann ist auch $\zeta, \zeta^2, \ldots, \zeta^{p-2}, \zeta^{p-1}$ eine solche Basis.

Weil die Galoisgruppe $G := G(\mathbb{Q}(\zeta)/\mathbb{Q}) = \{\varphi^i \mid 0 \le i \le p-2\}$ die Nullstellen des irreduziblen Polynoms Φ_p transitiv permutiert (siehe 1.1), gilt $\{\varphi^i(\zeta) \mid 0 \le i \le p-2\} = \{\zeta^j \mid 1 \le j \le p-1\}$. Daher bilden auch die $\varphi^i(\zeta)$ mit $0 \le i \le p-2$ eine Basis von $\mathbb{Q}(\zeta)$ über $\mathbb{Q}$. Da φ Ordnung $p-1$ hat, gilt im übrigen für beliebige $i,j \in \mathbb{Z}$, daß $\varphi^i(\zeta) = \varphi^j(\zeta)$ genau dann, wenn $i \equiv j \pmod{p-1}$.

Der Zwischenkörper M mit $[M:\mathbb{Q}] = m$ ist der Fixkörper der Untergruppe $\langle \varphi^m \rangle \le G$ der Ordnung d. Für alle i mit $0 \le i < m$ gilt

$$\varphi^m(\eta_i) = \sum_{k=0}^{d-1} \varphi^m(\varphi^{i+km}(\zeta)) = \sum_{k=0}^{d-1} \varphi^{i+(k+1)m}(\zeta) = \eta_i,$$

da $\varphi^{i+dm}(\zeta) = \varphi^{i+p-1}(\zeta) = \varphi^i(\zeta)$. Damit erhalten wir $\eta_i \in \mathbb{Q}(\zeta)^{\langle \varphi^m \rangle} = M$ und $\mathbb{Q}(\eta_i) \subset M$. Ist diese Inklusion echt, so ist $G(\mathbb{Q}(\zeta)/\mathbb{Q}(\eta_i))$ echt größer als $G(\mathbb{Q}(\zeta)/M) = \langle \varphi^m \rangle$. Es gibt dann $q > 0$ mit $G(\mathbb{Q}(\zeta)/\mathbb{Q}(\eta_i)) = \langle \varphi^q \rangle$ und $q < m$. Dann gilt $\varphi^q(\eta_i) = \eta_i$, also

$$\sum_{k=0}^{d-1} \varphi^{i+km+q}(\zeta) = \sum_{k=0}^{d-1} \varphi^{i+k}(\zeta). \qquad (1)$$

Die lineare Unabhängigkeit der $\varphi^j(\zeta)$ mit $0 \le j < p-1$ impliziert, daß jeder Summand auf der rechten Seite von (1) auch auf der linken Seite auftreten muß. Insbesondere gibt es ein k mit $0 \le k < d$ und $\varphi^i(\zeta) = \varphi^{i+km+q}(\zeta)$. Daraus folgt $i \equiv i + km + q \pmod{p-1}$, also $p-1 \mid km + q$. Aber $0 < q < m$ impliziert $0 < km + q < dm = p-1$ — Widerspruch! Also ist $G(\mathbb{Q}(\zeta)/\mathbb{Q}(\eta_i)) = \langle \varphi^m \rangle$ und $\mathbb{Q}(\eta_i) = M$. $\qquad\square$

Bemerkung: Es gibt ein s mit $1 \le s \le p-1$, so daß $\varphi(\zeta) = \zeta^s$. Dann ist $\varphi^j(\zeta) = \zeta^{s^j}$ für alle $j \ge 1$, und es gilt $\eta_i = \sum_{k=0}^{d-1} \zeta^{s^{i+km}}$. Die η_i werden *d-gliedrige Gaußsche Perioden* von $\mathbb{Q}(\zeta)$ genannt.

Beispiel: Betrachte $p = 5$. In diesem Fall wird die multiplikative Gruppe $(\mathbb{Z}/5\mathbb{Z})^*$ von der Restklasse von 2 erzeugt. Daher können wir oben annehmen, daß $\varphi(\zeta) = \zeta^2$ gilt. Für $d = m = 2$ erhalten wir dann $\eta_0 = \zeta + \zeta^4$ und $\eta_1 = \zeta^2 + \zeta^3 = \varphi(\eta_0)$. Benützt man nun, daß $0 = \Phi_5(\zeta) = \zeta^4 + \zeta^3 + \zeta^2 + \zeta + 1$, so zeigt eine kleine Rechnung, daß $\eta_1^2 + \eta_1 - 1 = 0$. Daraus folgt, daß $\eta_1 \in \{(-1 \pm \sqrt{5})/2\}$. Außerdem muß auch $\eta_0 = \varphi^{-1}(\eta_1)$ eine Nullstelle von $X^2 + X - 1$ sein; also gilt $\{\eta_0, \eta_1\} = \{(-1 \pm \sqrt{5})/2\}$, und $\mathbb{Q}(\eta_0) = \mathbb{Q}(\eta_1) = \mathbb{Q}(\sqrt{5})$ ist der eindeutig bestimmte Teilkörper von $\mathbb{Q}(\zeta)$ vom Grad 2 über $\mathbb{Q}$. Wählen wir $\zeta = \exp(2\pi i/5) \in \mathbb{C}$, so gilt offenbar $\eta_0 = (-1 + \sqrt{5})/2$ und $\eta_1 = (-1 - \sqrt{5})/2$. Da nun $\zeta^2 - \eta_0\zeta + 1 = 0$, erhalten wir auch

$$\zeta = \frac{-1 + \sqrt{5} + \sqrt{-10 - 2\sqrt{5}}}{2}.$$

§ 3   Lineare Unabhängigkeit von Körperhomomorphismen, Normalbasen

3.1. Seien M eine Menge und K ein Körper. Die Menge $K^M := \mathrm{Abb}(M, K)$ der Abbildungen $f : M \to K$ kann auf folgende Weise mit der Struktur eines Vektorraumes über K versehen werden: Die Addition zweier Elemente f, g in K^M ist durch $(f + g)(m) := f(m) + g(m)$ für alle $m \in M$ definiert. Die Multiplikation mit einem Skalar $c \in K$ ist durch $(cf)(m) := cf(m)$ gegeben.

Sei jetzt M ein Monoid, also eine nichtleere Menge versehen mit einer (multiplikativ geschriebenen) Verknüpfung $M \times M \to M$, die assoziativ ist und für die es ein Einselement gibt, siehe I.1.2(6). Eine Abbildung $\chi : M \to K$ heißt Charakter, falls $\chi(M) \subset K^*$ und $\chi(m_1 m_2) = \chi(m_1)\chi(m_2)$ für alle $m_1, m_2 \in M$ gilt. Insbesondere gilt dann $\chi(1) = \chi(1)\chi(1)$, also $\chi(1) = 1$ wegen $\chi(1) \in K^*$.

> **Satz 3.2.** *Sei K ein Körper und sei M ein Monoid. Sind $\chi_1, \ldots, \chi_n$ paarweise verschiedene Charaktere von M nach K, so sind diese linear unabhängig als Elemente im K-Vektorraum K^M.*

Beweis: Ist die Behauptung nicht richtig, so existiert ein minimales $r \geq 1$, so daß die Charaktere $\chi_1, \ldots, \chi_r$ linear abhängig sind. Dann gibt es Elemente $c_1, \ldots, c_r$, die nicht gleichzeitig alle Null sind, so daß $\sum_{i=1}^{r} c_i \chi_i(g) = 0$ für alle $g \in M$. Ist $r = 1$, so gilt $c_1 \chi_1(g) = 0$ für alle $g \in M$, also $\chi_1(g) = 0$ für alle $g \in M$, da $c_1 \neq 0$; dies ist unmöglich wegen $\chi_1(M) \subset K^*$.

Sei also $r \geq 2$ vorausgesetzt. Da r minimal gewählt ist, sind die $r - 1$ Charaktere $\chi_1, \ldots, \chi_{r-1}$ linear unabhängig. Es folgt $c_r \neq 0$. Weiter existiert ein Index $j < r$ mit $c_j \neq 0$, denn sonst wäre $c_r \chi_r(g) = 0$ für alle $g \in M$ im Widerspruch zu $\chi_r(M) \subset K^*$. Durch Umordnung der Charaktere χ_i mit $i < r$ kann man annehmen, daß $c_1 \neq 0$ gilt. Da $\chi_1, \ldots, \chi_r$ paarweise verschiedene Abbildungen sind, existiert ein $h \in M$ mit $\chi_1(h) \neq \chi_r(h)$. Aus der Gleichung $\sum c_i \chi_i(g) = 0$ erhält man einerseits durch Einsetzen

$$0 = \sum_{i=1}^{r} c_i \chi_i(hg) = \sum_{i=1}^{r} c_i \chi_i(h) \chi_i(g) \qquad \text{für alle } g \in M.$$

Andererseits ergibt sich durch Multiplikation mit $\chi_r(h)$

$$0 = \sum_{i=1}^{r} c_i \chi_r(h) \chi_i(g) \qquad \text{für alle } g \in M.$$

Durch Subtraktion der zweiten von der ersten Gleichung folgt

$$0 = \sum_{i=1}^{r-1} c_i (\chi_i(h) - \chi_r(h)) \chi_i(g) \qquad \text{für alle } g \in M.$$

Aus der linearen Unabhängigkeit der $\chi_1, \ldots, \chi_{r-1}$ folgt, daß die Koeffizienten Null sind, insbesondere also $0 = c_1(\chi_1(h) - \chi_r(h))$ gilt. Da $c_1 \neq 0$ und $\chi_1(h) \neq \chi_r(h)$, ist dies ein Widerspruch. $\qquad \square$

Korollar 3.3. *Sei K ein Körper. Sind $\sigma_1, \ldots, \sigma_n$ paarweise verschiedene Automorphismen von K, so sind diese linear unabhängig als Elemente des K–Vektorraums $\mathrm{Abb}(K, K)$.*

Beweis: Die Restriktion eines Automorphismus $\sigma_i \colon K \to K$ auf die multiplikative Gruppe K^* ist ein Gruppenhomomorphismus von K^* in sich selbst. Da $\sigma_i(0) = 0$ für alle i gilt, sind diese Restriktionen ebenfalls paarweise verschieden.

Hat man nun $\sum_{i=1}^{n} \lambda_i \sigma_i = 0$ mit irgendwelchen $\lambda_i \in K$, so gilt auch $\sum_i \lambda_i \sigma_i(g) = 0$ für alle $g \in K^*$. Aus dem vorhergehenden Satz folgt dann $\lambda_i = 0$ für alle i. $\qquad \square$

Korollar 3.4. *Seien L/K eine separable Erweiterung vom Grade n und $\sigma_1, \ldots, \sigma_n$ die verschiedenen K–Homomorphismen von L in $\bar{K}$. Für n Elemente $v_1, \ldots, v_n \in L$ gilt genau dann $\det((\sigma_i(v_j))_{ij}) \neq 0$, wenn $v_1, \ldots, v_n$ eine Basis des Vektorraums L über K ist.*

Beweis: Bilden die v_j keine Basis von L über K, so sind sie linear abhängig. Es gibt also $\lambda_1, \ldots, \lambda_n \in K$, nicht alle gleich Null, so daß $\sum_{j=1}^{n} \lambda_j v_j = 0$. Dann gilt für alle i, daß $0 = \sigma_i(\sum_{j=1}^{n} \lambda_j v_j) = \sum_{j=1}^{n} \lambda_j \sigma_i(v_j)$. Daher sind die Spalten in der Matrix aller $\sigma_i(v_j)$ linear abhängig, also die Determinante der Matrix gleich 0.

Nehmen wir nun an, daß $v_1, \ldots, v_n$ eine Basis von L über K ist. Ist die genannte Determinante gleich Null, so sind die Zeilen der Matrix linear abhängig, also existieren $\lambda_1, \ldots, \lambda_n \in \bar{K}$, nicht alle gleich Null, so daß

$\sum_{i=1}^{n} \lambda_i \sigma_i(v_j) = 0$ für alle $1 \leq j \leq n$ gilt. Daraus folgt $\sum_{i=1}^{n} \lambda_i \sigma_i = 0$, denn für alle $v = \sum_j \mu_j v_j \in L$ mit allen $\mu_j \in K$ gilt

$$\left(\sum_i \lambda_i \, \sigma_i\right)(v) = \sum_{i,j} \lambda_i \, \mu_j \, \sigma_i \, (v_j) = \sum_j \mu_j \left(\sum_i \lambda_i \, \sigma_i \, (v_j)\right) = 0.$$

Also sind die Charaktere $\sigma_i \colon L^* \to \bar{K}$ linear abhängig über $\bar{K}$, im Widerspruch zu Satz 3.2. $\qquad\qquad\qquad\qquad\qquad\qquad\qquad\qquad\qquad\qquad\quad$ $\square$

Satz 3.5. *Seien L/K eine endliche Galoiserweiterung und $\sigma_1 = \mathrm{Id}$, $\sigma_2, \ldots, \sigma_n$ mit $n = [L : K]$ die verschiedenen Elemente der Galoisgruppe $G(L/K)$. Dann gibt es ein $a \in L$, so daß $\sigma_1(a), \sigma_2(a), \ldots,$ $\sigma_n(a)$ eine Basis von L über K ist.*

Eine Basis wie im Satz wird eine *Normalbasis* von L über K genannt.

Beweis: Wir betrachten hier nur den Fall, daß K unendlich ist. In VII.9.5 beweisen wir dann den Satz für endliche Körper.

Wir wollen ein $a \in L$ mit $\det(\sigma_i(\sigma_j(a))) \neq 0$ finden. Dann sagt Korollar 3.4, daß die $\sigma_j(a)$ eine Basis von L über K bilden.

Zunächst gibt es nach Satz V.5.11 ein $b \in L$ mit $L = K(b)$. Dann sind die $b_i := \sigma_i(b)$ mit $1 \leq i \leq n$ die paarweise verschiedenen Nullstellen von $f := m_{b,K}$, und $f = \prod_{i=1}^{n}(X - b_i)$ hat Grad n; es ist $b_1 = b$. Für $1 \leq j \leq n$ setze

$$g_j := \prod_{i \neq j} \frac{X - b_i}{b_j - b_i} \in L[X].$$

Dann gilt $g_j(b_i) = \delta_{ij}$ für alle i und j. Nun erhalten wir

$$g_1 + g_2 + \cdots + g_n = 1, \qquad\qquad\qquad\qquad\qquad (1)$$

weil beide Seiten Polynome vom Grad $\leq n - 1$ sind und an den n verschiedenen Stellen $b_1, b_2, \ldots, b_n$ dieselben Werte annehmen. (Wende Satz IV.2.2 auf die Differenz der beiden Seiten an.)

Für alle $\sigma \in G(L/K)$, $c \in L$ und $h \in L[X]$ gilt $\sigma^*(h)(\sigma(c)) = \sigma(h(c))$. Daraus folgt für alle j mit demselben Argument wie eben, daß $g_j = \sigma_j^*(g_1)$, weil beide Seiten dieselben Werte an allen b_i annehmen: Es ist $\sigma_j^*(g_1)(b_j) = \sigma_j^*(g_1)(\sigma_j(b_1)) = \sigma_j(g_1(b_1)) = \sigma_j(1) = 1$. Für $i \neq j$ gibt es ein $k \neq 1$ mit $b_i = \sigma_j(b_k)$, und man erhält nun $\sigma_j^*(g_1)(b_i) = \sigma_j(g_1(b_k)) = \sigma_j(0) = 0$.

Für alle $u \in K$ gilt nun $g_j(u) = \sigma_j^*(g_1)(u) = \sigma_j(g_1(u))$. Wenn wir ein $u \subset K$ mit $\det(\sigma_i(\sigma_j(g_1(u)))) = \det(\sigma_i(g_j(u)) \neq 0$ finden, so können wir oben $a = g_1(u)$ nehmen und sind fertig. Wir können die Bedingung an u in der Form $\det(\sigma_i^*(g_j)(u)) \neq 0$ umschreiben. Diese Determinante ist der Wert an der Stelle u von $\det(\sigma_i^*(g_j)) \in L[X]$. Wenn wir nun zeigen können, daß $\det(\sigma_i^*(g_j))$ nicht das Nullpolynom ist, gibt es in dem unendlichen(!) Körper K ein Element u mit $\det(\sigma_i^*(g_j)(u)) \neq 0$, und wir sind fertig.

Setze A gleich der Matrix über $L[X]$ mit (i,j)–Eintrag $\sigma_i^*(g_j)$. Wir müssen zeigen, daß $\det(A) \neq 0$. Ist $i \neq j$, so gilt $g_i g_j(b_k) = 0$ für alle k. Daher ist $g_i g_j$ durch $\prod_{k=1}^{n}(X - b_k) = f$ teilbar:

$$g_i g_j \equiv 0 \pmod{f} \qquad \text{für } i \neq j. \tag{2}$$

Multiplizieren wir (1) mit g_i, so folgt mit (2)

$$g_i^2 \equiv g_i \pmod{f} \qquad \text{für alle } i. \tag{3}$$

Nun betrachte die Produktmatrix $B = A \cdot A^t$, wobei A^t die transponierte Matrix von A ist. Es ist $B = (b_{ij})$ mit

$$b_{ij} = \sum_{k=1}^{n} \sigma_i^*(g_k)\sigma_j^*(g_k) = \sum_{k=1}^{n}(\sigma_i\sigma_k)^*(g_1)(\sigma_j\sigma_k)^*(g_1).$$

Es gibt $m(i,k)$ mit $\sigma_i\sigma_k = \sigma_{m(i,k)}$, also $(\sigma_i\sigma_k)^*(g_1) = \sigma_{m(i,k)}^*(g_1) = g_{m(i,k)}$. Damit erhalten wir

$$b_{ij} = \sum_{k=1}^{n} g_{m(i,k)}g_{m(j,k)}.$$

Ist $i \neq j$, so ist $\sigma_i\sigma_k \neq \sigma_j\sigma_k$ für alle k, also $m(i,k) \neq m(j,k)$; aus (2) folgt dann $b_{ij} \equiv 0 \pmod{f}$. Ist $i = j$, so folgt aus (3) und (1), daß

$$b_{ii} = \sum_{k=1}^{n} g_{m(i,k)}^2 \equiv \sum_{k=1}^{n} g_{m(i,k)} = 1 \pmod{f},$$

da für festes i die $m(i,k)$ eine Permutation von $1, 2, \ldots, n$ sind. Also ist B modulo f kongruent zur Einheitsmatrix. Daraus folgt $\det(B) \equiv 1 \pmod{f}$. Insbesondere sehen wir, daß $0 \neq \det(B) = \det(A)\det(A^t) = \det(A)^2$, also auch $\det(A) \neq 0$ wie gewünscht. $\qquad\square$

§ 4   Die Polynome $X^n - a$

4.1. Es seien K ein Körper, $a \in K$ ein Element von K mit $a \neq 0$ und n eine natürliche Zahl. Eine Nullstelle des Polynoms $X^n - a$ in einem Erweiterungskörper von K heißt ein *Radikal* von a über K und wird symbolisch mit $\sqrt[n]{a}$ bezeichnet. Man beachte, daß $\sqrt[n]{a}$ nur bis auf Multiplikation mit n–ten Einheitswurzeln eindeutig bestimmt ist, denn sind x und y Nullstellen des Polynoms $X^n - a$, so gilt $(xy^{-1})^n = aa^{-1} = 1$.

Seien $\overline{K}$ ein algebraischer Abschluß von K und $\zeta \in \overline{K}$ ein erzeugendes Element für die zyklische Gruppe $\mu_n(\overline{K})$. Die Nullstellen von $X^n - a$ in $\overline{K}$ sind gerade alle $\zeta^k \sqrt[n]{a}$ mit $k \in \mathbb{Z}$. Daher ist $K(\sqrt[n]{a}, \zeta)$ Zerfällungskörper von $X^n - a$ über K. Gilt $\operatorname{char} K \nmid n$, so hat $X^n - a$ die n paarweise verschiedenen Nullstellen $\zeta^k \sqrt[n]{a}$ mit $0 \leq k < n$; diese haben alle Multiplizität 1, und $X^n - a$ ist deshalb separabel. Daher ist dann $K(\sqrt[n]{a}, \zeta)/K$ nach Satz V.5.9 separabel, also galoissch.

Satz 4.2. *Seien* K *ein Körper und* n *eine positive ganze Zahl, die kein Vielfaches der Charakteristik von* K *ist. Der Körper* K *enthalte eine primitive* n*-te Einheitswurzel* ζ.

(a) *Dann ist jede Körpererweiterung* $K(\sqrt[n]{a})/K$ *mit* $a \in K$ *eine Galoiserweiterung mit zyklischer Galoisgruppe; ihre Ordnung teilt* n.

(b) *Ist umgekehrt* L/K *eine endliche Galoiserweiterung,* $[L : K] = n$, *mit zyklischer Galoisgruppe, so ist* L *Zerfällungskörper eines Polynoms* $X^n - a$ *mit* $a \in K$.

Beweis: (a) Man kann annehmen, daß $a \neq 0$ ist. Sei $y \in \bar{K}$ eine Nullstelle des Polynoms $X^n - a$. Dann ist $K(y) = K(\sqrt[n]{a}) = K(\sqrt[n]{a}, \zeta)$ der Zerfällungskörper in $\bar{K}$ von $X^n - a$ über K. Nach 4.1 ist $K(y)/K$ eine Galoiserweiterung.

Jeder Automorphismus $\sigma \in G(K(y)/K)$ ist eindeutig bestimmt durch die Einheitswurzel $\zeta^s \in \mu_n(K)$ mit $\sigma(y) = \zeta^s y$. Die Zuordnung $\sigma \mapsto \sigma(y)y^{-1}$ definiert deshalb eine injektive Abbildung

$$\Theta \colon G(K(y)/K) \longrightarrow \mu_n(K).$$

Wir wollen zeigen, daß Θ ein Gruppenhomomorphismus ist: Man betrachte $\sigma, \tau \in G(K(y)/K)$ und $s, t \in \mathbb{Z}$ mit $\sigma(y) = \zeta^s y$ und $\tau(y) = \zeta^t y$; es gilt

$$\sigma\tau(y) = \sigma(\zeta^t y) = \zeta^t \sigma(y) = \zeta^t \zeta^s y,$$

also $\Theta(\sigma\tau) = \zeta^s \zeta^t = \Theta(\sigma)\Theta(\tau)$. Daher ist $G(K(y)/K)$ zu einer Untergruppe von $\mu_n(K) \cong \mathbb{Z}/n\mathbb{Z}$ isomorph, also zyklisch von einer Ordnung, die n teilt.

(b) Sei L/K eine Galoiserweiterung vom Grad $[L : K] = n$ mit zyklischer Galoisgruppe $G(L/K) = \langle \sigma \rangle$. Für jedes $a \in L$ kann man die sogenannte *Lagrangesche Resolvente*

$$\sum_{i=0}^{n-1} \zeta^{-i} \sigma^i(a)$$

betrachten. Nach Korollar 3.3 sind die Automorphismen σ^i mit $0 \leq i < n$ linear unabhängig im L-Vektorraum $\mathrm{Abb}(L, L)$. Es gilt $\sum_{i=0}^{n-1} \zeta^{-i} \sigma^i \neq 0$, also gibt es $c \in L$ mit $b := \sum_{i=0}^{n-1} \zeta^{-i} \sigma^i(c) \neq 0$. Dann gilt

$$\sigma(b) = \sum_{i=0}^{n-1} \zeta^{-i} \sigma^{i+1}(c) = \zeta \sum_{i=0}^{n-1} \zeta^{-(i+1)} \sigma^{i+1}(c) = \zeta b,$$

also folgt $\sigma^\nu(b) = \zeta^\nu b$ für $\nu = 1, \ldots, n$. Insbesondere sind diese $\sigma^\nu(b)$ paarweise verschiedene Nullstellen von $m_{b,K}$. Es folgt $[K(b) : K] \geq n = [L : K]$, also $K(b) = L$. Wegen $\sigma(b^n) = \zeta^n b^n = b^n$ ist $a := b^n$ ein Element des Fixkörpers K von $G(L/K) = \langle \sigma \rangle$. Die Nullstellen von $X^n - a$ in L sind gerade alle $\zeta^\nu b$, also ist $L = K(b)$ Zerfällungskörper von $X^n - a$ über K. $\square$

Wir wollen nun untersuchen, wann ein Polynom $X^n - a$ irreduzibel ist. Zunächst können wir auf den Fall reduzieren, daß n eine Primzahlpotenz ist.

Satz 4.3. *Seien K ein Körper, $a \in K$ und m, n natürliche Zahlen, die zueinander teilerfremd sind. Dann ist das Polynom $X^{mn} - a$ genau dann über K irreduzibel, wenn die Polynome $X^m - a$ und $X^n - a$ über K irreduzibel sind.*

Beweis: Für das Polynom $f = X^m - a$ gilt $f(X^n) = (X^n)^m - a = X^{mn} - a$. Faktorisiert $f = g_1 g_2$, so auch $X^{mn} - a = g_1(X^n) g_2(X^n)$. Also impliziert die Irreduzibilität von $X^{mn} - a$ die von $X^m - a$; symmetrisch folgt die von $X^n - a$.

Seien nun die Polynome $X^m - a$ und $X^n - a$ irreduzibel. Ist b eine Nullstelle von $X^{mn} - a$, so ist b^m Nullstelle von $X^n - a$, und b^n ist Nullstelle von $X^m - a$. Man erhält $[K(b^m) : K] = n$ und $[K(b^n) : K] = m$. Wenden wir den Gradsatz auf $K(b) \supset K(b^m) \supset K$ und $K(b) \supset K(b^n) \supset K$ an, so folgt $n \mid [K(b) : K]$ und $m \mid [K(b) : K]$. Da m und n teilerfremd sind, gilt dann auch $mn \mid [K(b) : K]$, also $\operatorname{grad} m_{b,K} \geq mn$. Weil b Nullstelle von $X^{mn} - a \in K[X]$ ist, muß $X^{mn} - a = m_{b,K}$ irreduzibel in $K[X]$ sein.

Bemerkung: Der Beweis zeigt, daß die Implikation „Wenn $X^{mn} - a$ irreduzibel, dann $X^m - a$ irreduzibel" auch ohne die Voraussetzung an die Teilerfremdheit von n und m gilt.

Wenn n eine Primzahl ist, gibt es ein einfaches Kriterium für die Irreduzibilität von $X^n - a$:

Satz 4.4. *Seien K ein Körper, $a \in K$ und p eine Primzahl. Folgende Aussagen sind äquivalent:*

(i) *Das Polynom $f = X^p - a$ ist irreduzibel über K.*

(ii) *Das Polynom $f = X^p - a$ besitzt keine Nullstelle in K, d.h., das Element $a \in K$ läßt sich nicht als p–te Potenz eines Elementes von K darstellen.*

Beweis: (i) $\Rightarrow$ (ii): Sei $a = b^p$ mit $b \in K$; dann gilt $f(b) = 0$, also ist f reduzibel, da $\operatorname{grad} f = p > 1$.

(ii) $\Rightarrow$ (i): Sei $g \in K[X]$ ein normierter Teiler von f mit $1 \leq \operatorname{grad} g < p$; setze $m := \operatorname{grad} g$. Zu den teilerfremden Zahlen p und m gibt es $r, s \in \mathbb{Z}$ mit $rp + sm = 1$. Sei $y = \sqrt[p]{a} \in \bar{K}$ eine Nullstelle von $f = X^p - a$, sei $\zeta \in \bar{K}$ eine primitive p–te Einheitswurzel in $\bar{K}$. Dann gilt $X^p - a = \prod_{i=0}^{p-1}(X - \zeta^i y)$, und g ist als normierter Teiler von f Produkt von m in f vorkommenden linearen Termen. Das konstante Glied von g hat die Form $(-1)^m \zeta^t y^m$ für irgendein $t \in \mathbb{Z}$. Für $c := \zeta^t y^m \in K$ gilt dann $c^p = \zeta^{tp} y^{pm} = a^m$. Es folgt die Identität

$$a = a^{rp} a^{sm} = a^{rp} c^{sp} = (a^r c^s)^p \qquad \text{wobei } a^r c^s \in K. \qquad \square$$

Das folgende Lemma ist eine technische Hilfe für die genaue Untersuchung des Reduzibilitätsverhaltens der Polynome $X^n - a$, wenn n eine Primzahlpotenz ist.

Lemma 4.5. *Seien* K *ein Körper,* $a \in K$ *und* p *eine Primzahl. Ist das Polynom* $X^p - a$ *irreduzibel über* K *und ist* $y \in \bar{K}$ *eine Wurzel von* $X^p - a$, *so gilt:*

(a) *Ist* p *ungerade, oder ist* $p = 2$ *und* char $K = 2$, *so ist* y *keine* p–te *Potenz in* $K(y)$.

(b) *Ist* $p = 2$ *und* char $K \neq 2$, *so ist* y *genau dann ein Quadrat in* $K(y)$, *wenn* $-4a$ *eine vierte Potenz in* K *ist.*

Beweis: Wir nehmen an, daß y eine p–te Potenz in $K(y)$ ist; sei $z \in K(y)$ mit $y = z^p$.

Sei zunächst char $K = p$. Aus $y^p = a \in K$ folgt dann $x^p \in K$ für alle $x \in K[y] = K(y)$, insbesondere $y = z^p \in K$. Dies steht im Widerspruch zur Irreduzibilität von $X^p - a$ über K.

Von nun an gelte char $K \neq p$. Sei ζ eine primitive p–te Einheitswurzel in $\bar{K}$. Dann ist $M = K(\zeta, y)$ der Zerfällungskörper von $X^p - a$ über K, also ist M/K eine Galoiserweiterung. Die Galoisgruppe $G(M/K)$ operiert transitiv auf den Wurzeln des irreduziblen Polynoms $X^p - a$. Also gibt es für jedes $i = 0, \ldots, p-1$ einen Automorphismus $\sigma_i \in G(M/K)$ mit $\sigma_i(y) = \zeta^i y$; jedes $\sigma \in G(M/K)$ hat die Eigenschaft $\sigma(y) = \zeta^j y$ für irgendein j.

Es gilt $z \notin K$, da $y = z^p \notin K$. Da $[K(y) : K] = p$ eine Primzahl ist, impliziert der Gradsatz, daß $K(z) = K(y)$ und grad$(m_{z,K}) = p$. Die $\sigma_i(z)$ mit $0 \leq i < p$ sind paarweise verschiedene Nullstellen von $m_{z,K}$, also gilt $m_{z,K} = \prod_{i=0}^{p-1}(X - \sigma_i(z))$. (Beachte: Aus $\sigma_i(z) = \sigma_j(z)$ folgt $\sigma_i(y) = \sigma_j(y)$ wegen $y \in K(z)$, also $i = j$.) Insbesondere ist $c := \prod_{i=0}^{p-1} \sigma_i(z) \in K$ als (bis aufs Vorzeichen) konstantes Glied von $m_{z,K}$. Nun gilt $\sigma_i(z)^p = \sigma_i(z^p) = \sigma_i(y) = \zeta^i y$ für alle i, also $c^p = \prod_{i=0}^{p-1}(\zeta^i y) = \eta y^p = \eta a$, wobei

$$\eta = \prod_{i=0}^{p-1} \zeta^i = \zeta^{p(p-1)/2} = \begin{cases} 1 & \text{für } p > 2, \\ -1 & \text{für } p = 2. \end{cases}$$

Ist $p > 2$, so folgt $a = c^p$ mit $c \in K$ im Widerspruch zur Irreduzibilität von $X^p - a$ über K.

Ist $p = 2$, so folgt $-a = c^2$ mit $c \in K$. Dies reicht zum Beweis von (b) noch nicht aus. Hier schließt man so: Wir schreiben $z = \lambda + \mu y$ mit $\lambda, \mu \in K$. Dann gilt $y = z^2 = \lambda^2 + 2\lambda\mu y + \mu^2 y^2$. Da $y^2 = a$ folgt $\lambda^2 + \mu^2 a = 0$ und $2\lambda\mu = 1$. Ersetzt man in der ersten Gleichung μ^2 durch $\mu^2 = (2\lambda)^{-2}$, so erhält man $\lambda^2 + (2\lambda)^{-2}a = 0$, also $a = -4\lambda^4$, d.h. $-4a = 16\lambda^4$ ist eine vierte Potenz in K. — Gilt umgekehrt $-4a = 16d^4$ für ein $d \in K$, so setze man $d' = 1/(2d)$ und erhält $y = (d + d'y)^2$. $\qquad \square$

Satz 4.6. *Seien K ein Körper, p eine Primzahl und $a \in K$ ein Element, das keine p–te Wurzel in K besitzt. Dann gilt:*

(a) *Ist p ungerade, so ist $X^{p^m} - a$ irreduzibel über K für jedes $m \in \mathbb{N}$.*

(b) *Ist $p = 2$ und ist $\operatorname{char} K = 2$, so ist $X^{2^m} - a$ irreduzibel über K für jedes $m \in \mathbb{N}$.*

(c) *Ist $p = 2$ und ist $\operatorname{char} K \neq 2$, so ist $X^{2^m} - a$ für $m \geq 2$ genau dann irreduzibel über K, wenn $-4a$ keine vierte Potenz in K ist.*

Beweis: Nach Voraussetzung ist a keine p–te Potenz in K; also ist das Polynom $X^p - a$ nach 4.4 irreduzibel über K.

(a), (b) Sei $y \in \bar{K}$ eine Nullstelle von $X^{p^m} - a$; setze $x := y^{p^{m-1}}$. Dann gilt $x^p = y^{p^m} = a$; also ist x eine Wurzel des über K irreduziblen Polynoms $X^p - a$, und es gilt $[K(x) : K] = p$. Andererseits folgt aus Lemma 4.5.a, daß x in den Fällen (a) und (b) keine p–te Potenz in $K(x)$ ist. Nach Induktionsvoraussetzung ist deshalb $X^{p^{m-1}} - x$ irreduzibel über $K(x)$, und y hat als Nullstelle dieses Polynoms den Grad p^{m-1} über $K(x)$. Wegen der Gradformel $[K(y) : K] = [K(y) : K(x)] \cdot [K(x) : K] = p^{m-1} \cdot p$ hat y den Grad p^m über K, also ist $X^{p^m} - a$ in den Fällen (a) und (b) irreduzibel über K.

(c) Ist $-4a$ eine vierte Potenz in K, so sei $a = -4\lambda^4$ mit $\lambda \in K$. Dann gilt

$$
\begin{aligned}
X^{2^m} - a &= (X^{2^{m-2}})^4 + 4\lambda^4 \\
&= ((X^{2^{m-2}})^2 + 2\lambda X^{2^{m-2}} + 2\lambda^2)\,((X^{2^{m-2}})^2 - 2\lambda X^{2^{m-2}} + 2\lambda^2);
\end{aligned}
$$

also ist das Polynom über K reduzibel.

Umgekehrt sei $-4a$ keine vierte Potenz in K. Sei wieder $y \in \bar{K}$ eine Nullstelle von $X^{2^m} - a$, und man setze $x := y^{2^{m-1}}$. Dann gilt $x^2 = a$, also $[K(x) : K] = 2$. Wie oben gilt es, $[K(y) : K(x)] = 2^{m-1}$ nachzuweisen. Ist $m = 2$, so gilt dies, da x nach Lemma 4.5.b kein Quadrat in $K(x)$ ist. Ist $m > 2$, so gilt dies via Induktion, falls x kein Quadrat in K ist und falls $-4x$ keine vierte Potenz in $K(x)$ ist. Nach Lemma 4.5.b sind weder x noch $-x$ ein Quadrat in $K(x) = K(-x)$. Wäre $-4x = \mu^4$ eine vierte Potenz in $K(x)$, so wäre $-x = (\mu^2/2)^2$ ein Quadrat in $K(x)$; aber das haben wir gerade ausgeschlossen. Also folgt die Behauptung. $\qquad \square$

Satz 4.7. *Seien K ein Körper, $a \in K$ und n eine positive ganze Zahl. Das Polynom $X^n - a$ ist genau dann über K irreduzibel, wenn die folgenden Bedingungen erfüllt sind:*

(1) *Ist p Primzahl mit $p \mid n$, so ist a keine p–te Potenz in K.*

(2) *Ist 4 ein Teiler von n und ist $\operatorname{char} K \neq 2$, so ist $-4a$ keine vierte Potenz in K.*

Beweis: Nehmen wir zuerst an, daß $X^n - a$ über K irreduzibel ist. Nach der Bemerkung zu Satz 4.3 ist dann auch $X^p - a$ für jeden Primteiler p von n

irreduzibel; ebenso folgt die Irreduzibilität von $X^4 - a$, wenn $4 \mid n$. Nun folgt (1) aus Satz 4.4 und (2) aus Satz 4.6.c.

Nehmen wir nun umgekehrt an, daß (1) und (2) gelten. Wir können $n > 1$ annehmen. Sei dann $n = p_1^{m_1} p_2^{m_k} \dots p_k^{m_k}$ eine Primfaktorisierung mit paarweise verschiedenen Primzahlen $p_1, p_2, \dots, p_k$ und positiven ganzen Zahlen $m_1, m_2, \dots, m_k$. Nach Satz 4.3 reicht es zu zeigen, daß alle $X^{p_i^{m_i}} - a$ über K irreduzibel sind. Das folgt nun aus Satz 4.6. □

§ 5 Auflösbarkeit von Gleichungen

5.1. Seien K ein Körper und $f \in K[X]$, $f \notin K$ ein separables Polynom. Es gibt einen Zerfällungskörper L von f über K; nach Satz V.5.9 ist L/K separabel, also eine endliche Galoiserweiterung. Man nennt in diesem Fall die Galoisgruppe $G(L/K)$ oft auch die *Galoisgruppe von f über K*. Beachte, daß diese Gruppe durch f und K eindeutig bis auf Isomorphie bestimmt ist: Für einen weiteren Zerfällungskörper L' von f über K gibt es einen K–Isomorphismus $\psi : L \to L'$; dann ist $\varphi \mapsto \psi \circ \varphi \circ \psi^{-1}$ ein Gruppenisomorphismus $G(L'/K) \to G(L/K)$.

Es seien nun $a_1, \dots, a_n$ die (verschiedenen) Nullstellen von f in L; es ist also $L = K(a_1, \dots, a_n)$ und $f = c \prod_{i=1}^{n} (X - a_i)^{m_i}$ mit $c \in K$ und mit ganzen Zahlen $m_i > 0$. Nun gilt $\varphi(\{a_1, \dots, a_n\}) = \{a_1, \dots, a_n\}$ für jedes φ in $G(L/K)$. Es gibt also eine Permutation $\sigma(\varphi) \in S_n$ mit $\varphi(a_i) = a_{\sigma(\varphi)(i)}$ für alle i, $1 \le i \le n$. Die Abbildung $G(L/K) \to S_n$ mit $\varphi \mapsto \sigma(\varphi)$ ist ein Gruppenhomomorphismus, wie man leicht nachrechnet; sie ist injektiv, weil der K–Automorphismus φ von $L = K(a_1, \dots, a_n)$ durch $(\varphi(a_1), \dots, \varphi(a_n))$ eindeutig festgelegt ist.

Wir können also die Galoisgruppe von f über K mit einer Untergruppe der symmetrischen Gruppe S_n identifizieren, wobei n die Anzahl der verschiedenen Nullstellen von f in jedem Zerfällungskörper von f ist. Welche Untergruppe man erhält, wird im allgemeinen von der Numerierung der Nullstellen abhängen; unterschiedliche Numerierungen führen zu konjugierten Untergruppen in S_n.

Multiplizieren wir f mit einem Skalar $a \in K$, $a \ne 0$, so ändert sich die Menge der Nullstellen nicht: Die Polynome f und af haben dieselben Nullstellen, dieselben Zerfällungskörper und dieselbe Galoisgruppe über K. Deshab können wir uns im folgenden meistens auf den Fall beschränken, daß f normiert ist.

5.2. Ist f wie in 5.1 irreduzibel in $K[X]$, so haben alle Nullstellen des (separablen) Polynoms f die Multiplizität 1. Daher gilt oben $n = \operatorname{grad} f$. Außerdem operiert $G(L/K)$ in diesem Fall transitiv auf den Nullstellen von f in L, siehe Satz V.4.6. Fassen wir nun die Galoisgruppe von f über K als Untergruppe von S_n auf, so operiert diese Gruppe transitiv auf $\{1, \dots, n\}$. Daraus folgt mit Satz I.6.4, daß n die Ordnung der Gruppe teilt. Dieses erhält man aber auch aus $n = [K(a_1) : K] \mid [L : K] = |G(L/K)|$.

Ist zum Beispiel $f \in K[X]$ ein irreduzibles und separables Polynom vom Grad 2, so folgt, daß die Galoisgruppe von f über K zu S_2 isomorph ist.

Sei nun $f \in K[X]$ irreduzibel und separabel vom Grad 3. Wir können annehmen, daß f normiert ist, und haben dann $f = \prod_{i=1}^{3}(X - a_i)$ über dem Zerfällungskörper $L = K(a_1, a_2, a_3)$. Ist G das Bild von $G(L/K)$ in S_3 unter einer Einbettung wie in 5.1, so ist $|G|$ durch 3 teilbar. Daraus folgt $G = S_3$ oder $G = A_3$. Setze

$$\Delta(f) := (a_1 - a_2)(a_1 - a_3)(a_2 - a_3).$$

Dann ist $\Delta(f)^2 = D(f)$ die Diskriminante von f wie in IV.3.6(2). Nehmen wir nun an daß $\operatorname{char}(K) \neq 2$. Man rechnet leicht nach: Ist $G = A_3$, so gehört $\Delta(f)$ zu $L^G = K$; ist $G = S_3$, so gilt $\varphi(\Delta(f)) = -\Delta(f)$ für diejenigen φ in $G(L/K)$, für die $\sigma(\varphi)$ eine Transposition ist. Also gehört $\Delta(f)$ genau dann zu $L^G = K$, wenn $G = A_3$. Daher ist $G = A_3$ dazu äquivalent, daß $D(f)$ ein Quadrat in K ist. Dieses Kriterium kann man praktisch anwenden, weil man $D(f)$ durch die Koeffizienten von f ausdrücken kann. Hat zum Beispiel f die Form $f = X^3 + pX + q$ mit $p, q \in K$, so gilt $D(f) = -4p^3 - 27q^2$, siehe IV.3.6.

5.3. Sei K weiterhin ein Körper. Sind $a, b \in K$ mit $a \neq 0$, so gibt es einen Automorphismus φ_{aX+b} des Polynomrings $K[X]$ mit $\varphi_{aX+b}(X) = aX + b$ und $(\varphi_{aX+b})_{|K} = \operatorname{Id}_K$: Nach Satz IV.1.4 gibt es genau einen Ringendomorphismus φ_{aX+b} von $K[X]$ mit diesen Eigenschaften, und man sieht leicht, daß $\varphi_{a^{-1}(X-b)}$ eine zu φ_{aX+b} inverse Abbildung ist.

Sei nun $f \in K[X]$ mit $\operatorname{grad} f > 0$, und sei L ein Zerfällungskörper von f über K. Es gibt also $a_i \in L$ und $c \in K$, $c \neq 0$ mit $f = c\prod_{i=1}^{n}(X - a_i)$. Dann folgt, da wir φ_{aX+b} auch auf $L[X]$ definieren können, daß

$$\varphi_{aX+b}(f) = c\prod_{i=1}^{n}(aX + b - a_i) = ca^n \prod_{i=1}^{n}(X - b_i)$$

mit $b_i = (a_i - b)/a$. Die b_i sind dann die Nullstellen von $\varphi_{aX+b}(f)$; wegen $a_i = ab_i + b$ gilt $L = K(a_1, a_2, \ldots, a_n) = K(b_1, b_2, \ldots, b_n)$. Daher ist L auch ein Zerfällungskörper von $\varphi_{aX+b}(f)$ über K; die Polynome f und $\varphi_{aX+b}(f)$ haben dieselben Galoisgruppen.

Ist $f = X^n + \sum_{i=1}^{n} c_i X^{n-i}$ normiert vom Grad n und gilt $\operatorname{char}(K) \nmid n$, so wendet man die Konstruktion oben insbesondere mit $\varphi_{X-c_1/n}$ an. Eine einfache Rechnung zeigt, daß es $c_i' \in K$ mit $\varphi_{X-c_1/n}(f) = X^n + \sum_{i=2}^{n} c_i' X^{n-i}$ gibt, d.h., das neue Polynom ist wieder normiert und hat dazu die Eigenschaft, daß der Koeffizient von X^{n-1} gleich 0 ist. Man nennt $\varphi_{X-c_1/n}(f)$ das zu f gehörige *reduzierte Polynom*.

Im Fall $n = 2$ führt der Übergang zum reduzierten Polynom auf Polynome der Form $X^2 + a$, deren Nullstellen sich als $\pm\sqrt{-a}$ schreiben lassen. Im Fall

$n = 3$ kann man sich so auf Polynome der Form $X^3 + pX + q$ beschränken, deren Nullstellen durch die *Cardanosche Formel*

$$\sqrt[3]{-\frac{q}{2} + \sqrt{\left(\frac{q}{2}\right)^2 + \left(\frac{p}{3}\right)^3}} + \sqrt[3]{-\frac{q}{2} - \sqrt{\left(\frac{q}{2}\right)^2 + \left(\frac{p}{3}\right)^3}}$$

gegeben ist, falls char $K = 0$ oder char $K > 3$; hier muß man die beiden dritten Wurzeln so wählen, daß deren Produkt gerade $-p/3$ ergibt.

5.4. Eine Körpererweiterung L/K heißt *durch Radikale auflösbar*, wenn es Elemente $u_1, \ldots, u_k \in \bar{L}$ und natürliche Zahlen $m_1, \ldots, m_k$ gibt, so daß L in $K(u_1, \ldots, u_k)$ enthalten ist und so daß $u_1^{m_1} \in K$ und $u_i^{m_i} \in K(u_1, \ldots, u_{i-1})$ für $i = 2, \ldots, k$ gilt, d.h., wenn ein Turm $K = K_0 \subset K_1 \subset \cdots \subset K_k$ endlicher Erweiterungen mit $K_k \supset L$ existiert, so daß jede einzelne Erweiterung K_i/K_{i-1} durch Adjunktion eines Radikals eines Elementes in K_{i-1} entsteht.

Für ein Polynom $f \in K[X] \setminus K$ sagt man, daß die Gleichung $f(x) = 0$ durch Radikale auflösbar ist, wenn für einen Zerfällungskörper L von f über K die Erweiterung L/K durch Radikale auflösbar ist. Die Beispiele in 5.3 zeigen, daß alle Polynome vom Grad 2 und 3 durch Radikale auflösbar sind, wenn char $K = 0$ oder char $K > 3$.

Satz 5.5. *Sei L/K eine endliche Erweiterung eines Körpers K der Charakteristik 0. Dann sind die folgenden Aussagen äquivalent.*

(i) *Die Erweiterung L/K ist durch Radikale auflösbar.*

(ii) *Es gibt eine endliche Galoiserweiterung M/K mit $M \supset L$, so daß die Galoisgruppe $G(M/K)$ auflösbar ist.*

Beweis: (i) $\Rightarrow$ (ii): Nach Voraussetzung existiert zu der Erweiterung L/K eine Erweiterung M/K, die durch sukzessive Adjunktion von Radikalen entsteht und L enthält. Sei $\bar{K} \supset M$ ein algebraischer Abschluß von K. Im ersten Schritt wird gezeigt, daß sogar eine normale Erweiterung M'/K dieser Art mit $M' \subset \bar{K}$ existiert, d.h., man kann M/K später als normal annehmen.

Der Beweis wird durch Induktion über den Grad $[M : K] = n$ geführt. Da die Aussage für $n = 1$ richtig ist, sei $n \geq 2$ vorausgesetzt. Dann existieren ein Zwischenkörper M_0 der Erweiterung M/K und $a \in M$, so daß $M = M_0(a) \neq M_0$ und $a^m \in M_0$ für irgendein $m > 0$. Dann gilt $[M_0 : K] \leq n-1$; nach Induktionsvoraussetzung existiert eine normale Erweiterung M_0'/K, die durch sukzessive Adjunktion von Radikalen entsteht und $M_0 \subset M_0' \subset \bar{K}$ erfüllt. Man betrachte das Polynom

$$f := \prod_{\varphi \in G(M_0'/K)} (X^m - \varphi(a^m)) \in M_0'[X].$$

Wie in 1.3 sieht man, daß $\varphi^*(f) = f$ für alle $\varphi \in G(M_0'/K)$, also $f \in K[X]$ da $K = (M_0')^{G(M_0'/K)}$. Sei M' der Zerfällungskörper in $\bar{K}$ des Polynoms f

über M_0'. Das gewählte $a \in M \subset \bar{K}$ ist Nullstelle des Polynoms f, nämlich des Faktors $X^m - a^m$; also gilt $M = M_0(a) \subset M'$.

Als endliche normale Körpererweiterung ist M_0'/K Zerfällungskörper eines Polynoms $g \in K[X]$. Dann ist M' Zerfällungskörper von $f \cdot g$ über K, also ist M'/K normal. Man erhält M' aus M_0' durch Adjunktion aller m-ter Wurzeln aller $\varphi(a)^m$, und es gilt $\varphi(a)^m \in M_0'$. Daher ist M' als Erweiterung von M_0' durch Radikale auflösbar, also M'/K eine normale, durch Radikale auflösbare Erweiterung.

Wir nehmen also jetzt an, daß M/K eine normale Erweiterung ist, die durch sukzessive Adjunktion von Radikalen entsteht und die L enthält. Es gibt einen Turm $K = K_0 \subset K_1 \subset \cdots \subset K_k = M$, wobei $K_i = K_{i-1}(u_i)$ für $i = 1, \ldots, k$ mit $u_i^{m_i} \in K_{i-1}$ für geeignetes positives $m_i \in \mathbb{Z}$. Es sei m das kleinste gemeinsame Vielfache der Exponenten $m_1, \ldots, m_k$; sei $\zeta \in \bar{K}$ eine primitive m-te Einheitswurzel. Die Körpererweiterung $M(\zeta)/K(\zeta)$ entsteht dann ebenfalls durch sukzessive Adjunktion von Radikalen: Setzt man $K_i' := K_i(\zeta)$, so erhält man eine Kette $K(\zeta) = K_0' \subset K_1' \subset \cdots \subset K_k' = M(\zeta)$, wobei $K_i' = K_{i-1}'(u_i)$, und $u_i^{m_i} \in K_{i-1}'$ für alle $i > 0$; außerdem ist jeder Exponent m_i ein Teiler von m.

Die Erweiterung $M(\zeta)/K$ ist galoissch: Es ist M Zerfällungskörper eines Polynoms h über K, weil M/K normal ist; also ist $M(\zeta)$ Zerfällungskörper von $h \cdot (X^m - 1)$ über K. Die Erweiterungen K_i'/K_{i-1}' sind nach Satz 4.2 Galoiserweiterungen mit zyklischer Galoisgruppe. Setze $G_i := G(M(\zeta)/K_i')$ für $0 \le i \le k$. Weil jedes K_i'/K_{i-1}' galoissch ist, ist G_i nach Satz 1.4 eine normale Untergruppe in G_{i-1}, und es gilt $G_{i-1}/G_i \cong G(K_i'/K_{i-1}')$. Es folgt, daß G_{i-1}/G_i abelsch ist. Nach Satz 2.8 ist auch $K_0' = K(\zeta)/K$ eine Galoiserweiterung mit abelscher Galoisgruppe. Daher ist G_0 eine normale Untergruppe in $G := G(M(\zeta)/K)$, so daß $G/G_0 \cong G(K(\zeta)/K)$ abelsch ist. Deshalb ist

$$G = G(M(\zeta)/K) \ge G_0 \ge G_1 \ge \cdots \ge G_k = \{e\},$$

eine abelsche Normalreihe in G (siehe § II.3), und G ist auflösbar.

(ii) $\Rightarrow$ (i): Sei nun M/K eine galoissche Erweiterung, deren Galoisgruppe $G(M/K)$ auflösbar ist und die L enthält. Sei ζ eine primitive n-te Einheitswurzel, $n = [M : K]$. Die Erweiterung $M(\zeta)/K$ ist eine galoissch. [Ist M Zerfällungskörper von $f \in K[X]$ über K, so ist $M(\zeta)$ Zerfällungskörper von $f \cdot (X^n - 1)$ über K.] Ist $\sigma \in G(M(\zeta)/K(\zeta))$, so gilt $\sigma(M) \subset M$, da M/K normal ist; also definiert die Zuordnung $\sigma \mapsto \sigma_{|M}$ einen Homomorphismus

$$\text{res: } G(M(\zeta)/K(\zeta)) \longrightarrow G(M/K).$$

Für $\tau \in \ker(\text{res})$ gilt $\tau(x) = x$ für alle $x \in M$. Andererseits ist $\tau_{|K(\zeta)} = \text{Id}$, da $\tau \in G(M(\zeta)/K(\zeta))$. Also gilt $\tau(y) = y$ für alle $y \in M(\zeta)$. Daher ist der Homomorphismus res injektiv, und $G(M(\zeta)/K(\zeta))$ ist auflösbar.

Dann besitzt (nach Satz II.3.5) $G := G(M(\zeta)/K(\zeta))$ eine abelsche Normalreihe $G = G_0 \trianglerighteq G_1 \trianglerighteq \cdots \trianglerighteq G_m = \{e\}$, deren Faktorgruppen G_{i-1}/G_i ($i = 1, \ldots, m$) zyklisch von Primzahlordnung sind. Dieser Normalreihe entspricht nach Satz 1.4 ein Körperturm $K(\zeta) = K_0 \subset \cdots \subset K_m = M(\zeta)$; jede Erweiterung K_i/K_{i-1} ist galoissch und ihre Galoisgruppe ist zyklisch. Der Körpergrad $n_i = [K_i : K_{i-1}]$ teilt $n = [M(\zeta) : K(\zeta)]$, und K_{i-1} enthält die n-ten Einheitswurzeln. Es folgt (vgl. Satz 4.2), daß K_i Zerfällungskörper eines Polynoms $X^{n_i} - a_i$ mit $a_i \in K_{i-1}$ ist. Deshalb entsteht die Erweiterung $M(\zeta)/K$ durch die sukzessive Adjunktion von Radikalen. □

Korollar 5.6. *Sei K ein Körper der Charakteristik 0. Eine endliche Galoiserweiterung L/K ist genau dann durch Radikale auflösbar, wenn die Galoisgruppe $G(L/K)$ auflösbar ist.*

Beweis: Ist L/K durch Radikale auflösbar, so gibt es nach Satz 5.5 eine endliche Galoiserweiterung M/K mit $M \supset L$, so daß die Galoisgruppe $G(M/K)$ auflösbar ist. Nach Satz 1.4 gilt nun $G(L/K) \cong G(M/K)/G(M/L)$, also ist nach Satz II.3.2 auch $G(L/K)$ auflösbar. Die Umkehrung ist nach Satz 5.5 klar. □

Bemerkung: Sei K ein Körper der Charakteristik 0. Für ein Polynom $f \in K[X]$, $f \notin K$ sagt Korollar 5.6 insbesondere: Die Gleichung $f(x) = 0$ ist genau dann durch Radikale auflösbar, wenn die Galoisgruppe von f über K auflösbar ist.

Gilt $\mathrm{grad}\, f \leq 4$, so ist dies immer der Fall. Denn die Galoisgruppe ist dann zu einer Untergruppe G in einer symmetrischen Gruppe S_n mit $n \leq 4$ isomorph. Die Gruppe S_4 ist auflösbar; sie besitzt die abelsche Normalreihe $S_4 \trianglerighteq A_4 \trianglerighteq V \trianglerighteq \{e\}$, wobei V die Kleinsche Vierergruppe $\{e, (12)(34), (13)(24), (14)(23)\}$ bezeichnet, siehe Beispiel II.3.1(3). Also ist auch G auflösbar. Im Fall $\mathrm{grad}\, f = 3$ folgt dies natürlich auch aus der (hier nicht bewiesenen) Cardanoschen Formel in 5.3. Auch im Fall $\mathrm{grad}\, f = 4$ war die Auflösbarkeit der Gleichung $f(x) = 0$ seit dem 16. Jahrhundert bekannt.

Für $\mathrm{grad}\, f \geq 5$ lassen sich die Nullstellen von f im allgemeinen nicht durch Radikale beschreiben. Nach Beispiel II.3.8 sind S_n und A_n für $n \geq 5$ nicht auflösbar. Es gibt aber Polynome des Grades 5 über $\mathbb{Q}$, so daß die Galoisgruppe des Zerfällungskörper von f über $\mathbb{Q}$ zu S_5 isomorph ist, siehe Aufgabe 6.

§ 6 Norm und Spur

6.1. Sei V ein endlichdimensionaler Vektorraum über einem Körper K. Jeder K-linearen Abbildung $\varphi: V \to V$ ist das charakteristische Polynom

$$p_\varphi = \det(X \cdot \mathrm{Id} - \varphi) \in K[X]$$

zugeordnet. Es hat die Form (mit $n = \dim V$)

$$p_\varphi = X^n - (\operatorname{tr}\varphi)\, X^{n-1} + \cdots + (-1)^n \det\varphi,$$

wobei $\operatorname{tr}\varphi$ die Spur von φ und $\det\varphi$ die Determinante von φ bezeichnen. Für alle $\varphi, \psi \in \operatorname{End}_K(V)$ gilt bekanntlich $\det(\varphi \circ \psi) = \det\varphi \cdot \det\psi$ und $\operatorname{tr}(\lambda\varphi + \mu\varphi) = \lambda \operatorname{tr}(\varphi) + \mu \operatorname{tr}(\psi)$ für alle $\lambda, \mu \in K$.

Sind L/K eine endliche Körpererweiterung und a ein Element in L, so ist durch $\varphi_a(v) = av$ für alle $v \in L$ ein Endomorphismus $\varphi_a\colon L \to L$ des K–Vektorraumes L gegeben; die Zuordnung $a \mapsto \varphi_a$ definiert einen Ringhomomorphismus $L \to \operatorname{End}_K(L)$ von L in den Endomorphismenring von L über K. Wir bezeichnen das charakteristische Polynom von φ_a mit $\chi_{a,L/K} := p_{\varphi_a}$. Wir erhalten nun eine Abbildung, genannt *Spur*,

$$\operatorname{tr}_{L/K}\colon L \longrightarrow K, \quad a \longmapsto \operatorname{tr}\varphi_a$$

und eine Abbildung, genannt *Norm*,

$$n_{L/K}\colon L \longrightarrow K, \quad a \longmapsto \det\varphi_a.$$

Die Spurabbildung $\operatorname{tr}_{L/K}$ ist K–linear, und die Normabbildung ist multiplikativ, d.h., es gilt $n_{L/K}(ab) = n_{L/K}(a) \cdot n_{L/K}(b)$ für alle $a, b \in L$.

Beispiele: (1) Sei $v_1, \dots, v_n$ eine Basis von L über K. Es gibt $\alpha_{ji} \in K$ mit $av_i = \sum_j \alpha_{ji} v_j$ für alle i. Dann gilt $\chi_{a,L/K} = \det(X I_n - (\alpha_{ji}))$, wobei I_n die Einheitsmatrix ist. Nun folgt $\operatorname{tr}_{L/K}(a) = \sum_i \alpha_{ii}$ und $n_{L/K}(a) = \det(\alpha_{ji})$.

(2) Seien $K = \mathbb{Q}$ und $L = \mathbb{Q}(\sqrt{d})$ für ein Nichtquadrat $d \in \mathbb{Q}$. Sei $a \in L$, $a = a_1 + a_2\sqrt{d}$ mit $a_1, a_2 \in \mathbb{Q}$. Bezüglich der Basis $1, \sqrt{d}$ hat φ_a die Matrix $\begin{pmatrix} a_1 & d a_2 \\ a_2 & a_1 \end{pmatrix}$. Somit ist $\chi_{a,L/K} = X^2 - 2a_1 X + a_1^2 - d a_2^2$; es gilt $\operatorname{tr}_{L/K}(a) = 2a_1$ und $n_{L/K}(a) = a_1^2 - d a_2^2$.

Lemma 6.2. *Sei M ein Zwischenkörper einer endlichen Körpererweiterung L/K. Dann gilt*

$$\chi_{a,L/K} = \chi_{a,M/K}^{[L:M]}$$

für alle $a \in M$.

Beweis: Seien $v_1, \dots, v_n$ eine Basis von M über K und $w_1, \dots, w_m$ eine Basis von L über M. Dann bilden alle Produkte $w_k v_i$ nach Satz V.1.2 eine Basis von L über K. Es gibt $\alpha_{ji} \in K$ mit $av_i = \sum_{j=1}^n \alpha_{ji} v_j$. Setze A gleich der Matrix aller α_{ji}; dann gilt $\chi_{a,M/K} = \det(X I_n - A)$.

Weiter gilt $aw_k v_i = \sum_{j=1}^{n} \alpha_{ji} w_k v_j$ für alle i und k. Dies zeigt, daß die Matrix von φ_a auf L bezüglich der Basis aller $w_k v_i$ die Form

$$\begin{pmatrix} A & 0 & \cdots & 0 \\ 0 & A & \cdots & 0 \\ \vdots & \vdots & \ddots & \vdots \\ 0 & 0 & \cdots & A \end{pmatrix}$$

hat. Daraus folgt unmittelbar $\chi_{a,L/K} = \det(XI_n - A)^m$, also die Behauptung.

□

Bemerkung 6.3. Unter den Voraussetzungen des Satzes erhält man für alle $a \in M$, daß

$$\mathrm{tr}_{L/K}(a) = [L:M]\,\mathrm{tr}_{M/K}(a) \quad \text{und} \quad n_{L/K}(a) = n_{M/K}(a)^{[L:M]}.$$

Wir können dies insbesondere für beliebiges $a \in L$ auf $M = K(a)$ anwenden und erhalten so

$$\mathrm{tr}_{L/K}(a) = [L:K(a)]\,\mathrm{tr}_{K(a)/K}(a) \quad \text{und} \cdot \; n_{L/K}(a) = n_{K(a)/K}(a)^{[L:K(a)]}. \tag{1}$$

Man kann auch (wieder für beliebiges M) zeigen, daß $\mathrm{tr}_{L/K} = \mathrm{tr}_{M/K} \circ \mathrm{tr}_{L/M}$ und $n_{L/K} = n_{M/K} \circ n_{L/M}$.

Satz 6.4. *Seien L/K eine endliche Körpererweiterung, und $a \in L$. Das Minimalpolynom von a habe die Form*

$$m_{a,K} = X^n + \alpha_{n-1} X^{n-1} + \cdots + \alpha_1 X + \alpha_0$$

mit $\alpha_0, \alpha_1, \ldots, \alpha_{n-1} \in K$. Dann gilt

$$\mathrm{tr}_{L/K}(a) = -[L:K(a)]\,\alpha_{n-1} \quad \text{und} \quad n_{L/K}(a) = ((-1)^n \alpha_0)^{[L:K(a)]}.$$

Beweis: Nach 6.3(1) reicht es, den Fall $L = K(a)$ zu betrachten. In diesem Fall hat L die Basis $1, a, a^2, \ldots, a^{n-1}$ über K. Die Matrix von φ_a bezüglich dieser Basis ist dann

$$\begin{pmatrix} 0 & 0 & 0 & \cdots & 0 & -\alpha_0 \\ 1 & 0 & 0 & \cdots & 0 & -\alpha_1 \\ 0 & 1 & 0 & \cdots & 0 & -\alpha_2 \\ \vdots & \vdots & \vdots & \ddots & \vdots & \vdots \\ 0 & 0 & 0 & \cdots & 0 & -\alpha_{n-2} \\ 0 & 0 & 0 & \cdots & 1 & -\alpha_{n-1} \end{pmatrix}$$

Sie hat Spur $-\alpha_{n-1}$ und Determinante $(-1)^n \alpha_0$. Daraus folgt die Behauptung.

□

Bemerkung: Man kann genauer zeigen, daß $\chi_{a,K(a)/K} = m_{a,K}$. Nach dem Satz von Cayley–Hamilton gilt nämlich $\chi_{a,K(a)/K}(\varphi_a) = 0$. Andererseits ist $\chi_{a,K(a)/K}(\varphi_a)\,(1) = \chi_{a,K(a)/K}(a)$. Da nun a eine Nullstelle von $\chi_{a,K(a)/K}$ ist, folgt $m_{a,K} \mid \chi_{a,K(a)/K}$. Nun erhalten wir Gleichheit, weil beide Polynome den Grad $[K(a):K]$ haben und normiert sind.

Beispiel: Seien K ein Körper der Charakteristik $p > 0$ und $a \in K$ ein Element, das keine p–te Potenz in K ist. Nach Satz 4.4 ist $X^p - a$ irreduzibel in $K[X]$. Wähle eine Nullstelle b von $X^p - a$ in $\bar{K}$ und setze $L := K(b)$. Da nun $m_{b,K} = X^p - a$, gilt $[K(b):K] = p$. Wir wollen zeigen, daß in diesem Fall $\mathrm{tr}_{L/K}(c) = 0$ und $n_{L/K}(c) = c^p$ für alle $c \in L$. Ist $c \in K$, so gilt $m_{c,K} = X - c$, und Satz 6.4 sagt in diesem Fall $\mathrm{tr}_{L/K}(c) = [L:K]\,c = p\,c = 0$ sowie $n_{L/K}(c) = (-(-c))^p = c^p$. Sei nun $c \in L$ mit $c \notin K$. Wenden wir den Gradsatz auf $K(b) \supset K(c) \supset K$ an, so erhalten wir $[K(c):K] = p$, also $\mathrm{grad}\, m_{c,K} = p$. Andererseits gilt $c^p \in K$, da $c \in K(b) = K[b]$ und $b^p = a \in K$. Daraus folgt $m_{c,K} = X^p - c^p$, also $\mathrm{tr}_{L/K}(c) = 0$ und $n_{L/K}(c) = (-1)^p(-c^p) = c^p$.

Satz 6.5. *Sei L/K eine endliche separable Erweiterung vom Grad n. Sind $\sigma_1, \ldots, \sigma_n$ die n verschiedenen K–Homomorphismen $L \to \bar{K}$, so gilt*

$$\mathrm{tr}_{L/K}(a) = \sum_{i=1}^{n} \sigma_i(a) \qquad und \qquad n_{L/K}(a) = \prod_{i=1}^{n} \sigma_i(a).$$

für alle $a \in L$.

Beweis: Sei $a \in L$; wir schreiben $m_{a,K} = X^r + \alpha_{r-1}X^{r-1} + \cdots + \alpha_1 X + \alpha_0$ mit $\alpha_0, \alpha_1, \ldots, \alpha_{r-1} \in K$. Nach Satz V.5.8 ist auch $K(a)/K$ separabel, also gibt es r verschiedene K–Homomorphismen $\tau_1, \tau_2, \ldots, \tau_r$ von $K(a)$ nach $\bar{K}$. Die $\tau_i(a)$ sind dann gerade die Nullstellen von $m_{a,K}$ in $\bar{K}$, es gilt $m_{a,K} = \prod_{i=1}^{r}(X - \tau_i(a))$, also

$$\sum_{i=1}^{r} \tau_i(a) = -\alpha_{r-1} \qquad und \qquad \prod_{i=1}^{r} \tau_i(a) = (-1)^r \alpha_0.$$

Für jedes $j = 1, \ldots, n$ ist $(\sigma_j)_{|K(a)}$ ein K–Homomorphismus $K(a) \to \bar{K}$, also einer der τ_i mit $1 \leq i \leq r$. Für jedes i ist die Anzahl der j mit $(\sigma_j)_{|K(a)} = \tau_i$ gleich $[L:K(a)]_s = [L:K(a)]$, siehe V.5.1. Daraus folgt

$$\sum_{j=1}^{n} \sigma_j(a) = [L:K(a)] \sum_{i=1}^{r} \tau_i(a) = -[L:K(a)]\alpha_{r-1} = \mathrm{tr}_{L/K}(a),$$

wobei wir zum Schluß Satz 6.4 benutzen. Analog folgt die Behauptung für $n_{L/K}(a)$.   □

Satz 6.6. *Sei L/K eine endliche separable Körpererweiterung.*

(a) *Es gibt ein Element $a \in L$ mit $\mathrm{tr}_{L/K}(a) \neq 0$. Die K–lineare Abbildung $\mathrm{tr}_{L/K} \colon L \to K$ ist nicht–trivial und damit surjektiv.*

(b) *Durch $(v, w) := \mathrm{tr}_{L/K}(vw)$ wird eine symmetrische nicht–ausgeartete Bilinearform des K–Vektorraumes L definiert.*

Beweis: (a) Sind $\tau_1, \ldots, \tau_n$ mit $n = [L : K]$ die paarweise verschiedenen Homomorphismen von L in $\bar{K}$, so sind diese linear unabhängig als Elemente in $\mathrm{Abb}_K(L, \bar{K})$. Da $\mathrm{tr}_{L/K}(a) = \sum_{i=1}^{n} \tau_i(a)$ gilt, kann $\mathrm{tr}_{L/K}$ nicht die Nullabbildung sein.

(b) Die genannte Zuordnung definiert offenbar eine symmetrische Bilinearform. Diese ist nicht–ausgeartet: Sei $v \neq 0$ ein Element in L, und sei $a \in L$ ein Element mit $\mathrm{tr}_{L/K}(a) \neq 0$. Dann gilt $(v, av^{-1}) = \mathrm{tr}_{L/K}(a) \neq 0$. $\qquad\square$

Der folgende Satz ist unter dem Namen *Hilberts Satz 90* bekannt:

Satz 6.7. *Seien L/K eine endliche Galoiserweiterung mit zyklischer Galoisgruppe $G(L/K)$ und σ ein erzeugendes Element von $G(L/K)$. Sei $b \in L$. Es gilt genau dann $n_{L/K}(b) = 1$, wenn es ein $a \in L^*$ mit $b = a\sigma(a)^{-1}$ gibt.*

Beweis: Setze $n = [L : K]$. Es ist also $n_{L/K}(b) = \prod_{i=0}^{n-1} \sigma^i(b)$. Gibt es ein $a \in L^*$ mit $b = a\sigma(a)^{-1}$, so folgt $\sigma^i(b) = \sigma^i(a)\sigma^{i+1}(a)^{-1}$ für alle i, also $n_{L/K}(b) = \sigma^0(a)\sigma^n(a)^{-1} = a\,a^{-1} = 1$.

Nehmen wir nun umgekehrt an, daß $n_{L/K}(b) = 1$. Für alle $j \geq 0$ setze $b_j = \prod_{i=0}^{j-1} \sigma^i(b)$. Es gilt also $b_0 = 1$ und $b_1 = b$ sowie $b_n = n_{L/K}(b) = 1$. Wegen der linearen Unabhängigkeit der σ^i mit $0 \leq i < n$ (siehe Korollar 3.3) gilt $\sum_{j=0}^{n-1} b_j \sigma^j \neq 0$. Es gibt also $c \in L$ mit

$$a := \sum_{j=0}^{n-1} b_j \sigma^j(c) \neq 0.$$

Nach Konstruktion gilt $\sigma(b_j) = b^{-1}b_{j+1}$ für alle j. Wegen $\sigma^n = \mathrm{Id} = \sigma^0$ und $b_n = 1 = b_0$ folgt nun

$$\sigma(a) = b^{-1} \sum_{j=0}^{n-1} b_{j+1}\sigma^{j+1}(c) = b^{-1} \sum_{k=0}^{n-1} b_k \sigma^k(c) = b^{-1}a,$$

also $b = a\sigma(a)^{-1}$ wie behauptet. $\qquad\square$

Hier kommt eine additive Version von Satz 6.7:

Satz 6.8. *Seien L/K eine endliche Galoiserweiterung mit zyklischer Galoisgruppe $G(L/K)$ und σ ein erzeugendes Element von $G(L/K)$. Sei $b \in L$. Es gilt genau dann $\mathrm{tr}_{L/K}(b) = 0$, wenn es ein $a \in L$ mit $b = a - \sigma(a)$ gibt.*

Beweis: Setze $n = [L : K]$. Es ist also $\mathrm{tr}_{L/K}(b) = \sum_{i=0}^{n-1} \sigma^i(b)$. Gibt es ein $a \in L$ mit $b = a - \sigma(a)$, so folgt $\sigma^i(b) = \sigma^i(a) - \sigma^{i+1}(a)$ für alle i, also $\mathrm{tr}_{L/K}(b) = \sigma^0(a) - \sigma^n(a) = a - a = 0$.

Nehmen wir nun umgekehrt an, daß $\mathrm{tr}_{L/K}(b) = 0$. Für alle $j \geq 0$ setze $b_j = \sum_{i=0}^{j-1} \sigma^i(b)$. Es gilt also $b_0 = 0$ und $b_1 = b$ sowie $b_n = \mathrm{tr}_{L/K}(b) = 0$. Nach Satz 6.6.a gibt es ein $c \in L$ mit $\mathrm{tr}_{L/K}(c) \neq 0$. Setze

$$a := \frac{1}{\mathrm{tr}_{L/K}(c)} \sum_{j=0}^{n-1} b_j \sigma^j(c).$$

Nach Konstruktion gilt $\sigma(b_j) = b_{j+1} - b$ für alle j. Wegen $\sigma^n = \mathrm{Id} = \sigma^0$ und $b_n = 0 = b_0$ folgt nun

$$\sigma(a) = \frac{\sum_{j=0}^{n-1}(b_{j+1} - b)\sigma^{j+1}(c)}{\mathrm{tr}_{L/K}(c)} = \frac{\sum_{k=0}^{n-1}(b_k - b)\sigma^k(c)}{\mathrm{tr}_{L/K}(c)} = a - b,$$

also $b = a - \sigma(a)$ wie behauptet.   □

Mit Hilfe von Satz 6.8 können wir nun Satz 4.2.b ergänzen:

Satz 6.9. *Sei K ein Körper der Charakteristik $p > 0$. Sei L/K eine endliche Galoiserweiterung mit zyklischer Galoisgruppe $G(L/K)$ der Ordnung p. Dann gibt es $a \in L$ mit $L = K(a)$ und $a^p - a \in K$.*

Beweis: Sei σ ein erzeugendes Element von $G(L/K)$. Für alle $b \in K$ gilt $\mathrm{tr}_{L/K}(b) = [L : K] b = p b = 0$. Nach Satz 6.8 gibt es deshalb zu $b = -1$ ein $a \in L$ mit $a - \sigma(a) = -1$, also mit $\sigma(a) = a + 1$. Daraus folgt $\sigma^i(a) = a + i$ für alle i, und die $a + i$ mit $0 \leq i < p$ sind p verschiedene Nullstellen von $m_{a,K}$. Aus $p = [L : K] \geq [K(a) : K] = \mathrm{grad}\, m_{a,K} \geq p$ folgt nun $[L : K] = [K(a) : K]$, also $L = K(a)$. Außerdem gilt $\sigma(a^p) = (a+1)^p = a^p + 1$, also $\sigma(a^p - a) = a^p + 1 - (a + 1) = a^p - a$; daher gehört $a^p - a$ zu $L^{G(L/K)} = K$.   □

Bemerkung: Man kann umgekehrt zeigen: Sei K ein Körper der Charakteristik $p > 0$. Hat ein Polynom $f = X^p - X - b$ mit $b \in K$ keine Nullstelle in K, so ist f irreduzibel, und die Galoisgruppe von f über K ist zyklisch von der Ordnung p.

ÜBUNGEN

§ 1 Galoiserweiterungen

1. Es sei L der Zerfällungskörper über $\mathbb{Q}$ von $f(X) = (X^2 - 2)(X^2 + 1)$. Bestimme die Galoisgruppe $G(L/\mathbb{Q})$, ihre Untergruppen und die zugehörigen Fixkörper in L.

2. Das über $\mathbb{Q}$ irreduzible Polynom $f = X^3 - 7$ in $\mathbb{Q}[X]$ besitzt die drei verschiedenen Wurzeln $\sqrt[3]{7}, \omega\sqrt[3]{7}, \omega^2\sqrt[3]{7}$, wobei ω eine primitive dritte Einheitswurzel ist. Sei L der Zerfällungskörper von f über $\mathbb{Q}$.

   (a) Zeige, daß die Galoisgruppe $G(L/\mathbb{Q})$ von L über $\mathbb{Q}$ isomorph zur symmetrischen Gruppe S_3 ist.

   (b) Finde ein $\alpha \in L$ mit der Eigenschaft $L = \mathbb{Q}(\alpha)$.

   (c) Bestimme die Untergruppen von $G(L/\mathbb{Q})$ und die zugehörigen Zwischenkörper.

3. Im Polynomring $\mathbb{Q}[X]$ sei das Polynom $f = X^4 + 3$ gegeben.

   (a) Zeige: f ist irreduzibel.

   (b) Bestimme den Zerfällungskörper K von f als Teilkörper des Körpers der komplexen Zahlen $\mathbb{C}$, bestimme seinen Grad und gib eine Basis von K über $\mathbb{Q}$ an.

   (c) Skizziere die Wurzeln $\zeta_1, \zeta_2, \zeta_3, \zeta_4 \in \mathbb{C}$ des Polynoms f in der komplexen Ebene und zeige: Die Galoisgruppe $G(K/\mathbb{Q})$ induziert genau diejenigen Permutationen σ von $\{\zeta_1, \dots, \zeta_4\}$, für die

   $$|\sigma(\zeta_\nu) - \sigma(\zeta_\mu)| = |\zeta_\nu - \zeta_\mu|$$

   für alle $\nu, \mu \in \{1, 2, 3, 4\}$.

   (d) Bestimme eine Kompositionsreihe von $G(K/\mathbb{Q})$ und die zugehörige Folge von Teilkörpern von K.

4. Sei L/K eine separable Körpererweiterung vom Grad 4. Es gebe $a, b \in L$ mit $L = K(a, b)$ und $\operatorname{grad} m_{a,K} = 2 = \operatorname{grad} m_{b,K}$. (Solche Erweiterungen werden *biquadratisch* genannt.) Zeige, daß L/K eine Galoiserweiterung ist und bestimme $G(L/K)$.

5. Es seien $p_1, \dots, p_n$ paarweise verschiedene Primzahlen. Man bestimme die Galoisgruppe der Erweiterung $\mathbb{Q}(\sqrt{p_1}, \sqrt{p_2}, \dots, \sqrt{p_n})/\mathbb{Q}$.

6. (a) Sei p eine Primzahl. Zeige: Enthält eine Untergruppe G der symmetrischen Gruppe S_p eine Transposition und einen p–Zykel, so gilt $G = S_p$.

   (b) Sei p eine Primzahl. Sei $f \in \mathbb{Q}[X]$ ein irreduzibles Polynom vom Grad p. Zeige: Hat f genau zwei nicht–reelle Wurzeln, so ist die Galoisgruppe $G(L/\mathbb{Q})$ des Zerfällungskörpers L über $\mathbb{Q}$ isomorph zu S_p.

   (c) Bestimme die Galoisgruppe des Zerfällungskörpers L über $\mathbb{Q}$ des Polynoms $X^5 - 6X + 3 \in \mathbb{Q}[X]$.

7. Sei $K = \mathbb{C}(y)$ der Körper rationalen Funktionen in y, d.h. der Körper der Brüche des Polynomrings $\mathbb{C}[y]$ in der Unbestimmten y. Es gibt $\mathbb{C}$–Automorphismen σ, τ von K mit $\sigma: y \mapsto -y$ und $\tau: y \mapsto iy^{-1}$. Sei G die von σ und τ erzeugte Untergruppe von $\operatorname{Aut}_{\mathbb{C}} K$. Zeige: Der Fixkörper $F = K^G$ ist der Körper $\mathbb{C}(w)$ der rationalen Funktionen in $w = y^2 - y^{-2}$.

8. Sei L/K eine Galoiserweiterung mit char $K = 0$. Sei U eine Untergruppe der Galoisgruppe $G(L/K)$; für alle $a \in L$ setze $\text{tr}_U(a) = \sum_{\sigma \in U} \sigma(a)$. Zeige: Ist $a_1, \ldots, a_n$ eine Basis von L über K, so gilt $L^U = K(\text{tr}_U(a_1), \ldots, \text{tr}_U(a_n))$.

9. Seien K ein Körper, $n \in \mathbb{N}$ und $a \in K$. Sei L ein Zerfällungskörper des Polynoms $f = X^n - a \in K[X]$. Zeige: Falls char K kein Teiler von n ist, dann ist L/K eine Galoiserweiterung, und die Galoisgruppe von L/K ist isomorph zu einer Untergruppe der Gruppe der Matrizen der Form $\begin{pmatrix} x & y \\ 0 & 1 \end{pmatrix}$ mit $x \in (\mathbb{Z}/n\mathbb{Z})^*$ und $y \in \mathbb{Z}/n\mathbb{Z}$.

10. Sei k ein Körper. In dem Körper $L = k(X_1, X_2)$ betrachte man die Polynome $X_3 := -(X_1 + X_2)$, $Q := X_1 \cdot X_2 \cdot X_3$, $P := X_1 X_2 + X_2 X_3 + X_3 X_1$ und setze $K := k(P, Q) \subset L$. Zeige: L/K ist eine Galoiserweiterung mit Galoisgruppe S_3.

11. Sei K ein Körper und $f \in K(X)$ eine rationale Funktion mit der Eigenschaft $f(X) = f(\frac{1}{X})$. Zeige: Es gibt ein $g \in K(X)$ mit $f(X) = g(X + \frac{1}{X})$.

12. Für jedes $n \in \mathbb{N}$ gibt es einen Körper $K_n \subset \bar{\mathbb{Q}}$, für den $K_n/\mathbb{Q}$ galoissch mit Galoisgruppe S_n ist. Man beweise oder widerlege: Es gibt ein $n \in \mathbb{N}$ und einen Körper K mit $\mathbb{Q} \subset K \subset K_n$, so daß $K/\mathbb{Q}$ galoissch ist mit Galoisgruppe $\mathbb{Z}/7\mathbb{Z}$.

13. Sei L/K eine endliche Galoiserweiterung. Sei $f \in K[X]$ ein normiertes irreduzibles Polynom. Dann gibt es paarweise verschiedene normierte irreduzible Polynome $g_1, g_2, \ldots, g_r \in L[X]$ und ganze Zahlen $m_1, m_2, \ldots, m_r > 0$ mit $f = \prod_{i=1}^r g_i^{m_i}$. Zeige, daß

$$\{ g_1, g_2, \ldots, g_r \} = \{ \sigma^*(g_1) \mid \sigma \in G(L/K) \},$$

und daß $m_i = 1$ für alle i.

§ 2   Einheitswurzeln

14. Sei $L = \mathbb{Q}(\zeta_8)$ der achte Kreisteilungskörper über $\mathbb{Q}$ (mit ζ_8 eine primitive achte Einheitswurzel). Bestimme die Galoisgruppe $G(L/\mathbb{Q})$, deren Untergruppen und die zugehörigen Zwischenkörper der Erweiterung $L/\mathbb{Q}$.

15. Setze $\zeta = e^{2\pi i/12}$, eine primitive 12–te Einheitswurzel. Die relativen Automorphismen des Kreisteilungskörpers $\mathbb{Q}(\zeta)$ über $\mathbb{Q}$ sind durch die Zuordnungen

$$\sigma_k \colon \zeta \longmapsto \zeta^k, \quad [k] \in (\mathbb{Z}/12\mathbb{Z})^*$$

vollständig beschrieben, und die Zuordnung $j \colon \sigma_k \mapsto k \bmod 12$ liefert einen Isomorphismus der Galoisgruppe G der Erweiterung $\mathbb{Q}(\zeta)/\mathbb{Q}$ auf $(\mathbb{Z}/12\mathbb{Z})^*$.

(a) Zeige: Die Galoisgruppe von $\mathbb{Q}(\zeta)/\mathbb{Q}$ wird durch die Automorphismen $\sigma_1, \sigma_5, \sigma_7$ und σ_{11} gebildet und ist isomorph zur Kleinschen Vierergruppe.

(b) Bestimme für jede Untergruppe von $G(\mathbb{Q}(\zeta)/\mathbb{Q})$ den zugehörigen Zwischenkörper der Erweiterung $\mathbb{Q}(\zeta)/\mathbb{Q}$ und schreibe diesen als einfache Erweiterung von $\mathbb{Q}$.

16. Sei $a \in \mathbb{C}$ eine primitive siebte Einheitswurzel. Das zugehörige Minimalpolynom $m_{a,\mathbb{Q}}$ über $\mathbb{Q}$ ist dann gleich dem siebten Kreisteilungspolynom $\Phi_7 = \sum_{i=0}^6 X^i$. Die Erweiterung $\mathbb{Q}(a)/\mathbb{Q}$ ist galoissch: ihre Galoisgruppe werde mit G bezeichnet. Zeige:

(a) Es existiert ein $\sigma \in G$ mit $\sigma(a) = a^3$. (Welche Ordnung hat σ?)

(b) Die Gruppe G wird von σ erzeugt.

(c) Es gilt $\sigma^3(z) = \bar{z}$ für alle $z \in \mathbb{Q}(a)$.

(d) Bestimme die Minimalpolyome von $b := a + a^6$ und $c := a + a^2 + a^4$.

(e) Zeige, daß die einzigen echten Zwischenkörper der Erweiterung $\mathbb{Q}(a)/\mathbb{Q}$ durch die Erweiterungen $\mathbb{Q}(b)/\mathbb{Q}$ und $\mathbb{Q}(c)/\mathbb{Q}$ gegeben sind.

17. (a) Seien K ein Körper und $f = \prod_{i=1}^n (X - a_i) \in K[X]$ ein Polynom mit $a_1, \ldots, a_n \in K$. Zeige, daß

$$\prod_{i<j}(a_i - a_j)^2 = (-1)^{n(n-1)/2} \prod_{i=1}^n f'(a_i).$$

(b) Sei p eine ungerade Primzahl. Setze $\zeta_p = e^{2\pi i/p}$. Zeige: Es gibt genau eine quadratische Erweiterung Z von $\mathbb{Q}$, die im Kreisteilungskörper $\mathbb{Q}(\zeta_p)$ enthalten ist, und zwar gilt

$$Z = \mathbb{Q}\left(\sqrt{(-1)^{(p-1)/2}p}\right).$$

18. Sei p eine ungerade Primzahl. Setze $\zeta_p = e^{2\pi i/p}$. Zeige: Der Kreisteilungskörper $\mathbb{Q}(\zeta_p)$ besitzt einen eindeutig bestimmten Teilkörper L vom Grade $[L:\mathbb{Q}] = (p-1)/2$; dieser wird von dem Element $\zeta_p + \zeta_p^{p-1} = 2\cos(2\pi/p)$ erzeugt, und es gilt $L = \mathbb{Q}(\zeta_p) \cap \mathbb{R}$.

19. (a) Man bestimme den Körpergrad von $\mathbb{Q}(\sqrt[10]{5})$ über $\mathbb{Q}$ und über $\mathbb{Q}(\sqrt{5})$.

(b) Sei $\zeta := e^{2\pi i/10}$. Zeige: $\mathbb{Q}(\zeta) \cap \mathbb{R} = \mathbb{Q}(\sqrt{5})$.

(c) Welchen Grad hat der Zerfällungskörper L von $X^{10} - 5$ über $\mathbb{Q}$?

20. Seien $a \in \mathbb{Q}$ und $n \in \mathbb{N}$, $n \geq 2$. Sei ferner $\alpha \in \mathbb{C}$ eine Nullstelle von $X^n - a$. Setze $\zeta := e^{2\pi i/n}$ und $L := \mathbb{Q}(\zeta, \alpha) \subset \mathbb{C}$. Dann ist L ein Zerfällungskörper von $X^n - a$ über $\mathbb{Q}$.

(a) Zeige: Es gibt einen injektiven Homomorphismus von $G(L/\mathbb{Q})$ in die multiplikative Gruppe der Matrizen

$$\left\{ \begin{pmatrix} \bar{r} & \bar{s} \\ \bar{0} & \bar{1} \end{pmatrix} \mid \bar{r} \in (\mathbb{Z}/n\mathbb{Z})^*,\, \bar{s} \in \mathbb{Z}/n\mathbb{Z} \right\}$$

mit folgender Eigenschaft: Wenn $\sigma \in G(L/\mathbb{Q})$ auf $\begin{pmatrix} \bar{r} & \bar{s} \\ \bar{0} & \bar{1} \end{pmatrix}$ abgebildet wird, so ist $\sigma(\zeta) = \zeta^r$ und $\sigma(\alpha) = \zeta^s\alpha$.

(b) Bestimme das Bild dieses Homomorphismus im Fall $n = 10$ und $a = 5$, also für das Polynom $X^{10} - 5 \in \mathbb{Q}[X]$.

21. Sei ζ bzw. η eine primitive m-te bzw. n-te Einheitswurzel in $\mathbb{C}$, wobei $\mathrm{ggT}(m,n) = 1$. Zeige, daß $\mathbb{Q}(\zeta) \cap \mathbb{Q}(\eta) = \mathbb{Q}$ und daß $G(\mathbb{Q}(\zeta,\eta)/\mathbb{Q})$ zu dem direkten Produkt $G(\mathbb{Q}(\zeta)/\mathbb{Q}) \times G(\mathbb{Q}(\eta)/\mathbb{Q})$ isomorph ist.

22. Gegeben sei das Polynom $g = X^6 + X^4 + X^2 + 1$ in $\mathbb{Q}[X]$.

(a) Bestimme den Zerfällungskörper L von g und die zugehörige Galoisgruppe $G(L/\mathbb{Q})$.

(b) Faßt man g als Polynom in $\mathbb{F}_5[X]$ auf, so hat dieses Polynom welche Galoisgruppe?

23. Zeige mit Hilfe der Kreisteilungstheorie, daß es einen Körper $K \supset \mathbb{Q}$ gibt, der galoissch über $\mathbb{Q}$ ist und $G(K/\mathbb{Q}) \cong \mathbb{Z}/7\mathbb{Z}$ erfüllt.

§ 3   Lineare Unabhängigkeit von Körperhomomorphismen, Normalbasen

24. Seien G eine endliche Gruppe und K ein Körper.

(a) Zeige mit Hilfe von Satz 3.2, daß es höchstens $|G|$ Charaktere von G in K gibt.

(b) Zeige, daß es genau $|G|$ Charaktere von G in K gibt, wenn G abelsch ist und wenn $K = \mathbb{C}$.

25. Sei L/K eine endliche Körpererweiterung, sei $\bar{K}$ ein algebraischer Abschluß von K mit $L \subset \bar{K}$. Zeige, daß die Menge V aller K–linearen Abbildungen $L \to \bar{K}$ ein $\bar{K}$–Unterraum von $\mathrm{Abb}(L, \bar{K})$ ist und daß $\dim_{\bar{K}} V = [L : K]$. Gib damit und mit der Theorie von § 3 einen neuen Beweis der Ungleichung $[L : K]_s \leq [L : K]$ von Lemma V.5.2.b.

26. Finde eine Normalbasis für

(a) $\mathbb{Q}(\sqrt{2})$ über $\mathbb{Q}$,   (b) $\mathbb{Q}(\sqrt{2}, \sqrt{3})$ über $\mathbb{Q}$.

27. Sei K ein Körper der Charakteristik 3, sei $a \in K$, so daß $f = X^3 - X - a$ irreduzibel in $K[X]$ ist. Finde eine Normalbasis für den Zerfällungskörper von f über K.

§ 4   Die Polynome $X^n - a$

28. Seien $K = \mathbb{Q}(i) \subset \mathbb{C}$ mit $i^2 = -1$ und $L = K(\alpha)$ mit $\alpha = \sqrt[8]{2} \in \mathbb{R}$. Zeige:

(a) Das Polynom $f := X^8 - 2$ ist über K irreduzibel, und L ist ein Zerfällungskörper von f.

(b) Es gibt genau einen K–Automorphismus σ von L mit $\sigma(\alpha) = (1+i)\alpha^{-3}$, und dieser erzeugt die Galoisgruppe der Erweiterung L/K.

(c) Welche echten Zwischenkörper hat die Erweiterung L/K?

29. Sei $f = X^n - c \in F[X]$ ein irreduzibles Polynom über einem Körper F der Charakteristik 0, der die n–ten Einheitwurzeln enthalte. Bezeichne mit E den Zerfällungskörper von f und sei α eine Wurzel von f. Zeige: Ist $n = p \cdot q$ (p, q natürliche Zahlen), so ist $F(\alpha^p)$ der einzige Zwischenkörper Z von E/F mit $[Z : F] = q$.

30. Sei F ein Teilkörper von $\mathbb{C}$, der eine primitive p–te Einheitswurzel ζ enthalte. Zeige: Ist E/F eine Galoiserweiterung von Primzahlgrad p, so wird E durch Adjunktion einer p–ten Wurzel zu F erhalten, d.h. es existiert ein $\alpha \in E$ mit $\alpha^p \in F$, so daß $E = F(\alpha)$ gilt.

§ 5   Auflösbarkeit von Gleichungen

31. Bestimme die Galoisgruppen der folgenden Polynome in $\mathbb{Q}[X]$:

(a) $f = X^3 - 2$ (c) $h = X^3 + X^2 - 2X - 1$

(b) $g = X^3 + X^2 - 2X + 1$ (d) $k = X^3 + 3X + 14$

32. Sei α eine komplexe Wurzel des Polynoms $f = X^3 + X + 1$ in $\mathbb{Q}[X]$, und sei K ein Zerfällungskörper von f über $\mathbb{Q}$.

(a) Ist $\sqrt{-3}$ in $\mathbb{Q}(\alpha)$ bzw. in K?

(b) Zeige, daß der Körper $\mathbb{Q}(\alpha)$ außer der Identität keine weiteren Automorphismen besitzt.

33. (a) Ist $f = X^3 + aX^2 + bX + c$, so ist das zugehörige reduzierte Polynom $\tilde{f} = X^3 + qX + r$ mit $q = b - \frac{a^2}{3}$ und $r = \frac{2a^3}{27} - \frac{ab}{3} + c$

(b) Zeige, daß die Diskriminante von f durch

$$D(f) = a^2 b^2 - 4b^3 - 4a^3 c - 27c^2 + 18abc$$

gegeben ist.

§ 6 Norm und Spur

34. Sei E/F eine Erweiterung endlicher Körper, und bezeichne $n_{E/F} \colon E \to F$ die Normabbildung. Sie induziert einen Gruppenhomomorphismus $E^* \to F^*$, den wir wieder mit $n_{E/F}$ bezeichnen. Bestimme die Ordnung von $\ker n_{E/F}$ und $\operatorname{im} n_{E/F}$ und jeweils Erzeugende dieser Gruppen.

35. Was bedeutet die Aussage von Hilberts Satz 90 für die Erweiterung $\mathbb{C}/\mathbb{R}$? Was Satz 6.8?

36. Sei L/K eine endliche separable Körpererweiterung vom Grad n. Seien $\sigma_1, \sigma_2, \ldots, \sigma_n$ die K–Homomorphismen von L in einen algebraischen Abschluß $\bar{K}$ von K. Seien $a_1, a_2, \ldots, a_n \in L$. Zeige:

(a) Ist A die Matrix aller $\sigma_i(a_j)$ und B die Matrix aller $\operatorname{tr}_{L/K}(a_i a_j)$, so gilt $A^t A = B$.

(b) Es ist genau dann $\det(\sigma_i(a_j)) \neq 0$, wenn $a_1, a_2, \ldots, a_n$ eine Basis von L über K ist.

VII Moduln : Allgemeine Theorie

In diesem Kapitel werden die grundlegenden Begriffe der Modultheorie eingeführt und erste Eigenschaften und Beispiele von Moduln gegeben. Wir behandeln noethersche Moduln und untersuchen genauer die Theorie der Moduln
über einem Hauptidealring. Schließlich werden Tensorprodukte von Moduln
über kommutativen Ringen betrachtet.

§ 1 Definitionen

1.1. Ein *Linksmodul über einem Ring* R (kurz: ein R–Linksmodul) ist eine
abelsche Gruppe $(M, +)$ zusammen mit einer Abbildung $R \times M \to M$,
$(a, x) \mapsto ax$, so daß

$$
\begin{aligned}
a(x + y) &= ax + ay \\
(a + b)x &= ax + bx \\
a(bx) &= (ab)x \\
1x &= x
\end{aligned}
$$

für alle $a, b \in R$ und $x, y \in M$ gilt.

Beispiel: Ein Modul über einem Körper K ist dasselbe wie ein Vektorraum
über K. Wie in diesem „klassischen" Fall wird die Abbildung $R \times M \to M$
gelegentlich auch für beliebige R die Skalarmultiplikation genannt.

Bemerkung: Ist $(M, +)$ eine abelsche Gruppe, so ist die Menge $\operatorname{End}(M)$
aller Gruppenhomomorphismen $f \colon M \to M$ ein Ring [unter $(f + g)(x) =
f(x) + g(x)$ und $(fg)(x) = f(g(x))$]. Ist M ein R–Linksmodul, so besagt
das erste Axiom oben, daß $\ell_a \colon M \to M$, $x \mapsto ax$ für alle $a \in R$ zu $\operatorname{End}(M)$
gehört. Die anderen Axiome sagen, daß $a \mapsto \ell_a$ ein Ringhomomorphismus
$R \to \operatorname{End}(M)$ ist. Umgekehrt, ist ein Ringhomomorphismus $\varphi \colon R \to \operatorname{End}(M)$
gegeben, so wird M ein R–Modul mit der gegebenen Addition und $ax :=
\varphi(a)(x)$.

Ein *Rechtsmodul über einem Ring* R ist eine abelsche Gruppe $(M, +)$ zusammen mit einer Abbildung $M \times R \to M$, $(x, a) \mapsto xa$, so daß

$$
\begin{aligned}
(x + y)a &= xa + ya \\
x(a + b) &= xa + xb \\
x(ab) &= (xa)b \\
x1 &= x
\end{aligned}
$$

für alle $x, y \in M$ und $a, b \in R$ gilt.

Für jeden Ring R bezeichne R^{op} den *entgegengesetzten Ring* von R, d.h., den Ring, der als additive Gruppe gleich R ist, wo aber das Produkt $a \cdot b$ in R^{op} gleich dem Produkt ba in R ist.

Ist M ein Rechtsmodul über einem Ring R, so wird M durch $ax := xa$ zu einem Linksmodul über dem Ring R^{op}. Umgekehrt wird jeder Linksmodul N über R^{op} zu einem R-Rechtsmodul durch $xa := ax$. Auf diese Weise lassen sich Ergebnisse über Linksmoduln in solche über Rechtsmoduln übersetzen. Im folgenden betrachten wir fast ausschließlich Linksmoduln. Der Einfachheit halber schreiben wir kurz R-*Modul* statt R-Linksmodul.

Für R-Moduln M, M' heißt eine Abbildung $\varphi \colon M \to M'$ ein *Homomorphismus von R-Moduln* (oder kurz: R-*linear*), wenn $\varphi(x + y) = \varphi(x) + \varphi(y)$ und $\varphi(ax) = a\varphi(x)$ für alle $x, y \in M$ und $a \in R$ gilt. Ein bijektiver R-Modulhomomorphismus φ heißt R-*Modulisomorphismus*; dann ist auch die Umkehrabbildung φ^{-1} ein R-Modulisomorphismus. Man nennt zwei R-Moduln M und M' *isomorph*, wenn es einen R-Modulisomorphismus $M \xrightarrow{\sim} M'$ gibt.

Beispiele 1.2. (1) Für jeden Ring R gibt es genau einen Ringhomomorphismus $\mathbb{Z} \to R$. Insbesondere gibt es für jede abelsche Gruppe M genau einen Ringhomomorphismus $\mathbb{Z} \to \mathrm{End}\, M$, und daher genau eine Struktur als $\mathbb{Z}$-Modul, so daß die Moduladdition gleich der gegebenen Addition ist. Sie ist explizit durch

$$
rx =
\begin{cases}
\overbrace{x + x + \cdots + x}^{r \text{ Summanden}} & \text{für } r > 0, \\[2mm]
0 & \text{für } r = 0, \\[2mm]
-\underbrace{(x + x + \cdots + x)}_{|r| \text{ Summanden}} & \text{für } r < 0
\end{cases}
$$

gegeben. Ein $\mathbb{Z}$-Modulhomomorphismus ist nun dasselbe wie ein Homomorphismus der zu Grunde liegenden abelschen Gruppen. Zwei $\mathbb{Z}$-Moduln sind genau dann isomorph, wenn sie als abelsche Gruppen isomorph sind.

(2) Seien A ein kommutativer Ring und $R = A[X]$, der Polynomring über A. Sind M ein A-Modul und $\varphi \colon M \to M$ eine A-lineare Abbildung, so wird M vermöge

$$
\left(\sum_{i=0}^{n} a_i X^i \right) v = \sum_{i=0}^{n} a_i\, \varphi^i(v)
$$

zu einem $A[X]$-Modul, den wir mit (M, φ) bezeichnen.

Ist umgekehrt N ein $A[X]$-Modul, so wird N zu einem A-Modul, wenn wir die „Skalarmultiplikation" $A[X] \times N \to N$ auf $A \times N \to N$ einschränken. Weiter ist dann $\psi \colon N \to N$ mit $\psi(v) = Xv$ ein Homomorphismus von

A–Moduln. Es folgt dann, daß N als $A[X]$–Modul zu (N, ψ) isomorph ist. Sind (M, φ) und (M', φ') zwei wie oben konstruierte $A[X]$–Moduln, so ist eine Abbildung $f \colon M \to M'$ genau dann $A[X]$–linear, wenn f ein Homomorphismus von A–Moduln mit $\varphi' \circ f = f \circ \varphi$ ist. Insbesondere sind (M, φ) und (M', φ') genau dann isomorphe $A[X]$–Moduln, wenn es einen Isomorphismus $f \colon M \xrightarrow{\sim} M'$ von A–Moduln mit $\varphi' = f \circ \varphi \circ f^{-1}$ gibt.

(3) Seien R_1, R_2 Ringe; setze $R = R_1 \times R_2$. Sind M_1 ein R_1–Modul und M_2 ein R_2–Modul, so wird $M_1 \times M_2$ ein R–Modul vermöge

$$(a_1, a_2)\,(x_1, x_2) = (a_1 x_1, a_2 x_2).$$

Ist umgekehrt N ein R–Modul, so setzt man $N_1 = \{(1,0)x \mid x \in N\}$ und $N_2 = \{(0,1)x \mid x \in N\}$. Man rechnet leicht aus, daß N_1 ein Modul über R_1 ist (unter $a_1 x = (a_1, 0)x$) und N_2 ein Modul über R_2 (unter $a_2 x = (0, a_2)x$) und daß N zu $N_1 \times N_2$ (wie oben) als R–Modul isomorph ist (unter $x \mapsto ((1,0)x, (0,1)x)$). Sind M_1, M_1' zwei R_1–Moduln und M_2, M_2' zwei R_2–Moduln, so ist $M_1 \times M_2$ genau dann zu $M_1' \times M_2'$ isomorph, wenn M_1 zu M_1' und M_2 zu M_2' als R_1– bzw. R_2 Moduln isomorph sind.

1.3. Es sei von nun an R ein fester Ring. Ist M ein R–Modul, so sieht man leicht, daß $0x = 0$ und $(-1)x = -x$ für alle $x \in M$ gilt, ebenso $a0 = 0$ für alle $a \in R$.

Eine Teilmenge N eines R–Moduls M heißt *Untermodul* von M, wenn $0 \in N$, wenn $x + y \in N$ für alle $x, y \in N$ und wenn $ax \in N$ für alle $x \in N$ und $a \in R$ gelten. Ist dies der Fall, so ist N selbst ein R–Modul unter der Einschränkung der Addition und Skalarmultiplikation von M auf N. (Beachte, daß $-x \in N$ für alle $x \in N$, da $-x = (-1)x$.) Die Inklusion von N in M ist dann ein Homomorphismus von R–Moduln.

Beispiele: (1) Im Beispiel 1.2(1) ist ein Untermodul eines $\mathbb{Z}$–Moduls dasselbe wie eine Untergruppe der zu Grunde liegenden abelschen Gruppe. Im Beispiel 1.2(2) ist ein Untermodul eines $A[X]$–Moduls (M, φ) ein Untermodul N von M als A–Modul, so daß $\varphi(N) \subset N$ gilt. Im Beispiel 1.2(3) sind die Untermoduln des R–Moduls $M_1 \times M_2$ alle $V_1 \times V_2$ mit $V_i \subset M_i$ ein R_i–Untermodul für $i = 1, 2$.

(2) Jeder Ring R ist ein Modul über sich selbst, wenn man die Skalarmultiplikation ax als das Produkt ax in R definiert. Ein Untermodul von R ist dann dasselbe wie ein (in III.1.3 definiertes) Linksideal, also eine Teilmenge $I \subset R$ mit $0 \in I$, so daß $x + y \in I$ und $ax \in I$ für alle $x, y \in I$ und $a \in R$.

Wir können R auch als Rechtsmodul über sich betrachten, wenn nun die Skalarmultiplikation xa gleich dem Produkt xa in R gesetzt wird. Dann sind die Untermoduln gerade die Rechtsideale von III.1.3, also Teilmengen $I \subset R$ mit $0 \in I$, so daß $x + y \in I$ und $xa \in I$ für alle $x, y \in I$ und $a \in R$.

Teilmengen von R, die sowohl Links– als auch Rechtsideale sind, heißen *zweiseitige Ideale*. Dies sind dann die Ideale von III.1.3.

(3) In jedem R–Modul M sind M selbst und $\{0\}$ Untermoduln. Ist $(M_i)_{i \in I}$ eine Familie von Untermoduln in M, so sind auch $\bigcap_{i \in I} M_i$ und

$$\sum_{i \in I} M_i := \Big\{ \sum_{i \in I} x_i \mid x_i \in M_i, \text{ fast alle } x_i = 0 \Big\}$$

Untermoduln. Ist $I = \{1, 2, \ldots, r\}$, so schreibt man auch $M_1 + M_2 + \cdots + M_r$ statt $\sum_{i \in I} M_i$.

1.4. Ist $\varphi \colon M \to M'$ ein Homomorphismus von R–Moduln und sind $N \subset M$ und $N' \subset M'$ Untermoduln, so ist $\varphi(N)$ ein Untermodul von M' und $\varphi^{-1}(N')$ ein Untermodul von M. Insbesondere sind $\operatorname{im} \varphi = \varphi(M)$ ein Untermodul von M' und $\ker \varphi = \varphi^{-1}(0)$ einer von M. Wie schon für Gruppen ist φ genau dann injektiv, wenn $\ker \varphi = 0$.

Für zwei R–Moduln M und M' wird die Menge $\operatorname{Hom}_R(M, M')$ aller R–linearen Abbildungen $M \to M'$ zu einer abelschen Gruppe, wenn man $(\varphi + \psi)(x) = \varphi(x) + \psi(x)$ setzt. Ist R kommutativ, so ist $\operatorname{Hom}_R(M, M')$ ein R–Modul vermöge $(a\varphi)(x) = a\varphi(x)$.

Die Zusammensetzung von R–linearen Abbildungen ist wieder R–linear. Für jeden R–Modul M setzen wir $\operatorname{End}_R M = \operatorname{Hom}_R(M, M)$; Elemente in $\operatorname{End}_R M$ heißen auch *Endomorphismen* von M. Durch $(\varphi\psi)(x) = \varphi(\psi(x))$ wird $\operatorname{End}_R M$ zu einem Ring, einem Teilring von $\operatorname{End} M$ wie in 1.1.

Betrachten wir R als Modul über sich selbst wie in 1.3(2), so haben wir für jeden R–Modul M einen Isomorphismus abelscher Gruppen

$$\operatorname{Hom}_R(R, M) \overset{\sim}{\longrightarrow} M, \qquad \varphi \longmapsto \varphi(1).$$

(Ist R kommutativ, so ist dies ein Isomorphismus von R–Moduln.) Die Umkehrabbildung ordnet jedem $x \in M$ die R–lineare Abbildung $f_x \colon R \to M$ mit $f_x(a) = ax$ zu.

Nehmen wir hier $M = R$ mit derselben R–Modulstruktur, so erhalten wir einen Ringisomorphismus $\operatorname{End}_R R \overset{\sim}{\longrightarrow} R^{\mathrm{op}}$ (mit R^{op} wie in 1.1).

§ 2   Faktormoduln und Isomorphiesätze

Sind M ein R–Modul und N ein Untermodul von M, so erhält man auf der Faktorgruppe M/N (siehe § I.4) eine R–Modulstruktur, so daß

$$a(x + N) = ax + N$$

für alle $a \in R$, $x \in M$. Man nennt M/N mit dieser Struktur den *Faktormodul* von M nach N. Die Abbildung $\pi \colon M \to M/N$ mit $\pi(x) = x + N$ ist R–linear und hat Kern N; sie wird die *kanonische Abbildung* genannt.

Man beweist nun mit denselben Argumenten wie für Gruppen (siehe § I.4) oder Ringe (siehe § III.1):

> **Satz 2.1.** (Universelle Eigenschaft) *Seien* $\varphi\colon M \to M'$ *ein Homomorphismus von* R-*Moduln und* N *ein Untermodul von* M. *Es bezeichne* $\pi\colon M \to M/N$ *die kanonische Abbildung. Ist* $N \subset \ker\varphi$, *so gibt es genau einen Homomorphismus* $\overline{\varphi}\colon M/N \to M'$ *von* R-*Moduln, so daß* $\overline{\varphi} \circ \pi = \varphi$.

Wie früher folgt:

> **Korollar 2.2.** (Homomorphiesatz) *Es sei* $\varphi\colon M \to M'$ *ein Homomorphismus von* R-*Moduln. Dann gibt es einen Isomorphismus von* R-*Moduln* $\overline{\varphi}\colon M/\ker\varphi \xrightarrow{\sim} \operatorname{im}\varphi$ *mit* $\overline{\varphi}(x + \ker\varphi) = \varphi(x)$ *für alle* $x \in M$.

Ebenso verallgemeinern sich:

> **Korollar 2.3.** (Isomorphiesätze) *Es seien* M *ein* R-*Modul und* N_1, N_2 *Untermoduln von* M.
>
> (a) *Es gibt einen Isomorphismus* $\alpha\colon N_1/(N_1 \cap N_2) \xrightarrow{\sim} (N_1 + N_2)/N_2$ *mit* $\alpha(x + N_1 \cap N_2) = x + N_2$ *für alle* $x \in N_1$.
>
> (b) *Ist* $N_2 \subset N_1$, *so gibt es einen Isomorphismus*
>
> $$\beta\colon (M/N_2)\big/(N_1/N_2) \xrightarrow{\sim} M/N_1$$
>
> *mit* $\beta(x + N_2 + (N_1/N_2)) = x + N_1$ *für alle* $x \in M$.

Hier haben wir schon den folgenden Vergleichssatz benutzt:

> **Satz 2.4.** *Seien* M *ein* R-*Modul,* N *ein Untermodul von* M *und* $\pi\colon M \to M/N$ *die kanonische Abbildung. Dann ist* $M' \mapsto \pi(M')$ *eine Bijektion von der Menge aller Untermoduln* M' *von* M *mit* $M' \supset N$ *auf die Menge aller Untermoduln von* M/N. *Die inverse Abbildung ist durch* $V \mapsto \pi^{-1}(V)$ *gegeben.*

Hier ist dann $\pi(M')$ zu M'/N isomorph. Ergänzend kann man sagen, daß die Abbildung im Satz ein Isomorphismus geordneter Mengen ist: Für zwei Untermoduln M', M'' von M mit $M', M'' \supset N$ gilt genau dann $M' \subset M''$, wenn $\pi(M') \subset \pi(M'')$ gilt.

§ 3   Direkte Summen und Produkte

Sei $(M_i)_{i\in I}$ eine Familie von R–Moduln mit einer beliebigen Indexmenge I. Das kartesische Produkt $\prod_{i\in I} M_i$ ist die Menge aller Familien $(x_i)_{i\in I}$ mit $x_i \in M_i$ für alle i. Wir machen $\prod_{i\in I} M_i$ zu einem R–Modul, indem wir die Addition und Skalarmultiplikation komponentenweise einführen. Das heißt, die Summe zweier Familien $(x_i)_{i\in I}$ und $(y_i)_{i\in I}$ im Produkt ist die Familie $(z_i)_{i\in I}$ mit $z_i = x_i + y_i$ für alle $i \in I$. Und $a(x_i)_{i\in I}$ ist (für alle $a \in R$) die Familie $(ax_i)_{i\in I}$. Wir nennen $\prod_{i\in I} M_i$ mit dieser Struktur das *direkte Produkt* aller M_i.

Für ein Produkt wie oben nennen wir (für jedes $j \in I$) die Abbildung $p_j\colon \prod_{i\in M} M_i \to M_j$, die einer Familie $(x_i)_{i\in I}$ die j–te Komponente x_j zuordnet, die *Projektion* auf den Faktor M_j. Diese Projektionen sind Homomorphismen von R–Moduln und haben die folgende universelle Eigenschaft: Für jeden R–Modul M und jede Familie $(\varphi_i)_{i\in I}$ von R–linearen Abbildungen $\varphi_i\colon M \to M_i$ gibt es genau eine R–lineare Abbildung $\varphi\colon M \to \prod_{i\in I} M_i$ mit $p_i \circ \varphi = \varphi_i$ für alle i (nämlich $\varphi(x) = (\varphi_i(x))_{i\in I}$). Es ist also

$$\operatorname{Hom}_R(M, \prod_{i\in I} M_i) \longrightarrow \prod_{i\in I} \operatorname{Hom}_R(M, M_i), \qquad \varphi \mapsto (p_i \circ \varphi)_{i\in I} \qquad (1)$$

bijektiv.

In dem direkten Produkt $\prod_{i\in I} M_i$ bildet die Menge aller Familien $(x_i)_{i\in I}$ mit $x_i = 0$ für fast alle i (d.h., für alle bis auf endlich viele i) einen Untermodul, den wir die *direkte Summe* der M_i nennen und mit $\bigoplus_{i\in I} M_i$ oder $\coprod_{i\in I} M_i$ bezeichnen.

Für jedes $j \in I$ ist die Abbildung $q_j\colon M_j \to \bigoplus_{i\in I} M_i$, die $x \in M_j$ die Familie $(x_i)_{i\in I}$ mit $x_j = x$ und $x_i = 0$ für $i \neq j$ zuordnet, ein Homomorphismus von R–Moduln. Diese Einbettungen haben die folgende universelle Eigenschaft: Für jeden R–Modul M und jede Familie $(\psi_i)_{i\in I}$ von R–linearen Abbildungen $\psi_i\colon M_i \to M$ gibt es genau eine R–lineare Abbildung $\psi\colon \bigoplus_{i\in I} M_i \to M$ mit $\psi \circ q_i = \psi_i$ für alle i (nämlich $\psi((x_i)_{i\in I}) = \sum_{i\in I} \psi_i(x_i)$). Es ist also

$$\operatorname{Hom}_R(\bigoplus_{i\in I} M_i, M) \longrightarrow \prod_{i\in I} \operatorname{Hom}_R(M_i, M), \qquad \psi \mapsto (\psi \circ q_i)_{i\in I} \qquad (2)$$

bijektiv.

Ist I endlich, so gilt natürlich $\prod_{i\in I} M_i = \bigoplus_{i\in I} M_i$. Ist $I = \{1, 2, \ldots, r\}$, so bezeichnet man dieses Produkt meistens mit $M_1 \oplus M_2 \oplus \cdots \oplus M_r$.

Ist $(M_i)_{i\in I}$ eine Familie von Untermoduln eines R–Moduls M (mit beliebigem I), so kann man oben für ψ_i die Inklusion von M_i in M wählen. Es gibt daher eine R–lineare Abbildung

$$\psi\colon \bigoplus_{i\in I} M_i \longrightarrow M, \qquad \psi((x_i)_{i\in I}) = \sum_{i\in I} x_i.$$

Das Bild von ψ ist offensichtlich gleich $\sum_{i \in I} M_i$. Ist ψ injektiv, so sagen wir, daß die Summe der M_i direkt ist und schreiben (unter Mißbrauch der Notation) $\sum_{i \in I} M_i = \bigoplus_{i \in I} M_i$. In dem Spezialfall $I = \{1, 2, \ldots, r\}$ schreibt man in diesem Fall $M_1 + M_2 + \cdots + M_r = M_1 \oplus M_2 \oplus \cdots \oplus M_r$. Man zeigt leicht, daß $M_1 + M_2 = M_1 \oplus M_2$ genau dann, wenn $M_1 \cap M_2 = 0$.

Sind M ein R–Modul und I eine Indexmenge, so können wir insbesondere die Familie $(M_i)_{i \in I}$ mit $M_i = M$ für alle i betrachten. In dieser Situation schreibt man $M^I = \prod_{i \in I} M_i$ und $M^{(I)} = \bigoplus_{i \in I} M_i$. In dem Fall $I = \{1, 2, \ldots, r\}$ schreibt man $M^r = M^I = M^{(I)}$.

§ 4   Erzeugendensysteme und Basen

Es sei M ein R–Modul. Für jedes $x \in M$ ist $f_x \colon R \to M$ mit $f_x(a) = ax$ ein Homomorphismus von R–Moduln, siehe 1.4. Der Kern von f_x ist

$$\mathrm{ann}_R(x) = \{\, a \in R \mid ax = 0 \,\}$$

und wird der *Annullator* von x in R genannt. Dies ist ein Linksideal in R. Das Bild von f_x in M wird mit

$$Rx = \{\, ax \mid a \in R \,\}$$

bezeichnet und heißt der von x *erzeugte Untermodul* von M. Nach dem Homomorphiesatz (Korollar 2.2) gilt

$$R/\mathrm{ann}_R(x) \xrightarrow{\sim} Rx.$$

Für eine beliebige Teilmenge $X \subset M$ nennt man $\sum_{x \in X} Rx$ den von X *erzeugten Untermodul* von M. Dies ist der kleinste Untermodul von M, der X enthält. Er wird mit RX oder $\langle X \rangle_R$ bezeichnet. Man kann ihn auch als Durchschnitt aller X umfassenden Untermoduln definieren, oder als Bild der R–linearen Abbildung $R^{(X)} \to M$ mit $(a_x)_{x \in X} \mapsto \sum_{x \in X} a_x x$. Ist $X = \{x_1, x_2, \ldots, x_r\}$ endlich, so schreibt man für RX auch $Rx_1 + Rx_2 + \cdots + Rx_r$.

Definition 4.1. Es seien I eine beliebige Indexmenge und $(x_i)_{i \in I}$ eine Familie von Elementen von M. Die universelle Eigenschaft der direkten Summe impliziert, daß es eine lineare Abbildung

$$\psi \colon R^{(I)} \longrightarrow M \qquad \text{mit } \psi((a_i)_{i \in I}) = \sum_{i \in I} a_i x_i$$

gibt. Die Familie $(x_i)_{i \in I}$ heißt nun ein *Erzeugendensystem* von M (über R), wenn ψ surjektiv ist, sie heißt *linear unabhängig* (über R), wenn ψ injektiv ist, sie heißt eine *Basis* von M (über R), wenn ψ bijektiv ist.

Dies bedeutet: $(x_i)_{i \in I}$ ist linear unabhängig, wenn für jede Familie $(a_i)_{i \in I}$ von Elementen $a_i \in R$ (gleich 0 für fast alle i) gilt: Aus $\sum_{i \in I} a_i x_i = 0$ folgt

$a_i = 0$ für alle i. Die $(x_i)_{i \in I}$ sind ein Erzeugendensystem, wenn es für jedes $x \in M$ Elemente $a_i \in R$ (gleich 0 für fast alle i) mit $x = \sum_{i \in I} a_i x_i$ gibt. Sind hier die a_i sogar eindeutig durch x bestimmt (für jedes x), so sind die $(x_i)_{i \in I}$ eine Basis.

Der R–Modul M heißt *frei* (über R), wenn M eine Basis (über R) besitzt.

Aus der Linearen Algebra weiß man, daß alle (endlich dimensionalen) Vektorräume (= Moduln) über einem Körper frei sind. (Man kann zeigen, daß dies auch für unendlich dimensionale Vektorräume gilt, siehe die Bemerkung zu Satz VIII.2.3.) Dies ist über beliebigen Ringen nicht der Fall: Jeder freie $\mathbb{Z}$–Modul ungleich 0 ist offensichtlich unendlich. Aber es gibt viele endliche $\mathbb{Z}$–Moduln (= abelsche Gruppen) ungleich 0.

Zwei Basen eines (endlich dimensionalen) Vektorraums über einem Körper enthalten stets gleich viele Elemente. Das gilt nicht für Basen freier Moduln über beliebigen Ringen:

Beispiel 4.2. Es seien K ein Körper und R der Ring $R = \operatorname{End}_K K[X]$ aller K–linearen Endomorphismen des Polynomrings $K[X]$. Wir betrachten R als Modul über sich selbst. Dann ist $1 = \operatorname{Id}_{K[X]}$ offensichtlich eine Basis von R über sich; sie besteht aus einem Element. Wir konstruieren nun eine Basis von R über sich, die aus zwei Elementen besteht.

Da die $(X^i)_{i \in \mathbb{N}}$ eine Basis des Vektorraums $K[X]$ über K bilden, ist ein $f \in R$ durch die $f(X^i)$ eindeutig festgelegt; außerdem können die $f(X^i)$ beliebig gewählt werden. Wir definieren $f_1, f_2 \in R$ durch

$$f_1(X^i) = \begin{cases} X^{i/2} & \text{für } i \text{ gerade,} \\ 0 & \text{für } i \text{ ungerade,} \end{cases} \quad f_2(X^i) = \begin{cases} 0 & \text{für } i \text{ gerade,} \\ X^{(i-1)/2} & \text{für } i \text{ ungerade.} \end{cases}$$

Dann folgt für alle $g_1, g_2 \in R$

$$(g_1 f_1 + g_2 f_2)(X^i) = \begin{cases} g_1(X^{i/2}) & \text{für } i \text{ gerade,} \\ g_2(X^{(i-1)/2}) & \text{für } i \text{ ungerade.} \end{cases}$$

Dies zeigt, daß f_1, f_2 linear unabhängig über R sind. Für beliebiges $g \in R$ definiert man $g_1, g_2 \in R$ durch $g_1(X^i) = g(X^{2i})$ und $g_2(X^i) = g(X^{2i+1})$ und erhält dann $g = g_1 f_1 + g_2 f_2$. Also ist f_1, f_2 in der Tat eine Basis von R über sich.

Die Existenz dieser beiden Basen bedeutet, daß wir einen Isomorphismus $R \cong R^2$ haben. Daraus folgt nun $R^3 \cong R^2 \oplus R \cong R \oplus R = R^2 \cong R$ und induktiv $R^n \cong R$ für alle $n \geq 1$. Das heißt, daß man für alle $n \geq 1$ eine Basis von R finden kann, die aus n Elementen besteht.

Satz 4.3. *Es sei R ein kommutativer Ring ungleich dem Nullring. Sind $v_1, v_2, \ldots, v_n$ und $w_1, w_2, \ldots, w_m$ Basen eines R–Moduls M, so gilt $n = m$.*

Wir werden diesen Satz auf den Fall eines Körpers zurückführen. Zunächst einige Vorbereitungen: Ist I ein Linksideal in R (nicht notwendig kommutativ) und ist M ein R–Modul, so ist

$$IM = \left\{ \sum_{i=1}^{n} a_i x_i \mid n \in \mathbb{N}, \text{ alle } a_i \in I, \, x_i \in M \right\}$$

ein Untermodul von M. Ist I sogar ein zweiseitiges Ideal in R, so ist der Faktormodul M/IM ein R/I–Modul vermöge

$$(a + I)(x + IM) = ax + IM.$$

Nun zeigt man leicht: Ist $v_1, v_2, \ldots, v_n$ eine Basis von M über R, so ist $v_1 + IM, v_2 + IM, \ldots, v_n + IM$ eine Basis von M/IM über R/I.

Beweis von Satz 4.3: Weil R kommutativ ist, gibt es ein maximales Ideal I in R, siehe Satz III.3.6. Nun ist R/I ein Körper; die Überlegungen zeigen, daß sowohl die $v_i + IM$ als auch die $w_j + IM$ eine Basis des Vektorraums M/IM über R/I bilden. Also gilt $n = m$. $\qquad\square$

Definition 4.4. Wenn, wie unter den Voraussetzungen von Satz 4.3, je zwei Basen eines freien R–Moduls dieselbe Kardinalität haben, so nennen wir diese Kardinalität den *Rang* dieses freien Moduls.

§ 5   Exakte Folgen

Eine *exakte Folge* von R–Moduln ist eine Familie $(f_i \colon M_i \to M_{i+1})_{i \in I}$ von R–Modulhomomorphismen, wobei I ein (endliches oder unendliches) Intervall in $\mathbb{Z}$ ist, so daß

$$\operatorname{im} f_i = \ker f_{i+1}$$

für alle $i \in I$ gilt, ausgenommen für $i = \max I$, wenn I nach oben beschränkt ist. Eine solche Folge wird oft durch

$$\cdots \longrightarrow M_{i-1} \xrightarrow{f_{i-1}} M_i \xrightarrow{f_i} M_{i+1} \longrightarrow \cdots$$

illustriert.

Eine *kurze exakte Folge* ist eine exakte Folge mit $|I| = 5$, welche die folgende spezielle Form hat:

$$0 \longrightarrow M' \xrightarrow{f} M \xrightarrow{g} M'' \longrightarrow 0. \qquad (*)$$

Hier sind die beiden nicht bezeichneten Abbildungen die einzig möglichen, gleich der Nullabbildung. Die Exaktheit bedeutet in diesem Fall explizit, daß f injektiv ist, g surjektiv, und daß $\ker g = \operatorname{im} f$ gilt.

Ist zum Beispiel N ein Untermodul eines R–Moduls M und bezeichnen $\iota\colon N \to M$ die Inklusion sowie $\pi\colon M \to M/N$ die kanonische Abbildung, so ist

$$0 \longrightarrow N \overset{\iota}{\longrightarrow} M \overset{\pi}{\longrightarrow} M/N \longrightarrow 0$$

eine kurze exakte Folge.

So sieht „im Prinzip" jede kurze exakte Folge aus: Setzen wir in $(*)$ oben $N = \ker g$, so induziert g einen Isomorphismus $\overline{g}\colon M/N \overset{\sim}{\longrightarrow} M''$ (siehe Korollar 2.2) und f ist ein Isomorphismus $M' \overset{\sim}{\longrightarrow} N$.

Satz 5.1. *Es sei* $0 \longrightarrow M' \overset{f}{\longrightarrow} M \overset{g}{\longrightarrow} M'' \longrightarrow 0$ *eine kurze exakte Folge von* R–*Moduln. Dann sind äquivalent:*

(i) *Es gibt einen Untermodul* $N' \subset M$ *mit* $M = \ker g \oplus N'$.

(ii) *Es gibt eine* R–*lineare Abbildung* $s\colon M'' \to M$ *mit* $g \circ s = \mathrm{Id}_{M''}$.

(iii) *Es gibt eine* R–*lineare Abbildung* $t\colon M \to M'$ *mit* $t \circ f = \mathrm{Id}_{M'}$.

Beweis: Gibt es einen Untermodul N' wie in (i), so ist $g_{|N'}$ injektiv und $g(N') = g(M) = M''$. Also ist die Restriktion von g auf N' ein Isomorphismus $N' \overset{\sim}{\longrightarrow} M''$. Dann gilt (ii), wenn wir für s den inversen Isomorphismus $M'' \overset{\sim}{\longrightarrow} N'$ verknüpft mit der Inklusion von N' in M nehmen. Außerdem erhalten wir (iii), wenn wir für t die Projektion $M \to f(M')$ bezüglich der Zerlegung $M = \ker g \oplus N' = f(M') \oplus N'$ mit dem Inversen von $f\colon M' \overset{\sim}{\longrightarrow} f(M')$ verknüpfen.

Gilt dagegen (ii), so erhalten wir (i) mit $N' = s(M'')$. Einerseits gilt nämlich für alle $x \in M$, daß $x = x - s(g(x)) + s(g(x)) \in \ker g + s(M'')$, da $g(x - s(g(x))) = g(x) - (g \circ s)g(x) = 0$. Andererseits gilt für alle $y \in M''$, daß $g(s(y)) = y$; also ist $s(y) \in \ker g$ genau dann, wenn $y = 0$. Es folgt $\ker g \cap s(M'') = 0$.

Gilt schließlich (iii), so erhalten wir (i) mit $N' = \ker t$. Nun gilt nämlich für alle $x \in M$, daß $x = f(t(x)) + x - f(t(x)) \in f(M') + \ker t$, da $t(x - f(tx)) = t(x) - (t \circ f)(t(x)) = 0$. Außerdem gilt für alle $y \in M'$, daß $t \circ f(y) = y$; also ist $f(y) \in \ker t$ genau dann, wenn $y = 0$. Es folgt $\ker t \cap f(M') = 0$. $\square$

Definition. Wenn die äquivalenten Bedingungen von Satz 5.1 erfüllt sind, sagt man, daß die kurze exakte Folge $0 \longrightarrow M' \overset{f}{\longrightarrow} M \overset{g}{\longrightarrow} M'' \longrightarrow 0$ *spaltet.*

Satz 5.2. *Es sei* $0 \longrightarrow M' \overset{f}{\longrightarrow} M \overset{g}{\longrightarrow} M'' \longrightarrow 0$ *eine kurze exakte Folge von* R–*Moduln. Ist* M'' *ein freier* R–*Modul, so spaltet diese Folge, und es gilt* $M \cong M' \oplus M''$.

Beweis: Sei $(v_i)_{i \in I}$ eine Basis von M'' über R. Es gibt für alle $i \in I$ ein $x_i \in M$ mit $g(x_i) = v_i$. Wir können nun eine lineare Abbildung $s\colon M'' \to M$ definieren, so daß $s(v_i) = x_i$ für alle i. Dann gilt $g \circ s(v_i) = v_i$ für alle i, also $g \circ s = \mathrm{Id}_{M''}$: die Folge spaltet. Ferner haben wir $M \cong f(M') \oplus s(M'') \cong M' \oplus M''$. $\square$

Korollar 5.3. *Es sei* $0 \longrightarrow M' \xrightarrow{f} M \xrightarrow{g} M'' \longrightarrow 0$ *eine kurze exakte Folge von R–Moduln. Sind* M' *und* M'' *frei, so auch* M.

Dies ist nun klar, weil eine direkte Summe freier Moduln wieder frei ist. Haben M' und M'' endliche Basen und ist R kommutativ, so erhalten wir hier, daß $\mathrm{Rang}\,(M) = \mathrm{Rang}\,(M') + \mathrm{Rang}\,(M'')$.

§ 6   Endlich erzeugbare und noethersche Moduln

Ein R–Modul M heißt *endlich erzeugbar*, wenn es ein endliches Erzeugendensystem von M gibt. Dies ist genau dann der Fall, wenn es für ein geeignetes $n \in \mathbb{N}$ einen surjektiven R–Modulhomomorphismus $R^n \to M$ gibt.

Lemma 6.1. *Es sei* $0 \longrightarrow M' \xrightarrow{f} M \xrightarrow{g} M'' \longrightarrow 0$ *eine kurze exakte Folge von R–Moduln.*

(a) *Ist* M *endlich erzeugbar, so auch* M''.

(b) *Sind* M' *und* M'' *endlich erzeugbar, so auch* M.

Beweis: Man prüft leicht nach: Ist $v_1, v_2, \ldots, v_n$ ein Erzeugendensystem von M, so $g(v_1), g(v_2), \ldots, g(v_n)$ eines von M''. Dies gibt (a). Ist $x_1, \ldots, x_r$ ein Erzeugendensystem von M' und ist $y_1, y_2, \ldots, y_s$ ein Erzeugendensystem von M'', so wählt man $z_i \in M$ mit $g(z_i) = y_i$ und zeigt, daß $f(x_1), f(x_2), \ldots,$ $f(x_r), z_1, z_2, \ldots, z_s$ ein Erzeugendensystem von M ist. So erhalten wir (b). $\square$

Beispiel: Es kann in der Situation des Lemmas vorkommen, daß M endlich erzeugbar ist, aber M' nicht. In anderen Worten: Es kann endlich erzeugbare Moduln M geben, so daß nicht alle Untermoduln von M endlich erzeugbar sind. Betrachten wir zum Beispiel einen Polynomring $R = K[X_1, X_2, X_3, \ldots]$ in abzählbar unendlich vielen Unbestimmten über einem Körper K. In R bilden die Polynome mit konstantem Term 0 ein Ideal I, also einen Untermodul für die übliche Modulstruktur. Dieser Untermodul ist nicht endlich erzeugbar, d.h., für je endlich viele $f_1, f_2, \ldots, f_r \in I$ ist $\sum_{i=1}^{r} R f_i$ echt in I enthalten. (Es gibt ein $n \in \mathbb{N}$ mit $f_i \in K[X_1, X_2, \ldots, X_n] \subset R$ für alle i. Dann überprüft man, daß $X_{n+1} \notin \sum_{i=1}^{n} R f_i$.)

Bemerkung 6.2. Ist ein R–Modul M direkte Summe *endlich vieler* Untermoduln, $M = \bigoplus_{i=1}^{r} M_i$, so ist M genau dann endlich erzeugbar, wenn alle M_i endlich erzeugbar sind. Dies folgt aus dem Lemma durch Induktion über r: Setzt man M' gleich der direkten Summe aller M_i mit $i < r$, so erhält man eine exakte Folge $0 \longrightarrow M' \longrightarrow M \longrightarrow M_r \longrightarrow 0$.

Ist M eine direkte Summe von unendlich vielen Untermoduln, $M = \bigoplus_{i \in I} M_i$ mit $|I| = \infty$, und sind alle M_i von 0 verschieden, so ist M nicht endlich erzeugbar: Für je endlich viele $x_1, x_2, \ldots, x_s \in M$ gibt es eine endliche Teilmenge $J \subset I$ mit $x_k \in \bigoplus_{j \in J} M_j$ für alle k, also mit $\sum_{i=1}^{s} R x_i \subset \bigoplus_{j \in J} M_j \subsetneq M$.

Definition 6.3. Ein R–Modul M heißt *noethersch*, wenn jeder Untermodul von M endlich erzeugbar ist.

Satz 6.4. *Sei M ein R–Modul. Dann sind äquivalent:*

(i) M *ist noethersch.*

(ii)   *Für jede aufsteigende Kette $M_0 \subset M_1 \subset M_2 \subset \cdots$ von Untermoduln von M gibt es ein $n \in \mathbb{N}$ mit $M_i = M_n$ für alle $i \geq n$.*

(iii) *Jede nichtleere Menge von Untermoduln von M enthält ein maximales Element.*

Man zeigt dies wie für kommutative noethersche Ringe, siehe Satz III.5.10. Die Bedingung in (ii) drückt man auch so aus: Die Untermoduln in M erfüllen die *aufsteigende Kettenbedingung*.

Lemma 6.5. *Es sei $0 \longrightarrow M' \overset{f}{\longrightarrow} M \overset{g}{\longrightarrow} M'' \longrightarrow 0$ eine kurze exakte Folge von R–Moduln. Dann ist M genau dann noethersch, wenn M' und M'' noethersch sind.*

Beweis: Ist M noethersch, so ist M' noethersch, weil jeder Untermodul von M' unter f zu einem Untermodul von M isomorph ist, und M'' ist noethersch, weil jeder Untermodul von M'' homomorphes Bild unter g eines Untermoduls von M ist.

Andererseits haben wir für jeden Untermodul $N \subset M$ eine exakte Folge

$$0 \longrightarrow f^{-1}(N) \longrightarrow N \longrightarrow g(N) \longrightarrow 0,$$

in der die Abbildungen die Restriktionen von f und g sind. Sind nun M' und M'' noethersch, so folgt aus Lemma 6.1.b, daß N endlich erzeugbar ist. $\square$

Bemerkung 6.6. Ist ein R–Modul M eine endliche direkte Summe von Untermoduln, $M = \bigoplus_{i=1}^{r} M_i$, so ist M genau dann noethersch, wenn alle M_i dies sind. (Vergleiche Bemerkung 6.2.)

Definition 6.7. Ein Ring heißt *linksnoethersch*, wenn er als Linksmodul über sich selbst (unter Linksmultiplikation) noethersch ist. Ein Ring heißt *rechtsnoethersch*, wenn er als Rechtsmodul über sich noethersch ist. (Das ist äquivalent dazu, daß der entgegengesetzte Ring linksnoethersch ist.) Schließlich heißt ein Ring *noethersch*, wenn er sowohl links– als auch rechtsnoethersch ist. Für kommutative Ringe fallen alle drei Begriffe zusammen, und wir erhalten die alte Definition von III.5.10.

Zum Beispiel ist jeder Divisionsring R noethersch: Für alle $a \in R$, $a \neq 0$ gilt nämlich $Ra = R = aR$. Daher sind die einzigen Links– oder Rechtsideale in R gerade $\{0\}$ und R.

Satz 6.8. *Jeder endlich erzeugbare Modul M über einem linksnoether-schen Ring R ist noethersch.*

Beweis: Es gibt einen surjektiven Homomorphismus $R^n \to M$ für geeigne-tes n. Nun ist R^n noethersch nach Bemerkung 6.6, also M nach Lemma 6.5.

$\square$

Satz 6.9. *Sei I ein zweiseitiges Ideal in R. Ist R linksnoethersch, so auch R/I.*

Beweis: Die Untermoduln von R/I, aufgefasst als R/I–Modul, sind auch die Untermoduln von R/I, aufgefasst als R–Modul. Ein solcher Untermodul ist genau dann endlich erzeugbar über R/I, wenn er dies über R ist. Ist R linksnoethersch, so ist R/I ein noetherscher R–Modul nach Satz 6.8. $\square$

Lemma 6.10. *Es seien M und N Moduln über R. Gilt $M \cong M \oplus N$ und $N \neq 0$, so ist M nicht noethersch.*

Beweis: Wir betrachten die Menge $\mathcal{X}$ aller Untermoduln $N' \subset M$, für die es einen Untermodul $M' \subset M$ gibt, so daß $M = M' \oplus N'$ ist und so daß M' zu M isomorph ist. Diese Menge enthält $N' = 0$, wo wir $M' = M$ wählen können, ist also nicht leer.

Nehmen wir an, es sei N' ein maximales Element in $\mathcal{X}$. Nach Definition gibt es $M' \cong M$ mit $M = M' \oplus N'$. Nach Voraussetzung gibt es einen Isomorphismus $\varphi \colon M \oplus N \xrightarrow{\sim} M'$. Es gilt dann $M' = \varphi(M) \oplus \varphi(N)$, also

$$M = \varphi(M) \oplus \varphi(N) \oplus N' = M'' \oplus N''$$

mit $M'' = \varphi(M)$ und $N'' = \varphi(N) \oplus N'$. Aus der Injektivität von φ folgen $M'' \cong M$ und $\varphi(N) \neq 0$, also $N'' \in \mathcal{X}$ und $N' \subsetneq N''$. Das widerspricht der Maximalität von N'. Also enthält $\mathcal{X}$ kein maximales Element, und M ist nicht noethersch. $\square$

Satz 6.11. *Es sei R ein linksnoetherscher Ring ungleich dem Null-ring. Sind $v_1, \ldots, v_n$ und $w_1, \ldots, w_m$ Basen eines R–Moduls M, so gilt $n = m$.*

Beweis: Wir können annehmen, daß $n \geq m$. Die Voraussetzung über die Basen sagt, daß M sowohl zu R^n als auch zu R^m isomorph ist. Es folgt $R^m \cong R^n \cong R^m \oplus R^{n-m}$. Weil R^m ein noetherscher Modul ist, impliziert Lemma 6.10, daß $R^{n-m} = 0$, also $n = m$ (weil R nicht der Nullring ist). $\square$

Bemerkung: Weil Körper noethersche Ringe sind, haben wir hier den aus der Linearen Algebra vertrauten Satz neu bewiesen, daß zwei Basen eines Vektorraums gleich viele Elemente enthalten.

§ 7   Unzerlegbare Moduln

Definition 7.1. Ein R–Modul M heißt *unzerlegbar*, wenn $M \neq 0$ und wenn für alle Untermoduln M_1, M_2 von M mit $M = M_1 \oplus M_2$ gilt, daß $M_1 = 0$ oder $M_2 = 0$.

Beispiele: (1) Ein Vektorraum über einem Körper ist genau dann unzerlegbar, wenn er Dimension 1 hat.

(2) Ist R ein Integritätsbereich, so ist jedes Ideal $I \subset R$, $I \neq 0$ unzerlegbar als R–Modul: Hätten wir nämlich $I = I_1 \oplus I_2$ mit $I_1, I_2 \neq 0$, so nehmen wir $a \in I_1$, $a \neq 0$ und $b \in I_2$, $b \neq 0$ und erhalten $ab \in I_1 \cap I_2 = 0$, aber $ab \neq 0$.

(3) Ist R ein Matrixring $M_2(A)$ über einem anderen Ring $A \neq 0$, so ist R als Modul über sich selbst zerlegbar: Man hat $R = L_1 \oplus L_2$ wobei

$$L_1 = \{ \begin{pmatrix} a & 0 \\ c & 0 \end{pmatrix} \mid a, c \in A \}, \qquad L_2 = \{ \begin{pmatrix} 0 & b \\ 0 & d \end{pmatrix} \mid b, d \in A \}.$$

Definition 7.2. Ein Element $e \in R$ heißt *idempotent*, wenn $e^2 = e$ gilt.

Für ein idempotentes Element $e \in R$ gilt offenbar $e(1-e) = 0 = (1-e)e$ und $(1-e)^2 = 1 - e$; insbesondere ist auch $1 - e$ idempotent.

Sei M ein R–Modul. Ist e ein idempotentes Element in dem Endomorphismenring $\mathrm{End}_R M$, so sind $e(M)$ und $(1-e)(M)$ Untermoduln von M mit $M = e(M) \oplus (1-e)(M)$. (Für alle $x \in M$ gehört $x = e(x) + (1-e)(x)$ zu $e(M) + (1-e)(M)$. Für $x \in e(M) \cap (1-e)(M)$ gibt es $y, z \in M$ mit $x = e(y) = (1-e)(z)$; dann folgt $e(x) = e^2(y) = e(y) = x$ und $e(x) = e(1-e)(z) = 0(z) = 0$, also $x = 0$.) Ist $e \neq 0, 1$, so sind beide Summanden $e(M), (1-e)(M)$ von 0 verschieden (falls $M \neq 0$), also M zerlegbar.

Umgekehrt: Haben wir Untermoduln M_1, M_2 von M mit $M = M_1 \oplus M_2$, so sind die Projektionen $p_i \colon M \to M_i$ und die Inklusionen $q_i \colon M_i \to M$ Homomorphismen von R–Moduln. Dann ist $e = q_1 \circ p_1 \in \mathrm{End}_R M$ und erfüllt $e(x+y) = x$ für alle $x \in M_1$ und $y \in M_2$. Es folgt, daß e idempotent ist sowie daß $M_1 = e(M)$ und $M_2 = (1-e)(M)$.

Diese Überlegungen zeigen:

> **Lemma 7.3.** *Ein R–Modul $M \neq 0$ ist genau dann unzerlegbar, wenn 0 und 1 die einzigen idempotenten Elemente in $\mathrm{End}_R M$ sind.*

Ein endlich dimensionaler Vektorraum über einem Körper K ist direkte Summe eindimensionaler Vektorräume, also von unzerlegbaren K–Moduln. Allgemeiner gilt:

> **Satz 7.4.** *Ist M ein noetherscher R–Modul, so gibt es unzerlegbare Untermoduln $M_1, M_2, \ldots, M_r$ in M mit $M = M_1 \oplus M_2 \oplus \cdots \oplus M_r$.*

Beweis: Beachte, daß der Satz für $M = 0$ gilt, weil man die leere Summe (also den Fall $r = 0$) als den Nullmodul interpretiert. Von nun an sei $M \neq 0$. Es sei $\mathcal{X}$ die Menge aller Untermoduln von M, die nicht endliche direkte Summe von unzerlegbaren Untermoduln sind. Nehmen wir an, daß der Satz falsch ist, also daß $M \in \mathcal{X}$.

Jedes $M' \in \mathcal{X}$, $M' \neq 0$ hat eine Zerlegung $M' = M_1 \oplus M_2$ mit M_1, M_2 beide $\neq 0$, weil M' nicht unzerlegbar sein kann. Sind M_1 und M_2 endliche direkte Summen unzerlegbarer Untermoduln, so auch $M' = M_1 \oplus M_2$, im Widerspruch zu $M' \in \mathcal{X}$. Also gilt $M_1 \in \mathcal{X}$ oder $M_2 \in \mathcal{X}$.

Setze Y gleich der Menge aller Untermoduln $N \subset M$, $N \neq M$, so daß ein $M' \in \mathcal{X}$ mit $M = N \oplus M'$ existiert. Diese Menge ist nach unserer Annahme nicht leer: Wir können $N = 0$ und $M' = M$ nehmen.

Weil M noethersch ist, gibt es ein maximales Element $N \in Y$. Wähle $M' \in \mathcal{X}$ mit $M = N \oplus M'$. Wegen $N \neq M$ ist $M' \neq 0$. Wie oben gesehen, gibt es Untermoduln M_1, M_2, beide $\neq 0$, mit $M' = M_1 \oplus M_2$ und (etwa) $M_2 \in \mathcal{X}$. Dann erfüllt $N' = N \oplus M_1$, daß $M = N' \oplus M_2$ mit $M_2 \in \mathcal{X}$ und $N' \neq M$ (da $M_2 \neq 0$), also $N' \in Y$. Wegen $M_1 \neq 0$ gilt $N \subsetneqq N'$, im Widerspruch zur Maximalität von N. Es folgt, daß $M \notin \mathcal{X}$. $\qquad\square$

Bemerkung: Es wird im allgemeinen sehr viele Zerlegungen von M wie im Satz geben. Das Beste, was man erhoffen kann, wäre das folgende Resultat: Sind $M = M_1 \oplus M_2 \oplus \cdots \oplus M_r$ und $M = M_1' \oplus M_2' \oplus \cdots \oplus M_s'$ zwei solche Zerlegungen, so gilt $r = s$, und es gibt eine Permutation $\sigma \in S_r$ mit $M_i' \cong M_{\sigma(i)}$ für alle i.

Wir werden bald (in Satz 8.9) eine solche Eindeutigkeitsaussage beweisen, wenn M ein endlich erzeugbarer Modul über einem Hauptidealring ist. Später (in VIII.10.7) erhalten wir eine solche Aussage über beliebigem R, wenn M eine stärkere Endlichkeitseigenschaft („endliche Länge") als „noethersch" hat. Aber im allgemeinen gilt eine solche Eindeutigkeit nicht:

Betrachte einen Integritätsbereich R und zwei Ideale $I_1, I_2 \neq 0$ in R mit $R = I_1 + I_2$. Wir haben dann eine kurze exakte Folge

$$0 \longrightarrow I_1 \cap I_2 \overset{f}{\longrightarrow} I_1 \oplus I_2 \overset{g}{\longrightarrow} R \longrightarrow 0$$

von R–Moduln, wo $f(x) = (x, -x)$ und $g(y, z) = y + z$. Weil R ein freier Modul ist, gilt nun (siehe Satz 5.2)

$$R \oplus (I_1 \cap I_2) \cong I_1 \oplus I_2. \tag{$*$}$$

Alle Summanden sind hier unzerlegbar. Nehmen wir nun $R = \mathbb{Z}[\sqrt{-5}]$ und $I_1 = (3, 1 + 2\sqrt{-5})$ sowie $I_2 = (3, 1 - 2\sqrt{-5})$, so gilt $I_1 + I_2 = R$, also erhalten wir $(*)$. Aber weder I_1 noch I_2 ist als R–Modul zu R isomorph, weil I_1 und I_2 keine Hauptideale sind.

§ 8   Moduln über Hauptidealringen

In diesem Abschnitt sei R ein Hauptidealring.

Unsere Voraussetzung sagt, daß jedes Ideal $I \subset R$ die Form $I = Ra$ mit geeignetem $a \in R$ hat. Ist $I \neq 0$, so ist $a \neq 0$, und die Abbildung $R \to I$ mit $b \mapsto ba$ ist ein Modulisomorphismus (wegen der Nullteilerfreiheit von R). Insbesondere ist I frei als R–Modul.

Ist nun M ein beliebiger R–Modul und ist $\varphi \colon M \to R$ ein R–Modulhomomorphismus mit $\varphi \neq 0$, so ist hiernach $\varphi(M)$ ein freier R–Modul isomorph zu R. Die exakte Folge $0 \longrightarrow \ker \varphi \longrightarrow M \longrightarrow \varphi(M) \longrightarrow 0$ zeigt daher nach Satz 5.2, daß es ein $x \in M$ gibt mit

$$ M \;=\; \ker \varphi \oplus Rx \;\cong\; \ker \varphi \oplus R. \qquad (*)$$

Ein Hauptidealring ist sowohl kommutativ als auch linksnoethersch. Daher kennen wir schon zwei Beweise dafür, daß der Rang eines endlich erzeugbaren freien R–Moduls wohlbestimmt ist, siehe Satz 4.3 und Satz 6.11. Es folgt auch aus dem allgemeineren Satz:

Satz 8.1. *Sind M_1 und M_2 Moduln über R mit $M_1 \oplus R \cong M_2 \oplus R$, so gilt $M_1 \cong M_2$.*

Beweis: Wir können annehmen, daß wir einen R–Modul M mit Untermoduln M_1, M_2, N_1 und N_2 haben, so daß $M = M_1 \oplus N_1 = M_2 \oplus N_2$ und $N_1 \cong R \cong N_2$.

Setze $p_1 \colon M \to N_1$ gleich der Projektion mit $p_1(x+y) = x$ für alle $x \in N_1$, $y \in M_1$, und $p_2 \colon M \to N_2$ gleich der Projektion mit $p_2(u + v) = u$ für alle $u \in N_2$, $v \in M_2$. Es gilt also $M_1 = \ker p_1$ und $M_2 = \ker p_2$.

Fall 1: Es gilt $p_1(M_2) = 0$. Dann folgt $M_2 \subset M_1$; wir wollen zeigen, daß $M_2 = M_1$. Wir haben $N_1 = p_1(M) = p_1(M_2 + N_2) = p_1(N_2)$. Wegen $N_1 \cong R \cong N_2$ folgt $0 = N_2 \cap \ker(p_1) = N_2 \cap M_1$. (Ist $N_2 = Rv_2$ und $p_1(av_2) = 0$, $a \in R$, so impliziert $ap_1(v_2) = 0$ und $p_1(v_2) \neq 0$ in $N_1 \cong R$, daß $a = 0$.) Nun erhalten wir

$$ M_1 = M_1 \cap M = M_1 \cap (M_2 + N_2) = M_2 + (M_1 \cap N_2) = M_2, $$

wobei wir $M_2 \subset M_1$ für den dritten Schritt benötigen.

Fall 2: Es gilt $p_1(M_2) \neq 0$. Wegen $N_1 \cong R$ folgt nun aus $(*)$

$$ M_2 \cong (\ker(p_1) \cap M_2) \oplus R = (M_1 \cap M_2) \oplus R. $$

Jetzt betrachten wir $p_2(M_1)$ und erhalten analog, daß $M_2 = M_1$ oder daß $M_1 \cong (M_1 \cap M_2) \oplus R$. Die Behauptung ist klar, wenn $M_1 = M_2$, und sonst gilt $M_1 \cong (M_1 \cap M_2) \oplus R \cong M_2$. $\qquad \square$

Korollar 8.2. *Aus $R^n \cong R^m$ folgt $n = m$.*

Dies ist nun klar. (Ein Integritätsbereich ist nach Definition nicht der Null-ring.)

Satz 8.3. *Ist M ein freier R-Modul vom Rang $n \in \mathbb{N}$, so ist jeder Untermodul von M frei vom Rang $\leq n$.*

Beweis: Wir benutzen Induktion über n. Für $n = 0$ ist nichts zu zeigen, für $n = 1$ sagt die Behauptung gerade, daß in R jeder Untermodul ungleich 0 zu R isomorph ist, und dies haben wir schon oben gesehen. Von nun an sei $n > 1$.

Sei $v_1, v_2, \ldots, v_n$ eine Basis von M. Wir bezeichnen mit M' den von $v_1, v_2, \ldots, v_{n-1}$ erzeugten Untermodul von M; er ist frei vom Rang $n - 1$. Es sei $f : M \to R$ die lineare Abbildung mit $f(\sum_{i=1}^n a_i v_i) = a_n$ für alle $a_i \in R$. Dann haben wir eine kurze exakte Folge

$$0 \longrightarrow M' \longrightarrow M \overset{f}{\longrightarrow} R \longrightarrow 0,$$

die für jeden Untermodul N von M eine kurze exakte Folge

$$0 \longrightarrow M' \cap N \longrightarrow N \longrightarrow f(N) \longrightarrow 0$$

induziert. Nun ist $f(N)$ als Untermodul von R frei, also spaltet die Folge und wir haben

$$N \cong (M' \cap N) \oplus f(N).$$

Nach Induktion ist $M' \cap N$ frei vom Rang $\leq n - 1$. Da $f(N)$ frei vom Rang ≤ 1 ist, folgt die Behauptung. $\qquad\qquad\square$

Bemerkungen: (1) Auch in einem freien R-Modul von unendlichem Rang sind alle Untermoduln frei. Dies zeigt man mit Hilfe einer Wohlordnung für die gegebene Basis, siehe etwa N. Bourbaki, Algebra, chapter VII, § 3, Thm. 1.

(2) Die Sätze 8.1 und 8.3 gelten auch unter der schwächeren Voraussetzung, daß R ein nullteilerfreier Ring ungleich 0 ist, in dem jedes Linksideal von einem Element erzeugt wird. Für die folgenden Resultate ist jedoch die Kommutativität von R wesentlich.

Satz 8.4. (Elementarteilersatz) *Seien M ein freier R-Modul vom endlichen Rang n und N ein Untermodul von M. Dann gibt es eine Basis $v_1, v_2, \ldots, v_n$ von M über R und $a_1, a_2, \ldots, a_n \in R$ mit $N = \sum_{i=1}^n R a_i v_i$ und $a_1 \mid a_2 \mid \cdots \mid a_n$.*

Bemerkung: Wir werden in 8.12 sehen, daß M und N hier die Ideale $R a_1 \supset R a_2 \supset \cdots \supset R a_n$ eindeutig bestimmen.

Beweis: Wir benutzen Induktion über n. Ist $N = 0$, so können wir eine beliebige Basis von M wählen, und die Behauptung gilt mit $a_i = 0$ für alle i. Nehmen wir nun an, daß $N \neq 0$.

Betrachte den R–Modul $M^* = \operatorname{Hom}_R(M, R)$. Für alle $\psi \in M^*$ ist $\psi(N)$ ein Untermodul von R. Da R insbesondere noethersch ist, gibt es $\varphi_1 \in M^*$, so daß $\varphi_1(N)$ maximal unter allen $\psi(N)$ ist. Sei dann $a_1 \in R$ und $x_1 \in N$ mit $\varphi_1(N) = Ra_1$ und $\varphi_1(x_1) = a_1$. Wegen $N \neq 0$ ist $a_1 \neq 0$.

Wir behaupten nun, daß

$$\psi(x_1) \in Ra_1 \qquad \text{für alle } \psi \in M^*. \tag{1}$$

In der Tat, für jedes $\psi \in M^*$ gibt es $a \in R$ mit $Ra = R\psi(x_1) + Ra_1 = R\psi(x_1) + R\varphi_1(x_1)$. Es gibt dann $b, b_1 \in R$ mit $a = b\psi(x_1) + b_1\varphi_1(x_1) = (b\psi + b_1\varphi_1)(x_1)$. Es folgt, daß

$$(b\psi + b_1\varphi_1)(N) \supset Ra \supset Ra_1.$$

Weil Ra_1 maximal ist, gilt $Ra_1 = Ra$, also $\psi(x_1) \in Ra = Ra_1$.

Sei $w_1, w_2, \ldots, w_n$ eine beliebige Basis von M. Es gibt $c_i \in R$ mit $x_1 = \sum_{i=1}^{n} c_i w_i$. Wenden wir (1) auf $\sum d_i w_i \mapsto d_j$ an (für alle j), so folgt $c_j \in Ra_1$ für alle j. Daher gibt es $c'_j \in R$ mit $c_j = a_1 c'_j$, und $v_1 := \sum_{i=1}^{n} c'_i w_i \in M$ erfüllt $x_1 = a_1 v_1$.

Aus $\varphi_1(x_1) = a_1$ folgt nun $\varphi_1(v_1) = 1$. Daher spaltet die Abbildung $R \to M$, $a \mapsto av_1$ die kurze exakte Folge $0 \longrightarrow \ker \varphi_1 \longrightarrow M \longrightarrow R \longrightarrow 0$ und wir haben

$$M = Rv_1 \oplus \ker \varphi_1. \tag{2}$$

Andererseits spaltet die Abbildung $Ra_1 \to N$, $aa_1 \mapsto ax_1 = aa_1 v_1$ die kurze exakte Folge $0 \longrightarrow N \cap \ker \varphi_1 \longrightarrow N \longrightarrow Ra_1 \longrightarrow 0$ da $\varphi_1(N) = Ra_1$ und $\varphi_1(x_1) = a_1$, und wir erhalten

$$N = Ra_1 v_1 \oplus (N \cap \ker \varphi_1). \tag{3}$$

Satz 8.3 impliziert, daß $\ker \varphi_1$ ein freier R–Modul ist; aus (2) folgt, daß $\ker \varphi_1$ Rang $n-1$ hat. Nun liefert Induktion eine Basis $v_2, \ldots, v_n$ von $\ker \varphi_1$ sowie $a_2, \ldots, a_n \in R$, so daß $N \cap \ker \varphi_1 = \sum_{i=2}^{n} Ra_i v_i$ und $a_2 \mid a_3 \mid \cdots \mid a_n$. Aus (3) folgt nun $N = \sum_{i=1}^{n} Ra_i v_i$. Wegen (2) ist $v_1, v_2, \ldots, v_n$ eine Basis von M über R.

Für die lineare Abbildung $\varphi \in M^*$ mit $\varphi(\sum_{i=1}^{n} b_i v_i) = b_1 + b_2$ gilt $\varphi(N) = Ra_1 + Ra_2 \supset Ra_1$. Aus der Maximalität von Ra_1 folgt nun $Ra_1 + Ra_2 = Ra_1$, also $a_1 \mid a_2$. $\qquad\square$

Korollar 8.5. *Sei M ein endlich erzeugbarer R–Modul. Es gibt $a_1, a_2, \ldots, a_m \in R$, die keine Einheiten in R sind, so daß*

$$M \cong R/(a_1) \oplus R/(a_2) \oplus \cdots \oplus R/(a_m)$$

und $a_1 \mid a_2 \mid \cdots \mid a_m$.

Beweis: Es gibt $n \in \mathbb{N}$ und einen surjektiven Homomorphismus $\varphi \colon R^n \to M$. Nach Satz 8.4 gibt es eine Basis $v_1, v_2, \ldots, v_n$ von R^n und $b_1, b_2, \ldots, b_n \in R$

mit $\ker \varphi = \sum_{i=1}^{n} Rb_i v_i$ und $b_1 \mid b_2 \mid \cdots \mid b_n$. Nun gilt $R^n = \bigoplus_{i=1}^{n} Rv_i$ und $\ker \varphi = \bigoplus_{i=1}^{n} Rb_i v_i$, woraus

$$M \cong R''/\ker \varphi \cong \bigoplus_{i=1}^{n} Rv_i/Rb_i v_i \tag{1}$$

folgt. Durch $a \mapsto av_i$ wird ein Isomorphismus $R/(b_i) \xrightarrow{\sim} Rv_i/Rb_i v_i$ induziert. Ist b_i eine Einheit in R, so gilt $(b_i) = R$, also $R/(b_i) = 0$. In diesem Fall können wir den entsprechenden Summanden in (1) weglassen.

Ist b_i eine Einheit, so auch alle b_j mit $j < i$, da $b_j \mid b_i$. Es gibt also ein r, $0 \leq r \leq n$, so daß $b_1, \ldots, b_r$ Einheiten sind, $b_{r+1}, \ldots, b_n$ nicht. Dann ist $M \cong \bigoplus_{i=r+1}^{n} R/(b_i)$, und wir setzen $a_i = b_{i+r}$. $\qquad \square$

Definition. Seien R_1 ein Integritätsbereich und M ein R_1–Modul. Man nennt M *torsionsfrei*, wenn für alle $a \in R_1$ und $x \in M$ gilt: Aus $ax = 0$ folgt $a = 0$ oder $x = 0$.

Zum Beispiel ist jeder freie Modul torsionsfrei, allgemeiner jeder Untermodul eines freien Moduls. Der $\mathbb{Z}$–Modul $\mathbb{Q}$ ist torsionsfrei, aber nicht frei.

Ein Element x in einem Modul M über einem Integritätsbereich R_1 heißt ein *Torsionselement*, wenn es $a \in R_1$, $a \neq 0$ mit $ax = 0$ gibt. Die Menge aller Torsionselemente in M wird mit $T(M)$ bezeichnet. Man zeigt leicht, daß $T(M)$ ein Untermodul von M ist; er wird der *Torsionsuntermodul* von M genannt. Offensichtlich ist M genau dann torsionsfrei, wenn $T(M) - 0$ ist. Man nennt M einen *Torsionsmodul*, wenn $M = T(M)$.

Satz 8.6. (a) *Ist M ein endlich erzeugbarer R–Modul, so gibt es einen freien Untermodul $M' \subset M$ mit $M = T(M) \oplus M'$.*

(b) *Ein endlich erzeugbarer R–Modul ist genau dann torsionsfrei, wenn er frei ist.*

Beweis: (a) Nach Korollar 8.5 gibt es eine direkte Summenzerlegung $M = \bigoplus_{i=1}^{r} M_i$ und $a_i \in R$ mit $M_i \cong R/(a_i)$. Sei M' die direkte Summe aller M_i mit $a_i = 0$, und M'' die der übrigen. Dann gilt $M = M'' \oplus M'$, und M' ist frei. Es bleibt zu zeigen, daß $M'' = T(M)$.

Für alle i mit $a_i \neq 0$ gilt $a_i(a+(a_i)) = 0$ in $R/(a_i)$ für alle $a \in R$. Daher ist $R/(a_i)$ ein Torsionsmodul, ebenso M_i. Dies impliziert $M'' \subset T(M)$.

Ist diese Inklusion echt, so folgt aus $M = M'' \oplus M'$, daß $T(M) \cap M' \neq 0$. Da M' frei ist, muß aber $0 = T(M') = T(M) \cap M'$ sein.

(b) folgt nun sofort aus (a). $\qquad \square$

Es sei $\mathcal{P}$ ein Repräsentantensystem für die Klassen assoziierter (vgl. III.5.1) Primelemente in R. Sind $p_1, p_2 \in \mathcal{P}$, $p_1 \neq p_2$, so gilt für alle $r, s \in \mathbb{N}$, daß $Rp_1^r + Rp_2^s = R$. (Wir können annehmen, daß $r, s \neq 0$. Es gibt $a \in R$ mit $Rp_1^r + Rp_2^s = Ra$. Dann gilt $a \mid p_1^r$ und $a \mid p_2^s$, also muß a eine Einheit sein und $Ra = R$ gelten.) Dies bedeutet in der Terminologie von III.3.8, daß Rp_1^r und Rp_2^s teilerfremde Ideale sind.

Für beliebiges $b \in R$, $b \neq 0$, keine Einheit, gibt es $p_1, p_2, \ldots, p_m \in \mathcal{P}$ paarweise verschieden, Exponenten $r_1, r_2, \ldots, r_m > 0$ und eine Einheit $u \in R$ mit $b = u \prod_{i=1}^{m} p_i^{r_i}$. Nach Satz III.3.10 haben wir nun einen Ringisomorphismus

$$R/(b) = R/(\prod p_i^{r_i}) \xrightarrow{\sim} R/(p_1^{r_1}) \times R/(p_2^{r_2}) \times \cdots \times R/(p_m^{r_m}),$$

gegeben durch $x + (b) \mapsto (x + (p_1^{r_1}), x + (p_2^{r_2}), \ldots, x + (p_m^{r_m}))$. Diese Abbildung ist offensichtlich R-linear, also auch ein Isomorphismus von R-Moduln.

Wenden wir diese Überlegung auf alle Summanden $R/(a_i)$ mit $a_i \neq 0$ in Korollar 8.5 an, so erhalten wir:

> **Satz 8.7.** *Ist M ein endlich erzeugbarer R-Modul, so gibt es nichtnegative ganze Zahlen $n(0)$ und $n(p, r)$ für alle $p \in \mathcal{P}$ und $r \in \mathbb{N}$, $r > 0$ mit*
> $$M \cong R^{n(0)} \oplus \bigoplus_{p \in \mathcal{P}} \bigoplus_{r > 0} (R/(p^r))^{n(p,r)}.$$
> *Hier sind fast alle $n(p, r) = 0$.*

Bemerkung: Wir werden gleich zeigen, daß die Zahlen $n(0)$ und $n(p, r)$ durch M eindeutig festgelegt sind. Zuvor noch eine Bemerkung: Die Untermoduln von $R/(p^r)$ (für ein $p \in \mathcal{P}$ und $r \in \mathbb{N}$, $r > 0$) sind alle $(a)/(p^r)$ mit $(a) \supset (p^r)$, also mit $a \mid p^r$. Bis auf Einheiten haben alle Teiler von p^r die Form p^s mit $s \leq r$. Sind M_1, M_2 Untermoduln von $R/(p^r)$, so gibt es $s, t \leq r$ mit $M_1 = (p^s)/(p^r)$ und $M_2 = (p^t)/(p^r)$; es folgt, daß $M_1 \cap M_2 = M_1$ oder $M_1 \cap M_2 = M_2$. Sind $M_1, M_2 \neq 0$, so kann daher $R/(p^r)$ nicht gleich $M_1 \oplus M_2$ sein. Dies zeigt, daß $R/(p^r)$ ein unzerlegbarer R-Modul ist. Da auch R selbst unzerlegbar ist, beschreibt Satz 8.7 eine Zerlegung des noetherschen Moduls M in unzerlegbare Untermoduln, vgl. Satz 7.4.

Satz 8.7 zeigt auch, daß jeder unzerlegbare endlich erzeugbare R-Modul zu R oder einem $R/(p^r)$ isomorph ist. Die (noch zu zeigende) Eindeutigkeit der Zahlen $n(0)$ und $n(p, r)$ bedeutet, daß für die hier betrachteten Moduln die Zerlegung in Unzerlegbare „im wesentlichen" eindeutig ist.

Für jedes $p \in \mathcal{P}$ ist (p) ein maximales Ideal in R, siehe III.5.2, also $R/(p)$ ein Körper. Für jeden R-Modul M ist M/pM ein $R/(p)$-Modul, vgl. 4.3, also ein Vektorraum über dem Körper $R/(p)$. Wenden wir dies auf ein $p^n M$ statt auf M an, so erhalten wir die Vektorraumstruktur auf jedem $p^n M/p^{n+1} M$.

Lemma 8.8. *Sei $p \in \mathcal{P}$.*

(a) *Es gilt* $\dim_{R/(p)}(p^n R/p^{n+1}R) = 1$ *für alle* $n \in \mathbb{N}$.

(b) *Ist $M = R/(p^r)$ mit $r \in \mathbb{N}$, so gilt*

$$\dim_{R/(p)}(p^n M/p^{n+1}M) = \begin{cases} 1 & \text{für } n < r, \\ 0 & \text{für } n \geq r. \end{cases}$$

(c) *Ist $M = R/(q^r)$ mit $q \in \mathcal{P} \setminus \{p\}$ und $r \in \mathbb{N}$, so gilt für alle $n \in \mathbb{N}$, daß $\dim_{R/(p)}(p^n M/p^{n+1}M) = 0$.*

Beweis: Im Fall (a) setzen wir $M = R$ und $\pi = \mathrm{Id}_R\colon R \to M$. In den beiden anderen Fällen sei $\pi\colon R \to M$ die kanonische Abbildung. Für alle n gilt dann $p^n M = R p^n \pi(1)$, also wird $p^n M/p^{n+1}M$ als Vektorraum über $R/(p)$ von der Klasse von $p^n \pi(1)$ erzeugt und hat daher Dimension 0 oder 1. Genauer ist die Dimension genau dann 1, wenn $p^n M \neq p^{n+1}M$.

Die Eindeutigkeit der Primfaktorzerlegung in R impliziert $Rp^n \neq Rp^{n+1}$ für alle n. Daraus folgen (a) und (b) für $n < r$; für $n \geq r$ in (b) beachte man, daß $p^n M = 0$.

Wir haben schon früher gesehen, daß $Rp^n + Rq^r = R$ für alle $n, r \geq 0$. Daraus folgt in (c), daß $p^n M = (Rp^n + Rq^r)M = RM = M$ für alle n, insbesondere $p^n M = p^{n+1}M$. $\quad\square$

Satz 8.9. *Die Zahlen $n(0)$ und $n(p,r)$ im Satz 8.7 sind durch M eindeutig bestimmt.*

Beweis: Wir haben (in der Notation von Satz 8.7) $M \cong R^{n(0)} \oplus T(M)$, also $R^{n(0)} \cong M/T(M)$. Daher ist $n(0)$ als der Rang des freien R-Moduls $M/T(M)$ eindeutig bestimmt.

Ist $M = M_1 \oplus M_2 \oplus \cdots \oplus M_s$, so gilt $p^n M = \bigoplus_{i=1}^s p^n M_i$ für alle n, also $p^n M/p^{n+1}M \cong \bigoplus_{i=1}^s (p^n M_i/p^{n+1}M_i)$. Daher zeigt Lemma 8.8 in unserer Situation für alle $p \in \mathcal{P}$ und $n \in \mathbb{N}$

$$\dim_{R/(p)}(p^n M/p^{n+1}M) = n(0) + \sum_{r=n+1}^{\infty} n(p,r).$$

Also ist jedes $n(p,r)$ als Differenz zweier solcher Dimensionen eindeutig bestimmt. $\quad\square$

Bemerkung 8.10. Für jeden R-Modul M und jedes $p \in \mathcal{P}$ setzen wir

$$T_p(M) = \{\, x \in M \mid \text{es gibt } n \in \mathbb{N} \text{ mit } p^n x = 0 \,\}.$$

Dies ist offensichtlich ein Untermodul von M. Ist $M = \bigoplus_{i=1}^s M_i$, so gilt $T_p(M) = \bigoplus_{i=1}^s T_p(M_i)$. Offensichtlich ist $T_p(R) = 0$ und $T_p(R/(p^r)) = R/(p^r)$ für alle $r > 0$. Ist $q \in \mathcal{P}$ mit $q \neq p$, so gilt $T_p(R/(q^r)) = 0$ für alle

$r > 0$, da $p^n x = 0$ für $x \in R/(q^r)$ impliziert, daß $0 = (Rp^n + Rq^r)x = Rx$, also $x = 0$.

Ist M endlich erzeugbar, so hat $T(M)$ eine Zerlegung $T(M) = \bigoplus_{i=1}^{s} M_i$ mit $M_i \cong R/(q_i^{r(i)})$ mit $q_i \in \mathcal{P}$ und $r(i) > 0$. Aus der Überlegung oben folgt, daß $T_p(M)$ die Summe aller M_i mit $q_i = p$ ist. Dies zeigt, daß

$$T(M) = \bigoplus_{p \in \mathcal{P}} T_p(M).$$

Bemerkung 8.11. Weil $\mathbb{Z}$–Moduln und abelsche Gruppen im wesentlichen dasselbe sind, haben wir hier die Hauptergebnisse über abelsche Gruppen in § II.5 erneut bewiesen.

> **Satz 8.12.** *Im Korollar 8.5 sind die Hauptideale Ra_i durch M eindeutig bestimmt. Im Satz 8.4 sind die Hauptideale Ra_i durch M und N eindeutig bestimmt.*

Beweis: Betrachten wir zunächst Korollar 8.5. Es gibt dort t mit $0 \le t \le m$, so daß $a_i \ne 0$ für alle $i \le t$ und $a_i = 0$ für alle $i > t$. Dann ist $T(M)$ isomorph zu der direkten Summe aller $R/(a_i)$ mit $i \le t$, und $M/T(M)$ isomorph zu R^{m-t}. Insbesondere ist $m - t$ durch M festgelegt.

Wir haben für $i \le t$ eine Zerlegung $a_i = u_i \prod_{p \in \mathcal{P}} p^{s(i,p)}$ wobei u_i eine Einheit in R ist und $s(i,p) \in \mathbb{N}$, fast alle 0. Nun ist

$$T(M) \cong \bigoplus_{i=1}^{t} R/(a_i) \cong \bigoplus_{i=1}^{t} \bigoplus_{p \in \mathcal{P}} R/(p^{s(i,p)}).$$

Ein Vergleich mit der Zerlegung in Satz 8.7 zeigt, daß $n(p,r)$ die Anzahl der i mit $1 \le i \le t$ und $s(i,p) = r$ ist. Nun gilt $s(1,p) \le s(2,p) \le \cdots \le s(t,p)$ wegen $a_1 \mid a_2 \mid \ldots \mid a_t$. Daher sind die $s(i,p)$ eindeutig festgelegt, also auch alle $(a_i) = (\prod_p p^{s(i,p)})$. (Beachte, daß es ein $p \in \mathcal{P}$ mit $p \mid a_1$ gibt, also mit $s(1,p) > 0$, weil a_1 keine Einheit ist. Für dieses p ist t gleich der Summe aller $n(p,r)$; damit ist t festgelegt.)

Im Satz 8.4 sind die a_i, die keine Einheiten sind, gerade die a_i von Korollar 8.5 für M/N, also eindeutig. Für die übrigen i gilt $(a_i) = R$; die Anzahl dieser i ist gerade die Differenz von n (dem Rang von M) minus der Anzahl der Summanden in Korollar 8.5. $\square$

> **Satz 8.13.** *Seien M und M' freie R–Moduln von endlichem Rang und $f : M \to M'$ eine R–lineare Abbildung. Dann gibt es eine Basis $x_1, x_2, \ldots, x_s$ von M und eine Basis $y_1, y_2, \ldots, y_t$ von M', eine ganze Zahl $r \le \min(s,t)$ und $a_1, a_2, \ldots, a_r \in R$ mit $a_1 \mid a_2 \mid \cdots \mid a_r$, alle ungleich 0, so daß*
>
> $$f(x_i) = \begin{cases} a_i y_i & \text{für } 1 \le i \le r, \\ 0 & \text{für } i > r. \end{cases}$$

> *Die Zahl r und die Ideale Ra_i sind durch f eindeutig festgelegt.*

Beweis: Wir wenden Satz 8.4 auf den Untermodul $f(M) \subset M'$ an und erhalten eine Basis $y_1, y_2, \ldots, y_t$ von M' sowie $a_1, a_2, \ldots, a_t \in R$, so daß $a_1 \mid a_2 \mid \cdots \mid a_t$ und $f(M) = \sum_{i=1}^{t} Ra_iy_i$. Es gibt dann $r \leq t$ mit $a_i = 0$ für alle $i > r$ und $a_i \neq 0$ für alle $i \leq r$. Dann ist $a_1y_1, a_2y_2, \ldots, a_ry_r$ eine Basis von $f(M)$ über R.

Weil $f(M)$ frei über R ist, gibt es einen Homomorphismus $g: f(M) \to M$ mit $f \circ g = \mathrm{Id}_{f(M)}$; es gilt dann $M = \ker f \oplus \mathrm{im}\, g$. Setze $x_i = g(a_iy_i)$ für alle $i \leq r$. Nun folgt $f(x_i) = a_iy_i$. Weil g ein Isomorphismus $f(M) \xrightarrow{\sim} \mathrm{im}\, g$ ist, bilden die x_i, $i \leq r$ eine Basis von $\mathrm{im}\, g$. Wir wählen eine beliebige Basis $x_{r+1}, \ldots, x_s$ von $\ker f$ [frei nach Satz 8.3]. Dann ist $x_1, \ldots, x_r, x_{r+1}, \ldots, x_s$ eine Basis von M, und $f(x_i)$ hat für jedes i die behauptete Gestalt.

Die Zahl r ist festgelegt als der Rang von $f(M)$. Die (a_i) sind festgelegt als die von (0) verschiedenen Ideale in Satz 8.4 für $f(M) \subset M'$. $\qquad \square$

§ 9   Moduln über $K[X]$

Es sei K ein Körper. Wir können die in § 8 entwickelte Theorie auf den Polynomring $K[X]$ anwenden, der nach IV.1.7 ein Hauptidealring ist. Zur Erinnerung: Ein $K[X]$-Modul ist durch ein Paar (V, φ) gegeben, wobei V ein Vektorraum über K ist und $\varphi: V \to V$ eine K-lineare Abbildung. Dann wird V durch $(\sum_{i=0}^{m} a_iX^i)v = \sum_{i=0}^{m} a_i\varphi^i(v)$ zu einem $K[X]$-Modul.

Wir beschränken uns auf den Fall $\dim_K V < \infty$. Dann ist V erst recht als $K[X]$-Modul endlich erzeugbar. Also ist V, nach der allgemeinen Theorie, isomorph zu einer direkten Summe von $K[X]$-Moduln der Form $K[X]/(f_i)$ mit $f_i \in K[X]$. Weil $K[X]/(0) = K[X]$ unendliche Dimension hat, kann dabei $f_i = 0$ nicht vorkommen. Wir können natürlich annehmen, daß alle f_i normiert sind (d.h., höchsten Koeffizienten 1 haben).

Lemma 9.1. *Sei $f = X^n + \sum_{i=0}^{n-1} a_iX^i \in K[X]$ mit $n > 0$. Der durch (V, φ) gegebene $K[X]$-Modul ist genau dann zu $K[X]/(f)$ isomorph, wenn V eine Basis über K hat, so daß φ bezüglich dieser Basis die folgende Matrix hat:*

$$\mu(f) := \begin{pmatrix} 0 & 0 & 0 & \ldots & 0 & -a_0 \\ 1 & 0 & 0 & \ldots & 0 & -a_1 \\ 0 & 1 & 0 & \ldots & 0 & -a_2 \\ \vdots & \vdots & \vdots & \ddots & \vdots & \vdots \\ 0 & 0 & 0 & \ldots & 0 & -a_{n-2} \\ 0 & 0 & 0 & \ldots & 1 & -a_{n-1} \end{pmatrix}$$

Beweis: Die Restklassen $w_1 = 1 + (f)$, $w_2 = X + (f)$, $\ldots$, $w_n = X^{n-1} + (f)$ bilden eine Basis über K des $K[X]$–Moduls $K[X]/(f)$. In diesem Modul gilt $Xw_i = w_{i+1}$ für $i < n$ und

$$Xw_n = X^n + (f) = X^n - f + (f) = \sum_{i=0}^{n-1} (-a_i)w_{i+1}.$$

Haben wir einen Isomorphismus $F: K[X]/(f) \xrightarrow{\sim} V$, so sind die $F(w_i)$ eine Basis von V über K; wegen $\varphi(F(w_i)) = XF(w_i) = F(Xw_i)$ folgt aus den Formeln für Xw_i, daß φ die Matrix $\mu(f)$ bezüglich der Basis der $F(w_i)$ hat.

Es gebe umgekehrt eine Basis $v_1, \ldots, v_n$ von V, so daß $\mu(f)$ die Matrix von φ bezüglich dieser Basis ist. Dann erfüllt der K–lineare Isomorphismus $F: K[X]/(f) \to V$ mit $F(w_i) = v_i$ für alle i, daß $F(Xw) = \varphi F(w) = XF(w)$ für alle $w \in K[X]/(f)$ gilt, ist also ein Isomorphismus von $K[X]$–Moduln.
□

Bemerkung: Man nennt $\mu(f)$ die *Begleitmatrix* von f.

Nun zeigt man analog: Sind $f_1, f_2, \ldots, f_r \in K[X]$ normierte Polynome positiven Grades, so ist der durch V und φ gegebene $K[X]$–Modul genau dann zu $\bigoplus_{i=1}^{r} K[X]/(f_i)$ isomorph, wenn es eine Basis von V gibt, bezüglich der φ die folgende Matrix hat:

$$\begin{pmatrix} \mu(f_1) & & & 0 \\ & \mu(f_2) & & \\ & & \ddots & \\ 0 & & & \mu(f_r) \end{pmatrix} \tag{1}$$

Satz 9.2. *Sei V ein endlich dimensionaler K–Vektorraum. Zu jeder linearen Abbildung $\varphi \in \mathrm{End}_K(V)$ gibt es normierte Polynome $f_1, f_2, \ldots, f_r \in K[X]$, so daß die Matrix von φ bezüglich einer geeigneten Basis die Gestalt (1) hat und so daß $f_1 \mid f_2 \mid \cdots \mid f_r$ gilt (Fall A), oder so daß alle f_i Potenzen irreduzibler Polynome sind (Fall B). Im Fall A sind die f_i eindeutig durch φ bestimmt, im Fall B sind sie es bis auf Reihenfolge.*

Beweis: Dies ist, angesichts Lemma 9.1 und der Bemerkungen oben, eine direkte Übersetzung von Korollar 8.5 und Satz 8.7 zusammen mit Satz 8.12 und Satz 8.9.
□

Bemerkung: Man nennt $f_1, f_2, \ldots, f_r$ im Fall A die *Elementarteiler* von φ.

Nehmen wir nun zusätzlich an, daß K algebraisch abgeschlossen ist. In diesem Fall können wir die Menge $\mathcal{P}$ der Repräsentanten der Klassen assoziierter Primelemente als $\mathcal{P} = \{X - a \mid a \in K\}$ wählen. Für (V, φ) wie oben ist dann der $(X - a)$–Torsionsuntermodul von V durch

$$T_{X-a}(V) = \{\, v \in V \mid \text{es gibt } n \in \mathbb{N} \text{ mit } (\varphi - a)^n(v) = 0 \,\}$$

gegeben. Dieser Raum heißt der *verallgemeinerte Eigenraum* von φ zum Eigenwert a. Die Formel in Bemerkung 8.10 sagt nun, daß V die direkte Summe der verallgemeinerten Eigenräume von φ ist.

Geht man ähnlich wie bei Lemma 9.1 vor, so erhält man (für beliebige Körper K):

Lemma 9.3. *Seien $a \in K$ und $n \in \mathbb{N}$, $n > 0$. Der durch (V, φ) gegebene $K[X]$–Modul ist genau dann zu $K[X]/(X - a)^n$ isomorph, wenn es eine Basis von V gibt, bezüglich der die Matrix von φ gleich*

$$\mu(a, n) = \begin{pmatrix} a & 1 & 0 & \ldots & 0 & 0 \\ 0 & a & 1 & \ldots & 0 & 0 \\ 0 & 0 & a & \ldots & 0 & 0 \\ \vdots & \vdots & \vdots & \ddots & \vdots & \vdots \\ 0 & 0 & 0 & \ldots & a & 1 \\ 0 & 0 & 0 & \ldots & 0 & a \end{pmatrix} \in M_n(K)$$

ist.

Man betrachtet nun die Basis $w_1 = (X-a)^{n-1}+(f)$, $w_2 = (X-a)^{n-2}+(f)$, $\ldots, w_{n-1} = X - a + (f)$, $w_n = 1 + (f)$ von $K[X]/(f)$ über K, wobei $f = (X - a)^n$. Sonst argumentiert man wie früher.

Aus Satz 8.7 und Satz 8.9 folgt nun:

Satz 9.4. *Sei K algebraisch abgeschlossen. Sei V ein endlich dimensionaler Vektorraum über K und $\varphi \in \operatorname{End}_K(V)$. Dann gibt es $a_1, a_2, \ldots, a_r \in K$ und positive ganze Zahlen $m_1, m_2, \ldots, m_r$, so daß die Matrix von φ bezüglich einer geeigneten Basis die Form*

$$\begin{pmatrix} \mu(a_1, m_1) & & & 0 \\ & \mu(a_2, m_2) & & \\ & & \ddots & \\ 0 & & & \mu(a_r, m_r) \end{pmatrix}$$

hat. Die Paare (a_i, m_i) sind durch φ bis auf ihre Reihenfolge eindeutig bestimmt.

Man nennt diese Form der Matrix von φ die *Jordansche Normalform* von φ.

9.5. Wir wollen hier den Satz von der Normalbasis (Satz VI.3.5) in dem Fall beweisen, der in Kapitel VI offen geblieben war: für endliche Körper.

Wir betrachten etwas allgemeiner folgenden Fall: Es sei L/K eine endliche Galoiserweiterung vom Grad $n = [L : K]$ mit zyklischer Galoisgruppe. (Aus Satz V.6.4 folgt, daß alle endlichen Erweiterungen endlicher Körper diese Bedingung erfüllen.) Es sei $\sigma \in G(L/K)$ ein erzeugendes Element; es gilt also $n = \operatorname{ord} \sigma$.

Wir betrachten L als $K[X]$–Modul, so daß X als die K–lineare Abbildung σ operiert. Wegen $\sigma^n = \operatorname{Id}$ wird L dann von $X^n - 1$ annulliert; es gilt genauer, daß

$$\operatorname{ann}_{K[X]}L = K[X]\,(X^n - 1). \tag{1}$$

Sonst enthielte der Annullator ein $f = \sum_{i=0}^{m} a_i X^i \in K[X]$ mit $m < n$ und $a_m \neq 0$. Dann wäre aber $\sum_{i=0}^{m} a_i \sigma^i = 0$ in $\operatorname{Abb}(L, L)$ im Widerspruch zur linearen Unabhängigkeit von $1, \sigma, \ldots, \sigma^{n-1}$, siehe Korollar VI.3.3.

Nach Satz 8.4 gibt es normierte Polynome $f_1, f_2, \ldots, f_r \in K[X]$, so daß $f_1 \mid f_2 \mid \cdots \mid f_r$ und so daß L als $K[X]$–Modul zu $\bigoplus_{i=1}^{r} K[X]/(f_i)$ isomorph ist. Dann gilt $\operatorname{ann}_{K[X]}L = (f_r)$, also $f_r = X^n - 1$ nach (1). Aber nun hat $K[X]/(f_r)$ Dimension n über K, also dieselbe Dimension wie L. Es folgt, daß $r = 1$ und daß $L \cong K[X]/(X^n - 1)$. Nun sagt Lemma 9.1, daß L eine Basis $v_1, v_2, \ldots, v_n$ über K hat, so daß $\sigma(v_i) = v_{i+1}$ für alle $i < n$. Es folgt $v_j = \sigma^{j-1}(v_1)$ für alle j. Daher ist $v_1, \sigma(v_1), \ldots, \sigma^{n-1}(v_1)$ eine Basis von L über K, welche die Bedingung in Satz VI.3.5 erfüllt, also eine Normalbasis.

§ 10   Tensorprodukte von Moduln

In diesem Abschnitt sei A ein *kommutativer* Ring.

Für A–Moduln L, M, N heißt eine Abbildung $f\colon M \times N \to L$ *bilinear*, wenn

$$f(ax + by, u) = af(x, u) + bf(y, u)$$

und

$$f(x, au + bv) = af(x, u) + bf(x, v)$$

für alle $x, y \in M$, $u, v \in N$ und $a, b \in A$ gilt.

Definition 10.1. Ein *Tensorprodukt* zweier A–Moduln M und N ist ein A–Modul L_0 mit einer bilinearen Abbildung $f_0\colon M \times N \to L_0$, welche die folgende universelle Eigenschaft hat: Für jeden A–Modul L und jede bilineare Abbildung $f\colon M \times N \to L$ gibt es genau eine lineare Abbildung $\varphi\colon L_0 \to L$ mit $\varphi \circ f_0 = f$.

Wie üblich ist das Tensorprodukt durch diese universelle Eigenschaft eindeutig festgelegt:

Lemma 10.2. *Sind sowohl* (L_0, f_0) *als auch* (L'_0, f'_0) *Tensorprodukte zweier* A*–Moduln* M *und* N, *so gibt es genau einen Isomorphismus* $\varphi \colon L_0 \xrightarrow{\sim} L'_0$ *mit* $f'_0 = \varphi \circ f_0$.

Beweis: Wegen der universellen Eigenschaft von L_0 gibt es genau eine lineare Abbildung $\varphi \colon L_0 \to L'_0$ mit $\varphi \circ f_0 = f'_0$. Wegen der universellen Eigenschaft von L'_0 gibt es genau eine lineare Abbildung $\psi \colon L'_0 \to L_0$ mit $\psi \circ f'_0 = f_0$. Aus $f'_0 = \varphi \circ \psi \circ f'_0$ und $f_0 = \psi \circ \varphi \circ f_0$ folgt nun (wegen der universellen Eigenschaft von L'_0 bzw. L_0), daß $\varphi \circ \psi = \operatorname{Id}_{L'_0}$ und $\psi \circ \varphi = \operatorname{Id}_{L_0}$, also die Behauptung. $\qquad\square$

Satz 10.3. *Für je zwei* A*–Moduln* M *und* N *gibt es ein Tensorprodukt von* M *und* N.

Beweis: Sei $F(M, N)$ die Menge aller Abbildungen $\alpha \colon M \times N \to A$, für die $\{(x, u) \in M \times N \mid \alpha(x, u) \neq 0\}$ endlich ist. Diese Menge ist ein A–Modul unter $(\alpha + \beta)(x, u) = \alpha(x, u) + \beta(x, u)$ und $(a\alpha)(x, u) = a\alpha(x, u)$. Für alle $(x, u) \in M \times N$ bezeichnen wir mit $[x, u] \in F(M, N)$ die zugehörige „Delta–Funktion", d.h., die Abbildung mit $(x, u) \mapsto 1$ und $(x', u') \mapsto 0$ für alle $(x', u') \in M \times N$ mit $(x', u') \neq (x, u)$. Ein beliebiges $\alpha \in F(M, N)$ hat dann die Form $\alpha = \sum_{i=1}^{r} a_i [x_i, u_i]$, wobei

$$\{(x_i, u_i) \mid 1 \le i \le r\} = \{(x, u) \in M \times N \mid \alpha(x, u) \neq 0\}$$

und $a_i = \alpha(x_i, u_i)$.

Nun bezeichne Z den Untermodul von $F(M, N)$, der von allen

$$[ax + by, u] - a[x, u] - b[y, u]$$

und

$$[x, au + bv] - a[x, u] - b[x, v]$$

mit $a, b \in R$, $x, y \in M$ und $u, v \in N$ erzeugt wird. Dann ist die Abbildung $f_0 \colon M \times N \to F(M, N)/Z$ mit $f_0(x, u) = [x, u] + Z$ bilinear, wie man leicht sieht. Wir behaupten, daß $(F(M, N)/Z, f_0)$ ein Tensorprodukt von M und N ist.

Dazu seien L ein A–Modul und $f \colon M \times N \to L$ eine bilineare Abbildung. Dann erhalten wir eine lineare Abbildung

$$\psi \colon F(M, N) \longrightarrow L$$

mit $\psi([x, u]) = f(x, u)$ für alle $(x, u) \in M \times N$. Dazu setzen wir

$$\psi(\alpha) = \sum_{(x, u) \in M \times N} \alpha(x, u) f(x, u),$$

wobei über die endlich vielen (x, u) mit $\alpha(x, u) \neq 0$ summiert wird. Die Linearität von ψ ist dann trivial nachzuweisen.

Die Bilinearität von f, die bisher nicht benutzt wurde, impliziert, daß $\psi(Z) = 0$. Daher induziert ψ eine lineare Abbildung $\varphi\colon F(M,N)/Z \to L$ mit $\varphi(\alpha + Z) = \psi(\alpha)$ für alle $\alpha \in F(M,N)$, insbesondere mit $\varphi([x,u] + Z) = f(x,u)$. Deshalb gilt $\varphi \circ f_0 = f$. Die Eindeutigkeit von φ folgt nun, weil $F(M,N)/Z$ als A–Modul von den $[x,u] + Z$ erzeugt wird. Damit ist der Satz bewiesen. $\qquad\qquad\qquad\qquad\qquad\qquad\qquad\qquad\qquad\qquad\qquad\qquad$ $\square$

10.4. Wir führen nun die folgende Standardnotation für ein Tensorprodukt (L_0, f_0) zweier A–Moduln M und N ein. Wir schreiben $L_0 = M \otimes N$ und $f_0(x,u) = x \otimes u$ für $x \in M$, $u \in N$. Wenn zweifelhaft sein könnte, über welchem Ring wir arbeiten, schreiben wir auch $M \otimes_A N$ statt $M \otimes N$. Die Bilinearität von f_0 drückt sich nun in den Formeln

$$(ax + by) \otimes u = a(x \otimes u) + b(y \otimes u) \tag{1}$$

und

$$x \otimes (au + bv) = a\,(x \otimes u) + b(x \otimes v) \tag{2}$$

für alle $a, b \in A$, $x, y \in M$, $u, v \in N$ aus. Die universelle Eigenschaft sagt, daß es zu jeder bilinearen Abbildung $f\colon M \times N \to L$ eine lineare Abbildung $\varphi\colon M \otimes N \to L$ mit $\varphi(x \otimes u) = f(x,u)$ für alle $x \in M$, $u \in N$ gibt. Jedes Element von $M \otimes N$ läßt sich in der Form $\sum_{i=1}^{r} x_i \otimes u_i$ mit geeigneten $r \in \mathbb{N}$, $x_i \in M$, $u_i \in N$ schreiben. (Das folgt aus dem Beweis von Satz 10.3. Alternativ kann man sagen, daß die Menge dieser Summen ein Untermodul von $M \otimes N$ ist, der dieselbe universelle Eigenschaft wie $M \otimes N$ hat und deshalb gleich $M \otimes N$ sein muß.)

Beispiele: (1) Wir haben für jeden A–Modul M Isomorphismen

$$\varphi\colon M \otimes A \overset{\sim}{\longrightarrow} M \qquad \text{und} \qquad \psi\colon A \otimes M \overset{\sim}{\longrightarrow} M$$

mit $\varphi(x \otimes a) = ax$ und $\psi(a \otimes x) = ax$ für alle $a \in A$ und $x \in M$. (Die universelle Eigenschaft der Tensorprodukte gibt lineare Abbildungen φ und ψ wie angegeben. Wegen (1) und (2) sind die Abbildungen $\varphi'\colon M \to M \otimes A$ mit $\varphi'(x) = x \otimes 1$ und $\psi'\colon M \to A \otimes M$ mit $\psi'(x) = 1 \otimes x$ linear. Mit Hilfe von $x \otimes a = a(x \otimes 1) = ax \otimes 1$ und $a \otimes x = a(1 \otimes x) = 1 \otimes ax$ sieht man nun, daß φ und φ' bzw. ψ und ψ' invers zu einander sind.)

(2) Für je zwei A–Moduln M und N gibt es einen Isomorphismus

$$\varphi\colon M \otimes N \overset{\sim}{\longrightarrow} N \otimes M \qquad \text{mit } \varphi(x \otimes u) = u \otimes x \text{ für alle } x \in M, \ u \in N.$$

(Die Abbildung $M \times N \to N \otimes M$, $(x,u) \mapsto u \otimes x$ ist bilinear, also gibt es eine lineare Abbildung φ wie beschrieben. Symmetrisch gibt es eine lineare Abbildung $\psi\colon N \otimes M \to M \otimes N$ mit $\psi(u \otimes x) = x \otimes u$ für alle x und u. Nun sieht man leicht, daß φ und ψ invers zu einander sind.)

(3) Ein ähnliches, dem Leser überlassenes Argument zeigt für alle A–Moduln L, M und N, daß es einen Isomorphismus $\varphi\colon L \otimes (M \otimes N) \overset{\sim}{\longrightarrow} (L \otimes M) \otimes N$ mit $\varphi(s \otimes (x \otimes u)) = (s \otimes x) \otimes u$ für alle $s \in L$, $x \in M$, $u \in N$ gibt.

Lemma 10.5. *Seien* $f\colon M \to M'$ *und* $g\colon N \to N'$ *lineare Abbildungen von* A*–Moduln. Dann gibt es genau eine lineare Abbildung*

$$f \otimes g\colon M \otimes N \longrightarrow M' \otimes N'$$

mit $(f \otimes g)(x \otimes u) = f(x) \otimes g(u)$ *für alle* $x \in M$, $u \in N$.

Beweis: Weil f und g linear sind, ist die Abbildung $M \times N \to M' \otimes N'$ mit $(x, u) \mapsto f(x) \otimes g(u)$ bilinear. Also folgt die Behauptung aus der universellen Eigenschaft des Tensorproduktes. $\qquad\square$

Bemerkung: Man sieht leicht, daß die Konstruktion von $f \otimes g$ „vernünftige" Eigenschaften hat. So gilt $\mathrm{Id}_M \otimes \mathrm{Id}_N = \mathrm{Id}_{M \otimes N}$ und $(f' \otimes g') \circ (f \otimes g) = (f' \circ f) \otimes (g' \circ g)$ für lineare Abbildungen $f'\colon M' \to M''$ und $g'\colon N' \to N''$.

Lemma 10.6. *Seien* M *ein* A*–Modul und* $(N_i)_{i \in I}$ *eine Familie von* A*–Moduln. Dann gibt es einen Isomorphismus*

$$\varphi\colon M \otimes \Big(\bigoplus_{i \in I} N_i\Big) \ \overset{\sim}{\longrightarrow}\ \bigoplus_{i \in I} (M \otimes N_i)$$

mit $\varphi(x \otimes (u_i)_{i \in I}) = (x \otimes u_i)_{i \in I}$ *für alle* $x \in M$ *und* $u_i \in N_i$.

Beweis: Es gibt für alle j eine lineare Abbildung $\varphi_j\colon M \otimes \bigoplus_{i \in I} N_i \to M \otimes N_j$ mit $\varphi_j(x \otimes (u_i)_{i \in I}) = x \otimes u_j$. Das folgt aus Lemma 10.5, wo man $f = \mathrm{Id}_M$ setzt und für g die Projektion $\bigoplus_{i \in I} N_i \to N_j$ nimmt. Wegen der universellen Eigenschaft des direkten Produkts gibt es außerdem eine lineare Abbildung $\varphi\colon M \otimes \bigoplus_{i \in I} N_i \to \prod_{i \in I} (M \otimes N_i)$ mit $\varphi(x \otimes (u_i)_{i \in I}) = (x \otimes u_i)_{i \in I}$. Diese Abbildung nimmt Werte in $\bigoplus_{i \in I} (M \otimes N_i) \subset \prod_{i \in I} (M \otimes N_i)$ an, weil jedes Element in $M \otimes \bigoplus_{i \in I} N_i$ eine endliche Linearkombination von Elementen der Form $x \otimes (u_i)_{i \in I}$ ist, wobei jeweils die Menge aller $i \in I$ mit $u_i \neq 0$ endlich ist, und weil φ solche Elemente nach $\bigoplus_{i \in I} (M \otimes N_i)$ abbildet.

Umgekehrt, nehmen wir für g die Inklusion $N_j \hookrightarrow \bigoplus_{i \in I} N_i$ und wieder $f = \mathrm{Id}_M$, so erhalten wir nach Lemma 10.5 für alle j eine lineare Abbildung $\psi_j\colon M \otimes N_j \to M \otimes \bigoplus_{i \in I} N_i$, die jedes $x \otimes u_j$ auf $x \otimes (v_i)_{i \in I}$ mit $v_j = u_j$ und mit $v_i = 0$ für $i \neq j$ abbildet. Die universelle Eigenschaft der direkten Summe gibt uns eine lineare Abbildung $\psi\colon \bigoplus_{i \in I} (M \otimes N_i) \to M \otimes \bigoplus_{i \in I} N_i$ mit $\psi_{|M \otimes N_j} = \psi_j$. Nun rechnet man nach, daß φ und ψ zueinander invers sind. $\qquad\square$

Bemerkung: Man hat analog einen Isomorphismus

$$\Big(\bigoplus_{i \in I} M_i\Big) \otimes N \ \cong\ \bigoplus_{i \in I} (M_i \otimes N)$$

für jeden A–Modul N und jede Familie $(M_i)_{i \in I}$ von A–Moduln. (Man argumentiere ähnlich wie oben oder benutze den Isomorphismus $M \otimes N \cong N \otimes M$.)

Satz 10.7. *Sind M und N freie A–Moduln, so ist auch $M \otimes N$ frei. Sind $(x_i)_{i \in I}$ eine Basis von M und $(u_j)_{j \in J}$ eine Basis von N, so ist $(x_i \otimes u_j)_{(i,j) \in I \times J}$ eine Basis von $M \otimes N$.*

Beweis: Die Basiseigenschaft der $(x_i)_{i \in I}$ ist äquivalent zu $M = \bigoplus_{i \in I} A x_i$ und $A \xrightarrow{\sim} A x_i$ unter $a \mapsto a x_i$ (für alle i). Analog ist $N = \bigoplus_{j \in J} A u_j$ und $A \xrightarrow{\sim} A u_j$ unter $a \mapsto a x_j$. Nun folgt aus Lemma 10.6 und der Bemerkung dazu, daß $M \otimes N = \bigoplus_{(i,j) \in I \times J} (A x_i) \otimes (A u_j)$. Ferner haben wir nach dem ersten Beispiel in 10.4 Isomorphismen $A \xrightarrow{\sim} A \otimes A \xrightarrow{\sim} A x_i \otimes A u_j$ unter denen $a \mapsto a \otimes 1 \mapsto a x_i \otimes u_j = a(x_i \otimes u_j)$. Daraus folgt die Behauptung. $\square$

10.8. Sei B ein kommutativer Ring, der A als Unterring enthält. Für alle $b \in B$ ist die Multiplikation mit b eine A–lineare Abbildung $\ell_b \colon B \to B$, $c \mapsto bc$. Daher erhalten wir für jeden A–Modul M nach Lemma 10.5 eine A–lineare Abbildung $\mathrm{Id}_M \otimes \ell_b \colon M \otimes_A B \to M \otimes_A B$. Nun rechnet man leicht nach, daß $M \otimes_A B$ zu einem B–Modul wird, wenn wir

$$b\,v = (\mathrm{Id}_M \otimes \ell_b)\,(v) \qquad \text{für alle } v \in M \otimes_A B \text{ und } b \in B$$

setzen. Es gilt dann $b\,(x \otimes c) = x \otimes bc$ für alle $x \in M$ und $c \in B$.

Im Spezialfall $M = A$ ist der Isomorphismus $A \otimes_A B \xrightarrow{\sim} B$ wie in Beispiel (1) zu 10.4 (also mit $a \otimes c \mapsto ac$) nun auch ein Isomorphismus von B–Moduln. Ist $M = \bigoplus_{i \in I} M_i$ eine direkte Summe einer Familie $(M_i)_{i \in I}$ von A–Moduln, so ist der Isomorphismus $M \otimes_A B \xrightarrow{\sim} \bigoplus_{i \in I} M_i \otimes_A B$ wie in der Bemerkung zu 10.6 ein Isomorphismus von B–Moduln.

Wird ein A–Modul M von Elementen v_i, $i \in I$ erzeugt, so wird $M \otimes_A B$ als B–Modul von allen $v_i \otimes 1$ erzeugt. Sind die v_i sogar eine Basis von M als A–Modul, so sind die $v_i \otimes 1$ eine Basis von $M \otimes_A B$ als B–Modul. In der Tat: Die Voraussetzung bedeutet, daß $M = \bigoplus_{i \in I} A v_i$ und daß für jedes i die Abbildung $a \mapsto a v_i$ ein Isomorphismus $A \xrightarrow{\sim} A v_i$ von A–Moduln ist. Dann gilt auch $M \otimes_A B = \bigoplus_{i \in I} A v_i \otimes_A B$, und für jedes i ist die Abbildung

$$B \xrightarrow{\sim} A \otimes_A B \xrightarrow{\sim} A v_i \otimes_A B = B(v_i \otimes 1), \quad b \mapsto 1 \otimes b \mapsto v_i \otimes b = b\,(v_i \otimes 1)$$

ein Isomorphismus von B–Moduln.

Dies zeigt: Ist M ein freier A–Modul, so ist $M \otimes_A B$ ein freier B–Modul, und der Rang von $M \otimes_A B$ als B–Modul ist gleich dem Rang von M als A–Modul.

Lemma 10.9. *Ist $M' \xrightarrow{f} M \xrightarrow{g} M'' \longrightarrow 0$ eine exakte Folge von A–Moduln, so ist für jeden A–Modul N die Folge*

$$M' \otimes N \xrightarrow{f'} M \otimes N \xrightarrow{g'} M'' \otimes N \longrightarrow 0$$

mit $f' = f \otimes \mathrm{Id}_N$ und $g' = g \otimes \mathrm{Id}_N$ exakt.

Beweis: Weil g surjektiv ist, enthält $g'(M \otimes N)$ alle $x'' \otimes u$ mit $x'' \in M''$ und $u \in N$. Da diese Elemente $M'' \otimes N$ erzeugen, ist g' surjektiv.

Aus $g \circ f = 0$ folgt $g' \circ f' = (g \circ f) \otimes (\mathrm{Id}_N \circ \mathrm{Id}_N) = 0$, also $\operatorname{im} f' \subset \ker g'$. Sei $\pi \colon M \otimes N \to (M \otimes N)/\operatorname{im} f'$ die kanonische Abbildung. Für alle $x'' \in M''$ und $u \in N$ definieren wir ein Element $h(x'', u) \in (M \otimes N)/\operatorname{im} f'$ wie folgt: Wir wählen $x \in M$ mit $g(x) = x''$ und setzen $h(x'', u) = \pi(x \otimes u)$. Diese Abbildung ist wohldefiniert, denn jedes andere mögliche x hat die Form $x + f(y)$ mit $y \in M'$, und wir haben $\pi((x + f(y)) \otimes u) = \pi(x \otimes u + f'(y \otimes u)) = \pi(x \otimes u)$. Man sieht nun leicht, daß h bilinear ist. Also gibt es eine lineare Abbildung $\varphi \colon M'' \otimes N \to (M \otimes N)/\operatorname{im} f'$ mit $\varphi(x'' \otimes u) = \pi(x \otimes u)$ für x'' und x wie oben, also mit $\varphi \circ g' = \pi$. Daraus folgt $\ker g' \subset \ker \pi = \operatorname{im} f'$, also $\ker g' = \operatorname{im} f'$ wie behauptet. $\qquad\square$

10.10. Ist I ein Ideal in A, so haben wir für jeden A-Modul M einen Isomorphismus

$$(A/I) \otimes M \xrightarrow{\sim} M/IM \tag{1}$$

mit $(a + I) \otimes x \mapsto ax + IM$. Dazu wenden wir Lemma 10.9 auf die exakte Sequenz

$$I \longrightarrow A \longrightarrow A/I \longrightarrow 0$$

(mit der Inklusion und der natürlichen Abbildung) an und erhalten eine exakte Sequenz

$$I \otimes M \xrightarrow{\varphi} A \otimes M \longrightarrow A/I \otimes M \longrightarrow 0.$$

Wir haben einen Isomorphismus $\psi \colon A \otimes M \xrightarrow{\sim} M$ mit $a \otimes x \mapsto ax$. Dann ist $A/I \otimes M$ zu $M/\psi \circ \varphi(I \otimes M)$ isomorph, und es ist klar, daß $\psi \circ \varphi(I \otimes M) = IM$.

Zum Beispiel bedeutet dies für alle $m \in \mathbb{Z}$ und alle $\mathbb{Z}$-Moduln M, daß

$$\mathbb{Z}/m\mathbb{Z} \otimes_{\mathbb{Z}} M \cong M/mM.$$

Als Übung mag man sich allgemein überlegen, daß für $m, n > 0$

$$\mathbb{Z}/m\mathbb{Z} \otimes_{\mathbb{Z}} \mathbb{Z}/n\mathbb{Z} \cong \mathbb{Z}/\operatorname{ggT}(m, n)\mathbb{Z}. \tag{2}$$

Im folgenden Beispiel benutzen wir einen einfachen Spezialfall dieser Formel. Die Abbildung $\mathbb{Z}/2\mathbb{Z} \times \mathbb{Z}/4\mathbb{Z} \to \mathbb{Z}/2\mathbb{Z}$ mit $(x + 2\mathbb{Z}, u + 4\mathbb{Z}) \mapsto xu + 2\mathbb{Z}$ ist wohldefiniert und bilinear. Die entsprechende lineare Abbildung

$$\varphi \colon \mathbb{Z}/2\mathbb{Z} \otimes_{\mathbb{Z}} \mathbb{Z}/4\mathbb{Z} \xrightarrow{\sim} \mathbb{Z}/2\mathbb{Z}$$

ist ein Isomorphismus mit inverser Abbildung $z + 2\mathbb{Z} \mapsto (z + 2\mathbb{Z}) \otimes (1 + 4\mathbb{Z})$. Nun ist

$$f \colon \mathbb{Z}/2\mathbb{Z} \longrightarrow \mathbb{Z}/4\mathbb{Z} \quad \text{mit} \quad f(y + 2\mathbb{Z}) = 2y + 4\mathbb{Z}$$

ein injektiver Homomorphismus von $\mathbb{Z}$-Moduln. Dann ist

$$\varphi \circ (\mathrm{Id}_{\mathbb{Z}/2\mathbb{Z}} \otimes f) \colon \mathbb{Z}/2\mathbb{Z} \otimes_{\mathbb{Z}} \mathbb{Z}/2\mathbb{Z} \longrightarrow \mathbb{Z}/2\mathbb{Z}$$

die Nullabbildung, da sie $(x + 2\mathbb{Z}) \otimes (y + 2\mathbb{Z})$ auf $\varphi((x + 2\mathbb{Z}) \otimes (2y + 4\mathbb{Z})) = 2xy + 2\mathbb{Z} = 0$ abbildet. Da φ ein Isomorphismus ist, muß schon $\mathrm{Id}_{\mathbb{Z}/2\mathbb{Z}} \otimes f$ gleich 0 sein.

Dies Beispiel zeigt, daß für eine injektive lineare Abbildung $f\colon M' \to M$ eine Abbildung der Form $\mathrm{Id}_N \otimes f\colon N \otimes M' \to N \otimes M$ nicht unbedingt injektiv sein muß; sie kann sogar (wie im Beispiel) null werden. Ebenso ist in manchen Fällen $f \otimes \mathrm{Id}_N\colon M' \otimes N \to M \otimes N$ nicht injektiv, auch wenn f dies ist. Aus der Exaktheit einer Sequenz $0 \longrightarrow M' \longrightarrow M \longrightarrow M'' \longrightarrow 0$ folgt daher *nicht*, daß auch $0 \longrightarrow M' \otimes N \longrightarrow M \otimes N \longrightarrow M'' \otimes N \longrightarrow 0$ exakt sein müßte.

Es gilt jedoch: Ist $0 \longrightarrow M' \overset{f}{\longrightarrow} M \longrightarrow M'' \longrightarrow 0$ exakt und *spaltet*, so ist auch $0 \longrightarrow M' \otimes N \longrightarrow M \otimes N \longrightarrow M'' \otimes N \longrightarrow 0$ exakt und spaltet. (In der Tat, haben wir $\sigma\colon M \to M'$ mit $\sigma \circ f = \mathrm{Id}_{M'}$, so gilt $(\sigma \otimes \mathrm{Id}_N) \circ (f \otimes \mathrm{Id}_N) = \mathrm{Id}_{M' \otimes N}$; insbesondere ist $f \otimes \mathrm{Id}_N$ injektiv.)

10.11. Wir haben hier Tensorprodukte nur über kommutativen Ringen betrachtet. Man kann die Definition auf nicht-kommutative Ringe ausweiten; dies erfordert jedoch eine leicht veränderte Konstruktion. Dazu beschreiben wir zunächst das Tensorprodukt im kommutativen Fall etwas anders.

Seien M und N zwei A–Moduln. Wir können M und N auch als Moduln über $\mathbb{Z}$ auffassen und ihr Tensorprodukt $M \otimes_{\mathbb{Z}} N$ über $\mathbb{Z}$ bilden. Die Abbildung $M \times N \to M \otimes N$ mit $(x, u) \mapsto x \otimes u$ ist insbesondere $\mathbb{Z}$–bilinear. Daher gibt es eine $\mathbb{Z}$–lineare Abbildung $\varphi\colon M \otimes_{\mathbb{Z}} N \to M \otimes N$ mit $\varphi(x \otimes' u) = x \otimes u$ für alle $x \in M$, $u \in N$. (Hier schreiben wir $x \otimes' u$ für das entsprechende Element in $M \otimes_{\mathbb{Z}} N$, um es besser vom Element $x \otimes u$ in $M \otimes N = M \otimes_A N$ unterscheiden zu können.) Weil $M \otimes N$ als additive Gruppe von allen $x \otimes u$ erzeugt wird, ist φ surjektiv. Wir wollen nun den Kern von φ beschreiben.

Sei T der von allen $(ax) \otimes' u - x \otimes' (au)$ mit $x \in M$, $u \in N$, $a \in A$ erzeugte $\mathbb{Z}$–Untermodul von $M \otimes_{\mathbb{Z}} N$. Offensichtlich gilt $T \subset \ker \varphi$; wir behaupten, daß sogar Gleichheit gilt:

Satz 10.12. *Die von* φ *induzierte* $\mathbb{Z}$*–lineare Abbildung*

$$\bar{\varphi}\colon (M \otimes_{\mathbb{Z}} N)/T \longrightarrow M \otimes N \qquad \textit{mit} \quad \bar{\varphi}(x \otimes' u + T) = x \otimes u$$

ist bijektiv.

Beweis: Für jedes $a \in A$ ist $M \to M$, $x \mapsto ax$, eine $\mathbb{Z}$–lineare Abbildung; sie induziert eine $\mathbb{Z}$–lineare Abbildung $\ell_a\colon M \otimes_{\mathbb{Z}} N \to M \otimes_{\mathbb{Z}} N$, die jedes $x \otimes' u$ auf $(ax) \otimes' u$ schickt. Man sieht leicht, daß $M \otimes_{\mathbb{Z}} N$ ein A–Modul wird, wenn jedes $a \in A$ als ℓ_a operiert. Für alle $a, b \in A$, $x \in M$ und $u \in N$ gilt

$$\ell_a((bx) \otimes' u - x \otimes' (bu)) = (b(ax)) \otimes' u - (ax) \otimes' (bu).$$

Daraus folgt $\ell_a(T) \subset T$ für alle a; also ist T ein A–Untermodul. Daher erhält $(M \otimes_{\mathbb{Z}} N)/T$ eine A–Modulstruktur durch

$$a(x \otimes' u + T) = (ax) \otimes' u + T = x \otimes' (au) + T.$$

Nun sieht man leicht, daß $(x,u) \mapsto x \otimes' u + T$ eine A–bilineare Abbildung $M \times N \to (M \otimes_{\mathbb{Z}} N)/T$ ist. Es folgt, daß es eine A–lineare Abbildung $\psi\colon M \otimes N \to (M \otimes_{\mathbb{Z}} N)/T$ mit $\psi(x \otimes u) = x \otimes' u + T$ gibt. Dann ist ψ invers zu $\bar{\varphi}$, also $\bar{\varphi}$ ein Isomorphismus. $\qquad\square$

10.13. Nun weiten wir die Definition des Tensorprodukts auf nicht–kommutative Ringe aus. Ist R ein beliebiger Ring, sind M ein *R–Rechtsmodul* und N ein *R–Linksmodul*, so definieren wir einen $\mathbb{Z}$–Modul $M \otimes_R N$ als Faktormodul

$$M \otimes_R N = (M \otimes_{\mathbb{Z}} N)/T,$$

wobei T der von allen $(xa)\otimes'u - x\otimes'(au)$ mit $x \in M$, $u \in N$, $a \in R$ erzeugte $\mathbb{Z}$–Untermodul von $M \otimes_{\mathbb{Z}} N$ ist. Ist R kommutativ, so zeigt Satz 10.12, daß $M \otimes_R N$ eine natürliche R–Modulstruktur hat und als R–Modul mit dem früher definierten Tensorprodukt identifiziert werden kann.

Für beliebiges R schreibt man $x \otimes u = x \otimes' u + T$. Wir erhalten nun eine $\mathbb{Z}$–bilineare Abbildung $f_0\colon M \times N \to M \otimes_R N$, $(x,u) \mapsto x \otimes u$. Sie erfüllt $f_0(xa,u) = f_0(x,au)$ für alle $a \in R$, $x \in M$, $u \in N$ und hat die folgende universelle Eigenschaft: Für jede $\mathbb{Z}$–bilineare Abbildung $f\colon M \times N \to L$ mit $f(xa,u) = f(x,au)$ für alle a,x,u wie oben gibt es genau eine $\mathbb{Z}$–lineare Abbildung $\varphi\colon M \otimes_R N \to L$ mit $\varphi \circ f_0 = f$.

ÜBUNGEN

§ 1 Definitionen

1. Sei R ein Ring und sei $e \in R$ idempotent. (Dies bedeutet, daß $e^2 = e$.) Zeige, daß $eRe := \{\, eae \mid a \in R \,\}$ ein Ring ist, wenn wir die Addition und die Multiplikation von R auf eRe einschränken. Wie sieht das Einselement von eRe aus? Zeige: Ist M ein R–Modul, so ist $eM := \{\, ex \mid x \in M \,\}$ ein eRe–Modul unter der Einschränkung von Addition und Skalarmultiplikation.

2. Seien R ein Ring und $r \in \mathbb{Z}$, $r \geq 1$. Ist N ein R–Modul, dann ist das direkte Produkt $N^r = N \times N \times \cdots \times N$ (mit r Faktoren) eine kommutative Gruppe mit komponentenweiser Addition. Zeige, daß N^r ein $M_r(R)$–Modul wird, wenn man für alle $A = (a_{ij})_{1 \leq i,j \leq r} \in M_r(R)$ und $v = (v_1, v_2, \ldots, v_r) \in N^r$

$$Av = (\sum_{j=1}^{r} a_{1j}v_j, \sum_{j=1}^{r} a_{2j}v_j, \ldots, \sum_{j=1}^{r} a_{rj}v_j)$$

setzt. Zeige, daß jeder $M_r(R)$–Modul zu einem solchen N^r isomorph ist.

3. Sei K ein Körper. Dann ist

$$R := \{\, \begin{pmatrix} a & b \\ 0 & c \end{pmatrix} \mid a,b,c \in K \,\}$$

ein Teilring des Rings aller 2×2–Matrizen über K. Zeige: Sind V_1 und V_2 Vektorräume über K und ist $\varphi \in \mathrm{Hom}_K(V_2, V_1)$, so wird $V_1 \times V_2$ mit komponentenweiser Addition zu einem R–Modul, wenn wir

$$\begin{pmatrix} a & b \\ 0 & c \end{pmatrix} (v_1, v_2) = (av_1 + b\varphi(v_2), cv_2)$$

für alle $v_1 \in V_1$, $v_2 \in V_2$ und $\begin{pmatrix} a & b \\ 0 & c \end{pmatrix} \in R$ setzen. Bezeichne diesen R–Modul mit $\mathfrak{M}(V_1, V_2, \varphi)$. Zeige, daß jeder R–Modul zu einem $\mathfrak{M}(V_1, V_2, \varphi)$ isomorph ist. Zeige, daß $\mathfrak{M}(V_1, V_2, \varphi) \cong \mathfrak{M}(V_1', V_2', \varphi')$ dann und nur dann, wenn es bijektive K–lineare Abbildungen $\psi_1 \colon V_1 \to V_1'$ und $\psi_2 \colon V_2 \to V_2'$ gibt, so daß $\varphi' \circ \psi_2 = \psi_1 \circ \varphi$ gilt.

4. Sei S eine multiplikativ abgeschlossene Teilmenge (vgl. III.4.1) in einem kommutativen Ring R. Sei M ein R–Modul. Definiere auf $M \times S$ eine Relation $\sim$, so daß $(v, s) \sim (v', s')$ genau dann, wenn es ein $t \in S$ mit $t(s'v - sv') = 0$ gibt (für $v, v' \in M$ und $s, s' \in S$). Zeige, daß $\sim$ eine Äquivalenzrelation ist. Bezeichne die Menge aller Äquivalenzklassen mit $S^{-1}M$ und die Äquivalenzklasse von $(m, s) \in M \times S$ mit m/s. Zeige: Die Menge $S^{-1}M$ hat eine Struktur als Modul über dem Ring der Brüche $S^{-1}R$, so daß Addition und Skalarmultiplikation durch

$$(v/s) + (v'/s') = (s'v + sv')/(ss') \quad \text{und} \quad (a/t)\,(v/s) = (av)/(st)$$

für alle $v, v' \in M$, alle $s, s', t \in S$ und alle $a \in R$ gegeben sind. Zeige: Ist $\varphi \colon M \to N$ ein Homomorphismus von R–Moduln, so gibt es einen Homomorphismus $\varphi_S \colon S^{-1}M \to S^{-1}N$ von $S^{-1}R$–Moduln mit $\varphi_S(v/s) = \varphi(v)/s$ für alle $v \in M$ und $s \in S$.

5. Sei M ein Modul über einem Ring R. Seien N, P, Q Untermoduln von M. Zeige: Ist $N \subset P \cup Q$, dann gilt $N \subset P$ oder $N \subset Q$. Kann man dies Resultat auf die Vereinigung von drei Untermoduln verallgemeinern?

6. Seien R ein Ring und M ein R–Modul. Für alle $a \in R$ setze

$$_aM = \{ v \in M \mid av = 0 \}.$$

Zeige, daß $_aM$ ein Untermodul in M ist, wenn R kommutativ ist. Finde ein Beispiel (mit nicht-kommutativem R), bei dem $_aM$ kein Untermodul von M ist.

7. Seien R ein Ring und M ein R–Modul. Für alle Untermoduln M_1, M_2 von M setze

$$[M_1 : M_2] := \{ a \in R \mid aM_2 \subset M_1 \}.$$

Zeige, daß $[M_1 : M_2]$ ein zweiseitiges Ideal von R ist. Zeige für alle Untermoduln M_1, M_2, M_3 von M, daß $[(M_1 \cap M_2) : M_3] = [M_1 : M_3] \cap [M_2 : M_3]$. Bestimme $[(6) : (2)]$ und $[(6) : (14)]$ in dem Spezialfall $R = \mathbb{Z} = M$.

8. Sei M ein Modul über einem Ring R. Seien N, P, Q Untermoduln von M. Zeige: Ist $P \subset Q$, so gilt $(N + P) \cap Q = (N \cap Q) + P$.

9. Zeige, daß $\mathrm{End}_{\mathbb{Z}}(\mathbb{Q}) \cong \mathbb{Q}$ und daß $\mathrm{Hom}_{\mathbb{Z}}(\mathbb{Q}, \mathbb{Z}) = 0$.

10. Seien R ein Ring und $e \in R$ ein idempotentes Element (vgl. Aufgabe 1). Zeige: Für jeden R–Modul M ist die Abbildung $f \mapsto f(e)$ ein Isomorphismus $\mathrm{Hom}_R(Re, M) \xrightarrow{\sim} eM$. Wie sieht $\mathrm{End}_R(Re)$ als Ring aus?

11. Seien M, N zwei R–Moduln und $f \in \mathrm{Hom}_R(M, N)$. Zeige, daß f genau dann injektiv ist, wenn für alle R–Moduln P und alle $\varphi_1, \varphi_2 \in \mathrm{Hom}_R(P, M)$ gilt: Ist $f \circ \varphi_1 = f \circ \varphi_2$, so ist $\varphi_1 = \varphi_2$.

§ 2 Faktormoduln und Isomorphiesätze

12. Seien M, N zwei R–Moduln und $f \in \mathrm{Hom}_R(M, N)$. Zeige, daß f genau dann surjektiv ist, wenn für alle R–Moduln Q und alle $\psi_1, \psi_2 \in \mathrm{Hom}_R(N, Q)$ gilt: Ist $\psi_1 \circ f = \psi_2 \circ f$, so ist $\psi_1 = \psi_2$.

13. Seien m, n positive ganze Zahlen. Zeige, daß $\mathrm{Hom}_{\mathbb{Z}}(\mathbb{Z}/(m), \mathbb{Z}/(n)) \cong \mathbb{Z}/(d)$, wobei $d = \mathrm{ggT}(n, m)$.

14. Betrachte den Ring R von Aufgabe 3 und einen R–Modul $\mathfrak{M}(V_1, V_2, \varphi)$ wie dort. Es seien $U_1 \subset V_1$ und $U_2 \subset V_2$ Unterräume mit $\varphi(U_2) \subset U_1$. Zeige, daß $\mathfrak{M}(U_1, U_2, \varphi_{|U_2})$ ein R–Untermodul von $\mathfrak{M}(V_1, V_2, \varphi)$ ist und daß

$$\mathfrak{M}(V_1, V_2, \varphi) \,/\, \mathfrak{M}(U_1, U_2, \varphi_{|U_2}) \;\cong\; \mathfrak{M}(V_1/U_1, V_2/U_2, \bar{\varphi}),$$

wobei $\bar{\varphi}(v_2 + U_2) = \varphi(v_2) + U_1$ für alle $v_2 \in V_2$. Zeige: Jeder R–Untermodul von $\mathfrak{M}(V_1, V_2, \varphi)$ hat die Form $\mathfrak{M}(U_1, U_2, \varphi_{|U_2})$ wie oben.

15. Sei e ein idempotentes Element in einem Ring R. Seien M ein R–Modul und $N \subset M$ ein R–Untermodul. Zeige, daß eN ein eRe–Untermodul von M ist (für die Konstruktion von Aufgabe 1) und daß eM/eN als eRe–Modul zu $e(M/N)$ isomorph ist.

§ 3 Direkte Summen und Produkte

16. Sei $(M_i)_{i \in I}$ eine Familie von Untermoduln in einem R–Modul M mit $M = \sum_{i \in I} M_i$. Zeige: Es ist M genau dann die direkte Summe aller M_i, wenn $M_j \cap \sum_{i \in I, i \neq j} M_i = 0$ für alle j.

17. Betrachte den Ring R von Aufgabe 3 und R–Moduln $\mathfrak{M}(V_1, V_2, \varphi)$ und $\mathfrak{M}(V_1', V_2', \varphi')$ wie dort. Zeige, daß

$$\mathfrak{M}(V_1, V_2, \varphi) \oplus \mathfrak{M}(V_1', V_2', \varphi') \;\cong\; \mathfrak{M}(V_1 \oplus V_1', V_2 \oplus V_2', \psi),$$

wobei ψ durch $\psi(v_2, v_2') = (\varphi(v_2), \varphi'(v_2'))$ für alle $v_2 \in V_2$ und $v_2' \in V_2'$ gegeben ist.

18. Sei S eine multiplikativ abgeschlossene Teilmenge in einem kommutativen Ring R. Sei $(M_i)_{i \in I}$ eine Familie von R–Moduln. Zeige: Es gibt einen Isomorphismus von $S^{-1}R$–Modul $\bigoplus_{i \in I} S^{-1}M_i \cong S^{-1} \bigoplus_{i \in I} M_i$. (Vgl. Aufgabe 4.) Gilt ein entsprechendes Resultat für direkte Produkte?

§ 4   Erzeugendensysteme und Basen

19. Sei $v_1, v_2, \ldots, v_n$ eine Basis eines freien $\mathbb{Z}$–Moduls M. Sei $A = (a_{ij})$ eine $n \times n$–Matrix über $\mathbb{Z}$. Setze $w_i = \sum_{j=1}^{n} a_{ij} v_j$ für $1 \le i \le n$. Zeige, daß $w_1, w_2, \ldots, w_n$ genau dann eine Basis von M ist, wenn $|\det(A)| = 1$.

20. Sei $(e_i)_{i \in I}$ ein Erzeugendensystem des $\mathbb{Z}$–Moduls $\mathbb{Q}$. Zeige für alle $j \in I$, daß $\mathbb{Q}$ schon von allen e_i mit $i \in I \setminus \{j\}$ erzeugt wird. Zeige, daß I unendlich ist.

21. Sei S ein Ring und sei M ein S–Modul mit $M \cong M \oplus M$. Zeige für den Ring $R := \mathrm{End}_S(M)$, daß $R \cong R^2$ als R–Modul. (Warum verallgemeinert dies das Beispiel 4.2?)

§ 5   Exakte Folgen

22. Zeige, daß es eine unendliche exakte Folge von $\mathbb{Z}$–Moduln gibt, in der alle Moduln gleich $\mathbb{Z}/4\mathbb{Z}$ sind und alle Abbildungen ungleich 0:

$$\cdots \longrightarrow \mathbb{Z}/4\mathbb{Z} \longrightarrow \mathbb{Z}/4\mathbb{Z} \longrightarrow \mathbb{Z}/4\mathbb{Z} \longrightarrow \mathbb{Z}/4\mathbb{Z} \longrightarrow \cdots$$

23. Sei e ein idempotentes Element in einem Ring R. Sei

$$\cdots \longrightarrow M_{i-1} \xrightarrow{f_{i-1}} M_i \xrightarrow{f_i} M_{i+1} \longrightarrow \cdots$$

eine exakte Folge von R–Moduln. Zeige, daß es eine exakte Folge

$$\cdots \longrightarrow eM_{i-1} \xrightarrow{f'_{i-1}} eM_i \xrightarrow{f'_i} eM_{i+1} \longrightarrow \cdots$$

von eRe–Moduln (vgl. Aufgabe 1) gibt, so daß jeweils f'_i die Restriktion von f_i auf eM_i ist.

24. Sei S eine multiplikativ abgeschlossene Teilmenge in einem kommutativen Ring R. Sei

$$0 \longrightarrow M' \xrightarrow{\varphi} M \xrightarrow{\psi} M'' \longrightarrow 0$$

ein kurze exakte Folge von R–Moduln. Zeige, daß (mit der Notation von Aufgabe 4)

$$0 \longrightarrow S^{-1}M' \xrightarrow{\varphi_S} S^{-1}M \xrightarrow{\psi_S} S^{-1}M'' \longrightarrow 0$$

ein kurze exakte Folge von $S^{-1}R$–Moduln ist.

§ 6   Endlich erzeugbare und noethersche Moduln

25. Zeige: Ein kommutativer Ring $R \ne 0$ ist genau dann ein Körper, wenn jeder endlich erzeugbare R–Modul frei ist.

26. Sei $d \ne 1$ eine quadratfreie ganze Zahl. Zeige, daß der Ring $\mathcal{O}_d$ von Beispiel III.3.5(2) noethersch ist.

27. Setze $R = \{ \left(\begin{smallmatrix} a & b \\ 0 & c \end{smallmatrix} \right) \mid a, b \in \mathbb{R},\ c \in \mathbb{Q} \}$. Zeige, daß R Teilring von $M_2(\mathbb{R})$ ist. Zeige, daß R linksnoethersch ist, aber nicht rechtsnoethersch.

§ 7   Unzerlegbare Moduln

28. Finde einen Ring R, einen R–Modul M und einen Untermodul N von M mit $N \ne M$, so daß M unzerlegbar ist, aber M/N nicht.

29. Finde einen Ring R, einen R–Modul M und einen Untermodul N von M mit $N \neq 0$, so daß M unzerlegbar ist, aber N nicht.

30. Sei K ein Körper. Betrachte den Ring R von Aufgabe 3. Zeige: Jeder unzerlegbare R–Modul ist isomorph zu $\mathfrak{M}(K, 0, 0)$, $\mathfrak{M}(0, K, 0)$ oder $\mathfrak{M}(K, K, \mathrm{Id})$, und diese drei Moduln sind unzerlegbar. Zerlege R als R–Modul in eine direkte Summe unzerlegbarer Untermoduln.

31. Sei e_1, e_2, e_3 die kanonische Basis von $\mathbb{Q}^3$. Wähle zwei unendliche und disjunkte Mengen $A = \{p_1 < p_2 < \cdots\}$ und $B = \{q_1 < q_2 < \cdots\}$ von Primzahlen mit $5 \notin A \cup B$. Setze $e_1' = 8e_1 + 3e_2$ und $e_2' = 5e_1 + 2e_2$. Betrachte die folgenden $\mathbb{Z}$–Untermoduln von $\mathbb{Q}^3$:

$$M = \sum_{p \in A} \mathbb{Z}\, \frac{e_1}{p}, \qquad N = \sum_{p \in A} \mathbb{Z}\, \frac{e_2}{p} + \sum_{q \in B} \mathbb{Z}\, \frac{e_3}{q} + \mathbb{Z}\, \frac{e_2 + e_3}{5},$$

$$M' = \sum_{p \in A} \mathbb{Z}\, \frac{e_1'}{p}, \qquad N' = \sum_{p \in A} \mathbb{Z}\, \frac{e_2'}{p} + \sum_{q \in B} \mathbb{Z}\, \frac{e_3}{q} + \mathbb{Z}\, \frac{3e_2' + e_3}{5}.$$

Zeige, daß $M \cap N = 0 = M' \cap N'$ und daß $M \oplus N = M' \oplus N'$. Zeige, daß M, M', N, N' unzerlegbare $\mathbb{Z}$–Moduln mit $M \cong M'$ und $N \not\cong N'$ sind.

§ 8   Moduln über Hauptidealringen

32. Seien R ein Hauptidealring, $p \in R$ ein Primelement und n eine positive ganze Zahl. Sei M ein R–Modul mit Untermoduln M_1, N_1, M_2, N_2, so daß $M = M_1 \oplus N_1 = M_2 \oplus N_2$ und $N_1 \cong R/(p^n) \cong N_2$. Zeige, daß $M_1 \cong M_2$. (Sei $N_1 = Rv$ und $N_2 = Rw$. Zeige, daß $N_1 \cap M_2 = 0 \iff p^{n-1}v \notin M_2$. Wenn $N_1 \cap M_2 \neq 0 \neq N_2 \cap M_1$, betrachte $R(v + w)$.)

33. Seien R ein Hauptidealring, M ein R–Modul und $N \subset M$ ein Untermodul. Zeige: Hat M ein Erzeugendensystem aus $n < \infty$ Elementen, so hat N ein Erzeugendensystem aus $\leq n$ Elementen.

34. Sei $A = (a_{ij})$ eine $n \times n$–Matrix über $\mathbb{Z}$ für eine positive ganze Zahl n. Setze $w_i = (a_{i1}, a_{i2}, \ldots, a_{in})$ für $1 \leq i \leq n$ und $N = \mathbb{Z}w_1 + \mathbb{Z}w_2 + \cdots + \mathbb{Z}w_n$. Zeige, daß $\mathbb{Z}^n/N$ genau dann endlich ist, wenn $\det(A) \neq 0$. Zeige, daß $|\mathbb{Z}^n/N| = |\det(A)|$, wenn $\det(A) \neq 0$.

35. Sei $A = (a_{ij})$ eine $m \times n$–Matrix über $\mathbb{Z}$ für positive ganze Zahlen m, n. Setze $w_i = (a_{i1}, a_{i2}, \ldots, a_{in})$ für $1 \leq i \leq m$ und $N_A = \mathbb{Z}w_1 + \mathbb{Z}w_2 + \cdots + \mathbb{Z}w_m$. Zeige, daß $\mathbb{Z}^n/N_A \simeq \mathbb{Z}^n/N_{A'}$, wenn man A' aus A durch eine Folge der folgenden Operationen erhält: Man addiert ein ganzzahliges Vielfaches einer Zeile zu einer anderen Zeile. Man vertauscht zwei Zeilen. Man addiert ein ganzzahliges Vielfaches einer Spalte zu einer anderen Spalte. Man vertauscht zwei Spalten.

36. Sei N der von $(4, 5, 6)$ und $(9, 8, 7)$ erzeugte $\mathbb{Z}$–Untermodul von $\mathbb{Z}^3$. Setze $M = \mathbb{Z}^3/N$. Bestimme den Rang von $M/T(M)$ und die Ordnung von $T(M)$.

37. Ein direkter Summand eines R–Moduls M ist ein Untermodul N von M, so daß es einen Untermodul N' von M mit $M = N \oplus N'$ gibt. Sei $(m, n) \in \mathbb{Z}^2$ mit $(m, n) \neq (0, 0)$. Zeige, daß $\mathbb{Z}(m, n)$ genau dann ein direkter Summand des $\mathbb{Z}$–Moduls $\mathbb{Z}^2$ ist, wenn $\mathrm{ggT}(m, n) = 1$. Finde zwei Untermoduln M_1

und M_2 des $\mathbb{Z}$–Moduls $\mathbb{Z}^2$, so daß M_1 und M_2 direkte Summanden von $\mathbb{Z}^2$ sind, aber $M_1 + M_2$ kein direkter Summand von $\mathbb{Z}^2$ ist.

38. Seien R ein Hauptidealring, M ein freier R–Modul von endlichem Rang und $N \subset M$ ein Untermodul. Zeige: Ist N ein direkter Summand von M, dann gilt $N \cap aM = aN$ für alle $a \in R$. Gilt $N \cap aM = aN$ für alle $a \in R$, dann ist jedes a_i in Satz 8.4 entweder eine Einheit in R oder 0, und N ist ein direkter Summand von M.

39. Seien S ein Integritätsbereich und $(M_i)_{i \in I}$ eine Familie von S–Moduln. Zeige, daß der Torsionsuntermodul der direkten Summe aller M_i die direkte Summe der einzelnen Torsionsuntermoduln ist: $T(\bigoplus_{i \in I} M_i) = \bigoplus_{i \in I} T(M_i)$.

40. Seien S ein Integritätsbereich und M ein S–Modul. Zeige, daß $M/T(M)$ torsionsfrei ist.

41. Sei $0 \longrightarrow R^m \longrightarrow R^n \longrightarrow M \longrightarrow 0$ eine exakte Folge von Moduln über einem Hauptidealring R. Zeige, daß $M/T(M)$ ein freier R–Modul vom Rang $n-m$ ist.

42. Seien R ein Hauptidealring und M ein endlich erzeugbarer R–Modul. Zeige, daß der R–Modul $\operatorname{Hom}_R(M, R)$ frei von endlichem Rang ist.

43. Sei R ein Hauptidealring mit Quotientenkörper K. Seien n eine positive ganze Zahl und M ein endlich erzeugbarer R–Untermodul von K^n, so daß K^n über K von M erzeugt wird. Zeige, daß M ein freier R–Modul vom Rang n ist und daß jede Basis von M als R–Modul auch eine Basis von K^n als Vektorraum über K ist.

44. Sei R ein Hauptidealring mit Quotientenkörper K. Es gilt dann $K = S^{-1}R$ mit $S = R \setminus \{0\}$. Zeige: Ist M ein endlich erzeugbarer R–Modul, so ist $S^{-1}M \cong K^n$, wobei n der Rang von $M/T(M)$ ist.

§ 9 Moduln über $K[X]$

45. Seien K ein Körper und V ein Vektorraum der Dimension $n < \infty$ über K. Sei $\varphi \colon V \to V$ eine lineare Abbildung. Zeige: Der durch (V, φ) gegebene $K[X]$–Modul ist genau dann zyklisch[2], wenn es ein $v \in V$ gibt, so daß $v, \varphi(v), \varphi^2(v), \ldots, \varphi^{n-1}(v)$ eine Basis für V ist.

46. Seien K ein Körper und V ein Vektorraum der Dimension $n < \infty$ über K. Sei $\varphi \colon V \to V$ eine lineare Abbildung, so daß der durch (V, φ) gegebene $K[X]$–Modul zyklisch ist. Sei $\psi \colon V \to V$ eine lineare Abbildung mit $\psi \circ \varphi = \varphi \circ \psi$. Zeige, daß es $a_0, a_1, \ldots, a_{n-1} \in K$ mit $\psi = \sum_{i=0}^{n-1} a_i \varphi^i$ gibt.

47. Seien K ein Körper und V ein Vektorraum der Dimension $n < \infty$ über K. Sei $\varphi \colon V \to V$ eine lineare Abbildung. Seien $f_1, f_2, \ldots, f_r \in K[X]$ normierte Polynome, so daß $f_1 \mid f_2 \mid \cdots \mid f_r$ und so daß der durch (V, φ) gegebene $K[X]$–Modul zu der direkten Summe aller $K[X]/(f_i)$ mit $1 \le i \le r$ isomorph ist. Zeige, daß φ genau dann diagonalisierbar ist, wenn f_r ein Produkt von verschiedenen linearen normierten Polynomen ist.

---

[2]Ein R–Modul M heißt zyklisch, wenn es ein $x \in M$ mit $M = Rx$ gibt.

§ 10   Tensorprodukte von Moduln

48. Seien I und J Ideale in einem kommutativen Ring A. Zeige: Die A–Moduln $A/I \otimes A/J$ und $A/(I+J)$ sind zueinander isomorph. (Hinweis: 10.10(1).)

49. Beweise die Formel 10.10(2).

50. Seien R ein Hauptidealring und M ein R–Modul. Für jedes Ideal I von R bezeichne $\varphi_I : I \otimes M \to R \otimes M$ die R–lineare Abbildung mit $\varphi_I(a \otimes v) = a \otimes v$ für alle $a \in I$ und $v \in M$. Zeige, daß M genau dann torsionsfrei ist, wenn φ_I für jedes Ideal I von R injektiv ist.

51. Sei A ein kommutativer Ring. Für jeden A–Modul M bezeichne M^* den A–Modul $M^* := \operatorname{Hom}_A(M, A)$. Zeige: Es gibt für alle A–Moduln M und N einen Homomorphismus von A–Moduln $\mu : M^* \otimes N \to \operatorname{Hom}_A(M, N)$ mit $\mu(f \otimes x)(v) = f(v) x$ für alle $f \in M^*$, $x \in N$ und $v \in M$. Ist M frei von endlichem Rang, so ist μ ein Isomorphismus.

52. Sei I ein Ideal in einem kommutativen Ring A. Jeder A/I–Modul kann als A–Modul aufgefasst werden, indem wir $ax := (a + I) x$ setzen. Zeige für alle A/I–Moduln M und N, daß $M \otimes_A N \cong M \otimes_{A/I} N$.

53. Zeige für jede Primzahl p, daß $\mathbb{Q}/\mathbb{Z} \otimes_{\mathbb{Z}} \mathbb{F}_p = 0$. Zeige, daß $\mathbb{Q}/\mathbb{Z} \otimes_{\mathbb{Z}} \mathbb{Q} = 0$.

D   Der Hilbertsche Basissatz

In einem 1890 erschienenen Aufsatz[3] bewies David Hilbert, daß ein Polynomring in endlich vielen Unbestimmten über einem Körper oder über $\mathbb{Z}$ noethersch ist. (Natürlich benutzte Hilbert damals diese Terminologie noch nicht, und genau genommen ist sein Resultat etwas schwächer, weil er damals nur Ideale betrachtete, die von homogenen Polynomen erzeugt werden.) Heute nennt man die Verallgemeinerungen D.1 oder D.2 unten den Hilbertschen Basissatz.

Dieser Satz ist das Fundament für die algebraische Untersuchung von Polynomringen und der damit eng verbundenen Theorie der Nullstellengebilde von (Mengen von) Polynomen, der Algebraischen Geometrie.

In Hilberts Aufsatz von 1890 wurde der Basissatz angewendet, um Endlichkeitsaussagen in der Invariantentheorie zu beweisen. Hilberts Methode erregte Aufsehen und teilweise Ablehnung, weil sie zu abstrakten Existenzaussagen führte, aber nicht angab, wie man die hiernach existierenden Elemente effektiv bestimmen kann. Es entbehrt daher nicht der Ironie, daß Hilberts Basissatz in den letzten Jahrzehnten zum Ausgangspunkt einer Entwicklung von Algorithmen wurde. Es geht dabei um Methoden zur praktischen Lösung von Problemen in Polynomringen oder allgemeiner in der Kommutativen Algebra und der Algebraischen Geometrie. Ein Grundbegriff dabei sind spezielle Erzeugendensysteme für Ideale in Polynomringen, die Gröbnerbasen, die im zweiten Teil des folgenden Abschnitts betrachtet werden.

> **Satz D.1.** *Ist R ein linksnoetherscher Ring, so ist auch der Polynomring $R[X]$ linksnoethersch.*

Bemerkung: Zur Definition von Polynomringen über nicht–kommutativen Ringen vergleiche man die einleitenden Bemerkungen in C.1. Im übrigen bleibt der Satz richtig, wenn man linksnoethersch durch rechtsnoethersch ersetzt.

Beweis: Sei $I \subset R[X]$ ein Linksideal. Wir müssen zeigen, daß I endlich erzeugbar als $R[X]$–Modul ist. Für alle $n \in \mathbb{N}$ sei $I_n := \{f \in I \mid \operatorname{grad} f \leq n\}$. Jedes $f \in I_n$ läßt sich als $f = \sum_{i=0}^{n} a_i X^i$ mit $a_i \in R$ schreiben; wir setzen dann $b_n(f) = a_n$. Nun gilt offensichtlich $b_n(f_1 + f_2) = b_n(f_1) + b_n(f_2)$ und $b_n(af) = ab_n(f)$ für alle $a \in R$ und $f_1, f_2 \in I_n$. Es folgt, daß $I(n) := b_n(I_n)$ ein Linksideal in R ist. Nun gilt

$$I(1) \subset I(2) \subset I(3) \subset \cdots$$

denn $f \in I_n$ impliziert $Xf \in I_{n+1}$, also $b_n(f) = b_{n+1}(Xf) \in I(n+1)$.

Weil R linksnoethersch ist, gibt es ein $n \in \mathbb{N}$ mit $I(m) = I(n)$ für alle $m \geq n$. Wir behaupten nun, daß

$$I = R[X]I_n \tag{1}$$

---

[3]Über die Theorie der algebraischen Formen, *Math. Ann.* **36** (1890), 473–534

gilt. Wir müssen zeigen, daß $I_m \subset R[X]I_n$ für alle $m \in \mathbb{N}$. Dies ist klar falls $m \leq n$. Für $m > n$ benutzen wir Induktion über m. Sei nun $f \in I_m$. Wegen $b_m(f) \in I(m) = I(n)$ gibt es $f_1 \in I_n$ mit $b_m(f) = b_n(f_1) = b_m(X^{m-n}f_1)$. Dann folgt $f - X^{m-n}f_1 \in I_{m-1}$, also $f - X^{m-n}f_1 \subset R[X]I_n$ nach Induktion. Da auch $X^{m-n}f_1 \in R[X]I_n$, folgt $f \in R[X]I_n$, also (1).

Da $I_n \subset \sum_{i=0}^{n} RX^i$, ist I_n ein endlich erzeugbarer R–Modul. Seien $g_1, g_2, \ldots, g_r \in I_n$ mit $I_n = \sum_{i=1}^{r} Rg_i$. Dann folgt aus (1), daß

$$I = \sum_{i=1}^{r} R[X]g_i,$$

also I ein endlich erzeugbarer $R[X]$–Modul ist. $\square$

Bemerkung: Der Beweis zeigt allgemeiner, daß jeder Schiefpolynomring $R_\sigma[X; \delta]$ über einem linksnoetherschen Ring R wieder linksnoethersch ist, *falls* σ ein *Automorphismus* von R ist. Wenn wir σ als bijektiv voraussetzen, kann man nämlich jedes Element in I_n auch in der Form $f = \sum_{i=0}^{n} X^i a_i$ schreiben. Man definiert nun $b_n(f) = a_n$, damit weiterhin $b_{n+1}(Xf) = b_n(f)$ gilt. Sonst sind keine Änderungen im Beweis nötig.

Durch Induktion über r erhält man aus Satz D.1:

Korollar D.2. *Ist R ein linksnoetherscher Ring, so ist für alle $r > 0$ der Polynomring $R[X_1, X_2, \ldots, X_r]$ linksnoethersch.*

Es sei K ein Körper. Wir wollen den Polynomring $K[X_1, X_2, \ldots, X_r]$ noch etwas genauer betrachten. Für jedes r–Tupel $\alpha = (\alpha(1), \alpha(2), \ldots, \alpha(r)) \in \mathbb{N}^r$ setzen wir

$$X^\alpha = X_1^{\alpha(1)} X_2^{\alpha(2)} \ldots X_r^{\alpha(r)}.$$

Wir betrachten die *lexikographische Ordnung* auf $\mathbb{N}^r$. Für zwei r–Tupel α, β wie oben gilt also $\alpha \leq \beta$ genau dann, wenn $\alpha = \beta$ ist oder wenn ein i mit $\alpha(i) < \beta(i)$ und $\alpha(j) = \beta(j)$ für alle $j < i$ existiert. Ein beliebiges $f \in K[X_1, X_2, \ldots, X_r]$ hat die Form $f = \sum_\alpha a_\alpha X^\alpha$ mit allen $a_\alpha \in K$, fast allen a_α gleich 0. Ist $f \neq 0$, so gibt es ein größtes α mit $a_\alpha \neq 0$; man nennt dann

$$\text{in}\,(f) = a_\alpha X^\alpha \tag{1}$$

den *Initialterm* von f (bezüglich der lexikographischen Ordnung). Wir setzen $\text{in}\,(0) = 0$. Weil die Ordnungsrelation von $\mathbb{N}^r$ mit der Addition verträglich ist (aus $\alpha \leq \beta$ folgt $\alpha + \gamma \leq \beta + \gamma$), gilt

$$\text{in}\,(fg) = \text{in}\,(f)\,\text{in}\,(g) \tag{2}$$

für alle $f, g \in K[X_1, X_2, \ldots, X_r]$.

Lemma D.3. *Seien I ein Ideal in $K[X_1, \ldots, X_r]$ und $f_1, \ldots, f_s \in I$. Gibt es für jedes $f \in I$ ein i, $1 \le i \le s$, mit $\mathrm{in}(f_i) \mid \mathrm{in}(f)$, so wird I von $f_1, \ldots, f_s$ erzeugt.*

Beweis: Sei $f \in I$. Wir müssen zeigen, daß $f \in \sum_{j=1}^{s} K[X_1, X_2, \ldots, X_r] f_j$. Wir können annehmen, daß $f \neq 0$. Wir benutzen Induktion über den Exponenten α des Initialterms $\mathrm{in}(f) = a_\alpha X^\alpha$ von f. Nach Voraussetzung gibt es j, so daß $\mathrm{in}(f_j) \mid \mathrm{in}(f)$. Es gibt $\beta \in \mathbb{N}^r$ und $b \in K$, $b \neq 0$ mit $\mathrm{in}(f_j) = bX^\beta$. Aus $bX^\beta \mid a_\alpha X^\alpha$ folgt $\alpha - \beta \in \mathbb{N}^r$ und $\mathrm{in}(f) = cX^{\alpha-\beta}\mathrm{in}(f_j)$ mit $c = a_\alpha b^{-1} \in K$. Nach D.2(2) gilt $\mathrm{in}(cX^{\alpha-\beta} f_j) = cX^{\alpha-\beta}\mathrm{in}(f_j) = \mathrm{in}(f)$. Daraus folgt, daß entweder $f = cX^{\alpha-\beta} f_j$ oder daß der Exponent des Initialterms von $f - cX^{\alpha-\beta} f_j$ kleiner als α ist. Da auch $f - cX^{\alpha-\beta} f_j \in I$, wenden wir Induktion an und erhalten $f - cX^{\alpha-\beta} f_j \in \sum_{i=1}^{s} K[X_1, X_2, \ldots, K_r] f_i$, also die Behauptung. $\qquad\square$

Definition. Elemente $f_1, f_2, \ldots, f_s$ wie im Lemma heißen eine *Gröbnerbasis* von I (bezüglich der lexikographischen Ordnung).

Bemerkung: Der Beweis des Lemmas liefert auch ein Verfahren, wie man für beliebiges $f \in K[X_1, X_2, \ldots, X_r]$ feststellen kann, ob f zu I gehört oder nicht, sobald man eine Gröbnerbasis $f_1, f_2, \ldots, f_s$ von I hat: Man überprüft zunächst, ob es ein i mit $\mathrm{in}(f_i) \mid \mathrm{in}(f)$ gibt. Wenn nicht, so gilt $f \notin I$ und wir sind fertig. Anderenfalls erhalten wir ein f' von der Form $f' = f - cX^{\alpha-\beta} f_j$ mit $f' = 0$ (in welchem Fall $f \in I$) oder so daß der Exponent von $\mathrm{in}(f')$ kleiner als der Exponent von $\mathrm{in}(f)$ ist. Im letzteren Fall gilt $f \in I$ genau dann, wenn $f' \in I$. Nun iteriert man.

Satz D.4. *Jedes Ideal I im Polynomring $K[X_1, X_2, \ldots, X_r]$ besitzt eine Gröbnerbasis.*

Beweis: Wir benutzen Induktion über r. Für $r = 0$ ist die Behauptung klar, für $r = 1$ folgt sie leicht aus der Tatsache, daß $K[X_1]$ ein Hauptidealring ist, und aus D.2(2).

Nun sei $r > 1$. Wir setzen $R = K[X_2, X_3, \ldots, X_r]$ und identifizieren $K[X_1, X_2, \ldots, X_r]$ mit $R[X_1]$. Wir wenden die Methode des Beweises des Hilbertschen Basissatzes an. Schreiben wir $f \in R[X_1]$, $f \neq 0$ in der Form $f = \sum_{i=0}^{m} g_i X_1^i$ mit $g_i \in R$ und $g_m \neq 0$, so ist $\mathrm{in}(f) = \mathrm{in}(g_m) X_1^m$ und $g_m = b_m(f)$ in unserer früherer Notation. Es war I_k die Menge aller $f \in I$, deren Grad in X_1 kleiner oder gleich k ist, es war $I(k)$ die Menge aller $b_k(f)$ mit $f \in I_k$, und es war $n \in \mathbb{N}$ mit $I(m) = I(n)$ für alle $m \ge n$ gewählt. Die $I(k)$ sind Ideale in $R = K[X_2, \ldots, X_r]$. Nach Induktionsannahme können wir für jedes $I(k)$ eine Gröbnerbasis $g_{k\ell}$, $\ell \in J(k)$ (einer endlichen Indexmenge), wählen. Für alle $k \le n$ und alle $\ell \in J(k)$ wählen wir $f_{k\ell} \in I_k$ mit $b_k(f_{k\ell}) = g_{k\ell}$.

Wir behaupten, daß die $f_{k\ell}$ eine Gröbnerbasis von I sind. Dazu sei $f \in I$, $f \neq 0$. Schreiben wir $f = \sum_{i=0}^{k} g_i X_1^i$ mit $g_i \in R$ und $g_k \neq 0$. Zunächst betrachten wir den Fall $k \leq n$. Wegen $g_k = b_k(f) \in I(k)$, gibt es ℓ mit $\mathrm{in}\,(g_{k\ell}) \mid \mathrm{in}\,(g_k)$, also mit

$$\mathrm{in}\,(f_{k\ell}) = \mathrm{in}\,(g_{k\ell})X_1^k \mid \mathrm{in}\,(g_k)X_1^k = \mathrm{in}\,(f).$$

Ist dagegen $k > n$, so gibt es wegen $I(k) = I(n)$ ein ℓ mit $\mathrm{in}\,(g_{n\ell}) \mid \mathrm{in}\,(g_k)$, also mit

$$\mathrm{in}\,(f_{n\ell}) = \mathrm{in}\,(g_{n\ell})X_1^n \mid \mathrm{in}\,(g_k)X_1^k = \mathrm{in}\,(f).$$

Die Behauptung folgt. $\qquad\qquad\qquad\qquad\qquad\qquad\qquad\qquad\qquad\qquad\square$

Bemerkung: Ist ein Ideal I in $K[X_1, \ldots, X_r]$ durch Erzeugende $f_1, \ldots, f_s$ gegeben, so sind die f_i im allgemeinen keine Gröbnerbasis. Es gibt jedoch einen Algorithmus (von Buchberger), der die Bestimmung einer solchen Gröbnerbasis gestattet und der sogar zu einer „minimalen" Gröbnerbasis führt. Dies ist die Grundlage für viele Anwendungen dieser Basen. Außerdem kann man die Theorie auch für andere Ordnungen der Exponenten als für die lexikographische entwickeln.

E Projektive und injektive Moduln

In § II.5 wurde der Begriff einer projektiven abelschen Gruppe eingeführt. Im folgenden verallgemeinern wir diesen Begriff und definieren projektive Moduln über einem beliebigen Ring R; für $R = \mathbb{Z}$ erhält man dann die alte Definition von II.5. Außerdem führen wir den in gewisser Weise dualen Begriff eines injektiven Moduls ein. Wir beweisen dann grundlegende Eigenschaften dieser Klassen von Moduln. Insbesondere zeigen wir, wie man injektive Moduln konstruieren kann.

Projektive und injektive Moduln sind entscheidende Hilfsmittel in der Homologischen Algebra, zum Beispiel bei der Konstruktion von Ext-Gruppen. Darauf gehen wir im folgenden Abschnitt F über Erweiterungen von Moduln ein.

Im folgenden sei R stets ein Ring.

Satz E.1. *Sei P ein R–Modul. Dann sind äquivalent:*

(i) *Jede kurze exakte Folge $0 \to L \to M \to P \to 0$ von R–Moduln spaltet.*

(ii) *Für jeden **surjektiven** Homomorphismus $\pi \colon M \to N$ von R–Moduln und jeden Homomorphismus $\varphi \colon P \to N$ von R–Moduln gibt es einen Homomorphismus $\psi \colon P \to M$ mit $\pi \circ \psi = \varphi$:*

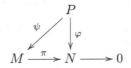

Beweis: Nehmen wir zunächst an, daß P die Eigenschaft (ii) hat. Dann können wir für jede kurze exakte Folge $0 \longrightarrow L \overset{f}{\longrightarrow} M \overset{g}{\longrightarrow} P \longrightarrow 0$ diese Eigenschaft auf $N = P$, $\pi = g$ und $\varphi = \mathrm{Id}_P$ anwenden. Wir erhalten so $\psi \colon P \to M$ mit $g \circ \psi = \mathrm{Id}_P$; also spaltet die Folge.

Zur Umkehrung nehmen wir nun an, daß P die Eigenschaft (i) hat. Für M, N, π, φ wie in (ii) setzen wir

$$M' = \{\, (x,y) \in M \oplus P \mid \pi(x) = \varphi(y) \,\}.$$

Dies ist ein Untermodul von $M \oplus P$. Wir erhalten nun eine kurze exakte Folge (wie man leicht nachrechnet)

$$0 \longrightarrow \ker \pi \overset{f}{\longrightarrow} M' \overset{g}{\longrightarrow} P \longrightarrow 0$$

wenn wir $f(x) = (x,0)$ und $g(x,y) = y$ setzen. (Die Surjektivität von g folgt aus der von π.) Diese kurze exakte Folge spaltet nach Voraussetzung. Es gibt also eine R–lineare Abbildung $h \colon P \to M'$ mit $g \circ h = \mathrm{Id}_P$, also eine Abbildung $\psi \colon P \to M$ mit $h(y) = (\psi(y), y)$ für alle $y \in P$. Dann ist ψ offensichtlich R–linear; aus $h(y) \in M'$ folgt $\pi \circ \psi(y) = \varphi(y)$ für alle $y \in P$, also $\pi \circ \psi = \varphi$. $\square$

Definition: Ein *projektiver Modul* ist ein Modul, der die äquivalenten Bedingungen von Satz E.1 erfüllt.

Nach Satz 5.2 erfüllen alle freien Moduln die Bedingung (ii) in Satz E.1, sind also projektiv. Es gilt genauer:

> **Satz E.2.** *Ein R–Modul P ist genau dann projektiv, wenn es einen Modul P' über R gibt, so daß $P \oplus P'$ ein freier R–Modul ist.*

Beweis: Es gibt einen freien R–Modul L mit einem surjektiven Homomorphismus $g \colon L \to P$. Ist P projektiv, so spaltet die kurze exakte Folge $0 \longrightarrow \ker g \longrightarrow L \longrightarrow P \longrightarrow 0$, und $P \oplus \ker g \cong L$ ist frei.

Sei umgekehrt P' ein R–Modul mit $P \oplus P'$ frei. Sind M, N, π, φ wie in Satz E.1(ii), so erweitern wir φ zu $\varphi' \colon P \oplus P' \to N$ mit $\varphi'(x,y) = \varphi(x)$ für alle $x \in P$, $y \in P'$. Weil $P \oplus P'$ frei ist, können wir eine R–lineare Abbildung $\psi' \colon P \oplus P' \to M$ mit $\pi \circ \psi' = \varphi'$ finden. Nun definiere $\psi \colon P \to M$ durch $\psi(x) = \psi'(x,0)$. $\square$

Bemerkungen: (1) Der Beweis von Satz E.2 zeigt genauer: Ist P ein endlich erzeugbarer R–Modul, so ist P genau dann projektiv, wenn es einen R–Modul P' mit $P \oplus P' \cong R^n$ für ein $n \in \mathbb{N}$ gibt. Nun folgt aus Satz VII.8.3: Ist R ein Hauptidealring, so ist jeder endlich erzeugbare projektive R–Modul frei. Nach der Bemerkung 1 zu Satz VII.8.3 gilt dies auch, wenn der Modul nicht mehr endlich erzeugt ist.

(2) Die Ideale $I_1 = (3, 1 + 2\sqrt{-5})$ und $I_2 = (3, 1 - 2\sqrt{-5})$ im Ring $R = \mathbb{Z}[\sqrt{-5}]$ sind Beispiele für projektive Moduln, die nicht frei sind: Wie wir in § VII.7 sahen, gilt $I_1 \oplus I_2 \cong R \oplus (I_1 \cap I_2)$. Man kann nun zeigen, daß $I_1 \cap I_2 = (3)$ ein Hauptideal ist, also als Modul zu R isomorph. Es folgt $I_1 \oplus I_2 \cong R^2$. Da I_1 und I_2 keine Hauptideale sind, können sie nicht frei sein. Man kann allgemeiner zeigen, daß jedes Ideal in $\mathbb{Z}[\sqrt{-5}]$ ein projektiver Modul über $\mathbb{Z}[\sqrt{-5}]$ ist, und man kann dieses Ergebnis von $\mathbb{Z}[\sqrt{-5}]$ auf alle Dedekindringe verallgemeinern, vergleiche Aufgabe 4.

(3) Ist $R = K[X_1, X_2, \ldots, X_n]$ ein Polynomring in endlich vielen Unbestimmten über einem Körper K, so ist jeder projektive R-Modul frei. Für $n = 1$ ist dies ein Spezialfall von (1). Im allgemeinen war diese Tatsache lange Zeit eine Vermutung von Serre, bis sie von Quillen und von Suslin (unabhängig von einander) bewiesen wurde.

> **Korollar E.3.** *Für jeden R-Modul M gibt es einen projektiven Modul P über R mit einer surjektiven R-linearen Abbildung $\varphi: P \to M$. Ist M endlich erzeugbar, so kann man P endlich erzeugbar wählen.*

Dies ist klar, da eine entsprechende Aussage schon für freie (statt projektive) Moduln gilt.

Der nächste Satz ist in gewisser Weise „dual" zu Satz E.1. Man erhält ihn formal, wenn man in Satz E.1 alle Pfeile umdreht.

> **Satz E.4.** *Sei Q ein R-Modul. Dann sind äquivalent:*
>
> (i) *Jede kurze exakte Folge $0 \to Q \to M \to N \to 0$ von R-Moduln spaltet.*
>
> (ii) *Für jeden* **injektiven** *Homomorphismus $\iota: L \to M$ von R-Moduln und jeden Homomorphismus $\varphi: L \to Q$ von R-Moduln gibt es einen Homomorphismus $\psi: M \to Q$ von R-Moduln mit $\psi \circ \iota = \varphi$:*

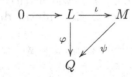

Beweis: Die Implikation „(ii) $\Longrightarrow$ (i)" ist wie bei Satz E.1 einfach und bleibt dem Leser überlassen. Nehmen wir an, daß (i) gilt und beweisen wir (ii). Es seien L, M, ι, φ wie in (ii) gegeben.

Nun ist die Menge aller $(\varphi(x), -\iota(x))$ mit $x \in L$ ein Untermodul von $Q \oplus M$. Wir betrachten den Faktormodul

$$M' := (Q \oplus M)/\{ (\varphi(x), -\iota(x)) \mid x \in L \},$$

und bezeichnen die Klasse in M' eines Paares $(y, z) \in Q \oplus M$ mit $[y, z]$. Setze $N = M/\iota(L)$; sei $\pi: M \to N$ die kanonische Abbildung. Die Abbildungen

$f\colon Q \to M'$ mit $f(y) = [y,0]$ und $g\colon M' \to N$ mit $g([y,z]) = \pi(z)$ (die wohldefiniert ist!) führen zu einer kurzen exakten Folge

$$0 \longrightarrow Q \xrightarrow{\;f\;} M' \xrightarrow{\;g\;} N \longrightarrow 0,$$

die spaltet, weil wir (i) voraussetzen. Es gibt also eine R–lineare Abbildung $h\colon M' \to Q$ mit $h \circ f = \mathrm{Id}_Q$. Wir definieren $\psi\colon M \to Q$ durch $\psi(z) = h([0,z])$. Für alle $x \in L$ gilt nun

$$\begin{aligned}
\psi \circ \iota(x) \;&=\; h([0,\iota(x)]) \;=\; h([\varphi(x),0]) \\
&=\; h \circ f \circ \varphi(x) \;=\; \varphi(x).
\end{aligned}$$

Also haben wir $\psi \circ \iota = \varphi$. $\qquad\qquad\qquad\qquad\qquad\qquad\qquad\qquad\qquad\square$

Definition: Ein *injektiver Modul* ist ein Modul, der die äquivalenten Bedingungen von Satz E.4 erfüllt.

Der Begriff eines injektiven Moduls ist in gewisser Weise „dual" zu dem eines projektiven Moduls: Man „dreht in den Definitionen alle Pfeile um". Analog zu Korollar E.3 sollte daher gelten, daß jeder R–Modul isomorph zu einem Untermodul eines injektiven R–Moduls ist. Dies ist in der Tat richtig, doch deutlich schwerer zu beweisen als Korollar E.3. Zunächst zeigen wir:

> **Lemma E.5.** *Ein R–Modul Q ist genau dann injektiv, wenn es zu jedem Linksideal $I \subset R$ und zu jeder R–linearen Abbildung $\varphi\colon I \to Q$ eine R–lineare Abbildung $\psi\colon R \to Q$ mit $\varphi = \psi_{|I}$ gibt.*

Beweis: Die Bedingung im Lemma ist offensichtlich eine Abschwächung der Bedingung (ii) in Satz E.4. Es ist also nur zu zeigen: Erfüllt Q die Bedingung im Lemma, so auch (ii) in Satz E.4.

Dazu betrachten wir L, M, ι, φ wie in (ii) dort. Zur Vereinfachung der Notation nehmen wir an, daß L ein Untermodul von M ist und daß ι die Inklusionsabbildung ist.

Sei X die Menge aller Paare (L', φ'), wobei L' ein Untermodul von M mit $L \subset L'$ ist und wobei $\varphi'\colon L' \to Q$ eine lineare Abbildung mit $\varphi'_{|L} = \varphi$ ist. Diese Menge ist nicht leer, da $(L, \varphi) \in X$.

Auf X definieren wir eine Ordnungsrelation $\leq$ durch $(L', \varphi') \leq (L'', \varphi'')$ genau dann, wenn $L' \subset L''$ und $\varphi' = \varphi''_{|L'}$. (Die Eigenschaften einer Ordnungsrelation sind schnell überprüft.) Unter $\leq$ ist X nun induktiv geordnet: Ist $(L_i, \varphi_i)_{i \in I}$ eine total geordnete Familie von Elementen in X, so ist $(L_i)_{i \in I}$ eine total geordnete Familie von Untermoduln von M, also $L' = \bigcup_{i \in I} L_i$ ein Untermodul von M, der offensichtlich $L \subset L'$ erfüllt. Ferner können wir eine R–lineare Abbildung $\varphi'\colon L' \to Q$ mit $\varphi'_{|L_i} = \varphi_i$ für alle i definieren. Dann gilt insbesondere $\varphi'_{|L} = \varphi$, also $(L', \varphi') \in X$. Offensichtlich ist (L', φ') dann eine obere Schranke für die (L_i, φ_i).

Nach dem Zornschen Lemma gibt es nun ein maximales Element (L', φ') in X. Wir wollen zeigen, daß $L' = M$; daraus folgt dann die Behauptung.

Sei dazu $x \in M$. Dann ist $I = \{a \in R \mid ax \in L'\}$ ein Linksideal in R. Die Abbildung $f \colon I \to Q$ mit $f(a) = \varphi'(ax)$ ist R–linear. Also gibt es nach Voraussetzung eine R–lineare Abbildung $g \colon R \to Q$ mit $g_{|I} = f$. Betrachten wir nun die Homomorphismen $\psi' \colon L' \oplus R \to Q$ mit $\psi'(y, a) = \varphi'(y) + g(a)$ und $\pi \colon L' \oplus R \to M$ mit $\pi(y, a) = y + ax$. Für jedes $(y, a) \in \ker \pi$ gilt $ax = -y \in L'$, also $a \in I$ und $g(a) = f(a) = \varphi'(ax) = -\varphi'(y)$, mithin $\psi'(y, a) = 0$. Daher faktorisiert ψ' über $(L' \oplus R) / \ker \pi \cong \operatorname{im} \pi = L' + Rx$, und wir erhalten einen Homomorphismus $\psi \colon L' + Rx \to M$ mit $\psi(y + ax) = \varphi'(y) + g(a)$ für alle $y \in L'$ und $a \in R$. Es folgt, daß $(L' + Rx, \psi) \in X$ und $(L', \varphi') \leq (L' + Rx, \psi)$. Wegen der Maximalität von (L', φ') muß nun $L' = L' + Rx$ gelten, also $x \in L'$. Da $x \in M$ beliebig war, erhalten wir $L' = M$, wie behauptet. $\qquad\square$

Definition: Eine kommutative Gruppe $(G, +)$ heißt *teilbar*, wenn es für alle $a \in G$ und alle $n \in \mathbb{N}$, $n > 0$ ein $b \in G$ mit $a = nb$ gibt.

Satz E.6. *Ein $\mathbb{Z}$–Modul M ist genau dann injektiv, wenn M als kommutative Gruppe teilbar ist.*

Beweis: Dies ist eine einfache Übersetzung von Lemma E.5 im Spezialfall $R = \mathbb{Z}$. Es reicht offensichtlich Ideale $\neq 0$ zu betrachten, also alle $I = \mathbb{Z}n$ mit $n > 0$. Ein Homomorphismus $\varphi \colon \mathbb{Z}n \to M$ hat die Form $\varphi(rn) = ra$ für alle $r \in \mathbb{Z}$, mit festem $a \in M$, ein Homomorphismus $\psi \colon \mathbb{Z} \to M$ hat die Form $\psi(r) = rb$ für alle $r \in \mathbb{Z}$, mit festem $b \in M$, und es gilt $\psi_{|\mathbb{Z}n} = \varphi$ genau dann, wenn $nb = a$. $\qquad\square$

Bemerkung: Dies zeigt offensichtlich, daß jeder Vektorraum über einem Körper der Charakteristik 0 ein injektiver $\mathbb{Z}$–Modul ist. Ein homomorphes Bild einer teilbaren kommutativen Gruppe ist offensichtlich teilbar. Also ist ein homomorphes Bild eines injektiven $\mathbb{Z}$–Moduls wieder injektiv. Zum Beispiel sind $\mathbb{Q}/\mathbb{Z}$ und $\mathbb{R}/\mathbb{Z}$ injektive $\mathbb{Z}$–Moduln.

Ist M ein $\mathbb{Z}$–Modul, so ist $\operatorname{Hom}_{\mathbb{Z}}(R, M)$ ein R–Modul für beliebiges R, wenn wir $(af)(b) = f(ba)$ für alle $a, b \in R$ und $f \in \operatorname{Hom}_{\mathbb{Z}}(R, M)$ setzen.

Lemma E.7. *Ist M ein injektiver $\mathbb{Z}$–Modul, so ist $\operatorname{Hom}_{\mathbb{Z}}(R, M)$ ein injektiver R–Modul.*

Beweis: Seien $I \subset R$ ein Linksideal und $\varphi \colon I \to \operatorname{Hom}_{\mathbb{Z}}(R, M)$ eine R–lineare Abbildung. Nach Lemma E.5 müssen wir zeigen, daß wir φ auf R fortsetzen können.

Für alle $a \in I$ setze $f(a) = \varphi(a)(1)$. Dann gilt für alle $a \in I$ und $b \in R$

$$\varphi(a)(b) = (b\varphi(a))(1) = \varphi(ba)(1) = f(ba). \tag{1}$$

Offensichtlich ist $f: I \to M$ eine $\mathbb{Z}$–lineare Abbildung. Weil M injektiv als $\mathbb{Z}$–Modul ist, gibt es eine $\mathbb{Z}$–lineare Abbildung $g: R \to M$ mit $g_{|I} = f$. Zu $g \in \operatorname{Hom}_{\mathbb{Z}}(R, M)$ gibt es dann eine eindeutig bestimmte R–lineare Abbildung $\psi: R \to \operatorname{Hom}_{\mathbb{Z}}(R, M)$ mit $\psi(1) = g$. Dann gilt für alle $a \in R$, daß $\psi(a) = ag$, also $\psi(a)(b) = (ag)(b) = g(ba)$ für alle $b \in R$. Ist $a \in I$, so gilt $ba \in I$ für alle $b \in R$, also

$$\psi(a)(b) = g(ba) = f(ba) = \varphi(a)(b)$$

wegen (1), mithin $\psi(a) = \varphi(a)$ und somit $\psi_{|I} = \varphi$.   □

Lemma E.8. *Sei $(M_i)_{i \in I}$ eine Familie von R–Moduln.*

(a) $\bigoplus_{i \in I} M_i$ *ist genau dann ein projektiver R–Modul, wenn alle M_i projektiv sind.*

(b) $\prod_{i \in I} M_i$ *ist genau dann ein injektiver R–Modul, wenn alle M_i injektiv sind.*

Beweis: (b) Für alle $j \in I$ sei $p_j: \prod_{i \in I} M_i \to M_j$ die Projektionsabbildung. Nehmen wir zunächst an, daß alle M_i injektiv sind. Sei $\iota: L \to M$ ein injektiver Homomorphismus von R–Moduln und sei $\varphi \in \operatorname{Hom}_R(L, \prod_{i \in I} M_i)$. Dann ist $p_i \circ \varphi \in \operatorname{Hom}_R(L, M_i)$ für alle i. Nach Voraussetzung gibt es Elemente $\psi_i \in \operatorname{Hom}_R(M, M_i)$ mit $\psi_i \circ \iota = p_i \circ \varphi$. Wegen der universellen Eigenschaft des direkten Produkts gibt es nun $\psi: M \to \prod_{i \in I} M_i$ mit $p_i \circ \psi = \psi_i$ für alle i. Aus $p_i \circ (\psi \circ \iota) = \psi_i \circ \iota = p_i \circ \varphi$ für alle i folgt nun $\psi \circ \iota = \varphi$.

Umgekehrt: Sei nun $\prod_{i \in I} M_i$ als injektiv vorausgesetzt. Betrachten wir $\iota: L \to M$ wie oben, und sei $\varphi: L \to M_j$ für ein $j \in I$ gegeben. Es gibt dann $\tilde{\varphi}: L \to \prod_{i \in I} M_i$ mit $p_j \circ \tilde{\varphi} = \varphi$ und $p_i \circ \tilde{\varphi} = 0$ für alle $i \neq j$. Dazu können wir $\tilde{\psi}: M \to \prod_{i \in I} M_i$ mit $\tilde{\psi} \circ \iota = \tilde{\varphi}$ finden. Dann gilt für $\psi = p_j \circ \tilde{\psi}$, daß $\psi \circ \iota = p_j \circ \tilde{\varphi} = \varphi$. Also ist M_j injektiv.

(a) Der Beweis benutzt entsprechend die universelle Eigenschaft der direkten Summe und bleibt dem Leser überlassen.   □

Satz E.9. *Jeder R–Modul M ist zu einem Untermodul eines injektiven R–Moduls isomorph.*

Beweis: Nach Lemma E.7 ist $Q = \operatorname{Hom}_{\mathbb{Z}}(R, \mathbb{R}/\mathbb{Z})$ ein injektiver R–Modul. Wir konstruieren unten für jedes $x \in M$, $x \neq 0$, einen R–Modulhomomorphismus $f_x: M \to Q$ mit $f_x(x) \neq 0$. Dann ist $f: M \to Q^{M \setminus \{0\}}$ mit $f(z) = (f_x(z))_{x \in M \setminus \{0\}}$ ein offensichtlich injektiver R–Modulhomomorphismus. Da $Q^{M \setminus \{0\}}$ nach Lemma E.8 injektiv ist, folgt dann die Behauptung.

Sei also $x \in M$, $x \neq 0$ fest gewählt. Wir setzen $I = \operatorname{ann}_R(x)$ und betrachten $J := \mathbb{Z}1 + I \subset R$. Dann ist J/I eine zyklische Gruppe $\neq 0$, und wir können eine $\mathbb{Z}$–lineare Abbildung $g: J \to \mathbb{R}/\mathbb{Z}$ mit $g(1) \neq 0$ und $g(I) = 0$ finden. (Hat J/I Ordnung $n > 0$, so bilden wir 1 auf $\frac{1}{n} + \mathbb{Z}$ ab; hat J/I unendliche Ordnung, so bilden wir 1 zum Beispiel auf $\sqrt{2} + \mathbb{Z}$ ab.)

Weil $\mathbb{R}/\mathbb{Z}$ ein injektiver $\mathbb{Z}$-Modul ist, können wir g auf R fortsetzen und erhalten eine $\mathbb{Z}$-lineare Abbildung $h\colon R \to \mathbb{R}/\mathbb{Z}$, also ein Element $h \in Q$ mit $h(1) \neq 0$ und $h(I) = 0$.

Es gibt nun eine R-lineare Abbildung $\varphi\colon R \to Q$ mit $\varphi(1) = h$, also mit $\varphi(a)(b) = h(ba)$ für alle $a, b \in R$. Da I ein Linksideal ist, gilt $h(ba) = 0$ für alle $b \in R$ und $a \in I$, also $\varphi(a) = 0$ für alle $a \in I$. Daher faktorisiert φ über $R/I = R/\operatorname{ann}_R(x) \cong Rx$, und wir erhalten eine R-lineare Abbildung $\overline{\varphi}\colon Rx \to Q$ mit $\overline{\varphi}(ax) = \varphi(a)$ für alle $a \in R$, also mit $\overline{\varphi}(x) = h \neq 0$. Weil Q ein injektiver R-Modul ist, gibt es eine R-lineare Abbildung $f_x\colon M \to Q$ mit $f_{x|Rx} = \overline{\varphi}$, also $f_x(x) = h \neq 0$. $\qquad\square$

Übungen

1. Zeige für den Ring R von Aufgabe VII.3, daß $\mathfrak{M}(K, K, \mathrm{Id})$ ein projektiver und injektiver R-Modul ist, daß $\mathfrak{M}(K, 0, 0)$ ein projektiver, nicht injektiver R-Modul ist und daß $\mathfrak{M}(0, K, 0)$ ein injektiver, nicht projektiver R-Modul ist.

2. Zeige, daß $\mathbb{Q}$ kein projektiver $\mathbb{Z}$-Modul ist. (Hinweis: Aufgabe VII.9.)

3. Seien R ein Ring und P ein R-Modul. Zeige: Gibt es $x_1, x_2, \ldots, x_r \in P$ und $f_1, f_2, \ldots, f_r \in \operatorname{Hom}_R(P, R)$ mit $x = \sum_{i=1}^r f_i(x)x_i$ für alle $x \in P$, so ist P ein endlich erzeugbarer projektiver R-Modul. Zeige auch die Umkehrung.

4. Sei R ein Integritätsbereich mit Quotientenkörper K. Sei I ein Ideal ungleich (0) von R. Setze $I^{\vee} = \{ x \in K \mid xI \subset R \}$. Für alle $x \in I^{\vee}$ bezeichne ℓ_x die Abbildung $I \to R$ mit $\ell_x(y) = xy$ für alle $y \in I$. Zeige, daß $x \mapsto \ell_x$ eine Bijektion $I^{\vee} \to \operatorname{Hom}_R(I, R)$ ist. Zeige, daß I genau dann ein endlich erzeugbarer projektiver R-Modul ist, wenn $I^{\vee} \cdot I = R$ gilt. (Hinweis: Aufgabe 3.) Die Integritätsbereiche, bei denen $I^{\vee} \cdot I = R$ für alle Ideale $I \neq 0$ gilt, sind genau die Dedekindringe von Kapitel X, siehe Satz X.3.3 und Aufgabe X.16. Beispiele sind die Ringe $\mathcal{O}_d$ von III.3.5(2).

5. Sei I ein zweiseitiges Ideal in einem Ring R. Zeige: Ist P ein projektiver R-Modul, so ist P/IP ein projektiver R/I-Modul.

6. Seien R ein Integritätsbereich und K ein Quotientenkörper von R. Zeige, daß K ein injektiver R-Modul ist.

7. Sei $(M_j)_{j \in J}$ eine Familie von Moduln über einem linksnoetherschen Ring R. Zeige: Sind alle M_j injektiv, so auch $\bigoplus_{j \in J} M_j$.

8. Seien R ein Hauptidealring und I ein Ideal in R mit $I \neq 0$. Zeige, daß R/I ein injektiver R/I-Modul ist.

F   Erweiterungen von Moduln

Wir haben in § I.5 Erweiterungen von Gruppen betrachtet und gefragt: Wenn zwei Gruppen H und N gegeben sind, wie sehen alle Gruppen G aus, die N als Normalteiler enthalten, so daß die Faktorgruppe G/N zu H isomorph ist? Wir betrachten nun Erweiterungen von Moduln über einem beliebigen Ring R und stellen die analoge Frage: Wenn zwei R-Moduln L und N gegeben sind, wie sehen alle R–Moduln M aus, die L als Untermodul enthalten, so daß der Restklassenmodul M/L zu N isomorph ist?

Es zeigt sich, daß die Menge aller solchen Erweiterungen eine natürliche Struktur als kommutative Gruppe hat, die Ext-Gruppe $\mathrm{Ext}_R(N, L)$. Genauer ist $\mathrm{Ext}_R(N, L)$ die Menge aller Äquivalenzklassen von solchen Erweiterungen, und die hier benutzte Äquivalenzrelation (siehe F.1) ist etwas feiner als die Isomorphie der Moduln M wie oben.

Zur Berechnung von Ext-Gruppen benutzen wir hier die im vorangehenden Abschnitt eingeführten projektiven Moduln. Alternativ hätten wir auch injektive Moduln benutzen können, vergleiche die Bemerkung zu Satz F.9. Mit Hilfe dieser projektiven (oder injektiven) Moduln kann man allgemeiner für jedes $i \geq 0$ eine i–te Ext-Gruppe $\mathrm{Ext}_R^i(N, L)$ definieren, so daß $\mathrm{Ext}_R^1(N, L) \cong \mathrm{Ext}_R(N, L)$, während $\mathrm{Ext}_R^0(N, L)$ zu $\mathrm{Hom}_R(N, L)$ isomorph ist.

Die allgemeine Theorie dieser höheren Ext-Gruppen gehört in den Bereich der Homologischen Algebra, wo sie als Beispiele für derivierte Funktoren auftreten. Diese höheren Ext-Gruppen spielen eine wichtige Rolle in vielen algebraischen Theorien, die weit über das eingangs erwähnte Erweiterungsproblem hinausgeht.

Im folgenden sei R stets ein Ring.

F.1. Eine *Erweiterung* eines R–Moduls N durch einen R–Modul L ist eine kurze exakte Folge

$$E : 0 \longrightarrow L \xrightarrow{f} M \xrightarrow{g} N \longrightarrow 0 \tag{1}$$

von R–Moduln und R–Modulhomomorphismen. Ist auch

$$E' : 0 \longrightarrow L \xrightarrow{f'} M' \xrightarrow{g'} N \longrightarrow 0 \tag{2}$$

eine Erweiterung von N durch L, so nennen wir die Erweiterungen E und E' *äquivalent*, wenn es eine R–lineare Abbildung $\varphi \colon M \to M'$ mit $g' \circ \varphi = g$ und $\varphi \circ f = f'$ gibt. Diese Bedingungen bedeuten, daß das Diagramm

$$
\begin{array}{ccccccccc}
0 & \longrightarrow & L & \xrightarrow{f} & M & \xrightarrow{g} & N & \longrightarrow & 0 \\
& & \downarrow{\scriptstyle \mathrm{Id}_L} & & \downarrow{\scriptstyle \varphi} & & \downarrow{\scriptstyle \mathrm{Id}_N} & & \\
0 & \longrightarrow & L & \xrightarrow{f'} & M' & \xrightarrow{g'} & N & \longrightarrow & 0
\end{array}
$$

kommutativ ist; sie implizieren, daß φ ein Isomorphismus ist. (Ist $x \in \ker \varphi$, so folgt $x \in \ker g = \mathrm{im}\, f$; es gibt dann $y \in L$ mit $x = f(y)$, also $0 = \varphi(x) = f'(y)$ und daher $y = 0$ und $x = 0$. Für alle $z \in M'$ gibt es $u \in M$ mit $g'(z) = g(u) = g'(\varphi(u))$, also $z - \varphi(u) \in \ker g' = \mathrm{im}\, f'$. Daher gibt es $v \in L$ mit $z - \varphi(u) = f'(v) = \varphi \circ f(v)$, und es gilt $z = \varphi(u + f(v))$.)

Es folgt nun leicht, daß die Äquivalenz auf der Menge der Erweiterungen eine Äquivalenzrelation ist. (Für die Symmetrie braucht man die oben bewiesene Bijektivität von φ.) Wir bezeichnen die Menge der Äquivalenzklassen mit $\mathrm{Ext}_R(N,L)$; für jede Erweiterung E sei $[E]$ die zugehörige Klasse in $\mathrm{Ext}_R(N,L)$.

Wir haben für alle N und L immer die triviale Erweiterung

$$E_{\mathrm{triv}} : 0 \longrightarrow L \longrightarrow L \oplus N \longrightarrow N \longrightarrow 0,$$

wo die Abbildungen durch $x \mapsto (x,0)$ und $(x,y) \mapsto y$ gegeben sind. Man sieht leicht, daß eine beliebige Erweiterung E genau dann zu E_{triv} äquivalent ist, wenn E spaltet (siehe Satz VII.5.1). Wir bezeichnen die Klasse von E_{triv} mit $0 = [E_{\mathrm{triv}}]$. Wie wir später sehen werden, hat $\mathrm{Ext}_R(N,L)$ eine Struktur als kommutative Gruppe, für die 0 das neutrale Element ist.

Auf jeden Fall bedeutet $\mathrm{Ext}_R(N,L) = 0$, daß jede Erweiterung von N durch L spaltet. Nach Satz VII.5.2 ist dies zum Beispiel der Fall, wenn N ein freier R-Modul ist. (Allgemeiner gilt sicher $\mathrm{Ext}_R(N,L) = 0$, wenn N ein projektiver R-Modul ist oder wenn L ein injektiver R-Modul ist, vgl. E.1 und E.4.)

F.2. Eine Erweiterung von $\mathbb{Z}$-Moduln ist dasselbe wie eine Erweiterung von abelschen Gruppen. Betrachten wir zum Beispiel (für $R = \mathbb{Z}$) den Fall $N = L = \mathbb{Z}/p\mathbb{Z}$ für eine Primzahl p. Für jede kurze exakte Sequenz der Form $0 \longrightarrow \mathbb{Z}/p\mathbb{Z} \longrightarrow M \longrightarrow \mathbb{Z}/p\mathbb{Z} \longrightarrow 0$ ist M eine kommutative Gruppe der Ordnung p^2, also zu $\mathbb{Z}/p^2\mathbb{Z}$ oder zu $\mathbb{Z}/p\mathbb{Z} \oplus \mathbb{Z}/p\mathbb{Z}$ isomorph. Für jede ganze Zahl n mit $0 < n < p$ erhalten wir eine Erweiterung

$$E_n : 0 \longrightarrow \mathbb{Z}/p\mathbb{Z} \xrightarrow{f_n} \mathbb{Z}/p^2\mathbb{Z} \xrightarrow{g} \mathbb{Z}/p\mathbb{Z} \longrightarrow 0$$

mit $f_n(a+p\mathbb{Z}) = anp+p^2\mathbb{Z}$ und $g(a+p^2\mathbb{Z}) = a+p\mathbb{Z}$ für alle $a \in \mathbb{Z}$. Man zeigt nun mit elementaren Überlegungen, daß jede Erweiterung von $\mathbb{Z}/p\mathbb{Z}$ durch $\mathbb{Z}/p\mathbb{Z}$ entweder spaltet oder zu genau einem E_n, $0 < n < p$, äquivalent ist.

F.3. Sei nun wieder allgemein eine Erweiterung E wie in F.1(1) gegeben. Für jeden Homomorphismus $\nu\colon N' \to N$ von R-Moduln konstruiert man wie folgt eine Erweiterung

$$\nu^*E : 0 \longrightarrow L \xrightarrow{f'} M' \xrightarrow{g'} N' \longrightarrow 0$$

von N' durch L: Man setzt

$$M' := \{ (x,y) \in M \oplus N' \mid g(x) = \nu(y) \}$$

sowie $f'(z) = (f(z), 0)$ und $g'(x, y) = y$ für alle $x \in M$, $y \in N$, $z \in L$. Man rechnet leicht nach, daß in der Tat $f'(L) \subset M'$ und daß $\nu^* E$ exakt ist. Die Abbildung $\mu \colon M' \to M$ mit $\mu(x, y) = x$ macht das Diagramm

$$
\begin{array}{ccccccccc}
0 & \longrightarrow & L & \xrightarrow{\ f'\ } & M' & \xrightarrow{\ g'\ } & N' & \longrightarrow & 0 \\
 & & \Big\downarrow{\scriptstyle \mathrm{Id}_L} & & \Big\downarrow{\scriptstyle \mu} & & \Big\downarrow{\scriptstyle \nu} & & \\
0 & \longrightarrow & L & \xrightarrow{\ f\ } & M & \xrightarrow{\ g\ } & N & \longrightarrow & 0
\end{array}
$$

kommutativ. (Der hier konstruierte Modul M' heißt auch das *Faserprodukt* oder das *Pullback* von $g \colon M \to N$ und $\nu \colon N' \to N$.)

Man sieht leicht, daß ν^* zwei äquivalente Erweiterungen von N durch L in zwei äquivalente Erweiterungen von N' durch L überführt. Also induziert ν^* eine Abbildung $\mathrm{Ext}(N, L) \longrightarrow \mathrm{Ext}(N', L)$, die wir ebenfalls mit ν^* bezeichnen.

> **Lemma F.4.** *Die Erweiterung $\nu^* E$ spaltet genau dann, wenn es einen R–Modulhomomorphismus $\nu' \colon N' \to M$ mit $\nu = g \circ \nu'$ gibt.*

Beweis: Wenn es solch ein ν' gibt, so spaltet $\sigma \colon N' \to M'$ mit $\sigma(y) = (\nu'(y), y)$ die Folge $\nu^* E$. Umgekehrt, ist $\sigma \colon N' \to M'$ ein R–Modulhomomorphismus mit $g' \circ \sigma = \mathrm{Id}_{N'}$, so ist $\nu' = \mu \circ \sigma \colon N' \to M$ ein Homomorphismus mit $g \circ \nu' = g \circ \mu \circ \sigma = \nu \circ g' \circ \sigma = \nu$.

Wir sehen insbesondere: Wenn E spaltet, so auch $\nu^* E$: Nach Voraussetzung gibt es $\tau \colon N \to M$ mit $g \circ \tau = \mathrm{Id}_N$; dann können wir $\nu' = \tau \circ \nu$ wählen. $\qquad\square$

F.5. Betrachten wir andererseits einen Homomorphismus $\lambda \colon L \to L'$ von R–Moduln. Dann erhalten wir eine Erweiterung

$$\lambda_* E : 0 \longrightarrow L' \xrightarrow{\ f'\ } M' \xrightarrow{\ g'\ } N \longrightarrow 0$$

von N durch L' wie folgt: Wir setzen

$$M' := (L' \oplus M) / \{\, (\lambda(z), -f(z)) \mid z \in L \,\}.$$

Für alle $u \in L'$ und $y \in M$ sei $[u, y] \in M'$ die Klasse von (u, y). Wir definieren $f'(u) = [u, 0]$ und $g'[u, y] = g(y)$ für alle $u \in L'$ und $y \in M$. Man sieht leicht, daß g' wohldefiniert ist und daß $\lambda_* E$ exakt ist. Der Homomorphismus $\mu \colon M \to M'$ mit $\mu(y) = [0, y]$ macht das Diagramm

$$
\begin{array}{ccccccccc}
0 & \longrightarrow & L & \xrightarrow{\ f\ } & M & \xrightarrow{\ g\ } & N & \longrightarrow & 0 \\
 & & \Big\downarrow{\scriptstyle \lambda} & & \Big\downarrow{\scriptstyle \mu} & & \Big\downarrow{\scriptstyle \mathrm{Id}_N} & & \\
0 & \longrightarrow & L' & \xrightarrow{\ f'\ } & M' & \longrightarrow & N & \longrightarrow & 0
\end{array}
$$

kommutativ. (Der hier konstruierte Modul M' heißt auch die *Fasersumme* oder *Pushout* von $f\colon L \to M$ und $\lambda\colon L \to L'$.)

Man sieht leicht, daß λ_* zwei äquivalente Erweiterungen von N durch L in zwei äquivalente Erweiterungen von N durch L' überführt. Also induziert λ_* eine Abbildung $\mathrm{Ext}_R(N, L) \to \mathrm{Ext}_R(N, L')$, die wir ebenfalls mit λ_* bezeichnen.

Lemma F.6. *Sind $\lambda, \lambda'\colon L \to L'$ Homomorphismen von R–Moduln, so ist $\lambda_* E$ genau dann zu $\lambda'_* E$ äquivalent, wenn es eine R–lineare Abbildung $\kappa\colon M \to L'$ mit $\lambda - \lambda' = \kappa \circ f$ gibt.*

Beweis: Wir benutzen für $\lambda_* E$ die Notationen von oben, während wir

$$\lambda'_* E : 0 \longrightarrow L' \xrightarrow{f''} M'' \xrightarrow{g''} N \longrightarrow 0$$

schreiben, mit

$$M'' = (L' \oplus M)/\{\,(\lambda'(z), -f(z)) \mid z \in L\,\};$$

ferner sei $[u, y]' \in M''$ die Klasse von $(u, y) \in L' \oplus M$ sowie $f''(u) = [u, 0]'$ und $g''([u, y]') = g(y)$.

Sind $\lambda_* E$ und $\lambda'_* E$ äquivalente Erweiterungen, so gibt es einen Homomorphismus $\varphi\colon M' \to M''$ mit $g'' \circ \varphi = g'$ und $\varphi \circ f' = f''$, also mit $\varphi([u, 0]) = [u, 0]'$ für alle $u \in L'$ und $g'' \circ \varphi([0, y]) = g(y)$ für alle $y \in M$. Ist also $\varphi[0, y] = [u, y_1]'$, so gilt $g(y) = g(y_1)$, also $y - y_1 \in \ker g = \mathrm{im}\, f$. Es gibt daher $z \in L$ mit $y - y_1 = f(z)$, also $[u, y_1]' = [u - \lambda'(z), y_1 + f(z)]' = [u - \lambda'(z), y]'$. Das heißt, für alle $y \in M$ existiert $\kappa(y) \in L'$ mit $\varphi([0, y]) = [\kappa(y), y]'$. Das Element $\kappa(y)$ ist dadurch eindeutig bestimmt. (Aus $[u_1, y]' = [u_2, y]'$ folgt $0 = [u_1 - u_2, 0]' = f''(u_1 - u_2)$, also $u_1 = u_2$ wegen der Injektivität von f''.)

Diese Eindeutigkeit impliziert, daß κ linear ist. Offensichtlich erfüllt φ nun

$$\varphi([u, y]) = [u + \kappa(y), y]'$$

für alle $(u, y) \in L' \oplus M$. Wenden wir dies auf $[\lambda(z), -f(z)] = 0$ mit $z \in L$ an, so erhalten wir

$$0 = [\lambda(z) - \kappa(f(z)), -f(z)]' = [\lambda(z) - \lambda'(z) - \kappa(f(z)), 0]'$$

für alle $z \in L$, also $\lambda - \lambda' = \kappa \circ f$.

Ist umgekehrt $\kappa\colon M \to L'$ mit $\lambda - \lambda' = \kappa \circ f$ gegeben, so zeigt man, daß $\varphi\colon M' \to M''$ mit $\varphi([u, y]) = [u + \kappa(y), y]'$ wohldefiniert ist und zu einer Äquivalenz von $\lambda_* E$ und $\lambda'_* E$ führt. $\qquad\square$

Bemerkung: Ist $\lambda' = 0$, die Nullabbildung, so ist $M'' \cong L' \oplus (M/f(L)) \cong L' \oplus N$; man sieht leicht, daß $\lambda'_* E$ dann spaltet. Es folgt, daß $\lambda_* E$ genau dann spaltet, wenn es eine R–lineare Abbildung $\kappa\colon M \to L'$ mit $\lambda = \kappa \circ f$ gibt.

Insbesondere sehen wir, daß $\lambda_* E$ immer spaltet, wenn E spaltet: Ist $\sigma\colon M \to L$ mit $\sigma \circ f = \mathrm{Id}_L$ gegeben, so können wir $\kappa = \lambda \circ \sigma$ setzen.

Lemma F.7. *Ist* $\mathrm{Ext}_R(M, L') = 0$, *so ist jede Erweiterung von* N *durch* L' *zu einer Erweiterung der Form* $\lambda_* E$ *mit* $\lambda \in \mathrm{Hom}_R(L, L')$ *äquivalent.*

Beweis: Sei

$$E' : 0 \longrightarrow L' \xrightarrow{h} S \xrightarrow{k} N \longrightarrow 0$$

eine beliebige Erweiterung. Nach Voraussetzung spaltet die Erweiterung $g^* E'$ von M durch L'. Also gibt es nach Lemma F.4 eine R–lineare Abbildung $\sigma \colon M \to S$ mit $k \circ \sigma = g$. Es folgt, daß $\sigma \circ f(L) \subset \ker k = \mathrm{im}\, h$. Da h injektiv ist, erhalten wir daher einen Homomorphismus $\lambda \colon L \to L'$ mit $\sigma \circ f = h \circ \lambda$.

Wir behaupten, daß E' zu $\lambda_* E$ äquivalent ist; wir benutzen für $\lambda_* E$ die Notationen von oben. Jedes $(\lambda(z), -f(z))$ mit $z \in L$ wird unter der linearen Abbildung $\psi \colon L' \oplus M \to S$ mit $(u, y) \mapsto h(u) + \sigma(y)$ auf $h \circ \lambda(z) - \sigma \circ f(z) = 0$ abbildet. Also faktorisiert ψ durch eine lineare Abbildung $\varphi \colon M' \to S$ mit $\varphi([u, y]) = h(u) + \sigma(y)$.

Wir müssen nun zeigen, daß das Diagramm

$$
\begin{array}{ccccccccc}
0 & \longrightarrow & L' & \xrightarrow{f'} & M' & \xrightarrow{g'} & N & \longrightarrow & 0 \\
 & & \downarrow{\scriptstyle \mathrm{Id}_{L'}} & & \downarrow{\scriptstyle \varphi} & & \downarrow{\scriptstyle \mathrm{Id}_N} & & \\
0 & \longrightarrow & L' & \xrightarrow{h} & S & \xrightarrow{k} & N & \longrightarrow & 0
\end{array}
$$

kommutativ ist. Wir haben für alle $u \in L'$

$$\varphi \circ f'(u) = \varphi([u, 0]) = h(u)$$

und für alle $u \in L'$, $y \in M$

$$k \circ \varphi([u, y]) = k \circ \sigma(y) = g(y) = g'([u, y]).$$

Also folgt die Behauptung. $\square$

F.8. Die beiden Lemmata führen nun zu der folgenden Beschreibung von $\mathrm{Ext}_R(N, L)$ für beliebige R–Moduln N und L. Sei P ein R–Modul P mit einem surjektiven Homomorphismus $r \colon P \to N$, so daß $\mathrm{Ext}_R(P, L) = 0$. Ein solches Paar P, r gibt es immer: Wir können zum Beispiel für P einen freien R–Modul mit einer Surjektion auf N wählen. Wir setzen $Q = \ker r$ und bezeichnen mit $q \colon Q \to P$ die Inklusion. Wir haben also eine kurze exakte Folge

$$E_N : 0 \longrightarrow Q \xrightarrow{q} P \xrightarrow{r} N \longrightarrow 0.$$

Wir bezeichnen mit q^* auch die Abbildung

$$q^* \colon \mathrm{Hom}_R(P, L) \longrightarrow \mathrm{Hom}_R(Q, L), \qquad \varphi \longmapsto \varphi \circ q.$$

Dann gilt:

Satz F.9. *Die Abbildung* $\lambda \mapsto \lambda_*(E_N)$ *induziert eine Bijektion*

$$\mathrm{Hom}_R(Q, L) \,/\, q^* \,\mathrm{Hom}_R(P, L) \xrightarrow{\sim} \mathrm{Ext}_R(N, L).$$

In der Tat sagt Lemma F.7 (angewendet auf E_N und L statt E und L'), daß die Abbildung surjektiv ist. Lemma F.6 zeigt, daß $\lambda_*(E_N)$ und $\lambda'_*(E_N)$ genau dann dieselbe Klasse in $\mathrm{Ext}_R(N, L)$ definieren, wenn $\lambda - \lambda'$ zu $q^* \,\mathrm{Hom}_R(P, L)$ gehört, d.h., wenn λ und λ' zu derselben Restklasse modulo $q^* \,\mathrm{Hom}_R(P, L)$ gehören. $\qquad\square$

Beispiel: Nehmen wir $R = \mathbb{Z}$ und $N = \mathbb{Z}/m\mathbb{Z}$ für eine ganze Zahl $m \neq 0$, so können wir E_N als

$$0 \longrightarrow \mathbb{Z} \xrightarrow{q} \mathbb{Z} \xrightarrow{r} N \longrightarrow 0$$

mit $q(a) = am$ und $r(a) = a + m\mathbb{Z}$ wählen. Nun ist $\mathrm{Hom}_{\mathbb{Z}}(\mathbb{Z}, L) \xrightarrow{\sim} L$ unter $\varphi \longmapsto \varphi(1)$. Setzen wir dies oben ein, so erhalten wir

$$L/mL \xrightarrow{\sim} \mathrm{Ext}_{\mathbb{Z}}(\mathbb{Z}/m\mathbb{Z}, L).$$

Bemerkung: Sei $E'_L : 0 \longrightarrow L \xrightarrow{i} I \xrightarrow{j} J \longrightarrow 0$ eine kurze exakte Folge mit $\mathrm{Ext}_R(N, I) = 0$. Eine solche Folge kann man zu gegebenen L und N immer finden: Man nimmt als I einen injektiven R–Modul mit einer Einbettung von L in I, vergleiche E.9. Nun kann man analog zeigen, daß $\nu \mapsto \nu^* E'_L$ eine Bijektion von $\mathrm{Hom}_R(N, J) \,/\, j_* \,\mathrm{Hom}_R(N, I)$ auf $\mathrm{Ext}_R(N, L)$ induziert; dabei ist j_* die Abbildung $\psi \mapsto j \circ \psi$ von $\mathrm{Hom}_R(N, I)$ nach $\mathrm{Hom}_R(N, J)$. Dies beweist man analog zu Satz F.9. Die Surjektivität von $\nu \mapsto \nu^* E'_L$ stellen wir als Aufgabe 4.

F.10. In Satz F.9 hat die linke Seite eine natürliche Gruppenstruktur. Mit Hilfe der Bijektion können wir diese Struktur auf $\mathrm{Ext}_R(N, L)$ übertragen und so $\mathrm{Ext}_R(N, L)$ zu einer Gruppe machen. In dieser Gruppe ist dann 0 das neutrale Element, weil $0_*(E_N)$ spaltet, wie nach Lemma F.6 behauptet. Allerdings könnte diese Gruppenstruktur a priori von der Wahl von E_N abhängen. Es stellt sich heraus, daß dies nicht der Fall ist. Man kann nämlich die Addition direkt wie folgt definieren. Sind zwei Erweiterungen $E : 0 \longrightarrow L \xrightarrow{f} M \xrightarrow{g} N \longrightarrow 0$ und $E' : 0 \longrightarrow L \xrightarrow{f'} M' \xrightarrow{g'} N \longrightarrow 0$ von N durch L gegeben, so erhalten wir eine Erweiterung von $N \oplus N$ durch $L \oplus L$:

$$E \oplus E' : 0 \longrightarrow L \oplus L \xrightarrow{f \oplus f'} M \oplus M' \xrightarrow{g \oplus g'} N \oplus N \longrightarrow 0.$$

Nun sind $\mu : L \oplus L \to L$, $(x, y) \mapsto x + y$ und $\delta : N \to N \oplus N$, $z \mapsto (z, z)$ Homomorphismen von R–Moduln. Also können wir $\delta^*(\mu_*(E \oplus E'))$ bilden und erhalten wieder eine Erweiterung von N durch L. Diese Erweiterung bezeichnen wir mit $E + E'$ und nennen sie die *Baersche Summe* von E und E'. Man kann nun zeigen, daß dadurch eine Addition auf $\mathrm{Ext}_R(N, L)$ induziert wird und daß diese genau dieselbe Addition ist, die man mit einer Bijektion wie in Satz F.9 konstruieren kann. Das Inverse einer Klasse $[E]$ ist dann übrigens die Klasse $[(-\mathrm{id}_L)_* E]$.

Ist R kommutativ, so hat die linke Seite in Satz F.9 auch eine Struktur als R-Modul, die wir auf $\mathrm{Ext}_R(N, L)$ übertragen können. Es zeigt sich, daß $a[E] = [(a\,\mathrm{Id}_L)]_* E]$ für alle $a \in R$ ist. (Für nicht–kommutatives R hat man immer noch eine Struktur als Modul über dem Zentrum von R.)

Alle Abbildungen ν^* und λ_* von oben sind Gruppenhomomorphismen auf den entsprechenden Ext–Gruppen. Ist $E : 0 \longrightarrow L \xrightarrow{f} M \xrightarrow{g} N \longrightarrow 0$ eine kurze exakte Folge von R–Moduln, so erhält man für jeden R–Modul Q eine exakte Folge

$$0 \longrightarrow \mathrm{Hom}_R(N, Q) \longrightarrow \mathrm{Hom}_R(M, Q) \longrightarrow \mathrm{Hom}_R(L, Q)$$

$$\longrightarrow \mathrm{Ext}_R(N, Q) \longrightarrow \mathrm{Ext}_R(M, Q) \longrightarrow \mathrm{Ext}_R(L, Q),$$

wobei die Abbildungen durch $\varphi \mapsto \varphi \circ g$, $\psi \mapsto \psi \circ f$, $\lambda \mapsto [\lambda_* E]$ sowie $[E'] \mapsto [g^* E']$ und $[E''] \mapsto [f^* E'']$ gegeben sind, und eine exakte Folge

$$0 \longrightarrow \mathrm{Hom}_R(Q, L) \longrightarrow \mathrm{Hom}_R(Q, M) \longrightarrow \mathrm{Hom}_R(Q, N)$$

$$\longrightarrow \mathrm{Ext}_R(Q, L) \longrightarrow \mathrm{Ext}_R(Q, M) \longrightarrow \mathrm{Ext}_R(Q, N),$$

wobei die Abbildungen durch $\varphi \mapsto f \circ \varphi$, $\psi \mapsto g \circ \psi$, $\nu \mapsto [\nu^* E]$ sowie $[E'] \mapsto [f_* E']$ und $[E''] \mapsto [g_* E'']$ gegeben sind.

F.11. Die exakten Folgen von F.10 kann man zu unendlichen exakten Folgen fortsetzen, wenn man höhere Ext–Gruppen $\mathrm{Ext}_R^i(\ ,\ )$ einführt. Wir wollen hier deren Konstruktion skizzieren.

Sei N ein R–Modul. Es gibt einen projektiven R–Modul P_0 und einen surjektiven Homomorphismus $\varphi_0 \colon P_0 \to N$, siehe E.3. Ebenso gibt es dann zu dem R–Untermodul $\ker(\varphi_0)$ von P_0 einen projektiven R–Modul P_1 und einen surjektiven Homomorphismus $\varphi_1 \colon P_1 \to \ker(\varphi_0)$. Iterativ erhält man so eine unendliche exakte Folge

$$\cdots \xrightarrow{\varphi_4} P_3 \xrightarrow{\varphi_3} P_2 \xrightarrow{\varphi_2} P_1 \xrightarrow{\varphi_1} P_0 \xrightarrow{\varphi_0} N \longrightarrow 0, \tag{1}$$

in der alle P_i projektive R–Moduln sind. Solch eine exakte Folge heißt eine *projektive Auflösung* von N.

Ist auch L ein R–Modul, so erhalten wir aus (1) für jedes $i \geq 0$ einen Gruppenhomomorphismus $d_i \colon \mathrm{Hom}_R(P_i, L) \to \mathrm{Hom}_R(P_{i+1}, L)$, der durch $d_i(f) = f \circ \varphi_{i+1}$ gegeben ist. Aus $\varphi_i \circ \varphi_{i+1} = 0$ folgt nun $d_i \circ d_{i-1} = 0$, also $\mathrm{im}\, d_{i-1} \subset \ker d_i$. Wir können daher für alle $i \geq 0$

$$\mathrm{Ext}_R^i(N, L) := \ker d_i / \mathrm{im}\, d_{i-1} \tag{2}$$

setzen, wobei wir die Konvention $d_{-1} = 0$ benutzen.

A priori hängen die in (2) definierten Gruppen $\mathrm{Ext}_R^i(N, L)$ von der Wahl der projektiven Auflösung (1) ab. Man kann zeigen, daß eine andere projektive Auflösung isomorphe Gruppen liefert; wir gehen darauf hier nicht näher ein. Doch wollen wir uns überlegen, wie die Definition in (2) mit der früheren zusammenhängt.

Da $\varphi_1 \colon P_1 \to \varphi_1(P_1) \cong P_1/\ker\varphi_1 = P_1/\mathrm{im}\,\varphi_2$ surjektiv ist, induziert d_0 einen Isomorphismus $\mathrm{Hom}_R(\varphi_1(P_1), L) \xrightarrow{\sim} \ker d_1$. Wir können die kurze exakte Folge E_N in F.8 als $0 \to \varphi_1(P_1) \to P_0 \to N \to 0$ wählen. Dann zeigt Satz F.9, daß $\mathrm{Ext}_R(N, L)$ wie dort zu $\ker d_1/\mathrm{im}\,d_0$ isomorph ist, also zu dem $\mathrm{Ext}_R^1(N, L)$ wie in (2). Ebenso zeigt die Surjektivität von $\varphi_0 \colon P_0 \to N$, daß $\mathrm{Ext}_R^0(N, L)$ wie in (2) zu $\mathrm{Hom}_R(N, L)$ isomorph ist.

Für $i > 1$ haben die $\mathrm{Ext}_R^i(N, L)$ im allgemeinen keine so direkte Interpretation.

Übungen

1. Sei p eine Primzahl. Zeige, daß jede Erweiterung des $\mathbb{Z}$–Modul $\mathbb{Z}/p\mathbb{Z}$ durch den $\mathbb{Z}$–Modul $\mathbb{Z}/p\mathbb{Z}$ entweder spaltet oder zu genau einem E_n wie in F.2 mit $0 < n < p$ äquivalent ist.

2. Sei R ein Hauptidealring, sei $a \in R$, $a \neq 0$. Zeige, daß $\mathrm{Ext}_R(R/aR, M) \cong M/aM$ für jeden R–Modul M.

3. Sei R der Ring R von Aufgabe VII.3. Zeige: Es gibt eine kurze exakte Folge von R–Moduln

$$0 \longrightarrow \mathfrak{M}(K, 0, 0) \longrightarrow \mathfrak{M}(K, K, \mathrm{Id}) \longrightarrow \mathfrak{M}(0, K, 0) \longrightarrow 0.$$

Für jeden R–Modul $\mathfrak{M}(V_1, V_2, \varphi)$ ist $\mathrm{Ext}_R(\mathfrak{M}(0, K, 0), \mathfrak{M}(V_1, V_2, \varphi))$ isomorph zu $V_1/\varphi(V_2)$.

4. Seien R ein Ring und E eine exakte Folge wie in F.1(1). Zeige: Ist N' ein R–Modul mit $\mathrm{Ext}_R(N', M) = 0$, so ist jede Erweiterung von N' durch L zu einer Erweiterung der Form $\nu^* E$ mit $\nu \in \mathrm{Hom}_R(N', N)$ äquivalent.

5. Seien R ein Ring und

$$E : 0 \longrightarrow N \xrightarrow{f} P \xrightarrow{g} M \longrightarrow 0 \quad \text{und} \quad E' : 0 \longrightarrow N' \xrightarrow{f'} P' \xrightarrow{g'} M \longrightarrow 0$$

zwei exakte Folgen von R–Moduln, wobei P und P' projektiv sind. Zeige, daß $P \oplus N' \cong P' \oplus N$. (Hinweis: Betrachte $g^* E'$ und $g'^* E$.)

VIII   Halbeinfache und artinsche Moduln und Ringe

In diesem Kapitel wird die Modultheorie von Kapitel VII fortgesetzt und auf die Ringtheorie angewendet, insbesondere auf die Theorie der nicht-kommutativen Ringe. Die Theorie der einfachen und halbeinfachen Moduln führt zu einer Klassifikation der halbeinfachen Ringe. Mit Hilfe der Theorie der artinschen Moduln und des Radikals eines Moduls sehen wir, daß artinsche Ringe noethersch sind. Schließlich betrachten wir Moduln endlicher Länge und beweisen die grundlegenden Sätze von Jordan & Hölder (über Kompositionsreihen) und von Krull & Schmidt (über Zerlegungen in Unzerlegbare).

§ 1   Einfache und halbeinfache Moduln

Im folgenden sei R stets ein Ring.

Definition 1.1. Ein R–Modul M heißt *einfach*, wenn $M \neq \{0\}$ ist und wenn $\{0\}$ und M selbst die einzigen Untermoduln von M sind.

Ist M ein einfacher R–Modul, so gilt offensichtlich $M = Rx$ für alle $x \in M$, $x \neq 0$, denn Rx ist ein Untermodul.

Wird ein R–Modul M von einem Element x erzeugt, $M = Rx$, so gilt $M \cong R/\mathrm{ann}_R(x)$, wobei $\mathrm{ann}_R(x) = \{a \in R \mid ax = 0\}$ wie in § VII.4 der *Annullator* von x in R ist. Dies ist ein Linksideal in R. (Man wende den Homomorphiesatz auf die R–lineare Abbildung $R \to M$, $a \mapsto ax$ an.) Für jedes Linksideal $I \subset R$ sind die Untermoduln von R/I in Bijektion mit den Linksidealen J von R mit $I \subset J \subset R$. Also ist R/I genau dann einfach, wenn I ein maximales Linksideal in R ist (d.h., wenn $I \neq R$ und wenn für alle Linksideale J mit $I \subset J \subset R$ gilt, daß $J = I$ oder $J = R$).

Beispiele 1.2. (1) Ist D ein Divisionsring (z.B. ein Körper), so sind $\{0\}$ und D die einzigen Linksideale in D. Also ist D ein einfacher D–Modul, und jeder einfache D–Modul ist zu D isomorph. (Insbesondere ist ein Vektorraum über einem Körper genau dann einfach, wenn er Dimension 1 hat.)

(2) Die einfachen $\mathbb{Z}$–Moduln sind gerade alle $\mathbb{Z}/p\mathbb{Z}$ mit p eine Primzahl.

(3) Seien K ein Körper und V ein endlich dimensionaler Vektorraum über K. Dann können wir V als Modul über dem Ring $\mathrm{End}_K(V)$ auffassen: Wir setzen $\varphi \cdot v = \varphi(v)$ für alle $\varphi \in \mathrm{End}_K(V)$ und $v \in V$. Ist $V \neq 0$, so ist V damit ein einfacher $\mathrm{End}_K(V)$–Modul, denn ist $v \in V$ mit $v \neq 0$, so gibt es für alle $w \in V$ ein $\varphi \in \mathrm{End}_K(V)$ mit $w = \varphi(v) = \varphi \cdot v$, zum Beispiel, weil

wir v zu einer Basis von V ergänzen können. Also gilt $V = \operatorname{End}_K(V) \cdot v$ für alle $v \in V$, $v \neq 0$, und V ist einfach über $\operatorname{End}_K(V)$.

Ist $n = \dim(V)$, so können wir V mit K^n identifizieren und $\operatorname{End}_K(V)$ mit dem Ring $M_n(K)$ aller $n \times n$-Matrizen über K. Also sehen wir auch, daß K^n für $n > 0$ ein einfacher $M_n(K)$-Modul ist, wobei die Modulstruktur durch Matrizenmultiplikation gegeben ist. (Hier werden Elemente in K^n als Spaltenvektoren aufgefaßt.)

Wir haben oben den Annullator eines Elements in einem R–Modul M betrachtet. Der Annullator von M selbst wird nun als

$$\operatorname{ann}_R(M) = \{\, a \in R \mid ax = 0 \text{ für alle } x \in M \,\} = \bigcap_{x \in M} \operatorname{ann}_R(x)$$

definiert. Dies ist ein zweiseitiges Ideal in R. (Sind $a \in \operatorname{ann}_R(M)$ und $b \in R$, so gilt $(ab)x = a(bx) = 0$ für alle $x \in M$.)

Ist I ein zweiseitiges Ideal in R, so gilt

$$\operatorname{ann}_R(R/I) = I. \tag{$*$}$$

In der Tat, ein Element $a \in R$ gehört genau dann zu $\operatorname{ann}_R(R/I)$, wenn $a(b + I) = 0 + I$ für alle $b \in R$ gilt, also $ab \in I$ für alle $b \in R$, insbesondere für $b = 1$.

Lemma 1.3. *Ist R kommutativ, so induziert $I \mapsto R/I$ eine Bijektion von der Menge der maximalen Ideale in R auf die Menge der Isomorphieklassen einfacher R–Moduln.*

Beweis: Wir haben bereits gesehen, daß jeder einfache R–Modul zu solch einem R/I isomorph ist und daß jedes R/I wie oben einfach ist. Sind I, I' zwei maximale Ideale, so daß R/I und R/I' isomorph zu einander sind, so folgt mit $(*)$

$$I = \operatorname{ann}_R(R/I) = \operatorname{ann}_R(R/I') = I'. \qquad \square$$

Bemerkung: Ist R nicht kommutativ, so erhalten wir durch $I \mapsto R/I$ eine surjektive Abbildung von der Menge aller maximalen Linksideale in R auf die Menge der Isomorphieklassen einfacher R–Moduln. Diese Abbildung ist jedoch im allgemeinen nicht injektiv. Nehmen wir zum Beispiel $R = M_2(K)$ für einen Körper K, so ist K^2 ein einfacher R–Modul. Es gilt $K^2 = R(1,0) = R(0,1)$, also

$$K^2 \cong R / \operatorname{ann}_R(1,0) \cong R / \operatorname{ann}_R(0,1),$$

aber

$$\operatorname{ann}_R(1,0) = \left\{ \begin{pmatrix} 0 & b \\ 0 & d \end{pmatrix} \mid b, d \in K \right\} \neq \operatorname{ann}_R(0,1) = \left\{ \begin{pmatrix} a & 0 \\ c & 0 \end{pmatrix} \mid a, c \in K \right\}.$$

Sind M ein R–Modul und N ein Untermodul von M, so ist M/N genau dann ein einfacher R–Modul, wenn N ein maximaler Untermodul von M ist, d.h., wenn $N \neq M$ und wenn für alle Untermoduln $L \subset M$ mit $N \subset L$ gilt, daß $L = M$ oder $L = N$. (Dies folgt aus Satz VII.2.4.)

> **Lemma 1.4.** *Ist M ein endlich erzeugbarer R–Modul und ist $N \subset M$ ein Untermodul mit $N \neq M$, so gibt es einen maximalen Untermodul $N' \subset M$ mit $N \subset N'$.*

Dies beweist man mehr oder weniger genau so wie die entsprechende Aussage für Ideale in kommutativen Ringen, siehe Korollar III.3.7.

Bemerkung: Ohne die Voraussetzung, daß M endlich erzeugbar ist, wird das Lemma verkehrt. Man zeige zum Beispiel, daß der $\mathbb{Z}$–Modul $\mathbb{Q}$ keine maximalen Untermoduln hat.

Definition 1.5. Ein R–Modul M heißt *halbeinfach*, wenn er direkte Summe einfacher Moduln ist.

Insbesondere sind also einfache Moduln halbeinfach. Der Nullmodul $M = \{0\}$ ist halbeinfach (als eine leere direkte Summe). Ein (endlich dimensionaler) Vektorraum über einem Körper K ist halbeinfach: Er ist frei, also eine direkte Summe von Kopien von K, und K selbst ist einfacher K–Modul.

> **Satz 1.6.** *Sei M ein R–Modul. Dann sind die folgenden Aussagen äquivalent:*
>
> (i)   *M ist ein halbeinfacher R–Modul.*
>
> (ii) *M ist eine Summe von einfachen Untermoduln.*
>
> (iii) *Für jeden Untermodul N von M gibt es einen Untermodul N' von M, so daß $N \oplus N' = M$.*

Bevor wir diesen Satz beweisen, brauchen wir noch ein Lemma:

> **Lemma 1.7.** *Seien M ein R–Modul, $N \subset M$ ein Untermodul und $(M_i)_{i \in I}$ eine Familie von einfachen Untermoduln von M. Gilt $M = N + \sum_{i \in I} M_i$, so gibt es eine Teilmenge $J \subset I$ mit*
>
> $$M = N \oplus \bigoplus_{j \in J} M_j.$$

Beweis: Sei X die Menge aller Teilmengen $I' \subset I$, so daß die Summe $N + \sum_{j \in I'} M_j$ direkt (also gleich $N \oplus \bigoplus_{j \in I'} M_j$) ist. Diese Menge ist nicht leer, weil $\emptyset \in X$.

Wir wollen zeigen, daß X induktiv geordnet ist. Sei $Y \subset X$ eine totalgeordnete Teilmenge, $Y \neq \emptyset$. Setze $I_0 = \bigcup_{I' \in Y} I'$. Wir behaupten, daß $I_0 \in X$; dann ist I_0 sicher eine obere Schranke für Y in X.

Wir müssen zeigen, daß die Summe $N + \sum_{j \in I_0} M_j$ direkt ist. Nun ist ganz allgemein eine Summe $\sum_{s \in S} L_s$ von Untermoduln L_s in einem R–Modul genau dann direkt, wenn für jede endliche Teilmenge $T \subset S$ die Summe $\sum_{t \in T} L_t$ direkt ist. Daher reicht es zu zeigen, daß $N + \sum_{j \in I_1} M_j$ für jede endliche Teilmenge I_1 von I_0 direkt ist. Weil Y total geordnet ist, gibt es zu jedem solchen endlichen I_1 ein $I' \in Y$ mit $I_1 \subset I'$. Wegen $Y \subset X$ ist die Summe $N + \sum_{j \in I'} M_j$ direkt, also auch die kleinere Summe $N + \sum_{j \in I_1} M_j$. Es folgt, daß auch $N + \sum_{j \in I_0} M_j$ direkt ist, also daß $I_0 \in X$.

Nach dem Zornschen Lemma gibt es ein maximales Element $J \in X$. Wir behaupten, daß $M = N \oplus \bigoplus_{j \in J} M_j$. Nach Definition von X ist hier die Summe direkt, also müssen wir nur zeigen, daß sie ganz M enthält. Wegen $M = N + \sum_{i \in I} M_i$ reicht es, wenn wir $M_i \subset N + \sum_{j \in J} M_j$ für alle $i \in I$ zeigen.

Ist dies für ein i nicht erfüllt, so gilt $i \notin J$, und $M_i \cap (N + \sum_{j \in J} M_j)$ ist ein echter Untermodul von M_i. Aus der Einfachheit von M_i folgt daher $M_i \cap (N + \sum_{j \in J} M_j) = 0$, also ist $(N + \sum_{j \in J} M_j) + M_i$ eine direkte Summe. Dann ist auch $N + \sum_{j \in J \cup \{i\}} M_j$ direkt und $J \cup \{i\} \in X$ im Widerspruch zur Maximalität von J. Also folgt die Behauptung. $\square$

Beweis von Satz 1.6: (ii) $\implies$ (i) Nach Voraussetzung gibt es eine Familie $(M_i)_{i \in I}$ von einfachen Untermoduln M_i von M mit $M = \sum_{i \in I} M_i$. Wenden wir Lemma 1.7 auf $N = 0$ an, so erhalten wir $M = \bigoplus_{j \in J} M_j$ für eine geeignete Teilmenge $J \subset I$. Also ist M halbeinfach.

(i) $\implies$ (iii) Nun gibt es nach Voraussetzung einfache Untermoduln $(M_i)_{i \in I}$ von M mit $M = \bigoplus_{i \in I} M_i$. Dann folgt $M = N + \sum_{i \in I} M_i$. Ist nun J eine Teilmenge von I mit $M = N \oplus \bigoplus_{j \in J} M_j$ wie in Lemma 1.7, so können wir $N' = \bigoplus_{j \in J} M_j$ nehmen.

(iii) $\implies$ (ii) Zunächst bemerken wir, daß mit M auch jeder Untermodul $M' \subset M$ die Bedingung (iii) erfüllt: Ist N ein Untermodul von M', so ist N auch ein Untermodul von M, also gibt es einen Untermodul $N' \subset M$ mit $M = N \oplus N'$. Nun rechnet man leicht nach, daß $M' = N \oplus (N' \cap M')$.

Wenn nun M die Bedingung (iii) erfüllt, so setzen wir M' gleich der Summe aller einfachen Untermoduln von M. (Hat M keine einfachen Untermoduln, so bedeutet dies $M' = 0$.) Nach Voraussetzung gibt es einen Untermodul N von M mit $M = M' \oplus N$. Wir müssen zeigen, daß $N = 0$ ist.

Angenommen, es ist $N \neq 0$. Sei $x \in N$, $x \neq 0$. Wenden wir Lemma 1.4 auf den endlich erzeugbaren R–Modul Rx und seinen Untermodul 0 an. Es gibt also einen maximalen Untermodul N' von Rx. Weil auch Rx Bedingung (iii) erfüllt, gibt es einen Untermodul $L \subset Rx$ mit $N' \oplus L = Rx$. Dann ist L zu Rx/N' isomorph, wegen der Maximalität von N' also einfach. Dann folgt $L \subset M'$ nach Definition von M'. Da andererseits $L \subset Rx \subset N$ und $N \cap M' = 0$, haben wir einen Widerspruch. $\square$

Korollar 1.8. *Ist M ein halbeinfacher R-Modul, so sind alle Untermoduln und alle Faktormoduln von M halbeinfach.*

Beweis: Wir haben gerade im Beweis von „(iii) $\Longrightarrow$ (ii)" gesehen, daß jeder Untermodul N von M Bedingung (iii) in Satz 1.6 erfüllt. Daher ist N nach Satz 1.6 halbeinfach. Außerdem gibt es einen Untermodul N' mit $M = N \oplus N'$. Dann ist M/N zu N' isomorph, also halbeinfach, weil N' dies ist. $\square$

Bemerkung 1.9. Ein einfacher Modul ist offensichtlich noethersch. Ein halbeinfacher Modul ist genau dann noethersch, wenn er eine endliche direkte Summe einfacher Untermoduln ist, genau dann, wenn er endlich erzeugbar ist, vgl. die Bemerkungen VII.6.2 und VII.6.6. Ein halbeinfacher Modul ist offensichtlich genau dann unzerlegbar, wenn er einfach ist. Für endlich erzeugbare halbeinfache Moduln ist eine Zerlegung in unzerlegbare Summanden wie in Satz VII.7.4 dasselbe wie eine Zerlegung als direkte Summe einfacher Untermoduln.

Lemma 1.10. *Sei $\varphi\colon M \to M'$ ein Homomorphismus von R-Moduln mit $\varphi \neq 0$.*

(a) *Ist M einfach, so ist φ injektiv.*

(b) *Ist M' einfach, so ist φ surjektiv.*

(c) *Sind M und M' einfach, so ist φ ein Isomorphismus.*

Beweis: In (a) ist $\ker\varphi$ ein Untermodul ungleich M von M, also gleich 0. In (b) ist $\operatorname{im}\varphi$ ein Untermodul ungleich 0 von M', also gleich M'. Offensichtlich folgt (c) aus (a) und (b). $\square$

Lemma 1.11. (a) *Sind M, M' nicht isomorphe einfache R-Moduln, so ist*

$$\operatorname{Hom}_R(M, M') = 0.$$

(b) *Ist M ein einfacher R-Modul, so ist $\operatorname{End}_R(M)$ ein Divisionsring.*

Beweis: Beide Aussagen sind nach Lemma 1.10.c klar. $\square$

Bemerkung: Die Aussage unter (b) wird oft als *Schurs Lemma* bezeichnet. Allerdings wird dieser Name auch häufig für das Lemma 4.5 unten benutzt.

1.12. Wir wollen $\operatorname{End}_R(M)$ in dem Beispiel 1.2(3) bestimmen. Zunächst verallgemeinern wir jedoch dieses Beispiel etwas.

Es sei $R = M_n(S)$, der Ring aller $n \times n$-Matrizen über einem anderen Ring S. Ist L ein S-Modul, so wird (wie man leicht nachrechnet) L^n zu einem R-Modul vermöge

$$Ax = \left(\sum_{j=1}^{n} a_{1j}x_j, \sum_{j=1}^{n} a_{2j}x_j, \ldots, \sum_{j=1}^{n} a_{nj}x_j \right)$$

für alle $A = (a_{ij}) \in M_n(S)$ und alle $x = (x_1, x_2, \ldots, x_n) \in L^n$. Ist $L' \subset L$ ein S–Untermodul, so ist $(L')^n$ offensichtlich ein R–Untermodul von L^n.

Lemma 1.13. (a) *Jeder R–Untermodul von L^n ist solch ein $(L')^n$.*

(b) *Ist L ein einfacher S–Modul, so ist L^n ein einfacher R–Modul.*

(c) *Seien L_1 und L_2 zwei S–Moduln. Ist $\varphi \colon L_1 \to L_2$ eine S–lineare Abbildung, so ist*

$$\varphi^n \colon L_1^n \longrightarrow L_2^n \quad mit \quad (x_1, x_2, \ldots, x_n) \mapsto (\varphi(x_1), \varphi(x_2), \ldots, \varphi(x_n))$$

ein Homomorphismus von R–Moduln. Die Abbildung

$$\mathrm{Hom}_S(L_1, L_2) \longrightarrow \mathrm{Hom}_R(L_1^n, L_2^n), \qquad \varphi \mapsto \varphi^n$$

ist ein Isomorphismus von abelschen Gruppen; im Fall $L_1 = L_2$ ist sie ein Ringhomomorphismus.

Beweis: (a) Sei $N \subset L^n$ ein R–Untermodul. Für $1 \le i \le n$ sei $p_i \colon L^n \to L$ die Projektion auf die i–te Komponente. Für alle j und k bezeichne E_{jk} die Matrix in $M_n(S) = R$ mit (j, k)–Eintrag 1 und allen anderen Einträgen 0. Die Definition von Ax impliziert für alle $x = (x_1, x_2, \ldots, x_n) \in L^n$, daß $E_{jk}\,x = (0, \ldots, x_k, \ldots, 0)$, wobei hier x_k an der j–ten Stelle steht. Es gilt daher $p_j(E_{jk}\,x) = p_k(x)$. Da $N \subset L^n$ ein R–Untermodul ist, gilt $E_{jk} N \subset N$, also folgt $p_k(N) \subset p_j(N)$. Aus Symmetriegründen muß $p_k(N) = p_j(N)$ sein. Es gibt daher eine Teilmenge $L' \subset L$ mit $L' = p_i(N)$ für alle i. Offensichtlich ist L' ein S–Untermodul von L mit $N \subset (L')^n$. Sei umgekehrt $v = (v_1, v_2, \ldots, v_n) \in (L')^n$. Wegen $L' = p_1(N)$ gibt es für alle i ein $z_i = (z_{i1}, z_{i2}, \ldots, z_{in}) \in N$ mit $z_{i1} = v_i$. Nun ist $E_{i1} z_i = (0, \ldots, v_i, \ldots, 0) \in N$, wobei v_i an der i–ten Stelle steht. Daher ist $v = \sum_{i=1}^n E_{i1} z_i \in N$. Somit erhalten wir $N = (L')^n$, also die Behauptung.

(b) Dies ist klar nach (a).

(c) Daß φ^n ein Homomorphismus von R–Moduln ist, rechnet man leicht nach, ebenso, daß $\varphi \mapsto \varphi^n$ ein injektiver Homomorphismus additiver Gruppen (bzw. von Ringen) ist.

Um die Surjektivität zu erhalten, betrachten wir $\psi \in \mathrm{Hom}_R(L_1^n, L_2^n)$. Es gibt eine Abbildung $\varphi \colon L_1 \to L_2$ mit $E_{11}\,\psi(y, 0, \ldots, 0) = (\varphi(y), 0, \ldots, 0)$ für alle $y \in L_1$. Man rechnet leicht nach, daß $\varphi \in \mathrm{Hom}_S(L_1, L_2)$. Weiter gilt für alle $x = (x_1, x_2, \ldots, x_n) \in L_1^n$

$$\psi(x) = \sum_{i=1}^n \psi(E_{i1} E_{11}(x_i, 0, \ldots, 0)) = \sum_{i=1}^n E_{i1} E_{11} \psi(x_i, 0, \ldots, 0)$$
$$= (\varphi(x_1), \varphi(x_2), \ldots, \varphi(x_n)),$$

also $\psi = \varphi^n$. $\qquad\qquad\qquad\qquad\qquad\qquad\qquad\qquad\qquad\qquad\qquad$ $\square$

Bemerkung: Für einen Divisionsring D folgt aus (b), daß D^n ein einfacher Modul über $M_n(D)$ ist, weil D ein einfacher Modul über sich selbst ist.

Lemma 1.14. *Seien S ein Ring und $n > 0$ eine ganze Zahl. Der Ring $\operatorname{End}_{M_n(S)}(S^n)$ ist zu dem Ring S^{op} isomorph. Das Zentrum $Z(M_n(S))$ von $M_n(S)$ ist gleich $Z(S)\,1$.*

Beweis: Wir haben nach VII.1.4 einen Ringisomorphismus $S^{\mathrm{op}} \xrightarrow{\sim} \operatorname{End}_S S$, der jedem $a \in S$ die Multiplikation mit a von rechts zuordnet. Nun gibt uns Lemma 1.13.c einen Ringisomorphismus $S^{\mathrm{op}} \xrightarrow{\sim} \operatorname{End}_{M_n(S)}(S^n)$, der jedem $a \in S$ die Abbildung $\rho_a \colon S^n \to S^n$ mit $(a_1, a_2, \ldots, a_n) \mapsto (a_1 a, a_2 a, \ldots, a_n a)$ zuordnet.

Für jedes $A \in Z(M_n(S))$ ist $v \mapsto Av$ ein Element von $\operatorname{End}_{M_n(S)}(S^n)$, also gibt es ein $a \in S$ mit $Av = \rho_a(v)$ für alle $v \in S^n$. Wenden wir dies auf alle v von der Form $(0, \ldots, 0, 1, 0, \ldots, 0)$ an, so folgt $A = \sum_{i=1}^n a E_{ii} = a\,1$. Für beliebiges $(a_1, a_2, \ldots, a_n) \in S^n$ folgt nun

$$(a a_1, a a_2, \ldots, a a_n) = Av = \rho_a(v) = (a_1 a, a_2 a, \ldots, a_n a).$$

Daraus erhält man $a \in Z(S)$. Damit haben wir $Z(M_n(S)) \subset Z(S)\,1$ gezeigt; die umgekehrte Inklusion ist klar. $\qquad\square$

1.15. Sei M ein R–Modul; setze $A = \operatorname{End}_R(M)$. Für jeden R–Modul M' ist dann $\operatorname{Hom}_R(M, M')$ ein A–Rechtsmodul vermöge

$$(f\varphi)(x) = f(\varphi(x))$$

für alle $f \in \operatorname{Hom}_R(M, M')$, $\varphi \in \operatorname{End}_R(M)$ und $x \in M$, d.h., wir setzen $f\varphi = f \circ \varphi$.

Für eine direkte Summe $\bigoplus_{i \in I} N_i$ von R–Moduln haben wir eine Abbildung

$$\bigoplus_{i \in I} \operatorname{Hom}_R(M, N_i) \longrightarrow \operatorname{Hom}_R(M, \bigoplus_{i \in I} N_i); \qquad (1)$$

man ordnet jeder Familie $(f_i)_{i \in I}$ mit $f_i \in \operatorname{Hom}_R(M, N_i)$ die Abbildung $f \colon M \to \bigoplus_{i \in I} N_i$ mit $f(x) = (f_i(x))_{i \in I}$ zu. Dies ist offensichtlich ein injektiver Homomorphismus von A–Rechtsmoduln.

Behauptung: Ist M endlich erzeugbar (z.B. einfach) über R, so ist (1) bijektiv.

Beweis: Sei $M = \sum_{j=1}^n R x_j$. Für jeden Homomorphismus $f \colon M \to \bigoplus_{i \in I} N_i$ sei $f_i \colon M \to N_i$ die Komposition von f mit der Projektion auf die i–te Koordinate. Es gilt also $f(x) = (f_i(x))_{i \in I}$ für alle $x \in M$. Für alle j ist die Menge der i mit $f_i(x_j) \neq 0$ endlich. Die Menge I' aller i, für die es ein j mit $f_i(x_j) \neq 0$ gibt, ist daher ebenfalls endlich. Für alle $i \notin I'$ gilt $f_i(x_j) = 0$ für alle j, also $f_i = 0$. Also ist $(f_i)_{i \in I}$ ein Element von $\bigoplus_{i \in I} \operatorname{Hom}_R(M, N_i)$ und wird in (1) auf f abgebildet.

Satz 1.16. *Es seien M ein einfacher R–Modul und N ein endlich erzeugbarer halbeinfacher R–Modul. Dann ist $\mathrm{Hom}_R(M, N)$ als
Rechtsmodul über $\mathrm{End}_R(M)$ frei von endlichem Rang. Für jede Zerlegung $N = N_1 \oplus N_2 \oplus \cdots \oplus N_r$ von N als direkte Summe einfacher
R–Moduln ist die Anzahl der i mit $N_i \cong M$ gleich dem Rang von
$\mathrm{Hom}_R(M, N)$ über $\mathrm{End}_R(M)$.*

Beweis: Sei $N = \bigoplus_{i=1}^r N_i$ eine beliebige Zerlegung von N als direkte
Summe einfacher R–Moduln. Wir haben dann einen Isomorphismus wie
in 1.15(1). Ist N_i nicht zu M isomorph, so gilt $\mathrm{Hom}_R(M, N_i) = 0$. Ist N_i
zu M isomorph, so wählen wir einen Isomorphismus $g_i \colon M \xrightarrow{\sim} N_i$. Dann ist
$\mathrm{Hom}_R(M, N_i) = g_i A$ mit $A = \mathrm{End}_R(M)$, denn für jedes $g \in \mathrm{Hom}_R(M, N_i)$
ist $g_i^{-1} \circ g \in A$ mit $g = g_i(g_i^{-1} \circ g)$. Da A in diesem Fall ein Schiefkörper
ist, ist $g_i A \cong A$ als A–Rechtsmodul. Daher induziert 1.15(1) in diesem Fall
einen Isomorphismus

$$A^{(I(M))} \cong \mathrm{Hom}_R(M, \bigoplus_{i \in I} N_i) \tag{1}$$

von A–Rechtsmoduln, wobei $I(M)$ die Menge aller $i \in I$ mit $M \cong N_i$ ist.
Daraus folgt die Behauptung. $\square$

Bemerkung: Jeder Modul (Rechts- wie Links-) über $\mathrm{End}_R(M)$ ist frei, da
$\mathrm{End}_R(M)$ ein Divisionsring ist. Das folgt etwas später aus Satz 2.3, könnte
aber auch direkt wie bei Körpern bewiesen werden. Der springende Punkt
bei Satz 1.16 ist also nicht die Freiheit, sondern die Bestimmung des Rangs
(eindeutig bestimmt, weil der Divisionsring $\mathrm{End}_R(M)$ noethersch ist). Diese
impliziert insbesondere, daß die Anzahl der einfachen Summanden isomorph
zu M unabhängig von der gewählten Zerlegung ist. Diese Anzahl wird die
Multiplizität von M in N genannt.

§ 2   Halbeinfache Ringe

Definition 2.1. Ein Ring heißt *halbeinfach*, wenn er als Modul über sich
selbst halbeinfach ist. (Die Modulstruktur hier ist die als Linksmodul unter
Linksmultiplikation.)

Beispiele 2.2. (1) Ein Körper oder, allgemeiner, ein Divisionsring ist als
Modul über sich einfach, also ein halbeinfacher Ring.

(2) Sind R_1, R_2 halbeinfache Ringe, so ist auch ihr direktes Produkt $R_1 \times R_2$
halbeinfach: Zunächst ist $R_1 \times R_2 = (R_1 \times \{0\}) \oplus (\{0\} \times R_2)$ als Modul über
$R_1 \times R_2$. Ferner sind (z.B.) die $(R_1 \times R_2)$–Untermoduln von $R_1 \times \{0\}$ genau
alle $M \times \{0\}$ mit M ein R_1–Untermodul von R_1. Ist dabei M einfach
über R_1, so ist $M \times \{0\}$ einfach über $R_1 \times R_2$. Ist $R_1 = \bigoplus_{i \in I} M_i$, so ist
$R_1 \times \{0\} = \bigoplus_{i \in I} M_i \times \{0\}$. Daraus und aus den entsprechenden Eigenschaften
von $\{0\} \times R_2$ folgt die Behauptung leicht.

(3) Ist D ein Divisionsring, so ist für alle ganzen Zahlen $r \geq 1$ der Matrizenring $M_r(D)$ ein halbeinfacher Ring. Es ist nämlich $M_r(D) = \bigoplus_{i=1}^r N_i$, wobei N_i die Menge aller Matrizen in $M_r(D)$ bezeichnet, wo alle Einträge außerhalb der i-ten Spalte gleich Null sind. Die Abbildung

$$D^r \longrightarrow N_i, \qquad (a_1, a_2, \dots, a_r) \longmapsto \begin{pmatrix} 0 & \cdots & 0 & a_1 & 0 & \cdots & 0 \\ 0 & \cdots & 0 & a_2 & 0 & \cdots & 0 \\ \vdots & & \vdots & \vdots & \vdots & & \vdots \\ 0 & \cdots & 0 & a_r & 0 & \cdots & 0 \end{pmatrix}$$

ist ein Isomorphismus von $M_r(D)$-Moduln, wenn wir D^r als $M_r(D)$-Modul wie in 1.12 betrachten. Weil D^r nach Lemma 1.13.b ein einfacher Modul ist, folgt die Behauptung.

(4) Ist R ein Integritätsbereich, der kein Körper ist, so ist R nicht halbeinfach. Es kann R nämlich keinen einfachen Untermodul enthalten: Ist $I \subset R$ ein Ideal, $I \neq 0$, so ist für jedes $a \in I$, $a \neq 0$ das Hauptideal Ra ein zu R isomorpher Untermodul von I, also I nicht einfach, weil R als Modul über sich selbst nicht einfach ist.

Satz 2.3. *Sei R ein halbeinfacher Ring.*

(a) *Jeder R-Modul ist halbeinfach.*

(b) *Es gibt nur endlich viele Isomorphieklassen einfacher R-Moduln.*

Beweis: (a) Jeder freie R-Modul ist ein halbeinfacher R-Modul, weil er direkte Summe von Kopien des halbeinfachen R-Moduls R ist. Ein beliebiger R-Modul ist ein Faktormodul eines freien R-Moduls, also halbeinfach nach Korollar 1.8.

(b) Weil R als Modul über sich endlich erzeugbar ist, können wir R als endliche direkte Summe $R = N_1 \oplus N_2 \oplus \cdots \oplus N_r$ von einfachen R-Moduln N_i schreiben. Ist N ein beliebiger einfacher R-Modul, so gibt es einen surjektiven Homomorphismus $\varphi: R \to N$. Dann gibt es ein i mit $\varphi(N_i) \neq 0$; aus Lemma 1.10.c folgt nun $N_i \cong N$. □

Bemerkung: Ist D ein Divisionsring, so ist jeder einfache D-Modul zu D isomorph, siehe Beispiel 1.2(1). Weil D ein halbeinfacher Ring ist, folgt aus Satz 2.3.a, daß jeder D-Modul frei ist.

Satz 2.4. *Seien $D_1, D_2, \dots, D_n$ Divisionsringe und $r_1, r_2, \dots, r_n \geq 1$ ganze Zahlen. Dann ist das direkte Produkt*

$$R = M_{r_1}(D_1) \times M_{r_2}(D_2) \times \cdots \times M_{r_n}(D_n)$$

ein halbeinfacher Ring. Es gibt n Isomorphieklassen von einfachen R-Moduln. Man kann Repräsentanten $E_1, E_2, \dots, E_n$ für diese Isomorphieklassen so numerieren, daß $D_i \cong \operatorname{End}_R(E_i)^{\mathrm{op}}$ für alle i und $R \cong \bigoplus_{i=1}^n E_i^{r_i}$.

Beweis: Aus den Beispielen 2.2 folgt, daß R ein halbeinfacher Ring ist. Wir bezeichnen mit $p_i \colon R \to M_{r_i}(D_i)$ die Projektionsabbildungen, so daß $a = (p_1(a), \dots, p_n(a))$ für alle $a \in R$. Für alle i setzen wir $E_i = D_i^{r_i}$. Dies ist nach 1.13/14 ein einfacher $M_{r_i}(D_i)$–Modul mit $D_i \cong \operatorname{End}_{M_{r_i}(D_i)}(E_i)^{\mathrm{op}}$. Ein jeder $M_{r_i}(D_i)$–Modul N wird durch $a \cdot x = p_i(a)x$ für alle $a \in R$ und $x \in N$ zu einem R–Modul. Insbesondere wird E_i so zu einem einfachen R–Modul; der Isomorphismus von $M_{r_i}(D_i)$–Moduln $M_{r_i}(D_i) \cong E_i^{r_i}$ von Beispiel 2.2(3) ist dann ein Isomorphismus von R–Moduln. Daraus folgt, daß R als Modul über sich zu $\bigoplus_{i=1}^n M_{r_i}(D_i) \cong \bigoplus_{i=1}^n E_i^{r_i}$ isomorph ist. Daher ist jeder einfache R–Modul zu einem E_i isomorph. Das Element $e_i \in R$ mit $p_i(e_i) = 1$ und $p_j(e_i) = 0$ für $i \neq j$ wirkt auf E_i als Identität, aber als 0 auf allen E_j mit $j \neq i$. Daraus folgt, daß die E_i paarweise nicht isomorph sind, also Repräsentanten für die Isomorphieklassen einfacher R–Moduln. Schließlich ist $D_i \cong \operatorname{End}_{M_{r_i}(D_i)}(E_i)^{\mathrm{op}} \cong \operatorname{End}_R(E_i)^{\mathrm{op}}$.   □

2.5. Wir wollen zeigen, daß jeder halbeinfache Ring R zu einem direkten Produkt wie in Satz 2.4 isomorph ist. Dazu werden wir den Isomorphismus $\operatorname{End}_R(R) \cong R^{\mathrm{op}}$ ausnützen. Zunächst betrachten wir allgemeiner $\operatorname{End}_R(M)$ für einen endlich erzeugbaren halbeinfachen Modul M über einem beliebigen Ring R.

Seien also R ein beliebiger Ring und M ein endlich erzeugbarer halbeinfacher R–Modul. Dann ist M endliche direkte Summe einfacher Moduln. Fassen wir dabei isomorphe Summanden zusammen, erhalten wir eine Zerlegung

$$M = M_1 \oplus M_2 \oplus \cdots \oplus M_n,$$

so daß es einfache R–Moduln $E_1, E_2, \dots, E_n$ und natürliche Zahlen $r_1, r_2, \dots, r_n$ gibt, so daß $M_i \cong E_i^{r_i}$ für alle i und so daß E_i, E_j für $i \neq j$ nicht isomorph zu einander sind. In dieser Situation gilt:

> **Lemma 2.6.** *Für jedes $\varphi \in \operatorname{End}_R(M)$ gilt $\varphi(M_i) \subset M_i$ für alle i. Die Abbildung $\varphi \mapsto (\varphi_{|M_1}, \varphi_{|M_2}, \dots, \varphi_{|M_n})$ ist ein Ringisomorphismus*

$$\operatorname{End}_R(M) \xrightarrow{\;\sim\;} \operatorname{End}_R(M_1) \times \operatorname{End}_R(M_2) \times \cdots \times \operatorname{End}_R(M_n).$$

Beweis: Zunächst gilt $\operatorname{Hom}_R(E_i, E_j) = 0$ für $i \neq j$, vgl. Lemma 1.11.a. Daraus folgt für alle $r, s \in \mathbb{N}$, daß $\operatorname{Hom}_R(E_i^r, E_j^s) = 0$ für $i \neq j$ ist. (Ist $q_k \colon E_i \to E_i^r$ die Inklusion des k–ten Summanden und ist $p_l \colon E_j^s \to E_j$ die Projektion auf den l–ten Summanden, so erhalten wir $p_l \circ \varphi \circ q_k = 0$ für alle $\varphi \in \operatorname{Hom}_R(E_i^r, E_j^s)$; daraus folgt $\varphi = 0$.) Wegen $M_i \cong E_i^{r_i}$ und $M_j \cong E_j^{r_j}$ folgt nun $\operatorname{Hom}_R(M_i, M_j) = 0$ für $i \neq j$.

Sind nun $\iota_i \colon M_i \to M$ und $\pi_i \colon M \to M_i$ die Inklusion und Projektion bezüglich unserer gegebenen Zerlegung (für jedes i), so gilt $\pi_j \circ \varphi \circ \iota_i = 0$ für alle $\varphi \in \operatorname{End}_R(M)$ und alle $i \neq j$. Dies impliziert $\varphi(M_i) = \varphi \circ \iota_i(M_i) \subset M_i$ für alle i.

Damit ist klar, daß $\varphi \mapsto (\varphi_{|M_i})_{1 \le i \le n}$ ein wohldefinierter Ringhomomorphismus von $\mathrm{End}_R(M)$ in das Produkt der $\mathrm{End}_R(M_i)$ ist. Außerdem folgt die Injektivität unmittelbar. Ist umgekehrt $\varphi_i \in \mathrm{End}_R(M_i)$ für alle i gegeben, so können wir offensichtlich $\varphi \colon M \to M$ durch $\varphi_{|M_i} = \varphi_i$ für alle i definieren; die Surjektivität folgt. $\qquad\square$

Bemerkung: Der Beweis zeigt übrigens auch, daß für jeden Homomorphismus $\psi \colon E_i \to M$ von R–Moduln das Bild $\psi(E_i)$ in M_i enthalten ist. Es folgt, daß M_i die Summe aller zu E_i isomorphen Untermoduln von M ist. Insbesondere ist M_i so eindeutig bestimmt und unabhängig von der Konstruktion über eine Zerlegung von M als direkte Summe einfacher Moduln. Man nennt M_i die *isotypische Komponente* von M vom Typ E_i. (Diese Definition läßt sich übrigens auch auf halbeinfache Moduln ausdehnen, die nicht endlich erzeugbar sind.)

Lemma 2.7. *Es sei L ein Modul über einem Ring R. Setze $A = \mathrm{End}_R(L)$. Für alle $r \in \mathbb{N}$ ist dann $\mathrm{End}_R(L^r)$ zum Matrizenring $M_r(A)$ isomorph.*

Beweis: Jeder Matrix $(\varphi_{ij}) \in M_r(A)$ werde die Abbildung $\varphi \colon L^r \to L^r$ mit

$$\varphi(x_1, x_2, \ldots, x_n) = \left(\sum_{j=1}^{r} \varphi_{1j}(x_j), \sum_{j=1}^{r} \varphi_{2j}(x_j), \ldots, \sum_{j=1}^{r} \varphi_{rj}(x_j) \right)$$

zugeordnet. Man sieht leicht, daß φ eine R–lineare Abbildung ist und daß $(\varphi_{ij}) \mapsto \varphi$ ein Ringhomomorphismus ist. Ist umgekehrt $\psi \in \mathrm{End}_R(L^r)$, so gibt es Abbildungen $\psi_{ij} \colon L \to L$, so daß für alle $x \in L$

$$\psi(0, \ldots, 0, x, 0, \ldots, 0) = (\psi_{1i}(x), \psi_{2i}(x), \ldots, \psi_{ni}(x))$$

ist, wobei links x an der i-ten Stelle steht. Man rechnet leicht nach, daß $\psi_{ji} \in \mathrm{End}_R(L)$ für alle i und j und daß $\psi \mapsto (\psi_{ji})$ die Umkehrabbildung zur obigen Abbildung ist. $\qquad\square$

Bemerkung: Ist K ein Körper, so ist $\mathrm{End}_K(K) = K$, und das Lemma sagt in diesem Fall, daß $\mathrm{End}_K(K^n) \cong M_n(K)$. Das Lemma ist also eine Verallgemeinerung dieses wohlbekannten Satzes der Linearen Algebra.

Satz 2.8. *Sei M ein halbeinfacher Modul ungleich 0 über einem Ring R. Dann gibt es Divisionsringe $D_1, D_2, \ldots, D_n$ und positive ganze Zahlen $r_1, r_2, \ldots, r_n$ mit*

$$\mathrm{End}_R(M) \cong M_{r_1}(D_1) \times M_{r_2}(D_2) \times \cdots \times M_{r_n}(D_n).$$

Beweis: Wir betrachten eine Zerlegung von M wie vor Lemma 2.6. Setze $D_i = \mathrm{End}_R(E_i)$ für alle i. Dies ist nach Schurs Lemma ein Divisionsring. Aus Lemma 2.7 folgt $\mathrm{End}_R(M_i) \cong \mathrm{End}_R(E_i^{r_i}) \cong M_{r_i}(D_i)$. Nun wende man Lemma 2.6 an. $\qquad\square$

Lemma 2.9. *Es seien A ein Ring und n eine positive ganze Zahl. Dann ist $M_n(A)^{\mathrm{op}}$ als Ring zu $M_n(A^{\mathrm{op}})$ isomorph.*

Beweis: Man rechnet leicht nach, daß die Abbildung, die jeder Matrix ihre Transponierte zuordnet, ein Isomorphismus $M_n(A)^{\mathrm{op}} \xrightarrow{\sim} M_n(A^{\mathrm{op}})$ ist. $\square$

Satz 2.10. *Sei R ein halbeinfacher Ring. Es gibt Divisionsringe $D_1, D_2, \ldots, D_n$ und positive ganze Zahlen $r_1, r_2, \ldots, r_n$ mit*

$$ R \xrightarrow{\sim} M_{r_1}(D_1) \times M_{r_2}(D_2) \times \cdots \times M_{r_n}(D_n). $$

Beweis: Wir haben $R^{\mathrm{op}} \cong \mathrm{End}_R(R)$, also $R = (R^{\mathrm{op}})^{\mathrm{op}} \cong \mathrm{End}_R(R)^{\mathrm{op}}$. Weil R ein endlich erzeugbarer, halbeinfacher R–Modul ist, hat $\mathrm{End}_R(R)$ die Form wie in Satz 2.8. Es gilt offensichtlich $(R_1 \times R_2)^{\mathrm{op}} = R_1^{\mathrm{op}} \times R_2^{\mathrm{op}}$ für alle Ringe R_1, R_2. Daraus und aus Lemma 2.9 folgt nun, daß R zum direkten Produkt der $M_{r_i}(D_i^{\mathrm{op}})$ isomorph ist. Weil mit D_i auch D_i^{op} ein Divisionsring ist, folgt die Behauptung. $\square$

Bemerkung: Genauer wissen wir nun, daß ein Ring R genau dann halbeinfach ist, wenn er zu einem direkten Produkt wie im Satz isomorph ist. Daraus folgt im übrigen, daß R genau dann halbeinfach ist, wenn R^{op} dies ist. Bemerke, daß die Paare (D_i, r_i) in Satz 2.10 durch R eindeutig (bis auf Reihenfolge und Isomorphie) bestimmt sind. Dies folgt aus Satz 2.4.

Satz 2.11. *Sei $R = R_1 \times R_2 \times \cdots \times R_n$ ein halbeinfacher Ring, wobei jedes R_k zu einem Matrizenring $M_{r_k}(D_k)$ über einem Divisionsring D_k isomorph ist. Dann sind die zweiseitigen Ideale von R die Produkte von Teilmengen von $\{R_1, R_2, \ldots, R_n\}$.*

Beweis: Man sieht leicht (sogar für ein beliebiges Produkt von Ringen), daß das Produkt über eine Teilmenge der R_k ein zweiseitiges Ideal in R ist.

Sei umgekehrt $J \subset R$ ein zweiseitiges Ideal. Weil R halbeinfach ist, können wir J als Linksideal in eine direkte Summe $J = \bigoplus_{k=1}^{s} E_k$ von einfachen Untermoduln (Linksidealen) zerlegen. Für jedes k gibt es ein $i(k)$ mit $E_k \cong D_{i(k)}^{r_{i(k)}}$. Nun ist R_i die isotypische Komponente von R vom Typ $D_i^{r_i}$, siehe 2.6. Daraus folgt $E_k \subset R_{i(k)}$ für alle k. Mit $I := \{i(k) \mid 1 \le k \le s\}$ gilt also $J \subset \prod_{i \in I} R_i$.

Wir behaupten, daß hier Gleichheit gilt. Sei $i \in I$; wähle k mit $i = i(k)$. Ist $E \subset R$ ein einfacher Untermodul von R mit $E \cong E_k$, so gibt es ein $\varphi \in \mathrm{End}_R(R)$ mit $\varphi(E_k) = E$. (Wegen der Halbeinfachheit von R ist E_k ein direkter Summand von R, und es gibt daher eine R–lineare Projektion $R \to E_k$. Diese setze man mit einem Isomorphismus von E_k auf E und der Inklusion von E in R zusammen.) Es ist φ die Multiplikation von rechts mit einem Element $a \in R$. Es folgt $E = E_k\, a \subset J a \subset J$, weil J ein zweiseitiges Ideal ist. Daher ist die ganze isotypische Komponente R_i vom Typ E_k in J enthalten. Damit erhalten wir $J = \prod_{i \in I} R_i$. $\square$

Bemerkung: Dieser Satz zeigt insbesondere für jeden Matrizenring $M_r(D)$ über einem Divisionsring D, daß (0) und $M_r(D)$ die einzigen zweiseitigen Ideale in $M_r(D)$ sind.

§ 3 Der Dichtesatz

Ist M ein Modul über einem beliebigen Ring R, so ist M ein Modul über dem Ring $S = \text{End}_R(M)$ vermöge $\alpha m = \alpha(m)$ für alle $\alpha \in S$ und $m \in M$. Für alle $a \in R$ ist dann die Skalarmultiplikation $\ell_a \colon M \to M$, $\ell_a(m) = am$ offensichtlich eine S–lineare Abbildung. Wir erhalten so einen („kanonischen") Ringhomomorphismus $R \to \text{End}_S(M)$, $a \mapsto \ell_a$.

Man kann auf $\text{End}_S(M)$ eine Topologie definieren, so daß der folgende Satz besagt, daß die Menge aller ℓ_a mit $a \in R$ dicht in $\text{End}_S(M)$ ist. Dies ist der Grund für den Namen *Dichtesatz*.

> **Satz 3.1.** (Jacobsons Dichtesatz) *Sei M ein halbeinfacher Modul über einem Ring R. Setze $S = \text{End}_R(M)$. Es gibt für alle $f \in \text{End}_S(M)$ und alle $x_1, x_2, \dots, x_r \in M$ ein Element $a \in R$ mit $ax_i = f(x_i)$ für alle i.*

Beweis: Wir betrachten zunächst den Fall $r = 1$. Weil M halbeinfach ist, gibt es einen Untermodul $N \subset M$ mit $M = N \oplus Rx_1$. Die Projektion $p \colon M \to Rx_1$ bezüglich dieser Zerlegung ist R–linear und kann (vermöge der Inklusion von Rx_1 in M) als Element von $S = \text{End}_R(M)$ aufgefasst werden. Wegen $f \in \text{End}_S(M)$ gilt nun $f(x_1) = f(p(x_1)) = pf(x_1) \in Rx_1$, d.h., es gibt $a \in R$ mit $f(x_1) = ax_1$.

Sei nun r beliebig. Setze $M' = M^r$ und $S' = \text{End}_R(M')$. Dann ist auch M' ein halbeinfacher R–Modul, und Lemma 2.7 liefert einen natürlichen Isomorphismus $M_r(S) \xrightarrow{\sim} S'$. Man sieht leicht, daß $f' \colon M' \to M'$ mit $f'(y_1, y_2, \dots, y_r) = (f(y_1), f(y_2), \dots, f(y_r))$ zu $\text{End}_{S'}(M')$ gehört. Wir wenden den Fall $r = 1$ auf M', S', f' und $x' = (x_1, x_2, \dots, x_r)$ an und erhalten ein $a \in R$ mit

$$ax' = (ax_1, ax_2, \dots, ax_r) = f'(x') = (f(x_1), f(x_2), \dots, f(x_r)),$$

also mit $ax_i = f(x_i)$ für alle i. $\qquad\square$

> **Korollar 3.2.** *Sei M ein halbeinfacher Modul über einem Ring R. Ist M als Modul über $S = \text{End}_R(M)$ endlich erzeugbar, so ist der kanonische Homomorphismus $R \to \text{End}_S(M)$ surjektiv.*

Beweis: Wir wählen im Satz $x_1, x_2, \dots, x_r$ als Erzeugende von M über S und erhalten dann im Satz $f = \ell_a$. $\qquad\square$

Definition 3.3. Ein Modul M über einem Ring R heißt *treu*, wenn es für alle $a \in R$, $a \neq 0$ ein $x \in M$ mit $ax \neq 0$ gibt. (In der Notation der Bemerkung zu VII.1.1 bedeutet dies, daß $\ell_a \neq 0$ für alle $a \in R$, $a \neq 0$. Äquivalent: Die Abbildung $R \to \text{End}(M)$, $a \mapsto \ell_a$ ist injektiv.)

Korollar 3.4. (Wedderburn) *Es sei M ein einfacher und treuer Modul über einem Ring R. Ist M als Modul über dem Divisionsring $D = \mathrm{End}_R(M)$ endlich erzeugbar, so ist R isomorph zu $\mathrm{End}_D(M)$.*

Dies ist nun nach Korollar 3.2 klar. Wir können genauer sagen: Da über dem Divisionsring D alle Moduln frei sind, gibt es ein $n \in \mathbb{N}$ mit $M \cong D^n$. Dann folgt nun (mit Lemma 2.7) $R \cong M_n(D^{\mathrm{op}})$.

§ 4   Algebren

Definition 4.1. Sei A ein kommutativer Ring. Eine „nicht–notwendig assoziative" *Algebra* über A ist ein A–Modul M versehen mit einer Verknüpfung $M \times M \to M$, $(x, y) \mapsto xy$, so daß für alle $x, y, z \in M$ und $a \in A$ gilt:

$$x(y + z) = xy + xz,$$
$$(x + y)z = xz + yz,$$
$$(ax)y = a(xy) = x(ay).$$

(Man sagt kurz: Die Algebrenmultiplikation $(x, y) \mapsto xy$ ist *bilinear*.)

Im folgenden werden wir nur solche Algebren betrachten, die Ringe (mit Eins) bezüglich der gegebenen Addition und der Algebrenmultiplikation sind. Das bedeutet also, daß die Multiplikation zusätzlich das assoziative Gesetz erfüllen muß und ein neutrales Element haben muß. Wir nennen solche assoziativen Algebren mit 1 von nun an kurz A–Algebren. Eine *Unteralgebra* ist dann ein Unterring, der auch ein A–Untermodul ist. Eine A–Algebra, die ein Divisionsring ist, nennen wir eine *A–Divisionsalgebra*.

Zum Beispiel sind alle Polynomringe $A[X_1, X_2, \ldots, X_n]$ und alle Matrizenringe $M_n(A)$ Beispiele für A–Algebren. Ist M ein A–Modul, so ist $\mathrm{End}_A(M)$ eine A–Algebra.

4.2. Ist R eine A–Algebra, so ist die Abbildung $\iota\colon A \to R$ mit $a \mapsto a1$ ein Ringhomomorphismus, wobei 1 das neutrale Element in R ist. Hier folgt die Additivität, also $\iota(a + b) = \iota(a) + \iota(b)$, aus den Modulaxiomen, und die Multiplikativität folgt aus

$$(a1)(b1) = a(1(b1)) = a(b1) = (ab)1.$$

Schließlich gilt $\iota(1_A) = 1_A 1_R = 1_R$ nach einem der Modulaxiome. Genauer nimmt ι Werte im Zentrum $Z(R)$ an: Wir haben für alle $a \in A$ und $x \in R$

$$\iota(a)x = (a1)x = a(1x) = ax = a(x1) = x(a1) = x\iota(a).$$

Sind umgekehrt R ein Ring und $\iota\colon A \to Z(R)$ ein Ringhomomorphismus, so wird R zu einer A–Algebra (mit der gegebenen Addition und Multiplikation), wenn wir die Skalarmultiplikation $A \times R \to R$ durch $(a, x) \mapsto \iota(a)x$ erklären. (Die Axiome sind leicht nachzurechnen.)

Sind R eine A–Algebra und M ein R–Modul, so ist M durch „Restriktion der Skalare" auch ein A–Modul: Wir setzen $ax = (a1_R)x$ für alle $a \in A$ und $x \in M$. Für alle $a \in A$ gehört dann die Abbildung $a\,\mathrm{Id}_M : M \to M$, $x \mapsto ax$ zu $\mathrm{End}_R(M)$, weil $a1_R$ mit allen Elementen in R kommutiert. Setze $S = \mathrm{End}_R(M)$. Dann gehört $a\,\mathrm{Id}_M$ zum Zentrum von S, weil jedes Element in S mit der Skalarmultiplikation mit $a1_R \in R$ kommutiert. Es folgt, daß $a \mapsto a\,\mathrm{Id}_M$ ein Ringhomomorphismus von A in das Zentrum von S ist, so daß S auf diese Weise eine natürliche Struktur als A–Algebra erhält.

4.3. Wir wollen nun speziell Algebren über Körpern betrachten und wählen einen Körper K fest. Seien R eine K–Algebra und M ein R–Modul; setze $S = \mathrm{End}_R(M)$. Wie oben bemerkt, ist M auch ein Vektorraum über K, während S eine K–Algebra ist.

Ist nun M als Vektorraum über K endlich dimensional, so auch S. Es gilt nämlich $S = \mathrm{End}_R(M) \subset \mathrm{End}_K(M)$; hat M Dimension n über K, so gilt $\mathrm{End}_K(M) \cong M_n(K)$, also ist diese Algebra endlich dimensional.

Ist R endlich dimensional über K, so hat jeder einfache R–Modul endliche Dimension über K, weil er ein homomorphes Bild von R als R–Modul ist.

Satz 4.4. *Es seien R eine endlich dimensionale K–Algebra über einem Körper K und M ein einfacher R–Modul. Setze $D = \mathrm{End}_R(M)$. Dann ist der natürliche Homomorphismus $R \to \mathrm{End}_D(M)$ surjektiv.*

Beweis: Nach Korollar 3.2 reicht es zu zeigen, daß M über D endlich erzeugbar ist. Das folgt aber, weil M schon über $K \cong K\,\mathrm{Id}_M \subset D$ endlich erzeugbar ist. $\qquad\qquad\square$

Bemerkungen: (1) Weil D ein Divisionsring ist, gibt es oben ein $n \in \mathbb{N}$ mit $M \cong D^n$ als D–Modul. Dann gilt $\mathrm{End}_D(M) \cong M_n(D^{\mathrm{op}})$.

(2) Ist oben M ein treuer R–Modul, so erhalten wir nun $R \cong \mathrm{End}_D(M) \cong M_n(D^{\mathrm{op}})$, wie in Korollar 3.4. Ist zusätzlich das Zentrum von R gleich K (genauer: gleich $K1_R$), so ist auch das Zentrum von D gleich K (genauer: gleich $K\,\mathrm{Id}_M$). Denn: Jedes $\alpha \in Z(D) = Z(\mathrm{End}_R(M))$ gehört zu $\mathrm{End}_D(M)$. Also gibt es $a \in R$ mit $\alpha = \ell_a$, die Skalarmultiplikation mit a. Wegen $\ell_a \in \mathrm{End}_R(M)$ kommutiert ℓ_a mit jedem ℓ_b, $b \in R$. Weil M treu ist, bedeutet dies $a \in Z(R) = K \cdot 1_R$, also $\alpha \in K\,\mathrm{Id}_M$. Die umgekehrte Inklusion ist trivial.

(3) Man nennt einen Ring R *einfach*, wenn $R \neq 0$ und wenn (0) und R die einzigen zweiseitigen Ideale von R sind. Über einem einfachen Ring R sind alle Moduln M ungleich 0 treu, weil der Kern des Homomorphismus $R \to \mathrm{End}(M)$ ein zweiseitiges Ideal ungleich R ist. Eine einfache, endlich

dimensionale K–Algebra R ist also nach den vorangehenden Bemerkungen zu einem Matrizenring $M_n(D)$ isomorph, wobei D eine endlich dimensionale K–Divisonsalgebra ist. Gilt außerdem $Z(R) = K\,1_R$, so ist $Z(D) = K\,1_D$.

Lemma 4.5. *Es seien K ein algebraisch abgeschlossener Körper, R eine K–Algebra und M ein einfacher R–Modul. Wenn M endlich dimensional über K ist, so gilt $\mathrm{End}_R(M) = K\,Id_M \cong K$.*

Beweis: Sei $\varphi \in \mathrm{End}_R(M) \subset \mathrm{End}_K(M)$. Aus den Voraussetzungen folgt, daß φ als K–lineare Abbildung einen Eigenwert haben muß. Es gibt also $a \in K$ mit $\ker(\varphi - a\,\mathrm{Id}_M) \neq 0$. Nun ist $\varphi - a\,\mathrm{Id}_M$ eine R–lineare Abbildung, also der Kern ein Untermodul. Wegen der Einfachheit von M muß $\ker(\varphi - a\,\mathrm{Id}_M) = M$ sein, also $\varphi = a\,\mathrm{Id}_M \in K\,\mathrm{Id}_M$. $\square$

Bemerkung: Dies ist das eigentliche Lemma von Schur, vgl. Lemma 1.11.

Lemma 4.6. (Burnside) *Seien K ein algebraisch abgeschlossener Körper, V ein endlich dimensionaler Vektorraum über K und R eine Unteralgebra von $\mathrm{End}_K(V)$. Wenn V als R–Modul einfach ist, so gilt $R = \mathrm{End}_K(V)$.*

Beweis: Lemma 4.5 impliziert, daß $\mathrm{End}_R(V) = K\,\mathrm{Id}_V$. Also ist nach Satz 4.4 die Inklusion $R \hookrightarrow \mathrm{End}_K(V)$ surjektiv. $\square$

Satz 4.7. (Molien) *Seien K ein algebraisch abgeschlossener Körper und R eine endlich dimensionale K–Algebra, die als Ring halbeinfach ist.*

(a) *Es gibt positive ganze Zahlen $n_1, n_2, \ldots, n_r$ mit*

$$R \cong M_{n_1}(K) \times M_{n_2}(K) \times \cdots \times M_{n_r}(K).$$

(b) *Es gibt bis auf Isomorphie r einfache R–Moduln $E_1, E_2, \ldots, E_r$. Bei geeigneter Numerierung gilt $\dim_K E_i = n_i$. Als R–Modul ist R zu $\bigoplus_{i=1}^{r} E_i^{n_i}$ isomorph. Es gilt $\dim_K R = \sum_{i=1}^{r} n_i^2$.*

(c) *Das Zentrum von R hat Dimension r über K.*

Beweis: Wegen $\dim_K R < \infty$ gilt auch $\dim_K E < \infty$ für jeden einfachen R–Modul E, also $\mathrm{End}_R(E) \cong K$ nach Lemma 4.5. Nun folgen (a) und (b) aus Satz 2.10 und Satz 2.4. Um (c) aus (a) zu folgern, müssen wir wissen, daß für jedes n das Zentrum von $M_n(K)$ Dimension 1 hat, also aus den K–Vielfachen der Einheitsmatrix besteht. Dies gilt nach Lemma 1.14; man kann es auch elementar nachrechnen. $\square$

§ 5 Gruppenalgebren

Als Beispiele für halbeinfache Ringe, deren Halbeinfachheit nicht sofort offensichtlich ist, wollen wir hier (bestimmte) Gruppenalgebren betrachten.

Seien A ein kommutativer Ring und G eine endliche Gruppe. Die *Gruppenalgebra* $A[G]$ von G über A ist ein freier A–Modul vom Rang $|G|$ mit einer Basis $(\varepsilon_g)_{g \in G}$ und einer Multiplikation gegeben durch

$$\Big(\sum_{g \in G} a_g \varepsilon_g \Big) \Big(\sum_{g \in G} b_g \varepsilon_g \Big) = \sum_{g,h \in G} a_g b_h \varepsilon_{gh}$$

für alle $a_g, b_h \in A$. (Man rechnet leicht die Axiome nach. Das neutrale Element für die Multiplikation ist ε_e, wobei $e \in G$ das neutrale Element ist.)

Alternativ kann man $A[G]$ als die Menge aller Abbildungen $f \colon G \to A$ beschreiben, wenn man die Addition durch $(f_1 + f_2)(g) = f_1(g) + f_2(g)$, die Skalarmultiplikation durch $(af)(g) = af(g)$ und die Algebrenmultiplikation durch $(f_1 f_2)(g) = \sum_{h \in G} f_1(h) f_2(h^{-1} g)$ erklärt. Dann bezeichnet man (für jedes $g \in G$) mit ε_g die Funktion mit $\varepsilon_g(y) = 1$ und $\varepsilon_g(h) = 0$ für alle $h \neq g$.

Betrachten wir insbesondere den Fall $A = K$ mit einem Körper K. Eine *Darstellung* von G über K ist ein Homomorphismus $\rho \colon G \to GL(V)$ von Gruppen, wobei V ein Vektorraum über K ist. Ist eine solche Darstellung gegeben, so wird V zu einem $K[G]$–Modul vermöge

$$\Big(\sum_{g \in G} a_g \varepsilon_g \Big) v = \sum_{g \in G} a_g \, \rho(g)(v)$$

für alle $v \in V$ und $a_g \in K$. Ist umgekehrt M ein $K[G]$–Modul, so ist M insbesondere ein Vektorraum über K, und wir erhalten eine Darstellung $\sigma \colon G \to GL(M)$, wenn wir

$$\sigma(g)(x) = \varepsilon_g \, x$$

für alle $g \in G$ und $x \in M$ setzen. Auf diese Weise sieht man, daß die Theorie der $K[G]$–Moduln zur Darstellungstheorie von G über K äquivalent ist.

Satz 5.1. (Maschke) *Ist K ein Körper, dessen Charakteristik die Ordnung $|G|$ der Gruppe G nicht teilt, so ist $K[G]$ ein halbeinfacher Ring.*

Beweis: Wir wollen zeigen, daß jeder $K[G]$–Modul halbeinfach ist; dann folgt dies insbesondere für $K[G]$ selbst.

Seien M ein $K[G]$–Modul und N ein Untermodul von M. Wir behaupten, daß ein Untermodul $N' \subset M$ mit $M = N' \oplus N$ existiert. Da N beliebig ist, erhalten wir dann nach Satz 1.6 die Halbeinfachheit von M.

Zunächst wissen wir, daß M als Vektorraum über K halbeinfach ist. Daher gibt es einen Unterraum N_1 von M mit $M = N_1 \oplus N$. Sei $\pi \colon M \to N$

die Projektion bezüglich dieser Zerlegung. Dies ist eine K–lineare Abbildung. Wir definieren nun $\pi_1 \colon M \to N$ durch

$$\pi_1(x) = \frac{1}{|G|} \sum_{g \in G} \varepsilon_g \pi(\varepsilon_{g^{-1}} X) \qquad \text{für alle } x \in M \,.$$

(Beachte, daß $|G| \neq 0$ in K nach unserer Voraussetzung; wir können also $|G|$ in dem Körper K invertieren.) Weil N ein $K[G]$–Untermodul ist, gilt in der Tat $\pi_1(x) \in N$ für alle $x \in M$. Für alle $x \in N$ gilt sogar $\pi_1(x) = x$, da $\varepsilon_{g^{-1}} x \in N$, also $\pi(\varepsilon_{g^{-1}} X) = \varepsilon_{g^{-1}} x$ und da $\varepsilon_g \varepsilon_{g^{-1}} = \varepsilon_e = 1$.

Nun rechnet man nach, daß $\varepsilon_h \pi_1(\varepsilon_{h^{-1}} x) = \pi_1(x)$ für alle $x \in M$ und $h \in G$ gilt. Also ist π_1 sogar $K[G]$–linear. Dann folgt, daß $M = \ker \pi_1 \oplus N$ nun als $K[G]$–Modul (vgl. Satz VII.5.1), also die Behauptung. $\square$

Bemerkung: Ist K ein Körper, so daß $\operatorname{char} K$ ein Teiler von $|G|$ ist, so ist $K[G]$ nicht halbeinfach: Betrachte $z = \sum_{g \in G} \varepsilon_g$. Man sieht leicht für beliebige K, daß $\varepsilon_h z = z = z \varepsilon_h$ für alle $h \in G$; also ist z zentral in $K[G]$. Weiter folgt $z^2 = |G| z$, also $z^2 = 0$, wenn $|G|$ von $\operatorname{char} K$ geteilt wird. Ist M ein einfacher $K[G]$–Modul, so ist $zM = \{ zx \mid x \in M \}$ ein Untermodul, weil z zentral in $K[G]$ ist. Daraus folgt $zM = M$ oder $zM = 0$. Aus $zM = M$ folgte $z^2 M = z(zM) = zM = M$ im Widerspruch zu $z^2 = 0$. Daher gilt $zM = 0$ für alle einfachen, also auch für alle halbeinfachen $K[G]$–Moduln. Wegen $z = z1 \in zK[G]$ ist $zK[G] \neq 0$, also $K[G]$ nicht halbeinfach.

§ 6   Artinsche Moduln

Definition 6.1. Ein R–Modul heißt *artinsch*, wenn es für jede absteigende Kette $M_0 \supset M_1 \supset M_2 \supset \cdots$ von Untermoduln in M einen Index n gibt, so daß $M_i = M_n$ für alle $i \geq n$. (Man sagt auch kurz: M erfüllt die *absteigende Kettenbedingung*.)

Definition 6.2. Ein Ring heißt *linksartinsch*, wenn er als Linksmodul über sich selbst artinsch ist.

Man definiert analog artinsche Rechtsmoduln und rechtsartinsche Ringe. Ein Ring heißt *artinsch*, wenn er sowohl links– als auch rechtsartinsch ist.

Beispiele: Ist R eine Algebra über einem Körper K, so ist jeder R–Modul, der endlich dimensional über K ist, artinsch. Ist R selbst eine endlich dimensionale Algebra über einem Körper, so ist R artinsch. Der Ring $\mathbb{Z}$ ist nicht artinsch, wie die Kette $\mathbb{Z} \supset \mathbb{Z}2 \supset \mathbb{Z}4 \supset \mathbb{Z}8 \supset \cdots$ zeigt. Für jedes positive $n \in \mathbb{Z}$ ist der Ring $\mathbb{Z}/n\mathbb{Z}$ endlich und daher artinsch.

> **Lemma 6.3.** (a) *Es seien M ein R–Modul und N ein Untermodul von M. Dann ist M genau dann artinsch, wenn M/N und N artinsch sind.*

(b)   *Es seien $M_1, M_2, \ldots, M_r$ Moduln über R. Dann ist $\bigoplus_{i=1}^{r} M_i$ genau dann artinsch, wenn alle M_i artinsch sind.*

Beweis: (a) Nehmen wir an, daß M/N und N artinsch sind. Betrachte eine absteigende Kette $M_1 \supset M_2 \supset \cdots$ von Untermoduln in M. Dann ist $M_1 \cap N \supset M_2 \cap N \supset \cdots$ eine absteigende Untermodulkette in N und $(M_1 + N)/N \supset (M_2 + N)/N \supset \cdots$ eine solche in M/N. Nach Voraussetzung können wir ein n finden, so daß $M_i \cap N = M_n \cap N$ und $(M_i + N)/N = (M_n + N)/N$ für alle $i \geq n$. Es gilt dann auch $M_i + N = M_n + N$ für alle $i \geq n$. Sei nun $x \in M_n$. Dann gibt es für alle $i \geq n$ ein $y_i \in N$ mit $x - y_i \in M_i$. Wegen $M_i \subset M_n$ folgt $y_i \in M_n \cap N = M_i \cap N$, also $x = (x - y_i) + y_i \in M_i$. Dies zeigt $M_i = M_n$ für alle $i \geq n$.

Der Beweis der Umkehrung bleibt dem Leser überlassen.

(b) Dies folgt leicht aus (a) durch Induktion über r, da $(\bigoplus_{i=1}^{r} M_i)/M_r \cong \bigoplus_{i=1}^{r-1} M_i$. $\qquad\square$

Folgerung 6.4. *Jeder endlich erzeugbare Modul über einem linksartinschen Ring ist artinsch.*

Dies folgt wie die entsprechende Aussage über noethersche Moduln, vgl. Satz VII.6.8.

Bemerkung: Ein einfacher Modul ist sicher artinsch (und noethersch). Ein halbeinfacher Modul, der eine *endliche* direkte Summe einfacher Moduln ist, muß deshalb ebenfalls artinsch (und noethersch) sein. Dagegen ist eine *unendliche* direkte Summe von einfachen Moduln weder artinsch noch noethersch: Man konstruiert leicht unendlich aufsteigende oder absteigende Ketten von Untermoduln.

Halbeinfache Ringe sind artinsch, weil sie endliche direkte Summen einfacher Untermoduln sind (vgl. Bemerkung 1.9).

Man überlegt sich leicht: Ein R–Modul ist genau dann endlich erzeugbar, wenn zu jeder Familie $(M_i)_{i \in I}$ von Untermoduln mit $\sum_{i \in I} M_i = M$ eine endliche Teilmenge $J \subset I$ existiert, so daß $M = \sum_{j \in J} M_j$. (Für die eine Richtung benutze man, daß $M = \sum_{x \in M} Rx$.)

Dual dazu definiert man nun: Ein R–Modul M heißt *endlich koerzeugbar*, wenn es zu jeder Familie $(M_i)_{i \in I}$ von Untermoduln mit $\bigcap_{i \in I} M_i = 0$ eine endliche Teilmenge $J \subset I$ mit $\bigcap_{j \in J} M_j = 0$ gibt. Ist N ein Untermodul eines R–Moduls M, so sagt diese Definition, daß M/N genau dann endlich koerzeugbar ist, wenn es zu jeder Familie $(M_i)_{i \in I}$ von Untermoduln von M mit $\bigcap_{i \in I} M_i = N$ eine endliche Teilmenge $J \subset I$ mit $\bigcap_{j \in J} M_j = N$ gibt.

Satz 6.5. *Sei M ein R–Modul. Dann sind die folgenden Aussagen äquivalent:*

(i)   *M ist artinsch.*

(ii)   *Jede nichtleere Menge von Untermoduln von M enthält ein minimales Element.*

(iii) *Jeder Faktormodul von M ist endlich koerzeugbar.*

Beweis: Man beweist (i) $\implies$ (ii) ähnlich wie die entsprechende Aussage für noethersche Moduln, siehe Satz VII.6.4.

(ii) $\implies$ (iii) Seien N und $(M_i)_{i\in I}$ Untermoduln von M mit $N = \bigcap_{i\in I} M_i$. Setze $X = \{\, \bigcap_{j\in J} M_j \mid J \subset I \text{ endlich}\,\}$. Nach Voraussetzung enthält X ein minimales Element, etwa N_1. Es gilt klar $N_1 \supset N$. Ist diese Inklusion echt, so gibt es $x \in N_1$ mit $x \notin N$. Wegen $N = \bigcap_{i\in I} M_i$ gibt es $i \in I$ mit $x \notin M_i$, also $x \notin N_2 = \bigcap_{j\in J\cup\{i\}} M_j$. Wir haben also $N_2 \in X$ und $N_2 \subsetneq N_1$: Widerspruch!

(iii) $\implies$ (i) Für eine absteigende Kette $M_0 \supset M_1 \supset M_2 \supset \cdots$ von Untermoduln von M setze man $N = \bigcap_{i\in\mathbb{N}} M_i$. Weil M/N endlich koerzeugbar ist, gibt es eine endliche Teilmenge $J \subset \mathbb{N}$ mit $N = \bigcap_{j\in J} M_j$. Ist nun $n = \max(J)$, so folgt $N = M_n$, also $M_i = M_n$ für alle $i \geq n$. $\square$

§ 7   Das Radikal eines Moduls

Definition 7.1. Das *Radikal*, $\operatorname{rad} M$, eines R–Moduls M ist der Durchschnitt aller maximalen Untermoduln von M. (Hat M keine maximalen Untermoduln, so bedeutet diese Definition, daß $\operatorname{rad} M = M$.)

Beispiele: (1) Ist M ein halbeinfacher R–Modul, so ist $\operatorname{rad} M = 0$. (Ist $M = \bigoplus_{i\in I} M_i$ mit allen M_i einfach, so ist jedes $N_i = \bigoplus_{j\neq i} M_j$ ein maximaler Untermodul, und es gilt $\bigcap_{i\in I} N_i = 0$.)

(2)   Wir haben $\operatorname{rad}\mathbb{Z} = 0$, weil $\mathbb{Z}p$ für jede Primzahl p ein maximaler Untermodul ist und weil $\bigcap_p \mathbb{Z}p = 0$ gilt.

Wir können $\operatorname{rad} M$ auch als den Durchschnitt $\bigcap_E \bigcap_\varphi \ker\varphi$ definieren, wobei E über alle einfachen R–Moduln und φ über alle Modulhomomorphismen $\varphi\colon M \to E$ läuft. (Ist $\varphi \neq 0$, so ist $M/\ker\varphi \cong E$, also $\ker\varphi$ ein maximaler Untermodul. Umgekehrt ist jeder maximale Untermodul $N \subset M$ Kern der natürlichen Projektion $M \to M/N$, und M/N ist einfach.)

Lemma 7.2. (a)   *Es gilt $\varphi(\operatorname{rad} M_1) \subset \operatorname{rad} M_2$ für jeden Homomorphismus $\varphi\colon M_1 \to M_2$ von R–Moduln.*

(b)   *Ist N ein Untermodul eines R–Moduls M mit $N \subset \operatorname{rad}(M)$, so gilt $\operatorname{rad}(M/N) = (\operatorname{rad} M)/N$.*

(c)   *Für jeden R–Modul M gilt $\operatorname{rad}(M/\operatorname{rad} M) = 0$.*

(d)   *Es ist $\operatorname{rad}(\bigoplus_{i\in I} M_i) = \bigoplus_{i\in I} \operatorname{rad} M_i$ für jede Familie $(M_i)_{i\in I}$ von R–Moduln.*

Beweis: (a) Ist E ein einfacher R–Modul, so ist für jeden R–Modulhomomorphismus $\alpha\colon M_2 \to E$ auch $\alpha \circ \varphi\colon M_1 \to E$ R–linear. Daher ist $\operatorname{rad} M_1$ in ker $(\alpha \circ \varphi)$ enthalten, also $\varphi(\operatorname{rad} M_1) \subset \ker \alpha$. Da rad M_2 der Durchschnitt aller möglichen $\ker \alpha$ ist, erhalten wir $\varphi(\operatorname{rad} M_1) \subset \operatorname{rad} M_2$.

(b) Die maximalen Untermoduln von M/N sind alle M'/N mit M' ein maximaler Untermodul von M, so daß $N \subset M'$. Weil $N \subset \operatorname{rad} M$ vorausgesetzt wird, ist hier die Bedingung $N \subset M'$ überflüssig. Nun ist $\operatorname{rad}(M/N)$ der Durchschnitt aller dieser M'/N, also gleich $(\bigcap M')/N = (\operatorname{rad} M)/N$.

(c) Man wende (b) auf $N = \operatorname{rad} M$ an.

(d) Setze $M = \bigoplus_{i \in I} M_i$. Nach (a) gilt $\operatorname{rad} M_i \subset \operatorname{rad} M$ für alle i, also $\bigoplus_{i \in I} \operatorname{rad} M_i \subset \operatorname{rad} M$. Andererseits bildet die Projektion $p_i \colon M \to M_i$ (wieder nach (a)) rad M nach rad M_i ab, also gilt auch $\operatorname{rad} M \subset \bigoplus_{i \in I} \operatorname{rad} M_i$. $\qquad\square$

Folgerung 7.3. *Ist M ein artinscher R-Modul, so ist $M/\operatorname{rad} M$ ein halbeinfacher R-Modul.*

Beweis: Weil $M/\operatorname{rad} M$ endlich koerzeugbar ist, gibt es endlich viele maximale Untermoduln $M_1, M_2, \ldots, M_r$ von M mit $\operatorname{rad} M = \bigcap_{i=1}^{r} M_i$. Dann ist $x + \operatorname{rad} M \mapsto (x + M_i)_{i \in I}$ ein injektiver Homomorphismus von $M/\operatorname{rad} M$ nach $\bigoplus_{i=1}^{r} (M/M_i)$. Weil die M/M_i einfache Moduln sind, ist $M/\operatorname{rad} M$ damit zu einem Untermodul eines halbeinfachen Moduls isomorph, also selber halbeinfach, siehe Korollar 1.9. $\qquad\square$

Lemma 7.4. *Das Radikal von R ist ein zweiseitiges Ideal von R. Es ist gleich dem Durchschnitt der Annullatoren in R aller einfachen R-Moduln.*

Beweis: Ist E ein einfacher R-Modul, so ist $E = Rx$ für jedes $x \in E$, $x \neq 0$, also $E \cong R/\operatorname{ann}_R(x)$. Daher ist $\operatorname{ann}_R(x)$ ein maximales Linksideal in R. Umgekehrt, ist $I \subset R$ ein maximales Linksideal, so ist R/I ein einfacher R-Modul mit $I = \operatorname{ann}_R(1 + I)$. Also ist

$$\operatorname{rad} R = \bigcap_{E} \bigcap_{x \in E} \operatorname{ann}_R(x) = \bigcap_{E} \operatorname{ann}_R(E),$$

wobei E über alle einfachen R-Moduln läuft. (Wir können hier auch $x = 0$ zulassen, da $\operatorname{ann}_R(0) = R$.) Die Behauptung folgt, weil jedes $\operatorname{ann}_R(E)$ ein zweiseitiges Ideal ist. $\qquad\square$

Im folgenden Satz heißt ein Ring R *einfach*, wenn $R \neq 0$ und wenn 0 und R die einzigen zweiseitigen Ideale von R sind.

Satz 7.5. *Sei R ein linksartinscher Ring.*

(a) *Der Ring $R/\operatorname{rad} R$ ist halbeinfach.*

(b) *R ist genau dann halbeinfach, wenn $\operatorname{rad} R = 0$.*

(c) *Ist R einfach, so ist R halbeinfach.*

Beweis: (a) Nach Folgerung 7.3 ist $R/\mathrm{rad}\,R$ als Modul über R halbeinfach. Andererseits ist $R/\mathrm{rad}\,R$ nach Lemma 7.4 ein Ring. Es ist dann klar, daß $R/\mathrm{rad}\,R$ auch als Modul über sich selbst halbeinfach ist, also $R/\mathrm{rad}\,R$ ein halbeinfacher Ring.

(b) Benutze (a), falls $\mathrm{rad}\,R = 0$, oder das Beispiel nach Definition 7.1, falls R halbeinfach.

(c) Weil R als Modul über sich selbst endlich erzeugbar ist und weil $R \neq 0$, gibt es maximale Linksideale in R. Also ist $\mathrm{rad}\,R \neq R$. Die Einfachheit von R impliziert nun $\mathrm{rad}\,R = 0$. Nun wende man (a) an. $\square$

Korollar 7.6. *Ist R ein linksartinscher Ring, so gibt es Divisionsringe $D_1, D_2, \ldots, D_r$ und positive ganze Zahlen $m_1, m_2, \ldots, m_r$ mit*

$$R/\mathrm{rad}\,R \cong M_{m_1}(D_1) \times M_{m_2}(D_2) \times \cdots \times M_{m_r}(D_r).$$

(Dies folgt nun unmittelbar aus dem Struktursatz für halbeinfache Ringe, siehe 2.10.)

Definition 7.7. Ein Untermodul M' eines R–Moduls M heißt *überflüssig*, wenn für alle Untermoduln $N \subset M$ mit $N + M' = M$ gilt, daß $N = M$.

Lemma 7.8. *Sei M ein R–Modul. Dann ist M genau dann endlich erzeugbar, wenn $M/\mathrm{rad}\,M$ endlich erzeugbar ist und $\mathrm{rad}\,M$ überflüssig in M ist.*

Beweis: Sei zunächst M endlich erzeugbar. Dann ist $M/\mathrm{rad}\,M$ natürlich auch endlich erzeugbar. Ist $N \subset M$ ein Untermodul mit $N \neq M$, so gibt es (weil M endlich erzeugbar ist) einen maximalen Untermodul $M' \subset M$ mit $N \subset M'$. Da nun auch $\mathrm{rad}\,M \subset M'$, folgt $N + \mathrm{rad}\,M \subset M'$ und damit $N + \mathrm{rad}\,M \neq M$.

Sei andererseits $M/\mathrm{rad}\,M$ endlich erzeugbar. Dann gibt es Elemente $x_1,$ $x_2, \ldots, x_r \in M$ mit $M/\mathrm{rad}\,M = \sum_{i=1}^{r} R(x_i + \mathrm{rad}\,M)$. Dies impliziert $M = (\sum_{i=1}^{r} Rx_i) + \mathrm{rad}\,M$. Ist nun auch noch $\mathrm{rad}\,M$ überflüssig, so folgt $M = \sum_{i=1}^{r} Rx_i$, also ist M endlich erzeugbar. $\square$

Lemma 7.9. *Sei M ein R–Modul. Dann gilt $\mathrm{rad}\,R \cdot M \subset \mathrm{rad}\,M$. Ist R linksartinsch, so gilt $\mathrm{rad}\,R \cdot M = \mathrm{rad}\,M$.*

Beweis: Für alle $x \in M$ ist die Abbildung $R \to M$, $a \mapsto ax$ ein Homomorphismus von R–Moduln. Daher gilt $(\mathrm{rad}\,R)x \subset \mathrm{rad}\,M$ nach Lemma 7.2.a. Es folgt, daß $\mathrm{rad}\,R \cdot M \subset \mathrm{rad}\,M$.

Offensichtlich ist $M/(\mathrm{rad}\,R)M$ ein $R/\mathrm{rad}\,R$–Modul. Wenn nun R linksartinsch ist, so ist $R/\mathrm{rad}\,R$ halbeinfach. Daher ist $M/(\mathrm{rad}\,R)M$ ein halbeinfacher Modul, erst über $R/\mathrm{rad}\,R$, aber dann auch über R. Es folgt $\mathrm{rad}\,(M/(\mathrm{rad}\,R)M) = 0$. Nach Lemma 7.2.b ist anderseits $\mathrm{rad}\,(M/(\mathrm{rad}\,R)M)$ $= \mathrm{rad}\,M/(\mathrm{rad}\,R)M$. Also folgt $\mathrm{rad}\,M = (\mathrm{rad}\,R)M$. $\square$

Bemerkung: Ist M ein halbeinfacher R–Modul, so folgt $\operatorname{rad} R{\cdot}M = 0$. Dies zeigt: Ist R ein linksartinscher Ring, so sind die halbeinfachen R–Moduln genau die $R/\operatorname{rad} R$–Moduln.

> **Folgerung 7.10.** (Nakayama–Lemma) *Ist M ein endlich erzeugbarer R–Modul, so ist $\operatorname{rad} R \cdot M$ überflüssig in M.*

Beweis: Mit $\operatorname{rad} M$, siehe Lemma 7.8, ist erst recht $\operatorname{rad} R \cdot M \subset \operatorname{rad} M$ überflüssig. $\qquad\square$

Bemerkung: Oft formuliert man dieses Lemma auch so: *Ist M endlich erzeugbar mit $(\operatorname{rad} R)M = M$, so gilt $M = 0$.* (Wir haben dann nämlich $M = (\operatorname{rad} R) \cdot M + (0)$.)

§ 8   Artinsche Ringe

Definition 8.1. Ein Element $a \in R$ heißt *nilpotent*, wenn es ein $n \in \mathbb{N}$ mit $a^n = 0$ gibt. Ein zweiseitiges Ideal I in R heißt *nilpotent*, wenn es ein $n \in \mathbb{N}$ mit $I^n = 0$ gibt. (Das bedeutet, daß $a_1 a_2 \ldots a_n = 0$ für alle $u_1, a_2, \ldots, a_n \in I$, denn I^n wird von solchen Produkten als additive Gruppe erzeugt.)

> **Satz 8.2.** *Ist R linksartinsch, so ist $\operatorname{rad} R$ ein nilpotentes Ideal.*

Beweis: Betrachte $R \supset \operatorname{rad} R \supset (\operatorname{rad} R)^2 \supset \cdots$ als absteigende Kette von Linksidealen. Dann gibt es $n \in \mathbb{N}$ mit $(\operatorname{rad} R)^m = (\operatorname{rad} R)^n$ für alle $m \geq n$. Setze $I = (\operatorname{rad} R)^n$. Wir nehmen an, daß $I \neq 0$, und wollen einen Widerspruch finden. Setze

$$X = \{\, J \subset R \mid J \text{ Linksideal mit } IJ \neq 0 \,\}.$$

Wir haben $I \in X$, denn $I\,I = I^2 = (\operatorname{rad} R)^{2n} = (\operatorname{rad} R)^n = I \neq 0$. Also ist $X \neq \emptyset$, und wir können ein minimales Element $J \in X$ finden. Dann gibt es $a \in J$ mit $Ia \neq 0$, also $I(Ra) \neq 0$. Nun ist Ra ein Linksideal in R mit $Ra \subset J$. Die Minimalität von J impliziert daher, daß $J = Ra$. Insbesondere ist J endlich erzeugbar, und das Nakayama–Lemma impliziert $(\operatorname{rad} R)J \subsetneq J$. Es folgt $IJ \subsetneq J$ und daher $I(IJ) = 0$ (wegen der Minimalität von J). Aber $I(IJ) = I^2 J = IJ$ (wegen $I^2 = I$) ist ungleich 0 wegen $J \in X$: Widerspruch! $\qquad\square$

> **Korollar 8.3.** (Hopkins) *Ein linksartinscher Ring ist auch linksnoethersch.*

Beweis: Sei R linksartinsch. Für alle $i \geq 0$ ist $M_i = (\operatorname{rad} R)^i/(\operatorname{rad} R)^{i+1}$ ein artinscher R–Modul (als Faktormodul eines Untermoduls von R). Außerdem ist M_i ein $R/\operatorname{rad} R$–Modul, also halbeinfach als R–Modul. Daher ist M_i eine endliche direkte Summe von einfachen Moduln, also auch ein noetherscher Modul. Nach dem Satz gibt es ein n mit $(\operatorname{rad} R)^n = 0$. Nun gibt absteigende Induktion über i, daß alle $(\operatorname{rad} R)^i$ noethersche R–Moduln sind, insbesondere $R = (\operatorname{rad} R)^0$ selbst. $\qquad\square$

Bemerkung 8.4. Man kann Satz 8.2 so präzisieren: *Ist R linksartinsch, so ist* $\operatorname{rad} R$ *das größte nilpotente Ideal in* R. Weil nilpotente Ideale aus nilpotenten Elementen bestehen, folgt dies aus der folgenden Aussage für ein Linksideal I in einem beliebigen Ring R:

$$\text{Besteht } I \text{ aus nilpotenten Elementen, so gilt } I \subset \operatorname{rad} R. \qquad (1)$$

In der Tat, sei $a \in I$. Sei E ein einfacher R–Modul. Nach Lemma 7.4 müssen wir $aE = 0$ zeigen. Sei $x \in E$, $x \neq 0$. Ist $ax \neq 0$, so ist $Rax = E$, also gibt es $b \in R$ mit $bax = x$. Dann gilt auch $(ba)^n x = x$ für alle $n \geq 1$. Aber $ba \in I$ impliziert, daß es $n \in \mathbb{N}$ mit $(ba)^n = 0$ gibt: Widerspruch!

§ 9   Moduln endlicher Länge

Definition: Eine Kette $M = M_0 \supset M_1 \supset M_2 \supset \cdots \supset M_r = 0$ von Untermoduln eines R–Moduls M heißt *Kompositionsreihe* von M, wenn alle M_i/M_{i+1} mit $0 \leq i < r$ einfache R–Moduln sind. Ist dies der Fall, so heißt r die *Länge* dieser Kette.

Ein R–Modul *endlicher Länge* ist ein R–Modul, der eine Kompositionsreihe besitzt. Ist dies der Fall, so nennen wir das Minimum der Längen der Kompositionsreihen von M die *Länge* von M und bezeichnen sie mit $\ell(M)$.

Offensichtlich gilt $\ell(M) = 0$ genau dann, wenn $M = 0$, und $\ell(M) = 1$ genau dann, wenn M einfach ist.

> **Lemma 9.1.** *Ein R–Modul M hat genau dann endliche Länge, wenn M artinsch und noethersch ist.*

Beweis: Einfache Moduln sind sowohl artinsch als auch noethersch. Daraus folgt durch Induktion über die Länge einer Kompositionsreihe, daß auch Moduln endlicher Länge artinsch und noethersch sind. (Man benutze Lemma 6.3 und Lemma VII.6.5.)

Nehmen wir nun andererseits an, daß M artinsch und noethersch ist. Setze X gleich der Menge aller Untermoduln M' von M, die endliche Länge haben. Diese Menge ist nicht leer, weil (0) dazu gehört. Da M noethersch ist, enthält X ein maximales Element M_1.

Ist $M_1 = M$, so sind wir fertig. Sonst ist die Menge Y aller Untermoduln M' von M mit $M' \supsetneq M_1$ nicht leer, weil M selbst dazugehört. Da M artinsch ist, enthält Y ein minimales Element M_2. Wegen $M_2 \in Y$ können wir M_2/M_1 bilden. Dieser Faktormodul ist ungleich 0. Für jeden Untermodul $N \neq 0$ von M_2/M_1 ist das Urbild von N in M_2 ein Untermodul von M, der M_1 echt umfaßt und in M_2 enthalten ist, also gleich M_2 wegen der Minimalität von M_2. Daher ist M_2/M_1 einfach. Nun folgt, daß auch M_2 endliche Länge hat, denn wir erhalten nun eine Kompositionsreihe von M_2, indem wir M_2 zu einer Kompositionsreihe von M_1 hinzufügen. Wir erhalten nun $M_2 \in X$ im Widerspruch zur Maximalität von M_1. Daher muß $M_1 = M$ gewesen sein. $\square$

Bemerkung: Sei N ein Untermodul eines R–Moduls M. Dann hat M genau dann endliche Länge, wenn N und M/N dies haben. Dies folgt nun aus dem Lemma und den entsprechenden Aussagen für noethersche und artinsche Moduln (siehe Lemma VII.6.5 und Lemma 6.3.a), kann aber auch leicht direkt bewiesen werden.

Definition: Es seien

$$M = M_0 \supset M_1 \supset \cdots \supset M_r = 0 \tag{1}$$

und

$$M = M_0' \supset M_1' \supset \cdots \supset M_s' = 0 \tag{2}$$

zwei Ketten von Untermoduln eines R–Moduls M.

Wir nennen die Ketten *äquivalent*, wenn $r = s$ ist und es eine Permutation $\sigma \in S_r$ gibt, so daß $M_{i-1}/M_i \cong M_{\sigma(i)-1}'/M_{\sigma(i)}'$ für alle i, $1 \leq i \leq r$.

Wir nennen die Kette (2) eine *Verfeinerung* von (1), wenn es eine injektive Abbildung $\tau\colon \{1, 2, \ldots, r\} \to \{1, 2, \ldots, s\}$ gibt, so daß $M_i = M_{\tau(i)}'$ für alle i, $1 \leq i \leq r$.

> **Lemma 9.2.** (Schreier) *Je zwei endliche Ketten von Untermoduln eines R–Moduls M haben äquivalente Verfeinerungen.*

Beweis: Wir benutzen hier im Beweis das Modulgesetz: Sind A, B, C Untermoduln von M mit $B \subset C$, so gilt $(A + B) \cap C = B + (A \cap C)$. (Der Beweis bleibt dem Leser überlassen.)

Seien $M = P_0 \supset P_1 \supset \cdots \supset P_r = 0$ und $M = Q_0 \supset Q_1 \supset \cdots \supset Q_s = 0$ die beiden gegebenen Ketten. Setze

$$P_{ij} = P_i + (P_{i-1} \cap Q_j)$$

für $0 < i \leq r$, $0 \leq j \leq s$ und

$$Q_{ji} = Q_j + (Q_{j-1} \cap P_i)$$

für $0 < j \leq s$, $0 \leq i \leq r$. Dann gilt

$$P_i = P_{is} \subset P_{i,s-1} \subset \cdots \subset P_{i,0} = P_{i-1}$$

und

$$Q_j = Q_{jr} \subset Q_{j,r-1} \subset \cdots \subset Q_{j0} = Q_{j-1},$$

d.h., die (P_{ij}) bilden eine Verfeinerung der Kette der (P_i), und die (Q_{ji}) eine solche derjenigen der (Q_j). Wir zeigen, daß die Kette der P_{ij} äquivalent zur Kette der Q_{ji} ist.

Für $0 < i < r$ und $0 < j \leq s$ haben wir

$$
\begin{aligned}
P_{i,j-1}/P_{ij} &= (P_i + (P_{i-1} \cap Q_{j-1}))/P_{ij} = (P_{ij} + (P_{i-1} \cap Q_{j-1}))/P_{ij} \\
&\cong (P_{i-1} \cap Q_{j-1})/(P_{ij} \cap P_{i-1} \cap Q_{j-1}) \\
&= (P_{i-1} \cap Q_{j-1})/\Big((P_i + (P_{i-1} \cap Q_j)) \cap Q_{j-1}\Big) \\
&= (P_{i-1} \cap Q_{j-1})/\Big((P_{i-1} \cap Q_j) + (P_i \cap Q_{j-1})\Big)
\end{aligned}
$$

wobei wir beim letzten Schritt das Modulgesetz benutzt haben. Analog zeigt man, daß

$$
Q_{j,i-1}/Q_{ji} \cong (Q_{j-1} \cap P_{i-1})/\Big((Q_{j-1} \cap P_i) + (Q_j \cap P_{i-1})\Big)
$$

und erhält so die Behauptung. $\square$

Satz 9.3. (Jordan & Hölder) *Je zwei Kompositionsreihen eines Moduls endlicher Länge sind äquivalent.*

Beweis: Die beiden Kompositionsreihen haben nach Lemma 9.2 äquivalente Verfeinerungen. Eine Kompositionsreihe kann man nur dadurch verfeinern, daß man gewisse Terme wiederholt. Die Faktoren in der Verfeinerung sind dann die (einfachen) Faktoren der ursprünglichen Kette vermehrt um einige Faktoren gleich 0. Die Faktoren gleich 0 in den Verfeinerungen müssen einander entsprechen. Daher sind auch die ursprünglichen Ketten äquivalent. $\square$

Korollar 9.4. *Seien M ein Modul endlicher Länge und N ein Untermodul von N. Dann gilt $\ell(M) = \ell(M/N) + \ell(N)$.*

Beweis: Nach dem Satz von Jordan und Hölder hat jede Kompositionsreihe von M die Länge $\ell(M)$. Wir erhalten eine solche Kette, indem wir eine Kompositionsreihe von N mit dem Urbild einer Kompositionsreihe von M/N zusammensetzen. Diese Kette hat gerade die Länge $\ell(N) + \ell(M/N)$. $\square$

§ 10   Der Satz von Krull und Schmidt

Lemma 10.1. (Fitting) *Seien M ein R–Modul und $\varphi \in \operatorname{End}_R(M)$.*

(a) *Ist M artinsch, so gibt es ein $n \in \mathbb{N}$ mit $M = \operatorname{im} \varphi^m + \ker \varphi^m$ für alle $m \geq n$; außerdem ist φ genau dann bijektiv, wenn φ injektiv ist.*

(b) *Ist M noethersch, so gibt es ein $n \in \mathbb{N}$ mit $\operatorname{im} \varphi^m \cap \ker \varphi^m = 0$ für alle $m \geq n$; außerdem ist φ genau dann bijektiv, wenn φ surjektiv ist.*

(c) *Ist M ein Modul endlicher Länge, so gibt es ein $n \in \mathbb{N}$ mit $M = \operatorname{im} \varphi^m \oplus \ker \varphi^m$ für alle $m \geq n$.*

Beweis: (a) Die absteigende Kette $M \supset \operatorname{im} \varphi \supset \operatorname{im} \varphi^2 \supset \cdots$ wird konstant: Es gibt $n \in \mathbb{N}$ mit $\operatorname{im} \varphi^m = \operatorname{im} \varphi^n$ für alle $m \geq n$. Für alle $m \geq n$ und alle $x \in M$ gilt dann $\varphi^m(x) \in \operatorname{im} \varphi^m = \operatorname{im} \varphi^{2m}$, also gibt es $y \in M$ mit $\varphi^m(x) = \varphi^{2m}(y)$, also $\varphi^m(x - \varphi^m(y)) = 0$, und $x = \varphi^m(y) + (x - \varphi^m(y))$ gehört zu $\operatorname{im} \varphi^m + \ker \varphi^m$. Ist φ injektiv, so ist $\ker \varphi^m = 0$ für alle m, also $M = \operatorname{im} \varphi^m$ für große m, also ist φ surjektiv.

(b) Die aufsteigende Kette $0 \subset \ker \varphi \subset \ker \varphi^2 \subset \cdots$ wird konstant. Es gibt $n \in \mathbb{N}$ mit $\ker \varphi^m = \ker \varphi^n$ für alle $m \geq n$. Für alle $m \geq n$ und alle $x \in \operatorname{im} \varphi^m \cap \ker \varphi^m$ gibt es $y \in M$ mit $x = \varphi^m(y)$, also $0 = \varphi^m(x) = \varphi^{2m}(y)$. Nun impliziert $y \in \ker \varphi^{2m} = \ker \varphi^m$, daß $x = \varphi^m(y) = 0$. Ist φ surjektiv, so gilt $M = \operatorname{im} \varphi^m$ für alle m, also $\ker \varphi^m = 0$ für große m, also φ injektiv.

(c) Das ist nun klar. $\qquad\square$

Definition 10.2. Ein Ring heißt *lokal*, wenn die nicht invertierbaren Elemente des Rings ein zweiseitiges Ideal in dem Ring bilden.

> **Satz 10.3.** *Ist M ein unzerlegbarer R–Modul endlicher Länge, so ist $\operatorname{End}_R(M)$ ein lokaler Ring. Außerdem sind dann die nicht invertierbaren Elemente von $\operatorname{End}_R(M)$ nilpotent.*

Beweis: Es sei $\varphi \in \operatorname{End}_R(M)$ nicht invertierbar in $\operatorname{End}_R(M)$, d.h., nicht bijektiv. Nach Lemma 10.1.c gibt es $n \in \mathbb{N}$ mit $M = \operatorname{im} \varphi^n \oplus \ker \varphi^n$. Weil M unzerlegbar ist, muß einer dieser Summanden gleich M sein, der andere gleich 0. Ist $M = \operatorname{im} \varphi^m$, so ist φ surjektiv, also (nach Lemma 10.1.b) bijektiv, ein Widerspruch. Also gilt $M = \ker \varphi^n$ und somit $\varphi^n = 0$; also ist φ nilpotent.

Jedes φ wie oben ist nach Lemma 10.1.a/b weder injektiv noch surjektiv. Für alle $\alpha \in \operatorname{End}_R(M)$ ist daher $\alpha \circ \varphi$ nicht injektiv und $\varphi \circ \alpha$ nicht surjektiv; also sind auch $\alpha \circ \varphi$ und $\varphi \circ \alpha$ nicht invertierbar.

Schließlich seien $\varphi, \psi \in \operatorname{End}_R(M)$ beide nicht invertierbar. Nehmen wir an, es gebe $\alpha \in \operatorname{End}_R(M)$ mit $\alpha \circ (\varphi + \psi) = \operatorname{Id}_M$. Nun sind $\alpha \circ \varphi$ und $\alpha \circ \psi$ nicht invertierbar, also nilpotent, und wir können $n \in \mathbb{N}$ mit $(\alpha \circ \varphi)^n = 0 = (\alpha \circ \psi)^n$ finden. Weil $\alpha \circ \varphi$ und $\alpha \circ \psi = \operatorname{Id}_M - (\alpha \circ \varphi)$ kommutieren, folgt nun

$$(\operatorname{Id}_M)^{2n} = (\alpha \circ \varphi + \alpha \circ \psi)^{2n} = \sum_{i=0}^{2n} \binom{2n}{i} (\alpha \circ \varphi)^i (\alpha \circ \psi)^{2n-i} = 0,$$

ein Widerspruch. Daher ist auch $\varphi + \psi$ nicht invertierbar. $\qquad\square$

Für R–Moduln M_1, M_2, N_1, N_2 läßt sich eine R–lineare Abbildung $\varphi \colon M_1 \oplus M_2 \to N_1 \oplus N_2$ in der Form

$$\varphi = \begin{pmatrix} \varphi_{11} & \varphi_{12} \\ \varphi_{21} & \varphi_{22} \end{pmatrix}$$

schreiben, wobei jedes φ_{ij} eine R–lineare Abbildung $M_j \to N_i$ ist. Diese Notation ist mit der Zusammensetzung von Abbildungen (von oder nach anderen direkten Summen zweier R–Moduln) verträglich.

Lemma 10.4. *Sind oben φ und φ_{11} bijektiv, so sind die R–Moduln M_2 und N_2 zueinander isomorph.*

Beweis: Man prüft leicht nach, daß die folgenden, in Matrixform geschriebenen, R–linearen Abbildungen Automorphismen von $N_1 \oplus N_2$ bzw. von $M_1 \oplus M_2$ sind:

$$\alpha = \begin{pmatrix} \mathrm{Id}_{N_1} & 0 \\ -\varphi_{21} \circ \varphi_{11}^{-1} & \mathrm{Id}_{N_2} \end{pmatrix}, \qquad \beta = \begin{pmatrix} \mathrm{Id}_{M_1} & -\varphi_{11}^{-1} \circ \varphi_{12} \\ 0 & \mathrm{Id}_{M_2} \end{pmatrix}.$$

Dann ist mit φ auch $\alpha \circ \varphi \circ \beta$ ein Isomorphismus $M_1 \oplus M_2 \to N_1 \oplus N_2$. In Matrix–Notation gilt aber mit geeignetem $\varphi'_{22} \colon M_2 \to N_2$

$$\alpha \circ \varphi \circ \beta = \begin{pmatrix} \varphi_{11} & \varphi_{12} \\ 0 & \varphi'_{22} \end{pmatrix} \circ \beta = \begin{pmatrix} \varphi_{11} & 0 \\ 0 & \varphi'_{22} \end{pmatrix}.$$

Nun muß φ'_{22} ein Isomorphismus sein. $\square$

Lemma 10.5. *Es gelte $M_1 \oplus M_2 \cong N_1 \oplus N_2 \oplus \cdots \oplus N_r$ mit R–Moduln $M_1, M_2, N_1, N_2, \ldots, N_r$, so daß $\mathrm{End}_R(M_1)$ lokal ist und alle N_i unzerlegbar sind. Dann gibt es ein i mit $M_1 \cong N_i$ und $M_2 \cong \bigoplus_{j \neq i} N_j$.*

Beweis: Setze $M = M_1 \oplus M_2$. Indem wir die N_i durch isomorphe Moduln ersetzen, können wir annehmen, daß $M = N_1 \oplus N_2 \oplus \cdots \oplus N_r$. Wir bezeichnen mit $q_i \colon N_i \to M$ die Inklusionen, mit $p_i \colon M \to N_i$ die Projektionen. Wir haben dann $\mathrm{Id}_M = \sum_{i=1}^r q_i \circ p_i$.

Seien $\alpha \colon M_1 \to M$ die Inklusion und $\beta \colon M \to M_1$ die Projektion. Dann ist $\mathrm{Id}_{M_1} = \beta \circ \alpha = \sum_{i=1}^r \beta \circ q_i \circ p_i \circ \alpha$. Weil $\mathrm{End}_R(M_1)$ lokal ist, gibt es ein i, so daß $\beta \circ q_i \circ p_i \circ \alpha$ invertierbar, also ein Automorphismus von M_1 ist. Setze

$$\gamma = p_i \circ \alpha \circ (\beta \circ q_i \circ p_i \circ \alpha)^{-1} \circ \beta \circ q_i \in \mathrm{End}_R(N_i).$$

Dann ist γ idempotent:

$$\gamma^2 = p_i \circ \alpha \circ (\beta \circ q_i \circ p_i \circ \alpha)^{-1} \circ \beta \circ q_i \circ p_i \circ \alpha \circ (\beta \circ q_i \circ p_i \circ \alpha)^{-1} \circ \beta \circ q_i = \gamma.$$

Also zerlegt sich $N_i = \gamma(N_i) \oplus (1-\gamma)(N_i)$ als R–Modul. Weil N_i unzerlegbar ist, muß $\gamma(N_i) = 0$ oder $(1-\gamma)(N_i) = 0$ sein. Nun ist $p_i \circ \alpha \neq 0$, also auch $\gamma \circ (p_i \circ \alpha) = p_i \circ \alpha \neq 0$ und somit $\gamma \neq 0$. Es folgt, daß $(1-\gamma)(N_i) = 0$, also $\gamma = \mathrm{Id}_{N_i}$. Daher ist $p_i \circ \alpha \colon M_1 \to N_i$ surjektiv. Da es auch injektiv ist (wegen der Bijektivität von $\beta \circ q_i \circ p_i \circ \alpha$), muß $p_i \circ \alpha$ ein Isomorphismus $M_1 \xrightarrow{\sim} N_i$ sein. Wenden wir nun Lemma 10.4 an (mit $\varphi = \mathrm{Id}_M$ und $\varphi_{11} = p_i \circ \alpha$), so folgt $M_2 \cong \bigoplus_{j \neq i} N_j$. $\square$

Satz 10.6. *Es seien M_1, $M_2, \ldots, M_r$, N_1, $N_2, \ldots, N_s$ unzerlegbare R–Moduln, so daß alle $\mathrm{End}_R(M_i)$ und $\mathrm{End}_R(N_j)$ lokale Ringe sind. Gilt nun $M_1 \oplus M_2 \oplus \cdots \oplus M_r \cong N_1 \oplus N_2 \oplus \cdots \oplus N_s$, so ist $r = s$ und es gibt $\sigma \in S_r$ mit $M_i \cong N_{\sigma(i)}$ für alle i.*

Beweis: Man benutze Induktion über r und Lemma 10.5. $\qquad\square$

Korollar 10.7. (Krull & Schmidt) *Sei M ein R–Modul endlicher Länge. Dann ist M eine endliche direkte Summe unzerlegbarer Untermoduln. Sind $M = M_1 \oplus M_2 \oplus \cdots \oplus M_r = N_1 \oplus N_2 \oplus \cdots \oplus N_s$ zwei Zerlegungen in unzerlegbare Summanden, so ist $r = s$ und es gibt $\sigma \in S_r$ mit $M_i \cong N_{\sigma(i)}$ für alle i.*

Beweis: Die Existenz der Zerlegung folgt aus Satz VII.7.4. Die Eindeutigkeitsaussage ist wegen Satz 10.3 ein Spezialfall von Satz 10.6, da mit M auch alle Untermoduln endliche Länge haben. $\qquad\square$

ÜBUNGEN

§ 1 Einfache und halbeinfache Moduln

1. Zeige, daß der $\mathbb{Z}$–Modul $\mathbb{Q}$ keine einfachen Untermoduln und keine maximalen Untermoduln hat.

2. Sei n eine ganze Zahl mit $n > 1$. Zeige, daß der $\mathbb{Z}$–Modul $\mathbb{Z}/(n)$ genau dann halbeinfach ist, wenn n quadratfrei ist.

3. Sei K ein Körper; setze $R = \{ \left(\begin{smallmatrix} a & b \\ 0 & c \end{smallmatrix}\right) \mid a, b, c \in K \}$. Finde alle maximalen Untermoduln und alle einfachen Untermoduln von R betrachtet als R–Modul unter Linksmultiplikation.

4. Seien I_1, I_2 zwei maximale Linksideale in einem Ring R. Zeige, daß R/I_1 und R/I_2 genau dann zu einander isomorph sind, wenn es ein Element $a \in R$ mit $a \notin I_2$ und $I_1 a \subset I_2$ gibt.

5. Seien K ein Körper und V ein unendlich dimensionaler Vektorraum über K. Zeige, daß $I := \{ \varphi \in \mathrm{End}_K(V) \mid \dim \varphi(V) < \infty \}$ ein zweiseitiges Ideal in $\mathrm{End}_K(V)$ ist. Zeige, daß $R := K \cdot \mathrm{Id}_V + I$ ein Teilring von $\mathrm{End}_K(V)$ ist, daß V ein einfacher R–Modul ist und daß V^* ein einfacher R–Rechtsmodul ist. (Man definiert die Rechtsmodulstruktur durch $(f\varphi)(v) = f(\varphi(v))$ für alle $f \in V^*$, $\varphi \in R$, $v \in V$.)

6. Finde einen Ring R, einen R–Modul M und einen Untermodul N von M, so daß N und M/N halbeinfach sind, aber M nicht.

7. Sei L/K eine Körpererweiterung. Wir können eine Matrix $A \in M_n(K)$ als lineare Abbildung $K^n \to K^n$ auffassen und den durch (K^n, A) gegebenen $K[X]$–Modul (wie in § VII.9) betrachten; wir bezeichnen diesen $K[X]$–Modul mit K_A^n. Ebenso ordnen wir A mit Hilfe der Inklusion $M_n(K) \subset M_n(L)$ einen $L[X]$–Modul L_A^n zu. Zeige: Sind $f_1, f_2, \ldots, f_r \in K[X]$ Polynome mit $K_A^n \cong \bigoplus_{i=1}^r K[X]/(f_i)$, so gilt auch $L_A^n \cong \bigoplus_{i=1}^r L[X]/(f_i)$. Zeige: Ist L/K separabel, so ist K_A^n genau dann ein halbeinfacher $K[X]$–Modul, wenn L_A^n ein halbeinfacher $L[X]$–Modul ist.

8. Sei K ein Körper und sei σ ein Automorphismus von K. Betrachte den Schiefpolynomring $R = K_\sigma[X]$ wie in Abschnitt C. Zeige für alle $a \in K$, daß $K_a := R/R(X - a)$ ein einfacher R-Modul ist. Zeige für alle $a, b \in K$, daß $K_a \cong K_b$ genau dann, wenn es ein $c \in K$, $c \neq 0$ mit $b = c\sigma(c)^{-1}a$ gibt. (Was bedeutet diese Bedingung, wenn $K = \mathbb{C}$ und $\sigma(z) = \bar{z}$ für alle $z \in \mathbb{C}$? Was, wenn K algebraisch abgeschlossen mit $\operatorname{char} K = p > 0$ ist und wenn $\sigma(a) = a^p$ für alle $a \in K$?) Zeige, daß $\operatorname{End}_R(K_a)$ zu K isomorph ist, wenn $a = 0$, und zu K^σ isomorph, wenn $a \neq 0$.

9. Sei $\sigma \colon \mathbb{C} \to \mathbb{C}$ die komplexe Konjugation. Setze $R = \mathbb{C}_\sigma[X]$. Zeige, daß $M = R/R(X^2 + 1)$ ein einfacher R-Modul ist. Bestimme $\operatorname{End}_R(M)$.

10. Finde einen Ring R und einen R-Modul M, so daß M nicht einfach ist und so daß $\operatorname{End}_R(M)$ ein Schiefkörper ist.

11. Seien R ein Ring und $e \in R$ ein idempotentes Element. Sei M ein R-Modul. Nach Aufgabe VII.1 ist eM ein eRe-Modul. Für jeden eRe-Untermodul N von eM bezeichne $\widetilde{N}$ den von N in M erzeugten R-Untermodul. Zeige, daß dann $\widetilde{N} \cap eM = N$. Zeige: Ist M ein einfacher R-Modul, so ist eM entweder gleich 0 oder ein einfacher eRe-Modul.

§ 2 Halbeinfache Ringe

12. Zeige: Ist R ein halbeinfacher Ring, so ist R/I ein halbeinfacher Ring für jedes zweiseitige Ideal I von R.

13. Sei D ein Schiefkörper, sei r eine ganze Zahl ≥ 1 und sei R ein Teilring von $M_r(D)$. Zeige: Ist D^r ein halbeinfacher R-Modul (für die „offensichtliche" Struktur), so ist R ein halbeinfacher Ring.

14. Sei K ein Körper. Betrachte den Ring $R := K^I$, wobei I eine unendliche Indexmenge ist. Zeige: Für jedes $x \in R$ ist Rx ein direkter Summand des R-Moduls R. Zeige, daß der Ring R nicht halbeinfach ist.

§ 4 Algebren

15. Sei R eine endlich dimensionale, kommutative Algebra über einem algebraisch abgeschlossenen Körper K. Zeige, daß alle einfachen R-Moduln die Dimension 1 über K haben.

16. Sei R eine endlich dimensionale Algebra ungleich 0 über einem Körper K. Zeige: Hat R keine Nullteiler, so ist R ein Schiefkörper.

17. Sei R eine Algebra der Dimension 2 über einem Körper K. Zeige, daß R kommutativ ist. Zeige: Ist R kein Körper, so ist R entweder zu $K \times K$ oder zu $K[X]/(X^2)$ isomorph.

§ 5 Gruppenalgebren

18. Seien K ein Körper und G eine endliche Gruppe. Zeige, daß jeder Vektorraum V über K zu einem $K[G]$-Modul wird, wenn man $\left(\sum_{g \in G} a_g \varepsilon_g\right) v = \sum_{g \in G} a_g v$ für alle $\sum_{g \in G} a_g \varepsilon_g \in K[G]$ und $v \in V$ setzt. Ein $K[G]$-Modul heißt *trivial*, wenn er zu einem solchen Modul isomorph ist, wenn also jedes ε_g mit $g \in G$ als Identität operiert.

19. Seien K ein algebraisch abgeschlossener Körper und G eine endliche Gruppe. Zeige: Ist char $K = 0$, so gibt es genau dann einen nicht-trivialen (siehe Aufgabe 18) $K[G]$–Modul der Dimension 1 über K, wenn $G \neq D(G)$, wobei $D(G)$ die derivierte Gruppe von G wie in II.3.6 ist. Ist char $K = p > 0$, so gibt es genau dann einen nicht-trivialen $K[G]$–Modul der Dimension 1 über K, wenn $[G : D(G)]$ keine Potenz von p ist.

20. Seien K ein Körper und G eine endliche Gruppe. Zeige: Ein Element $\sum_{g \in G} a_g \varepsilon_g \in K[G]$ gehört genau dann zum Zentrum $Z(K[G])$ von $K[G]$, wenn $a_g = a_{hgh^{-1}}$ für alle $g, h \in G$ gilt. Die Dimension von $Z(K[G])$ ist gleich der Anzahl der Konjugiertenklassen von G.

21. Seien K ein algebraisch abgeschlossener Körper und G eine endliche Gruppe, so daß char K die Gruppenordnung $|G|$ nicht teilt. Seien $E_1, E_2, \ldots, E_r$ Repräsentanten für die Isomorphieklassen einfacher $K[G]$–Moduln. Zeige, daß $\sum_{i=1}^{r} (\dim_K E_i)^2 = |G|$. (Hinweis: Satz 1.7.)

22. Seien K ein algebraisch abgeschlossener Körper und G eine Gruppe mit $|G| = 6$. Es gelte char $K \neq 2, 3$. Zeige, daß $K[G]$ entweder 6 oder 3 Isomorphieklassen einfacher Moduln hat. Zeige, daß im ersten Fall alle einfachen $K[G]$–Moduln die Dimension 1 haben und G kommutativ ist. Wie sehen im zweiten Fall die Dimensionen aus?

23. Sei K ein Körper. Betrachte in der Gruppenalgebra $K[S_3]$ der symmetrischen Gruppe S_3 die Elemente $x_1 := \varepsilon_e + \varepsilon_\tau$ und $x_2 := \varepsilon_e - \varepsilon_\tau$, wobei e das neutrale Element in S_3 ist und τ die Transposition $(2\ 3)$. Zeige, daß das Linksideal $M_1 := K[S_3]x_1$ eine Basis v_1, v_2, v_3 über K hat, so daß $\varepsilon_\sigma v_i = v_{\sigma(i)}$ für alle $\sigma \in S_3$ und alle i. Zeige, daß das Linksideal $M_2 := K[S_3]x_2$ eine Basis v_1', v_2', v_3' über K hat, so daß $\varepsilon_\sigma v_i' = \text{sgn}(\sigma)\, v_{\sigma(i)}'$ für alle $\sigma \in S_3$ und alle i. Zeige: Ist char $K \neq 2$, so ist $K[S_3] = M_1 \oplus M_2$. Ist char $K \neq 3$, so sind M_1 und M_2 beide eine direkte Summe zweier einfacher Untermodul. Beschreibe alle einfachen $K[S_3]$–Moduln, wenn char $K \neq 2, 3$.

24. Sei K ein Körper mit char $K = 2$; im übrigen bewahren wir die Voraussetzungen und Notationen von Aufgabe 23. Zeige, daß $f := \varepsilon_{(1\,2\,3)} + \varepsilon_{(1\,3\,2)}$ ein idempotentes Element im Zentrum von $K[S_3]$ ist. Zeige, daß $K[S_3]$ das direkte Produkt der Unteralgebren $K[S_3]f$ und $K[S_3](1+f)$ ist und daß diese Unteralgebren die Dimension 4 und 2 haben. Zeige, daß es Isomorphien $K[S_3]f \cong M_2(K)$ und $K[S_3](1+f) \cong K[X]/(X^2)$ gibt. (Hinweis: Nach Aufgabe 23 gibt es einen einfachen $K[S_3]$–Modul E der Dimension 2. Zeige, daß die Moduloperation einen surjektiven Homomorphismus $K[S_3] \to \text{End}_K(E)$ mit Kern $K[S_3](1+f)$ definiert.)

25. Seien K ein Körper mit char $K = p > 0$ und G eine endliche p–Gruppe. Sei V ein endlich dimensionaler $K[G]$–Modul, $V \neq 0$. Zeige:

a) Für jedes $g \in G$ gibt es ein $n \in \mathbb{N}$, so daß $(g-1)^{p^n} V = 0$; es gibt $v \in V$, $v \neq 0$ mit $g\,v = v$.

b) Der Unterraum $V^G := \{\, v \in V \mid g\,v = v \text{ für alle } g \in G \,\}$ ist ungleich 0. (Hinweis: Induktion und II.3.4/5.)

c) Der triviale $K[G]$–Modul der Dimension 1 ist bis auf Isomorphie der einzige einfache $K[G]$–Modul.

§ 6   Artinsche Moduln

26. Sei M ein endlich erzeugbarer Modul über einem Hauptidealring R. Zeige: Ist M ein Torsionsmodul, so ist M artinsch.

27. Zeige, daß der Ring R von Aufgabe VII.27 linksartinsch, aber nicht rechtsartinsch ist.

28. Seien M und N Moduln über einem Ring R mit $M \cong M \oplus N$ und $N \neq 0$. Zeige, daß M nicht artinsch ist. (Vergleiche Lemma VII.6.10.)

29. Sei M ein artinscher Modul über einem Ring R. Zeige, daß M eine endliche direkte Summe von unzerlegbaren Untermoduln ist. (Vergleiche Satz VII.7.4.)

§ 7   Das Radikal eines Moduls

30. Seien M ein Modul über einem Ring R und $N \subset M$ ein Untermodul. Zeige: Ist M/N halbeinfach, so gilt $N \supset \operatorname{rad} M$.

31. Sei R der Ring von Aufgabe VII.3. Sei $\mathfrak{M}(V_1, V_2, \varphi)$ ein R–Modul wie in jener Aufgabe. Zeige, daß $\operatorname{rad}\mathfrak{M}(V_1, V_2, \varphi) = \mathfrak{M}(\varphi(V_2), 0, 0)$.

32. Sei $\varphi\colon M \to N$ ein surjektiver Homomorphismus von Moduln über einem Ring R. Zeige: Ist $M/\operatorname{rad} M$ halbeinfach, so gilt $\operatorname{rad} N = \varphi(\operatorname{rad} M)$.

33. Finde einen Ring R und einen surjektiven Homomorphismus $\varphi\colon M \to N$ von R–Moduln mit $\operatorname{rad} N \not\subset \varphi(\operatorname{rad} M)$.

34. Sei R ein Ring. Zeige, daß alle $1 - x$ mit $x \in \operatorname{rad} R$ Einheiten in R sind. (Hinweis: $R(1 - x) + \operatorname{rad} R = R$.)

35. Seien K ein Körper, n eine positive ganze Zahl und R der Ring aller oberen Dreiecksmatrizen in $M_n(K)$. (Im Spezialfall $n = 2$ ist dies der Ring von Aufgabe VII.3.) Zeige, daß $\operatorname{rad} R$ die Menge aller strikten oberen Dreiecksmatrizen in $M_n(K)$ ist, also aller oberen Dreiecksmatrizen mit Nullen auf der Diagonalen.

36. Sei K ein algebraisch abgeschlossener Körper der Charakteristik $p > 0$. Betrachte den Schiefpolynomring $K_\sigma[X]$ wie in Abschnitt C, wobei σ der Frobenius-Automorphismus mit $\sigma(x) = x^p$ für all $x \in K$ ist. Zeige, daß $\operatorname{rad} K_\sigma[X] = 0$.

37. Seien K ein Körper mit $\operatorname{char} K = p > 0$ und G eine endliche p–Gruppe. Zeige, daß $\operatorname{rad} K[G] = \sum_{g \in G} K(\varepsilon_g - 1)$. (Hinweis: Aufgabe 25.)

38. Sei K ein Körper der Charakteristik $p > 0$, sei G eine endliche Gruppe, deren Ordnung $|G|$ von p geteilt wird. Zeige, daß $K \sum_{g \in G} \varepsilon_g \subset \operatorname{rad} K[G]$.

§ 8   Artinsche Ringe

39. Sei R ein kommutativer Ring. Zeige, daß die Menge aller nilpotenten Elemente in R ein Ideal in R ist. Zeige: Ist R artinsch, so ist das Radikal von R gleich der Menge aller nilpotenten Elemente in R.

40. Sei R ein kommutativer Ring. Zeige, daß die folgenden drei Eigenschaften zu einander äquivalent sind:
   (i) R ist artinsch und enthält keine nilpotenten Elemente ungleich 0.
   (ii) R ist halbeinfach.
   (iii) R ist isomorph zu einem endlichen direkten Produkt von Körpern.

41. Sei R eine kommutative, endlich dimensionale Algebra über einem Körper. Sei R_1 eine Unteralgebra von R. Zeige: Ist R halbeinfach, so ist auch R_1 halbeinfach. (Hinweis: Aufgabe 40.)

§ 9 Moduln endlicher Länge

42. Sei M ein Modul endlicher Länge über einem Ring R. Zeige für alle Untermoduln P und Q von M, daß $\ell(P) + \ell(Q) = \ell(P + Q) + \ell(P \cap Q)$.

43. Bestimme die Länge des $\mathbb{Z}$–Moduls $\mathbb{Z}/n\mathbb{Z}$ für jede ganze Zahl $n > 1$. Wann hat $\mathbb{Z}/n\mathbb{Z}$ genau eine Kompositionsreihe?

44. Seien K ein Körper und $A \in M_n(K)$ eine obere Dreiecksmatrix (für ein $n \geq 1$). Betrachte K^n als $K[X]$–Modul, so daß X als Multiplikation mit A operiert; hier fassen wir Elemente in K^n als Spaltenvektoren auf. Finde eine Kompositionsreihe von K^n als $K[X]$–Modul.

45. Seien $M_1, M_2, \ldots, M_r$ Untermoduln in einem Modul M über einem Ring R. Zeige: Haben alle M/M_i endliche Länge, so auch $M/\bigcap_{j=1}^{r} M_j$.

46. Sei K ein Körper der Charakteristik 3. Betrachte die $K[S_3]$–Moduln M_1 und M_2 wie in Aufgabe 23. Zeige, daß

$$M_1 \supset \left\{ \sum_{i=1}^{3} a_i v_i \in M_1 \mid \sum_{i=1}^{3} a_i = 0 \right\} \supset K \sum_{i=1}^{3} v_i \supset 0$$

eine Kompositionsreihe von M_1 ist. Finde eine Kompositionsreihe von M_2. Zeige, daß alle einfachen $K[S_3]$–Moduln die Dimension 1 haben und daß es zwei Isomorphieklassen einfacher $K[S_3]$–Moduln gibt. Bestimme die Dimension von $\mathrm{rad}(K[S_3])$.

47. Sei K ein Körper der Charakteristik 2. Betrachte den $K[S_3]$–Modul M_1 wie in Aufgabe 23. Zeige, daß

$$K[S_3] \supset \left\{ \sum_{\sigma \in S_3} a_\sigma \varepsilon_\sigma \in K[S_3] \mid \sum_{\sigma \in S_3} a_\sigma = 0 \right\} \supset M_1 \supset K \sum_{\sigma \in S_3} \varepsilon_\sigma \supset 0$$

eine Kompositionsreihe von $K[S_3]$ ist. Zeige, daß es zwei Isomorphieklassen einfacher $K[S_3]$–Moduln gibt. Was sind die zugehörigen Dimensionen?

§ 10 Der Satz von Krull und Schmidt

48. Seien M ein Modul über einem Ring R und $\varphi \in \mathrm{End}_R(M)$. Zeige: Hat $M/\varphi(M)$ endliche Länge, so auch $M/\varphi^r(M)$ für alle $r > 0$. Ist M noethersch und hat $M/\varphi(M)$ endliche Länge, so hat auch $\ker \varphi$ endliche Länge. (Hinweis: Lemma 10.1.b)

49. Seien M und N Moduln endlicher Länge über einem Ring R. Zeige: Gibt es eine ganze Zahl $r > 0$ mit $M^r \cong N^r$, so gilt $M \cong N$.

50. Sei R ein linksartinscher Ring. Seien Q ein R–Modul und $m, n \in \mathbb{N}$ natürliche Zahlen mit $R^n \cong R^m \oplus Q$. Zeige, daß $Q \cong R^{n-m}$.

G   Projektive Moduln über artinschen Ringen

In folgenden sei R stets ein Ring.

Wir haben in Abschnitt E projektive Moduln definiert und dann in Abschnitt F eine Anwendung dieser Moduln beschrieben. Nun wollen wir diese Objekte etwas näher in dem Fall betrachten, daß R linksartinsch ist. Wir werden sehen, daß es eine Bijektion von der Menge der Isomorphieklassen endlich erzeugbarer unzerlegbarer projektiver Moduln auf die Menge der Isomorphieklassen einfacher Moduln gibt (für linksartinsches R). Diese Bijektion wird durch $P \mapsto P/\mathrm{rad}\,P$ induziert; die Umkehrabbildung ordnet jedem einfachen Modul seine „projektive Hülle" zu, die wir in G.1 für beliebige R definieren.

Daß die Anzahl dieser Isomorphieklassen endlich ist, folgt ziemlich schnell aus in diesem Kapitel bewiesenen Sätzen: Ein linksartinscher Ring R ist nach Korollar 8.3 auch linksnoethersch. Daher sind alle endlich erzeugbaren R–Moduln artinsch und noethersch, haben also nach Lemma 9.1 endliche Länge. Also haben sie (nach Korollar 10.7) eine „im wesentlichen eindeutige" Zerlegung in unzerlegbare direkte Summanden. Dies trifft insbesondere auf endlich erzeugbare projektive R–Moduln zu. Deren Summanden sind dann wieder projektiv, siehe Lemma E.8.a. Die unzerlegbaren Summanden eines projektiven Moduls der Form R^n, $n > 1$, sind genau die unzerlegbaren Summanden von R selbst, nur mit größerer Multiplizität. Weil jeder endlich erzeugbare projektive Modul zu einem direkten Summand eines R^n isomorph ist, muß jeder endlich erzeugbare unzerlegbare projektive R–Modul zu einem direkten Summanden von R isomorph sein. Und R hat nur endlich viele direkte Summanden.

Diese Überlegung zeigt auch, daß wir statt von „unzerlegbaren endlich erzeugbaren projektiven Moduln" auch einfach von „unzerlegbaren Summanden von R" reden könnten. In dieser Sprechweise wurde das oben genannte Resultat (gleich Satz G.6 unten) auch zuerst formuliert und bewiesen. Es wurde dann gleich auf den Fall angewendet, daß $R = K[G]$ die Gruppenalgebra einer endlichen Gruppe G über einem endlichen Körper K ist. In diesem Fall kann man die unzerlegbaren endlich erzeugbaren projektiven Moduln zu Darstellungen von G in Charakteristik 0 liften; sie bilden so ein wichtiges Bindeglied zwischen den Darstellungstheorien in Charakteristik 0 und in positiver Charakteristik.

Definition G.1. Sei M ein R–Modul. Eine *projektive Hülle* von M ist ein Paar (P, π), wobei P ein projektiver R–Modul und $\pi\colon P \to M$ eine surjektive R–lineare Abbildung ist, so daß für jeden Untermodul $N \subset P$ mit $N \neq P$ gilt, daß $\pi(N) \neq M$.

Wir wissen, daß es für jeden R–Modul M einen projektiven R–Modul P mit einer surjektiven R–linearen Abbildung $\pi\colon P \to M$ gibt. Es ist aber nicht klar (und für beliebiges R sogar falsch), daß wir P und π so wählen können, daß die letzte Bedingung in der Definition oben erfüllt ist. Diese bedeutet, daß jeder Untermodul $N \subset P$ mit $\pi(N) = M$ gleich P sein muß, das heißt, daß $N + \ker \pi = P$ impliziert $N = P$. Mit der in Definition 7.7 eingeführten Terminologie heißt dies, daß $\ker \pi$ überflüssig ist.

Lemma G.2. *Seien P ein projektiver R–Modul und $\pi\colon P \to M$ ein surjektiver Homomorphismus von R–Moduln.*

(a) *Ist (P, π) eine projektive Hülle von M, so gilt $\ker \pi \subset \operatorname{rad} P$.*

(b) *Ist P endlich erzeugbar und ist $\ker \pi \subset \operatorname{rad} P$, so ist (P, π) eine projektive Hülle von M.*

Beweis: (a) Wäre $\ker \pi \not\subset \operatorname{rad} P$, so könnten wir einen maximalen Untermodul $N \subset P$ mit $\ker \pi \not\subset N$ finden. Dann gilt $N + \ker \pi = P$ und $N \neq P$ im Widerspruch zur Eigenschaft der projektiven Hülle.

(b) Nach Lemma 7.8 ist $\operatorname{rad} P$ überflüssig in P. Daher ist auch $\ker \pi \subset \operatorname{rad} P$ überflüssig, und die Behauptung folgt aus der Diskussion oben. $\quad\square$

Bemerkung: Wir haben in 7.1 gesehen, daß als $\mathbb{Z}$–Modul $\operatorname{rad} \mathbb{Z} = 0$. Nach Lemma 7.2.d hat daher auch jeder freie $\mathbb{Z}$–Modul Radikal 0. Ein projektiver $\mathbb{Z}$–Modul P ist in einen freien $\mathbb{Z}$–Modul F als Untermodul eingebettet; es folgt $\operatorname{rad} P \subset \operatorname{rad} F = 0$, siehe Lemma 7.2.a, also $\operatorname{rad} P = 0$. Ist (P, π) nun projektive Hülle eines $\mathbb{Z}$–Moduls M, so folgt aus dem Lemma $\ker \pi = 0$, also $M \cong P$. Mit anderen Worten: Ein $\mathbb{Z}$–Modul hat nur dann eine projektive Hülle, wenn er projektiv ist.

Satz G.3. *Sei (P, π) eine projektive Hülle eines R–Moduls M. Ist Q ein projektiver R–Modul und ist $\psi\colon Q \to M$ eine surjektive lineare Abbildung, so gibt es eine direkte Summenzerlegung $Q = Q' \oplus Q''$, so daß $\psi(Q'') = 0$ und so daß $(Q', \psi_{|Q'})$ eine projektive Hülle von M ist. Ferner ist dann Q' zu P isomorph.*

Beweis: Weil Q projektiv ist, gibt es zu dem surjektiven Homomorphismus $\pi\colon P \to M$ eine R–lineare Abbildung $\gamma\colon Q \to P$ mit $\pi \circ \gamma = \psi$. Wegen $\pi(\gamma(Q)) = \psi(Q) = M$ impliziert die projektive Hülleneigenschaft von (P, π), daß $\gamma(Q) = P$. Weil P projektiv ist, spaltet die Surjektion $\gamma\colon Q \to P$. Es gibt also eine direkte Summenzerlegung $Q = Q' \oplus Q''$ mit $Q'' = \ker \gamma$; dies impliziert insbesondere, daß $\psi(Q'') = \pi(\gamma(Q'')) = 0$. Ferner ist $\gamma_{|Q'}\colon Q' \to P$ ein Isomorphismus. Daher ist mit (P, π) auch $(Q', \pi \circ \gamma_{|Q'} = \psi_{|Q'})$ eine projektive Hülle von M. $\quad\square$

Korollar G.4. *Sind (P, π) und (P', π') zwei projektive Hüllen eines R–Moduls M, so sind P und P' zueinander isomorph.*

Beweis: Wir wenden Satz G.3 auf $(Q, \psi) = (P', \pi')$ an. Dort gilt dann $\psi(Q') = M$, also $Q' = Q$, und daher ist $P' = Q$ zu P isomorph. $\quad\square$

Bemerkungen: (1) Wir erhalten genauer aus Satz G.3, daß es einen Isomorphismus

$$\gamma \colon P' \overset{\sim}{\longrightarrow} P \qquad \text{mit} \qquad \pi' = \pi \circ \gamma \tag{1}$$

gibt. Ein solcher Isomorphismus ist im allgemeinen nicht eindeutig bestimmt.

(2) Man kann das Korollar und (1) leicht wie folgt verallgemeinern: Gegeben seien ein Isomorphismus $\varphi \colon M \to M'$ von R–Moduln, eine projektive Hülle (P, π) von M und eine projektive Hülle (P', π') von M'. Dann gibt es einen Isomorphismus

$$\gamma \colon P \overset{\sim}{\longrightarrow} P' \qquad \text{mit} \qquad \pi' \circ \gamma = \varphi \circ \pi.$$

Lemma G.5. *Sei R linksartinsch. Ist P ein endlich erzeugbarer und unzerlegbarer projektiver R–Modul, so ist der R–Modul $P/\operatorname{rad} P$ einfach.*

Beweis: Weil 0 nicht unzerlegbar ist, gilt $P \neq 0$, also $\operatorname{rad} P \neq P$. Nehmen wir an, daß $P/\operatorname{rad} P$ nicht einfach ist. Dann ist $\operatorname{rad} P$ kein maximaler Untermodul in P, also muß es mindestens zwei verschiedene maximale Untermoduln $M_1, M_2 \subset P$, $M_1 \neq M_2$ geben. Nach Definition des Radikals gilt $\operatorname{rad} P \subset M_1 \cap M_2$. Offensichtlich ist $M_1 + M_2 = P$. Die kanonische Abbildung $\pi \colon P \to P/M_1$ erfüllt deshalb $\pi(M_2) = P/M_1$. Weil P projektiv ist, gibt es zu der Surjektion $M_2 \overset{\pi}{\longrightarrow} P/M_1$ eine R–lineare Abbildung $\gamma \colon P \to M_2 \hookrightarrow P$ mit $\pi \circ \gamma = \pi$.

Wegen $M_2 \neq P$ ist γ nicht bijektiv. Weil der Modul P endliche Länge hat (weil R linksartinsch ist), sagt Satz 10.3, daß γ nilpotent ist. Also folgt $\pi = \pi \circ \gamma^n = 0$ für $n \gg 0$, ein Widerspruch, da $P/M_1 \neq 0$. Also muß $P/\operatorname{rad} P$ einfach sein. $\square$

Satz G.6. *Sei R ein linksartinscher Ring. Dann induziert die Zuordnung $P \mapsto P/\operatorname{rad} P$ eine Bijektion von der Menge der Isomorphieklassen endlich erzeugbarer unzerlegbarer projektiver R–Moduln auf die Menge der Isomorphieklassen einfacher R–Moduln.*

Beweis: Nach Lemma G.5 haben wir eine Abbildung der beschriebenen Form. Wir müssen zeigen, daß sie bijektiv ist.

Die Injektivität folgt aus Korollar G.4, weil P nach Lemma G.2 eine projektive Hülle von $P/\operatorname{rad} P$ ist.

Sei E ein einfacher R–Modul. Dann gibt es einen surjektiven Homomorphismus $\varphi \colon R \to E$ von R–Moduln. Sei $R = \bigoplus_{i=1}^r P_i$ eine Zerlegung von R als direkte Summe unzerlegbarer (automatisch: endlich erzeugbarer, projektiver) R–Moduln. Es gibt ein i mit $\varphi(P_i) \neq 0$, also $\varphi(P_i) = E$ wegen der Einfachheit von E. Sei π die Restriktion von φ auf P_i. Dann gilt $P_i/\ker \pi \cong E$, also $\ker \pi \supset \operatorname{rad} P_i$. Da $P_i/\operatorname{rad} P_i$ einfach ist, folgt $\ker \pi = \operatorname{rad} P_i$ und $P_i/\operatorname{rad} P_i \cong E$. Also ist die Abbildung im Satz surjektiv. $\square$

Bemerkungen: (1) Wir haben oben eine Formulierung der Form „P ist projektive Hülle von M" benutzt, wo wir genauer sagen sollten: „Es gibt π, so daß (P,π) eine projektive Hülle von M ist." Das werden wir auch im folgenden tun.

(2) Über einem linksartinschen Ring sind alle unzerlegbaren projektiven Moduln endlich erzeugbar (und die entsprechende Einschränkung im Satz daher überflüssig). Dies sieht man so: Sei Q ein unzerlegbarer projektiver R–Modul. Dann ist $(\operatorname{rad} R)\,Q \neq Q$, denn sonst wäre $(\operatorname{rad} R)^n Q = Q$ für alle $n > 0$; aber $\operatorname{rad} R$ ist nilpotent (Satz 8.2), also folgte $Q = 0$ im Widerspruch zur Unzerlegbarkeit. Daher ist $Q/(\operatorname{rad} R)Q \neq 0$. Weil $Q/(\operatorname{rad} R)Q$ ein halbeinfacher R–Modul ist (siehe die Bemerkung nach Lemma 7.9), gibt es einen einfachen R–Modul E, der homomorphes Bild von $Q/(\operatorname{rad} R)Q$ ist. Es gibt also eine surjektive R–lineare Abbildung $\varphi\colon Q \to E$. Nach Satz G.6 gibt es einen unzerlegbaren, endlich erzeugbaren projektiven R–Modul P, der eine projektive Hülle von E ist. Nach Satz G.3 ist nun P isomorph zu einem direkten Summanden von Q. Weil Q unzerlegbar ist, folgt $Q \cong P$, und damit ist auch Q endlich erzeugbar.

Satz G.7. *Ist R ein linksartinscher Ring, so hat jeder endlich erzeugbare R–Modul eine projektive Hülle.*

Beweis: Sei M ein endlich erzeugbarer R–Modul. Dann ist $M/\operatorname{rad} M$ ein endlich erzeugbarer halbeinfacher R–Modul. Sei $M/\operatorname{rad} M = \bigoplus_{i=1}^{r} E_i$ eine Zerlegung als Summe einfacher Untermoduln. Nach Satz G.6 gibt es endlich erzeugbare projektive R Moduln Q_i mit $Q_i/\operatorname{rad} Q_i \cong E_i$. Dann ist $Q = \bigoplus_{i=1}^{r} Q_i$ projektiv mit $\operatorname{rad} Q = \bigoplus_{i=1}^{r} \operatorname{rad} Q_i$, also $Q/\operatorname{rad} Q \cong \bigoplus_{i=1}^{r} E_i$. Es gibt also eine Surjektion $\varphi\colon Q \to M/\operatorname{rad} M$ von R–Moduln mit $\ker \varphi = \operatorname{rad} Q$.

Sei $\psi\colon M \to M/\operatorname{rad} M$ die kanonische Abbildung. Wenden wir die Projektivität von Q auf ψ an, so erhalten wir eine R–lineare Abbildung $\pi\colon Q \to M$ mit $\psi \circ \pi = \varphi$. Es gilt dann $\psi(\pi(Q)) = M/\operatorname{rad} M$, also $\pi(Q) + \operatorname{rad}(M) = M$. Weil $\operatorname{rad} M$ überflüssig ist, folgt $\pi(Q) = M$. Wegen $\ker \pi \subset \ker \varphi = \operatorname{rad} Q$, ist Q nach Lemma G.2 eine projektive Hülle von M. $\qquad\square$

Notation: Im folgenden wird eine projektive Hülle eines R–Moduls M mit P_M bezeichnet.

Ist Q ein beliebiger endlich erzeugbarer projektiver Modul über einem linksartinschen Ring R, so haben wir einen Isomorphismus

$$Q \cong \bigoplus_E P_E^{m(E)}, \tag{1}$$

wobei E über Repräsentanten für die Isomorphieklassen einfacher R–Moduln läuft. Die Exponenten $m(E)$ sind nach dem Satz von Krull–Schmidt eindeutig bestimmt. Diese Eindeutigkeit folgt auch aus:

Lemma G.8. *Es ist $m(E)$ gleich der Dimension von $\mathrm{Hom}_R(Q, E)$ als Vektorraum über dem Schiefkörper $\mathrm{End}_R(E)$.*

Beweis: Wir haben einen Isomorphismus von Vektorräumen über $\mathrm{End}_R(E)$

$$\mathrm{Hom}_R(Q, E) \cong \bigoplus_{E'} \mathrm{Hom}_R(P_{E'}, E)^{m(E')}.$$

Jeder Homomorphismus $P_{E'} \to E$ ungleich 0 hat als Kern einen maximalen Untermodul, also muß der Kern gleich $\mathrm{rad}\, P_{E'}$ sein. Daher ist die natürliche Abbildung

$$\mathrm{Hom}_R(P_{E'}/\mathrm{rad}\, P_{E'}, E) \longrightarrow \mathrm{Hom}_R(P_{E'}, E)$$

ein Isomorphismus von $\mathrm{End}_R(E)$–Vektorräumen. Wegen $P_{E'}/\mathrm{rad}\, P_{E'} \cong E'$ folgt nun

$$\mathrm{Hom}_R(E', E) \xrightarrow{\ \sim\ } \mathrm{Hom}_R(P_{E'}, E)$$

und daher die Behauptung nach Lemma 1.11. $\square$

G.9. Wir können die Theorie anwenden, wenn R eine endlich dimensionale Algebra über einem Körper K ist. Dann ist Lemma G.8 zu

$$m(E) \cdot \dim_K \mathrm{End}_R(E) = \dim_K \mathrm{Hom}_R(Q, E) \tag{1}$$

äquivalent. Ist K algebraisch abgeschlossen, so ist $\mathrm{End}_R(E) \cong K$ für alle E. In diesem Fall erhält man insbesondere:

Satz G.10. *Sei R eine endlich dimensionale Algebra über einem algebraisch abgeschlossenen Körper K. Dann hat man einen Isomorphismus von R–Moduln*

$$R \cong \bigoplus_{E} P_E^{\dim_K(E)}, \tag{1}$$

wo E ein Repräsentantensystem für die Isomorphieklassen einfacher R–Moduln durchläuft.

Dies folgt nun unmittelbar aus G.9(1) und $\mathrm{Hom}_R(R, E) \cong E$.

Satz G.11. *Sei R eine endlich dimensionale Algebra über einem Körper K. Für jeden einfachen R–Modul E und jeden endlich erzeugbaren R–Modul M ist die Multiplizität von E als Kompositionsfaktor von M gleich*

$$\dim_K \mathrm{Hom}_R(P_E, M) \,/\, \dim_K \mathrm{End}_R(E). \tag{1}$$

Beweis: Wir benutzen Induktion über die Länge einer Kompositionsreihe von M. Ist $M = 0$, so ist die Behauptung trivial. Ist M einfach, so ist (1) ein Spezialfall von G.9(1), mit (Q, E) ersetzt durch (P_E, M). Sei nun M

nicht einfach und nicht 0. Es gibt dann einen Untermodul $N \neq 0$, M in M. Wir können annehmen, daß die Behauptung für N und M/N statt M gilt.

Die kurze exakte Folge von R–Moduln $0 \longrightarrow N \longrightarrow M \longrightarrow M/N \longrightarrow 0$ führt wegen der Projektivität von P_E zu einer kurzen exakten Folge von Vektorräumen

$$0 \longrightarrow \operatorname{Hom}_R(P_E, N) \longrightarrow \operatorname{Hom}_R(P_E, M) \longrightarrow \operatorname{Hom}_R(P_E, M/N) \longrightarrow 0.$$

Es folgt, daß

$$\dim_K \operatorname{Hom}_R(P_E, M) = \dim_K \operatorname{Hom}_R(P_E, N) + \dim_K \operatorname{Hom}(P_E, M/N).$$

Nun wenden wir Induktion an und erhalten die Behauptung. $\qquad\square$

Übungen

1. Sei R wie in Aufgabe VII.27 der Ring aller Matrizen $\left(\begin{smallmatrix} a & b \\ 0 & c \end{smallmatrix}\right)$ mit $a, b \in \mathbb{R}$ und $c \in \mathbb{Q}$. Zeige, daß die abelschen Gruppen $E_1 = \mathbb{R}$ und $E_2 = \mathbb{Q}$ und $P = \mathbb{R} \times \mathbb{Q}$ zu R–Moduln werden, wenn wir

$$\begin{pmatrix} a & b \\ 0 & c \end{pmatrix} x = ax \text{ bzw. } \begin{pmatrix} a & b \\ 0 & c \end{pmatrix} z = cz \text{ bzw. } \begin{pmatrix} a & b \\ 0 & c \end{pmatrix} (x, z) = (ax + bz, cz)$$

für alle $x \in \mathbb{R}$ und $z \in \mathbb{Q}$ setzen. Zeige, daß $R \cong E_1 \oplus P$ als R–Modul. Zeige, daß E_1 und E_2 einfache R–Moduln sind und daß P unzerlegbar ist. (Was ist $\operatorname{End}_R(P)$?) Zeige, daß P die projektive Hülle von E_2 ist, während E_1 seine eigene projektive Hülle ist. Bestimme alle $\operatorname{Ext}_R(E_i, E_j)$.

2. Sei K ein Körper. Setze

$$R = \left\{ \begin{pmatrix} a & b & c \\ 0 & d & 0 \\ 0 & 0 & e \end{pmatrix} \mid a, b, c, d, e \in K \right\}.$$

Zeige, daß R eine Unteralgebra von $M_3(K)$ ist. Zeige für $i = 1, 2, 3$, daß K zu einem einfachen R–Modul wird, wenn jede Matrix $(a_{kl}) \in R$ als Multiplikation mit a_{ii} operiert; bezeichne diesen einfachen Modul mit E_i. Setze

$$P_1 = \left\{ \begin{pmatrix} a & 0 & 0 \\ 0 & 0 & 0 \\ 0 & 0 & 0 \end{pmatrix} \right\}, \quad P_2 = \left\{ \begin{pmatrix} 0 & b & 0 \\ 0 & d & 0 \\ 0 & 0 & 0 \end{pmatrix} \right\}, \quad P_3 = \left\{ \begin{pmatrix} 0 & 0 & c \\ 0 & 0 & 0 \\ 0 & 0 & e \end{pmatrix} \right\}$$

wobei jeweils a oder b, d oder c, e über K laufen. Zeige, daß die P_i Linksideale in R mit $R = P_1 \oplus P_2 \oplus P_3$ sind. Zeige für alle i, daß P_i eine projektive Hülle von E_i ist. Bestimme alle $\operatorname{Ext}_R(E_i, E_j)$.

3. Zeige: In Aufgabe VIII.46 sind M_1 und M_2 die projektiven Hüllen der beiden einfachen $K[S_3]$–Moduln.

H   Frobenius–Algebren

Es sei in diesem Abschnitt K ein fester Körper.

Eine *Frobenius–Algebra* über K ist eine endlich dimensionale K–Algebra, die eine zusätzliche Bedingung (siehe H.1) erfüllt. Zu dieser Klasse von Algebren gehören die Gruppenalgebren endlicher Gruppen und die halbeinfachen Algebren. Andere wichtige Beispiele findet man unter den endlich dimensionalen Faktoralgebren von einhüllenden Algebren bestimmter Lie-Algebren oder von bestimmten Quantengruppen. In der Geometrie betrachtet man Mannigfaltigkeiten, genannt Frobenius–Mannigfaltigkeiten, bei denen die Tangentialräume kommutative Frobenius–Algebren sind.

Wir beweisen hier eine für die Anwendungen entscheidende Eigenschaft der Frobenius–Algebren: Ihre unzerlegbaren projektiven Moduln sind auch injektiv. Ein solcher projektiver Modul P ist nicht nur (nach Abschnitt G) die projektive Hülle eines einfachen Moduls E, sondern auch die „injektive Hülle" eines einfachen Moduls E'. Wir beschreiben dann auch den Zusammenhang zwischen E' und E.

Definition H.1. Eine *Frobenius–Algebra* über dem Körper K ist eine endlich dimensionale K–Algebra A zusammen mit einer nicht–ausgearteten Bilinearform $(\ ,\ )\colon A \times A \to K$, so daß

$$(xy, z) = (x, yz) \tag{1}$$

für alle $x, y, z \in A$ gilt.

Beispiel H.2. Sei $A = M_n(K)$, die Algebra der $n \times n$–Matrizen über K. Dann wird A eine Frobenius–Algebra unter

$$(X, Y) := \operatorname{Spur}(XY).$$

In der Tat ist dies eine Bilinearform, die offensichtlich H.1(1) erfüllt. Sie ist nicht ausgeartet wegen $(E_{ij}, E_{k\ell}) = \delta_{jk}\delta_{i\ell}$, wobei E_{ij} die Matrix mit 1 in Position (i, j) und allen anderen Einträgen gleich 0 bezeichnet.

Bevor wir andere Beispiele beschreiben, noch eine Bemerkung. Wenn eine Bilinearform $(\ ,\ )$ auf einer K–Algebra A die Bedingung H.1(1) erfüllt, so ist $(\ ,\ )$ durch die lineare Abbildung $\gamma_A \colon A \to K$ mit

$$\gamma_A(x) = (1, x) \tag{1}$$

vollständig festgelegt. Es gilt nämlich für alle $x, y \in A$

$$(x, y) = (1x, y) = (1, xy) = \gamma_A(xy).$$

(Diese Rechnung zeigt, daß wir γ_A auch durch $\gamma_A(x) = (x, 1)$ hätten definieren können.) Umgekehrt: Ist $\gamma \colon A \to K$ eine lineare Abbildung, so ist $(x, y) = \gamma(xy)$ eine Bilinearform auf A, die H.1(1) erfüllt.

Beispiele H.3. (1) Sei G eine endliche Gruppe. Dann wird die Gruppenalgebra $K[G]$ eine Frobenius–Algebra durch

$$\Big(\sum_{g\in G} a_y g, \sum_{h\in G} b_h h\Big) = \sum_{g\in G} a_g b_{g^{-1}},$$

also durch $\gamma_{K[G]}(\sum_{g\in G} a_g g) = a_1$. Wegen $(g,h) = \delta_{g,h^{-1}}$ ist die Bilinearform nicht ausgeartet.

(2) Betrachte $A = K[X]/(X^{n+1})$ für ein $n \in \mathbb{N}$. Wir schreiben Elemente von A in der Form $\sum_{i=0}^{n} a_i X^i$ mit $a_i \in K$. Dann wird A Frobenius–Algebra durch

$$\Big(\sum_{i=0}^{n} a_i X^i, \sum_{j=0}^{n} b_j X^j\Big) = \sum_{i=0}^{n} a_i b_{n-i},$$

also durch $\gamma_A(\sum_{i=0}^{n} a_i X^i) = a_n$. Wegen $(X^i, X^j) = \delta_{i,n-j}$ ist die Bilinearform nicht ausgeartet.

(3) Sind A_1 und A_2 Frobenius–Algebren über K mit zugehörigen Bilinearformen $(\ ,\ )_1$ und $(\ ,\ )_2$, so wird $A_1 \times A_2$ Frobenius–Algebra durch

$$((a_1, a_2), (b_1, b_2)) = (a_1, b_1)_1 + (a_2, b_2)_2$$

für alle $a_1, b_1 \in A_1$ und $a_2, b_2 \in A_2$.

Bemerkung: Es seien A eine endlich dimensionale Algebra über K und $\gamma\colon A \to K$ eine lineare Abbildung. Es ist A genau dann eine Frobenius–Algebra unter $(x,y) = \gamma(xy)$, wenn $\gamma(I) \neq 0$ für jedes Linksideal $I \neq 0$ in A gilt. (Übungsaufgabe! — Statt „jedes Linksideal" hätten wir hier auch „jedes Rechtsideal" sagen können.)

Sei A eine endlich dimensionale K–Algebra. Der Dualraum A^* von A wird zu einem A–Linksmodul, wenn wir $(af)(b) = f(ba)$ für alle $f \in A^*$ und $a, b \in A$ setzen.

> **Satz H.4.** *Eine endlich dimensionale K–Algebra A hat genau dann eine Struktur als Frobenius–Algebra, wenn A^* als A–Linksmodul zu A isomorph ist.*

Beweis: Ist A eine Frobenius–Algebra über K, so definiert die Bilinearform in H.1(1) eine Abbildung $\Phi\colon A \to A^*$ mit $\Phi(a)(b) = (b,a)$ für alle $a,b \in A$. Dann ist Φ bijektiv, weil $(\ ,\ )$ nicht-ausgeartet ist; die A–Linearität von Φ folgt aus H.1(1).

Ist umgekehrt $\Phi\colon A \to A^*$ ein Isomorphismus von A–Moduln, so hat $(x,y) := \Phi(y)(x)$ die in Definition H.1 geforderten Eigenschaften. $\square$

Bemerkung: Ist A eine Frobenius–Algebra, so ist γ_A wie in H.2(1) eine Basis von A^* als A–Modul.

Satz H.5. *Ist A eine endlich dimensionale K–Algebra, so ist A^* als Linksmodul über A injektiv.*

Beweis: Nach Lemma E.5 reicht es zu zeigen: Zu jedem Linksideal $I \subset A$ und jeder A–linearen Abbildung $\varphi \colon I \to A^*$ gibt es eine A–lineare Abbildung $\psi \colon A \to A^*$ mit $\psi_{|I} = \varphi$.

Seien also I und φ wie oben gegeben. Die Abbildung $f \mapsto f_{|I}$ bildet A^* surjektiv auf den Dualraum I^* von I ab. Insbesondere gibt es zu der Linearform $a \mapsto \varphi(a)(1)$ auf I ein $f \in A^*$ mit $f(a) = \varphi(a)(1)$ für alle $a \in I$. Sei $\psi \colon A \to A^*$ die eindeutig bestimmte A–lineare Abbildung mit $\psi(1) = f$. Dann gilt für alle $a \in I$ und $b \in A$

$$\psi(a)(b) = (a\psi(1))(b) = f(ba) = \varphi(ba)(1) = (b\varphi(a))(1) = \varphi(a)(b),$$

also $\psi(a) = \varphi(a)$ für alle $a \in I$. $\qquad\qquad\qquad\qquad\qquad\qquad\qquad\Box$

Korollar H.6. *Ist A eine Frobenius–Algebra über K, so ist jeder endlich erzeugbare projektive A–Modul injektiv.*

Beweis: Für den projektiven A–Modul A ist dies nun klar. Im allgemeinen Fall benutzt man Lemma E.8 und die erste Bemerkung zu Satz E.2.

Bemerkung: Allgemeiner heißt eine Algebra, die als Modul über sich selbst injektiv ist, eine *Quasi–Frobenius–Algebra*.

H.7. Von nun an sei A eine Frobenius–Algebra. Für eine Teilmenge $M \subset A$ setzen wir

$$
\begin{aligned}
M^{\perp r} &= \{\, x \in A \mid (y, x) = 0 \text{ für alle } y \in M \,\}, \\
M^{\perp \ell} &= \{\, x \in A \mid (x, y) = 0 \text{ für alle } y \in M \,\}.
\end{aligned}
$$

Dies sind offensichtlich Unterräume von A. Ist M selbst ein Unterraum von A, so gilt

$$\dim M^{\perp r} = \dim A - \dim M = \dim M^{\perp \ell}$$

weil $(\,,)$ nicht ausgeartet ist und A endliche Dimension hat. Es folgt, daß

$$M = (M^{\perp r})^{\perp \ell} = (M^{\perp \ell})^{\perp r}.$$

Also sind $M \mapsto M^{\perp r}$ und $M \mapsto M^{\perp \ell}$ zueinander inverse Bijektionen auf der Menge aller Unterräume von A. Offensichtlich sind diese Bijektionen Ordnungsantiautomorphismen, d.h., es gilt genau dann $M_1 \subset M_2$, wenn $M_1^{\perp r} \supset M_2^{\perp r}$, genau dann, wenn $M_1^{\perp \ell} \supset M_2^{\perp \ell}$.

Ist nun $I \subset A$ ein Linksideal, so gilt

$$I^{\perp r} = \{\, x \in A \mid Ix = 0 \,\}, \qquad\qquad\qquad (1)$$

denn wir haben für alle $x \in A$

$$Ix = 0 \iff (A, Ix) = 0 \iff (AI, x) = 0 \iff (I, x) = 0.$$

Insbesondere ist $I^{\perp r}$ ein Rechtsideal in A. Für jedes Rechtsideal $J \subset A$ gilt analog, daß

$$J^{\perp \ell} = \{\, x \in A \mid xJ = 0 \,\}, \qquad (2)$$

und daß $J^{\perp \ell}$ ein Linksideal in A ist. Also sind $I \mapsto I^{\perp r}$ und $J \mapsto J^{\perp \ell}$ zueinander inverse Ordnungsantiisomorphismen zwischen der Menge aller Linksideale in A und der Menge aller Rechtsideale in A.

Betrachten wir zum Beispiel $I = Ae$ und $J = eA$ für ein idempotentes Element $e \in A$. Wir behaupten, daß in diesem Fall

$$(Ae)^{\perp r} = (1 - e)A \qquad \text{und} \qquad (eA)^{\perp l} = A(1 - e). \qquad (3)$$

In der Tat gilt für alle $x \in A$

$$x \in (Ae)^{\perp r} \iff Aex = 0 \iff ex = 0 \iff x \in (1 - e)A.$$

Für den letzten Schritt beachte man, daß $A = eA \oplus (1 - e)A$ und daß $ex = x$ für alle $x \in eA$, während $ex - 0$ für alle $x \in (1 - e)A$. Die Behauptung für $(eA)^{\perp l}$ folgt analog.

Es sei daran erinnert (siehe G.6), daß es für jeden einfachen A–Modul E einen unzerlegbaren projektiven A–Modul P_E mit $P_E / \mathrm{rad}_A P_E \cong E$ gibt. Dieser Modul ist durch E eindeutig bis auf Isomorphie festgelegt. Jeder unzerlegbare projektive A–Modul ist zu einem P_E isomorph. Die P_E sind bis auf Isomorphie die unzerlegbaren Summanden von A als Linksmodul über sich selbst.

Satz H.8. *Sei A eine Frobenius–Algebra über K. Ist P ein unzerlegbarer projektiver A–Modul endlicher Dimension, so enthält P genau einen einfachen Untermodul.*

Beweis: Sei $A = \bigoplus_{i=1}^{r} P_i$ eine Zerlegung in unzerlegbare Summanden. Wir können annehmen, daß $P = P_1$. Sei $1 = \sum_{i=1}^{r} e_i$ mit $e_i \in P_i$. Dann gilt $P_i = Ae_i$ für jedes i; die e_i sind idempotent, orthogonal zu einander (d.h., es gilt $e_i e_j = 0$ für $i \neq j$) und unzerlegbar. (Das bedeutet, daß e_i nicht die Summe von zwei orthogonalen idempotenten Elementen ungleich 0 ist.)

Betrachten wir nun A als Rechtsmodul über sich selbst, so ist $A = \bigoplus_{i=1}^{r} e_i A$ eine Zerlegung in unzerlegbare Summanden, weil die e_i unzerlegbar sind. Wenden wir die Bemerkungen vor dem Satz auf A^{op} an, so sehen wir, daß jedes $e_i A$ genau einen maximalen (Rechts-) Untermodul hat, das Radikal von $e_i A$ als A^{op}–Modul.

Die Abbildung $J \mapsto J^{\perp r}$ induziert nun für jedes i einen Ordnungsanti-isomorphismus von der Menge aller Untermoduln des Rechtsmoduls $e_i A$ auf die Menge aller Untermoduln (= Linksideale) I von A mit $I \supset (e_i A)^{\perp r} = A(1-e_i)$. Die Abbildung $I \mapsto I/A(1-e_i)$ ist ein Ordnungsisomorphismus von der Menge dieser I auf die Menge aller Untermoduln von $A/A(1-e_i) \cong Ae_i$. [Die letzte Isomorphie folgt aus $A = Ae_i \oplus A(1-e_i)$.] Da nun $e_i A$ genau einen maximalen Untermodul (ungleich $e_i A$) hat, muß Ae_i genau einen minimalen Untermodul (ungleich 0) haben, also genau einen einfachen Untermodul. $\qquad\square$

Bemerkungen: (1) Für einen Modul M über einem beliebigen Ring R definiert man den *Sockel* von M (kurz: $\mathrm{soc}_R M$) als die Summe aller einfachen Untermoduln von M. Die Behauptung im Satz kann also auch so formuliert werden: Der Sockel $\mathrm{soc}_A P$ ist ein einfacher A–Modul.

(2) Man definiert (analog zu G.1) für einen beliebigen Ring R eine *injektive Hülle* eines R–Moduls M; dies ist ein Paar (Q, ι), das aus einem injektiven R–Modul Q und einer injektiven R–linearen Abbildung $\iota\colon M \to Q$ besteht, so daß für jeden Untermodul $N \subset Q$ mit $N \neq 0$ gilt, daß $\iota^{-1}(N) \neq 0$. In Satz H.8 ist P nach Korollar H.6 ein injektiver A–Modul. Daraus folgt, daß P zusammen mit der Inklusion eine injektive Hülle des Sockels von P ist.

H.9. Satz H.8 impliziert, daß es zu jedem einfachen A–Modul E einen einfachen A–Modul E' mit $E' \cong \mathrm{soc}_A P_E$ gibt. Wie hängen E und E' zusammen? Um diese Frage beantworten zu können, brauchen wir etwas Vorbereitung.

Weil $(\ ,\ )$ nicht ausgeartet ist, gibt es zu jedem $x \in A$ genau ein $\nu(x) \in A$ mit

$$(y, x) = (\nu(x), y) \qquad \text{für alle } y \in A. \tag{1}$$

Die Abbildung $\nu\colon A \to A$ ist offensichtlich linear und hat Kern gleich 0. Also ist ν bijektiv. Weiter gilt für alle $x, x', y \in A$

$$\begin{aligned}
(\nu(xx'), y) &= (y, xx') = (yx, x') = (\nu(x'), yx) = (\nu(x')y, x) \\
&= (\nu(x), \nu(x')y) = (\nu(x)\nu(x'), y),
\end{aligned}$$

also $\nu(x)\nu(x') = \nu(xx')$. Daher ist ν ein Automorphismus der Algebra A; man nennt ν den *Nakayama–Automorphismus* von A.

H.10. Ist M ein A–Modul, so bezeichnen wir mit $^\nu M$ den A–Modul, der als Vektorraum gleich M ist und auf dem A durch

$$a \cdot m = \nu^{-1}(a)\, m \qquad \text{für alle } a \in A,\, m \in M \tag{1}$$

wirkt. Wir nennen $^\nu M$ den *mit ν–getwisteten Modul M*.

Zum Beispiel gilt für alle $x \in A$, daß

$$^\nu(A x) \cong A\nu(x). \tag{2}$$

Genauer ist $z \mapsto \nu(z)$ ein Isomorphismus von $^{\nu}(Ax)$ auf $A\nu(x)$, denn für alle $a \in A$ gilt $\nu(a \cdot z) = \nu(\nu^{-1}(a)z) = a\nu(z)$; außerdem ist klar, daß $\nu(Ax) = \nu(A)\nu(x) = A\nu(x)$.

Ist M ein einfacher (bzw. unzerlegbarer bzw. projektiver) A–Modul, so ist auch $^{\nu}M$ einfach (bzw. unzerlegbar bzw. projektiv). Ist $\varphi \colon M \to M'$ ein Homomorphismus von A–Moduln, so ist φ auch als Abbildung $^{\nu}M \to {}^{\nu}M'$ ein Homomorphismus von A–Moduln.

Ist E ein einfacher A–Modul, so ist mit P_E auch $^{\nu}(P_E)$ ein unzerlegbarer und projektiver A–Modul endlicher Dimension. Also gibt es einen einfachen A–Modul E' mit $^{\nu}(P_E) \cong P_{E'}$, und zwar ist E' durch $\operatorname{Hom}_A(^{\nu}(P_E), E') \neq 0$ eindeutig bis auf Isomorphie festgelegt. Aus $\operatorname{Hom}_A(P_E, E) \neq 0$ folgt aber $\operatorname{Hom}_A(^{\nu}(P_E), {}^{\nu}E) \neq 0$ nach der Bemerkung oben. Da nun $^{\nu}E$ einfach ist, erhalten wir

$$^{\nu}(P_E) \cong P_{\nu E}. \tag{3}$$

Satz H.11. *Ist A eine Frobenius–Algebra, so gilt*

$$\operatorname{soc}_A(P_E) \cong {}^{\nu}E \tag{1}$$

für alle einfachen A–Moduln E.

Beweis: Die Behauptung folgt, wenn wir zeigen können, daß

$$\operatorname{Hom}_A(P_{\nu E}, \operatorname{soc}_A(P_E)) \neq 0.$$

Wir können annehmen, daß $P_E = Ae$ für ein unzerlegbares idempotentes Element $e \in A$. Dann gilt

$$P_{\nu E} \cong {}^{\nu}(P_E) = {}^{\nu}(Ae) \cong A\nu(e).$$

Nun ist auch $\nu(e)$ idempotent, da ν ein Automorphismus von A ist. Damit erhalten wir

$$\operatorname{Hom}(P_{\nu E}, \operatorname{soc}_A(P_E)) \cong \operatorname{Hom}(A\nu(e), \operatorname{soc}_A(P_E)) \cong \nu(e) \operatorname{soc}_A(P_E).$$

Wir müssen also zeigen, daß $\nu(e) \operatorname{soc}_A(P_E) \neq 0$. Nehmen wir das Gegenteil an; es gelte also $\nu(e) \operatorname{soc}_A(P_E) = 0$. Dann folgt

$$0 = (1, \nu(e) \operatorname{soc}_A(P_E)) = (\nu(e), \operatorname{soc}_A(P_E)) = (\operatorname{soc}_A(P_E), e),$$

also $e \in \operatorname{soc}_A(P_E)^{\perp r}$ und somit $\operatorname{soc}_A(P_E) e = 0$ nach H.7(1). Da $\operatorname{soc}_A(P_E) = \operatorname{soc}_A(Ae)$ in Ae enthalten ist, gilt $xe = e$ für alle $x \in \operatorname{soc}_A(P_E)$. Aus $\operatorname{soc}_A(P_E) e = 0$ folgt also $\operatorname{soc}_A(P_E) = 0$; aber das ist unmöglich. $\qquad\square$

Bemerkung H.12. In den Beispielen H.2 und H.3 ist $(\ ,\ )$ symmetrisch. Frobenius–Algebren mit dieser Eigenschaft werden *symmetrische Algebren* genannt. Für diese ist ν die Identität; daher gilt für symmetrische Algebren stets $\operatorname{soc}_A(P_E) \cong E$.

Beachte, daß kommutative Frobenius–Algebren stets symmetrisch sind: Es gilt nämlich $(x, y) = \gamma_A(xy) = \gamma_A(yx) = (y, x)$.

Übung

1. Sei K ein Körper der Charakteristik $p > 0$. Betrachte den Polynomring $K[Y]$ über K. Zeige, daß $\delta\colon K[Y] \to K[Y]$ mit $\delta(\sum_{i\geq 0} a_i Y^i) = \sum_{i\geq 0} i a_i Y^i$ für alle $\sum_{i\geq 0} a_i Y^i \in K[Y]$ eine Derivation ist. Betrachte den Schiefpolynomring $R := K[Y][X;\delta]$ wie in Abschnitt C. Zeige, daß $Y^p X = X Y^p$ und $(X^p - X)Y = Y(X^p - X)$. Zeige, daß Y^p und $X^p - X$ zum Zentrum von R gehören. Bezeichne mit $\overline{R}$ den Restklassenring von R nach dem von Y^p und $X^p - X$ erzeugten zweiseitigen Ideal. Zeige, daß alle $Y^i X^j$ mit $0 \leq i, j \leq p - 1$ eine Basis von $\overline{R}$ über K bilden. (Hier bezeichnen Y und X auch die Restklassen von Y und X in $\overline{R}$.) Sei $\gamma\colon \overline{R} \to K$ die lineare Abbildung mit $\gamma(Y^{p-1} X^{p-1}) = 1$ und $\gamma(Y^i X^j) = 0$, wenn $0 \leq i, j \leq p - 1$ und $(i, j) \neq (p - 1, p - 1)$. Zeige, daß $\overline{R}$ eine Frobenius-Algebra unter $(u, v) = \gamma(uv)$ für alle $u, v \in \overline{R}$ ist. Zeige, daß der Nakayama-Automorphismus ν von $\overline{R}$ durch $\nu(Y) = Y$ und $\nu(X) = X + 1$ gegeben ist. (Zum Hintergrund: Die Menge aller Matrizen $\begin{pmatrix} a & b \\ 0 & 0 \end{pmatrix}$ mit $a, b \in K$ ist in natürlicher Weise eine p–Lie-Algebra über K. Man kann R mit der einhüllenden Algebra dieser Lie-Algebra identifizieren, und $\overline{R}$ mit ihrer restringierten einhüllenden Algebra. Alle restringierten einhüllenden Algebren von p–Lie-Algebren sind Frobenius-Algebren. Man kann deren Nakayama-Automorphismus ganz allgemein beschreiben.)

J Darstellungen von Köchern

Die Theorie der Darstellungen von Köchern ist auf den ersten Blick eine Methode, viele Klassifikationsprobleme der Linearen Algebra einheitlich zu behandeln. Als einfache Beispiele betrachten wir unten die Frage nach den Isomorphieklassen von Endomorphismen eines Vektorraums und die Frage nach den Isomorphieklassen der linearen Abbildungen von einem Vektorraum in einen zweiten; wir zeigen, wie diese Probleme sich innerhalb der Darstellungstheorie von Köchern formulieren lassen.

Jedem Köcher ist eine Algebra, die „Pfadalgebra", zugeordnet; mit ihrer Hilfe gehen die Klassifikationsprobleme der Linearen Algebra in Fragen nach den Isomorphieklassen von Moduln für diese Algebra über. In vielen Fällen ist die Pfadalgebra endlich dimensional, und man erhält dann interessante Beispiele für die in Abschnitt G entwickelte Theorie der projektiven Hüllen.

Die Bedeutung der Darstellungstheorie von Köchern geht jedoch weit über das Bereitstellen von Beispielen hinaus. Sie spielen eine zentrale Rolle in der Darstellungstheorie von endlich dimensionalen Algebren, nicht nur weil die Faktoralgebren von Pfadalgebren eine große natürliche Klasse von endlich dimensionalen Algebren bilden. Daneben gibt es jedoch überraschende Verbindungen zu anderen Gebieten der Mathematik, insbesondere zur Lie-Theorie.

So erwähnen wir hier am Schluß, daß es bei der Klassifikation der Köcher von „endlichem Darstellungstyp" merkwürdige Parallelen zur Theorie der halbeinfachen Lie-Algebren gibt. In den letzten Jahren hat man dann die Darstellungstheorie der Köcher benutzt, um zuerst die einhüllenden Algebren von Lie-Algebren und dann deren quantisierte Versionen zu konstruieren. Dazu arbeitet man entweder mit Darstellungen über endlichen Körpern oder mit geometrischen Eigenschaften der „Varietät" aller Darstellungen eines Köchers.

Das alles geht weit über den Rahmen des hier Möglichen hinaus, und wir verweisen auf die angegebene Literatur. Hier müssen wir uns mit einigen einfachen Resultaten begnügen, die vielleicht das Interesse für mehr wecken.

J.1. Ein *Köcher* ist eine Menge von Punkten und Pfeilen wie im folgenden (recht einfachen) Diagramm beschrieben:

$$\overset{1}{\bullet} \overset{a}{\longrightarrow} \overset{2}{\bullet} \overset{b}{\longleftarrow} \overset{3}{\bullet} \overset{c}{\longleftarrow} \overset{4}{\bullet} \tag{1}$$

Formaler gesagt besteht ein Köcher aus zwei Mengen I (der Menge der Punkte) und J (der Menge der Pfeile) sowie aus zwei Abbildungen $\alpha, \omega \colon J \to I$, die jedem Pfeil seinen Anfangs- und Endpunkt zuordnen. Im Beispiel (1) ist $I = \{1, 2, 3, 4\}$ und $J = \{a, b, c\}$ und zum Beispiel $\alpha(b) = 3$, $\omega(b) = 2$.

Ein paar andere Beispiele, ohne Namen für die Punkte und Pfeile:

Es ist also zugelassen, daß mehr als ein Pfeil von einem gegebenen Punkt zu einem anderen gegebenen Punkt verlaufen. Auch können Anfangs- und Endpunkt eines Pfeiles zusammenfallen.

Eine *Darstellung* eines Köchers $Q = (I, J, \alpha, \omega)$ über einem Körper K sind zwei Familien $(V_i)_{i \in I}$ und $(f_x)_{x \in J}$, wobei jedes V_i ein Vektorraum über K ist und jedes f_x eine lineare Abbildung $f_x \colon V_{\alpha(x)} \to V_{\omega(x)}$ ist.

Zum Beispiel ist eine Darstellung des Köchers $\bullet$ (wo $|I| = 1$ und $J = \emptyset$) dasselbe wie ein Vektorraum über K. Eine Darstellung des Köchers

$$\bullet \circlearrowright \tag{2}$$

ist ein Paar (V, f), wobei V ein Vektorraum über K und $f \colon V \to V$ eine K–lineare Abbildung ist. Eine Darstellung des Köchers

$$\bullet \longrightarrow \bullet \tag{3}$$

ist ein Tripel (V_1, V_2, f), das aus zwei Vektorräumen V_1, V_2 über K und einer linearen Abbildung $f \colon V_1 \to V_2$ besteht.

Anstelle eines Körpers können wir hier natürlich auch einen beliebigen Ring betrachten. Die Einschränkung auf Körper dient der Vereinfachung der Theorie.

Sei wieder $Q = (I, J, \alpha, \omega)$ ein beliebiger Köcher. Wir definieren die *direkte Summe* zweier Darstellungen $((V_i)_{i \in I}, (f_x)_{x \in J})$ und $((V_i')_{i \in I}, (f_x')_{x \in J})$ von Q über K als die Darstellung $((W_i)_{i \in I}, (g_x)_{x \in J})$ mit $W_i = V_i \oplus V_i'$ für alle i und $g_x \colon W_{\alpha(x)} = V_{\alpha(x)} \oplus V_{\alpha(x)}' \to V_{\omega(x)} \oplus V_{\alpha(x)}' = W_{\omega(x)}$ gegeben durch $g_x(u, v) = (f_x(u), f_x'(v))$.

Ein *Homomorphismus* von $((V_i)_{i \in I}, (f_x)_{x \in J})$ nach $((V_i')_{i \in I}, (f_x')_{x \in J})$ ist eine Familie $(\varphi_i)_{i \in I}$ von linearen Abbildungen $\varphi_i \colon V_i \to V_i'$, so daß für alle $x \in J$

$$f_x' \circ \varphi_{\alpha(x)} = \varphi_{\omega(x)} \circ f_x$$

gilt. Sind alle φ_i bijektiv, so nennen wir die Familie $(\varphi_i)_{i \in I}$ einen Isomorphismus; dann ist auch die Familie aller $(\varphi_i^{-1})_{i \in I}$ ein Isomorphismus.

J.2. Betrachten wir zum Beispiel eine Darstellung (V_1, V_2, f) des Köchers in J.1(3). Wir können Unterräume $U \subset V_1$ und $W \subset V_2$ mit $V_1 = U \oplus \ker f$ und $V_2 = W \oplus \operatorname{im} f$ finden. Dann sieht man leicht, daß (V_1, V_2, f) zu der direkten Summe

$$(\ker f, 0, 0) \ \oplus \ (U, \operatorname{im} f, f_{|U}) \ \oplus \ (0, W, 0)$$

isomorph ist; hier ist nun $f_{|U} \colon U \to \operatorname{im}(f)$ bijektiv. Wählt man Basen in diesen Unterräumen, so folgt, daß $(\ker f, 0, 0)$ zu einer direkten Summe von Kopien von $(K, 0, 0)$ isomorph ist, $(0, W, 0)$ zu einer direkten Summe von Kopien von $(0, K, 0)$ und $(U, \operatorname{im} f, f_{|U})$ zu einer direkten Summe von Kopien von $(K, K, \operatorname{Id})$. Der Köcher hat also bis auf Isomorphie gerade drei unzerlegbare Darstellungen (also Darstellungen, die nicht als direkte Summe von zwei von „Null" verschiedenen geschrieben werden können). Jede Darstellung ist eine direkte Summe unzerlegbarer Darstellungen.

Für den Köcher J.1(2) ist die Theorie der Darstellungen über K nach VII.1.2(2) äquivalent zur Theorie der Moduln über dem Polynomring $K[X]$. Beschränken wir uns auf endlich dimensionale Darstellungen (also Paare (V, f) mit $\dim_K V < \infty$), so ist wieder jede Darstellung direkte Summe unzerlegbarer. Es gibt jedoch hier unendlich viele Isomorphieklassen unzerlegbarer Darstellungen, zum Beispiel für jedes $\lambda \in K$ und $n \in \mathbb{N}$ den Jordan–Block der Größe n mit λ auf der Diagonalen.

Wir überlassen es dem Leser als Aufgabe zu zeigen, daß jede Darstellung des Köchers in J.1(1) direkte Summe von Kopien der folgenden unzerlegbaren Darstellungen ist:

$$K \longrightarrow 0 \longleftarrow 0 \longleftarrow 0, \qquad 0 \longrightarrow K \longleftarrow 0 \longleftarrow 0, \qquad 0 \longrightarrow 0 \longleftarrow K \longleftarrow 0,$$

$$0 \longrightarrow 0 \longleftarrow 0 \longleftarrow K, \qquad K \longrightarrow K \longleftarrow 0 \longleftarrow 0, \qquad 0 \longrightarrow K \longleftarrow K \longleftarrow 0,$$

$$0 \longrightarrow 0 \longleftarrow K \longleftarrow K, \qquad K \longrightarrow K \longleftarrow K \longleftarrow 0, \qquad 0 \longrightarrow K \longleftarrow K \longleftarrow K,$$

$$K \longrightarrow K \longleftarrow K \longleftarrow K.$$

Die Notation erklärt sich hoffentlich von selbst; jede Abbildung von K nach sich ist die Identität.

J.3. Nicht nur im Fall des Köchers in J.1(2) ist die Darstellungstheorie des Köchers äquivalent zu der Modultheorie für eine geeignete K–Algebra. Dies gilt für alle Köcher, wie wir nun zeigen werden. Zunächst definieren wir *Pfade* in Köchern: Ist $Q = (I, J, \alpha, \omega)$ ein Köcher, so ist ein Pfad in Q eine endliche Folge $(x_1, x_2, \ldots, x_r)$ von Elementen in J (mit $r \geq 1$), so daß $\alpha(x_i) = \omega(x_{i+1})$ für alle i, $1 \leq i < r$ gilt. Zum Beispiel sind die Pfade im Köcher von J.1(1) gerade (a), (b), (c), (b, c). Bezeichnet x beim Köcher von J.1(2) das einzige Element von J, so sind die Pfade in dem Fall $(x), (x, x), (x, x, x), (x, x, x, x), \ldots$.

Wir bezeichnen (ganz allgemein) die Menge aller Pfade von Q mit $\hat{J}$; es gilt dann $J \subset \hat{J}$. Wir erweitern die Definition von α und ω von J auf $\hat{J}$ und setzen für alle $y = (x_1, x_2, \ldots, x_r) \in \hat{J}$:

$$\alpha(y) = \alpha(x_r) \quad \text{und} \quad \omega(y) = \omega(x_r).$$

Wir definieren nun die *Pfadalgebra* $K[Q]$ von Q wie folgt: Wir betrachten einen K–Vektorraum mit Basis

$$(\varepsilon_i \mid i \in I, \ \gamma_y \mid y \in \hat{J}).$$

Wir definieren eine Multiplikation zunächst auf den Basisvektoren durch (für alle $i, j \in J$ und $y, z \in \hat{J}$)

$$\varepsilon_i \varepsilon_j = \delta_{ij} \varepsilon_i$$

$$\varepsilon_i \gamma_y = \begin{cases} \gamma_y, & \text{wenn } \omega(y) = i, \\ 0, & \text{sonst}, \end{cases}$$

$$\gamma_y \varepsilon_i = \begin{cases} \gamma_y, & \text{wenn } \alpha(y) = i, \\ 0, & \text{sonst}, \end{cases}$$

$$\gamma_y \gamma_z = \begin{cases} \gamma_{(y,z)}, & \text{wenn } \alpha(y) = \omega(z), \\ 0, & \text{sonst}. \end{cases}$$

Zum letzten Fall: Sind $y = (x_1, x_2, \ldots x_r)$ und $z = (x'_1, x'_2, \ldots, x'_s)$ Pfade mit $\alpha(y) = \alpha(x_r) = \omega(z) = \omega(x'_1)$, so ist auch $(x_1, x_2, \ldots, x_r, x'_1, x'_2, \ldots, x'_r) \in \hat{J}$, und wir bezeichnen diesen Pfad mit (y, z). Wir setzen die Multiplikation auf den ganzen Vektorraum bilinear fort. Man rechnet leicht nach, daß die Multiplikation assoziativ ist. (Es reicht, dies für Produkte von Basisvektoren zu überprüfen.) Die so konstruierte Algebra heißt die *Pfadalgebra* $K[Q]$ von Q.

Nehmen wir zusätzlich an, daß I endlich ist. Dann hat $K[Q]$ ein Einselement, nämlich

$$1 = \sum_{i \in I} \varepsilon_i. \tag{1}$$

Es sei als Übungsaufgabe dem Leser überlassen, daß $K[Q]$ für den Köcher in J.1(2) der Polynomring $K[X]$ ist und daß $K[Q]$ beim Köcher in J.1(3) zur Algebra aller Matrizen $\begin{pmatrix} a & b \\ 0 & c \end{pmatrix}$ mit $a, b, c \in K$ isomorph ist. Auch im Fall des Köchers in J.1(1) kann man $K[Q]$ mit einer Algebra von gewissen oberen Dreiecksmatrizen identifizieren.

J.4. Nun wollen wir den Zusammenhang zwischen $K[Q]$–Moduln und Darstellungen von Q beschreiben. Ist M ein $K[Q]$–Modul, so folgt aus J.3(1) und der Multiplikationsformel für die ε_i, daß $M = \bigoplus_{i \in I} \varepsilon_i(M)$. Außerdem folgt aus $\varepsilon_i \gamma_x = \delta_{i, \omega(x)} \gamma_x$ für alle $i \in I$, $x \in J$, daß

$$\gamma_x(M) \subset \varepsilon_{\omega(x)}(M) \quad \text{für alle } x \in J.$$

Wir erhalten nun aus M eine Darstellung von Q, wenn wir $V_i = \varepsilon_i(M)$ für alle $i \in I$ setzen und $f_x \colon V_{\alpha(x)} = \varepsilon_{\alpha(x)}(M) \to \varepsilon_{\omega(x)}(M) = V_{\omega(x)}$ durch $f_x(m) = \gamma_x \, m$ definieren.

Sei umgekehrt eine Darstellung $(V_i \mid i \in I, \; f_x \mid x \in J)$ von Q gegeben. So setzen wir $M = \bigoplus_{i \in I} V_i$ und machen M wie folgt zu einem $K[Q]$–Modul: Jedes ε_i wirkt als Identität auf V_i, als 0 auf allen V_j mit $j \neq i$. Ein γ_y mit $y = (x_1, x_2, \ldots, x_r) \in \hat{J}$ wirkt auf allen V_i mit $i \neq \alpha(x_r) = \alpha(y)$ als 0, und es wirkt auf $V_{\alpha(y)}$ als $f_{x_1} \circ f_{x_2} \circ \cdots \circ f_{x_r}$.

Man rechnet nun nach, daß diese beiden Konstruktionen (im wesentlichen) invers zu einander sindt. („Im wesentlichen" heißt: Wendet man beide Konstruktionen nach einander an, so erhält man ein Objekt, das zum Ausgangsobjekt kanonisch isomorph ist.) Außerdem sieht man, daß Homomorphismen (oder Isomorphismen, direkte Summen) von Darstellungen von Q gerade Homomorphismen (bzw. Isomorphismen, direkte Summen) von $K[Q]$–Moduln entsprechen.

Ein Pfad $y = (x_1, x_2, \ldots, x_r)$ heißt *orientierter Zykel*, wenn $\omega(x_1) = \alpha(x_r)$ gilt. In dem Fall sind auch $(y, y), (y, y, y), \ldots$ orientierte Zykel; insbesondere ist $\hat{J}$ unendlich. Dies zeigt, daß $K[Q]$ unendlich dimensional ist, wenn Q orientierte Zykel enthält. Umgekehrt: Sind I und J endlich und enthält Q keine orientierten Zykel, so ist $K[Q]$ endlich dimensional. Denn in diesem Fall kommt ein Pfeil in einem Pfad höchstens einmal vor; daher gibt es nur endlich viele Pfade.

J.5. Wir können die Äquivalenz von „$K[Q]$–Moduln" und „Darstellungen von Q" dazu benützen, andere Begriffe der Modultheorie in die Darstellungstheorie der Köcher zu übersetzen, zum Beispiel Untermodul, Faktormodul, einfache Moduln. Für jedes $k \in I$ bezeichne S_k die Darstellung $((V_i)_{i \in I}, (f_x)_{x \in S})$ von Q mit $V_k = K$, $V_i = 0$ für alle $i \neq k$ und $f_x = 0$ für alle $x \in J$. Dann ist S_k offensichtlich eine einfache Darstellung von Q, d.h., entspricht einem einfachen $K[Q]$–Modul. (Der entsprechende $K[Q]$–Modul hat Dimension 1 über K und ist deshalb sicher einfach.)

Im Beispiel J.1(2) findet man leicht andere einfache Darstellungen. Es gilt aber:

Satz J.6. *Hat Q keine orientierten Zykel, so ist jede einfache Darstellung von Q zu einem S_k mit $k \in I$ isomorph.*

Beweis: Sei $((V_i)_{i \in I}, (f_x)_{x \in S})$ eine einfache Darstellung von Q. Wir wollen zunächst ein $k \in I$ mit $V_k \neq 0$ und $f_x(V_k) = 0$ für alle $x \in J$ mit $\alpha(x) = k$ finden. Weil ein einfacher Modul ungleich 0 ist, gibt es $i_1 \in I$ mit $V_{i_1} \neq 0$. Ist $f_x(v_{i_1}) = 0$ für alle x mit $\alpha(x) = i_1$, so sind wir fertig. Sonst gibt es $x_1 \in J$ mit $\alpha(x_1) = i_1$ und $f_{x_1}(V_{i_1}) \neq 0$. Dann setzen wir $i_2 = \omega(x_1)$ und haben $V_{i_2} \neq 0$. Nun wiederholen wir die Konstruktion mit i_2 statt i_1. So erhalten wir Folgen $(i_1, i_2, \ldots)$ in I und $(x_1, x_2, \ldots)$ in J mit $\alpha(x_r) = i_r$, $\omega(x_r) = i_{r+1}$ und $f_{x_r}(V_{i_r}) \neq 0$ für alle r. Weil J keine orientierten Zykel enthält, ist die Folge der x_r endlich. Ist x_s der letzte Term in dieser Folge, so können wir $k = \omega(x_s)$ nehmen.

Aus $f_x(V_k) = 0$ für alle x mit $\alpha(x) = k$ folgt nun, daß $((V_i')_{i \in I}, (f_x')_{x \in J})$ mit $V_k' = V_k$, $V_i' = 0$ für $i \neq k$ und $f_x' = 0$ für alle x eine Unterdarstellung der gegebenen einfachen Darstellung ist. Wegen $V_k \neq 0$ ist diese Unterdarstellung nicht 0, also alles. Es folgt, daß $V_i = 0$ für alle $i \neq k$ und $f_x = 0$ für alle $x \in J$. Dann definiert jeder Unterraum von V_k eine Unterdarstellung. Aus der Einfachheit folgt nun $\dim V_k = 1$. $\qquad\square$

J.7. Es folgt nun: Hat Q keine orientierten Zykel, so wird das Radikal von $K[Q]$ als Vektorraum von allen γ_y mit $y \in \hat{J}$ aufgespannt. Denn alle γ_y operieren auf allen S_k als 0, gehören also zum Radikal. Außerdem gibt es zu jedem $v \in \sum_{i \in I} K\varepsilon_i$, $v \neq 0$ ein k mit $vS_k \neq 0$.

Setzen wir weiter voraus, daß Q keine orientierten Zykel hat und daß I endlich ist. Wir haben $1 = \sum_{i \in I} \varepsilon_i$ und $\varepsilon_i \varepsilon_j = \delta_{ij} \varepsilon_i$ für alle $i \in I$. Daraus folgt

$$ K[Q] = \bigoplus_{i \in I} P_i \qquad \text{mit } P_i = K[Q]\varepsilon_i. $$

Die Multiplikationsformeln in $K[Q]$ zeigen, daß ε_i und alle γ_y mit $y \in \hat{J}$, $\alpha(y) = i$ eine Basis von P_i bilden. Als direkter Summand des freien Moduls $K[Q]$ ist jedes P_i ein projektiver $K[Q]$–Modul. Wegen $\varepsilon_i^2 = \varepsilon_i$ haben wir für jeden $K[Q]$–Modul M eine Bijektion

$$ \mathrm{Hom}_{K[Q]}(P_i, M) \xrightarrow{\sim} \varepsilon_i M, \qquad \varphi \longmapsto \varphi(\varepsilon_i). $$

Nehmen wir für M insbesondere einen einfachen Modul S_k mit $k \in I$, so folgt

$$ \mathrm{Hom}_{K[Q]}(P_i, S_k) \xrightarrow{\sim} \begin{cases} K, & \text{für } i = k, \\ 0, & \text{sonst.} \end{cases} $$

Sei φ_i eine Basis von $\mathrm{Hom}_{K[Q]}(P_i, S_i)$. Dann ist das Radikal von P_i gleich dem Kern von φ_i, also ein maximaler Untermodul von P_i. Daher ist jeder echte Untermodul von P_i in rad P_i enthalten. (Weil P_i endlich erzeugbar als Modul über $K[Q]$ ist, ist jeder echte Untermodul in einem maximalen enthalten.) Es folgt, daß φ_i jeden echten Untermodul von P_i auf 0 abbildet. Daher ist (P_i, φ_i) eine *projektive Hülle* von S_i, siehe Definition G.1. (Man sieht leicht, daß die γ_y mit $y \in \hat{J}$ und $\alpha(y) = i$ eine Basis von rad P_i bilden — Übung.)

J.8. Eine endlich dimensionale Algebra heißt von *endlichem Darstellungstyp*, wenn sie nur endlich viele unzerlegbare, endlich dimensionale Moduln (bis auf Isomorphie) hat. Zum Beispiel ist eine halbeinfache endlich dimensionale Algebra vom endlichem Darstellungstyp, da ihre unzerlegbaren Moduln gerade die einfachen Moduln sind und deren Anzahl (bis auf Isomorphie) endlich ist. Man kann zeigen: Hat K Charakteristik $p > 0$ und ist G eine endliche Gruppe, so hat die Gruppenalgebra $K[G]$ genau dann endlichen Darstellungstyp, wenn die p–Sylowuntergruppen von G zyklisch sind.

Die Köcher Q, für die $K[Q]$ vom endlichen Darstellungstyp ist, wurden von Gabriel bestimmt. Es sind genau die Köcher, die endliche disjunkte Vereinigung von Köchern des folgenden Typs sind, wobei die Orientierung der Pfeile keine Rolle spielt:

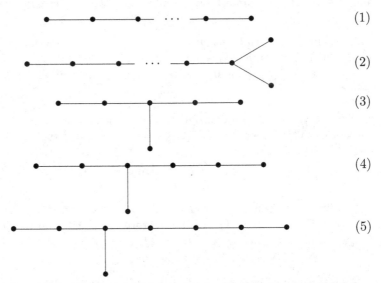

In (1) ist die Anzahl der Punkte beliebig ≥ 1, in (2) beliebig ≥ 4. Man bemerke, daß die Köcher J.1(1) und J.1(3) Beispiele für Köcher von der Form (1) sind; in diesen Fällen haben wir in der Tat gesehen/behauptet, daß der Darstellungstyp endlich ist.

Die in (1) – (5) angegebenen „Graphen" treten auch in vielen anderen Zusammenhängen auf, zum Beispiel bei der Klassifizierung von Wurzelsystemen endlich dimensionaler einfacher Lie–Algebren über $\mathbb{C}$: Wir erhalten hier genau die Coxeter–Graphen der irreduziblen Wurzelsysteme mit nur einer Wurzellänge. Der Zusammenhang mit den Wurzelsystemen geht übrigens weiter: Die „Dimensionsvektoren" $(\dim(V_i))_{i\in I}$ der unzerlegbaren Darstellungen von $K[Q]$ stehen in natürlicher Bijektion zu den positiven Wurzeln des entsprechenden Wurzelsystems.

Übungen

1. Zeige, daß die Pfadalgebra des Köchers $\bullet \longrightarrow \bullet \longleftarrow \bullet$ über einem Körper K zu der Algebra von Aufgabe G.2 isomorph ist. Bestimme alle unzerlegbaren Darstellungen dieses Köchers.

2. Seien K ein Körper und R die Algebra aller oberen $(n\times n)$–Dreiecksmatrizen über K für ein $n > 1$. Finde einen Köcher, dessen Pfadalgebra über K zu R isomorph ist.

3. Seien K ein Körper und $Q = (I, J, \alpha, \omega)$ ein Köcher. Sei $D \subset \mathbb{Z}$ ein Intervall, endlich oder unendlich. Für alle $d \in D$ sei $M_d = ((V_{di})_{i\in I}, (f_{dx})_{x\in J})$ eine Darstellung von Q über K. Betrachte für jedes $d \in D$ mit $d + 1 \in D$ einen Homomorphismus $\varphi_d \colon M_d \to M_{d+1}$, gegeben durch lineare Abbildungen $\varphi_{di} \colon V_{di} \to V_{d+1,i}$. Zeige, daß die M_d und φ_d eine exakte Folge bilden (d.h., daß die Folge der entsprechenden $K[Q]$–Moduln exakt ist), wenn für alle $i \in I$ die V_{di} und φ_{di} eine exakte Folge von Vektorräumen über K bilden.

4. Finde in der Liste der unzerlegbaren Darstellungen des Köchers in J.1(1) diejenigen, die projektiven $K[Q]$–Moduln entsprechen.

5. Seien K ein Körper und $Q = (I, J, \alpha, \omega)$ ein Köcher ohne orientierte Zykel. Betrachte die projektiven $K[Q]$–Moduln $P_i = K[Q]\varepsilon_i$ wie im Text. Zeige, daß $\operatorname{End}_{K[Q]}(P_i) \simeq K$ für alle i. Zeige für $i \neq j$, daß $\operatorname{Hom}_{K[Q]}(P_i, P_j) \neq 0$ genau dann gilt, wenn es einen Pfad $x \in \widehat{J}$ mit $\alpha(x) = j$ und $\omega(x) = i$ gibt; zeige, daß in diesem Fall P_i zu einem Untermodul von P_j isomorph ist.

Z Darstellungstheorie endlicher Gruppen

In diesem Abschnitt seien G eine endliche Gruppe und K ein Körper.

Wir haben in § VIII.5 den Begriff einer *Darstellung* von G über K eingeführt. Dies ist ein Gruppenhomomorphismus $\rho \colon G \longrightarrow GL(V)$, wobei V ein Vektorraum über K ist. Wir haben damals bemerkt, daß die Darstellungstheorie von G über K zur Theorie der $K[G]$–Moduln äquivalent ist. Dabei war $K[G]$, die Gruppenalgebra von G über K, eine K–Algebra mit Basis $(\varepsilon_g)_{g\in G}$, deren Multiplikation durch $\varepsilon_g \varepsilon_h = \varepsilon_{gh}$ für alle $g, h \in G$ gegeben ist. Einer Darstellung ρ wie oben entspricht unter der Äquivalenz der $K[G]$–Modul V mit

$$\left(\sum_{g\in G} a_g \varepsilon_g \right) v = \sum_{g\in G} a_g\, \rho(g)(v)$$

für alle $v \in V$ und $a_g \in K$.

Ist M ein $K[G]$–Modul, so benutzen wir die vereinfachte Notation

$$g\,v \;=\; \varepsilon_g\,v$$

für alle $g \in G$ und $v \in V$.

Z.1. Man nennt eine Darstellung von G über K *irreduzibel* , wenn der entsprechende $K[G]$–Modul einfach ist. Die Darstellung heißt *vollständig reduzibel* , wenn der entsprechende $K[G]$–Modul halbeinfach ist.

Für jeden $K[G]$–Modul V haben wir eine lineare Bijektion

$$\operatorname{Hom}_{K[G]}(K[G], V) \longrightarrow V, \qquad \varphi \mapsto \varphi(1). \tag{1}$$

Ist V einfach, so folgt, daß V ein homomorphes Bild von $K[G]$ ist; insbesondere gilt $\dim V < \infty$. Außerdem ist dann V ein Kompositionsfaktor von $K[G]$. Daher impliziert der Satz von Jordan und Hölder (VIII.9.3):

Es gibt nur endlich viele Isomorphieklassen einfacher $K[G]$–Moduln.

(Dies gilt natürlich nicht nur für $K[G]$, sondern für alle endlich dimensionalen K–Algebren.)

Sei $E_1, E_2, \dots, E_r$ ein Repräsentantensystem für die Isomorphieklassen einfacher $K[G]$–Moduln. Nehmen wir an, daß die Charakteristik von K die Ordnung $|G|$ von G nicht teilt. Dann ist $K[G]$ nach dem Satz von Maschke (VIII.5.1) ein halbeinfacher Ring, also jeder $K[G]$–Modul halbeinfach. Dies gilt insbesondere für den $K[G]$–Modul $K[G]$; es gibt also natürliche Zahlen d_i mit

$$K[G] \;\cong\; E_1^{d_1} \oplus E_2^{d_2} \oplus \cdots \oplus E_r^{d_r}. \tag{2}$$

Nach Lemma VIII.1.11 gilt $\operatorname{Hom}_{K[G]}(E_j, E_i) = 0$, wenn $j \ne i$. Daher folgt nach (1) und VII.3(2), daß

$$\dim E_i \;=\; \dim \operatorname{Hom}_{K[G]}(K[G], E_i) = \sum_{j=1}^{r} d_j \dim \operatorname{Hom}_{K[G]}(E_j, E_i)$$

$$=\; d_i \dim \operatorname{End}_{K[G]}(E_i),$$

also

$$d_i = \frac{\dim E_i}{\dim \operatorname{End}_{K[G]}(E_i)} \tag{3}$$

für alle i.

Lemma Z.2. *Ist K algebraisch abgeschlossen und ist $\operatorname{char} K$ kein Teiler von $|G|$, so gilt*

$$K[G] \cong \bigoplus_{i=1}^{r} E_i^{\dim E_i} \qquad und \qquad \sum_{i=1}^{r} (\dim E_i)^2 = |G|.$$

Beweis: Nach Schurs Lemma (VIII.4.5) gilt $\operatorname{End}_{K[G]}(E_i) = K$ für alle i. Daher folgt die Behauptung aus Z.1(2) und Z.1(3). $\qquad\square$

Satz Z.3. *Ist G abelsch und ist K algebraisch abgeschlossen, so ist jeder einfache $K[G]$–Modul eindimensional. Ist außerdem char K kein Teiler von $|G|$, so ist die Anzahl der Isomorphieklassen einfacher $K[G]$–Moduln gleich $|G|$.*

Beweis: Ist $\rho\colon G \to GL(E)$ eine irreduzible Darstellung von G über K, so gilt $\rho(g) \in \operatorname{End}_{K[G]}(E)$ für alle $g \in G$, weil G abelsch ist. Nach dem Lemma von Schur gibt es also für jedes $g \in G$ ein $\lambda_g \in K$ mit $\rho(g) = \lambda_g \operatorname{Id}_E$. Daher ist jeder Unterraum von E ein $K[G]$–Untermodul. Weil E einfach ist, folgt $\dim E = 1$.

Die zweite Behauptung folgt nun direkt aus der zweiten Gleichung in Lemma Z.2. Im Hinblick auf Verallgemeinerungen und eine explizite Beschreibung der Moduln gehen wir jedoch etwas anders vor: Die Abbildung $g \mapsto \lambda_g$ ist ein Gruppenhomomorphismus von G in die multiplikative Gruppe K^*. Dieser Homomorphismus hängt nur von der Isomorphieklasse des $K[G]$–Moduls E ab. Umgekehrt ist jeder Homomorphismus $G \to K^*$ eine eindimensionale irreduzible Darstellung von G. Also ist die Anzahl der Isomorphieklassen einfacher $K[G]$–Moduln gleich der Anzahl der Homomorphismen von G nach K^*.

Nach Satz II.5.17 ist G ein direktes Produkt von zyklischen Gruppen von Primzahlpotenzordnung:

$$G = \langle g_1 \rangle \times \langle g_2 \rangle \times \cdots \times \langle g_s \rangle \tag{1}$$

mit $\operatorname{ord} g_i = p_i^{m(i)}$, p_i Primzahl; wir haben dann $|G| = \prod_{i=1}^{s} p_i^{m(i)}$. Ein Homomorphismus $\chi\colon G \to K^*$ ist durch die Bilder $\chi(g_1), \chi(g_2), \dots, \chi(g_s)$ festgelegt. Diese Bilder können unabhängig von einander gewählt werden, und die möglichen Werte von $\chi(g_i)$ sind alle $p_i^{m(i)}$–ten Einheitswurzeln in K. Nach Satz VI.2.2 gibt es von diesen $p_i^{m(i)}$ in K, wenn char $K \neq p_i$. Also gibt es genau $\prod_{i=1}^{s} p_i^{m(i)} = |G|$ Homomorphismen, wenn char K kein Teiler von $|G|$ ist. □

Bemerkungen: (1) Für jede Gruppe G und jeden Körper K ist die Menge $\operatorname{Hom}(G, K^*)$ aller Gruppenhomomorphismen von G nach K^* eine abelsche Gruppe unter punktweiser Multiplikation: $(\alpha\,\beta)\,(g) = \alpha\,(g)\,\beta\,(g)$. Ist G endlich und abelsch und ist K algebraisch abgeschlossen mit char $K = 0$, so nennt man diese Gruppe die *Gruppe der Charaktere* von G und bezeichnet sie mit $X_K(G) := \operatorname{Hom}(G, K^*)$.

(2) Es seien G wieder abelsch und K algebraisch abgeschlossen. Ist char $K = p > 0$ und gilt $|G| = p^n m$ mit $p \nmid m$, so folgt mit dem Argument von oben, daß die Anzahl der Isomorphieklassen einfacher $K[G]$–Moduln gleich m ist.

(3) Ist K nicht algebraisch abgeschlossen, so kann eine abelsche Gruppe irreduzible Darstellungen mit höherer Dimension als 1 haben, siehe Aufgabe 1.

(4) Sei G eine beliebige endliche Gruppe und V ein endlich dimensionaler $K[G]$–Modul. Für jedes $g \in G$ ist dann V ein $K[\langle g \rangle]$–Modul, indem wir die Operation auf diese Unteralgebra einschränken. Wir können nun Satz Z.3 auf die Gruppe $\langle g \rangle$ anwenden. Ist K algebraisch abgeschlossen und ist char K kein Teiler der Ordnung von g, so folgt, daß V eine direkte Summe von eindimensionalen $K[\langle g \rangle]$–Untermoduln ist. Dies bedeutet, daß sich die Operation von g auf V diagonalisieren läßt.

Im folgenden kehren wir zum allgemeinen Fall einer endlichen Gruppe G und eines beliebigen Körpers K zurück.

Lemma Z.4. *Ein Element $\sum_{g \in G} a_g \varepsilon_g \in K[G]$ gehört genau dann zum Zentrum $Z(K[G])$ von $K[G]$, wenn $a_g = a_{hgh^{-1}}$ für alle $g, h \in G$ gilt. Die Dimension von $Z(K[G])$ ist gleich der Anzahl der Konjugationsklassen von G.*

Beweis: Ein Element $\sum_{g \in G} a_g \varepsilon_g \in K[G]$ ist genau dann zentral in $K[G]$, wenn es mit allen ε_h, $h \in G$ kommutiert: $(\sum_{g \in G} a_g \varepsilon_g) \varepsilon_h = \varepsilon_h (\sum_{g \in G} a_g \varepsilon_g)$. Diese Gleichung ist äquivalent zu

$$\sum_{g \in G} a_g \varepsilon_g = \varepsilon_h^{-1} (\sum_{g \in G} a_g \varepsilon_g) \varepsilon_h = \sum_{g \in G} a_g \varepsilon_{h^{-1}gh} = \sum_{g \in G} a_{hgh^{-1}} \varepsilon_g.$$

Also ist $\sum_{g \in G} a_g \varepsilon_g$ genau dann in $Z(K[G])$, wenn $a_{hgh^{-1}} = a_g$ für alle $h, g \in G$.

Setze $\gamma_C = \sum_{g \in C} \varepsilon_g$ für jede Konjugationsklasse C von G. Es folgt, daß die Gesamtheit aller γ_C eine Basis von $Z(K[G])$ über K bilden. Dies impliziert die Behauptung über die Dimension. □

Satz Z.5. *Ist char K kein Teiler von $|G|$, so ist die Anzahl der Isomorphieklassen einfacher $K[G]$–Moduln höchstens gleich der Anzahl der Konjugationsklassen von $|G|$. Ist K außerdem algebraisch abgeschlossen, so gilt hier Gleichheit.*

Beweis: Weil char K die Ordnung $|G|$ nicht teilt, ist $K[G]$ halbeinfach, also ein direktes Produkt

$$K[G] = A_1 \times A_2 \times \cdots \times A_r \tag{1}$$

von einfachen K–Algebren $A_1, A_2, \ldots, A_r$. Dabei ist die Anzahl r der Faktoren nach Satz VIII.2.4 gleich der Anzahl der Isomorphieklassen einfacher $K[G]$–Moduln. Nach Lemma Z.4 reicht es also zu zeigen, daß $r \leq \dim Z(K[G])$, mit Gleichheit für algebraisch abgeschlossenes K.

Das Zentrum $Z(K[G])$ von $K[G]$ ist das direkte Produkt der einzelnen Zentren $Z(A_i)$; es gilt also $\dim Z(K[G]) = \sum_{i=1}^{r} \dim Z(A_i)$. Da jedes $Z(A_i)$ das Einselement von A_i enthält, hat es mindestens die Dimension 1, also folgt $\dim Z(K[G]) \geq r$.

Ist K algebraisch abgeschlossen, so sind alle A_i Matrizenalgebren über K und haben ein eindimensionales Zentrum; damit gilt $\dim Z(K[G]) = r$, siehe Satz VIII.4.7. $\qquad\square$

Bemerkung: Für algebraisch abgeschlossenes K gibt Satz Z.5 einen neuen Beweis für die zweite Behauptung von Satz Z.3. Die zweite Bemerkung zu Satz Z.3 zeigt, daß wenigstens der zweite Teil von Satz Z.5 nicht gelten muß, wenn $|G|$ von char K geteilt wird. Man kann genauer zeigen: Ist K algebraisch abgeschlossen mit char $K = p > 0$, so ist die Anzahl der Isomorphieklassen einfacher $K[G]$–Moduln gleich der Anzahl der Konjugationsklassen p–regulärer Elemente in $|G|$. (Ein Element $g \in G$ heißt p–*regulär*, wenn die Ordnung von g teilerfremd zu p ist.) Für den Fall einer p–Gruppe vergleiche man dazu Aufgabe VIII.25.

Z.6. Sei V ein $K[G]$ Modul. Wir schreiben g_V für die lineare Abbildung

$$g_V : V \to V, \quad v \mapsto g\,v.$$

Für alle Vektoren $v \in V$ und alle Linearformen $\varphi \in V^*$ bezeichnen wir mit $c_{\varphi,v} : G \to K$ die Abbildung mit

$$c_{\varphi,v}(g) = \varphi(g\,v) \qquad \text{für alle } g \in G. \tag{1}$$

Abbildungen der Form $c_{\varphi,v}$ heißen *Matrixkoeffizienten* des $K[G]$–Moduls V.

Hat V zusätzlich endliche Dimension, ist $v_1, v_2, \ldots, v_n$ eine Basis von V und bezeichnet $v_1^*, v_2^*, \ldots, v_n^*$ die duale Basis von V^*, so ist

$$(c_{v_i^*,v_j}(g))_{1 \leq i,j \leq n}$$

die Matrix von g_V bezüglich der Basis $v_1, v_2, \ldots, v_n$.

Für solch endlich dimensionales V bezeichnen wir mit $\chi_V : G \to K$ die Abbildung, die jedem $g \in G$ die Spur der linearen Abbildung g_V zuordnet. Wir nennen χ_V den *Charakter* des $K[G]$–Moduls V.

Es gilt offensichtlich

$$\chi_V(1) = \dim V. \tag{2}$$

Aus $(hgh^{-1})_V = h_V g_V (h_V)^{-1}$ folgt, weil die Spur einer linearen Abbildung invariant unter Konjugation mit einer bijektiven linearen Abbildung ist,

$$\chi(hgh^{-1}) = \chi(g) \qquad \text{für alle } g, h \in G. \tag{3}$$

Sind $v_1, v_2, \ldots, v_n$ und $v_1^*, v_2^*, \ldots, v_n^*$ duale Basen wie oben, so gilt

$$\chi_V = \sum_{i=1}^{n} c_{v_i^*,v_i}. \tag{4}$$

Sind V und W endlich dimensionale $K[G]$–Moduln, so gilt

$$\chi_{V \oplus W} = \chi_V + \chi_W. \tag{5}$$

Für den $K[G]$–Modul $K[G]$ gilt zum Beispiel

$$\chi_{K[G]}(g) = \begin{cases} |G| & \text{für } g = 1, \\ 0 & \text{für } g \neq 1. \end{cases} \tag{6}$$

Denn ein $g \neq 1$ schickt ein beliebiges Basiselement $\varepsilon_h \in G$ von $K[G]$ auf das verschiedene Basiselement ε_{gh}.

Z.7. Ist V ein $K[G]$–Modul, so wird der Dualraum V^* zu einem $K[G]$–Modul, wenn wir für alle $g \in G$ und $\varphi \in V^*$

$$g\varphi(v) = \varphi(g^{-1}v) \qquad \text{für alle } v \in V \tag{1}$$

setzen. Identifizieren wir einen Vektor $v \in V$ mit der Linearform $\varphi \mapsto \varphi(v)$ in $(V^*)^*$, so gilt für die zugehörigen Matrixkoeffizienten

$$c_{v,\varphi}(g) = v(g\varphi) = (g\varphi)(v) = \varphi(g^{-1}v) = c_{\varphi,v}(g^{-1}). \tag{2}$$

Ist $\dim V < \infty$, sind $v_1, v_2, \ldots, v_n$ und $v_1^*, v_2^*, \ldots, v_n^*$ duale Basen wie oben, so gilt insbesondere für alle $g \in G$ und alle i, j

$$c_{v_i, v_j^*}(g) = c_{v_j^*, v_i}(g^{-1}).$$

Also ist die Matrix von g_{V^*} bezüglich $v_1^*, v_2^*, \ldots, v_n^*$ die Transponierte der Matrix von $(g^{-1})_V$ bezüglich $v_1, v_2, \ldots, v_n$. Insbesondere gilt

$$\chi_{V^*}(g) = \chi_V(g^{-1}) \qquad \text{für alle } g \in G. \tag{3}$$

Bemerkung: Im Fall $K = \mathbb{C}$ ist $\chi_V(g^{-1})$ das Komplexkonjugierte von $\chi_V(g)$:

$$\chi_V(g^{-1}) = \overline{\chi_V(g)}. \tag{4}$$

Denn $\chi_V(g)$ (bzw. $\chi_V(g^{-1})$) ist die Summe der Eigenwerte von g_V (bzw. von $(g^{-1})_V = (g_V)^{-1}$), gezählt mit ihren Multiplizitäten. Die Eigenwerte von $(g_V)^{-1}$ sind natürlich die Inversen der Eigenwerte von g_V. Weil g endliche Ordnung hat, sind alle Eigenwerte von g_V Einheitswurzeln, und daher sind ihre Inversen gleich ihren Komplexkonjugierten.

Z.8. Wir nehmen in diesem Unterabschnitt an, daß die Charakteristik von K kein Teiler von $|G|$ ist.

Für beliebige Abbildungen $f_1, f_2 \colon G \to K$ setzen wir

$$\langle f_1, f_2 \rangle_G = \frac{1}{|G|} \sum_{g \in G} f_1(g)\, f_2(g^{-1}). \tag{1}$$

Es ist klar, daß $\langle\, ,\, \rangle_G$ eine Bilinearform auf dem Vektorraum $\mathrm{Abb}(G, K)$ aller Abbildungen von G nach K (wie in VI.3.1) ist.

Ist V ein endlich dimensionaler $K[G]$–Modul, so folgt aus Z.6(6) und Z.1(1), daß

$$\langle \chi_{K[G]}, \chi_V \rangle_G = \dim V - \dim \operatorname{Hom}_{K[G]}(K[G], V). \tag{2}$$

Wir wollen dies in Satz Z.9 verallgemeinern.

Zunächst eine allgemeine Überlegung: Ist $f \colon V \to W$ eine beliebige lineare Abbildung zwischen $K[G]$–Moduln, so ist

$$\bar{f} \colon V \to W, \quad \bar{f}(v) = \frac{1}{|G|} \sum_{g \in G} g \, f(g^{-1}v) \tag{3}$$

ein Homomorphismus von $K[G]$–Moduln. Für beliebiges $w \in W$ und $\varphi \in V^*$ wenden wir dies auf $f = f_{\varphi,w}$ mit $f_{\varphi,w}(v) = \varphi(v)\,w$ an. Dann folgt für alle $\psi \in W^*$ und $v \in V$, daß

$$\psi(\bar{f}_{\varphi,w}(v)) = \frac{1}{|G|} \sum_{g \in G} \psi(gw)\varphi(g^{-1}v) = \langle c_{\psi,w}, c_{\varphi,v} \rangle_G. \tag{4}$$

Satz Z.9. *Ist* $\operatorname{char} K = 0$, *so gilt*

$$\langle \chi_V, \chi_W \rangle_G = \dim \operatorname{Hom}_{K[G]}(V, W) \tag{1}$$

für alle endlich dimensionalen $K[G]$ *–Moduln* V *und* W.

Beweis: Weil beide Seiten in (1) additiv in V und W sind, reicht es, die Behauptung für einfache $K[G]$–Moduln zu beweisen.

Sind V und W einfache, nicht zu einander isomorphe $K[G]$–Moduln, so gilt nach Schurs Lemma $\bar{f}_{\varphi,w} = 0$ für alle $w \in W$ und $\varphi \in V^*$, also nach Z.8(4) $\langle c_{\psi,w}, c_{\varphi,v} \rangle_G = 0$ für alle $\psi \in W^*$ und $v \in V$. Aus Z.6(4) folgt nun

$$\langle \chi_V, \chi_W \rangle_G = 0 = \dim \operatorname{Hom}_{K[G]}(V, W), \tag{2}$$

also (1) in diesem Fall.

Gibt es dagegen einen Isomorphismus $f \colon V \to W$, so gilt $\chi_V = \chi_W$, und f induziert einen Isomorphismus von Vektorräumen $\operatorname{Hom}_{K[G]}(V, V) \to \operatorname{Hom}_{K[G]}(V, W)$ durch $\alpha \mapsto f \circ \alpha$. Daher reicht es nun, den Satz in dem Fall zu beweisen, daß $V = W$ einfach ist.

Sei $E_1, E_2, \dots, E_r$ ein Repräsentantensystem für die Isomorphieklassen einfacher $K[G]$–Moduln. Aus Z.8(2), Z.1(2) und (2) folgt für alle i

$$\dim E_i = \langle \chi_{K[G]}, \chi_{E_i} \rangle_G = \sum_{j=1}^{r} d_j \langle \chi_{E_j}, \chi_{E_i} \rangle_G = d_i \langle \chi_{E_i}, \chi_{E_i} \rangle_G,$$

also nach Z.1(3)

$$\dim E_i = \frac{\dim E_i}{\dim \operatorname{End}_{K[G]}(E_i)} \langle \chi_{E_i}, \chi_{E_i} \rangle_G,$$

also

$$\langle \chi_{E_i}, \chi_{E_i} \rangle_G = \dim \mathrm{End}_{K[G]}(E_i). \tag{3}$$

Damit folgt der Satz auch in dem noch fehlenden Fall. $\qquad\square$

Korollar Z.10. *Es gelte* $\mathrm{char}\, K = 0$.

(a) *Ist* $E_1, E_2, \ldots, E_r$ *ein Repräsentantensystem für die Isomorphieklassen einfacher* $K[G]$*–Moduln, so sind* $\chi_{E_1}, \chi_{E_2}, \ldots, \chi_{E_r}$ *linear unabhängig über* K.

(b) *Sind* V *und* W *endlich dimensionale* $K[G]$*–Moduln, so gilt*

$$V \cong W \iff \chi_V = \chi_W.$$

(c) *Ist* K *algebraisch abgeschlossen und ist* V *ein endlich dimensionaler* $K[G]$*–Modul, so ist* V *genau dann einfach, wenn* $\langle \chi_V, \chi_V \rangle_G = 1$.

Beweis: Der Satz impliziert, daß

$$\langle \chi_{E_j}, \chi_{E_i} \rangle_G = \delta_{ji} \dim \mathrm{End}_{K[G]}(E_i) \tag{1}$$

für alle i und j. Diese Orthogonalität impliziert die lineare Unabhängigkeit.

Ist V ein endlich dimensionaler $K[G]$–Modul, so gibt es natürliche Zahlen m_i mit

$$V \cong E_1^{m_1} \oplus E_2^{m_2} \oplus \cdots \oplus E_r^{m_r}. \tag{2}$$

Satz Z.9 impliziert nun für alle i, daß

$$\langle \chi_V, \chi_{E_i} \rangle_G = m_i \dim \mathrm{End}_{K[G]}(E_i), \tag{3}$$

Also bestimmt χ_V alle m_i, also die Isomorphieklasse von V. Dies impliziert (b).

Aus (2) und (3) folgt im Allgemeinen

$$\langle \chi_V, \chi_V \rangle_G = \sum_{i=1}^{r} m_i^2 \dim \mathrm{End}_{K[G]}(E_i). \tag{4}$$

Ist K algebraisch abgeschlossen, so gilt $\dim \mathrm{End}_{K[G]}(E_i) = 1$ für alle i. Nun folgt (c), da $\sum_{i=1}^{r} m_i^2$ nur dann gleich 1 ist, wenn es ein j mit $m_j = 1$ und $m_i = 0$ für alle $i \neq j$ gibt. $\qquad\square$

Bemerkungen. (1) Nehmen wir zusätzlich an, daß K algebraisch abgeschlossen ist. Sei E ein einfacher $K[G]$–Modul. Wir wenden die Konstruktion von $\overline{f}_{\varphi,w}$ wie in Z.8 im Fall $V = W = E$ an. Nach Definition gilt für alle $v \in E$

$$\overline{f}_{\varphi,w}(v) = \frac{1}{|G|} \sum_{g \in G} g\, f_{\varphi,w}(g^{-1}v).$$

Dies zeigt, daß Spur $(\overline{f}_{\varphi,w}) =$ Spur $(f_{\varphi,w})$. Es gibt nach Schurs Lemma ein $\lambda \in K$ mit $\overline{f}_{\varphi,w} = \lambda \operatorname{Id}_E$. Es folgt dann

$$\lambda \dim E = \text{Spur}\,(\overline{f}_{\varphi,w}) = \text{Spur}\,(f_{\varphi,w}) = \varphi(w), \qquad (5)$$

also nach Z.8(4)

$$\langle c_{\psi,w}, c_{\varphi,v} \rangle_G = \frac{\varphi(w)\,\psi(v)}{\dim E} \qquad (6)$$

für alle $v, w \in E$ und $\varphi, \psi \in E^*$.

(2) Es ist klar, daß Teil (b) von Korollar Z.10 nicht richtig ist, wenn char $K = p > 0$: Ist V eine direkte Summe von p zu einander isomorphen $K[G]$-Moduln ungleich 0, so ist $\chi_V = 0$, ohne daß V zu 0 isomorph ist.

Solange p kein Teiler der Gruppenordnung $|G|$ ist, gilt jedoch Satz Z.9 weiterhin, wenn man die rechte Seite als Restklasse modulo p auffaßt. Weil $K[G]$ auch in diesem Fall halbeinfach ist, kann man die meisten Argumente oben übernehmen. Einzige Ausnahme ist der Beweis von Z.9(3), in dem wir durch $\dim E_i$ teilen.

Ist K algebraisch abgeschlossen, so können wir wie in der ersten Bemerkung vorgehen. Wegen $E \neq 0$ gibt es $\varphi \in E^*$ und $w \in E$ mit $\varphi(w) \neq 0$. Dann gilt nach (5) oben $\lambda \dim E = \varphi(w)$. Also ist $\dim E \neq 0$ in K, das heißt, daß $\dim E$ nicht durch p teilbar ist. Daher kann man für alle algebraisch abgeschlossenen Körper wie im Beweis von Satz Z.9 vorgehen.

Im allgemeinen Fall arbeitet man mit Körpererweiterungen, vergleiche Aufgabe 11.

Z.11. Wir nehmen in diesem Unterabschnitt an, daß die Charakteristik von K kein Teiler von $|G|$ ist. Seien $E_1, E_2, \dots, E_r$ ein Repräsentantensystem für die Isomorphieklassen einfacher $K[G]$-Moduln. Wir haben wie in Z.5(1) eine direkte Produktzerlegung $K[G] = A_1 \times A_2 \times \cdots \times A_r$ in einfache K-Algebren $A_1, A_2, \dots, A_r$. Sei

$$1 = e_1 + e_2 + \cdots + e_r \qquad \text{mit } e_i \in A_i \text{ für alle } i \qquad (1)$$

die entsprechende Zerlegung der 1 in $K[G]$. Wir können die Numerierung so wählen, daß der i-te Faktor A_i alle E_j mit $j \neq i$ annulliert. Insbesondere annulliert dann jedes e_i alle E_j mit $j \neq i$ und operiert als Identität auf E_i, das heißt, es gilt $e_i v = v$ für alle $v \in E_i$. Für jeden $K[G]$-Modul V gilt

$$V = \bigoplus_{i=1}^{r} e_i V.$$

Hier ist $e_i V$ die Summe aller Untermoduln in V isomorph zu E_i (die *isotypische Komponente* von V zum Typ E_i). Wegen $e_i K[G] = A_i$ zeigt ein Vergleich mit Z.1(2), daß

$$A_i \cong E_i^{d_i} \qquad \text{mit } d_i \text{ wie in Z.1(3)} \qquad (2)$$

für alle i.

Lemma Z.12. *Es gilt*

$$e_i = \frac{\dim E_i}{|G| \cdot \dim \operatorname{End}_{K[G]}(E_i)} \sum_{g \in G} \chi_{E_i}(g^{-1})\, \varepsilon_g$$

für alle i .

Beweis: Wir halten ein bestimmtes i fest. Für alle $g \in G$ betrachten wir die lineare Abbildung

$$\alpha_g \colon K[G] \longrightarrow K[G], \qquad x \mapsto g^{-1} e_i x.$$

Dann annulliert α_g alle A_j mit $j \neq i$, bildet A_i in sich ab und stimmt auf $A_i \cong E_i^{d_i}$ mit der Operation von g^{-1} überein. Dies impliziert

$$\operatorname{Spur} \alpha_g = d_i \chi_{E_i}(g^{-1}).$$

Es gibt $a_h \in K$ mit $e_i = \sum_{h \in G} a_h \varepsilon_h$. Dann ist α_g die Linksmultiplikation mit $\sum_{h \in G} a_h \varepsilon_{g^{-1}h}$. Deshalb gilt nach Z.6(6)

$$\operatorname{Spur} \alpha_g = \sum_{h \in G} a_h \chi_{K[G]}(g^{-1}h) = a_g\, |G|.$$

Ein Vergleich mit der früheren Formel zeigt $a_g = (d_i/|G|)\, \chi_{E_i}(g^{-1})$, und das Lemma folgt aus Z.1(3). $\square$

Satz Z.13. *Sei V ein endlich dimensionaler $K[G]$–Modul, sei $g \in G$. Ist $\operatorname{char} K = 0$, so gilt $gv = v$ für alle $v \in V$ genau dann, wenn $\chi_V(g) = \dim V$.*

Beweis: Gilt $gv = v$ für alle $v \in V$, so ist g_V die Identität auf V, und deren Spur $\chi_V(g)$ ist gleich $\dim V$.

Um die Umkehrung zu beweisen, arbeiten wir mit Matrizen: Wir wählen eine Basis von V; für jedes $h \in G$ sei $\rho(h) \in M_n(K)$, $n = \dim V$, die Matrix von h_V bezüglich dieser Basis. Dann ist $\rho \colon G \to GL_n(K)$ ein Gruppenhomomorphismus, und unsere Behauptung sagt, daß

$$\ker \rho = \{\, h \in G \mid \operatorname{Spur} \rho(h) = n \,\}. \tag{1}$$

Nehmen wir nun an, daß $\operatorname{Spur} \rho(g) = n$. Wir können K durch einen Erweiterungskörper ersetzen (vergleiche Aufgabe 11) und annehmen, daß K algebraisch abgeschlossen ist. Nach Bemerkung 3 zu Satz Z.1 ist $\rho(g)$ diagonalisierbar. Es seien $\zeta_1, \zeta_2, \ldots, \zeta_n \in K$ die Eigenwerte von $\rho(g)$ mit ihren Multiplizitäten. Es gilt also

$$n = \operatorname{Spur} \rho(g) = \zeta_1 + \zeta_2 + \cdots + \zeta_n. \tag{2}$$

Alle ζ_i sind m–te Einheitswurzeln mit $m = \operatorname{ord} g$. Daher hat der Teilkörper $K' = \mathbb{Q}(\zeta_1, \zeta_2, \ldots, \zeta_n)$ von K endlichen Grad über $\mathbb{Q}$ und kann deshalb als

Teilkörper von $\mathbb{C}$ aufgefaßt werden. In $\mathbb{C}$ ist aber der Realteil einer jeden Einheitswurzel ζ_j kleiner als oder gleich 1, und nur dann gleich 1, wenn $\zeta_j = 1$. Daher impliziert (2), daß $\zeta_j = 1$ für alle j. Weil $\rho(g)$ diagonalisierbar ist, folgt $\rho(g) = 1$. $\qquad\square$

Definition. Eine Darstellung $\rho\colon G \to GL(V)$ heißt *treu*, wenn $\ker \rho = \{1\}$. Satz Z.13 impliziert also, daß eine endlich dimensionale Darstellung in Charakteristik 0 genau dann treu ist, wenn $\chi_V(g) \neq \dim V$ für alle $g \in G$, $g \neq 1$.

Z.14. Wir schreiben im folgenden $\otimes = \otimes_K$ (und K kann wieder beliebig sein).

Das Tensorprodukt $V \otimes W$ zweier $K[G]$–Moduln hat eine Struktur als $K[G]$–Modul, so daß

$$g\,(v \otimes w) = (g\,v) \otimes (g\,w) \qquad \text{für alle } g \in G,\ v \in V,\ w \in W. \qquad (1)$$

Man benützt dazu, daß es nach Lemma VII.10.5 für jedes $g \in G$ eine lineare Abbildung $V \otimes W \to V \otimes W$ gibt, so daß $v \otimes w \mapsto (g\,v) \otimes (g\,w)$ für alle $v \in V$ und $w \in W$. Man rechnet dann nach, daß man so einen Gruppenhomomorphismus $G \to GL(V \otimes W)$ erhält.

Sind V und W endlich dimensional, so gilt hier

$$\chi_{V \otimes W}(g) = \chi_V(g) \cdot \chi_W(g) \qquad \text{für alle } g \in G. \qquad (2)$$

Dazu wählt man Basen $v_1, v_2, \ldots, v_n$ von V und $w_1, w_2, \ldots, w_m$ von W und schreibt $g\,v_i = \sum_{k=1}^{n} a_{ki} v_k$ sowie $g\,w_j = \sum_{l=1}^{m} b_{lj} w_l$ mit allen a_{ki} und b_{lj} in K. Dann bilden alle $v_i \otimes w_j$ eine Basis von $V \otimes W$, und es gilt $g\,(v_i \otimes w_j) = \sum_{k=1}^{n} \sum_{l=1}^{m} a_{ki} b_{lj} v_k \otimes w_l$. Daraus folgt

$$\chi_{V \otimes W}(g) = \sum_{i=1}^{n} \sum_{j=1}^{m} a_{ii} b_{jj} = \sum_{i=1}^{n} a_{ii} \cdot \sum_{j=1}^{m} b_{jj} = \chi_V(g) \cdot \chi_W(g),$$

also (2).

Im Fall $V = W$ schreiben wir $T^2 V = V \otimes V$ und definieren induktiv $T^{i+1} V = T^i V \otimes V$.

Satz Z.15. *Es gelte* $\operatorname{char} K = 0$ *und es sei* $\rho\colon G \to GL(V)$ *eine endlich dimensionale, treue Darstellung von* G *über* K. *Setze* $r = |\chi_V(G)|$. *Für jeden einfachen* $K[G]$–*Modul* E *gibt es dann eine Zahl* j, $0 \leq j < r$, *mit* $\operatorname{Hom}_{K[G]}(E, T^j V) \neq 0$.

Beweis: Der Charakter von $T^j V$ ist χ_V^j. Nach Satz Z.9 reicht es also, ein j wie oben mit

$$0 \neq \langle \chi_E, \chi_V^j \rangle_G = \langle \chi_V^j, \chi_E \rangle_G \qquad (1)$$

zu finden.

Wir setzen $\chi_V(G) = \{a_1, a_2, \ldots, a_r\}$ mit $a_1 = \chi_V(1) = \dim V$. Für alle i sei $G_i = \{g \in G \mid \chi_V(g) = a_i\}$. Es ist also G die disjunkte Vereinigung aller G_i. Die Treue von ρ impliziert nach der Bemerkung zu Satz Z.13, daß $G_1 = \{1\}$.

Für alle i setze $b_i = \sum_{g \in G_i} \chi_E(g^{-1})$. Dann gilt

$$\langle \chi_V^j, \chi_E \rangle_G = \frac{1}{|G|} \sum_{g \in G} \chi_V(g)^j \chi_E(g^{-1}) = \frac{1}{|G|} \sum_{i=1}^{r} a_i^j b_i.$$

Die Formel für die Vandermondesche Determinante zeigt, daß die Matrix A aller a_i^j, $1 \le i \le r$, $0 \le j < r$ invertierbar ist. Aus $\langle \chi_V^j, \chi_E \rangle_G = 0$ für alle j, $0 \le j < r$, würde deshalb $(b_1, b_2, \ldots, b_r) = 0$ folgen. Dies ist ein Widerspruch, da $b_1 = \chi_E(1) = \dim E \ne 0$. Also gibt es ein j, $0 \le j < r$, mit $\langle \chi_V^j, \chi_E \rangle_G \ne 0$. $\qquad\qquad\square$

Z.16. (Induzierte Darstellungen) Im folgenden Abschnitt sei K wieder ein beliebiger Körper. Es sei H eine Untergruppe von G.

Für jeden $K[H]$–Modul M setzen wir

$$\mathrm{ind}_H^G M = \{\, f \colon G \to M \mid f(gh) = h^{-1} f(g) \text{ für alle } g \in G \text{ und } h \in H \,\}. \quad (1)$$

Dies ist ein Unterraum des Vektorraums aller Abbildungen von G nach M. Für alle $g \in G$ und $f \in \mathrm{ind}_H^G M$ definiert man durch

$$(gf)\,(g') = f(g^{-1}g') \qquad \text{für alle } g' \in G \quad\quad (2)$$

eine weitere Abbildung $gf \colon G \to M$. Man rechnet leicht nach, daß auch $gf \in \mathrm{ind}_H^G M$ und daß $\mathrm{ind}_H^G M$ mit dieser Definition ein $K[G]$–Modul wird. Man nennt $\mathrm{ind}_H^G M$ den von M *induzierten* $K[G]$–Modul.

Für jedes $x \in M$ sei $\gamma_M(x) \colon G \to M$ die Abbildung mit $\gamma_M(x)\,(h) = h^{-1}x$ für alle $h \in H$ und $\gamma_M(x)\,(g) = 0$ für alle $g \in G$, $g \notin H$. Man sieht leicht, daß $\gamma_M(x) \in \mathrm{ind}_H^G M$ und daß

$$\gamma_M \colon M \longrightarrow \mathrm{ind}_H^G M \quad\quad (3)$$

ein Homomorphismus von $K[H]$–Moduln ist. Diese Abbildung ist injektiv, weil $\gamma_M(x)\,(1) = x$ für alle $x \in M$. Für alle $g \in G$ gilt

$$g\,\gamma_M(M) = \{\, f \in \mathrm{ind}_H^G M \mid f(G \setminus gH) = 0 \,\}. \quad\quad (4)$$

Es seien $g_1, g_2, \ldots, g_r$ Repräsentanten für die Linksnebenklassen von H in G; es ist also G die disjunkte Vereinigung aller $g_i H$, $1 \le i \le r$. Eine Abbildung $f \in \mathrm{ind}_H^G M$ ist durch ihre Werte $f(g_i)$ an allen g_i bestimmt, und man kann diese $f(g_i)$ beliebig wählen. Daher impliziert (4), daß

$$\mathrm{ind}_H^G M = \bigoplus_{i=1}^{r} g_i\,\gamma_M(M) \quad\quad (5)$$

als Vektorraum. Insbesondere gilt

$$\dim \operatorname{ind}_H^G M = [G : H] \dim M. \tag{6}$$

Für jedes $g \in G$ gibt es eine Permutation $\sigma_g \in S_r$ und Elemente $h_{g,i} \in H$ mit

$$g \, g_i = g_{\sigma_g(i)} \, h_{g,\sigma_g(i)} \qquad \text{für alle } i. \tag{7}$$

Es gilt also $\sigma_g(i) = i$ genau dann, wenn $g_i^{-1} g g_i \in H$. Aus (7) folgt, daß

$$g \sum_{i=1}^{r} g_i \, \gamma_M(x_i) = \sum_{i=1}^{r} g_{\sigma_g(i)} \, h_{g,\sigma_g(i)} \, \gamma_M(x_i) = \sum_{i=1}^{r} g_{\sigma_g(i)} \, \gamma_M(h_{g,\sigma_g(i)} \, x_i) \tag{8}$$

für alle $x_1, x_2, \ldots, x_r \in M$.

Wir definieren eine Abbildung

$$\dot{\chi}_M \colon G \to K \qquad \text{durch} \qquad \dot{\chi}_M(g) = \begin{cases} \chi_M(g) & \text{für } g \in H, \\ 0 & \text{sonst.} \end{cases} \tag{9}$$

Lemma Z.17. *Ist* $\operatorname{char} K$ *kein Teiler von* $|H|$, *so gilt*

$$\chi_{\operatorname{ind}_H^G M}(g) = \frac{1}{|H|} \sum_{k \in G} \dot{\chi}_M(kgk^{-1}). \tag{1}$$

Beweis: Aus Z.16(7) folgt (noch für beliebiges K)

$$\chi_{\operatorname{ind}_H^G M}(g) = \sum_{i,\,\sigma_g(i)=i} \chi_M(h_{g,i}) = \sum_{i,\,\sigma_g(i)=i} \chi_M(g_i^{-1} g g_i) = \sum_{i=1}^{r} \dot{\chi}_M(g_i^{-1} g g_i). \tag{2}$$

Wenn die Ordnung $|H|$ von H nicht durch die Charakteristik von K teilbar ist, folgt (1) aus (2), denn Z.6(3) impliziert $\dot{\chi}_M(hgh^{-1}) = \dot{\chi}_M(g)$ für alle $g \in G$ und $h \in H$. $\qquad \square$

Z.18. Es sei K wieder beliebig. Wir übernehmen die Notationen von Z.16. Die Abbildung

$$\varepsilon_M \colon \operatorname{ind}_H^G M \longrightarrow M, \qquad \varepsilon_M(f) = f(1) \tag{1}$$

ist ein Homomorphismus von $K[H]$–Moduln, da

$$\varepsilon_M(h\,f) = (hf)\,(1) = f(h^{-1}1) = f(1\,h^{-1}) = h\,f(1) = h\,\varepsilon_M(f)$$

für alle $f \in \operatorname{ind}_H^G M$ und $h \in H$.

Satz Z.19. *Für jeden $K[G]$–Modul V sind die Abbildungen*

$$\operatorname{Hom}_{K[G]}(V, \operatorname{ind}_H^G M) \longrightarrow \operatorname{Hom}_{K[H]}(V, M), \qquad \varphi \mapsto \varepsilon_M \circ \varphi \qquad (1)$$

und

$$\operatorname{Hom}_{K[G]}(\operatorname{ind}_H^G M, V) \longrightarrow \operatorname{Hom}_{K[H]}(M, V), \qquad \varphi \mapsto \varphi \circ \gamma_M \qquad (2)$$

Isomorphismen von Vektorräumen.

Beweis: Es ist klar, daß beide Abbildungen linear sind. Um zu zeigen, daß (1) bijektiv ist, konstruieren wir eine Umkehrabbildung und ordnen jedem Homomorphismus $\psi\colon V \to M$ von $K[H]$–Moduln die Abbildung

$$\widetilde{\psi}\colon V \to \operatorname{ind}_H^G M \qquad \text{mit } \widetilde{\psi}(v)\,(g) = \psi(g^{-1}v) \text{ für alle } v \in V \text{ und } g \in G$$

zu. Man rechnet nun leicht nach, daß in der Tat $\widetilde{\psi}(v) \in \operatorname{ind}_H^G M$, daß $\widetilde{\psi}$ ein Homomorphismus von $K[G]$–Moduln ist und daß $\psi \mapsto \widetilde{\psi}$ invers zu $\varphi \mapsto \varepsilon_M \circ \varphi$ ist.

Sei wieder $g_1, g_2, \ldots, g_r$ ein Repräsentantensystem für die Linksneben-klassen von H in G. Nach Z.16(5) ist $\operatorname{ind}_H^G M$ die direkte Summe aller $g_i\,\gamma_M(M)$. Dies zeigt, daß die Abbildung in (2) injektiv ist: Jedes $\varphi \in \operatorname{Hom}_{K[G]}(\operatorname{ind}_H^G M, V)$ ist durch $\varphi \circ \gamma_M$ festgelegt, da $\varphi(\sum_{i=1}^r g_i\,\gamma_M(x_i)) = \sum_{i=1}^r g_i\,\varphi \circ \gamma_M(x_i)$. Um die Surjektivität zu zeigen, kann man für jedes $\psi \in \operatorname{Hom}_{K[H]}(M, V)$ eine lineare Abbildung

$$\widetilde{\psi}\colon \operatorname{ind}_H^G M \longrightarrow V \qquad \text{mit } \widetilde{\psi}\Big(\sum_{i=1}^r g_i\,\gamma_M(x_i)\Big) = \sum_{i=1}^r g_i\,\psi(x_i)$$

für alle $x_1, x_2, \ldots, x_r \in M$ definieren und dann mit Hilfe von Z.16(8) nach-rechnen, daß $\widetilde{\psi}$ ein Homomorphismus von $K[G]$–Moduln ist.

Man kann jedoch diese Rechnungen vermeiden, wenn man einen anderen Zugang zu den induzierten Moduln benutzt. Dazu braucht man die allgemei-ne Konstruktion des Tensorprodukts über nicht kommutativen Ringen wie in VII.10.13 und betrachtet $K[G] \otimes_{K[H]} M$. Dies ist zunächst ein $\mathbb{Z}$–Modul, der durch

$$a\,(b \otimes x) = (ab) \otimes x \qquad \text{für alle } a, b \in K[G] \text{ und } x \in M$$

zu einem $K[G]$–Modul wird. Unsere Repräsentanten $g_1, g_2, \ldots, g_r$ sind eine Basis von $K[G]$ als Rechtsmodul über $K[H]$. Daraus folgt, daß

$$K[G] \otimes_{K[H]} M = \bigoplus_{i=1}^r g_i \otimes M. \qquad (3)$$

Die Abbildung

$$\iota_M\colon M \to K[G] \otimes_{K[H]} M, \qquad x \mapsto 1 \otimes x$$

ist ein Homomorphismus von $K[H]$–Moduln. Mit Hilfe der universellen Eigenschaft des Tensorprodukts zeigt man für alle $K[G]$–Moduln V, daß die Abbildung

$$\mathrm{Hom}_{K[G]}(K[G] \otimes_{K[H]} M, V) \longrightarrow \mathrm{Hom}_{K[H]}(M, V), \qquad \varphi \mapsto \varphi \circ \iota_M \qquad (4)$$

ein Isomorphismus von Vektorräumen ist. Wenden wir dies auf $V = \mathrm{ind}_H^G M$ an, so sehen wir, daß es einen Homomorphismus von $K[G]$–Moduln

$$\psi \colon K[G] \otimes_{K[H]} M \longrightarrow \mathrm{ind}_H^G M \qquad \text{mit } \psi \circ \iota_M = \gamma_M$$

gibt. Er bildet jedes $g_i \otimes M = g_i \iota_M(M)$ auf $g_i \gamma_M(M)$ ab. Ein Vergleich von (3) mit Z.16(5) zeigt, daß ψ ein Isomorphismus von $K[G]$–Moduln ist. Nun folgt die Bijektivität von (2) aus der von (4). $\qquad \square$

Bemerkungen. (1) Der Satz zeigt, daß der induzierte Modul $\mathrm{ind}_H^G M$ zwei universelle Eigenschaften hat. Jede von ihnen bestimmt diesen Modul eindeutig bis auf Isomorphie.

(2) Gilt $\mathrm{char}\, K = 0$ und sind V und M endlich dimensional, so impliziert die Bijektivität von (1) und (2) in Z.19 nach Satz Z.9, daß

$$\langle \chi_V, \chi_{\mathrm{ind}_H^G M} \rangle_G = \langle (\chi_V)_{|H}, \chi_M \rangle_H = \langle \chi_{\mathrm{ind}_H^G M}, \chi_V \rangle_G. \qquad (5)$$

Diese Identität wird häufig als *Frobenius-Reziprozität* bezeichnet.

(3) Ist $\alpha \colon M \to M'$ ein Homomorphismus von $K[H]$–Moduln, so ist

$$\mathrm{ind}_H^G \alpha \colon \mathrm{ind}_H^G M \longrightarrow \mathrm{ind}_H^G M', \qquad f \mapsto \alpha \circ f \qquad (6)$$

ein Homomorphismus von $K[G]$–Moduln. Dazu rechnet man leicht nach, daß $\alpha \circ f \in \mathrm{ind}_H^G M'$ für alle $f \in \mathrm{ind}_H^G M$, daß $\mathrm{ind}_H^G \alpha$ linear ist und mit der Operation von G vertauscht.

Ist auch $\alpha' \colon M' \to M''$ ein Homomorphismus von $K[H]$–Moduln, so gilt $\mathrm{ind}_H^G(\alpha' \circ \alpha) = \mathrm{ind}_H^G(\alpha') \circ \mathrm{ind}_H^G(\alpha)$; offensichtlich ist $\mathrm{ind}_H^G \mathrm{Id}_M$ stets die Identität auf $\mathrm{ind}_H^G M$. In kategorieller Sprechweise bedeuten diese Eigenschaften, daß ind_H^G ein Funktor ist (von der Kategorie der $K[H]$–Moduln in die Kategorie der $K[G]$–Moduln).

Für jeden Homomorphismus $\alpha \colon M \to M'$ von $K[H]$–Moduln rechnet man leicht nach, daß

$$\alpha \circ \varepsilon_M = \varepsilon_{M'} \circ \mathrm{ind}_H^G \alpha \qquad \text{und} \qquad \mathrm{ind}_H^G \alpha \circ \gamma_M = \gamma_{M'} \circ \alpha \qquad (7)$$

gilt. In kategorieller Sprechweise bedeutet dies, daß die γ_M eine natürliche Transformation vom identischen Funktor zum Funktor ind_H^G bilden, und die ε_M eine natürliche Transformation in die umgekehrte Richtung. Satz Z.19 sagt dann, daß der Funktor ind_H^G rechts- und linksadjungiert zu dem Vergiß-Funktor ist, der jedem $K[G]$–Modul den $K[H]$–Modul zuordnet, den man durch Restriktion der Skalaroperation von $K[G]$ auf $K[H]$ erhält.

Beispiel Z.20. (Diedergruppen) Wir betrachten die Diedergruppe $G = D_{2k}$ der Ordnung $2k$ wie in Beispiel I.5.7. Sie wird von Elementen n und h erzeugt, für die $\operatorname{ord}(n) = k$, $\operatorname{ord}(h) = 2$ und $h^{-1}nh = n^{-1}$ gilt. Die von n erzeugte Untergruppe $N = \langle n \rangle$ ist normal und hat Index 2 in G.

Ist ein einfacher $K[G]$–Modul V gegeben, so kann man einen einfachen $K[N]$–Modul M mit $\operatorname{Hom}_{K[N]}(V, M) \neq 0$ finden, also nach Satz Z.19 mit $\operatorname{Hom}_{K[G]}(V, \operatorname{ind}_N^G M) \neq 0$. Jeder einfache $K[G]$–Modul ist also isomorph zu einem Untermodul eines induzierten Moduls $\operatorname{ind}_N^G M$ mit M einfach.

Wir nehmen nun an, daß K algebraisch abgeschlossen ist und daß $\operatorname{char} K$ kein Teiler von $2k$ ist. Dann enthält K eine primitive k–te Einheitswurzel ζ. Nach Satz Z.3 sind alle einfachen $K[N]$–Moduln eindimensional, also durch einen Homomorphismus von N in die multiplikative Gruppe K^* gegeben. Ein solcher Homomorphismus ist durch das Bild von n festgelegt, und dieses Bild kann eine beliebige k–te Einheitswurzel sein, also eine Potenz von ζ. Für jedes $j \in \mathbb{Z}$ bezeichnen wir mit K_j den eindimensionalen $K[N]$–Modul K, auf dem n als Multiplikation mit ζ^j wirkt, also eine Potenz n^r als Multiplikation mit ζ^{jr}. Es gilt genau dann $K_j \cong K_l$, wenn $j \equiv l \pmod{k}$; die K_j mit $0 \leq j < k$ bilden ein Repräsentantensystem für die einfachen $K[N]$–Moduln.

Für jeden $K[N]$–Modul M gilt nach Z.16(5), daß $\operatorname{ind}_N^G M = \gamma_M(M) \oplus h\,\gamma_M(M)$ als Vektorraum. Der Summand $\gamma_M(M)$ ist ein $K[N]$–Untermodul isomorph zu M, weil γ_M ein injektiver Homomorphismus von $K[N]$–Moduln ist. In der gegenwärtigen Situation ist auch $h\,\gamma_M(M)$ ein $K[N]$–Untermodul von $\operatorname{ind}_N^G M$, weil

$$n^r\, h\, \gamma_M(x) = h\,(h^{-1}n^r h)\,\gamma_M(x) = h\,(n^{-r})\,\gamma_M(x) = h\,\gamma_M(n^{-r}x)$$

für alle $x \in M$ und $r \in \mathbb{Z}$.

Im Fall $M = K_j$ sehen wir nun, daß $v_1 = \gamma_M(1)$ und $v_2 = h\,v_1$ eine Basis von $\operatorname{ind}_N^G K_j$ bilden und daß die Operation der Erzeugenden n und h durch

$$n\,v_1 = \zeta^j v_1, \qquad n\,v_2 = \zeta^{-j} v_2 = \zeta^{k-j} v_2, \qquad h\,v_1 = v_2, \qquad h\,v_2 = v_1 \quad (1)$$

gegeben ist. (Für die letzte Gleichheit benutzt man, daß $h^2 = 1$.) Wir haben insbesondere für jedes j einen Isomorphismus von $K[N]$–Moduln

$$\operatorname{ind}_N^G K_j \cong K_j \oplus K_{k-j}.$$

Behauptung. *Ist $0 < j < k$ und $2j \neq k$, so ist $\operatorname{ind}_N^G K_j$ ein einfacher $K[G]$–Modul. Für $j = 0$ und für $2j = k$ ist $\operatorname{ind}_N^G K_j$ eine direkte Summe von zwei eindimensionalen $K[G]$–Moduln.*

In der Tat, gilt $0 < j < k$ und $2j \neq k$, so ist $\zeta^j \neq \zeta^{-j}$, und Kv_1, Kv_2 sind die beiden Eigenräume von n auf $\operatorname{ind}_N^G K_j$. Jeder $K[G]$–Untermodul V

ungleich 0 von $\operatorname{ind}_N^G K_j$ enthält einen Eigenvektor von n. Es folgt, daß $v_1 \in V$ oder $v_2 \in V$. Da h diese beiden Vektoren vertauscht, gehören sie beide zu V. Also ist $V = \operatorname{ind}_N^G K_j$, und dieser Modul ist einfach.

Ist $j = 0$, so operiert n als Identität auf $\operatorname{ind}_N^G K_j$. Ist $2j = k$, so gilt $\zeta^j = -1$, und n operiert als Skalarmultiplikation mit -1 auf $\operatorname{ind}_N^G K_j$. Daher ist ein Unterraum V von $\operatorname{ind}_N^G K_j$ in beiden Fällen genau dann ein $K[G]$–Untermodul, wenn $hV = V$. Setzen wir $w_1 = v_1 + v_2$ und $w_2 = v_1 - v_2$, so gilt $hw_1 = w_1$ und $hw_2 = -w_2$. Unsere Annahme an K impliziert insbesondere, daß $\operatorname{char} K \neq 2$. Daher ist w_1, w_2 eine Basis von $\operatorname{ind}_N^G K_j$ und

$$\operatorname{ind}_N^G K_j \;=\; K\,w_1 \oplus K\,w_2$$

ist eine Zerlegung als $K[G]$–Modul.

Die Behauptung impliziert, daß es bis auf Isomorphie zwei (für ungerades k) oder vier (für gerades k) einfache $K[G]$–Moduln der Dimension 1 gibt, und zwar:

- der triviale Modul K, auf dem h und n als 1 operieren,

- der eindimensionale Modul K, auf dem h als -1 und n als 1 operieren,

- für gerades k der eindimensionale Modul K, auf dem h als 1 und n als -1 operieren,

- für gerades k der eindimensionale Modul K, auf dem h und n als -1 operieren.

Alle anderen einfachen $K[G]$–Moduln haben Dimension 2 und sind zu einem $\operatorname{ind}_N^G K_j$ mit $0 < j < k$ und $2j \neq k$ isomorph. Mit Hilfe von (1) sieht man leicht, daß

$$\operatorname{ind}_N^G K_j \;\cong\; \operatorname{ind}_N^G K_{k-j} \qquad \text{für alle } j \tag{2}$$

und daß es keine anderen Isomorphien zwischen verschiedenen $\operatorname{ind}_N^G K_j$ mit $0 < j < k$ gibt. Daher bilden die $\operatorname{ind}_N^G K_j$ mit $0 < j < (k/2)$ ein Repräsentantensystem für die einfachen $K[G]$–Moduln der Dimension > 1.

Wir bezeichnen den Charakter von $\operatorname{ind}_N^G K_j$ mit χ_j. Aus (1) folgt für alle ganze Zahlen i, daß

$$\chi_j(n^i) = \zeta^{ij} + \zeta^{-ij} \qquad \text{und} \qquad \chi_j(n^i h) = 0.$$

Für $k = 4$ und $k = 5$ stellen wir unten die hier bestimmten irreduziblen Charaktere in einer *Charaktertafel* zusammen. Die Zeilen entsprechen den irreduziblen Charakteren, die am linken Rand benannt werden. Wir haben hier die eindimensionalen Charaktere mit ψ_i ($1 \leq i \leq 4$ oder $1 \leq i \leq$

2) bezeichnet. Die Spalten entsprechen den Konjugationsklassen in G; am oberen Rand wird für jede Klasse ein Repräsentant angegeben. In der Tafel steht dann der Wert des jeweiligen Charakters auf der betreffenden Klasse.

D_8	1	n	n^2	h	nh
ψ_1	1	1	1	1	1
ψ_2	1	1	1	-1	-1
ψ_3	1	-1	1	1	-1
ψ_4	1	-1	1	-1	1
χ_1	2	0	-2	0	0

D_{10}	1	n	n^2	h
ψ_1	1	1	1	1
ψ_2	1	1	1	-1
χ_1	2	α	β	0
χ_2	2	β	α	0

Hier bedeuten $\alpha = 2\cos(2\pi/5) = (-1 + \sqrt{5})/2$ und $\beta = 2\cos(4\pi/5) = (-1 - \sqrt{5})/2$.

ÜBUNGEN

1. Sei G eine zyklische Gruppe der Ordnung 3. Zeige, daß die Menge aller $\sum_{g \in G} a_g \varepsilon_g \in \mathbb{Q}[G]$ mit $\sum_{g \in G} a_g = 0$ ein einfacher Untermodul von $\mathbb{Q}[G]$ der Dimension 2 ist.

2. Es sei K algebraisch abgeschlossen mit char $K = 0$. Zeige:

   (a) Ist $G = G_1 \times G_2 \times \cdots \times G_n$ ein direktes Produkt endlicher abelscher Gruppen, so gilt $X_K(G) = X_K(G_1) \times X_K(G_2) \times \cdots \times X_K(G_n)$.

   (b) Ist G zyklisch der Ordnung m, so ist $X_K(G)$ isomorph zur Gruppe μ_m der m-ten Einheitswurzeln in K.

   (c) Es gilt $G \cong X_K(G)$ für jede endliche abelsche Gruppe.

3. Seien G eine endliche abelsche Gruppe und K ein algebraisch abgeschlossener Körper mit char $K = 0$. Zeige: Die Zuordnung

$$H \longmapsto \hat{H} := \{\, \chi \in X_K(G) \mid \chi(h) = 1 \text{ für alle } h \in H \,\}$$

liefert eine Bijektion zwischen der Menge der Untergruppen $H \subset G$ und denen von $X_K(G)$. Es gilt genau dann $H \subset H'$, wenn $\hat{H}' \subset \hat{H}$. Weiter hat man $\hat{H} \cong X_K(G/H)$.

4. Es sei K algebraisch abgeschlossen mit char $K = 0$. Zeige:

   (a) Ist $\varphi : H \to G$ ein Homomorphismus endlicher abelscher Gruppen, so definiert die Zuordnung $\hat{\varphi} : X_K(G) \to X_K(H)$, $\chi \mapsto \chi \circ \varphi$ einen Homomorphismus von Gruppen. Ist φ ein Isomorphismus, so auch $\hat{\varphi}$.

   (b) Ist $1 \to H \xrightarrow{\varphi} G \xrightarrow{\psi} N \to 1$ eine kurze exakte Folge von endlichen abelschen Gruppen, so ist auch die Folge

$$1 \to X_K(N) \xrightarrow{\hat{\varphi}} X_K(G) \xrightarrow{\hat{\psi}} X_K(H) \to 1$$

exakt.

5. Seien V ein $K[G]$–Modul und N eine normale Untergruppe von G. Zeige:

(a) Ist $U \subset V$ ein $K[N]$–Untermodul von V, so ist auch jedes gN with $g \in G$ ein $K[N]$–Untermodul von V.

(b) Ist V ein einfacher $K[G]$ Modul, so ist V betrachtet als $K[N]$–Modul halbeinfach und alle einfachen $K[N]$–Untermoduln von V haben die gleiche Dimension.

6. Sei H eine Untergruppe in G vom Index 2. Zeige: Ist V ein einfacher $K[G]$–Modul, so ist V betrachtet als $K[H]$–Modul entweder einfach oder direkte Summe von zwei einfachen Moduln, deren Dimension dann gleich $(\dim V)/2$ ist.

7. Sei V ein $K[G]$–Modul. Zeige: Für jedes $\varphi \in V^*$ ist

$$c_\varphi \colon V \longrightarrow K[G], \qquad v \longmapsto \sum_{g \in G} \varphi(g^{-1}v)\, \varepsilon_g$$

ein Homomorphismus von $K[G]$–Moduln. Bezeichne mit $\omega \colon K[G] \to K$ die lineare Abbildung mit $\omega(\varepsilon_1) = 1$ und $\omega(\varepsilon_g) = 0$ für alle $g \neq 1$. Zeige, daß $\omega \circ c_\varphi = \varphi$ für alle $\varphi \in V^*$ und daß

$$V^* \longrightarrow \mathrm{Hom}_{K[G]}(V, K[G]), \qquad \varphi \mapsto c_\varphi$$

ein Isomorphismus von Vektorräumen ist.

8. Sei V ein endlich dimensionaler $K[G]$–Modul. Eine Bilinearform $\beta \colon V \times V \to K$ heißt *G–invariant*, wenn $\beta(gx, gy) = \beta(x, y)$ für alle $x, y \in V$ und $g \in G$ gilt.

Zeige: Die $K[G]$–Moduln V und V^* sind genau dann zu einander isomorph, wenn es eine nicht ausgeartete G–invariante Bilinearform auf V gibt. Ist V einfach, so ist jede G–invariante Bilinearform auf V entweder gleich 0 oder nicht ausgeartet.

9. Sei K algebraisch abgeschlossen und V ein einfacher $K[G]$–Modul. Zeige: Sind β und β' zwei G–invariante Bilinearformen ungleich 0 auf V, so gibt es $a \in K$, $a \neq 0$, mit $\beta' = a\beta$. Ist $\operatorname{char} K \neq 2$, so ist jede G–invariante Bilinearformen ungleich 0 auf V entweder symmetrisch oder schiefsymmetrisch.

10. Sei V ein endlich dimensionaler $\mathbb{R}[G]$–Modul. Zeige: Es gibt eine G–invariante symmetrische Bilinearform auf V, die positiv definit ist. (Hinweis: Sei $\langle\,,\,\rangle$ ein beliebiges Skalarprodukt auf V. Man betrachte $\beta(x, y) = \sum_{g \in G}\langle gx, gy\rangle$.)

11. Zeige: Sei L/K eine Körpererweiterung. Für jeden Vektorraum V über K ist $V \otimes L$ ein Vektorraum über L mit $b(v \otimes a) = v \otimes (ba)$ für alle $v \in V$ und $a, b \in L$. (Wir schreiben hier $\otimes = \otimes_K$.) Ist V ein $K[G]$–Modul, so hat $V \otimes L$ genau eine Struktur als $L[G]$–Modul mit $g(v \otimes a) = (gv) \otimes a$ für alle $g \in G$, $v \in V$ und $a \in L$. Ist dabei $\dim V < \infty$, so gilt $\chi_{V \otimes L}(g) = \chi_V(g)$ für alle $g \in G$. Sind V und W endlich dimensionale $K[G]$–Moduln, so haben wir einen Isomorphismus von Vektorräumen über L

$$\mathrm{Hom}_{K[G]}(V, W) \otimes L \longrightarrow \mathrm{Hom}_{L[G]}(V \otimes L, W \otimes L),$$

der jedes $\varphi \otimes 1$ mit $\varphi \in \mathrm{Hom}_{K[G]}(V, W)$ auf $\varphi \otimes \mathrm{Id}_L$ abbildet.

12. Sei L/K eine Körpererweiterung. Wir können jeden $L[G]$–Modul V als $K[G]$–Modul auffassen, indem wir die Skalarmultiplikation nur noch mit Elementen von K betrachten; wir bezeichnen den so konstruierten $K[G]$–Modul mit $V \downarrow K$.

Seien V ein $L[G]$–Modul und U ein $K[G]$–Modul. Zeige, daß $\operatorname{Hom}_{K[G]}(U, V \downarrow K)$ ein Vektorraum über L wird, wenn wir $(a\varphi)(x) = a\,\varphi(x)$ für alle $a \in L$, $x \in U$ und $\varphi \in \operatorname{Hom}_{K[G]}(U, V \downarrow K)$ setzen. Betrachte $U \otimes_K L$ als $L[G]$–Modul wie in Aufgabe 11. Zeige, daß $\iota_U \colon U \to (U \otimes_K L) \downarrow K$ mit $\iota_U(x) = x \otimes 1$ ein Homomorphismus von $K[G]$–Moduln ist und daß

$$\operatorname{Hom}_{L[G]}(U \otimes_K L, V) \longrightarrow \operatorname{Hom}_{K[G]}(U, V \downarrow K), \qquad \varphi \mapsto \varphi \circ \iota_U$$

ein Isomorphismus von Vektorräumen über L ist.

13. Sei V ein endlich dimensionaler $\mathbb{C}[G]$–Modul. Zeige: Gibt es einen $\mathbb{R}[G]$–Modul U mit $U \otimes_{\mathbb{R}} \mathbb{C} \cong V$, vergleiche Aufgabe 11, so gibt es auf V eine symmetrische, nicht ausgeartete G–invariante Bilinearform.

14. Wir können einen $\mathbb{C}[G]$–Modul V als $\mathbb{R}[G]$–Modul auffassen, indem wir die Skalarmultiplikation mit nicht-reellen Zahlen vergessen; wir bezeichnen den so konstruierten $\mathbb{R}[G]$–Modul mit $V \downarrow \mathbb{R}$.

(a) Zeige: Gilt $\dim V < \infty$, so ist $\chi_{V \downarrow \mathbb{R}}(g) = \chi_V(g) + \overline{\chi_V(g)}$ für alle $g \in G$.

(b) Von nun an sei V ein einfacher $\mathbb{C}[G]$–Modul. Zeige: Die Dimension von $\operatorname{End}_{\mathbb{R}[G]}(V \downarrow \mathbb{R})$ ist gleich 4, wenn $\chi_V(g) \in \mathbb{R}$ für alle $g \in G$, und gleich 2 sonst.

(c) Zeige: Gibt es $g \in G$ mit $\chi_V(g) \notin \mathbb{R}$, so ist $\operatorname{End}_{\mathbb{R}[G]}(V \downarrow \mathbb{R})$ isomorph zu $\mathbb{C}$ und $V \downarrow \mathbb{R}$ ist ein einfacher $\mathbb{R}[G]$–Modul.

(d) Sei $U \subset V \downarrow \mathbb{R}$ ein einfacher $\mathbb{R}[G]$–Untermodul. Zeige, daß entweder $V \downarrow \mathbb{R} = U$ oder $V \downarrow \mathbb{R} = U \oplus iU$. Zeige im zweiten Fall, daß $\operatorname{End}_{\mathbb{R}[G]}(U) = \mathbb{R}$, daß $\chi_U = \chi_V$ und daß $V \cong U \otimes_{\mathbb{R}} \mathbb{C}$.

(e) Zeige: Gibt es auf V eine schiefsymmetrische, nicht ausgeartete G–invariante Bilinearform, so ist $V \downarrow \mathbb{R}$ ein einfacher $\mathbb{R}[G]$–Modul; außerdem ist $\operatorname{End}_{\mathbb{R}[G]}(V \downarrow \mathbb{R})$ eine vierdimensionale Divisionsalgebra über $\mathbb{R}$. (Hinweis: Die Aufgaben 9 und 13.)

15. Sei H eine Untergruppe von G. Zeige: Ist $0 \to M' \xrightarrow{\alpha} M \xrightarrow{\beta} M'' \to 0$ eine kurze exakte Folge von $K[H]$–Moduln, so ist

$$0 \to \operatorname{ind}_H^G M' \xrightarrow{\operatorname{ind}_H^G \alpha} \operatorname{ind}_H^G M \xrightarrow{\operatorname{ind}_H^G \beta} \operatorname{ind}_H^G M'' \to 0$$

eine kurze exakte Folge von $K[G]$–Moduln.

16. Sei G die von

$$a = \begin{pmatrix} i & 0 \\ 0 & -i \end{pmatrix} \qquad \text{und} \qquad b = \begin{pmatrix} 0 & 1 \\ -1 & 0 \end{pmatrix}$$

erzeugte Untergruppe von $GL_2(\mathbb{C})$.

(a) Zeige, daß $|G| = 8$ und daß der von den Elementen von G in $M_2(\mathbb{C})$ erzeugte $\mathbb{R}$–Unterraum vierdimensional ist. (Dieser Unterraum ist unter der

Multiplikation abgeschlossen und als $\mathbb{R}$–Algebra zum Schiefkörper $\mathbb{H}$ der Hamiltonschen Quaternionen isomorph ist, siehe IX.1.1. Man nennt G die *Quaternionengruppe*.)

(b) Die Gruppe $GL_2(\mathbb{C})$ operiert natürlich auf $\mathbb{C}^2$ aufgefaßt als Raum von Säulenvektoren. Schränken wir diese Operation auf die Untergruppe G ein, so wird $\mathbb{C}^2$ ein $\mathbb{C}[G]$–Modul. Zeige, daß $\mathbb{C}^2$ ein einfacher $\mathbb{C}[G]$–Modul ist.

(c) Zeige, daß

$$\beta \colon \mathbb{C}^2 \times \mathbb{C}^2 \longrightarrow \mathbb{C}, \qquad \beta\left(\begin{pmatrix} x \\ y \end{pmatrix}, \begin{pmatrix} u \\ v \end{pmatrix}\right) = xv - yu \quad \text{für alle } x, y, u, v \in \mathbb{C}$$

eine schiefsymmetrische, nicht ausgeartete G–invariante Bilinearform auf $\mathbb{C}^2$ ist. Zeige, daß $\mathbb{C}^2 \downarrow \mathbb{R}$ ein einfacher $\mathbb{R}[G]$–Modul ist.

17. Bestimme die Konjugationsklassen der Quaternionengruppe von Aufgabe 16 und deren Charaktertafel.

IX Zentrale einfache Algebren

In diesem Kapitel wird die Theorie der endlich dimensionalen Divisionsalgebren über einem beliebigen Körper K entwickelt. Dabei kann man sich auf den Fall beschränken, daß K das Zentrum der Divisionalgebra ist. Es erweist sich als zweckmäßig, allgemeiner Matrizenringe über solchen Divisionsalgebren zu betrachten. Nach einem Satz von Wedderburn sind diese Matrizenringe bis auf Isomorphie genau die endlich dimensionalen K–Algebren mit Zentrum K, die keine echten zweiseitigen Ideale ungleich Null enthalten. Dies sind gerade die zentralen einfachen Algebren im Titel dieses Kapitels. (In dieser Einleitung seien im folgenden alle Algebren endlich dimensional.)

Zunächst betrachten wir als einfaches Beispiel die Quaternionenalgebren über K. Deren Konstruktion wird am Schluß in § 8 und § 9 verallgemeinert, wenn wir verschränkte Produkte und zyklische Algebren einführen. Die in den Abschnitten dazwischen entwickelte Strukturtheorie zentraler einfacher Algebren zeigt dann, daß man mit Hilfe der verschränkten Produkte die hier betrachteten Divisionsalgebren klassifizieren kann. Eine wichtige Rolle spielen dabei die Tensorprodukte von Algebren, die wir allgemein in § 2 definieren. Mit ihrer Hilfe konstruiert man eine Gruppenstruktur auf der Menge aller Isomorphieklassen von Divisionsalgebren mit Zentrum K — die Brauergruppe. Innerhalb der genannten Strukturtheorie nimmt eine ausführliche Untersuchung von Zentralisatoren einen großen Raum ein; sie gipfelt in einem „Zentralisatorsatz", den wir neben einem klassischen Satz von Skolem und Noether in § 6 beweisen. Auf dem Wege zu den allgemeinen Resultaten zeigen wir auch die grundlegenden Sätze von Frobenius über reelle Divisionsalgebren und von Wedderburn über endliche Divisionsalgebren.

§ 1 Quaternionenalgebren

In diesem Abschnitt sei K ein Körper mit char $K \neq 2$.

1.1. Seien $a, b \in K$ gegebene Elemente. Wir konstruieren im folgenden eine vierdimensionale K–Algebra $Q = Q(a, b \mid K)$. Zunächst betrachten wir die zweidimensionale kommutative K–Algebra $A = K[X]/(X^2 - a)$. Wir identifizieren K mit der Unteralgebra $K1$ von A. Als Vektorraum über K hat A die Basis 1, $i := X + (X^2 - a)$. Die Multiplikation ist durch $i^2 = a\,1$ festgelegt. Die Abbildung

$$A \to A, \qquad x \mapsto \overline{x} \text{ mit } \overline{u + vi} = u - vi \tag{1}$$

für alle $u, v \in K$ ist ein Automorphismus von A als K–Algebra. Er hat Ordnung 2 und wird von dem Automorphismus von $K[X]$ mit $X \mapsto -X$ induziert.

Nun definieren wir einen Ring

$$Q = Q\,(a,b\,|\,K) := A \times A \tag{2}$$

mit komponentenweiser Addition und der folgenden Multiplikation:

$$(x,y)\,(x',y') \;=\; (xx' + by\overline{y'},\, xy' + y\overline{x'}) \tag{3}$$

für alle $x, x', y, y' \in A$. Offensichtlich ist $(1,0)$ ein Einselement in Q; man rechnet ohne Probleme die Distributivgesetze und das Assoziativgesetz nach. Zum Beispiel zeigen

$$\Big((x,y)(x',y')\Big)(x'',y'')$$
$$= ((xx' + by\overline{y'})x'' + b(xy' + y\overline{x'})\overline{y''},\, (xx' + by\overline{y'})y'' + (xy' + y\overline{x'})\overline{x''})$$
$$= (xx'x'' + by\overline{y'}x'' + bxy'\overline{y''} + by\overline{x'y''},\, xx'y'' + by\overline{y'}y'' + xy'\overline{x''} + y\overline{x'x''})$$

und

$$(x,y)\Big((x',y')(x'',y'')\Big)$$
$$= (x(x'x'' + by'\overline{y''}) + by\overline{(x'y'' + y'\overline{x''})},\, x(x'y'' + y'\overline{x''}) + y\overline{(x'x'' + by'\overline{y''})})$$
$$= (xx'x'' + bxy'\overline{y''} + by\overline{x'y''} + by\overline{y'}x'',\, xx'y'' + xy'\overline{x''} + y\overline{x'x''} + by\overline{y'}y'')$$

die Assoziativität. (Beachte daß $\overline{\overline{z}} = z$ für alle $z \in A$ und daß $\overline{b} = b$, da $b \in K$.)

Die Spezialfälle

$$(x,0)(x',y') = (xx', xy') \qquad \text{und} \qquad (x',y')(x,0) = (x'x, y'\overline{x}) \tag{4}$$

von (3) zeigen einerseits, daß $x \mapsto (x,0)$ ein (injektiver) Ringhomomorphismus $A \to Q$ ist; wir identifizieren von nun an jedes $x \in A$ mit seinem Bild in Q.

Andererseits zeigt (4), daß jedes $u = (u,0)$ mit $u \in K$ zum Zentrum von Q gehört, da $\overline{u} = u$. Daher ist Q eine K–Algebra. Wir nennen eine K–Algebra, die zu einem $Q\,(a,b\,|\,K)$ isomorph ist, *verallgemeinerte Quaternionenalgebra* über K. Sind $a, b \in K^*$, so lassen wir das Wort „verallgemeinert" weg und sprechen von einer Quaternionenalgebra über K.

Für jedes $u \in K$ ist die Skalarmultiplikation mit u durch $u\,(x,y) = (ux, uy)$ gegeben. Es folgt, daß $\dim_K Q = 4$; die Elemente

$$1 = (1,0), \qquad i = (i,0), \qquad j := (0,1), \qquad k := (0,i)$$

bilden eine Basis von Q über K. Die Produkte der drei Basiselemente ungleich 1 mit einander sind durch

$$i^2 = a\,1, \qquad j^2 = b\,1, \qquad k^2 = -ab\,1 \tag{5}$$

und

$$ij = -ji = k, \qquad jk = -kj = -b\,i, \qquad ki = -ik = -a\,j \qquad (6)$$

gegeben.

Im Spezialfall $K = \mathbb{R}$ und $a = b = -1$ nennt man $Q = Q\,(-1,-1\,|\,\mathbb{R})$ den Schiefkörper $\mathbb{H}$ der *Hamiltonschen Quaternionen*. (Wir werden in 1.7 sehen, daß $\mathbb{H}$ in der Tat ein Schiefkörper ist.)

Natürlich können wir die Konstruktion oben auch in Charakteristik 2 ausführen. In diesem Fall ist die Abbildung in (1) die Identität, und die Multiplikation in (3) wird kommutativ. Man erhält daher in Charakteristik 2 mit dieser Methode keine Analoga zu den Hamiltonschen Quaternionen in Charakteristik 2, und deshalb betrachten wir hier nur den Fall $\operatorname{char} K \neq 2$.

> **Satz 1.2.** *Sei R eine vierdimensionale Algebra über K mit einer Basis $e_0,\, e_1,\, e_2,\, e_3$, so daß $e_0 = 1$ und $e_1^2 = a\,e_0$ und $e_2^2 = b\,e_0$ und $e_1 e_2 = -e_2 e_1 = e_3$ mit $a,b \in K$. Dann gibt es einen Isomorphismus*
>
> $$Q\,(a,b\,|\,K) \;\xrightarrow{\;\sim\;}\; R$$
>
> *von K-Algebren mit $1 \mapsto e_0$, $i \mapsto e_1$, $j \mapsto e_2$ und $k \mapsto e_3$.*

Beweis: Mit Hilfe der Assoziativität der Multiplikation in R zeigt man leicht, daß

$$e_3^2 = -ab\,e_0, \qquad e_2 e_3 = -e_3 e_2 = -b\,e_1, \qquad e_3 c_1 = -e_1 e_3 = -a\,e_2.$$

Zum Beispiel ist

$$e_2 e_3 = e_2(e_1 e_2) = (e_2 e_1)e_2 = -(e_1 e_2)e_2 = -e_1 e_2^2 = -b\,e_1.$$

Setze $f_0 = 1$, $f_1 = i$, $f_2 = j$ und $f_3 = k$. Es gibt einen Isomorphismus $\psi\colon Q\,(a,b\,|\,K) \to R$ von K-Vektorräumen mit $\psi(f_r) = e_r$ für alle r. Ein Vergleich der Multiplikationsformeln hier mit denen in 1.1 zeigt, daß $\psi(f_r)\psi(f_s) = \psi(f_r f_s)$ für alle r und s. Dann folgt für beliebige $x = \sum_r x_r f_r$ und $y = \sum_s y_s f_s$ mit allen x_r und y_s in K, daß

$$
\begin{aligned}
\psi\,(xy) \;&=\; \psi\left(\textstyle\sum_{r,s} x_r y_s f_r f_s\right) &&=\; \textstyle\sum_{r,s} x_r y_s\,\psi\,(f_r f_s)\\
&=\; \textstyle\sum_{r,s} x_r y_s\,\psi\,(f_r)\psi(f_s) &&=\; \left(\textstyle\sum_r x_r \psi\,(f_r)\right)\left(\textstyle\sum_s y_s \psi\,(f_s)\right)\\
&=\; \psi\,(x)\,\psi\,(y).
\end{aligned}
$$

Also ist ψ ein Isomorphismus von K-Algebren. $\qquad\square$

> **Satz 1.3.** *Seien $a,b \in K$.*
>
> (a) *Gilt $(a,b) \neq (0,0)$, so ist $K = K1$ das Zentrum von $Q\,(a,b\,|\,K)$.*
>
> (b) *Gilt $a,b \neq 0$, so sind (0) und die Algebra selbst die einzigen (zweiseitigen) Ideale von $Q\,(a,b\,|\,K)$.*

Beweis: (a) Für zwei Elemente $x, y \in Q\,(a, b \,|\, K)$ setzen wir $[x, y] := xy - yx$. Ist x von der Form $x = x_0 1 + x_1 i + x_2 j + x_3 k$ mit allen $x_r \in K$, so gilt unter Verwendung der Beziehungen 1.1(5)–(6),

$$
\begin{aligned}
[i, x] &= x_0 i + x_1 i^2 + x_2 ij + x_3 ik - x_0 i - x_1 i^2 - x_2 ji - x_3 ki \\
&= 2x_2 k + 2x_3 aj, \\
[j, x] &= x_0 j + x_1 ji + x_2 j^2 + x_3 jk - x_0 j - x_1 ij - x_2 j^2 - x_3 kj \\
&= -2x_1 k - 2x_3 bi \\
[k, x] &= x_0 k + x_1 ki + x_2 kj + x_3 k^2 - x_0 k - x_1 ik - x_2 jk - x_3 k^2, \\
&= -2ax_1 j + 2bx_2 i.
\end{aligned}
$$

Wir haben schon in 1.1 bemerkt, daß K zum Zentrum von $Q\,(a, b \,|\, K)$ gehört. Ist umgekehrt $x \in Z(Q\,(a, b \,|\, K))$, so gilt $[i, x] = [j, x] = [k, x] = 0$, also $x_1 = x_2 = 0$ und wegen $(a, b) \neq (0, 0)$ auch $x_3 = 0$. (Es sei daran erinnert, daß char $K \neq 2$.) Damit ist x von der Form $x = x_0 1 \in K1$. Dies beweist $K = Z(Q\,(a, b \,|\, K))$, also (a).

(b) Aus der Voraussetzung $a, b \neq 0$ folgt mit einem Blick auf 1.1(5), daß i, j und k Einheiten in $Q\,(a, b \,|\, K)$ sind.

Sei I ein zweiseitiges Ideal in $Q\,(a, b \,|\, K)$ und sei $x \in I$, $x \neq 0$. Dann sind auch die folgenden Elemente in I:

$$
\begin{aligned}
[j, [i, x]] &= [j, (2x_3 a)j + (2x_2)k] &&= (-4x_2 b)\, i, \\
[k, [j, x]] &= [k, (-2x_3 b)i + (-2x_1)k] &&= (4x_3 ab)\, j, \\
[i, [k, x]] &= [i, (2bx_2)i + (-2ax_1)j] &&= (-4x_1 a)\, k.
\end{aligned}
$$

Ist einer der Koeffizienten x_1, x_2, x_3 von x ungleich Null, so enthält I also eine Einheit. Sind $x_1 = x_2 = x_3 = 0$, so ist $x = x_0 \in K^*$ eine Einheit in I, da $x \neq 0$. Es folgt jeweils $I = Q\,(a, b \,|\, K)$. $\qquad \square$

Satz 1.4. *Sei $Q = Q\,(a, b \,|\, K)$ mit $a, b \in K^*$. Dann ist Q eine Divisionsalgebra oder isomorph zur Matrizenalgebra $M_2(K)$.*

Beweis: Ist Q keine Divisionsalgebra, so existiert in Q ein Element $x \neq 0$, das kein Inverses hat. Dann ist das Linksideal $I := Q\,x$ ungleich Q und ungleich (0). Nun ist I auch ein Vektorraum über K, also gibt es für die Dimension die Möglichkeiten $\dim_K I = 1, 2$ oder 3.

Gilt $\dim_K I = 1$, so gilt $I = K\,x$. Wegen der Idealeigenschaft existiert für alle $d \in Q$ ein Skalar $\lambda_d \in K$ mit $dx = \lambda_d x$. Die Zuordnung $d \mapsto \lambda_d$ ist ein Homomorphismus $\lambda \colon Q \to K$ von K–Algebren. Dieser ist wegen $\lambda_1 = 1$ surjektiv. Der Kern von λ ist ein (zweiseitiges) Ideal in Q der Dimension 3. Dies existiert jedoch nach 1.3 nicht.

In dem Fall $\dim_K I = 3$ argumentiert man analog. Man betrachtet den eindimensionalen Vektorraum Q/I, versehen mit der natürlichen Operation von Q von links.

Ist $\dim_K I = 2$, so wähle man eine K–Basis v_1, v_2 von I. Für jedes $q \in Q$ ist die Linksmultiplikation mit q eine K–lineare Abbildung $I \to I$. Man bezeichne mit $\mu(q)$ die Matrix dieser linearen Abbildung bezüglich der Basis v_1, v_2. Dann ist $\mu\colon Q \to M_2(K)$ ein Homomorphismus von K–Algebren. Offenbar gilt $\mu(1) = I_2$, die Einheitsmatrix, und $\ker \mu$ ist ein (zweiseitiges) Ideal von Q. Aus Satz 1.3.b folgt $\ker \mu = (0)$, also ist μ injektiv. Da $\dim_K Q = 4 = \dim_K M_2(K)$ gilt, ist μ notwendig ein Isomorphismus.

(Alternativ kann man mit der allgemeinen Theorie von Kapitel VIII argumentieren. Aus Satz 1.3 und VIII.4.4(3) folgt, daß es eine ganze Zahl $r > 0$ und eine Divisionsalgebra D über K mit $Q \cong M_r(D)$ gibt. Aus $4 = \dim_K Q = r^2 \dim_K D$ folgt dann entweder $r = 2$ und $D = K$, also $Q \cong M_2(K)$, oder $r = 1$ und $Q \cong D$, also Q eine Divisionsalgebra.) $\qquad \square$

1.5. Einem Quaternion $x = x_0 1 + x_1 i + x_2 j + x_3 k$ in der Quaternionenalgebra $Q(a, b \mid K)$ ordnet man sein konjugiertes Quaternion

$$\overline{x} := x_0 1 - x_1 i - x_2 j - x_3 k \tag{1}$$

zu. Für je zwei Elemente $x, y \in Q(a, b \mid K)$ gilt

$$\overline{x + y} = \overline{x} + \overline{y} \qquad \text{und} \qquad \overline{x \cdot y} = \overline{y} \cdot \overline{x}. \tag{2}$$

Die erste Identität ist offensichtlich. Die zweite prüft man zuerst auf den Basiselementen nach; zum Beispiel ist $\overline{i \cdot j} = \overline{k} = -k = ji = \overline{j} \cdot \overline{i}$. Dann folgt es für beliebige Elemente mit Hilfe der Distributiv- und Assoziativgesetze. Alternativ bemerkt man, daß $\overline{(x, y)} = (\overline{x}, -y)$ in der Notation von 1.1(3); dann folgt die Behauptung in (2) durch einfaches Nachrechnen.

Offensichtlich gilt $\overline{\overline{x}} = x$ für alle $x \in Q(a, b \mid K)$; es folgt, daß $x\overline{x}$ mit seinem Konjugierten übereinstimmt. Man erhält genauer

$$x \cdot \overline{x} = \overline{x} \cdot x = (x_0^2 - ax_1^2 - bx_2^2 + abx_3^2) \cdot 1. \tag{3}$$

Also kann $x\overline{x}$ als Element von $K \hookrightarrow Q(a, b \mid K)$ aufgefaßt werden.

Definition. Die *Normabbildung* einer Quaternionenalgebra $Q(a, b \mid K)$ ist die Abbildung

$$N\colon Q(a, b \mid K) \longrightarrow K, \qquad x \longmapsto N(x) := x\overline{x}.$$

Sie hat die Eigenschaft $N(xy) = N(x)N(y)$ für alle $x, y \in Q(a, b \mid K)$.

Satz 1.6. *Die Quaternionenalgebra $Q(a, b \mid K)$ ist genau dann eine Divisionsalgebra über K, wenn gilt: Ist $x \in Q(a, b \mid K)$, $x \neq 0$, so ist $N(x) \neq 0$.*

Beweis: Ist $N(x) = x\overline{x} = 0$ für irgendein $x \in Q(a, b \mid K)$, $x \neq 0$, so ist x Nullteiler, also $Q(a, b \mid K)$ keine Divisionsalgebra. Gilt andererseits $N(x) \neq 0$ für jedes $x \neq 0$, dann hat x das inverse Element $x^{-1} = \overline{x}N(x)^{-1}$. $\qquad \square$

Beispiele 1.7. (1) Die Hamiltonschen Quaternionen $\mathbb{H} = Q(-1,-1\,|\,\mathbb{R})$ bilden nach 1.6 eine Divisionsalgebra.

(2) Die Normabbildung der Quaternionenalgebra $Q(1,b\,|\,K)$ hat die Form $x \mapsto N(x) = x_0^2 - x_1^2 - bx_2^2 + bx_3^2$; also ist $Q(1,b\,|\,K)$ zur Matrizenalgebra $M_2(K)$ isomorph. Die Zuordnung

$$1 \mapsto \begin{pmatrix} 1 & 0 \\ 0 & 1 \end{pmatrix}, \quad i \mapsto \begin{pmatrix} 1 & 0 \\ 0 & -1 \end{pmatrix}, \quad j \mapsto \begin{pmatrix} 0 & 1 \\ b & 0 \end{pmatrix}, \quad k \mapsto \begin{pmatrix} 0 & 1 \\ -b & 0 \end{pmatrix},$$

wobei $1, i, j, k$ eine Basis von $Q(1,b\,|\,K)$ wie in 1.1 ist, liefert einen solchen Algebrenisomorphismus.

Satz 1.8. *Seien* $a, b \in K^*$. *Dann hat man Algebrenisomorphismen*

(a) $Q(a,b\,|\,K) \cong Q(b,a\,|\,K) \cong Q(a,-ab\,|\,K)$,

(b) $Q(a,b\,|\,K) \cong Q(a\lambda^2, b\mu^2\,|\,K)$ *für alle* $\lambda, \mu \in K^*$.

Beweis: (a) Sei $1, i_1, j_1, k_1$ eine Basis von $Q(b,a\,|\,K)$ wie in 1.1, also mit $i_1^2 = b$, $j_1^2 = a$, $i_1 j_1 = -j_1 i_1 = k_1$. Dann wenden wir Satz 1.2 auf die Basis $e_0 = 1$, $e_1 = j_1$, $e_2 = i_1$, $e_3 = -k_1$ an und erhalten einen Algebrenisomorphismus zwischen $Q(a,b\,|\,K)$ und $Q(b,a\,|\,K)$.

Sei $1, i_2, j_2, k_2$ eine Basis von $Q(a,-ab\,|\,K)$ wie in 1.1 mit $i_2^2 = a$, $j_2^2 = -ab$, $i_2 j_2 = -j_2 i_2 = k_2$. Dann wenden wir Satz 1.2 auf die Basis $e_0 = 1$, $e_1 = i_2$, $e_2 = a^{-1}k_2$, $e_3 = j_2$ an und erhalten einen Algebrenisomorphismus zwischen $Q(a,b\,|\,K)$ und $Q(a,-ab\,|\,K)$.

(b) Sei $1, i_0, j_0, k_0$ eine Basis von $Q(a\lambda^2, b\mu^2\,|\,K)$ wie in 1.1 mit $i_0^2 = a\lambda^2$, $j_0^2 = b\mu^2$, $i_0 j_0 = -j_0 i_0 = k_0$. Dann wenden wir Satz 1.2 auf die Basis $e_0 = 1$, $e_1 = \lambda^{-1} i_0$, $e_2 = \mu^{-1} j_0$, $e_3 = \lambda^{-1}\mu^{-1} k_0$ an und erhalten einen Algebrenisomorphismus zwischen $Q(a,b\,|\,K)$ und $Q(a\lambda^2, b\mu^2\,|\,K)$. □

Satz 1.9. *Sei* $Q = Q(a,b\,|\,K)$ *mit* $a, b \in K^*$ *eine Quaternionenalgebra über dem Körper* K *mit* $\operatorname{char} K \neq 2$. *Dann sind die folgenden Aussagen äquivalent:*

(i)   *Die Algebra* Q *ist keine Divisionsalgebra: Es gilt* $Q \cong M_2(K)$.

(ii)   *Es gibt ein* $x \in Q$, $x \neq 0$, *mit* $N(x) = 0$.

(iii) *Es gibt ein Element* q *im Körper* $L = K(\sqrt{b})$ *mit* $a = n_{L/K}(q)$.

(iv)   *Die Gleichung* $aY_1^2 + bY_2^2 - Y_3^2 = 0$ *hat eine nichttriviale Lösung über* K.

Beweis: Die Äquivalenz (i) $\Longleftrightarrow$ (ii) ist Satz 1.6.

(ii) $\Longrightarrow$ (iii) Ist b ein Quadrat in K, so folgen $L = K$ und $a = n_{L/K}(a)$, also die Behauptung.

Sei also b kein Quadrat in K. Sei $x = x_0 + x_1 i + x_2 j + x_3 k \in Q$, $x \neq 0$ mit $N(x) = 0$; es gilt also $x_0^2 - ax_1^2 - bx_2^2 + abx_3^2 = 0$. Setze $v = x_0 + x_2\sqrt{b}$ und $w = x_1 + x_3\sqrt{b}$. Unsere Annahme impliziert die Identität

$$n_{L/K}(v) = x_0^2 - bx_2^2 = a\,(x_1^2 - bx_3^2) = a\,n_{L/K}(w).$$

Aus $x \neq 0$ folgt $v \neq 0$ oder $w \neq 0$. Im Fall $w = 0$ wäre auch $n_{L/K}(w) = 0$ und dann $n_{L/K}(v) = 0$; dies implizierte $v = 0$ wegen $n_{L/K}(L^*) \subset K^*$, vgl. VI.6.1. Dies ist unmöglich; also folgt $w \neq 0$, und es gilt $n_{L/K}(vw^{-1}) = n_{L/K}(v)n_{L/K}(w)^{-1} = a$.

(iii) $\Longrightarrow$ (iv) Sei $q = q_1 + q_2\sqrt{b} \in L = K(\sqrt{b})$ mit $n_{L/K}(q) = a$. Es gilt also $a = q_1^2 - bq_2^2$. Damit ist $(1, q_2, q_1)$ eine nichttriviale Lösung der Gleichung $aY_1^2 + bY_2^2 - Y_3^2 = 0$.

(iv) $\Longrightarrow$ (i) Ist a ein Quadrat in K, so gilt nach Satz 1.8.b und nach Beispiel 1.7(2), daß

$$Q\,(a, b \,|\, K) \cong Q\,(1, b \,|\, K) \cong M_2(K).$$

Mit Satz 1.8.a sieht man nun auch, daß $Q\,(a, b \,|\, K) \cong M_2(K)$, wenn b oder wenn $-ab$ ein Quadrat in K ist.

Sei nun $(y_1, y_2, y_3) \in K^3$ eine nichttriviale Lösung der Gleichung. Ist dabei $y_1 = 0$, so gilt $by_2^2 = y_3^2$; aus $(y_2, y_3) \neq (0, 0)$ folgt $y_2 \neq 0 \neq y_3$. Damit ist $b = (y_3/y_2)^2$ ein Quadrat in K, und es gilt $Q \cong M_2(K)$.

Analog impliziert $y_2 = 0$, daß $a = (y_3/y_1)^2$ ein Quadrat in K ist, und $y_3 = 0$ impliziert, daß $-ab = (y_2 b/y_1)^2$ ein Quadrat in K ist. In beiden Fällen folgt $Q \cong M_2(K)$.

Wir können also annehmen, daß $y_s \neq 0$ für alle s. Dann sind auch $x := y_1/y_3 \neq 0$ und $y := y_2/y_3 \neq 0$; es gilt $ax^2 + by^2 = 1$. Setze $e_0 := 1$ und $e_1 := xi + yj$ und $e_2 := k$ sowie $e_3 := e_1 e_2 = (xi + yj)k = axj + (-by)i$ (wegen $ik = aj$ und $jk = -bi$). Ist $a \neq -b$, so ist e_3 kein skalares Vielfaches von e_1, und die Elemente e_0, e_1, e_2, e_3 bilden eine Basis von $Q = Q\,(a, b \,|\, K)$. Es gilt

$$e_1^2 = (xi + yj)(xi + yj) = ax^2 + by^2 + (ij + ji)xy = 1,$$

$$e_2^2 = k^2 = -ab, \qquad e_3 = e_1 e_2 = -e_2 e_1.$$

Nun liefern Satz 1.2 und Beispiel 1.7(2) Isomorphismen von Algebren

$$Q\,(a, b \,|\, K) \cong Q\,(1, -ab \,|\, K) \cong M_2(K).$$

Gilt jedoch $a = -b$, so hat die Gleichung in (iv) die Lösung $(1, 1, 0)$, und wir können wie weiter oben argumentieren. $\qquad\qquad\square$

Satz 1.10. *Sei K ein algebraisch abgeschlossener Körper. Ist D eine endlich dimensionale Divisionsalgebra über K, so ist $D = K$.*

Beweis: Ist $x \in D$, $x \neq 0$, so ist die Menge der Elemente $1, x, x^2, \ldots, x^k$ mit $k = \dim_K D$ linear abhängig über K. Dann existiert ein normiertes Polynom $f \in K[X]$ mit minimalem Grad, so daß x Nullstelle von f ist. Weil der Grad von f minimal ist und weil D keine Nullteiler besitzt, ist f irreduzibel über K. Da K algebraisch abgeschlossen ist, hat f die Form $f = X - a$ für irgendein $a \in K$. Aus $f(x) = 0$ folgt $x = a$, also gilt $D = K$. (Alternativ kann man diesen Satz aus Satz VIII.4.7 ableiten.) $\square$

Satz 1.11. (Frobenius) *Eine endlich dimensionale Divisionsalgebra über $\mathbb{R}$ ist zu $\mathbb{R}$, zu $\mathbb{C}$ oder zu der Algebra $\mathbb{H}$ der Hamiltonschen Quaternionen isomorph.*

Beweis: Sei D eine endlich dimensionale Divisionsalgebra über $\mathbb{R}$. Falls D kommutativ ist, so ist $D/\mathbb{R}$ eine endliche Körpererweiterung. Nach Satz V.3.9 läßt sich D dann in den algebraischen Abschluß $\mathbb{C}$ von $\mathbb{R}$ einbetten. Aus $[\mathbb{C} : \mathbb{R}] = 2$ folgt nun $D \cong \mathbb{R}$ oder $D \cong \mathbb{C}$.

Sei nun D nicht kommutativ. Das Zentrum $Z(D)$ ist eine kommutative endlich dimensionale Divisionsalgebra über $\mathbb{R}$, also zu $\mathbb{R}$ oder zu $\mathbb{C}$ isomorph. Weil D nach 1.10 keine Divisionsalgebra über $\mathbb{C}$ sein kann, folgt $Z(D) = \mathbb{R}$.

Für jedes $x \in D$ gibt es wie beim Beweis von Satz 1.10 ein irreduzibles Polynom $f_x \in \mathbb{R}[X]$ mit $f_x(x) = 0$. Ist $x \notin \mathbb{R} = Z(D)$, so gilt $\operatorname{grad} f_x = 2$, und $\mathbb{R}[x] := \sum_{m \geq 0} \mathbb{R}x^m$ ist zu $\mathbb{R}[X]/(f_x) \cong \mathbb{C}$ isomorph. Es gibt dann $e_1 \in \mathbb{R}[x]$ mit $e_1^2 = -1$ und $\mathbb{R}[x] = \mathbb{R} \oplus \mathbb{R}e_1 = \mathbb{R}[e_1]$.

Wir wählen solch ein Paar (x, e_1) fest. Betrachte die ($\mathbb{R}$–lineare) Abbildung $\gamma \colon D \to D$ mit $\gamma(z) = e_1 z e_1^{-1}$ für alle $z \in D$. Es gilt $\gamma^2(z) = e_1^2 z e_1^{-2} = (-1) z (-1) = z$ für alle z, also $\gamma^2 = \operatorname{Id}_D$. Daher ist $D = D^+ \oplus D^-$ die direkte Summe der Eigenräume D^+ und D^- von γ zu den Eigenwerten $+1$ und -1.

Es gilt $\gamma(yz) = \gamma(y)\gamma(z)$ für alle $z \in D$. Daraus folgt, daß D^+ eine Divisionsunteralgebra von D ist. Offensichtlich gilt $\mathbb{R}[e_1] = \mathbb{R} \oplus \mathbb{R}e_1 \subset D^+$. Weil jedes Element in D^+ mit e_1 und allen Elementen in $\mathbb{R}$ kommutiert, gilt sogar $\mathbb{R}[e_1] \subset Z(D^+)$. Wegen $\mathbb{R}[e_1] \cong \mathbb{C}$ folgt nun nach Satz 1.10, daß $D^+ = \mathbb{R}[e_1]$.

Weil D^+ kommutativ ist, aber D nicht, folgt $D^- \neq 0$. Wähle $e_2 \in D^-$, $e_2 \neq 0$. Aus $\gamma(yz) = \gamma(y)\gamma(z)$ folgt nun, daß $D^- = D^+e_2$. Daher hat $D = D^+ \oplus D^-$ die Dimension 4; die Elemente $e_0 := 1$, e_1, e_2, $e_3 := e_1e_2$ bilden eine Basis von D. Wegen $e_2 \in D^-$, also wegen $e_1 e_2 e_1^{-1} = -e_2$, gilt $e_2 e_1 = -e_1 e_2$.

Aus $\gamma(yz) = \gamma(y)\gamma(z)$ folgt auch $\gamma(e_2^2) = \gamma(e_2)^2 = (-e_2)^2 = e_2^2$, also $e_2^2 \in D^+ = \mathbb{R}[e_1]$. Andererseits gilt $e_2^2 \in \mathbb{R}[e_2]$, also $e_2^2 \in \mathbb{R}[e_1] \cap \mathbb{R}[e_2]$. Nun ist $\mathbb{R}[e_1] \cap \mathbb{R}[e_2] = \mathbb{R}$, denn sonst wäre aus Dimensionsgründen $\mathbb{R}[e_1] \cap \mathbb{R}[e_2] =$

$\mathbb{R}[e_1]$ und damit $e_1 \in \mathbb{R}[e_2]$; das ist aber unmöglich, da $\mathbb{R}[e_2]$ kommutativ ist und e_1 nicht mit e_2 kommutiert.

Es folgt, daß $e_2^2 \in \mathbb{R}$. Daher gibt es $b \in \mathbb{R}$ mit $e_2^2 = b$. Nun implizicrt Satz 1.2, daß $D \cong Q(-1, b \mid \mathbb{R})$. Mit Satz 1.8.b folgt daraus $D \cong Q(-1, -1 \mid \mathbb{R}) = \mathbb{H}$ oder $D \cong Q(-1, +1 \mid \mathbb{R}) \cong M_2(\mathbb{R})$, vgl. 1.7(2). Da $M_2(\mathbb{R})$ keine Divisionsalgebra ist, bleibt nur die Möglichkeit $D \cong \mathbb{H}$ übrig. $\qquad \square$

§ 2 Tensorprodukte von Algebren

In § VII.10 haben wir das Tensorprodukt von Moduln über einem kommutativen Ring A betrachtet. Wendet man diese Konstruktion auf A–Algebren an, so ist das Tensorprodukt in natürlicher Weise wieder eine A–Algebra:

Satz 2.1. *Seien A ein kommutativer Ring und R, S zwei A–Algebren. Dann gibt es auf $R \otimes_A S$ genau eine Multiplikation, die $R \otimes_A S$ zu einer A–Algebra macht und so daß*

$$(x \otimes u)(y \otimes v) = xy \otimes uv \qquad (1)$$

für alle $x, y \in R$ und $u, v \in S$ gilt.

Beweis: Für alle $y \in R$ (und für alle $v \in S$) ist die Abbildung $r_y : R \to R$, $x \mapsto xy$ (bzw. $r_v : S \to S$, $u \mapsto uv$) A–linear. Nach Lemma VII.10.5 gibt es deshalb eine A–lineare Abbildung

$$r_{(y,v)} : R \otimes_A S \longrightarrow R \otimes_A S \qquad \text{mit} \qquad x \otimes u \longmapsto xy \otimes uv$$

für alle $x \in R$ und $u \in S$. Man rechnet nun leicht für alle $m \in R \otimes_A S$ nach, daß die Abbildung

$$\ell'_m : R \times S \longrightarrow R \otimes_A S \qquad \text{mit} \qquad (y, v) \longmapsto r_{(y,v)}(m)$$

bilinear ist. Also gibt es eine lineare Abbildung $\ell_m : R \otimes_A S \to R \otimes_A S$ mit $y \otimes v \mapsto r_{(y,v)}(m)$. Nun definiert man die Multiplikation auf $R \otimes_A S$ durch

$$m \cdot m' = \ell_m(m').$$

Dann gilt offensichtlich (1), und die Algebra–Axiome sind leicht zu überprüfen. $\qquad \square$

2.2. Man nennt $R \otimes_A S$ mit der oben beschriebenen Algebra–Struktur das *Tensorprodukt der A–Algebren R und S*. Dieses Objekt hat die folgende universelle Eigenschaft: Für jede A–Algebra T und für alle Homomorphismen $f : R \to T$ und $g : S \to T$ von A–Algebren mit $f(x)g(u) = g(u)f(x)$ für alle $x \in R$, $u \in S$ gibt es genau einen Homomorphismus $\varphi : R \otimes_A S \to T$ von A–Algebren mit $\varphi(x \otimes u) = f(x)g(u)$ für alle $x \in R$, $u \in S$. (Die universelle Eigenschaft des Tensorprodukts zweier Moduln gibt die Existenz und Eindeutigkeit von φ als A–lineare Abbildung. Es ist dann leicht nachzurechnen, daß φ mit der Multiplikation verträglich ist.)

Für jede A–Algebra R haben wir Isomorphismen $R \xrightarrow{\sim} R \otimes_A A$ und $R \xrightarrow{\sim} A \otimes_A R$ von A–Algebren gegeben durch $x \mapsto x \otimes 1$ bzw. $x \mapsto 1 \otimes x$. (Wir haben in VII.10.4 gesehen, daß wir hier Modulisomorphismen haben. Man sieht leicht, daß die Abbildungen multiplikativ sind.)

Allgemein sind für alle A–Algebren R, S die Abbildungen $R \to R \otimes_A S$, $x \mapsto x \otimes 1$ und $S \to R \otimes_A S$, $u \mapsto 1 \otimes u$ Homomorphismen von A–Algebren.

Für drei A–Algebren R, S, T sind die Abbildungen $R \otimes_A S \to S \otimes_A R$ mit $x \otimes u \mapsto u \otimes x$ und $R \otimes_A (S \otimes_A T) \to (R \otimes_A S) \otimes_A T$ mit $x \otimes (u \otimes t) \mapsto (x \otimes u) \otimes t$ Isomorphismen von A–Algebren. (Früher hatten wir entsprechende Aussagen für Moduln.)

Beispiele 2.3. Wir bezeichnen für alle $n > 0$ mit $M_n(R)$ den Ring aller $(n \times n)$–Matrizen über R (für einen beliebigen Ring R). Wir bezeichnen mit E_{ij} (für $1 \le i, j \le n$) die Matrix in $M_n(R)$, bei der 1 an der Stelle (i, j) steht, während alle anderen Einträge gleich 0 sind. Es ist dann $M_n(R)$ ein freier R–Modul vom Rang n^2 mit Basis $(E_{ij})_{1 \le i,j \le n}$. Es gilt $E_{ij} E_{k\ell} = \delta_{jk} E_{i\ell}$ für alle i, j, k, l.

(1) Wir haben nun für alle A–Algebren R und alle n einen Isomorphismus

$$R \otimes_A M_n(A) \xrightarrow{\sim} M_n(R). \qquad (*)$$

Weil die E_{ij} eine Basis von $M_n(A)$ über A bilden, gilt nämlich (vgl. Lemma VII.10.6)

$$R \otimes_A M_n(A) = \bigoplus_{i,j} R \otimes_A AE_{ij}.$$

Dies zeigt, daß sich jedes Element in $R \otimes_A M_n(A)$ eindeutig in der Form $\sum_{i,j} x_{ij} \otimes E_{ij}$ mit allen $x_{ij} \in R$ schreiben läßt. In $(*)$ wird $\sum_{i,j} x_{ij} \otimes E_{ij}$ auf $\sum_{i,j} x_{ij} E_{ij}$ abgebildet, wobei nun die E_{ij} als Elemente von $M_n(R)$ aufgefaßt werden. Diese Abbildung ist offensichtlich ein Isomorphismus von A–Moduln; man rechnet leicht nach, daß sie mit der Multiplikation verträglich ist.

(2) Als weiteres Beispiel wollen wir uns für alle $r, s \in \mathbb{N}$, ≥ 1 überlegen, daß

$$M_r(A) \otimes_A M_s(A) \xrightarrow{\sim} M_{rs}(A).$$

Die linke Seite hier ist frei als A–Modul; als Basis nehmen wir alle $E_{ij} \otimes E_{k\ell}$ mit $1 \le i, j \le r$ und $1 \le k, \ell \le s$. (Hier ist also E_{ij} eine $(r \times r)$–Matrix und $E_{k\ell}$ eine $(s \times s)$–Matrix.) Bilden wir jedes Basiselement $E_{ij} \otimes E_{k\ell}$ auf $E_{i+r(k-1), j+r(\ell-1)} \in M_{rs}(A)$ ab, so erhalten wir einen Isomorphismus von A–Moduln; man rechnet dann leicht nach, daß er mit der Multiplikation verträglich ist.

(Alternativ kann man so vorgehen: Identifiziere $M_r(A)$ mit $\mathrm{End}_A(A^r)$ und $M_s(A)$ mit $\mathrm{End}_A(A^s)$. Mit Hilfe von Lemma VII.10.5 erhalten wir einen Homomorphismus $\mathrm{End}_A(A^r) \otimes_A \mathrm{End}_A(A^s) \to \mathrm{End}_A(A^r \otimes A^s)$ von

A–Algebren. Mit Hilfe von Basen rechnet man nach, daß diese Abbildung bijektiv ist. Nun identifiziert man $A^r \otimes A^s$ mit A^{rs} und $\operatorname{End}_A(A^r \otimes A^s) \cong \operatorname{End}_A(A^{rs}) \cong M_{rs}(A)$.)

2.4. Sei B eine kommutative A–Algebra. Für jede A–Algebra R ist das Bild des Homomorphismus $B \to R \otimes_A B$ mit $b \mapsto 1 \otimes b$ (vgl. 2.2) im Zentrum von $R \otimes_A B$ enthalten, denn es gilt

$$(1 \otimes b)(u \otimes v) = u \otimes (bv) = u \otimes (vb) = (u \otimes v)(1 \otimes b)$$

für alle $u \in R$ und $b, v \in B$. Daher können wir $R \otimes_A B$ als B–Algebra auffassen, vgl. VIII.4.2. Man nennt $R \otimes_A B$ die B–Algebra, die man aus R durch *Erweiterung der Skalare* von A nach B erhält.

Jede B–Algebra S ist in natürlicher Weise auch eine A–Algebra: Sind $\iota_S \colon B \to Z(S)$ und $\iota_B \colon A \to B = Z(B)$ die Ringhomomorphismen, welche die Strukturen als Algebren definieren, so wird S durch $\iota_S \circ \iota_B \colon A \to Z(S)$ zu einer A–Algebra.

Für jede A–Algebra R ist $\varepsilon_R \colon R \to R \otimes_A B$ mit $x \mapsto x \otimes 1$ nun ein Homomorphismus von A–Algebren. Wir behaupten nun: Für jede B–Algebra S ist die Abbildung

$$\operatorname{Hom}_{B\text{-alg}}(R \otimes_A B, S) \to \operatorname{Hom}_{A\text{-alg}}(R, S), \qquad \varphi \mapsto \varphi \circ \varepsilon_R \tag{1}$$

bijektiv. (Dies wird die universelle Eigenschaft der B–Algebra $R \otimes_A B$ genannt.) Dazu zeigt man, daß es zu jedem Homomorphismus $\psi \colon R \to S$ von A–Algebren einen Homomorphismus $\widetilde{\psi} \colon R \otimes_A B \to S$ von B–Algebren mit $\widetilde{\psi}(x \otimes b) = \psi(x) \, \iota_S(b)$ gibt. (Man benutze die universelle Eigenschaft in 2.2.) Nun sind $\psi \mapsto \widetilde{\psi}$ und (1) zueinander inverse Abbildungen.

Sind R_1 und R_2 zwei A–Algebren, so gibt es einen Isomorphismus von B–Algebren

$$(R_1 \otimes_A R_2) \otimes_A B \overset{\sim}{\longrightarrow} (R_1 \otimes_A B) \otimes_B (R_2 \otimes_A B), \tag{2}$$

der jedes $(x_1 \otimes x_2) \otimes b$ mit $x_1 \in R_1$, $x_2 \in R_2$ und $b \in B$ auf $(x_1 \otimes 1) \otimes (x_2 \otimes b)$ abbildet. Die inverse Abbildung schickt jedes Element $(x_1 \otimes b_1) \otimes (x_2 \otimes b_2)$ mit $x_1 \in R_1$, $x_2 \in R_2$ und $b_1, b_2 \in B$ auf $(x_1 \otimes x_2) \otimes b_1 b_2$. Man konstruiert beide Abbildungen mit Hilfe der universellen Eigenschaften (derjenigen oben und mit der in 2.2) sowie mit Hilfe von Abbildungen der Form $x \mapsto x \otimes 1$ und $x \mapsto 1 \otimes x$.

Sei C eine kommutative B–Algebra. Für jede A–Algebra R erhalten wir durch Erweiterung der Skalare von B nach C eine C–Algebra $(R \otimes_A B) \otimes_B C$. Andererseits können wir C auch wie oben als A–Algebra betrachten und erhalten durch Erweiterung der Skalare von A nach C eine C–Algebra $R \otimes_A C$. Wir behaupten, daß diese C–Algebren isomorph sind:

$$(R \otimes_A B) \otimes_B C \cong R \otimes_A C. \tag{3}$$

Dazu bemerkt man, daß beide Algebren die selbe universelle Eigenschaft haben: Für jede C–Algebra T haben wir nach (1) natürliche Bijektionen

$$\mathrm{Hom}_{C-\mathrm{Alg}}((R \otimes_A B) \otimes_B C, T) \to \mathrm{Hom}_{B-\mathrm{Alg}}(R \otimes_A B, T) \to \mathrm{Hom}_{A-\mathrm{Alg}}(R, T)$$

und

$$\mathrm{Hom}_{C-\mathrm{Alg}}(R \otimes_A C, T) \longrightarrow \mathrm{Hom}_{A-\mathrm{Alg}}(R, T).$$

Wenden wir dies auf $T = R \otimes_A C$ bzw. auf $T = (R \otimes_A B) \otimes_B C$ an, so erhalten wir zu einander inverse Isomorphismen.

Bemerkung 2.5. Jeder Ring R ist in natürlicher Weise eine $\mathbb{Z}$–Algebra. Wir können also $R \otimes_{\mathbb{Z}} \mathbb{Z}[X]$ bilden, wobei $\mathbb{Z}[X]$ der Polynomring über $\mathbb{Z}$ in der Unbestimmten X ist. Man sieht leicht, daß wir einen Isomorphismus $R \otimes_{\mathbb{Z}} \mathbb{Z}[X] \xrightarrow{\sim} R[X]$ haben, der jedes $a \otimes X^i$ mit $a \in R$ und $i \in \mathbb{N}$ auf aX^i abbildet.

Die Schiefpolynomringe von Abschnitt C zeigen, daß man auf $R \otimes_{\mathbb{Z}} \mathbb{Z}[X]$ sinnvoll andere Multiplikationen einführen kann, nicht nur die übliche als Tensorprodukt von Algebren.

Entsprechendes gilt auch in anderen Situationen. Betrachten wir zum Beispiel eine Gruppe G und die Gruppenalgebra $A[G]$ wie in § VIII.5. Sei nun R eine A–Algebra, auf der G durch A–Algebrenautomorphismen operiert. (Wir haben also für alle $g \in G$ einen A–Algebrenautomorphismus $x \mapsto g \cdot x$ von R, und es gilt $g_1 \cdot (g_2 \cdot x) = (g_1 g_2) \cdot x$ für alle $g_1, g_2 \in G$ und $x \in R$.) Dann kann man auf $R \otimes_A A[G]$ eine Multiplikation definieren, so daß stets

$$(x_1 \otimes g_1)(x_2 \otimes g_2) = (x_1(g_1 \cdot x_2)) \otimes (g_1 g_2)$$

gilt. Man nennt dann $R \otimes_A A(G)$ eine *Schiefgruppenalgebra* von G über R.

Im Grunde sind die Schiefpolynomringe vom Typ $R_\sigma[X]$ leicht verallgemeinerte Beispiele für diese Konstruktion. Man betrachtet nun $\mathbb{Z}[X]$ als „Halbgruppenalgebra" von $(\mathbb{N}, +)$ über $\mathbb{Z}$ und läßt den Erzeuger $1 \in \mathbb{N}$ durch den Endomorphismus σ auf R wirken.

§ 3   Zentrale Algebren

Es sei K in diesem Abschnitt ein festgewählter Körper. Wir schreiben stets $\otimes$ statt $\otimes_K$.

Zur Erinnerung: Eine K–Algebra ist „dasselbe" wie ein Ring R mit einem Ringhomomorphismus von K in das Zentrum $Z(R)$ von R. Wenn wir den Fall des Nullrings ausschließen, so ist dieser Homomorphismus injektiv, und wir identifizieren K mit seinem Bild in $Z(R) \subset R$.

Definition 3.1. Eine *zentrale K–Algebra* ist eine K–Algebra $R \neq 0$, deren Zentrum gleich K ist.

Zum Beispiel ist jeder Matrizenring $M_r(K)$ eine zentrale K–Algebra, siehe Lemma VIII.1.14. Andere Beispiele sind die verallgemeinerten Quaternionenalgebren $Q(a, b \,|\, K)$ von 1.1 mit $(a, b) \neq (0, 0)$, siehe 1.3.

Satz 3.2. *Sind R und S zentrale K-Algebren, so ist $R \otimes S$ eine zentrale K-Algebra.*

Dies folgt aus einem genaueren Lemma 3.3. Dabei setzen wir für jede Teilmenge M eines Ringes R

$$Z_R(M) = \{\, a \in R \mid ax = xa \text{ für alle } x \in M \,\}.$$

Dies ist ein Teilring von R, der *Zentralisator* von M genannt wird. Ist R eine K-Algebra, so ist $Z_R(M)$ eine Unteralgebra von R. Ist R ein Divisionsring, so ist auch $Z_R(M)$ ein Divisionsring, denn aus $ax = xa$ und $a \neq 0$ folgt $xa^{-1} = a^{-1}x$.

Lemma 3.3. *Seien R und S zwei K-Algebren.*

(a) *Für alle Unteralgebren $M \subset R$ und $N \subset S$ gilt*

$$Z_{R \otimes S}(M \otimes N) = Z_R(M) \otimes Z_S(N).$$

(b) *Es gilt $Z(R \otimes S) = Z(R) \otimes Z(S)$.*

Beweis: Da wir hier über einem Körper arbeiten, ist M ein direkter Summand als Vektorraum von R; ebenso ist N einer von S. Daher sind $M \otimes N$ und $Z_R(M) \otimes Z_S(N)$ Unterräume von $R \otimes S$; insbesondere macht die linke Seite in (a) Sinn.

Nach Konstruktion der Multiplikation in $R \otimes S$ ist in (a) die Inklusion „$\supset$" klar. Betrachten wir also ein Element $z \in Z_{R \otimes S}(M \otimes N)$; wir schreiben $z = \sum_{i=1}^{r} x_i \otimes u_i$ mit allen $x_i \in R$ und $u_i \in S$. Wir können annehmen, daß r minimal gewählt ist, so daß solch eine Darstellung von z existiert. Dann sind $x_1, x_2, \ldots, x_r$ linear unabhängig. (Sonst könnte ein x_i als Linearkombination der anderen geschrieben werden; das führte zu einer Darstellung von z als Summe von $r-1$ Termen der Form $x_j' \otimes u_j'$.) Nun gilt für alle $v \in N$, daß $1 \otimes v \in M \otimes N$, also $z(1 \otimes v) - (1 \otimes v)z = 0$, d.h.

$$\sum_{i=1}^{r} x_i \otimes (u_i v - v u_i) = 0.$$

Aus der linearen Unabhängigkeit der x_i folgt $u_i v = v u_i$ für alle i. Da $v \in N$ beliebig war, erhalten wir $u_i \in Z_S(N)$. Ebenso zeigt man $x_i \in Z_R(M)$; also folgt $z \in Z_R(M) \otimes Z_S(N)$ wie behauptet.

Nun folgt (b), wenn man $M = R$ und $N = S$ nimmt. $\qquad\square$

Aus dem Lemma folgt außer Satz 3.2 auch noch:

Satz 3.4. *Seien R eine zentrale K-Algebra und $L \supset K$ ein Erweiterungskörper. Dann ist $R \otimes L$ eine zentrale L-Algebra.*

§ 4   Einfache Algebren

Seien weiterhin K ein Körper und $\otimes = \otimes_K$.

Definition 4.1. Eine K-Algebra R heißt *einfach*, wenn R und (0) die einzigen (zweiseitigen) Ideale von R sind und $R \neq (0)$ ist.

Beispiele sind Divisionsalgebren und, allgemeiner, Matrizenringe über Divisionsalgebren, siehe VIII.2.11.

Ist R eine K-Algebra, so ist offensichtlich auch R^{op} ein K-Algebra. Damit hat auch $R \otimes R^{\mathrm{op}}$ eine natürliche Struktur als K-Algebra. Nun können wir R zu einem $R \otimes R^{\mathrm{op}}$-Modul machen, so daß

$$(x_1 \otimes x_2)\, y = x_1\, y\, x_2$$

für alle $x_1, x_2, y \in R$ gilt. (Für alle $x, u \in R$ sind $\ell_x \colon R \to R$ mit $y \mapsto xy$ und $r_u \colon R \to R$ mit $y \mapsto yu$ Endomorphismen von R als Vektorraum über K mit $r_x \ell_u = \ell_u r_x$ für alle $x, u \in R$. Die Abbildung $x \mapsto \ell_x$ ist ein Ringhomomorphismus $R \to \mathrm{End}_K(R)$, die Abbildung $u \mapsto r_u$ ein Ringhomomorphismus $R^{\mathrm{op}} \to \mathrm{End}_K(R)$. Also gibt es einen Ringhomomorphismus $R \otimes R^{\mathrm{op}} \to \mathrm{End}_K(R)$, der jedes $x \otimes u$ auf $\ell_x \circ r_u = r_u \circ \ell_x$ abbildet. Dadurch wird R zu einem $R \otimes R^{\mathrm{op}}$-Modul.)

Es ist nun klar, daß für diese Struktur die Untermoduln gerade die zweiseitigen Ideale von R sind. Also ist eine K-Algebra R genau dann eine einfache K-Algebra, wenn sie als $R \otimes R^{\mathrm{op}}$-Modul einfach ist.

4.2. Ist S eine Unteralgebra von R, so können wir die Operation von $R \otimes R^{\mathrm{op}}$ auf die Unteralgebren $S \otimes R^{\mathrm{op}}$, $R \otimes S^{\mathrm{op}}$ und $S \otimes S^{\mathrm{op}}$ einschränken. Wir haben dann einen Isomorphismus:

$$\mathrm{End}_{S \otimes R^{\mathrm{op}}}(R) \xrightarrow{\;\sim\;} Z_R(S).$$

Diese Abbildung ist durch $\varphi \mapsto \varphi(1)$ gegeben. In der Tat, wir haben für alle $x \in R$, daß $\varphi(x) = \varphi(1x) = \varphi(1)x$, also ist $\varphi = \ell_{\varphi(1)}$. Weiter gilt nun $\varphi(1)u = \varphi(u) = \varphi(u1) = u\varphi(1)$ für alle $u \in S$, also $\varphi(1) \in Z_R(S)$. Umgekehrt ist ℓ_z für alle $z \in Z_R(S)$ sicher $S \otimes R^{\mathrm{op}}$-linear.

Ebenso erhält man Isomorphismen

$$\mathrm{End}_{R \otimes S^{\mathrm{op}}}(R) \xrightarrow{\;\sim\;} Z_R(S)^{\mathrm{op}} \qquad \text{und} \qquad \mathrm{End}_{R \otimes R^{\mathrm{op}}}(R) \xrightarrow{\;\sim\;} Z(R).$$

Die Abbildung $\varphi \mapsto \varphi(1)$ gibt ebenfalls einen Isomorphismus von Vektorräumen

$$\mathrm{Hom}_{S \otimes S^{\mathrm{op}}}(S, R) \xrightarrow{\;\sim\;} Z_R(S).$$

Die Umkehrabbildung ordnet jedem $x \in Z_R(S)$ die Abbildung $S \to R$ mit $u \mapsto xu = ux$ zu.

Lemma 4.3. *Seien R eine K-Algebra und $S \subset R$ eine Unteralgebra. Ist S eine zentrale und einfache K-Algebra, so ist die Abbildung $Z_R(S) \otimes S \to R$ mit $x \otimes u \mapsto xu$ injektiv.*

Beweis: Wir setzen $A = S \otimes S^{op}$. Dann ist S nach Voraussetzung ein einfacher A-Modul mit $\operatorname{End}_A(S) = K$. Die Abbildung im Lemma identifiziert sich nach den Bemerkungen oben mit

$$\operatorname{Hom}_A(S, R) \otimes S \longrightarrow R, \qquad \varphi \otimes u \longmapsto \varphi(u).$$

Sei M die Summe aller zu S isomorphen Untermoduln von R. Für alle $\varphi \neq 0$ in $\operatorname{Hom}_A(S, R)$ ist $\varphi(S)$ zu S isomorph (wegen der Einfachheit von S), also $\varphi(S) \subset M$. Daher ist $\operatorname{Hom}_A(S, R) = \operatorname{Hom}_A(S, M)$ und die Abbildung oben kann mit

$$\operatorname{Hom}_A(S, M) \otimes S \longrightarrow M \hookrightarrow R$$

identifiziert werden.

Nun ist M als Summe einfacher A-Moduln halbeinfach; es gibt eine direkte Summenzerlegung $M = \bigoplus_{i \in I} E_i$, wobei jedes E_i ein zu S isomorpher Untermodul von M ist. Sei $\varphi_i : S \xrightarrow{\sim} E_i$ ein Isomorphismus. Dann gilt $\operatorname{Hom}_A(S, E_i) = K\varphi_i$. Es folgt

$$\operatorname{Hom}_A(S, M) = \operatorname{Hom}_A(S, \bigoplus_{i \in I} E_i) = \bigoplus_{i \in I} \operatorname{Hom}_A(S, E_i).$$

Daher sind die $(\varphi_i)_{i \in I}$ eine Basis von $\operatorname{Hom}_A(S, M)$ über K. Nun ist

$$\operatorname{Hom}_A(S, M) \otimes S = \bigoplus_{i \in I} \varphi_i \otimes S \longrightarrow \bigoplus_{i \in I} E_i = M$$

ein Isomorphismus, weil jedes $\varphi_i \otimes S$ unter $\varphi_i \otimes u \mapsto \varphi_i(u)$ isomorph auf E_i abgebildet wird. $\qquad\square$

Satz 4.4. *Es seien R und S zwei K-Algebren. Ist S zentral und einfach über K, so ist die Abbildung $I \mapsto I \otimes S$ eine Bijektion von der Menge der zweiseitigen Ideale in R auf die Menge der zweiseitigen Ideale in $R \otimes S$. Die Umkehrabbildung ordnet jedem Ideal $J \subset R \otimes S$ das Ideal $\{a \in R \mid a \otimes 1 \in J\}$ in R zu.*

Beweis: Weil wir über einem Körper arbeiten, ist die Abbildung $I \mapsto I \otimes S$ sicher injektiv. Sie ordnet zweiseitigen Idealen wieder zweiseitige Ideale zu. Wir müssen zeigen, daß diese Abbildung surjektiv ist.

Sei $J \subset R \otimes S$ ein zweiseitiges Ideal. Wir setzen $I = \{a \in R \mid a \otimes 1 \in J\}$. Dies ist sicher ein zweiseitiges Ideal in R. Offensichtlich gilt $I \otimes S \subset J$; können wir hier Gleichheit zeigen, so folgt der Satz.

Für $J = R \otimes S$ gilt $I = R$, und die Behauptung ist trivial. Nehmen wir nun an, daß $J \neq R \otimes S$.

Wir setzen $R_1 = (R \otimes S)/J$ und bezeichnen die kanonische Abbildung mit $\pi\colon R \otimes S \to R_1$. Sei $S_1 = \pi(K \otimes S)$. Der Kern der Einschränkung von π auf $K \otimes S$ ist ein zweiseitiges Ideal $\neq K \otimes S$ (wegen $\pi(1 \otimes 1) \neq 0$); da $K \otimes S \cong S$ einfach ist, muß dieser Kern gleich Null sein. Also ist $u \mapsto \pi(1 \otimes u)$ ein Isomorphismus $S \xrightarrow{\sim} S_1$, und S_1 ist zentral und einfach über K.

Nun ist $\pi(R \otimes K)$ sicher im Zentralisator von $S_1 = \pi(K \otimes S)$ in R_1 enthalten, da $R \otimes K$ und $K \otimes S$ in $R \otimes S$ kommutieren. Daher sagt Lemma 4.3, daß die Abbildung

$$\pi(R \otimes K) \otimes S_1 \longrightarrow R_1, \qquad z \otimes v \longmapsto zv$$

injektiv ist.

Nach Definition ist $I \otimes K$ der Kern der Restriktion von π auf $R \otimes K$. Daher ist $x + I \mapsto (x + I) \otimes 1$ ein Isomorphismus $R/I \otimes K \xrightarrow{\sim} \pi(R \otimes K)$. Zusammen mit dem Isomorphismus $S \xrightarrow{\sim} S_1$ können wir nun die Abbildung oben umschreiben und erhalten eine injektive Abbildung

$$\pi_1\colon R/I \otimes S \longrightarrow R_1, \qquad (x + I) \otimes u \longmapsto \pi(x \otimes u).$$

Weil wir über einem Körper arbeiten, hat die Abbildung

$$\pi_2\colon R \otimes S \longrightarrow (R/I) \otimes S, \qquad x \otimes u \longmapsto (x + I) \otimes u$$

den Kern $I \otimes S$. Nun ist offensichtlich $\pi = \pi_1 \circ \pi_2$. Die Injektivität von π_1 impliziert nun, wie behauptet,

$$J = \ker \pi = \ker \pi_2 = I \otimes S. \qquad \square$$

Ist im Satz auch R einfach, so folgt, daß auch $R \otimes S$ einfach ist. Ferner ist das Zentrum $Z(R \otimes S)$ nach Lemma 3.3 zu $Z(R) \otimes Z(S) = Z(R) \otimes K \cong Z(R)$ isomorph. Also gilt:

Korollar 4.5. *Seien S eine zentrale und einfache K-Algebra und R eine K-Algebra.*

(a) *Die K-Algebra $R \otimes S$ ist genau dann einfach, wenn R eine einfache K-Algebra ist.*

(b) *Das Zentrum $Z(R \otimes S)$ ist zu $Z(R)$ isomorph.*

Insbesondere gilt: Ist R eine zentrale und einfache K-Algebra, so ist auch $R \otimes S$ eine zentrale und einfache K-Algebra.

Korollar 4.6. *Ist R eine zentrale und einfache K-Algebra und ist L ein Erweiterungskörper von K, so ist $R \otimes L$ eine zentrale und einfache L-Algebra.*

Satz 4.7. *Sei R eine zentrale und einfache K-Algebra. Ist $n = \dim_K R < \infty$, so gilt $R \otimes R^{\mathrm{op}} \cong \mathrm{End}_K(R) \cong M_n(K)$.*

Beweis: Die $R \otimes R^{\mathrm{op}}$–Modulstruktur auf R wie in 4.1 definiert einen Homomorphismus $\varphi \colon R \otimes R^{\mathrm{op}} \to \mathrm{End}_K(R)$ von K–Algebren. Der Kern dieser Abbildung ist ein zweiseitiges Ideal ungleich $R \otimes R^{\mathrm{op}}$, weil $\varphi(1 \otimes 1) = \mathrm{Id}_R \neq 0$. Nach Korollar 4.5 ist $R \otimes R^{\mathrm{op}}$ einfach, also folgt $\ker \varphi = 0$, und φ ist injektiv. Da sowohl $R \otimes R^{\mathrm{op}}$ und $\mathrm{End}_K(R)$ Dimension $(\dim R)^2$ haben, muß φ bijektiv sein. $\qquad\square$

Wir können nun auch Lemma 4.3 präzisieren:

> **Satz 4.8.** *Seien R eine K–Algebra und $S \subset R$ eine Unteralgebra. Ist S eine zentrale, einfache und endlich dimensionale K–Algebra, so ist die Abbildung $Z_R(S) \otimes S \to R$, $x \otimes u \mapsto xu$ ein Isomorphismus von K–Algebren.*

Beweis: Es ist nur noch die Surjektivität zu zeigen. Nach dem Beweis von Lemma 4.3 ist das Bild unserer Abbildung die Summe aller zu S isomorphen $S \otimes S^{\mathrm{op}}$–Untermoduln von R. Nach Satz 4.7 ist $S \otimes S^{\mathrm{op}}$ zu $M_n(K)$ mit $n = \dim_K S$ isomorph, also ein halbeinfacher Ring. Daher ist R ein halbeinfacher $S \otimes S^{\mathrm{op}}$–Modul. Ferner hat $S \otimes S^{\mathrm{op}} \cong M_n(K)$ nach Satz VIII.2.4 bis auf Isomorphie genau einen einfachen Modul. Da S als $S \otimes S^{\mathrm{op}}$–Modul einfach ist, muß nun R eine Summe von zu S isomorphen Untermoduln sein. Die Behauptung folgt. $\qquad\square$

> **Korollar 4.9.** *Seien R eine zentrale, einfache und endlich dimensionale K–Algebra und $S \subset R$ eine Unteralgebra. Ist S eine zentrale, einfache K–Algebra, so ist $Z_R(S)$ eine einfache, zentrale K–Algebra. Es gilt $Z_R(Z_R(S)) = S$.*

Beweis: Nach Satz 4.8 gilt $Z_R(S) \otimes S \cong R$. Da R und S zentrale und einfache K–Algebren sind, liefert Korollar 4.5.a, daß auch $Z_R(S)$ einfach ist, und Korollar 4.5.b zeigt, daß $Z(Z_R(S)) \cong Z(R) = K$. Deshalb ist $Z_R(S)$ eine zentrale K–Algebra.

Aus der Isomorphie $Z_R(S) \otimes S \cong R$ folgt ebenfalls die Identität der Dimensionen

$$\dim_K Z_R(S) \cdot \dim_K S = \dim_K R.$$

Wendet man jetzt dieses Ergebnis statt auf S auf die einfache und zentrale K–Algebra $Z_R(S)$ an, so erhält man

$$\dim_K Z_R(Z_R(S)) \cdot \dim_K Z_R(S) = \dim_K R.$$

Durch Vergleich mit der vorherigen Identität ergibt sich

$$\dim_K (Z_R(Z_R(S)) = \dim_K S.$$

Da $S \subset Z_R(Z_R(S))$ gilt, folgt die Gleichheit. $\qquad\square$

§ 5   Brauergruppen und Zerfällungskörper von Algebren

Sei K weiterhin ein Körper. Ist R eine einfache, endlich dimensionale K–Algebra, so gibt es eine endlich dimensionale Divisionsalgebra D über K und eine ganze Zahl $r > 0$, so daß $R \cong M_r(D)$, siehe Bemerkung 3 zu Satz VIII.4.4. Jeder einfache R–Modul E ist dann zu D^r isomorph. Die Divisionsalgebra D ist bis auf Isomorphie durch $D^{\mathrm{op}} \cong \mathrm{End}_R E$ bestimmt, und r ist durch $\dim_K R = r^2 \dim_R D$ festgelegt. Ist R zentral, so gilt dies auch für D, vgl. VIII.4.4 oder VIII.1.14. Zusammengefaßt:

> **Satz 5.1.** *Ist R eine einfache, endlich dimensionale K–Algebra, so gibt es genau eine positive ganze Zahl r und bis auf Isomorphie genau eine Disisionsalgebra D über K mit $R \cong M_r(D)$. Gilt $Z(R) = K$, so auch $Z(D) = K$.*

Definition 5.2. Seien R und S zentrale, einfache und endlich dimensionale K–Algebren. Dann heißen R und S *ähnlich*, geschrieben $R \sim S$, wenn es einen Isomorphismus von K–Algebren

$$R \otimes M_n(K) \cong S \otimes M_m(K)$$

für irgendwelche positive ganze Zahlen n und m gibt.

Bemerkung 5.3. Zu R und S existieren nach 5.1 positive ganze Zahlen r und s und bis auf Isomorphie eindeutig bestimmte zentrale K–Divisionsalgebren D und D', so daß

$$R \cong M_r(D) \qquad \text{und} \qquad S \cong M_s(D').$$

Sind R und S ähnlich, so existiert also ein Isomorphismus

$$M_r(D) \otimes M_n(K) \cong M_s(D') \otimes M_m(K)$$

von K–Algebren für irgendwelche n und m. Daraus ergibt sich nach Beispiel 2.3(2) ein K–Isomorphismus $M_{rn}(D) \cong M_{sm}(D')$. Mit Satz 5.1 folgt, daß D und D' isomorphe K–Divisionsalgebren sind und daß $rn = sm$ gilt.

Sind umgekehrt D und D' isomorph als K–Algebren, so sind $D \otimes M_{rs}(K)$ und $D' \otimes M_{rs}(K)$ isomorph als K–Algebren. Mittels Beispiel 2.3(1) erhält man einen Isomorphismus zwischen den K–Algebren $M_r(D) \otimes M_s(K)$ und $M_s(D') \otimes M_r(K)$. Also sind R und S genau dann ähnlich, wenn die (bis auf Isomorphie bestimmten) zugehörigen K–Divisionsalgebren D und D' isomorph sind.

Zum Beispiel gilt $R \sim K$ genau dann, wenn $R \cong M_n(K)$ für ein n.

Durch den Begriff der Ähnlichkeit wird auf der Menge der Isomorphieklassen zentraler, einfacher und endlich dimensionaler K–Algebren eine Äquivalenzrelation definiert. Die Äquivalenzklasse einer solchen Algebra R werde mit $[R]$ bezeichnet. Die Diskussion oben zeigt, daß es in jeder Äquivalenz-klasse (bis auf Isomorphie) genau eine (zentrale) K–Divisionsalgebra gibt. Wir haben eine Bijektion zwischen den Isomorphieklassen zentraler, endlich dimensionaler Divisionsalgebren über K und den Ähnlichkeitsklassen zentraler, einfacher, endlich dimensionaler Algebren über K.

Zu zwei zentralen, einfachen und endlich dimensionalen K–Algebren R und S ist ihr Tensorprodukt $R \otimes S$ eine zentrale und einfache K–Algebra endlicher Dimension. Wegen

$$(R \otimes M_n(K)) \otimes (S \otimes M_m(K)) \cong (R \otimes S) \otimes M_{nm}(K)$$

induziert die Zuordnung $(R, S) \mapsto R \otimes S$ eine Verknüpfung auf der Menge der Ähnlichkeitsklassen solcher Algebren.

Satz 5.4. *Die Ähnlichkeitsklassen zentraler, einfacher und endlich dimensionaler K–Algebren bilden, versehen mit der Verknüpfung*

$$([R], [S]) \longmapsto [R \otimes S],$$

eine abelsche Gruppe, genannt die Brauergruppe von K. *Das neutrale Element ist die Klasse* $[K]$. *Das inverse Element zu* $[R]$ *ist* $[R^{\mathrm{op}}]$.

Die Brauergruppe von K wird üblicherweise mit $Br(K)$ bezeichnet.

Beweis: Die Verknüpfung ist assoziativ und kommutativ, weil das Tensorprodukt diese Eigenschaften hat. Offensichtlich ist $[K]$ das neutrale Element. Die letzte Aussage folgt unmittelbar aus Satz 4.7, nämlich $R \otimes R^{\mathrm{op}} \cong M_n(K)$ mit $n = \dim_K R$. □

Bemerkung: Die Brauergruppe $Br(K)$ ist eine Invariante des Körpers K, mit der die Isomorphieklassen zentraler, endlich dimensionaler K–Divisionsalgebren beschrieben werden. Man könnte in einem ersten Zugang versucht sein, auch die Verknüpfung nur durch das Tensorprodukt von Divisionsalgebren zu beschreiben. Dies ist jedoch nicht möglich, weil das Tensorprodukt $D \otimes_K D'$ zweier zentraler, endlich dimensionaler K–Divisionsalgebren D und D' nicht unbedingt wieder eine Divisionsalgebra sein muß. Es gilt zum Beispiel $\mathbb{H} \otimes_{\mathbb{R}} \mathbb{H} \cong M_4(\mathbb{R})$ und, allgemeiner, $D \otimes_K D^{\mathrm{op}} \cong M_n(K)$ mit $n = \dim_K D$. In 5.13 werden wir eine hinreichende Bedingung formulieren, unter der $D \otimes_K D'$ wieder eine Divisionsalgebra ist.

Beispiele 5.5. (1) Ist K ein algebraisch abgeschlossener Körper, so ist nach Satz 1.10 jede endlich dimensionale Divisionsalgebra über K gleich K. Die Brauergruppe von K besteht deshalb nur aus dem neutralen Element.

(2) Der Satz von Frobenius (1.11) impliziert, daß die Brauergruppe von $\mathbb{R}$ aus genau zwei Elementen besteht: $Br(\mathbb{R}) = \{[\mathbb{R}], [\mathbb{H}]\}$; sie ist also zyklisch von der Ordnung 2.

(3) Eine Quaternionenalgebra Q über einem Körper K ist stets isomorph zu ihrer entgegengesetzten Algebra Q^{op}; die Abbildung $x \mapsto \overline{x}$ von 1.5 ist ein Isomorphismus zwischen diesen Algebren. Ist Q nicht zu $M_2(K)$ isomorph, so ist deshalb $[Q]$ ein Element der Ordnung 2 in $Br(K)$.

Satz 5.6. *Sei L/K eine Körpererweiterung. Ist R eine zentrale, einfache, endlich dimensionale K-Algebra, so ist $R \otimes L$ eine zentrale, einfache, endlich dimensionale L-Algebra. Man erhält so einen Gruppenhomomorphismus, genannt* Restriktion,

$$r_{L/K} \colon Br(K) \longrightarrow Br(L), \qquad [R] \longmapsto [R \otimes L].$$

Für Erweiterungskörper $K \subset L \subset M$ gilt $r_{M/K} = r_{M/L} \circ r_{L/K}$.

Beweis: Die erste Aussage ist Korollar 4.6. Für K-Algebren R und S besteht die Isomorphie (siehe 2.4(2))

$$(R \otimes_K S) \otimes_K L \cong (R \otimes_K L) \otimes_L (S \otimes_K L).$$

Der Spezialfall $S = M_n(K)$ zeigt wegen $M_n(K) \otimes L \cong M_n(L)$, daß $r_{L/K}$ wohldefiniert ist. Allgemein folgt, daß $r_{L/K}$ ein Homomorphismus ist. Für Erweiterungskörper $K \subset L \subset M$ gilt $R \otimes_K M \cong (R \otimes_K L) \otimes_L M$, deshalb die letzte Aussage.   □

Definition 5.7. Seien L ein Erweiterungskörper von K und R eine zentrale, einfache, endlich dimensionale K-Algebra. Dann heißt L *Zerfällungskörper von R*, falls $[R] \in \ker r_{L/K}$. Ist dies der Fall, so gilt $[R \otimes_K L] = [L]$ in $Br(L)$, d.h., es existiert für irgendein n ein Isomorphismus von L-Algebren $R \otimes_K L \overset{\sim}{\longrightarrow} M_n(L)$. Man sagt auch, daß der Erweiterungskörper L von K die K-Algebra R *zerfällt*.

Der Kern der Restriktion $r_{L/K}$ wird auch die *relative Brauergruppe von L über K* genannt und mit $Br(L/K) := \ker r_{L/K}$ bezeichnet.

Bemerkungen 5.8. (1) Zerfällt $L \supset K$ die K-Algebra R, so auch jede zu R ähnliche K-Algebra S.

(2) Zerfällt $L \supset K$ die K-Algebra R, und ist $M \supset L$ ein Erweiterungskörper von L, so impliziert $\ker r_{L/K} \subset \ker(r_{M/K} = r_{M/L} \circ r_{L/K})$, daß auch M die K-Algebra R zerfällt.

(3) Ist R eine zentrale, einfache, endlich dimensionale K-Algebra, und ist $\overline{K}$ ein algebraischer Abschluß von K, so ist $R \otimes_K \overline{K}$ eine zentrale, einfache, endlich dimensionale $\overline{K}$-Algebra, also von der Form $M_r(D)$ mit einer endlich dimensionalen Divisionsalgebra D über $\overline{K}$. Nach Beispiel 5.5(1) gilt $D \cong \overline{K}$. Daher ist $\overline{K}$ ein Zerfällungskörper von R. Zu einer gegebenen K-Algebra R wie eben existiert also stets ein Zerfällungskörper.

Wir werden in 7.11 zeigen, daß R stets einen Zerfällungskörper L besitzt, so daß L/K eine endliche separable Erweiterung ist.

Lemma/Definition 5.9. *Ist R eine zentrale, einfache, endlich dimensionale K-Algebra, so ist $\dim_K R$ eine Quadratzahl, d.h., es existiert ein $n \in \mathbb{N}$ mit $\dim_K R = n^2$. Diese Zahl wird auch der Grad von R genannt, $\operatorname{grad}_K R := (\dim_K R)^{1/2}$.*

Beweis: Zu R gibt es einen Erweiterungskörper L von K, so daß $R \otimes_K L$ als L-Algebra zu $M_n(L)$ für ein $n \in \mathbb{N}$ isomorph ist. Dann gilt $\dim_K R = \dim_L R \otimes L = \dim_L M_n(L) = n^2$. $\qquad\square$

Definition 5.10. Ist R eine zentrale, einfache und endlich dimensionale K-Algebra, so gibt es (bis auf Isomorphie) genau eine Divisionsalgebra D und eine positive ganze Zahl r, so daß $R \cong M_r(D)$. Der *Schursche Index* $\operatorname{ind}_K R$ der K-Algebra R ist dann durch $\operatorname{ind}_K R := \operatorname{grad}_K D$ definiert. Man beachte, daß

$$\operatorname{grad}_K R = (\dim_K R)^{1/2} = (\dim_K M_r(D))^{1/2} = r \cdot \operatorname{grad}_K D = r \cdot \operatorname{ind}_K R$$

gilt. Also teilt $\operatorname{ind}_K R$ den Grad $\operatorname{grad}_K R$.

Im Falle eine K-Divisionsalgebra D stimmen der Grad von D und der Index von D überein. Offensichtlich ist der Index eine Invariante der zugehörigen Isomorphieklasse und damit auch der durch D bestimmten Klasse $[D]$ in der Brauergruppe $Br(K)$.

Satz 5.11. *Sei L ein Erweiterungskörper von K. Sei R eine zentrale, einfache, endlich dimensionale K-Algebra. Dann ist der Index $\operatorname{ind}_L R \otimes L$ der L-Algebra $R \otimes L$ ein Teiler von $\operatorname{ind}_K R$.*

Beweis: Es reicht, die Aussage für eine Divisionsalgebra D zu zeigen. Es gilt $\operatorname{ind}_K R = \operatorname{grad}_K D$, und der Index $\operatorname{ind}_L R \otimes L$ ist ein Teiler von $\operatorname{grad}_L R \otimes L = \operatorname{grad}_K D$. $\qquad\square$

Satz 5.12. *Ist R eine zentrale, einfache und endlich dimensionale K-Algebra, so gibt es einen Erweiterungskörper L von K endlichen Grades $[L:K] < \infty$, der R zerfällt.*

Beweis: Sei $\overline{K}$ ein algebraische Abschluß von K. Nach Bemerkung 5.8(3) gibt es einen Isomorphismus von $\overline{K}$-Algebren

$$\alpha \colon R \otimes_K \overline{K} \xrightarrow{\sim} M_n(\overline{K}),$$

wobei $n^2 = \dim_K R$ gilt. Sei $(x_k \mid 1 \le k \le n^2)$ eine Basis von R über K. Wir bezeichnen mit E_{ij}, $1 \le i, j \le n$, die übliche Basis von $M_n(\overline{K})$ (wie in 2.3). Es gibt dann Elemente $\mu_{ij}^k \in \overline{K}$ mit

$$\alpha(x_k \otimes 1) = \sum_{i=1}^n \sum_{j=1}^n \mu_{ij}^k E_{ij}$$

für alle k. Weil alle μ_{ij}^k algebraisch über K sind, hat der Erweiterungskörper $L := K(\{\mu_{ij}^k \mid 1 \leq i,j \leq n\})$ endlichen Grad über K. Als Vektorraum über K ist L ein direkter Summand von $\overline{K}$. Daher können wir $R \otimes_K L$ mit dem Unterring $\sum_k L(x_k \otimes 1)$ von $R \otimes_K \overline{K}$ identifizieren. Nun folgt $\alpha(R \otimes_K L) \subset M_n(L)$ aus der Wahl von L. Also liefert die Restriktion von α einen Homomorphismus von L–Algebren

$$R \otimes_K L \longrightarrow M_n(L),$$

der wie α selbst injektiv ist. Wegen der Gleichheit der Dimensionen ist er auch surjektiv. $\qquad\square$

Wie oben angekündigt, geben wir am Schluß dieses Abschnitts eine Bedingung an, unter der das Tensorprodukt zweier Divisionsalgebren über K wieder eine Divisionsalgebra ist:

> **Satz 5.13.** *Sind C und D zentrale K–Divisionsalgebren mit zueinander teilerfremden Graden $\mathrm{grad}_K(C)$ und $\mathrm{grad}_K(D)$, so ist $C \otimes D$ eine zentrale Divisionsalgebra.*

Beweis: Nach 4.5 ist $C \otimes D$ eine zentrale, einfache K–Algebra. Es gibt eine positive ganze Zahl r und (bis auf Isomorphie) genau eine K–Divisionsalgebra E mit $C \otimes_K D \cong M_r(E)$. Wir setzen $n := \dim_K C$ und $m := \dim_K D$. Dann folgt (vgl. 4.7 und Beispiel 2.3(1))

$$
\begin{aligned}
M_n(D) \ &\cong\ M_n(K) \otimes D &&\cong\ C^{\mathrm{op}} \otimes C \otimes D &&\cong\ C^{\mathrm{op}} \otimes M_r(E) \\
&\cong\ C^{\mathrm{op}} \otimes E \otimes M_r(K) &&\cong\ M_r(C^{\mathrm{op}} \otimes E).
\end{aligned}
$$

Es existieren eine positive ganze Zahl s und bis auf Isomorphie genau eine Divisionsalgebra F mit $C^{\mathrm{op}} \otimes E \cong M_s(F)$. Es folgt $M_n(D) \cong M_{rs}(F)$, und damit $r \mid n$. Analog schließt man, daß $r \mid m$ gilt. Da n und m jedoch teilerfremd sind, folgt $r = 1$. $\qquad\square$

§ 6 Zentralisatoren und der Satz von Skolem & Noether

Im folgenden sei K stets ein Körper.

> **Satz 6.1.** (Skolem & Noether) *Seien R und S einfache, endlich dimensionale K–Algebren. Es seien $\varphi_1, \varphi_2 \colon R \to S$ Homomorphismen von K–Algebren. Ist S eine zentrale K–Algebra, so gibt es eine Einheit $u \in S$ mit $\varphi_2(x) = u\varphi_1(x)u^{-1}$ für alle $x \in R$.*

Beweis: Die K–Algebra $R \otimes S^{\mathrm{op}}$ ist endlich dimensional und nach Satz 4.4 einfach. Es gibt also bis auf Isomorphie nur einen einfachen $R \otimes S^{\mathrm{op}}$–Modul E. Ist M ein beliebiger $R \otimes S^{\mathrm{op}}$–Modul mit $\dim_K(M) < \infty$, so gilt $M \cong E^r$ mit $r = \dim_K(M)/\dim_K(E)$. Insbesondere sind zwei endlich dimensionale $R \otimes S^{\mathrm{op}}$–Moduln genau dann isomorph, wenn sie dieselbe Dimension haben.

Die früher betrachtete $S \otimes S^{\mathrm{op}}$–Modulstruktur auf S führt vermöge der Homomorphismen φ_i zu zwei $R \otimes S^{\mathrm{op}}$–Modulstrukturen auf S, so daß

$$(x \otimes v)\,w = \varphi_i(x)\,w\,v$$

für alle $x \in R$, $v, w \in S$ und für $i = 1, 2$.

Nach den Bemerkungen oben müssen diese $R \otimes S^{\mathrm{op}}$–Modulstrukturen äquivalent sein, d.h. es gibt eine bijektive K–lineare Abbildung $f \colon S \to S$ mit $f(\varphi_1(x)wv) = \varphi_2(x)f(w)v$ für alle x, v, w wie oben. Nehmen wir hier $w = 1$ und $x = 1$, also $\varphi_1(x) = 1 = \varphi_2(x)$, so folgt $f(v) = f(1)v$ für alle $v \in S$. Da f bijektiv ist, muß $u = f(1)$ eine Einheit in S sein. Nehmen wir nun oben $w = v = 1$, so folgt $u\varphi_1(x) = \varphi_2(x)u$ für alle $x \in R$, also $\varphi_2(x) = u\varphi_1(x)u^{-1}$. $\qquad\qquad\square$

Korollar 6.2. *Sei S eine einfache, zentrale endlich dimensionale K–Algebra. Seien R_1 und R_2 zueinander isomorphe, einfache Unteralgebren von S. Dann gibt es für jeden Isomorphismus $\varphi \colon R_1 \xrightarrow{\sim} R_2$ eine Einheit $u \in S$ mit $\varphi(x) = uxu^{-1}$ für alle $x \in R_1$. Insbesondere gibt es eine Einheit $u \in S$ mit $uZ_S(R_1)u^{-1} = Z_S(R_2)$.*

Beweis: Wende Satz 6.1 mit $R = R_1$ an, wobei wir als φ_1 die Inklusion von R_1 in S nehmen und als φ_2 die Komposition von φ mit der Inklusion von R_2 in S. Die Behauptung über die Zentralisatoren folgt dann unmittelbar. $\qquad\qquad\square$

Korollar 6.3. *Sei R eine einfache, zentrale endlich dimensionale K–Algebra. Ist φ ein Automorphismus von R, so gibt es eine Einheit $u \in R$ mit $\varphi(x) = uxu^{-1}$ für alle $x \in R$.*

Beweis: Wende Satz 6.1 mit $S = R$, $\varphi_1 = \varphi$ und $\varphi_2 = \mathrm{Id}_R$ an. $\qquad\square$

Satz 6.4. (Zentralisatorsatz) *Seien R eine einfache, zentrale endlich dimensionale K–Algebra und $S \subset R$ eine einfache K–Unteralgebra von R.*

(a) *Es gibt einen Isomorphismus*

$$R \otimes S^{\mathrm{op}} \xrightarrow{\sim} Z_R(S) \otimes \mathrm{End}_K(S)$$

von K–Algebren.

(b) *Es gilt $\dim_K S \cdot \dim_K Z_R(S) = \dim_K R$.*

(c) *Die K–Algebra $Z_R(S)$ ist einfach; es gilt $Z(Z_R(S)) = Z(S)$ und $Z_R(Z_R(S)) = S$.*

Beweis: (a) Setze $n = \dim_K S$. Man betrachte die Homomorphismen von K–Algebren

$$\ell \colon S \longrightarrow \mathrm{End}_K S, \qquad s \mapsto (\ell_s \colon y \mapsto sy)$$

und

$$r\colon S^{\mathrm{op}} \longrightarrow \operatorname{End}_K S, \qquad s \mapsto (r_s\colon y \mapsto ys).$$

Da S eine einfache K–Algebra ist, sind r und ℓ injektiv. Ebenso folgt die Injektivität der Homomorphismen von K–Algebren

$$\alpha\colon S \longrightarrow R \otimes \operatorname{End}_K S, \qquad s \mapsto s \otimes \operatorname{Id}_S$$

und

$$\beta\colon S \longrightarrow R \otimes \operatorname{End}_K S, \qquad t \mapsto 1 \otimes \ell_t.$$

Nach Korollar 4.5 ist $R \otimes \operatorname{End}_K S \cong R \otimes M_n(K)$ als Tensorprodukt von zwei zentralen und einfachen K–Algebren ebenfalls zentral und einfach. Die Unteralgebren $\alpha(S)$ und $\beta(S)$ von $R \otimes \operatorname{End}_K S$ sind einfach und zueinander isomorph. Nach Korollar 6.2 gibt es also eine Einheit u in $R \otimes \operatorname{End}_K S$ mit $u\alpha(s)u^{-1} = \beta(s)$ für alle $s \in S$. Damit sind auch die zugehörigen Zentralisatoren

$$Z_{R\otimes \operatorname{End}_K S}(\alpha(S)) = Z_{R\otimes \operatorname{End}_K S}(S \otimes K \operatorname{Id}_S)$$

und

$$Z_{R\otimes \operatorname{End}_K S}(\beta(S)) = Z_{R\otimes \operatorname{End}_K S}(K\,1 \otimes \ell(S))$$

unter u zueinander konjugiert, also erst recht isomorph zueinander. Nach Lemma 3.3 gilt

$$Z_{R\otimes \operatorname{End}_K S}(S \otimes K \operatorname{Id}_S) = Z_R(S) \otimes Z_{\operatorname{End}_K S}(K \operatorname{Id}_S) = Z_R(S) \otimes \operatorname{End}_K S$$

und

$$Z_{R\otimes \operatorname{End}_K S}(K\,1 \otimes \ell(S)) = Z_R(K) \otimes Z_{\operatorname{End}_K S}(\ell(S)) = R \otimes r(S^{\mathrm{op}}).$$

Nun folgt (a).

(b) Aus (a) folgt durch Dimensionsvergleich

$$\dim_K R \cdot \dim_K S = \dim_K Z_R(S) \cdot (\dim_K S)^2.$$

Daraus folgt unmittelbar (b).

(c) Nach Korollar 4.5.a ist $R \otimes S^{\mathrm{op}}$ eine einfache K–Algebra. Wegen (a) trifft dies auch auf $Z_R(S) \otimes \operatorname{End}_K(S)$ zu. Da $\operatorname{End}_K(S) \cong M_n(K)$ eine zentrale, einfache K–Algebra ist, folgt aus Korollar 4.5.a, daß auch $Z_R(S)$ eine einfache K–Algebra ist.

Wenden wir den schon bewiesenen Teil (b) nun auf $Z_R(S)$ an Stelle von S an, so folgt

$$\dim_K R = \dim_K Z_R(S) \cdot \dim_K Z_R(Z_R(S)).$$

Ein Vergleich mit dem ursprünglichen (b) gibt

$$\dim_K S = \dim_K Z_R(Z_R(S)).$$

Da offenbar $S \subset Z_R(Z_R(S))$ gilt und da beide Räume endlich dimensional sind, folgt $S = Z_R(Z_R(S))$. Weiter ist nun klar, daß $Z(Z_R(S)) = S \cap Z_R(S) = Z(S)$. $\qquad\square$

Korollar 6.5. *Seien R eine einfache, zentrale endlich dimensionale K–Algebra und L ⊂ R eine einfache K–Unteralgebra, die ein Körper ist; setze n = [L : K]. Dann gibt es einen Isomorphismus*

$$R \otimes L \xrightarrow{\ \sim\ } Z_R(L) \otimes M_n(K)$$

von K–Algebren, und es gilt $\dim_K R = [L : K] \cdot \dim_K Z_R(L)$. *Der Grad* $\operatorname{grad}_K R$ *wird von* $[L : K]$ *geteilt.*

Beweis: Da L kommutativ ist, gilt $L = L^{\mathrm{op}}$. Außerdem ist $\operatorname{End}_K L$ zu $M_n(K)$ isomorph. Daher ist die Isomorphie ein Spezialfall von Satz 6.4.a. Die Dimensionsformel folgt aus Satz 6.4.b. Wegen $L \subset Z_R(L)$ gilt $\dim_K Z_R(L) = [L : K] \dim_L Z_R(L)$. Es folgt, daß $[L : K]^2 \mid \dim_K R = (\operatorname{grad}_K R)^2$, also $[L : K] \mid \operatorname{grad}_K R$. □

§ 7 Maximale Teilkörper

Im folgenden sei K stets ein Körper.

Definition 7.1. Ein *Teilkörper einer K–Algebra R* ist eine Unteralgebra L von R, die ein (kommutativer) Körper ist. (Da in einem solchen Fall L den Teilkörper $K1$ enthält, kann man dann L als Erweiterungskörper von K auffassen.)

Ein *maximaler Teilkörper einer K–Algebra R* ist ein Teilkörper L, so daß für jeden Teilkörper L' von R mit $L \subset L'$ gilt, daß $L = L'$.

Ist R eine endlich dimensionale K–Algebra, so ist klar, daß maximale Teilkörper von R existieren: Man nehme einen Teilkörper maximaler Dimension über K. (Und es gibt stets wenigstens einen Teilkörper, nämlich $K1$.)

Für Divisionsalgebren hat man die folgende Charakterisierung maximaler Teilkörper.

Satz 7.2. *Ein Teilkörper L einer Divisionsalgebra D über K ist genau dann ein maximaler Teilkörper, wenn* $Z_D(L) = L$. *Ist dies der Fall, so gilt* $L \supset Z(D)$.

Beweis: Für jeden Teilkörper L' von D mit $L \subset L'$ ist $L' \subset Z_D(L)$, weil L' kommutativ ist. Gilt $Z_D(L) = L$, so folgt $L' \subset L$, also $L' = L$; daher ist L ein maximaler Teilkörper.

Sei umgekehrt L ein maximaler Teilkörper von D. Für jedes $x \in Z_D(L)$ ist die von L und x erzeugte Unteralgebra $L[x]$ kommutativ. Für alle $a, b \in D$ mit $ab = ba$ und $b \neq 0$ gilt $b^{-1}a = ab^{-1}$. Damit folgt nun leicht, das die Menge $L(x)$ aller Brüche uv^{-1} mit $u, v \in L[x]$ und $v \neq 0$ ein Teilkörper von D mit $L \subset L(x)$ ist. Weil L maximal ist, folgen $L = L(x)$ und $x \in L$. Somit haben wir $Z_D(L) \subset L$ gezeigt; die umgekehrte Inklusion ist klar, weil L kommutativ ist.

Die letzte Behauptung im Satz folgt, weil $Z(D) \subset Z_D(L)$. □

Definition 7.3. Ein Teilkörper L einer zentralen, einfachen, endlich dimensionalen K–Algebra R heißt *strikt maximal*, falls $Z_R(L) = L$ gilt.

Satz 7.2 sagt also, daß in einer Divisionsalgebra die maximalen Teilkörper genau die strikt maximalen Teilkörper sind.

Satz 7.4. *Ein Teilkörper L einer zentralen, einfachen, endlich dimensionalen K–Algebra R ist genau dann strikt maximal, wenn die Gleichheit $[L : K] = \operatorname{grad}_K R$ gilt.*

Beweis: Wegen $L \subset Z_R(L)$ gilt im allgemeinen $[L : K] \leq \dim_K Z_R(L)$. Weil R und damit auch L und $Z_R(L)$ endlich dimensional über K sind, ist $Z_R(L) = L$ zu $\dim_K Z_R(L) = \dim_K L$, also zu $\dim_K Z_R(L) = [L : K]$ äquivalent. Nach Korollar 6.5 ist

$$(\operatorname{grad}_K R)^2 = \dim_K R = [L : K] \cdot \dim_K Z_R(L).$$

Also folgt im allgemeinen $[L : K] \leq \operatorname{grad}_K R$, und Gleichheit gilt genau dann, wenn $\dim_K Z_R(L) = [L : K]$, also genau dann, wenn L strikt maximal ist.

$\square$

Bemerkung 7.5. Der Beweis zeigt auch, daß *jeder strikt maximale Teilkörper L von R ein maximaler Teilkörper von R ist*, weil für einen beliebigen Teilkörper M von R die Ungleichung $[M : K] \leq \operatorname{grad}_K R = [L : K]$ gilt. Ist R eine Divisionsalgebra, so gilt, wie oben bemerkt, nach Satz 7.2 die Umkehrung. Für beliebige R gilt diese Umkehrung jedoch nicht.

Ist zum Beispiel K algebraisch abgeschlossen und $n > 1$ eine ganze Zahl, so ist $K = K\,1$ der einzige Teilkörper der Matrizenalgebra $M_n(K)$, weil K keine echten endlichen Körpererweiterungen hat. Also ist in diesem Fall K ein maximaler Teilkörper von $M_n(K)$, während es keinen strikt maximalen Teilkörper L in $M_n(K)$ gibt, der ja $[L : K] = n$ erfüllen müsste.

In anderen Fällen gibt es sowohl strikt maximale Teilkörper, als auch maximale Teilkörper, die nicht strikt maximal sind, siehe Exercise 2 in Abschnitt 13.1 von R. S. Pierce, *Associative Algebras*.

Satz 7.6. *Seien R eine zentrale, einfache, endlich dimensionale K–Algebra und L ein Teilkörper von R.*

(a) *Der Zentralisator $Z_R(L)$ ist eine zentrale, einfache L–Algebra. Die L–Algebra $R \otimes L$ ist zu $Z_R(L)$ ähnlich; es gilt $[R \otimes L] = [Z_R(L)]$ in $\operatorname{Br}(L)$.*

(b) *Ist L maximaler Teilkörper von R, so gilt $Z_R(L) \cong M_s(L)$ mit $s = \operatorname{grad}_L Z_R(L)$, und L ist ein Zerfällungskörper von R.*

Beweis: (a) Der Körper L ist eine einfache Algebra. Deshalb ist $Z_R(L)$ nach Satz 6.4 eine einfache K–Algebra. Da L kommutativ ist, gilt $L \subset Z(Z_R(L))$, also $L = Z_R(Z_R(L)) = Z(Z_R(L))$, wieder nach Satz 6.4. Daher kann $Z_R(L)$ als L–Algebra aufgefaßt werden, und ist dann eine zentrale und einfache L–Algebra.

Nach § 4 ist R in natürlicher Weise ein $R \otimes R^{\mathrm{op}}$–Modul. Da L ein Teilkörper von R mit $L = L^{\mathrm{op}}$ ist, erhält man durch Einschränkung eine Struktur als $R \otimes L$–Modul auf R, und es gilt

$$Z_R(L) \cong \mathrm{End}_{R \otimes L}(R)^{\mathrm{op}}.$$

Die Algebra $R \otimes L$ ist einfach, da R einfach ist, siehe 4.5. Es gibt bis auf Isomorphie genau einen einfachen $R \otimes L$–Modul E. Setze D gleich der Divisionsalgebra $\mathrm{End}_{R \otimes L}(E)^{\mathrm{op}}$. Es gibt $r, n \in \mathbb{N}$, so daß R als $R \otimes L$–Modul zu E^r isomorph ist und $R \otimes L$ als $R \otimes L$–Modul zu E^n. Dann erhalten wir Isomorphismen von L–Algebren

$$Z_R(L) \cong \mathrm{End}_{R \otimes L}(R)^{\mathrm{op}} \cong \mathrm{End}_{R \otimes L}(E^r)^{\mathrm{op}} \cong M_r(D).$$

und

$$R \otimes L \cong \mathrm{End}_{R \otimes L}(R \otimes L)^{\mathrm{op}} \cong \mathrm{End}_{R \otimes L}(E^n)^{\mathrm{op}} \cong M_n(D).$$

Deshalb sind die L–Algebren $R \otimes L$ und $Z_R(L)$ ähnlich.

(b) Gilt $Z_R(L) \cong M_s(L)$, so ist $R \otimes L$ nach (a) zu $M_s(L)$ ähnlich, also auch zu L. Daher ist dann L ein Zerfällungskörper von R. Es reicht also, wenn wir $Z_R(L) \cong M_s(L)$ zeigen.

Wie beim Beweis von (a) gesehen, gibt es eine Divisionsalgebra D über L und eine ganze Zahl $r > 0$ mit $Z_R(L) \cong M_r(D)$. Ist $D \neq L$, so ist $L \neq Z_D(L) = D$ und es gibt nach Satz 7.2 in der L–Algebra D einen Teilkörper M, der L echt enthält. Dann können wir M mit einem Teilkörper von $Z_R(L) \cong M_r(D)$ identifizieren, der L echt enthält. Aber dann ist L nicht maximal in $Z_R(L)$, also erst recht nicht in R. $\quad\square$

Korollar 7.7. *Sei D eine zentrale, endlich dimensionale Divisionsalgebra über K. Dann besitzt D maximale Teilkörper. Jeder maximale Teilkörper von D ist ein Zerfällungskörper von D.*

Beweis: Zur ersten Behauptung siehe die Bemerkung in 7.1. Die zweite Behauptung folgt aus Satz 7.6.b. $\quad\square$

Korollar 7.8. *Ist R eine zentrale, einfache, endlich dimensionale Algebra über K, so gibt es einen Erweiterungskörper L von K mit $[L : K] = \mathrm{ind}_K R$, der R zerfällt.*

Beweis: Die K–Algebra R ist von der Form $M_r(D)$ mit einer bis auf Isomorphie eindeutig bestimmten zentralen Divisionsalgebra über K. Sei L ein maximaler Teilkörper von D. Dann ist L ein Erweiterungskörper von K und zerfällt D nach Korollar 7.7, also auch die zu D ähnliche Algebra R nach Bemerkung 5.8(1). Nach Satz 7.2 gilt $Z_D(L) = L$, also folgt $[L : K] = \mathrm{grad}_K D = \mathrm{ind}_K R$ aus Satz 7.4. $\quad\square$

Satz 7.9. *Sei D eine zentrale, endlich dimensionale Divisionsalgebra über K. Dann existiert ein maximaler Teilkörper L von D, so daß die Erweiterung L/K separabel ist.*

Beweis: Sei L ein Teilkörper von D, so daß L/K separabel ist und $[L:K]$ maximal für diese Eigenschaft ist. Einen solchen Teilkörper gibt es, weil K/K separabel ist und weil $\dim_K D < \infty$.

Der Zentralisator $Z_D(L)$ ist eine Divisionsalgebra (siehe 3.2), die nach Satz 6.4 eine zentrale L–Algebra ist. Ist $L \neq Z_D(L)$, so gibt es nach dem folgenden Lemma 7.10 einen Teilkörper $L' \supset L$ von D mit $L' \neq L$ und L'/L separabel. Dann ist L' auch ein Teilkörper von D; mit L'/L und L/K ist nach V.5.3 auch L'/K separabel. Da nun $[L':K] = [L':L][L:K] > [L:K]$ widerspricht dies der Wahl von L. Also folgt $L = Z_D(L)$, und L ist nach Satz 7.2 maximal. $\qquad\qquad\square$

Lemma 7.10. *Sei D eine zentrale, endlich dimensionale Divisionsalgebra über K. Ist $D \neq K$, so gibt es einen Teilkörper $L \neq K$ von D, so daß die Erweiterung L/K separabel ist.*

Beweis: Für alle $x \in D$ ist die von x erzeugte Unteralgebra $K[x]$ eine nullteilerfreie, kommutative, endlich dimensionale Unteralgebra von D, also ein Erweiterungskörper von K. Es macht also Sinn, davon zu sprechen, daß x separabel über K ist (oder nicht). Außerdem hat x ein wohldefiniertes Minimalpolynom $m_{x,K}$ über K.

Wir behaupten nun, daß es ein $x \in D$, $x \notin K$ gibt, das separabel über K ist. Dann gilt das Lemma mit $L = K[x]$.

Ist $\operatorname{char} K = 0$, so können wir jedes $x \in D$, $x \notin K$ wählen, weil in diesem Fall jede Körpererweiterung von K separabel ist.

Wir wollen also annehmen, daß $\operatorname{char} K = p > 0$. Als ersten Schritt zeigen wir, daß es für jedes $x \in D$ eine ganze Zahl $e \geq 0$ gibt, so daß x^{p^e} separabel über K ist. [Vergleiche Aufgabe V.29.] Setze $f = m_{x,K}$. Es gibt (vgl. IV.2.7) eine ganze Zahl $e \geq 0$ mit $f \in K[X^{p^e}]$, aber $f \notin K[X^{p^{e+1}}]$. Man kann also f in der Form

$$f = \sum_{i=0}^{m} a_i X^{ip^e}$$

mit allen $a_i \in K$ und mit $a_m = 1$ schreiben, so daß $a_j \neq 0$ für wenigstens ein j mit $p \nmid j$. Setzt man $g = \sum_{i=0}^{m} a_i X^i \in K[X]$, so gilt $f(X) = g(X^{p^e})$ mit $g \notin K[X^p]$. Nun muß g irreduzibel in $K[X]$ sein: Gäbe es nämlich $g_1, g_2 \in K[X]$ mit $g = g_1 g_2$ und $\operatorname{grad} g_i < \operatorname{grad} g$ für $i = 1, 2$, so folgte $f = g_1(X^{p^e}) g_2(X^{p^e})$ im Widerspruch zur Irreduzibilität von f. Aus $g(x^{p^e}) = f(x) = 0$ folgt nun, daß $g = m_{x^{p^e},K}$. Wegen $g' \neq 0$ ist x^{p^e} separabel über K.

Nun kommen wir zu der eigentlichen Behauptung. Nehmen wir an, daß sie falsch ist. Das bedeutet, daß alle Elemente von D, die separabel über K sind, schon in K liegen. Sei $x \in D$ mit $x \notin K$. Wähle $e \in \mathbb{N}$ minimal für x^{p^e} separabel über K. Unsere Annahme impliziert, daß $e > 0$ und daß $x^{p^e} \in K$. Dann erfüllt $u := x^{p^{e-1}}$ die Bedingungen $u \notin K$ und $u^p \in K$. Sei $\tau \colon D \to D$, $z \mapsto u^{-1}zu$ der durch u definierte innere Automorphismus von D. Aus $u \notin K = Z(D)$ folgt $\tau \neq \mathrm{Id}_D$, aus $u^p \in K$ folgt $\tau^p = \mathrm{Id}_D$. Für den K–linearen Endomorphismus $\tau - \mathrm{Id}_D$ von D gilt dann $\tau - \mathrm{Id}_D \neq 0$, aber $(\tau - \mathrm{Id}_D)^p = 0$. Sei $r \geq 1$ die größte ganze Zahl, für die $(\tau - \mathrm{Id}_D)^r \neq 0$ gilt. Wir wählen ein $z \in D$ mit $(\tau - \mathrm{Id}_D)^r(z) \neq 0$. Setze $v = (\tau - \mathrm{Id}_D)^{r-1}(z)$ und $w = (\tau - \mathrm{Id}_D)^r(z) \neq 0$. Dann gilt $(\tau - \mathrm{Id}_D)(w) = 0$ und $(\tau - \mathrm{Id}_D)(v) = w$, also $\tau(w) = w$ und $\tau(v) = v + w$. Für $y := w^{-1}v$ folgt dann $\tau(y) = w^{-1}(v+w) = y + 1$.

Nun gibt es ein $f \geq 0$ mit y^{p^f} separabel über K, also mit $y^{p^f} \in K$ nach unserer Annahme. Man erhält dann

$$y^{p^f} = \tau(y^{p^f}) = \tau(y)^{p^f} = (y+1)^{p^f} = y^{p^f} + 1,$$

also $0 = 1$ — Widerspruch. Nun folgen Behauptung und Lemma. $\square$

Korollar 7.11. *Sei R eine zentrale, einfache, endlich dimensionale K–Algebra. Dann gibt es eine endliche Galoiserweiterung L/K, so daß L ein Zerfällungskörper von R ist.*

Beweis: Es existieren eine zentrale Divisionsalgebra D über K und eine ganze Zahl $r > 0$ mit $R \cong M_r(D)$. Nach Satz 7.9 gibt es einen maximalen Teilkörper L von D, für den L/K separabel ist. Dieser Körper L zerfällt D nach Korollar 7.7, also nach 5.8(1) auch die zu D ähnliche K–Algebra R. Mit Hilfe von Korollar V.5.10 ersetzt man nun L durch einen Erweiterungskörper, der endlich und Galoissch über K ist, vgl. 5.8(2). $\square$

Satz 7.12. *Seien R eine zentrale, einfache, endlich dimensionale K–Algebra und L/K eine endliche Körpererweiterung. Die folgenden Aussagen sind äquivalent:*

(i) *Es gibt eine zu R ähnliche zentrale, einfache, endlich dimensionale K–Algebra T, die L als strikt maximalen Teilkörper enthält.*

(ii) *L ist ein Zerfällungskörper von R.*

Beweis: (i) $\Longrightarrow$ (ii) Nach Bemerkung 7.5 ist L auch maximal in T und zerfällt daher T nach Satz 7.6. Dann wird auch die zu T ähnliche Algebra R von L zerfällt, vgl. 5.8(1).

(ii) $\Longrightarrow$ (i) Es gibt eine zentrale Divisionsalgebra D über K und eine positive ganze Zahl r mit $R \cong M_r(D)$. Sei E ein einfacher Modul über der einfachen Algebra $D^{\mathrm{op}} \otimes L$. Betrachte die Einbettungen

$$L \xrightarrow{\ j\ } \mathrm{End}_{D^{\mathrm{op}} \otimes L}(E) \xrightarrow{\ k\ } \mathrm{End}_{D^{\mathrm{op}}}(E).$$

Hier wird j durch $j(z) \colon E \to E$, $a \mapsto (1 \otimes z)a$ definiert; das Bild liegt in $\mathrm{End}_{D^{\mathrm{op}} \otimes L}(E)$, weil L zentral in $D^{\mathrm{op}} \otimes L$ ist. Weiter ist k die natürliche Inklusion, die von der Inklusion $D^{\mathrm{op}} \hookrightarrow D^{\mathrm{op}} \otimes L$, $y \mapsto y \otimes 1$ kommt.

Die Algebra $T := \mathrm{End}_{D^{\mathrm{op}}}(E)$ ist zu der Matrizenalgebra $M_s(D)$ isomorph, wobei s die Dimension von E über D^{op} ist. Daher ist T eine zentrale, einfache, endlich dimensionale K–Algebra; wegen $R \cong M_r(D)$ sind T und R einander ähnlich.

Betten wir L durch $k \circ j$ in $T = \mathrm{End}_{D^{\mathrm{op}}}(E)$ ein, so ist der Zentralisator $Z_T(L)$ gerade $\mathrm{End}_{D^{\mathrm{op}} \otimes L}(E)$. Daher ist $Z_T(L)$ eine Divisionsalgebra als Endomorphismenring des einfachen $D^{\mathrm{op}} \otimes L$–Moduls E. Nach Voraussetzung zerfällt der Körper L die K–Algebra R, also auch die ähnliche Algebra T. In $Br\,(L)$ gilt nun mit Satz 7.6.a

$$[L] = [T \otimes L] = [Z_T(L)].$$

Die Divisionsalgebra $Z_T(L)$ ist also ihrem Zentrum L ähnlich. Es folgt $Z_T(L) = L$, und damit ist L ein strikt maximaler Teilkörper von T.   □

Die Ergebnisse dieses Abschnitts zusammen mit dem Satz von Skolem und Noether erlauben einen einfachen Beweis des folgenden Satzes von Wedderburn.

Satz 7.13.   *Jeder endliche Divisionsring ist kommutativ.*

Beweis: Sei D ein endlicher Divisionsring. Das Zentrum K von D ist ein Körper, und D ist eine zentrale Divisionsalgebra über K. Setze $n := \mathrm{grad}_K D$.

Ist L ein maximaler Teilkörper von D, so gilt nach Satz 7.2 und Satz 7.4, daß $n = [L : K]$, also $|L| = |K|^n$. Je zwei maximale Teilkörper von D sind als K–Algebren zueinander isomorph, weil sie Zerfällungskörper über K desselben Polynoms $X^N - X$ mit $N = |K|^n$ sind. Nach Korollar 6.2 sind dann die maximalen Teilkörper unter einem inneren Automorphismus von D konjugiert.

Sei L ein maximaler Teilkörper von D. Für jedes Element $x \in D$ ist $K[x]$ ein Teilkörper von D, also in einem maximalen Teilkörper von D enthalten. Also gibt es eine Einheit $u \in D$ mit $x \in uLu^{-1}$. Daraus folgt für die multiplikative Gruppe D^* von D, daß

$$D^* = \bigcup_{u \in D^*} u\,L^*\,u^{-1}. \tag{1}$$

Für alle $u \in D^*$ und $y \in L^*$ gilt $(uy)\,L^*\,(uy)^{-1} = u\,L^*\,u^{-1}$. Daher reicht es, wenn u in (1) über Repräsentanten für die Linksnebenklassen von L^* in D^* läuft. Setze $k := [D^* : L^*]$. Weil jede der Mengen $u\,L^*\,u^{-1}$ das Einselement enthält, folgt aus (1)

$$|D^*| \leq k(|L^*| - 1) + 1 = |D^*| - k + 1,$$

da $|D^*| = k\,|L^*|$. Es folgt $k \leq 1$, also $k = 1$, und daher ist $D = L$ kommutativ.   □

§ 8   Verschränkte Produkte

In diesem Abschnitt sei L/K eine endliche Galoiserweiterung. Wir setzen $G := G(L/K)$.

8.1. Wir beschreiben in diesem Abschnitt alle einfachen, zentralen, endlich dimensionalen K–Algebren näher, die L als strikt maximalen Teilkörper enthalten. Nach Satz 7.12 erhalten wir so Repräsentanten für alle Klassen in der relativen Brauergruppe $Br(L/K)$. Zunächst betrachten wir ein Beispiel.

Sei $n := [L : K]$; es ist also $\operatorname{End}_K L \cong M_n(K)$. Die Kommutativität von L impliziert, daß $\operatorname{End}_K L$ ein L–Unterraum des L–Vektorraums $\operatorname{Abb}(L, L)$ aller Abbildungen von L nach L ist, vgl. VI.3.1. Aus Satz V.1.2 und $\dim_K \operatorname{End}_K L = n^2$ folgt $\dim_L \operatorname{End}_K L = n$.

Jedes $\sigma \in G$ ist ein Element in $\operatorname{End}_K L$. Nach Korollar VI.3.3 sind die σ mit $\sigma \in G$ linear unabhängig über L, zunächst in $\operatorname{Abb}(L, L)$, aber dann erst recht in $\operatorname{End}_K L$. Wegen $|G| = n$ folgt daraus, daß die σ mit $\sigma \in G$ eine Basis von $\operatorname{End}_K L$ über L sind. Jedes Element in $\operatorname{End}_K L$ läßt sich eindeutig in der Form $\sum_{\sigma \in G} s_\sigma \, \sigma$ mit allen $s_\sigma \in L$ schreiben. Die Multiplikation ist dann durch

$$\left(\sum_{\sigma \in G} s_\sigma \, \sigma \right) \left(\sum_{\tau \in G} t_\tau \, \tau \right) = \sum_{\sigma \in G} s_\sigma \, \sigma(t_\tau) \, \sigma \, \tau \tag{1}$$

für alle $s_\sigma, t_\tau \in L$ gegeben; dies folgt aus den Distributivgesetzen und aus

$$(s_\sigma \, \sigma) \, (t_\tau \, \tau)(x) = (s_\sigma \, \sigma) \, (t_\tau \, \tau(x)) = s_\sigma \, \sigma(t_\tau) \, \sigma\tau(x)$$

für alle $x \in L$.

Wir konstruieren nun weitere K–Algebren, indem wir die Multiplikation wie in (1) etwas modifizieren. Sei $\gamma \colon G \times G \to L^* = L \setminus \{0\}$ eine zunächst beliebige Abbildung. Sei S_γ ein Vektorraum über L der Dimension $n = |G| = [L : K]$. Wir wählen eine Basis $(v_\sigma)_{\sigma \in G}$ von S_γ über L und definieren eine Multiplikation auf S_γ durch

$$\left(\sum_{\sigma \in G} s_\sigma \, v_\sigma \right) \left(\sum_{\tau \in G} t_\tau \, v_\tau \right) = \sum_{\sigma \in G} \sum_{\tau \in G} s_\sigma \, \sigma(t_\tau) \, \gamma(\sigma, \tau) \, v_{\sigma\tau} \tag{2}$$

für alle $s_\sigma, t_\tau \in L$.

In dem Spezialfall, daß $\gamma(\sigma, \tau) = 1$ für alle σ und τ, zeigt (1), daß S_γ mit dieser Multiplikation zu $\operatorname{End}_K L$ isomorph ist. Für beliebige γ prüft man leicht nach, daß die Multiplikation in (2) zusammen mit der gegebenen Addition die Distributivgesetze erfüllt.

Lemma 8.2. *Die in 8.1(2) definierte Multiplikation auf S_γ ist genau dann assoziativ, wenn*

$$\gamma(\rho, \sigma) \, \gamma(\rho\sigma, \tau) \; = \; \gamma(\rho, \sigma\tau) \, \rho(\gamma(\sigma, \tau)) \tag{1}$$

für alle $\rho, \sigma, \tau \in G$ *gilt.*

Beweis: Elementare Rechnungen ergeben für alle $r_\rho, s_\sigma, t_\tau \in L$

$$
((\sum_{\rho \in G} r_\rho\, v_\rho)\, (\sum_{\sigma \in G} s_\sigma\, v_\sigma))\, (\sum_{\tau \in G} t_\tau\, v_\tau)
$$
$$
= \sum_{\rho \in G} \sum_{\sigma \in G} \sum_{\tau \in G} r_\rho\, \rho(s_\sigma)\, \rho\sigma(t_\tau)\, \gamma(\rho,\sigma)\, \gamma(\rho\sigma,\tau)\, v_{\rho\sigma\tau}
$$

und

$$
(\sum_{\rho \in G} r_\rho v_\rho)\, ((\sum_{\sigma \in G} s_\sigma v_\sigma)\, (\sum_{\tau \in G} t_\tau v_\tau))
$$
$$
= \sum_{\rho \in G} \sum_{\sigma \in G} \sum_{\tau \in G} r_\rho\, \rho(s_\sigma)\, \rho\sigma(t_\tau)\, \rho(\gamma(\sigma,\tau))\, \gamma(\rho,\sigma\tau)\, v_{\rho\sigma\tau}.
$$

Daher impliziert (1) die Assoziativität der Multiplikation. Setzt man umgekehrt voraus, daß die Multiplikation assoziativ ist, so folgt (1) aus der Gleichung $(v_\rho\, v_\sigma)\, v_\tau = v_\rho\, (v_\sigma\, v_\tau)$. $\qquad\square$

8.3. Man nennt die Gleichung 8.2(1) die Kozykelbedingung. Eine Abbildung $\gamma: G \times G \to L^*$, welche diese Bedingung erfüllt, heißt ein *2–Kozykel von G mit Werten in L^**. Wir bezeichnen die Menge aller solcher 2–Kozykel mit $Z^2(G, L^*)$.

Für jedes $\gamma \in Z^2(G, L^*)$ nennt man den in 8.1 konstruierten Ring S_γ ein *verschränktes Produkt* von L mit G. Es wird häufig mit (L, G, γ) bezeichnet. Man nennt dann die Abbildung γ auch ein *Faktorensystem* von S_γ. (Wir sehen gleich, daß S_γ ein Einselement hat, also wirklich ein Ring ist.)

> **Satz 8.4.** *Sei $\gamma \in Z^2(G, L^*)$. Dann ist S_γ eine einfache, zentrale, endlich dimensionale K–Algebra, die L als strikt maximalen Teilkörper enthält.*

Beweis: Wir haben bereits die Distributivgesetze und die Assoziativität erwähnt. Nun behaupten wir, daß $\gamma(1,1)^{-1}v_1$ ein Einselement in S_γ ist. Dazu bemerke man, daß die Kozykelbedingung 8.2(1) impliziert, daß

$$
\gamma(1,1) = \gamma(1,\tau) \qquad \text{und} \qquad \gamma(\rho,1) = \rho(\gamma(1,1)). \tag{1}
$$

Dazu setzt man $\rho = \sigma = 1$ bzw. $\sigma = \tau = 1$ in 8.2(1).

Nun folgt aus (1) und aus der Definition der Multiplikation in 8.1(2) für alle $s \in L$ und alle $\sum_{\rho \in G} r_\rho\, v_\rho \in S_\gamma$, daß

$$
(s\gamma(1,1)^{-1}v_1)\, (\sum_{\rho \in G} r_\rho\, v_\rho) = \sum_{\rho \in G} s\, \gamma(1,1)^{-1}\, r_\rho\, \gamma(1,\rho)\, v_\rho = \sum_{\rho \in G} s\, r_\rho\, v_\rho \tag{2}
$$

und

$$
(\sum_{\rho \in G} r_\rho\, v_\rho)\, (s\gamma(1,1)^{-1}v_1) = \sum_{\rho \in G} r_\rho\, \rho(s)\, \rho(\gamma(1,1))^{-1}\, \gamma(\rho,1)\, v_\rho = \sum_{\rho \in G} r_\rho\, \rho(s)\, v_\rho.
$$
$$
\tag{3}
$$

Diese beiden Formeln zeigen nicht nur, daß $\gamma(1,1)^{-1}v_1$ ein Einselement ist, sondern auch, daß

$$i: L \longrightarrow S_{\gamma}, \qquad s \mapsto s\,\gamma(1,1)^{-1}\,v_1 \tag{4}$$

ein (natürlich injektiver) Ringhomomorphismus ist. Diesen benutzen wir, um L mit einem Teilkörper von S_γ zu identifizieren. Die Gleichung (2) zeigt ebenfalls, daß die gegebene Struktur von S_γ als L–Vektorraum auch durch i und die Linksmultiplikation erhalten wird.

Aus (2) und (3) folgt weiter, daß $\sum_{\rho \in G} r_\rho v_\rho$ genau dann mit allen $i(s)$, $s \in L$, kommutiert, wenn $s\,r_\rho = \rho(s)r_\rho$ für alle ρ und s. Für alle $\rho \neq 1$ gibt es $s \in L$ mit $s \neq \rho(s)$; aus $s\,r_\rho = \rho(s)r_\rho$ folgt dann $r_\rho = 0$. Dies zeigt

$$Z_{S_\gamma}(i(L)) = i(L). \tag{5}$$

Insbesondere ist das Zentrum $Z(S_\gamma)$ in $i(L)$ enthalten. Nun zeigen (2) und (3), daß ein $i(s)$ mit $s \in L$ genau dann mit allen $\sum_{\rho \in G} r_\rho v_\rho$ kommutiert, wenn $s\,r_\rho = \rho(s)r_\rho$ für alle ρ und r_ρ. Da wir $r_\rho = 1$ wählen können, bedeutet dies $s = \rho(s)$ für alle ρ, also $s \in L^G = K$. So erhalten wir

$$Z(S_\gamma) = i(K). \tag{6}$$

Daher ist S_γ eine zentrale K–Algebra. Es gilt $\dim_K S_\gamma = [L:K]\dim_L S_\gamma = [L:K]^2$.

Wir wollen nun zeigen, daß S_γ einfach ist. Sei I ein (zweiseitiges) Ideal ungleich S_γ in S_γ. Wir müssen zeigen, daß $I = 0$, und nehmen das Gegenteil an. Für jedes $v = \sum_{\rho \in G} r_\rho v_\rho$ setze $\mathrm{supp}\,v = \{\rho \in G \mid r_\rho \neq 0\}$. Wähle unter allen Elementen in $I \setminus \{0\}$ ein Element v, für das $|\mathrm{supp}\,v|$ minimal ist. Wäre $|\mathrm{supp}\,v| = 1$, so hätte v die Form $v = r_\sigma v_\sigma$ mit $r_\sigma \neq 0$; dies ist aber unmöglich: Die Definition der Multiplikation impliziert, daß v_σ eine Einheit ist; genauer gilt

$$v_\sigma^{-1} = \gamma(1,1)^{-1}\,\gamma(\sigma,\sigma^{-1})^{-1}\,v_{\sigma^{-1}} \qquad \text{für alle } \sigma \in G. \tag{7}$$

Aus $r_\sigma v_\sigma \in I$ mit $r_\sigma \neq 0$ folgt daher $I = S_\gamma$ im Widerspruch zur Annahme.

Also gilt $|\mathrm{supp}\,v| \geq 2$. Für alle $s,t \in L$ gehören auch die Elemente $i(s)\,v = \sum_{\rho \in G} s\,r_\rho v_\rho$ und $v\,i(t) = \sum_{\rho \in G} \rho(t)\,r_\rho v_\rho$ zu I, also auch ihre Differenz: $\sum_{\rho \in G}(s - \rho(t))\,r_\rho v_\rho \in I$. Es gibt $\sigma, \tau \in \mathrm{supp}\,v$ mit $\sigma \neq \tau$. Wähle $t \in L$ mit $\sigma(t) \neq \tau(t)$. Dann ist $v' := \sum_{\rho \in G}(\tau(t) - \rho(t))\,r_\rho v_\rho$ ein Element in I, mit $v' \neq 0$, so daß $\mathrm{supp}\,v'$ echt in $\mathrm{supp}\,v$ enthalten ist. Betrachte die Koeffizienten von v_σ und v_τ. Dies ist ein Widerspruch zur Wahl von v. Also ist S_γ einfach.

Damit ist gezeigt, daß S_γ eine einfache, zentrale, endlich dimensionale K–Algebra ist. Und nach (5) ist L ein strikt maximaler Teilkörper von S_γ.

$\square$

Beispiel: Ist char $K \neq 2$ und $[L:K] = 2$, so gibt es $a \in K$ mit $L = K(\sqrt{a})$. Es gilt dann $G = \{1, \sigma\}$ mit $\sigma(\sqrt{a}) = -\sqrt{a}$. Für jedes $b \in K^*$ erhalten wir einen 2–Kozykel $\gamma \in Z^2(G, L^*)$, wenn wir $\gamma(1,1) = \gamma(1,\sigma) = \gamma(\sigma,1) = 1$ und $\gamma(\sigma,\sigma) = b$ setzen. (Es bleibt dem Leser überlassen, die Kozykelbedingung nachzuprüfen.) Nun bilden $1, \sqrt{a}, v_\sigma, \sqrt{a}v_\sigma$ eine Basis von S_γ über K, für die gilt, daß $(\sqrt{a})^2 = a$ und $v_\sigma^2 = b$ und $v_\sigma \sqrt{a} = \sigma(\sqrt{a})v_\sigma = -\sqrt{a}v_\sigma$. Also ist S_γ nach Satz 1.2 zur Quaternionenalgebra $Q(a, b \,|\, K)$ isomorph.

8.5. In Satz 8.4 ist L nach Satz 7.6 ein Zerfällungskörper von S_γ. Also definiert S_γ eine Klasse $[S_\gamma]$ in der relativen Brauergruppe $Br(L/K)$ von L über K. Wir wollen zeigen, daß jede Klasse in $Br(L/K)$ die Form $[S_\gamma]$ mit $\gamma \in Z^2(G, L^*)$ hat, und wir wollen die Fasern der Abbildung $\gamma \mapsto [S_\gamma]$ beschreiben. Zunächst einige Vorbereitungen.

Für alle $\gamma_1, \gamma_2 \in Z^2(G, L^*)$ definiert man ein Produkt durch punktweise Multiplikation, also durch

$$(\gamma_1\gamma_2)\,(\sigma,\tau) = \gamma_1(\sigma,\tau)\,\gamma_2(\sigma,\tau) \qquad \text{für alle } \sigma,\tau \in G. \tag{1}$$

Man überprüft leicht, daß $\gamma_1\gamma_2 \in Z^2(G, L^*)$ gilt. Die Multiplikation macht $Z^2(G, L^*)$ zu einer kommutativen Gruppe: Das neutrale Element ist die konstante Abbildung gleich 1; das Inverse zu einem γ ist durch $\gamma^{-1}\colon G \times G \to L^*$ mit $\gamma^{-1}(\sigma,\tau) = \gamma(\sigma,\tau)^{-1}$ gegeben.

Jeder Abbildung $\delta\colon G \to L^*$ ordnet man eine Abbildung $\widehat{\delta}\colon G \times G \to L^*$ zu, indem man

$$\widehat{\delta}(\sigma,\tau) := \delta(\sigma)\,\sigma(\delta(\tau))\,\delta(\sigma\tau)^{-1} \tag{2}$$

für alle $\sigma,\tau \in G$ setzt. Dann ist $\widehat{\delta}$ ein 2–Kozykel, denn für alle ρ,σ,τ gilt

$$
\begin{aligned}
\widehat{\delta}(\rho,\sigma)\,\widehat{\delta}(\rho\sigma,\tau) &= \delta(\rho)\,\rho(\delta(\sigma))\,\delta(\rho\sigma)^{-1}\delta(\rho\sigma)\,\rho\sigma(\delta(\tau))\,\delta(\rho\sigma\tau)^{-1}\\
&= \delta(\rho)\,\rho(\delta(\sigma))\,\rho\sigma(\delta(\tau))\,\delta(\rho\sigma\tau)^{-1}\\
&= \delta(\rho)\,\rho(\delta(\sigma\tau))\,\delta(\rho\sigma\tau)^{-1}\,\rho(\delta(\sigma))\,\rho\sigma(\delta(\tau))\,\rho(\delta(\sigma\tau))^{-1}\\
&= \widehat{\delta}(\rho,\sigma\tau)\,\rho(\widehat{\delta}(\sigma,\tau)).
\end{aligned}
$$

Einen 2–Kozykel der Form $\widehat{\delta}$ nennt man einen *2–Korand*; die Menge aller solchen 2–Koränder bezeichnen wir mit $B^2(G, L^*)$. Diese Menge ist eine Untergruppe von $Z^2(G, L^*)$: Für zwei Abbildungen $\delta_1, \delta_2\colon G \to L^*$ gilt $\widehat{\delta_1}\,\widehat{\delta_2} = \widehat{\delta_1\delta_2}$, wobei $\delta_1\delta_2$ durch punktweise Multiplikation definiert wird; setzt man $\varepsilon(\sigma) = 1$ für alle σ, so ist $\widehat{\varepsilon}$ die Eins in $Z^2(G, L^*)$; das Inverse von $\widehat{\delta}$ erhält man, wenn man die Konstruktion auf die Abbildung $\sigma \mapsto \delta(\sigma)^{-1}$ anwendet.

Weil $Z^2(G, L^*)$ kommutativ ist, können wir nun die Faktorgruppe

$$H^2(G, L^*) := Z^2(G, L^*)/B^2(G, L^*)$$

bilden. Sie wird die *zweite Kohomologiegruppe* von G mit Werten in der multiplikativen Gruppe L^* genannt. Für einen Kozykel $\gamma \in Z^2(G, L^*)$ bezeichnen wir seine Klasse in $H^2(G, L^*)$ mit $[\gamma]$.

Die Definitionen von 2–Kozykeln, 2–Korändern und zweiter Kohomologiegruppe sind Spezialfälle von allgemeinen Definitionen von n–Kozykeln, n–Korändern und n–ter Kohomologiegruppe für alle $n \in \mathbb{N}$, wann immer eine Gruppe auf einer kommutativen Gruppe durch Automorphismen operiert, siehe die Aufgaben 43 und 44. Insbesondere gibt es eine Kohomologiegruppe $H^n(G, L^*)$ für jedes $n \in \mathbb{N}$. Es gilt $H^0(G, L^*) = K^*$ und $H^1(G, L^*) = \{1\}$; die erste Gleichung ist eine unmittelbare Folgerung aus der Definition, während die zweite mehr Arbeit erfordert, siehe Aufgabe 47.

Satz 8.6. *Es gibt einen Isomorphismus von Gruppen*

$$\beta \colon H^2(G, L^*) \longrightarrow Br(L/K), \qquad (1)$$

der jeder Klasse $[\gamma]$ mit $\gamma \in Z^2(G, L^*)$ die Klasse $[S_\gamma]$ zuordnet.

Beweis: Wir zeigen zunächst in mehreren Schritten, daß es eine bijektive Abbildung mit dieser Eigenschaft gibt. Daß β ein Gruppenhomomorphismus ist, wird dann in 8.8–8.11 bewiesen.

(a) Zunächst zeigen wir, daß die Abbildung in (1) wohldefiniert ist. Dazu seien $\gamma, \gamma' \in Z^2(G, L^*)$ mit $[\gamma'] = [\gamma]$. Es gibt also eine Abbildung $\delta \colon G \to L^*$ mit $\gamma' = \widehat{\delta}\gamma$, also mit

$$\gamma'(\rho, \sigma) = \delta(\rho)\, \rho(\delta(\sigma))\, \delta(\rho\sigma)^{-1} \gamma(\rho, \sigma) \qquad \text{für alle } \rho, \sigma \in G.$$

Wir benützen für S_γ die Notation wie in 8.1(2). Sei $(v'_\sigma)_{\sigma \in G}$ die zu $(v_\sigma)_{\sigma \in G}$ analoge Basis von $S_{\gamma'}$, also mit

$$\Big(\sum_{\rho \in G} r_\rho v'_\rho\Big)\Big(\sum_{\sigma \in G} s_\sigma v'_\sigma\Big) = \sum_{\rho \in G}\sum_{\sigma \in G} r_\rho\, \rho(s_\sigma)\, \gamma'(\rho, \sigma)\, v'_{\rho\sigma}.$$

Nun rechnet man leicht nach, daß die L–lineare Bijektion

$$S_{\gamma'} \longrightarrow S_\gamma, \qquad \sum_{\rho \in G} r_\rho v'_\rho \longmapsto \sum_{\rho \in G} r_\rho\, \delta(\rho)\, v_\rho$$

ein Isomorphismus von K–Algebren ist. Damit gilt erst recht $[S_{\gamma'}] = [S_\gamma]$, und β ist wohldefiniert.

(b) Nun wollen wir eine Umkehrabbildung zu (1) konstruieren. Sei $[D]$ eine beliebige Klasse in $Br(L/K)$; wir können annehmen, daß D eine Divisionsalgebra ist. Nach Satz 7.12 gibt es eine zentrale, einfache, endlich dimensionale K–Algebra S, so daß L ein maximaler Teilkörper von S ist. Sei $i \colon L \to S$ die Inklusion.

Für jedes $\sigma \in G$ können wir den Satz von Skolem und Noether (6.1) auf die Homomorphismen von K–Algebren i und $i \circ \sigma$ von L nach S anwenden. Es gibt daher eine Einheit $u_\sigma \in S^*$ mit

$$i(\sigma(x)) = u_\sigma \, i(x) \, u_\sigma^{-1} \qquad \text{für alle } x \in L. \tag{2}$$

Schreiben wir der Einfachheit halber x statt $i(x)$, so gilt also $\sigma(x) = u_\sigma \, x \, u_\sigma^{-1}$; es folgt dann auch $u_\sigma^{-1} \, x \, u_\sigma = \sigma^{-1}(x)$, indem man die ursprüngliche Gleichung auf $\sigma^{-1}(x)$ statt x anwendet.

Für alle $\sigma, \tau \in G$ folgt nun

$$u_\sigma \, u_\tau \, u_{\sigma\tau}^{-1} \, x \, u_{\sigma\tau} \, u_\tau^{-1} \, u_\sigma^{-1} = \sigma(\tau((\sigma\tau)^{-1}(x))) = x.$$

Daher gehört $u_\sigma u_\tau u_{\sigma\tau}^{-1}$ zum Zentralisator $Z_S(L)$, also zu L, vgl. 7.3. Es gibt deshalb $\gamma(\sigma, \tau) \in L$ mit

$$u_\sigma \, u_\tau = \gamma(\sigma, \tau) \, u_{\sigma\tau}. \tag{3}$$

Da die u–Terme Einheiten sind, gilt genauer $\gamma(\sigma, \tau) \in L^*$.

Wir zeigen nun, daß γ ein 2–Kozykel ist. Dies folgt aus

$$(u_\rho \, u_\sigma) \, u_\tau = \gamma(\rho, \sigma) \, u_{\rho\sigma} \, u_\tau = \gamma(\rho, \sigma) \, \gamma(\rho\sigma, \tau) \, u_{\rho\sigma\tau}$$

und

$$u_\rho(u_\sigma \, u_\tau) = u_\rho \, \gamma(\sigma, \tau) \, u_{\sigma\tau} = (u_\rho \, \gamma(\sigma, \tau) \, u_\rho^{-1}) \, u_\rho \, u_{\sigma\tau}$$

$$= \rho(\gamma(\sigma, \tau)) \gamma(\rho, \sigma\tau) \, u_{\rho\sigma\tau}$$

(für alle $\rho, \sigma, \tau \in G$), weil $u_{\rho\sigma\tau}$ eine Einheit ist.

(c) Die Umkehrabbildung zu β soll der Klasse $[D]$ die Nebenklasse $[\gamma]$ des 2–Kozykels γ zuordnen. Wir müssen zeigen, daß diese Nebenklasse nur von der Klasse $[D]$ und nicht von den getroffenen Wahlen abhängt. Gewählt haben wir nämlich zuerst S, dann die Einbettung von L in S und schließlich die Elemente u_σ, $\sigma \in G$.

Zu den Einheiten u_σ: Sei $(u'_\sigma \mid \sigma \in G)$ eine andere Wahl dieser Elemente. Aus (2) folgt dann, daß jedes $u'_\sigma u_\sigma^{-1}$ zu $Z_S(L) = L$ gehört. Es gibt also $\delta(\sigma) \in L$ mit $u'_\sigma = \delta(\sigma) \, u_\sigma$ für alle $\sigma \in G$; wegen $u'_\sigma \in S^*$ gilt $\delta(\sigma) \in L^*$. Sei nun γ' der 2–Kozykel, der durch die u'_σ gegeben ist, also mit $u'_\sigma \, u'_\tau = \gamma'(\sigma, \tau) \, u'_{\sigma\tau}$. Nun folgt

$$\begin{aligned}
u'_\sigma \, u'_\tau &= \delta(\sigma) \, u_\sigma \, \delta(\tau) \, u_\tau \\
&= \delta(\sigma) \, \sigma(\delta(\tau)) \, u_\sigma \, u_\tau \\
&= \delta(\sigma) \, \sigma(\delta(\tau)) \, \gamma(\sigma, \tau) \, u_{\sigma\tau} \\
&= \delta(\sigma) \, \sigma(\delta(\tau)) \, \gamma(\sigma, \tau) \delta(\sigma\tau)^{-1} \, u'_{\sigma\tau},
\end{aligned}$$

also $\gamma'(\sigma, \tau) = \widehat{\delta}(\sigma, \tau) \gamma(\sigma, \tau)$. Daher definiert γ' dieselbe Klasse in $H^2(G, L^*)$ wie γ.

Zur Einbettung i von L: Sei $j\colon L \to S$ eine andere Einbettung. Nach dem Satz von Skolem und Noether gibt es eine Einheit $b \in S^*$ mit $j(x) = b\,i(x)\,b^{-1}$ für alle $x \in L$. Dann gilt für alle $\sigma \in G$

$$j(\sigma(x)) = b\,i(\sigma(x))\,b^{-1} = b\,u_\sigma\,i(x)\,u_\sigma^{-1}\,b^{-1} = b\,u_\sigma\,b^{-1}\,j(x)\,(b\,u_\sigma\,b^{-1}).$$

Wir können also alle $u'_\sigma := b u_\sigma b^{-1}$ als Analoga zu den u_σ nehmen. Dann gilt für alle $\sigma, \tau \in G$

$$u'_\sigma\,u'_\tau = b\,u_\sigma\,b^{-1}\,b\,u_\tau\,b^{-1} = b\,i(\gamma(\sigma,\tau))\,u_{\sigma\tau}b^{-1} = j(\gamma(\sigma,\tau))\,u'_{\sigma\tau}.$$

Dies bedeutet, daß auch die Wahl der Einbettung j zu dem Kozykel γ führt.

Zur Wahl von S: Es gibt eine positive ganze Zahl r mit $S \cong M_r(D)$, wobei D eine K-Divisionsalgebra in unserer Klasse ist. Nun ist D nach 5.3 eindeutig bis auf Isomorphie. Und r ist durch $\dim_K S = [L:K]^2$ bestimmt. Daher ist auch S eindeutig bis auf Isomorphie festgelegt. Ist nun S' eine andere Wahl für S, so gibt es einen Isomorphismus $\varphi\colon S \to S'$. Wir können dann $\varphi \circ i\colon L \to S'$ als die Einbettung von L als strikt maximalen Teilkörper wählen. Dann können wir die $\varphi(u_\sigma)$ als Analoga zu den u_σ nehmen. Man rechnet nun leicht nach, daß man wieder denselben 2-Kozykel γ erhält.

(d) Dank der Ergebnisse von (c) und (b) haben wir nun eine wohldefinierte Abbildung $\beta'\colon Br(L/K) \to H^2(G, L^*)$. Wir zeigen jetzt, daß $\beta \circ \beta'$ die Identität ist.

Wir fangen also mit $[D] \in Br(L/K)$ an, wählen S, i und die u_σ wie in (b) und erhalten γ wie in (3). Dann konstruieren wir S_γ mit der Basis aller v_σ wie in 8.1(2). Nun betrachten wir die L-lineare Abbildung $\varphi\colon S_\gamma \to S$ mit $\varphi(\sum_{\rho \in G} r_\rho v_\rho) = \sum_{\rho \in G} r_\rho u_\rho$ für alle $r_\rho \in L$. Ein Vergleich von (2) und (3) mit 8.1(2) zeigt, daß φ ein Homomorphismus von K-Algebren ist. Weil S_γ einfach ist, muß φ injektiv sein. Aus $\dim_K S_\gamma = [L:K]^2 = \dim_K S$ folgt nun, daß φ ein Isomorphismus ist. Daher gilt $\beta \circ \beta'([D]) = [S_\gamma] = [S] = [D]$. Also ist $\beta \circ \beta'$ die Identität.

(e) Es bleibt zu zeigen, daß auch $\beta' \circ \beta$ die Identität ist. Wir beginnen also mit einem beliebigen Kozykel γ und konstruieren S_γ wie in 8.1(2). Nach 8.4(2) und 8.4(3) gilt $v_\sigma\,i(s) = i(\sigma(s))\,v_\sigma$ für alle $s \in L$ und $\sigma \in G$. Da jedes v_σ invertierbar ist, können wir $u_\sigma = v_\sigma$ wählen, wenn wir die Konstruktion von (b) auf $S = S_\gamma$ anwenden. Aus $v_\sigma\,v_\tau = \gamma(\sigma,\tau)v_{\sigma\tau}$ folgt nun, daß γ gerade der 2-Kozykel ist, den wir oben erhalten, wenn wir $u_\sigma = v_\sigma$ wählen. Daher ist $\beta'([S_\gamma]) = [\gamma]$; also ist $\beta' \circ \beta$ die Identität. $\qquad \square$

Bemerkung: Die Formel 8.5(2) für den Korand zeigt, daß $\widehat{\delta}(1,1) = \delta(1)$. Daraus folgt, daß jede Klasse in $H^2(G, L^*)$ einen (oder mehrere) Repräsentanten γ mit $\gamma(1,1) = 1$ enthält. Daraus folgt dann $\gamma(1,\sigma) = \gamma(\sigma,1) = 1$ für alle $\sigma \in G$.

Beispiel 8.7. Sei $[L : K] = 2$; es gibt dann $\sigma \in G$ mit $G = \{1, \sigma\}$. Wie im Beispiel vor 8.5 gibt es für jedes $b \in K^*$ einen Kozykel $\gamma_b \in Z^2(G, L^*)$ mit $\gamma_b(1, 1) = \gamma_b(1, \sigma) = \gamma_b(\sigma, 1) = 1$ und $\gamma_b(\sigma, \sigma) = b$. Die Abbildung $b \mapsto \gamma_b$ ist ein Gruppenhomomorphismus $K^* \to Z^2(G, L^*)$. Wir behaupten, daß sie einen Isomorphismus

$$K^*/n_{L/K}(L^*) \xrightarrow{\sim} H^2(G, L^*) \tag{1}$$

induziert.

Zur Surjektivität: Wie oben bemerkt, hat jede Klasse in $H^2(G, L^*)$ einen Repräsentanten γ mit $\gamma(1, 1) = \gamma(1, \sigma) = \gamma(\sigma, 1) = 1$. Betrachtet man 8.2(1) mit $\rho = \sigma = \tau$, so erhält man $\gamma(\sigma, \sigma) = \sigma(\gamma(\sigma, \sigma))$, also $\gamma(\sigma, \sigma) \in L^G = K$. Daher gilt $\gamma = \gamma_b$ mit $b = \gamma(\sigma, \sigma) \in K^*$. Also ist die induzierte Abbildung $K^* \to H^2(G, L^*)$ surjektiv.

Es bleibt zu zeigen, daß $[\gamma_b] = [\gamma_c]$ genau dann gilt, wenn $c \in b \, n_{L/K}(L^*)$. Für eine beliebige Abbildung $\delta \colon G \to L^*$ gilt $\widehat{\delta}(1, 1) = \delta(1)$ und $\widehat{\delta}(\sigma, \sigma) = \delta(\sigma) \, \sigma(\delta(\sigma)) \, \delta(1)^{-1} = n_{L/K}(\delta(\sigma)) \, \delta(1)^{-1}$. Gilt $\gamma_c = \widehat{\delta} \gamma_b$, so impliziert $1 = \gamma_c(1, 1) = \gamma_b(1, 1)$, daß $\delta(1) = 1$; dann folgt

$$c = \gamma_c(\sigma, \sigma) = \widehat{\delta}(\sigma, \sigma) \, \gamma_b(\sigma, \sigma) = n_{L/K}(\delta(\sigma)) \, b \in b \, n_{L/K}(L^*).$$

Gibt es umgekehrt $x \in L^*$ mit $c = b \, n_{L/K}(x)$, so setzen wir $\delta(1) = 1$ und $\delta(\sigma) = x$ und erhalten $\gamma_c = \widehat{\delta} \gamma_b$.

Ist $\operatorname{char} K \neq 2$, so hat L die Form $L = K(\sqrt{a})$ mit $a \in K^*$. Nun implizieren (1), Satz 8.6 und das Beispiel vor 8.5, daß jede Klasse in $Br(L/K)$ die Form $[Q(a, b \,|\, K)]$ mit $b \in K^*$ hat. Wir sehen auch, daß $[Q(a, b \,|\, K)] = [K]$, also $Q(a, b \,|\, K) \cong M_2(K)$ genau dann gilt, wenn $b \in n_{L/K}(L^*)$; dies ist im wesentlichen die Äquivalenz von (i) und (iii) in Satz 1.9.

8.8. In dem Spezialfall von 8.7 zeigt Aufgabe 11, daß $b \mapsto [Q(a, b \,|\, K)]$ einen Gruppenhomomorphismus von K^* nach $Br(L/K)$ definiert. Es folgt, daß die Bijektion in Satz 8.6 ein Isomorphismus von Gruppen ist. Dies wollen wir nun für beliebige L und K zeigen.

Ein Hilfsmittel beim Beweis sind idempotente Elemente, vgl. VII.7.2. Ist S ein Ring und ist $s \in S$ idempotent, so ist eSe ein Ring mit Einselement e, vgl. Aufgabe VII.1. Ist hier S eine K–Algebra, gilt also $K 1 \subset Z(S)$, so folgt $K e \subset Z(eSe)$; also ist eSe in natürlicher Weise eine K–Algebra.

In den Abschnitten 8.10 und 8.11 zeigen wir für alle $\gamma, \gamma' \in Z^2(G, L^*)$, daß es ein idempotentes Element $e \in S_\gamma \otimes S_{\gamma'}$ mit

$$e \, (S_\gamma \otimes S_{\gamma'}) \, e \cong S_{\gamma\gamma'} \tag{1}$$

gibt. Dann folgt

$$\beta([\gamma]) \, \beta([\gamma']) = [S_\gamma] \cdot [S_{\gamma'}] = [S_\gamma \otimes S_{\gamma'}] = [S_{\gamma\gamma'}] = \beta([\gamma] \cdot [\gamma']) \tag{2}$$

aus dem folgenden Lemma:

Lemma 8.9. *Sei S eine zentrale, einfache, endlich dimensionale K-Algebra und sei $e \in S$, $e \neq 0$, ein idempotentes Element. Dann ist eSe eine zentrale, einfache, endlich dimensionale K-Algebra; es gilt $[eSe] = [S]$.*

Beweis: Es gibt eine zentrale endlich dimensionale K-Divisionsalgebra D und eine ganze Zahl $r > 0$ mit $S \cong M_r(D)$. Ist E der (bis auf Isomorphie) einzige einfache S-Modul, so gilt $D^{\mathrm{op}} \cong \mathrm{End}_S E$, siehe den Anfang von § 5.

Nun ist Se ein S-Untermodul von S. Also gibt es eine ganze Zahl $k > 0$ mit $Se \cong E^k$. Dann folgt $\mathrm{End}_S Se \cong M_k(D^{\mathrm{op}})$. Andererseits findet man leicht einen Isomorphismus von K-Algebren $eSe \cong (\mathrm{End}_S Se)^{\mathrm{op}}$: Man ordnet jedem $x \in eSe$ die Rechtsmultiplikation mit x zu; vergleiche Aufgabe VII.10. Es folgt, daß $eSe \cong M_k(D^{\mathrm{op}})^{\mathrm{op}} \cong M_k(D)$. Daher ist eSe eine zentrale, einfache, endlich dimensionale K-Algebra mit $[eSe] = [D] = [S]$. $\qquad\square$

Das in 8.8 angekündigte idempotente Element $e \in S_\gamma \otimes S_{\gamma'}$ liegt in der Unteralgebra $L \otimes L$ von $S_\gamma \otimes S_{\gamma'}$, wobei wir L mit seinen Bildern in S_γ und $S_{\gamma'}$ identifizieren. Daher betrachten wir zunächst $L \otimes L$ etwas genauer.

Lemma 8.10. *Es gibt für jedes $\sigma \in G$ genau ein idempotentes Element $e_\sigma \in L \otimes L$ mit*

$$(a \otimes b)\, e_\sigma = (1 \otimes \sigma(a)b)\, e_\sigma \qquad \textit{für alle } a, b \in L. \tag{1}$$

Es gilt $\sum_{\sigma \in G}' e_\sigma = 1$ und $e_\sigma e_\tau = 0$ für alle $\sigma, \tau \in G$ mit $\sigma \neq \tau$. Die Abbildung

$$\underbrace{L \times L \times \cdots \times L}_{|G| \text{ Faktoren}} \longrightarrow L \otimes L, \qquad (a_\sigma)_{\sigma \in G} \mapsto \sum_{\sigma \in G}(1 \otimes a_\sigma)\, e_\sigma \tag{2}$$

ist ein Isomorphismus von Ringen.

Beweis: Jedes $\sigma \in G$ kann als Homomorphismus $L \to L$ von K-Algebren angesehen werden. Die universelle Eigenschaft in 2.4 gibt dann einen Homomorphismus $\widetilde{\sigma} \colon L \otimes L \to L$ von L-Algebren mit $\widetilde{\sigma}(a \otimes b) = \sigma(a)\, b$ für alle $a, b \in L$.

Sei $\sigma_1, \sigma_2, \ldots, \sigma_n$ eine Numerierung von G; hier ist $n = |G| = [L : K]$. Die $\widetilde{\sigma}_i$ lassen sich nun zu einem Homomorphismus von L-Algebren

$$\varphi \colon L \otimes L \longrightarrow \underbrace{L \times L \times \cdots \times L}_{|G| \text{ Faktoren}}, \qquad x \mapsto (\widetilde{\sigma_1}(x), \widetilde{\sigma_2}(x), \ldots, \widetilde{\sigma_n}(x))$$

kombinieren. Für alle $a, b \in L$ gilt

$$\varphi(a \otimes b) = (\sigma_1(a)\, b, \sigma_2(a)\, b, \ldots, \sigma_n(a)\, b). \tag{3}$$

Sei $v_1, v_2, \ldots, v_n$ eine Basis von L über K. Dann ist $v_1 \otimes 1,\ v_2 \otimes 1, \ldots, v_n \otimes 1$ eine Basis von $L \otimes L$ über L. Es gilt $\varphi(v_i \otimes 1) = (\sigma_1(v_i), \sigma_2(v_i), \ldots, \sigma_n(v_i))$ für alle i. Nach Korollar VI.3.4 ist $\det(\sigma_j(v_i)) \neq 0$. Dies impliziert, daß die $\varphi(v_i \otimes 1)$ linear unabhängig über L sind, also eine Basis von L^n über L. Daher bildet φ eine Basis auf eine Basis ab und ist bijektiv.

Für alle i, $1 \leq i \leq n$, setze $e_i = (0, \ldots, 0, 1, 0, \ldots, 0)$ mit der 1 an der i–ten Stelle. Dies ist ein idempotentes Element in $L \times L \times \cdots \times L$. Setze $e_{\sigma_i} := \varphi^{-1}(e_i)$ für alle i. Damit haben wir für jedes $\sigma \in G$ ein idempotentes Element $e_\sigma \in L \otimes L$ definiert. Aus $1 = \sum_{i=1}^{n} e_i$ folgt $1 = \sum_{\sigma \in G} e_\sigma$; aus $e_i e_j = 0$ für $i \neq j$ folgt $e_\sigma e_\tau = 0$ für $\sigma \neq \tau$. Für alle $a, b \in L$ und alle i gilt

$$\varphi((a \otimes b)\, e_{\sigma_i}) = \varphi(a \otimes b)\, e_i = (0, \ldots, 0, \sigma_i(a)\, b, 0, \ldots, 0). \qquad (4)$$

Daraus folgt $\varphi((a \otimes b)\, e_{\sigma_i}) = \varphi((1 \otimes \sigma_i(a)\, b)\, e_{\sigma_i})$, also wegen der Bijektivität von φ auch $(a \otimes b)\, e_{\sigma_i} = (1 \otimes \sigma_i(a)\, b)\, e_{\sigma_i}$. Daher erfüllt jedes e_σ die Gleichung (1).

Für jedes n–tupel $(a_1, a_2, \ldots, a_n) \in L \times L \times \cdots \times L$ gilt nach (4)

$$\varphi^{-1}(a_1, a_2, \ldots, a_n) = \sum_{i=1}^{n} (1 \otimes a_i)\, e_{\sigma_i}.$$

Dies zeigt (2).

Es bleibt zu zeigen, daß e_σ das einzige idempotente Element in $L \otimes L$ ist, das (1) erfüllt. Sei $f \in L \otimes L$ idempotent mit $(a \otimes b)\, f = (1 \otimes \sigma_i(a)\, b)\, f$ für alle $a, b \in L$ und ein festes i. Dann ist $\varphi(f)$ idempotent in $L \times L \times \cdots \times L$. Die idempotenten Elemente in diesem direkten Produkt sind die n–tupel mit allen Komponenten in $\{0, 1\}$. Daher gibt es eine Teilmenge J von $\{1, 2, \ldots, n\}$ mit $\varphi(f) = \sum_{j \in J} e_j$. Daraus folgt $f = \sum_{j \in J} e_{\sigma_j}$ und für alle $a \in L$

$$\begin{aligned}
\sum_{j \in J}(1 \otimes \sigma_j(a))\, e_{\sigma_j} &= \sum_{j \in J}(a \otimes 1)\, e_{\sigma_j} = (a \otimes 1)\, f \\
&= (1 \otimes \sigma_i(a))\, f = \sum_{j \in J}(1 \otimes \sigma_i(a))\, e_{\sigma_j}.
\end{aligned}$$

Wegen (2) folgt $\sigma_j(a) = \sigma_i(a)$ für alle $j \in J$ und alle $a \in L$, also $J = \{i\}$ und $f = e_{\sigma_i}$. $\qquad \Box$

8.11. Seien γ und γ' Kozyklen in $Z^2(G, L^*)$. Wir identifizieren L mit seinen Bildern in S_γ und $S_{\gamma'}$ und wenden auf die Unteralgebra $L \otimes L$ von $S_\gamma \otimes S_{\gamma'}$ die Notationen von Lemma 8.10 an. Setze $e := e_{\mathrm{Id}}$.

Für S_γ benutzen wir die Notation von 8.1(2) mit der Basis $(v_\sigma)_{\sigma \in G}$; die entsprechende Basis von $S_{\gamma'}$ heiße $(v'_\sigma)_{\sigma \in G}$. Für alle $a \in L$ und $\sigma \in G$ gilt also

$$v_\sigma\, a\, v_\sigma^{-1} = \sigma(a) \qquad \text{und} \qquad v'_\sigma\, a\, (v'_\sigma)^{-1} = \sigma(a).$$

Daraus folgt in $S_\gamma \otimes S_{\gamma'}$ für alle $a, b \in L$

$$(v_\sigma \otimes 1)\, (a \otimes b)\, (v_\sigma^{-1} \otimes 1) = \sigma(a) \otimes b.$$

Also gilt $(v_\sigma \otimes 1)(L \otimes L)(v_\sigma^{-1} \otimes 1) = L \otimes L$, und $(v_\sigma^{-1} \otimes 1) e (v_\sigma \otimes 1)$ ist daher ein idempotentes Element in $L \otimes L$. Nun gilt für alle $a, b \in L$

$$
\begin{aligned}
(a \otimes b)(v_\sigma^{-1} \otimes 1) e (v_\sigma \otimes 1) &= (v_\sigma^{-1} \otimes 1)(\sigma(a) \otimes b) e (v_\sigma \otimes 1) \\
&= (v_\sigma^{-1} \otimes 1)(1 \otimes \sigma(a)\, b) e (v_\sigma \otimes 1) \\
&= (1 \otimes \sigma(a)\, b)(v_\sigma^{-1} \otimes 1) e (v_\sigma \otimes 1).
\end{aligned}
$$

Die Eindeutigkeitsaussage in Lemma 8.10 impliziert nun $(v_\sigma^{-1} \otimes 1) e (v_\sigma \otimes 1) = e_\sigma$, also

$$
e (v_\sigma \otimes 1) = (v_\sigma \otimes 1) e_\sigma. \tag{1}
$$

Analog zeigt man für alle $\sigma \in G$, daß

$$
(1 \otimes v_\sigma') e = e_\sigma (1 \otimes v_\sigma'). \tag{2}
$$

Für alle $\sigma, \tau \in G$ und $a, b \in L$ folgt

$$
\begin{aligned}
e (a\, v_\sigma \otimes b\, v_\tau') e &= e (a \otimes b)(v_\sigma \otimes 1)(1 \otimes v_\tau') e \\
&= (a \otimes b) e (v_\sigma \otimes 1) e_\tau (1 \otimes v_\tau') \\
&= (1 \otimes a\, b)(v_\sigma \otimes 1) e_\sigma e_\tau (1 \otimes v_\tau') \\
&= \delta_{\sigma\tau} (1 \otimes a\, b)(v_\sigma \otimes 1) e_\sigma (1 \otimes v_\tau') \\
&= \delta_{\sigma\tau} (1 \otimes a\, b) e (v_\sigma \otimes v_\sigma').
\end{aligned}
$$

Weil $S_\gamma \otimes S_{\gamma'}$ von allen $a\, v_\sigma \otimes b\, v_\tau'$ als additive Gruppe erzeugt wird, zeigt dies, daß

$$
e (S_\gamma \otimes S_{\gamma'}) e = \Big\{ \sum_{\sigma \in G} (1 \otimes a_\sigma) e (v_\sigma \otimes v_\sigma') \mid a_\sigma \in L \text{ für alle } \sigma \in G \Big\}.
$$

Weiter rechnet man nun leicht nach, wobei Einzelheiten dem Leser überlassen werden, daß

$$
(1 \otimes a) e (v_\sigma \otimes v_\sigma') \cdot (1 \otimes b) e (v_\tau \otimes v_\tau') = (1 \otimes a\, \sigma(b)\, \gamma(\sigma, \tau)\, \gamma'(\sigma, \tau)) e (v_{\sigma\tau} \otimes v_{\sigma\tau}') \tag{3}
$$

für alle $\sigma, \tau \in G$ und $a, b \in L$.

Sei nun $(w_\sigma)_{\sigma \in G}$ die Basis von $S_{\gamma\gamma'}$ über L, die analog zur Basis $(v_\sigma)_{\sigma \in G}$ von S_γ ist. Es gibt nun eine surjektive L–lineare Abbildung

$$
\psi \colon S_{\gamma\gamma'} \to e (S_\gamma \otimes S_{\gamma'}) e, \qquad \sum_{\sigma \in G} a_\sigma w_\sigma \mapsto \sum_{\sigma \in G} (1 \otimes a_\sigma) e (v_\sigma \otimes v_\sigma').
$$

Aus (3) folgt, daß ψ ein Homomorphismus von K–Algebren ist. Weil $S_{\gamma\gamma'}$ einfach ist, muß ψ injektiv, also bijektiv sein. Damit haben wir 8.8(1) bewiesen. Wie in 8.8 bemerkt, folgt nun 8.8(2). Dies bedeutet, daß die Bijektion β von Satz 8.6 sogar ein Isomorphismus von Gruppen ist.

Satz 8.12. *Seien R eine zentrale, einfache und endlich dimensionale K-Algebra und L/K eine endliche Galoiserweiterung mit Galoisgruppe $G = G(L/K)$ von der Ordnung $n := |G|$. Ist $[R] \in Br(L/K)$, so ist die Ordnung von $[R]$ in $Br(K)$ ein Teiler von n.*

Beweis: Unter dem Isomorphismus von Gruppen $H^2(G, L^*) \xrightarrow{\sim} Br(L/K)$ in 8.6 entspricht der Klasse $[R]$ eine Klasse $[\gamma]$ mit einem Kozykel γ in $Z^2(G, L^*)$. Man betrachte die Kozykelbedingung

$$\gamma(\rho, \sigma)\, \gamma(\rho\sigma, \tau) \;=\; \gamma(\rho, \sigma\tau)\, \rho(\gamma(\sigma, \tau))$$

für alle $\rho, \sigma, \tau \in G$. Bildet man das Produkt über alle $\tau \in G$, so erhält man:

$$\gamma(\rho, \sigma)^n \prod_{\tau \in G} \gamma(\rho\sigma, \tau) \;=\; \prod_{\tau \in G} \gamma(\rho, \sigma\tau)\, \rho(\prod_{\tau \in G} \gamma(\sigma, \tau)).$$

Setzt man $\delta\colon G \to L^*$, $\sigma \mapsto \prod_{\tau \in G} \gamma(\sigma, \tau)$, so erhält man

$$\gamma(\rho, \sigma)^n = \delta(\rho)\, \rho(\delta(\sigma))\, \delta(\rho\sigma)^{-1} = \widehat{\delta}(\rho, \sigma)$$

für alle $\rho, \sigma \in G$, also $\gamma^n = \widehat{\delta}$. Daher haben erst $[\gamma]$ in $H^2(G, L^*)$ und dann $[R]$ in $Br(L/K) \subset Br(K)$ eine Ordnung, die n teilt. $\qquad\square$

Korollar 8.13. *Jedes Element in der Brauergruppe $Br(K)$ hat endliche Ordnung.*

Beweis: Nach Korollar 7.11 ist $Br(K) = \bigcup_L Br(L/K)$, wobei L über die endlichen Galoiserweiterungen von K läuft. $\qquad\square$

§ 9 Zyklische Algebren

In diesem Abschnitt sei L/K eine endliche Galoiserweiterung mit *zyklischer* Galoisgruppe $G := G(L/K)$. Wir zeigen hier, daß in diesem Fall die verschränkten Produkte von 8.3 eine besonders einfache Form haben.

9.1. Sei $\gamma \in Z^2(G, L^*)$. Nach 8.4 enthält die einfache, zentrale, endlich dimensionale K-Algebra S_γ den Körper L als strikt maximalen Teilkörper. Als verschränktes Produkt von L mit G ist S_γ von der Form

$$S_\gamma \;=\; \bigoplus_{\sigma \in G} L\, u_\sigma$$

mit über L linear unabhängigen Elementen $u_\sigma \in S_\gamma^*$, $\sigma \in G$. Es gilt

$$u_\sigma\, x = \sigma(x)\, u_\sigma \qquad \text{für alle } x \in L \text{ und } \sigma \in G \qquad (1)$$

und

$$u_\sigma\, u_\tau = \gamma(\sigma, \tau)\, u_{\sigma\tau} \qquad \text{für alle } \sigma, \tau \in G. \qquad (2)$$

Wir wählen ein erzeugendes Element ω der zyklischen Gruppe G; es gilt also $G = \{\mathrm{Id}, \omega, \omega^2, \ldots, \omega^{n-1}\}$ mit $n = [L : K]$. Wir setzen $u := u_\omega \in S_\gamma^*$. Aus (1) erhält man mittels Induktion für alle $i \in \mathbb{Z}$, daß

$$u^i\, x\, u^{-i} \;=\; \omega^i(x) \qquad \text{für alle } x \in L. \tag{3}$$

Daraus folgt $u_{\omega^i}\, u^{-i} \in Z_{S_\gamma}(L) = L$. Es gibt also ein $y_i \in L^*$ mit $u^i = y_i u_{\omega^i}$. Daher bilden auch die u^i, $0 \le i < n$, eine Basis von S_γ über L. Weiter folgt $u^n \in Z_{S_\gamma}(L) = L$. Wendet man das erzeugende Element ω von G auf u^n an, so ergibt sich $\omega(u^n) = u\, u^n\, u^{-1} = u^n$. Also folgt $u^n \in K^*$ wegen $L^G = K$.

Damit hat S_γ die Darstellung $S_\gamma = \bigoplus_{i=0}^{n-1} L\, u^i$. Es gilt $u^n \in K^*$ und $u\, x = \omega(x)\, u$ für alle $x \in L$. Man nennt eine Algebra dieser Form eine *zyklische Algebra*.

Wir wollen zeigen: Betrachten wir alle möglichen Kozykel γ, so treten oben alle $a \in K^*$ als u^n auf. Dazu definieren wir für jedes $u \in K^*$ eine Abbildung

$$\gamma_a \colon G \times G \to L^*, \qquad (\omega^i, \omega^j) \mapsto \begin{cases} 1 & \text{für } i + j < n, \\ a & \text{für } i + j \ge n, \end{cases} \tag{4}$$

(für $i, j = 0, 1, \ldots, n - 1$).

Satz 9.2. *Sei L/K eine endliche Galoiserweiterung vom Grad n mit zyklischer Galoisgruppe G, sei ω ein erzeugendes Element von G. Für jedes $a \in K^*$ ist die Abbildung γ_a ein Kozykel in $Z^2(G, L^*)$. Das zugehörige verschränkte Produkt S_{γ_a} von L mit G hat die Form*

$$(L, G, \gamma_a) \;=\; \bigoplus_{i=0}^{n-1} L\, u^i$$

mit $u\, x = \omega(x)\, u$ für alle $x \in L$ und $u^n = a$.

Beweis: Aus der Definition von γ_a folgt durch einfache Rechnung, daß die Kozykelbedingung

$$\gamma_a(\omega^i, \omega^j)\, \gamma_a(\omega^{i+j}, \omega^k) = \gamma_a(\omega^i, \omega^{j+k})\, \omega^i(\gamma_a(\omega^j, \omega^k))$$

für alle $i, j, k = 0, 1, \ldots, n - 1$ erfüllt ist. (Man unterscheidet sechs Fälle.)

Nach der Konstruktion in 8.1–8.4 gilt für das zugehörige verschränkte Produkt S_{γ_a}, daß

$$S_{\gamma_a} \;=\; \bigoplus_{i=0}^{n-1} L\, u_{\omega^i}$$

und daß $u_\omega\, x = \omega(x)\, u_\omega$ für alle $x \in L$. Wegen $\gamma_a(1,1) = 1$ gilt $u_1 = 1 = u^0$. Aus der allgemeinen Formel

$$u_{\omega^i}\, u_\omega \;=\; \gamma_a(\omega^i, \omega)\, u_{\omega^{i+1}}$$

folgt induktiv, daß $u_{\omega^i} = u_\omega^i$ für $1 \le i < n$ und $u_\omega^n = a\, u_{\omega^n} = a\, u_1 = a$. Setzt man $u := u_\omega$, so folgt die Behauptung. $\qquad\square$

Satz 9.3. *Sei L/K eine endliche Galoiserweiterung vom Grad n mit zyklischer Galoisgruppe G, sei ω ein erzeugendes Element von G. Seien $a, b \in K^*$. Die K-Algebren S_{γ_b} und S_{γ_a} sind genau dann zueinander isomorph, wenn es ein $y \in L^*$ mit $b = n_{L/K}(y)\, a$ gibt.*

Beweis: Nehmen wir zunächst an, daß $S_{\gamma_a} \cong S_{\gamma_b}$. Nach 8.6 gilt dann $[\gamma_a] = [\gamma_b]$ für die zugehörigen Klassen in $H^2(G, L^*)$. Dies bedeutet, daß es eine Abbildung $\delta \colon G \to L^*$ gibt, so daß $\gamma_b = \widehat{\delta}\,\gamma_a$; also gilt nach der Definition von $\widehat{\delta}$ in 8.5(2)

$$\gamma_b(\sigma, \tau) = \delta(\sigma)\, \sigma(\delta(\tau))\, \delta(\sigma\tau)^{-1}\, \gamma_a(\sigma, \tau) \qquad \text{für alle } \sigma, \tau \in G. \tag{1}$$

Setzen wir hier $\sigma = \tau = 1$ ein, so erhalten wir $\delta(1) = 1$ wegen $\gamma_b(1,1) = 1 = \gamma_a(1,1)$. Der Spezialfall

$$\gamma_b(\omega^i, \omega) = \delta(\omega^i)\, \omega^i(\delta(\omega))\, \delta(\omega^{i+1})^{-1}\, \gamma_a(\omega^i, \omega)$$

von (1) impliziert für $i < n - 1$, daß

$$\delta(\omega^{i+1}) = \delta(\omega^i)\, \omega^i(\delta(\omega)), \tag{2}$$

und für $i = n - 1$ wegen $\delta(\omega^n) = \delta(1) = 1$, daß

$$b = \delta(\omega^{n-1})\, \omega^{n-1}(\delta(\omega))a. \tag{3}$$

Aus (2) folgt durch Induktion, daß $\delta(\omega^i) = \prod_{j=0}^{i-1} \omega^j(\delta(\omega))$. Setzen wir dies in (3) ein, so erhalten wir

$$b = a \prod_{j=0}^{n-1} \omega^j(\delta(\omega)) = a\, n_{L/K}(\delta(\omega)).$$

Damit haben wir eine Richtung im Satz bewiesen.

Nehmen wir nun umgekehrt an, daß es ein $y \in L^*$ mit $b = n_{L/K}(y)\, a$ gibt. Wir benutzen für S_{γ_a} die Notation wie in Satz 9.2. Es gibt also $u \in S_{\gamma_a}^*$ mit $u\, x = \omega(x)\, u$ für alle $x \in L$, so daß $1, u, u^2, \ldots, u^{n-1}$ eine Basis von S_{γ_a} über L ist. Für S_{γ_b} benutzen wir eine entsprechende Notation mit u' an Stelle von u.

Setze nun $v := y\,u \in S_{\gamma_a}$. Mit Hilfe von $u\,x = \omega(x)\,u$ zeigt man durch Induktion, daß $v^i = \prod_{j=0}^{i-1} \omega^j(y)\,u^i$ für alle $i \geq 0$. Daraus folgt einerseits, daß auch $1, v, v^2, \ldots, v^{n-1}$ eine Basis von S_{γ_a} über L ist. Andererseits erhalten wir $v^n - n_{L/K}(y)\,u = b$. Nun sieht man leicht, daß die Zuordnung $\sum_{i=0}^{n-1} c_i(u')^i \mapsto \sum_{i=0}^{n-1} c_i v^i$ (für alle $c_0, c_1, \ldots, c_{n-1} \in L$) ein Isomorphismus von K–Algebren $S_{\gamma_b} \xrightarrow{\sim} S_{\gamma_a}$ ist. $\qquad\square$

Faßt man diese Ergebnisse zusammen, so erhält man, unter Verwendung von 8.6:

Satz 9.4. *Sei L/K eine endliche Galoiserweiterung mit zyklischer Galoisgruppe G, sei ω ein erzeugendes Element von G. Die Zuordnung $a \mapsto [S_{\gamma_a}] = \beta([\gamma_a])$ induziert Isomorphismen*

$$K^*/n_{L/K}(L^*) \xrightarrow{\sim} H^2(G, L^*) \xrightarrow{\beta} Br(L/K). \qquad (1)$$

Die erste Abbildung hängt von der Wahl von ω ab. Insbesondere wird jedes Element in $Br(L/K)$ durch ein verschränktes Produkt von L mit G von der Form $S_{\gamma_a} = (L, G, \gamma_a)$ repräsentiert. Hierbei ist a modulo $\operatorname{im} n_{L/K}$ eindeutig bestimmt.

Beweis: Nach 9.1 hat jede Klasse in $Br(L/K)$ einen Repräsentanten der Form S_{γ_a} für ein $a \in K^*$. Daraus folgt nach 8.6, daß $K^* \to H^2(G, L^*)$ mit $a \mapsto [\gamma_a]$ surjektiv ist. Und Satz 9.3 impliziert mit 8.6, daß $[\gamma_b] = [\gamma_a]$ zu $b \in n_{L/K}(L^*)\,a$ äquivalent ist. Da offensichtlich $\gamma_a\,\gamma_b = \gamma_{ab}$ für alle $a, b \in K^*$, erhalten wir den ersten Isomorphismus in (1).

Ersetzt man ω durch ein anderes Erzeugendes, also durch ein ω^d mit $(d, n) = 1$, so ersetzt man u in 9.1 durch u^d, also $a = u^n$ durch $(u^d)^n = u^{nd} = a^d$. Auf diese Weise hängt der erste Isomorphismus in (1) von ω ab. $\qquad\square$

ÜBUNGEN

§ 1 Quaternionenalgebren

1. Seien K ein Körper, $\operatorname{char} K \neq 2$, und $Q = Q(a, b \,|\, K)$ eine Quaternionenalgebra über K, versehen mit der Basis $1, i, j, k$ wie in 1.1. Ein Quaternion $x = x_0 1 + x_1 i + x_2 j + x_3 k$ mit allen $x_r \in K$ heißt *rein*, falls $x_0 = 0$ gilt. Die Menge der reinen Quaternionen in Q werde mit Q_0 bezeichnet. Zeige für alle $x \in Q$, $x \neq 0$, daß $x \in Q_0$ genau dann, wenn $x \notin K$ und $x^2 \in K$. Folgere, daß ein Isomorphismus von K–Algebren $\varphi\colon Q \to Q'$ zwischen Quaternionenalgebren stets $\varphi(Q_0) = Q'_0$ erfüllt.

2. Wieviele Lösungen hat die Gleichung $X^2 = -1$ in der Hamiltonschen Quaternionenalgebra?

3. Seien K ein Körper und $a, b \in K$. Betrachte wie in 1.1 die zweidimensionale K–Algebra A mit Basis $1, i$, so daß $i^2 = a\,1$. Bezeichne den Automorphismus

$x \mapsto \overline{x}$ von 1.1(1) mit σ und betrachte den Schiefpolynomring $A_\sigma[X]$ wie in Abschnitt C. Zeige: Das Element $X^2 - b$ gehört zum Zentrum von $A_\sigma[X]$ und erzeugt ein zweiseitiges Ideal $A_\sigma[X](X^2 - b)$ in $A_\sigma[X]$. Der Restklassenring $A_\sigma[X]/A_\sigma[X](X^2 - b)$ ist zu $Q(a, b \,|\, K)$ isomorph.

4. Zeige: Die $\mathbb{R}$–Algebra $\mathbb{H}$ der Hamiltonschen Quaternionen ist zu

$$\left\{ \begin{pmatrix} z & w \\ -\overline{w} & \overline{z} \end{pmatrix} \,\Big|\, z, w \in \mathbb{C} \right\} \subset M_2(\mathbb{C})$$

isomorph.

5. Seien K ein Körper mit $\operatorname{char} K \neq 2$ und $a \in K$. Setze $Q = Q(a, 0 \,|\, K)$ und $I := \{z \in Q \mid z^2 = 0\}$. Zeige, daß I ein zweiseitiges Ideal in Q ist, daß $\dim_K I = 2$, falls $a \neq 0$, und daß $\dim_K I = 3$, falls $a = 0$.

6. Seien K ein Körper, $\operatorname{char} K \neq 2$, und $Q = Q(a, b \,|\, K)$ eine Quaternionenalgebra über K. Zeige für alle $x, y \in Q$, daß $xy - yx$ ein reines Quaternion (wie in Aufgabe 1) ist.

7. Zeige, daß jede Quaternionenalgebra $Q(a, b \,|\, K)$ zu ihrer entgegengesetzten Algebra isomorph ist: $Q(a, b \,|\, K) \cong Q(a, b \,|\, K)^{\mathrm{op}}$.

8. Seien Q und Q' Quaternionenalgebren über einem Körper K, $\operatorname{char} K \neq 2$, seien N und N' die zugehörigen Normabbildungen. Zeige: Ist $\varphi \colon Q \to Q'$ ein Isomorphismus von K–Algebren, so induziert φ eine K–lineare Abbildung der zugrunde liegenden K–Vektorräume, für die $N(x) = N'(\varphi(x))$ für alle $x \in Q$ gilt. (Man sagt, daß Q und Q' versehen mit den Normformen isometrisch als quadratische Räume sind.)

9. Sei K ein Körper mit $\operatorname{char} K \neq 2$. Zeige für alle $a \in K^*$, daß die beiden Quaternionenalgebren $Q(a, -a \,|\, K)$ und $Q(a, 1 - a \,|\, K)$ [falls $a \neq 1$] zur Matrizenalgebra $M_2(K)$ isomorph sind.

10. Sei p eine Primzahl mit $p \equiv 3 \pmod 4$. Zeige, daß $Q(-1, p \,|\, \mathbb{Q})$ eine Divisionsalgebra ist.

§ 2 Tensorprodukte von Algebren

11. Seien K ein Körper und $a, b, b' \in K^*$. Betrachte in der Quaternionenalgebra $Q = Q(a, b \,|\, K)$ (bzw. $Q' = Q(a, b' \,|\, K)$) die Basis $1, i, j, k$ (bzw. $1, i', j', k'$) wie in 1.1. Im Tensorprodukt $Q \otimes_K Q'$ setze man

$$1 = 1 \otimes 1, \qquad I = i \otimes 1, \qquad J = j \otimes j', \qquad {}^s\!I = 1 \otimes j', \qquad {}^s\!J = i \otimes k'.$$

Zeige: Die von $1, I, J, IJ$ erzeugte K–Unteralgebra ist isomorph zur Quaternionenalgebra $Q(a, bb' \,|\, K)$. Die von $1, {}^s\!I, {}^s\!J, {}^s\!I \,{}^s\!J$ erzeugte K–Unteralgebra ist zur Matrizenalgebra $M_2(K)$ isomorph. Es gibt einen Isomorphismus

$$Q(a, b \,|\, K) \otimes_K Q(a, b' \,|\, K) \cong Q(a, bb' \,|\, K) \otimes_K M_2(K)$$

von K–Algebren.

12. Sei L/K eine Körpererweiterung mit $L \neq K$. Zeige, daß die Algebra $L \otimes_K L$ kein Körper ist.

13. Seien A ein kommutativer Ring und R (bzw. S) ein Polynomring über A in n (bzw. m) Unbestimmten. Zeige, daß $R \otimes_A S$ ein Polynomring über A in $n + m$ Unbestimmten ist.

14. Seien A ein kommutativer Ring, I ein Ideal in A und R eine A–Algebra. Zeige: Es ist IR ein zweiseitiges Ideal in R, und man hat einen Isomorphismus $A/I \otimes_A R \cong R/IR$ von A–Algebren. (Hinweis: VII.4.3)

15. Seien K ein Körper und L/K eine Körpererweiterung. Zeige, daß es einen Isomorphismus von L–Algebren $Q(a,b \,|\, K) \otimes_K L \overset{\sim}{\longrightarrow} Q(a,b \,|\, L)$ gibt. (Hinweis: VII.10.8)

16. Zeige, daß die $\mathbb{C}$–Algebra $\mathbb{H} \otimes_{\mathbb{R}} \mathbb{C}$ zur Matrizenalgebra $M_2(\mathbb{C})$ isomorph ist.

17. Sei L/K eine endliche separable Körperweiterung. Sei $\bar{K}$ ein algebraischer Abschluß von K mit $L \subset \bar{K}$. Die K–Homomorphismen $L \to \bar{K}$ werden mit $\sigma_1, \sigma_2, \ldots, \sigma_n$ bezeichnet. Zeige: Es gibt für jedes i einen Homomorphismus $\tilde{\sigma}_i : L \otimes_K \bar{K} \to \bar{K}$ von $\bar{K}$–Algebren mit $\tilde{\sigma}_i(x \otimes 1) = \sigma_i(x)$ für alle $x \in L$. Zeige, daß

$$\varphi \colon L \otimes_K \bar{K} \to \bar{K} \times \bar{K} \times \cdots \times \bar{K}, \qquad z \mapsto (\tilde{\sigma}_1(z), \tilde{\sigma}_2(z), \ldots, \tilde{\sigma}_n(z))$$

ein Isomorphismus von $\bar{K}$–Algebren ist.

§ 3   Zentrale Algebren

18. Sei K ein Körper mit $\mathrm{char}\, K \neq 2$. Zeige: Das Zentrum von $Q(0,0 \,|\, K)$ ist zu $K[X]/(X^2)$ isomorph.

19. Seien K ein Körper und R_1, R_2 zwei K–Algebren. Zeige: Gibt es eine Körpererweiterung L/K mit $R_1 \otimes_K L \cong R_2 \otimes_K L$ als L–Algebren, so gilt $\dim_K Z(R_1) = \dim_K Z(R_2)$.

20. Seien K ein Körper mit $\mathrm{char}\, K \neq 2$ und $a, b \in K$. Bestimme den Zentralisator von $A = K\,1 + K\,i$ in $Q(a,b \,|\, K)$, sowohl wenn $a \neq 0$ als auch wenn $a = 0$.

21. Bestimme den Zentralisator in $M_2(\mathbb{C})$ der Unteralgebra von Aufgabe 4.

§ 4   Einfache Algebren

22. Seien K ein Körper und n eine positive ganze Zahl. Eine K–Algebra R heißt *innere Form* von $M_n(K)$, wenn es einen Erweiterungskörper L von K gibt, so daß $R \otimes_K L \cong M_n(L)$ als L–Algebren. Zeige: Ist eine K–Algebra R eine innere Form von $M_n(K)$, so ist R zentral und einfach.

23. Seien K ein Körper und $n > 1$ eine ganze Zahl. Bestimme den Zentralisator in $R := M_n(K)$ der Unteralgebra S aller Diagonalmatrizen in R und zeige, daß die natürliche Abbildung $Z_R(S) \otimes_K S \to R$, $a \otimes b \mapsto ab$, nicht injektiv ist.

24. Finde eine einfache Unteralgebra S in $R := M_2(\mathbb{R})$, so daß die Abbildung $Z_R(S) \otimes_{\mathbb{R}} S \to R$ (wie in 4.3) nicht injektiv ist.

25. Finde einen Körper K und K–Algebren R und S, wobei S einfach ist, aber die Abbildung $I \mapsto I \otimes S$ von Satz 4.4 nicht bijektiv ist. (Hinweis: Aufgabe 12.)

26. Seien K ein Körper und S die Unteralgebra in $R := M_4(K)$ aller Block-matrizen der Form $\left(\begin{smallmatrix} A & 0 \\ 0 & A \end{smallmatrix}\right)$ mit $A \in M_2(K)$. Bestimme $Z_R(S)$ und zeige mit elementaren Methoden, daß die natürliche Abbildung $Z_R(S) \otimes_K S \to R$ surjektiv ist.

§ 5   Brauergruppen und Zerfällungskörper von Algebren

27. Seien K ein Körper und D eine zentrale, endlich dimensionale K-Divisions-algebra. Seien n und r positive ganze Zahlen. Zeige: $M_r(K)$ ist genau dann zu einer Unteralgebra von $M_n(D)$ isomorph, wenn $r \mid n$.

28. Seien K ein Körper und D eine zentrale, endlich dimensionale K-Divisions-algebra. Sei r eine positive ganze Zahl. Zeige: D ist genau dann zu einer Unteralgebra von $M_r(K)$ isomorph, wenn $\dim_K D \mid r$.

29. Seien D_1 und D_2 endlich dimensionale Divisionsalgebren über einem Kör-per K. Zeige: Ist D_1 zentral, so gibt es eine Divisionsalgebra C über K und eine positive ganze Zahl r, so daß $D_1 \otimes D_2 \cong M_r(C)$ wobei $r \mid \dim_K D_i$ für $i = 1, 2$. (Bemerke, daß hieraus auch Satz 5.13 folgt.)

§ 6   Zentralisatoren und der Satz von Skolem & Noether

30. Seien K ein Körper und R eine zentrale, einfache und endlich dimensionale K-Algebra. Zeige: Die Gruppe $\mathrm{Aut}_{K-\mathrm{alg}} R$ aller Automorphismen von R als K-Algebra ist zu R^*/K^* isomorph. Insbesondere gilt $\mathrm{Aut}_{K-\mathrm{alg}} M_n(K) \cong GL_n(K)/K^*$.

Algebren mit Involutionen

Seien K ein Körper und R eine K-Algebra. Eine *Involution auf* R ist ein K-Modulautomorphismus $\sigma\colon R \to R$ mit $\sigma^2 = \mathrm{Id}_R$ und $\sigma(xy) = \sigma(y)\,\sigma(x)$ für alle $x, y \in R$. Sind (R, σ) und (R', σ') jeweils K-Algebren mit Involutionen, so heißt ein Isomorphismus von K-Algebren $\varphi\colon R \to R'$ mit $\varphi(\sigma(x)) = \sigma'(\varphi(x))$ für alle $x \in R$ ein Isomorphismus von K-Algebren mit Involution.

31. Sei (R, σ) eine K-Algebra mit Involution. Zeige:

(a) Es gelten $\sigma(1) = 1$ und $\sigma(u^{-1}) = \sigma(u)^{-1}$ für jede Einheit $u \in R$.

(b) Ist auch (S, τ) eine K-Algebra mit Involution, so ist $(R \otimes_K S, \sigma \otimes \tau)$ eine K-Algebra mit Involution. Für jede Körpererweiterung L/K ist auch $(R \otimes_K L, \sigma \otimes \mathrm{Id}_L)$ eine L-Algebra mit Involution.

(c) Ist $\varphi\colon R \to R'$ ein Isomorphismus von K-Algebren, so ist $\varphi \circ \sigma \circ \varphi^{-1}$ eine Involution auf R'.

32. Entscheide, ob es sich in den folgenden Fällen einer K-Algebra R und einer Abildung $\tau\colon R \to R$ um eine Involution auf R handelt.

(a) $R = Q(a, b \mid K)$ mit $a, b \in K^*$ wie in § 1 und τ gleich der Konjugation wie in 1.5.

(b) $R = K[G]$, die Gruppenalgebra über K einer endlichen Gruppe G, wobei τ auf der Basis $(\varepsilon_g)_{g \in G}$ wie in § VIII.5 durch $\tau(\varepsilon_g) = \varepsilon_{g^{-1}}$ für alle $g \in G$ gegeben ist.

(c) $R = M_n(K)$ und $\tau\colon x \mapsto x^t$ (die Transponierte von x).

(d) $R = M_2(D)$ mit $D = Q(a, b \mid K)$, $a, b \in K^*$, und

$$\tau\colon \begin{pmatrix} u & v \\ w & x \end{pmatrix} \mapsto \begin{pmatrix} \overline{u} & \overline{w} \\ \overline{v} & \overline{x} \end{pmatrix},$$

wobei $x \mapsto \overline{x}$ die Konjugation von 1.5 auf D ist.

33. Seien S eine zentrale, einfache, endlich dimensionale K–Algebra und σ eine Involution auf S. Zeige:

(a) Ist $u \in S^*$ eine Einheit mit $\sigma(u) = \pm u$, so definiert die Zuordnung $x \mapsto u\sigma(x)u^{-1}$, $x \in S$, eine Involution auf S.

(b) Ist $\sigma'\colon S \to S$ eine Involution auf S, so gibt es ein $u \in S^*$, eindeutig bestimmt bis auf Multiplikation mit einem Element aus K^*, so daß $\sigma' = \mathrm{Int}(u) \circ \sigma$ und $\sigma(u) = \pm u$.

34. Sei K ein Körper. Betrachte $R := M_n(K)$ versehen mit der Involution $\sigma_u\colon R \to R$, $x \mapsto u x^t u^{-1}$ für ein $u \in R^*$ mit $u^t = \pm u$. Die Involution σ_u heißt *symmetrisch* (oder *orthogonal*), wenn $u^t = u$; sie heißt *antisymmetrisch* (oder *symplektisch*), wenn $u^t = -u$. Zeige: Ist $\varphi\colon (R, \sigma_u) \to (R, \sigma_v)$ ein Isomorphismus von K–Algebren mit Involution, so ist σ_u genau dann symmetrisch, wenn σ_v symmetrisch ist.

35. Sei R eine zentrale, einfache, endlich dimensionale K–Algebra vom Grad n. Sei σ eine Involution von R. Zeige:

(a) Ist L ein Zerfällungskörper von R und ist $\gamma\colon R \otimes_K L \to M_n(L)$ ein Isomorphismus von L–Algebren, so ist $\gamma \circ \sigma_L \circ \gamma^{-1}$ eine Involution von $M_n(L)$ als L–Algebra.

(b) Seien L und L' Zerfällungskörper von R, seien $\gamma\colon R \otimes_K L \to M_n(L)$ und $\gamma'\colon R \otimes_K L' \to M_n(L')$ Isomorphismen von Algebren über L bzw. L'. Zeige, daß $\gamma \circ \sigma_L \circ \gamma^{-1}$ genau dann symmetrisch ist, wenn $\gamma' \circ \sigma_{L'} \circ (\gamma')^{-1}$ symmetrisch ist.

Man nennt nun σ *symmetrisch* (bzw. *antisymmetrisch*), wenn für jeden Zerfällungskörper L von R und für jeden Isomorphismus von L–Algebren $\gamma\colon R \otimes_K L \to M_n(L)$ die Involution $\gamma \circ \sigma_L \circ \gamma^{-1}$ symmetrisch (bzw. antisymmetrisch) ist. Bemerke, daß σ nach (b) entweder symmetrisch oder antisymmetrisch ist.

36. Seien K ein Körper und $R = M_n(K)$. Für jedes $u \in R^*$ definiert man eine Bilinearform b_u auf K^n durch $b_u(y, z) = y^t u z$, wobei y und z als Spaltenvektoren aufgefasst werden. Zeige, daß (R, σ_u) genau dann zu (R, σ_v) isomorph ist, wenn es $g \in GL_n(K)$ und $a \in K^*$ mit $b_u(y, z) = a b_u(gy, gz)$ für alle $y, z \in K^n$ gibt. Zeige, daß $G_u := \{g \in GL_n(R) \mid b_u(gy, gz) = b_u(y, z)$ für alle $y, z \in K^n\}$ eine Untergruppe von $GL_n(K)$ ist. Man nennt G_u die *orthogonale* (wenn $u^t = u$) oder die *symplektische Gruppe* (wenn $u^t = -u$) von b_u. Zeige: Ist (R, σ_u) zu (R, σ_v) isomorph, so sind G_u und G_v in $GL_n(K)$ konjugiert.

37. Seien K ein Körper mit $\operatorname{char} K \neq 2$ und $Q = Q(a, b \mid K)$ mit $a, b \in K^*$. Zeige: Die Involution $\tau\colon Q \to Q$, $x \mapsto \overline{x}$, erfüllt die Bedingungen $x\,\tau(x) \in K$ und $x + \tau(x) \in K$ für alle $x \in Q$. Zeige: Erfüllt eine zweite Involution τ' auf Q ebenfalls diese Bedingungen, so gilt $\tau' = \tau$.

38. Ist die Involution τ auf Q (wie in Aufgabe 37) symmetrisch oder antisymmetrisch?

§ 7 Maximale Teilkörper

39. Seien K ein Körper und $n > 0$ eine ganze Zahl. Zeige, daß ein Erweiterungskörper L von K genau dann zu einem Teilkörper von $M_n(K)$ isomorph ist, wenn $[L : K]$ endlich ist und n teilt.

40. Sei R eine zentrale, einfache endlich dimensionale K–Algebra. Setze $n = \operatorname{grad}_K R$. Zeige:

(a) Der Index $\operatorname{ind}_K R$ teilt n. Es gilt genau dann $\operatorname{ind}_K R = n$, wenn R eine Divisionsalgebra ist.

(b) Ist S eine zentrale, einfache endlich dimensionale K–Algebra mit $[R] = [S]$ in $\operatorname{Br}(K)$, so gilt $\operatorname{ind}_K R = \operatorname{ind}_K S$.

(c) Es gilt $\operatorname{ind}_K R = \min \{[L : K] \mid L \text{ ist Zerfällungskörper von } R\}$.

41. Seien R eine zentrale, einfache endlich dimensionale K–Algebra und L/K eine endliche Körperweiterung. Zeige:

(a) $\operatorname{ind}_L(R \otimes L)$ teilt $\operatorname{ind}_K R$.

(b) $\operatorname{ind}_K R$ teilt $[L : K] \cdot \operatorname{ind}_L(R \otimes L)$.

(c) Sind $\operatorname{ind}_K R$ und $[L : K]$ teilerfremd, so gilt $\operatorname{ind}_L(R \otimes L) = \operatorname{ind}_K R$.

42. Seien D eine zentrale, endlich dimensionale Divisionsalgebra über K und L/K eine endliche Körperweiterung, so daß $[L : K]$ eine Primzahl ist, die $\operatorname{grad}_K D$ teilt. Zeige: Der Körper L ist genau dann zu einem Teilkörper von D isomorph, wenn $D \otimes L$ keine Divisionsalgebra ist.

§ 8 Verschränkte Produkte

43. Seien G eine Gruppe und $(M, +)$ eine kommutative Gruppe, auf der G durch Automorphismen operiert. Für alle $n \in \mathbb{N}$ ist die Menge $C^n(G, M)$ aller Abbildungen von G^n nach M eine kommutative Gruppe unter punktweiser Addition, also unter $(f_1 + f_2)(x) = f_1(x) + f_2(x)$. (Hier ist $G^0 = \{1\}$.)

(a) Zeige: Für jedes $n \in \mathbb{N}$ ist die Abbildung $d^n \colon C^n(G, M) \to C^{n+1}(G, M)$ mit

$$d^n(f)(g_1, \ldots, g_n, g_{n+1}) = g_1(f(g_2, \ldots, g_{n+1})) + (-1)^{n+1} f(g_1, \ldots, g_n)$$
$$+ \sum_{i=1}^{n} (-1)^i f(g_1, \ldots, g_i g_{i+1}, \ldots, g_{n+1})$$

ein Gruppenhomomorphismus; es gilt $d^{n+1} \circ d^n = 0$ für alle $n \in \mathbb{N}$.

(b) Setze $Z^n(G, M) = \ker d^n$ und $B^{n+1}(G, M) = \operatorname{im} d^n$ und $B^0(G, M) = 0$. Elemente von $Z^n(G, M)$ heißen n–Kozyklen, Elemente von $B^n(G, M)$ heißen n–Koränder. Zeige, daß $B^n(G, M) \subset Z^n(G, M)$ für alle $n \in \mathbb{N}$. Man nennt die Faktorgruppe $H^n(G, M) := Z^n(G, M)/B^n(G, M)$ die *n–te Kohomologiegruppe* von G mit Werten in M.

(c) Zeige, daß $H^0(G, M)$ zur Untergruppe M^G der Fixpunkte von G in M isomorph ist.

44. Zeige, daß die Definitionen von $Z^2(G, L^*)$ in 8.3 und von $B^2(G, L^*)$ in 8.5 Spezialfälle der Definitionen in Aufgabe 43 sind.

45. Sei G eine endliche zyklische Gruppe der Ordnung n mit erzeugendem Element σ. Sei $(M,+)$ eine kommutative Gruppe, auf der G durch Automorphismen operiert. Zeige, daß $f \mapsto f(\sigma)$ ein Gruppenisomorphismus von $Z^1(G,M)$ auf die Untergruppe aller $x \in M$ mit $\sum_{i=0}^{n-1} \sigma^i(x) = 0$ ist. Zeige, daß dieser Isomorphismus $B^1(G,M)$ auf die Untergruppe aller $\sigma(x) - x$ mit $x \in M$ abbildet.

46. Sei L/K eine endliche Galoiserweiterung mit *zyklischer* Galoisgruppe $G := G(L/K)$. Zeige, daß $H^1(G,L) = 0$ und $H^1(G,L^*) = 1$. (Hinweis: Aufgabe 45, Satz VI.6.8, Satz VI.6.7.)

47. Sei L/K eine endliche Galoiserweiterung; setze $G := G(L/K)$. Zeige, daß $H^1(G,L^*) = 1$. (Hinweis: Sei $f \in Z^1(G,L^*)$. Betrachte für alle $x \in L^*$ die Summe $a_x := \sum_{\sigma \in G} f(\sigma)\sigma(x)$.)

§ 9 Zyklische Algebren

48. Ist die Matrixalgebra $M_n(\mathbb{H})$, $n > 1$, über den Hamiltonschen Quaternionen eine zyklische Algebra?

49. Benutze Satz 9.4, um einen neuen Beweis für den Satz 7.13 von Wedderburn zu geben. (Hinweis: Aufgabe VI.34)

50. Sei L/K eine endliche Galoiserweiterung mit zyklischer Galoisgruppe G der Ordnung n. Sei ω ein erzeugendes Element von G. Es sei char K kein Teiler von n, und es gebe eine primitive n-te Einheitswurzel ζ in K. Sei $a \in K^*$. Betrachte die zyklische Algebra

$$S_{\gamma_a} = (L,G,\gamma_a) = \bigoplus_{i=0}^{n-1} Lu^i$$

mit $ux = \omega(x)u$ für alle $x \in L$ und $u^n = a$. Zeige: Es gibt $v \in L^*$ mit $L = K(v)$ und $\omega(v) = \zeta v$. Dann gilt $uv = \zeta vu$, es gibt $b \in K^*$ mit $b = v^n$, und die Elemente $u^i v^j$ mit $0 \leq i < n$ und $0 \leq j < n$ bilden eine Basis von S_{γ_a} über K.

51. Seien K ein Körper und $n \geq 1$ eine ganze Zahl, so daß char K kein Teiler von n ist und so daß K eine primitive n-te Einheitswurzel ζ enthält. Zeige:

(a) Es gibt eine K-Algebra $A_\zeta(a,b \,|\, K)$ der Dimension n^2 mit Elementen $u,v \in A_\zeta(a,b \,|\, K)$, so daß $u^n = a1$, $v^n = b1$, $uv = \zeta vu$ und so daß die Elemente $u^i v^j$ mit $0 \leq i < n$ und $0 \leq j < n$ eine Basis von $A_\zeta(a,b \,|\, K)$ über K bilden.

(b) Die K-Algebra $A_\zeta(a,b \,|\, K)$ ist zentral und einfach.

(c) Ist $X^n - b$ irreduzibel in $K[X]$, so ist die K-Algebra $A_\zeta(a,b \,|\, K)$ zyklisch.

(d) Ist A eine K-Algebra mit Elementen $x,y \in A$, so daß $x^n = a1$, $y^n = b1$ und $xy = \zeta yx$, so gibt es einen injektiven Homomorphismus von K-Algebren $\varphi\colon A_\zeta(a,b \,|\, K) \to A$ mit $\varphi(u) = x$ und $\varphi(v) = y$.

(e) In dem Fall $n = 2$ ist $A_{-1}(a,b \,|\, K)$ zu $Q(a,b \,|\, K)$ isomorph.

52. Seien D ein Divisionsring und $n \geq 1$ eine ganze Zahl. Zeige:

(a) Es ist n die größte ganze Zahl d, für die es Linksideale $E_1, E_2, \ldots E_d$ ungleich 0 in $M_n(D)$ mit $M_n(D) = E_1 \oplus E_2 \oplus \cdots \oplus E_d$ gibt.

(b) Es ist n die größte ganze Zahl d, für die es idempotente Elemente $e_1, e_2, \ldots, e_d$ ungleich 0 in $M_n(D)$ mit $1 = e_1 + e_2 + \cdots + e_d$ und $e_i e_j = 0$ für alle $i \neq j$ gibt.

53. Sei A eine zentrale einfache Algebra vom Grad n über einem Körper K. Für jedes $a \in A$ definiert $f \mapsto f(a)$ einen Ringhomomorphismus $\varphi_a \colon K[X] \to A$. Es gibt genau ein normiertes Polynom $m_{a,K} \in K[X]$ mit $\ker \varphi_a = (m_{a,K})$. Zeige:

(a) Es ist A genau dann ein Divisionsring, wenn $m_{a,K}$ für jedes $a \in K$ irreduzibel in $K[X]$ ist.

(b) Gibt es ein $a \in A$, so daß $m_{a,K}$ ein Produkt von n verschiedenen Linearfaktoren in $K[X]$ ist, so gilt $A \cong M_n(K)$. (Hinweis: Aufgabe 52)

54. Seien K, n, ζ, a, b und $A_\zeta(a, b \mid K)$ wie in Aufgabe 51. Zeige: Hat b eine n–te Wurzel in K, so gilt $A_\zeta(a, b \mid K) \cong M_n(K)$.

X Ganze Ringerweiterungen und Dedekindringe

Dem Begriff der algebraischen Körpererweiterung entspricht in der Ringtheorie der Begriff der ganzen Ringerweiterung, der bei Anwendungen in der algebraischen Geometrie und in der algebraischen Zahlentheorie eine große Rolle spielt. Im zweiten Fall betrachtet man als zentrale Objekte für jede endliche Körpererweiterung $K/\mathbb{Q}$ den größten Unterring von K, der ganz über $\mathbb{Z}$ ist — den Ring der ganzen Zahlen in K. Diese Ringe sind im Gegensatz zu $\mathbb{Z}$ im allgemeinen keine Hauptidealringe mehr. Sie haben aber statt einer Zerlegung der Elemente in Primfaktoren eine (eindeutige) Zerlegung der Ideale als Produkte von Primidealen. Diese von Dedekind entdeckte Tatsache führt zum allgemeinen Begriff eines Dedekindringes, der nicht nur solche Zahlringe, sondern auch Ringe von algebraischen Funktionen umfaßt.

Dieses Kapitel beginnt mit einer Diskussion von ganzen Ringerweiterungen. Dann kommt eine Definition der Dedekindringe, die jedoch nicht die oben erwähnte Faktorisierung von Idealen benutzt. Diese Eigenschaft wird erst in § 3 bewiesen, nachdem wir zuvor in § 2 gezeigt haben, wie man Dedekindringe mit Hilfe von Körpererweiterungen erhält. Am Schluß von § 3 definieren wir noch Idealklassengruppen, bevor wir in § 4 das Verhalten von Primidealen bei ganzen Erweiterungen von Dedekindringen studieren.

Im folgenden seien alle Ringe als kommutativ vorausgesetzt.

§ 1 Ganze Ringerweiterungen

1.1. Sei A Unterring eines Ringes B. Ein Element $x \in B$ heißt *ganz über A*, falls ein normiertes Polynom $f \in A[X]$ mit $f(x) = 0$ existiert, d.h., wenn x einer polynomialen Gleichung

$$x^n + a_1 x^{n-1} + a_2 x^{n-2} + \cdots + a_n = 0$$

mit irgendwelchen $a_i \in A$ genügt.

Offensichtlich ist jedes $x \in A$ ganz über A. Sind A und B Körper, so ist ein Element $x \in B$ genau dann ganz über A, wenn es algebraisch über A ist.

Eine sehr nützliche Charakterisierung dieser Eigenschaft liefert:

Satz 1.2. *Seien A ein Unterring eines Ringes B und x ein Element in B. Dann sind die folgenden Aussagen äquivalent:*

(i) *Das Element x ist ganz über A.*

(ii) *Der Ring $A[x]$ ist endlich erzeugbar als A–Modul.*

(iii) *Der Ring $A[x]$ ist in einem Unterring C von B enthalten, so daß C ein endlich erzeugbarer A–Modul ist.*

Beweis: (i) $\implies$ (ii) Ist x ganz über A, so existiert $f \in A[X]$, $f = X^n + a_1 X^{n-1} + \cdots + a_n$ mit $f(x) = 0$. Für alle $j \geq 0$ gilt deshalb

$$x^{n+j} = -(a_1 x^{n+j-1} + a_2 x^{n+j-2} + \cdots + a_{n-1} x^{j+1} + a_n x^j).$$

Mittels Induktion folgt $x^k \in A1 + Ax + Ax^2 + \cdots + Ax^{n-1}$ für alle $k \geq 0$. Deshalb wird der Ring $A[x]$ als A–Modul von den endlich vielen Elementen $1, x, x^2, \ldots, x^{n-1}$ erzeugt.

(ii) $\implies$ (iii) Setze $C = A[x]$.

(iii) $\implies$ (i) Als A–Modul werde C von den endlich vielen Elementen $c_1, c_2, \ldots, c_n$ erzeugt. Wegen $A[x] \subset C$ gehören alle $x c_i$ zu C, und es gibt deshalb $\gamma_{ij} \in A$ mit

$$x\, c_i \; = \; \sum_{j=1}^{n} \gamma_{ij}\, c_j. \tag{1}$$

Setze $M = (m_{ij}) \in M_n(A[x])$ gleich der Matrix mit $m_{ij} = \delta_{ij} x - \gamma_{ij}$. Es bezeichne M° die adjungierte Matrix von M; es gilt also $M^\circ \cdot M = \det(M)\, I_n$, wobei I_n die Einheitsmatrix ist. Ist u der Spaltenvektor, dessen Einträge gerade $c_1, c_2, \ldots, c_n$ sind (in dieser Reihenfolge), so folgt aus (1), daß $M\,u = 0$, also auch, daß $M^\circ M\,u = 0$. Dies impliziert

$$\det(M)\, c_i = 0 \qquad \text{für alle } i = 1, 2, \ldots, n.$$

Dann gilt auch $\det(M)\, c = 0$ für alle $c \in C = \sum_{i=1}^{n} A\, c_i$. Weil C als Unterring von B das Element 1 enthält, folgt schließlich $\det(M) = 0$. Aber $\det(M) = \det(\delta_{ij} x - \gamma_{ij})$ ist ein normiertes Polynom vom Grad n in x mit Koeffizienten in A. $\square$

Korollar 1.3. *Sei A ein Unterring eines Ringes B.*

(a) *Sind $x_1, x_2, \ldots, x_n$ Elemente in B, die ganz über A sind, so ist der Ring $A[x_1, x_2, \ldots, x_n]$ ein endlich erzeugbarer A–Modul.*

(b) *Sei B zudem Unterring eines Ringes C. Ist B ein endlich erzeugbarer A–Modul und ist ein $y \in C$ ganz über B, so ist y auch ganz über A.*

Beweis: (a) Dies zeigt man durch Induktion über n. Der Fall $n = 1$ ist die Aussage „(i) $\Rightarrow$ (ii)" von Satz 1.2. Sei $n > 1$. Nach Induktionsvoraussetzung ist $A[x_1, x_2, \ldots, x_{n-1}]$ ein endlich erzeugbarer A–Modul. Weiter ist $A[x_1, x_2, \ldots, x_n]$ ein endlich erzeugbarer $A[x_1, x_2, \ldots, x_{n-1}]$–Modul, weil x_n auch ganz über $A[x_1, x_2, \ldots, x_{n-1}]$ ist. Dies ergibt, daß $A[x_1, x_2, \ldots, x_n]$ auch endlich erzeugbar als A–Modul ist, vgl. den Beweis von Satz V.1.2.

(b) Der Ring $B[y]$ ist ein endlich erzeugbarer B–Modul. Da B nach Voraussetzung endlich erzeugbar als A–Modul ist, muß $B[y]$ auch als A–Modul endlich erzeugbar sein. Wegen $A[y] \subset B[y]$ folgt die Behauptung nun aus Satz 1.2. $\square$

Satz/Definition 1.4. *Ist A ein Unterring eines Ringes B, so bilden die Elemente in B, die ganz über A sind, einen Unterring von B. Dieser Ring heißt die* ganze Hülle *von A in B.*

Beweis: Sind $x, y \in B$ ganz über A, so ist $A[x, y]$ ein endlich erzeugbarer A–Modul, der $x+y$, $x-y$ und $x\,y$ enthält. Also sind auch alle diese Elemente ganz über A. ∎

1.5. Stimmt die ganze Hülle von A in B mit A überein, so heißt A *ganz abgeschlossen in B*. Ist diese ganze Hülle von A in B gleich B, so heißt B *ganz über A* oder B eine *ganze Ringerweiterung* von A. Die ganze Hülle von A in B ist immer ganz abgeschlossen in B, weil jedes Element $y \in B$, das ganz über der ganzen Hülle von A in B ist, nach Korollar 1.3 auch ganz über A ist.

Ein Integritätsbereich heißt *ganz abgeschlossen*, wenn er ganz abgeschlossen in seinem Quotientenkörper ist.

Lemma 1.6. *Jeder faktorielle Ring ist ganz abgeschlossen.*

Beweis: Seien A ein faktorieller Ring und K ein Quotientenkörper von A. Sei $a/s \in K$ mit $a, s \in A$ und $s \neq 0$ ein Element im Quotientenkörper, das ganz über A ist. Wir können annehmen, daß $(a, s) = 1$. Es gibt $n > 0$ und $a_0, a_1, \ldots, a_{n-1} \in A$ mit

$$(a/s)^n + a_{n-1}(a/s)^{n-1} + \cdots + a_1(a/s) + a_0 = 0.$$

Dies ergibt nach Multiplikation mit s^n

$$a^n + s a_{n-1} a^{n-1} + \cdots + s^{n-1} a_1 a + s^n a_0 = 0,$$

woraus $s \mid a^n$ folgt. Wegen $(a, s) = 1$ muß nun s eine Einheit in A sein, also $a/s \in A$. ∎

Satz 1.7. *Sei L/K eine algebraische Körpererweiterung und sei A ein Integritätsbereich mit Quotientenkörper K. Ist A ganz abgeschlossen, so ist ein Element $\alpha \in L$ genau dann ganz über A, wenn das Minimalpolynom $m_{\alpha, K}$ von α über K in $A[X]$ liegt.*

Beweis: Da $m_{\alpha, K}$ normiert ist, impliziert $m_{\alpha, K} \in A[X]$, daß α ganz über A ist.

Sei umgekehrt α ganz über A. Es gibt also $f \in A[X]$, $f \neq 0$, mit $f(\alpha) = 0$. Nach Definition des Minimalpolynoms gilt $m_{\alpha, K} \mid f$ in $K[X]$. Über einem algebraischen Abschluß $\overline{L}$ von L zerfällt $m_{\alpha, K} = \prod_{i=1}^{n}(X - \alpha_i)$ mit geeigneten $\alpha_1, \alpha_2, \ldots, \alpha_n \in \overline{L}$. Aus $m_{\alpha, K} \mid f$ folgt $f(\alpha_i) = 0$ für alle i. Daher ist jedes α_i ganz über A. Dann sind auch alle Koeffizienten von $m_{\alpha, K} = \prod_{i=1}^{n}(X - \alpha_i)$ ganz über A. Aber diese Koeffizienten liegen in K; weil A ganz abgeschlossen ist, impliziert dies $m_{\alpha, K} \in A[X]$. ∎

Korollar 1.8. *Sei L/K eine algebraische Körpererweiterung und sei A ein ganz abgeschlossener Integritätsbereich mit Quotientenkörper K. Ist ein Element $\alpha \in L$ ganz über A, so gelten $\mathrm{tr}_{L/K}(\alpha) \in A$ und $n_{L/K}(\alpha) \in A$.*

Beweis: Dies folgt unmittelbar aus Satz 1.7 und Satz VI.6.4.

Beispiel 1.9. Weil $\mathbb{Z}$ als Hauptidealring ganz abgeschlossen ist, können wir Satz 1.7 und Korollar 1.8 auf $A = \mathbb{Z}$ und $K = \mathbb{Q}$ anwenden.

Als Beispiel betrachten wir $L = \mathbb{Q}(\sqrt{d})$, wobei d wie in Beispiel III.3.5(2) eine quadratfreie Zahl $\neq 1$ in $\mathbb{Z}$ ist. Offensichtlich ist $\sqrt{d}$ ganz über $\mathbb{Z}$ als Nullstelle von $X^2 - d$. Ist $d \equiv 1 \pmod 4$, so ist auch $(1 + \sqrt{d})/2$ ganz über $\mathbb{Z}$ als Nullstelle von $X^2 - X + (1 - d)/4$. Daher ist jedes Element in dem Ring $\mathcal{O}_d = \mathbb{Z} \oplus \mathbb{Z}\omega_d$ von Beispiel III.3.5(2) ganz über $\mathbb{Z}$. (Es war $\omega_d = (1 + \sqrt{d})/2$, wenn $d \equiv 1 \pmod 4$, sonst $\omega_d = \sqrt{d}$.)

Es gilt sogar, daß $\mathcal{O}_d$ die ganze Hülle von $\mathbb{Z}$ in $\mathbb{Q}[\sqrt{d}]$ ist: Jedes Element $\alpha \in \mathbb{Q}[\sqrt{d}]$ läßt sich eindeutig als $\alpha = a + b\sqrt{d}$ mit $a, b \in \mathbb{Q}$ schreiben. Ist α ganz über $\mathbb{Z}$, so folgt aus dem Korollar, daß $2a \in \mathbb{Z}$ und $a^2 - b^2 d \in \mathbb{Z}$, vgl. Beispiel 2 in VI.6.1. Elementare Überlegungen zeigen nun, daß dann entweder $a, b \in \mathbb{Z}$ oder $a, b \in (1/2) + \mathbb{Z}$; der zweite Fall kann nur auftreten, wenn $d \equiv 1 \pmod 4$.

Ein anderes Beispiel wird in Aufgabe 26 betrachtet: Sei $\zeta \in \mathbb{C}$ eine primitive p–te Einheitswurzel für eine Primzahl p. Dann ist die ganze Hülle von $\mathbb{Z}$ in dem Kreisteilungskörper $\mathbb{Q}(\zeta)$ gleich $\mathbb{Z}[\zeta]$.

§ 2 Dedekindringe und Körpererweiterungen

Definition 2.1. Ein Integritätsbereich A heißt *Dedekindring*, falls die folgenden drei Eigenschaften erfüllt sind:

(1) A ist ein noetherscher Ring.

(2) A ist ganz abgeschlossen.

(3) Jedes von Null verschiedene Primideal in A ist maximal.

Lemma 2.2. *Jeder Hauptidealring ist ein Dedekindring.*

Beweis: Seien A ein Hauptidealring und K ein Quotientenkörper von A. Nach III.5.11 ist A noethersch. Die Eigenschaft 2.1(2) folgt aus Lemma 1.6. Jedes Primideal $\neq 0$ in A ist nach III.5.2.b ein maximales Ideal in A. □

Satz 2.3. *Seien A ein Dedekindring und K ein Quotientenkörper von A. Seien L/K eine endliche separable Körpererweiterung und B die ganze Hülle von A in L. Dann gilt:*

(a) *Der Integritätsbereich B ist ein endlich erzeugbarer A–Modul.*

(b) *Der Integritätsbereich B ist ein Dedekindring.*

Der Beweis dieses Satzes erstreckt sich über die folgenden Abschnitte und wird in 2.8 abgeschlossen. Unterwegs beweisen wir zwei Lemmata unter schwächeren Voraussetzungen.

Lemma 2.4. *Seien A ein Integritätsbereich und K ein Quotientenkörper von A. Seien L/K eine endliche Körpererweiterung und B die ganze Hülle von A in L. Dann gibt es für jedes $y \in L$ ein $s \in A$, $s \neq 0$, mit $sy \in B$. Es gibt eine Basis von L als Vektorraum über K, die aus Elementen von B besteht.*

Beweis: Weil L/K endlich, also algebraisch ist, gibt es zu jedem $y \in L$ ein Polynom $f \in K[X]$, $f \neq 0$, mit $f(y) = 0$. Indem wir f mit einem Hauptnenner multiplizieren, können wir annehmen, daß $f \in A[X]$. Es gibt also $m > 0$ und $a_0, a_1, \ldots, a_m \in A$ mit $a_0 \neq 0$, so daß

$$a_0 y^m + a_1 y^{m-1} + a_2 y^{m-2} + \cdots + a_{m-1} y + a_m = 0.$$

Multipliziert man diese Gleichung mit a_0^{m-1}, so erhält man

$$(a_0 y)^m + a_1 (a_0 y)^{m-1} + a_2 a_0 (a_0 y)^{m-2} + \cdots + a_{m-1} a_0^{m-2}(a_0 y) + a_m a_0^{m-1} = 0.$$

Deshalb ist $a_0 y$ ganz über A, also $a_0 y \in B$.

Wenden wir diese Konstruktion auf alle Elemente in einer Basis von L als Vektorraum über K an, so erhalten wir eine Basis, die in B enthalten ist. $\qquad\square$

2.5. Wir beweisen nun die Aussage (a) in Satz 2.3. Dabei können wir die Voraussetzungen leicht abschwächen: Es reicht, daß A noethersch und ganz abgeschlossen ist.

Nach Lemma 2.4 gibt es eine Basis $v_1, v_2, \ldots, v_n$ von L über K, so daß $v_i \in B$ für alle i gilt. Nach Satz VI.6.6.b definiert $(v, w) := \mathrm{tr}_{L/K}(vw)$ eine nicht ausgeartete, symmetrische Bilinearform auf L, weil L/K separabel ist. Daher gibt es eine „duale" Basis $w_1, w_2, \ldots, w_n$ von L über K, so daß $(v_i, w_j) = \delta_{ij}$ für alle i und j gilt. Für ein beliebiges $y \in L$ hat man dann $y = \sum_{i=1}^{n} (v_i, y) w_i$.

Ist $y \in B$, so folgt aus Korollar 1.8, daß $(v_i, y) = \mathrm{tr}_{L/K}(v_i y) \in A$ für alle i. Also gilt $y \in \sum_{i=1}^{n} A w_i$. Dies zeigt, daß

$$B \subset A w_1 + A w_2 + \cdots + A w_n.$$

Weil A noethersch ist, impliziert nun Satz VII.6.8, daß B als Untermodul eines endlich erzeugbaren A–Moduls selbst endlich erzeugbar ist.

2.6. Betrachten wir nun die Aussage (b) in Satz 2.3. Nach (a) ist B ein endlich erzeugbarer Modul über dem noetherschen Ring A. Jedes Ideal in B ist insbesondere ein A–Untermodul von B, also endlich erzeugbar über A;

dann ist es erst recht endlich erzeugbar über B. Also ist B ein noetherscher Ring.

Aus Lemma 2.4 folgt auch, daß L ein Quotientenkörper von B ist. Ist ein Element $y \in L$ ganz über B, so ist es nach Korollar 1.3.b auch ganz über A, und damit gilt $y \in B$. Dies zeigt, daß B ganz abgeschlossen ist.

Es bleibt zu zeigen, daß B die Eigenschaft 2.1(3) hat. Dazu brauchen wir ein etwas allgemeineres Lemma:

Lemma 2.7. *Seien B ein Integritätsbereich und A ein Teilring von B, so daß B ganz über A ist. Seien $\mathfrak{p}$ ein Primideal in B und $\mathfrak{a}$ ein beliebiges Ideal in B. Dann gilt: Aus $\mathfrak{p} \subsetneq \mathfrak{a}$ folgt $\mathfrak{p} \cap A \subsetneq \mathfrak{a} \cap A$.*

Beweis: Es gibt $y \in \mathfrak{a}$ mit $y \notin \mathfrak{p}$. Weil $y \in B$ ganz über A ist, gibt es $n > 0$ und $a_0, a_1, \ldots, a_n \in A$ mit

$$0 = a_0 + a_1 y + \cdots + a_n y^n \qquad \text{und} \qquad a_n = 1. \tag{1}$$

Wegen $\mathfrak{p} \neq B$ gilt $a_n = 1 \notin \mathfrak{p}$. Daher gibt es $m \leq n$ mit $a_m \notin \mathfrak{p}$, aber $a_0, a_1, \ldots, a_{m-1} \in \mathfrak{p}$. Nun folgt aus (1), daß

$$-(a_0 + a_1 y + \cdots + a_{m-1} y^{m-1}) = y^m (a_m + a_{m+1} y + \cdots + a_n y^{n-m}). \tag{2}$$

Nach Wahl von m gehört die linke Seite in (2) zu $\mathfrak{p}$, also auch die rechte Seite. Weil $\mathfrak{p}$ ein Primideal ist und weil $y \notin \mathfrak{p}$, folgt $\sum_{i=m}^{n} a_i y^{i-m} \in \mathfrak{p} \subset \mathfrak{a}$. Wegen $y \in \mathfrak{a}$ impliziert dies $a_m \in \mathfrak{a} \cap A$. Da $a_m \notin \mathfrak{p} \cap A$, erhalten wir die Behauptung. □

2.8. Wir schließen nun den Beweis von Satz 2.3 ab. Sei $\mathfrak{q} \neq 0$ ein Primideal in B. Dann ist $\mathfrak{q} \cap A$ ein Primideal in A. Wenden wir Lemma 2.7 auf $(\mathfrak{p}, \mathfrak{a}) = (0, \mathfrak{q})$ an, so folgt $\mathfrak{q} \cap A \neq 0$. Weil A ein Dedekindring ist, muß $\mathfrak{q} \cap A$ also ein maximales Ideal in A sein. Für jedes Ideal $\mathfrak{a}$ in B mit $\mathfrak{q} \subsetneq \mathfrak{a}$ gilt nun $\mathfrak{q} \cap A \subsetneq \mathfrak{a} \cap A$, also $\mathfrak{a} \cap A = A$; dies impliziert $1 \in \mathfrak{a}$ und $\mathfrak{a} = B$. Also ist $\mathfrak{q}$ ein maximales Ideal in A. □

Ein *algebraischer Zahlkörper* ist ein Erweiterungskörper L von $\mathbb{Q}$, so daß die Erweiterung $L/\mathbb{Q}$ endlich ist. Die ganze Hülle von $\mathbb{Z}$ in L nennt man dann den *Ring der ganzen Zahlen in L*. Er wird mit $\mathcal{O}_L$ bezeichnet.

Korollar 2.9. *Ist L ein algebraischer Zahlkörper, so ist der Ring $\mathcal{O}_L$ der ganzen Zahlen in L ein Dedekindring.*

Beweis: Weil der Hauptidealring $\mathbb{Z}$ ein Dedekindring ist, können wir Satz 2.3 mit $A = \mathbb{Z}$ und $K = \mathbb{Q}$ anwenden. □

Satz 2.10. *Seien A ein Hauptidealring und K ein Quotientenkörper von A. Seien L/K eine endliche separable Körpererweiterung und B die ganze Hülle von A in L. Dann ist B ein freier A-Modul vom Rang $[L : K]$. Jede Basis von B als A-Modul ist auch eine Basis von L als Vektorraum über K.*

Beweis: Aus dem Beweis in 2.5 folgt, daß B ein Untermodul eines freien A–Moduls vom Rang $[L : K]$ ist. (Die w_i dort sind über K linear unabhängig, also erst recht über A.) Daher ist B nach Satz VII.8.3 ein freier A–Modul vom Rang $\leq [L : K]$.

Aus Lemma 2.4 folgt, daß eine Basis von B als A–Modul ganz L als Vektorraum über K erzeugt. Daher enthält diese Basis mindestens $[L : K]$ Elemente. Zusammen mit der früheren Abschätzung folgt, daß der Rang von B über A genau gleich $[L : K]$ ist. Außerdem ist eine Basis von B als A–Modul nun ein Erzeugendensystem von L über K aus $\dim_K L$ Elementen, also eine Basis von L über K. $\qquad\square$

2.11. Man erhält eine weitere wichtige Klasse von Dedekindringen auf folgende Weise: Es seien $A = K[X]$ der Polynomring über einem Körper K in einer Unbestimmten X und B die ganze Hülle von A in einer endlichen separablen Erweiterung L des Quotientenkörpers $K(X)$ von $K[X]$. Nach Satz 2.3 ist B dann ein Dedekindring.

Man nennt solch einen Körper L einen *algebraischen Funktionenkörper* über K und B den *Ring der ganzen algebraischen Funktionen* in L.

Sei zum Beispiel $f \in K[X]$ ein Polynom positiven Grades, das nicht durch ein Quadrat eines irreduziblen Polynoms teilbar ist. Wir können dann $L = K(X)[\sqrt{f}]$ betrachten. Ist $\operatorname{char} K \neq 2$, so ist $L/K(X)$ eine Galoiserweiterung, und ein Argument wie in 1.9 zeigt, daß $B = K[X] \oplus K[X]\sqrt{f}$.

Als zweites Beispiel betrachte man eine endliche Körpererweiterung K_1/K und setze $L = K_1(X)$. Dann ist $L/K(X)$ endlich: Ist $K_1 = K(a_1, \ldots, a_r)$ mit allen a_i algebraisch über K, so folgt $L = K(X)(a_1, \ldots, a_r)$, und die a_i sind erst recht algebraisch über $K(X)$. Die ganze Hülle B von $A = K[X]$ ist nun gleich $K_1[X]$: Einerseits sind X und alle Elemente von K_1 ganz über $K[X]$; dies gibt $K_1[X] \subset B$. Andererseits ist der Hauptidealring $K_1[X]$ ganz abgeschlossen; weil jedes Element in L, das ganz über $K[X]$ ist, erst recht ganz über $K_1[X]$ ist, folgt daraus $B \subset K_1[X]$. Ist nun $b_1, \ldots, b_n$ eine Basis von K_1 über K, so gilt $K_1[X] = \bigoplus_{i=1}^n K[X] b_i$, und $b_1, \ldots, b_n$ ist auch eine Basis von B über $A = K[X]$.

§ 3 Primidealzerlegung

3.1. Seien A ein Integritätsbereich und K ein Quotientenkörper von A. Ein A–Untermodul M von K heißt *gebrochenes Ideal* von A, wenn $cM \subset A$ für ein $c \neq 0$ in A. Ein Ideal in A — das man zur besseren Unterscheidung nun ein *ganzes Ideal* von A nennt — ist auch ein gebrochenes Ideal von A: Man nehme $c = 1$.

Jeder endlich erzeugbare A–Untermodul M von K ist ein gebrochenes Ideal von A. Sind nämlich $y_1, y_2, \ldots, y_n \in K$ erzeugende Elemente von M, so gibt es einen gemeinsamen Nenner für die y_i, also ein $s \in A$, $s \neq 0$ mit $sy_i \in A$ für alle i. Dann folgt aber $sM \subset A$.

Ist A noethersch, so ist jedes gebrochene Ideal M von A endlich erzeugbar als A–Modul. Es gibt nämlich $c \in A$, $c \neq 0$ und ein ganzes Ideal $\mathfrak{a}$ mit $M = c^{-1}\mathfrak{a}$.

Sind M und N gebrochene Ideale von A, so definieren wir ihr Produkt MN als die additive Gruppe aller endlichen Summen $\sum_i x_i y_i$ mit allen $x_i \in M$ und $y_i \in N$. Dann ist MN wieder ein gebrochenes Ideal von A. Also erhalten wir auf der Menge aller gebrochenen Ideale von A durch $(M, N) \mapsto MN$ eine Verknüpfung, die offensichtlich kommutativ und assoziativ ist. Der Ring A ist ein neutrales Element, da $AM = M$ für jedes gebrochene Ideal M von A gilt.

Gebrochene Ideale von A der Form $(x) := xA = \{\, x\,a \mid a \in A \,\}$ mit $x \in K^*$ werden gebrochene Hauptideale genannt. Es gilt $(x)(y) = (xy)$ für alle $x, y \in K^*$.

Für jedes gebrochene Ideal M von A setzen wir

$$(A : M) := \{\, x \in K \mid xM \subset A \,\}.$$

Dies ist ein A–Untermodul $\neq 0$ von K. Gilt $M \neq 0$, so ist $(A : M)$ ein gebrochenes Ideal: Es gibt dann nämlich $a \in M \cap A$ mit $a \neq 0$; daraus folgt $a\,(A : M) \subset A$. Für jedes $y \in K^*$ gilt $(A : (y)) = (y^{-1})$.

Ein gebrochenes Ideal M von A heißt *invertierbar*, wenn es ein gebrochenes Ideal N von A mit $MN = A$ gibt. In diesem Fall ist N eindeutig bestimmt, und zwar ist $N = (A : M)$. Es gilt nämlich $N \subset (A : M) = (A : M)\,MN \subset AN = N$. Offensichtlich ist jedes gebrochene Hauptideal invertierbar.

Satz 3.2. *Sei A ein Dedekindring. Für jedes Ideal $\mathfrak{a} \neq A, (0)$ von A gibt es bis auf ihre Reihenfolge eindeutig bestimmte Primideale $\mathfrak{p}_1$, $\mathfrak{p}_2, \ldots, \mathfrak{p}_k$ in A mit $\mathfrak{a} = \mathfrak{p}_1 \mathfrak{p}_2 \ldots \mathfrak{p}_k$.*

Beweis: Wir zeigen zunächst einige Hilfsaussagen (1) – (4).

(1) *Für jedes Ideal $\mathfrak{a} \neq A, (0)$ von A gibt es Primideale $\mathfrak{p}_1, \mathfrak{p}_2, \ldots, \mathfrak{p}_k \neq (0)$ in A mit $\mathfrak{p}_1 \mathfrak{p}_2 \ldots \mathfrak{p}_k \subset \mathfrak{a}$.*

Nehmen wir an, dies sei falsch: Die Menge aller Ideale $\mathfrak{a} \neq A, (0)$ von A, für die (1) nicht gilt, ist nicht leer. Weil A noethersch ist, enthält sie ein maximales Element.

Sei $\mathfrak{a}$ solch ein maximales Element. Dann kann $\mathfrak{a}$ kein Primideal sein. Es gibt also Elemente $b, c \in A$ mit $b \notin \mathfrak{a}$ und $c \notin \mathfrak{a}$, aber $bc \in \mathfrak{a}$. Dann ist $\mathfrak{a}$ echt in den Idealen $\mathfrak{b} := (b) + \mathfrak{a}$ und $\mathfrak{c} := (c) + \mathfrak{a}$ enthalten, und es gilt $\mathfrak{b}\,\mathfrak{c} \subset \mathfrak{a}$. Wegen der Maximalität von $\mathfrak{a}$ gibt es Primideale $\mathfrak{p}_1, \mathfrak{p}_2, \ldots, \mathfrak{p}_m \neq (0)$ in A mit $\mathfrak{p}_1 \mathfrak{p}_2 \ldots \mathfrak{p}_m \subset \mathfrak{b}$ und Primideale $\mathfrak{p}_{m+1}, \mathfrak{p}_{m+2}, \ldots, \mathfrak{p}_n \neq (0)$ in A mit $\mathfrak{p}_{m+1}\mathfrak{p}_{m+2} \ldots \mathfrak{p}_n \subset \mathfrak{c}$. Dann folgt

$$\mathfrak{p}_1 \mathfrak{p}_2 \ldots \mathfrak{p}_m \mathfrak{p}_{m+1} \mathfrak{p}_{m+2} \ldots \mathfrak{p}_n \subset \mathfrak{b}\mathfrak{c} \subset \mathfrak{a}$$

— Widerspruch! Also gilt (1).

(2) *Für jedes Primideal* $\mathfrak{p} \neq (0)$ *in* A *gilt* $(A : \mathfrak{p}) \neq A$.

Sei $x \in \mathfrak{p}$, $x \neq 0$. Ist $\mathfrak{p} = (x)$, so gilt $x^{-1} \in (A : (x)) = (A : \mathfrak{p})$ und $x^{-1} \notin A$, und wir sind fertig.

Es gelte also $\mathfrak{p} \neq (x)$. Nach (1) gibt es in A Primideale $\mathfrak{p}_1, \mathfrak{p}_2, \ldots, \mathfrak{p}_k \neq (0)$ mit $\mathfrak{p}_1 \mathfrak{p}_2 \ldots \mathfrak{p}_k \subset (x)$. Wir wählen diese Primideale, so daß k so klein wie möglich ist. Wenn das Primideal $\mathfrak{p}$ ein Produkt $\mathfrak{a}\mathfrak{b}$ von zwei Idealen $\mathfrak{a}$ und $\mathfrak{b}$ enthält, so muß es einen der beiden Faktoren enthalten. Aus

$$\mathfrak{p}_1 \mathfrak{p}_2 \ldots \mathfrak{p}_k \subset (x) \subset \mathfrak{p}$$

folgt also, daß $\mathfrak{p} \supset \mathfrak{p}_j$ für ein j. Nach Umnumerierung können wir annehmen, daß $\mathfrak{p} \supset \mathfrak{p}_1$; es gilt sogar $\mathfrak{p} = \mathfrak{p}_1$, weil $\mathfrak{p}_1$ nach Definition eines Dedekindringes ein maximales Ideal ist.

Wegen der Minimalität von k ist $\mathfrak{p}_2 \ldots \mathfrak{p}_k \not\subset (x)$. Es gibt also $y \subset \mathfrak{p}_2 \ldots \mathfrak{p}_k$ mit $y \notin (x)$, also mit $yx^{-1} \notin A$. Andererseits gilt

$$z\,y \in \mathfrak{p}\,\mathfrak{p}_2 \ldots \mathfrak{p}_k \subset (x)$$

für alle $z \in \mathfrak{p}$, also $zyx^{-1} \in A$. Damit folgt $yx^{-1} \in (A : \mathfrak{p})$, und somit (2).

(3) *Für jedes Primideal* $\mathfrak{p} \neq (0)$ *in* A *und jedes Ideal* $\mathfrak{a} \neq (0)$ *in* A *gilt* $\mathfrak{a} \subsetneqq \mathfrak{a}(A : \mathfrak{p})$.

Wegen $A \subset (A : \mathfrak{p})$ gilt $\mathfrak{a} \subset \mathfrak{a}(A : \mathfrak{p})$. Sei $a_1, a_2, \ldots, a_n$ ein Erzeugendensystem des Ideals $\mathfrak{a}$ in A. Wäre $\mathfrak{a}(A : \mathfrak{p}) = \mathfrak{a}$, so gäbe es für jedes $x \in (A : \mathfrak{p})$ Elemente $\gamma_{ij} \in A$ mit $x a_i = \sum_{j=1}^{n} \gamma_{ij} a_j$. Wie beim Beweis von (iii) $\Rightarrow$ (i) in Satz 1.2 betrachtet man nun die Matrix $M = (m_{ij})$ mit $m_{ij} = \delta_{ij} x - \gamma_{ij}$ und zeigt, daß $\det(M) a_i = 0$ für alle i. Wegen $\mathfrak{a} \neq 0$ und weil A ein Integritätsbereich ist, folgt $\det(M) = 0$. Wie in 1.2 bedeutet dies, daß x ganz über A ist. Nun folgt aus der Voraussetzung 2.1(2), daß $x \in A$. Das zeigt $(A : \mathfrak{p}) \subset A$, also auch $(A : \mathfrak{p}) = A$ im Widerspruch zu (2).

(4) *Für jedes Primideal* $\mathfrak{p} \neq (0)$ *von* A *gilt* $\mathfrak{p}(A : \mathfrak{p}) = A$.

Nach Definition von $(A : \mathfrak{p})$ gilt $\mathfrak{p}(A : \mathfrak{p}) \subset A$, also ist $\mathfrak{p}(A : \mathfrak{p})$ ein Ideal in A. Da $\mathfrak{p}$ ein maximales Ideal von A ist und $\mathfrak{p} \subsetneqq \mathfrak{p}(A : \mathfrak{p})$ nach (3) gilt, muß $\mathfrak{p}(A : \mathfrak{p}) = A$ sein.

(5) (*Existenz*) Sei T die Menge aller Ideale $\neq (0), A$ in A, die sich nicht als Produkt endlich vieler Primideale schreiben lassen. Wir wollen zeigen, daß $T = \emptyset$, und nehmen deshalb an, daß $T \neq \emptyset$. Weil A noethersch ist, gibt es ein maximales Element $\mathfrak{a}$ in T. Wegen $\mathfrak{a} \in T$ kann $\mathfrak{a}$ kein Primideal in A sein. Nach Korollar III.3.7 gibt es ein maximales Ideal $\mathfrak{p}$ in A mit $\mathfrak{a} \subset \mathfrak{p}$. Nun gilt nach (3) und (4)

$$\mathfrak{a} \subsetneqq \mathfrak{a}(A : \mathfrak{p}) \subset \mathfrak{p}(A : \mathfrak{p}) = A.$$

Wäre $\mathfrak{a}(A : \mathfrak{p}) = A$, so folgte $\mathfrak{p} = A\mathfrak{p} = \mathfrak{a}(A : \mathfrak{p})\mathfrak{p} = \mathfrak{a}A = \mathfrak{a}$. Das ist unmöglich, weil $\mathfrak{a}$ kein Primideal ist. Also ist $\mathfrak{a}(A : \mathfrak{p})$ ein Ideal $\neq A$ in A, das $\mathfrak{a}$ echt enthält. Wegen der Maximalität von $\mathfrak{a}$ gilt $\mathfrak{a}(A : \mathfrak{p}) \notin T$, also gibt es Primideale $\mathfrak{p}_1, \mathfrak{p}_2, \ldots, \mathfrak{p}_k$ in A mit

$$\mathfrak{p}_1 \mathfrak{p}_2 \ldots \mathfrak{p}_k = \mathfrak{a}(A : \mathfrak{p}).$$

Daher ist

$$\mathfrak{a} = \mathfrak{a}A = \mathfrak{a}(A : \mathfrak{p})\mathfrak{p} = \mathfrak{p}_1 \mathfrak{p}_2 \ldots \mathfrak{p}_k \mathfrak{p}$$

ein Produkt von Primidealen im Widerspruch zu $\mathfrak{a} \in T$.

(6) (*Eindeutigkeit*) Seien $\mathfrak{p}_1 \mathfrak{p}_2 \ldots \mathfrak{p}_k = \mathfrak{q}_1 \mathfrak{q}_2 \ldots \mathfrak{q}_l$ zwei Zerlegungen eines Ideals in A als Produkt von Primidealen ungleich Null. Wir müssen zeigen, daß $k = l$ und daß nach Umnumerierung $\mathfrak{p}_i = \mathfrak{q}_i$ für alle i. Wir benutzen Induktion über k.

Aus $\mathfrak{p}_1 \supset \mathfrak{p}_1 \mathfrak{p}_2 \ldots \mathfrak{p}_k = \mathfrak{q}_1 \mathfrak{q}_2 \ldots \mathfrak{q}_l$ folgt wie beim Beweis von (2), daß es ein i mit $\mathfrak{p}_1 \supset \mathfrak{q}_i$ gibt. Nach Umnumerierung können wir annehmen, daß $\mathfrak{p}_1 \supset \mathfrak{q}_1$. Weil $\mathfrak{q}_1$ nach 2.1(3) ein maximales Ideal ist, folgt $\mathfrak{p}_1 = \mathfrak{q}_1$. Multiplizieren wir nun unsere Gleichung mit $(A : \mathfrak{p}_1)$, so ergibt (4), daß $\mathfrak{p}_2 \ldots \mathfrak{p}_k = \mathfrak{q}_2 \ldots \mathfrak{q}_l$. Nun wenden wir Induktion an. (Im Fall $k = 1$ erhalten wir hier $A = \mathfrak{q}_2 \ldots \mathfrak{q}_l \subset \mathfrak{q}_i$ für alle $i > 1$; das ist nur für $l = 1$ möglich.) $\quad\square$

> **Satz/Definition 3.3.** *Sei A ein Dedekindring. Die gebrochenen Ideale ungleich Null von A bilden unter der Multiplikation eine abelsche Gruppe, genannt die* Idealgruppe J_A *von A. Das neutrale Element ist A. Das inverse Element zu einem gebrochenen Ideal $M \neq 0$ ist $M^{-1} := (A : M)$.*

Beweis: Es wurde bereits in 3.1 bemerkt, daß die Multiplikation kommutativ und assoziativ ist und daß A ein neutrales Element ist. Nach Behauptung (4) im Beweis von Satz 3.2 hat jedes Primideal $\neq 0$ ein Inverses für diese Multiplikation. Das gilt dann auch für alle Produkte solcher Primideale, also nach Satz 3.2 für alle Ideale $\neq 0$ in A. Ist M ein gebrochenes Ideal von A, so gibt es $c \in A$, $c \neq 0$ mit $cM \subset A$. Ist $M \neq 0$, so ist $cM = (c)M \neq 0$ ein Ideal ungleich 0 in A und daher invertierbar. Nun folgt $M(c)(cM)^{-1} = A$, und auch M hat ein Inverses. Es gilt $M^{-1} = (A : M)$ wie schon in 3.1 bemerkt. $\quad\square$

> **Korollar 3.4.** *Sei A ein Dedekindring. Jedes gebrochene Ideal $M \neq 0$ von A läßt sich eindeutig in der Form*
>
> $$M = \prod_{\mathfrak{p}} \mathfrak{p}^{\nu_{\mathfrak{p}}(M)}$$
>
> *mit allen $\nu_{\mathfrak{p}}(M) \in \mathbb{Z}$ und $\nu_{\mathfrak{p}}(M) = 0$ für fast alle $\mathfrak{p}$ darstellen, wobei das Produkt über alle Primideale $\mathfrak{p} \neq 0$ in A läuft. Die Idealgruppe J_A ist die durch die Primideale $\mathfrak{p} \neq 0$ erzeugte freie abelsche Gruppe.*

Dies ist nun klar.

3.5. Seien A ein Dedekindring und K ein Quotientenkörper von A. Ordnen wir jedem $a \in K^*$ das gebrochene Hauptideal (a) zu, so erhalten wir einen Gruppenhomomorphismus $\varphi \colon K^* \to J_A$. Das Bild P_A von φ ist die Gruppe der gebrochenen Hauptideale. Die Faktorgruppe J_A/P_A heißt *Idealklassengruppe* von A (oder von K) und wird mit Cl_A bezeichnet. Der Kern von φ ist die Menge alle $a \in K^*$ mit $(a) = A$, fällt also mit der Gruppe A^* aller Einheiten in A zusammen. Man erhält somit eine exakte Sequenz

$$1 \longrightarrow A^* \longrightarrow K^* \longrightarrow J_A \longrightarrow \mathrm{Cl}_A \longrightarrow 1.$$

Beachte, daß $\mathrm{Cl}_A = 1$ genau dann gilt, wenn A ein Hauptidealring ist.

Korollar 3.6. *Seien A ein Dedekindring und $\mathfrak{a}, \mathfrak{b}$ Ideale ungleich 0 in A.*

(a) *Es gilt genau dann $\mathfrak{b} \subset \mathfrak{a}$, wenn es ein Ideal $\mathfrak{c}$ in A mit $\mathfrak{b} = \mathfrak{a}\mathfrak{c}$ gibt.*

(b) *Die Ideale in A, die $\mathfrak{a}$ umfassen, sind in der Notation von Korollar 3.4 gerade die $\prod_{\mathfrak{p}} \mathfrak{p}^{r(\mathfrak{p})}$ mit $0 \leq r(\mathfrak{p}) \leq \nu_{\mathfrak{p}}(\mathfrak{a})$ für alle $\mathfrak{p}$.*

(c) *Es gilt*

$$\nu_{\mathfrak{p}}(\mathfrak{a} + \mathfrak{b}) = \min(\nu_{\mathfrak{p}}(\mathfrak{a}), \nu_{\mathfrak{p}}(\mathfrak{b})), \qquad \nu_{\mathfrak{p}}(\mathfrak{a} \cap \mathfrak{b}) = \max(\nu_{\mathfrak{p}}(\mathfrak{a}), \nu_{\mathfrak{p}}(\mathfrak{b}))$$

und $\nu_{\mathfrak{p}}(\mathfrak{a}\mathfrak{b}) = \nu_{\mathfrak{p}}(\mathfrak{a}) + \nu_{\mathfrak{p}}(\mathfrak{b})$ für alle Primideale $\mathfrak{p} \neq 0$ in A.

Beweis: (a) Die eine Richtung ist klar, weil man ganz allgemein $\mathfrak{a}\mathfrak{c} \subset \mathfrak{a}$ hat. Es gelte umgekehrt $\mathfrak{b} \subset \mathfrak{a}$. Dann folgt $(A : \mathfrak{a})\mathfrak{b} \subset (A : \mathfrak{a})\mathfrak{a} = A$; also ist $\mathfrak{c} := (A : \mathfrak{a})\mathfrak{b}$ ein Ideal in A. Nun gilt $\mathfrak{a}\mathfrak{c} = \mathfrak{a}(A : \mathfrak{a})\mathfrak{b} = A\mathfrak{b} = \mathfrak{b}$.

(b) Dies folgt aus (a) und der Eindeutigkeit in 3.4.

(c) Die beiden ersten Behauptungen folgen aus (b), weil $\mathfrak{a} + \mathfrak{b}$ das kleinste Ideal in A ist, das $\mathfrak{a}$ und $\mathfrak{b}$ umfaßt, und weil $\mathfrak{a} \cap \mathfrak{b}$ das größte Ideal in A ist, das in $\mathfrak{a}$ und $\mathfrak{b}$ enthalten ist. Die letzte Behauptung ist nach Korollar 3.4 offensichtlich. $\square$

Satz 3.7. *Ist ein Dedekindring A auch faktoriell, so ist A ein Hauptidealring.*

Beweis: Sei $\mathfrak{p}$ ein Primideal ungleich 0 in A. Sei $a \in \mathfrak{p}$, $a \neq 0$. Dann ist a keine Einheit in A, da $\mathfrak{p} \neq A$. Es gibt Primelemente $p_1, p_2, \ldots, p_r \in A$ mit $a = p_1 p_2 \ldots p_r$, weil A faktoriell ist. Da $a \in \mathfrak{p}$ und da $\mathfrak{p}$ ein Primideal ist, gibt es ein i mit $p_i \in \mathfrak{p}$, also auch mit $(p_i) \subset \mathfrak{p}$. Es ist (p_i) ein Primideal ungleich 0, weil p_i ein Primelement ist. Im Dedekindring A impliziert die Inklusion $(p_i) \subset \mathfrak{p}$ nun $\mathfrak{p} = (p_i)$.

Damit haben wir gezeigt, daß jedes Primideal ungleich 0 in A ein Hauptideal ist. Weil ein Produkt von Hauptidealen wieder ein Hauptideal ist, folgt die Behauptung nun aus Satz 3.2. $\square$

§ 4   Zerlegungsgesetze

In diesem Abschnitt seien A ein Dedekindring und K ein Quotientenkörper von A. Es seien L/K eine endliche separable Körpererweiterung und B die ganze Hülle von A in L.

4.1. Für jedes Primideal $\mathfrak{p} \neq 0$ in A ist das von $\mathfrak{p}$ in B erzeugte Ideal $B\mathfrak{p}$ ungleich Null. Es gilt auch $B\mathfrak{p} \neq B$. Um dies zu sehen, wählen wir ein $x \in (A : \mathfrak{p})$ mit $x \notin A$. So ein x existiert, weil $A = \mathfrak{p}(A : \mathfrak{p}) \not\subset \mathfrak{p} A = \mathfrak{p}$; siehe auch 3.2(2). Wäre $B\mathfrak{p} = B$, so folgte $x \in Bx = B\mathfrak{p}x \subset B\mathfrak{p}(A : \mathfrak{p}) = BA = B$, also $x \in B \cap K = A$, weil A ganz abgeschlossen ist — Widerspruch!

Weil B nach Satz 2.3 ein Dedekindring ist, gibt es paarweise verschiedene Primideale $\mathfrak{P}_1, \mathfrak{P}_2, \ldots, \mathfrak{P}_g$ ungleich Null in B und positive Exponenten $e_1, e_2, \ldots, e_g$ mit

$$B\mathfrak{p} = \mathfrak{P}_1^{e_1} \mathfrak{P}_2^{e_2} \cdots \mathfrak{P}_g^{e_g}. \tag{1}$$

Mit dieser Notation gilt:

> **Lemma 4.2.** *Die Ideale $\mathfrak{P}_1, \mathfrak{P}_2, \ldots, \mathfrak{P}_g$ sind genau die Primideale $\mathfrak{P}$ in B mit $\mathfrak{P} \cap A = \mathfrak{p}$.*

Beweis: Für alle i gilt $\mathfrak{P}_i \supset B\mathfrak{p} \supset \mathfrak{p}$, also $\mathfrak{P}_i \cap A \supset \mathfrak{p}$. Es ist $\mathfrak{P}_i \cap A$ ein Ideal in A, und zwar gilt $\mathfrak{P}_i \cap A \neq A$ wegen $1 \notin \mathfrak{P}_i$. Weil $\mathfrak{p}$ im Dedekindring A ein maximales Ideal ist, folgt $\mathfrak{P}_i \cap A = \mathfrak{p}$.

Ist umgekehrt $\mathfrak{P}$ ein Primideal in B mit $\mathfrak{P} \cap A = \mathfrak{p}$, so folgt $\mathfrak{P} \supset B\mathfrak{p}$. Nach Korollar 3.6.b muß $\mathfrak{P}$ eines der $\mathfrak{P}_i$ sein.   □

4.3. Wir behalten die Notationen von 4.1 bei. Man nennt e_i den *Verzweigungsindex von $\mathfrak{P}_i$ über $\mathfrak{p}$*. Wegen $\mathfrak{P}_i \cap A = \mathfrak{p}$ können wir den Restklassenkörper $A/\mathfrak{p}$ mit dem Teilkörper $(A + \mathfrak{P}_i)/\mathfrak{P}_i$ von $B/\mathfrak{P}_i$ identifizieren. Nach Satz 2.3 ist B ein endlich erzeugbarer A–Modul; daher ist auch $B/\mathfrak{P}_i$ endlich erzeugbar über $A/\mathfrak{p}$ und die Körpererweiterung $B/\mathfrak{P}_i \supset A/\mathfrak{p}$ ist endlich. Wir setzen

$$f_i := [B/\mathfrak{P}_i : A/\mathfrak{p}] \tag{1}$$

und nennen f_i den *Trägheitsgrad von $\mathfrak{P}_i$ über $\mathfrak{p}$*. Mit dieser Notation:

> **Satz 4.4.** *Es gilt $\sum_{i=1}^{g} e_i f_i = [L : K]$.*

Beweis: Sind $\mathfrak{Q}_1 \supset \mathfrak{Q}_2$ Ideale in B mit $\mathfrak{p}\mathfrak{Q}_1 \subset \mathfrak{Q}_2$, so ist $\mathfrak{Q}_1/\mathfrak{Q}_2$ in natürlicher Weise ein Vektorraum über dem Körper $A/\mathfrak{p}$. Die Annahme $\mathfrak{p}\mathfrak{Q}_1 \subset \mathfrak{Q}_2$ ist sicher für alle Ideale $\mathfrak{Q}_1 \supset \mathfrak{Q}_2$ erfüllt, wenn $B\mathfrak{p} \subset \mathfrak{Q}_2$. Wir beweisen den Satz, indem wir zeigen, daß beide Seiten in der Behauptung gleich der Dimension von $B/B\mathfrak{p}$ über $A/\mathfrak{p}$ sind.

Aus $\mathfrak{p} \subset \mathfrak{P}_i$ folgt $\mathfrak{p}\mathfrak{P}_i^r \subset \mathfrak{P}_i^{r+1}$ für alle i und alle $r \geq 0$. Wir behaupten, daß

$$\dim_{A/\mathfrak{p}} \mathfrak{P}_i^r/\mathfrak{P}_i^{r+1} = f_i \qquad \text{für alle } i \text{ und } r. \tag{1}$$

Wegen der Eindeutigkeit der Primidealzerlegung im Dedekindring B gilt $\mathfrak{P}_i^{r+1} \neq \mathfrak{P}_i^r$, also gibt es $v \in \mathfrak{P}_i^r$ mit $v \notin \mathfrak{P}_i^{r+1}$. Das Ideal $Bv + \mathfrak{P}_i^{r+1}$ hat nach Korollar 3.6.b die Form $\mathfrak{P}_i^s$ mit $s \leq r+1$. Aus $v \notin \mathfrak{P}_i^{r+1}$ folgt $s < r+1$ und aus $v \subset \mathfrak{P}_i^r$ folgt $s \geq r$. Also gilt $\mathfrak{P}_i^r = Bv + \mathfrak{P}_i^{r+1}$. Die Abbildung $b \mapsto bv + \mathfrak{P}_i^{r+1}$ ist eine surjektive B–lineare Abbildung $B \to \mathfrak{P}_i^r/\mathfrak{P}_i^{r+1}$. Der Kern umfaßt $\mathfrak{P}_i$ und ist ein Ideal $\neq B$ in B, also gleich dem maximalen Ideal $\mathfrak{P}_i$. Damit erhalten wir eine Bijektion

$$B/\mathfrak{P}_i \xrightarrow{\sim} \mathfrak{P}_i^r/\mathfrak{P}_i^{r+1}, \qquad b + \mathfrak{P}_i \mapsto bv + \mathfrak{P}_i^{r+1},$$

die $A/\mathfrak{p}$–linear ist. Daher haben beide Seiten dieselbe Dimension über $A/\mathfrak{p}$; dies impliziert (1).

Für alle i gilt $B\mathfrak{p} \subset \mathfrak{P}_i^{e_i}$, also hat $B/\mathfrak{P}_i^{e_i}$ eine natürliche Struktur als Vektorraum über $A/\mathfrak{p}$. Wenden wir (1) auf alle Faktoren der Kette

$$B \supset \mathfrak{P}_i \supset \mathfrak{P}_i^2 \supset \cdots \supset \mathfrak{P}_i^{e_i}$$

an, so folgt

$$\dim_{A/\mathfrak{p}} B/\mathfrak{P}_i^{e_i} = e_i f_i \qquad \text{für alle } i. \tag{2}$$

Für $i \neq j$ folgt aus Korollar 3.6.c, daß $\mathfrak{P}_i^{e_i} + \mathfrak{P}_j^{e_j} = B$. Daher impliziert der chinesische Restsatz (III.3.10), daß wir einen Isomorphismus

$$B/B\mathfrak{p} = B/\prod_{i=1}^{g} \mathfrak{P}_i^{e_i} \xrightarrow{\sim} \prod_{i=1}^{g} B/\mathfrak{P}_i^{e_i}, \qquad b + B\mathfrak{p} \longmapsto (b + \mathfrak{P}_i^{e_i})_{1 \leq i \leq g},$$

haben. Diese Abbildung ist offensichtlich $A/\mathfrak{p}$–linear. Also folgt mit (2)

$$\dim_{A/\mathfrak{p}} B/B\mathfrak{p} = \sum_{i=1}^{g} \dim_{A/\mathfrak{p}} B/\mathfrak{P}_i^{e_i} = \sum_{i=1}^{g} e_i f_i. \tag{3}$$

Der Satz folgt nun, wenn wir zeigen, daß

$$\dim_{A/\mathfrak{p}} B/B\mathfrak{p} = [L : K]. \tag{4}$$

Der Beweis von (4) ist einfach, wenn A ein Hauptidealring ist. In diesem Fall ist B nach Satz 2.10 ein freier A–Modul vom Rang $n := [L : K]$. Sei $x_1, x_2, \ldots, x_n$ eine Basis von B über A. Dann ist B die direkte Summe aller Ax_k, und $B\mathfrak{p}$ ist die direkte Summe aller $\mathfrak{p}x_k$. Es folgt, daß $B/B\mathfrak{p} = \bigoplus_{k=1}^{n} Ax_k/\mathfrak{p}x_k$. Jeder Summand $Ax_k/\mathfrak{p}x_k$ ist zu $A/\mathfrak{p}$ isomorph. Daraus folgt (4) in diesem Spezialfall.

Im allgemeinen Fall müssen wir uns mehr anstrengen. Sei $u_1, u_2, \ldots, u_m$ eine Basis von $B/B\mathfrak{p}$ über $A/\mathfrak{p}$. Wähle $v_1, v_2, \ldots, v_m \in B$ mit $u_i = v_i + B\mathfrak{p}$ für alle i. Die Behauptung folgt, wenn wir zeigen, daß $v_1, v_2, \ldots, v_m$ eine Basis von L über K ist.

Zunächst beweisen wir die lineare Unabhängigkeit. Es gebe $a_i \in K$, nicht alle 0, mit $\sum_{i=1}^m a_i v_i = 0$. Indem wir die a_i mit einem Hauptnenner multiplizieren, können wir annehmen, daß $a_i \in A$ für alle i. Sei $\mathfrak{a} = (a_1, a_2, \ldots, a_m)$ das von diesen Koeffizienten erzeugte Ideal in A. Für jedes $y \in \mathfrak{a}^{-1} = (A : \mathfrak{a})$ gilt $y a_i \in A$ für alle i. Aus $\sum_{i=1}^m a_i v_i = 0$ folgt $\sum_{i=1}^m (y a_i) v_i = 0$ und dann $\sum_{i=1}^m (y a_i + \mathfrak{p}) u_i = 0$. Weil die u_i linear unabhängig über $A/\mathfrak{p}$ sind, erhalten wir $y a_i + \mathfrak{p} = 0$, also $y a_i \in \mathfrak{p}$ für alle i. Dies impliziert $y\mathfrak{a} \subset \mathfrak{p}$. Da y ein beliebiges Element in $\mathfrak{a}^{-1}$ war, folgt $\mathfrak{a}^{-1}\mathfrak{a} \subset \mathfrak{p}$ — ein Widerspruch, da $\mathfrak{a}^{-1}\mathfrak{a} = A$.

Es bleibt zu zeigen, daß L von den v_i über K erzeugt wird. Setze $V = \sum_{i=1}^m A v_i$ und $W = B/V$. Die kanonische Abbildung $B \to B/B\mathfrak{p}$ bildet V auf $\sum_{i=1}^m (A/\mathfrak{p}) u_i = B/B\mathfrak{p}$ ab; also gilt $B = V + B\mathfrak{p}$. Daher wird $B\mathfrak{p}$ unter der kanonischen Abbildung $B \to B/V = W$ auf W abgebildet; dies impliziert $W = \mathfrak{p}W$.

Nach Satz 2.3 ist B endlich erzeugbar als A–Modul; das gilt dann auch für W. Seien $z_1, z_2, \ldots, z_t \in W$ mit $W = \sum_{i=1}^t A z_i$. Aus $z_i \in W = \mathfrak{p}W$ folgt, daß es $a_{ij} \in \mathfrak{p}$ mit $z_i = \sum_{j=1}^t a_{ij} z_j$ für alle i gibt. Sei $M \in M_t(A)$ die Matrix mit (i, j)–Eintrag $a_{ij} - \delta_{ij}$ für alle i und j. Setze $d = \det(M)$. Dann ist $d \in A$; genauer gilt $d \equiv (-1)^t \pmod{\mathfrak{p}}$ und damit $d \neq 0$.

Nach Konstruktion von M erhalten wir 0, wenn wir M auf den Spaltenvektor aller z_i anwenden. Wie beim Beweis von Satz 1.2 folgt daraus $d z_i = 0$ für alle i, also $dW = 0$ und $dB \subset V$. Damit erhalten wir die Inklusionen $B \subset \sum_{i=1}^m A d^{-1} v_i \subset \sum_{i=1}^m K v_i$. Nun impliziert Lemma 2.4, daß $L \subset \sum_{i=1}^m K v_i$. Damit folgt die Behauptung. $\square$

4.5. Nun betrachten wir den Spezialfall, daß L/K galoissch ist; wir setzen $G := G(L/K)$. Für jedes $\sigma \in G$ gilt $\sigma(B) = B$. Ist nämlich $\alpha \in L$ Nullstelle eines normierten Polynoms $f \in A[X]$, so ist auch $\sigma(\alpha)$ Nullstelle von f; dies impliziert $\sigma(B) \subset B$. Wir erhalten Gleichheit, wenn wir diese Inklusion auch auf σ^{-1} statt σ anwenden.

Die Restriktion von $\sigma \in G$ auf B ist ein Ringautomorphismus. Sie ist deshalb insbesondere mit dem Produkt von Idealen verträglich und führt Primideale in Primideale über. Für jedes Primideal $\mathfrak{p}$ von A gilt $\sigma(B\mathfrak{p}) = B\mathfrak{p}$. Daher permutiert jedes $\sigma \in G$ die Primideale $\mathfrak{P}$ von B mit $\mathfrak{P} \cap A = \mathfrak{p}$. Mit den Notationen von 4.1 und 4.3 bedeutet dies, daß die Ideale $\mathfrak{P}_1, \mathfrak{P}_2, \ldots, \mathfrak{P}_g$ von σ permutiert werden. Genauer gilt:

Satz 4.6. *Die Ideale $\mathfrak{P}_1, \mathfrak{P}_2, \ldots, \mathfrak{P}_g$ werden von der Galoisgruppe G transitiv permutiert. Für alle i, $1 \leq i \leq g$, gilt $e_i = e_1$ und $f_i = f_1$.*

Beweis: Gilt $\sigma(\mathfrak{P}_1) = \mathfrak{P}_i$ für ein $\sigma \in G$, so induziert σ eine Bijektion

$$B/\mathfrak{P}_1 \xrightarrow{\sim} B/\mathfrak{P}_i, \qquad b + \mathfrak{P}_1 \mapsto \sigma(b) + \mathfrak{P}_i.$$

Diese Abbildung ist $A/\mathfrak{p}$–linear; daraus folgt $f_i = f_1$. Weiter gibt es eine Permutation τ von $\{1, 2, \ldots, g\}$ mit $\sigma(\mathfrak{P}_j) = \mathfrak{P}_{\tau(j)}$ für alle j. Aus 4.1(1) folgt nun

$$B\mathfrak{p} = \mathfrak{P}_{\tau(1)}^{e_1} \mathfrak{P}_{\tau(2)}^{e_2} \cdots \mathfrak{P}_{\tau(g)}^{e_g}.$$

Die Eindeutigkeit der Primidealzerlegung impliziert nun $e_{\tau(j)} = e_j$ für alle j, insbesondere $e_i = e_{\tau(1)} = e_1$.

Daher folgt die Behauptung, wenn wir zeigen, daß es für alle i ein $\sigma \in G$ mit $\mathfrak{P}_i = \sigma(\mathfrak{P}_1)$ gibt. Nehmen wir an, dies sei für ein i nicht der Fall. Aus $\mathfrak{P}_i \neq \sigma(\mathfrak{P}_1)$ für alle $\sigma \in G$ folgt dann mit Korollar 3.6.c

$$\mathfrak{P}_i + \prod_{\sigma \in G} \sigma(\mathfrak{P}_1) = B.$$

Seien nun $\alpha \in \mathfrak{P}_i$ und $\beta \in \prod_{\sigma \in G} \sigma(\mathfrak{P}_1)$ mit $\alpha + \beta = 1$. Es gilt $\alpha \notin \sigma(\mathfrak{P}_1)$ für alle $\sigma \in G$, denn sonst wäre $1 = \alpha + \beta \in \sigma(\mathfrak{P}_1) \neq B$. Dies impliziert $\sigma^{-1}(\alpha) \notin \mathfrak{P}_1$ für alle $\sigma \in G$; weil $\mathfrak{P}_1$ ein Primideal ist, folgt auch

$$n_{L/K}(\alpha) = \prod_{\sigma \in G} \sigma(\alpha) = \prod_{\sigma \in G} \sigma^{-1}(\alpha) \notin \mathfrak{P}_1.$$

Andererseits gilt

$$n_{L/K}(\alpha) = \alpha \prod_{\sigma \neq 1} \sigma(\alpha) \in \mathfrak{P}_i \cap A = \mathfrak{p},$$

weil alle $\sigma(\alpha) \in B$ und weil $n_{L/K}(\alpha) \in A$ nach 1.8. Damit erhalten wir einen Widerspruch, da $n_{L/K}(\alpha) \in \mathfrak{p} \subset \mathfrak{P}_1$. $\qquad \square$

4.7. (*Das Zerlegungsgesetz für quadratische Zahlkörper*) Betrachten wir als Beispiel den Fall $A = \mathbb{Z}$ und $K = \mathbb{Q}$ und $L = \mathbb{Q}(\sqrt{d})$ für eine quadratfreie ganze Zahl d ungleich 1. Nach 1.9 ist dann B gleich dem Ring $\mathcal{O}_d$ von III.3.5(2). Wir bezeichnen die Galoisgruppe von L über K mit $G = \{1, \sigma\}$.

Ist p eine Primzahl, so gibt es nach Satz 4.6 nun drei Möglichkeiten:

(A) Es gibt zwei verschiedene Primideale $\mathfrak{p}$ und $\mathfrak{p}'$ in $\mathcal{O}_d$ mit $p\mathcal{O}_d = \mathfrak{p}\,\mathfrak{p}'$. Es gelten $\mathcal{O}_d/\mathfrak{p} \cong \mathbb{F}_p \cong \mathcal{O}_d/\mathfrak{p}'$ und $\sigma(\mathfrak{p}) = \mathfrak{p}'$. In diesem Fall nennt man p *zerlegt* in $\mathbb{Q}(\sqrt{d})$.

(B) Es gibt ein Primideal $\mathfrak{p}$ in $\mathcal{O}_d$ mit $p\mathcal{O}_d = \mathfrak{p}^2$. Es gelten $\mathcal{O}_d/\mathfrak{p} \cong \mathbb{F}_p$ und $\sigma(\mathfrak{p}) = \mathfrak{p}$. In diesem Fall nennt man p *verzweigt* in $\mathbb{Q}(\sqrt{d})$.

(C) Es ist $p\mathcal{O}_d$ selbst ein Primideal in $\mathcal{O}_d$. Es gilt $\mathcal{O}_d/p\mathcal{O}_d \cong \mathbb{F}_{p^2}$. In diesem Fall nennt man p *träge* in $\mathbb{Q}(\sqrt{d})$.

Um zu sagen, welcher dieser drei Fälle wann auftritt, brauchen wir das *Legendresche Symbol* $\left(\dfrac{a}{p}\right)$ definiert für jede ganze Zahl $a \in \mathbb{Z}$ und jede

Primzahl p. Man setzt $\left(\frac{a}{p}\right) = 0$, wenn $p \mid a$. Ist p ungerade und kein Teiler

von a, so setzt man $\left(\frac{a}{p}\right) = 1$, wenn die Kongruenz $X^2 \equiv a \pmod{p}$ eine

Lösung in $\mathbb{Z}$ hat, und $\left(\frac{a}{p}\right) = -1$, wenn sie keine Lösung in $\mathbb{Z}$ hat. Für

ungerades a definiert man außerdem $\left(\frac{a}{2}\right) = (-1)^{(a^2-1)/8}$.

Setze

$$D := \begin{cases} 4d, & \text{wenn } d \equiv 2,3 \pmod{4}, \\ d, & \text{wenn } d \equiv 1 \pmod{4}. \end{cases}$$

Nun erhält man das folgende Zerlegungsgesetz für quadratische Zahlkörper:

Satz 4.8. *Eine Primzahl p ist genau dann zerlegt (bzw. verzweigt, bzw. träge) in $\mathbb{Q}(\sqrt{d})$, wenn $\left(\frac{D}{p}\right) = 1$ (bzw. $= 0$, bzw. $= -1$) ist. Es gibt nur endlich viele verzweigte Primzahlen.*

Beweis: Sei ω_d wie in III.3.5(2). Bezeichne das Minimalpolynom von ω_d über $\mathbb{Q}$ mit f_0. Weil ω_d ganz über $\mathbb{Z}$ ist, gilt $f_0 \in \mathbb{Z}[X]$. Aus $\mathcal{O}_d = \mathbb{Z} \oplus \mathbb{Z}\omega_d$ folgt, daß der Einsetzungshomomorphismus $\pi_0 \colon \mathbb{Z}[X] \to \mathcal{O}_d$, $f \mapsto f(\omega_d)$ surjektiv ist. Dessen Kern ist $\mathbb{Z}[X] \cap \mathbb{Q}[X]f_0 = \mathbb{Z}[X]f_0$, wobei diese Gleichheit aus der Normiertheit von f_0 folgt (wie im Beweis von Satz IV.4.4). Das Urbild unter π_0 von $p\mathcal{O}_d$ ist das Ideal $I_p := (p, f_0)$ in $\mathbb{Z}[X]$. Also induziert π_0 einen Isomorphismus

$$\bar{\pi}_0 \colon \mathbb{Z}[X]/I_p \longrightarrow \mathcal{O}_d/p\mathcal{O}_d.$$

Sei $\pi_p \colon \mathbb{Z}[X] \to \mathbb{F}_p[X]$ der Homomorphismus, bei dem man die Koeffizienten eines Polynoms modulo p nimmt. Dieser Homomorphismus ist surjektiv und hat Kern $\mathbb{Z}[X]p$. Daher induziert er einen Isomorphismus

$$\bar{\pi}_p \colon \mathbb{Z}[X]/I_p \longrightarrow \mathbb{F}_p[X]/(\overline{f_0}) \qquad \text{wobei } \overline{f_0} = \pi_p(f_0).$$

Insgesamt haben wir also einen Isomorphismus

$$\mathcal{O}_d/p\mathcal{O}_d \xrightarrow{\sim} \mathbb{F}_p[X]/(\overline{f_0}). \tag{1}$$

Nun behaupten wir:

$(*)$ *Es ist p genau dann zerlegt (bzw. verzweigt, bzw. träge) in $\mathbb{Q}(\sqrt{d})$, wenn $\overline{f_0}$ zwei (bzw. eine, bzw. keine) Nullstellen in $\mathbb{F}_p$ hat.*

Der Isomorphismus in (1) impliziert, daß $p\mathcal{O}_d$ genau dann ein Primideal ist (äquivalent: daß p genau dann träge ist), wenn $(\overline{f_0})$ ein Primideal in $\mathbb{F}_p[X]$ ist, also wenn $\overline{f_0}$ irreduzibel in $\mathbb{F}_p[X]$ ist. Weil $\overline{f_0}$ Grad 2 hat, ist dies dazu äquivalent, daß $\overline{f_0}$ keine Nullstellen in $\mathbb{F}_p$ hat.

Aus (1) folgt auch, daß die Anzahl der maximalen Ideale in beiden Restklassenringen gleich ist. Nach Satz III.3.6 ist dann auch die Anzahl g der maximalen Ideale von $\mathcal{O}_d$, die $p\mathcal{O}_d$ umfassen, gleich der Anzahl der maximalen Ideale von $\mathbb{F}_p[X]$, die $\mathbb{F}_p[X]\overline{f_0}$ umfassen. Ist p zerlegt, so ist diese Anzahl gleich 2, ist p verzweigt, so ist sie gleich 1.

Andererseits: Hat $\overline{f_0}$ zwei verschiedene Nullstellen x_1 und x_2 in $\mathbb{F}_p$, so gilt $\overline{f_0} = (X - x_1)(X - x_2)$, da $\overline{f_0}$ normiert ist. Dann erzeugen $X - x_1$ und $X - x_2$ zwei verschiedene maximale Ideale in $\mathbb{F}_p[X]$, die $\mathbb{F}_p[X]\overline{f_0}$ umfassen. Also muß p zerlegt sein. Hat $\overline{f_0}$ dagegen genau ein Nullstelle x in $\mathbb{F}_p$, so gilt $\overline{f_0} = (X - x)^2$. Dann ist $X - x$ das einzige normierte irreduzible Polynom in $\mathbb{F}_p[X]$, das $\overline{f_0}$ teilt. Daher ist $(X - x)$ das einzige maximale Ideal in $\mathbb{F}_p[X]$, das $\mathbb{F}_p[X]\overline{f_0}$ umfaßt. Also muß p verzweigt sein.

Damit ist (∗) bewiesen. Um den Satz zu erhalten, müssen wir noch zeigen:

(∗∗) *Es hat* $\overline{f_0}$ *genau dann zwei (bzw. eine, bzw. keine) Nullstellen in* $\mathbb{F}_p$, *wenn* $\left(\dfrac{D}{p}\right) = 1$ *(bzw.* $= 0$, *bzw.* $= -1$*) ist.*

Sei zunächst $d \equiv 2$ oder $d \equiv 3 \pmod 4$. Dann ist $f_0 = X^2 - d$. Ist $p = 2$, so hat $\overline{f_0}$ in jedem Fall genau eine Nullstelle in $\mathbb{F}_p$; andererseits gilt in diesem Fall $D = 4d$, also $\left(\dfrac{D}{p}\right) = 0$. Ist $p \neq 2$, so hat $\overline{f_0}$ genau eine Nullstelle in $\mathbb{F}_p$, wenn $p \mid d$; gilt $p \nmid d$, so hat $\overline{f_0}$ zwei oder keine Nullstellen in $\mathbb{F}_p$, je nachdem, ob die Kongruenz $X^2 \equiv d \pmod p$ eine Lösung in $\mathbb{Z}$ hat oder nicht. Da $\left(\dfrac{4d}{p}\right) = \left(\dfrac{d}{p}\right)$ für $p \neq 2$, folgt (∗∗) in diesen Fällen.

Sei schließlich $d \equiv 1 \pmod 4$. Dann ist

$$f_0 = X^2 - X + \frac{1-d}{4} = \left(X - \frac{1}{2}\right)^2 - \frac{d}{4}.$$

Ist $p \neq 2$, so folgt, daß $\overline{f_0}$ genau so viele Nullstellen in $\mathbb{F}_p$ wie $X^2 - d$ hat. Die Diskussion im vorangehenden Absatz gibt dann (∗∗) für $p \neq 2$. Für $p = 2$ hat $\overline{f_0}$ genau zwei Nullstellen in $\mathbb{F}_p$, wenn $(1-d)/4 \equiv 0 \pmod 2$ ist, jedoch keine Nullstelle, wenn $(1-d)/4 \equiv 1 \pmod 2$. Die erste Kongruenz bedeutet $d \equiv 1 \pmod 8$, die zweite $d \equiv 5 \pmod 8$. Ein Vergleich mit der Definition des Legendreschen Symbols für $p = 2$ gibt nun (∗∗) auch in diesem Fall. $\square$

Bemerkung: In diesem Spezialfall haben wir gesehen, daß die verzweigten Primzahlen genau die (endlich vielen) Teiler von D sind. Für einen beliebigen algebraischen Zahlkörper L heißt eine Primzahl p verzweigt in L, wenn in einer Zerlegung von $p\mathcal{O}_L$ wie in 4.1(1) einer der Exponenten e_i größer als 1 ist. Es gilt dann allgemein, daß die verzweigten Primzahlen gerade die (endlich vielen) Teiler der Diskriminante d_L von L (siehe Aufgabe 11) sind.

ÜBUNGEN

§ 1   Ganze Ringerweiterungen

1. Seien A ein Unterring eines Ringes B und $\mathfrak{b}$ ein Ideal in B. Setze $\mathfrak{a} := A \cap \mathfrak{b}$. Zeige: Ist B ganz über A, so ist $B/\mathfrak{b}$ ganz über $A/\mathfrak{a}$.

2. Sei G eine endliche Gruppe, die durch Automorphismen auf einem Ring A operiert. Zeige, daß $A^G := \{a \in A \mid \sigma(a) = a \text{ für alle } \sigma \in G\}$ ein Unterring von A ist, und daß A ganz über A^G ist. (Vergleiche Satz VI.1.3.)

3. Sei A ein Unterring eines Ringes B. Zeige: Ist B ganz über A, so ist auch $B[X]$ ganz über $A[X]$.

4. Sei A ein Unterring eines Ringes B. Sei S eine multiplikativ abgeschlossene Teilmenge von A, vgl. III.4.1. Zeige:

   (a) Man kann $S^{-1}A$ als Unterring von $S^{-1}B$ auffassen.

   (b) Ist B ganz über A, so ist $S^{-1}B$ ganz über $S^{-1}A$.

   (c) Ist B' die ganze Hülle von A in B, so ist $S^{-1}B'$ die ganze Hülle von $S^{-1}A$ in $S^{-1}B$.

5. Seien A ein Integritätsbereich und $(A_i)_{i \in I}$ eine Familie von Unterringen von A. Zeige: Ist A_i ganz abgeschlossen für jedes $i \in I$, so ist auch $\bigcap_{i \in I} A_i$ ganz abgeschlossen.

6. Seien A ein Integritätsbereich und S eine multiplikativ abgeschlossene Teilmenge von A. Zeige: Ist A ganz abgeschlossen, so ist auch $S^{-1}A$ ganz abgeschlossen.

7. Zeige: Der Ring $\mathbb{Z}[X]$ ist ganz abgeschlossen, aber der Ring $\mathbb{Z}[X]/(X^2 + 4)$ ist nicht ganz abgeschlossen.

§ 2   Dedekindringe und Körpererweiterungen

8. Seien K ein algebraischer Zahlkörper und $\mathcal{O}_K$ der Ring der ganzen Zahlen in K. Zeige: Für alle $a \in \mathcal{O}_K$, $a \neq 0$, gilt $a^{-1} n_{K/\mathbb{Q}}(a) \in \mathcal{O}_K$. [Siehe Abschnitt VI.6.1 für die Notation.]

9. Seien K ein algebraischer Zahlkörper und $\mathcal{O}_K$ der Ring der ganzen Zahlen in K. Sei $\mathfrak{a}$ ein Ideal ungleich Null in $\mathcal{O}_K$. Zeige:

   (a) Es gilt $\mathfrak{a} \cap \mathbb{Z} \neq 0$. (Hinweis: Aufgabe 8)

   (b) Betrachtet als $\mathbb{Z}$–Modul ist $\mathfrak{a}$ frei vom Rang $[K : \mathbb{Q}]$. Jede Basis von $\mathfrak{a}$ über $\mathbb{Z}$ ist auch eine Basis von K über $\mathbb{Q}$.

   (c) Der Restklassenring $\mathcal{O}_K/\mathfrak{a}$ ist endlich.

10. Seien K ein algebraischer Zahlkörper und $\mathcal{O}_K$ der Ring der ganzen Zahlen in K. Zeige: Für alle $a \in \mathcal{O}_K$, $a \neq 0$, gilt $|\mathcal{O}_K/a\mathcal{O}_K| = |n_{K/\mathbb{Q}}(a)|$.

11. Seien K ein algebraischer Zahlkörper und $\mathcal{O}_K$ der Ring der ganzen Zahlen in K. Für alle $a, b \in K$ setze $(a, b) = \operatorname{tr}_{K/\mathbb{Q}}(ab)$. Für $n := [K : \mathbb{Q}]$ Elemente $a_1, a_2, \ldots, a_n \in K$ setze $\Delta(a_1, a_2, \ldots, a_n)$ gleich der Determinante der Matrix mit (i, j)–Eintrag (a_i, a_j). Zeige:

   (a) Es gilt genau dann $\Delta(a_1, a_2, \ldots, a_n) \neq 0$, wenn $a_1, a_2, \ldots, a_n$ eine Basis von K über $\mathbb{Q}$ ist.

(b) Für $a_1, a_2, \ldots, a_n \in \mathcal{O}_K$ gilt $\Delta(a_1, a_2, \ldots, a_n) \in \mathbb{Z}$.

(c) Ist $a_1, a_2, \ldots, a_n$ eine Basis von $\mathcal{O}_K$ über $\mathbb{Z}$, so teilt $\Delta(a_1, a_2, \ldots, a_n)$ alle $\Delta(b_1, b_2, \ldots, b_n)$ mit $b_1, b_2, \ldots, b_n \in \mathcal{O}_K$.

(d) Sind $a_1, a_2, \ldots, a_n$ und $b_1, b_2, \ldots, b_n$ zwei Basen von $\mathcal{O}_K$ über $\mathbb{Z}$, so gilt $\Delta(a_1, a_2, \ldots, a_n) = \Delta(b_1, b_2, \ldots, b_n)$.

Nach (d) nimmt $\Delta(a_1, a_2, \ldots, a_n)$ für alle Basen von $\mathcal{O}_K$ über $\mathbb{Z}$ denselben Wert an; man nennt diese Zahl die *Körperdiskriminante von K* und bezeichnet sie mit d_K.

12. Sei $d \in \mathbb{Z}$ eine quadratfreie ganze Zahl ungleich 1. Bestimme die Körperdiskriminante des quadratischen Zahlkörpers $\mathbb{Q}(\sqrt{d})$.

13. Seien K ein algebraischer Zahlkörper. Zeige: Gilt $K = \mathbb{Q}(a)$ für ein $a \in K$, so folgt
$$\Delta(1, a, a^2, \ldots, a^{n-1}) = (-1)^{n(n-1)/2} n_{K/\mathbb{Q}}(m'_{a,\mathbb{Q}}(a)).$$
(Hinweis: Aufgaben VI.36.a und VI.17.a, Vandermondesche Determinante)

§ 3 Primidealzerlegung

14. Sei A ein Integritätsbereich mit der folgenden Eigenschaft: Sind $\mathfrak{a}, \mathfrak{b}, \mathfrak{c}$ Ideale von A mit $\mathfrak{a} \neq 0$ und $\mathfrak{ab} = \mathfrak{ac}$, so gilt $\mathfrak{b} = \mathfrak{c}$. Zeige: Ist M ein gebrochenes Ideal ungleich 0 von A mit $M \cdot M = M$, so gilt $M = A$. Zeige, daß A ganz abgeschlossen ist.

15. Seien A ein Integritätsbereich und $\mathfrak{a}$ ein *invertierbares* Ideal von A. Zeige:

(a) $\mathfrak{a}$ ist endlich erzeugbar.

(b) Sind $\mathfrak{b}$ und $\mathfrak{c}$ Ideale von A mit $\mathfrak{ab} = \mathfrak{ac}$, so gilt $\mathfrak{b} = \mathfrak{c}$.

(c) Ist $\mathfrak{b}$ ein Ideal von A mit $\mathfrak{b} \subset \mathfrak{a}$, so gibt es ein Ideal $\mathfrak{c}$ von A mit $\mathfrak{b} = \mathfrak{a}\mathfrak{c}$.

16. Sei A ein Integritätsbereich. Zeige: Sind alle Ideale ungleich 0 von A invertierbar, so ist A ein Dedekindring. (Hinweis: Aufgaben 14 und 15)

17. Sei A ein Integritätsbereich. Zeige:

(a) Ist ein Produkt $\mathfrak{p}_1\mathfrak{p}_2 \ldots \mathfrak{p}_r$ von Primidealen $\mathfrak{p}_i \neq 0$ von A ein Hauptideal, so ist jedes $\mathfrak{p}_i$, $1 \leq i \leq r$, invertierbar.

(b) Sind $\mathfrak{p}_1, \ldots \mathfrak{p}_r, \mathfrak{q}_1, \ldots, \mathfrak{q}_s$ invertierbare Primideale von A mit
$$\mathfrak{p}_1\mathfrak{p}_2 \ldots \mathfrak{p}_r = \mathfrak{q}_1\mathfrak{q}_2 \ldots \mathfrak{q}_s,$$
so gilt $r = s$ und, nach Umnumerierung, $\mathfrak{p}_i = \mathfrak{q}_i$ für alle i. (Hinweis: Wähle j, so daß $\mathfrak{p}_j$ minimal in der Menge $\{\mathfrak{p}_1, \mathfrak{p}_2, \ldots \mathfrak{p}_r\}$ ist.)

18. Sei A ein Integritätsbereich, in dem jedes Ideal ungleich 0 ein Produkt von Primidealen ist. Zeige:

(a) Jedes Primideal ungleich 0 von A umfaßt ein invertierbares Primideal von A.

(b) Jedes invertierbare Primideal $\mathfrak{p}$ von A ist maximal.

(c) Jedes Ideal ungleich 0 von A ist invertierbar.

(d) A ist ein Dedekindring.

Hinweis zu (b): Sei $a \in A$, $a \notin \mathfrak{p}$. Schreibe $\mathfrak{p} + (a)$ und $\mathfrak{p} + (a^2)$ als Produkt von Primidealen. Zeige durch Übergang zu $A/\mathfrak{p}$, daß $\mathfrak{p} + (a^2) = (\mathfrak{p} + (a))^2$. Zeige dann, daß $\mathfrak{p} = \mathfrak{p}(\mathfrak{p} + (a))$.

19. Zeige: In einem Dedekindring A kann jedes Ideal durch zwei (oder weniger) Elemente erzeugt werden.

20. Sei A ein Dedekindring. Zeige: Ein endlich erzeugbarer A–Modul ist genau dann projektiv, wenn er zu einer direkten Summe von Idealen in A isomorph ist. (Hinweis: Aufgabe E.4)

§ 4   Zerlegungsgesetze

21. Sei $\mathfrak{p}$ ein Primideal ungleich Null in einem Dedekindring A. Zeige für jedes Ideal $\mathfrak{a} \neq 0$ in A, daß $\mathfrak{a}/\mathfrak{a}\mathfrak{p}$ als A–Modul zu $A/\mathfrak{p}$ isomorph ist.

22. Ist $\mathfrak{a}$ ein Ideal ungleich Null in einem Dedekindring A, so daß der Restklassenring $A/\mathfrak{a}$ endlich ist, so setzt man $N(\mathfrak{a}) := |A/\mathfrak{a}|$, genannt die *Norm* von $\mathfrak{a}$. Zeige: Ist für jedes Primideal $\mathfrak{p} \neq 0$ von A der Ring $A/\mathfrak{p}$ endlich, so ist $A/\mathfrak{a}$ endlich für jedes Ideal $\mathfrak{a} \neq 0$ von A; für zwei Ideale $\mathfrak{a}, \mathfrak{b} \neq 0$ in A gilt dann $N(\mathfrak{a}\,\mathfrak{b}) = N(\mathfrak{a})\,N(\mathfrak{b})$. (Hinweis: Aufgabe 21)

23. Sei $\mathfrak{p}$ ein Primideal ungleich Null in einem Dedekindring A, so daß $A/\mathfrak{p}$ endlich ist; es gibt dann eine Primzahl p mit $p = \operatorname{char} A/\mathfrak{p}$. Dann ist $N(\mathfrak{p}) = p^f$ mit $f = [A/\mathfrak{p} : \mathbb{F}_p]$. Seien K ein Quotientenkörper von A und L/K eine endliche separable Körpererweiterung. Seien B die ganze Hülle von A in L und $\mathfrak{q}$ ein Primideal von B mit $A \cap \mathfrak{q} = \mathfrak{p}$. Zeige: Es ist $B/\mathfrak{q} \supset A/\mathfrak{p}$ eine endliche Körpererweiterung, und $N(\mathfrak{q})$ ist eine Potenz von $N(\mathfrak{p})$. Ist für jedes Ideal $\mathfrak{a} \neq 0$ in A der Restklassenring $A/\mathfrak{a}$ endlich, so ist auch für jedes Ideal $\mathfrak{b} \neq 0$ in B der Restklassenring $B/\mathfrak{b}$ endlich.

24. Seien K ein algebraischer Zahlkörper und $\mathcal{O}_K$ der Ring der ganzen Zahlen in K. Zeige: In $\mathcal{O}_K$ gibt es für jedes $\mu > 0$ nur endlich viele Ideale $\mathfrak{a}$ mit $N(\mathfrak{a}) < \mu$.

25. Seien $p > 2$ eine Primzahl und $\zeta \in \mathbb{C}$ eine primitive p–te Einheitswurzel. Setze $K := \mathbb{Q}(\zeta)$ gleich dem p–ten Kreisteilungskörper und $\mathcal{O}$ gleich dem Ring der ganzen Zahlen in K. Zeige:

(a) Für $1 \leq k \leq p - 1$ ist $(1 - \zeta^k)/(1 - \zeta)$ eine Einheit in $\mathcal{O}$.

(b) Es gilt $p = \prod_{k=1}^{p-1}(1 - \zeta^k)$ und $p\mathcal{O} = \left((1 - \zeta)\mathcal{O}\right)^{p-1}$.

(c) Es ist $(1 - \zeta)\mathcal{O}$ ein Primideal in $\mathcal{O}$ mit $\mathbb{Z} \cap (1 - \zeta)\mathcal{O} = p\mathbb{Z}$, und es gibt einen Isomorphismus $\mathcal{O}/(1 - \zeta)\mathcal{O} \cong \mathbb{F}_p$.

26. Seien p, ζ, K und $\mathcal{O}$ wie in Aufgabe 25. Setze $(a, b) := \operatorname{tr}_{K/\mathbb{Q}}(ab)$ für alle $a, b \in K$. Zeige:

(a) Aus $x \in \mathcal{O}$ folgt $(x, 1 - \zeta) \in \mathbb{Z} \cap (1 - \zeta)\mathcal{O} = p\mathbb{Z}$.

(b) Ist $x \in K$, $x = \sum_{k=0}^{p-2} a_k \zeta^k$ mit allen $a_k \in \mathbb{Q}$, so gilt $(x, 1 - \zeta) = p\,a_0$. (Was ist $\operatorname{tr}_{K/\mathbb{Q}}(\zeta^k)$?)

(c) Ist $x \in \mathcal{O}$, $x = \sum_{k=0}^{p-2} a_k \zeta^k$ mit allen $a_k \in \mathbb{Q}$, so gilt $a_k \in \mathbb{Z}$ für alle k. (Hinweis: Ist $a_0 \in \mathbb{Z}$, so gilt auch $(x - a_0)\zeta^{-1} \in \mathcal{O}$.)

(d) Es ist $1, \zeta, \zeta^2, \ldots, \zeta^{p-2}$ eine Basis von $\mathcal{O}$ über $\mathbb{Z}$. Es gilt

$$d_K = \Delta(1, \zeta, \zeta^2, \ldots, \zeta^{p-2}) = (-1)^{(p-1)(p-2)/2} p^{p-2}$$

in der Notation von Aufgabe 13.

27. Seien p, ζ, K und $\mathcal{O}$ wie in Aufgabe 25. Sei q eine Primzahl ungleich p. Zeige:

(a) Es ist $\mathcal{O}/q\mathcal{O}$ zu $\mathbb{F}_q[X]/\overline{\Phi}_p\mathbb{F}_q[X]$ isomorph, wobei $\overline{\Phi}_p$ die Reduktion modulo q des p-ten Kreisteilungspolynoms ist.

(b) Jedes Primideal $\mathfrak{q}$ von $\mathcal{O}$ mit $\mathfrak{q} \cap \mathbb{Z} = q\mathbb{Z}$ hat Verzweigungsindex 1 über $q\mathbb{Z}$; sein Trägheitsgrad über $q\mathbb{Z}$ ist gleich der Ordnung von q in der multiplikativen Gruppe von $\mathbb{F}_p$. Wieviele Primideale $\mathfrak{q}$ von $\mathcal{O}$ mit $\mathfrak{q} \cap \mathbb{Z} = q\mathbb{Z}$ gibt es?

28. Seien p eine ungerade Primzahl und $a \in \mathbb{Z}$ eine ganze Zahl mit $p \nmid a$. Zeige:

(a) Es gilt $\left(\dfrac{a}{p} \right) \equiv a^{(p-1)/2} \pmod{p}$.

(b) Es ist $\left(\dfrac{a}{p} \right)$ genau dann gleich 1, wenn die Ordnung von a in der multiplikativen Gruppe von $\mathbb{F}_p$ ein Teiler von $(p-1)/2$ ist.

(c) Ist auch $b \in \mathbb{Z}$ eine ganze Zahl mit $p \nmid b$, so gilt $\left(\dfrac{ab}{p} \right) = \left(\dfrac{a}{p} \right) \left(\dfrac{b}{p} \right)$.

(d) Es gilt $\left(\dfrac{-1}{p} \right) = (-1)^{(p-1)/2}$.

29. Seien p, ζ, K und $\mathcal{O}$ wie in Aufgabe 25. Setze $p^* = (-1)^{(p-1)/2}p$ und $F = \mathbb{Q}(\sqrt{p^*})$. Nach Aufgabe VI.17.b ist F ein Teilkörper von K. Sei q eine Primzahl ungleich p. Zeige:

(a) Ist q zerlegt in F, so ist die Anzahl der Primideale $\mathfrak{Q}$ in $\mathcal{O}$ mit $\mathfrak{Q} \cap \mathbb{Z} = q\mathbb{Z}$ gerade.

(b) Aus $\left(\dfrac{p^*}{q} \right) = 1$ folgt $\left(\dfrac{q}{p} \right) = 1$. (Hinweis: Aufgaben 27 und 28)

(c) Gilt $p \equiv q \equiv 1 \pmod{4}$, so ist $\left(\dfrac{p}{q} \right) = 1$ zu $\left(\dfrac{q}{p} \right) = 1$ äquivalent.

(d) Ist q träge in F, so hat jedes Primideal $\mathfrak{Q}$ in $\mathcal{O}$ mit $\mathfrak{Q} \cap \mathbb{Z} = q\mathbb{Z}$ einen geraden Trägheitsgrad.

(e) Aus $\left(\dfrac{p^*}{q} \right) = -1$ und $p \equiv 3 \pmod{4}$ folgt $\left(\dfrac{q}{p} \right) = -1$.

(f) Ist q ungerade, so gilt $\left(\dfrac{p^*}{q} \right) \left(\dfrac{q}{p} \right) = 1$.

(g) Ist q ungerade, so gilt

$$\left(\frac{p}{q} \right) \left(\frac{q}{p} \right) = (-1)^{\frac{p-1}{2} \frac{q-1}{2}}.$$

(Dieses Ergebnis nennt man das quadratische Reziprozitätsgesetz. Es wurde erstmals von Carl Friedrich Gauss bewiesen. Das hier vorgelegte Argument, in dem der quadratische Körper $F = \mathbb{Q}(\sqrt{p^*})$ als Teilkörper von $\mathbb{Q}(\zeta_p)$ aufgefaßt wird, beruht letztlich auf dem Zerlegungsgesetz und damit auf der Arithmetik in Kreisteilungskörpern. Der Satz von Kronecker und Weber besagt nun allgemein, daß jede Galoiserweiterung von $\mathbb{Q}$ mit abelscher Galoisgruppe in einem geeigneten Kreisteilungskörper enthalten ist. Dieses Ergebnis wies den

Weg zu höheren Reziprozitätsgesetzen bis hin zum allgemeinen Reziprozitätsgesetz von Emil Artin, in dem die strukturellen Gesetzmäßigkeiten von abelschen Erweiterungen von algebraischen Zahlkörpern eingeschlossen sind.)

K Die allgemeine lineare Gruppe über Ringen

In diesem Abschnitt seien R ein Ring und n eine ganze Zahl mit $n \geq 1$.

Die allgemeine lineare Gruppe $GL_n(R)$ kann für beliebiges R definiert werden. Wie im Fall eines Körpers (siehe B.1) enthält diese Gruppe Elementarmatrizen $x_{ij}(a)$; es sei $E_n(R)$ die davon erzeugte Untergruppe. Ist K ein Körper, so ist $E_n(K)$ die abgeleitete Gruppe von $GL_n(K)$, außer wenn $n = 2$ und $|K| = 2$, siehe B.2 und B.3. So einfach ist der Zusammenhang zwischen diesen Gruppen im allgemeinen nicht. Geht man jedoch zu den „stabilen Gruppen" $GL(R) = \bigcup_{n \geq 1} GL_n(R)$ und $E(R) = \bigcup_{n \geq 1} E_n(R)$ über, so gilt $E(R) = D(GL(R))$. Diese Vereinigungen werden dadurch konstruiert, daß man jedes $GL_m(R)$ in natürlicher Weise mit einer Untergruppe von $GL_{m+1}(R)$ identifiziert.

Für einen Körper K gilt genauer $E_n(K) = SL_n(K)$. Die entsprechende Aussage macht für beliebiges R keinen Sinn, weil die üblichen Determinanten und damit $SL_n(R)$ nur für kommutative Ringe R definiert werden. Im kommutativen Fall gilt die Gleichheit $E_n(R) = SL_n(R)$ nur unter bestimmten Voraussetzungen an R, zum Beispiel, wenn der „stabile Rang" von R (siehe Definition K.7) gleich 1 ist. Als Anwendung erhält man für jeden Dedekindring A und jedes Ideal $\mathfrak{q} \neq 0$ von A, daß die natürliche Abbildung $SL_n(A) \to SL_n(A/\mathfrak{q})$ surjektiv ist.

Über einem Körper K sind die Gruppen $E_n(K)$ „fast" einfach: Mit zwei Ausnahmen für $n = 2$ sind alle echten Normalteiler von $E_n(K) = SL_n(K)$ in dem endlichen Zentrum von $E_n(K)$ enthalten. Über einem beliebigen Ring R erhält man dagegen in der Regel normale Untergruppen von einem anderen Typ: Für jedes zweiseitige Ideal $\mathfrak{q}$ in R induziert die natürliche Abbildung $R \to R/\mathfrak{q}$ einen Gruppenhomomorphismus $GL_n(R) \to GL_n(R/\mathfrak{q})$, dessen Kern $GL_n(R, \mathfrak{q})$ im Fall $\mathfrak{q} \neq 0$ eine nicht-triviale normale Untergruppe in $GL_n(R)$ ist. Eine Elementarmatrix $x_{ij}(a)$ gehört genau dann zu $GL_n(R, \mathfrak{q})$, wenn $a \in \mathfrak{q}$. Man definiert $E_n(R, \mathfrak{q})$ als die normale Hülle dieser $x_{ij}(a)$ in $E_n(R)$. Für den Zusammenhang zwischen den Gruppen $GL_n(R, \mathfrak{q})$ und $E_n(R, \mathfrak{q})$ gelten dann ähnliche Ergebnisse wie für die Gruppen $GL_n(R)$ und $E_n(R)$.

Man nennt $GL_n(R, \mathfrak{q})$ die Hauptkongruenzuntergruppe zur Stufe $\mathfrak{q}$. Ist R kommutativ, so benützt man diese Bezeichnung auch für $SL_n(R, \mathfrak{q}) := SL_n(R) \cap GL_n(R, \mathfrak{q})$. Die am meisten studierten Beispiele sind die Gruppen $\Gamma(q) = SL_n(\mathbb{Z}, q\mathbb{Z})$ mit $q \in \mathbb{Z}$, $q \geq 2$. Wir zeigen hier, daß $\Gamma(q)$ für $q \geq 3$ keine nicht-trivialen Elemente endlicher Ordnung besitzt. Die Gruppe $GL_n(\mathbb{Z})$ dagegen enthält solche Elemente. Die Ordnung einer endlichen Untergruppe von $GL_n(\mathbb{Z})$ ist jedoch durch eine nur von n abhängende Konstante beschränkt.

Ist R der Ring der ganzen Zahlen eines algebraischen Zahlkörpers, so wurden die Gruppen $GL_n(R)$ und ihre Untergruppen schon im ausgehenden

19. Jahrhundert studiert. Dabei handelte es sich um Fragen zur Bestimmung von Äquivalenzklassen quadratischer Formen mit Koeffizenten in R, d.h. von homogenen Polynomen vom Grad 2 von der Form $f = \sum_{i \leq j} a_{ij} x_i x_j$ mit $a_{ij} \in R$. Die Gruppe $GL_n(R)$ operiert durch Substitution der Variablen auf der Menge der quadratischen Formen in n Variablen, und man nennt zwei solche Formen äquivalent, wenn sie zu derselben Bahn von $GL_n(R)$ gehören. Äquivalente Formen stellen dieselben Zahlen dar. Die genannten Ergebnisse zu $GL_n(\mathbb{Z})$ und den Gruppen $\Gamma(q)$ stammen von Hermann Minkowski aus dem Jahre 1886.

K.1. Es bezeichne $GL_n(R)$ die Gruppe aller invertierbaren $n \times n$–Matrizen über R, die allgemeine lineare Gruppe vom Grad n über R. Wie in B.1 schreiben wir I für die Einheitsmatrix und E_{ij} für die Matrix mit 1 als (i,j)–Eintrag und mit allen anderen Einträgen 0. Für alle i, j mit $i \neq j$ und $1 \leq i, j \leq n$ und für alle $a \in R$ sei $x_{ij}(a) := I + aE_{ij}$. Eine Matrix dieser Form heißt *Elementarmatrix*. Zu gegebenem Paar (i,j) gilt $x_{ij}(a)x_{ij}(b) = x_{ij}(a+b)$ für alle $a, b \in R$; daher bilden die $x_{ij}(a)$ bei festem i, j eine zur additiven Gruppe von R isomorphe Untergruppe von $GL_n(R)$. Sei $E_n(R)$ die von allen $x_{ij}(a)$ mit $a \in R$ und $i \neq j$, $1 \leq i, j \leq n$ erzeugte Untergruppe von $GL_n(R)$. Ist $n = 1$, so gilt $E_n(R) = \{1\}$.

Ist $a = (a_{ij})$ eine obere Dreiecksmatrix in $GL_n(R)$ mit Einsen auf der Diagonalen, gilt also $a_{ii} = 1$ für alle i und $a_{ij} = 0$ für alle i und j mit $i > j$, so ist $a \in E_n(R)$. Dies folgt zum Beispiel aus der Gleichung

$$a = \prod_{i=1}^{n-1} x_{in}(a_{in}) \cdot \prod_{i=1}^{n-2} x_{i,n-1}(a_{i,n-1}) \cdot \ldots \cdot \prod_{i=1}^{2} x_{i3}(a_{i3}) \cdot x_{12}(a_{12}). \qquad (1)$$

Ebenso zeigt man, daß eine untere Dreiecksmatrix in $GL_n(R)$ mit Einsen auf der Diagonalen zu $E_n(R)$ gehört. Dies folgt nun auch daraus, daß $E_n(R)$ stabil unter dem Transponieren von Matrizen ist.

Jeder Ringhomomorphismus $\varphi \colon R \to R'$ induziert einen Gruppenhomomorphismus $GL_n(\varphi) \colon GL_n(R) \to GL_n(R')$, indem man φ auf alle Einträge einer Matrix anwendet. Ist $\mathfrak{q}$ ein zweiseitiges Ideal in R, so können wir als φ die kanonische Abbildung $R \to R/\mathfrak{q}$ nehmen und setzen dann

$$GL_n(R, \mathfrak{q}) := \ker \Big(GL_n(R) \to GL_n(R/\mathfrak{q}) \Big).$$

Diesen Normalteiler von $GL_n(R)$ nennt man die *Hauptkongruenzuntergruppe zur Stufe* $\mathfrak{q}$.

Eine Elementarmatrix, die in $GL_n(R, \mathfrak{q})$ liegt, also ein $x_{ij}(a)$ mit $a \in \mathfrak{q}$, nennt man eine $\mathfrak{q}$–*Elementarmatrix*. Die normale Hülle (siehe I.2.3) in $E_n(R)$ der Menge aller $\mathfrak{q}$–Elementarmatrizen werde mit $E_n(R, \mathfrak{q})$ bezeichnet. Diese Gruppe ist also das Erzeugnis aller $\sigma\gamma\sigma^{-1}$ mit γ eine $\mathfrak{q}$–Elementarmatrix und $\sigma \in E_n(R)$. Aus (1) folgt, daß eine obere Dreiecksmatrix $a = (a_{ij})$ in $GL_n(R)$ mit Einsen auf der Diagonalen genau dann zu $E_n(R, \mathfrak{q})$ gehört, wenn $a_{ij} \in \mathfrak{q}$ für alle $i < j$. Ein analoges Resultat gilt für untere Dreiecksmatrizen mit Einsen auf der Diagonalen.

Die Zuordnung $x \mapsto \left(\begin{smallmatrix} x & 0 \\ 0 & 1 \end{smallmatrix}\right)$ definiert einen injektiven Gruppenhomomorphismus von $GL_n(R)$ nach $GL_{n+1}(R)$. Man sieht leicht, daß dabei $E_n(R)$ in $E_{n+1}(R)$ abgebildet wird; für jedes (zweiseitige) Ideal $\mathfrak{q}$ in R gehen $GL_n(R, \mathfrak{q})$ nach $GL_{n+1}(R, \mathfrak{q})$ und $E_n(R, \mathfrak{q})$ nach $E_{n+1}(R, \mathfrak{q})$. Wir benutzen diese Einbettung, um $GL_n(R)$ mit einer Untergruppe von $GL_{n+1}(R)$ identifizieren. Dies geschieht für alle n, und damit erhalten wir eine Kette von Inklusionen

$$GL_1(R) \subset GL_2(R) \subset GL_3(R) \subset \cdots \subset GL_n(R) \subset GL_{n+1}(R) \subset \cdots$$

und entsprechende Ketten für die $E_n(R)$, $GL_n(R, \mathfrak{q})$ und $E_n(R, \mathfrak{q})$. Für jedes $m \geq 0$ wird nun ein $x \in GL_n(R)$ mit $\left(\begin{smallmatrix} x & 0 \\ 0 & I_m \end{smallmatrix}\right) \in GL_{n+m}(R)$ identifiziert.

Nach unseren Identifikationen können wir nun die Vereinigung

$$GL(R) := \bigcup_{n \geq 1} GL_n(R)$$

bilden. Diese Vereinigung ist wieder eine Gruppe: Sind $g, h \in GL(R)$ gegeben, so gibt es ein $n \geq 1$ mit $g, h \in GL_n(R)$. Dann setzen wir gh gleich dem Produkt von g mit h in $GL_n(R)$; dadurch ist gh wohldefiniert, weil alle Identifikationsabbildungen $GL_n(R) \to GL_{n+1}(R)$ Gruppenhomomorphismen sind. Die Gruppenaxiome folgen nun aus den Gruppenaxiomen für die Gruppen $GL_n(R)$. Man nennt $GL(R)$ die *stabile allgemeine lineare Gruppe* über R.

Für jedes zweiseitige Ideal $\mathfrak{q}$ in R setzt man nun

$$GL(R, \mathfrak{q}) := \bigcup_{n \geq 1} GL_n(R, \mathfrak{q}), \qquad E(R, \mathfrak{q}) := \bigcup_{n \geq 1} E_n(R, \mathfrak{q}).$$

Dies sind Untergruppen von $GL(R)$. Es gilt $GL(R) = GL(R, R)$; man schreibt $E(R) := E(R, R)$.

Lemma K.2. *Elementarmatrizen haben die folgenden Eigenschaften (für alle $a, b \in R$ und alle $1 \leq i, j, k, l \leq n$):*

(a) $x_{ij}(a)x_{kl}(b) = I + aE_{ij} + bE_{kl} + ab\delta_{jk}E_{il}$, *wenn $i \neq j$ und $k \neq l$.*

(b) $x_{ij}(a)^s = x_{ij}(sa)$ *für alle $s \in \mathbb{Z}$, wenn $i \neq j$.*

(c) $[x_{ij}(a), x_{jk}(b)] = x_{ik}(ab)$, *wenn i, j, k paarweise verschieden sind.*

Beweis: Die Aussage (a) ist elementar. Die Aussage (b) folgt, weil $a \mapsto x_{ij}(a)$ ein Homomorphismus von der additiven Gruppe $(R, +)$ nach $GL_n(R)$ ist.

(c) Zur Erinnerung: Der Kommutator zweier Elemente g und h in einer Gruppe wurde in II.3.6 durch $[g,h] = ghg^{-1}h^{-1}$ definiert. Nun erhält man mit (a)

$$[x_{ij}(a), x_{jk}(b)] = (I + aE_{ij} + bE_{jk} + abE_{ik})(I - aE_{ij} - bE_{jk} + abE_{ik})$$
$$= (I + aE_{ij} + bE_{jk} + abE_{ik}) - aE_{ij} - bE_{jk} - abE_{ik} + abE_{ik}$$
$$= x_{ik}(ab).$$

$\square$

Lemma K.3. *Seien $\mathfrak{q}$ und $\mathfrak{q}'$ zweiseitige Ideale in R. Ist $n \geq 3$, so gilt*

(a) $E_n(R, \mathfrak{q}'\mathfrak{q}) \subset [E_n(R, \mathfrak{q}'), E_n(R, \mathfrak{q})]$,

(b) $E_n(R, \mathfrak{q}) = [E_n(R), E_n(R, \mathfrak{q})]$.

Beweis: (a) Nach Definition sind $E_n(R, \mathfrak{q})$ und $E_n(R, \mathfrak{q}')$ normale Untergruppen in $E_n(R)$; daher ist auch die gegenseitige Kommutatorgruppe $[E_n(R, \mathfrak{q}), E_n(R, \mathfrak{q}')]$ normal in $E_n(R)$, siehe II.3.6. Aus Lemma K.2.c folgt, daß $[E_n(R, \mathfrak{q}), E_n(R, \mathfrak{q}')]$ alle $\mathfrak{q}\mathfrak{q}'$–Elementarmatrizen enthält, also auch deren normale Hülle $E_n(R, \mathfrak{q}\mathfrak{q}')$.

(b) Setzt man $\mathfrak{q}' = R$ in (a), so erhält man die Inklusion „$\subset$". Weil $E_n(R, \mathfrak{q})$ normal in $E_n(R)$ ist, folgt die umgekehrte Inklusion aus der Definition des Kommutators: $[g,h] = (ghg^{-1})h^{-1}$. $\square$

Satz K.4. *Gegeben seien Matrizen $a \in GL_n(R)$ und $b \in GL_n(R, \mathfrak{q})$. Setzt man in $GL_{2n}(R)$*

$$\alpha := \begin{pmatrix} ba & 0 \\ 0 & I \end{pmatrix}, \qquad \alpha' := \begin{pmatrix} ab & 0 \\ 0 & I \end{pmatrix}, \qquad \beta := \begin{pmatrix} a & 0 \\ 0 & b \end{pmatrix},$$

so stimmen die Linksnebenklassen von α, α' und β modulo $E_{2n}(R, \mathfrak{q})$ überein; ebenso haben diese drei Matrizen dieselbe Rechtsnebenklasse modulo $E_{2n}(R, \mathfrak{q})$.

Beweis: Setze $q := b - I$; dies ist eine $n \times n$–Matrix, deren Einträge Elemente des Ideals $\mathfrak{q}$ sind. Dann haben auch $(ba)^{-1}q$, $-a^{-1}q$ und $-b^{-1}qa$ alle Einträge in $\mathfrak{q}$. Daher gehören die folgenden $2n \times 2n$–Matrizen alle zu $E_{2n}(R, \mathfrak{q})$:

$$\rho := \begin{pmatrix} I & (ba)^{-1}q \\ 0 & I \end{pmatrix}, \qquad \sigma := \begin{pmatrix} I & -a^{-1}q \\ 0 & I \end{pmatrix}, \qquad \tau := \begin{pmatrix} I & 0 \\ -b^{-1}qa & I \end{pmatrix}.$$

Durch Konjugation mit $\kappa := \begin{pmatrix} I & 0 \\ -a & I \end{pmatrix} \in E_{2n}(R)$ erhält man aus σ

$$\sigma' := \kappa\sigma\kappa^{-1} = \begin{pmatrix} I - a^{-1}qa & -a^{-1}q \\ qa & b \end{pmatrix} \in E_{2n}(R, \mathfrak{q}).$$

(Man benutzt $b = I + q$.) Es ergibt sich nun

$$\alpha\rho = \begin{pmatrix} ba & q \\ 0 & I \end{pmatrix} \quad \text{und} \quad \alpha\rho\sigma' = \begin{pmatrix} a & 0 \\ qa & b \end{pmatrix},$$

wobei in die zweite Rechnung $qb = bq$ eingeht. Schließlich folgt $\alpha\rho\sigma'\tau = \beta$. Die Matrix $\gamma = \rho\sigma'\tau$ ist nach Konstruktion ein Element in $E_{2n}(R, \mathfrak{q})$.

Offenbar gilt $\alpha' \begin{pmatrix} b^{-1} & 0 \\ 0 & b \end{pmatrix} = \beta$, wobei die Matrix $\begin{pmatrix} b^{-1} & 0 \\ 0 & b \end{pmatrix}$ in $E_{2n}(R, \mathfrak{q})$ liegt. Also folgt die Behauptung über die Linksnebenklassen.

Durch Transposition geht man zur analogen Aussage für Rechtsnebenklassen über. Dies ist möglich, da die Gruppen $GL_n(R)$, $GL_n(R, \mathfrak{q})$ und $E_{2n}(R, \mathfrak{q})$ stabil unter der Transposition sind. $\square$

Korollar K.5. *Es gilt* $[GL_n(R), GL_n(R, \mathfrak{q})] \subset E_{2n}(R, \mathfrak{q})$ *für jedes zweiseitige Ideal* $\mathfrak{q}$ *in* R.

Beweis: Seien $a \in GL_n(R)$ und $b \in GL_n(R, \mathfrak{q})$. Setzen wir α und α' wie in Satz K.4, so ist $\alpha'\alpha^{-1}$ gerade der Kommutator $[a, b]$ identifiziert mit einem Element von $GL_{2n}(R)$. Es gilt $\alpha'\alpha^{-1} \in E_{2n}(R, \mathfrak{q})$, weil beide Matrizen dieselbe Rechtsnebenklasse modulo $E_{2n}(R, \mathfrak{q})$ haben. $\square$

Bemerkung: Für $n \geq 3$ gilt nach K.3.b

$$E_n(R, \mathfrak{q}) = [E_n(R), E_n(R, \mathfrak{q})] \subset [GL_n(R), GL_n(R, \mathfrak{q})].$$

Damit folgt die Gleichheit

$$E(R, \mathfrak{q}) = [E(R), E(R, \mathfrak{q})] = [GL(R), GL(R, \mathfrak{q})]$$

für die stabile lineare Gruppe. Insbesondere gilt $E(R) = D(GL(R))$.

Definition K.6. Sei $k \in \mathbb{Z}$, $k \geq 1$. Ein Element $x = (x_1, x_2, \ldots, x_k) \in R^k$ heißt *unimodular* in R^k, falls $\sum_{i=1}^{k} R x_i = R$.

Bemerkungen: (1) Ist $R = \mathbb{Z}$, so ist ein k–Tupel $(z_1, \ldots, z_k) \in \mathbb{Z}^k$ genau dann unimodular, wenn die Zahlen $z_1, \ldots, z_k$ relativ prim zueinander sind.

(2) Seien $x = (x_1, x_2, \ldots, x_k) \in R^k$ und $g \in GL_k(R)$. Dann ist x genau dann unimodular, wenn $g(x)$ dies ist. Für beliebiges x gilt nämlich $\sum_{i=1}^{k} R x_i = \sum_{i=1}^{k} R x'_i$, wenn $g(x) = (x'_1, x'_2, \ldots, x'_k)$. Hier folgt die Inklusion „$\supset$", weil g Einträge in R hat; für die umgekehrte Inklusion benutzt man $x = g^{-1}(g(x))$.

(3) Ist $a = (u_{ij}) \in GL_k(R)$, so ist jeder Spaltenvektor $(a_{1r}, a_{2r}, \ldots, a_{kr})$, $1 \leq r \leq k$, unimodular: Ist nämlich $a^{-1} = (b_{ij})$, so gilt $1 = \sum_{i=1}^{k} b_{ri} a_{ir}$. Weil mit einer Matrix auch ihre Transponierte invertierbar ist, sind auch alle Zeilenvektoren von a unimodular.

(4) Man betrachte R^k und R als Rechtsmoduln über R. Dann ist ein $x \in R^k$ genau dann unimodular, wenn es ein $f \in \text{Hom}_R(R^k, R)$ mit $f(x) = 1$ gibt.

Definition K.7. Sei $k \geq 1$ eine ganze Zahl. Man sagt, daß R *der stabilen Rang-Bedingung* $(B)_k$ *genügt*, falls für alle $m > k$ und für jedes unimodulare m–Tupel $x = (x_1, x_2, \ldots, x_m) \in R^m$ Elemente $t_1, t_2, \ldots, t_{m-1} \in R$ existieren, so daß

$$(x_1 + t_1 x_m, x_2 + t_2 x_m, \ldots, x_{m-1} + t_{m-1} x_m)$$

unimodular in R^{m-1} ist. Der *stabile Rang* von R, kurz: s-Rang(R), ist die kleinste positive ganze Zahl k, so daß R der stabilen Rang-Bedingung $(B)_k$ genügt; gibt es kein solches k, so setzt man s-Rang$(R) = \infty$.

Beispiel: Ein lokaler Ring R genügt der stabilen Rang-Bedingung $(B)_1$ und hat daher den stabilen Rang 1. Dies sieht man leicht: In R bilden die Nichteinheiten ein maximales Ideal. Ein m–Tupel $x = (x_1, x_2, \ldots, x_m) \in R^m$ ist genau dann unimodular, wenn es ein i gibt, so daß x_i eine Einheit ist. Gibt es ein $i < m$ mit x_i eine Einheit, so ist $(x_1, x_2, \ldots, x_{m-1})$ unimodular. Andernfalls ist x_m eine Einheit; dann ist auch $x_1 + x_m$ eine Einheit, da x_1 keine ist, und $(x_1 + x_m, x_2, \ldots, x_{m-1})$ ist unimodular.

Hat R den stabilen Rang $n < \infty$, so kann man für alle $m > n$ mit einem gewissen Reduktionsprozeß von einem unimodularen Element in R^m zu einem solchen in R^{m-1} übergehen. Diese Möglichkeit schafft in der stabilen linearen Gruppe eine Verbindung zwischen $GL_m(R, \mathfrak{q})$ und $GL_n(R, \mathfrak{q})$. Genauer gilt:

Satz K.8. *Sei R ein Ring mit stabilem Rang n. Dann gilt für alle $m > n$ und alle zweiseitigen Ideale $\mathfrak{q}$ in R:*

(a) *Die Bahnen der Operation der Gruppe $E_m(R, \mathfrak{q})$ auf der Menge der unimodularen Elemente in R^m sind genau die Kongruenzklassen modulo $\mathfrak{q}$. Insbesondere operiert $E_m(R)$ transitiv auf dieser Menge.*

(b) *Es gilt $GL_m(R, \mathfrak{q}) = GL_n(R, \mathfrak{q}) \, E_m(R, \mathfrak{q})$.*

Beweis: (a) Wir haben gleich nach der Definition K.6 angemerkt, daß $GL_m(R)$ die unimodularen m–Tupel in R^m permutiert. Nun zeigen wir zunächst: Hat ein unimodulares $x \in R^m$ die Form $x = (1 + q_1, q_2, \ldots, q_m)$ mit allen $q_i \in \mathfrak{q}$, $1 \leq i \leq m$, so gibt es ein $\gamma \in E_m(R, \mathfrak{q})$ mit $\gamma(x) = (1, 0, \ldots, 0)$. Im Spezialfall $\mathfrak{q} = R$ zeigt dies bereits, daß $E_m(R)$ transitiv auf der Menge der unimodularen Elemente in R^m operiert.

Sei also $x = (x_1, x_2, \ldots, x_m) = (1 + q_1, q_2, \ldots, q_m)$ unimodular. Es gibt also $f_i \in R$, $1 \leq i \leq m$, mit $1 = \sum_{i=1}^m f_i x_i$. Dies ergibt durch Multiplikation mit $x_m = q_m$ die Identität

$$x_m = \sum_{i=1}^m q_m f_i x_i. \tag{1}$$

Mit q_m gehört auch $q := q_m f_m$ zu dem zweiseitigen Ideal $\mathfrak{q}$. Die Identität (1) impliziert $x_m - q x_m \in \sum_{i=1}^{m-1} R x_i$, also $\sum_{i=1}^{m-1} R x_i + R q x_m =$

$\sum_{i=1}^{m} Rx_i = R$. Damit ist auch $(x_1, \ldots, x_{m-1}, qx_m)$ unimodular. Da R den stabilen Rang $n < m$ hat, gibt es $t_1, t_2, \ldots, t_{m-1} \in R$, so daß

$$(x_1', x_2', \ldots, x_{m-1}') := (x_1 + t_1 qx_m, x_2 + t_2 qx_m, \ldots, x_{m-1} + t_{m-1} qx_m)$$

unimodular ist. Aus $q \in \mathfrak{q}$ folgt $t_i qx_m \in \mathfrak{q}$ für alle i. Daher hat das neue m–Tupel die Form

$$(x_1', x_2', \ldots, x_{m-1}') := (1 + q_1', q_2', \ldots, q_{m-1}')$$

mit $q_i' \in \mathfrak{q}$ für $1 \leq i \leq m-1$. Die Matrix

$$\rho := I + \sum_{i=1}^{m-1} t_i q E_{im} \in E_m(R, \mathfrak{q})$$

transformiert dann wie folgt:

$$\rho(x) = (1 + q_1', q_2', \ldots, q_{m-1}', q_m) = (x_1', x_2', \ldots, x_{m-1}', q_m).$$

Wegen der Unimodularität von $(x_1', \ldots, x_{m-1}')$ gibt es $g_1, \ldots, g_{m-1} \in R$ mit $1 = \sum_{i=1}^{m-1} g_i x_i'$. Dies ergibt durch Multiplikation mit $q_1' - q_m$ die Identität

$$q_1' - q_m = \sum_{i=1}^{m-1} (q_1' - q_m) g_i x_i' = \sum_{i=1}^{m-1} c_i x_i'$$

mit $c_i := (q_1' - q_m) g_i \in \mathfrak{q}$ für $1 \leq i \leq m-1$. Die Matrix

$$\sigma := I + \sum_{i=1}^{m-1} c_i E_{mi} \in E_m(R, \mathfrak{q})$$

transformiert dann

$$\sigma \rho(x) = (1 + q_1', q_2', \ldots, q_{m-1}', q_1').$$

Wendet man $\alpha := I - E_{1m}$ auf $\sigma \rho(x)$ an, so erhält man $(1, q_2', \ldots, q_{m-1}', q_1')$. Setzt man nun

$$\tau := I - \left(\sum_{i=2}^{m-1} q_i' E_{i1} + q_1' E_{m1} \right) \in E_m(R, \mathfrak{q}),$$

so folgt

$$\tau \alpha \sigma \rho(x) = (1, 0, \ldots, 0).$$

Es gilt nun noch zu berücksichtigen, daß α nicht unbedingt in $E_m(R, \mathfrak{q})$ liegt. Aber man hat $\alpha^{-1} \tau \alpha \in E_m(R, \mathfrak{q})$, da $\alpha \in E_m(R)$ und da $E_m(R, \mathfrak{q})$ normal in $E_m(R)$ ist. Wegen $\alpha^{-1}(1,0,\ldots,0) = (1,0,\ldots,0)$ liefert nun die Matrix $\gamma := (\alpha^{-1}\tau\alpha)\,\sigma\,\rho \in E_m(R,\mathfrak{q})$ das gewünschte Ergebnis.

Im allgemeinen Fall geht man von zwei unimodularen Elementen x und y in R^m mit $x - y \in \mathfrak{q}R^m$ aus. Dann findet man wegen der (schon gezeigten) Transitivität von $E_m(R)$ ein $\delta \in E_m(R)$ mit $\delta(y) = (1,0,\ldots,0)$. Nun gilt auch $\delta(x) - \delta(y) = \delta(x-y) \in \mathfrak{q}R^m$. Also hat $\delta(x) \in (1,0,\ldots,0) + \mathfrak{q}R^m$ die im ersten Teil des Beweises betrachtete Form. Deshalb gibt es ein $\gamma \in E_m(R,\mathfrak{q})$ mit

$$\gamma\,\delta(x) = (1,0,\ldots,0) = \delta(y).$$

Dies zieht $\delta^{-1}\gamma\,\delta(x) = y$ mit $\delta^{-1}\gamma\,\delta \in E_m(R,\mathfrak{q})$ mit sich.

Andererseits gilt $\tau(x) \in x + \mathfrak{q}R^m$ für alle $\tau \in E_m(R,\mathfrak{q})$ und alle $x \in R^m$.

(b) Ist M eine Matrix in $GL_m(R,\mathfrak{q})$, so ist der letzte Spaltenvektor von M modulo $\mathfrak{q}$ zu $(0,\ldots,0,1)$ kongruent. Also gibt es nach (a) ein $\gamma \in E_m(R,\mathfrak{q})$ mit

$$\gamma\,M = \begin{pmatrix} & & 0 \\ & M_1 & \vdots \\ & & 0 \\ z & & 1 \end{pmatrix}$$

mit $M_1 \in GL_{m-1}(R,\mathfrak{q})$ und $z \in \mathfrak{q}R^{m-1}$. Multipliziert man diese Matrix mit

$$\eta := \begin{pmatrix} & & 0 \\ I & & \vdots \\ & & 0 \\ -zM_1^{-1} & & 1 \end{pmatrix} \in E_m(R,\mathfrak{q}),$$

so erhält man

$$\eta\,\gamma\,M = \begin{pmatrix} & & 0 \\ M_1 & & \vdots \\ & & 0 \\ 0 & \cdots & 0 & 1 \end{pmatrix} \in GL_{m-1}(R,\mathfrak{q}) \subset GL_m(R,\mathfrak{q}).$$

Mit Induktion über $m - n$ erhält man die Behauptung. $\square$

Ist R ein kommutativer Ring, so nennen wir die Gruppe aller $g \in GL_n(R)$ mit $\det g = 1$ die spezielle lineare Gruppe $SL_n(R)$ vom Grad n über R. Wir setzen dann $SL_n(R,\mathfrak{q}) := GL_n(R,\mathfrak{q}) \cap SL_n(R)$ für alle Ideale $\mathfrak{q}$ in R.

Korollar K.9. *Ist R ein kommutativer Ring mit stabilem Rang 1, so gilt für alle $m \geq 1$ und alle Ideale $\mathfrak{q}$*

$$E_m(R,\mathfrak{q}) = SL_m(R,\mathfrak{q}).$$

Insbesondere gilt $E_m(R) = SL_m(R)$.

Beweis: Der Fall $m = 1$ ist trivial, weil dann beide Gruppen nur aus dem neutralen Element bestehen. Sei also $m \geq 2$. Daß $E_m(R, \mathfrak{q}) \subset SL_m(R, \mathfrak{q})$ gilt, folgt aus der Definition von $E_m(R, \mathfrak{q})$. Andererseits kann ein Element M in $GL_m(R, \mathfrak{q})$ durch Multiplikation mit einem Element in $E_m(R, \mathfrak{q})$ in ein Element u in $GL_1(R) = R^*$ übergeführt werden, siehe Satz K.8.b. Dann gilt $\det M = u$; daraus folgt die Behauptung. $\qquad\square$

K.10. Es ist schwierig, für einen beliebigen Ring den stabilen Rang zu bestimmen. Die hierfür anzuwendenden Methoden gehen über den hier gesteckten Rahmen hinaus. Wir beschränken uns deshalb im folgenden auf spezielle kommutative Ringe.

Von besonderem zahlentheoretischem Interesse sind dabei die Dedekindringe. Ist A ein Dedekindring und ist $\mathfrak{a}$ ein Ideal ungleich 0 in A, so hat der Restklassenring $A/\mathfrak{a}$ nur endlich viele maximale Ideale. Das sieht man so: Die maximalen Ideale von $A/\mathfrak{a}$ sind gerade alle $\mathfrak{p}/\mathfrak{a}$, wobei $\mathfrak{p}$ ein maximales Ideal von A mit $\mathfrak{p} \supset \mathfrak{a}$ ist; ein maximales Ideal von A umfaßt $\mathfrak{a}$ genau dann, wenn es einer der endlich vielen Faktoren in einer Zerlegung von $\mathfrak{a}$ als Produkt von Primidealen ist.

Allgemeiner heißt ein kommutativer Ring S *semilokal*, wenn S nur endlich viele maximale Ideale enthält. Natürlich ist ein kommutativer lokaler Ring (zum Beispiel ein Körper) semilokal. Wir haben oben gesehen, daß ein lokaler Ring den stabilen Rang 1 hat. Dies gilt auch für semilokale Ringe. Das folgende Lemma ist ein technisches Hilfsmittel zum Beweis:

Lemma K.11. *Sei S ein kommutativer semilokaler Ring. Zu einem unimodularen m-Tupel $x = (x_1, x_2, \ldots, x_m)$ in S^m gibt es Elemente $s_2, \ldots, s_m \in S$, so daß $x_1 + \sum_{j=2}^{m} s_j x_j$ eine Einheit in S ist.*

Beweis: Setze $Y := \{x_1 + \sum_{j=2}^{m} s_j x_j \mid s_2, \ldots, s_m \in S\}$. Wir sollen zeigen, daß Y eine Einheit von S enthält. Man wähle $y \in Y$, so daß die Anzahl der maximalen Ideale $\mathfrak{m}$ in S mit $y \in \mathfrak{m}$ so klein wie möglich ist, und numeriere die endlich vielen maximalen Ideale $\mathfrak{m}_1, \mathfrak{m}_2, \ldots \mathfrak{m}_n$ in S, so daß für ein geeignetes ℓ

$$y \notin \mathfrak{m}_i \text{ für } 1 \leq i \leq \ell \qquad \text{und} \qquad y \in \mathfrak{m}_i \text{ für } \ell + 1 \leq i \leq n.$$

Ist $\ell = n$, so gehört y zu keinem maximalen Ideal von S und ist deshalb eine Einheit in S; also folgt dann die Behauptung.

Sei nun $\ell < n$. Weil x unimodular ist, gibt es ein $j \geq 2$ mit $x_j \notin \mathfrak{m}_{\ell+1}$. Wähle $c_j \in \mathfrak{m}_1 \mathfrak{m}_2 \ldots \mathfrak{m}_\ell$ mit $c_j \notin \mathfrak{m}_{\ell+1}$ und setze

$$y' := y + c_j x_j \in Y.$$

Für alle $i \leq \ell$ gilt $y' \notin \mathfrak{m}_i$, da $y \notin \mathfrak{m}_i$ und $c_j x_j \in \mathfrak{m}_i$. Aus $c_j \notin \mathfrak{m}_{\ell+1}$ und $x_j \notin \mathfrak{m}_{\ell+1}$ folgt $c_j x_j \notin \mathfrak{m}_{\ell+1}$, weil das maximale Ideal $\mathfrak{m}_{\ell+1}$ ein Primideal ist. Wegen $y \in \mathfrak{m}_{\ell+1}$ erhalten wir nun $y' \notin \mathfrak{m}_{\ell+1}$.

Es ist also die Anzahl der i mit $y' \in \mathfrak{m}_i$ echt kleiner als die Anzahl der i mit $y \in \mathfrak{m}_i$, im Widerspruch zur Wahl von y. Also ist $\ell = n$. $\qquad\square$

Satz K.12. *Ein semilokaler Ring S hat den stabilen Rang 1.*

Beweis: Wir müssen zeigen, daß S der stabilen Rang-Bedingung $(B)_1$ genügt. Sei $x = (x_1, x_2, \ldots, x_m) \in S^m$ ein unimodulares m-Tupel für ein $m > 1$. Nach Lemma K.11 gibt es $s_2, \ldots, s_m \in S$, so daß $u := x_1 + \sum_{j=2}^{m} s_j x_j$ eine Einheit ist. Es gilt also

$$u \in S(x_1 + s_m x_m) + S x_2 + \cdots + S x_m$$

und damit $S = S(x_1 + s_m x_m) + S x_2 + \cdots + S x_m$. Also ist das $(m-1)$-Tupel $(x_1 + s_m x_m, x_2, \ldots, x_{m-1})$ unimodular in S^{m-1}. $\square$

Satz K.13. *Ist A ein Dedekindring, so gilt* s-Rang$(A) \leq 2$.

Beweis: Wir müssen zeigen, daß A der stabilen Rang-Bedingung $(B)_2$ genügt.
Sei $a = (a_1, a_2, \ldots, a_{m+1}) \in A^{m+1}$ ein unimodulares $(m+1)$-Tupel für ein $m \geq 2$. Ist $a_1 = 0$, so ist $(a_{m+1}, a_2, \ldots, a_m) \in A^m$ unimodular und erfüllt die Bedingung in der Definition.

Es gelte also $a_1 \neq 0$. Dann ist auch das Ideal $\mathfrak{a} := \sum_{i=1}^{m-1} R a_i$ ungleich Null. Es seien $\mathfrak{p}_1, \mathfrak{p}_2, \ldots, \mathfrak{p}_r$ die endlich vielen maximalen Ideale in A, die $\mathfrak{a}$ enthalten, vergleiche X.3.6. Wir können annehmen, daß für ein geeignetes s, $0 \leq s \leq r$, gilt

$$a_{m+1} \notin \mathfrak{p}_i \text{ für } 1 \leq i \leq s \qquad \text{und} \qquad a_{m+1} \in \mathfrak{p}_i \text{ für } s+1 \leq i \leq r.$$

Es gibt nach dem Chinesischen Restklassensatz $t \in A$, so daß für alle i, $1 \leq i \leq s$, gilt

$$t \equiv 0 \pmod{\mathfrak{p}_i} \quad \text{falls } a_m \notin \mathfrak{p}_i,$$
$$t \equiv 1 \pmod{\mathfrak{p}_i} \quad \text{falls } a_m \in \mathfrak{p}_i.$$

Ist $a_m \notin \mathfrak{p}_i$, so folgt $a_m + t a_{m+1} \equiv a_m \pmod{\mathfrak{p}_i}$. Ist $a_m \in \mathfrak{p}_i$, so folgt $a_m + t a_{m+1} \equiv a_{m+1} \pmod{\mathfrak{p}_i}$. Daher gilt $a_m + t a_{m+1} \notin \mathfrak{p}_i$ für alle $i \leq s$.
Wir behaupten nun, daß $(a_1, \ldots, a_{m-1}, a_m + t a_{m+1})$ unimodular in A^m ist. Gilt dies nicht, so ist $\sum_{i=1}^{m-1} R a_i + R(a_m + t a_{m+1})$ in einem maximalen Ideal $\mathfrak{m}$ in R enthalten. Wegen $\mathfrak{m} \supset \sum_{i=1}^{m-1} R a_i$ gibt es ein j mit $\mathfrak{m} = \mathfrak{p}_j$. Aus $a_m + t a_{m+1} \in \mathfrak{m}$ folgt dann $j > s$, also $a_{m+1} \in \mathfrak{p}_j = \mathfrak{m}$. Nun erhalten wir einen Widerspruch, nämlich

$$\mathfrak{m} \supset \sum_{i=1}^{m-1} R a_i + R(a_m + t a_{m+1}) + R a_{m+1} = \sum_{i=1}^{m+1} R a_i = R,$$

wobei wir am Schluß die Unimodularität von $(a_1, a_2, \ldots, a_{m+1})$ benutzen.

$\square$

Kombiniert man Satz K.12 mit Korollar K.9, so erhält man:

Satz K.14. *Sei* $\mathfrak{q}$ *ein Ideal in einem Dedekindring* A. *Dann ist der durch die kanonische Abbildung* $\pi: A \to A/\mathfrak{q}$ *induzierte Homomorphismus*

$$\tau: SL_m(A) \longrightarrow SL_m(A/\mathfrak{q})$$

für alle $m \geq 1$ *surjektiv.*

Beweis: Die Fall $m = 1$ oder $\mathfrak{q} = 0$ sind trivial. Wir können also annehmen, daß $m \geq 2$ und daß $\mathfrak{q} \neq 0$. Dann ist der Faktorring $A/\mathfrak{q}$ semilokal; also gilt $SL_m(A/\mathfrak{q}) = E_m(A/\mathfrak{q})$. Weil π surjektiv ist, ist jede Elementarmatrix $x_{ij}(a)$ in $E_m(A/\mathfrak{q})$ Bild einer Elementarmatrix $x_{ij}(b)$ in $E_m(A)$: Man wähle b mit $\pi(b) = a$. Also wird schon $E_m(A)$ surjektiv auf $SL_m(A/\mathfrak{q})$ abgebildet. $\square$

K.15. Seien K ein algebraischer Zahlkörper und $\mathcal{O}_K$ der Ring der ganzen Zahlen in K. Für jedes Ideal $\mathfrak{q} \neq 0$ in dem Dedekindring $\mathcal{O}_K$ ist die Gruppe $\Gamma(\mathfrak{q}) := SL_n(\mathcal{O}_K, \mathfrak{q})$ eine Untergruppe von endlichem Index in $SL_n(\mathcal{O}_K)$, und zwar ist der Index nach K.14 gleich der Ordnung der endlichen Gruppe $SL_n(\mathcal{O}_K/\mathfrak{q})$. Man nennt eine Untergruppe von $SL_n(\mathcal{O}_K)$ eine *Kongruenzuntergruppe*, wenn sie eine Hauptkongruenzuntergruppe $\Gamma(\mathfrak{q})$ für irgendein Ideal $\mathfrak{q} \neq 0$ enthält. Offensichtlich hat jede Kongruenzuntergruppe von $SL_n(\mathcal{O}_K)$ endlichen Index in $SL_n(\mathcal{O}_K)$. Das *Kongruenzuntergruppenproblem* für die spezielle lineare Gruppe über K ist die Frage, ob jede Untergruppe von endlichem Index in $SL_n(\mathcal{O}_K)$ eine Kongruenzuntergruppe ist.

Schon im Falle des Körpers $K = \mathbb{Q}$ war es im 19. Jahrhundert bekannt, daß es unendliche Familien von Untergruppen von endlichem Index in $SL_2(\mathbb{Z})$ gibt, die keine Hauptkongruenzuntergruppe enthalten. Für die Gruppen $SL_n(\mathbb{Z})$ mit $n \geq 3$ hat das Kongruenzuntergruppenproblem jedoch eine positive Lösung. Dies trifft auch für beliebige Zahlkörper K (und $n \geq 3$) zu, wenn es eine Einbettung von K nach $\mathbb{R}$ gibt. In den übrigen Fällen kann man die mögliche „Abweichung" von einer positiven Lösung des Problems sehr genau kontrollieren.

Im Fall $n = 2$ existieren zum Beispiel solche „Nichtkongruenzuntergruppen" genau dann, wenn $K = \mathbb{Q}$ oder wenn K ein Zahlkörper $\mathbb{Q}(\sqrt{d})$ mit quadratfreiem $d \in \mathbb{Z}$, $d < 0$ ist.

Im folgenden betrachten wir den Fall $R = \mathbb{Z}$. Für jede natürliche Zahl q hat man für $n \geq 2$ die Hauptkongruenzuntergruppe $\Gamma(q) := GL_n(\mathbb{Z}, (q))$. Unser Interesse gilt jetzt den Elementen endlicher Ordnung in diesen Gruppen.

Satz K.16. *Sei* g *ein Element der Ordnung* $m < \infty$ *in* $\Gamma(q)$. *Ist* $q > 2$, *so gilt* $g = I$. *Ist* $q = 2$, *so gilt* $m \leq 2$.

Beweis: Als Element von $\Gamma(q)$ hat g die Form $g = I + qH'$ mit einer ganzzahligen Matrix $H' \in M_n(\mathbb{Z})$. Wir können annehmen, daß $H' \neq 0$. Ist d der größte gemeinsame Teiler der Einträge von H', so gilt $H' = dH$ mit

$H = (h_{ij}) \in M_n(\mathbb{Z})$, wobei die Einträge von H jetzt den größten gemeinsamen Teiler 1 haben.

Nun ist $g = I + qdH$; aus dem Binomialsatz ergibt sich

$$I = g^m = I + mqdH + \binom{m}{2} q^2 d^2 H^2 + \cdots + \binom{m}{m} q^m d^m H^m. \qquad (1)$$

Deshalb gilt $mqdh_{ij} \equiv 0 \pmod{q^2 d^2}$ und damit $qd \mid mh_{ij}$ für alle i und j. Aus der Teilerfremdheit der h_{ij} folgt $qd \mid m$.

Betrachten wir zunächst den Fall daß $m = p$ eine Primzahl ist. Dann folgt $q = m = p$ und $d = 1$. Ist $p > 2$, so gilt $q = p \mid \binom{m}{2}$, und (1) impliziert $q^2 H \equiv 0 \pmod{q^3}$ Dann teilt q alle h_{ij} im Widerspruch zur Teilerfremdheit der h_{ij}.

Dies zeigt: Ist $q \geq 3$, so enthält $\Gamma(q)$ kein Element von Primzahlordnung. Ist $m > 1$, so gibt es einen Primteiler p von m, und $g^{m/p}$ ist ein Element der Ordnung p in $\Gamma(q)$ — Widerspruch. Also folgt $m = 1$, wie behauptet.

Sei nun $q = 2$. Dann impliziert das Argument von oben, daß m eine Potenz von 2 ist. Es reicht nun zu zeigen, daß $m = 4$ nicht auftreten kann. Ist $m = 4$, so gilt $0 = g^4 - I = (g - I)(g + I)(g^2 + I)$. Wegen $g \in \Gamma(2)$ ist $g + I \equiv g - I \equiv 0 \pmod{2}$, also $g^2 - I \equiv 0 \pmod{4}$ und $g^2 + I \equiv 2I \pmod{4}$. Die Matrix $h := (1/2)(g^2 + I)$ ist daher ganzzahlig und erfüllt $h \equiv I \pmod{2}$. Es folgt $\det h \equiv 1 \pmod{2}$ und damit auch $\det(g^2 + I) \neq 0$. Dies impliziert $0 = (g - I)(g + I) = g^2 - I$, und die Ordnung von g kann nicht gleich 4 sein. $\qquad \square$

Wie im kommutativen Fall (siehe II.5.10) nennen wir eine beliebige Gruppe torsionsfrei, wenn sie keine Elemente endlicher Ordnung außer dem neutralen Element enthält.

Korollar K.17. *Die Hauptkongruenzuntergruppen $\Gamma(q)$ mit $q \geq 3$ sind torsionsfrei.*

(Dies ist eine offensichtliche Umformulierung der Behauptung im Satz für $q \geq 3$.)

Satz K.18. *Es gibt für jedes n eine Zahl m_n, so daß die Ordnung jeder endlichen Untergruppe von $GL_n(\mathbb{Z})$ ein Teiler von m_n ist.*

Beweis: Sei F eine endliche Untergruppe von $GL_n(\mathbb{Z})$. Sei q eine Primzahl, $q \neq 2$. Nach Korollar K.17 hat F trivialen Durchschnitt mit dem Kern $\Gamma(q)$ des Homomorphismus $GL_n(\mathbb{Z}) \to GL_n(\mathbb{Z}/q\mathbb{Z})$. Also ist F zu einer Untergruppe der endlichen Gruppe $GL_n(\mathbb{Z}/q\mathbb{Z})$ isomorph, und $|F|$ teilt $|GL_n(\mathbb{Z}/q\mathbb{Z})|$. $\qquad \square$

Korollar K.19. *Es gibt nur endlich viele Isomorphieklassen von endlichen Untergruppen von $GL_n(\mathbb{Z})$.*

Dies ist nun klar, weil es zu jeder ganzen Zahl m nur endlich viele Isomorphieklassen von Gruppen der Ordnung m gibt.

Satz K.20. *Jede endliche Untergruppe von $GL_n(\mathbb{Q})$ ist zu einer Untergruppe von $GL_n(\mathbb{Z})$ konjugiert.*

Beweis: Sei $H \leq GL_n(\mathbb{Q})$ eine endliche Untergruppe. Für jedes $h \in H$ ist $h(\mathbb{Z}^n)$ eine zu $\mathbb{Z}^n$ isomorphe Untergruppe von $(\mathbb{Q}^n, +)$; insbesondere ist sie endlich erzeugbar. Wegen $|H| < \infty$ ist daher auch $\Lambda := \sum_{h \in H} h(\mathbb{Z}^n)$ eine endlich erzeugbare Untergruppe von $(\mathbb{Q}^n, +)$. Offensichtlich gilt $h(\Lambda) = \Lambda$ für alle $h \in H$.

Es gibt $d \in \mathbb{Z}$, $d \neq 0$ mit $dh \in M_n(\mathbb{Z})$ für alle $h \in H$. Das impliziert $h(\mathbb{Z}^n) \subset d^{-1}\mathbb{Z}^n$ für alle h, also $\Lambda \subset d^{-1}\mathbb{Z}^n$. Andererseits gilt $\Lambda \supset 1(\mathbb{Z}^n) = \mathbb{Z}^n$. Aus $\mathbb{Z}^n \subset \Lambda \subset d^{-1}\mathbb{Z}^n$ folgt nun nach Satz II.5.8, daß Λ eine freie abelsche Gruppe vom Rang n ist, weil $\mathbb{Z}^n$ und $d^{-1}\mathbb{Z}^n$ dies sind. (Vgl. auch Aufgabe VII.43.)

Sei $f_1, f_2, \ldots, f_n$ eine Basis von Λ über $\mathbb{Z}$. Dann erzeugen die f_j auch $\mathbb{Q}^n$ über $\mathbb{Q}$ und bilden deshalb eine Basis von $\mathbb{Q}^n$ über $\mathbb{Q}$. Ist $e_1, e_2, \ldots, e_n$ die Standardbasis von $\mathbb{Q}^n$ über $\mathbb{Q}$, so gibt es deshalb ein $\alpha \in GL_n(\mathbb{Q})$ mit $\alpha(e_i) = f_i$ für alle i. Für jedes $g \in GL_n(\mathbb{Q})$ ist $\alpha^{-1}g\alpha$ die Matrix von g bezüglich der Basis $f_1, f_2, \ldots, f_n$. Für alle $h \in H$ gilt $h(\Lambda) = \Lambda$, also liegen alle Einträge von $\alpha^{-1}g\alpha$ in $\mathbb{Z}$. Es folgt, daß $\alpha^{-1}H\alpha \subset GL_n(\mathbb{Z})$. $\qquad\square$

Korollar K.21. *Es gibt nur endlich viele Isomorphieklassen von endlichen Untergruppen von $GL_n(\mathbb{Q})$.*

Bemerkungen: (1) Für jede positive ganze Zahl m liefert die folgende Konstruktion ein Element der Ordnung m in $GL_{\varphi(m)}(\mathbb{Z})$. Hier ist φ die Eulersche φ–Funktion; also ist $\varphi(m)$ der Grad des m–ten Kreisteilungspolynoms Φ_m.

Sei $\zeta \in \mathbb{C}$ eine primitive m–te Einheitswurzel. Dann ist Φ_m gleich dem Minimalpolynom $m_{\zeta, \mathbb{Q}}$ von ζ über $\mathbb{Q}$. Daher ist $1, \zeta, \ldots, \zeta^{\varphi(m)-1}$ eine Basis von $\mathbb{Q}(\zeta)$ über $\mathbb{Q}$.

Die Multiplikation mit ζ ist eine $\mathbb{Q}$–lineare Abbildung $\ell_\zeta : \mathbb{Q}(\zeta) \to \mathbb{Q}(\zeta)$. Für jedes $r \in \mathbb{Z}$ ist $(\ell_\zeta)^r$ die Multiplikation mit ζ^r; daher hat ℓ_ζ die Ordnung m. Dann hat auch die Matrix M_ζ von ℓ_ζ bezüglich der Basis $1, \zeta, \ldots, \zeta^{\varphi(m)-1}$ die Ordnung m.

Es gilt $\zeta^{\varphi(m)} \in \sum_{i=0}^{\varphi(m)-1} \mathbb{Z}\zeta^i$, weil Φ_m normiert ist und Koeffizienten in $\mathbb{Z}$ hat. Daraus folgt, daß

$$\ell_\zeta \left(\sum_{i=0}^{\varphi(m)-1} \mathbb{Z}\zeta^i \right) \subset \sum_{i=0}^{\varphi(m)-1} \mathbb{Z}\zeta^i.$$

Also hat M_ζ ganzzahlige Einträge und ist damit ein Element von $GL_{\varphi(m)}(\mathbb{Z})$, das die Ordnung m hat. Diese Matrix ist dann die in Lemma VII.9.1 beschriebene Begleitmatrix von Φ_m.

(2) Hermann Minkowski hat 1887 für jede natürliche Zahl $n \geq 1$ gezeigt[4]:
Ist H eine endliche Untergruppe von $GL_n(\mathbb{Z})$, so ist $|H|$ ein Teiler von

$$M_n := \prod_{p \, \text{Primzahl}} p^{a(p,n)}$$

mit
$$a(p,n) = \left[\frac{n}{p-1}\right] + \left[\frac{n}{p(p-1)}\right] + \left[\frac{n}{p^2(p-1)}\right] + \cdots,$$

wenn unter der Bezeichnung $[a]$ die größte in a enthaltene ganze Zahl ver-
standen wird und wenn p die Reihe der Primzahlen soweit durchläuft, bis
das Produkt von selbst abbricht, d. i. bis zur größten Primzahl, welche noch
$\leq n + 1$ ist.

---

[4]Zur Theorie der positiven quadratischen Formen, *J. reine angew. Math.* **101** (1887),
196–202

XI Quadratische Formen

Quadratische Formen über den ganzen Zahlen und die zugehörige arithmetische Theorie bilden als eine spezielle Klasse einen grundlegenden Gegenstand des Studiums der Lösbarkeit algebraischer Gleichungen im Ring $\mathbb{Z}$ oder im Körper der rationalen Zahlen. Ausgehend von Diophantos sind wesentliche Teile der Zahlentheorie der vergangenen Jahrhunderte durch Untersuchungen zu diesen Formen und ihren Verallgemeinerungen über algebraischen Zahlkörpern, verbunden mit den Namen Fermat, Gauss, Dirichlet und Minkowski, geprägt.

Das Aufkommen algebraischer Begriffe wie Modul oder Algebra und damit verknüpfte Struktur- und Klassifikationsfragen hat zugleich auch bewirkt, daß sich eine algebraische Theorie quadratischer Formen entwickelt hat. Die Arbeiten von Ernst Witt um 1937 waren entscheidend. In diesem Kapitel wird eine kurze Einführung in die Grundlagen der algebraischen Theorie quadratischer Formen über Körpern, auch quadratische Räume genannt, gegeben. Dies schließt die Untersuchung der Automorphismengruppe solcher quadratischen Räume (V, q), also der orthogonalen Gruppen $O(V, q)$, mit ein.

Jedem quadratischen Raum (V, q) über K ist in natürlicher Weise seine Clifford-Algebra $C(V, q)$, eine assoziative nicht-kommutative Algebra über K mit Eins, zugeordnet. Diese Algebra $C(V, q)$ enthält V, und die quadratische Form q ist durch Quadrieren in $C(V, q)$ gegeben, genauer, man hat $v^2 = q(v)1_{C(V,q)}$ für alle $v \in V$. In den Abschnitten 5 und 6 beschreiben wir die Konstruktion der Clifford-Algebra und erhalten wichtige Aussagen zu ihrer Struktur. Diese erlauben es, jedem regulären quadratischen Raum ein Element in der Brauergruppe von K zuzuordnen.

Das Kapitel schließt mit der Konstruktion und Untersuchung der Clifford-Gruppe $C(q)$ zu einem regulären quadratischer Raum (V, q) und der Spin-Gruppe ab. Die Kenntnis der Struktur der Clifford-Algebra erweist sich hier als entscheidend. Die Spin-Gruppe spielt als Überlagerung der orthogonalen Gruppe eine tragende Rolle im Studium der Gruppe $O(V, q)$ und ihrer Darstellungen.

§ 1 Bilinearformen

In diesem Abschnitt sei K ein Körper.

1.1. Eine *Bilinearform* b auf einem K–Vektorraum V ist eine Abbildung $b \colon V \times V \longrightarrow K$, so daß für alle $\lambda, \mu \in K$ und $v, v', w, w' \in V$

$$b(\lambda v + \mu v', w) = \lambda\, b(v, w) + \mu\, b(v', w)$$

$$b(v, \lambda w + \mu w') = \lambda\, b(v, w) + \mu\, b(v, w')$$

gilt. (Dies ist ein Spezialfall der allgemeinen Definition von § VII.10.) Man
nennt die Bilinearform b

(1) *symmetrisch*, falls $b\,(v,w) = b\,(w,v)$ für alle $v,w \in V$,

(2) *schiefsymmetrisch*, falls $b\,(v,w) = -b\,(w,v)$ für alle $v,w \in V$,

(3) *alternierend*, falls $b\,(v,v) = 0$ für alle $v \in V$.

Eine alternierende Bilinearform ist schiefsymmetrisch. (Man betrachte $b(v +
w,v+w) - b(v,v) - b(w,w)$.) Gilt char $K \neq 2$, so ist auch jede schiefsym-
metrische Bilinearform alternierend.

Die Menge aller Abbildungen $V \times V \to K$ ist ein Vektorraum über K unter punktweiser Addition und Skalarmultiplikation. Darin bilden alle Bilinearformen auf V einen Unterraum, ebenso alle symmetrischen Bilinearformen,
alle schiefsymmetrischen Bilinearformen und alle alternierenden Bilinearformen.

Ist (V,b) ein Vektorraum über K zusammen mit einer Bilinearform b und
ist $W \subset V$ ein Unterraum von V, so ist die Einschränkung $b_{|W \times W}$ von b eine
Bilinearform auf W. Ist b symmetrisch (schiefsymmetrisch, alternierend), so
hat auch $b_{|W \times W}$ diese Eigenschaft.

1.2. Sei V ein endlich dimensionaler Vektorraum über K, sei $e_1, e_2, \ldots, e_m$
eine Basis von V. Ist $A = (a_{ij})_{i,j=1,\ldots,m}$ eine $(m \times m)$–Matrix über K, so
wird durch

$$b_A(\sum_{i=1}^{m} x_i e_i, \sum_{j=1}^{m} y_j e_j) = \sum_{i=1}^{m} \sum_{j=1}^{m} a_{ij}\, x_i\, y_j$$

eine Bilinearform auf V definiert. Sie erfüllt $b_A(e_i, e_j) = a_{ij}$ für alle i und j.
In Matrizennotation gilt

$$b_A(\sum_{i=1}^{m} x_i e_i, \sum_{j=1}^{m} y_j e_j) = (x_1, \ldots, x_m)\, A\, (y_1, \ldots, y_m)^t.$$

Ist umgekehrt b eine Bilinearform auf V, so nennt man die Matrix

$$B = (b(e_i, e_j))_{i,j=1,\ldots,m}$$

die *Gram-Matrix* von b bezüglich der Basis $e_1, e_2, \ldots, e_m$. Es gilt dann $b = b_B$
in der Notation von oben. Die Abbildung $A \mapsto b_A$ ist ein Isomorphismus von
Vektorräumen vom Raum aller $(n \times n)$–Matrizen über K auf den Raum
aller Bilinearformen auf V. Dabei entsprechen symmetrische (bzw. schiefsymmetrische) Matrizen den symmetrischen (bzw. den schiefsymmetrischen)
Bilinearformen.

Ist auch $e_1', e_2', \ldots, e_m'$ eine Basis des Vektorraums V, so gilt für die Gram-
Matrix B' von b bezüglich $e_1', e_2', \ldots, e_m'$, daß

$$B' = S\, B\, S^t,$$

wobei die Matrix $S = (s_{ik})$ mit Eingängen in K durch $e'_i = \sum_k s_{ik} e_k$ gegeben ist. Es gilt dann $\det B' = (\det S)^2 \det B$, die Determinante $\det B$ ändert sich also bei einem Wechsel der Basis um ein Quadrat in K^*. Man nennt die Größe $\det B$ modulo Quadrate in K^* auch die *Determinante* des Paares (V, b).

1.3. Sei (V, b) ein Vektorraum über K zusammen mit einer symmetrischen oder schiefsymmetrischen Bilinearform b. Wir nennen zwei Elemente $v, w \in V$ *orthogonal* (oder *senkrecht*) bezüglich b, falls $b(v, w) = 0$ gilt. Wir nennen zwei Teilmengen W_1, W_2 von W orthogonal, wenn $b(w_1, w_2) = 0$ für alle $w_1 \in W_1$ und $w_2 \in W_2$ gilt. Wegen unserer Voraussetzung an b ist Orthogonalität eine symmetrische Relation.

Für jede Teilmenge $W \subset V$ setzen wir

$$W^\perp := \{\, v \in V \mid b(v, w) = 0 \text{ für alle } w \in W \,\}.$$

Dies ist ein Unterraum von V, genannt der *zu W orthogonale Unterraum*.

Ist V direkte Summe von Unterräumen V_i, $i = 1, \ldots, n$, so nennt man dies eine *orthogonale Summe*, falls jedes V_i, $1 \le i \le n$, zu jedem V_j, $1 \le j \le n$, mit $j \ne i$ orthogonal ist. Man schreibt dann

$$V = V_1 \perp V_2 \perp \cdots \perp V_n.$$

Sind (V_1, b_1) und (V_2, b_2) Vektorräume über K mit Bilinearformen, die beide symmetrisch oder beide schiefsymmetrisch sind, so definiert man ihre (äußere) orthogonale Summe durch $V_1 \oplus V_2$, versehen mit der Bilinearform $b_1 \perp b_2$, gegeben durch

$$((x_1, x_2), (y_1, y_2)) \mapsto b_1(x_1, y_1) + b_2(x_2, y_2).$$

Dann ist $b_1 \perp b_2$ wieder symmetrisch bzw. schiefsymmetrisch. Für $(V_1 \oplus V_2, b_1 \perp b_2)$ schreibt man auch $(V_1, b_1) \perp (V_2, b_2)$.

1.4. Sei wieder (V, b) ein Vektorraum über K zusammen mit einer symmetrischen oder schiefsymmetrischen Bilinearform b. Für jeden Unterraum W von V bezeichnen wir mit $W^* := \mathrm{Hom}_K(W, K)$ den Dualraum und betrachten die lineare Abbildung

$$b_{(W)} \colon V \longrightarrow W^*$$

definiert durch

$$b_{(W)}(v)(w) = b(v, w) \quad \text{für alle } v \in V, w \in W.$$

Der Kern von $b_{(W)}$ ist gerade der zu W orthogonale Unterraum $W^\perp$.

Wir behaupten nun, daß V genau dann die orthogonale Summe $W \oplus W^\perp$ ist, wenn $b_{(W)}(W) = b_{(W)}(V)$ und $W \cap \ker b_{(W)} = (0)$ gilt. In der Tat, die Summe $W + W^\perp$ ist genau dann direkt, wenn $0 = W \cap W^\perp = W \cap \ker b_{(W)}$. Andererseits ist $b_{(W)}(W) = b_{(W)}(V)$ äquivalent zu $V = W + \ker b_{(W)}$, also zu $V = W + W^\perp$.

1.5. Sei wieder (V, b) ein Vektorraum über K zusammen mit einer symmetrischen oder schiefsymmetrischen Bilinearform b. Das Paar (V, b) (oder auch kurz: die Bilinearform b) heißt *nicht ausgeartet*, falls $b_{(V)} \colon V \longrightarrow V^*$ injektiv ist, also wenn $V^\perp = (0)$ gilt. Ist $V = V_1 \perp V_2 \perp \cdots \perp V_n$ eine orthogonale Summe, so ist (V, b) genau dann nicht ausgeartet,wenn alle Paare $(V_i, b_{|V_i \times V_i})$ nicht ausgeartet sind. Ist V endlich dimensional, so hat V^* dieselbe Dimension wie V, und (V, b) ist genau dann nicht ausgeartet, wenn $b_{(V)} \colon V \longrightarrow V^*$ bijektiv ist.

Man nennt $V^\perp$ auch das *Radikal* der Bilinearform b. Ist W ein Unterraum von V mit $V = W \oplus V^\perp$, so ist die Restriktion von b auf W nicht ausgeartet, und (V, b) ist natürlich die orthogonale Summe von $(W, b_{|W \times W})$ und $(V^\perp, 0)$.

Satz 1.6. *Sei (V, b) ein Vektorraum über K zusammen mit einer symmetrischen oder schiefsymmetrischen Bilinearform b. Ist W ein endlich dimensionaler Unterraum von V, so daß $(W, b_{|W \times W})$ nicht ausgeartet ist, dann gilt $V = W \perp W^\perp$.*

Beweis: Die Annahmen an W und b implizieren, daß $(b_{|W \times W})_{(W)} \colon W \to W^*$ eine bijektive Abbildung ist. Sie ist gleich der Restriktion von $b_{(W)} \colon V \to W^*$ auf W. Daher gilt $W^* = b_{(W)}(W) = b_{(W)}(V)$ und $W \cap \ker b_{(W)} = 0$. Also folgt der Satz aus der Bemerkung am Schluß von 1.4. $\square$

1.7. Sei V ein endlich dimensionaler Vektorraum über K, sei $e_1, e_2, \ldots, e_m$ eine Basis von V. Wir bezeichnen mit $e_1^*, e_2^*, \ldots, e_m^*$ die zugehörige duale Basis von V^*; für eine beliebige Linearform $f \in V^*$ gilt also $f = \sum_{i=1}^m f(e_i) e_i^*$.

Ist nun b eine symmetrische oder schiefsymmetrische Bilinearform auf V, so folgt

$$b_{(V)}(e_j) = \sum_{i=1}^m b(e_k, e_i) e_i^*$$

für alle k, $1 \le k \le m$. Daher ist die Matrix von $b_{(V)}$ bezüglich unserer Basen gerade die Transponierte B^t der Gram-Matrix B von b bezüglich $e_1, e_2, \ldots, e_m$. Also ist (V, b) genau dann nicht ausgeartet, wenn $\det B \ne 0$ gilt.

Definition: Sei (V, b) ein endlich dimensionaler Vektorraum über K mit einer symmetrischen Bilinearform b. Eine Basis $e_1, e_2, \ldots, e_m$ von V heißt *Orthogonalbasis* von V bezüglich b, wenn $b(e_i, e_j) = 0$ für alle i und j mit $i \ne j$.

Satz 1.8. *Sei (V, b) ein endlich dimensionaler Vektorraum über K mit einer symmetrischen Bilinearform b. Gilt $\operatorname{char} K \ne 2$, so hat V eine Orthogonalbasis bezüglich b.*

Beweis: Ist $b = 0$, so ist jede Basis von V eine Orthogonalbasis. Ist $b \ne 0$, so wird der Beweis durch Induktion über die Dimension von V geführt. Wegen $b \ne 0$ gibt es $x, y \in V$ mit $b(x, y) \ne 0$. Aus $2b(x, y) = b(x+y, x+y) - b(x, x) -$

$b(y,y)$ und $2 \neq 0$ folgt dann, daß es ein $z \in V$ mit $b(z,z) \neq 0$ gibt. Dann ist die Einschränkung von b auf den von z aufgespannten Unterraum $W = Kz$ nicht ausgeartet, und Satz 1.6 impliziert, daß $V = W \perp W^\perp$. Wir wenden die Induktionsannahme auf $W^\perp$ an und ergänzen eine Orthogonalbasis von $W^\perp$ zu einer Orthogonalbasis von V, indem wir z hinzufügen. $\qquad\square$

Bemerkung: Der Satz sagt, daß V eine orthogonale Summe von eindimensionalen Unterräumen ist. Sammelt man dann die Summanden, auf denen b verschwindet, so erhält man eine orthogonale Zerlegung

$$V = U_1 \perp U_2 \perp \cdots \perp U_n \perp N$$

in eindimensionale Unterräume U_i, auf denen b nicht ausgeartet ist, und in einen Unterraum N mit $b_{|N \times N} = 0$. Es gilt dann $N = V^\perp$.

> **Satz 1.9.** *Sei (V, b) ein endlich dimensionaler Vektorraum über K mit einer alternierenden Bilinearform b. Dann gibt es eine orthogonale Zerlegung*
>
> $$V = U_1 \perp U_2 \perp \cdots \perp U_n \perp N$$
>
> *in zweidimensionale Unterräume U_i, auf denen b nicht ausgeartet ist, und in einen Unterraum N mit $b_{|N \times N} = 0$.*

Beweis: Ist $b = 0$, so nimmt man $N = V$. Ist $b \neq 0$, so wird der Beweis durch Induktion über die Dimension von V geführt. Wegen $b \neq 0$ gibt es $x, y \in V$ mit $b(x, y) \neq 0$. Indem wir y mit einem skalaren Vielfachen ersetzen, können wir $b(x, y) = 1$ annehmen. Weil b alternierend ist, gilt $b(x, x) = 0 = b(y, y)$ und $b(y, x) = -1$. Es folgt, daß x und y linear unabhängig sind, also der von ihnen aufgespannten Unterraum $W = Kx + Ky$ die Dimension 2 hat. Die Einschränkung von b auf W ist nicht ausgeartet, denn die Gram-Matrix bezüglich der Basis x, y hat Determinante 1. Daher impliziert Satz 1.6, daß $V = W \perp W^\perp$. Wir wenden nun die Induktionsannahme auf $W^\perp$ an. $\qquad\square$

Bemerkung: Im Satz gilt dann $N = V^\perp$. Es folgt: Gibt es auf V eine nicht ausgeartete alternierende Bilinearform, so ist $\dim V$ gerade.

1.10. Es sei L ein Erweiterungskörper von K. Ist V ein Vektorraum über K, so hat $V \otimes_K L$ nach VII.10.8 eine natürliche Struktur als Vektorraum über L. Ist nun b eine Bilinearform auf V, so behaupten wir nun, daß es genau eine Bilinearform b_L auf dem L–Vektorraum $V \otimes_K L$ gibt, so daß

$$b_L(v \otimes \lambda, w \otimes \mu) = \lambda\mu\, b(v, w) \qquad \text{für alle } v, w \in V \text{ und } \lambda, \mu \in L. \qquad (1)$$

In der Tat: Für alle $w \in V$ und $\mu \in L$ ist die Abbildung

$$\varphi_{w,\mu} \colon V \times L \longrightarrow L, \qquad (v, \lambda) \mapsto \lambda\mu\, b(v, w)$$

bilinear. Also gibt es genau eine K–lineare Abbildung

$$\psi_{w,\mu}\colon V \otimes_K L \longrightarrow L \qquad \text{mit } v \otimes \lambda \mapsto \lambda\,\mu\, b(v,w) \text{ für all } v \in V \text{ and } \lambda \in L.$$

Man sieht leicht, daß jedes $\psi_{w,\mu}$ sogar L–linear ist. Aus der Eindeutigkeit von $\psi_{w,\mu}$ folgt dann, daß die Abbildung

$$\psi\colon V \times_K L \longrightarrow \mathrm{Hom}_L(V \otimes_K L, L), \qquad (w,\mu) \mapsto \psi_{w,\mu}$$

bilinear ist, Also gibt es genau eine K–lineare Abbildung

$$\beta\colon V \otimes_K L \longrightarrow \mathrm{Hom}_L(V \otimes_K L, L)$$

mit $w \otimes \mu \mapsto \psi_{w,\mu}$ für alle $w \in V$ und $\mu \in L$. Man rechnet nun leicht nach, daß durch $b_L(z,z') := \beta(z)\,(z')$ eine Bilinearform auf dem L–Vektorraum $V \otimes_K L$ definiert wird, die (1) erfüllt. Die Eindeutigkeit von b_L folgt, weil $V \otimes_K L$ von Elementen der Form $v \otimes \lambda$ aufgespannt wird.

Ist b symmetrisch (schiefsymmetrisch, alternierend), so hat auch b_L diese Eigenschaft. Ist $e_1, e_2, \ldots, e_m$ eine Basis von V, so ist $e_1 \otimes 1, e_2 \otimes 1, \ldots, e_m \otimes 1$ eine Basis von $V \otimes_K L$ über L. Die Gram-Matrix von b_L bezüglich $e_1 \otimes 1$, $e_2 \otimes 1, \ldots, e_m \otimes 1$ ist gleich der Gram-Matrix von b bezüglich $e_1, e_2, \ldots, e_m$.

1.11. Es seien (V_1, b_1) und (V_2, b_2) Vektorräume über K zusammen mit Bilinearformen. Dann gibt es genau eine Bilinearform $b_1 \otimes b_2$ auf dem Tensorprodukt $V_1 \otimes_K V_2$, so daß

$$b_1 \otimes b_2\,(v_1 \otimes v_2, w_1 \otimes w_2) = b_1(v_1, w_1)\,b_2(v_2, w_2) \tag{1}$$

für alle $v_1, w_1 \in V_1$ und $v_2, w_2 \in V_2$. Der Beweis bleibt dem Leser überlassen; man geht ähnlich wie in 1.10 vor.

§ 2 Quadratische Räume

In diesem Abschnitt sei K ein Körper. Wir nehmen an, daß alle betrachteten Vektorräume über K endlich dimensional sind.

2.1. Eine *quadratische Form* auf einem K–Vektorraum U ist eine Abbildung $q\colon U \to K$ mit den Eigenschaften:

(1) $q(\lambda x) = \lambda^2\, q(x)$ für alle $x \in U, \lambda \in K$;

(2) die Abbildung

$$b_q\colon U \times U \to K \qquad \text{mit } b_q(x,y) = q(x+y) - q(x) - q(y) \text{ für alle } x,y \in U$$

ist eine Bilinearform auf dem K-Vektorraum U.

Man nennt b_q die zu der quadratischen Form q *assoziierte Bilinearform*; sie ist symmetrisch. Aus (1) und (2) folgt mit Induktion über n, daß

$$q\left(\sum_{i=1}^{n} \lambda_i x_i\right) = \sum_{i=1}^{n} \lambda_i^2\, q(x_i) + \sum_{i<j} \lambda_i\, \lambda_j\, b_q(x_i, x_j) \tag{3}$$

für alle $x_1, x_2, \ldots, x_n \in U$ und $\lambda_1, \lambda_2, \ldots, \lambda_n \in K$.

Ein Paar (U, q), bestehend aus einem Vektorraum U über K und einer quadratischen Form q auf U, wird auch *quadratischer Raum* über K genannt. Direkt aus den definierenden Bedingungen (1) und (2) folgt die Identität

$$b_q(x, x) = q(2x) - 2q(x) = 4q(x) - 2q(x) = 2q(x).$$

Gilt char $K \neq 2$, so ist deshalb ist q durch b_q eindeutig bestimmt: Es gilt $q(x) = \frac{1}{2} b_q(x, x)$ für alle $x \in U$. Ist dagegen char $K = 2$, so folgt $b_q(x, x) = 0$ für alle $x \in U$; in diesem Fall ist b_q also alternierend. Aus (3) folgt, daß in Charakteristik 2 die quadratische Form q durch b_q und die Werte von q auf einer Basis festgelegt ist.

2.2. Ist $c: U \times U \to K$ eine Bilinearform auf einem Vektorraum U über K, so ist die Abbildung

$$q_c: U \longrightarrow K \qquad \text{mit } q_c(x) = c(x, x) \text{ für alle } x \in U$$

eine quadratische Form auf U; es gilt $b_q(x, y) = c(x, y) + c(y, x)$ für alle $x, y \in U$.

Mit dieser Konstruktion erhalten wir alle quadratische Formen. Ist nämlich (U, q) ein quadratischer Raum, so wählen wir eine Basis $u_1, \ldots, u_n$ von U. Wir betrachten dann die Matrix $C = (c_{ij})$, mit Einträgen $c_{ii} = q(u_i)$, $c_{ij} = 0$ für $i > j$, und $c_{ij} = b_q(u_i, u_j)$ für $i < j$; dann assoziieren wir zu C die Bilinearform b_C wie in 1.2. Mit Hilfe von 2.1(3) sieht man nun, daß $q(x) = b_C(x, x)$ für alle $x \in U$.

Die Abbildung $c \mapsto q_c$ ist also eine Surjektion vom Raum der Bilinearformen auf U auf den Raum der quadratischen Formen auf U. Diese Abbildung ist linear; ihr Kern sind gerade die alternierenden Formen auf U. Gilt char $K \neq 2$, so restringiert die Abbildung zu einer Bijektion von den symmetrischen Bilinearformen auf U auf die quadratischen Formen auf U; das einzige Urbild von q in den symmetrischen Bilinearformen ist dann $(1/2)\, b_q$.

2.3. Sei (V, q) ein quadratischer Raum über K. Weil b_q symmetrisch ist, können wir die für symmetrische Bilinearformen eingeführten Begriffe und Notationen ohne Schwierigkeiten auf (V, q) übertragen, indem wir sie auf b_q anwenden. Wir schreiben zum Beispiel $V = W_1 \perp W_2$, wenn U die orthogonale Summe von W_1 und W_2 bezüglich b_q ist; es gilt dann $q(x_1 + x_2) = q(x_1) + q(x_2)$ für alle $x_1 \in W_1$ und $x_2 \in W_2$. Ebenso können wir die (äußere) orthogonale Summe von quadratischen Räumen einführen.

Wir nennen ein Unterraum W von V *regulär*, falls die Einschränkung von b_q auf W nicht ausgeartet ist. Ist dies der Fall, so ist V nach Satz 1.6 die orthogonale Summe von W und $W^\perp$. Man nennt dann $W^\perp$, zusammen mit der Einschränkung von q, das *orthogonale Komplement* von W.

Wir sagen, daß (V, q) ein *regulärer quadratischer Raum* ist, wenn b_q nicht ausgeartet ist. Gilt char $K = 2$, so impliziert diese Bedingung nach der Bemerkung zu Satz 1.9, daß dim V gerade ist.

2.4. Sind (V, q) und (V', q') zwei quadratische Räume über K, so nennt man eine injektive lineare Abbildung $\alpha \colon V \to V'$ mit $q'(\alpha(x)) = q(x)$ für alle $x \in V$ eine *Isometrie*. Die quadratischen Räume (V, q) und (V', q') werden *isometrisch* genannt, falls es eine bijektive Isometrie $\alpha \colon (V, q) \to (V', q')$ gibt; in diesem Fall schreibt man $(V, q) \cong (V', q')$.

Ist $\alpha \colon V \to V'$ eine Isometrie, so folgt $b_{q'}(\alpha(x), \alpha(y)) = b_q(x, y)$ für alle $x, y \in V$. Gilt char $K \ne 2$, so ist eine injektive lineare Abbildung genau dann eine Isometrie, wenn sie diese Bedingung mit b_q und $b_{q'}$ erfüllt. Ist $\alpha \colon V \to V'$ eine bijektive Isometrie, so gilt für jeden Unterraum W von V, daß $\alpha(W^\perp) = \alpha(W)^\perp$.

2.5. Für alle $\lambda_1, \lambda_2, \ldots, \lambda_n \in K$ bezeichnen wir mit $\langle \lambda_1, \lambda_2, \ldots, \lambda_n \rangle$ die quadratische Form auf K^n gegeben durch

$$q(x_1, x_2, \ldots, x_n) = \sum_i \lambda_i\, x_i^2 \qquad \text{für alle } (x_1, x_2, \ldots, x_n) \in K^n.$$

Ein quadratischer Raum (V, q) über K ist zu $(K^n, \langle \lambda_1, \lambda_2, \ldots, \lambda_n \rangle)$ isometrisch, wenn V eine Orthogonalbasis $e_1, e_2, \ldots, e_n$ bezüglich b_q hat, so daß $\lambda_i = q(e_i)$ für alle i, $1 \le i \le n$. Gilt char $K \ne 2$, sagt Satz 1.8 also, daß jeder quadratische Raum über K zu einem Raum der Form $(K^n, \langle \lambda_1, \lambda_2, \ldots, \lambda_n \rangle)$ isometrisch ist. In diesem Fall ist der quadratische Raum genau dann regulär, wenn $\lambda_i \ne 0$ für alle i gilt.

Gilt dagegen char $K = 2$, so hat V genau dann eine Orthogonalbasis bezüglich b_q, wenn $b_q = 0$. Ist dies der Fall, so gilt $q(x+y) = q(x) + q(y)$ für alle $x, y \in V$. Zusammen mit 2.1(1) zeigt diese Gleichung, daß $N_q = \{v \in V \mid q(v) = 0\}$ ein Unterraum von V ist. Ist $e_1, e_2, \ldots, e_n$ eine Basis von V und gibt es $\mu_i \in K$ mit $q(e_i) = \mu_i^2$ für alle i, so gilt $q(\sum_{i=1}^n x_i e_i) = (\sum_{i=1}^n \mu_i x_i)^2$ für alle $\sum_{i=1}^n x_i e_i \in V$. Daher ist N_q in diesem Fall der Kern einer Linearform auf V, hat also Kodimension 1 in V, außer wenn $q = 0$.

Definition 2.6. Sei (V, q) ein quadratischer Raum über K.

(1) Sei $x \in V$, $x \ne 0$. Man nennt x *isotrop*, falls $q(x) = 0$, und *anisotrop*, falls $q(x) \ne 0$.

(2) Man nennt den quadratische Raum (V, q) *anisotrop*, falls alle $v \in V$, $v \ne 0$, anisotrop sind.

(3) Ein Unterraum $U \subset V$ heißt *total isotrop*, falls $b_q(u, u') = 0$ für alle $u, u' \in U$ und $q(u) = 0$ für alle $u \in U$ gilt.

Ist $\operatorname{char} K \neq 2$, so ist die Bedingung $q(u) = 0$ in (3) überflüssig, da ja $q(u) = (1/2)b_q(u, u)$ gilt.

Ist (V, q) anisotrop und gilt $\operatorname{char} K \neq 2$, so ist (V, q) regulär. (Man betrachte eine Orthogonalbasis.)

Ist K algebraisch abgeschlossen und gilt $\dim V \geq 2$, so kann q nicht anisotrop sein. Dazu reicht es zu zeigen, daß jede Gleichung $aX_1^2 + bX_1X_2 + cX_2^2 = 0$ mit $a, b, c \in K$ eine nichttriviale Lösung $(x_1, x_2) \in K^2$ hat. (Ist $c = 0$, so nimmt man $(0, 1)$; sonst findet man eine Lösung der Form $(1, x_2)$.)

Definition 2.7. Ein quadratischer Raum (V, q) wird eine *hyperbolische Ebene* genannt, wenn es in V eine Basis e_1, e_2 gibt, so daß $q(x_1e_1 + x_2e_2) = x_1x_2$ für alle $x_1, x_2 \in K$ gilt. Es ist also insbesondere $\dim V = 2$, und (V, q) ist regulär. Die Bedingung an q ist dazu äquivalent, daß $q(e_1) = q(e_2) = 0$ und $b_q(e_1, e_2) = 1$ gilt. Alle hyperbolischen Ebenen sind zueinander isometrisch.

Zum Beispiel ist (K^2, q) mit $q(x_1, x_2) = x_1x_2$ für alle $(x_1, x_2) \in K^2$ eine hyperbolische Ebene; sie wird mit $H(K)$ bezeichnet. Die orthogonale Summe $H(K) \perp H(K) \perp \cdots \perp H(K)$ von r Kopien von $H(K)$ wird mit $H(K^r)$ bezeichnet. Ein quadratischer Raum wird allgemein *hyperbolischer Raum* genannt, wenn er zu einem $H(K^r)$ isometrisch ist.

Ist (V, q) eine hyperbolische Ebene mit einer Basis e_1, e_2 wie in der Definition, so erfüllen die Vektoren $f_1 = e_1 + e_2$ und $f_2 = e_1 - e_2$ die Bedingungen $q(f_1) = 1$ und $q(f_2) = -1$ und $b_q(f_1, f_2) = 0$. Ist $\operatorname{char} K \neq 2$, so sind f_1, f_2 eine Basis von V, und es folgt $(V, q) \cong (K^2, \langle 1, -1 \rangle)$.

Ist (V, q) ein quadratischer Raum, so nennt man zwei Vektoren $x, y \in V$ ein *hyperbolisches Paar*, falls sie die Bedingungen $q(x) = q(y) = 0$ und $b_q(x, y) = 1$ erfüllen. Ein solches Paar besteht offenbar aus linear unabhängigen Vektoren. Der Unterraum $Kx + Ky$ ist dann mit der Restriktion von q eine hyperbolische Ebene.

Lemma 2.8. *Sei (V, q) ein regulärer quadratischer Raum. Sei $x \in V$, $x \neq 0$, ein isotroper Vektor. Dann gibt es $y \in V$, so daß x, y ein hyperbolisches Paar ist.*

Beweis: Da b_q nicht ausgeartet ist, gibt es zu $x \neq 0$ einen Vektor $z \in V$ mit $b_q(x, z) = \mu \neq 0$. Wir ersetzen z durch $\mu^{-1}z$ und können also annehmen, daß $b_q(x, z) = 1$. Nun nimmt man $y := z - q(z)x$ und rechnet nach, daß x, y ein hyperbolisches Paar ist. $\qquad\square$

Bemerkung: Es folgt, daß (V, q) isometrisch zu einer orthogonalen Summe $H(K) \perp (V', q')$ ist, wobei auch $(V', b_{q'})$ regulär ist. Induktiv sieht man nun: Ist (V, q) ein quadratischer Raum, so daß b_q nicht ausgeartet ist, so gibt es bis auf Isometrie eine orthogonale Zerlegung

$$(V, q) \cong H(K^r) \perp (V_{an}, q_{an}),$$

wobei $(V_{\mathrm{an}}, q_{\mathrm{an}})$ ein anisotroper quadratischer Raum ist. Eine solche Zerlegung ist eindeutig bis auf Isometrie, siehe Korollar 4.3 für den Fall, daß char $K \neq 2$.

Ist K algebraisch abgeschlossen, so folgt hier nach der Bemerkung in 2.6, daß (V, q) zu $H(K^r)$ oder zu $H(K^r) \perp (K, \langle 1 \rangle)$ isometrisch ist; dabei ist $r = (1/2) \dim V$ oder $r = (1/2)(\dim V - 1)$. Gilt char $K = 2$, so kann der Fall $H(K^r) \perp (K, \langle 1 \rangle)$ nicht auftreten, weil wir annehmen, daß b_q nicht ausgeartet ist.

2.9. Sei (V, q) ein quadratischer Raum über K. Nach der Konvention von 2.3 bezeichnet $V^\perp$ das Radikal der Bilinearform b_q. Wir setzen nun

$$N_q := \{\, v \in V^\perp \mid q(v) = 0 \,\}$$

und nennen N_q den *Kern* der quadratischen Form q.

Ist char $K \neq 2$, so gilt $N_q = V^\perp$. Gilt dagegen char $K = 2$, so kann N_q echt in $V^\perp$ enthalten sein. Ist zum Beispiel $V = K$ und $q \neq 0$, so gilt $N_q = 0$, aber $V^\perp = V$ (in Charakteristik 2). Wendet man die Diskussion in 2.5 auf $V^\perp$ an Stelle von V an, so sieht man, daß N_q ein Unterraum von $V^\perp$ ist.

2.10. Es sei L ein Erweiterungskörper von K. Ist (V, q) ein quadratischer Raum über K, so gibt es auf dem L–Vektorraum $V \otimes_K L$ genau eine quadratische Form q_L mit

$$q_L(v \otimes \lambda) = \lambda^2 q(v) \qquad \text{für alle } v \in V \text{ und } \lambda \in L. \tag{1}$$

Hier ist die Eindeutigkeit einfach: Gilt (1), so folgt für alle $x, y \in V$, daß

$$b_{q_L}(x \otimes 1, y \otimes 1) = q_L((x + y) \otimes 1) - q_L(x \otimes 1) - q_L(y \otimes 1) = b_q(x, y), \tag{2}$$

also für alle $x_1, x_2, \ldots, x_r \in V$ und $\lambda_1, \lambda_2, \ldots, \lambda_r \in L$

$$q_L\left(\sum_{i=1}^r x_i \otimes \lambda_i\right) = \sum_{i=1}^r \lambda_i^2 q(x_i) + \sum_{i<j} \lambda_i \lambda_j b_q(x_i, x_j).$$

Um die Existenz zu zeigen, wählt man eine Bilinearform c auf V mit $q(v) = c(v, v)$ für alle $v \in V$. Nach 1.10 haben wir dann eine Bilinearform c_L auf dem L–Vektorraum $V \otimes_K L$, die insbesondere

$$c_L(v \otimes \lambda, v \otimes \lambda) = \lambda^2 c(v, v) \qquad \text{für alle } v \in V \text{ und } \lambda \in L$$

erfüllt. Also können wir q_L als die c_L zugeordnete quadratische Form q_{c_L} wählen.

Die Gleichung (2) zeigt, daß $b_{q_L} = (b_q)_L$ in der Notation von 1.10. Die Bemerkung über Gram-Matrizen am Schluß von 1.10 zeigt daher wegen 1.7, daß $(V \otimes_K L, q_L)$ genau dann regulär ist, wenn (V, q) dies ist.

2.11. Es gelte char $K \neq 2$. Seien (V_1, q_1) und (V_2, q_2) quadratische Räume über K. Für $i = 1, 2$ sei b_i die eindeutig bestimmte symmetrische Bilinearform auf V_i mit $q_i(x) = b_i(x, x)$ für alle $x \in V_i$. In 1.11 haben wir das Tensorprodukt $b_1 \otimes b_2$ der beiden Bilinearformen beschrieben; es ist eine Bilinearform auf $V_1 \otimes_K V_2$, die offensichtlich wieder symmetrisch ist. Wir definieren nun das *Tensorprodukt* $q_1 \otimes q_2$ von q_1 und q_2 als die quadratische Form auf $V_1 \otimes_K V_2$, die der Bilinearform $b_1 \otimes b_2$ zugeordnet ist:

$$(q_1 \otimes q_2)(z) = (b_1 \otimes b_2)(z, z) \qquad \text{für alle } z \in V_1 \otimes_K V_2.$$

Insbesondere gilt also

$$(q_1 \otimes q_2)(v_1 \otimes v_2) = q_1(v_1)\, q_2(v_2) \qquad \text{für alle } v \in V_1 \text{ und } v_2 \in V_2.$$

Man rechnet nun leicht nach, daß

$$b_{q_1 \otimes q_2} = \frac{1}{2}\, b_{q_1} \otimes b_{q_2}.$$

Man nennt den quadratischen Raum $(V_1 \otimes V_2, q_1 \otimes q_2)$ das Tensorprodukt der quadratischen Räume (V_1, q_1) und (V_2, q_2); man schreibt auch $(V_1 \otimes V_2, q_1 \otimes q_2) = (V_1, q_1) \otimes (V_2, q_2)$. Sind $e_1, e_2, \ldots, e_m$ eine Orthogonalbasis von V_1 bezüglich q_1 und $f_1, f_2, \ldots, f_n$ eine Orthogonalbasis von V_2 bezüglich q_2, so bilden alle $e_i \otimes f_j$ mit $1 \leq i \leq m$ und $1 \leq j \leq n$ Orthogonalbasis von $V_1 \otimes_K V_2$ bezüglich $q_1 \otimes q_2$. Man sieht so

$$(K^m, \langle a_1, a_2, \ldots, a_m \rangle) \otimes (K^n, \langle b_1, b_2, \ldots, b_n \rangle)$$
$$\cong (K^{mn}, \langle a_1 b_1, a_1 b_2, \ldots, a_1 b_n, a_2 b_1, \ldots, a_m b_n \rangle)$$

für alle $a_1, a_2, \ldots, a_m, b_1, b_2, \ldots, b_n \in K$.

§ 3 Orthogonale Gruppen

In diesem Abschnitt sei K ein Körper. Wir nehmen an, daß alle betrachteten Vektorräume über K endlich dimensional sind.

3.1. Sei (V, q) ein regulärer quadratischer Raum über K. Die Menge

$$O(V, q) := \{\, \sigma \in GL(V) \mid \sigma \text{ ist Isometrie von } (V, q) \,\}$$

der Isometrien von (V, q), versehen mit der Komposition von Abbildungen als Verknüpfung, bildet offensichtlich eine Gruppe. Sie wird die *orthogonale Gruppe* des quadratischen Raumes (V, q) genannt.

Sei B_q die Gram-Matrix von b_q bezüglich einer fest gewählten Basis von V. Jedes $\sigma \in O(V, q)$ erfüllt $b_q(\sigma(v), \sigma(w)) = b_q(v, w)$ für alle $v, w \in V$. Diese Bedingung ist äquivalent zu $B_q = A B_q A^t$, wobei A die Matrix von σ bezüglich unserer Basis ist. Wegen $\det B_q \neq 0$ (siehe 1.7) folgt daraus

$(\det A)^2 = 1$, also $\det \sigma = \det A \in \{\pm 1\}$. Gilt char $K = 2$, so bedeutet dies $\det \sigma = 1$.

Ist char $K \neq 2$, so setzen wir

$$SO(V,q) := \{\, \sigma \in O(V,q) \mid \det \sigma = 1 \,\}.$$

Dies ist eine normale Untergruppe in der orthogonalen Gruppe $O(V,q)$; sie wird die *spezielle orthogonale Gruppe* des quadratischen Raumes (V,q) genannt. Satz 3.2 unten impliziert, daß $O(V,q)$ Elemente mit Determinante -1 enthält; dies bedeutet, daß $SO(V,q)$ Index 2 in $O(V,q)$ hat.

Satz 3.2. *Sei x ein anisotroper Vektor in einem quadratischen Raum (V,q). Dann ist die Abbildung*

$$\tau_x : V \longrightarrow V, \qquad y \mapsto y - \frac{b_q(x,y)}{q(x)}\, x$$

eine Isometrie von (V,q). Es gilt $\tau_x(x) = -x$ und $\tau_x^2 = \mathrm{Id}$ und $\det \tau_x = -1$.

Beweis: Es ist klar, daß τ_x linear ist. Wegen $b_q(x,x) = 2q(x)$ gilt offensichtlich $\tau_x(x) = -x$. Daraus folgt leicht $\tau_x^2(y) = y$ für alle $y \in V$, also $\tau_x^2 = \mathrm{Id}$. Insbesondere ist τ_x bijektiv. Weiter folgt für alle $y \in V$

$$q(\tau_x(y)) \;=\; q(y) + q\!\left(-\tfrac{b_q(x,y)}{q(x)}\, x\right) + b_q\!\left(y, -\tfrac{b_q(x,y)}{q(x)}\, x\right)$$

$$\;=\; q(y) + \tfrac{b_q(x,y)^2}{q(x)^2}\; q(x) - \tfrac{b_q(x,y)}{q(x)}\, b_q(y,x) = q(y).$$

Daher ist τ_x eine Isometrie.

Wir setzen nun $U := (Kx)^{\perp}$. Er ist klar, daß $\tau_x(u) = u$ für alle $u \in U$. Ist $b_q(x,x) \neq 0$, so gilt $V = Kx \perp U$ nach Satz 1.6. Aus $\tau_{|U} = \mathrm{Id}$ und $\tau_x(x) = -x$ folgt dann $\det \tau_x = -1$. Gilt andererseits $0 = b_q(x,x) = 2\, q(x)$, so muß char $K = 2$ sein. Wegen $(\det \tau_x)^2 = \det(\tau_x^2) = \det(\mathrm{Id}) = 1$ erhalten wir dann $\det \tau_x = 1 = -1$. $\qquad\square$

3.3. Ist char $K \neq 2$, so ist $U := (Kx)^{\perp}$ in Satz 3.2 immer eine Hyperebene. Man nennt dann τ_x die *Spiegelung* (oder *Reflektion*) an der Hyperebene U. In diesem Fall ist τ_x die einzige Isometrie von (V,q), welche die Identität auf U ist, aber nicht die Identität auf V.

Lemma 3.4. *Sei (V,q) ein quadratischer Raum über K, char $K \neq 2$. Sind $x, y \in V$ anisotrope Vektoren mit $q(x) = q(y)$, so ist $x - y$ oder $x + y$ anisotrop. Im ersten Fall gilt $\tau_{x-y}(y) = x$, im zweiten $\tau_{x+y}(y) = -x$.*

Beweis: Aus der Annahme $q(x) = q(y) \neq 0$ folgt

$$q(x+y)+q(x-y) = q(x)+q(y)+b_q(x,y)+q(x)+q(y)-b_q(x,y) = 4\,q(x) \neq 0$$

wegen char $K \neq 2$. Deshalb ist $x + y$ oder $x - y$ anisotrop.

Ist $x - y$ anisotrop, so gilt $q(x - y) = q(x) + q(y) - b_q(x,y) = 2\,q(y) - b_q(x,y) = b_q(y,y) - b_q(x,y) = -b_q(x - y, y)$, also folgt $\tau_{x-y}(y) = x$.

Ist $x + y$ anisotrop, so wenden wir den ersten Fall auf $-y$ statt y an und erhalten $\tau_{x+y}(-y) = x$, also $\tau_{x+y}(y) = -x$. $\qquad\square$

Satz 3.5. *Sei (V, q) ein regulärer quadratischer Raum über K. Ist char $K \neq 2$, so wird die Gruppe $O(V, q)$ von den Spiegelungen in $O(V, q)$ erzeugt.*

Beweis: Man führt den Beweis durch Induktion über $n = \dim V$. Ist $n = 1$, also $V = Kx$ mit passendem $x \neq 0$, so ist eine Isometrie σ von (V, q) entweder die Identität oder durch $x \mapsto -x$ gegeben. Im ersten Fall gilt $\sigma = \tau_x^2$, im zweiten Fall $\sigma = \tau_x$.

Im Induktionsschluß betrachten wir bei gegebenem $\sigma \in O(V, q)$ die zwei folgenden alternativen Fälle.

Erstens, es existiere ein anisotropes $x \in V$ mit $\sigma(x) = x$. Betrachte die orthogonale Zerlegung $V = Kx \perp U$ mit $U := (Kx)^\perp$. Aus $\sigma(x) = x$, also $\sigma(Kx) = Kx$, folgt $\sigma((Kx)^\perp) = (Kx)^\perp$, siehe 2.4, also $\sigma(U) = U$. Offensichtlich gilt $\sigma_{|U} \in O(U, q_{|U})$. Nach Induktionsannahme kann $\sigma_{|U}$ daher als Produkt von Spiegelungen in $O(U, q_{|U})$ geschrieben werden, etwa gegeben durch anisotrope Vektoren $y_1, y_2, \ldots, y_k \in U$. Für jedes y_i ist die zugehörige Spiegelung in $O(U, q_{|U})$ die Restriktion von $\tau_{y_i} \in O(V, q)$. Also gilt $\sigma_{|U} = (\tau_{y_1} \ldots \tau_{y_k})_{|U}$. Weil $y_i \in U$ zu x orthogonal ist, gilt $\tau_{y_i}(x) = x$. Wegen $\sigma(x) = x$ folgt nun $\sigma = \tau_{y_1} \ldots \tau_{y_k}$.

Zweitens, für alle anisotropen $x \in V$ gilt $\sigma(x) \neq x$. Wähle $x \in V$ beliebig anisotrop und setze $y = \sigma(x)$. Dann gilt $q(x) = q(y)$, weil σ eine Isometrie ist. Nach Lemma 3.4 ist daher $x + y$ oder $x - y$ ein anisotroper Vektor in (V, q). Weiter gilt $\tau_{x-y}(y) = x$ oder $\tau_{x+y}(y) = -x$. Wir setzen nun $\sigma' = \tau_{x-y} \circ \sigma$ beziehungsweise $\sigma' = \tau_x \circ \tau_{x+y} \circ \sigma$. Dann ist σ' ein Element von $O(V, q)$ mit $\sigma'(x) = x$. Nach dem ersten Fall ist nun σ' ein Produkt von Spiegelungen in $O(V, q)$. Das gleiche gilt dann auch für σ, da $\sigma = \tau_{x-y} \circ \sigma'$ oder $\sigma' = \tau_{x+y} \circ \tau_x \circ \sigma'$. $\qquad\square$

Bemerkungen: (1) Unter den Voraussetzungen des Satzes folgt: Ein Element $\sigma \in O(V, q)$ gehört genau dann zu $SO(V, q)$, wenn σ Produkt einer geraden Anzahl von Spiegelungen ist.

(2) Mit etwas mehr Arbeit kann man den Satz verschärfen und zeigen: Jedes $\sigma \in O(V, q)$ kann als Produkt von höchstens $\dim V$ Spiegelungen in $O(V, q)$ geschrieben werden.

3.6. Wir haben hier die orthogonalen Gruppen nur für reguläre quadratische Räume (V, q) eingeführt. Es gibt jedoch mindestens einen anderen interessanten Fall.

Es gelte char $K = 2$ und $V = W \perp Kx_0$ mit $q(x_0) \neq 0$, so daß $(W, q_{|W})$ regulär ist. Es gilt dann $V^\perp = Kx_0$. Wir bezeichnen die Einschränkung von b_q auf W mit b; dies ist dann eine nicht ausgeartete alternierende Form auf W.

Auch in diesem Fall bezeichnen wir die Gruppe aller Isometrien von (V,q) mit $O(V,q)$. Jedes $\sigma \in O(V,q)$ erfüllt $\sigma(V^\perp) = V^\perp$, also gibt es $\lambda \in K$ mit $\sigma(x_0) = \lambda\, x_0$. Wegen $q(\sigma(x_0)) = q(x_0)$ gilt $\lambda^2 = 1$, also $\lambda = 1$ und $\sigma(x_0) = x_0$. Daher ist σ durch seine Einschränkung auf W festgelegt. Es gibt lineare Abbildungen $\sigma_1 \colon W \to W$ und $\sigma_2 \colon W \to K$ mit $\sigma(w) = \sigma_1(w) + \sigma_2(w)\, x_0$ für alle $w \in W$. Die Bedingung, daß $b_q(\sigma(v), \sigma(v')) = b_q(v, v')$ für alle $v, v' \in V$ gilt, ist nun dazu äquivalent, daß $b(\sigma_1(w), \sigma_1(w')) = b(w, w')$ für alle $w, w' \in W$ gilt. Das bedeutet, daß σ_1 zur Gruppe

$$Sp(W,b) = \{\, \tau \in GL(W) \mid b(\tau(w), \tau(w')) = b(w, w') \text{ für alle } w, w' \in W \,\}$$

gehört. Man nennt $Sp(W,b)$ die *symplektische Gruppe* von (W,b). Die Abbildung $\sigma \mapsto \sigma_1$ ist offensichtlich ein Gruppenhomomorphismus $O(V,q) \to Sp(W,b)$.

Weiter impliziert $\sigma \in O(V,q)$, daß

$$q(w) = q(\sigma(w)) = q(\sigma_1(w)) + \sigma_2(w)^2 q(x_0) \qquad \text{für alle } w \in W. \tag{1}$$

Da der Frobenius-Endomorphismus $a \mapsto a^2$ auf K injektiv ist, zeigt (1), daß $\sigma_2(w)$ durch $\sigma_1(w)$ eindeutig festgelegt ist. Unser Homomorphismus $O(V,q) \to Sp(W,b)$ ist also injektiv.

Ein Element $\tau \in Sp(W,b)$ gehört genau dann zum Bild von $O(V,q)$, wenn es eine lineare Abbildung $\sigma_2 \colon W \to K$ gibt, so daß $q(w) = q(\tau(w)) + \sigma_2(w)^2 q(x_0)$ für alle $w \in W$ gilt. Ist K algebraisch abgeschlossen oder endlich, so ist der Frobenius-Endomorphismus von K bijektiv. Daher kann man dann für jedes $w \in W$ genau ein $\sigma_2(w) \in K$ finden, das die Gleichung $q(w) = q(\tau(w)) + \sigma_2(w)^2 q(x_0)$ erfüllt. Aus $\tau \in Sp(W,b)$ folgt dann leicht, daß σ_2 linear ist. Deshalb ist unser Homomorphismus $O(V,q) \to Sp(W,b)$ sogar bijektiv, wenn K algebraisch abgeschlossen oder endlich ist.

Es gibt aber auch für algebraisch abgeschlossenes K einen Grund dafür, die Gruppen $O(V,q)$ und $Sp(W,b)$ zu unterscheiden. Man gibt nämlich diesen Gruppen eine zusätzliche Struktur als *algebraische Gruppe*. Berücksichtigt man diese Struktur, so ist unsere Bijektion kein Isomorphismus.

§ 4   Der Satz von Witt

In diesem Abschnitt sei K ein Körper. Wir nehmen an, daß alle betrachteten Vektorräume über K endlich dimensional sind.

Satz 4.1. (Witt) *Sei (V,q) ein quadratischer Raum über K, char $K \neq 2$. Sind U und W reguläre Unterräume von (V,q), die zueinander isometrisch sind, so sind auch deren orthogonale Komplemente zueinander isometrisch.*

Beweis: Der Beweis wird durch Induktion über $n = \dim U$ geführt. Sei zunächst $n = 1$. Es gibt also Vektoren x, y mit $U = Kx$ und $W = Ky$. Da die Unterräume U und W isometrisch sind, können wir $q(x) = q(y)$ annehmen. Weil die Unterräume regulär sind, gilt $q(x) \neq 0$. Nun impliziert Lemma 3.4, daß es eine Isometrie τ von (V, q) mit $\tau(U) = W$ gibt. Daraus folgt $\tau(U^\perp) = W^\perp$, und die Restriktion von τ ist die gewünschte Isometrie zwischen $U^\perp$ und $W^\perp$.

Für den Induktionsschluß nehmen wir an, daß $n > 1$ und daß die Behauptung für Unterräume der Dimension $n-1$ richtig ist. Wir wählen einen anisotropen Vektor $x \in U$ und erhalten eine orthogonale Zerlegung $U = Kx \perp U'$. Sei $\tau : U \to W$ eine bijektive Isometrie. Wir setzen $y = \tau(x)$ und $W' = \tau(U')$ und erhalten orthogonale Zerlegungen $W = Ky \perp W'$ sowie

$$V = Kx \perp U' \perp U^\perp = Ky \perp W' \perp W^\perp.$$

Da Kx und Ky nach Konstruktion isometrisch sind, folgt aus dem Induktionsanfang, daß es eine Isometrie σ von $(Kx)^\perp = U' \perp U^\perp$ auf $(Ky)^\perp = W' \perp W^\perp$. Nach Konstruktion sind U' und W' isometrisch, also gilt dies auch für $\sigma(U')$ und W'. Aus der Induktionsvoraussetzung und $W' \perp W^\perp = \sigma(U') \perp \sigma(U^\perp)$ folgt, daß $W^\perp$ und $\sigma(U^\perp)$ isometrisch sind, also auch $W^\perp$ und $U^\perp$. □

Korollar 4.2. *Sei (V, q) ein quadratischer Raum über K, char $K \neq 2$. Für jede bijektive Isometrie $t : (U, q_{|U}) \to (W, q_{|W})$ zwischen regulären Unterräumen U und W von (V, q) gibt es eine Isometrie $\tau \in O(V, q)$ mit $\tau_{|U} = t$.*

Beweis: Da die Unterräume U und W regulär sind, hat man orthogonale Zerlegungen $V = U \perp U^\perp$ und $V = W \perp W^\perp$. Nach dem Satz von Witt existiert zu der Isometrie t eine Isometrie $t' : (U^\perp, q_{|U^\perp}) \to (W^\perp, q_{|W^\perp})$. Dann ist die Abbildung $\tau : V \to V$, definiert durch $\tau(u + u') = t(u) + t'(u')$ für $u \in U, u' \in U^\perp$ linear und genügt wegen der Orthogonalität der Zerlegung der Gleichung

$$q(\tau(u + u')) = q(t(u) + t'(u')) = q(t(u)) + q(t'(u')) = q(u) + q(u') = q(u + u')$$

für alle $u \in U$ und $u' \in U^\perp$. Deshalb ist $\tau \in O(V, q)$. □

Korollar 4.3. *Sei (V, q) ein regulärer quadratischer Raum über K, char $K \neq 2$. Dann gibt es eine ganze Zahl $r \geq 0$, einen Vektorraum V_{an} über K und eine anisotrope quadratische Form q_{an} auf V_{an}, so daß*

$$(V, q) \cong H(K^r) \perp (V_{\mathrm{an}}, q_{\mathrm{an}}).$$

Die Zahl r ist eindeutig bestimmt; der quadratische Raum $(V_{\mathrm{an}}, q_{\mathrm{an}})$ ist eindeutig bis auf Isometrie.

Bemerkung: Eine Zerlegung wie im Korollar wird auch *Witt-Zerlegung* genannt.

Beweis: Die Existenz einer solchen Zerlegung hatten wir bereits in der Bemerkung zu Lemma 2.8 gesehen. Hat man zwei solche Zerlegungen

$$(V, q) \cong H(K^r) \perp (V_{\mathrm{an}}, q_{\mathrm{an}}) \cong H(K^s) \perp (V'_{\mathrm{an}}, q'_{\mathrm{an}})$$

mit $r, s \geq 0$ und anisotropen Formen q_{an} und q'_{an}, so können wir $r \leq s$ annehmen. Dann folgt aus dem Satz von Witt, daß

$$(V_{\mathrm{an}}, q_{\mathrm{an}}) \cong H(K^{s-r}) \perp (V'_{\mathrm{an}}, q'_{\mathrm{an}}).$$

Da die Form q_{an} anisotrop ist, muß $r = s$ gelten, und damit $(V_{\mathrm{an}}, q_{\mathrm{an}}) \cong (V'_{\mathrm{an}}, q'_{\mathrm{an}})$. $\qquad\qquad\square$

4.4. Sei (V, q) ein regulärer quadratischer Raum über K, char $K \neq 2$.
(1) Ist eine Witt-Zerlegung

$$(V, q) \cong H(K^r) \perp (V_{\mathrm{an}}, q_{\mathrm{an}})$$

gegeben, so nennt man die Form q_{an} einen *anisotropen Kern* von q, und die eindeutig bestimmte Zahl r heißt der *Witt-Index* von q.
(2) Zwei reguläre quadratische Räume (V, q) und (V', q') heißen *Witt-äquivalent*, geschrieben $q \sim q'$, falls $(V_{\mathrm{an}}, q_{\mathrm{an}}) \cong (V'_{\mathrm{an}}, q'_{\mathrm{an}})$, d. h., falls ihre anisotropen Kerne isometrisch sind. Mit $[q]$ wird die Klasse aller zu (V, q) äquivalenten regulären quadratischen Formen bezeichnet. Man nennt $[q]$ die *Wittklasse* von q.
(3) Die Gesamtheit $W(K)$ aller Wittklassen von regulären quadratischen Räumen über einem Körper K, char $K \neq 2$, bildet eine Menge, da man eine surjektive Abbildung $\bigcup_{n>0}(K^*)^n \longrightarrow W(K)$ hat, gegeben durch die Zuordnung $(a_1, \ldots, a_n) \mapsto [\langle a_1, \ldots, a_n \rangle]$.

Lemma 4.5. (a) *Zwei reguläre quadratische Räume* (V, q) *und* (V', q') *über* K, char $K \neq 2$, *sind genau dann Witt-äquivalent, wenn es ganze Zahlen* $m, m' \geq 0$ *mit* $(V, q) \perp H(K^m) \cong (V', q') \perp H(K^{m'})$ *gibt.*

(b) *Ist* (V, q) *ein regulärer quadratischer Raum über* K, char $K \neq 2$, *so ist das Tensorprodukt* $(V, q) \otimes H(K)$ *ein hyperbolischer Raum isometrisch zu* $H(K^{\dim V})$.

(c) *Ist* (V, q) *ein regulärer quadratischer Raum über* K, char $K \neq 2$, *so ist die orthogonale Summe* $(V, q) \perp (V, -q)$ *ein hyperbolischer Raum über* K.

Beweis: Aussage (a) folgt aus der Eindeutigkeit der Witt-Zerlegung. Um (b) zu zeigen, benutze man $H(K) \cong (K^2, \langle 1, -1 \rangle)$ und die Formel am Schluß von 2.11. Dann bemerkt man für jedes $a \in K$, $a \neq 0$, daß $(K^2, \langle a, -a \rangle)$ nach Lemma 2.8 eine hyperbolische Ebene ist, weil die Form $\langle a, -a \rangle$ nicht anisotrop ist.

In (c) können wir annehmen, daß $(V, q) = (K^n, \langle a_1, a_2, \ldots, a_n \rangle)$ mit $a_1, a_2, \ldots, a_n \in K^*$. Dann gilt $(V, -q) \cong (K^n, \langle -a_1, -a_2, \ldots, -a_n \rangle)$. Daher ist $(V, q) \perp (V, -q)$ isometrisch zur orthogonalen Summe aller $(K^2, \langle a_i, -a_i \rangle)$, $1 \leq i \leq n$. Auf jeden Summand wendet man wieder Lemma 2.8 an. $\square$

Korollar 4.6. *Gegeben seien reguläre quadratische Räume (V, q_i) und (V', q_i') mit $i = 1, 2$ über K, char $K \neq 2$. Dann gilt: Aus $q_1 \sim q_1'$ und $q_2 \sim q_2'$, folgt $q_1 \perp q_2 \sim q_1' \perp q_2'$ und $q_1 \otimes q_2 \sim q_1' \otimes q_2'$.*

Beweis: Dies ist eine direkte Folge des Lemmas. Es bedeutet, daß Witt-Äquivalenz verträglich mit den Operationen $\perp$ und $\otimes$ ist. $\square$

Theorem 4.7. *Sei K ein Körper mit char $K \neq 2$. Die Menge $W(K)$ aller Wittklassen von regulären quadratischer Räumen über K wird zu einem kommutativen Ring mit Eins, wenn man Addition und Multiplikation durch*

$$[q] + [q'] = [q \perp q'] \quad und \quad [q] \cdot [q'] = [q \otimes q']$$

definiert.

Bemerkung: Man nennt dann $W(K)$ den *Witt-Ring* von K.

Beweis: Mit Hilfe von Korollar 4.6. sieht man, daß die angegebenen Verknüpfungen wohldefiniert sind. Bezüglich der Addition ist die Wittklasse $[H(K)]$, die alle hyperbolischen Formen enthält, das Nullelement. Ist (V, q) ein regulärer quadratischer Raum über K, so gilt $(V, q) \perp (V, -q) \cong H(K^{\dim V})$ nach Lemma 4.5.c. Dies impliziert $[q] + [-q] = [H(K)]$ für die zugehörigen Wittklassen, also ist $[-q]$ das additive Inverse zu der Klasse $[q]$. Wegen der kanonischen Isometrien $q_1 \perp q_2 \cong q_2 \perp q_1$ und $(q_1 \perp q_2) \perp q_3 \cong q_1 \perp (q_2 \perp q_3)$ für beliebige reguläre quadratische Räume $(V_i, q_i), i = 1, 2, 3$, folgt, daß $(W(K), +)$ eine kommutative Gruppe bildet. Die Wittklasse des quadratischen Raumes $(K, \langle 1 \rangle)$ bildet das Einselement in $W(K)$ bezüglich der Multiplikation. Weiter hat man die kanonische Isometrie $q_1 \otimes q_2 \cong q_2 \otimes q_1$ für beliebige reguläre quadratische Räume $(V_i, q_i), i = 1, 2$, also ist die Multiplikation in $W(K)$ kommutativ. Wegen der kanonischen Isometrien $(q_1 \otimes q_2) \otimes q_3 \cong q_1 \otimes (q_2 \otimes q_3)$ und $q_1 \otimes (q_2 \perp q_3) \cong (q_1 \otimes q_2) \perp (q_1 \otimes q_3)$ folgt schliesslich, daß $W(K)$ ein kommutativer Ring mit Einselement ist. $\square$

Bemerkung: Da jede Klasse im Wittring $W(K)$ bis auf Isometrie genau einen anisotropen quadratischen Raum (V, q) enthält, ist $W(K)$ bijektiv zur Menge der anisotropen quadratischen Räume (V, q) über K. Da aber die orthogonale Summe und das Tensorprodukt von anisotropen quadratischen Raum (V, q) über K im Allgemeinen nicht mehr anisotrope quadratischen Räume sind, trägt diese Menge nicht in offensichtlicher Weise eine Ringstruktur.

Beispiel 4.8. Wie für jeden Ring gibt es auch für $W(K)$ genau einen Ringhomomorphismus $\alpha \colon \mathbb{Z} \to W(K)$. Für $n \in \mathbb{Z}$, $n > 0$, ist $\alpha(n)$ die Klasse von $(K^n, \langle 1, 1, \ldots, 1 \rangle)$, und $\alpha(-n)$ die Klasse von $(K^n, \langle -1, -1, \ldots, -1 \rangle)$.

Wir wollen zeigen, daß α im Fall $K = \mathbb{R}$ ein Isomorphismus $\mathbb{Z} \xrightarrow{\sim} W(\mathbb{R})$ ist. Jeder anisotrope quadratische Raum (V, q) über $\mathbb{R}$ mit $\dim V = n > 0$ ist entweder zu $(K^n, \langle 1, 1, \ldots, 1 \rangle)$ oder zu $(K^n, \langle -1, -1, \ldots, -1 \rangle)$ isometrisch. Die Klasse von (V, q) ist also gleich $\alpha(n)$ oder gleich $\alpha(-n)$. Daher ist α surjektiv. Andererseits wird kein $\alpha(n)$ mit $n \neq 0$ durch einen hyperbolischen Raum repräsentiert. Also gilt $\ker \alpha = 0$, und α ist injektiv.

§ 5   Clifford-Algebren

Der Begriff der Clifford-Algebra eines quadratischen Raumes (V, q) spielt in der Behandlung quadratischer Formen eine tragende Rolle. Zum Einen dient diese nicht-kommutative Algebra mit 1, die V enthält und in der q durch die Gleichung $q(x)\,1 = x^2$ für alle $x \in V$ bestimmt ist, der Untersuchung der orthogonalen Gruppe $O(V, q)$, zum Anderen kann man aus ihr Invarianten gewinnen, die bei der Klassifikation quadratischer Formen hilfreich sind.

In diesem Abschnitt sei K ein Körper. Wir nehmen an, daß alle betrachteten Vektorräume über K endlich dimensional sind. Wir erinnern daran, daß in diesem Buch K–Algebren assoziativ sind und ein Einselement haben.

5.1.   Sei (V, q) ein quadratischer Raum über K. Eine *Clifford-Algebra* zu (V, q) ist eine K-Algebra C zusammen mit einer linearen Abbildung

$$\iota\colon V \longrightarrow C \qquad \text{mit } \iota(x)^2 = q(x)\,1_C \text{ für alle } x \in V, \tag{1}$$

so daß folgende universelle Eigenschaft erfüllt ist: Zu jeder linearen Abbildung $\alpha\colon V \to A$ in eine K-Algebra A mit $\alpha(x)^2 = q(x)\,1_A$ für alle $x \in V$ existiert ein eindeutig bestimmter Homomorphismus $\overline{\alpha}\colon C \to A$ von K-Algebren, für den $\overline{\alpha} \circ \iota = \alpha$ gilt.

Für jede lineare Abbildung $\alpha\colon V \to A$ in eine K-Algebra A mit $\alpha(x)^2 = q(x)\,1_A$ für alle $x \in V$ gilt auch die Identität

$$\alpha(x)\,\alpha(y) + \alpha(y)\,\alpha(x) = b_q(x, y)\,1_A \qquad \text{für alle } x, y \in V. \tag{2}$$

Dies folgt sofort aus $\alpha(x + y)^2 = \alpha(x)^2 + \alpha(y)^2 + \alpha(x)\,\alpha(y) + \alpha(y)\,\alpha(x)$ und der Definition von b_q.

Satz 5.5 wird zeigen, daß (V, q) eine Clifford-Algebra besitzt. Hier wollen wir zunächst bemerken, daß diese Algebra dann im wesentlichen eindeutig bestimmt ist:

Lemma 5.2.   *Sind (C, ι) und (C', ι') Clifford-Algebren von (V, q), so gibt es genau einen Isomorphismus von K–Algebren $\varphi\colon C \xrightarrow{\sim} C'$ mit $\iota' = \varphi \circ \iota$.*

Beweis: Die universelle Eigenschaft von (C, ι) zeigt, daß es genau einen Homomorphismus φ mit $\iota' = \varphi \circ \iota$ gibt, und die universelle Eigenschaft von (C', ι'), daß es genau einen Homomorphismus $\psi\colon C' \to C$ mit $\iota = \psi \circ \iota'$ gibt. Man erhält dann $\iota = \psi \circ \varphi \circ \iota$ und $\iota' = \varphi \circ \psi \circ \iota'$. Da auch $\mathrm{Id}_C \circ \iota = \iota$ und

$\mathrm{Id}_{C'} \circ \iota' = \iota'$, implizieren die universelle Eigenschaften, daß $\psi \circ \varphi$ und $\varphi \circ \psi$ jeweils die Identität sind, also φ und ψ zu einander inverse Isomorphismen.
$\qquad\qquad\qquad\qquad\qquad\qquad\qquad\qquad\qquad\qquad\qquad\qquad\qquad\quad$ □

5.3. Sei V ein Vektorraum über K. Wir haben in § VII.10 das Tensorprodukt von Moduln eingeführt. Wir benutzen diese nun, um die *Tensorpotenzen* $T^r V$, $r \in \mathbb{N}$, zu definieren: Wir setzen $T^0 V = K$ und $T^1 V = V$ und dann induktiv $T^{r+1} V = T^r V \otimes_K V$ für alle $r \geq 1$. Zum Beispiel ist $T^2 V = V \otimes_K V$. Man faßt die Familie aller $T^r V$ zu dem Vektorraum

$$TV = \bigoplus_{r \geq 0} T^r V$$

zusammen, dessen Elemente Folgen $(z_0, z_1, z_2, \ldots)$ mit $z_r \in T^r V$ sind, so daß nur endlich viele Folgenglieder ungleich 0 sind.

Sei $e_1, e_2, \ldots, e_n$ eine Basis von V. Für jedes $r \in \mathbb{N}$, $r \geq 1$ bilden alle $e_{i_1} \otimes e_{i_2} \otimes \cdots \otimes e_{i_r}$ mit $1 \leq i_k \leq n$ für alle k, $1 \leq k \leq r$, eine Basis von $T^r V$, siehe Satz VII.10.7. Wir benutzen im Folgenden die kürzere Notation

$$[e_{i_1}, e_{i_2} \ldots, e_{i_r}] = e_{i_1} \otimes e_{i_2} \otimes \cdots \otimes e_{i_r}$$

und bezeichnen das Basiselement 1 von $T^0 M = K$ mit [ ]. Dann bilden slle $[e_{i_1}, e_{i_2}, \ldots, e_{i_r}]$ mit beliebigem r, einschließlich [ ], eine Basis von TV.

Lemma 5.4. *Es gibt auf TV eine Struktur als K–Algebra, so daß*

$$[e_{i_1}, e_{i_2}, \ldots, e_{i_r}][e_{j_1}, e_{j_2}, \ldots, e_{j_s}] = [e_{i_1}, e_{i_2}, \ldots, e_{i_r}, e_{j_1}, e_{j_2}, \ldots, e_{i_s}]$$
$$(1)$$

für alle $r, s \in \mathbb{N}$ und alle möglichen Indizes gilt. Die Algcbra TV hat folgende universelle Eigenschaft: Ist $\alpha: V \to A$ eine lineare Abbildung in eine K-Algebra A, so existiert ein eindeutig bestimmter Homomorphismus $\varphi: TV \to A$ von K-Algebren mit $\varphi(v) = \alpha(v)$ für alle $v \in V = T^1 V \subset TV$.

Beweis: Wir definieren eine Multiplikation auf TV als die einzige bilineare Abbildung $TV \times TV \to TV$, $(z, z') \mapsto z\, z'$, die auf unserer Basis durch (1) gegeben ist. Für drei Basiselemente z_1, z_2, z_3 gilt offensichtlich $(z_1 z_2) z_3 = z_1 (z_2 z_3)$. Daraus folgt leicht, daß unsere Multiplikation assoziativ ist und TV zu einer K-Algebra macht; das Einselement ist [ ].

Für eine lineare Abbildung $\alpha: V \to A$ in eine K-Algebra A definieren wir $\varphi: TV \to A$ als die lineare Abbildung gegeben auf unserer Basis durch

$$\varphi([e_{i_1}, e_{i_2}, \ldots, e_{i_r}]) = \alpha(e_{i_1})\, \alpha(e_{i_2}) \ldots \alpha(e_{i_r})$$

und $\varphi([ ]) = 1_A$. Für zwei Basiselemente z_1, z_2 gilt $\varphi(z_1 z_2) = \varphi(z_1)\, \varphi(z_2)$. Es folgt, daß φ ein Homomorphismus von K–Algebren ist. Wegen $\varphi([e_i]) = \alpha(e_i)$ für alle i gilt $\varphi(v) = \alpha(v)$ für alle $v \in V$. Offensichtlich wird TV als Algebra von $V = T^1 V$ erzeugt; daher ist φ eindeutig bestimmt. $\qquad$ □

Bemerkung: Die hier konstruierte Algebra TV heißt die *Tensoralgebra* von V. Sie ist durch die universelle Eigenschaft im Lemma eindeutig bis auf Isomorphie bestimmt. (Man argumentiert wie für Lemma 5.2.)

Satz 5.5. *Sei (V,q) ein quadratischer Raum über K. Es sei $J(q)$ das in TV von allen $v^2 - q(v)\,1$ mit $v \in V$ erzeugte zweiseitige Ideal. Dann ist*

$$C(V,q) := TV/J(q)$$

eine Clifford-Algebra von (V,q), wenn man $\iota\colon V \to C(V,q)$ als die Komposition der Inklusion von $V = T^1 V$ in TV mit dem kanonischen Homomorphismus $TV \to C(V,q)$ definiert.

Beweis: Für jedes $v \in V$ ist $\iota(v)^2$ die Restklasse von v^2 modulo $J(q)$; wegen $v^2 - q(v)\,1 \in J(q)$ ist diese Restklasse gleich $q(v)\,1$.

Sei nun $\alpha\colon V \to A$ eine lineare Abbildung in eine K–Algebra A mit $\alpha(v)^2 = q(v)\,1$ für alle $v \in V$. Nach Lemma 5.4 gibt es genau einen Homomorphismus von K–Algebren $\varphi\colon TV \to A$ mit $\varphi(v) = \alpha(v)$ für alle $v \in V$. Es folgt dann

$$\varphi(v^2 - q(v)\,1) = \alpha(v)^2 - q(v)\,1 = 0 \qquad \text{für alle } v \in V.$$

Also induziert φ einen Homomorphismus von K–Algebren $\overline{\varphi}\colon C(V,q) \to A$, der für alle $x \in TV$ die Restklasse von x modulo $J(q)$ auf $\varphi(x)$ abbildet. Insbesondere gilt $\overline{\varphi}\,(\iota(v)) = \alpha(v)$ für alle $v \in V$, also $\overline{\varphi} \circ \iota = \alpha$. Weil $C(V,q)$ als Algebra von $\iota(V)$ erzeugt wird, ist $\overline{\varphi}$ durch diese Bedingung eindeutig festgelegt. $\square$

Bemerkung: Im Fall $q = 0$ nennt man $C(V,q)$ die *äußere Algebra* von V und bezeichnet sie mit $\bigwedge(V)$. Man benutzt dann die Notation $(x,y) \mapsto x \wedge y$ für die Multiplikation in $\bigwedge(V)$.

Lemma 5.6. *Seien (V,q) ein quadratischer Raum über K und $e_1, e_2, \ldots, e_n$ eine Basis von V. Dann wird $C(V,q)$ als Vektorraum über K von 1 und allen Produkten $\iota(e_{i_1})\,\iota(e_{i_2}) \ldots \iota(e_{i_m})$ mit $m > 0$ und $1 \le i_1 < i_2 < \cdots < i_m \le n$ aufgespannt.*

Beweis: Wir nennen ein Produkt $\iota(e_{i_1})\,\iota(e_{i_2}) \ldots \iota(e_{i_m})$ mit $1 \le i_k \le n$ für alle k ein Standardprodukt der Länge m; wir nennen dieses Standardprodukt zulässig, wenn $1 \le i_1 < i_2 < \cdots < i_m \le n$ gilt. Wir sehen 1 als zulässiges Standardprodukt der Länge 0 an.

Die Konstruktion in 5.3 und 5.5 zeigt, daß $C(V,q)$ als Vektorraum über K von allen Standardprodukten aufgespannt wird. Um das Lemma zu beweisen, wollen wir durch Induktion über m zeigen, daß jedes Standardprodukt $\iota(e_{i_1})\,\iota(e_{i_2}) \ldots \iota(e_{i_m})$ der Länge m eine Linearkombination von zulässigen Standardprodukten $\iota(e_{j_1})\,\iota(e_{j_2}) \ldots \iota(e_{j_r})$ mit $r \le m$ und $\{j_1, j_2, \ldots, j_r\} \subset \{i_1, i_2, \ldots, i_m\}$ ist.

Die Behauptung ist klar für $m = 0$ und $m = 1$, weil in diesen Fällen alle Standardprodukte zulässig sind. Sei nun $m > 1$ und $z = \iota(e_{i_1})\,\iota(e_{i_2})\ldots\iota(e_{i_m})$ ein Standardprodukt der Länge m. Wir können Induktion auf den Faktor $\iota(e_{i_2})\ldots\iota(e_{i_m})$ anwenden und daher annehmen, daß $i_2 < i_3 < \cdots < i_m$ gilt. Ist nun $i_1 < i_2$, so ist z selbst zulässig. Gilt $i_1 = i_2$, so folgt $z = q(e_{i_1})\,\iota(e_{i_3})\ldots\iota(e_{i_m})$, also ist z ein skalares Vielfaches eines zulässigen Standardprodukts. Ist schließlich $i_1 > i_2$, so benutzen wir, daß $\iota(e_{i_1})\,\iota(e_{i_2}) + \iota(e_{i_2})\,\iota(e_{i_1}) = b_q(e_{i_1}, e_{i_2})\,1$ nach 5.1(2) und erhalten

$$z = b_q(e_{i_1}, e_{i_2})\,\iota(e_{i_3})\ldots\iota(e_{i_m}) - \iota(e_{i_2})\,\iota(e_{i_1})\,\iota(e_{i_3})\ldots\iota(e_{i_m}).$$

Hier ist der erste Summand ein skalares Vielfaches eines zulässigen Standardprodukts. Beim zweiten Summanden wenden wir Induktion an und schreiben $\iota(e_{i_1})\,\iota(e_{i_3})\ldots\iota(e_{i_m})$ als Linearkombination von zulässigen Standardprodukten $\iota(e_{j_1})\,\iota(e_{j_2})\ldots\iota(e_{j_r})$ mit $r \le m-1$ und $\{j_1, j_2, \ldots, j_r\} \subset \{i_1, i_3, \ldots, i_m\}$ ist. Diese Inklusion impliziert $j_k > i_2$ für alle k; also ist dann auch $\iota(e_{i_2})\,\iota(e_{j_1})\,\iota(e_{j_2})\ldots\iota(e_{j_r})$ zulässig. Die Behauptung folgt. $\qquad\square$

Bemerkung: Wir werden in 6.3 sehen, daß die Produkte im Lemma sogar eine Basis von $C(V, q)$ bilden. Auf jeden Fall zeigt das Lemma, daß $\dim C(V, q) \le 2^n = 2^{\dim V}$ gilt.

Beispiele 5.7. (1) Sei (V, q) ein quadratischer Raum mit $\dim V = 1$, sei e_1 eine Basis von V. In diesem Fall kann man $C(V, q)$ auch direkt beschreiben: Wir schreiben $a = q(e_1)$ und betrachten den Faktorring $K[X]/(X^2 - a)$ des Polynomringes $K[X]$. Es sei $\iota\colon V \to K[X]/(X^2-a)$ die lineare Abbildung, die e_1 auf die Restklasse von X in $K[X]/(X^2-a)$ schickt. Dann gilt $\iota(e_1)^2 = a = q(e_1)$. Mit Hilfe der universellen Eigenschaft des Polynomringes (Satz IV.1.4) zeigt man leicht, daß $K[X]/(X^2 - a)$ und ι die universelle Eigenschaft der Clifford-Algebra haben.

Ist a kein Quadrat in K, dann ist $C(V, q) \cong K[X]/(X^2 - a)$ eine quadratische Körpererweiterung von K. Hat a zwei verschiedene Quadratwurzeln in K, so folgt $C(V, q) \cong K \times K$. Ist $a = 0$, so gilt $C(V, q) \cong K[X]/(X^2)$, ebenso, wenn $\operatorname{char} K = 2$ gilt und a ein Quadrat in K ist; in diesen Fällen ist $C(V, q)$ keine halbeinfache Algebra.

(2) Wir betrachten nun den Fall, daß (V, q) eine hyperbolische Ebene ist. Es gibt also eine Basis e, f von V mit $q(x\,e + y\,f) = x\,y$ für alle $x, y \in K$. Die lineare Abbildung

$$\alpha\colon V \longrightarrow M_2(K) \quad \text{mit} \quad \alpha(x\,e + y\,f) = \begin{pmatrix} 0 & x \\ y & 0 \end{pmatrix} \text{ für alle } x, y \in K$$

erfüllt

$$\alpha(x\,e + y\,f)^2 = \begin{pmatrix} 0 & x \\ y & 0 \end{pmatrix}^2 = \begin{pmatrix} xy & 0 \\ 0 & xy \end{pmatrix} = xy\,1 = q(x\,e + y\,f)\,1$$

für alle x und y in K. Es gibt also einen Homomorphismus $\varphi\colon C(V,q) \to M_2(K)$ von K–Algebren mit $\varphi \circ \iota = \alpha$. Da α injektiv ist, muß auch ι injektiv sein; wir identifizieren daher nun jedes $v \in V$ mit $\iota(v)$. Mit dieser Notation gilt dann

$$\varphi(u\,1 + x\,e + y\,f + z\,ef) = \begin{pmatrix} u+z & x \\ y & u \end{pmatrix}$$

für alle $u,x,y,z \in K$. Es folgt, daß $1,e,f,ef$ linear unabhängig sind, weil ihre Bilder unter φ es sind. Also impliziert Lemma 5.6, daß $1,e,f,ef$ eine Basis von $C(V,q)$ ist. Daher ist φ ein Isomorphismus

$$\varphi\colon C(V,q) \overset{\sim}{\longrightarrow} M_2(K)$$

von K–Algebren.

(3) Für unser drittes Beispiel nehmen wir $\operatorname{char} K \neq 2$ und $\dim V = 2$ an. Es gibt nach Satz 1.8 eine Orthogonalbasis $e_1, e_2 \in V$, also Elemente $a, b \in K$ mit $q(x\,e_1 + y\,e_2) = a\,x^2 + b\,y^2$ für alle $x,y \in K$. Sei nun α die lineare Abbildung von V in die verallgemeinerte Quaternionenalgebra $Q(a,b \mid K)$ von § IX.1 gegeben durch

$$\alpha(x\,e_1 + y\,e_2) = x\,i + y\,j \qquad \text{für alle } x,y \in K$$

mit i und j wie in IX.1.1. Nach IX.1.1(5),(6) gilt dann für alle x und y

$$\begin{aligned} \alpha(x\,e_1 + y\,e_2)^2 &= (x\,i + y\,j)^2 = x^2 i^2 + y^2 j^2 + xy\,(i\,j + j\,i) \\ &= (a\,x^2 + b\,y^2)\,1 = q(x\,e_1 + y\,e_2)\,1 \end{aligned}$$

Es gibt also einen Homomorphismus $\varphi\colon C(V,q) \to Q(a,b \mid K)$ von K–Algebren mit $\varphi \circ \iota = \alpha$. Mit denselben Argumenten wie in (2) folgt, daß wir V mit $\iota(V)$ identifizieren können, daß $1, e_1, e_2, e_1 e_2$ eine Basis von $C(V,q)$ ist und daß φ ein Isomorphismus

$$\varphi\colon C(V,q) \overset{\sim}{\longrightarrow} Q(a,b \mid K)$$

von K–Algebren ist, der explizit durch $\varphi(u\,1 + x\,e_1 + y\,e_2 + z\,e_1 e_2) = u\,1 + x\,i + y\,j + z\,k$ für alle $u,x,y,z \in K$ gegeben ist.

Der quadratische Raum (V,q) ist genau dann regulär, wenn $a \cdot b \neq 0$. Also impliziert Satz IX.1.4 nun, daß $C(V,q)$ im regulären Fall entweder eine vierdimensionale Divisionsalgebra mit Zentrum K ist oder zu $M_2(K)$ isomorph ist. Weiterhin sagt dann Satz IX.1.9, daß $C(V,q)$ genau dann eine Divisionsalgebra ist, wenn die quadratische Form $\langle a,b,-1 \rangle$ anisotrop ist. Im Fall $K = \mathbb{R}$ sehen wir zum Beispiel, daß $C(V,q)$ zu $M_2(\mathbb{R})$ isomorph ist, wenn $a > 0$ oder $b > 0$; gilt dagegen $a < 0$ und $b < 0$, so ist $C(V,q)$ zum Schiefkörper der Hamiltonschen Quaternionen isomorph.

5.8. Sei $\tau: (V, q) \to (V', q')$ eine lineare Abbildung zwischen zwei quadratischen Räumen über K, so daß $q'(\tau(x)) = q(x)$ für alle $x \in V$ gilt. Dann zeigt die universelle Eigenschaft der Clifford-Algebra: Es gibt genau einen Homomorphismus von K–Algebren

$$C(\tau): C(V, q) \longrightarrow C(V', q') \qquad \text{mit } C(\tau) \circ \iota = \iota' \circ \tau \;,$$

wobei $\iota: V \to C(V, q)$ und $\iota': V' \to C(V, q')$ die Strukturabbildungen sind.

Ist auch $\tau': (V', q') \to (V'', q'')$ eine lineare Abbildung zwischen zwei quadratischen Räumen über K, welche die quadratischen Formen respektiert, so gilt $C(\tau' \circ \tau) = C(\tau') \circ C(\tau)$. Ist τ bijektiv, so ist $C(\tau)$ ein Isomorphismus von K-Algebren.

Wir können diese Bemerkung insbesondere auf den Fall $V = V'$ und $q = q'$ mit $\tau = -\operatorname{Id}_V$ anwenden. Wir erhalten so einen Automorphismus σ der K–Algebra $C(V, q)$ mit

$$\sigma(\iota(v)) = -\iota(v) \qquad \text{für alle } v \in V \tag{1}$$

und $\sigma^2 = \operatorname{Id}_{C(V,q)}$.

5.9. Sei A ein kommutativer Ring mit Eins, und sei R eine A-Algebra. Eine $\mathbb{Z}/2\mathbb{Z}$-*Graduierung* auf R ist eine Zerlegung $R = R_0 \oplus R_1$ als direkte Summe von A-Untermoduln, so daß $1 \in R_0$ und $R_i \cdot R_j \subset R_{i+j}$ für alle i und j, wobei man i und j als Restklassen modulo 2 auffaßt; insbesondere gilt also $R_1 \cdot R_1 \subset R_0$. Man sagt auch, daß die Algebra R *modulo 2 graduiert* ist. Die Elemente in R_i, $i = 0, 1$ heißen homogen vom Grade i. Offenbar ist R_0 eine Unteralgebra von R.

Sind $R = R_0 \oplus R_1$ und $S = S_0 \oplus S_1$ zwei $\mathbb{Z}/2\mathbb{Z}$-graduierte A-Algebren, so heißt eine Abbildung $\alpha: R \to S$ ein Homomorphismus von graduierten A-Algebren, falls α ein Homomorphismus von A-Algebren ist und $\alpha(R_i) \subset S_i$ für alle i, $i = 0, 1$, gilt.

Sei I ein zweiseitiges Ideal in einer graduierten A-Algebra $R = R_0 \oplus R_1$. Gilt $I = I_0 \oplus I_1$ mit $I_0 = I \cap R_0$ und $I_1 = I \cap R_1$, so folgt $R/I \cong R_0/I_0 \oplus R_1/I_1$. Setzt man $S_i = R_i/I_i$, $i = 0, 1$, so gilt $R/I = S_0 \oplus S_1$ und $S_i \cdot S_j \subset S_{i+j}$ $(i, j \bmod 2)$. Die A-Algebra R/I ist deshalb modulo 2 graduiert.

5.10. Die Tensoralgebra TV eines Vektorraums V über K wird modulo 2 graduiert, wenn man

$$TV_0 = \bigoplus_{r \geq 0} T^{2r}V \qquad \text{und} \qquad TV_1 = \bigoplus_{r \geq 0} T^{2r+1}V$$

setzt. Dies folgt aus $T^rV \cdot T^sV \subset T^{r+s}V$ für alle $r, s \geq 0$.

Sei nun q eine quadratische Form auf V. Alle erzeugenden Elemente $v^2 - q(v)1$ mit $v \in V$ des zweiseitigen Ideals $J(q)$ von Satz 5.5 gehören zu TV_0. Daraus folgt $J(q) = J(q)_0 \oplus J(q)_1$ wobei $J(q)_i = TV_i \cap J(q)$.

Nach 5.9 erhält somit auch $C(V, q)$ eine $\mathbb{Z}/2\mathbb{Z}$-Graduierung. Es gilt $C(V, q) = C_0(V, q) \oplus C_1(V, q)$ mit $C_i(V, q) = TV_i / J(q)_i, i = 0, 1$.

Ist $e_1, e_2, \ldots, e_n$ eine Basis von V, so wird $C_0(V, q)$ (beziehungsweise $C_1(V, q)$) nach Lemma 5.6 über K von allen Produkten $\iota(e_{i_1}) \iota(e_{i_2}) \ldots \iota(e_{i_m})$ mit $1 \le i_1 < i_2 < \cdots < i_m \le n$ und m gerade (beziehungsweise m ungerade) aufgespannt. Als K-Algebra wird $C_0(V, q)$ von allen $\iota(e_i) \iota(e_j)$ mit $i < j$ erzeugt.

Ein Homomorphismus $C(\tau) \colon C(V, q) \to C(V', q')$ wie in 5.8 erfüllt für $i = 0, 1$, daß $C(\tau)(C_i(V, q)) \subset C_i(V', q')$. Ist char $K \ne 2$, so gilt

$$C_0(V, q) = \{\, x \in C(V, q) \mid \sigma(x) = x \,\}$$

und

$$C_1(V, q) = \{\, x \in C(V, q) \mid \sigma(x) = -x \,\}$$

mit $\sigma = C(-\operatorname{Id}_V)$ wie in 5.8(1).

Satz 5.11. *Sei (V, q) ein quadratischer Raum über K, sei L ein Erweiterungskörper von K. Dann gibt einen natürlichen Isomorphismus $C(V \otimes_K L, q_L) \overset{\sim}{\longrightarrow} C(V, q) \otimes_K L$ von L-Algebren.*

Beweis: Wir bezeichnen die Strukturabbildungen mit $\iota \colon V \to C(V, q)$ und $\iota_L \colon V \otimes_K L \to C(V \otimes_K L q_L)$. Die K-lineare Abbildung $\alpha \colon V \otimes_K L \to C(V, q) \otimes_K L$ mit $\alpha(v \otimes a) = \iota(v) \otimes a$ für alle $v \in V$ und $a \in L$ ist sogar L-linear. Sie erfüllt für alle $v_1, v_2, \ldots, v_r \in V$ und $a_1, a_2, \ldots, a_r \in L$

$$
\begin{aligned}
\left(\alpha \Big(\sum_{i=1}^{r} v_i \otimes a_i \Big) \right)^2
&= \Big(\sum_{i=1}^{r} \iota(v_i) \otimes a_i \Big)^2 \\
&= \sum_{i=1}^{r} \iota(v_i)^2 \otimes a_i^2 + \sum_{i<j} (\iota(v_i)\iota(v_j) + \iota(v_j)\iota(v_i)) \otimes a_i \, a_j \\
&= \sum_{i=1}^{r} q(v_i) \otimes a_i^2 + \sum_{i<j} b_q(v_i, v_j) \, 1 \otimes a_i \, a_j \\
&= \Big(\sum_{i=1}^{r} q(v_i) \, a_i^2 + \sum_{i<j} b_q(v_i, v_j) \, a_i \, a_j \Big) (1 \otimes 1) \\
&= q_L \Big(\sum_{i=1}^{r} v_i \otimes a_i \Big) (1 \otimes 1).
\end{aligned}
$$

Also gibt es genau einen Homomorphismus $\varphi \colon C(V \otimes_K L, q_L) \to C(V, q) \otimes_K L$ von L-Algebren mit $\varphi \circ \iota_L = \alpha$.

Wir fassen $C(V \otimes_K L, q_L)$ durch Restriktion der Skalare als K-Algebra auf. Die Abbildung $\alpha' \colon V \to C(V \otimes_K L, q_L)$, $v \mapsto \iota_L(v \otimes 1)$, ist K-linear und erfüllt $\alpha'(v)^2 = q(v) \, 1$ für alle $v \in V$. Daher gibt es einen Homomorphismus $\psi \colon C(V, q) \to C(V \otimes_K L, q_L)$ von K-Algebren mit $\psi \circ \iota = \alpha'$, und ψ induziert einen Homomorphismus $\psi' \colon C(V, q) \otimes_K L \to C(V \otimes_K L, q_L)$ von L-Algebren mit $\psi'(x \otimes a) = a\,\psi(x)$ für alle $x \in C(q)$ und $a \in L$. Nun sieht man leicht, daß ψ' und φ zu einander inverse Isomorphien sind. $\qquad\square$

Bemerkung: Offensichtlich restringiert der Isomorphismus im Satz zu einem Isomorphismus $C_0(V \otimes_K L, q_L) \xrightarrow{\sim} C_0(V,q) \otimes_K L$ von L-Algebren und bildet $C_1(V \otimes_K L, q_L)$ bijektiv auf $C_1(V,q) \otimes_K L$ ab.

§ 6 Die Struktur von Clifford-Algebren

In diesem Abschnitt sei K ein Körper. Wir nehmen an, daß alle betrachteten Vektorräume über K endlich dimensional sind, und schreiben $\otimes = \otimes_K$.

> **Lemma 6.1.** *Sei (V,q) ein quadratischer Raum über K mit einer orthogonalen Zerlegung $(V,q) = (V',q') \perp (V'',q'')$, so daß (V'',q'') eine hyperbolische Ebene ist. Dann gibt es einen Isomorphismus von K-Algebren $C(V,q) \cong M_2(C(V',q'))$.*

Beweis: Es sei e, f eine Basis von V'', die ein hyperbolisches Paar ist. Es gilt also $q(v + a\,e + b\,f) = q(v) + a\,b$ für alle $v \in V'$ und $a, b \in K$.

Wir bezeichnen mit $\iota\colon V \to C(V,q)$ und $\iota'\colon V' \to C(V',q')$ die Strukturabbildungen. Sei $j\colon C(V',q') \to C(V,q)$ der Homomorphismus von K-Algebren, der von der Inklusion $V' \hookrightarrow V$ erzeugt wird; es ist also $j \circ \iota'$ die Restriktion von ι auf V'. Lemma 5.6 impliziert, daß

$$C(V,q) = j(C(V',q')) + j(C(V',q'))\,\iota(e) + j(C(V',q'))\,\iota(f) \\ + j(C(V',q'))\,\iota(e)\,\iota(f). \tag{1}$$

Die Abbildung $\alpha\colon V \to M_2(C(V',q'))$ mit

$$\alpha(v + a\,e + b\,f) = \begin{pmatrix} \iota'(v) & a\,1 \\ b\,1 & -\iota'(v) \end{pmatrix} \qquad \text{für alle } v \in V',\ a,b \in K \tag{2}$$

ist linear und erfüllt für alle v, a, b

$$\alpha(v + a\,e + b\,f)^2 = \begin{pmatrix} \iota'(v)^2 + ab\,1 & 0 \\ 0 & \iota'(v)^2 + ab\,1 \end{pmatrix} = q(v + a\,e + b\,f)\,1,$$

da $\iota'(v)^2 = q'(v)\,1 = q(v)\,1$. Also gibt es einen Homomorphismus von K-Algebren

$$\varphi\colon C(V,q) \longrightarrow M_2(C(V',q')) \qquad \text{mit } \varphi \circ \iota = \alpha. \tag{3}$$

Es gilt insbesondere für alle $v \in V'$, daß

$$\varphi \circ j \circ \iota'(v) = \varphi \circ \iota(v) = \begin{pmatrix} \iota'(v) & 0 \\ 0 & -\iota'(v) \end{pmatrix} = \begin{pmatrix} \iota'(v) & 0 \\ 0 & \sigma(\iota'(v)) \end{pmatrix}$$

mit $\sigma = C(-\operatorname{Id}_{V'})$ wie in 5.8(1) (angewendet auf V' statt V). Weil $C(V',q')$ als Algebra von allen $\iota'(v)$, $v \in V'$, erzeugt wird, folgt

$$\varphi \circ j\,(u) = \begin{pmatrix} u & 0 \\ 0 & \sigma(u) \end{pmatrix} \qquad \text{für alle } u \in C(V',q').$$

Daher gilt für alle $u_1, u_2, u_3, u_4 \in C(V', q')$

$$\varphi\left(j(u_1) + j(u_2)\,\iota(e) + j(u_3)\,\iota(f) + j(u_4)\,\iota(e)\,\iota(f)\right) = \begin{pmatrix} u_1 + u_4 & u_2 \\ \sigma(u_3) & \sigma(u_1) \end{pmatrix}.$$

Also ist φ offensichtlich surjektiv, und ein Blick auf (1) zeigt, daß φ auch injektiv ist, also ein Isomorphismus. $\qquad\square$

Bemerkungen: (1) Im Beweis gilt $\iota(e), \iota(f) \in C_1(V, q)$ und $\iota(e)\,\iota(f) \in C_0(V, q)$. Daher folgt nach 5.10

$$C_0(V, q) = \varphi^{-1}(\{\begin{pmatrix} x & y \\ y' & x' \end{pmatrix} \mid x, x' \in C_0(V', q'),\ y, y' \in C_1(V', q')\})$$

und

$$C_1(V, q) = \varphi^{-1}(\{\begin{pmatrix} y & x \\ x' & y' \end{pmatrix} \mid x, x' \in C_0(V', q'),\ y, y' \in C_1(V', q')\}).$$

Man beachte, daß der Isomorphismus φ von der Wahl der Basisvektoren e und f und von ihrer Reihenfolge abhängt.

(2) Lemma VIII.1.14 impliziert nun, daß die Abbildung $u \mapsto \varphi^{-1}(\left(\begin{smallmatrix} u & 0 \\ 0 & u \end{smallmatrix}\right))$ einen Isomorphismus des Zentrums $Z(C(V', q'))$ von $C(V', q')$ auf das Zentrum $Z(C(V, q))$ von $C(V, q)$ induziert. Bemerkung (1) zeigt, daß dieser Isomorphismus $Z(C(V', q')) \cap C_0(q')$ bijektiv auf $Z(C(V, q)) \cap C_0(V, q)$ abbildet, ebenso $Z(C(V', q')) \cap C_1(q')$ bijektiv auf $Z(C(V, q)) \cap C_1(V, q)$.

> **Satz 6.2.** *Sei (V, q) ein quadratischer Raum über K.*
>
> (a) *Ist (V, q) ein hyperbolischer Raum der Dimension $2n$, so ist $C(V, q)$ zu $M_r(K)$ mit $r = 2^n$ isomorph.*
>
> (b) *Ist (V, q) isometrisch zu einer orthogonalen Summe eines hyperbolischen Raums der Dimension $2n$ mit einem eindimensionalen quadratischen Raum $(K, \langle c \rangle)$, $c \in K$, so ist $C(V, q)$ zu $M_r(K')$ mit $r = 2^n$ und $K' = K[X]/(X^2 - c)$ isomorph.*

Beweis: (a) Wir benutzen Induktion über n. Für $n = 1$, also $r = 2$, folgt die Behauptung aus Beispiel 5.7(2). Für $n > 1$ zerlegen wir orthogonal $(V, q) = (V'q') \perp (V'', q'')$, so daß (V'', q'') eine hyperbolische Ebene ist und (V', q') ein hyperbolischer Raum der Dimension $2(n - 1)$. Dann zeigen Lemma 6.1 und Induktion, daß

$$C(V, q) \cong M_2(C(V', q')) \cong C(V', q') \otimes M_2(K) \cong M_{r'}(K) \otimes M_2(K) \cong M_{2r'}(K)$$

mit $r' = 2^{n-1}$; hier haben wir IX.2.3(1) und IX.2.3(2) angewendet.

(b) Wir argumentieren analog. Für $n = 0$, also $\dim V = 1$, gilt $C(V, q) \cong K'$ nach Beispiel 5.7(1). Für $n > 0$ gibt eine Konstruktion wie in (a) mit

$$r' = 2^{n-1}$$

$$
\begin{aligned}
C(V,q) &\cong M_2(C(V',q')) \cong C(V',q') \otimes M_2(K) \cong M_{r'}(K') \otimes M_2(K) \\
&\cong K' \otimes M_{r'}(K) \otimes M_2(K) \cong K' \otimes M_{2r'}(K) \cong M_{2r'}(K')
\end{aligned}
$$

wie behauptet. $\qquad\qquad\qquad\qquad\qquad\qquad\qquad\qquad\qquad\qquad\qquad$ □

Bemerkung: Im Fall (a) folgt, daß das Zentrum $Z(C(V,q))$ von $C(V,q)$ eindimensional ist, also gleich $K\,1$. Im Fall (b) ist $Z(C(V',q))$ zweidimensional, isomorph zu K', hat also eine Basis $1, z$ mit $z^2 = c$. Es gilt genauer, daß man $z \in C_1(V,q)$ wählen kann. Dies ist klar für $n = 0$, wo z das Bild eines Basisvektors von V in $C(V,q)$ ist. Für $n > 0$ benutzt man Induktion und Bemerkung 2 zu Lemma 6.1.

> **Satz 6.3.** *Sei (V,q) ein quadratischer Raum über K.*
>
> (a) *Es gilt* $\dim C(V,q) = 2^{\dim V}$.
>
> (b) *Sei $c_1, e_2, \ldots, e_n$ eine Basis von V. Alle $\iota(e_{i_1})\,\iota(e_{i_2}) \ldots \iota(e_{i_m})$ mit $m \geq 0$ und $1 \leq i_1 < i_2 < \cdots < i_m \leq n$ bilden eine Basis von $C(V,q)$.*
>
> (c) *Ist V' ein Unterraum von V und ist q' die Restriktion von q auf V', so ist der natürliche Homomorphismus $C(V',q') \to C(V,q)$ injektiv.*

Beweis: Wir zeigen zunächst:

($*$) Gilt (a) für (V,q), so gelten auch (b) und (c) für (V,q), und (a) gilt für alle (V',q') wie in (c).

Dazu seien V' ein Unterraum von V und $e_1, \ldots, e_r$ eine Basis von V', die wir zu einer Basis $e_1, \ldots, e_n$ von V erweitern. Nach Lemma 5.6 wird $C(V,q)$ über K von allen 2^n Elementen der Form $\iota(e_{i_1})\,\iota(e_{i_2}) \ldots \iota(e_{i_m})$ mit $m \geq 0$ und $1 \leq i_1 < i_2 < \cdots < i_m \leq n$ aufgespannt. Unsere Annahme, daß (a) für (V,q) gilt, impliziert also, daß diese Produkte eine Basis von $C(V,q)$ bilden. Im Fall $V' = V$ beweist dies (b) für (V,q).

Für beliebiges V haben von diesen Basiselementen 2^r nur Faktoren der Form $\iota(e_{i_k})$ mit $i_k \leq r$, gehören also zum Bild von $C(V',q')$. Also hat dieses Bild mindestens die Dimension 2^r. Andererseits impliziert Lemma 5.6, daß $\dim C(V',q') \leq 2^r$. Es folgt, daß $\dim C(V',q') = 2^r$ und daß die Abbildung $C(V',q') \to C(V,q)$ injektiv ist.

Damit ist ($*$) bewiesen. Um nun den Satz zu zeigen, reicht es, V in einen größeren Vektorraum W mit einer quadratischen Form q' einzubetten, so daß $q'_{|V} = q$ und $\dim C(W,q') = 2^{\dim W}$. Dann folgt der Satz aus ($*$).

Dazu sei $e_1, \ldots, e_n$ eine Basis von V. Wir wählen $W \supset V$ mit $\dim W = 2n$, so daß W eine Basis $e_1, \ldots, e_n, f_1, \ldots, f_n$ hat. Sei c eine Bilinearform auf V mit $q(v) = c(v,v)$ für alle $v \in V$. Wir definieren eine Bilinearform c' auf W, so daß $c'(v_1, v_2) = c(v_1, v_2)$ für alle $v_1, v_2 \in V$ sowie $c'(e_i, f_j) = \delta_{ij}$ und $c'(f_i, f_j) = c'(f_i, e_j) = 0$ für alle i und j.

Wir setzen für jedes i

$$e_i' = e_i - \sum_{k=1}^{n} c(e_k, e_i)\, f_k.$$

Dann ist auch $e_1', \ldots, e_n', f_1, \ldots, f_n$ eine Basis von W. Wegen $c'(f_k, W) = 0$ für alle k erhalten wir für alle i und j

$$c'(e_i', e_j') = c'(e_i, e_j') = c'(e_i, e_j) - \sum_{k=1}^{n} c(e_k, e_i)\, c'(e_i, f_k) = c(e_i, e_j) - c(e_i, e_j)$$
$$= 0$$

sowie $c'(e_i', f_j) = \delta_{ij}$. Für die quadratische Form q' auf W gegeben durch $q'(w) = c'(w, w)$ für alle $w \in W$ gilt nun $q'_{|V} = q$ und

$$q'\Big(\sum_{i=1}^{n} a_i e_i' + \sum_{i=1}^{n} b_i f_i\Big) = \sum_{i=1}^{n} a_i b_i \qquad \text{für alle } a_i, b_i \in K.$$

Also ist (W, q') ein hyperbolischer Raum und Satz 6.2.a impliziert, daß $\dim C(V', q') = 2^{\dim W}$. Wie oben bemerkt, folgt nun auch $\dim C(V, q) = 2^{\dim V}$. $\qquad\square$

Bemerkungen: (1) Sei $e_1, e_2, \ldots, e_n$ eine Basis von V. Teil (b) im Lemma bedeutet insbesondere, daß alle $\iota(e_i)$, $1 \leq i \leq n$, linear unabhängig sind. Daher ist $\iota: V \to C(V, q)$ injektiv. Daher werden wir in Zukunft meistens V mit $\iota(V)$ identifizieren und v an Stelle von $\iota(v)$ schreiben.

(2) Jedes $\iota(e_{i_1}) \iota(e_{i_2}) \ldots \iota(e_{i_m})$ mit $m \geq 0$ und $1 \leq i_1 < i_2 < \cdots < i_m \leq n$ gehört zu $C_0(V, q)$, wenn m gerade ist, und zu $C_1(V, q)$, wenn m ungerade ist. Es folgt nun, daß

$$\dim C_0(V, q) = \dim C_1(V, q) = 2^{\dim V - 1}. \tag{1}$$

(3) Für alle V' und q' wie in Teil (c) des Satzes folgt genauer, daß $C(V, q)$ unter der natürlichen Abbildung $C(V', q') \to C(V, q)$ zu einem freien Modul vom Rang $2^{\dim(V/V')}$ über $C(V', q')$ wird.

Satz 6.4. *Seien (V, q) ein regulärer quadratischer Raum über K.*

(a) *Ist $\dim V$ gerade, so ist $C(V, q)$ eine einfache zentrale K-Algebra.*

(b) *Es sei $\dim V$ ungerade, $\dim V = 2n+1$. Dann hat das Zentrum Z von $C(V, q)$ die Dimension 2. Es ist entweder isomorph zu $K \times K$ oder ein Erweiterungskörper K' von K vom Grad 2 über K. Im ersten Fall* *ist $C(V, q)$ ein direktes Produkt zweier einfacher zentraler K-Algebren der Dimension 2^{2n}. Im zweiten Fall ist $C(V, q)$ eine einfache zentrale K'-Algebra.*

Beweis· (a) Es gibt einen Erweiterungskörper L von K, sodaß q_L ein hyperbolischer Raum ist. Zum Beispiel kann man für L einen algebraischen Abschluß von K nehmen. Nun folgt aus Satz 5.11 und Satz 6.2.a, daß

$$C(V, q) \otimes L \cong C(V \otimes L, q_L) \cong M_r(L) \qquad \text{mit } r = 2^n. \tag{1}$$

Für die Zentren folgt nach Lemma IX.3.3

$$Z(C(V, q)) \otimes L \cong Z(C(V, q) \otimes L) \cong Z(C(V \otimes L, q_L)) \cong Z(M_r(L)) \cong L,$$

also $\dim_K Z(C(V, q)) = 1$ und damit $Z(C(V, q)) = K \mathbf{1}$. Ist I ein zweiseitiges Ideal in $C(V, q)$, so ist $I \otimes L$ ein zweiseitiges Ideal in $C(V, q) \otimes L$. Aus (1) und der Einfachheit von $M_r(L)$ folgt dann $I \otimes L = 0$ oder $I \otimes L = C(V, q) \otimes L$, also $I = 0$ oder $I = C(V, q)$. Daher ist auch $C(V, q)$ einfach.

(b) Weil $\dim V$ ungerade ist und (V, q) regulär, muß $\operatorname{char} K \neq 2$ gelten. Wir finden wieder einen Erweiterungskörper L von K, so daß q_L die Annahme in Satz 6.2.b mit $c = 1$ erfüllt. Dann zeigen Satz 5.11 und Satz 6.2.b, daß

$$C(V, q) \otimes L \simeq M_r(L \times L) \cong M_r(L) \times M_r(L)$$

mit $r = 2^n$. Nun folgt die Behauptung aus folgendem allgemeinen Lemma:

Lemma 6.5. *Seien A eine endlich dimensionale K-Algebra und L ein Erweiterungskörper von K. Es gebe eine ganze Zahl $r \geq 1$, so daß die L-Algebra $R \otimes L$ zu $M_r(L) \times M_r(L)$ isomorph ist. Dann hat das Zentrum Z von A die Dimension 2 über K. Es ist entweder isomorph zu $K \times K$ oder ein Erweiterungskörper K' von K vom Grad 2 über K. Im ersten Fall ist A ein direktes Produkt zweier einfacher zentraler K-Algebren der Dimension r^2. Im zweiten Fall ist A eine einfache zentrale K'-Algebra.*

Beweis: Für das Zentrum Z folgt mit Lemma IX.3.3, daß $Z \otimes L$ zum Zentrum von $M_r(L) \times M_r(L)$ isomorph ist, also daß $Z \otimes L \cong L \times L$ und $\dim_K Z = 2$. Daher ist Z zu einem Restklassenring $K[X]/(f)$ für ein Polynom f vom Grad 2 isomorph. Ist f irreduzibel, so ist Z ein Erweiterungskörper von K vom Grad 2. Hat f zwei verschiedene Wurzeln in K, so gilt $Z \cong K[X]/(f) \cong K \times K$. Hat f eine Wurzel mit Multiplizität 2 in K, so enthält $K[X]/(f)$ nilpotente Elemente ungleich 0. Dann kann $K[X]/(f)$ nicht zu Z isomorph sein, weil $Z \simeq Z \otimes K \subset Z \otimes L \simeq L \times L$ keine nilpotenten Elemente ungleich 0 enthält.

Sei $\varphi \colon A \otimes L \xrightarrow{\sim} M_r(L) \times M_r(L)$ ein Isomorphismus von L-Algebren. Ist I ein Ideal in A mit $I \neq 0, A$, so ist $\varphi(I \otimes L)$ ein nicht-triviales Ideal in $M_r(L) \times M_r(L)$, also nach Satz VIII.2.11 entweder gleich $M_r(L) \times \{1\}$ oder gleich $\{1\} \times M_r(L)$. Daher induziert φ einen Isomorphismus von L–Algebren

$$(A/I) \otimes L \xrightarrow{\sim} M_r(L). \tag{1}$$

Wie im Beweis von Satz 6.4.a folgt, daß A/I ein eindimensionales Zentrum hat. Die kanonische Abbildung $A \to A/I$ bildet das zweidimensionale Zentrum Z in das eindimensionale Zentrum von A/I ab. Dies impliziert, daß $Z \cap I \neq 0$; da $1 \in Z$, aber $1 \notin I$, ist $Z \cap I$ ein nicht-triviales Ideal in Z, also Z kein Körper. Dies zeigt umgekehrt: Ist Z ein Körper, so gibt es kein Ideal I wie oben, und A ist einfach.

Nehmen wir nun an, daß es einen Isomorphismus $K \times K \xrightarrow{\sim} Z$ gibt. Wir bezeichnen die Bilder von $(1,0)$ und $(0,1)$ mit ξ_1 und ξ_2. Dies sind zentrale idempotente Elemente von A mit $\xi_1 \xi_2 = 0$ und $\xi_1 + \xi_2 = 1$. Also sind $A\xi_1$ und $A\xi_2$ zweiseitige Ideale in A, die selbst K–Algebren mit Einselement ξ_1 bzw. ξ_2 sind. Die Abbildung $(x,y) \mapsto x + y$ ist ein Isomorphismus von K–Algebren $A\xi_1 \times A\xi_2 \xrightarrow{\sim} A$ mit inverser Abbildung $u \mapsto (u\xi_1, u\xi_2)$. Nun gibt uns (1) Isomorphismen

$$A\xi_1 \otimes L \cong (A/A\xi_2) \otimes L \cong M_r(L).$$

Der Beweis von Satz 6.4.a zeigt nun, daß $A\xi_1$ eine zentrale einfache K–Algebra ist. Symmetrisch gilt dies auch für $A\xi_2$. $\qquad\square$

Satz 6.6. *Sei (V,q) ein quadratischer Raum über K. Es gebe eine orthogonale Zerlegung $V = Ke \perp W$ mit $\lambda = q(e) \neq 0$. Dann existiert ein Isomorphismus*

$$C(W, -\lambda q_{|W}) \xrightarrow{\sim} C_0(V, q)$$

von K-Algebren.

Beweis: Die lineare Abbildung $\alpha \colon W \to C_0(V, q)$, definiert durch die Zuordnung $w \mapsto we$, genügt der Identität

$$(\alpha(w))^2 = -(we)(ew) = -\lambda \, q_{|W}(w) \, 1.$$

Wegen der universellen Eigenschaft der Clifford-Algebra $C(W, -\lambda q_{|W})$ existiert deshalb ein Homomorphismus $\overline{\alpha} : C(W, -\lambda q_{|W}) \to C_0(V, q)$ von K-Algebren, so daß $\overline{\alpha}(w) = we$ für alle $w \in W$.

Ist $e_1, \ldots, e_{m-1}$ eine Basis von W, so ist $e_1, \ldots, e_{m-1}, e$ eine Basis von V; die Algebra $C_0(V, q)$ wird von allen geraden Produkten von Elementen aus der Menge $\{e_1, \ldots, e_{m-1}, e\}$ erzeugt. Man hat offenbar, $e_i e \in \operatorname{im}(\overline{\alpha})$ für alle i, $i = 1, \ldots, m-1$,. Ebenso gilt $e_i e_j \in \operatorname{im}(\overline{\alpha})$ für jedes Paar $i \neq j$, da

$$\overline{\alpha}(e_i e_j) = \overline{\alpha}(e_i)\,\overline{\alpha}(e_j) = e_i\, e\, e_j\, e = -e_i\, e\, e\, e_j = -\lambda e_i e_j.$$

Also ist $\overline{\alpha}$ surjektiv. Weil $C(W, -\lambda q_{|W})$ und $C_0(V, q)$ beide die Dimension 2^{m-1} haben, muß $\overline{\alpha}$ bijektiv sein. $\qquad\square$

Beispiel: Wir betrachten als Beispiel V mit $\dim V = 3$ und mit Basis e_0, e_1, f_1, so daß $q(x\,e_0 + y\,e_1 + z\,f_1) = c\,x^2 + y\,z$ für alle $x, y, z \in K$ mit festem $c \in K^*$. Wir setzen $K' = K[X]/(X^2 - c)$ und bezeichnen die Restklasse von X in K' mit ε. Dann ist K' zur Clifford-Algebra der Einschränkung von q auf $K\,e_0$ isomorph. Nach Lemma 6.1 können wir nun $C(V, q)$ mit $M_2(K')$ identifizieren, und zwar nach dem Beweis von Lemma 6.1 so, daß die Strukturabbildung $V \to C(V, q)$ durch

$$x\,e_0 + y\,e_1 + z\,f_1 \longmapsto \begin{pmatrix} x\varepsilon & y \\ z & -x\varepsilon \end{pmatrix}$$

für alle $x, y, z \in K$ gegeben ist.

Wenden wir nun die Konstruktion von Satz 6.6 mit $e = e_0$ und $W = K\,e_1 + K\,f_1$ an, so ist $q' = -\lambda q_{|W}$ durch $q'(y(-e_1) + z\,(c^{-1}f_1)) = y\,z$ gegeben. Daher können wir $C(W, q')$ nach Beispiel 5.7(2) mit $M_2(K)$ identifizieren, so daß die Strukturabbildung $W \to C(W, q')$ durch

$$y\,e_1 + z\,f_1 \longmapsto \begin{pmatrix} 0 & -y \\ c\,z & 0 \end{pmatrix}$$

für alle $y, z \in K$ gegeben ist.

Der im Beweis konstruierte Isomorphismus $C(W, q') \xrightarrow{\sim} C_0(V, q)$ ist unter diesen Identifikationen ein injektiver Homomorphismus $\varphi \colon M_2(K) \to M_2(K')$ mit Bild $C_0(V, q)$. Eine elementare Rechnung zeigt, daß

$$\varphi\left(\begin{pmatrix} r & s \\ t & u \end{pmatrix}\right) = \begin{pmatrix} r & s\varepsilon \\ c^{-1}t\varepsilon & u \end{pmatrix}$$

für alle $r, s, t, u \in K$.

Satz 6.7. *Sei (V, q) ein regulärer quadratischer Raum über K. Es gelte $\operatorname{char} K \neq 2$.*

(a) Ist $\dim V$ ungerade, so ist $C_0(V, q)$ eine einfache zentrale K-Algebra. Das Zentrum Z von $C(V, q)$ ist gleich dem Zentralisator von $C_0(V, q)$ in $C(V, q)$. Die Multiplikation induziert einen Isomorphismus $Z \otimes C_0(V, q) \xrightarrow{\sim} C(V, q)$ von K-Algebren.

(b) Es sei $\dim V$ gerade, $\dim V = 2n$. Dann hat das Zentrum Z von $C_0(V, q)$ die Dimension 2. Es ist entweder isomorph zu $K \times K$ oder ein Erweiterungskörper K' von K vom Grad 2 über K. Im ersten Fall ist $C_0(V, q)$ ein direktes Produkt zweier einfacher zentraler K-Algebren der Dimension $2^{2(n-1)}$. Im zweiten Fall ist $C_0(V, q)$ eine einfache zentrale K'-Algebra.

Beweis: Weil wir annehmen, daß $\operatorname{char} K \neq 2$, gibt es eine Orthogonalbasis von V bezüglich q. Daher können wir eine orthogonale Zerlegung $V = K\,e \perp W$ finden. Da (V, q) regulär ist, folgt $q(e) \neq 0$ und, daß

$(W, q_{|W})$ regulär ist. Wir haben also nach Satz 6.6 einen Isomorphismus $C_0(V, q) \cong C(W, -q(e)\, q_{|W})$. Nun wenden wir Satz 6.4 auf $(W, -q(e)\, q_{|W})$ an und erhalten (b) sowie die erste Behauptung in (a).

Nun sei $\dim V$ ungerade. Nach Satz 6.4 hat das Zentrum Z von $C(V, q)$ die Dimension 2. Wir bezeichnen mit Z' den Zentralisator von $C_0(V, q)$ in $C(V, q)$. Die Multiplikationsabbildung $Z' \otimes C_0(V, q) \to C(V, q)$ ist nach Lemma IX.4.3 injektiv. Da $Z \subset Z'$ Dimension 2 hat und $\dim C(V, q) = 2 \dim C_0(V, q)$ gilt, muß $Z = Z'$ sein und die Multiplikation $Z \otimes C_0(V, q) \to C(V, q)$ bijektiv sein. $\qquad\square$

Bemerkung: Die Behauptung in (b) gilt auch, wenn $\operatorname{char} K = 2$, siehe die Bemerkung zu Satz 6.15.

Satz 6.8. *Sei (V, q) ein regulärer quadratischer Raum über K, $\operatorname{char} K \neq 2$, sei $e_1, e_2, \dots, e_r$ eine Orthogonalbasis von V bezüglich b_q. Wir setzen $z = e_1 e_2 \dots e_r \in C(V, q)$ und*

$$\delta(q) = (-1)^{r(r-1)/2}\, q(e_1)\, q(e_2) \dots q(e_r).$$

Dann gilt $z^2 = \delta(q)\, 1$. Ist $r = \dim V$ gerade, so ist $K\,1 + K\,z$ das Zentrum von $C_0(V, q)$. Ist $r = \dim V$ ungerade, so ist $K\,1 + K\,z$ das Zentrum von $C(V, q)$, und $K\,z$ ist der Durchschnitt dieses Zentrums mit $C_1(V, q)$.

Beweis: Ist r gerade, so gilt $z \in C_0(V, q)$, sonst $z \in C_1(V, q)$. Die Orthogonalität der e_i impliziert, daß $e_i e_j = -e_j e_i$ wenn $i \neq j$. Daraus folgt

$$e_i z = (-1)^{r-1}\, z\, e_i \qquad \text{für alle } i,\ 1 \leq i \leq n.$$

Daraus folgt für ungerades r, daß z zentral in $C(V, q)$ ist, und für gerades r, daß z zentral in $C_0(V, q)$ ist. Nach Satz 6.3 sind 1 und z linear unabhängig. Daher folgt aus Satz 6.7.b oder Satz 6.4.b, daß $K\,1 + K\,z$ jeweils das volle Zentrum ist.

Die Behauptung über z^2 folgt leicht durch Induktion über r. Man setzt $z' = e_1 e_2 \dots e_{r-1}$ und sieht, daß

$$z^2 = (z' e_r)^2 = (-1)^{r-1}\, q(e_r)\, (z')^2.$$

Nun wendet man die Induktion auf $(z')^2$ an. $\qquad\square$

Bemerkung: Das Produkt der $q(e_i)$ ist die Determinante der Gram-Matrix von $(1/2)\, b_q$ bezüglich unserer Orthogonalbasis. Daher ist $\delta(q)$ nach 1.2 durch q bis auf Multiplikation mit einem Quadrat in K^* eindeutig bestimmt. Man nennt die Quadratklasse von $\delta(q)$, also die Klasse von $\delta(q)$ in $K^*/(K^*)^2$, die *signierte Diskriminante* von q.

Der Satz zeigt, daß das Zentrum von $C_0(V, q)$ beziehungsweise von $C(V, q)$ zu $K[X]/(X^2 - \delta(q))$ isomorph ist, also zu $K \times K$, wenn $\delta(q)$ ein Quadrat in K ist, sonst zu $K(\sqrt{\delta(q)})$.

6.9. Mit Hilfe von Lemma 6.1 kann man die Bestimmung der Clifford-Algebra auf den Fall zurückführen, daß die quadratische Form anisotrop ist. Wir beschreiben nun eine Methode, die auch im anisotropen Fall wirkt. Wir nehmen an, daß char $K \neq 2$.

Sei (V, q) ein quadratischer Raum über K. Wir betrachten eine orthogonale Zerlegung $V = U \perp W$ mit $U \neq 0$ und $\dim W = 2$. Sei e, f eine Orthogonalbasis von W; wir setzen $d = -q(e)\, q(f)$. Wir bezeichnen mit q_1 die quadratische Form auf U, die durch $q_1(u) = d\, q(u)$ für alle $u \in U$ gegeben ist; wir schreiben q_2 für die Restriktion von q auf W.

Satz 6.10. *Es gibt einen Isomorphismus*

$$C(V, q) \xrightarrow{\sim} C(U, q_1) \otimes C(W, q_2)$$

von K-Algebren.

Beweis: Nach Voraussetzung gilt $e\,f = -f\,e$ in $C(V, q)$, ebenso $u\,e = -e\,u$ und $u\,f = -f\,u$ für alle $u \in U$. Wir setzen nun $z = e\,f$. Dann folgt

$$e\,z = -z\,e, \quad f\,z = -z\,f \quad \text{und} \quad z\,u = u\,z \quad \text{für alle } u \in U.$$

Weiter haben wir $z^2 = e\,f\,e\,f = -e^2\,f^2 = d\,1$.

Wir betrachten die lineare Abbildung

$$\alpha : V \longrightarrow C(U, q_1) \otimes C(W, q_2) \qquad \text{mit } \alpha(u + w) = d^{-1}u \otimes z + 1 \otimes w$$

für alle $u \in U$ und $w \in W$. Es gilt dann

$$
\begin{aligned}
\alpha(u + w)^2 &= d^{-2}u^2 \otimes z^2 + d^{-1}u \otimes z\,w + d^{-1}u \otimes w\,z + 1 \otimes w^2 \\
&= d^{-2}\,q_1(u)\,1 \otimes d^2\,1 + 1 \otimes q_2(w)\,1 = (q(u) + q(w))\,(1 \otimes 1) \\
&= q(u + w)\,(1 \otimes 1).
\end{aligned}
$$

Es gibt also einen Homomorphismus $\varphi : C(V, q) \to C(U, q_1) \otimes C(W, q_2)$ von K-Algebren mit $\varphi_{|V} = \alpha$.

Andererseits erfüllt die lineare Abbildung $\beta : U \to C(V, q)$, $\beta(u) = u\,z$

$$\beta(u)^2 = u^2\,z^2 = q(u)\,d\,1 = q_1(u)\,1 \qquad \text{für alle } u \in U,$$

induziert also einen Homomorphismus $\psi_1 : C(U, q_1) \to C(V, q)$ mit $\psi_{1|U} = \beta$. Wir bezeichnen mit $\psi_2 : C(W, q_2) \to C(V, q)$ den Homomorphismus, der von der Inklusion $W \hookrightarrow V$ induziert wird.

Wir haben für alle $u \in U$

$$\psi_1(u)\,\psi_2(e) = u\,z\,e = -u\,e\,z = e\,u\,z = \psi_2(e)\,\psi_1(u)$$

und ebenso $\psi_1(u)\,\psi_2(f) = \psi_2(f)\,\psi_1(u)$. Damit folgt allgemein $\psi_1(x)\,\psi_2(y) = \psi_2(y)\,\psi_1(x)$. für alle $x \in C(U, q_1)$ und $y \in C(W, q_2)$. Nach IX.2.2 gibt es daher genau einen Homomorphismus von K-Algebren

$$\psi : C(U, q_1) \otimes C(W, q_2) \longrightarrow C(V, q), \qquad \text{mit } \psi(x \otimes y) = \psi_1(x)\,\psi_2(y)$$

für alle $x \in C(U, q_1)$ und $y \in C(W, q_2)$.

Für alle $u \in U$ und $w \in W$ gilt nun

$$
\begin{aligned}
\psi \circ \varphi \, (u + w) &= \psi \, (d^{-1} u \otimes z + 1 \otimes w) \\
&= d^{-1} \psi_1(u) \, \psi_2(z) + \psi_1(1) \, \psi_2(w) \\
&= d^{-1} (u \, z) \, z + w = u + w.
\end{aligned}
$$

Damit ist $\psi \circ \varphi$ die Identität auf V, also auf ganz $C(V, q)$, weil $C(V, q)$ als Algebra von V erzeugt wird. Insbesondere ist φ injektiv. Wegen $\dim C(V, q) = \dim C(U, q_1) \otimes C(W, q_2)$ ist φ sogar bijektiv, also ein Isomorphismus. $\square$

Bemerkungen 6.11. (1) Ist $\operatorname{char} K \neq 2$ und ist (V, q) ein regulärer quadratischer Raum der Dimension ≥ 3, so können wir mit Hilfe einer Orthogonalbasis immer eine Zerlegung $V = U \perp W$ wie in 6.9 finden. Der Faktor $C(W, q_2)$ ist dann nach 5.7(3) eine verallgemeinerte Quaternionenalgebra. Der quadratische Raum (U, q_1) ist wieder regulär. Im Fall $\dim U \leq 2$ kennen wir $C(U, q_1)$ nach 5.7. Im Fall $\dim U > 2$ können wir iterieren und Satz 6.10 auf das Paar (U, q_1) und eine passende orthogonale Zerlegung von U anwenden.

(2) Betrachten wir nun $K = \mathbb{R}$. Für alle $n \geq 1$ sei q_n^+ eine positiv definite quadratische Form auf $\mathbb{R}^n$ und q_n^- eine negativ definite quadratische Form auf $\mathbb{R}^n$. Nach 5.7(3) gilt

$$
C(\mathbb{R}^2, q_2^+) \cong M_2(\mathbb{R}) \qquad \text{und} \qquad C(\mathbb{R}^2, q_2^-) \cong \mathbb{H}.
$$

Wenden wir 6.9 auf q_n^+ oder q_n^- an, so können wir $q(e) = q(f) = 1$ oder $q(e) = q(f) = -1$ annehmen, also $d = -1$. Damit erhalten wir

$$
C(\mathbb{R}^n, q_n^+) \cong C(\mathbb{R}^{n-2}, q_{n-2}^-) \otimes M_2(\mathbb{R}) \text{ und } C(\mathbb{R}^n, q_n^-) \cong C(\mathbb{R}^{n-2}, q_{n-2}^+) \otimes \mathbb{H}.
$$

Beschränken wir uns nun auf den Fall, daß $n = 2r$ gerade ist. Wir bezeichnen mit $[C(\mathbb{R}^n, q)]$ die Klasse von $C(\mathbb{R}^n, q)$ in der Brauer-Gruppe von $\mathbb{R}$. Es folgt dann

$$
[C(\mathbb{R}^{2r}, q_{2r}^+)] = [C(\mathbb{R}^{2(r-1)}, q_{2(r-1)}^-)]
$$

sowie

$$
[C(\mathbb{R}^4, q_4^-)] = [C(\mathbb{R}^2, q_2^+)] \, [\mathbb{H}] = [\mathbb{R}] \, [\mathbb{H}] = [\mathbb{H}]
$$

und für $r \geq 3$

$$
[C(\mathbb{R}^{2r}, q_{2r}^-)] = [C(\mathbb{R}^{2(r-2)}, q_{2(r-2)}^-)] \, [\mathbb{H}].
$$

Wegen $[\mathbb{H}] \, [\mathbb{H}] = [\mathbb{R}]$ folgt nun mit Induktion

$$
[C(\mathbb{R}^{2r}, q_{2r}^-)] = \begin{cases} [\mathbb{R}] & \text{wenn } r(r+1)/2 \text{ gerade ist,} \\ [\mathbb{H}] & \text{wenn } r(r+1)/2 \text{ ungerade ist,} \end{cases}
$$

und

$$
[C(\mathbb{R}^{2r}, q_{2r}^+)] = \begin{cases} [\mathbb{R}] & \text{wenn } r(r-1)/2 \text{ gerade ist,} \\ [\mathbb{H}] & \text{wenn } r(r-1)/2 \text{ ungerade ist.} \end{cases}
$$

6.12. Wenn $C(V,q)$ eine einfache K-Algebra ist, so hat $C(V,q)$ genau einen einfachen Modul bis auf Isomorphie. Wir wollen diesen einfachen Modul genauer beschreiben, wenn (V,q) ein hyperbolischer Raum ist. Dazu folgen zunächst einige allgemeine Überlegungen.

Es sei (V,q) ein beliebiger quadratischer Raum. Jedes Element $v \in V$ definiert eine lineare Abbildung $d_v \colon C(V,q) \to C(V,q)$ mit

$$d_v(x) = v\,x - \sigma(x)\,v \qquad \text{für alle } x \in C(V,q) \tag{1}$$

mit $\sigma = C(-\operatorname{Id}_V)$ wie in 5.8(1). Es folgt dann

$$d_v(x\,y) = d_v(x)\,y + \sigma(x)\,d_v(y) \qquad \text{für alle } x,y \in C(V,q) \tag{2}$$

da $vxy - \sigma(xy)\,v = vxy - \sigma(x)\,vy + \sigma(x)\,vy - \sigma(x)\,\sigma(y)v$. (In der Terminologie von C.6 bedeutet (2), daß d_v eine σ-Derivation ist.)

Es ist klar, daß

$$d_v(1) = 0. \tag{3}$$

Wir erhalten für alle $w \in V$, da $\sigma(w) = -w$,

$$d_v(w) = v\,w + w\,v = b_q(v,w)\,1. \tag{4}$$

Induktion gibt dann für alle $w_1, w_2, \ldots, w_r \in V$,

$$d_v(w_1 w_2 \ldots w_r) = \sum_{i=1}^{r} (-1)^{i+1}\, b_q(v,w_i)\, w_1 \ldots w_{i-1}w_{i+1}\ldots w_r. \tag{5}$$

Dies impliziert

$$d_v(C_0(V,q)) \subset C_1(V,q) \qquad \text{und} \qquad d_v(C_1(V,q)) \subset C_0(V,q). \tag{6}$$

Aus $\sigma^2 = \operatorname{Id}_{C(V,q)}$ folgt

$$d_v \circ \sigma = -\sigma \circ d_v, \tag{7}$$

da

$$\sigma\,(d_v(x)) = \sigma\,(vx - \sigma(x)v) = \sigma(v)\,\sigma(x) - x\,\sigma(v) = -v\,\sigma(x) + x\,v = -d_v(\sigma(x))$$

für alle $x \in C(V,q)$. Dies impliziert für alle $x, y \in C(V,q)$

$$
\begin{aligned}
d_v^2\,(xy) &= d_v\,(d_v(x)\,y + \sigma(x)\,d_v(y)) \\
&= d_v^2(x)\,y + \sigma(d_v(x))\,d_v(y) + d_v(\sigma(x))\,d_v(y) + \sigma^2(x)\,d_v^2(y) \\
&= d_v^2(x)\,y + x\,d_v^2(y).
\end{aligned}
$$

Dies zeigt, daß der Kern von d_v^2 abgeschlossen unter der Multiplikation ist, das heißt, für alle $x, y \in \ker d_v^2$ gilt $xy \in \ker d_v^2$. Aus (3) und (4) folgt

$K\,1 + V \subset \ker d_v^2$. Da $C(V,q)$ als Algebra von V erzeugt wird, erhalten wir nun

$$d_v^2 = 0. \tag{8}$$

Sei V' ein Unterraum von V und q' die Restriktion von q auf V'. Wir identifizieren $C(V',q')$ mit einer Unteralgebra von $C(V',q)$. Aus (5) folgt dann

$$d_v\left(C(V',q')\right) \subset C(V',q'). \tag{9}$$

6.13. In diesem Abschnitt sei (V,q) ein hyperbolischer Raum der Dimension $2n$. Also hat V eine Basis $e_1,\ldots,e_n,f_1,\ldots,f_n$, so daß

$$q\left(\sum_{i=1}^n a_i e_i + \sum_{i=1}^n b_i f_i\right) = \sum_{i=1}^n a_i\,b_i \qquad \text{für alle } a_i, b_i \in K.$$

Wir setzen $E = \sum_{i=1}^n K\,e_i$ und $F = \sum_{i=1}^n K\,f_i$. Dies sind Unterräume von V mit $V = E \oplus F$. Die Restriktionen von q auf E und F sind gleich 0. Daher sind die Clifford-Algebren dieser Restriktionen gerade die äußeren Algebren $\bigwedge(E)$ und $\bigwedge(F)$ von E und F. Wir benutzen Satz 6.3, um $\bigwedge(E)$ mit der von allen $e \in E$ erzeugten Unteralgebra von $C(V,q)$ zu identifizieren.

Satz 6.14. *Es gibt auf $\bigwedge(E)$ genau eine Struktur als $C(V,q)$–Modul, so daß für alle $e \in E$ und $f \in F$*

$$e \cdot x = e\,x \qquad \text{und} \qquad f \cdot x = d_f(x) \qquad \text{für alle } x \in \bigwedge(E)$$

gilt. Dieser $C(V,q)$–Modul ist einfach, und jeder einfache Modul über $C(V,q)$ ist zu $\bigwedge(E)$ isomorph.

Beweis: Für alle $e \in E$ bezeichnen wir mit $\mu_e \in \mathrm{End}_K \bigwedge(E)$ die Linksmultiplikation mit e, also die Abbildung $x \mapsto e\,x$. Es gilt

$$\mu_e^2 = 0 \qquad \text{für alle } e \in E, \tag{1}$$

da $e^2 = q(e)\,1 = 0$.

Für alle $v \in V$ bildet die lineare Abbildung d_v wie in 6.12(1) die Unteralgebra $\bigwedge(E)$ von $C(V,q)$ auf sich ab, siehe 6.12(9). Wir wenden dies insbesondere auf $f \in F$ an und bezeichnen die Restriktion von d_f auf $\bigwedge(E)$ wieder mit d_f, fassen also d_f als Element von $\mathrm{End}_K \bigwedge(E)$ auf.

Aus 6.12(2),(4) folgt

$$d_f \circ \mu_e = -\mu_e \circ d_f + b_q(f,e)\,\mathrm{Id} \tag{2}$$

für alle $e \in E$ und $f \in F$. Wir betrachten nun die lineare Abbildung

$$\alpha\colon V \longrightarrow \mathrm{End}_K \bigwedge(E) \qquad \text{mit } e + f \mapsto \mu_e + d_f \tag{2}$$

für alle $e \in E$ und $f \in F$. Dann gilt

$$\alpha(e+f)^2 = \mu_e^2 + \mu_e \circ d_f + d_f \circ \mu_e + d_f^2 = b_q(f,e)\,\mathrm{Id} = q(e+f)\,\mathrm{Id} \qquad (3)$$

nach (1), (2) und 6.12(8). Daher zeigt die universelle Eigenschaft von $C(V,q)$, daß es einen Homomorphismus von K–Algebren

$$\varphi\colon C(V,q) \longrightarrow \mathrm{End}_K \bigwedge(E) \qquad \text{mit } \varphi_{|V} = \alpha \qquad (4)$$

gibt. Weil $C(V,q)$ als Algebra einfach ist, gilt $\ker \varphi = 0$, und φ ist injektiv. Es gilt $\dim \bigwedge(E) = 2^{\dim E} = 2^n$, also $\dim \mathrm{End}_K \bigwedge(E) = (2^n)^2 = 2^{2n} = \dim C(V,q)$. Also ist φ ein Isomomorphismus von K–Algebren.

Durch $u\,x := \varphi(u)\,(x)$ für alle $u \in C(V,q)$ und $x \in \bigwedge(E)$ wird $\bigwedge(E)$ zu einem $C(V,q)$–Modul, auf dem alle $e \in E$ und $f \in F$ wie gewünscht operieren. Die Eindeutigkeit der Modulstruktur folgt, weil $C(V,q)$ als K–Algebra von $V = E \oplus F$ erzeugt wird. Die Surjektivität von φ impliziert dann, daß der Modul einfach ist. Daß alle einfachen $C(V,q)$–Moduln zu einander isomorph sind, folgt aus Satz IX.2.4. $\qquad \square$

Wir behalten die Notation von 6.13 bei. Da wir $\bigwedge(E)$ mit der Clifford-Algebra der Einschränkung von q auf E identifiziert haben, hat $\bigwedge(E)$ eine Zerlegung $\bigwedge(E) = \bigwedge^+(E) \oplus \bigwedge^-(E)$ in einen geraden und einen ungeraden Teil. Es gilt $\bigwedge^+(E) = \bigwedge(E) \cap C_0(V,q)$ und $\bigwedge^-(E) = \bigwedge(E) \cap C_1(V,q)$. Beide Summanden haben Dimension 2^{n-1}.

Wir betrachten $\bigwedge(E)$ als Modul über $C(V,q)$ wie in Satz 6.14 und damit auch als Modul über $C_0(V,q)$.

Satz 6.15. *Sei (V,q) ein hyperbolischer Raum über K mit $\dim V = 2n$. Sowohl $\bigwedge^+(E)$ als auch $\bigwedge^-(E)$ sind $C_0(V,q)$ Untermoduln von $\bigwedge(E)$. Beide Untermoduln sind einfache $C_0(V,q)$–Moduln; sie sind nicht isomorph zu einander. Jeder einfache $C_0(V,q)$ Modul ist zu einem dieser beiden Moduln isomorph. Als K–Algebra ist $C_0(V,q)$ zu $M_s(K) \times M_s(K)$ mit $s = 2^{n-1}$ isomorph.*

Beweis: Für jedes $e \in E$ gilt

$$\mu_e\left(\bigwedge^+(E)\right) \subset \bigwedge^-(E) \qquad \text{und} \qquad \mu_e\left(\bigwedge^-(E)\right) \subset \bigwedge^+(E).$$

Da jedes d_f mit $f \in F$ dieselbe Eigenschaft hat, folgt nun zunächst

$$\alpha(v)\left(\bigwedge^+(E)\right) \subset \bigwedge^-(E) \qquad \text{und} \qquad \alpha(v)\left(\bigwedge^-(E)\right) \subset \bigwedge^+(E)$$

für alle $v \in V$ und dann für alle $u \in C_0(V,q)$

$$\varphi(u)\left(\bigwedge^+(E)\right) \subset \bigwedge^+(E) \qquad \text{und} \qquad \alpha(u)\left(\bigwedge^-(E)\right) \subset \bigwedge^-(E).$$

Also ist $\varphi(C_0(V,q))$ in der Unteralgebra R aller $\gamma \in \text{End}_K \bigwedge(E)$ mit $\gamma(\bigwedge^+(E)) \subset \bigwedge^+(E)$ und $\varphi(\bigwedge^-(E)) \subset \bigwedge^-(E)$ enthalten. Diese Unteralgebra ist zu $\text{End}_K \bigwedge^+(E) \times \text{End}_K \bigwedge^-(E)$ isomorph. Ihre Dimension ist $2^{2(n-1)} + 2^{2(n-1)} = 2^{2n-1} = \dim C_0(V,q)$. Da φ injektiv ist, erhalten wir nun, daß $\varphi(C_0(V,q)) = R$ und damit daß

$$C_0(V,q) \cong R \cong \text{End}_K \bigwedge^+(E) \times \text{End}_K \bigwedge^-(E) \cong M_s(K) \times M_s(K).$$

Dieser Isomorphismus zeigt auch, daß $\bigwedge^+(E)$ und $\bigwedge^-(E)$ durch φ zu einfachen Moduln über $C_0(V,q)$ werden, die nicht isomorph zu einander sind. Da $C_0(V,q)$ ein direktes Produkt zweier Matrizenringe ist, ist jeder einfache $C_0(V,q)$–Modul zu $\bigwedge^+(E)$ oder zu $\bigwedge^-(E)$ isomorph, siehe Satz VIII.2.4. $\qquad\square$

Bemerkung: Mit Hilfe diesen Satzes können wir zeigen, daß Satz 6.7.b auch in Charakteristik 2 gilt. Man argumentiert wie im Beweis von Satz 6.4 mit Lemma 6.5.

Beispiel: Wir betrachten den Fall $n = 2$. Dann sind e_1, e_2 eine Basis von $\bigwedge^-(E)$ und $1, e_1 \wedge e_2$ eine Basis von $\bigwedge^+(E)$. Die Erzeugenden von $C(V,q)$ wirken wie folgt auf dieser Basis:

$$
\begin{array}{lllll}
e_1: & e_1 \mapsto 0, & e_2 \mapsto e_1 \wedge e_2, & 1 \mapsto e_1, & e_1 \wedge e_2 \mapsto 0, \\
e_2: & e_1 \mapsto -e_1 \wedge e_2, & e_2 \mapsto 0, & 1 \mapsto e_2, & e_1 \wedge e_2 \mapsto 0, \\
f_1: & e_1 \mapsto 1, & e_2 \mapsto 0, & 1 \mapsto 0, & e_1 \wedge e_2 \mapsto e_2, \\
f_2: & e_1 \mapsto 0, & e_2 \mapsto 1, & 1 \mapsto 0, & e_1 \wedge e_2 \mapsto -e_1,
\end{array}
$$

Wir identifizieren $M_2(K) \times M_2(K)$ mit $\text{End}_K \bigwedge^+(E) \times \text{End}_K \bigwedge^+(E)$ mit Hilfe der Basen $1, e_1 \wedge e_2$ und e_1, e_2. Man rechnet nun nach, daß der Isomorphismus $M_2(K) \times M_2(K) \xrightarrow{\sim} C_0(V,q)$ im Satz durch folgende Formel gegeben ist:

$$
\begin{aligned}
\left(\begin{pmatrix} r & s \\ t & u \end{pmatrix}, \begin{pmatrix} x & y \\ z & w \end{pmatrix} \right) \mapsto\ & r\,(1 - e_1 f_1 - e_2 f_2 + e_1 e_2 f_2 f_1) + s\,f_2 f_1 \\
& + t\,e_1 e_2 + u\,e_1 e_2 f_2 f_1 + x\,(e_1 f_1 - e_1 e_2 f_2 f_1) \\
& + y\,e_1 f_2 + z\,e_2 f_1 + w\,(e_2 f_2 - e_1 e_2 f_2 f_1).
\end{aligned}
$$

§ 7   Spin-Gruppen

In diesem Abschnitt sei (V,q) ein regulärer quadratischer Raum über einem Körper K. Wir identifizieren V mit seinem Bild in der Clifford-Algebra $C(V,q)$.

7.1. Wir bezeichnen mit C^* die Gruppe der Einheiten in der Clifford-Algebra $C(V,q)$. Die *Cliffordgruppe* $C(q)$ zu $C(V,q)$ ist definiert als die Gruppe

$$C(q) := \{\, c \in C^* \mid cVc^{-1} = V \,\}.$$

Sie enthält die *spezielle Cliffordgruppe* $SC(q)$ zu $C(V, q)$

$$SC(q) := C(q) \cap C_0(V, q) = \{\, c \in C_0(V, q)^* \mid c\,V\,c^{-1} = V \,\}.$$

als Untergruppe. Ist $c \in C(q)$, so bezeichnen wir mit $\kappa(c) \colon V \to V$ die Abbildung mit

$$\kappa(c)\,(v) = c\,v\,c^{-1} \qquad \text{für alle } v \in V.$$

Satz 7.2. *Die Abbildung κ ist ein Gruppenhomomorphismus von $C(q)$ in die orthogonale Gruppe $O(V, q)$. Der Kern von κ ist die Menge der Einheiten im Zentrum von $C(V, q)$.*

Beweis: Es ist klar, daß jedes $\kappa(c)$ linear und bijektiiv ist und daß κ ein Gruppenhomomorphismus von $C(q)$ nach $GL(V)$ ist. Für alle $c \in C(q)$ und $v \in V$ gilt

$$q\,(\kappa(c)\,(v))\,1 = (\kappa(c)\,(v))^2 = c\,v\,c^{-1}\,c\,v\,c^{-1} = c\,q(v)\,1\,c^{-1} = q(v)\,1,$$

also $q(\kappa(c)\,(v)) = q(v)$ und somit $\kappa(c) \in O(V, q)$.

Ist $c \in C(q)$ mit $\kappa(c) = \mathrm{Id}_V$, so gilt $c\,v = v\,c$ für alle $v \in V$. Weil $C(V, q)$ von V als Algebra erzeugt wird, muß c dann zum Zentrum von $C(V, q)$ gehören. Umgekehrt gilt für jede Einheit z im Zentrum von $C(V, q)$ offensichtlich $z\,v\,z^{-1} = v$ für alle $v \in V$, also $z \in C(q)$ und $\kappa(z) = \mathrm{Id}_V$. $\qquad\square$

Bemerkung: Es sei $V = U \perp W$ eine orthogonale Zerlegung. Wir bezeichnen die Restriktion von q auf U mit q' und identifizieren $C(U, q')$ wie üblich mit der von U in $C(V, q)$ erzeugten Unteralgebra. Die Orthogonalität von U und W impliziert $x\,w = w\,x$ für alle $w \in W$ und $x \in C_0(U, q')$, also $x\,w\,x^{-1} = w$, wenn x eine Einheit in $C_0(U, q')$ ist. Daher ist $SC(q')$ in $SC(q)$ enthalten; es gilt $\kappa(x)_{|W} = \mathrm{Id}_W$ für alle $x \in SC(q')$. Entsprechend sieht man $C(q') \cap C_1(U, q') \subset C(q) \cap C_1(V, q)$ und $\kappa(x)_{|W} = -\mathrm{Id}_W$ für alle $x \in C(q') \cap C_1(U, q')$.

7.3. Sei $e \in V$. Wir haben $e^2 = q(e)\,1$ in $C(V, q)$. Gilt $q(e) = 0$, so ist e daher nilpotent und keine Einheit in $C(V, q)$; gilt dagegen $q(e) \neq 0$, so ist e invertierbar mit $e^{-1} = q(e)^{-1}\,e$. Im zweiten Fall erhalten wir für alle $v \in V$

$$\begin{aligned}
e\,v\,e^{-1} &= q(e)^{-1}\,e\,v\,e = q(e)^{-1}(-v\,e + b_q(e, v)\,1)\,e \\
&= q(e)^{-1}(-v\,q(v)\,1 + b_q(e, v)\,e),
\end{aligned}$$

also $e \in C(q)$ und

$$\kappa(e)\,(v) = -v + \frac{b_q(e, v)}{q(e)}\,e \qquad \text{für alle } v \in V.$$

Es gilt insbesondere $\kappa(e)\,(e) = e$ und $\kappa(v) = -v$ für alle $v \in V$ mit $b_q(e, v) = 0$. Gilt $\mathrm{char}\,K \neq 2$, so bedeuten diese Formeln, daß $-\kappa(e)$ die orthogonale Spiegelung an der Hyperebene $(Ke)^{\perp}$ ist, siehe 3.3.

Satz 7.4. *Es sei* $\dim V$ *gerade.*

(a) *Der Homomorphismus* $\kappa\colon C(q) \to O(V,q)$ *ist surjektiv.*

(b) *Jedes Element in* $C(q)$ *gehört entweder zu* $SC(q) = C(q) \cap C_0(V,q)$ *oder zu* $C(q) \cap C_1(V,q)$. *Das Bild von* $SC(q)$ *unter* κ *ist eine Untergruppe vom Index 2 in* $O(V,q)$.

Beweis: (a) Jedes $g \in O(V,q)$ induziert nach 5.8 einen Endomorphismus $C(g)\colon C(V,q) \to C(V,q)$ von K–Algebren. Wegen $C(g) \circ C(g^{-1}) = C(\mathrm{Id}_V) = \mathrm{Id}_{C(V,q)}$ ist $C(g)$ sogar ein Automorphismus. Weil $C(V,q)$ eine einfache Algebra ist, gibt es nach den Satz von Skolem-Noether (Korollar IX.6.3) eine Einheit $u_g \in C(V,q)$ mit $C(g)(x) = u_g\,x\,u_g^{-1}$ für alle $x \in C(V,q)$. Dann gilt insbesondere für alle $v \in V$

$$g(v) = C(g)(v) = u_g\,v\,u_g^{-1}.$$

Dies zeigt, daß $u_g \in C(q)$ und daß $\kappa(u_g) = g$.

(b) Sei $u \in C(q)$. Es gibt $u_0 \in C_0(V,q)$ und $u_1 \in C_1(V,q)$ mit $u = u_0 + u_1$. Für alle $v \in V$ gilt $u\,v = \kappa(u)(v)\,u$, also

$$u_0\,v + u_1\,v = \kappa(u)(v)\,u_0 + \kappa(u)(v)\,u_1.$$

Hier gehören $u_0\,v$ und $\kappa(u)(v)\,u_0$ zu $C_1(V,q)$, während $u_1\,v$ und $\kappa(u)(v)\,u_1$ zu $C_0(V,q)$ gehören. Da die Summe von $C_0(V,q)$ und $C_1(V,q)$ direkt ist, folgt $u_i\,v = \kappa(u)(v)\,u_i$ für $i = 0,1$, also $u_i\,v = u\,v\,u^{-1}\,u_i$ und $u^{-1}\,u_i\,v = v\,u^{-1}\,u_i$. Dies impliziert, daß $u^{-1}\,u_i$ zum Zentrum von $C(V,q)$ gehört. Nach Satz 6.4.a gibt es daher $a_i \in K$ mit $u^{-1}\,u_i = a_i\,1$, also mit $u_i = a_i\,u$. Wegen $u_0 + u_1 = u \neq 0$ gibt es wenigstens ein i mit $a_i \neq 0$. Dann gilt $u = a_i^{-1}\,u_i$, also $u \in C_0(V,q)$, falls $i = 0$, und $u \in C_1(V,q)$, falls $i = 1$.

Wir wählen nun ein $e \in V$ mit $q(e) \neq 0$; so ein Element existiert, weil wir annehmen, daß (V,q) regulär ist. Nach 7.3 gilt $e \in C(q)$, und zwar $e \in C(q) \cap C_1(V,q)$. Es folgt, daß

$$C(q) \cap C_1(V,q) = (C(q) \cap C_0(V,q))\,e = SC(q)\,e$$

da $C_0(V,q)\,e = C_1(V,q)$. Auf jeden Fall ist also der Index von $SC(q)$ in $C(q)$ gleich 2. Dann ist der Index von $\kappa(SC(q))$ in $\kappa(C(q)) = O(V,q)$ höchstens 2. Ist er ungleich 2, so muß $\kappa(SC(q)) = \kappa(C(q))$ gelten. Insbesondere gibt es dann ein $u \in SC(q)$ mit $\kappa(u) = \kappa(e)$. Dann liegt $u^{-1}e$ im Kern von κ, also nach Satz 7.2 im Zentrum von $C(V,q)$. Weil $\dim V$ gerade ist, ist dieses Zentrum gleich K; es gibt also $a \in K$ mit $e = a\,u \in C_0(V,q)$ im Widerspruch zu $e \in C_1(V,q)$. Daher ist $\kappa(SC(q)) = \kappa(C(q))$ unmöglich, und der gesuchte Index ist gleich 2. $\qquad\qquad\square$

Beispiel: Wir betrachten den Fall $\dim V = 2$. Unter dieser Annahme gilt $C_1(V,q) = V$; daher besteht $C(q) \cap C_1(V,q)$ nach 7.3 gerade aus allen $v \in V$

mit $q(v) \neq 0$. Für jede Einheit $c \in C_0(V,q)$ gilt $cVc^{-1} = cC_1(V,q)c^{-1} \subset C_1(V,q)$, also $c \in C(q)$. Dies bedeutet, daß $SC(q) = C_0(V,q)^*$.

Nehmen wir zum Beispiel an, daß (V,q) eine hyperbolische Ebene ist; sei e, f ein hyperbolisches Paar in V. Der Isomorphismus von K–Algebren $C(V,q) \xrightarrow{\sim} M_2(K)$ von Beispiel 5.7(2) restringiert zu einem Isomorphismus von $C_0(V,q)$ auf die Diagonalmatrizen in $M_2(K)$, also mit $K \times K$. Daher erhält man einen Isomorphismus von Gruppen $K^* \times K^* \xrightarrow{\sim} SC(q)$. Ein Vergleich mit den Formeln in 5.7(2) zeigt, daß er durch $(a,b) \mapsto aef + bfe$ gegeben ist. Eine einfache Rechnung zeigt, daß

$$\kappa(a\,ef + b\,fe)\,(e) = a\,b^{-1}\,e \quad \text{und} \quad \kappa(a\,ef + b\,fe)\,(f) = a^{-1}\,b\,f.$$

(Man beachte, daß $ef + fe = b_q(e,f) = 1$.)

Lemma 7.5. *Es sei* char $K \neq 2$. *Ist* $\dim V$ *ungerade, so gilt* $-\mathrm{Id}_V \notin \kappa(C(q))$.

Beweis: Nehmen wir an, es gäbe $u \in C(q)$ mit $\kappa(u) = -\mathrm{Id}_V$. Dann gilt $uv = -vu$ für alle $v \in V$, also $ux = xu$ für alle $x \in C_0(V,q)$. Das bedeutet, daß u zum Zentralisator von $C_0(V,q)$ in $C(V,q)$ gehört. Weil $\dim V$ ungerade ist, zeigt Satz 6.7.a, daß u sogar zentral in $C(V,q)$ ist. Nun folgt aber $uv = vu$ für alle $v \in V$; wegen char $K \neq 2$ ist dies ein Widerspruch zur Annahme. $\qquad\square$

Bemerkung: Ist $\dim V$ gerade, so gilt $-\mathrm{Id}_V \in \kappa(C(q))$ nach Satz 7.4. Im Fall char $K = 2$ ist dies trivial. Für char $K \neq 2$ kann man dies direkt wie folgt sehen: Man wählt wie in Satz 6.8 eine Orthogonalbasis $e_1, e_2, \ldots, e_r$ von V und setzt $z = e_1 e_2 \ldots e_r$. Nun zeigt 7.3, daß $e_i \in C(q)$ für alle i sowie daß $\kappa(e_i)(e_i) = e_i$ während $\kappa(e_i)(e_j) = -e_j$ für alle $j \neq i$. Weil $r = \dim V$ gerade ist, folgt $z \in SC(q)$ und $\kappa(z)(e_i) = -e_i$ für alle i, also $\kappa(z) = -\mathrm{Id}_V$. Wir erhalten damit genauer, daß $-\mathrm{Id}_V \in \kappa(SC(q))$.

Satz 7.6. *Es sei* char $K \neq 2$. *Dann gilt* $\kappa(SC(q)) = SO(V,q)$. *Ist* $\dim V$ *ungerade, so gilt* $\kappa(C(q)) = \kappa(SC(q))$.

Beweis: Nach Satz 3.5 gibt es für jedes $g \in SO(V,q)$ orthogonale Spiegelungen $g_1, g_2, \ldots, g_{2r}$ mit $g = g_1 g_2 \ldots g_{2r}$. Ist $v_i \in V$ ein anisotroper Vektor, so daß g_i die Spiegelung an der Hyperebene $(Kv_i)^\perp$ ist, so gilt $g_i = -\kappa(v_i)$ nach 7.2. Es folgt, daß

$$g = (-\kappa(v_1))\,(-\kappa(v_2)) \ldots (-\kappa(v_{2r})) = \kappa(v_1 v_2 \ldots v_{2r}) \in \kappa(SC(q)).$$

Damit haben wir eine Kette von Inklusionen

$$SO(V,q) \subset \kappa(SC(q)) \subset \kappa(C(q)) \subset O(V,q).$$

Wegen $(O(V,q) : SO(V,q)) = 2$, ist von diesen Inklusionen genau eine echt. Wenn $\dim V$ gerade ist, gilt $\kappa(SC(q)) \neq \kappa(C(q))$ nach Satz 7.4.b, und wir erhalten $\kappa(SC(q)) = SO(V,q)$. Ist $\dim V$ ungerade, so sagt Lemma 7.5, daß $\kappa(C(q)) \neq O(V,q)$; daher gilt $SO(V,q) = \kappa(SC(q)) = \kappa(C(q))$. $\qquad\square$

7.7. Wir können die Strukturabbildung von V nach $C(V,q)$ auch als lineare Abbildung $\alpha\colon V \to C(V,q)^{\mathrm{op}}$ auffassen. Es gilt dann $\alpha(v)^2 = q(v)\,1$ für alle $v \in V$, also gibt es einen Homomorphismus $\tau\colon C(V,q) \to C(V,q)^{\mathrm{op}}$ mit $\tau(v) = v$ für alle $v \in V$. Wir fassen τ als Abbildung von $C(V,q)$ in sich mit $\tau(x\,y) = \tau(y)\,\tau(x)$ für alle $x, y \in C(V,q)$ auf. Dann ist τ^2 ein Endomorphismus der K–Algebra $C(V,q)$ mit $\tau^2(v) = v$ für alle $v \in V$, also mit

$$\tau^2 = \mathrm{Id}_{C(V,q)}\,.$$

Daher muß auch τ bijektiv sein, also ein Antiautomorphismus von $C(V,q)$. Es gilt offensichtlich $\tau(C_0(V,q)) = C_0(V,q)$ und $\tau(C_1(V,q)) = C_1(V,q)$.

Identifizieren wir $C(V,q)$ in den Beispielen 5.7(2),(3) mit $M_2(K)$ oder $Q(a,b \mid K)$, so gilt

$$\tau\!\left(\begin{pmatrix} x & y \\ z & w \end{pmatrix}\right) = \begin{pmatrix} w & y \\ z & x \end{pmatrix} \quad \text{bzw.} \quad \tau(x + y\,i + z\,j + w\,k) = x + y\,i + z\,j - w\,k$$

für alle $x, y, z, w \in K$.

> **Satz 7.8.** *Für alle $u \in C(q)$ gehört $\tau(u)\,u$ zum Zentrum von $C(V,q)$. Die Abbildung $u \mapsto \tau(u)\,u$ ist ein Homomorphismus von $C(q)$ in die multiplikative Gruppe aller Einheiten des Zentrums von $C(V,q)$.*

Beweis: Sei $u \in C(q)$. Für alle $v \in V$ gilt also $u\,v = \kappa(u)\,(v)\,u$. Wenden wir τ auf diese Gleichung an, so erhalten wir $v\,\tau(u) = \tau(u)\,\kappa(u)\,(v)$. Multiplikation mit u von rechts gibt nun

$$v\,\tau(u)\,u = \tau(u)\,(\kappa(u)\,(v))\,u = \tau(u)\,u\,v.$$

Also gehört $\tau(u)\,u$ zum Zentrum von $C(V,q)$. Da u und $\tau(u)$ Einheiten von $C(V,q)$ sind, ist $\tau(u)\,u$ eine Einheit von $C(V,q)$, die im Zentrum liegt und daher eine Einheit im Zentrum ist.

Wir benutzen nun die Notation $N'(u) := \tau(u)\,u$ für $u \in C(q)$. Es gilt also $\tau(u) = N'(u)\,u^{-1}$. Weil jedes $N'(u)$ zentral ist, folgt für alle $u_1, u_2 \in C(q)$

$$N'(u_1)\,N'(u_2)\,u_1^{-1}\,u_2^{-1} = N'(u_1)\,u_1^{-1}\,N'(u_2)\,u_2^{-1} = \tau(u_1)\,\tau(u_2)$$
$$= \tau(u_2 u_1) = N'(u_2 u_1)\,(u_2 u_1)^{-1} = N'(u_2 u_1)\,u_1^{-1} u_2^{-1},$$

also $N'(u_2 u_1) = N'(u_1)\,N'(u_2) = N'(u_2)\,N'(u_1)$. Deshalb ist N' ein Gruppenhomomorphismus. $\qquad\square$

7.9. Der Durchschnitt des Zentrums von $C(V,q)$ mit $C_0(V,q)$ ist nach Satz 6.4 und Satz 6.7 gleich $K\,1$. Für alle $u \in SC(q) \cup (C(q) \cap C_1(V,q))$ gilt $\tau(u)\,u \in C_0(V,q)$. Also gibt es $N(u) \in K^*$ mit $\tau(u)\,u = N(u)\,1$. Es gilt $N(u_1 u_2) = N(u_1)\,N(u_2)$, wenn alle Terme definiert sind. Insbesondere ist die Restriktion von N auf $SC(q)$ ein Gruppenhomomorphismus nach K^*. Der Kern

$$\mathrm{Spin}(q) := \{\, g \in SC(q) \mid N(g) = 1 \,\}$$

ist eine normale Untergruppe von $SC(q)$, genannt die *Spin-Gruppe* von (V, q).

Ist K algebraisch abgeschlossen, so gilt $N(K^*1) = K^*$, also $SC(q) = (K^*1)\,\mathrm{Spin}(q)$.

Beispiele: Für alle $a \in K^*$ ist $a\,1 \in SC(q)$, und es gilt $\tau(a\,1) = a\,1$, also $N(a\,1) = a^2$. Für alle $v \in V$ mit $q(v) \neq 0$ gilt $v \in C(q) \cap C_1(V, q)$. Wegen $\tau(v) = v$ ist $N(v) = q(v)$.

Es sei e, f ein hyperbolisches Paar in V. Dann ist die Abbildung $(a, b) \mapsto a\,ef + b\,fe$ ein Gruppenhomomorphismus von $K^* \times K^*$ nach $SC(q)$. (Im Fall $\dim V = 2$ haben wir dies in dem Beispiel zu Satz 7.4 gesehen; im allgemeinen Fall wende man die Bemerkung zu Satz 7.2 auf die Inklusion von $Ke + Kf$ in V an.) Wegen $\tau(a\,ef + b\,fe) = b\,ef + a\,fe$ folgt $N(a\,ef + b\,fe) = ab$ für alle $a, b \in K^*$. Dieses Beispiel impliziert

$$q \text{ nicht anisotrop} \implies N(SC(q)) = K^*, \tag{1}$$

weil man nach Lemma 2.8 im nicht anisotropen Fall immer ein hyperbolisches Paar in V finden kann.

7.10. Es gelte $\operatorname{char} K \neq 2$. Für jedes $g \in SO(V, q)$ gibt es nach Satz 7.6 $\tilde{g} \in SC(q)$ mit $\kappa(\tilde{g}) = g$. Jedes andere Urbild in $SC(q)$ von g unter κ hat die Form $(a\,1)\,\tilde{g}$ mit $a \in K^*$; dann gilt $N\left((a\,1)\,\tilde{g}\right) = a^2\,N\left(\tilde{g}\right)$. Daher ist die Nebenklasse

$$\overline{N}(g) := N(\tilde{g})\,(K^*)^2 \in K^*/(K^*)^2$$

von $N(\tilde{g})$ in der Gruppe der Quadratklassen von K wohlbestimmt. Die Abbildung

$$\overline{N}\colon SO(V, q) \longrightarrow K^*/(K^*)^2$$

wird die *Spinor-Norm* auf $SO(V, q)$ genannt; sie ist ein Gruppenhomomorphismus, weil N dies ist. Der Kern von $\overline{N}$ ist eine normale Untergruppe von $SO(V, q)$, die wir mit $SO'(V, q)$ bezeichnen; es gilt

$$SO'(V, q) = \kappa(\mathrm{Spin}(q)).$$

Gilt nämlich oben $N(\tilde{g}) = b^2$ mit $b \in K^*$, so ist $(b^{-1}1)\,\tilde{g} \in \mathrm{Spin}(q)$, und es gilt $g = \kappa((b^{-1}1)\,\tilde{g})$. Es gilt $SO'(V, q) \cong \mathrm{Spin}(q)/\{\pm 1\}$, denn der Kern der Einschränkung von κ auf $\mathrm{Spin}(q)$ ist der Durchschnitt von K^*1 mit $\mathrm{Spin}(q)$, besteht also aus allen $a\,1$ mit $1 = N(a\,1) = a^2$. Wir haben also ein kommutatives Diagramm von Gruppen

$$
\begin{array}{ccccccccc}
1 & \longrightarrow & \{\pm 1\} & \longrightarrow & \mathrm{Spin}(q) & \longrightarrow & SO'(V, q) & \longrightarrow & 1 \\
& & \downarrow & & \downarrow & & \downarrow & & \\
1 & \longrightarrow & K^* & \longrightarrow & SC(q) & \longrightarrow & SO(V, q) & \longrightarrow & 1
\end{array}
$$

wobei die vertikalen Pfeile Inklusionen sind.

Bemerkung: Das Bild von $SO(V,q)$ unter $\overline{N}$ ist nach Konstruktion gleich dem Bild von $SC(V,q)$ unter N (modulo Quadrate). Wir haben also einen Isomorphismus

$$SO(V,q)/SO'(V,q) \xrightarrow{\sim} N(SC(q))/(K^*)^2$$

Da diese Faktorgruppe abelsch ist, muß $SO'(V,q)$ die abgeleitete Gruppe von $SO(V,q)$ enthalten.

Ist q nicht anisotrop, so folgt mit 7.9(1) genauer:

$$q \text{ nicht anisotrop} \implies SO(V,q)/SO'(V,q) \xrightarrow{\sim} K^*/(K^*)^2.$$

Man kann in diesem Fall zeigen, daß $SO'(V,q)$ für $n \geq 3$ die abgeleitete Gruppe von $SO(V,q)$ und sogar von $O(V,q)$ ist, siehe Artins Geometric Algebra, Thm. 5.17 und Thm. 3.23. (Für $n = 2$ ist $C_0(V,q)$ kommutativ, also sind $SC(q)$ und $SO(V,q)$ abelsch und haben eine triviale abgeleitete Gruppe, während $\mathrm{Spin}(q)$ und $SO'(V,q)$ nicht trivial sind. Aber $SO'(V,q)$ ist immer noch die abgeleitete Gruppe von $O(V,q)$.) Außerdem gilt für $n \geq 5$, daß $SO'(V,q)$ modulo dem Zentrum eine einfache Gruppe ist.

Lemma 7.11. *Ist* $\dim V \geq 2$*, so gibt es eine Basis* $e_1, e_2, \ldots, e_r$ *von* V *mit* $q(e_i) \neq 0$ *für alle* i*,* $1 \leq i \leq r$*, außer in dem Fall, daß* (V,q) *eine hyperbolische Ebene über einem Körper der Ordnung 2 ist.*

Beweis: Ist $\mathrm{char}\, K \neq 2$, gibt es eine Orthogonalbasis $e_1, e_2, \ldots, e_r$ von V. Weil wir annehmen, daß (V,q) regulär ist, gilt $q(e_i) \neq 0$ für alle i.

Von nun an sei $\mathrm{char}\, K = 2$. Ist q anisotrop, so können wir jede beliebige Basis von V nehmen. Für nicht anisotropes q benutzen wir Induktion über $\dim V$. Ist $\dim V = 2$ und q nicht anisotrop, so gibt es ein hyperbolisches Paar e, f in V; es gilt also $q(x\,e + y\,f) = x\,y$ für alle $x, y \in K$. Ist $|K| > 2$, so gibt es $t_1, t_2 \in K^*$ mit $t_1 \neq t_2$. Es folgt $q(e + t_i\, f) = t_i \neq 0$; also ist $e + t_1\, f, e + t_2\, f$ eine Basis, wie sie gewünscht wird. Ist dagegen $|K| = 2$, so ist $e + f$ das einzige Element $v \in V$ mit $q(v) \neq 0$; es gibt also keine Basis von V aus anisotropen Vektoren.

Sei nun $\dim V > 2$. Ist q nicht anisotrop, , so gibt es eine hyperbolisches Paar e, f in V. Dann folgt $V = U \perp (K\,e \oplus K\,f)$ mit $U = (K\,e \oplus K\,f)^\perp$. Es ist $(U, q_{|U})$ wieder regulär, und es gilt $\dim U = \dim V - 2$. Ist $|K| > 2$ so haben U und $K\,e + K\,f$ Basen aus anisotropen Vektoren; für U folgt dies mit Induktion, für $K\,e + K\,f$ aus dem vorangehenden Absatz. Dann hat auch die direkte Summe solch eine Basis.

Sei nun $|K| = 2$. Gilt $\dim U > 2$, so können wir nach Induktion annehmen, daß U eine Basis $e_1, e_2, \ldots, e_s$ aus anisotropen Vektoren besitzt. Dann gilt $q(e_1 + e) = q(e_1) \neq 0$ und $q(e_1 + f) = q(e_1) \neq 0$. Daher ist $e_1, e_2, \ldots, e_s, e_1 + e, e_1 + f$ eine Basis der gewünschten Form. Man argumentiert ebenso, wenn die Restriktion von q auf U anisotrop ist. Damit bleibt nur noch der Fall übrig, daß $\dim U = 2$ und daß die Restriktion von q auf U nicht anisotrop ist. Dann hat V eine Basis e, f, e', f' mit $q(x\,e + y\,f + x'\,e' + y'\,f') = x\,y + x'\,y'$ für alle $x, y, x', y' \in K$. In diesem Fall nimmt man zum Beispiel die Basis $e + f, e' + f', e + f + e', e + e' + f'$.

□

Satz 7.12. *Wir schließen den Fall aus, daß (V, q) eine hyperbolische Ebene über einem Körper der Ordnung 2 ist.*

(a) *Die Elemente von $C(q)$ erzeugen $C(V, q)$ als Algebra über K. Die Elemente von $SC(q)$ erzeugen $C_0(V, q)$ als Algebra über K.*

(b) *Jeder einfache $C(V, q)$–Modul wird durch Restriktion zu einem einfachen $K\,C(q)$–Modul. Jeder einfache $C_0(V, q)$–Modul wird durch Restriktion zu einem einfachen $K\,SC(q)$–Modul. In beiden Fällen bleiben nicht-isomorphe Moduln nicht-isomorph.*

Beweis: (a) Nach Lemma 7.11 gibt es eine Basis $e_1, e_2, \ldots, e_r$ von V mit $q(e_i) \neq 0$ für alle i. Nach 7.3 gilt $e_i \in C(q)$ für alle i. Also gehören auch alle $e_{i_1} c_{i_2} \ldots c_{i_s}$ zu $C(q)$ (und zu $SC(q)$ für gerades s). Da diese Elemente $C(V, q)$ (bzw. $C_0(V, q)$) über K aufspannen, folgt (a).

(b) Aus (a) folgt, daß jeder $K\,C(q)$–Untermodul eines $C(V, q)$–Moduls auch ein $C(V, q)$–Untermodul ist. Eine lineare Abbildung zwischen zwei $C(V, q)$–Moduln vertauscht mit der Operation aller Elemente von $C(q)$, wenn er mit der mit der Operation aller Elemente von $C(V, q)$ vertauscht. Ebenso argumentiert man mit $SC(q)$ und $C_0(V, q)$.

□

Bemerkung: Ist K algebraisch abgeschlossen, so haben wir in 7.9 bemerkt, daß $SC(q) = (K^*1)\,\text{Spin}(q)$. Daraus folgt, daß wir (b) in diesem Fall ergänzen können: *Jeder einfache $C_0(V, q)$–Modul wird durch Restriktion zu einem einfachen $K\,\text{Spin}(q)$–Modul; dabei bleiben nicht-isomorphe Moduln nicht-isomorph.* Man nennt die zugehörige Darstellung von $\text{Spin}(q)$ auch eine Spin-Darstellung (ab und zu etwas ungenau „von $SO(V, q)$").

ÜBUNGEN

§ 1 Bilinearformen

1. Sei V ein endlich dimensionaler Vektorraum über einem Körper K, sei b eine nicht ausgeartete symmetrische oder schiefsymmetrische Bilinearform auf V. Zeige für jeden Unterraum W von V, daß $\dim W + \dim W^\perp = \dim V$.

2. Sei V ein endlich dimensionaler Vektorraum über einem Körper K, sei b eine nicht ausgeartete symmetrische oder schiefsymmetrische Bilinearform auf V. Sei W ein Unterraum von V mit $b(w, w') = 0$ für alle $w, w' \in W$. Zeige, daß $\dim W \leq (1/2) \dim V$.

3. Sei $V = M_n(K)$ der K-Vektorraum der $(n \times n)$–Matrizen über einem Körper K, sei $s \in V$ eine symmetrische Matrix mit $\det s \neq 0$. Zeige, daß durch die Zuordnung $(v, w) \mapsto \text{tr}(vsw^t s^{-1})$, $v, w \in V$ eine nicht ausgeartete symmetrische Bilinearform auf V definiert wird.

4. Sind A eine endlichdimensionale K-Algebra über einem Körper K und a ein Element in A, so ist durch $\varphi_a(v) = av$ für alle $v \in A$ ein Endomorphismus des K-Vektorraumes A gegeben; die Zuordnung $a \mapsto \varphi_a$ definiert einen Ringhomomorphismus $A \to \mathrm{End}_K(A)$ von A in den Endomorphismenring von A über K. Man erhält dann eine Abbildung, genannt *Spur*,

$$\mathrm{tr}_{A/K} : A \longrightarrow K, \qquad a \mapsto \mathrm{tr}\,\varphi_a,$$

und eine Abbildung, genannt *Norm*,

$$n_{A/K} : A \longrightarrow K, \qquad a \mapsto \det \varphi_a.$$

Die Spurabbildung $\mathrm{tr}_{A/K}$ ist K–linear und es gilt $\mathrm{tr}_{A/K}(xy) = \mathrm{tr}_{A/K}(yx)$ für alle $x, y \in A$. Die Normabbildung $n_{A/K}$ ist multiplikativ.

Zeige: Die Zuordnung $(x, y) \mapsto \mathrm{tr}_{A/K}(xy)$, $x, y \in A$, definiert eine symmetrische Bilinearform auf A; sie wird die *Spurform* auf der K-Algebra A genannt.

§ 2   Quadratische Räume

5. Die Normabbildung einer Quaternionenalgebra $Q(a, b \mid K)$ über einem Körper K ist die Abbildung

$$N_Q \colon Q(a, b \mid K) \longrightarrow K, \qquad x \mapsto N(x) = x\,\overline{x}.$$

(Man vergleiche Abschnitt X.1.5.) Dann ist N_Q eine quadratische Form auf dem K-Vektorraum $Q := Q(a, b \mid K)$, die sogenannte *Normform* der Quaternionenalgebra $Q(a, b \mid K)$.

Zeige: Die Quaternionenalgebra $Q(a, b \mid K)$ ist genau dann eine Divisionsalgebra, wenn ihre Normform N_Q anisotrop ist.

6. Seien $a, b, a', b' \in K^*$. Dann sind die folgenden Aussagen äquivalent:

(a) Die K-Algebren $Q := Q(a, b \mid K)$ und $Q' := Q(a', b' \mid K)$ sind isomorph.

(b) Die quadratischen Räume (Q, N_Q) und $(Q', N_{Q'})$ sind isometrisch.

(c) Die quadratischen Räume $(K^3, \langle a, b, -ab \rangle)$ und $(K^3, \langle a', b', -a'b' \rangle)$ sind isometrisch.

7. Seien $a, b, c, d \in K^*$. Dann gilt: Die quadratischen Räume $(K^2, \langle a, b \rangle)$ und $(K^2, \langle c, d \rangle)$ sind genau dann isometrisch, wenn $Q(a, b \mid K) \cong Q(a', b' \mid K)$ und $ad \equiv cd \pmod{(K^*)^2}$.

8. Seien K ein Körper und $a, b, c \in K$. Wir betrachten die quadratische Form q auf K^2 mit $q(x, y) = ax^2 + bxy + cy^2$ für alle $x, y \in K$. Zeige, daß (K^2, q) genau dann anisotrop ist, wenn $a \neq 0$ gilt und wenn das Polynom $aX^2 + bX + c \in K[X]$ irreduzibel ist.

9. Sei L/K eine Körpererweiterung vom Grad 2. Zeige, daß $n_{L/K}$ eine anisotrope quadratische Form auf dem K–Vektorraum L ist. Zeige, daß $(L, n_{L/K})$ genau dann regulär ist, wenn L/K separabel ist.

10. Sei (V, q) ein regulärer quadratischer Raum über einem Körper K mit $\dim V = 2$. Zeige: Ist (V, q) anisotrop und gibt es $v \in V$ mit $q(v) = 1$, so gibt es eine Körpererweiterung L/K vom Grad 2 mit $(V, q) \cong (L, n_{L/K})$.

11. Sei (V, q) ein quadratischer Raum über einem Körper K. Man sagt, daß *ein Element $a \in K$ durch die Form q dargestellt wird*, falls es ein $x \in V$ mit $q(x) = a$ gibt. Wir setzen

$$D(q) := \{\, a \in K^* \mid a \text{ wird durch } q \text{ dargesellt} \,\}.$$

Man nennt (V, q) *universell*, falls jedes Element in K^* durch q dargestellt wird, also wenn $D(q) = K^*$ gilt. Zeige:

(a) Eine hyperbolische Ebene ist universell.

(b) Wir nehmen an, daß char $K \neq 2$. Sei $a \in K^*$. Es gilt genau dann $a \in D(q)$, wenn es $a_2, \ldots, a_n \in K$ mit $(V, q) \cong (K^n, \langle a, a_2, \ldots, a_n \rangle)$ gibt. (Hier ist $n = \dim V$.)

(c) Wir nehmen an, daß char $K \neq 2$ und $\dim V = 2$. Für alle $a \in D(q)$ gilt dann $(V, q) \cong (K^2, \langle a, ad \rangle)$ mit d modulo Quadrate gleich der Determinanten von b_q.

§ 3 Orthogonale Gruppen

12. Sei (V, q) ein regulärer quadratischer Raum über einem Körper K. Seien $x, y \in V$ anisotrop. Zeige, daß $\tau_x = \tau_y$ genau dann gilt, wenn $K x = K y$.

13. Sei (V, q) ein regulärer quadratischer Raum über einem Körper K. Sei $x \in V$, $x \neq 0$, und sei $\sigma \in O(V, q)$ mit $\sigma(v) - v \in K x$ für alle $v \in V$. Zeige: Ist $\sigma \neq \mathrm{Id}_V$, so ist x anisotrop und $\sigma = \tau_x$.

14. Sei (V, q) ein regulärer quadratischer Raum über einem Körper K. Es gelte $\dim V = 2$. Zeige: Für jedes anisotrope $x \in V$ gibt es ein anisotropes $y \in V$ mit $\tau_y = -\tau_x$.

15. Sei (V, q) ein regulärer quadratischer Raum über einem endlichen Körper $\mathbb{F}_q$. Es gelte $\dim V = 2$. Zeige: Die Anzahl der Spiegelungen $\tau_x \in O(V, q)$, $x \in V$ anisotrop, ist gleich $q - 1$, wenn (V, q) eine hyperbolische Ebene ist, sonst gleich $q + 1$.

16. Sei (V, q) ein regulärer quadratischer Raum über einem Körper K, char $K \neq 2$. Sei $\sigma \in O(V, q)$ mit $\sigma^2 = \mathrm{Id}_V$. Zeige: Es gibt eine orthogonale Zerlegung $V = U \perp W$ mit $\sigma_{|U} = \mathrm{Id}_U$ und $\sigma_{|W} = -\mathrm{Id}_W$.

17. Sei (V, q) ein hyperbolischer Raum der Dimension $2n$ über einem Körper K. Es gibt also eine Basis $e_1, e_2, \ldots, e_n, f_1, f_2, \ldots, f_n$ von V, so daß $q(\sum_{i=1}^n x_i e_i + \sum_{i=1}^n y_i f_i) = \sum_{i=1}^n x_i y_i$. Sei $\sigma \colon V \to V$ eine lineare Abbildung, so daß

$$\sigma(e_i) = e_i \qquad \text{und} \qquad \sigma(f_i) = f_i + \sum_{j=1}^n a_{ji} e_j$$

für alle i, $1 \leq i \leq n$, mit Elementen $a_{ij} \in K$. Zeige, daß σ genau dann zu $O(V, q)$ gehört, wenn $a_{ii} = 0$ für alle i und $a_{ij} = -a_{ji}$ für alle $i \neq j$, $1 \leq i, j \leq n$. Zeige: Gilt char $K = 2$, so ist $\sigma^2 = \mathrm{Id}_V$.

18. Sei (V, q) ein hyperbolischer Raum der Dimension $2n$ über einem Körper K. Es gibt also eine Basis $e_1, e_2, \ldots, e_n, f_1, f_2, \ldots, f_n$ von V, so daß

$q(\sum_{i=1}^{n} x_i e_i + \sum_{i=1}^{n} y_i f_i) = \sum_{i=1}^{n} x_i y_i$. Setze $E = \sum_{i=1}^{n} K e_i$ und $F = \sum_{i=1}^{n} K f_i$. Zeige:

(a) Die Untergruppe aller $\sigma \in O(V,q)$ mit $\sigma(E) = E$ und $\sigma(F) = F$ ist isomorph zu $GL_n(K)$.

(b) Für alle $\sigma \in O(V,q)$ mit $\sigma(E) = E$ gilt $\det(\sigma) = 1$.

(b) Für alle $\sigma \in O(V,q)$ mit $\sigma(E) = K f_n + \sum_{i=1}^{n-1} K e_i$ gilt $\det(\sigma) = -1$.

19. Sei L/K eine Körpererweiterung vom Grad 2. Für alle $a \in L$ sei $\varphi_a \colon L \to L$ die Abbildung mit $\varphi_a(v) = a v$ für alle $v \in L$. Zeige für alle $a \in L$ mit $n_{L/K}(a) = 1$, daß $\varphi_a \in O(L, n_{L/K})$. Ist char $K \neq 2$, so gilt sogar $\varphi_a \in SO(L, n_{L/K})$.

§ 4   Der Satz von Witt

20. Sei (V,q) ein regulärer quadratischer Raum über einem Körper K, char $K \neq 2$. Dann ist der Witt-Index von q gleich der Dimension eines jeden maximal total isotropen Teilraums U von (V,q).

21. In den folgenden Aufgaben werden die Wittringe von endlichen Körpern bestimmt.

Sei $K = \mathbb{F}_q$ ein endlicher Körper mit q Elementen. Wir bezeichnen mit p die Charakteristik von K; dies ist eine Primzahl.

(a) Ist $p \neq 2$, so hat man eine kurze exakte Sequenz

$$1 \longrightarrow (\mathbb{F}_q^*)^2 \longrightarrow \mathbb{F}_q^* \longrightarrow \{1, -1\} \longrightarrow 1,$$

induziert durch den Homomorphismus $\mathbb{F}_q^* \to \{1, -1\}$, $x \mapsto x^{(q-1)/2}$. Es gilt insbesondere $[\mathbb{F}_q^* : (\mathbb{F}_q^*)^2] = 2$. Weiter gilt: -1 ist genau dann ein Quadrat in $\mathbb{F}_q$, wenn $q \equiv 1 \pmod 4$.

(b) Ist $p = 2$, so gilt $\mathbb{F}_q = \mathbb{F}_q^2$; jedes Element in $\mathbb{F}_q$ ist ein Quadrat.

22. Sei (V,q) ein regulärer quadratischer Raum über $\mathbb{F}_q$. Zeige:

(a) Gilt $\dim V = 2$, so ist (V,q) universell. [Hinweis: Aufgabe 39 in Kapitel V.]

(b) Gilt $\dim V \geq 3$, so ist (V,q) nicht anisotrop.

23. Sei $p \neq 2$, und sei $s \in \mathbb{F}_q^*$, $s \notin (\mathbb{F}_q^*)^2$.

(a) Jeder reguläre quadratische Raum der Dimension n über $\mathbb{F}_q$ ist zu $(K^n, \langle 1, \ldots, 1 \rangle)$ oder zu $(K^n, \langle 1, \ldots, 1, s \rangle)$ isometrisch, je nachdem ob seine Determinante ein Quadrat ist oder nicht. [Beweis mit Induktion über n und Übung 43.]

(b) Bis auf Isometrie gibt es genau einen anisotropen 2-dimensionalen regulären quadratischen Raum über $\mathbb{F}_q$. Ist $q \equiv 1 \pmod 4$, so ist dies $(K^2, \langle 1, s \rangle)$, ist $q \equiv 3 \pmod 4$, so ist dies $(K^2, \langle 1, 1 \rangle)$.

24. Sei $p \neq 2$, und sei s wie in Übung 44. Dann gilt für den Wittring $W(\mathbb{F}_q)$: Ist $q \equiv 1 \pmod 4$, so ist der Wittring $W(\mathbb{F}_q)$ isomorph zu $(\mathbb{Z}/2\mathbb{Z})[X]/(X^2 - 1)$, wobei die Restklasse von X dem quadratischen Raum $(\mathbb{F}_q, \langle s \rangle)$ entspricht. Ist $q \equiv 3 \pmod 4$ so ist $W(\mathbb{F}_q) \cong \mathbb{Z}/4\mathbb{Z}$.

§ 5 Clifford-Algebren

25. Seien (V, q) ein quadratischer Raum über einem Körper K und $a \in K^*$. Mit $\iota\colon V \to C(V, q)$ und $\iota'\colon V \to C(V, aq)$ bezeichnen wir die Strukturabbildungen. Zeige:

(a) Gibt es $b \in K$ mit $a = b^2$, so gibt es einen Isomorphismus $\varphi\colon C(V, q) \xrightarrow{\sim} C(V, aq)$ von K-Algebren mit $\varphi(\iota(v)) = b^{-1}\iota'(v)$ für alle $v \in V$.

(b) Für beliebiges a gibt es einen Isomorphismus $\varphi_0\colon C_0(V, q) \xrightarrow{\sim} C_0(V, aq)$ von K-Algebren mit $\varphi(\iota(v_1)\,\iota(v_2)) = a^{-1}\iota'(v_1)\,\iota'(v_2)$ für alle $v_1, v_2 \in V$.

26. Seien (V, q) ein quadratischer Raum über einem Körper K, char $K = 2$. Es gebe eine Basis $v_1, v_2, \ldots, v_n$ von V und Elemente $a_1, a_2, \ldots, a_n \in K$ mit $q(\sum_{i=1}^{n} x_i v_i) = \sum_{i=1}^{n} a_i x_i^2$ für alle $x_1, x_2, \ldots, x_n \in K$. Wir setzen $C = K[X_1, X_2, \ldots, X_n]/(X_1^2 - a_1, X_2^2 - a_2, \ldots, X_n^2 - a_n)$ und bezeichnen mit $\iota\colon V \to C$ die lineare Abbildung, die jeden Basisvektor v_i, $1 \le i \le n$, auf die Restklasse von X_i in C schickt. Zeige, daß (C, q) eine Clifford-Algebra von (V, q) ist.

27. Sei L/K eine galoissche Körpererweiterung vom Grad 2, sei $a \in K$. Wir bezeichnen mit σ das nichttriviale Element der Galoisgruppe von L über K. Zeige, daß L^2 mit der komponentenweisen Addition zu einer K-Algebra wird, wenn man eine Multiplikation durch $(r, s) \cdot (r', s') := (r\,r' + a\,s\,\sigma(s'), r\,s' + s\,\sigma(r'))$ definiert.

28. Sei K ein Körper mit char $K = 2$, seien $a, b \in K^*$. Wir betrachten auf K^2 die quadratische Form q mit $q(x, y) = a\,(x^2 + xy + by^2)$ für alle $x, y \in K$. Wir nehmen an, daß (K^2, q) anisotrop ist. Wir setzen $L = K[X]/(X^2 + X + b)$ und bezeichnen mit z die Restklasse von X in L. Zeige: Es ist L/K eine galoissche Körpererweiterung vom Grad 2; das nichttriviale Element σ der Galoisgruppe von L über K erfüllt $\sigma(z) = z + 1$. Wir betrachten L^2 als K-Algebra wie in Aufgabe 27 und setzen $\iota(x, y) = (0, x + yz) \in L^2$ für alle $x, y \in K$. Zeige, daß (L^2, ι) eine Clifford-Algebra von (K^2, q) ist.

§ 6 Die Struktur von Clifford-Algebren

29. Sei (V, q) ein regulärer quadratischer Raum über einem Körper K, char $K = 2$. Es gibt eine Basis $e_1, e_2, \ldots, e_n, f_1, f_2, \ldots, f_n$ von V, so daß $b_q(e_i, f_j) = \delta_{ij}$ und $b_q(e_i, e_j) = 0 = b_q(f_i, f_j)$ für alle i und j, $1 \le i, j \le n$. Setze $z = \sum_{i=1}^{n} e_i f_i \in C_0(V, q)$. Zeige, daß $z v = v(z + 1)$ für alle $v \in V$. Zeige, daß z zum Zentrum von $C_0(V, q)$ gehört. Zeige, daß $z^2 = z + \Delta(q)$ mit $\Delta(q) = \sum_{i=1}^{n} q(e_i)q(f_i)$. Zeige, daß das Zentrum von $C_0(V, q)$ genau dann ein Körper ist, wenn das Polynom $X^2 + X + \Delta(q)$ irreduzibel in $K[X]$ ist.

30. Sei (V, q) ein regulärer quadratischer Raum über K, char $K \ne 2$, dim $V = 3$, sei e_1, e_2, e_3 eine Orthogonalbasis von V bezüglich b_q. Wir setzen $a = q(e_1), b = q(e_2), c = q(e_3)$, also $(V, q) \cong (K^3, \langle a, b, c \rangle)$. Zeige:

(a) Das Zentrum $Z(C(V, q))$ ist isomorph zu $K \times K$, falls $-abc$ ein Quadrat in K ist; andernfalls ist $Z(C(V, q)) \cong K(\sqrt{-abc})$.

(b) Die Algebra $C_0(V, q)$ ist zu $Q(-ab, -ac \mid K)$ isomorph; sie ist genau dann eine Divisionsalgebra, wenn q anisotrop ist.

(c) Es gibt einen K-Algebraisomorphismus $Z(C(V, q)) \otimes C_0(V, q) \xrightarrow{\sim} C(V, q)$.

(d) Sei $-abc$ kein Quadrat in K. Die Clifford-Algebra $C(V,q)$ ist genau dann eine Divisionalgebra über $K' := K(\sqrt{-abc})$, wenn der quadratische Raum $(V_{K'}, q_{K'})$ anisotrop über K' ist. [Hinweis: Aufgabe 15 in Kapitel IX.]

31. Sei (V,q) ein regulärer quadratischer Raum über K, char $K \neq 2$. Ist dim V gerade, so ist die Clifford-Algebra $C(V,q)$ isomorph zu einem Tensorprodukt verallgemeinerter Quaternionenalgebren. Ist dim V ungerade, so ist $C_0(V,q)$ isomorph zu einem Tensorprodukt verallgemeinerter Quaternionenalgebren.

32. Sei (V,q) ein regulärer quadratischer Raum über K, char $K \neq 2$, dim $V = 4$, sei e_1, e_2, e_3, e_4 eine Orthogonalbasis von V bezüglich b_q. Wir setzen $a = q(e_1), b = q(e_2), c = q(e_3), d = q(e_4)$, also $(V,q) \cong (K^4, \langle a,b,c,d \rangle)$. Zeige:

(a) Das Zentrum $Z(C_0(V,q))$ ist isomorph zu $K \times K$, falls $\delta := abcd$ ein Quadrat in K ist; andernfalls ist $Z(C_0(V,q)) \cong K(\sqrt{\delta})$.

(b) Es gibt einen K-Algebraisomorphismus $Z(C_0(V,q)) \otimes Q(-bc, -cd \mid K) \xrightarrow{\sim} C_0(V,q)$.

(c) Ist δ ein Quadrat in K, so ist $R := Q(-bc, -cd \mid K)$ genau dann eine Divisionsalgebra, wenn die Form $q \cong \langle a,b,c,d \rangle$ anisotrop ist. Weiter gilt $C(V,q) \cong M_2(R)$.

(d) Ist δ kein Quadrat in K, so gilt $C_0(V,q) \cong Q(-bc, -cd \mid K) \otimes K'$ wobei $K' := K(\sqrt{\delta})$. Die K'-Algebra $C_0(V,q) \cong Q(-bc, -cd \mid K')$ ist genau dann eine Divisionsalgebra, wenn der quadratische Raum $(V_{K'}, q_{K'})$ anisotrop über K' ist.

(e) Bestimme verallgemeinerte Quaternionenalgebren Q und Q' über K, so daß $C(V,q) \cong Q \otimes Q'$ gilt.

§ 7 Spin-Gruppen

33. Sei (V,q) ein regulärer quadratischer Raum über einem Körper K; es gelte dim $V = 2$. Zeige: Das Komplement von $\kappa(SC(q))$ in $O(V,q)$ besteht aus allen τ_x mit $x \in V$, $q(x) \neq 0$.

34. Sei (V,q) ein regulärer quadratischer Raum über einem Körper K; es gelte dim $V = 2$. Wir nehmen an, daß $C_0(V,q)$ ein Erweiterungskörper L von K ist. Zeige, daß in diesem Fall die Restriktion der Abbildung N von 7.9 auf $SC(q)$ gerade die Normabbildung $n_{L/K}$ ist.

35. Sei (V,q) ein regulärer quadratischer Raum über einem Körper K. Seien $e, f \in V$ linear unabhängig mit $b_q(e,f) = 0$ und $q(e) = 0$. Dann ist $t \mapsto 1 + t\,ef$ ein injektiver Homomorphismus von der additiven Gruppe $(K, +)$ in $SC(q)$. Es gilt

$$\kappa(1 + t\,ef)(v) = v - t\,b_q(e,v)\,f - (t\,b_q(f,v) + t^2\,q(f)\,b_q(e,v))\,e$$

für alle $v \in V$.

36. Zeige, mit den Notationen von Aufgabe 35, daß $1 + tef \in \mathrm{Spin}(q)$ für alle $t \in K$.

37. Sei (V,q) ein regulärer quadratischer Raum über einem Körper K. Es gelte dim $V = 3$, und V habe eine Basis e_0, e_1, f_1, so daß $q(x\,e_0 + y\,e_1 + z\,f_1) = c\,x^2 + y\,z$ für alle $x, y, z \in K$ mit festem $c \in K^*$. Im Beispiel zu Satz 6.6

wird ein Isomorphismus $\varphi\colon M_2(K) \xrightarrow{\sim} C_0(V,q)$ konstruiert. Zeige für alle $r,s,t,u \in K$, daß

$$\varphi\left(\begin{pmatrix} r & 0 \\ 0 & u \end{pmatrix}\right) = r\,e_1\,f_1 + u\,f_1\,e_1,$$

$$\varphi\left(\begin{pmatrix} 1 & s \\ 0 & 1 \end{pmatrix}\right) = 1 - s\,e_1\,e_0, \quad \varphi\left(\begin{pmatrix} 1 & 0 \\ t & 1 \end{pmatrix}\right) = 1 + c^{-1}\,t\,f_1\,f_0.$$

Zeige, daß φ zu einem Isomorphismus von Gruppen $GL_2(K) \xrightarrow{\sim} SC(q)$ restringiert. (Hinweis: Man benutze Aufgabe 35 sowie das Beispiel zu Satz 7.4.)

38. Wir übernehmen die Voraussetzungen und Notationen von Aufgabe 37. Zeige für alle $r,s,t,u \in K$, daß

$$\varphi^{-1} \circ \tau \circ \varphi\left(\begin{pmatrix} r & s \\ t & u \end{pmatrix}\right) = \begin{pmatrix} u & -s \\ -t & r \end{pmatrix}$$

Zeige, daß φ einen Isomorphismus von Gruppen $SL_2(K) \xrightarrow{\sim} \mathrm{Spin}(q)$ induziert.

39. Sei (V,q) ein hyperbolischer Raum der Dimension 4 über einem Körper K. Es gibt also eine Basis e_1, e_2, f_1, f_2 von V mit $q(a_1\,e_1 + a_2\,e_2 + b_1\,f_1 + b_2\,f_2) = a_1\,b_1 + a_2\,b_2$ für alle $a_1, a_2, b_1, b_2 \in K$. In diesem Fall haben wir im Beispiel zu Satz 6.15 beschrieben, wie man $C_0(V,q)$ explizit mit $M_2(K) \times M_2(K)$ identifizieren kann. Zeige, daß τ unter dieser Identifizierung durch

$$\tau\left(\begin{pmatrix} r & s \\ t & u \end{pmatrix}, \begin{pmatrix} x & y \\ z & w \end{pmatrix}\right) = \left(\begin{pmatrix} u & -s \\ -t & r \end{pmatrix}, \begin{pmatrix} w & -y \\ -z & x \end{pmatrix}\right)$$

gegeben ist und daß

$$\tau(g_1, g_2) \cdot (g_1, g_2) = (\det(g_1)\,I, \det(g_2)\,I) \qquad \text{für alle } g_1, g_2 \in M_2(K),$$

wobei I die Identitätsmatrix bezeichnet. Die Gruppe aller Einheiten in $C_0(V,q)$ wird mit $\mathrm{GL}_2(K) \times \mathrm{GL}_2(K)$ identifiziert.

Zeige, daß unter diesen Identifikationen

$$SC(q) = \{\, (g_1, g_2) \in \mathrm{GL}_2(K) \times \mathrm{GL}_2(K) \mid \det(g_1) = \det(g_2) \,\}$$

und

$$\mathrm{Spin}(q) = SL_2(K) \times SL_2(K).$$

[Hinweis: Zeige zuerst die Inklusionen "$\subset$". Wende Aufgabe 36 auf alle $1 + t\,e_1\,e_2$ und $1 + t\,f_2\,f_1$ sowie $1 + t\,e_1\,f_2$ und $1 + t\,e_2\,f_1$ an. Benutze wie im Beispiel zu 7.9, daß alle $e_1\,f_1 + r\,f_1\,e_1$ mit $r \in K^*$ zu $SC(q)$ gehören.]

40. Sei (V,q) ein hyperbolischer Raum der Dimension $2n$ über einem Körper K. Es gibt also eine Basis $e_1, e_2, \ldots, e_n, f_1, f_2, \ldots, f_n$ von V, so daß $q(\sum_{i=1}^n x_i e_i + \sum_{i=1}^n y_i f_i) = \sum_{i=1}^n x_i\,y_i$. Setze

$$h_i(t) = t\,e_i\,f_i + f_i\,e_i = 1 + (t-1)\,e_i\,f_i \qquad \text{für alle } i,\ 1 \le i \le n,\ \text{und alle } t \in K^*.$$

Bemerke wie im Beispiel zu 7.9, daß alle $h_i(t)$ zu $SC(q)$ gehören. Zeige, daß die Abbildung

$$\psi\colon (K^*)^{n+1} \longrightarrow SC(q), \qquad (t_0, t_1, \ldots, t_n) \mapsto (t_0\,1)\,h_1(t_1)\,h_2(t_2) \ldots h_n(t_n)$$

ein injektiver Homomorphismus von Gruppen ist. Bezeichne das Bild von ψ mit H. Zeige, daß $\kappa(H)$ die Untergruppe aller Elemente in $O(V,q)$ ist, deren Matrix bezüglich der Basis aller e_i und f_j Diagonalgestalt hat. Zeige, daß $\psi(t_0, t_1, \ldots, t_n)$ genau dann zu Spin (q) gehört, wenn $t_0^2 t_1 t_2 \ldots t_n = 1$. Zeige, daß $H \cap \mathrm{Spin}\,(q)$ zu $(K^*)^n$ isomorph ist. Zeige, daß die Spinor-Norm von $-\mathrm{Id}_V$ gleich der Quadratklasse von $(-1)^n$ ist.

41. Wir übernehmen die Voraussetzungen und Notationen von Aufgabe 40. Wir setzen $E = \sum_{i=1}^n K e_i$ und betrachten $\bigwedge(E)$ als $C(V,q)$–Modul wie in Satz 6.14. Für jedes Tupel ganzer Zahlen $I = (1 \le i_1 < i_2 < \cdots < i_r \le n)$ setzen wir $e_I = e_{i_1} \wedge e_{i_2} \wedge \cdots \wedge e_{i_r}$. Alle e_I bilden eine Basis von $\bigwedge(E)$.

Zeige für alle i, $1 \le i \le n$, und alle Tupel $I = (1 \le i_1 < i_2 < \cdots < i_r \le n)$ wie oben, daß $h_i(t)\, e_I = t\, e_I$, wenn es ein k, $1 \le k \le r$, mit $i = i_k$ gibt, und daß $h_i(t)\, e_I = e_I$ sonst. [Hinweis: Bestimme zuerst alle $e_i e_I$ und $f_i e_I$.]

Literatur

In dem folgenden ersten Teil der Literaturliste finden sich zunächst Hinweise auf einige Standardwerke zur Algebra, die zum Teil auch deren Entwicklung stark geprägt haben:

Heinrich Weber: *Lehrbuch der Algebra*, Brauschweig 1895/96 (Vieweg)

B. L. van der Waerden: *Moderne Algebra*, Berlin 1930/31 (Springer-Verlag) [spätere Auflagen unter dem Titel *Algebra*]

N. Bourbaki: *Algèbre*, Paris 1942/47/48/50/52/58/59/80 (Hermann; chap. 10: Masson) [zehn Kapitel in zunächst acht Bänden; in späteren Ausgaben erscheinen die ersten sieben Kapitel in zwei Bänden, die auch auf Englisch erhältlich sind]

Serge Lang: *Algebra*, revised third edition, Graduate Texts in Mathematics **211**, New York 2002 (Springer-Verlag)

Für den Zusammenhang mit der algebraischen Zahlentheorie verweisen wir auf:

A. Fröhlich, M. J. Taylor: *Algebraic Number Theory*, Cambridge Studies in Advanced Mathematics **27**, Cambridge 1991 (Cambridge University Press)

J. Neukirch: *Algebraische Zahlentheorie*, Berlin 1992 (Springer-Verlag)

Weiterführende Literatur zu den Supplementen

A. Eine gründliche Diskussion von Gruppen mit Erzeugenden und Relationen enthalten:

H. S. M. Coxeter, W. O. J. Moser: *Generators and Relations for Discrete Groups*, Ergebnisse der Mathematik und ihrer Grenzgebiete **14**, Berlin 1957 (Springer-Verlag)

R. C. Lyndon, P. E Schupp: *Combinatorial Group Theory*, Ergebnisse der Mathematik und ihrer Grenzgebiete **89**, Berlin 1977 (Springer-Verlag)

Mehr über den Zusammenhang mit der Geometrie findet man in:

K. Reidemeister: *Einführung in die kombinatorische Topologie*, Brauschweig 1932 (Friedr. Vieweg & Sohn)

Jean-Pierre Serre: *Trees*, Berlin 1980 (Springer-Verlag)

Zur Realisierung von freien Gruppen als Fundamentalgruppen und einem darauf aufbauenden Beweis der Satzes von Nielsen und Schreier vergleiche man:

Edwin H. Spanier: *Algebraic Topology*, corrected reprint, New York 1981 (Springer-Verlag)

B. Bücher, die klassische Gruppen mit elementaren Methoden behandeln:

E. Artin: *Geometric Algebra*, Interscience Tracts in Pure and Applied Mathematics **3**, New York 1957 (Interscience Publishers)

Larry C. Grove: *Classical Groups and Geometric Algebra*, Graduate Studies in Mathematics **39**, Providence, RI 2002 (American Mathematical Society)

Donald E. Taylor: *The Geometry of the Classical Groups*, Sigma Series in Pure Mathematics **9**, Berlin 1992 (Heldermann Verlag)

Man kann die klassische Gruppen als Spezialfall der *Chevalley-Gruppen* betrachten. Dies setzt die Theorie halbeinfacher komplexer Lie-Algebren voraus. Man siehe dazu:

Roger W. Carter: *Simple Groups of Lie Type*, Pure and Applied Mathematics **28**, London 1972 (John Wiley & Sons)

Viele Informationen zu den klassischen Gruppen über $\mathbb{R}$ und $\mathbb{C}$ findet man in dem folgenden Buch, das Kenntnisse über Lie-Gruppen und von Grundbegriffen der algebraischen Geometrie voraussetzt:

Roe Goodman, Nolan R. Wallach: *Representations and Invariants of the Classical Groups*, Encyclopedia of Mathematics and its Applications **68**, Cambridge 1998 (Cambridge University Press)

C. Die Schiefpolynomringe liefern die einfachsten Beispiele für nicht-kommutative Ringe, die noethersch, aber nicht artinsch sind. Ihre Betrachtung steht daher mit am Anfang von Einführungen in die Theorie solcher Ringe, zum Beispiel in den folgenden Büchern:

K. R. Goodearl, R. B. Warfield, Jr.: *An Introduction to Noncommutative Noetherian Rings*, London Mathematical Society Student Texts **16**, Cambridge 1989 (Cambridge University Press)

J. C. McConnell, J. C. Robson (with the cooperation of L. W. Small): *Noncommutative Noetherian Rings*, Graduate Studies in Mathematics **30**, Providence, RI 2001 (American Mathematical Society)

Louis H. Rowen: *Ring Theory*, Pure and Applied Mathematics **127-128**, Boston, MA 1988 (Academic Press)

D. Der Hilbertsche Basissatz ist der Ausgangspunkt der kommutativen Algebra und deren Anwendungen in der algebraischen Geometrie. Darstellungen dieser Theorie im Hinblick auf diese Anwendungen findet man in:

Ernst Kunz: *Einführung in die kommutative Algebra und algebraische Geometrie*, Vieweg Studium: Aufbaukurs Mathematik **46**, Braunschweig 1980 (Friedr. Vieweg & Sohn)

David Eisenbud: *Commutative Algebra. With a View Toward Algebraic Geometry*, Graduate Texts in Mathematics **150**, New York 1995 (Springer-Verlag)

Zu den algorithmischen Methoden, insbesondere zu den Gröbner-Basen, siehe:

David Cox, John Little, Donal O'Shea: *Ideals, Varieties, and Algorithms. An Introduction to Computational Algebraic Geometry and Commutative Algebra*, Undergraduate Texts in Mathematics, New York 1992 (Springer-Verlag)

E. Mehr zum Thema projektive und injektive Moduln findet sich in dem ersten Band von Rowens *Ring Theory* (siehe C), in den meisten unter F und G genannten Büchern und in:

Frank W. Anderson, Kent R. Fuller: *Rings and Categories of Modules*, Graduate Texts in Mathematics **13**, New York 1974 (Springer-Verlag)

F. Verschiedene Einführungen in die Homologische Algebra:

Peter John Hilton, Urs Stammbach: *A Course in Homological Algebra*, Graduate Texts in Mathematics **4**, New York 1971 (Springer-Verlag)

M. Scott Osborne: *Basic Homological Algebra*, Graduate Texts in Mathematics **196**, New York 2000 (Springer-Verlag)

Joseph J. Rotman: *An Introduction to Homological Algebra*, Pure and Applied Mathematics **85**, New York 1979 (Academic Press)

G. Die hier beschriebenen Resultate sind grundlegend für die Theorie der endlich-dimensionalen, nicht halbeinfachen Algebren und deren Darstellungen. Dazu findet man mehr in:

Richard S. Pierce: *Associative Algebras*, Graduate Texts in Mathematics **88**, New York 1982 (Springer-Verlag)

Maurice Auslander, Idun Reiten, Sverre O. Smalø: *Representation Theory of Artin Algebras*, Cambridge Studies in Advanced Mathematics **36**, Cambridge 1995 (Cambridge University Press)

Zur Rolle der projektiven unzerlegbaren Moduln in der modularen Darstellungstheorie endlicher Gruppen vergleiche man:

Charles W. Curtis, Irving Reiner: *Representation Theory of Finite Groups and Associative Algebras*, Pure and Applied Mathematics **XI**, New York 1962 (Interscience Publishers)

Jean-Pierre Serre: *Linear Representations of Finite Groups*, Graduate Texts in Mathematics **42**, New York-Heidelberg 1977 (Springer-Verlag)

Charles W. Curtis, Irving Reiner: *Methods of Representation Theory. With Applications to Finite Groups and Orders*, Pure and Applied Mathematics, New York 1981/87 (John Wiley & Sons)

D. J. Benson: *Representations and Cohomology*, Cambridge Studies in Advanced Mathematics **30-31** Cambridge 1991 (Cambridge University Press)

H. Die grundlegenden Eigenschaften der Frobenius-Algebren finden sich zusammen mit Anwendungen auf die Darstellungstheorie endlicher Gruppen in den unter G genannten Büchern von Curtis und Reiner. Anwendungen in geometrischen Bereichen findet man in:

Yuri I. Manin: *Frobenius Manifolds, Quantum Cohomology, and Moduli Spaces*, American Mathematical Society Colloquium Publications **47**, Providence, RI 1999 (American Mathematical Society)

Joachim Kock: *Frobenius algebras and 2D topological quantum field theories*, London Mathematical Society Student Texts **59**, Cambridge, 2004 (Cambridge University Press)

J. Eine etwas weitergehende Einführung in die Darstellungstheorie der Köcher findet sich in dem unter G genannten Buch von Pierce. Sehr viel mehr über die Rolle von Köchern in der Darstellungstheorie endlich dimensionaler Algebren steht im unter G genannten Buch von Auslander, Reiten und Smalø.

Der Zusammenhang zwischen den Darstellungen von Köchern und Quantengruppen wurde von C. M. Ringel entdeckt. Eine gute Einführung findet man in:

J. A. Green: Hall algebras, hereditary algebras and quantum groups, *Invent. math.*
120 (1995), 361–377

K. Die algebraische Theorie der klassischen Gruppen über Ringen behandelt:

A. J. Hahn, O. T. O'Meara: *The Classical Groups and K–Theory*, Grundlehren
der mathematischen Wissenschaften **291**, Berlin 1989 (Springer-Verlag)

Zum Kongruenzuntergruppenproblem vergleiche man:

H. Bass, J. Milnor, J-P. Serre, Solution of the congruence subgroup problem for
SL_n ($n \geq 3$) and Sp_{2n} ($n \geq 2$), *Inst. Hautes Études Sci. Publ. Math.* **33** (1967),
59–137

J-P. Serre, Le problème des groupes de congruence pour $\mathbf{SL}_2$, *Ann. of Math.* (2)
92 (1970), 489–527

Index